ENCYKLOPÄDIE
DER
MATHEMATISCHEN WISSENSCHAFTEN
MIT EINSCHLUSS IHRER ANWENDUNGEN

FÜNFTER BAND:
PHYSIK

ENCYKLOPÄDIE
DER
MATHEMATISCHEN WISSENSCHAFTEN
MIT EINSCHLUSS IHRER ANWENDUNGEN

FÜNFTER BAND IN DREI TEILEN

PHYSIK

REDIGIERT VON

A. SOMMERFELD
IN MÜNCHEN

DRITTER TEIL

Springer Fachmedien Wiesbaden GmbH
1909—1926

ISBN 978-3-663-15458-7 ISBN 978-3-663-16029-8 (eBook)
DOI 10.1007/978-3-663-16029-8

Softcover reprint of the hardcover 1st edition 1926

Inhaltsverzeichnis zu Band V, 3. Teil.

D. Elektrizität und Optik (Fortsetzung).

21. Optik. Ältere Theorie. Von A. Wangerin in Halle a. S.

I. Die Optik bis Fresnel.

II. Darstellung der Fresnelschen Optik.

III. Die mechanisch-elastische Begründung der Theorie.

IV. Verschiedene Modifikationen der älteren Lichttheorie.

(Abgeschlossen im November 1908.)

Theorie der magneto-optischen Phänomene. Von H. A. Lorentz in Leiden.

Einleitung.

I. Direkter Zeeman-Effekt.

II. Inverser Zeeman-Effekt und magnetische Doppelbrechung.

III. Magnetische Drehung der Polarisationsebene und magneto-optischer Kerr-Effekt.

(Abgeschlossen im März 1909.)

23. Theorie der Strahlung. Von W. Wien in Würzburg.

(Abgeschlossen im Mai 1909.)

24. Wellenoptik. Von M. v. Laue in Frankfurt a. M. Mit einem Beitrag über spezielle Beugungsprobleme. Von P. S. Epstein in München.

I. Einleitung.

V. Interferenzerscheinungen bei Röntgenstrahlen.

(Abgeschlossen im Juli 1915.)

Spezielle Beugungsprobleme. Von Paul S. Epstein in München.

Spezielle Beugungsprobleme.

I. Methode der mehrwertigen Lösungen.

II. Methode der krummlinigen Koordinaten.

(Abgeschlossen im Juli 1915.)

E. Nachträge.

25. Atomtheorie des festen Zustandes (Dynamik der Kristallgitter). Von M. Born in Göttingen.

II. Allgemeine Grundlagen der Quantentheorie.

A. Quantentheorie isolierter Atome und Moleküle.

B. Quantentheorie unabgeschlossener Systeme.

Seite

C. Quantentheorie der Strahlungsvorgänge.

III. Spezielle Anwendungen der Quantenstatistik.

(Abgeschlossen am 13. Juni 1925.)

Übersicht
über die im vorliegenden Bande V, 3. Teil, zusammengefaßten Hefte und ihre Ausgabedaten.

V 25. ATOMTHEORIE DES FESTEN ZUSTANDES (DYNAMIK DER KRISTALLGITTER).

Von

M. BORN

IN GÖTTINGEN.

Inhaltsübersicht.

Literatur.

Monographien und Lehrbücher.

W. Voigt, Lehrbuch der Kristallphysik (Leipzig u. Berlin 1910).

F. Pockels, Lehrbuch der Kristalloptik (Leipzig u. Berlin 1906).

Lord Kelvin, Vorles. über Molekulardynamik und die Theorie des Lichts (deutsch von *B. Weinstein* nach den englischen Baltimore-Lectures 1904) (Leipzig u. Berlin 1909).

M. Born, Dynamik der Kristallgitter (Leipzig u. Berlin 1915).

F. Reiche, Die Quantentheorie (Berlin 1921).

Die Theorie der Strahlung und der Quanten (*Solvay*-Kongreß, Brüssel 1911), deutsch von *A. Eucken* (Halle 1914).

Vorträge über die kinetische Theorie der Materie und der Elektrizität; *Wolfskehl*-Kongreß, Göttingen 1914 (Leipzig u. Berlin 1914).

---

1. Einleitung. Abgrenzung des Stoffes. Die festen Körper sind entweder *Kristalle* oder *Gemenge kleinster Kristallsplitter* (quasiamorph, kristallinisch) oder *wahrhaft amorph* (glasig). Letztere faßt man als (unterkühlte) Flüssigkeiten von hoher Zähigkeit auf; tatsächlich fließen solche Substanzen (Gläser, Siegellack usw.) bei dauernder Belastung, während sie bei rasch wechselnden Kräften wie elastische Festkörper reagieren.[1]) Die eigentlichen festen Körper sind also Kristalle oder aus solchen zusammengesetzt; die Kristalle aber sind aus Atomen aufgebaute *Raumgitter.*[2]) Daher ist die moderne Atomtheorie des festen Zustandes eine „*Dynamik der Kristallgitter*". Der vorliegende Artikel soll einen systematischen Aufbau dieser Theorie enthalten; die historische Entwicklung soll nur soweit berücksichtigt werden, als sie nicht schon in anderen Artikeln[2]) behandelt ist. Dabei sollen die Probleme kurz dargestellt werden, welche sich auf die atomistische Begründung solcher Gesetze beziehen, die auch auf phänomenologischem Wege gewonnen werden können; ausführlicher aber die der Atomistik eigen-

1) Vgl. *G. Tammann*, Kristallisieren und Schmelzen (Leipzig 1903), p. 4, 5.

2) Die *Gittertheorie der Kristalle* wird in folgenden Encyklopädie-Artikeln behandelt, auf die wir hier ein für allemal verweisen:

V 7. *Kristallographie (Th. Liebisch, A. Schönflies, O. Mügge)* enthält die Lehre von den Symmetrieeigenschaften und die Strukturtheorie, insbesondere die Ableitung der 230 möglichen Raumgruppen (Gittertypen).

V 24. *Wellenoptik* (*M. v. Laue*) enthält unter *V. Interferenzerscheinungen an Röntgenstrahlen* die theoretischen und experimentellen Methoden zum Nachweis und zur Bestimmung der Gitterstruktur durch Röntgenstrahlen.

Die Eigenschaften der festen Körper werden vom Standpunkt der einzelnen physikalischen Theorien in vielen Artikeln behandelt; wir nennen hier die wichtigsten:

IV 23. *Die Grundgleichungen der mathematischen Elastizitätstheorie* (*C. H. Müller* und *A. Timpe*) gibt eine historische Übersicht über die Molekulartheorie der Elastizität.

V 10. *Die Zustandsgleichung* (*H. Kamerlingh Onnes* und *W. H. Keesom*) enthält in Nr. 74, p. 879, eine Übersicht über die Thermodynamik und die kinetische Theorie der festen Körper.

V 16. *Beziehungen zwischen elektrostatischen und magnetostatischen Zustandsänderungen einerseits und elastischen und thermischen andererseits* (*F. Pockels*) behandelt Piezo- und Pyroelektrizität, Elektro- und Magnetostriktion sowie verwandte Erscheinungen vom Standpunkte der Kontinuumstheorie.

V 22. *Elektromagnetische Lichttheorie* (*W. Wien*) enthält in Nr. 24, p. 169 eine Skizze der Kristalloptik.

Die besonderen Eigenschaften der Metalle, die auf ihrer elektrischen Leitfähigkeit beruhen, sind in dem Artikel

V 20. *Elektronentheorie der Metalle* (*R. Seeliger*)

dargestellt und werden hier daher nicht berücksichtigt.

tümlichen Vorstellungen und Ergebnisse, vor allem die Möglichkeit der Zurückführung aller meßbaren Größen auf Eigenschaften der Elementargebilde (Atome, Kerne, Elektronen).

I. Statik.

2. Geometrie und Kinematik des Kristallgitters. Die in Art. V 7 *Kristallographie, B. Symmetrie und Struktur der Kristalle* (*A. Schönflies*) mitgeteilten Ergebnisse der Strukturforschung bilden die Grundlage, auf der die molekulare Mechanik der Kristalle sich aufbaut.

Im folgenden soll der Kürze halber ein reguläres Punktsystem „*Gitter*“ genannt werden; die von der Strukturtheorie „Raumgitter“ genannten Punktsysteme sollen „*einfache Gitter*“ heißen.

Die Deckoperationen eines einfachen Gitters[3]) ohne Symmetrieeigenschaften sind die Translationen nach drei Vektoren

$$\mathfrak{a}_1, \quad \mathfrak{a}_2, \quad \mathfrak{a}_3.$$

Jedes Gitter (reguläre Punktsystem) enthält unter seinen Deckoperationen diese Translationen als Untergruppe. In der allgemeinen mechanischen Theorie wird man, um alle Gitter von beliebiger Symmetrie zu umfassen, nur von diesen Translationen als Deckoperationen Gebrauch machen; die Einführung weiterer Deckoperationen und die Spezialisierung auf die 230 Gruppen[3]) erfolgt am besten nachträglich an den fertigen Formeln (vgl. z. B. Nr. **13**, **33**). Die Vektoren $\mathfrak{a}_1, \mathfrak{a}_2, \mathfrak{a}_3$ von einem Punkte O aus gezogen, bestimmen das elementare Parallelepipedon des Gitters; wir wollen dieses, um ein kurzes Wort zu haben, „*Zelle*“ nennen. Den Rauminhalt der Zelle bezeichnen wir mit Δ oder δ^3; er ist durch die Determinante

$$(1) \qquad \begin{vmatrix} \mathfrak{a}_{1x} & \mathfrak{a}_{1y} & \mathfrak{a}_{1z} \\ \mathfrak{a}_{2x} & \mathfrak{a}_{2y} & \mathfrak{a}_{2z} \\ \mathfrak{a}_{3x} & \mathfrak{a}_{3y} & \mathfrak{a}_{3z} \end{vmatrix} = \delta^3 = \Delta$$

bestimmt. δ bedeutet dann ein Maß für die absolute Lineardimension der Zelle; wir nennen δ kurz die *Gitterkonstante.*

Jede Zelle enthält eine kongruente Anordnung von Atomen. Ob diese die letzten Bausteine der Strukturtheorie, welche von jeder Symmetrie frei sein können[4]), darstellen, bleibe dahingestellt. Dagegen muß hinsichtlich des *kinematischen* Charakters der Atome zur Durchführung der Gittermechanik eine Festsetzung getroffen werden. Für manche Zwecke wird es genügen, die Atome als *starre Körper*

---

3) Vgl. den zit. Art. V 7, Nr. **42**, p. 462.

4) Vgl. den zit. Art. V 7, Nr. **40**, p. 461 oben.

zu behandeln, wie es die älteren Molekulartheorien der Elastizität[5]) von *Poisson*[6]) und *W. Voigt*[7]) tun. Nach den heutigen Vorstellungen vom Aufbau der Atome bestehen diese aus einem positiv geladenen Kerne, um den eine Anzahl (negativer) Elektronen Bahnen beschreiben, deren Größenverhältnisse durch die Quantentheorie[8]) festgelegt werden. In der Gitterdynamik ist ein Eingehen auf diese, zum Teil noch recht hypothetischen Vorstellungen nur da geboten, wo es sich um das Problem der Natur der Molekularkräfte, um die absolute Berechnung der Dimensionen und dynamischen Konstanten des Gitters handelt (s. Nr. **38**); bei allen formalen Betrachtungen genügt ein rohes Bild, das die Hauptzüge des Atommodelles wiedergibt, nämlich als eines Systems elektrisch geladener Partikel (von der Gesamtladung Null), die im Gitterverbande bestimmte Gleichgewichtslagen haben.[9]) Ein solches Atom wird deformierbar sein, indem die einzelnen Partikel (Kerne und Elektronen) gegeneinander verschoben werden können. Kinematisch sind daher diese Partikel als elektrisch geladene Massenpunkte die Bausteine des Gitters; es zeigt sich nachträglich, daß sie es auch dynamisch sind, indem die zwischen den Partikeln eines Atoms wirkenden Kräfte von derselben Größenordnung sind, wie die zwischen den Atomen und Molekeln als Ganze (s. Nr. **23**, **24**). Die Vorstellung der Atome als starrer Körper erhält man offenbar als den Grenzfall unendlich fester Bindungen der zu einem Atom gehörigen Partikel (s. Nr. **9**).

Die Anzahl der innerhalb einer Zelle befindlichen Partikel, die

5) Vgl. den in der Einleitung zit. Art. IV 23, Nr. **4c**, p. 38. — Die weitere Entwicklung der Vorstellungen über die elementaren Bausteine der Kristalle, insbesondere über ihre Anisotropie s. *M. Brillouin*, La structure des cristaux, 2. Cons. de Phys. Solvay 1913 (Brüssel 1913).

6) *S. D. Poisson*, J. Éc. Polyt. 20 (1831), p. 8 und Mémoire sur l'équilibre et le mouvement des corps cristallisés (28. Okt. 1839), Paris, Mém. del' Acad. 18 (1842), p. 3ff.

7) *W. Voigt*, Theoretische Studien über die Elastizitätsverhältnisse der Kristalle, Gött. Abh. 34 (1887), p. 1. Vgl. auch *W. Voigt*, Lehrbuch der Kristallphysik, Leipzig 1910, B. G. Teubner, VII. Kap., II. Abschn. § 292ff., p. 596ff.

8) S. diese Encykl. V 26, *Die Quantentheorie* (*A. Smekal*). — Die Anwendung der Quantentheorie auf die Kristallgitter wird in diesem Art. Nr. **26**—**35** behandelt, wo ausführliche Literaturangaben zu finden sind.

9) Von den Bewegungen der Elektronen um die Kerne wird also abgesehen. Auch in den Fällen, wo bestimmte dynamische Atommodelle nach *Bohr* (s. Nr. **36**) als Bausteine des Gitters verwendet werden, spielen die Bewegungen der Elektronen für die Gitterstruktur keine Rolle; die Fernwirkung von Elektronenringen (s. Nr. **36**, Anm. 245) wird mit genügender Annäherung so berechnet, als wenn die Ladungen auf einem Kreisring kontinuierlich verteilt sind.

teils gleicher Art, teils verschieden sein können, sei s. Ihre Lage bestimmen wir durch die s von O aus gezogenen Vektoren $\mathfrak{r}_1, \mathfrak{r}_2, \ldots, \mathfrak{r}_k, \ldots, \mathfrak{r}_s$; die Konfiguration dieser s Punkte bzw. Vektoren möge die *Basis* des Gitters heißen und k der *Basisindex.*

Jeder Gitterpunkt ist der Endpunkt eines von O gezogenen Vektors

$$\mathfrak{r}_k^l = \mathfrak{r}_k + \mathfrak{r}^l, \quad \mathfrak{r}^l = l_1 \mathfrak{a}_1 + l_2 \mathfrak{a}_2 + l_3 \mathfrak{a}_3, \tag{2}$$

wo l_1, l_2, l_3 drei ganze Zahlen sind, die die Zelle kennzeichnen, in der der Punkt liegt; l, als Abkürzung von l_1, l_2, l_3, heiße der *Zellenindex.* Für ein festes Wertsystem l_1, l_2, l_3 erhält man eine der Basis kongruente Konfiguration, wenn k die Werte 1, 2, ... s annimmt. Für einen festen Wert k erhält man ein einfaches Gitter, wenn l_1, l_2, l_3 alle ganzen Zahlen durchlaufen.

In einem rechtwinkligen Koordinatensystem mit dem Nullpunkt O haben die Gitterpunkte die Koordinaten:

$$\left\{\begin{aligned} x_k^l &= x_k + l_1 \mathfrak{a}_{1x} + l_2 \mathfrak{a}_{2x} + l_3 \mathfrak{a}_{3x}, \\ y_k^l &= y_k + l_1 \mathfrak{a}_{1y} + l_2 \mathfrak{a}_{2y} + l_3 \mathfrak{a}_{3y}, \\ z_k^l &= z_k + l_1 \mathfrak{a}_{1z} + l_2 \mathfrak{a}_{2z} + l_3 \mathfrak{a}_{3z}. \end{aligned}\right. \tag{2'}$$

Für den Vektor, der von irgendeiner Partikel k' der Basis zu einer beliebigen Partikel k in der Zelle l gezogen wird, führen wir ein besonderes Zeichen ein, indem wir setzen:

$$\mathfrak{r}_{kk'}^l = \mathfrak{r}_k^l - \mathfrak{r}_{k'} = \mathfrak{r}_k - \mathfrak{r}_{k'} + \mathfrak{r}^l; \tag{3}$$

die Komponenten bezeichnen wir entsprechend mit

$$x_{kk'}^l, \quad y_{kk'}^l, \quad z_{kk'}^l. \tag{3'}$$

Der von irgendeinem Gitterpunkte $\mathfrak{r}_{k'}^{l'}$ zu irgendeinem andern $\mathfrak{r}_k^l$ gezogene Vektor läßt sich mit Hilfe der Bezeichnungen (3) in der Form

$$\mathfrak{r}_{kk'}^{l-l'} = \mathfrak{r}_k^l - \mathfrak{r}_{k'}^{l'} \tag{4}$$

schreiben. Ferner gilt die Relation

$$\mathfrak{r}_{k'k}^{-l} = - \mathfrak{r}_{kk'}^l. \tag{5}$$

Die Massen der Partikel der Basis seien

$$m_1, m_2, \ldots, m_s, \tag{6}$$

wovon auch einige einander gleich sein können; die Gesamtmasse der Basis sei

$$m = m_1 + m_2 + \cdots + m_s. \tag{6'}$$

Die Dichte ϱ erhält man hieraus durch Division mit dem Volumen der Zelle:

$$\varrho = \frac{m}{\Delta}. \tag{7}$$

Im folgenden werden drei verschiedene Arten von Summationen vorkommen:

1. Summationen über den Basisindex k bezeichnen wir mit $\sum\limits_k$; dabei durchläuft k die Werte 1, 2, ..., s.

2. Summen über Glieder, die durch zyklische Vertauschung der rechtwinkligen Koordinaten auseinander hervorgehen, bezeichnen wir mit $\sum\limits_x$ bzw. $\sum\limits_{xy}$ usw. Dabei sollen im Falle der Doppelsumme x, y als Indizes behandelt werden, die unabhängig voneinander die Koordinaten x, y, z durchlaufen. So schreiben wir z. B. das skalare Produkt zweier Vektoren $\mathfrak{A}$ und $\mathfrak{B}$

$$\mathfrak{A}\mathfrak{B} = \mathfrak{A}_x\mathfrak{B}_x + \mathfrak{A}_y\mathfrak{B}_y + \mathfrak{A}_z\mathfrak{B}_z\,,$$

auch kurz

$$\mathfrak{A}\mathfrak{B} = \sum_x \mathfrak{A}_x\mathfrak{B}_x;$$

oder die quadratische Form

$$a_{xx}x^2 + a_{yy}y^2 + a_{zz}z^2 + 2a_{yz}yz + 2a_{zx}zx + 2a_{xy}xy = \sum_{xy} a_{xy}xy.$$

Treten mehr als drei Indizes auf, von denen jeder eine der Koordinaten bedeuten kann, so schreiben wir etwa $\bar{x}$, $\bar{y}$; z. B. für eine biquadratische Form der Koordinaten

$$a_{xxxx}x^4 + \cdots + 4a_{xxxy}x^3y + \cdots + 6a_{xxyy}x^2y^2 + \cdots$$

schreiben wir

$$\sum_{xy\bar{x}\bar{y}} a_{xy\bar{x}\bar{y}}\, xy\bar{x}\bar{y},$$

unter Hinzufügung der nötigen Symmetrieeigenschaften der Koeffizienten $a_{xy\bar{x}\bar{y}}$.

3. Summationen über den Zellenindex werden vorteilhafter Weise mit einem besonderen Summenzeichen angedeutet. Wenn die Summe über das unendliche Gitter erstreckt wird, also l_1, l_2, l_3 alle ganzen Zahlen von $-\infty$ bis $+\infty$ durchlaufen, schreiben wir

$$\underset{l}{\mathrm{S}} \text{ bzw. } \underset{ll'}{\mathrm{S}} \text{ usw.}$$

Beschränkungen für den Laufbereich der Indizes schreiben wir als Ungleichungen an, z. B.

$$\underset{l_1 \geqq 0}{\mathrm{S}}.$$

Soll die Summe nur über ein endliches, aus N Zellen bestehendes Gitter erstreckt werden, schreiben wir

$$\underset{(l)}{\mathrm{S}}.$$

3. Die potentielle Energie und die Kräfte. Für die Statik und für die Dynamik hinreichend langsamer Vorgänge kann man davon absehen, daß die zwischen den Partikeln wirkenden Kräfte, jedenfalls soweit sie elektrischen Ursprungs sind, Zeit zur Übertragung brauchen. Man wird die Begriffe der klassischen Mechanik auf das Gitter anwenden (Berücksichtigung der endlichen Fortpflanzungsgeschwindigkeit der elektromagnetischen Kräfte in V, Nr. **36**—**44**).

Wie in den älteren Molekulartheorien der festen Körper[10]) nehmen wir an, daß zwischen den Partikeln *konservative Zentralkräfte* wirken.

Die potentielle Energie zwischen zwei Partikeln (k, l) und (k', l') ist demnach eine Funktion ihrer Entfernung r, deren Verlauf nur von der Natur der beiden Partikel, also nur von den Basisindizes (nicht von den Zellenindizes) abhängt; wir bezeichnen sie mit $\varphi_{kk'}(r)$.

Die gesamte potentielle Energie Φ des Gitters wächst unbegrenzt mit wachsender Anzahl der Zellen des Gitters, und zwar auch dann, wenn sämtliche Partikel in ihren Gleichgewichtslagen sind. Wir untersuchen zunächst das Verhalten der Gleichgewichtsenergie Φ_0.

Die potentielle Energie zwischen einer Partikel der Basis und einer andern, beide in ihren Gleichgewichtslagen, hat den Wert

$$\varphi_{kk'}(|\mathfrak{r}^l_{kk'}|) = \varphi^l_{kk'}; \tag{8}$$

bei beliebiger Lage beider Partikel ist die potentielle Energie offenbar $\varphi^{l-l'}_{kk'}$ zu schreiben.

Die potentielle Energie eines endlichen, aus N Zellen bestehenden Teils des Gitters im Gleichgewichte ist

$$\Phi_{(0)} = \frac{1}{2} \underset{(l)(l')}{\mathsf{S}} \sum_{kk'} \varphi^{l-l'}_{kk'} \tag{9}$$

und wird mit N unendlich.

Über die Abnahme der $\varphi_{kk'}(r)$ mit wachsendem r machen wir die Voraussetzung, daß die Wirkung einer Zelle, etwa der Basis, auf eine

10) Vgl. den in Anm. 2 genannten Art. IV 23, Nr. **2**. — Der Unterschied der älteren Theorien von *Navier* (1821), *Cauchy* (1827) u. a. von der hier entwickelten besteht nicht im Ansatze für die Kräfte zwischen den Partikeln, sondern in der mathematischen Durchführung; bei den älteren Autoren wird nämlich sogleich der Übergang zur Kontinuumstheorie gemacht; bei der Bildung von resultierenden Kräften werden die Summen durch Integrale ersetzt, statt der Differenzengleichungen der Gittertheorie treten Differentialgleichungen auf usw. Auch beschränken sich diese Forscher auf die mechanischen (elastischen) Eigenschaften der Körper, worin aber die optischen dazumal unter der Herrschaft der *elastischen* Lichttheorie einbegriffen waren. Die heutige Dynamik der Kristallgitter hat das Ziel, aus ein und demselben Ansatze für die Kräfte zwischen den Gitterpartikeln *alle* Eigenschaften der Kristalle abzuleiten.

Partikel:

$$\sum_{k'} \varphi^l_{kk'}$$

sehr rasch mit der Entfernung der Partikel von der Zelle, d. h. mit wachsendem Zellenindex l abnimmt, so daß die Reihe $\mathop{\mathrm{S}}_{l} \sum_{k'} \varphi^l_{kk'}$, die die Wirkung aller Partikel auf eine Basispartikel im Gleichgewichte darstellt, sehr rasch konvergiert.[11])

Dann wird die potentielle Energie des endlichen Gitters auf die Partikel einer Zelle l'

$$\mathop{\mathrm{S}}_{(l)} \sum_{kk'} \varphi^{l-l'}_{kk'}$$

für alle im Innern gelegenen Zellen näherungsweise gleich demselben Ausdruck für das unendliche Gitter

$$\mathop{\mathrm{S}}_{l} \sum_{kk'} \varphi^{l-l'}_{kk'}$$

sein; dabei ist nur die Besonderheit einer Oberflächenschicht (die zu den Erscheinungen der Oberflächenspannung (Kapillarität) Anlaß gibt (vgl. Nr. 4)), vernachlässigt, deren Einfluß mit wachsendem N relativ immer mehr zurücktritt. Der letzte Ausdruck ist aber von der Lage der Zelle l' unabhängig, gleich

$$\varphi_0 = \mathop{\mathrm{S}}_{l} \sum_{kk'} \varphi^l_{kk'}. \tag{10}$$

Daher wird

$$\Phi_{(0)} = \frac{N}{2}(\varphi_0 + \psi_N), \tag{9'}$$

wo ψ_N die Oberflächenwirkung darstellt und mit wachsendem N verschwindet:

$$\lim_{N=\infty} \psi_N = 0. \tag{9''}$$

Folglich existiert der Grenzwert

$$U_0 = \lim_{N=\infty} \frac{\Phi_{(0)}}{N\Delta} = \frac{\varphi_0}{2\Delta} = \frac{1}{2\Delta} \mathop{\mathrm{S}}_{l} \sum_{kk'} \varphi^l_{kk'} \tag{11}$$

und stellt die *Energiedichte im Gleichgewichte* dar.

Näherungsweise gilt also für die Gitterenergie:

$$\Phi_0 = \frac{N}{2}\varphi_0. \tag{11'}$$

Wir betrachten nun *Störungen des Gleichgewichtes,* bei denen jede

11) Diese Formulierung für die Größe der „Wirkungssphäre" ist notwendig, wenn man die elektrischen Kräfte mit umfassen will, deren Potential nur wie die reziproke Entfernung abnimmt; die rasche Abnahme der Gesamtwirkung einer Zelle mit der Entfernung beruht hier darauf, daß die Gesamtladung einer Zelle Null ist.

Partikel eine kleine Verrückung $\mathfrak{u}_k^l$ erfährt. Die Differenz der Verrückungen zweier Punkte bezeichnen wir mit

(12) $$\mathfrak{u}_{kk'}^{ll'} = \mathfrak{u}_k^l - \mathfrak{u}_{k'}^{l'}.$$

Der Abstand zweier verschobener Partikel wird dann

$$r = |\mathfrak{r}_{kk'}^{l-l'} + \mathfrak{u}_{kk'}^{ll'}|.$$

Wir nehmen an, daß die Funktion $\varphi_{kk'}(r)$ in eine Potenzreihe nach den Verrückungskomponenten entwickelbar sei; wir schreiben diese vorläufig bis auf Glieder von höherer als 2. Ordnung an (die Berücksichtigung höherer Glieder erfolgt in Nr. **31**):

(13) $$\varphi_{kk'}(r) = \varphi_{kk'}^{l-l'} + \sum_x (\varphi_{kk'}^{l-l'})_x \mathfrak{u}_{kk'x}^{ll'} + \frac{1}{2} \sum_{xy} (\varphi_{kk'}^{l-l'})_{xy} \mathfrak{u}_{kk'x}^{ll'} \mathfrak{u}_{kk'y}^{ll'} + \cdots$$

Dabei ist gesetzt:

(14) $$\begin{cases} (\varphi_{kk'}^l)_x = \left(\dfrac{\partial \varphi_{kk'}}{\partial x}\right)_{\mathfrak{r}_{kk'}^l} = x_{kk'}^l P_{kk'}^l, \\ (\varphi_{kk'}^l)_{xy} = \left(\dfrac{\partial^2 \varphi_{kk'}}{\partial x \, \partial y}\right)_{\mathfrak{r}_{kk'}^l} = \delta_{xy} P_{kk'}^l + x_{kk'}^l y_{kk'}^l Q_{kk'}^l, \\ \cdots\cdots\cdots\cdots \end{cases}$$

wo

(15) $$\delta_{xy} = \begin{cases} 1 & \text{für } x = y \\ 0 & \text{„} \quad x \neq y, \end{cases}$$

und

(16) $$\begin{cases} P_{kk'}^l = \left(\dfrac{1}{r} \dfrac{d\varphi_{kk'}}{dr}\right)_{\mathfrak{r}_{kk'}^l}, \\ Q_{kk'}^l = \left(\dfrac{1}{r} \dfrac{d}{dr}\left[\dfrac{1}{r} \dfrac{d\varphi_{kk'}}{dr}\right]\right)_{\mathfrak{r}_{kk'}^l}. \end{cases}$$

Diese Größen sind *die atomistischen dynamischen Konstanten des Gitters*, von denen seine sämtlichen Eigenschaften abhängen.

Die Definitionen (14), (15) und (16) haben offenbar nur für solche Indizes k, k', l einen Sinn, für die nicht $k = k'$ und $l = 0$ ist; wir werden sie nachträglich für $k = k'$, $l = 0$ ergänzen. Nach (16) ist

(16′) $$P_{k'k}^{-l} = P_{kk'}^l, \quad Q_{k'k}^{-l} = Q_{kk'}^l,$$

also nach (14) mit Rücksicht auf (5):

(14′) $$\begin{cases} (\varphi_{k'k}^{-l})_x = -(\varphi_{kk'}^l)_x, \\ (\varphi_{k'k}^{-l})_{xy} = (\varphi_{kk'}^l)_{xy}. \end{cases}$$

Daher werden wir

(17) $$(\varphi_{kk}^0)_x = 0$$

zu setzen haben, während $(\varphi_{kk}^0)_{xy}$ durch die Forderung

(17′) $$\sum_k \mathop{\mathrm{S}}_l (\varphi_{kk'}^l)_{xy} = 0$$

bestimmt sein soll.

Die potentielle Energie des unendlichen, verzerrten Gitters entwickeln wir nach Potenzen der Verrückungen $\mathfrak{u}_k^l$:

$$\Phi = \Phi_0 + \Phi_1 + \Phi_2 + \cdots, \tag{18}$$

wo

$$\begin{cases} \Phi_1 = \frac{1}{2} \sum_{kk'} \mathop{\mathrm{S}}_{ll'} \sum_x (\varphi_{kk'}^{l-l'})_x \mathfrak{u}_{kk'x}^{ll'} \\ \Phi_2 = \frac{1}{4} \sum_{kk'} \mathop{\mathrm{S}}_{ll'} \sum_{xy} (\varphi_{kk'}^{l-l'})_{xy} \mathfrak{u}_{kk'x}^{ll'} \mathfrak{u}_{kk'y}^{ll'}, \\ \ldots\ldots\ldots\ldots \end{cases} \tag{18'}$$

Die Reihe (18) konvergiert (abgesehen von Φ_0), wenn die $\mathfrak{u}_k^l$ mit der Entfernung vom Nullpunkt ($l \to \infty$) hinreichend schnell abnehmen, z. B. außerhalb eines endlichen Bereichs sämtlich verschwinden.

Auf Grund von (14'), (17), (17') kann man Φ_1 und Φ_2 folgendermaßen umformen:

$$\begin{cases} \Phi_1 = \sum_k \mathop{\mathrm{S}}_l \sum_x \left\{ \sum_{k'} \mathop{\mathrm{S}}_{l'} (\varphi_{kk'}^{l-l'})_x \right\} \mathfrak{u}_{kx}^l \\ \Phi_2 = -\frac{1}{2} \sum_{kk'} \mathop{\mathrm{S}}_{ll'} \sum_{xy} (\varphi_{kk'}^{l-l'})_{xy} \mathfrak{u}_{kx}^l \mathfrak{u}_{k'y}^{l'}. \end{cases} \tag{18''}$$

Die *Kraft,* die alle Partikel auf eine ausüben, ist

$$\mathfrak{K}_k^l = -\frac{\partial \Phi}{\partial \mathfrak{u}_k^l}. \tag{19}$$

Im Gleichgewicht wird sie durch die Koeffizienten der linearen Glieder gegeben; diese sind offenbar von l unabhängig, es gibt also nur $3s$ voneinander verschiedene, die wir, auf die Volumeneinheit bezogen, mit $\mathfrak{K}_k^{(0)}$ bezeichnen:

$$\mathfrak{K}_{kx}^{(0)} = -\frac{1}{\Delta} \sum_{k'} \mathop{\mathrm{S}}_l (\varphi_{kk'}^l)_x. \tag{20}$$

Nach (14) läßt sich das vektoriell schreiben:

$$\mathfrak{K}_k^{(0)} = -\frac{1}{\Delta} \sum_{k'} \mathop{\mathrm{S}}_l P_{kk'}^l \mathfrak{r}_{kk'}^l. \tag{20'}$$

Die Gleichgewichtsbedingungen lauten also

$$\mathfrak{K}_k^{(0)} = 0. \tag{21}$$

Von diesen s Vektorgleichungen sind aber nur $s - 1$ unabhängig; denn auf Grund von (5), (16') ergibt sich die Identität

$$\sum_k \mathfrak{K}_k^{(0)} = -\frac{1}{\Delta} \sum_{kk'} \mathop{\mathrm{S}}_l P_{kk'}^l \mathfrak{r}_{kk'}^l = 0. \tag{21'}$$

Nunmehr wird die auf eine Partikel von den übrigen ausgeübte Kraft:

$$\mathfrak{K}_{kx}^l = \sum_{k'} \mathop{\mathrm{S}}_{l'} \sum_y (\varphi_{kk'}^{l-l'})_{xy} \mathfrak{u}_{k'y}^{l'} + \cdots \tag{19'}$$

4. Die Oberflächenenergie. Die bisher vernachlässigte Besonderheit der Oberflächenschicht und ihr Einfluß auf die Energie läßt sich berücksichtigen, wenn man die Grenzfläche als Netzebene annimmt. Das trifft für alle natürlich (durch Wachstum oder Abbau im Lösungsmittel, durch Spaltung) entstandenen Grenzflächen mit großer Annäherung[12]) zu.

Man denke sich das Gitter längs einer Netzebene geteilt und die Teile unendlich langsam voneinander entfernt, bis sie keine Wirkung mehr aufeinander ausüben; die dabei pro Flächeneinheit der Grenzfläche geleistete Arbeit sei 2σ, also σ die „*spezifische Oberflächenenergie*" für eine der beiden neu entstandenen Grenzflächen.

Um σ zu berechnen, werde die Energie des unzerlegten Kristalls in drei Teile gespalten:

$$\Phi = \Phi_{11} + \Phi_{22} + \Phi_{12},$$

von denen die beiden ersten die Eigenenergien der beiden, von der betrachteten Netzebene getrennten Gitterstücke, der dritte die wechselseitige Energie dieser Stücke sind. Für den zerlegten Kristall besteht die Energie aus zwei Teilen

$$\Phi^* = \Phi_{11}^* + \Phi_{22}^*,$$

und zwar ist Φ_{11}^* von Φ_{11}, Φ_{22}^* von Φ_{22} verschieden, weil beim Auseinanderbringen der beiden Teile die der Grenzfläche benachbarten Zellen sich etwas deformieren werden. Nach der gegebenen Definition ist nun

$$\sigma = \frac{1}{2F}(\Phi^* - \Phi),$$

wenn F die Größe der neuen Grenzfläche ist.

Die in $\Phi^* - \Phi$ auftretenden Differenzen $\Phi_{11}^* - \Phi_{11}$ und $\Phi_{22}^* - \Phi_{22}$ sind äußerst klein, und zwar um so kleiner, je beschränkter der Wirkungsbereich der Molekularkräfte ist. Man erkennt das am besten aus einem eindimensionalen Modell[13]), bestehend aus einer Reihe gleicher, in einer geraden Linie in gleichen Abständen angeordneter Massenpunkte. Die Koordinaten der n Punkte seien $x_1, x_2, \ldots, x_n$. Nimmt man nun an, daß jeder Punkt nur auf seine beiden unmittelbaren Nachbarn merklich wirkt, und bezeichnet man mit $\varphi(r)$ die potentielle Energie zweier im Abstande r befindlicher Punkte, so ist die gesamte Energie des Systems

$$U = \varphi(x_2 - x_1) + \varphi(x_3 - x_2) + \cdots + \varphi(x_n - x_{n-1}).$$

12) Über den Grad dieser Annäherung (Auftreten von Unebenheiten) scheint nichts Genaues bekannt zu sein.

13) *M. Born,* Über die Berechnung der absoluten Kristalldimensionen, Verh. d. Deutsch. Phys. Ges. 20 (1918), p. 224.

Gleichgewicht besteht, wenn die n Gleichungen

$$\frac{\partial U}{\partial x_1} = -\varphi'(x_2 - x_1) = 0,$$

$$\frac{\partial U}{\partial x_2} = \varphi'(x_2 - x_1) - \varphi'(x_3 - x_2) = 0,$$

$$\cdots\cdots\cdots\cdots\cdots$$

$$\frac{\partial U}{\partial x_n} = \varphi'(x_n - x_{n-1}) = 0$$

erfüllt sind. Man bemerkt, daß diese mit der Forderung äquivalent sind, daß für irgend zwei Nachbarpunkte

$$\varphi'(x_{k+1} - x_k) = 0$$

ist. Die Gleichgewichtsabstände sind also sämtlich gleich, und ihr gemeinsamer Wert δ ist als Wurzel der Gleichung $\varphi'(\delta) = 0$ bestimmt. Die Randelemente zeigen also *keine* Deformation, wenn nur die unmittelbaren Nachbarn aufeinander wirken. Ist das nicht streng der Fall, so wird die Randdeformation von der Größenordnung sein wie das Übergreifen der Kräfte über die nächsten Nachbarn.

Bei räumlichen Gittern muß die Sachlage ähnlich sein. *E. Madelung*[14]) hat die Rechnung für ein spezielles, zweiatomiges Gitter (vom Typus des NaCl) durchgeführt unter der Annahme, daß die Wirkung der unmittelbaren Nachbarn verschiedener Art (Na auf Cl) und die der nächstbenachbarten Paare gleicher Art (Na auf Na, Cl auf Cl) in Betracht kommt. Er findet eine Verschiebung der Atome senkrecht zur Grenzfläche, die für beide Arten etwas verschieden ist und gegen das Innere nach einem Exponentialgesetz rasch abnimmt. Zu einer numerischen Berechnung reichen die vorhandenen Daten nicht aus. Doch kann man aus einer von *Madelung* angestellten Überlegung schließen, daß die Oberflächenverzerrung sehr gering sein muß. Da die Atome der Elektrolyte (wie NaCl) elektrische Ladungen tragen, muß infolge der Verschiebungen eine elektrische Doppelschicht in der Oberfläche auftreten. *Madelung* hat versucht, die von den Begrenzungslinien solcher Doppelschichten ausgehenden elektrischen Kräfte an frischen Bruchflächen von Steinsalzstäbchen durch Aufstreuen von Schwefel-Mennige-Pulver nachzuweisen, jedoch ohne Erfolg. Daher muß die Stärke der Doppelschicht sehr gering sein.

Vernachlässigt man die Differenzen $\Phi_{11}^* - \Phi_{11}$ und $\Phi_{22}^* - \Phi_{22}$, so wird

$$\sigma = -\frac{\Phi_{12}}{2F}. \tag{22}$$

14) *E. Madelung,* Die atomistische Konstitution einer Kristalloberfläche, Phys. Ztschr. 20 (1919), p. 494.

Hier kann man nun zur Grenze $F \to \infty$ übergehen; enthält F n primitive Parallelogramme der Grenz-Netzebene, so wird mit wachsendem n die wechselseitige Energie Φ_{12} sich immer mehr dem n-fachen des Wertes annähern, der die Energie eines unendlichen Halbgitters auf die parallelepipedische Säule angibt, die im andern Halbgitter über *einem* Parallelogramm errichtet ist.[15]) Sind $\mathfrak{a}_1$, $\mathfrak{a}_2$ die primitiven Translationen der Netzebene, so ist $F = n\,|\mathfrak{a}_1\mathfrak{a}_2|$, wo $|\mathfrak{a}_1\mathfrak{a}_2|$ kurz für den Betrag des Vektorprodukts $[\mathfrak{a}_1\mathfrak{a}_2]$ geschrieben ist; daher erhält man

$$\sigma = -\frac{1}{2\,|\mathfrak{a}_1\,\mathfrak{a}_2|}\sum_{kk'}\mathop{\mathrm{S}}_{l_3 \geqq 0}\sum_{p=1}^{\infty}\varphi_{kk'}^{l_1, l_2, l_3+p},$$

wo der Index p die Zellen der parallelepipedischen Säule durchläuft. Die Summation nach p läßt sich ausführen; denn jedes Glied $\varphi_{kk'}^{l_1, l_2, l_3+p}$ kommt $l_3 + p$ mal in der Summe vor (s. Fig. 2). Es wird also

$$\sigma = -\frac{1}{2\,|\mathfrak{a}_1\,\mathfrak{a}_2|}\sum_{kk'}\mathop{\mathrm{S}}_{l_3>0} l_3\,\varphi_{kk'}^{l}. \tag{23}$$

Die so berechnete Oberflächenenergie ist mit beobachtbaren Größen

15) Bildet man den entsprechenden Ausdruck für ein kontinuierliches, isotropes Medium, so erhält man die bekannte *Laplace*sche Formel für die Kapillaritätskonstante; vgl. Art. V 9, Kapillarität (*H. Minkowski*). Sind nämlich P_1, P_2 zwei Punkte, die durch die ebene Oberfläche getrennt sind, im Abstande r, und ist x die Entfernung des Punktes P_1 von der Grenzebene, so ist die Energie des einen Halbraums auf den andern (s. Fig. 1)

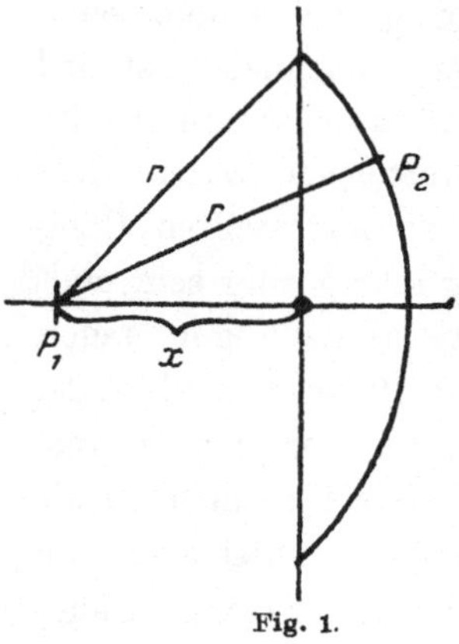

$$\Phi_{12} = 2\pi F\int_0^{\infty} dx \int_x^{\infty}\left(1 - \frac{x}{r}\right) r^2\varphi(r)\,dr.$$

Nun ist aber, wenn $\varphi(r)$ für $r = \infty$ hinreichend stark verschwindet:

$$\int_0^{\infty} dx \int_x^{\infty} r^2\varphi(r)\,dr = 2\int_0^{\infty} x\,dx \int_x^{\infty}\varphi(r)\,r\,dr,$$

also

$$\sigma = -\frac{\Phi_{12}}{2F} = -\frac{\pi}{2}\int_0^{\infty} dx \int_x^{\infty} r^2\varphi(r)\,dr.$$

Fig. 1.

Das stimmt mit dem in dem zit. Art. Nr. **14**, (23), angegebenen Ausdruck für die Kapillaritätskonstante, die dort mit H bezeichnet ist, überein. (Die potentielle Energie $\varphi(r)$ ist dort mit $-\varrho\psi(r)$ bezeichnet, wo ϱ die Dichte ist; sodann ist $\vartheta(r) = \int_r^{\infty}\chi(r)\,dr$, $\chi(r) = \int_r^{\infty} r^2\cdot\psi(r)\,dr$ gesetzt. Der Ausdruck (23) $H = \pi\varrho^2\vartheta(0)$ ist also mit obigem σ identisch.)

nicht ohne weiteres vergleichbar, da sie für das Gitter im Gleichgewicht, also für den absoluten Nullpunkt der Temperatur gilt. Eine strenge Theorie der Temperaturabhängigkeit der Oberflächenenergie von Kristallen ist nicht vorhanden.[16]) Gleichwohl hat die Berechnung von σ nach Formel (23) an Stelle der thermodynamisch richtigen „freien Oberflächenenergie" einigen Wert für die Beurteilung der Größenordnung und für den Vergleich der σ-Werte verschiedener Kristallflächen, deren Reihenfolge durch den Temperatureinfluß wohl schwerlich geändert werden wird.

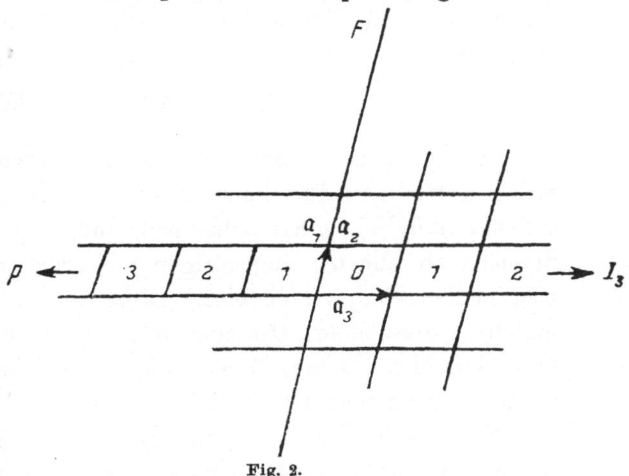

Fig. 2.

Es gibt hauptsächlich zwei Vorgänge, bei denen die (freie) Oberflächenenergie der Kristalle in Erscheinung tritt. Erstens verändert sie die Dampfspannung und die Löslichkeit; dieser Einfluß ermöglicht eine absolute Messung von σ.[17]) Zweitens wird durch die (freie) spezifische Oberflächenenergie die Gestalt des Kristalles im thermodynamischen Gleichgewicht mit seinem Dampfe (bzw. mit seiner gesättigten Lösung) bestimmt; denn die freie Energie zweier Kristallstücke aus der gleichen Substanz unterscheidet sich bei gleicher Volumenenergie nur durch die Oberflächenenergie, und da im Gleichgewichte die freie Energie ein Minimum haben muß, so wird man mit *W. Gibbs*[18]) und *P. Curie*[19]) folgern[20]), daß der Kristall diejenige

16) Es ist auch nicht bekannt, ob das *Eötvös*sche Gesetz, das diese Temperaturabhängigkeit für Flüssigkeiten darstellt, für Kristallflächen gilt. Die theoretische Begründung dieses Gesetzes durch *E. Madelung* [Phys. Ztschr. 14 (1913), p. 729] und *M. Born* u. *R. Courant* [Phys. Ztschr. 14 (1913), p. 731] ist unzulänglich.

17) *G. Hulett*, Ztschr. f. phys. Chem. 37 (1901), p. 385, hat Experimente mit Kristallstaub von Gips und Bariumsulfat ausgeführt. Vgl. auch *J. J. P. Valeton*, Kristallform u. Löslichkeit, Diss. Amsterdam 1915 u. Ber. d. Sächs. Ges. d. Wiss. 67 (1915), p. 1.

18) *J. W. Gibbs*, Equilibrium of Heterogeneous substances, Connecticut Acad. III, New Haven 1876 und 1878. Abgedruckt in Scient. Pap. I, p. 55; vgl. insbes. p. 314. Deutsch in: Thermodyn. Studien, übersetzt von *W. Ostwald*, Leipzig 1892, p. 60; vgl. insbes. p. 320.

Form annehmen muß, bei der seine (freie) Oberflächenenergie möglichst klein ist. Sind $F_1, F_2, \ldots$ die Flächeninhalte, $\sigma_1, \sigma_2, \ldots$ die spezifischen Oberflächenenergien verschiedener Kristallflächen, V das Volumen, so ist die Gleichgewichtsform charakterisiert durch

$$\sum_p \sigma_p F_p = \text{Min.}, \quad V = \text{konst.}$$

Die Lösung dieser Minimalaufgabe wird nach *G. Wulff*[21]) folgendermaßen gewonnen: Man konstruiere von einem Punkt O die Normalen auf alle möglichen Kristallflächen und trage auf ihnen von O aus Strecken ab, die den zugehörigen σ-Werten proportional sind; bringt man in den Endpunkten dieser Strecken die Normalebenen an, dann umhüllen diese einen O umgebenden Raum, der die gesuchte Kristallform darstellt. Daraus folgt, daß nur Flächen mit relativ kleinen σ an der Begrenzung des Kristalls teilnehmen können.[22])

Numerische Berechnungen von σ sind von *Born* und *Stern*[23]) für reguläre Kristalle binärer Salze ausgeführt worden auf Grund der Hypothese, daß die Kohäsion dieser Substanzen wesentlich auf der elektrostatischen Anziehung der geladenen Atome (Ionen) beruht. (S. Nr. **38**.)

Die tatsächliche Form oder „Tracht" der Kristalle wird aber gar nicht durch den Satz von *Gibbs* und *Curie* geregelt[24]), weil diese

19) *P. Curie,* Bull. de la Soc. Min. de France 8 (1885), p. 145 u. Oeuvres, p. 153.

20) S. auch Encykl. V 9, Kapillarität (*H. Minkowski*), Nr. 18, p. 611. Ferner *P. Ehrenfest,* Ann. d. Phys. (4) 48 (1915), p. 360; dort ist ältere mineralogische Literatur über dieses Thema zitiert.

21) *G. Wulff,* Ztschr. f. Kristallogr. 34 (1901), p. 449. — Der Beweis von *Wulff* war noch unvollständig und wurde später von *Hilton* verbessert. *H. Hilton,* Zentralbl. f. Mineral. (1901), p. 753 u. Math. Crystallogr. Oxford (1903), p. 106. Vgl. auch *H. Liebmann,* Ztschr. f. Kristallogr. 53 (1914), p. 171.

22) Über den Zusammenhang der Oberflächenenergie mit der *Zerreißfestigkeit* der festen Körper s. *A. A. Griffith,* Phil. Trans. Roy. Soc. London, A. 221 (1920), p. 163; *M. Polanyi,* Ztschr. f. Phys. 7 (1921), p. 323; *A. Smekal,* Die Naturwissenschaften 10 (1922), p. 799.

23) *M. Born* u. *O. Stern,* Sitzungsber. d. preuß. Akad. d. Wiss. 1919, p. 901.

24) *A. Berthoud,* J. de Chim. phys. 10 (1912), p. 624; *G. Friedel,* J. de Chim. phys. 11 (1913), p. 478. — Vgl. auch *J. J. P. Valeton,* l. c. Anm. 17 u. Phys. Ztschr. 21 (1920), p. 606. *Valeton* führt hier die verschiedene Wachstumsgeschwindigkeit verschiedener Kristallflächen im Anschluß an die elektrochemische Valenztheorie von *W. Kossel* (Ann. d. Phys. 49 (1916), p. 229) auf die verschiedene Dichte und Verteilung der Ionen in den Netzebenen und die dadurch erzeugte Verschiedenheit der Anziehung auf die gelösten Ionen zurück. S. ferner *M. Volmer,* Ztschr. f. phys. Chem. 102 (1922), p. 267 und *G. Masing,* Die Naturwissenschaften 10 (1922), p. 899.

niemals im Gleichgewicht mit ihrer (gasförmigen) Umgebung entstehen. Vielmehr kommt es auf die Wachstums- bzw. Auflösungsgeschwindigkeit an, die von Fläche zu Fläche verschieden sein wird.

Analog zur Oberflächenenergie kann man auch eine *Kanten- und Eckenenergie* einführen.[25]) Um die Kantenenergie zu berechnen, denkt man sich das unendliche Gitter längs zweier Netzebenen F_1, F_2 in vier Teile zerlegt (s. Fig. 3), die Energie entsprechend in

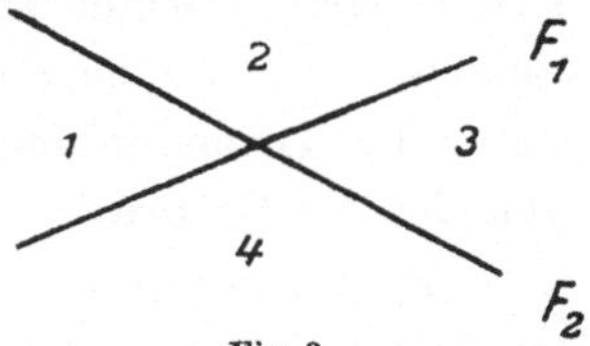

$$\begin{aligned}\Phi = \Phi_{11} + \Phi_{12} + \Phi_{13} + \Phi_{14} \\ + \Phi_{22} + \Phi_{23} + \Phi_{24} \\ + \Phi_{33} + \Phi_{34} \\ + \Phi_{44}.\end{aligned}$$

Fig. 3.

Vernachlässigt man nun wieder die Deformationen an den Grenzflächen und Kanten, so ist die Energie im zerlegten Zustande

$$\Phi^* = \Phi_{11} + \Phi_{22} + \Phi_{33} + \Phi_{44}.$$

Die zur Zerlegung gebrauchte Arbeit

$$\Phi^* - \Phi = -(\Phi_{12} + \Phi_{13} + \Phi_{14} + \Phi_{23} + \Phi_{24} + \Phi_{34})$$

wird verwandt zur Erzeugung von zwei Flächen von den Inhalten F_1, F_2 und von vier Kanten von der Länge L; also ist

$$\Phi^* - \Phi = 2\sigma_1 F_1 + 2\sigma_2 F_2 + 4\varkappa L,$$

wo $\varkappa$ die spezifische Kantenenergie ist. Andrerseits ist nach (22)

$$2\sigma_1 F_1 = -(\Phi_{13} + \Phi_{14} + \Phi_{23} + \Phi_{24}),$$
$$2\sigma_2 F_2 = -(\Phi_{12} + \Phi_{13} + \Phi_{24} + \Phi_{34}).$$

Setzt man das ein, so kommt[26])

$$\varkappa = \frac{\Phi_{13} + \Phi_{24}}{4L}. \tag{24}$$

Durch ähnliche Überlegungen wie bei der Oberflächenenergie findet man hierfür den Ausdruck:

$$\varkappa = \frac{1}{4\,|\mathfrak{a}_3|} \sum_{kk'} \mathop{\mathrm{S}}_{l_1,\,l_2 \geqq 0} l_1 l_2 \varphi^l_{kk'}, \tag{25}$$

wo $\mathfrak{a}_3$ zur Kante parallel ist, während $\mathfrak{a}_1$, $\mathfrak{a}_2$ je in einer der Flächen F_1, F_2 liegen.

25) *L. Brillouin*, Ann. Chim. phys. (7) 6 (1895), p. 540; *B. Vernadsky*, Bull. de la Soc. Imp. de Natur. de Moscou (1902), p. 495; *P. Parlow*, Ztschr. f. Kristallogr. 40 (1905), p. 189; 42 (1906), p. 120; Ztschr. f. phys. Chem. 72 (1910), p. 385.

26) Man beachte die Verschiedenheit des Vorzeichens in den Formeln für die Flächenenergie (22) und die Kantenenergie (24).

Die *Eckenenergie* kann man in analoger Weise behandeln, doch wollen wir die Formeln nicht angeben, da sie nur bei Kristallen, die aus wenigen Atomen bestehen, merklich werden könnte.

Man kann nämlich die relative Größenordnung der Volumen-, Flächen-, Kanten-, Ecken-Energie übersehen, wenn man bedenkt, daß in den Formeln (11) für U_0, (23) für σ, (25) für $\varkappa$ und der entsprechenden Formel für die Eckenenergie η die darin auftretenden Summen von gleicher Größenordnung sind. Nach (1) verhalten sich daher die Größenordnungen von U_0, σ, $\varkappa$, η wie $1 : \delta : \delta^2 : \delta^3$, wobei δ von der Größenordnung 10^{-8} cm ist.

M. Born und *O. Stern*[23]) haben ebenso wie die Flächenenergie (s. oben p. 542) auch die Kantenenergie für die regulären Kristalle binärer Elektrolyte aus der Hypothese der elektrostatischen Kohäsion numerisch berechnet. (Vgl. Nr. 38.)

5. Gleichgewichtsbedingungen und Flächenkräfte. Wie bei jedem mechanischen System, muß bei dem *endlichen* Gitter das Gleichgewicht durch die Forderung bestimmt sein, daß in jedem Punkte die von den übrigen ausgeübte resultierende Kraft verschwindet. Für das *unendliche* Gitter aber genügen diese Gleichgewichtsbedingungen, die in diesem Falle durch (21) gegeben sind, keineswegs. Denn die Formel (20) zeigt, daß sie z. B. immer erfüllt sind, wenn jede Partikel Symmetriezentrum des Gitters ist (wie bei den bekannten Gittern der binären Elektrolyte vom Typus des NaCl usw.); daher kann man ohne Verletzung der Bedingungen (21) das Gitter gleichmäßig dilatieren oder kontrahieren. Durch diese Gleichungen (21) werden also die absoluten Dimensionen der Zelle keineswegs festgelegt.

Der Grund des Unterschieds zwischen endlichem und unendlichem Gitter ist offenbar der, daß beim endlichen Gitter die Partikel in der Nähe der Oberfläche nicht mehr Symmetriezentren sein können, selbst wenn man nur die in einer endlichen Wirkungssphäre gelegenen Nachbarpartikel in Betracht zieht. Die Oberflächenschicht steht unter einseitiger Wirkung, und diese Besonderheit pflanzt sich gewissermaßen ins Innere fort.

Man sieht das gut an dem oben (Nr. 4, p. 538) angeführten, eindimensionalen Beispiel; dabei lauten die Gleichgewichtsbedingungen für innere Partikel

$$\varphi'(x_n - x_{n-1}) - \varphi'(x_{n+1} - x_n) = 0,$$

und diese würden, nach beiden Seiten $(-\infty < n < +\infty)$ fortgesetzt, nur zu dem Schlusse führen, daß alle Abstände $x_n - x_{n-1}$ einander gleich sind. Daß diese gleichen Abstände δ aber der Gleichung

$\varphi'(\delta) = 0$ genügen, folgt erst aus den Randgleichungen. Ganz analog liegt es im allgemeinen Falle.

Man muß also zur eindeutigen Festlegung der absoluten Dimensionen des Gitters die Existenz von Grenzflächen berücksichtigen. Das geschieht am besten durch Einführung des Begriffs der *Spannungen.*

Um diese zu definieren, fasse man eine beliebige Netzebene ins Auge und betrachte die resultierende Kraft, die die „linke" Hälfte des Gitters auf die „rechte" pro Flächeneinheit ausübt. Die von links nach rechts weisende Normale der Netzebene sei mit ν bezeichnet, die Kraft entsprechend mit $K_\nu^{(0)}$; diese ist also positiv, wenn die „linke" Hälfte auf die „rechte" einen *Druck* ausübt.

Ferner seien $\mathfrak{a}_1$, $\mathfrak{a}_2$ die Kanten eines primitiven Parallelogramms der begrenzenden Netzebene, während die dritte Kante $\mathfrak{a}_3$ der Zelle in den einen Halbkristall hineinweist. Dann führt eine ähnliche Überlegung wie bei der Oberflächenenergie für die x-Komponente der resultierenden, von der betrachteten („linken") Gitterhälfte ausgeübten Kraft $K_\nu^{(0)}$ zu dem Ausdruck:[27])

$$K_{\nu x}^{(0)} = -\frac{1}{|\mathfrak{a}_1\,\mathfrak{a}_2|}\sum_{kk'}\underset{l_3\geqq 0}{\mathrm{S}}\sum_{p=1}^{\infty}(\varphi_{kk'}^{l_1,l_2,l_3+p})_x.$$

Hier kann man wieder die Summation nach p ausführen und erhält

$$K_{\nu x}^{(0)} = -\frac{1}{|\mathfrak{a}_1\,\mathfrak{a}_2|}\sum_{kk}\underset{l_3>0}{\mathrm{S}}\, l_3(\varphi_{kk'}^{l})_x.$$

Da nun $\mathfrak{a}_{1\nu} = \mathfrak{a}_{2\nu} = 0$ sind, so ist

$$\mathfrak{r}_{kk'\nu}^{l} = \mathfrak{r}_{k\nu} - \mathfrak{r}_{k'\nu} + l_3\mathfrak{a}_{3\nu}.$$

Entnimmt man hieraus l_3 und beachtet, daß $\mathfrak{a}_{3\nu}|\mathfrak{a}_1\mathfrak{a}_2| = \Delta$ ist, so wird

$$K_{\nu x}^{(0)} = -\frac{1}{\Delta}\sum_{kk'}\underset{l_3>0}{\mathrm{S}}(\varphi_{kk'}^{l})_x(\mathfrak{r}_{kk'\nu}^{l} - \mathfrak{r}_{k\nu} + \mathfrak{r}_{k'\nu}).$$

Wegen (14') kann man l_3 statt aller positiven alle negativen Werte durchlaufen lassen und daher schreiben:

$$K_{\nu x}^{(0)} = -\frac{1}{2\Delta}\sum_{kk'}\underset{l}{\mathrm{S}}(\varphi_{kk'}^{l})_x(\mathfrak{r}_{kk'\nu}^{l} - \mathfrak{r}_{k\nu} + \mathfrak{r}_{k'\nu}).$$

Wegen (21) fallen die Glieder mit $\mathfrak{r}_k$ und $\mathfrak{r}_{k'}$ fort. Setzt man sodann

$$\mathfrak{r}_{kk'\nu}^{l} = \sum_y y_{kk'}^{l}\cos(\nu y)$$

27) Die folgende Umformung verdankt Ref. einer mündlichen Mitteilung von *W. Pauli jr.*

und mit Rücksicht auf (14)

$$(26)\qquad \begin{cases} K_{yx}^{(0)} = -\frac{1}{2\Delta}\sum_{kk'}\mathop{\mathrm{S}}_{l}(\varphi_{kk'}^{l})_x y_{kk'}^{l} \\ \quad = -\frac{1}{2\Delta}\sum_{kk'}\mathop{\mathrm{S}}_{l} P_{kk'}^{l}\, x_{kk'}^{l}\, y_{kk'}^{l} = K_{xy}^{(0)} \end{cases}$$

so erhält man

$$(26')\qquad K_{\nu x}^{(0)} = \sum_{y} K_{xy}^{(0)} \cos(\nu y).$$

Die Flächenkraft wird daher durch den symmetrischen Tensor (26), den *Spannungstensor*, dargestellt.

Soll nun das Gitter im Gleichgewicht sein, so muß der Spannungstensor verschwinden; denn dann kann man eine Gitterhälfte wegnehmen, ohne das Gleichgewicht zu stören (abgesehen von kleinen Deformationen der Oberflächenschicht, vgl. Nr. **4**, p. 539). Damit sind *sechs neue Gleichgewichtsbedingungen*

$$(27)\qquad K_{xy}^{(0)} = 0$$

gewonnen, die zu den $3(s-1)$ Bedingungen (21) hinzutreten. Im ganzen hat man also $3s+3$ Gleichgewichtsbedingungen, und diese genügen zur vollständigen Festlegung des Gitters; denn dieses hat $3s+3$ Bestimmungsstücke, nämlich die $3(s-1)$ relativen Koordinaten der Basispartikel sowie drei Kanten und drei Winkel der Zelle.

Man kann zu den Bedingungen (27) auch auf einem andern, mehr formalen Wege kommen, mit Hilfe des Begriffs der *homogenen Verzerrung.* Eine solche besteht aus zwei Arten von Verrückungen: Erstens erfahren alle Partikel desselben einfachen Gitters dieselbe Verrückung $\mathfrak{u}_k$, zweitens erfahren alle einfachen Gitter ein und dieselbe gleichmäßige Dilatation. In Formeln:

$$(28)\qquad \mathfrak{u}_{kx}^{l} = \mathfrak{u}_{kx} + \sum_{y} u_{xy}\, y_k^{l}.$$

Die $3s$ Komponenten der Vektoren $\mathfrak{u}_k$ und die neun Komponenten des (asymmetrischen) Tensors u_{xy} sind die Bestimmungsstücke der homogenen Verzerrung.

Diese fällt nicht unter die bisher (in Nr. **3**) betrachtete Klasse von Verrückungen, bei denen die gesamte Energie Φ des Gitters endlich ist; denn die Größe der Verschiebung nimmt nach (28) mit wachsendem Abstande vom Nullpunkt ($l \to \infty$) unbegrenzt zu. Man kann aber zeigen, daß die *Energiedichte* existiert; darunter verstehen wir hier und im folgenden stets die Energie pro Volumeneinheit des *undeformierten* Kristalls. Hier berechnen wir diese zunächst für die in den Verrückungen linearen Glieder Φ_1. Setzen wir in den Ausdruck

(18′) von Φ_1 die Werte (28) ein, so kommt

$$\Phi_1 = \frac{1}{2} \mathop{\mathrm{S}}_{l'} \Big\{ 2 \sum_k \sum_x \mathfrak{u}_{kx} \sum_{k'} \mathop{\mathrm{S}}_{l} (\varphi_{kk'}^{l-l'})_x + \sum_{xy} u_{xy} \sum_{kk'} \mathop{\mathrm{S}}_{l} (\varphi_{kk'}^{l-l'})_x y_{kk'}^{l-l'} \Big\}.$$

Die Summation nach l' läßt sich ausführen und liefert in ähnlicher Weise wie bei $\Phi_{(0)}$ (Nr. **3**, Formel (11), p. 535) mit Rücksicht auf (20) und (26):

$$U_1 = \lim_{N=\infty} \frac{\Phi_1}{N\Delta} = - \sum_k \mathfrak{K}_k^{(0)} \mathfrak{u}_k - \sum_{xy} K_{xy}^{(0)} u_{xy}. \tag{29}$$

Demnach stellen die Gleichungen (21) und (27) die notwendigen und hinreichenden Bedingungen dar dafür, daß die linearen Glieder in der Entwicklung der Energiedichte bei homogener Verzerrung

$$U = U_0 + U_1 + U_2 + \cdots \tag{30}$$

verschwinden.[28])

6. Energie und Spannungen bei homogener Verzerrung und die Beziehungen zur Kontinuumstheorie. Die soeben eingeführten homogenen Verzerrungen spielen in der Dynamik der Gitter eine besondere Rolle. Da nämlich die Gitterkonstante δ von der Größenordnung 10^{-8} cm ist, so sind in vielen Fällen die physikalisch herstellbaren Deformationen von Kristallen als homogen zu betrachten innerhalb von Bereichen, deren lineare Dimensionen groß gegen δ sind.

Es soll daher die Energie des Gitters für homogene Verzerrungen berechnet werden. Durch Einsetzen von (28) in den Ausdruck (18′) von Φ_2 ergibt sich:

$$\Phi_2 = \frac{1}{4} \sum_{kk'} \mathop{\mathrm{S}}_{ll'} \Big\{ \sum_{xy} (\varphi_{kk'}^{l-l'})_{xy} \mathfrak{u}_{kk'x} \mathfrak{u}_{kk'y} + 2 \sum_{xy\bar{x}} (\varphi_{kk'}^{l-l'})_{xy} \bar{x}_{kk'}^{l-l'} \mathfrak{u}_{kk'x} u_{y\bar{x}}$$
$$+ \sum_{xy\bar{x}\bar{y}} (\varphi_{kk'}^{l-l'})_{xy} \bar{x}_{kk'}^{l-l'} \bar{y}_{kk'}^{l-l'} u_{x\bar{x}} u_{y\bar{y}} \Big\}.$$

Man erkennt die Existenz der Energiedichte

$$U_2 = \lim_{N=\infty} \frac{\Phi_2}{N\Delta} = \frac{1}{4} \sum_{kk'} \sum_{xy} \begin{bmatrix} kk' \\ xy \end{bmatrix} \mathfrak{u}_{kk'x} \mathfrak{u}_{kk'y} \tag{31}$$
$$+ \sum_k \sum_{xyz} \begin{bmatrix} k \\ xyz \end{bmatrix} \mathfrak{u}_{kx} u_{yz} + \frac{1}{2} \sum_{xy\bar{x}\bar{y}} [xy\bar{x}\bar{y}]\, u_{x\bar{x}} u_{y\bar{y}};$$

---

28) Man kann die Erscheinungen der thermischen Ausdehnung und der Pyroelektrizität in formaler Weise berücksichtigen, indem man die Größen $\mathfrak{K}_k^{(0)}$ und $K_{xy}^{(0)}$ *nicht* gleich Null setzt, sondern als Temperaturfunktionen betrachtet, die (nach dem *Nernst*schen Wärmesatze, vgl. Nr. **26**) beim absoluten Nullpunkt verschwinden. Dabei verzichtet man aber auf die wahre Bedeutung der Größen $\mathfrak{K}_k^{(0)}$ und $K_{xy}^{(0)}$ als Gittersumme gemäß den Formeln (20) und (26); bei tatsächlichen Berechnungen bestimmter Gitter mit bestimmten (z. B. elektrostatischen) Kräften müssen immer die Relationen (21) und (27) berücksichtigt werden (Nr. **33**, **38**, **39**). Die kinetische Theorie der thermischen Ausdehnung und der Pyroelektrizität, die formal die Glieder 1. Ordnung U_1 in der Form (29) wiederherstellt, wird später gegeben werden (Nr. **31**, **32**).

dabei haben die Klammersymbole folgende Bedeutung:

$$(32)\quad\begin{cases}
\text{a)}\ \begin{bmatrix}kk'\\xy\end{bmatrix} = \frac{1}{\Delta}\mathop{\mathrm{S}}_{l}(\varphi_{kk'}^{l})_{xy} = \frac{1}{\Delta}\left\{\delta_{xy}\mathop{\mathrm{S}}_{l}P_{kk'}^{l} + \mathop{\mathrm{S}}_{l}Q_{kk'}^{l}x_{kk'}^{l}y_{kk'}^{l}\right\},\\
\text{b)}\ \begin{bmatrix}k\\xyz\end{bmatrix} = \frac{1}{\Delta}\sum_{k'}\mathop{\mathrm{S}}_{l}(\varphi_{kk'}^{l})_{xy}z_{kk'}^{l} = \frac{1}{\Delta}\sum_{k'}\mathop{\mathrm{S}}_{l}Q_{kk'}^{l}x_{kk'}^{l}y_{kk'}^{l}z_{kk'}^{l},\\
\text{c)}\ [xy\bar{x}\bar{y}] = \frac{1}{2\Delta}\sum_{kk'}\mathop{\mathrm{S}}_{l}(\varphi_{kk'}^{l})_{xy}\bar{x}_{kk'}^{l}\bar{y}_{kk'}^{l}\\
\qquad = \frac{1}{2\Delta}\sum_{kk'}\mathop{\mathrm{S}}_{l}Q_{kk'}^{l}x_{kk'}^{l}y_{kk'}^{l}\bar{x}_{kk'}^{l}\bar{y}_{kk'}^{l}.
\end{cases}$$

Offenbar ist $\begin{bmatrix}kk'\\xy\end{bmatrix}$ nur für $k \neq k'$ definiert; man kann mit Vorteil den Koeffizienten $\begin{bmatrix}kk\\xy\end{bmatrix}$ durch die Forderung einführen, daß

$$(33)\qquad \sum_{k'}\begin{bmatrix}kk'\\xy\end{bmatrix} = 0$$

sein soll. Ferner gilt, wie leicht zu sehen,

$$(34)\qquad \sum_{k}\begin{bmatrix}k\\xyz\end{bmatrix} = 0.$$

Alle Koeffizienten (32) bleiben bei Vertauschungen der x, y, z ungeändert, $\begin{bmatrix}kk'\\xy\end{bmatrix}$ auch bei der Vertauschung von k und k'.

Mit Rücksicht auf diese Symmetrierelationen und die Identitäten (33), (34) ist die Höchstzahl unabhängiger Konstanten jeder Art die folgende:

Es gibt höchstens $3s(s-1)$ Größen $\begin{bmatrix}kk'\\xy\end{bmatrix}$,

„ „ „ $10\ (s-1)$ „ $\begin{bmatrix}k\\x\,y\,z\end{bmatrix}$,

„ „ „ 15 „ $[x\,y\,\bar{x}\,\bar{y}]$.

Aus den Symmetrierelationen folgt ferner, daß U_2 nur von den 6 Verbindungen

$$(35)\qquad \begin{cases}
x_x = u_{xx}, & y_z = z_y = u_{yz} + u_{zy},\\
y_y = u_{yy}, & z_x = x_z = u_{zx} + u_{xz},\\
z_z = u_{zz}, & x_y = y_x = u_{xy} + u_{yx}
\end{cases}$$

abhängt, den „*Deformationskomponenten*" der Elastizitätstheorie.

Wegen (33) kann man die erste Summe in U_2 auch so schreiben

$$(31')\qquad \frac{1}{4}\sum_{kk'}\sum_{xy}\begin{bmatrix}kk'\\xy\end{bmatrix}\mathfrak{u}_{kk'x}\mathfrak{u}_{kk'y} = -\frac{1}{2}\sum_{kk'}\sum_{xy}\begin{bmatrix}kk'\\xy\end{bmatrix}\mathfrak{u}_{kx}\mathfrak{u}_{k'y}.$$

Damit das Gleichgewicht stabil ist, muß die quadratische Form U_2 (31) *positiv definit* sein; und zwar darf sie höchstens für solche Verrückungen verschwinden, bei denen das Gitter als ganzes verrückt wird, also bei den Translationen $u_{xy} = 0$ und $\mathfrak{u}_k = \mathfrak{u}$, wo $\mathfrak{u}$ ein beliebiger Vektor ist. Die bei einer Verrückung $\mathfrak{u}_k$ eines einfachen Gitters zu überwindende *Kraft pro Volumeneinheit* ist

$$\mathfrak{K}_k = -\frac{\partial U}{\partial \mathfrak{u}_k}; \tag{36}$$

ferner werden die Größen

$$K_{xy} = -\frac{\partial U}{\partial u_{xy}} \tag{36'}$$

die *Komponenten des Spannungstensors* bei der homogenen Deformation u_{xy} bedeuten.

Beschränkt man sich auf die Glieder 2. Ordnung von U, so werden die Kräfte und Spannungen lineare Funktionen der $\mathfrak{u}_k$ und u_{xy} (*Hookesches Gesetz*), und zwar erhält man aus (31)

$$(37) \quad \left\{ \begin{aligned} &\text{a)}\ \mathfrak{K}_{kx} = -\frac{\partial U_2}{\partial \mathfrak{u}_{kx}} = \sum_{k'} \sum_{y} \begin{bmatrix} k\,k' \\ x\,y \end{bmatrix} \mathfrak{u}_{k'y} - \sum_{yz} \begin{bmatrix} k \\ x\,y\,z \end{bmatrix} u_{yz}, \\ &\text{b)}\ K_{xy} = -\frac{\partial U_2}{\partial u_{xy}} = -\sum_{k} \sum_{z} \begin{bmatrix} k \\ x\,y\,z \end{bmatrix} \mathfrak{u}_{kz} - \sum_{\bar{x}\bar{y}} [x\,y\,\bar{x}\,\bar{y}]\, u_{\bar{x}\bar{y}}. \end{aligned} \right.$$

Die Bedeutung dieser Größen als „innere Kraft“ $\mathfrak{K}_k$ und „Flächenkraft“ K_{xy} kann man auch durch direkte Einführung der homogenen Deformation in dem Ausdruck (19) der Einzelkraft mit Hilfe von Überlegungen analog zu den in Nr. 5 durchgeführten bestätigen.

Aus (33) folgt, daß $\mathfrak{K}_{kx}$ und K_{xy} nur von den Differenzen der $\mathfrak{u}_{kx}$ abhängen; ferner folgt aus den Symmetrierelationen der Koeffizienten, daß $\mathfrak{K}_{kx}$ und K_{xy} nur von den Verbindungen (35) der u_{xy}, den Deformationskomponenten, abhängen, sowie daß K_{xy} in x, y symmetrisch ist. Endlich ergibt sich aus (33) und (34), daß

$$\sum_k \mathfrak{K}_{kx} = 0 \tag{38}$$

ist. Ein äußeres Kraftsystem kann daher nur dann eine homogene Verzerrung erzeugen, wenn die Resultante der an der Basis angreifenden Kräfte verschwindet.

Das ist der Fall, wenn diese Kräfte von homogenen elektrostatischen oder magnetostatischen Feldern stammen; denn wenn die Partikel die Ladungen $e_1, e_2, e_3, \ldots, e_s$ tragen, so besteht in einem elektrischen Felde $\mathfrak{E}$ die Gleichgewichtsbedingung

$$\mathfrak{K}_k + \frac{e_k}{\Delta}\mathfrak{E} = 0, \tag{39}$$

und daraus folgt (38), weil die Zelle elektrisch neutral ist:

$$\sum_k e_k = 0. \tag{40}$$

Dagegen tritt im Felde der Schwerkraft keine homogene Verzerrung des Gitters ein.

Für alle die Fälle, wo die Verzerrung zwar nicht homogen ist, aber innerhalb von Bereichen, die eine große Anzahl von Zellen umfassen, als nahezu homogen betrachtet werden kann, gewinnt man angenäherte Gesetze durch einen geeigneten Übergang zur Kontinuumstheorie.

7. Übergang zur Kontinuumstheorie. Elastizität. Man denke sich für das Gitter einen kontinuierlichen Körper substituiert; dessen Punkte können sichtbare Verrückungen $\mathfrak{u}$ erfahren, die Funktionen der Koordinaten x, y, z sind, außerdem aber sollen in jedem Volumenelement $3s$ „innere", „unsichtbare" Verrückungen $\mathfrak{u}_k$ vor sich gehen können.[29])

Wir nehmen nun an, daß die $\mathfrak{u}$ und $\mathfrak{u}_k$ „langsam" veränderliche Funktionen von x, y, z sind, d. h. erst in Bereichen, die eine sehr große Zahl von Zellen umfassen, sich merklich ändern.

In einem kleinen Bereich, der aber noch eine beträchtliche Zahl von Zellen umfaßt, kann die Deformation als homogen gelten, und es ist in erster Näherung

$$\mathfrak{u} = \frac{\partial \mathfrak{u}}{\partial x} x + \frac{\partial \mathfrak{u}}{\partial y} y + \frac{\partial \mathfrak{u}}{\partial z} z$$

oder in unserer Schreibweise

$$\mathfrak{u}_x = \sum_y \frac{\partial \mathfrak{u}_x}{\partial y} y.$$

Man wird nun die Koeffizienten $\frac{\partial \mathfrak{u}_x}{\partial y}$ der homogenen Deformation des Kontinuums mit den Koeffizienten u_{xy} der homogenen Deformation des Gitters (28) identifizieren, ebenso die „inneren" Verrückungen $\mathfrak{u}_k$ mit den entsprechenden Größen beim Gitter. Sodann wird man annehmen, daß die Energiedichte U, die der Erzeugung der „inneren" Verrückungen widerstehenden Kräfte $\mathfrak{K}_k$ und die Spannungen K_{xy} durch die Formeln (31), (37) dargestellt werden, wobei die $\mathfrak{u}_k$ und $u_{xy} = \frac{\partial \mathfrak{u}_x}{\partial y}$ als „langsam" veränderliche Funktionen von x, y, z anzusehen sind.

Auf das so mechanisch definierte Kontinuum wird man sodann die Prinzipien der Mechanik der Kontinua anwenden. Wir nehmen an,

29) In dem Artikel IV 30, *Die allgemeinen Ansätze der Mechanik der Kontinua* (*E. Hellinger*) sind die Grundlagen einer Mechanik der Kontinua, bei der die Volumenelemente innere Zustandsänderungen erleiden können, kurz skizziert; die Betrachtungen sind allerdings wesentlich nur für den Fall „orientierter Teilchen" durchgeführt, bei denen die adjungierten Parameter die Winkel sind, welche die Stellung der Teilchen im Raume bestimmen (s. dort Nr. **2b**, **4b**, **7b**). S. auch *W. Koster,* Theorie van elastische media met orienteerbare Deeltjes, Diss. Utr. 1921.

daß die äußeren Kräfte $\mathfrak{F}_k$ im erörterten Sinne „langsam“ mit dem Orte veränderlich sind und daß ihre Resultante an der Basis nicht verschwindet; es sei vielmehr die *Kraft pro Volumeneinheit*

$$\sum_k \mathfrak{F}_k = \mathfrak{F}. \tag{41}$$

Dann erhält man *die elastischen Gleichgewichtsbedingungen*

$$\sum_y \frac{\partial K_{xy}}{\partial y} - \mathfrak{F}_x = 0, \tag{42}$$

wo für die Spannungskomponenten K_{xy} die Ausdrücke (37b) einzusetzen sind; zugleich hat man in (37a) die Werte

$$\mathfrak{K}_k = \frac{1}{s}\mathfrak{F} - \mathfrak{F}_k \tag{43}$$

einzusetzen, die der Bedingung (38) genügen.

Zu den Differentialgleichungen (42) müssen noch Randbedingungen an der Oberfläche des Kristalls treten, z. B. die Forderungen, daß die Oberflächenspannungen $\overline{K}_\nu$ gegeben sind:

$$\sum_y K_{xy} \cos(\nu y) = \overline{K}_{\nu x}. \tag{42'}$$

Um Bewegungsvorgänge darzustellen, hat man in (42) zu der Kraft $\mathfrak{F}$ die *d'Alembert*sche Trägheitskraft $-\varrho\ddot{\mathfrak{u}}$ hinzuzufügen, wo ϱ die durch (7) definierte Dichte ist. Und zwar ist das solange erlaubt, als die Energie der relativen Bewegung der einzelnen einfachen Gitter klein ist gegen die Energie der Gesamtbewegung der makroskopischen Volumenelemente. Die Relativbewegung der einfachen Gitter hat, wie wir sehen werden (Nr. **21**, **22**) Resonanzbereiche, deren langsamste Perioden ultraroten Lichtwellen entsprechen. Für alle Bewegungen, die sich nur aus langsameren Frequenzen zusammensetzen lassen, genügt die gewöhnliche Elastizitätstheorie. In der Nähe der Resonanzbereiche muß man auch zu den Einzelkräften $\mathfrak{F}_k$ Trägheitskräfte $-\frac{m_k}{\Delta}\ddot{\mathfrak{u}}_k$ hinzufügen; diese Frage wird später (Nr. **14** ff.) hauptsächlich vom Standpunkt der Optik diskutiert.

Die gewöhnliche Schreibweise[30]) der Gleichungen (42) und (42')

30) Wir rechnen die Spannungen als die von dem betrachteten Kristallstück nach außen ausgeübten Flächenkräfte, also positiv bei Druck, negativ bei Zug (s. Nr. **5**, p. 545 ff.). Unsere Bezeichnung stimmt mit der von *W. Voigt,* Lehrbuch der Kristallphysik, VII. Kap. § 277, p. 562, überein. Dagegen weichen die in den verschiedenen Artikeln dieser Encyklopädie über Elastizitätstheorie (Bd. IV, Tbd. 4) gebrauchten Bezeichnungen von der unseren und untereinander ab. In IV 23 (*C. H. Müller* und *A. Timpe*), Nr. **3b** sowie in IV 30 (*E. Hellinger*), Nr. **3c** werden die Flächenkräfte als äußere Drucke, also mit umgekehrtem Vorzeichen

erhält man, wenn man für die *Spannungskomponenten*

$$K_{xx} \quad K_{yy} \quad K_{zz} \quad K_{yz} \quad K_{zx} \quad K_{xy}$$

die Zeichen

$$X_x \quad Y_y \quad Z_z \quad Y_z = Z_y \quad Z_x = X_z \quad X_y = Y_x$$

einführt und die Komponenten der Kraft $\mathfrak{F}$ mit X, Y, Z bezeichnet:

$$(42^*) \qquad \begin{cases} \frac{\partial X_x}{\partial x} + \frac{\partial X_y}{\partial y} + \frac{\partial X_z}{\partial z} = X, \\ \cdots\cdots\cdots \end{cases}$$

$$(42^{**}) \qquad \begin{cases} X_x \cos(\nu x) + X_y \cos(\nu y) + X_z \cos(\nu z) = \overline{X}_\nu, \\ \cdots\cdots\cdots\cdots\cdots\cdots \end{cases}$$

Die Spannungsgleichungen (42) nebst Grenzbedingungen (42′) und die Kraftgleichungen (43) müssen nun, wenn man darin für $\mathfrak{K}_k$ und K_{xy} die Ausdrücke (37) einführt, gerade zur Bestimmung der Deformation ausreichen. Diese wird gegeben durch den Vektor $\mathfrak{u}$ und die $(s-1)$ Differenzen der Vektoren $\mathfrak{u}_k$, also durch $3 + 3(s-1) = 3s$ Komponenten. Die Anzahl der unabhängigen Gleichungen ist ebenso groß, nämlich 3 Differentialgleichungen (42) nebst $3s$ gewöhnliche Gleichungen (43), von denen aber wegen (38) nur $(3s-1)$ unabhängig sind.

8. Elimination der inneren Verrückungen. Das Hookesche Gesetz. Die inneren Verrückungen $\mathfrak{u}_k$ sind nicht direkt wahrnehmbar (höchstens durch Röntgenstrahl-Analyse nachweisbar); daher wird man sie aus den Gleichungen zu eliminieren suchen.

Die Gleichungen (37a) haben die Form

$$(44) \qquad \sum_{k'} \sum_{y} \begin{bmatrix} k\,k' \\ x\,y \end{bmatrix} \mathfrak{u}_{k'y} = \mathfrak{U}_{kx},$$

wo zur Abkürzung

$$(45) \qquad \mathfrak{U}_{kx} = \mathfrak{K}_{kx} + \sum_{yz} \begin{bmatrix} k \\ x\,y\,z \end{bmatrix} u_{yz}$$

gesetzt ist.

Bei der Auflösung der linearen Gleichungen (44) ist zu beachten, daß wegen (33) die Determinante verschwindet; die zugehörigen homogenen Gleichungen ($\mathfrak{U}_k = 0$) haben die 3 Translationen parallel zu den Koordinatenachsen

$$\mathfrak{u}_k = \mathfrak{i}_1, \text{ bzw. } \mathfrak{i}_2, \text{ bzw. } \mathfrak{i}_3$$

als unabhängige Lösungen. Trotzdem sind die Gleichungen (44) auf-

---

gebraucht. In IV 24 (*O. Tedone*), Nr. **2a** sind sie ebenso gewählt wie hier, aber die Elastizitätskonstanten der Kristalle sind mit negativem Vorzeichen eingeführt; bei isotropen Körpern wird das Vorzeichen wieder umgekehrt, indem die *Lamé*schen Konstanten als $\lambda = -2c_{12}$, $\mu = -(c_{11} - c_{12})$ definiert werden.

lösbar, weil die rechten Seiten nach (34) und (38) die Relation

$$\sum_k \mathfrak{U}_k = 0$$

erfüllen, welche gerade die 3 Lösbarkeitsbedingungen repräsentiert. Die allgemeine Lösung von (44) erhält man aus einer beliebigen durch Addition der allgemeinen Lösung der homogenen Gleichungen, d. h. eines willkürlichen Vektors; sie hat also die Form

$$\mathfrak{u}_{kx} = \sum_{k'} \sum_{y} \left\{ {kk' \atop xy} \right\} \mathfrak{U}_{k'y} + \mathfrak{A}_x. \tag{46}$$

Dabei kann man stets die Klammersymbole $\left\{ {kk' \atop xy} \right\}$ so bestimmen, daß sie sowohl in k, k' als auch in x, y symmetrisch sind, und daß

$$\sum_{k'} \left\{ {kk' \atop xy} \right\} = 0 \tag{46'}$$

ist für alle k, x, y.

In (46) setze man den Wert (45) für $\mathfrak{U}_k$ ein und eliminiere dann $\mathfrak{u}_k$ aus (37b); dabei fällt wegen (34) der willkürliche Vektor $\mathfrak{A}$ heraus und es kommt:

$$\mathfrak{u}_{kx} = \sum_{k'} \sum_{y} \left\{ {kk' \atop xy} \right\} \mathfrak{K}_{k'y} + \sum_{yz} \left[\Big| {k \atop x \,|\, yz} \Big| \right] u_{yz} + \mathfrak{A}_x, \tag{47}$$

$$K_{xy} = - \sum_{k} \sum_{z} \left[\Big| {k \atop z \,|\, xy} \Big| \right] \mathfrak{K}_{kz} - \sum_{\bar{x}\bar{y}} \left[\big| xy \,|\, \bar{x}\bar{y} \big| \right] u_{\bar{x}\bar{y}}, \tag{48}$$

wobei

$$(49) \begin{cases} \text{a)} \left[\Big| {k \atop x \,|\, yz} \Big| \right] = \sum_{k'} \sum_{\bar{x}} \left\{ {kk' \atop x\bar{x}} \right\} \left[{k' \atop \bar{x}yz} \right], \\ \text{b)} \left[\big| xy \,|\, \bar{x}\bar{y} \big| \right] = \left[xy\bar{x}\bar{y} \right] + \sum_{kk'} \sum_{z\bar{z}} \left[{k \atop xyz} \right] \left\{ {kk' \atop z\bar{z}} \right\} \left[{k' \atop \bar{x}\bar{y}\bar{z}} \right] \end{cases}$$

gesetzt ist. Diese neuen Klammersymbole sind *nicht* in allen x, y, z symmetrisch, sondern bei der ersten Art $\left[\Big| {k \atop x \,|\, yz} \Big| \right]$ sind y, z vertauschbar, bei der zweiten Art $\left[\big| xy \,|\, \bar{x}\bar{y} \big| \right]$ sind x, y miteinander vertauschbar, ebenso $\bar{x}$, $\bar{y}$, endlich das Paar x, y mit dem Paar $\bar{x}$, $\bar{y}$ (wie durch den vertikalen Strich angedeutet ist). Ferner ist wegen (46′)

$$\sum_{k} \left[\Big| {k \atop x \,|\, yz} \Big| \right] = 0. \tag{49'}$$

Trotz der Einschränkung der Vertauschbarkeit des Indizes folgt aber wiederum, daß K_{xy} nur von Deformationskomponenten (35) abhängig ist

Die Anzahl unabhängiger Konstanten in (48)

von der Art $\left[\Big| {k \atop x \,|\, yz} \Big| \right]$ ist höchstens $18s$,

„ „ „ $\left[\big| xy \,|\, \bar{x}\bar{y} \big| \right]$ „ „ 21.

Man kann auch in der Energie U die inneren Verrückungen $\mathfrak{u}_k$ durch die Kräfte $\mathfrak{K}_k$ ersetzen; dann betrachtet man aber besser an Stelle von U *die Energie* U^*, *die der Volumeneinheit des Kristalls unter der Wirkung der äußeren Kräfte* $\mathfrak{F}_k$ *zukommt,* die den inneren Kräften $\mathfrak{K}_k$ das Gleichgewicht halten; U^* unterscheidet sich von U durch die negative Arbeit der Kräfte $\mathfrak{F}_k$, also

$$U^* = U - \sum_k (\mathfrak{F}_k \mathfrak{u}_k) = U + \sum_k (\mathfrak{K}_k \mathfrak{u}_k). \tag{50}$$

U^* ist die „*Legendre*sche Transformierte" von U, und man hat

$$d\,U^* = d\,U + \sum_k (\mathfrak{K}_k d\mathfrak{u}_k) + \sum_k (\mathfrak{u}_k d\mathfrak{K}_k).$$

Da nun nach (36), (36')

$$d\,U = - \sum_k (\mathfrak{K}_k\, d\mathfrak{u}_k) - \sum_{xy} K_{xy}\, du_{xy}$$

ist, so folgt

$$d\,U^* = \sum_k (\mathfrak{u}_k\, d\mathfrak{K}_k) - \sum_{xy} K_{xy}\, du_{xy},$$

oder

$$\mathfrak{u}_{kx} = \frac{\partial U^*}{\partial \mathfrak{K}_{kx}}, \qquad K_{xy} = -\frac{\partial U^*}{\partial u_{xy}}. \tag{51}$$

Daher ergibt sich aus (47), (48):

$$U^* = U_0 + U_2^* + \cdots, \tag{52}$$

wo

$$U_2^* = \frac{1}{2} \sum_{kk'} \sum_{xy} \left\{ {kk' \atop xy} \right\} \mathfrak{K}_{kx} \mathfrak{K}_{k'y} + \sum_k \sum_{xyz} \left[\left| {k \atop x} \right| yz \right| \right] \mathfrak{K}_{kx} u_{yz} + \frac{1}{2} \sum_{xy\bar{x}\bar{y}} [|\, xy \,|\, \bar{x}\bar{y} \,|]\, u_{xy} u_{\bar{x}\bar{y}}, \tag{52'}$$

ein Ausdruck, der mit Rücksicht auf (31') ganz analog zu (31) gebaut ist.

Sind keine Einzelkräfte $\mathfrak{K}_k$ vorhanden, so hat man den Fall der *reinen Elastizitätstheorie:*

$$K_{xy} = -\sum_{\bar{x}\bar{y}} [|\, xy \,|\, \bar{x}\bar{y} \,|]\, u_{\bar{x}\bar{y}}. \tag{53}$$

Diese Gleichung ist dann der Ausdruck des *Hookeschen Gesetzes.* Die gewöhnliche Schreibweise desselben erhält man, indem man die *Elastizitätskonstanten*

$$[|\, xy \,|\, \bar{x}\bar{y} \,|] = c_{ij} = c_{ji} \qquad (i, j = 1, 2, \ldots 6) \tag{54}$$

setzt, wobei den Paaren xy die Werte von i, j in der Reihenfolge

xx	yy	zz	yz	zx	xy
1	2	3	4	5	6

entsprechen; dann kann man (53) schreiben

$$(53')\quad \begin{cases} -X_x = c_{11}x_x + c_{12}y_y + c_{13}z_z + c_{14}y_z + c_{15}z_x + c_{16}x_y, \\ \cdot\ \cdot\ \cdot\ \cdot\ \cdot\ \cdot\ \cdot\ \cdot\ \cdot\ \cdot\ \cdot\ \cdot\ \cdot\ \cdot\ \cdot\ \cdot\ \cdot \\ -Y_z = c_{41}x_x + c_{42}y_y + c_{43}z_z + c_{44}y_z + c_{45}z_x + c_{46}x_y, \\ \cdot\ \cdot\ \cdot\ \cdot\ \cdot\ \cdot\ \cdot\ \cdot\ \cdot\ \cdot\ \cdot\ \cdot\ \cdot\ \cdot\ \cdot\ \cdot\ \cdot \end{cases}$$

Da die Höchstzahl der c_{ij} 21 beträgt, so sind wir zur „Multikonstantentheorie" gelangt.[31]) Der innere Grund dafür ist der Aufbau des Gitters aus mehreren, ineinander gestellten einfachen Gittern, die Verrückungen $\mathfrak{u}_k$ gegeneinander erfahren; durch die Elimination der $\mathfrak{u}_k$ entstehen die Zusatzglieder in (49b), durch welche sich die $[xy\,\bar{x}\bar{y}]$ von den $[|xy\,|\,\bar{x}\bar{y}\,|]$ unterscheiden. Wenn die Zusatzglieder verschwinden (was bei *einem* einfachen Gitter der Fall ist), so werden alle vier Indizes unbeschränkt vertauschbar, und das liefert 6 weitere Relationen zwischen den c_{ij}, nämlich

$$(54')\quad \begin{cases} c_{23} = c_{44}, & c_{56} = c_{14}, \\ c_{31} = c_{55}, & c_{64} = c_{25}, \\ c_{12} = c_{66}, & c_{45} = c_{36}. \end{cases}$$

Das sind die *Cauchyschen Relationen*, durch welche die Anzahl 21 der Elastizitätskonstanten auf 15 reduziert wird. Daß die älteren Molekulartheorien der Elastizität[32]) auf diese „Rarikonstantentheorie" führten, liegt daran, daß sie das Gitter durch ein Kontinuum ersetzten, ohne die „inneren Verrückungen" $\mathfrak{u}_k$ einzuführen; erst die Annahme starrer Molekeln durch *Poisson* führte auf die Multikonstantentheorie (s. Nr. **9**, p. 556).

Löst man die Gleichungen (53') nach den Deformationskomponenten auf, erhält man Beziehungen der Form

$$(53'')\quad \begin{cases} -x_x = s_{11}X_x + s_{12}Y_y + s_{13}Z_z + s_{14}Y_z + s_{15}Z_x + s_{16}X_y, \\ \cdot\ \cdot\ \cdot\ \cdot\ \cdot\ \cdot\ \cdot\ \cdot\ \cdot\ \cdot\ \cdot\ \cdot\ \cdot\ \cdot\ \cdot\ \cdot\ \cdot \\ -y_z = s_{41}X_x + s_{42}Y_y + s_{43}Z_z + s_{44}Y_z + s_{45}Z_x + s_{46}X_y, \\ \cdot\ \cdot\ \cdot\ \cdot\ \cdot\ \cdot\ \cdot\ \cdot\ \cdot\ \cdot\ \cdot\ \cdot\ \cdot\ \cdot\ \cdot\ \cdot\ \cdot \end{cases}$$

wo die Koeffizienten s_{ij} die durch die Determinante dividierten Unterdeterminanten der c_{ij} sind; sie heißen *Elastizitätsmoduln*.[33]) Es gelten die Identitäten

$$\sum_{h=1}^{6} c_{ih}s_{hj} = \delta_{ij},$$

31) Vgl. den Art. IV 23, Nr. 4c.

32) Ein ausführlicher Bericht über die Entwicklung der Elastizitätstheorie findet sich in dem schon mehrfach zitierten Art. IV 23; über die Zahl der Elastizitätskonstanten vgl. insbesondere dort Nr. 4c. Ferner *A. E. H. Love*, Lehrbuch der Elastizität (deutsch von *A. Timpe*), Leipzig 1907, vgl. besonders die historische Einleitung.

33) Vgl. *W. Voigt*, Lehrbuch der Kristallphysik, VII. Kap. § 277, p. 562.

wo δ_{ij} gleich 1 oder 0 ist, je nachdem $i = j$ oder $i \neq j$ ist. Für die einzelnen Kristallklassen reduzieren sich die c_{ij} bzw. s_{ij} auf geringere Anzahlen. Diese Verhältnisse finden sich in den Artikeln über Elastizitätstheorie (Bd. IV, Tbd. 4) geschildert, auf die wir auch betreffs aller Folgerungen aus den Grundgesetzen verweisen.

9. Starre Molekeln. Wie schon erwähnt (Nr. 8, p. 555), hat *S. D. Poisson*[34]) 1829 und ausführlicher 1839 die Annahme diskutiert, daß die Molekeln nicht punktförmige Kraftzentra, sondern „starre Körper von polyedrischer Gestalt" seien, die nicht nur mit einer Zentralkraft, sondern auch einem Kräftepaar aufeinander wirken. Die Durchführung der Elastizitätstheorie auf dieser Grundlage, wobei sich nun die volle Zahl von 21 Elastizitätskonstanten für den asymmetrischen Kristall ergab, ist erst *W. Voigt*[35]) gelungen. Wegen der historischen Bedeutung dieser Theorie wollen wir zeigen, daß sie sich in einfacher Weise als Spezialfall der allgemeinen Gitterdynamik gewinnen läßt. Wir wollen uns dabei auf die einfachste Struktur beschränken, bei der jede Zelle des Gitters eine einzige starre Molekel enthält.

Wir nehmen an, daß die s Partikel der Zelle starr miteinander verbunden sind. In jedem dieser starren Systeme denken wir uns einen Nullpunkt fixiert und von diesem aus die s Vektoren $\mathfrak{r}_k$ nach den Partikeln gezogen. Die Lagen der Nullpunkte werden durch die Vektoren $\mathfrak{r}^l$ bestimmt. Die Verrückung einer beliebigen Partikel läßt sich in der Form

$$\mathfrak{u}_k^l = \mathfrak{u}^l + [\mathfrak{q}^l \mathfrak{r}_k]$$

darstellen, wo $\mathfrak{u}^l$ die Verrückung des zugehörigen Nullpunktes und $\mathfrak{q}^l$ die Drehung um diesen bedeuten.

Bei homogenen Deformationen werden die Nullpunkte der Molekeln nach dem linearen Gesetze

$$\mathfrak{u}_{kx}^l = \sum_y u_{xy} y^l$$

verschoben, und alle Molekeln erfahren *dieselbe* Drehung $\mathfrak{q}^l = \mathfrak{q}$. Es wird daher

$$\mathfrak{u}^l_{kx} = [\mathfrak{q}\,\mathfrak{r}_k]_x + \sum_y u_{xy} y^l.$$

Ersetzt man hier $\mathfrak{r}_k$ durch $\mathfrak{r}^l_k - \mathfrak{r}^l$, so kann man schreiben

$$\mathfrak{u}_{kx}^l = [\mathfrak{q}\,\mathfrak{r}_k^l]_x + \sum_y v_{xy} y^l, \tag{55}$$

---

34) *S. Poisson,* J. Éc. Polyt. 20 (1831), p. 8 und Mém. de l'Acad. 18 (28. Okt. 1839), p. 3, erschienen 1842 (unvollendet).

35) *W. Voigt,* Gött. Abh. 34 (1887), p. 1. S. auch Lehrbuch der Kristallphysik (Leipzig 1910), VII. Kap. II. Abschn.

wo

$$(56)\quad \begin{cases} v_{xx} = u_{xx}\quad, & v_{xy} = u_{xy} + \mathfrak{q}_z, & v_{xz} = u_{xz} - \mathfrak{q}_y, \\ v_{yx} = u_{yx} - \mathfrak{q}_z, & v_{yy} = u_{yy}\quad, & v_{yz} = u_{yz} + \mathfrak{q}_x, \\ v_{zx} = u_{zx} + \mathfrak{q}_y, & v_{zy} = u_{zy} - \mathfrak{q}_x, & v_{zz} = u_{zz} \end{cases}$$

gesetzt ist. Mit dem Ansatze (55) hat man in den Ausdruck (18), (18′) der potentiellen Energie Φ einzugehen. Nun stellt aber $[\mathfrak{q}\,\mathfrak{r}_k^l]$ eine starre Drehung des ganzen Gitters dar; dabei bleibt die Funktion Φ invariant. Folglich kann man dieses Glied aus dem Ausdruck der Verrückung einfach fortlassen und

$$(55')\qquad \mathfrak{u}_{kx}^l = \sum_y v_{xy} y^l$$

in (18′) einsetzen. Dann erkennt man die Existenz einer Energiedichte und erhält für diese die Reihe

$$(57)\qquad U = U_0 + U_1 + U_2 + \cdots$$

wo

$$(57')\quad \begin{cases} U_1 = \sum_{xy} [x\,|\,y]\, v_{xy}, \\ U_2 = \frac{1}{2} \sum_{xy\bar{x}\bar{y}} [xy\,|\,\bar{x}\bar{y}]\, v_{x\bar{x}} v_{y\bar{y}}; \end{cases}$$

dabei haben die Klammersymbole folgende Bedeutung

$$(58)\quad \begin{cases} [x\,|\,y] = \frac{1}{2\Delta} \sum_{kk'} \mathop{\mathrm{S}}_{l} (\varphi_{kk'}^l)_x y^l, \\ [xy\,|\,\bar{x}\bar{y}] = \frac{1}{2\Delta} \sum_{kk'} \mathop{\mathrm{S}}_{l} (\varphi_{kk'}^l)_{xy} \bar{x}^l \bar{y}^l. \end{cases}$$

Hier sind die Indizes x, y nicht beliebig vertauschbar, sondern nur, soweit sie nicht durch einen Strich gestrennt sind; in $[xy\,|\,\bar{x}\bar{y}]$ sind also die Paare x, y und $\bar{x}$, $\bar{y}$ nicht vertauschbar.

Im Gleichgewicht muß U_1 identisch verschwinden, also

$$(59)\qquad [x\,|\,y] = 0$$

sein; diese Relationen bedeuten, wie man nach der in Nr. 5 angegebenen Methode leicht sieht, das Verschwinden der neun Komponenten des (in diesem Fall asymmetrischen) Spannungstensors. Insbesondere sind die Differenzen

$$(59')\qquad [y\,|\,x] - [x\,|\,y] = \frac{1}{2\Delta} \sum_{kk'} \mathop{\mathrm{S}}_{l} \left\{ (\varphi_{kk'}^l)_x y^l - (\varphi_{kk'}^l)_y x^l \right\}$$

die Komponenten des Drehmomentes pro Volumeneinheit, das im Gleichgewicht natürlich Null ist.

Bei einer Deformation ergeben sich die Komponenten des Spannungstensors und des Drehmomentes durch Differentiation nach u_{xy}

bzw. $\mathfrak{q}_x$ aus U_2:

$$(60)\quad \begin{cases} K_{xy} = -\dfrac{\partial U_2}{\partial u_{xy}} = -\dfrac{\partial U_2}{\partial v_{xy}} = -\sum\limits_{\bar{x}\bar{y}} [x\bar{x}\,|\,y\bar{y}]\, v_{\bar{x}\bar{y}} \\ \mathfrak{L}_x = -\dfrac{\partial U_2}{\partial \mathfrak{q}_x} = -\left(\dfrac{\partial U_2}{\partial v_{yz}} - \dfrac{\partial U_2}{\partial v_{zy}}\right) = K_{yz} - K_{zy}. \end{cases}$$

Tragen die Molekeln Ladungen von polarer Anordnung (Dipole), so wird ein äußeres elektrisches Feld Drehmomente erzeugen, die sich mit dem inneren Drehmomente $\mathfrak{L}$ ins Gleichgewicht setzen; umgekehrt wird bei einer Deformation durch die Drehungen der Dipole das elektrische Moment der Volumeneinheit sich ändern. Man erhält so die Erscheinungen der *Elektrostriktion* und der *Piezoelektrizität*, die in Nr. **10** von einem allgemeineren Standpunkte („deformierbare" Molekeln) diskutiert und daher hier übergangen werden sollen.

Die rein elastischen Erscheinungen erhält man bei fehlenden äußeren Drehmomenten; aus $\mathfrak{L} = 0$ folgt die Symmetrie des Spannungstensors:

$$(61)\qquad K_{yz} = K_{zy},$$

und diese drei Gleichungen kann man benützen, um die Drehungen aus den Spannungskomponenten zu eliminieren. Dabei eliminieren sich zugleich mit den Komponenten von $\mathfrak{q}$ die Größen

$$(62)\quad \mathfrak{d}_x = \frac{1}{2}(u_{zy} - u_{yz}),\; \mathfrak{d}_y = \frac{1}{2}(u_{xz} - u_{zx}),\; \mathfrak{d}_z = \frac{1}{2}(u_{yx} - u_{xy}),$$

welche die Komponenten der Drehung $\mathfrak{d}$ des ganzen Gitters (d. h. des Gitters der Zellennullpunkte) sind: denn drückt man die v_{xy} durch die Deformationskomponenten (35) und die Komponenten von $\mathfrak{d}$ aus, so erhält man

$$(63)\quad \begin{cases} v_{xx} = x_x, \ldots \quad v_{yz} = \frac{1}{2} y_z + (\mathfrak{q}_x - \mathfrak{d}_x), \ldots \\ \qquad\qquad\qquad\; v_{zy} = \frac{1}{2} y_z - (\mathfrak{q}_x - \mathfrak{d}_x), \ldots \end{cases}$$

Es treten also nur die Komponenten der relativen Drehung der Molekeln gegen das Gitter der Zellennullpunkte $\mathfrak{q} - \mathfrak{d}$ auf, entsprechend der physikalischen Tatsache, daß nur diese Relativdrehungen eine Energieänderung bewirken können. Aus (61) kann man nun die $\mathfrak{q}_x - \mathfrak{d}_x, \ldots$ durch die $x_x, \ldots y_z, \ldots$ ausdrücken; dann werden die Spannungskomponenten homogene, lineare Funktionen der Deformationskomponenten $x_x, \ldots y_z, \ldots$ allein mit symmetrischem Koeffizientensystem, und man gelangt zum *Hooke*schen Gesetz (53') zurück. Die Elastizitätskonstanten c_{ij} lassen sich durch Eliminationsprozesse aus den $[xy\,|\,\bar{x}\bar{y}]$ herstellen; sie genügen im allgemeinen *nicht* den *Cauchy*schen Relationen (54').

Es ist nicht unwahrscheinlich, daß die Weiterentwicklung der *Bohr*schen Atomtheorie dazu führen wird, das Atom unter Umständen als (nahezu) starres Gebilde aufzufassen, mit der Modifikation, daß es ein Drehmoment hat, also einen „Kreisel" darstellt.

10. Das Gitter im elektrischen Felde. Vom phänomenologischen Standpunkte sind die Erscheinungen, die durch die Wechselwirkung der elastischen Kräfte mit elektrischen (oder magnetischen) Feldern zustandekommen, also vor allem die Piezoelektrizität und die Elektrostriktion, in V 16 (s. Anm. 2, p. 529), Nr. **8**—**14**, dargestellt. Dort ist auch in Nr. **12** eine kurze Übersicht über die älteren Molekulartheorien von Lord *Kelvin*, *Riecke*, *Voigt*[36]) gegeben. Mit diesen stimmt die im folgenden mitgeteilte Ableitung der genannten Erscheinung aus der Gitterdynamik im Grundgedanken überein, ist nur formal einfacher. Dieser Grundgedanke ist, daß jede Molekel (genauer die Basis) des Kristalls ein „elektrisches Polsystem" (*Riecke*, l. c.) trägt, das die Wechselwirkung zwischen elastischen Kräften und elektrischen Feldern vermittelt. Hier wird das Polsystem von den geladenen Kristallpartikeln selber gebildet.

Bringt man das Gitter in ein *homogenes elektrisches Feld* $\mathfrak{E}$, so gilt für die Kräfte $\mathfrak{K}_k$ der Ansatz (39), und wenn man damit in (47), (48) eingeht, sieht man, daß das Feld innere Verrückungen $\mathfrak{u}_k$ und Spannungen K_{xy} erzeugt. Die $\mathfrak{u}_k$ sind direkt nicht wahrnehmbar, wohl aber die durch sie hervorgerufenen elektrischen Momente; diese sind es, welche ihrerseits felderzeugend wirken. (Diese sekundären Felder überlagern sich dem gegebenen homogenen Felde, können aber bei der Berechnung der Verrückungen und Spannungen mit genügender Näherung vernachlässigt werden.)

Der Kristall kann bereits im unverzerrten Zustande ein elektrisches Moment haben; es wird pro Volumeneinheit durch den Vektor

$$\mathfrak{p}^0 = \frac{1}{\varDelta}\sum_k e_k \mathfrak{r}_k \tag{64}$$

dargestellt.

Bei einer homogenen Verrückung ist hier $\mathfrak{r}_k$ durch $\mathfrak{r}_k + \mathfrak{u}_k^l$ zu ersetzen, wo $\mathfrak{u}_k^l$ der durch (28) definierte Vektor ist; wir beziehen das Moment auch im verzerrten Zustande auf die Volumeneinheit des unverzerrten Kristalls und erhalten das Zusatzmoment

$$\mathfrak{p} = \frac{1}{\varDelta}\sum_k e_k \mathfrak{u}_k, \tag{65}$$

36) Siehe etwa Lord *Kelvin*, Nichols Cyclopaedia of Phys. Sc. 1860; Math. phys. Pap. 1, p 315; *E. Riecke*, Abh. d. Ges. d. Wiss. zu Gött. 38 (1892), p. 1; Wied. Ann. d. Phys. 49 (1893), p. 459; *W. Voigt*, Gött. Nachr. 1893, p. 649.

weil die in l_1, l_2, l_3 linearen Glieder bei der Summation über das Gitter fortfallen. Es ist klar, daß dies Moment $\mathfrak{p}$ (und nicht das auf die Volumeneinheit des deformierten Zustandes bezogene) für die Wirkung nach außen in Betracht kommt, da die Anzahl der Zellen (nicht das Gesamtvolumen und die Oberfläche) bei der Deformation ungeändert bleibt; *W. Voigt* hat dies auch durch eingehende Rechnung bewiesen.[37])

Setzt man in (65) den Ausdruck (47) ein, drückt die Kräfte $\mathfrak{K}_k$ in (47) und (48) durch das Feld $\mathfrak{E}$ nach (39) aus, so erhält man

$$(66)\quad \begin{cases} \text{a)}\ \mathfrak{p}_x = \sum\limits_y [|xy|]\,\mathfrak{E}_y + \sum\limits_{yz} [|x|yz|]\,u_{yz}, \\ \text{b)}\ K_{xy} = \sum\limits_z [|z|xy|]\,\mathfrak{E}_z - \sum\limits_{\bar{x}\bar{y}} [|xy|\bar{x}\bar{y}|]\,u_{\bar{x}\bar{y}}, \end{cases}$$

wo außer dem schon durch (49b) definierten Koeffizienten $[|xy|\bar{x}\bar{y}|]$ die folgenden Klammersymbole eingeführt sind:

$$(67)\quad \begin{cases} \text{a)}\ [|xy|] = -\dfrac{1}{\Delta^2}\sum\limits_{kk'} \left\{ {kk' \atop xy} \right\} e_k e_{k'}, \\ \text{b)}\ [|x|yz|] = \dfrac{1}{\Delta}\sum\limits_k \left[\Big| {k \atop x|yz} \Big|\right] e_k = \dfrac{1}{\Delta}\sum\limits_{kk'}\sum\limits_{\bar{x}} \left\{ {kk' \atop x\bar{x}} \right\} \left[{k' \atop \bar{x}yz} \right] e_k. \end{cases}$$

Die Anzahl der voneinander verschiedenen Größen ist

bei $[|xy|]$ höchstens 6,
bei $[|x|yz|]$ „ 18.

Für die Energie des Gitters im elektrischen Felde erhält man aus (50) und (52′):

$$(68)\quad U_2^* = U_2 - (\mathfrak{p}\mathfrak{E}) = -\frac{1}{2}\sum_{xy} [|xy|]\,\mathfrak{E}_x\mathfrak{E}_y - \sum_{xyz} [|x|yz|]\,\mathfrak{E}_x u_{yz} + \frac{1}{2}\sum_{xy\bar{x}\bar{y}} [|xy|\bar{x}\bar{y}|]\,u_{xy}u_{\bar{x}\bar{y}},$$

und es gilt

$$(66')\quad \mathfrak{p}_x = -\frac{\partial U_2^*}{\partial \mathfrak{E}_x}, \quad K_{xy} = -\frac{\partial U_2^*}{\partial u_{xy}}.$$

Diese Formeln enthalten die Erscheinungen der dielektrischen Erregbarkeit, der Piezoelektrizität und der Elektrostriktion.

Analoge Formeln ließen sich für die entsprechenden magnetischen Erscheinungen ableiten, doch gehen wir nicht darauf ein, einmal, weil keine sicheren Beobachtungen vorliegen (s. V 17, Nr. **14**, p. 392), sodann weil das Bild verschiebbarer magnetischer Pole den tatsächlichen Vorgängen (molekulare Kreisströme, rotierende Elektronen) zu wenig adäquat ist.

---

37) *W. Voigt*, Phys. Ztschr. 17 (1916), p. 287 und 307.

11. Dielektrische Erregung, vektorielle Piezoelektrizität und Elektrostriktion. Ebenso wie die Elastizitätskonstanten (54) sind die Größen $[|xy|]$ bei Kristallen von beliebiger Symmetrie niemals sämtlich Null; dagegen sind die $[|x|yz|]$ nur bei Kristallen ohne Symmetriezentrum nicht sämtlich Null, wie leicht aus dem Bildungsgesetz (67b) mit Rücksicht auf (32) hervorgeht.

Setzt man analog zu (54)[38])

$$(69)\quad \begin{cases} \text{a)}\ [|xy|] = a_{ij} & (i, j = 1, 2, 3), \\ \text{b)}\ [|x|yz|] = e_{ij} & (i = 1, 2, 3;\ j = 1, 2, \ldots 6), \end{cases}$$

so schreiben sich die Gleichungen (66):

$$(70\text{a})\quad \begin{cases} \mathfrak{p}_x = a_{11}\mathfrak{E}_x + a_{12}\mathfrak{E}_y + a_{13}\mathfrak{E}_z + e_{11}x_x + e_{12}y_y + e_{13}z_z + e_{14}y_z \\ \qquad + e_{15}z_x + e_{16}x_y, \\ \cdots\cdots\cdots\cdots \end{cases}$$

$$(70\text{b})\quad \begin{cases} X_x = e_{11}\mathfrak{E}_x + e_{21}\mathfrak{E}_y + e_{31}\mathfrak{E}_z - c_{11}x_x - c_{12}y_y - c_{13}z_z - c_{14}y_z \\ \qquad - c_{15}z_x - c_{16}x_y, \\ \cdots\cdots\cdots\cdots \\ Y_z = e_{14}\mathfrak{E}_x + e_{24}\mathfrak{E}_y + e_{34}\mathfrak{E}_z - c_{41}x_x - c_{42}y_y - c_{43}z_z - c_{44}y_z \\ \qquad - c_{45}z_x - c_{46}x_y, \\ \cdots\cdots\cdots\cdots \end{cases}$$

Die Gleichungen (70b) kann man nach den Deformationskomponenten $x_x, \ldots y_z, \ldots$ auflösen und die gewonnenen Werte in (70a) einsetzen; dann erhält man mit Rücksicht auf (53″):

$$(70'\text{a})\quad \begin{cases} \mathfrak{p}_x = b_{11}\mathfrak{E}_x + b_{12}\mathfrak{E}_y + b_{13}\mathfrak{E}_z - d_{11}X_x \ldots - d_{14}Y_z \ldots \\ \cdots\cdots\cdots\cdots \end{cases}$$

$$(70'\text{b})\quad \begin{cases} x_x = d_{11}\mathfrak{E}_x + d_{21}\mathfrak{E}_y + d_{31}\mathfrak{E}_z - s_{11}X_x \ldots - s_{14}Y_z \ldots \\ \cdots\cdots\cdots\cdots \\ y_z = d_{14}\mathfrak{E}_x + d_{24}\mathfrak{E}_y + d_{34}\mathfrak{E}_z - s_{41}X_x \ldots - s_{44}Y_z \ldots \\ \cdots\cdots\cdots\cdots \end{cases}$$

Dabei sind die s_{ij} die in (53″) eingeführten Elastizitätsmoduln; ferner ist

$$(71)\quad \begin{cases} \text{a)} & d_{ij} = \sum_{h=1}^{6} e_{ih}s_{jh} & (i = 1, 2, 3;\ j = 1, 2 \ldots 6), \\ \text{b)} & b_{ij} = a_{ij} + \sum_{h=1}^{6} e_{ih}d_{jh} & (i, j = 1, 2, 3). \end{cases}$$

Aus den Formeln (70), (70′) erhellt die physikalische Bedeutung der Konstanten:

38) Die Bezeichnung ist hier und im folgenden nach Möglichkeit mit der in V 16, Nr. 8, p. 376 gleich gewählt.

I. Die Größen a_{ij}, b_{ij} sind *die Konstanten der dielektrischen Erregbarkeit* bei fehlender Deformation bzw. fehlender Spannung; die letzteren sind die, welche durch die Messungen geliefert werden, und zwar hängen die gewöhnlichen *Dielektrizitätskonstanten* ε_{ij} mit den b_{ij} so zusammen[39]):

(71′) $$\varepsilon_{11} = 1 + 4\pi b_{11}, \ldots \qquad \varepsilon_{23} = 4\pi b_{23}, \ldots$$

Praktisch kommt der Unterschied zwischen den a_{ij} und b_{ij} nicht in Betracht.

II. Die Größen e_{ij} und d_{ij} sind *die Konstanten der Piezoelektrizität*, die das Moment $\mathfrak{p}$ in seiner Abhängigkeit von der Verzerrung (70a) bzw. Spannung (70′a) festlegen. Zugleich sind es *die Konstanten der Elektrostriktion*, und zwar bestimmen umgekehrt die e_{ij} die durch ein Feld $\mathfrak{E}$ erzeugte Spannung (70b) und die d_{ij} die durch $\mathfrak{E}$ erzeugte Deformation (70′b).

Ein weiteres Eingehen auf die Eigenschaften dieser Größen, insbesondere auf die Spezialisierung für die einzelnen Kristallgruppen, erübrigt sich, weil diese Fragen in V 16 (insbesondere Nr. **9**, p. 378) behandelt sind. Die molekulare Theorie kann den formalen Resultaten der phänomenologischen Theorie hier nichts weiter hinzufügen; wohl aber liefert sie in jedem Falle die Regel, wie eine beobachtbare Konstante aus den Potentialen $\varphi_{kk'}(r)$ der elementaren Kräfte zwischen den Gitterpartikeln abgeleitet werden kann.

12. Inhomogene Felder. Momente zweiter Ordnung und tensorielle Piezoelektrizität. Der Fall von inhomogenen Feldern läßt sich nach der Methode von Nr. **7** behandeln, wenn die örtliche Änderung des Feldes hinreichend langsam ist, so daß man die Feldstärke $\mathfrak{E}$ im Raum einer Zelle durch die ersten Glieder einer Potenzentwicklung nach den Koordinaten bezogen auf einen in der Zelle gelegenen Nullpunkt darstellen kann. Für die äußeren Kräfte kann man dann setzen:

(72) $$\mathfrak{F}_{kx} = \frac{e_k}{\Delta}\Big(\mathfrak{E}_x + \sum_y \frac{\partial \mathfrak{E}_x}{\partial y} y_k\Big);$$

ihre Resultante ist nach (64):

(73) $$\mathfrak{F}_x = \sum_k \mathfrak{F}_{kx} = \sum_y \frac{\partial \mathfrak{E}_x}{\partial y} \mathfrak{p}_y^0,$$

und dieser Wert ist in die Gleichgewichtsbedingungen (42) einzuführen.

Zugleich entstehen aber auch Zusatzglieder zu den Spannungen K_{xy} und Momenten $\mathfrak{p}_x$. Wenn die Inhomogenität des Feldes von end-

39) Wir benützen stets die gewöhnlichen elektrostatischen Einheiten.

licher Größe ist (relative Änderung der Feldstärke um die Größenordnung 1 auf 1 cm), so sind diese Zusatzglieder von der Größenordnung der Zellenkante ($\delta \sim 10^{-8}$ cm); sie kommen also nur dann in Betracht, wenn die Wirkung des streng homogenen Feldes verschwindet. Nun sind die dielektrischen Konstanten niemals sämtlich Null; wohl aber verschwinden die piezoelektrischen Konstanten $[|x|yz|]$ für *Kristalle mit zentrischer Symmetrie.* In diesem Falle hat man in (48) gemäß (43) für die Kraft den Ausdruck

$$\mathfrak{K}_{kx} = -\frac{e_k}{\Delta}\,\mathfrak{E}_x + \sum_y \frac{\partial \mathfrak{E}_x}{\partial y}\left(\frac{1}{s}\,\mathfrak{p}_y^0 - \frac{e_k}{\Delta}\,y_k\right) \tag{74}$$

einzusetzen; dann erhält man mit Rücksicht auf die für elektrostatische Felder geltende Relation

$$\operatorname{rot}\mathfrak{E} = 0, \quad \text{oder} \quad \frac{\partial \mathfrak{E}_y}{\partial x} = \frac{\partial \mathfrak{E}_x}{\partial y}$$

und wegen

$$e_{ij} = [|x|yz|] = 0 \tag{75}$$

für die Spannungen:

$$K_{xy} = \sum_{\bar{x}\bar{y}} \{[\bar{x}\bar{y}|xy]\}\,\frac{\partial \mathfrak{E}_{\bar{x}}}{\partial \bar{y}} - \sum_{\bar{x}\bar{y}} [|xy|\bar{x}\bar{y}|]\,u_{\bar{x}\bar{y}}. \tag{76}$$

Dabei haben die neuen Klammersymbole folgende Bedeutung:

$$\{[xy|\bar{x}\bar{y}]\} = \frac{1}{2\Delta}\sum_k \left(\left[\Big|_{x|\bar{x}\bar{y}}^{\;k}\Big|\right] y_k + \left[\Big|_{y|\bar{x}\bar{y}}^{\;k}\Big|\right] x_k\right) e_k; \tag{77}$$

sie sind in x, y und in $\bar{x}, \bar{y}$ symmetrisch, aber nicht in den Paaren x, y; $\bar{x}, \bar{y}$, und ihre Anzahl ist höchstens 36. In Übereinstimmung mit dem früheren Gebrauche kann man sie so bezeichnen:

$$\alpha_{ij} = \{[xy|\bar{x}\bar{y}|]\}. \qquad (i, j = 1, 2, \ldots 6) \tag{77'}$$

Wegen (75) sind diese Größen von der Wahl des Nullpunktes in der Zelle unabhängig. Die Formeln (76) schreiben sich nun so:

$$\tag{76'} \left\{ \begin{aligned} X_x = {} & \alpha_{11}\frac{\partial \mathfrak{E}_x}{\partial x} + \alpha_{21}\frac{\partial \mathfrak{E}_y}{\partial y} + \alpha_{31}\frac{\partial \mathfrak{E}_z}{\partial z} + \alpha_{41}\left(\frac{\partial \mathfrak{E}_y}{\partial z} + \frac{\partial \mathfrak{E}_z}{\partial y}\right) \\ & + \alpha_{51}\left(\frac{\partial \mathfrak{E}_z}{\partial x} + \frac{\partial \mathfrak{E}_x}{\partial z}\right) + \alpha_{61}\left(\frac{\partial \mathfrak{E}_x}{\partial y} + \frac{\partial \mathfrak{E}_y}{\partial x}\right) \\ & - c_{11}x_x - c_{12}y_y - c_{13}z_z - c_{14}y_z - c_{15}z_x - c_{16}x_y, \\ & \cdots\cdots\cdots \end{aligned} \right.$$

Bei zentrischen Kristallen tritt statt der gewöhnlichen, vektoriellen eine *tensorielle Piezoelektrizität* auf, die durch die *elektrischen Momente zweiter Ordnung* (Quadrupole) bzw. ihre Änderung bei Verzerrungen bestimmt wird. Im Gleichgewicht sind diese Momente pro Volumeneinheit durch den Tensor

(78) $$M^0_{xy} = \frac{1}{2\Delta} \sum_k x_k y_k e_k$$

gegeben; bei einer Deformation ist darin x_k durch $x_k + \mathfrak{u}_{kx}$ zu ersetzen, und wenn man das Moment wieder auf die Volumeneinheit des undeformierten Gitters bezieht, so hat man bis auf Glieder von zweiter Ordnung in $\mathfrak{u}_k$ für das durch die Deformation erzeugte Zusatzmoment:

(79) $$M_{xy} = \frac{1}{2\Delta} \sum_k (x_k \mathfrak{u}_{ky} + y_k \mathfrak{u}_{kx}) e_k.$$

Es ist klar, daß bei homogenen Deformationen nur diese Größen nach außen wirksam werden können (nicht die auf die Volumeneinheit des deformierten Zustandes bezogenen Momente); *Voigt* hat das in der schon zitierten Arbeit[37]) ausführlich bewiesen. Führt man hier die Werte von $\mathfrak{u}_k$ aus (47) ein und setzt $\mathfrak{K}_k = 0$, so kommt:

(80) $$M_{xy} = \sum_{\bar{x}\bar{y}} \{[xy \,|\, \bar{x}\bar{y}]\}\, u_{\bar{x}\bar{y}}.$$

Die tensorielle Piezoelektrizität hängt also von denselben Größen (77) ab, die die Spannungen in inhomogenen Feldern bestimmen. Mit der Bezeichnung (77′) schreibt sich ausführlich:

(80′) $$\begin{cases} M_{xx} = \alpha_{11} x_x + \alpha_{12} y_y + \alpha_{13} z_z + \alpha_{14} y_z + \alpha_{15} z_x + \alpha_{16} x_y, \\ \cdots\cdots\cdots\cdots\cdots\cdots\cdots\cdots \end{cases}$$

oder, wenn man die Spannungskomponenten nach (53″) einführt:

(80″) $$\begin{cases} M_{xx} = \beta_{11} X_x + \beta_{12} Y_y + \cdots + \beta_{16} X_y, \\ \cdots\cdots\cdots\cdots\cdots\cdots \end{cases}$$

wo

(80‴) $$\beta_{ij} = -\sum_{h=1}^{6} \alpha_{ih} s_{hj}$$

gesetzt ist (s. V 16, Nr. **13**, Formeln (61)).

Die tensorielle Piezoelektrizität äußert sich in der Weise, daß bei einer homogenen Deformation eines zentrischen Kristalls auf den Kristallflächen elektrische Doppelschichten entstehen; die elektrischen Kräfte scheinen daher von den Kanten des Kristallpolyeders auszugehen. Die Existenz dieser Erscheinung hat *W. Voigt* sehr wahrscheinlich gemacht (näheres s. d. zit. Arbeiten von *W. Voigt* und V 16, Nr. **13**). Nach (76) und (80) besteht bei zentrischen Kristallen eine Reziprozität zwischen der Elektrostriktion in inhomogenen Feldern und der tensoriellen Piezoelektrizität, die in gewissem Grade der Reziprozität zwischen der Elektrostriktion in homogenen Feldern und der vektoriellen Piezoelektrizität bei azentrischen Kristallen analog ist.

13. Beispiel. Reguläre *D*-Gitter. Die Gitterdynamik ist bisher vorwiegend auf eine einfache Klasse regulärer Kristalle angewandt worden. Daher sollen die Formeln für diesen Spezialfall hier zusammengestellt werden.

Die niedrigste Symmetrie des regulären Systems wird durch die Tetraedergruppe T gekennzeichnet.[40] Sind x, y, z die kristallographischen Hauptachsen, so entsteht diese Gruppe durch Multiplikation der Vierergruppe

$$x, y, z, \quad x, -y, -z, \quad -x, y, -z, \quad -x, -y, z$$

mit der zyklischen Gruppe

$$x, y, z, \quad y, z, x, \quad z, x, y$$

und besteht somit aus $3 \cdot 4 = 12$ Operationen. Diese Gruppe T ist in allen Raumgruppen des regulären Systems als Untergruppe enthalten.

Alle meßbaren physikalischen Parameter sind als Gittersummen $\underset{l}{\mathrm{S}}$ darstellbar und hängen daher nur von den Basisindizes k und den Koordinatenindizes x, y, z ab. Ist $(k_1, k_2 \ldots; x, y \ldots)$ eine solche Größe, so wird diese im allgemeinen bei Anwendung einer Operation der Gruppe T auf x, y, z allein nicht ungeändert bleiben, sondern nur dann, wenn die Indizes $k_1, k_2 \ldots$ sich zugleich in gewisser Weise vertauschen. Die hier betrachtete Klasse von Gittern ist nun dadurch gekennzeichnet, daß bezogen auf die kleinstmögliche Basis (Zelle) jeder Parameter $(k_1, k_2 \ldots; x, y \ldots)$ bei unveränderten $k_1, k_2 \ldots$ gegen die Gruppe T invariant ist.

Da alle Parameter nur Funktionen der relativen Lage der Gitterpunkte sind, ist dazu notwendig und hinreichend, daß für jedes Punktepaar der Basis $x_{kk'} = y_{kk'} = z_{kk'}$ ist, d. h. daß alle Basispunkte auf der Würfeldiagonalen liegen. Wir nennen daher diese Strukturen *Diagonalgitter* (*D-Gitter*). Die nähere Diskussion zeigt, daß es im wesentlichen nur einen Typus solcher Gitter gibt, aufgebaut aus vier ineinander gestellten flächenzentrierten Gittern, deren jedes aus gleichen Partikeln besteht. Die Massen der vier Partikelsorten seien m_1, m_2, m_3, m_4. Der Abstand zweier benachbarter Partikel auf der Würfelkante sei r_0; dann sind Zelle und Basis durch folgende Angaben bestimmt:

---

40) S. den zit. Art. V 7 (Anm. 2); ausführlichere Darlegungen bei *A. Schoenfließ*, Kristallsysteme und Kristallstruktur (Leipzig 1891), 8. Kap., § 20, p. 223.

I. Rhomboedrische Zelle, Volumen $\Delta = \delta^3 = 2r_0^3$ (Fig. 4).

$$\mathfrak{a}_1 = r_0(\mathfrak{i}_2 + \mathfrak{i}_3), \quad \mathfrak{a}_2 = r_0(\mathfrak{i}_3 + \mathfrak{i}_1), \quad \mathfrak{a}_3 = r_0(\mathfrak{i}_1 + \mathfrak{i}_2),$$

$$\mathfrak{r}_k = r_0 \frac{k-1}{4}(\mathfrak{i}_1 + \mathfrak{i}_2 + \mathfrak{i}_3). \qquad (k = 1, 2, 3, 4)$$

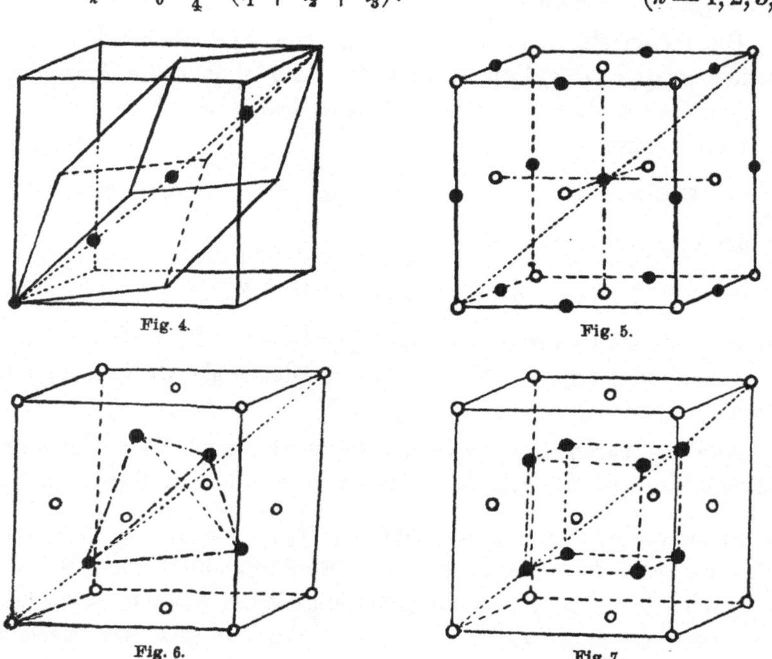

Fig. 4. Fig. 5. Fig. 6. Fig. 7.

Beispiele: Steinsalz NaCl (Fig. 5), $m_1 = \text{Na}$, $m_2 = 0$, $m_3 = \text{Cl}$, $m_4 = 0$,
Zinkblende ZnS (Fig. 6), $m_1 = \text{Zn}$, $m_2 = \text{S}$, $m_3 = 0$, $m_4 = 0$,
Diamant C, $m_1 = \text{C}$, $m_2 = \text{C}$, $m_3 = 0$, $m_4 = 0$,
Flußspat CaF_2 (Fig. 7), $m_1 = \text{Ca}$, $m_2 = \text{F}$, $m_3 = 0$, $m_4 = \text{F}$.

Für $m_3 = m_1$ und $m_4 = m_2$ entarten die vier flächenzentrierten Gitter in zwei einfache; als Zelle kann dann ein Würfel eingeführt werden, der nur noch zwei Partikel m_1, m_2 enthält:

II. Würfelzelle, Volumen $\Delta = \delta^3 = r_0^3$ (Fig. 8).

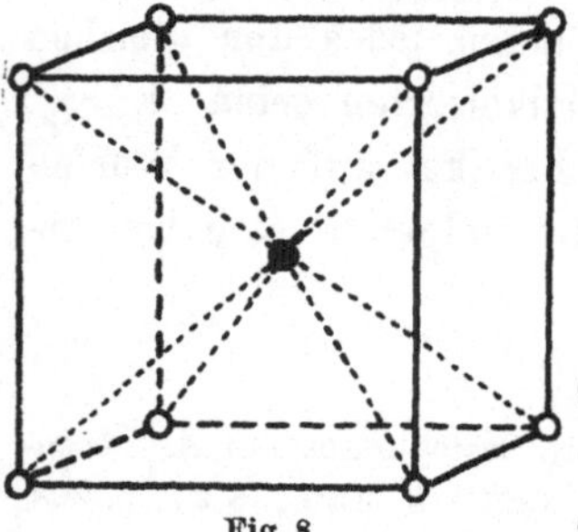

Fig. 8.

$$\mathfrak{a}_1 = r_0\mathfrak{i}_1, \quad \mathfrak{a}_2 = r_0\mathfrak{i}_2, \quad \mathfrak{a}_3 = r_0\mathfrak{i}_3,$$

$$\mathfrak{r}_k = r_0 \frac{k-1}{2}(\mathfrak{i}_1 + \mathfrak{i}_2 + \mathfrak{i}_3).$$

$$(k = 1, 2, 3, 4)$$

Beispiel: Caesiumchlorid Cs Cl, $m_1 = \text{Cs}$, $m_2 = \text{Cl}$ (bei tiefen Temperaturen).

Durch die weitere Spezialisierung $m_2 = m_1$ erhält man endlich aus Fall II.

ein einziges, raumzentriertes Gitter, dessen Zelle halb so groß gewählt werden kann:

III. Rhomboedrische Zelle, Volumen $\Delta = \delta^3 = \frac{r_0^3}{2}$.

$$\mathfrak{a}_1 = \frac{r_0}{2}(\mathfrak{i}_1 + \mathfrak{i}_2 + \mathfrak{i}_3), \quad \mathfrak{a}_2 = \frac{r_0}{2}(-\mathfrak{i}_1 + \mathfrak{i}_2 + \mathfrak{i}_3), \quad \mathfrak{a}_3 = \frac{r_0}{2}(\mathfrak{i}_1 - \mathfrak{i}_2 + \mathfrak{i}_3),$$

$\mathfrak{r}_1 = 0$.

Beispiel: Kupfer Cu, $m_1 = \mathrm{Cu}$.

Ist in Fall I. zwar $m_3 = m_1$, aber $m_4 \neq m_2$, oder umgekehrt, so ist eine Verkleinerung der Zelle nicht möglich; doch wird das Gitter dann holoedrisch, während es im allgemeinen Fall I. hemiedrisch ist.

Für diese D-Gitter kann man durch einfache Anwendung der Tetraedergruppe die physikalischen Parameter spezialisieren. Die Resultate sind im folgenden zusammengestellt.

Dazu sei noch bemerkt, daß alle Symmetrieaussagen über Parameter, die von den Basisindizes unabhäng sind (wie z. B. die Elastizitätskonstanten) allgemein für beliebige reguläre Kristalle gelten.

Die Gleichgewichtsbedingungen (21) und (27) reduzieren sich in diesem Falle auf:

$$(81) \quad \begin{cases} \text{(a)} \quad \mathfrak{K}^0_{k x} = -\frac{1}{\Delta} \sum_{k'} \mathop{\mathrm{S}}_{l} P^l_{kk'} x^l_{kk'} = 0, \\ \text{(b)} \quad K^0_{xx} = -\frac{1}{2\Delta} \sum_{kk'} \mathop{\mathrm{S}}_{l} P^l_{kk'} (x^l_{kk'})^2 = 0; \end{cases}$$

wegen $\sum_k \mathfrak{K}^0_{kx} = 0$ sind das s unabhängige Gleichungen, aus denen die $(s - 1)$ relativen x-Koordinaten der Basispartikel und die Würfelkante δ bestimmt werden können.

Die letzte Bedingung (81b) kann man noch auf eine anschaulichere Form bringen.[14]) Dazu betrachte man die durch (10) definierte potentielle Energie φ_0 aller Partikel des Gitters außer der Basis auf die Basispartikel als Funktion von δ; man setze $r^l_{kk'} = \varrho^l_{kk'} \delta$, dann wird

$$(82) \qquad \varphi_0 = \mathop{\mathrm{S}}_{l} \sum_{kk'} \varphi_{kk'} (\varrho^l_{kk'} \delta).$$

Durch Differenzieren ergibt sich daraus:

$$\frac{d\varphi_0}{d\delta} = \frac{1}{\delta} \mathop{\mathrm{S}}_{l} \sum_{kk'} \left(r \frac{d\varphi_{kk'}}{dr}\right)_{r^l_{kk'}},$$

und mit Rücksicht auf (16):

$$\frac{d\varphi_0}{d\delta} = \frac{1}{\delta} \mathop{\mathrm{S}}_{l} \sum_{kk'} P^l_{kk'} (r^l_{kk'})^2.$$

Nun ist $K^0_{xx} = p$ der äußere Druck, also wird

$$(83)\qquad p = \frac{1}{3}(K^0_{xx} + K^0_{yy} + K^0_{zz}) = -\frac{1}{6\Delta}\sum_{kk'}\mathop{\mathbf{S}}_{l} P^l_{kk'}(r^l_{kk'})^2;$$

somit lautet (81 b):

$$(83')\qquad p = -\frac{1}{6\delta^2}\frac{d\varphi_0}{d\delta} = -\frac{d\frac{1}{2}\varphi_0}{d\Delta} = 0.$$

Die Energie pro Zelle $\frac{1}{2}\varphi_0$ ist also als Funktion des Zellenvolumens Δ im Gleichgewicht ein Minimum. In dieser Form ist die Gleichgewichtsbedingung besonders bequem in den Fällen, wo die Kräfte $\mathfrak{K}_k^0$ im Gleichgewicht schon aus Symmetriegründen verschwinden.

Wir geben jetzt die dynamischen Gitterkonstanten (32); dabei schreiben wir hier — und im folgenden — nur diejenigen an, die für die niedrigste Symmetrie des regulären Systems nicht identisch verschwinden, und auch unter denen, die durch zyklische Vertauschung von x, y, z auseinander hervorgehen, je nur eine:

$$(84)\qquad \begin{cases} [xxxx] = \dfrac{1}{2\Delta}\sum\limits_{kk'}\mathop{\mathbf{S}}\limits_{l} Q^l_{kk'}(x^l_{kk'})^4 = A, \\ [yyzz] = \dfrac{1}{2\Delta}\sum\limits_{kk'}\mathop{\mathbf{S}}\limits_{l} Q^l_{kk'}(y^l_{kk'})^2(z^l_{kk'})^2 = B, \\ \begin{bmatrix} k \\ xyz \end{bmatrix} = \dfrac{1}{\Delta}\sum\limits_{k'}\mathop{\mathbf{S}}\limits_{l} Q^l_{kk'}\, x^l_{kk'}\, y^l_{kk'}\, z^l_{kk'} = C_k, \\ \begin{bmatrix} k\,k' \\ xx \end{bmatrix} = \dfrac{1}{\Delta}\mathop{\mathbf{S}}\limits_{l}(P^l_{kk'} + Q^l_{kk'}(x^l_{kk'})^2) = D_{kk'}; \end{cases}$$

dabei ist nach (33) und (34)

$$(85)\qquad \sum_k C_k = 0, \qquad \sum_{k'} D_{kk'} = 0.$$

Die $\begin{Bmatrix} k\,k' \\ xy \end{Bmatrix}$ gewinnt man durch Auflösen der Gleichungen (44), die hier in 3 gleichlautende Systeme zerfallen:

$$(86)\qquad \sum_{k'} D_{kk'}\,\mathfrak{u}_{k'x} = \mathfrak{U}_{kx}.$$

Die Lösung hat nach (46) die Form

$$(86')\qquad \mathfrak{u}_{kx} = \sum_{k'} E_{kk'}\,\mathfrak{U}_{k'x} + \mathfrak{A}_x,$$

wo

$$\begin{Bmatrix} k\,k' \\ xx \end{Bmatrix} = E_{kk'}$$

gesetzt ist. Ferner ist nach (46′):

$$(86'')\qquad \sum_{k'} E_{kk'} = 0.$$

Nun erhält man aus (49) mit Rücksicht auf (54):

$$\left[\left|\begin{smallmatrix} & k & \\ x & | & yz\end{smallmatrix}\right|\right] = \sum_{k'} E_{kk'} C_{k'} = F_k, \quad \sum_k F_k = 0; \tag{87}$$

$$\begin{cases} c_{11} = [|\,xx\,|\,xx\,|] = A, \\ c_{12} = [|\,xx\,|\,yy\,|] = B, \\ c_{44} = [|\,xy\,|\,xy\,|] = B + \sum\limits_k F_k C_k = B + \sum\limits_{kk'} E_{kk'} C_k C_{k'}, \end{cases} \tag{88}$$

wobei die durch zyklische Vertauschung entstehenden Größen leicht zu ergänzen sind, während alle übrigen verschwinden.

Von den *Cauchy*schen Relationen (54') bleibt hier nur eine übrig:

$$c_{12} = c_{66} \,(= c_{44});$$

man sieht, daß diese im allgemeinen nicht erfüllt ist.

Die Elastizitätsmoduln sind

$$s_{11} = \frac{c_{11} + c_{12}}{(c_{11} - c_{12})(c_{11} + 2c_{12})}, \quad s_{12} = \frac{-c_{12}}{(c_{11} - c_{12})(c_{11} + 2c_{12})}, \quad s_{44} = \frac{1}{c_{44}}. \tag{89}$$

Die kubische Kompressibilität $\varkappa$ ist definiert durch die Gleichung

$$\frac{1}{\varkappa} = \frac{1}{3}(c_{11} + 2c_{12}) = \frac{1}{3}(A + 2B). \tag{90}$$

Diese läßt sich durch die Energie pro Zelle $\frac{1}{2}\varphi_0$ (10) ausdrücken. Schreibt man diese in der Form (82), so folgt mit Rücksicht auf (83):

$$\frac{d^2\varphi_0}{d\delta^2} = \frac{1}{\delta^2} \underset{l}{\mathrm{S}} \sum_{kk'} \left(r^2 \frac{d^2\varphi_{kk'}}{dr^2}\right)_{r^l_{kk'}}$$

und nach (16)

$$\frac{d^2\varphi_0}{d\delta^2} = \frac{1}{\delta^2} \underset{l}{\mathrm{S}} \sum_{kk'} Q^l_{kk'} (r^l_{kk'})^4 = \frac{2\Delta}{\delta^2} 3(A + 2B).$$

Also erhält man:

$$\frac{1}{\varkappa} = \frac{1}{2\delta} \cdot \frac{1}{9} \cdot \frac{d^2\varphi_0}{d\delta^2}. \tag{90'}$$

Dieselbe Relation ergibt sich auch direkt, wenn man die Energie pro Zelle $\frac{1}{2}\varphi_0$ als Funktion des Zellenvolumens ansieht und ausdrückt, daß der Druck verschwindet (s. Formel (83')) und daß die Kompressibilität sich durch die Volumabhängigkeit des Druckes so darstellt:

$$\frac{1}{\varkappa} = -\Delta \frac{dp}{d\Delta} = -\frac{\Delta}{3\delta^2} \frac{dp}{d\delta} = \frac{1}{9\delta} \frac{d^2 \frac{1}{2}\varphi_0}{d\delta^2}. \tag{90''}$$

Wir kommen nun zu den dielektrischen Konstanten (67) und (69); es gibt nur eine unabhängige:

$$a_{11} = [|\,xx\,|] = -\frac{1}{\Delta^2} \sum_{kk'} E_{kk'} e_k e_{k'}; \tag{91}$$

ebenso gibt es nur eine piezoelektrische Konstante, (67) und (69):

$$(92)\qquad e_{14} = [|x|yz] = \frac{1}{\Delta}\sum_k F_k e_k = \frac{1}{\Delta}\sum_{kk'} E_{kk'} C_{k'} e_k .$$

Nach (71) gehört dazu der Modul

$$(93)\qquad d_{14} = e_{14}\, s_{44} = \frac{e_{14}}{c_{44}}$$

und die dielektrische Konstante

$$(94)\qquad b_{11} = \frac{\varepsilon - 1}{4\pi} = a_{11} + \frac{e_{14}^2}{c_{44}} .$$

Bei zentrischen Kristallen verschwindet e_{14}; dann gibt es eine Konstante der tensoriellen Piezoelektrizität:

$$(95)\qquad \alpha_{14} = \{[xx|yz]\} = \frac{1}{\Delta}\sum_k F_k x_k e_k = \frac{1}{\Delta}\sum_{kk'} E_{kk'} C_{k'} x_k e_k .$$

Die Anzahl der voneinander unabhängigen, primären Konstanten A, B, C_k, $D_{kk'}$ ist

$$2 + (s-1) + \frac{s(s-1)}{2} = 1 + \frac{s(s+1)}{2};$$

für $s = 1, 2, 3, \ldots$ beträgt sie also $2, 4, 7, \ldots$

Man kann nun die Frage stellen[41]), ob nicht bei kleinen Werten von s die Zahl der primären Konstanten kleiner wird als die Zahl der meßbaren Parameter, so daß zwischen diesen Identitäten bestehen.

I. $s = 1$. Hier existieren die primären Konstanten A, B; die C und D sind nicht vorhanden. Substanzen, die tatsächlich nur aus einem einfachen, regulären Gitter bestehen, würden also weder dielektrisch, noch piezoelektrisch erregbar sein; die drei Elastizitätskonstanten wären

$$c_{11} = A, \quad c_{12} = B, \quad c_{44} = B,$$

zwischen ihnen bestände also die *Cauchy*sche Relation

$$c_{12} = c_{44} .$$

Körper dieser Art existieren nicht; auch die einatomigen Metalle können nicht als einfache Gitter aufgefaßt werden, da die den Atomkern umgebenden Elektronen eine beträchtliche Verschiebbarkeit besitzen. Daher ist auch die *Cauchy*sche Relation $c_{12} = c_{44}$ bei den Metallen nicht erfüllt. Für Kupfer hat das *Voigt*[42]) durch direkte Messungen an Kristallen sehr wahrscheinlich gemacht; er fand

$$c_{12} = 6575, \quad c_{44} = 5590\,\frac{\mathrm{kg}}{\mathrm{mm}^2} .$$

41) *M. Born*, Über die ultraroten Eigenschwingungen der Kristalle, Phys. Ztschr. 19 (1918), p. 539.

42) *W. Voigt*, Berl. Ber. 37 (1883), p. 961; 38 (1884), p. 1004; Wied Ann. d. Phys. 36 (1888), p. 642.

Die meisten Metalle sind ungeordnete Gemenge sehr kleiner Kristalle; *W. Voigt*[43]) hat für diese quasiisotropen Körper die Elastizitätstheorie durch Mittelwertbildung über die Stellungen der Kristallteilchen gewonnen, und zwar erhielt er das *Hooke*sche Gesetz in der Form

$$-X_x = c x_x + c_1(y_y + z_z), \quad -Y_z = \tfrac{1}{2}(c - c_1) y_z,$$

. . . .

wobei die beiden Elastizitätskonstanten sich folgendermaßen aus denen der Kristallindividuen (deren Symmetrie beliebig sei) ausdrücken:

$$c = \tfrac{1}{15}\{3(c_{11} + c_{22} + c_{33}) + 2(c_{23} + c_{31} + c_{12}) + 4(c_{44} + c_{55} + c_{66})\},$$
$$c_1 = \tfrac{1}{15}\{(c_{11} + c_{22} + c_{33}) + 4(c_{23} + c_{31} + c_{12}) - 2(c_{44} + c_{55} + c_{66})\}.$$

Aus den *Cauchy*schen Relationen (54') folgt dann

$$c = 3c_1,$$

eine Relation, die schon *Poisson*[44]) aus seiner Molekulartheorie der Elastizität fester Körper (Rarikonstantentheorie) geschlossen hatte. Diese ist aber tatsächlich bei den meisten quasiisotropen Substanzen, auch bei den „einatomigen" Metallen nicht erfüllt.

II. $s = 2$. Hier existieren 4 unabhängige primäre Konstanten

$$A, B, \quad C_1 = -C_2 = -C, \quad D_{11} = D_{22} = -D_{12} = -D.$$

Man erhält dann

$$E_{11} = E_{22} = -E_{12} = -\frac{1}{4D}, \quad F_1 = -F_2 = \frac{C}{2D}.$$

Also wird

$$c_{11} = A; \quad c_{12} = B; \quad c_{44} = B - \frac{C^2}{D}. \tag{88'}$$

Setzt man $e_1 = -e_2 = e$, so wird ferner

$$a_{11} = \frac{e^2}{\Delta^2} \cdot \frac{1}{D}, \tag{91'}$$

$$e_{14} = \frac{e}{\Delta} \cdot \frac{C}{D}. \tag{92'}$$

Bei zentrischen Gittern verschwindet C; daher ist nach (95) keine tensorielle Piezoelektrizität möglich.

Da sich die fünf Konstanten $c_{11}, c_{12}, c_{44}, a_{11}, e_{14}$ durch die vier molekularen Parameter A, B, C, D ausdrücken, muß eine Beziehung zwischen ihnen bestehen[45]):

$$c_{12} - c_{44} = \frac{e_{14}^2}{a_{11}}$$

---

43) *W. Voigt*, Gött. Abh. 1887, p. 48; Wied. Ann. d. Phys. 38 (1889), p. 573.

44) *S. D. Poisson*, Mémoire sur l'équilibre et le mouvement des corps solides, Paris, Mém. de l'Acad. 8 (1829), p. 357.

45) *M. Born*, Phys. Ztschr. 19 (1918), p. 539; Ann. d. Phys. (4) 62 (1920), p. 218.

oder nach (94)

$$(c_{12} - c_{44}) \frac{c_{44}}{c_{12}} = 4\pi \frac{e_{14}^2}{\varepsilon - 1}. \tag{96}$$

Eine ähnliche Beziehung wird später zwischen diesen Konstanten und der optischen Eigenfrequenz des Gitters abgeleitet (s. Nr. **24**).

Diese Formeln lassen sich mit einiger Vorsicht auf zweiatomige Gitter von binären Salzen anwenden. Dabei muß man bedenken, daß die Atome weder punktförmige Kraftzentra, noch starre Körper sind, sondern deformierbare Systeme von Elektronen. Daher werden sich diejenigen der Kristallkonstanten nach den hier entwickelten Formeln berechnen lassen, bei denen die Deformationen der Atome keine ausschlaggebende Rolle spielen. Das sind vor allem $c_{11} = A$, $c_{12} = B$; dagegen werden bereits

$$c_{12} - c_{44} = -\frac{C^2}{D} \quad \text{und} \quad e_{14} = \frac{e}{\Delta} \cdot \frac{C}{D}$$

unsicher sein, und bei ε muß die Theorie völlig versagen, da für die dielektrische Erregung die Verschiebungen der Elektronen innerhalb der Atome etwa dieselbe Rolle spielen wie die Verschiebungen der geladenen Atome (Ionen) gegeneinander. Man kann letzteres in roher Weise berücksichtigen, indem man $\varepsilon - 1$ durch $\varepsilon - \varepsilon_0$ ersetzt, wo ε_0 der Anteil der Elektronen an der Dielektrizitätskonstante bedeutet; dann kann man (96) schreiben:

$$e_{14}^2 = \frac{\varepsilon - \varepsilon_0}{4\pi} (c_{12} - c_{44}) \frac{c_{44}}{c_{12}}. \tag{96'}$$

Man kann diese Formel an dem azentrischen Kristall Zinkblende ZnS prüfen. Nach *W. Voigt*[46]) ist (in CGS-Einheiten)

$$c_{11} = 9{,}43 \cdot 10^{11}, \quad c_{12} = 5{,}68 \cdot 10^{11}, \quad c_{44} = 4{,}34 \cdot 10^{11}, \quad e_{14} = -2{,}28 \cdot 10^4.$$

Dabei scheint der Unterschied zwischen c_{12} und c_{44} einigermaßen sicher zu sein. Nach *Liebisch* und *Rubens*[47]) läßt sich $\varepsilon - \varepsilon_0 = 6{,}5$ schätzen. Daraus folgt nach (96')

$$e_{14} = -2{,}30 \cdot 10^5,$$

also ein absolut genommen 10mal zu großer Wert. Will man das nicht auf die Unsicherheit der Messung von $c_{12} - c_{44}$ zurückführen, so kann man es nur so verstehen, daß durch die Verschiebung der Elektronen ein großer Teil des durch die Ionenverrückung erzeugten piezoelektrischen Moments kompensiert wird.

Über Beziehungen der elastischen und piezoelektrischen Konstanten zu den ultraroten Eigenschwingungen s. Nr. **24**. Numerische

---

46) *W. Voigt,* Gött. Nachr. 1918, Math. phys. Kl., p. 424.

47) *Th. Liebisch* und *H. Rubens,* Berl. Ber. 1919, 2. Mitt., p. 876.

Berechnung der elastischen Konstanten und der Eigenfrequenzen auf Grund der Hypothese elektrostatischer Gitterkräfte s. Nr. **38**.

III. $s = 3$. Die Anzahl der primären Konstanten ist im allgemeinen 7; daher sind keine Beziehungen zwischen den physikalischen Parametern zu erwarten.

Wohl aber können solche vorhanden sein, wenn einzelne Partikel der Zelle physikalisch identisch sind; ein Beispiel hierfür ist das Atomgitter des Flußspat CaF_2.

Seien die Partikel $k = 2$ und $k = 3$ identisch, aber von $k = 1$ verschieden. Die Ladungen seien $\varepsilon_1 = 2\varepsilon$, $\varepsilon_2 = \varepsilon_3 = -\varepsilon$. Dann gibt es 5 primäre Konstanten A, B, C, D, D', und es ist

$$C_1 = -2C, \qquad C_2 = C_3 = C,$$
$$D_{11} = -2D, \qquad D_{22} = D_{33} = -(D + D'),$$
$$D_{12} = D_{13} = D, \qquad D_{23} = D'.$$

Man erhält dann

$$E_{11} = -\frac{2}{9D}, \qquad E_{22} = E_{33} = -\frac{1}{9D}\,\frac{5D + D'}{D + 2D'},$$
$$E_{12} = E_{13} = \frac{1}{9D}, \qquad E_{23} = \frac{1}{9D}\,\frac{4D - D'}{D + 2D'}.$$
$$F_1 = \frac{2C}{3D}, \qquad F_2 = F_3 = -\frac{C}{3D}.$$

Die physikalischen Konstanten werden also:

$$(88'') \qquad c_{11} = A, \quad c_{12} = B, \quad c_{44} = B - \frac{2C^2}{D},$$
$$(91'') \qquad a_{11} = \frac{e^2}{\Delta^2} \cdot \frac{2}{D},$$
$$(92'') \qquad e_{14} = \frac{e}{\Delta}\,\frac{2C}{D}.$$

Es ergibt sich also das merkwürdige Resultat, daß die Konstante D' die die Kraft zwischen den beiden identischen Partikeln bestimmt, ganz herausfällt. Die Formeln gehen einfach aus den entsprechenden des Falles $s = 2$ hervor, wenn man D durch $\frac{D}{2}$ ersetzt. Daher bleibt auch in diesem Falle die durch Elimination von A, B, C, D entstehende Formel (96) gültig.

IV. $s = 4$. Die Anzahl der primären Parameter ist für $s = 4$ im allgemeinen bereits 11. In welcher Weise sie sich für spezielle Gitter mit identischen Partikeln reduziert, ist nicht untersucht. Es ist auch nichts darüber bekannt, unter welchen Voraussetzungen sich Beziehungen zwischen den physikalischen Konstanten gewinnen lassen.[48])

48) Noch vor der Ausbildung der allgemeinen Gitterdynamik hat *M. Born* unter speziellen Voraussetzungen über die Atomkräfte das Modell des Diamant-

II. Dynamik.

14. Freie Schwingungen. Ebene Wellen. Nach den im voranstehenden mitgeteilten Methoden lassen sich nur solche Vorgänge behandeln, deren zeitlicher Ablauf hinreichend langsam (quasistatisch) ist. Bei sehr schnell wechselnden Zuständen, wie sie bei optischen Wellen und infolge der Wärmebewegung vorkommen, können Resonanzerscheinungen entstehen, die eine besondere Behandlung erfordern. Man kann alle diese Erscheinungen auf die Gesetze der Fortpflanzung von ebenen Wellen im Gitter zurückführen.

Im *endlichen Gitter* wird jeder *freie Schwingungszustand* als Superposition von Eigenschwingungen anzusehen sein, die den Charakter stehender Wellen haben und deren Einzelheiten von der Gestalt der Oberfläche und den dort herrschenden Grenzbedingungen abhängen. Für den Vorgang im Innern können aber diese Randbedingungen nicht wesentlich sein; man wird daher wieder das endliche Gitter durch das unendliche ersetzen. Der elementare Schwingungsvorgang des *unendlichen Gitters*, aus dem sich alle Bewegungen durch Superposition gewinnen lassen, ist die *ebene Welle.*

Die Bewegungsgleichungen lauten

$$m_k \ddot{\mathfrak{u}}_k^l = \mathfrak{K}_k^l;$$

dabei ist für die Kraft der Ausdruck (19′) einzusetzen:

$$m_k \ddot{\mathfrak{u}}_{kx}^l - \sum_{k'} \mathop{\mathrm{S}}_{l'} \sum_{y} (\varphi_{kk'}^{l-l'})_{xy} \mathfrak{u}_{k'y}^{l'} = 0. \tag{97}$$

---

gitters durchgerechnet [Ann. d. Phys. (4) 44 (1914), p. 605]. Dabei hat sich eine quadratische Beziehung zwischen den drei Elastizitätskonstanten ergeben. Doch läßt sich diese ganze Theorie heute nicht mehr aufrecht erhalten, da die Gleichgewichtsbedingungen nicht richtig angesetzt sind. Die genannte quadratische Beziehung ist auch numerisch nicht erfüllt, wie *K. Försterling* [Ztschr. f. Phys. 8 (1922), p. 251] durch eine Kombination der Messungen der Kompressibilität von *L. H. Adams* (Washington Ak. 11 (1921), p. 45) mit dem aus der spezifischen Wärme folgenden Wert von $c_{11} + 2c_{44}$ zeigen konnte.

Einen sehr merkwürdigen Versuch, die Elastizitätskonstanten durch eine kleine Zahl unabhängiger Atomkonstanten auszudrücken, hat *W. Voigt* gemacht (Gött. Nachr. 1918, p. 121, 153). Er denkt sich die Atome von ein- und zweiatomigen regulären Gittern als starre Körper, die durch elastische Stangen von elliptischem Querschnitt verbunden sind; durch die Konstanten, die das elastische Verhalten dieser Stangen bestimmen, lassen sich dann die Kräfte und Drehmomente zwischen den Atomen ausdrücken, und damit die meßbaren Elastizitätskonstanten des Gitters. *Voigts* Ziel ist der Nachweis, daß die Atome nicht nur als Kraftzentra aufeinander wirken, sondern auch Drehmomente aufeinander ausüben (s. Nr. 9). Seine Ansätze sind zur Illustration der Molekularkräfte nützlich, entfernen sich aber zu weit von der physikalischen Wirklichkeit, als daß seinen Folgerungen bindende Kraft zuerkannt werden müßte.

Die Richtung einer ebenen Welle werde durch den Einheitsvektor $\mathfrak{s}$ parallel zur Wellennormale gekennzeichnet. Die Anzahl der Schwingungen in 2π Sekunden (Kreisfrequenz, kurz Frequenz) sei ω; die Schwingungszahl in 1 sec sei $\nu = \frac{\omega}{2\pi}\cdot$ Die Wellenlänge sei λ, und wir setzen

$$(98) \qquad \tau = \frac{2\pi}{\lambda}\cdot$$

Fällt man vom Nullpunkt auf die Ebene konstanter Phase, die durch den Gitterpunkt $\mathfrak{r}_k^l$ geht, das Lot, so hat dieses die Länge $\mathfrak{s}\mathfrak{r}_k^l$. Daher wird die Welle durch den Ausdruck

$$(99) \qquad \mathfrak{u}_k^l = \mathfrak{U}_k e^{-i\omega t} e^{i\tau(\mathfrak{s}\mathfrak{r}_k^l)}$$

dargestellt, wo die Vektoren $\mathfrak{U}_k$ die Amplituden der Partikel der k^{ten} Sorte bedeuten.

Für diese erhält man durch Einsetzen in die Bewegungsgleichungen (97) die Bedingungen:

$$(100) \qquad \omega^2 m_k \mathfrak{U}_{kx} + \sum_{k'} \sum_{y} \begin{bmatrix} kk' \\ xy \end{bmatrix} \mathfrak{U}_{k'y} = 0,$$

wo zur Abkürzung gesetzt ist:

$$(101) \qquad \begin{bmatrix} kk' \\ xy \end{bmatrix} = \mathop{\mathrm{S}}_{l} (\varphi_{kk'}^l)_{xy}\, e^{-i\tau(\mathfrak{s}\mathfrak{r}_{kk'}^l)}.$$

Die Klammersymbole sind dreifache *Fourier*sche Reihen, die bei hinreichend schneller Abnahme der Molekularkräfte mit der Entfernung konvergieren. Sie sind symmetrisch in x, y, gehen aber bei Vertauschung von k, k' in die konjugiert komplexen Werte über.

Die $3s$ linearen, homogenen Gleichungen haben außer der trivialen $\mathfrak{U}_k = 0$ nur dann Lösungen, wenn die Determinante verschwindet; das ist eine algebraische Gleichung $3s^{\text{ten}}$ Grades für $\omega^2 = \Omega$, deren Wurzeln (Eigenwerte) wegen der Symmetrieeigenschaften der Koeffizienten (101) sämtlich reell sind. Damit das Gitter stabil ist, müssen sie überdies sämtlich positiv sein; diese Bedingung ist äquivalent mit der Forderung, daß die potentielle Energie im Gleichgewicht ein Minimum ist. Die Wurzeln seien

$$(102) \qquad \Omega_1 = \omega_1^2,\ \Omega_2 = \omega_2^2,\ \ldots\ \Omega_{3s} = \omega_{3s}^2.$$

Sie sind ebenso wie die Koeffizienten der Gleichungen (100) Funktionen der Wellenlänge und Wellenrichtung, oder von τ und $\mathfrak{s}$.

Für viele Anwendungen kommt hauptsächlich das Verhalten der Wellen bei sehr großer Wellenlänge (für kleine τ) in Betracht. Man kann dieses bestimmen mit Hilfe des folgenden Satzes[49]):

---

49) *M. Born*, Über die natürliche optische Aktivität der Kristalle, Ztschr.

Hilfssatz: Die algebraische Gleichung n^{ten} Grades

$$\sum_{p=0}^{n} a_p(\tau)\, x^p = 0,$$

deren Koeffizienten Funktionen von τ sind, die sich bei $\tau = 0$ regulär verhalten, habe die Eigenschaft, daß für reelles τ ihre sämtlichen Wurzeln reell sind. Dann sind alle Wurzeln bei $\tau = 0$ regulär.

Der Beweis beruht darauf, daß in der Entwicklung jeder Wurzel x nach Potenzen von $t = \tau^{\frac{1}{q}}$

$$x = \sum_{p=0}^{\infty} c_p t^p$$

wegen der Realität von x die Koeffizienten c_p reell sein müssen, bei einmaligem Umlauf um den Verzweigungspunkt $\tau = 0$ aber aus x eine andere Wurzel x' entsteht, deren Entwicklung

$$x' = \sum_{p=0}^{\infty} c_p \varepsilon^p t^p, \qquad (\varepsilon^q = 1,\ \varepsilon \neq 1)$$

nur dann reelle Koeffizienten hat, wenn $q = 1$ oder $= 2$ ist; der Fall $q = 2$ ist ausgeschlossen, weil sonst x für negative τ nicht reell wäre.

Wendet man diesen Satz auf die Determinantengleichung von (100) an, so folgt zunächst, daß jede Wurzel $\omega_j^2 = \Omega_j$ $(j = 1, 2, \ldots 3s)$ eine Entwicklung der Form

$$\omega_j^2 = \Omega_j = \Omega_j^{(0)} + \Omega_j^{(1)}\tau + \Omega_j^{(2)}\tau^2 + \cdots \tag{102'}$$

zuläßt. Wenn man aber $\omega = \sqrt{\Omega}$ selbst als Unbekannte ansieht, so muß auch jede Frequenz ω_j selbst eine analoge Entwicklung

$$\omega_j = \omega_j^{(0)} + \omega_j^{(1)}\tau + \cdots \tag{103}$$

besitzen. Nun sind zwei Fälle zu unterscheiden:

Entweder ist $\Omega_j^{(0)} \neq 0$, dann erhält man durch Wurzelziehen direkt

$$\omega_j^{(0)} = \sqrt{\Omega_j^{(0)}}, \quad \omega_j^{(1)} = \frac{\Omega_j^{(1)}}{2\sqrt{\Omega_j^{(0)}}}, \ldots, \tag{103'}$$

oder es ist $\Omega_j^{(0)} = 0$; dann muß notwendigerweise auch $\Omega_j^{(1)} = 0$ sein, weil sonst ω_j bei $\tau = 0$ einen Verzweigungspunkt erster Ordnung hätte, und es gilt

$$\omega_j = c_j\tau + \cdots, \quad c_j = \sqrt{\Omega_j^{(2)}}, \ldots. \tag{104}$$

---

f. Phys. 8 (1922), p. 390. Der Beweis des Satzes ist dem Referenten von Herrn *L. Lichtenstein* mündlich mitgeteilt worden.

Der Fall (103), (103') entspricht den *„optischen" Eigenschwingungen*; bei diesen nähert sich mit wachsender Wellenlänge ($\tau \to 0$) die Frequenz einer endlichen Grenze, die den Charakter einer Resonanzstelle hat.

Der Fall (104) entspricht den *„mechanischen" (akustischen) Schwingungen*, bei denen mit wachsender Wellenlänge ($\tau \to 0$) die Frequenz bis zu Null abnimmt. Solche Schwingungen gibt es immer genau 3, entsprecheud den drei Translationen des Gitters parallel zu den Koordinatenachsen. Analytisch drückt sich das so aus: Für $\tau = 0$ gehen die Koeffizienten (101) der Schwingungsgleichungen (100) über in die durch (32a) definierten Größen

$$\left[\begin{matrix}0\\ kk'\\ xy\end{matrix}\right] = \mathfrak{S}_{l}(\varphi_{kk'}^{l})_{xy} = \Delta\left[\begin{matrix}kk'\\ xy\end{matrix}\right], \tag{105}$$

die den Gleichungen (33) genügen; aus letzteren folgt aber, daß die Gleichungen (100) für $\tau = 0$ durch $\omega = 0$, $\mathfrak{U}_k = \mathfrak{U}$ erfüllt werden, wo $\mathfrak{U}$ ein beliebiger Vektor ist. Dieser läßt sich aus den drei Einheitsvektoren parallel zu den Koordinatenachsen $\mathfrak{i}_1$, $\mathfrak{i}_2$, $\mathfrak{i}_3$ linear darstellen; folglich entsprechen ihm drei zusammenfallende Wurzeln, die wir mit

$$\omega_1^{(0)} = \omega_2^{(0)} = \omega_3^{(0)} = 0 \tag{106}$$

bezeichnen. Für endliche Wellenlängen gilt dann die Entwicklung (104); dabei sind die

$$c_j = \lim_{\tau=0} \frac{\omega_j}{\tau} = \lim_{\lambda=\infty} \nu_j \lambda \qquad (j = 1, 2, 3) \tag{104'}$$

die Grenzwerte der *Fortpflanzungsgeschwindigkeiten (Schallgeschwindigkeiten)* für lange Wellen.

Die Zerlegung des elastischen Spektrums in zwei Teile, den optischen und den akustischen, die sich durch ihr Verhalten bei langen Wellen unterscheiden, ist zuerst von *Born* und *v. Kármán*[50]) in ihrer ersten Abhandlung über spezifische Wärme (s. Nr. **26**, **27**) am Beispiel eines eindimensionalen Modells erkannt worden, bestehend aus einer, mit zwei verschiedenen Massen besetzten äquidistanten Punktreihe, bei der nur benachbarte Massen aufeinander wirken. Die Frequenzen lassen sich in diesem Falle explizite berechnen; man erhält

$$\omega^2 = \frac{f}{m_1 m_2}\left\{m_1 + m_2 \pm \sqrt{m_1^2 + m_2^2 + 2m_1 m_2 \cos \tau a}\right\},$$

wo f die quasielastische Kraft zwischen zwei Nachbarpunkten und a ihr Abstand ist. Bei $\tau = 0$ hat man die Entwicklungen:

$$\omega_1^2 = \tau^2 \frac{a^2}{2} \frac{f}{m_1 + m_2} + \cdots$$

$$\omega_2^2 = 2f\frac{m_1 + m_2}{m_1 m_2} - \tau^2 \frac{a^2}{2} \frac{f}{m_1 + m_2} + \cdots.$$

50) *M. Born* u. *Th. v. Kármán*, Phys. Ztschr. 13 (1912), p. 297.

ω_1 entspricht den akustischen, ω_2 den optischen Schwingungen. Man kann in diesem Falle aber den ganzen Verlauf der Frequenzen als Funktionen von τ übersehen. Bei sehr verschiedenen Massen ist der optische Zweig ω_2 nahezu monochromatisch; der akustische ω_1 umfaßt ein größeres Frequenzintervall. Im Grenzfall gleicher Massen gibt es nur den akustischen Zweig, und es gilt

$$\omega = 2\sqrt{\frac{f}{m}} \sin \frac{\tau a}{2}.$$

Den Übergang zu diesem Grenzfall hat *W. Dehlinger*[51]) studiert; dieser hat auch die Zweiteilung des Spektrums bei einem einfachen dreidimensionalen Modell entdeckt und die Bedeutung dieser Tatsache für die Theorie der spezifischen Wärme erkannt (s. Nr. **26**). Der allgemeine Fall wird von *Born*[52]) in seiner Dynamik der Kristallgitter behandelt.

15. Lange Wellen. Schnelle (optische) Schwingungen. Zur wirklichen Berechnung der Entwicklungskoeffizienten von ω_j in der Umgebung von $\tau = 0$ dient folgendes Näherungsverfahren:

Die Koeffizienten (101) lassen sich nach Potenzen von τ entwickeln:

$$\text{(107)} \qquad \begin{bmatrix} kk' \\ xy \end{bmatrix} = \begin{bmatrix} 0 \\ kk' \\ xy \end{bmatrix} + \begin{bmatrix} 1 \\ kk' \\ xy \end{bmatrix} \tau + \begin{bmatrix} 2 \\ kk' \\ xy \end{bmatrix} \tau^2 + \cdots;$$

dabei ist das konstante Glied durch (105) gegeben und die folgenden Koeffizienten durch die Gleichungen:

$$\text{(108)} \qquad \begin{cases} \text{a)} \begin{bmatrix} 1 \\ kk' \\ xy \end{bmatrix} = -i \mathop{\mathrm{S}}_{l} (\mathfrak{s}\mathfrak{r}^l_{kk'}) (\varphi^l_{kk'})_{xy}, \\ \text{b)} \begin{bmatrix} 2 \\ kk' \\ xy \end{bmatrix} = -\frac{1}{2} \mathop{\mathrm{S}}_{l} (\mathfrak{s}\mathfrak{r}^l_{kk'})^2 (\varphi^l_{kk'})_{xy}, \\ \cdots\cdots\cdots\cdots \end{cases}$$

Diese Funktionen der Wellenrichtung sind sämtlich in x, y symmetrisch; die Koeffizienten gerader Ordnung sind reell und in k, k' symmetrisch, die Koeffizienten ungerader Ordnung sind rein imaginär und in k, k' schiefsymmetrisch.

Die Lösungen der linearen Gleichungen (100) werden nun zu-

---

51) *W. Dehlinger*, Diss. München 1915; Phys. Ztschr. 15 (1914), p. 276.

52) *M. Born*, Dynamik der Kristallgitter, 3. Kap. § 9—15 (Leipzig 1915). Eine Darstellung, die der im Text gegebenen ähnlich ist, findet sich in der zit. Abhandlung Anm. 49.

gleich mit dem Quadrat der Frequenz als Potenzreihen von τ angesetzt:

$$(109)\quad \begin{cases} \omega^2 = \Omega = \Omega^{(0)} + \Omega^{(1)}\tau + \Omega^{(2)}\tau^2 + \cdots \\ \mathfrak{U}_k = \mathfrak{U}_k^{(0)} + \mathfrak{U}_k^{(1)}\tau + \mathfrak{U}_k^{(2)}\tau^2 + \cdots . \end{cases}$$

Dann erhält man der Reihe nach folgende Näherungsgleichungen:

$$(110)\quad \begin{cases} \text{a)}\ \Omega^{(0)} m_k \mathfrak{U}_{kx}^{(0)} + \sum_{k'}\sum_{y} \begin{bmatrix} 0 \\ kk' \\ xy \end{bmatrix} \mathfrak{U}_{k'y}^{(0)} = 0, \\ \text{b)}\ \Omega^{(0)} m_k \mathfrak{U}_{kx}^{(1)} + \sum_{k'}\sum_{y} \begin{bmatrix} 0 \\ kk' \\ xy \end{bmatrix} \mathfrak{U}_{k'y}^{(1)} \\ \qquad = -\Omega^{(1)} m_k \mathfrak{U}_{kx}^{(0)} - \sum_{k'}\sum_{y} \begin{bmatrix} 1 \\ kk' \\ xy \end{bmatrix} \mathfrak{U}_{k'y}^{(0)}, \\ \text{c)}\ \Omega^{(0)} m_k \mathfrak{U}_{kx}^{(2)} + \sum_{k'}\sum_{y} \begin{bmatrix} 0 \\ kk' \\ xy \end{bmatrix} \mathfrak{U}_{k'y}^{(2)} \\ \qquad = -\Omega^{(1)} m_k \mathfrak{U}_{kx}^{(1)} - \sum_{k'}\sum_{y} \begin{bmatrix} 1 \\ kk' \\ xy \end{bmatrix} \mathfrak{U}_{k'y}^{(1)} \\ \qquad\quad -\Omega^{(2)} m_k \mathfrak{U}_{kx}^{(0)} - \sum_{k'}\sum_{y} \begin{bmatrix} 2 \\ kk' \\ xy \end{bmatrix} \mathfrak{U}_{k'y}^{(0)}, \\ \cdots\cdots\cdots\cdots\cdots\cdots \end{cases}$$

Bei der Lösung dieser Gleichungen wird folgender bekannter Satz der Algebra benutzt:

Hilfssatz: Das System linearer, homogener Gleichungen mit symmetrischen Koeffizienten ($a_{kk'} = a_{k'k}$)

$$\sum_{k'=1}^{n} a_{kk'} x_{k'} = 0, \qquad (k = 1, 2, \ldots n)$$

habe $r \leqq n$ linear unabhängige Lösungen

$$x_k = \alpha_{k1},\ x_k = \alpha_{k2}, \ldots\ x_k = \alpha_{kr}.$$

Die zugehörigen inhomogenen Gleichungen

$$\sum_{k'=1}^{n} a_{kk'} x_{k'} = y_k, \qquad (k = 1, 2, \ldots n)$$

sind dann und nur dann auflösbar, wenn die r Bedingungen

$$\sum_{k=1}^{n} \alpha_{kj} y_k = 0, \qquad (j = 1, 2, \ldots r)$$

erfüllt sind. Die allgemeine Lösung wird aus einer partikulären

$x_k = x_k^{(0)}$ durch Addition der allgemeinen Lösung der homogenen Gleichungen erhalten; sie ist also

$$x_k = x_k^{(0)} + \sum_{j=1}^{r} \alpha_{kj} C_j,$$

wo $C_1, C_2, \ldots C_r$ willkürliche Konstanten sind.

Im Falle der Gleichungen (110) hat die 1. Näherung nur Lösungen, wenn $\Omega^{(0)}$ eine Wurzel der Determinantengleichung (Säkulargleichung) ist. Diese Wurzeln seien

(111) $$\Omega_1^{(0)} = \omega_1^{(0)2},\ \Omega_2^{(0)} = \omega_2^{(0)2}, \ldots \Omega_{3s}^{(0)} = \omega_{3s}^{(0)2},$$

wobei jede so oft angeschrieben ist, als ihre Vielfachheit beträgt; es sind die Werte, in die die Größen (102) für $\tau = 0$ übergehen, also die konstanten Glieder der Entwicklung (102'). Da die Koeffizienten (105) konstant (von der Wellenrichtung unabhängig) sind, sind es auch die $\Omega_j^{(0)}$. Zu jeder Wurzel $\Omega_j^{(0)}$ gehören soviele linear unabhängige Lösungen $\mathfrak{U}_k^{(0)} = \mathfrak{a}_{kj}$, als ihre Vielfachheit beträgt. Alle diese Lösungen kann man so normieren, daß die Bedingungen

(112) $$\sum_k m_k \mathfrak{a}_{kj}^2 = 1, \quad \sum_k m_k (\mathfrak{a}_{kj} \mathfrak{a}_{kj'}) = 0 \qquad (j \neq j')$$

erfüllt sind; mit diesen äquivalent sind die folgenden:

(112') $$m_k \sum_j \mathfrak{a}_{kjx}^2 = 1, \quad \sum_j \mathfrak{a}_{kjx} \mathfrak{a}_{k'jy} = 0.$$

Zu den verschwindenden Frequenzen (106) gehören insbesondere die Translationen nach den Koordinatenachsen als Lösungen, und zwar mit der Normierung

(113) $$\mathfrak{a}_{k1} = \frac{\mathfrak{i}_1}{\sqrt{m}}, \quad \mathfrak{a}_{k2} = \frac{\mathfrak{i}_2}{\sqrt{m}}, \quad \mathfrak{a}_{k3} = \frac{\mathfrak{i}_3}{\sqrt{m}},$$

wo die Masse der Zelle nach (6') eingeführt ist.

Die $\mathfrak{a}_{kj}$ heißen *normierte Eigenschwingungen (Eigenvektoren)* des Gitters.

Nun betrachte man eine *nicht verschwindende* Wurzel $\Omega_j^{(0)} = \omega_j^{(0)2}$; zu dieser mögen die r linear unabhängigen Lösungen $\mathfrak{a}_{k1}, \ldots \mathfrak{a}_{kr}$ gehören, also die allgemeine Lösung

(114) $$\mathfrak{U}_k^{(0)} = \sum_{j=1}^{r} \mathfrak{a}_{kj} C_j.$$

Setzt man diese auf der rechten Seite von (110b) ein, so erhält man:

(115) $$\Omega_j^{(0)} m_k \mathfrak{U}_{kx}^{(1)} + \sum_{k'} \sum_y \begin{bmatrix} 0 \\ kk' \\ xy \end{bmatrix} \mathfrak{U}_{k'y}^{(1)} = -\Omega^{(1)} m_k \sum_{j=1}^{r} \mathfrak{a}_{kjx} C_j - \sum_{k'} \sum_y \begin{bmatrix} 1 \\ kk' \\ xy \end{bmatrix} \sum_{j=1}^{r} \mathfrak{a}_{k'jy} C_j.$$

Da die linken Seiten mit denen der homogenen Gleichungen (110a) übereinstimmen und diese für $\Omega_j^{(0)}$ lösbar sind, so kann man den Hilfssatz anwenden und erhält als Bedingungen der Lösbarkeit von (115) mit Rücksicht auf (112):

$$\Omega^{(1)} C_j + \sum_{j'=1}^{r} (jj') C_{j'} = 0, \qquad (j = 1, 2, \ldots r) \tag{116}$$

wo

$$(jj') = \sum_{kk'} \sum_{xy} \begin{bmatrix} 1 \\ kk' \\ xy \end{bmatrix} \mathfrak{a}_{kjx} \mathfrak{a}_{k'j'y} \tag{117}$$

gesetzt ist; diese Größen sind nach (108a) rein imaginär und in j, j' schiefsymmetrisch.

Damit die Gleichungen (116) lösbar sind, muß die Determinante verschwinden; das ist eine algebraische Gleichung r^{ten} Grades für $\Omega^{(1)}$, die r reelle Wurzeln $\Omega_h^{(1)}$ (von denen auch einige zusammenfallen können) und r zugehörige Lösungen C_{jh} hat, die analog wie die $\mathfrak{a}_{kj}$ normiert werden können. Setzt man diese auf der rechten Seite der Gleichungen (115) ein, so sind diese auflösbar, und das Näherungsverfahren läßt sich in analoger Weise zur nächsten Näherung fortführen.

Die Determinante der schiefsymmetrischen Matrix der (j, j') verschwindet für *ungerade* r; dann gibt es mindestens eine verschwindende Wurzel $\Omega_h^{(1)}$, so daß die Entwicklung (103) der entsprechenden Frequenz ω_h kein lineares Glied hat:

$$\omega_h = \omega_h^{(0)} + \omega_h^{(2)} \tau^2 + \cdots \qquad (r \text{ ungerade}). \tag{103''}$$

Im besonderen ist das der Fall für $r = 1$; jeder *einfachen* Grenzfrequenz $\omega_j^{(0)}$ entspricht daher eine Entwicklung der Form (103'').

Die nicht verschwindenden $\Omega_h^{(1)}$ sind Funktionen der Wellenrichtung. Denn die (jj') hängen linear von dem Vektor $\mathfrak{s}$ ab; nach (108a) ist:

$$(jj') = -i \mathop{\mathrm{S}}_{l} \sum_{kk'} \sum_{xy} (\mathfrak{s}\mathfrak{r}_{kk'}^{l}) (\varphi_{kk'}^{l})_{xy} \mathfrak{a}_{kjx} \mathfrak{a}_{k'j'y}.$$

Wir definieren nun für irgend zwei Eigenfrequenzen $\omega_j^{(0)}$ und $\omega_{j'}^{(0)}$ den Vektor

$$\mathfrak{R}_{jj'} = -\sum_{kk'} \mathop{\mathrm{S}}_{l} \mathfrak{r}_{kk'}^{l} \sum_{xy} (\varphi_{kk'}^{l})_{xy} \mathfrak{a}_{kjx} \mathfrak{a}_{k'j'y}; \tag{118}$$

dieser ist reell und schiefsymmetrisch in j, j':

$$\mathfrak{R}_{jj'} = -\mathfrak{R}_{j'j}. \tag{118'}$$

Dann wird insbesondere für irgend zwei zusammenfallende Frequenzen:

$$(jj') = i(\mathfrak{s}\mathfrak{R}_{jj'}). \tag{119}$$

Als *Beispiele* für die Abhängigkeit der $\Omega_h^{(1)}$ von der Richtung $\mathfrak{s}$ sei angeführt:

$$r = 2:\quad \Omega_1^{(1)} = -\Omega_2^{(1)} = (\mathfrak{s}\mathfrak{R}_{12})$$

$$r = 3:\quad \Omega_1^{(1)} = 0,\ \Omega_2^{(1)} = -\Omega_3^{(1)} = \sqrt{(\mathfrak{s}\mathfrak{R}_{23})^2 + (\mathfrak{s}\mathfrak{R}_{31})^2 + (\mathfrak{s}\mathfrak{R}_{12})^2}.$$

In derselben Weise wie $\Omega_h^{(1)}$ hängt nach (103′) $\omega_h^{(1)}$ von $\mathfrak{s}$ ab.

Die hier behandelten Eigenschwingungen mit endlicher Grenzfrequenz (für $\tau \to 0$) sind maßgebend für das optische Verhalten des Kristalls. Die Grenzfrequenzen selbst spielen die Rolle der optischen Resonanzstellen (Absorptionslinien), s. Nr. 22, 23; die Eigenvektoren $\mathfrak{a}_{kj}$ bestimmen den Verlauf der Brechung als Funktion der Frequenz (Dispersion), die Vektoren $\mathfrak{R}_{jj'}$ sind maßgebend für die optische Aktivität, s. Nr. 22.

16. Lange Wellen. Langsame (akustische) Schwingungen. Für die drei verschwindenden Grenzfrequenzen (106) ist die allgemeine Lösung von (110a)

$$\Omega^{(0)} = 0,\quad \mathfrak{U}_k^{(0)} = \mathfrak{U}, \tag{120}$$

wo $\mathfrak{U}$ ein beliebiger Vektor ist; damit lauten die Gleichungen (110b):

$$\sum_{k'}\sum_{y}\begin{bmatrix}0\\kk'\\xy\end{bmatrix}\mathfrak{U}_{k'y}^{(1)} = -\Omega^{(1)} m_k \mathfrak{U}_x - \sum_y \mathfrak{U}_y \sum_{k'}\begin{bmatrix}1\\kk'\\xy\end{bmatrix}. \tag{121}$$

Da die zugehörigen homogenen Gleichungen die drei linear unabhängigen Lösungen (113) haben, so ergeben sich nach dem Hilfssatz die Lösbarkeitsbedingungen:

$$\Omega^{(1)} m \mathfrak{U}_x - \sum_y \mathfrak{U}_y \sum_{kk'}\begin{bmatrix}1\\kk'\\xy\end{bmatrix} = 0. \tag{122}$$

Da nun die Koeffizienten (108a) in k, k' schiefsymmetrisch sind, so ist die Doppelsumme gleich Null, und es folgt in Übereinstimmung mit dem allgemeinen Satze

$$\Omega_j^{(1)} = 0 \qquad (j = 1, 2, 3). \tag{120′}$$

Die Gleichungen (121) lauten dann

$$\sum_{k'}\sum_{y}\begin{bmatrix}0\\kk'\\xy\end{bmatrix}\mathfrak{U}_{k'y}^{(1)} = -\sum_y \mathfrak{U}_y \sum_{k'}\begin{bmatrix}1\\kk'\\xy\end{bmatrix} \tag{123}$$

und sind auflösbar; ihre allgemeine Lösung erhält man aus einer speziellen durch Addition der allgemeinen Lösung der homogenen Gleichungen, d. h. eines willkürlichen, von k unabhängigen Vektors $\mathfrak{A}$, sie hat also die Form

$$\mathfrak{U}_k^{(1)} + \mathfrak{A}.$$

Setzt man das statt $\mathfrak{U}_k^{(1)}$ auf der rechten Seite von (110c) ein, so erhält man wegen (120), (120′):

$$(124)\qquad \sum_{k'}\sum_{y}\begin{bmatrix}0\\ kk'\\ xy\end{bmatrix}\mathfrak{U}^{(2)}_{k'y} = -\sum_{k'}\sum_{y}\begin{bmatrix}1\\ kk'\\ xy\end{bmatrix}(\mathfrak{U}^{(1)}_{k'y}+\mathfrak{A}_y)$$
$$-\,\Omega^{(2)} m_k \mathfrak{U}_x - \sum_y \mathfrak{U}_y \sum_{k'}\begin{bmatrix}2\\ kk'\\ xy\end{bmatrix}.$$

Wie oben müssen drei Lösbarkeitsbedingungen erfüllt sein, die man durch Summation der rechten Seiten nach k erhält; dabei fällt wegen des schiefsymmetrischen Charakters der Koeffizienten (108a) der willkürliche Vektor $\mathfrak{A}$ heraus, und es bleibt:

$$(125)\qquad \Omega^{(2)} m \mathfrak{U}_x + \sum_y \mathfrak{U}_y \sum_{kk'}\begin{bmatrix}2\\ kk'\\ xy\end{bmatrix} - \sum_k\sum_y \mathfrak{U}^{(1)}_{ky}\sum_{k'}\begin{bmatrix}1\\ kk'\\ xy\end{bmatrix} = 0.$$

Setzt man hier irgendeine Lösung der sicher auflösbaren Gleichungen (123) ein, so erhält man drei lineare, homogene Gleichungen mit symmetrischen Koeffizienten zur Bestimmung der Komponenten von $\mathfrak{U}$; die Säkulargleichung dieses Systems ist eine kubische Gleichung zur Bestimmung von $\Omega^{(2)}$, mit den Wurzeln $\Omega_1^{(2)}$, $\Omega_2^{(2)}$, $\Omega_3^{(2)}$.

Setzt man diese Lösung auf der rechten Seite der Gleichungen (124) ein, so sind sie nach den $\mathfrak{U}_k^{(2)}$ auflösbar, und das Näherungsverfahren kann in derselben Weise beliebig fortgesetzt werden; das Ergebnis sind Entwicklungen der Form

$$(126)\qquad \begin{cases} \omega_j^2 = \Omega_j = \tau^2\Omega^{(2)} + \cdots \\ \mathfrak{U}_{kj} = \mathfrak{U} + \tau\mathfrak{U}^{(1)}_{kj} + \cdots. \end{cases}$$

Bricht man diese mit den angeschriebenen Gliedern ab, so sieht man leicht, daß das Resultat in dieser Näherung genau übereinstimmt mit den Gesetzen, die sich aus der in Nr. 7 und 8 entwickelten Elastizitätstheorie für die Fortpflanzung ebener Wellen ergeben. Denn durch Vergleich der Formeln (108) und (32) erkennt man die Gültigkeit der Formeln

$$(127)\qquad \begin{cases} \displaystyle\sum_{k'}\begin{bmatrix}1\\ kk'\\ xy\end{bmatrix} = -i\sum_z \mathfrak{s}_z \sum_{k'}\mathop{\mathbf{S}}_l (\varphi^l_{kk'})_{xy}\, z^l_{kk'} = -i\Delta\sum_z \begin{bmatrix}k\\ xyz\end{bmatrix}\mathfrak{s}_z, \\ \displaystyle\sum_{kk'}\begin{bmatrix}2\\ kk'\\ xy\end{bmatrix} = -\frac{1}{2}\sum_{\bar{x}\bar{y}} \mathfrak{s}_{\bar{x}}\mathfrak{s}_{\bar{y}} \sum_{kk'}\mathop{\mathbf{S}}_l (\varphi^l_{kk'})_{xy}\, \bar{x}^l_{kk'}\bar{y}^l_{kk'} \\ \displaystyle\qquad = -\Delta\sum_{\bar{x}\bar{y}}[xy\bar{x}\bar{y}]\,\mathfrak{s}_{\bar{x}}\mathfrak{s}_{\bar{y}}, \end{cases}$$

so daß die Gleichungen (123) und (125) die Gestalt annehmen:

$$(128)\begin{cases}\sum_{k'}\sum_{y}\begin{bmatrix}kk'\\xy\end{bmatrix}\mathfrak{U}^{(1)}_{k'y}-i\sum_{y}\mathfrak{U}_y\sum_{z}\begin{bmatrix}k\\xyz\end{bmatrix}\mathfrak{s}_z=0,\\ \varrho\Omega^{(2)}\mathfrak{U}_x-\sum_{y}\mathfrak{U}_y\sum_{\bar{x}\bar{y}}[xy\bar{x}\bar{y}]\,\mathfrak{s}_{\bar{x}}\mathfrak{s}_{\bar{y}}+i\sum_{k}\sum_{y}\mathfrak{U}^{(1)}_{ky}\sum_{z}\begin{bmatrix}k\\xyz\end{bmatrix}\mathfrak{s}_z=0,\end{cases}$$

wo die Massendichte ϱ nach (7) eingeführt ist.

Andererseits liefert die Elastizitätstheorie nach (42) die Bewegungsgleichungen:

$$(129)\qquad \varrho\ddot{u}_x+\sum_{y}\frac{\partial K_{xy}}{\partial y}=0,$$

wo die Spannungskomponenten durch (37) gegeben sind, wenn darin $\mathfrak{R}_k=0$ gesetzt wird:

$$(129')\qquad\begin{cases}0=\sum_{k'}\sum_{y}\begin{bmatrix}kk'\\xy\end{bmatrix}\mathfrak{u}_{k'y}-\sum_{yz}\begin{bmatrix}k\\xyz\end{bmatrix}u_{yz},\\ K_{xy}=-\sum_{kz}\begin{bmatrix}k\\xyz\end{bmatrix}\mathfrak{u}_{kz}-\sum_{\bar{x}\bar{y}}[xy\bar{x}\bar{y}]\,u_{\bar{x}\bar{y}}.\end{cases}$$

Dabei sind die Größen u_{xy} als Ableitungen des Verrückungsvektors $\mathfrak{u}$ anzusehen:

$$u_{xy}=\frac{\partial\mathfrak{u}_x}{\partial y}.$$

Führt man in (129) den Ansatz ebener Wellen ein, indem man im Hinblick auf (126) setzt:

$$\omega^2=\tau^2\Omega^{(2)},\quad \mathfrak{u}=\mathfrak{U}e^{-i\omega t}e^{i\tau(\mathfrak{s}\mathfrak{r})},$$
$$\mathfrak{u}_k=\tau\mathfrak{U}_k^{(1)}e^{-i\omega t}e^{i\tau(\mathfrak{s}\mathfrak{r})},$$

so erhält man genau die Gleichungen (128). Eliminiert man aus diesen die $\mathfrak{U}_k^{(1)}$ mit Hilfe der sich gegenseitig auflösenden Gleichungen (44) und (46), so erhält man bei Einführung der durch (104) definierten Schallgeschwindigkeiten und der Elastizitätskonstanten (49b):

$$(128')\qquad \varrho c_j^2\mathfrak{U}_x-\sum_{y}\mathfrak{U}_y\sum_{\bar{x}\bar{y}}[|x\bar{x}\,|\,y\bar{y}\,|]\,\mathfrak{s}_{\bar{x}}\mathfrak{s}_{\bar{y}}=0.$$

Die Determinante dieser drei linearen homogenen Gleichungen liefert gleich Null gesetzt die c_j als Funktionen der Wellenrichtung, deren Koeffizienten sich durch die Elastizitätskonstanten $c_{ij}=[|\,xy\,|\,\bar{x}\bar{y}\,|]$ (54) ausdrücken. Damit sind die $\omega_j=c_j\tau$ $(j=1,2,3)$ in erster Näherung bestimmt. Das Näherungsverfahren läßt sich von hier aus ohne Schwierigkeiten fortsetzen, doch sind die höheren Näherungen bisher physikalisch ohne Bedeutung geblieben.

Die akustischen Frequenzen ω_1, ω_2, ω_3 und die optischen Frequenzen ω_4, ω_5, ... ω_{3s} erscheinen also als Zweige ein und derselben mehrdeutigen Funktion ω von τ, deren Verzweigung algebraischen Charakter hat. Denkt man sich $\omega(\tau)$ auf einer *Riemann*schen Fläche über der komplexen τ-Ebene ausgebreitet, so verlaufen ihre Blätter in der Umgebung von $\tau = 0$ getrennt, müssen aber in algebraischen Verzweigungspunkten zusammenhängen.

Die Klärung des Zusammenhangs der verschiedenen Schwingungstypen im Gitter findet sich zuerst bei *M. Born.*[52])

17. Erzwungene Schwingungen. Lange Wellen. Wenn auf jeden Gitterpunkt eine äußere Kraft $\mathfrak{F}_k^l$ wirkt, so lauten die Bewegungsgleichungen

$$m_k \ddot{\mathfrak{u}}_{kx}^l - \sum_{k'} \mathop{\mathrm{S}}_{l'} \sum_{y} (\varphi_{kk'}^{l-l'})_{xy} \mathfrak{u}_{k'y}^{l'} = \mathfrak{F}_{kx}^l. \tag{130}$$

Für die optischen Anwendungen handelt es sich um elektromagnetische Kräfte, die sich in Form einer ebenen Welle fortpflanzen. Wir untersuchen daher das Verhalten des Gitters unter der Wirkung einer *ebenen Kraftwelle*

$$\mathfrak{F}_k^l = \mathfrak{B}_k e^{-i\omega t} e^{i\tau(\mathfrak{s}\mathfrak{r}_k^l)}. \tag{131}$$

Im stationären Zustande werden dann die Verrückungen eine entsprechende Welle (s. (99))

$$\mathfrak{u}_k^l = \mathfrak{U}_k e^{-i\omega t} e^{i\tau(\mathfrak{s}\mathfrak{r}_k^l)} \tag{132}$$

bilden, und zwischen den Amplituden der Kräfte und der Verrückungen werden die Gleichungen bestehen:

$$\omega^2 m_k \mathfrak{U}_{kx} + \sum_{k'} \sum_{y} \begin{bmatrix} kk' \\ xy \end{bmatrix} \mathfrak{U}_{k'y} = -\mathfrak{B}_{kx}. \tag{133}$$

Das sind die zu den homogenen Gleichungen (100) gehörigen inhomogenen.

Für die Anwendungen auf die Optik (ausschließlich des Röntgengebietes) kommt nur der Fall in Betracht, daß die Wellenlänge groß ist gegen die linearen Dimensionen der Zelle δ. Daher suchen wir die Lösung als Potenzreihe nach $\tau = \frac{2\pi}{\lambda}$ anzusetzen (s. (109)):

$$\mathfrak{U}_k = \mathfrak{U}_k^{(0)} + \tau \mathfrak{U}_k^{(1)} + \tau^2 \mathfrak{U}_k^{(2)} + \cdots. \tag{132'}$$

Dann erhält man Näherungsgleichungen für die $\mathfrak{U}_k^{(p)}$, die sämtlich genau dieselbe Form haben:

$$\omega^2 m_k \mathfrak{U}_{kx}^{(p)} + \sum_{k'} \sum_{y} \begin{bmatrix} 0 \\ kk' \\ xy \end{bmatrix} \mathfrak{U}_{k'y}^{(p)} = -\mathfrak{B}_{kx}^{(p)}, \quad (p = 0, 1, 2, \ldots); \tag{134}$$

die rechten Seiten sind folgende Ausdrücke:

$$\left\{ \begin{aligned} \mathfrak{B}_{kx}^{(0)} &= \mathfrak{B}_{kx}, \\ \mathfrak{B}_{kx}^{(1)} &= \sum_{k'} \sum_{y} \begin{bmatrix} 1 \\ kk' \\ xy \end{bmatrix} \mathfrak{U}_{k'y}^{(0)}, \\ \mathfrak{B}_{kx}^{(2)} &= \sum_{k'} \sum_{y} \left\{ \begin{bmatrix} 1 \\ kk' \\ xy \end{bmatrix} \mathfrak{U}_{k'y}^{(1)} + \begin{bmatrix} 2 \\ kk' \\ xy \end{bmatrix} \mathfrak{U}_{k'y}^{(0)} \right\}, \\ & \cdots\cdots\cdots\cdots \end{aligned} \right. \tag{135}$$

Jedes $\mathfrak{B}_k^{(p)}$ läßt sich demnach berechnen, wenn die p vorhergehenden Gleichungen (134) gelöst sind.

Die Lösung von (134) gewinnt man mit Hilfe der Eigenlösungen $\mathfrak{a}_{kj}$ der zugehörigen homogenen Gleichungen (100); für diese gilt identisch

$$\Omega_j^{(0)} m_k \mathfrak{a}_{kjx} + \sum_{k'} \sum_{y} \begin{bmatrix} 0 \\ kk' \\ xy \end{bmatrix} \mathfrak{a}_{k'jy} = 0, \tag{136}$$

und sie befriedigen die Orthogonalitätsrelationen (112) oder (112'). Aus diesen folgt, daß die s Vektoren $\mathfrak{a}_{kj}$ linear unabhängig sind; man kann daher jeden Vektor durch sie linear darstellen. Wir setzen

$$\mathfrak{B}_k^{(p)} = m_k \sum_j c_j^{(p)} \mathfrak{a}_{kj};$$

für die Koeffizienten $c_j^{(p)}$ erhält man nach (112), (112')

$$c_j^{(p)} = \sum_k \mathfrak{B}_k^{(p)} \mathfrak{a}_{kj}.$$

Die Lösung von (134) setzen wir in analoger Weise an:

$$\mathfrak{U}_k^{(p)} = \sum_j \mathfrak{U}_j^{(p)} \mathfrak{a}_{kj}.$$

Dann erhält man durch Einsetzen in (134) durch Vergleich der entsprechenden Faktoren von $\mathfrak{a}_{kj}$ auf beiden Seiten:

$$\mathfrak{U}_j^{(p)} = \frac{c_j^{(p)}}{\Omega_j^{(0)} - \omega^2}.$$

Demnach wird die gesuchte Lösung von (134):

$$\mathfrak{U}_k^{(p)} = \sum_j \frac{c_j^{(p)} \mathfrak{a}_{kj}}{\Omega_j^{(0)} - \omega^2} = \sum_j \frac{\mathfrak{a}_{kj}}{\Omega_j^{(0)} - \omega^2} \sum_{k'} \mathfrak{B}_{k'}^{(p)} \mathfrak{a}_{k'j}. \tag{137}$$

Die Lösung der ersten Näherungsgleichung (134), $p = 0$, lautet nun

$$\mathfrak{U}_k^{(0)} = \sum_j \frac{\mathfrak{a}_{kj}}{\Omega_j^{(0)} - \omega^2} \sum_{k'} \mathfrak{B}_{k'} \mathfrak{a}_{k'j}, \tag{138}$$

und die der zweiten, $p = 1$:

$$\mathfrak{U}_k^{(1)} = \sum_j \frac{\mathfrak{a}_{kj}}{\Omega_j^{(0)} - \omega^2} \sum_{k'} \mathfrak{B}_{k'}^{(1)} \mathfrak{a}_{k'j}.$$

Hier ist der Wert von $\mathfrak{B}_k^{(1)}$ aus (135) und darin wieder der von $\mathfrak{U}_k^{(0)}$ aus (138) einzusetzen. Dann ergibt sich mit Benutzung der durch (118) definierten Vektoren $\mathfrak{R}_{jj'}$:

$$\mathfrak{U}_k^{(1)} = i \sum_{jj'} \frac{\mathfrak{a}_{kj} (\mathfrak{s} \mathfrak{R}_{jj'})}{(\Omega_j^{(0)} - \omega^2)(\Omega_{j'}^{(0)} - \omega^2)} \sum_{k'} \mathfrak{B}_{k'} \mathfrak{a}_{k'j'}. \tag{139}$$

Der Faktor $i = e^{\frac{i\pi}{2}}$ bedeutet, daß die Terme zweiter Näherung einen Phasenunterschied von $\frac{\pi}{2}$ gegen die der ersten Näherung haben.

In derselben Weise kann man fortfahren und die folgenden Näherungen bestimmen. Für die Optik kommen nur die beiden ersten Näherungen in Betracht.[52a])

Die Lösung der Schwingungsgleichungen in der hier gegebenen Form findet sich bei *M. Born*[49]).

18. Das Verteilungsgesetz der Eigenschwingungen. Für die Thermodynamik des Gitters ist die Kenntnis der Eigenfrequenzen ω_j für den Grenzfall langer Wellen ($\tau = 0$) prinzipiell ungenügend; vielmehr muß man sie als Funktionen von Wellenlänge und Wellenrichtung in ihrem ganzen Verlaufe wenigstens summarisch übersehen.

Ein endliches Gitter von N Zellen mit je s Partikeln hat $3sN$ Eigenschwingungen. Die für die Thermodynamik des Gitters wichtigste Frage ist nun, wie viele der Eigenfrequenzen in ein vorgegebenes Frequenzintervall fallen. Dieses Problem läßt sich für ein endliches Gitter streng nicht lösen, weil man die Randbedingungen nicht in Ansatz bringen kann. Man kann aber auch das unendliche Gitter hier nicht ohne weiteres brauchen, da die Frage offenbar nur für ein System von endlich vielen Freiheitsgraden Sinn hat.

In folgender Weise gelangt man zu einer approximativen Lösung: Man betrachte ein endliches Gitter von $N = n^3$ Zellen, das die Form eines der Zelle ähnlichen Parallelepipedons mit den Kanten $n\mathfrak{a}_1$, $n\mathfrak{a}_2$, $n\mathfrak{a}_3$ hat. Die Eigenschwingungen dieses Gitters sind stehende Wellen, deren Länge parallel zu jeder Kante höchstens gleich der Kantenlänge ist. Nun führe man ein unendliches Gitter ein, beschränke aber die darin möglichen (fortschreitenden) Wellen auf diejenigen, die parallel zu den Grundvektoren $\mathfrak{a}_1$, $\mathfrak{a}_2$, $\mathfrak{a}_3$ höchstens die Längen $n\mathfrak{a}_1$, $n\mathfrak{a}_2$, $n\mathfrak{a}_3$ haben. Das läuft offenbar auf folgende Forderung hinaus: Je zwei Zellen des Gitters, deren Indizes l_1, l_2, l_3 kongruent mod. n sind, sollen völlig äquivalent sein; die Verrückungen sollen also die Bedingungen erfüllen:

$$\mathfrak{u}_k^{l_1+n,\, l_2,\, l_3} = \mathfrak{u}_k^{l_1,\, l_2+n,\, l_3} = \mathfrak{u}_k^{l_1,\, l_2,\, l_3+n} = \mathfrak{u}_k^{l_1,\, l_2,\, l_3}, \tag{140}$$

52a) *H. A. Lorentz* hat schon 1878 (Verh. der Akad. van Wet. te Amsterdam 1878) bemerkt, daß bei Berücksichtung von Gliedern höherer Ordnung in $\frac{\delta}{\lambda}$ neue optische Erscheinungen zu erwarten seien; z. B. dürfte dann ein regulärer Kristall nicht mehr optisch isotrop sein. *Lorentz* hat letzteren Punkt näher untersucht; da er nicht aktive Kristalle betrachtete, so mußte er die mit $\left(\frac{\delta}{\lambda}\right)^2$ proportionalen Glieder, d. h. die dritte Näherung, ($p = 2$) in (134), berücksichtigen. Neuerdings [Versl. Akad. van Wet. te Amsterdam 30 (1921), p. 362] hat er diese Überlegungen wieder aufgenommen und Experimente zur Auffindung des Effekts angestellt; doch ist das Ergebnis wohl nicht als sicher positiv anzusehen.

wofür man einfach

$$\mathfrak{u}_k^{l+n} = \mathfrak{u}_k^l \tag{140'}$$

schreiben kann. Ein Gitter, das diese Forderung befriedigt, soll *zyklisches Gitter* genannt werden.

Dieses ist offenbar ein System von endlich vielen, nämlich $3sN$ Freiheitsgraden; denn es genügt, das Teilparallelepiped mit den Kanten $n\mathfrak{a}_1$, $n\mathfrak{a}_2$, $n\mathfrak{a}_3$ zu betrachten, das sich nach allen Seiten periodisch wiederholt. Das zyklische Gitter entsteht also aus dem wirklichen durch Ersetzung der wirklichen Randbedingungen durch die fiktiven der Periodizität.

Führt man nun in die Bewegungsgleichungen (97) die Bedingungen (140) ein, so erhält man:

$$m_k \ddot{\mathfrak{u}}_{kx}^l - \sum_{k'} \mathop{\mathrm{S}}_{(l')} \sum_y (\psi_{kk'}^{l-l'})_{xy} \mathfrak{u}_{k'y}^{l'} = 0; \tag{141}$$

dabei ist

$$(\psi_{kk'}^l)_{xy} = \sum_{p=-\infty}^{+\infty} (\varphi_{kk'}^{l+pn})_{xy} \tag{142}$$

gesetzt (wo p in leicht verständlicher Weise die drei ganzen Zahlen p_1, p_2, p_3 vertritt), und die Indizes l, l' durchlaufen die n Zahlen $0, 1, 2, \ldots n-1$.

Offenbar gilt nach (142):

$$(\psi_{kk'}^{l+n})_{xy} = (\psi_{kk'}^l)_{xy}; \tag{142'}$$

die Koeffizientenmatrix der $3sN$ Gleichungen (141) ist also in bezug auf die Indizes l eine *dreidimensionale Zyklante.*

Werden zeitlich periodische Lösungen von (141) der Form

$$\mathfrak{u}_k^l = \frac{\mathfrak{x}_k^l}{\sqrt{m_k}} e^{-i\omega t}, \tag{143}$$

gesucht, so erhält man für die „reduzierten" Amplituden $\mathfrak{x}_k^l$ die linearen Gleichungen:

$$\omega^2 \mathfrak{x}_{kx}^l + \sum_{k'} \mathop{\mathrm{S}}_{(l')} \sum_y \frac{(\psi_{kk'}^{l-l'})_{xy}}{\sqrt{m_k m_{k'}}} \mathfrak{x}_{x'y}^{l'} = 0. \tag{144}$$

Diese lassen sich wegen der Periodizitätseigenschaften (142') der Koeffizienten durch den Ansatz

$$\mathfrak{x}_k^l = \mathfrak{x}_k e^{i(l\varphi)} \tag{145}$$

lösen, wobei $(l\varphi)$ eine Linearform der drei ganzen Zahlen l_1, l_2, l_3

$$(l\varphi) = l_1\varphi_1 + l_2\varphi_2 + l_3\varphi_3 \tag{146}$$

ist, deren Koeffizienten ihrerseits drei ganzen Zahlen p_1, p_2, p_3 proportional sind:

$$\varphi_1 = \frac{2\pi}{n} p_1, \quad \varphi_2 = \frac{2\pi}{n} p_2, \quad \varphi_3 = \frac{2\pi}{n} p_3. \tag{147}$$

Dann müssen die $\mathfrak{x}_k$ den $3s$ Gleichungen

$$(148) \qquad \omega^2 \mathfrak{x}_{kx} + \sum_{k'} \sum_{y} \begin{Bmatrix} kk' \\ xy \end{Bmatrix} \mathfrak{x}_{k'y} = 0$$

genügen, wo

$$(149) \qquad \begin{Bmatrix} kk' \\ xy \end{Bmatrix} = \frac{1}{\sqrt{m_k m_{k'}}} \underset{(l)}{\mathrm{S}} (\psi^l_{kk'})_{xy} e^{-i(l\varphi)}$$

gesetzt ist.

Zur anschaulichen Deutung der Lösung bestimme man die Zahl τ und den Einheitsvektor $\mathfrak{s}$ so, daß

$$(150) \qquad \varphi_1 = \tau(\mathfrak{s}\mathfrak{a}_1), \quad \varphi_2 = \tau(\mathfrak{s}\mathfrak{a}_2), \quad \varphi_3 = \tau(\mathfrak{s}\mathfrak{a}_3)$$

ist, und setze

$$(151) \qquad \mathfrak{x}_k = \mathfrak{U}_k \sqrt{m_k}\, e^{i\tau(\mathfrak{s}\mathfrak{r}_k)};$$

dann geht die Lösung (143), (145) über in

$$\mathfrak{u}^l_k = \mathfrak{U}_k e^{-i\omega t} e^{i\tau(\mathfrak{s}\mathfrak{r}^l_k)},$$

stellt also eine ebene Welle von der Richtung $\mathfrak{s}$, der Länge $\lambda = \frac{2\pi}{\tau}$ und der Amplitude $\mathfrak{U}_k$ dar.

Setzt man ferner (142) in (149) ein, so ergibt sich

$$\begin{Bmatrix} kk' \\ xy \end{Bmatrix} = \frac{1}{\sqrt{m_k m_{k'}}} \underset{l}{\mathrm{S}} (\varphi^l_{kk'})_{xy} e^{-i(l\varphi)},$$

und der Vergleich mit (101) zeigt, daß

$$(152) \qquad \begin{Bmatrix} kk' \\ xy \end{Bmatrix} = \frac{1}{\sqrt{m_k m_{k'}}} e^{i\tau(\mathfrak{s}\mathfrak{r}_{kk'})} \begin{bmatrix} kk' \\ xy \end{bmatrix}$$

ist. *Vermöge* (151) *und* (152) *sind die Gleichungen* (148) *mit* (100) *identisch, wenn man in diesen für* $\varphi_1, \varphi_2, \varphi_3$ *die rationalen Werte* (147) *einsetzt.* Man bezeichnet $\varphi_1, \varphi_2, \varphi_3$ als *Phasenkomponenten* der Welle und stellt sie als Punkte in einem dreidimensionalen *Phasenraum* φ_1, φ_2, φ_3 dar; dabei kann man ihre Werte auf den Würfel

$$-\pi \leqq \varphi_1, \varphi_2, \varphi_3 \leqq +\pi$$

beschränken. In diesem bilden die Punkte (147) ein kubisches Gitter mit der Maschenlänge $\frac{2\pi}{n}$.

Die Eigenfrequenzen ω_j des unendlichen Gitters, bzw. ihre Quadrate Ω_j, sind Funktionen von τ und $\mathfrak{s}$; vermöge (150) kann man sie auch als Funktionen von $\varphi_1, \varphi_2, \varphi_3$ ansehen. Man erhält aus ihnen die Frequenzen des zyklischen Gitters, wenn man $\varphi_1, \varphi_2, \varphi_3$ auf die Gitterpunkte (147) des Phasenraums beschränkt. Jeder Zweig Ω_j der algebraischen Funktion $\Omega(\tau)$ liefert dann zu jedem Gitterpunkt eine Frequenz; die zu einem Zweige gehörigen Frequenzen sind daher über den Phasenraum gleichförmig verteilt, in einem Phasenbezirk

$\Delta\varphi = \Delta\varphi_1 \Delta\varphi_2 \Delta\varphi_3$ befinden sich unabhängig von dessen Lage stets gleich viel Frequenzen, nämlich

$$\frac{N}{(2\pi)^3}\Delta\varphi.$$

Nun ist bei großem N das zyklische Gitter ein Ersatz für das endliche; die für jenes gewonnenen Ergebnisse müssen approximativ (im Limes $N \to \infty$) für das endliche Gitter gelten. So gelangt man zu dem

Verteilungsgesetz der Eigenschwingungen:

Die Eigenschwingungen ordnen sich im Phasenraume $\varphi_1, \varphi_2, \varphi_3$ in $3s$ Systeme; für jedes dieser ist die Frequenz ω_j $(j=1,2,\ldots 3s)$ beim unendlichen Gitter eine stetige Funktion von $\varphi_1, \varphi_2, \varphi_3$ innerhalb des Würfels $-\pi \leqq \varphi_1, \varphi_2, \varphi_3 \leqq \pi$. Beim endlichen Gitter von großer Zellenzahl N sind die Frequenzen approximativ die Werte, die jene $3s$ Funktionen ω_j $(\varphi_1, \varphi_2, \varphi_3)$ in den Gitterpunkten (147) annehmen; jeder Zweig ω_j ist also im Phasenraum gleichförmig verteilt, und zwar ist die Anzahl der im Phasenelement $d\varphi = d\varphi_1 d\varphi_2 d\varphi_3$ liegenden Frequenzen ω_j asymptotisch gleich $\frac{N}{(2\pi)^3} d\varphi$.

Will man hieraus auf die Verteilung der Frequenzen über die Frequenzskala selbst schließen, so muß man die Funktionen ω_j $(\varphi_1, \varphi_2, \varphi_3)$ tatsächlich kennen. Für die thermodynamischen Anwendungen genügt dabei häufig die Kenntnis des Verlaufs dieser Funktionen in der Umgebung von $\tau = 0$, den wir im voraufgehenden durch Potenzreihen nach τ dargestellt haben.

Bei den eigentlichen Eigenschwingungen mit endlicher Grenzfrequenz $\omega_j^{(0)}$ kann man unter Umständen ganz von der Veränderlichkeit mit der Wellenlänge absehen und sie durch die Konstanten $\omega_j^{(0)}$ ersetzen.

Bei den Schwingungen mit verschwindender Grundfrequenz ist das nicht erlaubt. Hier gelangt man auf folgende Weise zu einer asymptotischen Darstellung der Verteilung in der Frequenzskala bei hohen Frequenzen.[53])

Man fasse $\xi = \tau\mathfrak{s}_x$, $\eta = \tau\mathfrak{s}_y$, $\zeta = \tau\mathfrak{s}_z$ als rechtwinklige Koordinaten in einem Raume auf; τ und $\mathfrak{s}$ sind dann die zugehörigen Polarkoordinaten, und es gilt nach (150)

$$d\varphi = d\varphi_1 d\varphi_2 d\varphi_3 = \varDelta\, d\xi\, d\eta\, d\zeta = \varDelta \tau^2\, d\tau\, d\Omega, \tag{153}$$

wenn $d\Omega$ das Element der Einheitskugel bedeutet. Indem man über diese integriert und mit $\frac{N}{(2\pi)^3}$ multipliziert, erhält man für die An-

53) *M. Born* u. *Th. v. Kármán,* Phys. Ztschr. 14 (1913), p. 15.

zahl der im Element $d\tau$ gelegenen Schwingungen eines der drei akustischen Zweige:

$$\frac{4\pi N\Delta}{(2\pi)^3}\tau^2 d\tau.$$

Nun ist für lange Wellen nach (104) in erster Näherung $\omega = c_j\tau$, daher wird die angegebene Zahl gleich

$$\frac{4\pi N\Delta}{(2\pi)^3}\frac{1}{c_j^3}\omega^2 d\omega.$$

Ersetzt man hier $N\Delta$ durch das Volumen V des Kristalls, ω durch $2\pi\nu$ und führt die Größe

(154) $$F = \frac{4\pi}{3}\left(\frac{1}{c_1^3} + \frac{1}{c_2^3} + \frac{1}{c_3^3}\right)$$

ein, so erhält man für die Anzahl der im Intervall $d\nu$ gelegenen Schwingungen aller drei akustischen Zweige zusammen:

(155) $$dz = 3VF\nu^2 d\nu.$$

Die Größe F ist für Kristalle eigentlich nicht konstant, da die Schallgeschwindigkeiten von der Wellenrichtung abhängen. Für isotrope Körper oder quasiisotrope Gemenge ist aber F konstant und hat den Wert

(154′) $$F = \frac{4\pi}{3}\left(\frac{1}{c_l^3} + \frac{2}{c_t^3}\right),$$

wo c_l und c_t die Geschwindigkeiten der longitudinalen und transversalen Wellen sind.

Die Formel (155) ist zuerst von *Debye*[54]) in einer großen Arbeit „Zur Theorie der spezifischen Wärmen" (s. Nr. **26**) abgeleitet worden. Dabei hat er sich aber nicht der Gittervorstellung bedient, sondern den betrachteten Körper als kontinuierliches, elastisches, isotropes Medium aufgefaßt; dadurch ist sein Ergebnis von vornherein auf den Grenzfall langer Wellen beschränkt. Er berechnet die Eigenschwingungen einer elastischen Kugel, an deren Oberfläche die Verschiebungen verschwinden[55]); es gibt dann unendlich viele Eigenschwingungen, deren asymptotisches Gesetz die Form (155) hat. Die Größe F wurde von

54) *P. Debye,* Ann. d. Phys. (4) 39 (1912), p. 789; eine vorläufige Mitteilung der Resultate schon vorher im Arch. de Génève (1912), p. 256.

55) Andere Grenzbedingungen benutzt *R. Ortvay,* Ann. d. Phys. (4) 42 (1913), p. 745 (Fall I: Verschwindende Tangentialspannungen und normale Verrückungen; Fall II: Verschwindende Normalspannungen und tangentielle Verrückungen); s. dort weitere Literatur über „gemischte" Randbedingungen. Mit derselben Methode wird das Verteilungsgesetz der Schwingungen für einen kontinuierlichen rhombischen Kristall abgeleitet. Sehr ähnlich ist die Ableitung von *D. H. Goldhammer,* Phys. Ztschr. 14 (1913), p. 1185. Eine anschauliche Beschreibung des Abzählungsverfahrens bei *L. Flamm,* Phys. Ztschr. 19 (1918), p. 116, § 4.

Debye als Funktion der Elastizitätskonstanten des isotropen Körpers angegeben. Der Zusammenhang mit den Schallgeschwindigkeiten (154) wurde von *M. Born* und *Th. v. Kármán* bemerkt[56]); die Formel (154′) stimmt genau mit der von *Debye* aufgestellten überein. Die *Debye*schen Betrachtungen sind ganz analog denen, die in der Strahlungstheorie zur Abzählung der Freiheitsgrade eines Hohlraums dienen[57]); dort ergibt sich dieselbe Formel für die Anzahl dz der Frequenzen in $d\nu$, nur hat F den Wert $\frac{4\pi}{3}\cdot\frac{2}{c^3}$, entsprechend dem Umstande, daß die elektromagnetischen Wellen im Vakuum streng transversal sind und sich mit der Lichtgeschwindigkeit c fortpflanzen. Für diesen Fall hat *H. Weyl*[58]) mit Hilfe der Integralgleichungen bewiesen, daß das asymptotische Gesetz der Eigenfrequenzen von der Form der Begrenzung des Hohlraums unabhängig ist; seine Methoden erlaubten ihm auch die Übertragung des Beweises auf den Fall des elastischen Kontinuums. *R. Courant*[59]) hat das Verteilungsgesetz mit Hilfe des Variationsprinzips, aus dem die Schwingungsgleichung entspringt (*Dirichlet*sches Prinzip), in sehr einfacher Weise gewonnen.[60])

Das allgemeine Verteilungsgesetz für einfache Gitter haben *M. Born* und *Th. v. Kármán* 1912 zuerst ausgesprochen in einer schon zit. Arbeit[50]), in der fast gleichzeitig mit *Debye* und unabhängig von diesem eine Theorie der spezifischen Wärmen auf derselben Grundlage entwickelt wurde. Bald darauf wurde der Beweis des Satzes für einfache Gitter gegeben[61]); für zweiatomige Gitter ($s = 2$) findet sich der Beweis in der zit. Dissertation von *W. Dehlinger*[51]), für den allgemeinen Fall (s beliebig) bei *M. Born*, Dynamik der Kristallgitter.[52])

---

56) *M. Born* und *Th. v. Kármán*, Phys. Ztschr. 14 (1913), p. 15.

57) Lord *Rayleigh*, Phil. Mag. (5) 49 (1900), p. 539; Nature 72 (1905), p. 54 u. 243; *J. H. Jeans*, Phil. Mag. 10 (1905), p. 91; s. auch diese Encykl. V 23 (*W. Wien*), ferner *M. Planck*, Theorie d. Wärmestrahlung (Leipzig 1921), 4. Aufl., § 175, 176; *H. A. Lorentz*, Théorie du Rayonnement (Paris 1912), p. 23; *A. Rubinowicz*, Phys. Ztschr. 18 (1917), p. 96; *A. Landé*, Zur Methode der Eigenschwingungen in der Quantentheorie, Diss. Göttingen 1914.

58) *H. Weyl*, Math. Ann. 71 (1911), p. 441; Crelles J. 141 (1912), p. 163; 143 (1914), p. 177; Rend. Palermo 39 (1915), p. 1.

59) *R. Courant*, Gött. Nachr. 1919, p. 255; Math. Ztschr. 7 (1920), p. 14.

60) Eine bemerkenswerte Methode zur Abzählung der Eigenschwingungen hat *M. v. Laue* [Ann. d. Phys. (4) 44 (1914), p. 1197; s. auch diese Encykl. V 24 (*M. v. Laue*), Nr. 44] mitgeteilt. Sie beruht auf der Definition der Freiheitsgrade eines Strahlenbündels und läßt sich sowohl auf die elektromagnetischen Wellen der Hohlraumstrahlung als auf die elastischen Wellen des festen Körpers anwenden.

61) *M. Born* u. *Th. v. Kármán*, Phys. Ztschr. 14 (1913), p. 65.

Der hier mitgeteilte Beweis (Zurückführung auf das zyklische Gitter) findet sich nicht in der Literatur.

19. Normalkoordinaten. Die potentielle Energie der Schwingungen ist nach (18″)

$$\Phi_2 = -\tfrac{1}{2}\sum_{kk'}\mathop{\mathrm{S}}_{ll'}\sum_{xy}(\varphi_{kk'}^{l-l'})_{xy}\,\mathfrak{u}_{kx}^{l}\,\mathfrak{u}_{k'y}^{l'}.$$

Führt man hier die Bedingungen des zyklischen Gitters (140) ein und setzt

$$\mathfrak{u}_k^l = \frac{1}{\sqrt{m_k}}\,\mathfrak{v}_k^l, \tag{156}$$

so wird mit Rücksicht auf (142)

$$\Phi_2 = -\frac{1}{2}\sum_{kk'}\mathop{\mathrm{S}}_{(ll')}\sum_{xy}\frac{(\psi_{kk'}^{l-l'})_{xy}}{\sqrt{m_k m_{k'}}}\,\mathfrak{v}_{kx}^{l}\,\mathfrak{v}_{k'y}^{l'} \qquad (l, l' = 0, 1, \ldots n-1). \tag{157}$$

In einem $3sN$-dimensionalen $\mathfrak{v}_{kx}^l$-Raume ($l = 0, 1, \ldots n-1$) wird durch die Gleichung

$$\Phi_2 = 1$$

ein Ellipsoid dargestellt; man findet dessen Hauptachsen, indem man das Quadrat der Entfernung vom Zentrum

$$r^2 = \sum_k \mathop{\mathrm{S}}_{(l)} (\mathfrak{v}_k^l)^2$$

zum Extremum macht. Das führt auf die linearen Gleichungen

$$\lambda\mathfrak{v}_{kx}^l + \sum_{k'}\mathop{\mathrm{S}}_{(l')}\sum_{y}\frac{(\psi_{kk'}^{l-l'})_{xy}}{\sqrt{m_k m_{k'}}}\,\mathfrak{v}_{k'y}^{l'} = 0, \tag{144'}$$

die bis auf die Bezeichnung mit den Schwingungsgleichungen (144) übereinstimmen; für $\lambda = \omega^2$, $\mathfrak{v}_k^l = \mathfrak{x}_k^l$ gehen sie in diese über. Durch Multiplikation mit $\mathfrak{v}_{kx}^l$ und Summation nach x, k, l erhält man

$$\lambda r^2 - 2 = 0.$$

Daher hängen die Nullstellen der Determinante $\lambda_j = \omega_j^2$ mit den Hauptachsen des Ellipsoids durch die Formel zusammen:

$$r_j = \frac{2}{\sqrt{\lambda_j}} = \frac{2}{\omega_j}.$$

Die Richtungen der Hauptachsen werden durch die Verhältnisse der den Gleichungen (144′) genügenden Größen $\mathfrak{v}_k^l$ gegeben; die zu $\omega_j(\varphi)$ gehörige Lösung hat nach (145) die Form

$$\mathfrak{C}_{kj}\cdot e^{i(l\varphi)},$$

wo $\mathfrak{x}_k = \mathfrak{C}_{kj}$ eine Lösung von (148) ist. Auch der reelle Teil der Lösung ist wieder eine Lösung; wir setzen

$$\mathfrak{C}_{kj} = \mathfrak{A}_{kj} + i\mathfrak{B}_{kj} \tag{158}$$

und haben dann für die Richtungen der Hauptachsen $\omega_j(\varphi)$:

$$(159) \qquad \mathfrak{v}_{kj}^{lp} = \mathfrak{A}_{kj} \cos(l\varphi) - \mathfrak{B}_{kj} \sin(l\varphi), \quad \varphi = \frac{2\pi p}{n}.$$

Aus (152) und (101) sieht man, daß die Größen $\begin{Bmatrix} k\,k' \\ x\,y \end{Bmatrix}$ bei Vertauschung von φ mit $-\varphi$ in den konjugiert komplexen Wert übergehen; dasselbe gilt daher von den $\mathfrak{C}_{kj}$, oder es ist

$$(158') \qquad \mathfrak{A}_{kj}(-\varphi) = \mathfrak{A}_{kj}(\varphi), \quad \mathfrak{B}_{kj}(-\varphi) = -\mathfrak{B}_{kj}(\varphi).$$

Im Grenzfall $\tau = 0$ verschwinden die $\mathfrak{B}_{kj}$, während die $\mathfrak{A}_{kj}$ sich in $\sqrt{m_k}\,\mathfrak{a}_{kj}$ (s. Nr. 15) verwandeln.

Damit die $\mathfrak{v}_{kj}^{lp}$ die Richtungskosinus der Hauptachsen im $3sN$-dimensionalen Raume sind, müssen sie so normiert werden:

$$\sum_k \underset{(l)}{\mathsf{S}} (\mathfrak{v}_{kj}^{lp} \mathfrak{v}_{kj'}^{lp'}) = \begin{cases} 1 & \text{für } j = j', \ p = p', \\ 0 & \text{sonst}, \end{cases}$$

oder

$$\sum_j \sum_p \mathfrak{v}_{kjx}^{lp} \mathfrak{v}_{k'jy}^{l'p} = \begin{cases} 1 & \text{für } x = y', \ k = k', \ l = l', \\ 0 & \text{sonst}. \end{cases}$$

Daraus erhält man mit Berücksichtigung von (158') für die $\mathfrak{A}_{kj}$, $\mathfrak{B}_{kj}$ folgende Normierung

$$(160) \qquad \sum_j (\mathfrak{A}_{kjx} \mathfrak{A}_{k'jy} + \mathfrak{B}_{kjx} \mathfrak{B}_{k'jy}) = \begin{cases} \frac{1}{N} & \text{für } x = y, \ k = k', \\ 0 & \text{sonst}, \end{cases}$$

oder

$$(160') \qquad \sum_k (\mathfrak{A}_{kj} \mathfrak{A}_{kj'} + \mathfrak{B}_{kj} \mathfrak{B}_{kj'}) = \begin{cases} \frac{1}{N} & \text{für } j = j', \\ 0 & \text{sonst}. \end{cases}$$

Die auf die Hauptachsen bezogenen Koordinaten seien $P_j(\varphi)$; sie hängen mit den $\mathfrak{v}_k^l$ durch folgende orthogonale Transformation des $3sN$-dimensionalen Raumes zusammen:

$$(161) \qquad P_j = \sum_k \underset{l}{\mathsf{S}} (\mathfrak{v}_k^l, \mathfrak{A}_{kj} \cos(l\varphi) - \mathfrak{B}_{kj} (\sin l\varphi)),$$

die auch beim Grenzübergang $N \to \infty$ ihren Sinn behält. Die Auflösung nach $\mathfrak{v}_k^l$ lautet für das zyklische Gitter

$$\mathfrak{v}_k^l = \sum_j \sum_p P_j (\mathfrak{A}_{kj} \cos(l\varphi) - \mathfrak{B}_{kj} \sin(l\varphi));$$

wenn man hier zur Grenze $N \to \infty$ übergeht, muß man die Summen durch Integrale[62]) ersetzen und erhält mit Rücksicht auf das Ver-

62) Dieser Grenzübergang zu unendlich vielen Variabeln ist systematisch in *D. Hilberts* Theorie der Integralgleichungen mit symmetrischem Kern untersucht worden [Gött. Nachr. 6 Mitteilungen: I (1904), p. 49; II (1904), p. 213; III (1905), p. 307; IV (1906), p. 157; V (1906), p. 439; VI (1910), p. 355. Zu-

teilungsgesetz der Eigenschwingungen:

$$(162) \qquad \mathfrak{v}_k^l = \frac{N}{(2\pi)^3} \sum_j \int P_j (\mathfrak{A}_{kj} \cos(l\varphi) - \mathfrak{B}_{kj} \sin(l\varphi))\, d\varphi .$$

Man kann diese Darstellung auch direkt aus (161) erhalten nach dem bekannten Verfahren zur Bestimmung der Koeffizienten einer *Fourier*schen Reihe.

Auf Grund der Transformation (161) erhält man für die potentielle Energie beim zyklischen Gitter die Hauptachsendarstellung

$$\Phi_2 = \sum_j \sum_p \frac{1}{r_j^2} P_j^2 = \frac{1}{2} \sum_j \sum_p \omega_j^2 P_j^2,$$

während gleichzeitig das Entfernungsquadrat übergeht in

$$r^2 = \sum_j \sum_p P_j^2.$$

---

sammengefaßt in: Grundzüge einer allgemeinen Theorie der Integralgleichungen (Leipzig 1912)]. Dort wird einmal die Integralgleichung durch einen Grenzübergang aus einem System linearer Gleichungen gewonnen; andrerseits wird sie auch direkt durch einen Reihenansatz auf ein System von unendlich vielen linearen Gleichungen zurückgeführt. Die Theorie der linearen Integralgleichungen mit symmetrischem Kern wird dadurch auf die der quadratischen Formen von unendlich vielen Variabeln reduziert. Setzt man von einer solchen Form nichts voraus, als daß sie beschränkt ist, so hat sie im allgemeinen neben einer abzählbaren Menge diskreter Eigenwerte (Punktspektrum) noch ein Kontinuum von Eigenwerten (Streckenspektrum); die Hauptachsentransformation liefert dann eine Darstellung der Form durch zwei Glieder, deren erstes eine Summe über das Punktspektrum, deren zweites ein Integral über das Streckenspektrum ist.

Die potentielle Energie des Gitters ist eine solche quadratische Form von unendlich vielen Variabeln, die nur ein Streckenspektrum hat und daher sich durch ein Integral über dieses darstellen läßt. Die Besonderheit dieser Form ist der Typus ihres Koeffizientensystems als „unendliche Zyklante". Eine Theorie solcher Formen von einer Variabelnreihe hat *O. Toeplitz* entwickelt; er nennt sie *L*-Formen wegen ihrer Beziehungen zur *Laurent*schen Entwicklung der Funktionentheorie [Math. Ann. 70 (1911), p. 351]. Die Gitterenergie ist eine Form von drei Variabelnreihen, eine dreidimensionale unendliche Zyklante; hieraus entspringt die Darstellung durch ein dreifaches Integral.

Die Zerlegung des Integranden des Streckenspektrums in zwei Faktoren, deren einer der Normalkoordinate, der andere der Eigenlösung entspricht, findet sich zuerst durchgeführt bei *E. Hellinger* [Die Orthogonalinvarianten quadratischer Formen von unendlich vielen Variabeln, Diss. Göttingen 1907; Neue Begründung der Theorie der quadratischen Formen von unendlich vielen Veränderlichen, Crelles J. 136 (1909), p. 210]. Hier werden die Eigenlösungen als „Differentialformen" eingeführt; in der Tat werden nach den Normierungsformeln (160) des Textes die Eigenlösungen mit wachsendem N beliebig klein, sie werden „Differentialeigenlösungen". Dem Sinne der Gittertheorie (Ersetzung des endlichen Gitters durch das zyklische, Approximation des zyklischen durch das unendliche) entspricht es, bei der Normierung der Eigenlösungen N endlich zu lassen.

Der Grenzprozeß $N \to \infty$ führt sodann auf folgende Integraldarstellung der potentiellen Energie:

$$\Phi_2 = \frac{1}{2} \frac{N}{(2\pi)^3} \sum_j \int \omega_j^2 P_j^2 d\varphi; \tag{163}$$

zugleich wird die kinetische Energie $L = \frac{1}{2} \sum_k \mathop{\mathrm{S}}_l m_k \dot{\mathfrak{u}}_k^2 = \frac{1}{2} \sum_k \mathop{\mathrm{S}}_l \dot{\mathfrak{v}}_k^2$ in

$$L = \frac{1}{2} \frac{N}{(2\pi)^3} \sum_j \int \dot{P}_j^2 d\varphi \tag{164}$$

transformiert. Man kann diese Formeln durch Einsetzen von (161) direkt bestätigen.

Die Schwingungsgleichungen lauten in den Normalkoordinaten:

$$\ddot{P}_j + \omega_j P_j = 0. \tag{165}$$

Jedem Punkte des Würfels $-\pi \leqq \varphi \leqq \pi$ im Phasenraume entsprechen also $3s$ ungekoppelte, eindimensionale Resonatoren. Im ganzen ist das N-zellige Gitter $3sN$ ungekoppelten Resonatoren äquivalent.

Die Darstellung der Gitterenergie durch Normalkoordinaten findet sich zuerst bei *M. Born* und *Th. von Kármán*[50]) für ein einfaches Gitter. Der allgemeine Fall ist von *M. Born* in seiner Dynamik der Kristallgitter behandelt; dort werden „komplexe" Normalkoordinaten eingeführt, und es wird gezeigt, daß die kinetische und die potentielle Energie sich als Summen ihrer absoluten Beträge darstellen lassen. Die Anzahl der reellen Normalkoordinaten erscheint dabei formal doppelt so groß, als sie sein soll; tatsächlich bestehen aber Identitäten zwischen reellen und imaginären Teilen der Normalkoordinaten, wodurch diese sich auf die richtige Anzahl reeller Größen reduzieren. Dieses Verfahren leistet trotz seiner formalen Einfachheit nicht die gesuchte Zerlegung in ungekoppelte Resonatoren.[62a])

III. Optik.

20. Lichtwellen. Die Entwicklung der Kristalloptik von *Fresnels* ersten Arbeiten (1821) bis zur Einordnung in die elektromagnetische Lichttheorie sind in V 21, Optik, Ältere Theorie (*A. Wangerin*) und in V 22, Elektromagnetische Lichttheorie (*W. Wien*), Nr. 24 dargestellt. In diesem Referat wird gezeigt, wie sich die Gesetze der Lichtfort-

---

62a) *H. Hilton* [Phil. Mag. (6) 42 (1921), p. 148] hat ohne Kenntnis der Literatur die Eigenschwingungen in einem orthorhombischen Kristallgitter behandelt und die Differentialgleichungen für die Normalkoordinaten aufgestellt. Er besetzt die Gitterpunkte mit Molekeln (starre Körper von nicht verschwindenden Trägheitsmomenten) und betrachtet das Gitter als endlich mit festen Grenzebenen.

pflanzung in Kristallen aus der Gittertheorie ergeben; dabei werden besonders diejenigen Umstände betont, bei denen die gittertheoretische Betrachtung weiterführt als die älteren Molekulartheorien und die Kontinuumstheorie von *Maxwell* und seinen Nachfolgern. Diese besonderen Punkte sind:

1. Die Deutung der natürlichen Aktivität (Drehung der Polarisationsebene, Gyration) ohne Zusatzhypothesen (s. Nr. **22**).
2. Die Herstellung von Beziehungen zwischen optischen Parametern und andern physikalischen Eigenschaften der Kristalle; hierher gehört vor allem der Zusammenhang der ultraroten Eigenfrequenzen mit den Elastizitätskonstanten einerseits, der spezifischen Wärme andrerseits (s. Nr. **23**).
3. Die absolute Berechnung optischer Parameter aus Hypothesen über die Molekularkräfte, insbesondere die Theorie der elektromagnetischen Koppelung (s. Nr. **41—43**).

In diesem Kapitel soll nur über die beiden ersten Punkte berichtet werden, die sich ohne neue Schwierigkeiten dadurch erledigen lassen, daß man diejenigen Größen, die in der elektromagnetischen Lichttheorie *Maxwells* den Zustand der Materie charakterisieren (die elektrischen Momente pro Volumeneinheit) mit Hilfe der Gittertheorie berechnet. Dieses Verfahren besteht also in einer Vermengung von Molekular- und Kontinuumstheorie. Die unter 3. genannte strengere Methode (von *Ewald*) beruht auf einer reinlichen Durchführung der Molekulartheorie; dabei treten neue mathematische Probleme auf (elektromagnetische Gitterpotentiale), die eine gesonderte Behandlung erfordern. Da überdies die elementare Theorie durch die strengere bestätigt und nur quantitativ ergänzt wird, so soll diese im letzten Abschnitt VI nachgeholt werden.

Die *Maxwell*schen Feldgleichungen lauten für einen Isolator:

$$(166)\qquad \left\{\begin{aligned} &\operatorname{rot}\mathfrak{H} - \frac{1}{c}\dot{\mathfrak{D}} = 0, \quad \operatorname{div}\mathfrak{D} = 0,\\ &\operatorname{rot}\mathfrak{E} + \frac{1}{c}\dot{\mathfrak{B}} = 0, \quad \operatorname{div}\mathfrak{B} = 0. \end{aligned}\right.$$

Dabei ist für einen nicht merklich magnetisierbaren Körper

$$(167)\qquad \mathfrak{D} = \mathfrak{E} + 4\pi\mathfrak{P}, \quad \mathfrak{B} = \mathfrak{H}$$

zu setzen, wo $\mathfrak{P}$ das elektrische Moment der Volumeneinheit ist. Durch Elimination von $\mathfrak{D}$, $\mathfrak{H}$, $\mathfrak{B}$ erhält man daraus eine Beziehung zwischen $\mathfrak{E}$ und $\mathfrak{P}$:

$$(168)\qquad \frac{1}{c^2}\ddot{\mathfrak{P}} - \operatorname{grad}\operatorname{div}\mathfrak{P} = \frac{1}{4\pi}\left(\nabla^2\mathfrak{E} - \frac{1}{c^2}\ddot{\mathfrak{E}}\right).$$

Für eine ebene Welle, bei der alle Vektoren proportional $e^{-i\omega t}e^{i\tau(\mathfrak{s}\mathfrak{r})}$ sind, geht diese über in

(169) $$\mathfrak{P} - n^2\mathfrak{s}(\mathfrak{s}\mathfrak{P}) = \frac{1}{4\pi}\,\mathfrak{E}(n^2 - 1),$$

wo

(170) $$n = \frac{\tau c}{\omega} = \frac{c}{\nu\lambda}$$

den *Brechungsindex* bedeutet.

Die hier behandelte elementare Theorie besteht nun darin, das Moment $\mathfrak{P}$ aus den Verrückungen $\mathfrak{u}_k^l$ der Gitterpunkte zu berechnen, die durch das Feld $\mathfrak{E}$ nach den in Nr. 17 gegebenen Formeln für erzwungene Schwingungen erzeugt werden. Versteht man unter $\mathfrak{E}$ die *Amplitude* der elektrischen Welle, so ist die auf die Gitterpunkte wirkende Kraft durch (131) gegeben, wenn darin

(171) $$\mathfrak{B}_k = e_k\mathfrak{E}$$

gesetzt wird; sie erzeugt die durch (132) gegebenen Verrückungen, aus denen die Amplitude des Moments pro Volumeneinheit sich zu

(172) $$\mathfrak{P} = \frac{1}{\Delta}\sum_k e_k\mathfrak{U}_k$$

berechnet. Die $\mathfrak{U}_k$ sind dabei lineare Funktionen der $\mathfrak{B}_k$, also des Feldes $\mathfrak{E}$, die man in erster Näherung aus (138), in zweiter Näherung aus (139) entnehmen kann.

Man setze

(173) $$\mathfrak{L}_j = \frac{1}{\Delta}\sum_k e_k\mathfrak{a}_{kj};$$

hierdurch ist jeder *eigentlichen* Eigenschwingung ein Vektor zugeordnet, der das elektrische Moment bei der normierten Eigenschwingung (immer bei unendlich langer Welle, $\tau = 0$) bedeutet. Wir nennen die $\mathfrak{L}_j$ *Eigenmomente.*

Sodann erhält man bis auf Glieder 2. Ordnung in τ

(174) $$\mathfrak{P} = \mathfrak{P}^{(0)} + \mathfrak{P}^{(1)},$$

wo

(175) $$\mathfrak{P}^{(0)} = \Delta\sum_j \frac{\mathfrak{L}_j(\mathfrak{E}\mathfrak{L}_j)}{\omega_j^{(0)2} - \omega^2},$$

(176) $$\mathfrak{P}^{(1)} = i\tau\Delta\sum_{jj'} \frac{(\mathfrak{s}\mathfrak{R}_{jj'})\,\mathfrak{L}_j\,(\mathfrak{E}\mathfrak{L}_{j'})}{(\omega_j^{(0)2} - \omega^2)\,(\omega_{j'}^{(0)2} - \omega^2)}$$

gesetzt wird; dabei treten nur die eigentlichen Eigenfrequenzen auf.

Nach (175) ist $\mathfrak{P}^{(0)}$, und damit auch $\mathfrak{D}^{(0)} = \mathfrak{E} + \mathfrak{P}^{(0)}$, eine lineare Vektorfunktion von $\mathfrak{E}$; man schreibt

(175′) $$\mathfrak{D}_x^{(0)} = \mathfrak{E}_x + 4\pi\mathfrak{P}_x^{(0)} = \varepsilon_{11}\mathfrak{E}_x + \varepsilon_{12}\mathfrak{E}_y + \varepsilon_{13}\mathfrak{E}_z, \ldots$$

wo die sechs Größen

(177) $$\varepsilon_{11} = 1 + 4\pi\Delta\sum_j \frac{\mathfrak{L}_{jx}^2}{\omega_j^{(0)2} - \omega^2}, \quad \dots \quad \varepsilon_{23} = 4\pi\Delta\sum_j \frac{\mathfrak{L}_{jy}\mathfrak{L}_{jz}}{\omega_j^{(0)2} - \omega^2}, \quad \dots$$

die *optischen Dielektrizitätskonstanten* heißen. Ein Vergleich von (175′) mit (70a) zeigt, daß diese für unendlich langsame Schwingungen ($\omega = 0$) in die statischen Dielektrizitätskonstanten bei fehlender Deformation (s. Nr. **11**, I) übergehen, die von den gewöhnlich gemessenen bei fehlender Spannung im allgemeinen etwas verschieden sind. Doch ist dieser Unterschied praktisch belanglos.

Nun kann man immer das Koordinatensystem so wählen, daß die quadratische Form der Komponenten von $\mathfrak{E}$

$$\mathfrak{P}^{(0)}\mathfrak{E} = \Delta\sum_j \frac{(\mathfrak{E}\mathfrak{L}_j)^2}{\omega_j^{(0)2} - \omega^2}$$

auf die Hauptachsen transformiert erscheint; bei Kristallen geringer Symmetrie (ohne drei aufeinander senkrechte Symmetrieachsen) hängt die Lage der Hauptachsen von der Frequenz ω ab (Dispersion der Achsen). Man setzt

$$\frac{1}{4\pi}\mathfrak{D}^{(0)}\mathfrak{E} = \frac{1}{4\pi}(\mathfrak{E} + 4\pi\mathfrak{P}^{(0)})\mathfrak{E} = \varepsilon_1\mathfrak{E}_x^2 + \varepsilon_2\mathfrak{E}_y^2 + \varepsilon_3\mathfrak{E}_z^2,$$

wo

(177′) $$\varepsilon_1 = 1 + 4\pi\Delta\sum_j \frac{\mathfrak{L}_{jx}^2}{\omega_j^{(0)2} - \omega^2}, \quad \dots$$

die *optischen Hauptdielektrizitätskonstanten* sind. Dann wird

(175″) $$\mathfrak{D}_x^{(0)} = \mathfrak{E}_x + 4\pi\mathfrak{P}_x^{(0)} = \varepsilon_1\mathfrak{E}_x, \quad \dots$$

Der Ausdruck (176) für $\mathfrak{P}^{(1)}$ läßt sich leicht umformen in:

(176′) $$\mathfrak{P}^{(1)} = i[\mathfrak{E}\mathfrak{G}],$$

wo $\mathfrak{G}$ den (axialen) *Vektor „Gyration“*

(178) $$\mathfrak{G} = \frac{\tau}{2}\Delta\sum_{jj'} \frac{(\mathfrak{s}\mathfrak{R}_{jj'})\,[\mathfrak{L}_j\mathfrak{L}_{j'}]}{(\omega_j^{(0)2} - \omega^2)\,(\omega_{j'}^{(0)2} - \omega^2)}$$

bedeutet. Dieser ist eine lineare Vektorfunktion der Wellenrichtung $\mathfrak{s}$.

Die gesamte dielektrische Erregung

$$\mathfrak{D} = \mathfrak{E} + 4\pi(\mathfrak{P}^{(0)} + \mathfrak{P}^{(1)}) = \mathfrak{D}^{(0)} + 4\pi\mathfrak{P}^{(1)}$$

hat also, bezogen auf die elektrischen Hauptachsen, die Komponenten:

(179) $$\mathfrak{D}_x = \varepsilon_1\mathfrak{E}_x + i[\mathfrak{E}\mathfrak{G}]_x, \quad \dots,$$

wobei Glieder von höherer als 1. Ordnung in τ vernachlässigt sind.

Die Glieder nullter Ordnung stellen die gewöhnliche Doppelbrechung, die Glieder erster Ordnung die optische Aktivität dar.[63])

21. Doppelbrechung. Hier sollen die wichtigsten Sätze der Kristalloptik zusammengestellt werden.[64]) Dabei sind alle Erscheinungen, die auf der Absorption beruhen, ausgeschlossen, da eine durchgeführte Theorie der Energiedissipation auf Grund der Gittertheorie nicht existiert.

Der Ausgangspunkt sind die Glieder nullter Ordnung der Gleichungen (179)

$$\mathfrak{D}_x = \varepsilon_1 \mathfrak{E}_x, \ldots \tag{179'}$$

$\mathfrak{D}$ wird gewöhnlich als „*Lichtvektor*" angesprochen, weil er transversal ist; aus $\operatorname{div} \mathfrak{D} = 0$ folgt nämlich für eine ebene Welle

$$\mathfrak{D}\mathfrak{s} = (\mathfrak{E} + 4\pi\mathfrak{P}, \mathfrak{s}) = 0. \tag{180}$$

Die *Polarisationsebene* der Welle ist nach der üblichen Definition auf $\mathfrak{D}$ senkrecht, enthält also $\mathfrak{s}$ und $\mathfrak{H}$. Sodann kann man (169) in der Form

$$\mathfrak{D} = n^2 \{\mathfrak{E} - \mathfrak{s}(\mathfrak{s}\mathfrak{E})\} \tag{181}$$

schreiben, oder mit Benutzung von (179'):

$$\mathfrak{D}_x\left(\frac{1}{n^2} - \frac{1}{\varepsilon_1}\right) = -\,\mathfrak{s}_x(\mathfrak{s}\mathfrak{E}), \ldots \tag{182}$$

Hieraus folgt in Verbindung mit (180) das *Fresnel*sche Gesetz:

$$\frac{\mathfrak{s}_x^2}{\frac{1}{n^2} - \frac{1}{\varepsilon_1}} + \frac{\mathfrak{s}_y^2}{\frac{1}{n^2} - \frac{1}{\varepsilon_2}} + \frac{\mathfrak{s}_z^2}{\frac{1}{n^2} - \frac{1}{\varepsilon_3}} = 0, \tag{183}$$

durch das der Brechungsindex n $\left(\text{oder die Normalengeschwindigkeit } c_n = \frac{c}{n}\right)$ als Funktion der Wellenrichtung gegeben wird. Das ist eine quadratische Gleichung für n^2, die ausführlich geschrieben so lautet:

$$n^4(\varepsilon_1\mathfrak{s}_x^2 + \varepsilon_2\mathfrak{s}_y^2 + \varepsilon_3\mathfrak{s}_z^2) - n^2(\varepsilon_2\varepsilon_3(\mathfrak{s}_y^2 + \mathfrak{s}_z^2) + \varepsilon_3\varepsilon_1(\mathfrak{s}_z^2 + \mathfrak{s}_x^2) + \varepsilon_1\varepsilon_2(\mathfrak{s}_x^2 + \mathfrak{s}_y^2)) + \varepsilon_1\varepsilon_2\varepsilon_3 = 0. \tag{183'}$$

63) Die Gitteroptik in der hier mitgeteilten Form findet sich bei *M. Born,* Über die natürliche optische Aktivität der Kristalle, Ztschr. f. Phys. 8 (1922), p. 390. Die Frage der Bedeutung der höheren Glieder in τ hat *H. A. Lorentz* behandelt (s. Anm. 52a).

64) Neben den genannten Encyklopädieartikeln ist als umfassende Darstellung zu nennen: *F. Pockels,* Lehrbuch der Kristalloptik (Leipzig 1906); dort finden sich zahlreiche Literaturangaben. Eine kurze, klare Übersicht bei *E. Madelung,* Die mathematischen Hilfsmittel des Physikers (Berlin 1922), 12. Abschn., § 9, p. 199. Die im Text gewählte Darstellung stimmt mit der in Anm. 63 zitierten Arbeit überein.

Sie hat im allgemeinen zwei Wurzeln $n_0'^2$ und $n_0''^2$; zu diesen gehören nach (182) je ein Lichtvektor $\mathfrak{D}'$ und $\mathfrak{D}''$, die außer auf $\mathfrak{s}$ auch aufeinander senkrecht stehen:

$$\mathfrak{D}'\mathfrak{D}'' = 0 . \tag{184}$$

Die Richtungen dieser Vektoren fallen mit den Hauptachsen jener Ellipse zusammen, die durch die zur Wellennormale senkrechte Ebene

$$x\mathfrak{s}_x + y\mathfrak{s}_y + z\mathfrak{s}_z = 0 \tag{185}$$

aus dem „*Indexellipsoid*"[65])

$$\frac{x^2}{\varepsilon_1} + \frac{y^2}{\varepsilon_2} + \frac{z^2}{\varepsilon_3} = 1 \tag{185'}$$

ausgeschnitten wird, und die Längen der Hauptachsen sind gleich n_0', n_0''.

Sind ε_1, ε_2, ε_3 sämtlich voneinander verschieden, so ist das Ellipsoid dreiachsig; dann gibt es zwei reelle Richtungen $\mathfrak{s} = \mathfrak{b}_1$ und $\mathfrak{s} = \mathfrak{b}_2$, deren Normalebenen das Ellipsoid in Kreisen schneiden, so daß $n_0' = n_0''$ wird. Diese Einheitsvektoren $\mathfrak{b}_1$, $\mathfrak{b}_2$ heißen *Binormalen*[66]) (oder auch *optische Achsen*). Nimmt man an, daß

$$\varepsilon_1 < \varepsilon_2 < \varepsilon_3 \tag{186}$$

ist, so liegen $\mathfrak{b}_1$ und $\mathfrak{b}_2$ in der xz-Ebene symmetrisch zur z-Achse und bilden mit dieser einen Winkel β, der durch

$$\cos\beta = \sqrt{\frac{\varepsilon_1(\varepsilon_3 - \varepsilon_2)}{\varepsilon_2(\varepsilon_3 - \varepsilon_1)}} \tag{187}$$

gegeben ist; je nachdem $\beta < 45^0$ oder $> 45^0$ ist, heißt der Kristall *positiv* oder *negativ zweiachsig*.

Trägt man die Normalengeschwindigkeit $c_n = \frac{c}{n}$ auf den vom Nullpunkte auslaufenden Radien auf, so bilden die Endpunkte die *Fresnelsche Normalenfläche*, deren beide Mäntel $c_n' = \frac{c}{n'}$ und $c_n'' = \frac{c}{n''}$ in den Richtungen der Binormalen in konischen Doppelpunkten zusammenhängen.

Die Wellennormale ist nicht die Richtung maximalen Energietransportes; dieser wird vielmehr durch den *Poyntingschen Strahlenvektor*[67])

$$\mathfrak{S} = \frac{c}{4\pi}[\mathfrak{E}\mathfrak{H}] \tag{188}$$

dargestellt. Die *Energiedichte*[67]) ist

$$U = \frac{1}{8\pi}(\mathfrak{E}\mathfrak{D} + \mathfrak{H}\mathfrak{B}). \tag{189}$$

65) Andere Bezeichnungen s. bei *Pockels* (zit. Anm. 64), p. 25.

66) Über die Bezeichnung s. *Pockels*, p. 36.

67) s. V 13 (*H. A. Lorentz*), Nr. **22**, p. 105.

Aus den *Maxwell*schen Gleichungen (166) folgt für ebene Wellen ($\mathfrak{H} = \mathfrak{B}$)

(189′) $$U = \frac{1}{4\pi}\mathfrak{E}\mathfrak{D} = \frac{1}{4\pi}\mathfrak{H}^2 \quad \text{und} \quad \mathfrak{s}\mathfrak{S} = \frac{c}{n}U.$$

Sei α der Winkel zwischen Strahl und Wellennormale, $\mathfrak{s}\mathfrak{S} = |\mathfrak{S}|\cos\alpha$. Da $|\mathfrak{S}|$ die in der Zeiteinheit durch eine auf der Strahlenrichtung senkrechte Fläche von der Größe 1 hindurchtretende Energie ist, so bedeutet

(190) $$c_s = \frac{|\mathfrak{S}|}{U} = \frac{c_n}{\cos\alpha}$$

die *Energiegeschwindigkeit* oder *Strahlgeschwindigkeit*; $s = \frac{c}{c_s}$ ist dann eine zum Brechungsindex analoge Größe, die man als „*Strahlenindex*" bezeichnen kann.

Man kann nun in die *Fresnel*sche Formel (182) statt $\mathfrak{D}$, $\mathfrak{s}$ die Vektoren $\mathfrak{E}$ und

(188′) $$\mathfrak{f} = \frac{\mathfrak{S}}{|\mathfrak{S}|}$$

einführen. Da nach den *Maxwell*schen Gleichungen $\mathfrak{H} = n[\mathfrak{s}\mathfrak{E}]$ ist, so wird nach (188)

$$\mathfrak{S} = \frac{cn}{4\pi}[\mathfrak{E}[\mathfrak{s}\mathfrak{E}]] = \frac{cn}{4\pi}\{\mathfrak{s}\mathfrak{E}^2 - \mathfrak{E}(\mathfrak{s}\mathfrak{E})\}$$

und wegen (180) und (189′)

$$\mathfrak{S}\mathfrak{D} = -cnU(\mathfrak{s}\mathfrak{E}).$$

Nun führt eine einfache Rechnung (182) über in

(191) $$\mathfrak{E}_x(s^2 - \varepsilon_1) = -\mathfrak{f}_x(\mathfrak{f}\mathfrak{D}), \ldots$$

Der Vergleich von (182) und (191) zeigt, daß die Größen

$$\mathfrak{D},\ \mathfrak{s},\ n,\ \varepsilon_1,\ \varepsilon_2,\ \varepsilon_3 \quad \text{(Wellennormale)},$$

$$\mathfrak{E},\ \mathfrak{f},\ \frac{1}{s},\ \frac{1}{\varepsilon_1},\ \frac{1}{\varepsilon_2},\ \frac{1}{\varepsilon_3} \quad \text{(Strahl)}$$

sich entsprechen; und der Beziehung

$$\mathfrak{D}\mathfrak{s} = 0 \quad \text{entspricht} \quad \mathfrak{E}\mathfrak{f} = 0.$$

Daher folgt die zu (183) analoge Gleichung

(192) $$\frac{\mathfrak{f}_x^2}{s^2 - \varepsilon_1} + \frac{\mathfrak{f}_y^2}{s^2 - \varepsilon_2} + \frac{\mathfrak{f}_z^2}{s^2 - \varepsilon_3} = 0.$$

Dieses Gesetz ordnet jeder Strahlrichtung zwei Strahlenindizes s_0', s_0'' zu; trägt man die Strahlgeschwindigkeiten $c_s' = \frac{c}{s'}$, und $c_s'' = \frac{c}{s''}$ auf den vom Nullpunkt auslaufenden Strahlrichtungen ab, so erhält man die *Strahlenfläche,* die (ebenso wie die Normalenfläche) aus zwei in konischen Doppelpunkten zusammenhängenden Mänteln besteht; die nach den Doppelpunkten laufenden Strahlen, die *Biradialen*[66]) (oder *Strahlenachsen*) $\mathfrak{r}_1, \mathfrak{r}_2$ liegen in der xz-Ebene symmetrisch zur z-Achse und bilden mit dieser einen Winkel γ, der durch

(193) $$\cos\gamma = \sqrt{\frac{\varepsilon_3 - \varepsilon_2}{\varepsilon_3 - \varepsilon_1}}$$

bestimmt ist.

Die Richtungen der zu s_0' und s_0'' nach (191) gehörigen Schwingungen $\mathfrak{E}'$ und $\mathfrak{E}''$ sind parallel zu den Hauptachsen der Ellipse, in der die auf dem Strahl $\mathfrak{S}$ senkrechte Ebene

(194) $$x\mathfrak{f}_x + y\mathfrak{f}_y + z\mathfrak{f}_z = 0$$

das *Fresnelsche Ellipsoid*[66])

(194′) $$\varepsilon_1 x^2 + \varepsilon_2 y^2 + \varepsilon_3 z^2 = 1$$

schneidet, und die Längen der Hauptachsen sind $\frac{1}{s_0'}$ und $\frac{1}{s_0''}\cdot$ Die Kreisschnitte des Ellipsoids sind normal zu den Biradialen $\mathfrak{r}_1, \mathfrak{r}_2$.

Die Strahlenfläche ist die Enveloppe der in den Punkten der Normalenfläche auf deren Radienvektoren errichteten senkrechten Ebenen (Wellenebenen); umgekehrt ist die Normalenfläche die Fußpunktsfläche der Strahlenfläche. Die hier zusammengestellten Sätze sind die bekannten *Fresnel*schen *Gesetze der Doppelbrechung in durchsichtigen, zweiachsigen, inaktiven Kristallen*, deren optische Eigenschaften sie vollständig darstellen, insbesondere auch die singulären Fälle, wo entweder die Wellennormale in die Richtung einer Binormalen oder der Strahl in die Richtung einer Biradialen fällt; im ersteren Falle entsteht ein Strahlenkegel (*innere konische Refraktion*), im zweiten Falle gehören zu dem Strahl unendlich viele Wellenebenen, deren Normalen einen Kegel bilden (*äußere konische Refraktion*).[68])

Für einzelne Farben, und bei Kristallen mit drei aufeinander senkrechten ausgezeichneten Achsen für alle Farben, können zwei der Hauptdielektrizitätskonstanten einander gleich werden. Sei etwa

(195) $$\varepsilon_1 = \varepsilon_2 = \varepsilon\,, \quad \varepsilon_3 = \varepsilon'\,;$$

dann werden alle optischen Konstruktionsflächen Rotationsflächen um die z-Achse, die Binormalen und die Biradialen fallen zusammen in die Richtung der z-Achse, wo die beiden Mäntel der Normalen- und der Strahlenfläche sich einfach berühren. Der Kristall wird *optisch einachsig*, die z-Achse wird *optische Achse* genannt.

Die beiden Mäntel der Normalenfläche sind eine Kugel und ein Rotationsovaloid, deren Gleichungen für $\mathfrak{s}_z = \cos\varphi$ die Form

(195′) $$n_0'^2 = \varepsilon\,, \quad \frac{1}{n_0''^2} = \frac{\cos^2\varphi}{\varepsilon} + \frac{\sin^2\varphi}{\varepsilon'}$$

68) s. V 21 (*A. Wangerin*), Nr. 9, p. 26.

annehmen. Der zu n_0' gehörige Strahl heißt der *ordentliche*, der zu n_0'' gehörige der *außerordentliche;* für den ersten liegt die Schwingungsrichtung $\mathfrak{D}'$ senkrecht zu der durch die z-Achse gehenden Meridianebene (Hauptschnitt), für den letzteren liegt $\mathfrak{D}''$ in dieser Ebene.

Je nachdem $\varepsilon < \varepsilon'$ oder $\varepsilon > \varepsilon'$ ist, heißt der Kristall *positiv* oder *negativ einachsig.*

Für die *Kristalle des regulären Systems* ist $\varepsilon_1 = \varepsilon_2 = \varepsilon_3 = \varepsilon$; sie sind daher *optisch isotrop.*[68a]) Man erhält aus (177):

$$\varepsilon = 1 + \frac{4\pi}{3} \Delta \sum_j \frac{\mathfrak{Q}_j^2}{\omega_j^{(0)2} - \omega^2}. \tag{196}$$

22. Optische Aktivität. Über die ältesten Theorien zur Erklärung der natürlichen Drehung der Polarisationsebene (z. B. bei Quarz) ist in V 21 (*A. Wangerin*) referiert. Die Grundlage ist stets die Bemerkung *Fresnels*[69]), daß sich die Drehung durch zirkuläre Doppelbrechung erklären läßt. *Mac Cullagh*[70]) und *Cauchy*[71]) haben bereits die zur Darstellung der Drehung nötigen Zusatzglieder den *Fresnel*schen Formeln der Lichtschwingungen angefügt; *C. Neumann*[72]) konnte diese aus der elastischen Äthertheorie ableiten, indem er annahm, daß ein Ätherteilchen auf ein anderes so einwirkt wie das Element eines elektrischen Stroms auf einen Magnetpol. *Briot*[73]) führte den Gedanken ein, daß die Ätherteilchen, die in nicht aktiver Materie längs parallelen Geraden gleich verteilt sind, in aktiven Substanzen auf Spiralen angeordnet sind. Wir übergehen hier die in den zit. Artikeln besprochenen Ansätze der elastischen Lichttheorie von *Mac Cullagh, Cauchy, Briot, Boussinesq, Sarrau, V. v. Lang, Chipart*[74]) und wenden uns den Versuchen zu, die elektromagnetische Lichttheorie so zu erweitern, daß sie die optische Aktivität zu erklären erlaubt. Da ist zuerst eine Abhandlung von *W. Gibbs*[75]) zu nennen; dieser faßt einen aktiven Körper als inhomogenes Medium (Äther mit eingebetteten Molekeln) auf und gründet darauf den Gedanken, daß die Komponenten

68a) S. hierzu Anm. 52a).

69) *A. Fresnel,* Oeuvr. compl., 3 Bde., Paris 1866—1870; Bd. I, p. 371; Ann. chim. phys. (2) 28 (1825), p. 147; Pogg. Ann. 21 (1831), p. 276.

70) *J. Mac Cullagh,* Collect. works, ed. by *J. Jellet* and *S. Haughton,* Dublin, London 1880.

71) *A. Cauchy,* Oeuvr. compl., Bd. 1, Paris 1882.

72) *C. Neumann*, Habilitationsschrift, Halle a. S. 1858. Über Ätherbewegungen in Kristallen, Math. Ann. 1 (1869), p. 325; 2 (1870), p. 182.

73) *Ch. Briot,* Essais sur la théorie mathématique de la lumière, Paris 1863.

74) Vgl. hierzu außer den genannten Encyklopädieartikeln die Darstellung von *P. Drude* in Winkelmanns Handbuch d. Phys., p. 784.

75) *W. Gibbs,* Amer. J. of science (3) 23 (1882), p. 460.

der dielektrischen Verschiebung nicht nur von denen der Feldstärke, sondern auch von ihren Differentialquotienten nach den Koordinaten abhängen können; wenn die Molekel kein Symmetriezentrum und keine Symmetrieebene hat, so bekommen die Zusatzglieder eine Form, die das Drehungsvermögen abzuleiten gestattet. *P. Drude*[76]) hat später die Theorie des Drehungsvermögens auf derselben Grundlage entwickelt. Er gebrauchte dabei zur Veranschaulichung der auf die Elektronen wirkenden Kräfte das Bild von Schraubenlinien, auf denen die Elektronen in der Molekel sich zwangsläufig bewegen müssen. Ein Feld parallel zur Schraubenachse erzeugt eine Elektronenbewegung, deren Projektion auf die zur Achse senkrechte Ebene ein Kreis ist, und dieser Kreisstrom erzeugt seinerseits ein der Achse paralleles magnetisches Feld; umgekehrt muß das in der Lichtwelle schwingende Magnetfeld jene elektrische Kreisbewegung induzieren, mit der die Verschiebung parallel zur Schraubenachse gekoppelt ist. Das elektrische Moment pro Volumeneinheit wird dann in isotropen Körpern proportional rot $\mathfrak{E}$; die dielektrische Verschiebung hat daher für ebene Wellen den Ausdruck

$$\mathfrak{D} = \varepsilon \mathfrak{E} + i f [\mathfrak{E}\mathfrak{s}].$$

Drude hat diese Formel, die nur *einen* Aktivitätsparameter f enthält, zunächst auch auf Kristalle in der Weise angewandt, daß er die Anisotropie nur bei den Dielektrizitätskonstanten zum Ausdruck brachte; man kann diesen Ansatz in der mit unserer Gleichung (179) übereinstimmenden Form

$$\mathfrak{D}_x = \varepsilon_1 \mathfrak{E}_x + i [\mathfrak{E}\mathfrak{G}]_x$$

schreiben, wobei der Gyrationsvektor der Wellennormale parallel ist:

$$\mathfrak{G} = f \mathfrak{s}. \tag{178'}$$

Später hat *Drude*[77]) seine Theorie für die Kristalle mit vollständiger Berücksichtigung der Anisotropieverhältnisse entwickelt. Wesentlich dieselben Gleichungen hatte schon vorher *W. Voigt*[78]) auf rein phänomenologischer Grundlage gewonnen; sie sind auch mit den hier aus der Gittertheorie entwickelten identisch, bei denen der Verschiebungsvektor durch die Formel (179) gegeben wird. Der Haupt-

76) *P. Drude*, Gött. Nachr. (1892), p. 366; Lehrb. d. Optik (Leipzig 1900), Kap. VI, p. 368.

77) *P. Drude*, Gött. Nachr. 1904, p. 1.

78) *W. Voigt*, Drudes Ann. 69 (1899), p. 307; Gött. Nachr. (1903), p. 155; Ann. d. Phys. (4) 18 (1905), p. 646. — Weiterführung der *Voigt*schen Theorie s. *K. Försterling*, Diss. Gött. 1909 u. Ann. d. Phys. (4) 29 (1909), p. 809 (Reflexionsgesetze); Gött. Nachr. 1912, p. 217 (Absorbierende, einachsige, aktive Kristalle).

unterschied von der älteren Theorie *Drudes* ist der, daß bei dieser der Gyrationsvektor $\mathfrak{G}$ der Wellennormale parallel ist, die Aktivität also nur von einem skalaren Parameter f abhängt, während hier der Gyrationsvektor nach (178) eine lineare Vektorfunktion der Wellenrichtung $\mathfrak{s}$ ist, die Anzahl der skalaren Parameter also im Höchstfall neun beträgt.

Voigt hat auch die Spezialisierung dieser Konstanten für die 32 Kristallklassen angegeben. Bedingung für das Auftreten des Drehungsvermögens ist das Fehlen eines Symmetriezentrums, sowohl bei Molekeln in Flüssigkeiten (Lösungen), als auch bei Kristallen. Schon 1874 hatten fast gleichzeitig und unabhängig voneinander *van't Hoff*[79]) und *Le Bel*[80]) erkannt, daß die organischen Verbindungen mit Drehungsvermögen asymmetrische Molekeln haben; die daraus entspringende Vorstellung des asymmetrischen Kohlenstoff-Tetraeders wurde der Ausgangspunkt für das große Gebiet der Stereochemie (s. diese Encykl. V 6 (*F. W. Hinrichsen* u. *L. Mamlock*), Teil II, Nr. **15**). *Sohncke*[81]), einer der Begründer der Strukturtheorie der Kristalle, untersuchte den Zusammenhang zwischen der Asymmetrie des Raumgitters und dem Drehungsvermögen. Seine Annahme, daß ein aktiver Kristall immer in zwei enantiomorphen Modifikationen vorkommen muß, hat sich aber nicht bewährt. Aus der *Voigt*schen Theorie geht hervor, daß bei aktiven Kristallen nur die Existenz eines Symmetriezentrums ausgeschlossen ist, während Symmetrieebenen wohl vorkommen können. (S. diese Encykl. V 7 (*Th. Liebisch*, *A. Schönflies* und *O. Mügge*), Nr. **54**, p. 489.)

Während die *Voigt*sche Theorie ganz ohne molekulares Bild, die *Drude*sche[82]) mit einem zu engen, unwahrscheinlichen Modell operierten, blieb noch die Aufgabe zu lösen, die optische Aktivität ohne willkürliche Hypothesen aus den in der Dispersionstheorie bewährten Vorstellungen über die Elektronenschwingungen abzuleiten, allein auf

---

79) *J. H. van't Hoff*, Voorstel tot uitbreiding der tegenwoordig in de scheikunde gebruikte struktuurformules in de ruimte etc., 5. sept. 1874, Utrecht.

80) *Le Bel*, Bull. soc. chim. (2) 22 (Nov. 1874), p. 337.

81) *L. Sohncke*, Entwurf einer Theorie der Kristallstruktur (1879), p. 259; Literatur das., p. 242.

82) Abänderungen der *Drude*schen Theorie für isotrope Flüssigkeiten, durch die die Abhängigkeit des Drehvermögens von der Konzentration des aktiven Stoffes dargestellt werden soll, sind von *H. A. Lorentz* (Versuch einer Theorie der elektrischen und optischen Erscheinungen, Leipzig 1906; The theory of electrons, Leipzig 1909) und *G. H. Livens* [Phil. Mag. 25 (1913), p. 817; 26 (1913), p. 362, 535; 27 (1914), p. 468, 994; 28 (1914), p. 756; Phys. Ztschr. 15 (1914), p. 385] gegeben worden.

Grund der Asymmetrie der Molekel bzw. des Kristallgitters. Dieses Problem wurde fast gleichzeitig und unabhängig von *Oseen*[83]) und *Born*[84]) gelöst. Beide Theorien beruhen auf denselben Grundannahmen und unterscheiden sich nur in der Art der Durchführung; diese Grundannahmen sind:

1. Die schwingungsfähigen Partikel sind miteinander gekoppelt.
2. Das Verhältnis des Molekulardurchmessers bei Flüssigkeiten bzw. der Gitterkonstante bei Kristallen zur Wellenlänge wird nicht vernachlässigt, sondern als kleine Größe erster Ordnung mitgeführt.

Bei *Oseen* werden die Koppelungen als elektrodynamische Wechselwirkungen angesetzt; bei den Kristallen wird ein spezieller Aufbau angenommen, bei dem die Partikel schraubenartige Anordnungen bilden. Die Theorie von *Born* macht keine besonderen Annahmen über die Art der Kräfte und die Struktur der Substanz[85]); sie ergibt sich ohne weiteres aus der in diesem Artikel dargestellten Gitterdynamik. Denn diese beruht auf der Koppelung aller Kristallpartikel, und die bei einer ebenen Welle entstehenden Verrückungen sind in Nr. **17** bis auf Glieder von höherer als erster Ordnung in τ berechnet worden. Das Resultat war die Formel (179) für die dielektrische Verschiebung:

$$(179) \qquad \mathfrak{D}_x = \varepsilon_1 \mathfrak{E}_x + i[\mathfrak{E}\mathfrak{G}]_x,$$

die den Ausgangspunkt für die Ableitung der Gesetze der Lichtfortpflanzung in aktiven Kristallen bildet. Sie ist mit dem Eliminationsresultat aus den *Maxwell*schen Gleichungen (181)

$$(181) \qquad \mathfrak{D} = n^2 \{\mathfrak{E} - \mathfrak{s}(\mathfrak{s}\mathfrak{E})\}$$

zu verbinden. Setzt man die beiden Ausdrücke einander gleich, so erhält man folgende lineare Gleichungen für die Komponenten von $\mathfrak{E}$:

$$\begin{cases} \mathfrak{E}_x\{\varepsilon_1 - (1 - \mathfrak{s}_x^2)n^2\} + \mathfrak{E}_y\{n^2\mathfrak{s}_x\mathfrak{s}_y + i\mathfrak{G}_z\} + \mathfrak{E}_z\{n^2\mathfrak{s}_x\mathfrak{s}_z - i\mathfrak{G}_y\} = 0 \\ \cdots\cdots\cdots\cdots\cdots\cdots\cdots\cdots \end{cases}$$

Durch Nullsetzen der Determinante erhält man folgende quadratische Gleichung für n^2:

$$(197) \qquad \begin{aligned} & n^4(\varepsilon_1\mathfrak{s}_x^2 + \varepsilon_2\mathfrak{s}_y^2 + \varepsilon_3\mathfrak{s}_z^2) - n^2\{\varepsilon_2\varepsilon_3(\mathfrak{s}_y^2 + \mathfrak{s}_z^2) + \varepsilon_3\varepsilon_1(\mathfrak{s}_z^2 + \mathfrak{s}_x^2) \\ & \quad + \varepsilon_1\varepsilon_2(\mathfrak{s}_x^2 + \mathfrak{s}_y^2) - [\mathfrak{s}\mathfrak{G}]^2\} + \varepsilon_1\varepsilon_2\varepsilon_3 \\ & \quad - (\varepsilon_1\mathfrak{G}_x^2 + \varepsilon_2\mathfrak{G}_y^2 + \varepsilon_3\mathfrak{G}_z^2) = 0. \end{aligned}$$

83) *C. W. Oseen*, Ann. d. Phys. (4) 48 (1915), p. 1.

84) *M. Born*, Dynamik der Kristallgitter (1915) § 36; Phys. Ztschr. 16 (1915), p. 251; Berl. Ber. math.-phys. Kl. 1916, p. 614; Ann. d. Phys. (4) 55 (1918), p. 177; Ztschr. f. Phys. 8 (1922), p. 390.

85) Dasselbe Problem behandeln auch nach denselben Grundsätzen *F. Gray* [Phys. Rev. (2) 7 (1916), p. 472] und *A. Landé* [Ann. d. Phys. 56 (1918), p. 225; Phys. Ztschr. 19 (1918), p. 500].

Diese geht für $\mathfrak{G} = 0$ in die *Fresnel*sche Gleichung (183′) über, deren Wurzeln n_0', n_0'' sind; man kann daher (197) in der Form

$$(197') \qquad (n^2 - n_0'^2)(n^2 - n_0''^2) = g^2$$

schreiben, wo

$$(198) \qquad g^2 = \frac{\varepsilon_1 \mathfrak{G}_x^2 + \varepsilon_2 \mathfrak{G}_y^2 + \varepsilon_3 \mathfrak{G}_z^2 - n^2[\mathfrak{s}\mathfrak{G}]^2}{\varepsilon_1 \mathfrak{s}_x^2 + \varepsilon_2 \mathfrak{s}_y^2 + \varepsilon_3 \mathfrak{s}_z^2}$$

gesetzt ist. *g ist der skalare Parameter der Gyration;* dabei ist in g für n entweder n_0' oder n_0'' einzusetzen, je nachdem die Korrektion zu dem einen oder dem andern der Brechungsindizes berechnet werden soll. Die Abhängigkeit dieser beiden Zweige g', g'' von der Wellenrichtung $\mathfrak{s}$ ist recht verwickelt. Man pflegt sie nach *W. Voigt*[78]) dadurch zu vereinfachen, daß man in dem Ausdruck (198) für g die Doppelbrechung vernachlässigt; d. h. man setzt darin $\varepsilon_1 = \varepsilon_2 = \varepsilon_3 = n^2$. Obwohl diese Annahme nicht dem systematischen Approximationsverfahren (Entwicklung nach τ) entspricht, scheint sie doch praktisch völlig auszureichen; im folgenden soll stets diese Vereinfachung vorgenommen werden. Dann wird

$$(199) \qquad g = \mathfrak{s}\mathfrak{G}.$$

Setzt man hier den Ausdruck (178) für $\mathfrak{G}$ ein, so wird

$$(199') \qquad g = g_{11}\mathfrak{s}_x^2 + g_{22}\mathfrak{s}_y^2 + g_{33}\mathfrak{s}_z^2 + 2g_{23}\mathfrak{s}_y\mathfrak{s}_z + 2g_{31}\mathfrak{s}_z\mathfrak{s}_x + 2g_{12}\mathfrak{s}_x\mathfrak{s}_y,$$

wo

$$(200) \qquad \left\{ \begin{aligned} g_{11} &= \frac{\tau}{2}\Delta \sum_{jj'} \frac{\mathfrak{R}_{jj'x}[\mathfrak{L}_j\mathfrak{L}_{j'}]_x}{(\omega_j^{(0)2} - \omega^2)(\omega_{j'}^{(0)2} - \omega^2)}, \ \ldots \\ g_{23} &= \frac{\tau}{4}\Delta \sum_{jj'} \frac{\mathfrak{R}_{jj'y}[\mathfrak{L}_j\mathfrak{L}_{j'}]_z + \mathfrak{R}_{jj'z}[\mathfrak{L}_j\mathfrak{L}_{j'}]_y}{(\omega_j^{(0)2} - \omega^2)(\omega_{j'}^{(0)2} - \omega^2)}, \ \ldots \end{aligned} \right.$$

gesetzt ist. Nach der älteren Theorie von *Drude*, wo nach (178′) $\mathfrak{G} = f\mathfrak{s}$ ist, würde $g = f\mathfrak{s}^2 = f$ konstant sein. Trägt man $\frac{1}{\sqrt{g}}$ auf dem zugehörigen Vektor $\mathfrak{s}$ ab, so erhält man eine nicht notwendig definite Fläche zweiter Ordnung, die *Gyrationsfläche.* Da g bei Vertauschung von $\mathfrak{s}$ mit $-\mathfrak{s}$ ungeändert bleibt, sind für zwei in entgegengesetzten Richtungen fortschreitende Wellen die Erscheinungen der optischen Aktivität dieselben. Für Kristalle mit Symmetriezentrum verschwinden sämtliche g_{ik}; denn bei einer Inversion des Koordinatensystems kehren die Komponenten der polaren Vektoren $\mathfrak{R}_{jj'}$ ihr Vorzeichen um, während die der Vektorprodukte $[\mathfrak{L}_j\mathfrak{L}_{j'}]$ ungeändert bleiben, und das ist mit der Invarianz der g_{ik} nur für $g_{ik} = 0$ verträglich. Das Vorhandensein von andern Symmetrieelementen reduziert die Zahl der voneinander unabhängigen Konstanten g_{ik}. *Voigt*[78]) hat gezeigt, daß die aktiven Kristalle in acht Gruppen zerfallen; er hat die Zugehörigkeit zu diesen für jede Kristallklasse[86]) und die Form der Gyrationsfläche sowie ihre Lage gegen die dielektrischen Hauptachsen bestimmt. Bemerkenswert ist dabei, daß außer bei den enantiomorphen Gruppen, auf welche man früher die Möglichkeit des Drehungsvermögens beschränkt glaubte, noch vier Klassen mit einer Symmetrieebene oder einer Spiegeldrehachse Aktivität haben können; bei diesen artet die Gyrationsfläche in zwei gleichseitig-hyperbolische Zylinder aus.

Wenn man voraussetzt, daß

(197″) $$n_0'^2 > n_0''^2$$

ist, so lauten die Wurzeln von (197′):

(201) $$\begin{cases} n'^2 = \frac{1}{2}\left\{n_0'^2 + n_0''^2 + \sqrt{(n_0'^2 - n_0''^2)^2 + 4g^2}\right\} \\ n''^2 = \frac{1}{2}\left\{n_0'^2 + n_0''^2 - \sqrt{(n_0'^2 - n_0''^2)^2 + 4g^2}\right\}, \end{cases}$$

wobei immer der positive Wert der Quadratwurzel zu nehmen ist.

Um die Schwingungsform zu bestimmen, entnehme man aus (181)

$$\mathfrak{E} = \frac{\mathfrak{D}}{n^2} + \mathfrak{s}(\mathfrak{s}\mathfrak{E})$$

und setze das in die Glieder nullter Ordnung in τ von (179) ein; dann erhält man

$$\mathfrak{D}_x\left(\frac{1}{n^2} - \frac{1}{\varepsilon_1}\right) = -\,\mathfrak{s}_x(\mathfrak{s}\mathfrak{E}) - \frac{i}{\varepsilon_1}[\mathfrak{E}\mathfrak{G}]_x.$$

In dem Gliede erster Ordnung in τ ersetze man näherungsweise $\mathfrak{E}$ durch $\frac{1}{\bar{n}^2}\mathfrak{D}$ und $\varepsilon_1 = \varepsilon_2 = \varepsilon_3 = \bar{n}^2$, wo $\bar{n}$ einen mittleren Brechungsindex bedeutet; dann erhält man mit derselben Annäherung, mit der die Formeln (201) gelten,

(202) $$\mathfrak{D}_x\left(\frac{1}{n^2} - \frac{1}{\varepsilon_1}\right) = -\,\mathfrak{s}_x(\mathfrak{s}\mathfrak{E}) - \frac{i}{\bar{n}^4}[\mathfrak{D}\mathfrak{G}]_x.$$

Diese Gleichungen lassen sich durch den Ansatz

(203) $$n = n', \quad \mathfrak{D} = \mathfrak{D}' - ik_1\mathfrak{D}'', \quad |\mathfrak{D}'| = |\mathfrak{D}''|$$

lösen, wo $\mathfrak{D}'$ und $\mathfrak{D}''$ die in Nr. **21** eingeführten Schwingungsvektoren des nicht-aktiven Kristalls sind, deren Längen einander gleich gewählt werden. Der Koeffizient k_1 soll von der Größenordnung τ (ebenso wie g) sein und ist noch zu bestimmen. Dazu setze man den Ansatz (203) in (202) ein und trenne Reelles und Imaginäres, wobei Glieder zweiter Ordnung in τ fortbleiben; dann erhält man

$$\mathfrak{D}_x'\left(\frac{1}{n'^2} - \frac{1}{\varepsilon_1}\right) + \mathfrak{s}_x(\mathfrak{s}\mathfrak{E}') = 0,$$

$$k_1\left\{\mathfrak{D}_x''\left(\frac{1}{n'^2} - \frac{1}{\varepsilon_1}\right) + \mathfrak{s}_x(\mathfrak{s}\mathfrak{E}'')\right\} = \frac{1}{\bar{n}^4}[\mathfrak{D}'\mathfrak{G}]_x.$$

86) Eine ausführliche Darstellung dieser Verhältnisse bei *F. Pockels*, Kristalloptik II, II, 4, p. 315. Dort ist auch weitere Literatur über die Theorie und ihre experimentelle Prüfung zu finden.

Nun genügen aber $\mathfrak{D}'$ und $\mathfrak{D}''$ den Gleichungen (182), wenn man darin n durch n_0' bzw. n_0'' ersetzt; zieht man diese von den vorstehenden, entsprechenden Gleichungen ab, so ergibt sich

$$\mathfrak{D}_x'\left(\frac{1}{n'^2} - \frac{1}{n_0'^2}\right) = 0$$

$$k_1 \mathfrak{D}_x''\left(\frac{1}{n'^2} - \frac{1}{n_0''^2}\right) = \frac{1}{n^4}[\mathfrak{D}'\mathfrak{G}]_x.$$

Nach (201) unterscheidet sich n'^2 von $n_0'^2$ nur um Größen der Ordnung τ, während $n'^2 - n_0''^2$ von endlicher Größenordnung $n_0'^2 - n_0''^2$ ist; also ist die erste dieser Gleichungen mit hinreichender Annäherung erfüllt, die zweite dient zur Bestimmung von k_1. Da die Vektoren $\mathfrak{s}$, $\mathfrak{D}'$ $\mathfrak{D}''$ paarweise aufeinander senkrecht stehen, da ferner $|\mathfrak{D}'| = |\mathfrak{D}''|$ gewählt worden ist, so kann man

$$\mathfrak{D}' = [\mathfrak{D}''\mathfrak{s}]$$

setzen und hat dann

$$[\mathfrak{D}'\mathfrak{G}] = [\mathfrak{G}[\mathfrak{s}\mathfrak{D}'']] = \mathfrak{s}(\mathfrak{G}\mathfrak{D}'') - \mathfrak{D}''(\mathfrak{G}\mathfrak{s}).$$

Setzt man das ein und multipliziert skalar mit $\mathfrak{D}''$, so kommt wegen $\mathfrak{s}\mathfrak{D}'' = 0$:

$$k_1\left(\frac{1}{n'^2} - \frac{1}{n_0''^2}\right) = -\frac{g}{n^4}$$

oder mit genügender Näherung

$$k_1 = \frac{g}{n'^2 - n_0''^2}.$$

Ganz ebenso beweist man, daß eine zweite Lösung

(204) $$n = n'', \quad \mathfrak{D} = \mathfrak{D}'' - ik_2\mathfrak{D}', \quad |\mathfrak{D}'| = |\mathfrak{D}''|$$

mit

$$k_2 = -\frac{g}{n''^2 - n_0'^2}$$

existiert. Da nun aus (201) $n'^2 + n''^2 = n_0'^2 + n_0''^2$ folgt, so erkennt man, daß

$$k_1 = k_2 = \frac{2g}{n_0'^2 - n_0''^2 + \sqrt{(n_0'^2 - n_0''^2)^2 + 4g^2}} = k$$

ist Man kann dafür auch schreiben:

(205) $$k = \frac{1}{2g}\left\{\sqrt{(n_0'^2 - n_0''^2)^2 + 4g^2} - (n_0'^2 - n_0''^2)\right\}.$$

Diese Größe ist stets $\leqq 1$.

Fügt man zu den beiden Lösungen (203) und (204) den Faktor $e^{i\varphi}$ hinzu, wo $\varphi = -\omega t + \tau(\mathfrak{s}\mathfrak{r})$ ist, und nimmt dann die reellen Teile, so erhält man

(206) $$\begin{cases} n = n', & \mathfrak{D} = \mathfrak{D}' \cos\varphi + k\mathfrak{D}'' \sin\varphi, \\ n = n'', & \mathfrak{D} = \mathfrak{D}'' \cos\varphi + k\mathfrak{D}' \sin\varphi. \end{cases}$$

Legt man nun das Koordinatensystem so, daß die x-Achse parallel zu $\mathfrak{D}'$, die y-Achse parallel zu $\mathfrak{D}''$ wird, und setzt $|\mathfrak{D}'| = |\mathfrak{D}''| = D$, so werden die beiden Lösungen:

$$(206')\quad \begin{cases} n = n', & \mathfrak{D}_x = D\cos\varphi, \quad \mathfrak{D}_y = kD\sin\varphi, \quad \mathfrak{D}_z = 0, \\ n = n'', & \mathfrak{D}_x = kD\sin\varphi, \quad \mathfrak{D}_y = D\cos\varphi, \quad \mathfrak{D}_z = 0. \end{cases}$$

Das sind zwei elliptische Schwingungen vom gleichen Achsenverhältnis k und entgegengesetztem Umlaufssinn mit gekreuzten, zu $\mathfrak{D}'$ bzw. $\mathfrak{D}''$ parallelen großen Achsen.

In den Richtungen der Binormalen (optischen Achsen) ist $n_0' = n_0'' = \bar{n}$; dort erreicht k sein Maximum 1, es pflanzen sich also zwei zirkulare, entgegengesetzt rotierende Wellen fort, deren Brechungsindizes n_r und n_l nach (201)

$$(207)\qquad n_l = \bar{n} + \frac{g}{2\bar{n}}, \quad n_r = \bar{n} - \frac{g}{2\bar{n}}$$

sind. Eine linear polarisierte Welle, die senkrecht auf eine normal zur Achsenrichtung geschliffene Kristallplatte von der Dicke 1 auffällt, erfährt daher eine Drehung der Polarisationsebene um den Winkel

$$(207')\qquad \varrho = \frac{\omega}{2c}(n_l - n_r) = \frac{\omega g}{2c\bar{n}} = \frac{\pi g}{\lambda \bar{n}^2};$$

ϱ heißt *spezifisches Drehungsvermögen.*

Für alle von den optischen Achsen merklich abweichenden Richtungen ist k klein von erster Ordnung in τ; denn für $g \ll n_0'^2 - n_0''^2$ gilt nach (205) in erster Näherung:

$$(205')\qquad k = \frac{g}{n_0'^2 - n_0''^2} = \frac{g}{2\bar{n}(n_0' - n_0'')}.$$

Die Erfahrung lehrt, daß das Achsenverhältnis tatsächlich äußerst klein ist; dadurch wird die Entwicklung nach τ nachträglich empirisch gerechtfertigt.

Einen charakteristischen Unterschied der hier gewonnenen Theorie (die mit der von *Voigt* und der neueren von *Drude* übereinstimmt) gegenüber der älteren von *Drude* bekommt man bei einachsigen Kristallen, wenn man die Fortpflanzung des Lichtes senkrecht zur optischen Achse betrachtet. Die Brechungsindizes des ordentlichen und außerordentlichen Strahls sind nach (195') für $\varphi = \frac{\pi}{2}$ gegeben durch $n_0' = \sqrt{\varepsilon} = n_o$, $n_0'' = \sqrt{\varepsilon'} = n_e$. Die Gyrationsfläche hat bei Achsensymmetrie um die z-Achse die Gleichung

$$g = g_{11}\sin^2\varphi + g_{33}\cos^2\varphi.$$

Daher ist die zirkulare Doppelbrechung parallel zur optischen Achse nach (207')

$$n_l - n_r = \frac{g_{33}}{\bar{n}}$$

und die Elliptizität senkrecht zur Achse nach (205′)

$$k = \frac{g_{11}}{2\bar{n}(n_o - n_e)}.$$

Nach der älteren Theorie *Drudes* ist dagegen $g = f$ konstant, also

$$n_l - n_r = \frac{f}{\bar{n}}, \quad k = \frac{f}{2\bar{n}(n_o - n_e)};$$

man müßte also die Elliptizität aus der zirkularen Doppelbrechung berechnen können nach der Formel

$$k = \frac{n_l - n_r}{2(n_o - n_e)}.$$

Voigt[87]) hat diese Beziehung am Quarz geprüft und gefunden, daß sie nicht erfüllt ist; für Quarz ist $n_l - n_r = 0{,}000071$, $n_o - n_e = 0{,}00911$, es müßte also nach *Drude* $k = 0{,}0039$ sein, während die direkte Messung $k = 0{,}0019$ ergeben hat.

Diese Tatsache spricht stark für die allgemeinere, zuerst von *Voigt* entworfene Theorie. Diese ist auch in vielen anderen Punkten von der Erfahrung bestätigt worden; die von ihr geforderte Drehung der Polarisationsebene in der Richtung der Binormalen bei zweiachsigen Kristallen ist lange vergeblich gesucht worden, schließlich hat *Voigt*[87]) Andeutungen bei Rohrzuckerkristallen gefunden und *Pocklington*[88]) hat sie an Kristallen von Rohrzucker und Seignettesalz (rechtsweinsaurem Kali-Natron) nachgewiesen.

Reguläre Kristalle sind optisch isotrop; für sie wird $g_{11} = g_{22} = g_{33}$, $g_{23} = g_{31} = g_{12} = 0$, also g konstant. Man findet aus (200):

$$g = \frac{\tau}{6}\Delta \sum_{jj'} \frac{(\mathfrak{R}_{jj'}[\mathfrak{L}_j\mathfrak{L}_{j'}])}{(\omega_j^{(0)2} - \omega^2)(\omega_{j'}^{(0)2} - \omega^2)}. \tag{208}$$

Es gibt reguläre, aktive Kristalle ($NaClO_3$, $NaBrO_3$), die im gelösten Zustande kein Drehungsvermögen haben; bei diesen muß also die Aktivität eine *reine* Struktureigenschaft sein.

Über die absolute Berechnung von g für diese Gitter mit Hilfe der Annahme elektromagnetisch gekoppelter Dipole s. Nr. 43.

23. Dispersion und Eigenfrequenzen. Die Dispersion der Brechung und der Aktivität ist in den Formeln (177) für die optischen Dielektrizitätskonstanten und (200) für die Gyrationskonstanten enthalten.

Die Formeln (177) stimmen hinsichtlich der Abhängigkeit von der Frequenz mit denen der elementaren Theorie überein, welche un-

87) Siehe die in Anm. 78 zitierten Arbeiten; ferner *F. Wever*, Diss. Göttingen 1920.

88) *H. C. Pocklington*, Phil. Mag. (6) 2 (1901), p. 368.

gekoppelte Resonatoren annimmt (s. V 22 [*W. Wien*], Nr. **15—22**); sie gehen vollständig in diese über, sobald man an die Stelle der relativen Schwingungen von gekoppelten einfachen Gittern Schwingungen von einzelnen, unabhängigen Partikeln um feste Zentra setzt. Für reguläre Kristalle insbesondere sind dann alle $(\varphi^{l}_{kk'})_{xy}$ gleich Null außer $(\varphi^0_{kk})_{xx} = (\varphi^0_{kk})_{yy} = (\varphi^0_{kk})_{zz} = -f_k$, und die Schwingungsgleichungen (97) zerfallen in sN gleichlautende Vektorgleichungen

$$m_k \ddot{\mathfrak{u}}_k + f_k \mathfrak{u}_k = 0.$$

Je drei Eigenfrequenzen sind also gleich und einer Partikel k der Basis zugehörig; sie mögen $\omega_k^{(0)}$ heißen. Die zu $\omega_k^{(0)}$ gehörigen drei Lösungen sind so beschaffen, daß bei der ersten die Partikel k in der x-Richtung, bei der zweiten in der y-Richtung, bei der dritten in der z-Richtung schwingt, während alle andern Partikel in Ruhe sind. Wegen (112) sind die Amplituden gleich $\frac{1}{\sqrt{m_k}}$. Die zu $\omega_k^{(0)}$ gehörigen drei Eigenmomente sind also

$$\mathfrak{L}_k^{(1)} = \frac{1}{\Delta}\frac{e_k}{\sqrt{m_k}}\mathfrak{i}_1, \quad \mathfrak{L}_k^{(2)} = \frac{1}{\Delta}\frac{e_k}{\sqrt{m_k}}\mathfrak{i}_2, \quad \mathfrak{L}_k^{(3)} = \frac{1}{\Delta}\frac{e_k}{\sqrt{m_k}}\mathfrak{i}_3.$$

Bei optisch isotropen Körpern ist die Dielektrizitätskonstante gleich dem Quadrat des Brechungsindex; man erhält nach (196):

$$n^2 = \varepsilon = 1 + \frac{4\pi}{\Delta}\sum_k \frac{e_k^2/m_k}{\omega_k^{(0)2} - \omega^2}. \tag{209}$$

Da $\frac{1}{\Delta}$ die Anzahl der Zellen, also auch der Resonatoren einer bestimmten Art k, pro Volumeneinheit ist, stimmt diese Formel mit dem bekannten *Drude*schen Dispersionsgesetze für durchsichtige, isotrope Körper überein.

Dieses Gesetz bot die erste Handhabe zur Untersuchung der Frage, welches die Elementarteile in festen Körpern und die zwischen ihnen wirkenden Kräfte seien. *P. Drude*[89]) ging davon aus, daß in durchsichtigen Körpern die Eigenfrequenzen in zwei Gruppen zerfallen, von denen die eine im Ultravioletten, die andere im Ultraroten gelegen ist; er nahm je eine ultrarote und ultraviolette Frequenz an, ω_r und ω_v, und schrieb die Dispersionsformel entsprechend

$$n^2 = 1 + \frac{4\pi\frac{N_r e_r^2}{m_r}}{\omega_r^2 - \omega^2} + \frac{4\pi\frac{N_v e_v^2}{m_v}}{\omega_v^2 - \omega^2}; \tag{209'}$$

führt man die Wellenlänge im Vakuum $\lambda_0 = \frac{2\pi c}{\omega}$ ein, so wird

$$n^2 = \varepsilon_0 + \frac{A_r}{\lambda_0^2 - \lambda_r^2} + \frac{A_v}{\lambda_0^2 - \lambda_v^2},$$

89) *P. Drude,* Ann. d. Phys. (4) **14** (1904), p. 677.

wo
$$\varepsilon_0 = 1 + \frac{N_r e_r^2 \lambda_r^2}{\pi c^2 m_r} + \frac{N_v e_v^2 \lambda_v^2}{\pi c^2 m_v}$$
der Grenzwert von $n^2 = \varepsilon$ für $\omega = 0$, $\lambda_0 = \infty$, also die statische Dielektrizitätskonstante, und
$$A_r = \frac{N_r e_r^2 \lambda_r^4}{\pi c^2 m_r}, \quad A_v = \frac{N_v e_v^2 \lambda_v^4}{\pi c^2 m_v}.$$
Drude setzt ferner als Ausdruck der Neutralität jedes Teiles des Körpers die Relation
$$N_r e_r + N_v e_v = 0$$
an, woraus folgt
$$\frac{A_r}{\lambda_r^4}\frac{m_r}{e_r} + \frac{A_v}{\lambda_v^4}\frac{m_v}{e_v} = 0.$$

Aus den Dispersionsmessungen an Flußspat (CaF_2), Sylvin (KCl) Steinsalz (NaCl), Quarz (SiO_2) und andern Kristallen lassen sich die Werte von λ_r, A_r, λ_v, A_v ableiten, und es ergibt sich, daß $\frac{A_r}{\lambda_r^4}$ und $\frac{A_v}{\lambda_v^4}$ von ganz verschiedener Größenordnung sind, nämlich $\frac{A_v}{\lambda_v^4}$ etwa 10^5 mal größer als $\frac{A_r}{\lambda_r^4}$. Daher muß nach obiger Gleichung $\left|\frac{m_r}{e_r}\right|$ etwa im selben Verhältnis größer sein als $\left|\frac{m_v}{e_v}\right|$.

Hieraus zieht *Drude* den Schluß, daß die ultravioletten Frequenzen auf den Schwingungen von Elektronen, die ultraroten auf den Schwingungen von geladenen Atomen oder Molekeln, Ionen, beruhen. In der Tat ist das Verhältnis der Masse m_H des Wasserstoffatoms zur Masse m des Elektrons $\frac{m_H}{m} = 1830$; für schwerere Ionen (Molekulargewicht von der Größenordnung 50) ergibt sich dann bei $e_v = e_r$ in der Tat $\frac{m_r}{m_v}$ von der Größenordnung 10^5.

Drude bestimmt ferner die Anzahl p der Elektronen, die einem Ion entsprechen. Ist ϱ die Dichte, M das Molekulargewicht der Ionen, so ist deren Anzahl pro Volumeneinheit $N_r = \frac{\varrho}{\mathrm{M} m_H}$. Dann erhält man
$$p = \frac{N_v}{N_r} = \frac{\pi c^2 \mathrm{M} A_v}{\varrho \lambda_v^4} \cdot \frac{m_H}{e} \cdot \frac{m}{e}.$$

Setzt man hier für $\frac{e}{m_H}$ den aus der Elektrolyse, für $\frac{e}{m}$ den aus den Ablenkungen der Kathodenstrahlen gefundenen Wert, für A_v und λ_v die aus der Dispersion extrapolierten Zahlen ein, so ergeben sich Werte für p, die annähernd mit der Summe der elektrochemischen Valenzen der Molekel übereinstimmen. So ist z. B. für Sylvin (KCl) nach *Rubens* und *Nichols*[90])
$$\frac{A_v}{\lambda_v^4} = 0{,}274 \cdot 10^{10},$$

---

90) *H. Rubens* und *E. F. Nichols,* Wied. Ann. 60 (1897), p. 418.

ferner M = 74,6, $\varrho = 1{,}95$, und man erhält mit

$$\frac{e}{m_H} = 9650 \cdot c, \quad \frac{e}{m} = 1{,}77 \cdot 10^7 \cdot c$$

(in C. G. S.-Einheiten) die Elektronenzahl $p = 1{,}93$, sehr nahe an der Valenzsumme 2.

Drude hat diesen Gedanken an dem vorliegenden Beobachtungsmaterial ausführlich diskutiert und dadurch den Grund gelegt für alle späteren Untersuchungen über die physikalische Natur der Bausteine des festen Körpers.

Man kann gegen seine Überlegungen einwenden, daß die Schwingungen der Kristallpartikel notwendig gekoppelt sein müssen, wie schon die Existenz des optischen Drehungsvermögens bei azentrischen Kristallen beweist. Ferner handelt es sich offenbar bei den Ionenschwingungen um Bewegungen der beiden Ionen der Molekel (genauer der Gitterbasis) gegeneinander; daher ist das Einsetzen der Masse der ganzen Molekel für m_r ungerechtfertigt und jedenfalls nur eine grobe Annäherung. Die Verhältnisse wurden erst durch eine später zu besprechende Arbeit von *Madelung*[107]) (Nr. 24) aufgeklärt.

Nach *Drudes* Ergebnissen ist es klar, daß das langsamere Schwingen der Ionen gegenüber den Elektronen auf ihrer viel größeren Masse beruht. *F. Haber*[91]) hat ein äußerst einfaches Gesetz aufgedeckt, das trotz der zweifellos allzu großen Vereinfachung der wirklichen Verhältnisse recht genau zutrifft. Wenn nämlich zwei Massen m_r und m_v mit derselben quasielastischen Kraft an ein Zentrum gebunden sind, so gilt für die Frequenzen ω_r und ω_v

$$m_r \omega_r^2 = m_v \omega_v^2$$

oder für die Wellenlängen

$$\frac{\lambda_r}{\lambda_v} = \sqrt{\frac{m_r}{m_v}}.$$

Diese Beziehung wendet *Haber* auf die Ionen und Elektronen in Kristallen an, setzt also $m_v = m$, $m_r = \mathrm{M} m_H$; dann wird

$$\frac{\lambda_r}{\lambda_v} = \sqrt{\mathrm{M}\frac{e}{m}\frac{m_{\mathrm{H}}}{e}} = \sqrt{\mathrm{M}\frac{1{,}77 \cdot 10^7}{9650}} = 42{,}8\sqrt{\mathrm{M}}.$$

So ist z. B. für Sylvin (KCl) nach Reststrahlbeobachtungen von *Rubens* und *Aschkinass*[92]) $\lambda_r = 61{,}1\ \mu$; mit M = 74,6 findet man aus der *Haber*schen Beziehung $\lambda_v = 165{,}3\ \mu\mu$, während *Martens*[93]) dafür $\lambda_v = 160{,}7\ \mu\mu$ aus der Dispersion herleitet.

91) *F. Haber,* Verh. d. Deutsch. Phys. Ges. 13 (1911), p. 1117.

92) *H. Rubens* u. *E. Aschkinass,* Wied. Ann. 67 (1899), p. 459.

93) *Martens,* Ann. d. Phys. (4) 6 (1901), p. 603.

Diese Übereinstimmung ist ein Beleg dafür, daß die Kräfte, welche die Ionen in polaren Gittern zusammenhalten, wesensgleich sind mit den Kräften, die die Elektronen im Atom binden. Vom Standpunkt der allgemeinen Gittertheorie aus können aber die Überlegungen von *Drude* und *Haber* nur als Näherungen gelten. Es soll jetzt festgestellt werden, welche Aussagen die allgemeine Theorie über diese Beziehungen macht. Man knüpft dazu am besten an die Gleichungen (148) für die reduzierten Amplituden

$$(148) \qquad \omega^2 \mathfrak{x}_{kx} + \sum_{k'} \sum_{y} \begin{Bmatrix} k k' \\ x y \end{Bmatrix} \mathfrak{x}_{k'y} = 0$$

an, deren Koeffizienten durch (149) gegeben sind. Es seien nun die Partikel $k = 1, 2, \ldots p$ Atome, die übrigen $k = p + 1, \ldots s$ Elektronen; wir bezeichnen die Indizes $k = 1, 2, \ldots p$ mit r, die Indizes $k = p + 1, \ldots s$ mit v.

ζ sei ein kleiner Parameter von der Größenordnung der Quadratwurzel des Verhältnisses Elektronenmasse zu Atommasse. Setzt man dann

$$m_r = \frac{\overline{m}_r}{\zeta^2}, \quad m_v = m,$$

so sind alle m, $\overline{m}_r$ von gleicher Größenordnung. Wir nehmen nun im Sinne von *Haber* an, daß *alle Molekularkräfte* $(\varphi_{kk'}^{l})_{xy}$ *von gleicher Größenordnung sind,* ob sie zwischen Atomen und Atomen, Elektronen und Elektronen oder Atomen und Elektronen wirken. Sodann zerfallen die Koeffizienten (149) nach ihrer Größenordnung in 3 Klassen, was man so durch die Bezeichnung ausdrücken kann:

$$(210) \qquad \begin{Bmatrix} v v' \\ x y \end{Bmatrix} = \begin{pmatrix} v v' \\ x y \end{pmatrix}, \quad \begin{Bmatrix} v r \\ x y \end{Bmatrix} = \zeta \begin{pmatrix} v r \\ x y \end{pmatrix}, \quad \begin{Bmatrix} r r' \\ x y \end{Bmatrix} = \zeta^2 \begin{pmatrix} r r' \\ x y \end{pmatrix}.$$

Die Gleichungen (148) spalten sich in zwei Typen:

$$(211) \qquad \left\{ \begin{aligned} &\omega^2 \mathfrak{x}_{vx} + \sum_{v'} \sum_{y} \begin{pmatrix} v v' \\ x y \end{pmatrix} \mathfrak{x}_{v'y} + \zeta \sum_{r} \sum_{y} \begin{pmatrix} v r \\ x y \end{pmatrix} \mathfrak{x}_{ry} = 0, \\ &\omega^2 \mathfrak{x}_{rx} + \zeta \sum_{v} \sum_{y} \begin{pmatrix} v r \\ x y \end{pmatrix} \mathfrak{x}_{vy} + \zeta^2 \sum_{r'} \sum_{y} \begin{pmatrix} r r' \\ x y \end{pmatrix} \mathfrak{x}_{r'y} = 0. \end{aligned} \right.$$

Die Lösung wird man als Potenzreihe nach ζ ansetzen:

$$\omega^2 = \alpha + \zeta\beta + \zeta^2\gamma + \cdots$$

$$\mathfrak{x}_v = \mathfrak{x}_v^{(0)} + \zeta \mathfrak{x}_v^{(1)} + \zeta^2 \mathfrak{x}_v^{(2)} + \cdots$$

$$\mathfrak{x}_r = \mathfrak{x}_r^{(0)} + \zeta \mathfrak{x}_r^{(1)} + \zeta^2 \mathfrak{x}_r^{(2)} + \cdots$$

Dann findet man nach dem früher erörterten Verfahren sukzessiver Approximation (s. Nr. **15, 16**), daß es zwei Typen von Lösungen gibt:

I. $3p$ Lösungen $\omega^2 = \zeta^2\gamma + \cdots$

$$\mathfrak{x}_v = \zeta\mathfrak{x}_v^{(1)} + \cdots$$
$$\mathfrak{x}_r = \mathfrak{x}_r^{(0)} + \zeta\mathfrak{x}_r^{(1)} + \cdots;$$

II. $3(s-p)$ Lösungen $\omega^2 = \alpha + \zeta^2\gamma + \cdots$

$$\mathfrak{x}_v = \mathfrak{x}_v^{(0)} + \zeta\mathfrak{x}_v^{(1)} + \cdots$$
$$\mathfrak{x}_r = \zeta\mathfrak{x}_r^{(1)} + \cdots.$$

Dabei genügen die $\mathfrak{x}_v^{(0)}$ den Gleichungen, die man bei festgehaltenen Atomen erhalten würde, nämlich

$$\alpha\mathfrak{x}_{vx}^{(0)} + \sum_{v'}\sum_{y}\binom{v v'}{x y}\mathfrak{x}_{v'y}^{(0)} = 0. \tag{212}$$

Für die Koeffizienten gilt aber natürlich *nicht* die Relation

$$\sum_{v'}\binom{v v'}{x y} = 0.$$

Entsprechendes ist für die $\mathfrak{x}_r^{(0)}$ nicht der Fall; sie genügen den Gleichungen, die man erhält, wenn man die Elektronenmasse vernachlässigt, aber die Koppelung zwischen Elektronen und Atomen berücksichtigt:

$$\left\{\begin{aligned} &\gamma\mathfrak{x}_{rx}^{(0)} + \sum_{v}\sum_{y}\binom{v r}{x y}\mathfrak{x}_{vy}^{(1)} + \sum_{r'}\sum_{y}\binom{r r'}{x y}\mathfrak{x}_{r'y}^{(0)} = 0, \\ &\sum_{v'}\sum_{y}\binom{v v'}{x y}\mathfrak{x}_{v'y}^{(1)} + \sum_{r}\sum_{y}\binom{v r}{x y}\mathfrak{x}_{ry}^{(0)} = 0. \end{aligned}\right. \tag{213}$$

Eliminiert man hieraus die $\mathfrak{x}_v^{(1)}$, so erhält man ein Gleichungssystem für die Atome allein:

$$\gamma\mathfrak{x}_{rx}^{(0)} + \sum_{r'}\sum_{y}\left(\!\binom{r r'}{x y}\!\right)\mathfrak{x}_{r'y}^{(0)} = 0, \tag{213'}$$

dessen Koeffizienten von *allen* Koppelungen abhängen; es gilt überdies

$$\sum_{r'}\left(\!\binom{r r'}{x y}\!\right) = 0. \tag{213'}$$

Aus den $\mathfrak{x}_k$ lassen sich die Verrückungen $\mathfrak{u}_k$ nach (151) berechnen. Für die Dispersionsformel genügt die Betrachtung des Grenzfalls unendlich langer Wellen ($\tau = 0$); dann ist $\mathfrak{U}_k = \frac{\mathfrak{x}_k}{\sqrt{m_k}}$.

Die beiden Schwingungstypen I und II sollen durch die Indizes r und v unterschieden werden; die zu $\omega_r^{(0)}$ gehörigen Verrückungen sind dann als die Eigenvektoren $\mathfrak{u}_k = \mathfrak{a}_{kr}$, die zu $\omega_v^{(0)}$ gehörigen als die Eigenvektoren $\mathfrak{u}_k = \mathfrak{a}_{kv}$ anzusprechen. Unter den p langsamen Frequenzen $\omega_r^{(0)}$ sind natürlich die drei verschwindenden, die zu den akustischen

Wellen gehören. Zählt man also nur die *eigentlichen Eigenfrequenzen*, so erhält man

$$\begin{array}{lll} \text{I.} & 3(p-1): & \omega_r^{(0)^2} = \zeta^2 \gamma_r^{(0)} + \cdots \\ & & \mathfrak{a}_{or} = \zeta \mathfrak{a}_{or}^{(1)} + \cdots \\ & & \mathfrak{a}_{rr'} = \zeta \mathfrak{a}_{rr'}^{(1)} + \cdots, \\ \text{II.} & 3(s-p): & \omega_v^{(0)^2} = \alpha_v^{(0)} + \zeta^2 \gamma_v^{(0)} + \cdots \\ & & \mathfrak{a}_{vv'} = \mathfrak{a}_{vv'}^{(0)} + \zeta \mathfrak{a}_{vv'}^{(1)} + \cdots \\ & & \mathfrak{a}_{rv} = \zeta^2 \mathfrak{a}_{rv}^{(2)} + \cdots \end{array}$$

Nun kann man die Eigenmomente nach (173) bilden und findet:

$$(214) \qquad \left\{ \begin{array}{l} \mathfrak{L}_r = \zeta \mathfrak{L}_r^{(1)} + \cdots \\ \mathfrak{L}_v = \mathfrak{L}_v^{(0)} + \zeta \mathfrak{L}_v^{(1)} + \cdots \end{array} \right.$$

Dabei kann $\mathfrak{L}_v^{(0)}$ so berechnet werden, als wenn die Elektronen bei festgehaltenen Atomen allein schwängen.

Für die Frequenzen selbst bekommt man:

$$(214') \qquad \left\{ \begin{array}{ll} \omega_r^{(0)} = \zeta b_r + \cdots & (r = 4, 5, \ldots 3p) \\ \omega_v^{(0)} = a_v + \zeta^2 c_v + \cdots & (v = 3p+1, \ldots 3s) \end{array} \right.$$

In diesen Formeln sind die Größenordnungsbeziehungen von *Drude* und *Haber* enthalten. Wir fassen sie so zusammen:

1. Satz: Die Eigenfrequenzen zerfallen bei beliebiger Wellenlänge (beliebigem τ) in zwei Klassen, die sich der Größenordnung nach wie $\zeta : 1$, d. h. wie die Quadratwurzeln von Elektronenmasse und Atommasse verhalten. Die Anzahl der langsamen Frequenzen, unter denen auch die drei akustischen sind, ist $3p$, wo p die Zahl der Atome der kleinsten Zelle ist, aus der das Gitter aufgebaut werden kann.[94]) Die für die Dispersion maßgebenden Grenzfrequenzen ($\tau = 0$) zerfallen daher in $3(p-1)$ langsame (ultrarote) und $3(s-p)$ schnelle (ultraviolette), deren Größenordnung sich wie $\zeta : 1$ verhält (*Haber*).

2. Satz: Die Zähler der ultraroten und ultravioletten Partialbrüche in der Dispersionsformel verhalten sich der Größenordnung nach wie $\zeta^2 : 1$, d. h. wie die Elektronenmasse zur Atommasse (*Drude*).

Durch die Symmetrie des Kristalls kann die Anzahl der voneinander verschiedenen Eigenfrequenzen erniedrigt werden. So ist sie z. B. für p-atomige, reguläre D-Gitter (s. Nr. **13**) höchstens gleich $p-1$.

---

94) Zuerst bewiesen bei *M. Born,* Dynamik der Kristallgitter, § 19.

Eine allgemeine Theorie, die alle möglichen Fälle umfaßt, hat *Brester* entworfen.[95])

Die Dispersionsformel soll hier nur für reguläre Kristalle diskutiert werden, da ihr Verlauf immer qualitativ derselbe ist. Nach (196) lautet sie:

$$(215)\quad n^2 = \varepsilon = 1 + \frac{4\pi}{3}\Delta\sum_r \frac{\mathfrak{L}_r^2}{\omega_r^{(0)2} - \omega^2} + \frac{4\pi}{3}\Delta\sum_{v} \frac{\mathfrak{L}_v^2}{\omega_v^{(0)2} - \omega^2}.$$

Die Eigenfrequenzen sind also Unendlichkeitsstellen des Brechungsindex, in denen er von unendlich großen positiven zu unendlich großen negativen Werten springt. Dieses physikalisch unmögliche Verhalten beruht auf der Vernachlässigung der Dämpfung[96]); da für diese keine befriedigende atomistische Theorie existiert, muß also hier die Umgebung des Absorptionsstreifens aus der Betrachtung ausgeschlossen bleiben.

Zwischen den Eigenfrequenzen wächst n monoton mit ω (normale Dispersion).

Für das sichtbare Gebiet $(\omega_r < \omega < \omega_v)$ gilt eine Reihenentwicklung

$$(216)\quad n^2 = a_0 + a_1\omega^2 + a_2\omega^4 + \cdots - \frac{b_1}{\omega^2} - \frac{b_2}{\omega^4} - \cdots,$$

wo

$$(216')\quad a_0 = 1 + \frac{4\pi}{3}\Delta\sum_v \frac{\mathfrak{L}_v^2}{\omega_v^2},\quad a_1 = \frac{4\pi}{3}\Delta\sum_v \frac{\mathfrak{L}_v^2}{\omega_v^4},\quad a_2 = \frac{4\pi}{3}\Delta\sum_v \frac{\mathfrak{L}_v^2}{\omega_v^6},\ \ldots$$

$$b_1 = \frac{4\pi}{3}\Delta\sum_r \mathfrak{L}_r^2,\quad b_2 = \frac{4\pi}{3}\Delta\sum_r \omega_r^2\mathfrak{L}_r^2,\ \ldots$$

---

95) *C. J. Brester*, Dissertation Utrecht (in Göttingen gefertigt). Den einfachsten Fall hat *W. Dehlinger* [Phys. Ztschr. 15 (1914), p. 276] behandelt; er zeigte, daß nach der Theorie gewissen 2-atomigen regulären Gittern nur eine ultrarote Frequenz zukommt, wie es auch die Erfahrung bestätigt. Die Frage, wie sich die Eigenschwingungen von Systemen endlich vieler Massenpunkte verhalten, wenn Symmetrieelemente vorhanden sind, ist für den Spezialfall regulärer Symmetrie von *M. Born* [Verh. d. Deutsch. Phys. Ges. 19 (1917), p. 243; insbes. § 5], allgemein von *C. J. Brester* (l. z.) untersucht worden.

96) Phänomenologisch läßt sich die Dämpfung dadurch berücksichtigen, daß man der Geschwindigkeit der Verrückung proportionale Glieder in die Bewegungsgleichungen einführt. Dann werden die Partialbrüche der Dispersionsformel komplex von der Form

$$\frac{\mathfrak{L}_j^2}{\omega_j^{(0)2} - \omega^2 + i\omega\omega_j'}$$

wo ω_j' ein Maß für die Dämpfung ist. Näheres s. etwa *Pockels*, Kristalloptik, 3. Teil, p. 361.

gesetzt ist; oder, wenn man die Wellenlänge im Vakuum $\lambda_0 = \frac{2\pi c}{\omega}$ einführt:

$$n^2 = a_0 + \frac{\bar{a}_1}{\lambda_0^2} + \frac{\bar{a}_2}{\lambda_0^4} + \cdots - \bar{b}_1 \lambda_0^2 - \bar{b}_2 \lambda_0^4 - \cdots, \tag{217}$$

mit

$$\bar{a}_j = (2\pi c)^{2j} a_j, \quad \bar{b}_j = \frac{b_j}{(2\pi c)^{2j}}. \tag{217'}$$

Die *Dispersion der optischen Aktivität* wird durch die Formeln (200) für die g_{ik} dargestellt. Da die Frequenzabhängigkeit aller dieser Größen dieselbe ist, genügt es, als typisches Beispiel den Fall regulärer Kristalle zu betrachten; nach (208) ist für diese

$$g = \frac{1}{\lambda} \sum_{jj'} \frac{\gamma_{jj'}}{(\omega_j^{(0)2} - \omega^2)(\omega_{j'}^{(0)2} - \omega^2)}, \tag{218}$$

wo

$$\gamma_{jj'} = \frac{\pi}{3} \Delta(\mathfrak{R}_{jj'}[\mathfrak{L}_j \mathfrak{L}_{j'}]) \tag{218'}$$

ist. Die Summe (218) kann man in Partialbrüche zerlegen; dabei geben offenbar die einfachen Frequenzen $\omega_e^{(0)}$ zu linearen Partialnennern Anlaß, die mehrfachen Frequenzen $\omega_m^{(0)}$ zu linearen und quadratischen Nennern.[97]) Man erhält also einen Ausdruck der Form:

$$g = \frac{1}{\lambda} \left\{ \sum_m \left(\frac{\alpha_m}{(\omega_m^{(0)2} - \omega^2)^2} + \frac{\beta_m}{\omega_m^{(0)2} - \omega^2} \right) + \sum_e \frac{\beta_e}{\omega_e^{(0)2} - \omega^2} \right\}. \tag{219}$$

Das Auftreten quadratischer Partialbrüche unterscheidet den Drehungsparameter wesentlich vom Brechungsindex; es kann vorkommen (β_m klein gegen α_m), daß g beim Durchgang durch einen Absorptionsstreifen $\omega_m^{(0)}$ symmetrisch zu diesem verläuft.[98])

Die Vorzeichen der Zähler α_m, β_m, β_e sind hier nicht von vornherein als positiv festgelegt; die Gyration kann also mit wachsender Wellenlänge sowohl zu-, als auch abnehmen.

Das spezifische Drehungsvermögen ist nach (207') wegen $n\lambda = \frac{2\pi c}{\omega}$

$$\varrho = \frac{\pi}{\lambda^2 n^2} g \lambda = \frac{\omega^2}{4\pi c^2} g \lambda.$$

Führt man nun wieder die ultraroten und ultravioletten Eigenfre-

97) *M. Born*, Phys. Ztschr. 16 (1915), p. 437.

98) *M. Born* [Ann. d. Phys. (4) 55 (1918), p. 177; Ztschr. f. Phys. 8 (1922), p. 390] hat gezeigt, daß bei Flüssigkeiten, deren Molekeln sich nicht beeinflussen (aktive Lösungen), ein solches Verhalten *nicht* eintreten kann, sondern daß dann nur einfache Partialbrüche vorkommen.

quenzen ein, so erhält man mit (219):

$$(220)\quad \varrho = \omega^2 \Big\{ \sum_r \Big(\frac{p_r}{(\omega_r^{(0)2} - \omega^2)^2} + \frac{q_r}{\omega_r^{(0)2} - \omega^2} \Big) + \sum_v \Big(\frac{p_v}{(\omega_v^{(0)2} - \omega^2)^2} + \frac{q_v}{\omega_v^{(0)2} - \omega^2} \Big) \Big\},$$

oder als Funktion der Wellenlänge im Vakuum $\lambda_0 = \frac{2\pi c}{\omega}$:

$$(220')\quad \varrho = \sum_r \Big(\frac{P_r \lambda_0^2}{(\lambda_0^2 - \lambda_r^2)^2} + \frac{Q_r}{\lambda_0^2 - \lambda_r^2} \Big) + \sum_v \Big(\frac{P_v \lambda_0^2}{(\lambda_0^2 - \lambda_v^2)^2} + \frac{Q_v}{\lambda_0^2 - \lambda_v^2} \Big).$$

Im Sichtbaren ($\lambda_v < \lambda_0 < \lambda_r$) ergibt sich daraus die Reihenentwicklung

$$(221)\quad \varrho = \frac{A_1}{\lambda_0^2} + \frac{A_2}{\lambda_0^4} + \cdots + B_0 + B_1 \lambda_0^2 + B_2 \lambda_0^4 + \cdots,$$

wo (wie in (216')) die Koeffizienten A_j von den ultravioletten, die B_j von den ultraroten Schwingungen herstammen. Der Unterschied gegen die Formel (217) für n^2 besteht erstens darin, daß dort alle Koeffizienten $\bar{a}_j$, $\bar{b}_j$ positiv sind, während hier A_j, B_j beliebige Vorzeichen haben können; zweitens darin, daß dort das konstante Glied von den ultravioletten, hier von den ultraroten Frequenzen herrührt.

Erfahrungsgemäß spielen die ultraroten Terme bei der Darstellung des Drehungsvermögens keine merkliche Rolle ($P_r = 0$; $Q_r = 0$; $B_j = 0$); so ist z. B. für Quarz nach *Drude*[99])

$$\varrho = \frac{Q_v}{\lambda_0^2 - \lambda_v^2} + \frac{Q_v'}{\lambda_0^2},$$

wo λ_v die zur Darstellung des Brechungsindex nötige ultraviolette Wellenlänge ist, während im zweiten Gliede eine noch viel kürzere, neben λ_0 zu vernachlässigende Wellenlänge zu denken ist.

Läßt man demgemäß in (221) die ultraroten Terme fort ($B_j = 0$) so erhält man eine Entwicklung nach fallenden Potenzen von λ_0^2, die die älteren Formeln für die Dispersion der Drehung umfaßt. Nach *Briot*[100]) soll ϱ bei Quarz mit λ_0^2 umgekehrt proportional sein; *Boltzmann*[101]) fügte das nächste Glied hinzu; weitere Literatur s. *Pockels*, Kristallphysik (II. Teil, I. Kap., Nr. 2, p. 295).

24. Beziehungen der Eigenfrequenzen zu anderen Kristalleigenschaften. Die ultravioletten Eigenfrequenzen durchsichtiger Kristalle können nur in seltenen Fällen durch direkte Beobachtung von Ab-

99) *P. Drude*, Lehrbuch der Optik, Kap. VI, Nr. 5, p. 379.

100) *J. B. Briot*, Mém. Cl. sc. math. phys. de l'inst. Paris 1812, 13 (1814), p. 218. — Mém. de l'acad. Paris 1817, 2 (1819), p. 41.

101) *L. Boltzmann*, Pogg. Ann. Jubelband 1874, p. 128; Wissensch. Abh. Bd. I, Nr. 31, p 643.

sorptionsstreifen festgelegt werden. Auch gibt es keinen Weg, sie aus atomistischen Vorstellungen mit einiger Sicherheit zu berechnen; das wird erst möglich sein, wenn die *Bohr*sche Atomtheorie weiter entwickelt sein wird.[102])

Dagegen ist das Spektrum in der Richtung nach langen Wellen (Ultrarot) sehr genau durchforscht, besonders durch *H. Rubens* und seine Mitarbeiter.[103]) Die Eigenfrequenzen werden dabei teils direkt als Absorptionsstreifen sichtbar; hauptsächlich sind sie aber mit der Methode der „Reststrahlen" nachgewiesen worden. Das starke Anwachsen des Brechungsindex in der Umgebung einer Eigenschwingung bewirkt ein entsprechendes Anwachsen des Reflexionsvermögens; durch mehrfache Reflexionen kann man dann aus einer inhomogenen Wärmestrahlung die selektiv reflektierten Wellenlängen (Reststrahlen) aussondern. Mit Hilfe bekannter Reststrahlen läßt sich sodann das Reflexionsvermögen anderer Substanzen und damit deren Brechungsindex ermitteln. Auf diese Weise konnte gezeigt werden, daß der Brechungsindex tatsächlich den von der Theorie geforderten Verlauf (unter Berücksichtigung der Dämpfung in der Nähe der Eigenfrequenzen) hat[104]) und für lange Wellen (etwa bei 100 μ) in die Quadratwurzel aus der statischen Dielektrizitätskonstante einmündet.

Die ultraroten Eigenfrequenzen zerfallen in zwei Gruppen: Eine

102) Gewisse ultraviolette Frequenzen spielen beim lichtelektrischen Effekt der Metalle eine Rolle. Für diese haben *F. A. Lindemann* [Verh. d. Deutschen Phys. Ges. 13 (1911), p. 482, 1107] und *F. Haber* (ebenda, p. 1117) Dimensionsformeln aufgestellt, die auf der Annahme beruhen, daß die Elektronen im *Coulomb*schen Felde der Atomkerne schwingen. Daß sie die richtige Größenordnung ergeben, versteht man durch Vergleich mit den Formeln der Quantentheorie, die ebenfalls ultraviolette Frequenzen mit Atomabständen in Beziehung setzen. *Haber* hat dann aus diesen ultravioletten Frequenzen mit Hilfe seiner Wurzelbeziehung (s. Nr. 23) die zugehörigen ultraroten berechnet und diese mit den Werten verglichen, die man auf anderem Wege erhalten kann (s. diese Nr.). Auch hat er Beziehungen dieser Frequenzen zu chemischen Wärmetönungen gemäß der *Planck*schen Formel $W = h\nu$ gesucht [s. auch *F. Haber*, Verh. d. Deutsch. Phys. Ges. 21 (1919), p. 750].

103) Die wichtigsten Abhandlungen sind: *H. Rubens* u. *E. F. Nichols,* Wied. Ann. 60 (1897), p. 45; *H. Rubens* u. *E. Aschkinass,* Wied. Ann. 65 (1898), p. 253; 67 (1899), p. 459; *H. Rubens* u. *H. Hollnagel,* Phil. Mag. 1910, p. 761; *H. Rubens,* Verh. d. Deutsch. Phys. Ges. 13 (1911), p. 102; *H. Rubens* u. *G. Hertz,* Berl. Ber. 1912, p. 256; *H. Rubens,* Berl. Ber. 1913, p. 513; *H. Rubens* u. *H. v. Wartenberg,* Berl. Ber. 1914, p. 169; *H. Rubens,* Berl. Ber. 1915, p. 4; 1916, p. 1280; *Th. Liebisch* u. *H. Rubens,* Berl. Ber. 1919, p. 198 u. 876.

104) Bemerkenswert ist, daß viele Kristalle geringer Symmetrie im Ultraroten starke Dispersion der optischen Achsen zeigen (*H. Rubens,* Berl. Ber. 1919, p. 976).

kurzwelligere, mit Prismen oder Gittern meßbare Gruppe beruht auf den Schwingungen der einzelnen Atome des Ions, denn sie kehrt mit geringen Abänderungen bei demselben Ion in den verschiedensten Verbindungen wieder und wird häufig auch durch Lösen des Kristalls nicht geändert; so fanden *Cl. Schäfer* und *M. Schubert*[105]) bei 34 Sulfaten (SO_4-Ion) ultrarote Wellen von ungefähr 9 μ und 16 μ, bei 15 Karbonaten (CO_3-Ion) solche Wellen bei ungefähr 6,5 μ, 11,5 μ und 14,5 μ. Die zweite langwelligere Gruppe, die gewöhnlich nur mit der Reststrahlenmethode erreichbar ist, muß dem Gitterverbande der Ionen eigentümlich sein. Denn sie verschwindet in allen Fällen beim Auflösen des Kristalls. Die wichtigsten Reststrahl-Wellenlängen sind nach *Rubens*[105a]):

Tabelle I.

Zinkblende	30,9 μ	Thalliumchlorür . . .	91,6 μ
Flußspat	31,6	Jodkalium	94,1
Steinsalz	52,0	Bromsilber	112,7
Sylvin	63,4	Thalliumbromür. . .	117,0
Chlorsilber	81,5	Thalliumjodür . . .	151,8
Bromkalium. . . .	82,6		

Zum Vergleich mit den oben angegebenen kurzwelligen Eigenfrequenzen der Karbonate seien noch die Reststrahlfrequenzen des Kalkspats $CaCO_3$ angegeben; sie liegen bei 93,0 μ und 116,1 μ.

Im Jahre 1909 hat *E. Madelung*[106]) die Entdeckung gemacht, daß die Größe der Reststrahlfrequenzen mit den elastischen Eigenschaften der massiven Kristalle in engem Zusammenhange stehen. Er nahm an, daß es in einem kubischen Gitter eine kürzeste Welle gibt, deren halbe Wellenlänge gleich dem kleinsten Atomabstande ist; bei dieser schwingen benachbarte Netzebenen in entgegengesetzten Phasen. (Die Gittertheorie deutet diese Schwingungen anders; es handelt sich um die Grenzschwingungen für unendlich lange Wellen im zweiatomigen Gitter, bei denen die beiden einfachen Gitter gegeneinander pendeln.) *Madelung* konnte die Schwingungszahlen der longitudinalen

105) *Cl. Schäfer* u. *Martha Schubert,* Ann. d. Ph. (4) 50 (1916), p. 283. Dort ist die ältere Literatur mitgeteilt. Ferner Ztschr. f. Phys. 7 (1921), p. 297 (Selenate und Chromate), p. 309 (Chlorate, Bromate, Jodate), p. 313 (SiO_2); *Cl. Schaefer* u. *M. Thomas,* Ztschr. f. Phys. 12 (1923), p. 330; *O. Reinkober,* Ztschr. f. Phys. 3 (1920), p. 1, 318; 5 (1921), p. 192 (Ammoniumsalze).

105a) S. die Zusammenstellung bei *H. Rubens,* Berl. Ber. 1917, p. 47. Zu der Tabelle ist zu bemerken, daß bei Flußspat außer der angegebenen eine zweite Reststrahlwellenlänge bei 24,0 μ gefunden worden ist, deren theoretische Deutung, sofern sie überhaupt reell ist, noch nicht feststeht (s. Anm. 111a).

106) *E. Madelung,* Gött. Nachr. 1909, p. 100.

und transversalen „kürzesten" Welle durch die Kompressibilität $\varkappa$ und den Torsionsmodul τ ausdrücken; er fand für die entsprechenden Wellenlängen (in cm):

$$\lambda_l = 0{,}641 \cdot 10^3 \varkappa^{\frac{1}{2}} M^{\frac{1}{3}} \varrho^{\frac{1}{6}},$$

$$\lambda_t = 1{,}11 \cdot 10^3 \cdot \tau^{-\frac{1}{2}} M^{\frac{1}{3}} \varrho^{\frac{1}{6}},$$

wo M das Molekulargewicht und ϱ die Dichte ist. Der Vergleich mit den von *Drude* aus der Dispersion bestimmten ultraroten Frequenzen ergab für die longitudinale Schwingung bei NaCl, KCl und CaF_2 rohe Übereinstimmung. In einer zweiten Arbeit[107]) hat *Madelung* die richtige gittertheoretische Deutung dieser Frequenzen gefunden. Die Resultate der Röntgenforschung vorwegnehmend (s. auch Nr. **37**), erkannte er, daß nicht die Molekeln, sondern die geladenen Atome, die Ionen, als die Bausteine des Gitters angesehen werden müßten. Für das Steinsalz hat er genau die später von der Röntgenanalyse bestätigte Struktur angegeben, bei der die positiven und negativen Ionen abwechselnd in den Ecken eines kubischen Gitters sitzen. Die Molekularkräfte stellt er sich unter dem Bilde von elastischen Stäben vor, welche die Ionen verbinden. Indem er drei molekulare Konstanten einführt, kann er durch sie einmal die drei Elastizitätskonstanten c_{11}, c_{12}, c_{44}, sodann die Eigenfrequenz ausdrücken; durch Elimination erhält er dann die Frequenz als Funktion der Elastizitätskonstanten. *Madelung* gelangt bei Verwendung verschiedener solcher Stabmodelle des Gitters immer zu wesentlich derselben Formel für die Schwingungszahl, nur mit etwas verschiedenen Zahlenkoeffizienten, und er schließt daraus, daß die Gewinnung eines exakten Gesetzes zur Zeit schwerlich möglich sei. Daher begnügt er sich damit, sein Gesetz als Dimensionsformel anzusehen; er schreibt es

$$\lambda = C \varkappa^{\frac{1}{2}} M^{\frac{1}{3}} \varrho^{\frac{1}{6}}, \tag{222}$$

wo M sich aus den Atomgewichten M_1 und M_2 der beiden Ionen nach der Formel

$$M = \frac{(M_1 M_2)^{\frac{3}{2}}}{(M_1 + M_2)^2} \tag{222'}$$

berechnet. *Madelung* bestimmt die Konstante C aus der Reststrahlwellenlänge des Steinsalzes NaCl ($C = 1{,}177 \cdot 10^8 \text{ sec}^{-1}$) und erhält dann folgende Tabelle, in der λ_R die *Rubens*schen Reststrahlen nach Tabelle I bedeuten.

---

107) *E. Madelung,* Gött. Nachr. 1910, p. 43; Phys. Ztschr. 11 (1910), p. 898.

Tabelle II.

Substanz		ϱ	$\varkappa$	$\lambda_{\text{ber.}}$	λ_R
Steinsalz	NaCl	2,17	$4,1 \cdot 10^{-12}$	(52,0)	52,0
Sylvin	KCl	1,98	5,0	61,0	63,4
Bromkalium	KBr	2,76	6,2	79,5	82,6
Jodkalium	KJ	3,07	8,6	96,5	94,1
Flußspat	CaF_2	3,18	1,2	33,5	31,6

Die Übereinstimmung beweist die Richtigkeit der *Madelung*schen Dimensionsformel.

Ähnliche Überlegungen, die nur durch die Vermengung mit speziellen Vorstellungen über den elektrischen Ursprung der Atomkräfte undurchsichtig sind, hat *W. Sutherland*[108]) bald darauf unabhängig von *Madelung* angestellt. Durch diese Abhandlung angeregt, hat *Einstein*[109]), zuerst ebenfalls ohne Kenntnis der *Madelung*schen Arbeiten, die Formel (222) für einatomige Substanzen (M = Atomgewicht) abgeleitet, zunächst mit Hilfe einer Modellbetrachtung, sodann als Dimensionsformel.

Es soll jetzt geprüft werden, ob die strenge Gittertheorie Beziehungen zwischen ultraroten Frequenzen und anderen Konstanten liefert. Dazu werden zunächst die allgemeinen Formeln für reguläre D-Gitter spezialisiert. Die Koeffizienten der Schwingungsgleichungen (110a) sind nach (105)

$$\begin{bmatrix} 0 \\ k\,k' \\ x\,y \end{bmatrix} = \varDelta \begin{bmatrix} k k' \\ x y \end{bmatrix},$$

und verschwinden bei regulären D-Gittern nach Nr. **13** sämtlich außer für $x = y$; nach (84) ist dann

$$\begin{bmatrix} k k' \\ x x \end{bmatrix} = D_{kk'}.$$

Der einfachste Fall, der denkbar ist, ist der, daß die Basis aus zwei Partikeln besteht ($s = 2$); dann lauten die Schwingungsgleichungen nach Nr. **13**, II:

$$\omega^{(0)2} m_1 \mathfrak{U}^{(0)}_{1x} - \varDelta D(\mathfrak{U}^{(0)}_{1x} - \mathfrak{U}^{(0)}_{2x}) = 0,$$
$$\omega^{(0)2} m_2 \mathfrak{U}^{(0)}_{2x} + \varDelta D(\mathfrak{U}^{(0)}_{1x} - \mathfrak{U}^{(0)}_{2x}) = 0.$$

Durch Addition und Subtraktion folgt:

$$\omega^{(0)2}(m_1 \mathfrak{U}^{(0)}_{1x} + m_2 \mathfrak{U}^{(0)}_{2x}) = 0,$$
$$(\mathfrak{U}^{(0)}_{1x} - \mathfrak{U}^{(0)}_{2x})\left\{\omega^{(0)2} - \varDelta D\left(\frac{1}{m_1} + \frac{1}{m_2}\right)\right\} = 0.$$

108) *W. Sutherland,* Phil. Mag. (6) **20** (1910), p. 657.

109) *A. Einstein,* Ann. d. Phys. (4) **34** (1911), p. 170, 590; **35** (1911), p. 679.

Hieraus ergeben sich die Lösungen:

$$\omega^{(0)} = 0, \quad \mathfrak{U}_{1x}^{(0)} : \mathfrak{U}_{2x}^{(0)} = 1 : 1,$$

$$\omega^{(0)} = \sqrt{\Delta D\left(\frac{1}{m_1} + \frac{1}{m_2}\right)}, \quad \mathfrak{U}_{1x}^{(0)} : \mathfrak{U}_{2x}^{(0)} = \frac{1}{m_1} : \frac{-1}{m_2},$$

und die entsprechenden für y und z. Die eigentlichen normierten Eigenschwingungen sind nach (112):

$$\mathfrak{a}_{14} = \frac{\frac{1}{m_1}}{\sqrt{\frac{1}{m_1} + \frac{1}{m_2}}}\, \mathfrak{i}_1, \quad \mathfrak{a}_{24} = \frac{-\frac{1}{m_2}}{\sqrt{\frac{1}{m_1} + \frac{1}{m_2}}}\, \mathfrak{i}_1$$

und zwei entsprechende für $j = 5$ und 6.

Daher sind die Eigenmomente ($e_1 = e$, $e_2 = -e$):

$$\mathfrak{L}_4 = \frac{e}{\Delta}\sqrt{\frac{1}{m_1} + \frac{1}{m_2}}\,\mathfrak{i}_1, \quad \mathfrak{L}_5 = \frac{e}{\Delta}\sqrt{\frac{1}{m_1} + \frac{1}{m_2}}\,\mathfrak{i}_2, \quad \mathfrak{L}_6 = \frac{e}{\Delta}\sqrt{\frac{1}{m_1} + \frac{1}{m_2}}\,\mathfrak{i}_3,$$

und die Dispersionsformel lautet:

$$n^2 = n_0^2 + 4\pi \frac{e^2}{\Delta}\left(\frac{1}{m_1} + \frac{1}{m_2}\right) \cdot \frac{1}{\omega^{(0)2} - \omega^2}, \tag{223}$$

wo

$$\omega^{(0)} = \sqrt{\Delta D\left(\frac{1}{m_1} + \frac{1}{m_2}\right)}. \tag{223'}$$

Dabei ist das Glied n_0^2 hinzugefügt, das den Einfluß der ultravioletten Eigenschwingungen der Elektronen (deren Koppelung mit den Atomen unberücksichtigt bleibt) ausdrücken soll. Man erhält also eine Dispersionsformel vom *Drude*schen Typus (209′), wobei die Ionenmasse präzisiert ist als

$$\frac{1}{m_r} = \frac{1}{m_1} + \frac{1}{m_2}.$$

Diese Formeln (223), (223′) sind zuerst von *W. Dehlinger*[110]) an einem speziellen Gittermodell entwickelt, später von *M. Born*[111]) allgemein begründet worden.

Die entsprechenden Überlegungen lassen sich auch für ein D-Gitter durchführen, dessen Basis drei Partikel enthält, von denen zwei physikalisch gleich sind (s. Nr. **13**, III); dann lauten die Schwingungsgleichungen

$$\omega^{(0)2} m_1 \mathfrak{U}_{1x}^{(0)} + \Delta(-2D\mathfrak{U}_{1x}^{(0)} + D\mathfrak{U}_{2x}^{(0)} + D\mathfrak{U}_{3x}^{(0)}) = 0,$$
$$\omega^{(0)2} m_2 \mathfrak{U}_{2x}^{(0)} + \Delta(D\mathfrak{U}_{1x}^{(0)} - (D + D')\mathfrak{U}_{2x}^{(0)} + D'\mathfrak{U}_{3x}^{(0)}) = 0,$$
$$\omega^{(0)2} m_2 \mathfrak{U}_{3x}^{(0)} + \Delta(D\mathfrak{U}_{1x}^{(0)} + D'\mathfrak{U}_{2x}^{(0)} - (D + D')\mathfrak{U}_{3x}^{(0)}) = 0,$$

110) *W. Dehlinger,* Phys. Ztschr. 15 (1914), p. 276; Diss. München 1915.

111) *M. Born,* Berl. Berl. 1918, p. 604; Phys. Ztschr. 19 (1918), p. 539.

deren Lösungen sind:

$$\omega^{(0)} = 0, \qquad \mathfrak{U}_{1x}^{(0)} : \mathfrak{U}_{2x}^{(0)} : \mathfrak{U}_{3x}^{(0)} = 1 : 1 : 1,$$

$$\omega^{(0)} = \sqrt{\Delta \frac{D + 2D'}{m_2}}, \qquad \mathfrak{U}_{1x}^{(0)} : \mathfrak{U}_{2x}^{(0)} : \mathfrak{U}_{3x}^{(0)} = 0 : 1 : -1,$$

$$\omega^{(0)} = \sqrt{\Delta D \left(\frac{2}{m_1} + \frac{1}{m_1}\right)}, \qquad \mathfrak{U}_{1x}^{(0)} : \mathfrak{U}_{2x}^{(0)} : \mathfrak{U}_{3x}^{(0)} = \frac{2}{m_1} : -\frac{1}{m_2} : -\frac{1}{m_2}.$$

Nur die letzte liefert ein von Null verschiedenes Moment ($e_1 = 2e$, $e_2 = e_3 = -e$)[111a])

$$\mathfrak{L}_4 = e \sqrt{2\left(\frac{2}{m_1} + \frac{1}{m_2}\right)} \cdot \mathfrak{i}_1, \quad \ldots$$

Daher erhält man die Dispersionsformel

(224) $$n^2 = n_0^2 + 4\pi \frac{e^2}{\Delta} 2\left(\frac{2}{m_1} + \frac{1}{m_2}\right) \cdot \frac{1}{\omega^{(0)2} - \omega^2},$$

wo

(224') $$\omega^{(0)} = \sqrt{\Delta D \left(\frac{2}{m_1} + \frac{1}{m_2}\right)}$$

ist.

Man kann die Formeln (223) und (224) in eine zusammenfassen. N sei die Anzahl der Molekeln in einem Mol (*Loschmidt*sche Zahl pro Mol). Ist F die aus der Elektrolyse bekannte Äquivalentladung des Mol in elektrostatischen Einheiten (*Faraday*sche Konstante), und bedeutet z die Wertigkeit der die Ladung e tragenden Ionen, so ist $e = \frac{\mathrm{F} z}{\mathrm{N}}$. Ferner sind die Atomgewichte der Ionen $\mathrm{M}_1 = m_1 \mathrm{N}$, $\mathrm{M}_2 = m_2 \mathrm{N}$, und die Dichte ist

$$s = 2: \quad \varrho = \frac{\mathrm{M}_1 + \mathrm{M}_2}{\mathrm{N}\Delta}, \qquad s = 3: \quad \varrho = \frac{\mathrm{M}_1 + 2\mathrm{M}_2}{\mathrm{N}\Delta}.$$

Dann erhält man

(225) $$n^2 = n_0^2 + \frac{K}{1 - \frac{\omega^2}{\omega^{(0)2}}},$$

wo

(225') $$K = p \frac{4\pi \mathrm{F}^2 z^2 \varrho}{\mathrm{M}_1 \mathrm{M}_2 \omega^{(0)2}} \qquad \begin{cases} p = 1 \text{ für } s = 2, \\ p = 2 \text{ für } s = 3. \end{cases}$$

Dies ist eine Relation zwischen den beiden Konstanten K, $\omega^{(0)}$ der Dispersionsformel (225).

111a) Hiernach dürfte Flußspat CaF_2 nur eine Reststrahl-Frequenz haben; doch werden zwei beobachtet. Wenn auch die kürzere reell ist, muß man wohl annehmen, daß sie der Eigenschwingung mit verschwindendem Moment entspricht, die auf noch nicht aufgeklärte Weise indirekt angeregt wird (s. Anm. 105 a).

Setzt man in (225) $\omega = 0$, so muß n^2 in die Dielektrizitätskonstante ε bei fehlender Deformation und $n_0{}^2$ in den Beitrag ε_0 der Elektronen zu dieser übergehen. Daher erhält man:

$$(226) \qquad \varepsilon - \varepsilon_0 = K.$$

Dieselbe Relation kann man auch auf dem Wege bekommen, daß man in (223′) bzw. (224′) den Wert von D aus (91′) bzw. (91″) einsetzt; dann findet man nach einfacher Rechnung $K = a_{11}$, wo a_{11} nach Nr. **11**, I gleich $\varepsilon - 1$, bei Berücksichtigung der Elektronenverschiebung gleich $\varepsilon - \varepsilon_0$ zu setzen ist. Der Unterschied der hier als Grenzwert von n^2 auftretenden Dielektrizitätskonstante bei fehlender Deformation von der direkt meßbaren Dielektrizitätskonstante bei fehlender Spannung ist praktisch belanglos.[112])

Aus (225′), (226) kann man $\omega^{(0)}$ oder die zugehörige Wellenlänge $\lambda_0 = \frac{2\pi c}{\omega^{(0)}}$ durch $\varepsilon - \varepsilon_0$ ausdrücken; man erhält:

$$(227) \qquad \lambda_0 = \frac{c\sqrt{\pi}}{z\mathrm{F}} \sqrt{\frac{(\varepsilon - \varepsilon_0)\mathrm{M}_1\mathrm{M}_2}{\varrho p}}.$$

Für $\mathrm{F} = 2{,}90 \cdot 10^{14}$ E. S. E. wird der Zahlenfaktor $\frac{c\sqrt{\pi}}{\mathrm{F}} = 1{,}835$. Die Formel (227) ist ein Gegenstück zu der in Nr. **13**, II abgeleiteten (96′). Sie ist von *Dehlinger* bei NaCl, KCl und CaF_2, von *Born* außerdem bei KBr, KJ und einigen Silber- und Thalliumsalzen geprüft worden; die berechneten Zahlen wurden direkt mit den von *Rubens* bestimmten Reststrahlwellenlängen verglichen. Dabei ergaben sich erhebliche Abweichungen. *K. Försterling*[113]) hat nun bemerkt, daß das Maximum des Reflexionsvermögens (die Reststrahlfrequenz ω_m) nicht mit der Eigenfrequenz $\omega^{(0)}$ zusammenfällt, und hat den Unterschied berechnet; er findet:

$$(227') \qquad \omega_m^2 = \omega^{(0)2}\left(1 + \frac{K}{2\varepsilon_0}\right).$$

In der folgenden Tabelle bedeuten λ_0 die nach (227) berechneten Werte, $\lambda_m = \frac{2\pi c}{\omega_m}$ die nach *Försterling* korrigierten und λ_R die *Rubens*schen Reststrahlen.

---

112) *M. Born* [Phys. Ztschr. 19 (1918), p. 539] hat $\omega^{(0)}$ durch die Dielektrizitätskonstante bei fehlender Spannung ausgedrückt. Nach (94) ist $b_{11} = a_{11} + \frac{c_{14}^2}{c_{44}}$, und daraus folgt nach (88′), (91′), (92′) leicht $\frac{b_{11}}{a_{11}} = \frac{c_{12}}{c_{44}}$. Daher tritt in (227) an die Stelle von $(\varepsilon - \varepsilon_0)$ in diesem Falle $\frac{c_{12}}{c_{44}}(\varepsilon - \varepsilon_0)$.

113) *K. Försterling,* Ann. d. Phys. (4) 61 (1920), p. 577.

Tabelle III.

Substanz		p	z	$\varepsilon - \varepsilon_0$	ϱ	λ_0	λ_m	λ_R
Steinsalz	NaCl	1	1	3,51	2,17	66,7	50,9	52,0
Sylvin	KCl	1	1	2,59	1,99	78,0	61,6	63,4
Bromkalium . .	KBr	1	1	2,30	2,76	94,0	76,8	82,6
Jodkalium . . .	KJ	1	1	2,44	3,07	115,0	95,3	94,1
Flußspat	CaF_2	2	1	4,79	2,18	53,1	35,9	31,6
Zinkblende . . .	ZnS	1	2	6,50	4,00	53,5	30,0	30,9
Chlorsilber . . .	AgCl	1	1	6,85	5,56	127,0	93,6	81,5
Bromsilber . . .	AgBr	1	1	7,48	6,48	183,0	136,0	112,7

Bei den ersten sechs Körpern stimmen die λ_m mit den λ_R recht gut überein. Bei diesen muß daher die Voraussetzung der Theorie, daß keine merkliche Koppelung zwischen Ionenverschiebung und Elektronenverschiebung vorhanden ist, ziemlich gut erfüllt sein. Besonders beachtenswert ist die gute Übereinstimmung bei Zinkblende ZnS, da dadurch die Zweiwertigkeit der Zn- und S-Ionen ($z = 2$) im kristallisierten Zustande bewiesen wird. Bei den Silbersalzen sind größere Abweichungen vorhanden, und bei den (hier nicht aufgeführten) Thalliumsalzen TlCl, TlBr, TlJ ist die Übereinstimmung noch schlechter; die berechneten Werte fallen zu groß aus. Man muß das wohl auf die Verzerrung der Elektronenkonfiguration der Atome bei der Verrückung der Ionen zurückführen. Die Koppelung von Ionen und Elektronen führt auf Schwingungsgleichungen vom Typus (213); diese hat *M. Born*[112]) diskutiert und gezeigt, daß die Abweichungen auf diese Weise verständlich gemacht werden können. Daß gerade bei Silber- und Thalliumsalzen dieser Effekt beträchtlich wird, kann man vielleicht auf die Stellung dieser Metalle im periodischen System der Elemente (Ag in der ersten, Tl in der dritten Nebenreihe) zurückführen.

Die *Madelung-Einstein*sche Formel (222) kann man aus (223') gewinnen, wenn man über die Größe von D eine geeignete Hypothese macht. Aus (84) erkennt man, daß D von derselben Größenordnung wie $\frac{A}{\delta^2}$ oder $\frac{B}{\delta^2}$ ist; andererseits ist nach (90)

$$\frac{1}{3}(A + 2B) = \frac{1}{\varkappa}.$$

Setzt man nun $D = \frac{a}{\varkappa\delta^2}$, so wird a dimensionslos und von der Größenordnung 1 sein. Führt man das in (223') ein, so erhält man nach leichter Rechnung in Übereinstimmung mit (222)

$$\lambda = \left(\frac{2\pi c}{a^{\frac{1}{2}} N^{\frac{1}{3}}}\right) \varkappa^{\frac{1}{2}} \varrho^{\frac{1}{6}} M^{\frac{1}{3}}, \tag{222''}$$

wo M den von *Madelung* angegebenen Wert (222′) hat; der Zahlenfaktor wird mit $N = 606 \cdot 10^{21}$ gleich $2{,}2 \cdot 10^{3} a^{-\frac{1}{2}} \mathrm{sec}^{-1}$, also von der richtigen Größenordnung.

Aus dieser Ableitung kann man den Gültigkeitsbereich der *Madelung-Einstein*schen Formel übersehen; dieser erstreckt sich so weit, als $a = \varkappa D \delta^2$ konstant ist. Man kann annehmen, daß das für Gitter von gleicher oder ähnlicher Struktur der Fall sein wird; daraus erklärt sich das Zutreffen der Formel für die gleich aufgebauten Alkali-Halogen-Salze. Da nur $\sqrt{a}$ in die Formel eingeht, ist diese gegen Strukturverschiedenheiten relativ unempfindlich.

Über die absolute Berechnung der ultraroten Frequenzen aus der Hypothese der elektrostatischen Atomkräfte s. Nr. **38**.

F. Lindemann[114]) hat eine ganz andere Dimensionsformel für die ultraroten Eigenfrequenzen angegeben, die einen Zusammenhang mit der Schmelztemperatur T_s herstellt. Er nimmt an, daß das Schmelzen dann eintrete, wenn die Amplituden der Schwingungen so weit angewachsen sind, daß Nachbaratome zusammenstoßen. Unabhängig von diesem unwahrscheinlichen Mechanismus gibt eine Dimensionsbetrachtung[115]) die Formel:

$$\omega = C \cdot R^{\frac{1}{2}} \mathrm{N}^{\frac{1}{3}} \sqrt{\frac{T_s}{\mathrm{M} V^{\frac{2}{3}}}}, \tag{228}$$

wo R die Gaskonstante, N die *Loschmidt*sche Zahl pro Mol, M das Molekulargewicht und $V = \frac{\mathrm{M}}{\varrho}$ das Molvolumen ist. Die Konstante $R^{\frac{1}{2}} \mathrm{N}^{\frac{1}{3}}$ hat den Wert $0{,}77 \cdot 10^{12}\, \mathrm{g}^{\frac{1}{2}} \mathrm{cm}^{-\frac{3}{2}} \mathrm{sec}^{-1} \mathrm{grad}^{-\frac{1}{2}}$; C ist dimensionslos und nach *Lindemann* gleich 2,75. Diese Formel gibt die beobachteten Reststrahlfrequenzen mit beträchtlicher Genauigkeit wieder.

Andere Methoden zur Bestimmung der ultraroten Eigenfrequenzen hängen mit der Theorie der spezifischen Wärme zusammen und werden im folgenden besprochen.

IV. Thermodynamik.

25. Klassische Theorie der Atomwärme. Gegenstand des folgenden Referats soll nicht die phänomenologische Thermodynamik der Kristalle[115a]) sein, sondern die auf statistische Mechanik und Quantentheorie gegründete Lehre von den ungeordneten Bewegungen der Partikel im Kristallgitter.

---

114) *F. A. Lindemann,* Phys. Ztschr. 11 (1910), p. 609.

115) *A. Einstein,* Ann. d. Phys. (4) 35 (1911), p. 689; *E. Grüneisen,* Verh. d. Deutsch. Phys. Ges. 13 (1911), p. 836; Ann. d. Phys. (4) 39 (1912), p. 257.

115a) Vgl. hierzu V 10 (*H. Kamerlingh Onnes* u. *W. H. Keesom*), V, Nr. 70—75.

Die einfachste Frage ist die nach dem Energieinhalte bei gegebener Temperatur, die durch die Theorie von der spezifischen Wärme beantwortet wird.[115b])

Es gibt zwei alte Erfahrungssätze über die spezifische Wärme fester Körper:

I. *Das Gesetz von Dulong und Petit.*[116])

Die Wärmemenge, die zur Erhöhung der Temperatur eines Grammatoms eines Elements im festen Aggregatzustand um 1^0 C nötig ist (die *Atomwärme*), hat für fast alle Elemente nahezu denselben Wert von etwa 6,4 cal.

II. *Die Regel von Neumann und Regnault.*[117])

Eine chemische Verbindung hat nahezu dieselbe Wärmekapazität wie die unverbundenen Komponenten zusammen.

Der Satz I bezieht sich auf die Atomwärme bei konstantem Druck $C_p = \left(\frac{\partial E}{\partial T}\right)_p$, wo E die thermische Energie pro Grammatom und T die absolute Temperatur ist. C_p ist direkt meßbar; für die Theorie wich-

---

115b) Im folgenden soll die Literatur nur soweit vollständig angegeben werden, als sie auf die Theorie der Kristallgitter Bezug hat. Ausführliche Literaturangaben finden sich in den folgenden Darstellungen:

F. Richarz, Die Theorie des Gesetzes von Dulong und Petit, Ztschr. f. anorg. Chem. 58 (1908), p. 356; 59 (1908), p. 146; Ann. d. Phys. 39 (1912), p. 1617; Verh. d. Deutsch. Phys. Ges. 18 (1916), p. 365.

A. Eucken, Neuere Untersuchungen über den Temperaturverlauf der spezifischen Wärme, Jahrb. d. Rad. u. Elektr. 8 (1911), p. 489; I. Conseil Solvay, Deutsche Ausg. p. 376ff. (Halle a. S. 1914, Knapp).

A. Wigand, Neuere Untersuchungen über spezifische Wärmen, Jahrb. d. Rad. u. Elektr. 10 (1913), p. 54.

E. Grüneisen, Molekulartheorie der festen Körper, II. Conseil Solvay, Brüssel 1913.

W. Nernst, Vorträge über die kinetische Theorie der Materie (Wolfskehl-Kongreß, Göttingen 1913; Leipzig 1914, B. G. Teubner), p. 63ff.; Die theoretischen und experimentellen Grundlagen des neuen Wärmesatzes, Kap. III u. IV (Halle a. S. 1918, Knapp).

E. Schrödinger, Die Ergebnisse der neueren Forschung über Atom- und Molekularwärmen, Die Naturwissenschaften 5 (1917), p. 537 u. 561; Der Energieinhalt der Festkörper im Lichte der neueren Forschung, Phys. Ztschr. 20 (1919), p. 420, 450, 474, 497, 523.

Die letztgenannte Darstellung enthält insbesondere eine vollständige Übersicht über die neuere experimentelle und theoretische Forschung.

116) *P. Dulong* u. *A. Th. Petit,* Ann. chim. phys. 10 (1819), p. 395.

117) *F. Neumann,* Pogg. Ann. 23 (1831), p. 32; *H. V. Regnault,* Ann. chim. phys. (2) 73 (1840), p. 1; Pogg. Ann. 51 (1840), p. 44, 213; *J. P. Joule,* Phil. Mag. (3) 25 (1844), p. 334; *H. Kopp,* Lieb. Ann. Supplem. 3 (1864), p. 1, 290, 307; *C. Pape,* Pogg. Ann. 120 (1863), p. 337, 579; 122 (1864), p. 408; 123 (1864), p. 277.

tiger ist aber die Atomwärme bei konstantem Volumen C_v; zwischen beiden besteht die thermodynamische Beziehung[118]):

$$C_p - C_v = \frac{9\alpha^2 V T}{\varkappa}, \tag{229}$$

wo V das Atomvolumen, $\varkappa$ die kubische Kompressibilität und α der lineare, thermische Ausdehnungskoeffizient sind. Durch diese Korrektion rückt die Häufungsstelle der C_p-Werte bei 6,4 cal grad^{-1} nach etwa 6,0 cal grad^{-1} für C_v[119]). Nach dem Satz II kann man auch von der „Atomwärme" von Verbindungen sprechen. Man erhält sie aus der Molekularwärme (Wärmekapazität pro Gramm-Molekel, Mol) durch Division mit der Zahl p der Atome in der Molekel. Durch Kombination der Sätze I und II folgt dann, daß auch für Verbindungen angenähert $C_v = 6{,}0$ cal grad^{-1} gilt.

Die Atomwärme der einatomigen Gase beträgt nach der kinetischen Gastheorie[120]) $C_v = \frac{3}{2} R$, wo die Gaskonstante R den Wert $R = 1{,}985$ cal grad^{-1} hat; in Übereinstimmung damit hat die experimentelle Forschung tatsächlich etwa 3 cal ergeben.

Die Atomwärme der festen Körper ist also gerade doppelt so groß wie die der einatomigen Gase. Die kinetische Theorie erklärt dieses Verhältnis durch den *Satz von der Gleichverteilung der Energie auf die Freiheitsgrade.*[121]) Ein mechanisches System von sehr viel Freiheitsgraden habe die Koordinaten $q_1, q_2, \ldots$ und die konjugierten Impulse $p_1, p_2, \ldots$; wenn dann die Energie H einen Anteil hat, der gewisse der p, q nur quadratisch enthält, so ist der statistische Mittelwert dieses Energieanteils gleich

$$n \frac{kT}{2},$$

wo n die Anzahl der darin vorkommenden p, q ist und k die *Boltzmannsche Konstante*, die Gaskonstante bezogen auf ein Atom[122]):

$$k = \frac{R}{\mathrm{N}} = 1{,}371 \cdot 10^{-16} \text{ erg grad}^{-1}. \tag{230}$$

118) S. hierzu diese Encykl. V 3 (*G. H. Bryan*), Nr. 20, Formel (100), p. 116.

119) *F. Richarz*, Wied. Ann. 48 (1893), p. 708; *G. N. Lewis*, Ztschr. f. phys. Chem. 32 (1900), p. 364; Ztschr. f. anorg. Chem. 55 (1907), p. 200; J. Amer. chem. soc. 29 (1907), p. 1165, 1516; *E. Grüneisen*, Ann. d. Phys. (4) 26 (1908), p. 401.

120) S. diese Encykl. V 8 (*L. Boltzmann* u. *J. Nabl*), Nr. 4; V 10 (*H. Kamerlingh Onnes* u. *W. H. Keesom*), Nr. 57.

121) *L. Boltzmann*, Wien. Sitzungsb. (2) 63 (1871), p. 397, 679, 712; Wiss. Abh. I, Nr. 18, p. 237; Nr. 19, p. 259; Nr. 20, p. 288; Vorles. über Gastheorie, II, Kap. 3 u. 4.

122) Die Zahlenangaben über atomistische Konstanten in diesem Artikel stützen sich auf die neuesten kritischen Zusammenstellungen: *R. Ladenburg*, Bericht über die Bestimmung von Plancks elementarem Wirkungsquantum h, Jahrb.

Da insbesondere die kinetische Energie die p quadratisch enthält, so ist ihr Mittelwert für ein System von f Freiheitsgraden gleich $f\frac{kT}{2}$. Für ein Grammatom eines einatomigen Gases ($f = 3\mathrm{N}$) folgt hieraus $\frac{3}{2}\mathrm{N}kT = \frac{3}{2}RT$, d. h. es ist

$$C_v = \tfrac{3}{2}R.$$

Betrachtet man die Molekel eines zweiatomigen Gases als zwei starr verbundene Massenpunkte (Hantel-Modell), so kommen zu den drei translatorischen Freiheitsgraden zwei rotatorische hinzu; daher wird $C_v = \frac{5}{2}R$. Können die beiden Massenpunkte harmonische Schwingungen gegeneinander ausführen, so ist die potentielle Energie dieser Bewegung dem Quadrat des Abstandes proportional; daher kommt dieser als Koordinate q zu den p hinzu, und es wird $C_v = \frac{6}{2}R = 3R$.

Beim festen Körper (Kristallgitter) von N Atomen ist die kinetische Energie eine quadratische Form der 3N Impulse p, die zu den 3N Verrückungskomponenten als Koordinaten q gehören; bei kleinen Verrückungen ist die potentielle Energie ebenfalls eine quadratische Form der 3N Koordinaten q. Also hat das System die mittlere Energie

$$E = 6\mathrm{N}\frac{kT}{2} = 3RT; \tag{231}$$

die Atomwärme ist also $C_v = 3R = 5{,}956$ cal grad^{-1} in Übereinstimmung mit den Gesetzen von *Dulong-Petit* und *Neumann-Regnault.*

Diese Regeln sind aber tatsächlich keineswegs ausnahmslos gültig. Besonders starke Unterschreitungen des Normalwerts $C_v = 6{,}0$ cal grad^{-1} sind bei den Elementen Bor, Kohlenstoff, Silizium schon sehr lange bekannt[123]); die neueren Untersuchungen haben gezeigt, daß man nur zu tieferen Temperaturen zu gehen braucht, um bei allen festen Elementen solche Unterschreitungen zu finden, ja daß die spezifische Wärme mit sinkender Temperatur schließlich verschwindend klein wird. Auch Überschreitungen des Normalwerts kommen sehr häufig vor; bei hohen Temperaturen steigt C_v oft über den Wert von 7 cal grad^{-1}.

Zur Erklärung dieser Abweichungen liegt die Hypothese nahe, daß die thermischen Molekularbewegungen nicht klein genug sind, um eine Darstellung der potentiellen Energie als quadratische Form der Verrückungen zu gestatten.[124]) In der Tat lassen sich hierdurch

---

d. Rad. u. Elektr. 12 (1920), p. 93; *W. Gerlach,* Die experimentellen Grundlagen der Quantentheorie (Sammlung Vieweg, Braunschweig 1921), VIII, p. 136.

123) *H. F. Weber,* Pogg. Ann. 154 (1875), p. 367, 553; *U. Behn,* Wied. Ann. 66 (1898), p. 237; Ann. d. Phys. 1 (1900), p. 257; *W. A. Tilden,* Phil. Trans. 201 (1903), p. 37.

124) *F. Richarz,* Wied. Ann. 67 (1899), p. 702; Marb. Ber. 1906, p. 187.

Schwankungen um den Normalwert und besonders gewisse gesetzmäßige Überschreitungen desselben verstehen (s. Nr. 34). Aber mit sinkender Temperatur, d. h. abnehmenden Schwingungsamplituden, müßte sich dann C_v asymptotisch dem Werte $3R$ nähern; das ist nach den neueren Experimentaluntersuchungen *nicht* der Fall, C_v sinkt zugleich mit T dauernd und wird in der Nähe des absoluten Nullpunktes verschwindend klein.

Will man dieses Verhalten im Rahmen der klassischen, statistischen Mechanik erklären, so bietet sich kaum ein anderer Weg als die Annahme, daß die Anzahl der Freiheitsgrade mit sinkender Temperatur abnimmt, indem an die Stelle quasielastischer Kräfte starre Bindungen treten. Diese *Agglomerationshypothese* ist zuerst von *Richarz* vertreten worden und hat bis in neuere Zeit Verteidiger gefunden.[125]) Sie kann sich auf die Tatsache stützen, daß bei vielen zweiatomigen Gasen (H_2, O_2, N_2 u. a.) ein Freiheitsgrad erstarrt zu sein scheint, da bei diesen C_v nicht $= 3R$, sondern $= \frac{5}{2}R$ ist. Es gibt aber schwerwiegende Gründe gegen diese Annahme:

1. Sie würde eine starke Abnahme der Kompressibilität mit sinkender Temperatur verlangen; das widerspricht der Erfahrung.[126])
2. Man müßte erwarten, daß bei chemischer Bindung, also besonders kräftiger Agglomeration, eine Verkleinerung der Wärmekapazität auftritt; das ist nach *Neumann-Regnault* nicht der Fall.
3. Die Annahme eines allmählichen Steiferwerdens (d. h. eines allmählichen Wachsens der Frequenz) genügt nicht, da nach dem Gleichverteilungssatz auf jeden Freiheitsgrad von beliebiger, aber endlicher Steifigkeit immer dieselbe Energie $\frac{1}{2}kT$ fällt. Man muß also ein plötzliches Umschlagen in *absolute* Starrheit verlangen. Das ist eine gedankliche Härte, zu deren Beseitigung eine Revision der Prinzipien der statistischen Theorie notwendig erscheint.[127])

---

125) *F. Richarz*, Marb. Ber. 1904, p. 1; *M. Reinganum*, Phys. Ztschr. 10 (1909), p. 351; *J. Duclaux*, Paris C. R. 155 (1912), p. 1015; J. chim. phys. 11 (1913), p. 157; *C. Benedicks*, Ann. d. Phys. (4) 42 (1913), p. 133; *A. H. Compton*, Phys. Rev. (2) 5 (1915), p. 338; 6 (1915), p. 377; hierzu: *F. Schwers*, Phys. Rev. 8 (1916), p. 117.

126) *E. Grüneisen*, Verh. d. Deutsch. Phys. Ges. 13 (1911), p. 502.

127) Andere Versuche, die Quantenhypothese zu vermeiden und auf klassischem Boden zu bleiben, wurden zahlreich unternommen, doch ohne Erfolg; z. B.: *R. C. Tolman*, Phys. Rev. 4 (1914), p. 145; *S. Ratnowsky*, Verh. d. Deutsch. Phys. Ges. 17 (1915), p. 64; *K. Försterling*, Ann. d. Phys. (4) 47 (1915), p. 1127; *W. Nernst*, Verh. d. Deutsch. Phys. Ges. 18 (1916), p. 83; vgl. hierzu: *L. Zehnder*, Verh. d. Deutsch. Phys. Ges. 18 (1916), p. 134, 181.

Eine solche Revision wird auch noch durch andere Schwierigkeiten gefordert, die mit der zuletzt genannten in engem Zusammenhang stehen. Ein einzelnes Atom wird in der *Boltzmann*schen Statistik als Massenpunkt mit drei Freiheitsgraden behandelt. Tatsächlich muß ein Atom ein ausgedehntes Gebilde von verwickelter Struktur sein; die Gastheorie selber schreibt ihm einen endlichen Radius zu, und die Optik konstatiert im Spektrum eine Fülle von Eigenschwingungen. Warum dürfen bei der Berechnung der thermischen Energie die rotatorischen und inneren Freiheitsgrade des Atoms nicht gezählt werden?

Die Antwort auf diese Frage gab *Einstein*[128]) durch eine Verbindung der Theorie des Energieinhaltes der Festkörper mit der ganz unabhängig davon entstandenen Theorie der Wärmestrahlung und der Quanten.[129])

26. Quantentheorie der Atomwärme. Die Strahlungstheorie war in ähnliche Schwierigkeiten geraten wie die Lehre von der spezifischen Wärme. Befindet sich in einem von spiegelnden Wänden umschlossenen Hohlraum elektromagnetische Strahlung im statistischen Gleichgewicht, so kann man die mittlere Dichte der Strahlungsenergie nach *Rayleigh* und *Jeans*[130]) so berechnen: Die Anzahl der auf ein Intervall $d\nu$ fallenden Schwingungszahlen ist (s. II, Nr. **18**, Formel (155))

$$dz = 3\,V F \nu^2\,d\nu, \quad \text{wo} \quad F = \frac{4\pi}{3} \cdot \frac{2}{c^3}$$

ist; da nach dem Gleichverteilungssatze auf jeden Freiheitsgrad der Betrag kT an (kinetischer plus potentieller) Energie fällt, wird die „spektrale Energieverteilung" (Energiedichte pro Frequenzbereich 1):

$$u(\nu, T) = \frac{1}{V}\,kT\,\frac{dz}{d\nu} = \frac{8\pi k T}{c^3}\,\nu^2.$$

Diese Formel ist aber physikalisch sinnlos; denn da der Hohlraum unendlich viele Eigenschwingungen hat, so wird die Gesamtenergie (Integral nach ν von 0 bis ∞) unendlich groß.

Die Entwicklung der Strahlungstheorie hat nach langjährigen Rettungsversuchen schließlich zur Aufgabe des Gleichverteilungssatzes geführt. *Planck*[131]) führte die Hypothese ein, daß die mittlere Energie

128) *A. Einstein*, Ann. d. Phys. (4) 22 (1907), p. 180, 800; 34 (1911), p. 170, 590.

129) S. diese Encykl. V 23 (*W. Wien*).

130) Lord *Rayleigh*, Phil. Mag. (5) 49 (1900). p. 539; Nature 72 (1905), p. 524, 243. *J. H. Jeans*, Phil. Mag. 10 (1905), p. 91.

131) *M. Planck*, Verh. d. Deutsch. phys. Ges. 1900, p. 202, 237; Ann. d. Phys. 4 (1901), p. 553, 564; 6 (1901), p. 818; 9 (1902), p. 629; Vorl. über die Theorie der Wärmestrahlung (Leipzig, vier von einander wesentlich verschie-

eines Resonators von der Schwingungszahl ν außer von der Temperatur noch von ν selber abhängt; er setzt sie gleich

(232) $$kT\,\mathsf{P}\left(\frac{h\nu}{kT}\right), \quad \mathsf{P}(x) = \frac{x}{e^x - 1}.$$

In diesem Gesetze kommt neben der *Boltzmann*schen Gaskonstanten k eine weitere Naturkonstante vor, das *Plancksche Wirkungsquantum*

$$h = 6{,}54 \cdot 10^{-27} \text{ erg sec.}$$

Die Plancksche Strahlungsformel

(233) $$u(\nu, T) = \frac{kT}{V}\,\mathsf{P}\left(\frac{h\nu}{kT}\right)\frac{dz}{d\nu} = \frac{8\pi h}{c^3}\,\frac{\nu^3}{e^{\frac{h\nu}{kT}} - 1}$$

hat sich im ganzen Spektrum bewährt[132]); aus dieser Tatsache kann man umgekehrt auf die Richtigkeit des Ausdrucks (232) für die Resonator-Energie schließen. Die Funktion $\mathsf{P}(x)$ konvergiert für $x = 0$ gegen 1; daher erscheint der Gleichverteilungssatz als Grenzfall $\frac{h\nu}{kT} \ll 1$.

Die statistische Deutung der Formel (232) führte *Planck* zu der Vorstellung, daß die Energie eines Resonators nicht beliebige Werte annehmen könne, sondern nur ganzzahlige Vielfache eines kleinsten Betrages $h\nu$. Dann ergibt die Statistik eines Resonatorensystems gerade die mittlere Energie (232). Später hat *Planck*[133]) den Versuch gemacht, diese Theorie den klassischen Vorstellungen dadurch zu nähern, daß er die Energieabsorption des Resonators als stetig und die Unstetigkeit nur für die Emissionsprozesse annahm. Er erhielt eine Formel für die mittlere Energie des Resonators, die sich von (232) durch ein additives Glied $\frac{1}{2}h\nu$ („Nullpunktsenergie") unterscheidet. Doch läßt sich diese Form der Quantentheorie heute kaum noch aufrechterhalten und soll hier außer Betracht bleiben.

Einstein ging von der Überlegung aus, daß die Atome eines festen Körpers als Resonatoren betrachtet werden können; dann muß aber ihre mittlere Energie durch die aus der Strahlungstheorie gewonnene Formel (232) gegeben sein, denn sonst könnte bei geladenen Atomen nicht statistisches Gleichgewicht zwischen Strahlung und

---

dene Auflagen, die erste 1906, die vierte 1921); s. auch: *F. Reiche*, Die Quantentheorie (Berlin 1921).

132) Eine Zusammenstellung der Literatur bei *G. Hettner* im Rubensheft der Naturwissenschaften 10 (1922), p. 1033. Nachdem neuerdings *W. Nernst* und *Th. Wulf* [Verh. d. Deutsch. Phys. Ges. 21 (1919), p. 294] Zweifel gegen die Gültigkeit des *Planck*schen Gesetzes geäußert hatten, wurde die letzte und genaueste Bestätigung von *H. Rubens* (Berl. Ber. 1911, p. 590) erbracht.

133) *M. Planck*, Verh. d. Deutsch. phys. Ges. 13 (1911), p. 138; Ann. d Phys. 37 (1912), p. 642; Theorie der Wärmestrahlung, 2. Aufl. 1913.

thermischer Energie der Resonatoren bestehen. *Einstein* vernachlässigte zuerst die Koppelungen zwischen den Atomen und schrieb diesen sämtlich dieselbe Schwingungszahl ν zu; dann kommt den 3N Freiheitsgraden eines Grammatoms die mittlere Energie

(234) $$E = 3\,RT\,\mathsf{P}\left(\frac{\Theta}{T}\right)$$

zu, wo statt ν die „charakteristische Temperatur"

(235) $$\Theta = \frac{h\nu}{k} = 4{,}76 \cdot 10^{-11} \cdot \nu = 1{,}428\,\frac{1}{\lambda}$$

(ν in sec, λ in cm, Θ in Grad) eingeführt ist; daraus folgt die Atomwärme

(236) $$C_v = 3\,R\,\mathsf{S}\left(\frac{\Theta}{T}\right) = 3\,R\,\frac{\left(\frac{\Theta}{T}\right)^2 e^{\frac{\Theta}{T}}}{\left(e^{\frac{\Theta}{T}} - 1\right)^2},$$

wo

(236') $$\mathsf{S}(x) = \mathsf{P}(x) - x\,\mathsf{P}'(x) = \frac{x^2 e^x}{(e^x - 1)^2}$$

gesetzt ist. Da $\mathsf{S}(0) = 1$ ist, nähert sich C_v für große Werte von $\frac{T}{\Theta}$ dem *Dulong-Petit*schen Werte $3R$. Für kleine Werte von $\frac{T}{\Theta}$ verschwinden E und C_v exponentiell. Es gelten die Ungleichungen[134])

$$\mathsf{S}(x)\begin{cases} < 0{,}005 & \text{für } x > 10, \\ > 0{,}975 & \text{„} \quad x < 0{,}5. \end{cases}$$

Außerhalb dieser Grenzen kann man die Funktion $\mathsf{S}(x)$ als praktisch gleich 0 bzw. 1 ansehen.

Bei normaler Temperatur, $T = 300^0$ abs., entsprechen aber diesen Grenzen folgende Werte von Θ und λ:

$$x > 10\ :\ \Theta > 3000,\ \lambda < 4{,}8\,\mu,$$
$$x < 0{,}5:\ \Theta < 150,\ \lambda > 95\,\mu.$$

Fällt eine Eigenschwingung also unter $4{,}8\,\mu$ (kurzwelliges Ultrarot) so trägt sie bei gewöhnlicher Temperatur nichts zur spezifischen Wärme bei; fällt sie oberhalb $95\,\mu$ (langwelliges Ultrarot), so ist ihr Beitrag gleich dem normalen (*Dulong-Petit*schen) Werte; liegt sie zwischen diesen Grenzen, so liefert sie einen „anomalen" Beitrag.

Hierdurch werden sofort alle die Tatsachen verständlich, die der klassischen Theorie unüberwindliche Schwierigkeiten bereitet haben:

134) Tabellen für $\mathsf{P}(x)$, $\mathsf{S}(x)$ und andere Funktionen dieser Art bei *F. Pollitzer*, Die Berechnung chemischer Affinitäten nach dem Nernstschen Wärmetheorem (Stuttgart 1912); *W. Nernst*, Die theoretischen u. experimentellen Grundlagen des neuen Wärmesatzes (Halle 1918); *H. Miething*, Diss. Berlin. 1918.

1. Alle Freiheitsgrade mit Schwingungen unter $4{,}8\,\mu$, also im Sichtbaren und Ultravioletten, sind für die spezifische Wärme nicht zu zählen (erstarrt).
2. Anomal wird bei gewöhnlicher Temperatur die spezifische Wärme solcher Körper sein, die eine hohe, ultrarote Eigenschwingung ($4{,}8\,\mu < \lambda < 95\,\mu$) haben, also kleines Atomgewicht und hohe Elastizitätskonstante. In der Tat stehen alle Elemente, die besonders stark gegen die *Dulong-Petit*sche Regel verstoßen, ganz am Anfang des periodischen Systems:

Element:	C (Diamant)	B	Be	Si
Atomgewicht:	12	11	9	28
C_p circa:	1,7	2,8	3,7	4,6 cal grad^{-1}.

Auch den leichten Atomen H und O schreiben die Chemiker zur Aufrechterhaltung der *Neumann-Regnault*schen Regel die anomalen Werte 2,3 bzw. 4,0 cal grad^{-1} bei[135]). Diamant ist überdies durch große Härte und geringe Kompressibilität[136]) bekannt; und ähnlich, wenn auch nicht so extrem, verhalten sich die drei andern festen Elemente. *Einstein* hat den von *Weber*[123]) gemessenen Verlauf der Atomwärme des Diamanten zwischen 222,4° und 1258,0° abs. unter Zugrundelegung des Wertes $\lambda = 11{,}0\,\mu$ recht gut mit seiner monochromatischen Formel darstellen können. Auch hat er sogleich den Fall mehrerer Eigenfrequenzen ins Auge gefaßt; in seiner zweiten Arbeit betrachtet er den Energieaustausch der Nachbaratome als Dämpfung der Schwingungen eines einzelnen Atoms und schließt aus der Größe dieser Dämpfung, daß die Schwingungen auch nicht annähernd monochromatisch sind.

Inzwischen war die experimentelle Erforschung des Verlaufs der Atomwärmen zu immer tieferen Temperaturen vorgeschritten.[137]) Die umfangreichsten Ergebnisse erreichten *W. Nernst* und seine Schule.[138]) Der Ausgangspunkt von *Nernst* war das von ihm aufgestellte und

135) *W. Nernst,* Theoretische Chemie, 7. Aufl., p. 172 ff.

136) *Th. W. Richards* [Ztschr. f. phys. Chem. 61 (1907). p. 183] gibt an: $\varkappa = 0{,}5 \cdot 10^{-12}\,\text{dyn}^{-1}\,\text{cm}^2$. Eine neuere Messung von *L. H. Adams* [J. of. Wash. Acad. of Sciences 11 (1921), p. 45] ergab den noch erheblich kleineren Wert $\varkappa = 0{,}16 \cdot 10^{-12}$.

137) Nach *H. F. Weber* (Anm. 123) besonders J. Dewar, Proc. Roy. Inst. March 25 (1904); Proc. Roy. Soc. (A) 76 (1905), p. 325.

138) Wir nennen hier nur die wichtigsten und frühesten Veröffentlichungen: *A. Eucken,* Phys. Ztschr. 10 (1909), p. 586; *W. Nernst,* Ann. d. Phys. (4) 36 (1911), p. 395. Eine ausführliche Übersicht über die experimentelle Literatur gibt *E. Schrödinger,* Phys. Ztschr. 20 (1919), p. 420, 450, 474, 497, 523 (s. Anm. 115b)

nach ihm benannte Wärmetheorem[139]); dieses verlangt das Verschwinden der spezifischen Wärme fester Körper beim absoluten Nullpunkt. Ferner konnte *Nernst* die Berechnung chemischer Gleichgewichte mit Hilfe seines Theorems auf die Kenntnis des gesamten Temperaturverlaufs der spezifischen Wärmen der reagierenden Substanzen zurückführen. Zur Ausführung der Messungen wurden neue kalorimetrische Methoden verwandt, die auf dem Gedanken beruhen, den Körper, dessen Wärmekapazität bestimmt werden soll, im höchsten Vakuum an dünnen Drähten aufzuhängen und diese selben Drähte zugleich zur Zuführung des Heizstromes und des Meßstromes des Thermoelementes zu benutzen. Das Ergebnis war eine qualitative Bestätigung der *Einstein*schen Formel; bei einer sehr großen Reihe von Elementen und einfachen Verbindungen ließen sich die Kurven der Atomwärme mit Hilfe geeigneter Wahl der einen Konstanten Θ zur Deckung bringen. Es gilt also für den Energieinhalt ein Gesetz „korrespondierender Zustände“.

Aber bei den tiefsten Temperaturen ergaben sich systematische Abweichungen durchweg in dem Sinne, daß die theoretische C_v-Kurve zu steil zu Null abfällt. Es liegt nahe, diesen Mangel der Theorie auf die Annahme monochromatischer Resonatoren zurückzuführen. Doch erschien zunächst die theoretische Bestimmung der vorhandenen Frequenzen und ihrer Häufigkeit nicht durchführbar. *Nernst* und *Lindemann*[140]) stellten eine empirische Formel auf, die man so deuten kann, daß die Hälfte der Resonatoren mit einer Schwingungszahl ν, die andere Hälfte mit der halben Schwingungszahl $\frac{\nu}{2}$ schwingt; sie lautet also

$$(237)\qquad E = 3RT\cdot\frac{1}{2}\left\{\mathsf{P}\left(\frac{\Theta}{T}\right)+\mathsf{P}\left(\frac{\Theta}{2T}\right)\right\},$$

$$C_v = 3R\cdot\frac{1}{2}\left\{\mathsf{S}\left(\frac{\Theta}{T}\right)+\mathsf{S}\left(\frac{\Theta}{2T}\right)\right\}.$$

Diese Formel schloß sich den Beobachtungen besser an, aber bei den tiefsten Temperaturen versagte sie ebenfalls. Die Messungen deuteten nicht auf einen exponentiellen, sondern einen wesentlich langsameren Abfall von C_v mit sinkender Temperatur hin. So wurde die Lösung des Problems dringend, die Schwingungen eines festen Körpers zu

139) S. diese Encykl. V 11 (*K. Herzfeld*), Nr. 4, p. 961. *W. Nernst,* Gött. Nachr. Math.-Phys. Kl. 1906, p. 1; Berl. Ber. 1906, p. 933. Sie auch die in Anm. 134 zit. Bücher. Ferner *M. Planck,* Phys. Ztschr. 13 (1912), p. 165; Ber. d. Deutsch. chem. Ges. 45 (1912), p. 5. Vorles. über Thermodynamik (Berlin-Leipzig, 6. Aufl. 1921), IV, 6. Kap., p. 271.

140) *W. Nernst* u. *F. Lindemann,* Berl. Ber. 1911, p. 494.

untersuchen und ihre Anzahl in einem gegebenen Frequenzintervall zu bestimmen.

Diese Aufgabe wurde fast gleichzeitig und unabhängig von *Debye*[141]) einerseits und von *Born* und *v. Kármán*[142]) andererseits durch Aufstellung der asymptotischen Gesetze der Eigenschwingungen gelöst (s. Nr. 18). Der Grundgedanke beider Arbeiten ist der gleiche, nämlich die Auflösung des Systems gekoppelter Verrückungen in unabhängige Normalkoordinaten, die wie Resonatoren behandelt werden. Die mathematische Methode aber ist verschieden, indem *Debye* den Körper als Kontinuum ansieht, während *Born* und *v. Kármán* ihn als Kristallgitter auffassen. Die letztere Theorie ist in ihrer Grundlage streng, insofern ein endliches Gitter (oder das ersetzende zyklische Gitter) von selbst eine endliche Anzahl von Freiheitsgraden hat. Ein Kontinuum aber hat abzählbar unendlich viele Eigenschwingungen; als Hauptgedanke der *Debye*schen Theorie ist darum das Verfahren anzusehen, mit dem er das unendliche Spektrum der Schwingungszahlen abschneidet. Nach (155) lautet das asymptotische Gesetz der Verteilung der Eigenschwingungen für das Kontinuum

$$dz = 3VF\nu^2 d\nu, \tag{155}$$

wobei für isotrope Körper die Konstante F sich durch die Geschwindigkeiten der longitudinalen und transversalen Schallwellen c_l und c_t nach (154′) so ausdrücken läßt

$$F = \frac{4\pi}{3}\left(\frac{1}{c_l^3} + \frac{2}{c_t^3}\right). \tag{154′}$$

Debye trägt nun der atomistischen Struktur dadurch Rechnung, daß er dieses Spektrum einfach nach der N^{ten} Schwingung plötzlich abschneidet. Er bestimmt also eine Maximalfrequenz ν_m aus der Beziehung

$$3\mathrm{N} = \int_0^{\nu_m} 3VF\nu^2 d\nu = VF\nu_m^3,$$

$$\nu_m = \sqrt[3]{\frac{3\mathrm{N}}{VF}}. \tag{238}$$

Dann wird die thermische Gitterenergie nach (232)

$$E = kT\int_0^{\nu_m} \mathsf{P}\left(\frac{h\nu}{kT}\right) 3VF\nu^2 d\nu = 3RT\,\mathsf{D}\left(\frac{\Theta}{T}\right), \tag{239}$$

wo die charakteristische Temperatur

$$\Theta = \frac{h\nu_m}{k} = \frac{h}{k}\sqrt[3]{\frac{3\mathrm{N}}{VF}} \tag{240}$$

---

141) Zit. in Anm. 54).

142) Zit. in Anm. 50), 53), 61).

und die *Debyesche Transzendente*

(241) $$\mathbf{D}(x) = \frac{3}{x^3}\int_0^x \mathbf{P}(\xi)\,\xi^2\,d\xi = \frac{3}{x^3}\int_0^x \frac{\xi^3}{e^\xi - 1}\,d\xi$$

eingeführt sind.

Die Atomwärme wird:

(242) $$C_v = 3R\left\{\mathbf{D}\left(\frac{\Theta}{T}\right) - \frac{\Theta}{T}\mathbf{D}'\left(\frac{\Theta}{T}\right)\right\} = 3R\left\{4\mathbf{D}\left(\frac{\Theta}{T}\right) - 3\mathbf{P}\left(\frac{\Theta}{T}\right)\right\}$$

$$= 3R\left\{12\left(\frac{T}{\Theta}\right)^3\int_0^{\frac{\Theta}{T}} \frac{\xi^3}{e^\xi - 1}\,d\xi - \frac{3\frac{\Theta}{T}}{e^{\frac{\Theta}{T}} - 1}\right\}.$$

Die Funktion $\mathbf{D}(x)$ konvergiert ebenso wie $\mathbf{P}(x)$ und $\mathbf{S}(x)$ für $x = 0$ gegen 1; für große x aber wird

(241') $$\lim_{x=\infty} x^3\,\mathbf{D}(x) = 3\int_0^\infty \frac{\xi^3}{e^\xi - 1}\,d\xi = \frac{\pi^4}{5}.$$

Daher wird bei tiefen Temperaturen

(243) $$T \text{ klein:}\left\{\begin{aligned} E &= \frac{3\pi^4}{5}\frac{R}{\Theta^3}T^4,\\ C_v &= \frac{12\pi^4}{5}\frac{R}{\Theta^3}T^3.\end{aligned}\right.$$

Die Hauptresultate *Debyes* lassen sich danach so aussprechen:

1. Der Verlauf der Atomwärme hängt wie in der *Einstein*schen Theorie von dem Verhältnis der Temperatur T zu einer charakteristischen Temperatur Θ ab; es gilt das Gesetz der korrespondierenden Zustände.
2. Bei tiefen Temperaturen[142a]) verschwinden E und C_v nicht exponentiell, sondern E wie T^4, C_v wie T^3.
3. Die charakteristische Temperatur Θ ist der Maximalfrequenz ν_m proportional; diese läßt sich vermittels (238) und (154') durch die Schallgeschwindigkeiten, also durch die Elastizitätskonstanten des Mediums ausdrücken.

Die experimentelle Prüfung[143]) hat diese Sätze in weitem Umfange bestätigt. Es gibt eine große Klasse von Körpern, Elementen und einfachen Verbindungen aus Atomen von nahezu gleichem Atomgewicht, für die das Gesetz der korrespondierenden Zustände gilt. Das T^4-Gesetz

142a) Über die Grenzen der Anwendbarkeit der *Debye*schen Schlußweise bei den tiefsten Temperaturen s. *Cl. Schaefer*, Ztschr. f. Phys. 7 (1921), p. 287 und *M. Planck*, Wärmestrahlung, 4. Aufl., § 185, p. 217.

143) Vgl. hierzu die Zusammenstellung von *Schrödinger* (zit. in Anm. 115b u. 138), insbes. Tab. II u. Fig. 6, p. 453.

für E, das dem *Stefan-Boltzmann*schen Gesetze der Strahlungstheorie durchaus entspricht, bzw. das T^3-Gesetz für C_v sind ebenfalls in zahlreichen Fällen bestätigt worden. Ungünstiger liegt es mit dem dritten Satze, dessen Prüfung die genaue Kenntnis der Elastizitätskonstanten erfordert. Das elastische Verhalten eines isotropen Körpers wird durch zwei Konstanten bestimmt, etwa die in Nr. **13,** I eingeführten c, c_1 oder die anschaulicheren

$$\text{Kompressibilität } \varkappa = -\frac{3}{c + 2c_1},$$

*Poisson*sche Zahl (Verhältnis der Querkontraktion zur Längsdehnung)

$$\sigma = \frac{c_1}{c + c_1}.$$

Aus diesen und der Dichte ϱ berechnen sich die Schallgeschwindigkeiten[144]):

$$(244) \qquad c_l = \sqrt{\frac{3(1-\sigma)}{(1+\sigma)\varkappa\varrho}}, \qquad c_t = \sqrt{\frac{3(1-2\sigma)}{2(1+\sigma)\varkappa\varrho}}$$

Setzt man nun

$$(245) \qquad \chi(\sigma) = \left(\frac{1+\sigma}{3(1-\sigma)}\right)^{\frac{3}{2}} + 2\left(\frac{2}{3}\cdot\frac{1+\sigma}{1-2\sigma}\right)^{\frac{3}{2}},$$

so folgt aus (154'), (238) und (240):

$$(246) \qquad \Theta = \frac{h}{k}\nu_m = \frac{A}{\chi^{\frac{1}{3}}(\sigma)}\cdot\frac{1}{\varkappa^{\frac{1}{2}}\varrho^{\frac{1}{6}}\mathrm{M}^{\frac{1}{3}}},$$

$$\left(A = \frac{h}{k}\sqrt[3]{\frac{9\mathrm{N}}{4\pi}} = 3{,}605 \cdot 10^{-3}\ \mathrm{cm\,sec\,grad}\right),$$

wo $\mathrm{M} = \varrho V$ das Molekulargewicht bedeutet.

Der Maximalfrequenz ν_m entspricht die Wellenlänge

$$(246') \quad \lambda_m = \frac{c}{\nu_m} = B\chi^{\frac{1}{3}}(\sigma)\varkappa^{\frac{1}{2}}\varrho^{\frac{1}{6}}\mathrm{M}^{\frac{1}{3}}, \left(B = c\sqrt[3]{\frac{4\pi}{9\mathrm{N}}} = 396\ \mathrm{sec}^{-1}\right)$$

Diese Beziehung geht in die Dimensionsformel (222), (222') von *Madelung* und *Einstein* über, wenn man die dimensionslose Größe $\chi(\sigma)$ als konstant ansieht. *Debyes* Fortschritt besteht also erstens in der Aufklärung der von *Einstein* als Eigenschwingung angesehenen charakteristischen Frequenz als Grenze des elastischen Spektrums, zweitens in der Berücksichtigung der Querkontraktion.

Debye vergleicht nun das aus dem Verlaufe der Atomwärme einiger Metalle entnommene Θ mit dem aus (246) berechneten; wir geben einen Teil seiner Tabelle wieder:[145])

---

144) S. etwa *E. H. Love*, Lehrbuch der Elastizität, deutsch v. A. Timpe, (Leipzig 1907), § 69, p. 121 u. § 207, p. 344.

145) Die Werte von $\varkappa$ und σ sind Arbeiten von *Grüneisen* [Ann. d. Phys. 22 (1907), p. 838; 25 (1908), p. 845] entnommen. — Die Zahlenwerte mußten um-

Tabelle IV.

Substanz	ϱ	$\varkappa \cdot 10^{12}$	σ	$\chi(\sigma)$	Θ Atomwärme	Θ Elastizität
Al	2,71	1,36	0,337	10,2	396	402
Cu	8,96	0,74	0,334	10,5	309	332
Ag	10,53	0,92	0,379	15,4	215	214
Pb	11,32	2,0	0,446	61,0	95	73

Die Übereinstimmung ist sehr gut. *Eucken*[146]) hat aber gegen die Beweiskraft der Tabelle den Einwand erhoben, daß bei der Rechnung die für gewöhnliche Temperatur gültigen Elastizitätskonstanten benutzt worden sind, während die Theorie Reduktion auf den absoluten Nullpunkt erfordert; nach *Schäfer*[147]) ist diese Reduktion sehr beträchtlich und hebt die Übereinstimmung auf. Nach *Eucken* läßt sich dieser Widerspruch durch die Tatsache aufklären, daß die Metalle keine wirklich isotropen Substanzen, sondern quasiisotrope Gemenge äußerst kleiner Kristallsplitter sind; da nun die Elastizitätskonstanten von zusammenhängenden Kristallen äußerst wenig mit der Temperatur veränderlich sind, so muß das abweichende Verhalten der Metalle auf ihrem mikrokristallinen Gefüge beruhen, und es läßt sich durch metallographische Beobachtungen wahrscheinlich machen, daß bei tiefen Temperaturen die amorphe Zwischensubstanz dem Metall eine höhere Festigkeit verleiht, als den einzelnen Kristallkörnern zukommt.[148])

Die *Debye*sche Formel hat sich auch für einfache, kristallisierte Verbindungen (wie $NaCl$, KCl, KBr, CaF_2, FeS_2) zur Darstellung des Temperaturverlaufs als brauchbar erwiesen. Dabei hat sich gezeigt, daß die *Debye*sche Maximalfrequenz ν_m sehr nahe mit der *Rubens*schen Reststrahlfrequenz zusammenfällt, wie folgende Tabelle zeigt.

Tabelle V.

Substanz		Θ Atomwärme	Θ Reststrahl
Steinsalz	$NaCl$	284	274
Sylvin	KCl	232	227
Bromkalium . . .	KBr	179	173
Flußspat	CaF_2	479	452

gerechnet werden, da hier die neuesten Bestimmungen der absoluten Konstanten h, k, N berücksichtigt worden sind.

146) *A. Eucken,* Verh. d. Deutsch. phys. Ges. 15 (1913), p. 571.

147) *Cl. Schäfer,* Ann. d. Phys. (4) 5 (1901), p. 220.

148) S. die Theorie der Strahlung und der Quanten, 1. Solvay-Kongreß 1911 (Halle 1914); Anhang von *A. Eucken,* insbes. p. 387.

Diese Beziehung kann aber auf Grund der strengen Theorie nicht als exaktes Gesetz angesehen werden (s. Nr. 27). Eine Berechnung der Konstanten F aus den elastischen Eigenschaften des Kristalles ist auf Grund der *Debye*schen Annäherung nicht möglich, weil bei Kristallen (auch bei regulären) die Schallgeschwindigkeiten keine Konstanten sind, sondern stark von der Wellenrichtung abhängen.

Bei komplizierteren Verbindungen versagt die *Debye*sche Formel. *Nernst*[149]) hat das darauf zurückgeführt, daß außer den von *Debye* berücksichtigten Schwingungen der Molekeln als ganze die einzelnen Atome der Molekeln gegeneinander schwingen. Man wird dementsprechend zu der *Debye*schen Funktion Glieder vom Typus der *Einstein*schen hinzufügen; man hat dann für die Energie einer Gramm-Molekel

$$(247)\qquad E = RT\left\{3\,\mathsf{D}\left(\frac{\Theta}{T}\right) + \sum_j \mathsf{P}\left(\frac{\Theta_j}{T}\right)\right\},$$

$$C_v = R\left\{3\left[4\,\mathsf{D}\left(\frac{\Theta}{T}\right) - 3\mathsf{P}\left(\frac{\Theta}{T}\right)\right] + \sum_j \mathsf{S}\left(\frac{\Theta_j}{T}\right)\right\},$$

wo die Θ_j zu den inneren Frequenzen ν_j der Molekeln gehören. Formeln dieser Art stellen in der Tat den Temperaturverlauf der Molwärme gut dar[150]). Die Wechselwirkung zwischen den Atomen verschiedener Molekeln ist hier vernachlässigt; doch läßt sich mit Hilfe der Theorie der Gitterschwingungen begründen, daß solche Formeln wie (247) in vielen Fällen eine gute Annäherung darstellen werden. *Born* und *v. Kármán* haben das in ihrer ersten Arbeit[50]) durch Betrachtung eines eindimensionalen Modells, einer mit zwei verschiedenen Massen besetzten, äquidistanten Punktreihe, plausibel gemacht; das elastische Spektrum zerfällt in zwei Zweige, einen „unteren", der die „akustischen" Schwingungen enthält, und einen „oberen", der aus den „optischen" Schwingungen besteht, und man sieht leicht ein, daß der letztere im Falle sehr verschiedener Massen nahezu monochromatisch wird (s. Nr. 14). *Dehlinger*[51]) hat dieses Resultat auf ein einfaches dreidimensionales Modell übertragen und mit der *Nernst*schen Formel (247) für die spezifische Wärme in Verbindung gebracht.

---

149) Vorträge über die kinetische Theorie der Materie usw. [Wolfskehl-Kongreß Göttingen 1914 (Leipzig-Berlin 1914)]; 4. Vortrag, *W. Nernst,* Kinetische Theorie fester Körper Nr. 5, p. 79.

150) S. *Schrödinger* (zit. Anm. 115b u. 138), Tab. V, p. 478. Dort sind auch die Formeln, welche die *Nernst-Lindemann*sche Funktion $\frac{1}{2}\left\{\mathsf{P}\left(\frac{\Theta}{T}\right) + \mathsf{P}\left(\frac{\Theta}{2T}\right)\right\}$ mit benützen, zusammengestellt.

Eine vollständige Übersicht über alle Möglichkeiten gewinnt man durch die allgemeine gittertheoretische Behandlung.

27. Einfluß der Gitterstruktur auf die Atomwärme. Das Verteilungsgesetz der Eigenschwingungen (s. Nr. 18) zusammen mit der *Planck-Einstein*schen Formel (232) für die Energie eines Resonators liefert folgenden strengen Ausdruck für die thermische Energie des Gitters von N Zellen

$$(248) \qquad E = \frac{Nk}{(2\pi)^3} T \sum_j \int \mathsf{P}\left(\frac{h\nu_j}{kT}\right) d\varphi;$$

dabei sind die Zweige ν_j der Frequenzfunktion als Funktionen von $\varphi_1, \varphi_2, \varphi_3$ anzusehen, und die Integration ist über den Würfel $-\pi \leqq \varphi \leqq \pi$ des Phasenraumes zu erstrecken. Gemäß den Eigenschaften der Funktion P ist die Summe j nur über die $3p$ Atomschwingungen (nicht die Elektronenschwingungen) zu erstrecken, also über die drei akustischen und die $3(p-1)$ „ultraroten“ Zweige (s. Nr. 23) der Frequenzfunktion.

Eine strenge Auswertung der aus (248) folgenden Formel für $C_v = \frac{dE}{dT}$ ist nach *Thirring*[151]) im *Prinzip* für hohe Temperaturen möglich. Für kleine x gilt die Reihenentwicklung[152])

$$(249) \qquad \mathsf{P}(x) = \frac{x}{e^x - 1} = 1 - \frac{x}{2} - \sum_{n=1}^{\infty} (-1)^n \frac{B_n}{(2n)!} x^{2n},$$

wo die B_n die *Bernoulli*schen Zahlen sind:

$$(249') \qquad B_1 = \tfrac{1}{6},\ B_2 = \tfrac{1}{30},\ B_3 = \tfrac{1}{42},\ B_4 = \tfrac{1}{30},\ B_5 = \tfrac{5}{66},\ \ldots$$

Setzt man nun

$$(250) \qquad S_n = \frac{1}{3p} \sum_{j=1}^{3p} \nu_j^n, \qquad J_n = \frac{1}{(2\pi)^3} \int S_n \, d\varphi,$$

so wird

$$(251) \qquad E = 3pNkT \left\{ 1 - \frac{1}{2} J_1 \frac{h}{kT} - \sum_{n=1}^{\infty} (-1)^n \frac{B_n}{(2n)!} J_{2n} \left(\frac{h}{kT}\right)^{2n} \right\}.$$

Die Atomwärme ($Np = N$) wird dann

$$(252) \qquad C_v = 3R \left\{ 1 + \sum_{n=1}^{\infty} (-1)^n \frac{B_n (2n-1)}{(2n)!} J_{2n} \left(\frac{h}{kT}\right)^{2n} \right\}.$$

Hier ist das einzige Integral mit ungeradem Index J_1 weggefallen.

151) *H. Thirring*, Phys. Ztschr. 14 (1913), p. 867; 15 (1914), p. 127, 180.

152) S. etwa *Serret-Scheffers*, Lehrbuch der Differential- und Integralrechnung, 2. Bd. (1907), p. 246; *K. Knopp*, Theorie und Anwendung der unendlichen Reihen (Berlin 1922), V. Kap., § 21, Nr. 105, 5, p. 175.

Die übrigen J_{2n} lassen sich aber auf rationalem Wege aus den Molekularkräften berechnen. Denn die $\omega_j^2 = 4\pi^2 \nu_j^2$ sind die Nullstellen der Determinante der linearen Gleichungen (100); die Potenzsummen $\sum_j \omega_j^{2n} = 3p(4\pi^2)^n S_{2n}$ sind daher ganze, rationale Funktionen der Koeffizienten dieses Polynoms in ω^2, also auch der Gleichungskoeffizienten $\begin{bmatrix} k k' \\ x y \end{bmatrix}$. Diese wiederum sind nach (101) bzw. (149), (152) *Fourier*sche Reihen der Variabeln $\varphi_1, \varphi_2, \varphi_3$; dasselbe gilt demnach von den S_{2n}, aus denen sich die Integrale J_{2n} gliedweise berechnen lassen.

Thirring hat für spezielle, einfache Gittermodelle solche Rechnungen ausgeführt. Doch scheint diese Methode erst dann fruchtbar werden zu können, wenn die Willkür bei der Wahl der Modelle auf ein geringeres Maß herabgedrückt sein wird, als es heute der Fall ist.

Eine genäherte Darstellung der Energie E (248) für *alle* Temperaturen erhält man in engem Anschluß an das Verfahren *Debyes*, indem man die Frequenzen ν_j durch die ersten Glieder ihrer Reihenentwicklung nach τ ersetzt. Nach Nr. **14** (103), (104) ist in erster Näherung

$$\nu_j = \frac{c_j}{2\pi}\tau, \qquad (j = 1, 2, 3)$$

$$\nu_j = \nu_j^0. \qquad (j = 4, 5, \ldots 3p)$$

Dabei hängen die Schallgeschwindigkeiten c_j noch von der Richtung ab, während die Grenzschwingungszahlen ν_j^0 konstant sind.

Für jeden Zweig der Frequenzfunktion hat man nach (153)

$$d\varphi = \Delta\,\tau^2 d\tau\, d\Omega.$$

Die Integration in (248) ist über den Würfel $-\pi \leqq \varphi \leqq \pi$ zu erstrecken. Für die drei akustischen Frequenzen wird man diesen Würfel durch eine inhaltsgleiche Kugel ersetzen; ihr Radius $\bar{\tau}$ bestimmt sich also aus der Gleichung

$$(2\pi)^3 = \Delta \cdot \frac{4\pi}{3}\bar{\tau}^3$$

Nun erhält man für die Energie aus (248)

$$E = NkT\left\{\sum_{j=1}^{3} \mathsf{D}\left(\frac{\Theta_j}{T}\right) + \sum_{j=4}^{3p} \mathsf{P}\left(\frac{\Theta_j}{T}\right)\right\}. \tag{253}$$

Dabei ist

$$\left\{\begin{aligned} &\Theta_j = \frac{h\nu_j'}{k}, \quad \nu_j' = c_j \sqrt[3]{\frac{3}{4\pi\Delta}} \qquad &(j = 1, 2, 3) \\ &\Theta_j = \frac{h\nu_j^0}{k} \qquad &(j = 4, 5 \ldots 3p) \end{aligned}\right. \tag{254}$$

gesetzt; $\Theta_4, \Theta_5 \ldots$ sind also konstant, während $\Theta_1, \Theta_2, \Theta_3$ von der

Richtung abhängen. Ferner ist der Mittelwert über die Einheitskugel

(255) $$\overline{\mathsf{D}\left(\frac{\Theta_j}{T}\right)} = \int \mathsf{D}\left(\frac{\Theta_j}{T}\right)\frac{d\Omega}{4\pi} \qquad (j = 1, 2, 3)$$

eingeführt.

Zur weiteren Vereinfachung kann man diesen Mittelwert ersetzen durch $\mathsf{D}\left(\frac{\overline{\Theta}_j}{T}\right)$ wo $\overline{\Theta}_j$ ein geeigneter Mittelwert über die Einheitskugel ist:

(256) $$\overline{\Theta}_j = \frac{h\overline{\nu}_j}{k}, \quad \overline{\nu}_j = \overline{c}_j \sqrt[3]{\frac{3}{4\pi\Delta}}.$$

Bei der Mittelbildung muß man beachten, daß die Funktion

$$x^3 \mathsf{D}(x) = 3\int_0^x \frac{\xi^3\, d\xi}{e^\xi - 1}$$

für große x (tiefe Temperaturen) von der oberen Grenze unabhängig wird; man wird daher die Mittelung über die Einheitskugel auf den Faktor $\frac{1}{x^3} = \left(\frac{T}{\Theta}\right)^3$ beschränken können. Das führt auf die Definition

(256′) $$\frac{1}{\overline{c}_j^3} = \int \frac{1}{c_j^3}\frac{d\Omega}{4\pi}.$$

Dann erhält man die (für tiefe Temperaturen streng gültige) Formel:

(257) $$E = NkT\left\{\sum_{j=1}^{3} \mathsf{D}\left(\frac{\overline{\Theta}_j}{T}\right) + \sum_{j=4}^{3p} \mathsf{P}\left(\frac{\Theta_j}{T}\right)\right\}.$$

Ersetzt man dann noch die drei Größen $\overline{\Theta}_j$ durch eine mittlere, so wird man auf die *Nernst*sche Formel (247) zurückgeführt.

Die Hinzufügung der *Einstein*schen Glieder hat natürlich nur so lange einen Sinn, als die zu den eigentlichen Eigenschwingungen gehörigen Zweige der Frequenzfunktion wirklich einigermaßen monochromatisch sind und durch die Grenzschwingungszahlen ν_j^0 angenähert ersetzt werden können. Wenn z. B. in einem zweiatomigen Gitter die beiden Atome gleichgelagert sind und nahezu gleiche Masse haben (wie bei KCl), so wird man sinngemäß die *Einstein*schen Glieder besser weglassen und den Körper als „einatomig“ auffassen. Die Formel (257) bzw. die allgemeinere (253) können zur exakten Prüfung der Theorie dienen; doch stößt die Rechnung wegen der verwickelten Mittelbildung über die Wellenrichtungen auf erhebliche Schwierigkeiten.

Für reguläre Kristalle mit geringer Anisotropie der elastischen Konstanten haben *Born* und *v. Kármán*[53]) in einer ihrer ersten Arbeiten eine Methode angegeben, um den Mittelwert $\overline{c}_j$ nach (256′) zu berechnen. In diesem Falle existieren nur drei voneinander verschiedene Elastizitätskonstanten c_{11}, c_{12}, c_{44} (s. Nr. **13**); die Gleichungen (128′) für die elastischen Wellen lauten:

$$(128'')\quad \begin{cases} \varrho c^2 \mathfrak{U}_x = [(c_{11} - c_{44})\mathfrak{s}_x^2 + c_{44}]\mathfrak{U}_x + (c_{12} + c_{44})\mathfrak{s}_x\mathfrak{s}_y\mathfrak{U}_y \\ \qquad\qquad + (c_{12} + c_{44})\mathfrak{s}_x\mathfrak{s}_z\mathfrak{U}_z \\ \ldots\ldots\ldots\ldots\ldots\ldots \end{cases}$$

Setzt man

$$(258)\qquad z = \frac{\varrho c^2 - c_{44}}{c_{11} - c_{44}}, \quad K = \frac{c_{12} + c_{44}}{c_{11} - c_{44}},$$

so erhält man die c_j aus den Wurzeln z_j der Säkulargleichung

$$(259)\qquad \begin{vmatrix} \mathfrak{s}_x^2 - z & K\mathfrak{s}_x\mathfrak{s}_y & K\mathfrak{s}_x\mathfrak{s}_z \\ K\mathfrak{s}_y\mathfrak{s}_x & \mathfrak{s}_y^2 - z & K\mathfrak{s}_y\mathfrak{s}_z \\ K\mathfrak{s}_z\mathfrak{s}_x & K\mathfrak{s}_z\mathfrak{s}_y & \mathfrak{s}_z^2 - z \end{vmatrix} = z^2(1 - z) - \varphi(z) = 0,$$

wo

$$(259')\qquad \varphi(z) = (1 - K^2)(\mathfrak{s}_y^2\mathfrak{s}_z^2 + \mathfrak{s}_z^2\mathfrak{s}_x^2 + \mathfrak{s}_x^2\mathfrak{s}_y^2)z - (1 - 3K^2 + 2K^3)\mathfrak{s}_x^2\mathfrak{s}_y^2\mathfrak{s}_z^2.$$

Nun ist im Falle der Isotropie

$$2c_{44} = c_{11} - c_{12},$$

also wird bei geringer Anisotropie

$$K - 1 = \frac{c_{12} - c_{11} + 2c_{44}}{c_{11} - c_{44}}$$

eine kleine Größe.

Man erhält dann bis auf Glieder von höherer als 1. Ordnung in $K - 1$ die drei Wurzeln

$$z_1 = 0, \quad z_2 = -2(K - 1)(\mathfrak{s}_y^2\mathfrak{s}_z^2 + \mathfrak{s}_z^2\mathfrak{s}_x^2 + \mathfrak{s}_x^2\mathfrak{s}_y^2),$$
$$z_3 = 1 + 2(K - 1)(\mathfrak{s}_y^2\mathfrak{s}_z^2 + \mathfrak{s}_z^2\mathfrak{s}_x^2 + \mathfrak{s}_x^2\mathfrak{s}_y^2).$$

Sodann findet man leicht in derselben Annäherung

$$(260)\qquad \frac{3}{c_m^3} = \sum_{j=1}^{3}\frac{1}{\overline{c_j^3}} = 4\pi\varrho^{\frac{3}{2}}\left\{\frac{2}{c_{44}^{3/2}} + \frac{1}{c_{11}^{3/2}} + \frac{3}{5}(c_{12} - c_{11} + 2c_{44})\left(\frac{1}{c_{44}^{5/2}} - \frac{1}{c_{11}^{5/2}}\right)\right\}.$$

Bei Steinsalz ist $K - 1 = -0{,}248$ hinreichend klein; man findet aus dieser Formel $c_m = 2{,}88 \cdot 10^5\,\mathrm{cm\,sec^{-1}}$.

Berechnet man hieraus ein mittleres Θ nach (256)

$$(260')\qquad \Theta = \frac{h}{k}c_m\sqrt[3]{\frac{3}{4\pi\Delta}} = \frac{h}{k}c_m\sqrt[3]{\frac{3\,\mathrm{N}}{4\pi V}},$$

wo V das Molvolumen ist, und dann die Molwärme C_v mit einer *Debye*schen Funktion, so erhält man folgende Werte:

Tabelle VI.

T	C_v ber.	C_v beob. (*Nernst*)
25,0	0,28	0,29
28,0	0,39	0,40

Die Übereinstimmung ist sehr befriedigend.

Den Fall beliebiger Anisotropie haben *Hopf* und *Lechner*[154]) durch ein Interpolationsverfahren der Berechnung zugänglich gemacht. Sie schreiben

$$\frac{3}{c_m^3} = \left(\frac{\varrho}{c_{11} - c_{44}}\right)^{\frac{3}{2}} \int \left(\sum_{j=1}^{3} \frac{1}{(z_j + \zeta)^{\frac{3}{2}}}\right) \frac{d\Omega}{4\pi}, \tag{261}$$

wo

$$\zeta = \frac{c_{44}}{c_{11} - c_{44}} \tag{261'}$$

ist, und ersetzen sodann die Funktion $(z + \zeta)^{-\frac{3}{2}}$ durch eine handlichere, die nur ganze Potenzen von z enthält und im Intervall $z = 0$ bis $z = 1$ die gegebene approximiert. Sie wählen ein Polynom 5. Grades in z, dessen Koeffizienten sie nach der *Lagrange*schen Interpolationsmethode bestimmen. Sodann bleiben noch die Mittelwerte der Potenzsummen $\sum_{j=1}^{3} z_j^m$ zu berechnen, die sich rational aus den Koeffizienten der Säkulargleichung (259) ausdrücken lassen. Die gewonnenen Werte von c_m werden mit denen verglichen, die sich aus der spezifischen Wärme, dargestellt durch eine *Debye*sche Funktion, nach (260′) ergeben. Die Übereinstimmung ist recht gut; doch ist die Abweichung systematisch, die elastisch berechneten Werte sind um 2 bis 5% größer als die thermisch berechneten.

An die strengere Formel (253) knüpft ein von *K. Försterling*[155]) angegebenes Verfahren an, das die *Thirring*sche Entwicklungsmethode sinngemäß überträgt.

Aus der Reihe (249) folgt leicht nach (241):

$$\mathsf{D}(x) = 1 - \frac{3}{8}x - 3\sum_{n=1}^{\infty} (-1)^n \frac{B_n x^{2n}}{(2n)!\,(2n+3)}. \tag{262}$$

Daher ergibt sich aus (253) für höhere Temperaturen:

$$E = NkT\left\{\sum_{j=1}^{3}\left(1 - \frac{3}{8}\frac{\overline{\Theta}_j}{T} - 3\sum_{n=1}^{\infty}(-1)^n \frac{B_n \overline{\Theta_j^{2n}}}{(2n)!\,(2n+3)} \cdot \frac{1}{T^{2n}}\right) + \sum_{j=4}^{3p} \mathsf{P}\left(\frac{\Theta_j}{T}\right)\right\}.$$

154) *L. Hopf* u. *G. Lechner*, Verh. d. Deutsch. Phys. Ges. **16** (1914), p. 643.

155) *K. Försterling*, Ann. d. Phys. (4) **61** (1920), p. 549.

Bildet man hieraus C_v, so fällt das Glied mit $\overline{\Theta}_j$ fort; die übrigen Glieder enthalten die Summen

$$\sum_{j=1}^{3}\overline{\Theta_j^{2n}} = \left(\frac{h}{k}\sqrt[3]{\frac{3}{4\pi\Delta}}\right)^{2n}\sum_{j=1}^{3}\overline{c_j^{2n}};$$

dabei sind die Größen $\varrho c_j^2 = q_j$ die Wurzeln der Säkulargleichung von (128′), also sind die Potenzsummen

$$\varrho^n \sum_{j=1}^{3} c_j^{2n} = \sum_{j=1}^{3} q_j^n$$

ganze, rationale Funktionen der Komponenten von $\mathfrak{s}$ mit Koeffizienten, die ganze, rationale Funktionen der meßbaren Elastizitätskonstanten c_{ij} sind. Daher lassen sich die Integrale

$$K_n = \sum_{j=1}^{3}\overline{q_j^n} = \int \sum_{j=1}^{3} q_j^n \frac{d\Omega}{4\pi} \tag{263}$$

als Funktionen der Elastizitätskonstanten berechnen. Setzt man ferner

$$\gamma = \frac{1}{\varrho}\left(\frac{h}{k}\sqrt[3]{\frac{3}{4\pi\Delta}}\right)^2, \tag{264}$$

so wird

$$\sum_{j=1}^{3}\overline{\Theta_j^{2n}} = \gamma^n K_n,$$

und für die Molwärme erhält man:

$$C_v = 3R\left\{1 + \sum_{n=1}^{\infty}(-1)^n \frac{B_n(2n-1)\gamma^n K_n}{(2n)!\,(2n+3)}\cdot\frac{1}{T^{2n}}\right\} + R\sum_{j=4}^{3p} \mathsf{S}\left(\frac{\Theta_j}{T}\right). \tag{265}$$

Försterling hat diese Formel in der Weise angewandt, daß er die K_n aus den gemessenen Elastizitätskonstanten berechnete und dann die Θ_j in einer der Gitterstruktur entsprechenden Anzahl so wählte, daß die Molwärme möglichst gut dargestellt wurde. Der Fehler in C_v blieb dabei immer unter 1%. Aus den Θ_j berechnete er dann die Grenzfrequenzen ν_j^0 bzw. die zugehörigen ultraroten Wellenlängen und vergleicht diese, soweit sie „optisch wirksam“ sind, d. h. zu einem von Null verschiedenen Eigenmoment gehören[156]), mit den aus dem Dispersionsverlauf nach (227) berechneten Wellenlängen, die ihrerseits nach Tabelle III mit Berücksichtigung der Verschiebung des Reflexionsmaximums (227′) zu den richtigen Reststrahlen führen.[157]) Das Resultat ist dieses:

156) Bei Flußspat gibt es 2 Eigenfrequenzen, von denen nur eine optisch wirksam ist (s. Nr. 24); bei Quarz sind beide Eigenfrequenzen optisch wirksam.

157) S. die in Anm. 113) zit. Abhandlung von *Försterling*.

Tabelle VII.

	λ_0 optisch	λ_0 thermisch
Steinsalz . .	66,7	64,5
Sylvin . . .	78,0	77,0
Flußspat . .	53,1	51,0

Man kann demnach behaupten, daß sich die spezifische Wärme aus elastischen und optischen Daten berechnen läßt.

Försterling hat später[158]) bemerkt, daß das zweite Glied der Reihe (265) bei regulären Kristallen besonders einfach von den Elastizitätskonstanten abhängt. Es ist nämlich nach (263)

$$K_1 = q_1 + q_2 + q_3$$

der Koeffizient von $-q^2$ in der Säkulargleichung der Schwingungen. Man erhält diese, wenn man in (259) den Wert (258) $z = \frac{q - c_{44}}{c_{11} - c_{44}}$ einsetzt und nach q ordnet:

$$(q - c_{44})^3 - (c_{11} - c_{44})(q - c_{44})^2 + (c_{11} - c_{44})^3 \varphi\left(\frac{q - c_{44}}{c_{11} - c_{44}}\right) = 0.$$

Hieraus folgt

$$K_1 = c_{11} + 2c_{44}.$$

Wenn insbesondere die *Cauchy*sche Relation $c_{12} = c_{44}$ gilt (s. Nr. **13**), so ist nach (90)

$$K_1 = c_{11} + 2c_{12} = \frac{3}{\varkappa},$$

wo $\varkappa$ die Kompressibilität ist. Nach Messungen von *Voigt*[159]) ist für Steinsalz und wahrscheinlich auch für Pyrit[160]) $c_{12} = c_{44}$ erfüllt. Ferner ist für diese Kristalle näherungsweise $q_2 = q_3 = \frac{1}{3}q_1$. Daraus folgt leicht

$$K_2 = q_1^2 + q_2^2 + q_3^2 = \frac{99}{25\varkappa^2} = \text{rund } \frac{4}{\varkappa^2}.$$

Damit erhält man für diese Kristalle folgende einfache Darstellung der Molwärme bei hohen Temperaturen durch die Kompressibilität allein:

$$(265') \quad C_v = 3R\left(1 - \frac{\gamma}{20\varkappa}\cdot\frac{1}{T^2} + \frac{\gamma^2}{420\varkappa^2}\cdot\frac{1}{T^4} + \cdots + \frac{\left(\frac{\Theta}{T}\right)^2 e^{\frac{\Theta}{T}}}{\left(e^{\frac{\Theta}{T}} - 1\right)^2}\right).$$

Försterling wendet diese auf Bromkalium an, wobei er Θ aus der *Rubens*schen Reststrahlwellenlänge $\lambda_R = 82{,}6\,\mu$ unter Berücksichtigung

158) *K. Försterling*, Ztschr. f. Phys. 8 (1922), p. 251.
159) *W. Voigt*, Gött. Nachr. 1888, p. 330.
160) *K. Försterling*, Ztschr f. Phys. 2 (1920), p. 172.

der Verschiebung des Reflexionsmaximums berechnet zu $\Theta = 141^0$. Mit $\varkappa = 6{,}2 \cdot 10^{-12}\,\mathrm{dyn}^{-1}\,\mathrm{cm}^2$ erhält er die folgende Tabelle, welche die vorzügliche Übereinstimmung demonstriert:

Tabelle VIII.

T	C_v ber.	C_v beob.
80,6	9,51	9,40
137	11,00	10,60
234	11,63	11,74

Dagegen ergibt sich bei Zinkblende eine Diskrepanz zwischen optisch und theoretisch bestimmter mittlerer Schallgeschwindigkeit, die noch nicht aufgeklärt ist.

In einer weiteren Arbeit hat *Försterling*[161]) ein Verfahren angegeben, das für alle Temperaturen gültig ist. Es handelt sich um sukzessive Näherungen, die den numerischen Verhältnissen angepaßt sind, jedoch keinen allgemeinen Gesichtspunkt erkennen lassen. Mit dieser Methode ließen sich die für höhere Temperaturen gewonnenen Ergebnisse auch für tiefe Temperaturen bestätigen.

28. **Entwicklung der Lehre von der Zustandsgleichung.** Die Theorie der Zustandsgleichung fester Körper hat eine ähnliche Entwicklung durchgemacht wie die Theorie vom Energieinhalte. Man kann die Perioden der klassischen statistischen Mechanik und der Quantentheorie unterscheiden; in der letzteren wieder geht eine „monochromatische" Theorie voran, später folgt die Berücksichtigung des elastischen Spektrums und der Gitterstruktur. Die wichtigste Arbeit der klassischen Periode ist von *Mie*[162]), die neben einer kinetischen Theorie der Verdampfung eine Ableitung der Zustandsgleichung *einatomiger* fester Körper enthält. Diese Theorie knüpft an die *van der Waals*sche Methode zur Ableitung der Zustandsgleichung von Flüssigkeiten an und stellt wie diese den *Clausius*schen Virialsatz

$$3pV = 2\overline{L} + \overline{\sum rf(r)} \tag{266}$$

an die Spitze; dabei ist der Körper vom Volumen V unter gleichförmigem äußeren Druck p zu denken, und es bedeuten L die kinetische Energie des Körpers, r die Entfernung zweier Atome und $f(r)$ die zwischen diesen wirkende Kraft. Die Summe ist über alle Atompaare zu erstrecken, und die Striche bedeuten Mittelwerte im Sinne der statistischen Mechanik.

161) *K. Försterling*, Ztschr. f. Phys. 3 (1920), p. 9.

162) *G. Mie*, Ann. d. Phys. (4) 11 (1903), p. 657. S. auch diese Encyklop. V 10 (*H. Kamerlingh Onnes* und *W. H. Keesom*), Nr. 74f. Dort sind auch ältere Arbeiten zitiert, besonders die von *K. F. Slotte*.

Mie denkt sich nun die Kraft $f(r)$ zusammengesetzt aus einer anziehenden und einer abstoßenden Kraft, von denen die erste mit der bekannten *van der Waals*schen Kohäsion identisch sein, während die zweite viel schneller mit der Entfernung abnehmen soll. Für beide Kräfte macht er den einfachen Ansatz, daß sie Potenzen von r umgekehrt proportional sein sollen; wir schreiben (etwas allgemeiner als *Mie*):

$$\left\{\begin{aligned} &f(r) = -\frac{\partial \varphi}{\partial r}, \quad \varphi = \varphi_1 + \varphi_2, \\ &\varphi_1 = -\frac{a}{r^m}, \quad \varphi_2 = +\frac{b}{r^n}. \end{aligned}\right. \tag{267}$$

Die gesamte potentielle Energie pro Grammatom im Gleichgewicht ist

$$\Phi_0 = \Phi_0^{(1)} + \Phi_0^{(2)},$$

wo

$$\left\{\begin{aligned} \Phi_0^{(1)} &= -\frac{a}{2}\mathrm{N}\sum\frac{1}{r^m} = -\frac{a s_m}{2 r_0^m} \\ \Phi_0^{(2)} &= \frac{b}{2}\mathrm{N}\sum\frac{1}{r^n} = \frac{b s_n}{2 r_0^n} \end{aligned}\right. \tag{268}$$

dabei ist r_0 der Abstand zweier Nachbaratome (bei einfachem kubischen Gitter die Zellenkante), und wenn N_p die Anzahl der im Abstande r_p vom Nullpunkt befindlichen Atome ist, so ist die über alle Atomdistanzen erstreckte Summe

$$s_n = \sum_p \left(\frac{r_0}{r_p}\right)^n N_p \tag{268'}$$

eine Funktion von n allein.

Führt man das Atomvolumen $V = \mathrm{N} r_0^3$ ein und setzt

$$\frac{a}{2}\mathrm{N}^{\frac{m}{3}} s_m = A, \quad \frac{b}{2}\mathrm{N}^{\frac{n}{3}} s_n = B, \tag{269}$$

so wird

$$\Phi_0^{(1)} = -\frac{A}{V^{\frac{m}{3}}}, \quad \Phi_0^{(2)} = \frac{B}{V^{\frac{n}{3}}}. \tag{269'}$$

Für kleine Verrückungen aus dem Gleichgewicht kann man die potentielle Energie in eine Potenzreihe entwickeln, deren lineare Glieder fehlen:

$$\Phi = \frac{1}{2}\sum\left\{(\varphi)_0 + \frac{1}{2}\left(\frac{d^2\varphi}{dr^2}\right)_0 (r - r_0)^2 + \cdots\right\}.$$

Die quadratischen Glieder geben, über alle Werte von $r - r_0$ gemittelt, nach dem Gleichverteilungssatz der statistischen Mechanik (s. Nr. 25) den Wert $\frac{3}{2}kT$, also zusammen für ein Mol der Substanz $\frac{3}{2}RT$, ebensoviel wie der Mittelwert der kinetischen Energie beträgt. Wir wollen aber mit *Grüneisen*[163]) nur so viel benutzen, daß die Mittel-

163) *E. Grüneisen*, Ann. d. Phys. (4) 26 (1908), p. 393.

werte der kinetischen und potentiellen Schwingungsenergie jedenfalls gleich sind; für diese können wir dann nach Belieben den klassischen Wert $\frac{3}{2}RT$ oder einen andern (etwa den quantentheoretischen) einsetzen. Es ist also

(270) $$\overline{\Phi} = \Phi_0 + \overline{L}.$$

Die gesamte Energie ist

(271) $$E = \overline{\Phi} + \overline{L} = \Phi_0 + 2\overline{L}.$$

Der Schwingungsanteil der potentiellen Energie wird sich irgendwie auf die Energie der anziehenden und abstoßenden Kräfte verteilen; sei η ein echter Bruch, so wird sein

$$\overline{\Phi^{(1)}} = \Phi_0^{(1)} + \eta\overline{L},$$

$$\overline{\Phi^{(2)}} = \Phi_0^{(2)} + (1-\eta)\overline{L}.$$

Wir berechnen nun das Virial der anziehenden Kräfte; da

$$f_1(r) = -\frac{\partial \varphi_1}{\partial r} = -\frac{ma}{r^{m+1}} = \frac{m\varphi_1}{r},$$

so wird

$$\overline{\sum r f_1(r)} = m\overline{\sum \varphi_1} = m\overline{\Phi^{(1)}} = m\left(\Phi_0^{(1)} + \eta\overline{L}\right).$$

Ebenso wird das Virial der abstoßenden Kräfte

$$\overline{\sum r f_2(r)} = n\left(\Phi_0^{(2)} + (1-\eta)\overline{L}\right).$$

Setzt man diese Werte in (266) ein, so kommt

$$3pV = 2\overline{L}\left(1 + \frac{m}{2}\eta + \frac{n}{2}(1-\eta)\right) + m\Phi_0^{(1)} + n\Phi_0^{(2)}.$$

Benützt man hier die Ausdrücke (269′), so erhält man die *Zustandsgleichung*

(272) $$pV + G(V) = \gamma \cdot 2\overline{L},$$

wo

(273) $$\begin{cases} \text{a)} \quad G(V) = V\dfrac{d\Phi_0}{dV} = \dfrac{mA}{3V^{\frac{m}{3}}} - \dfrac{nB}{3V^{\frac{n}{3}}}, \\ \text{b)} \quad \gamma = \dfrac{1}{3}\left(1 + \dfrac{m}{2}\eta + \dfrac{n}{2}(1-\eta)\right). \end{cases}$$

Mie macht insbesondere noch drei Annahmen:

1. Die Anziehungskräfte sollen mit der *van der Waals*schen Kohäsion identisch sein; das bedeutet $m = 3$, denn dann wird die potentielle Energie der Anziehung $\Phi_0^{(1)} = -\frac{A}{V}$.
2. Der Beitrag der Anziehungskräfte zur Schwingungsenergie ist zu vernächlässigen; das bedeutet $\eta = 0$, $\gamma = \frac{n+2}{6}$.
3. Die thermische Energie hat den klassischen Wert $2\overline{L} = 3RT$.

Danach lautet die *Miesche Zustandsgleichung*

(272′) $$pV + \frac{A}{V} - \frac{nB}{3V^{\frac{n}{3}}} = RT\frac{n+2}{2}.$$

Grüneisen hat in der schon zitierten Arbeit[163]) eine etwas andere Ableitung der *Mie*schen Zustandsgleichung gegeben, wobei er die Abhängigkeit der Energie E von der Temperatur offen ließ, und hat einige Folgerungen experimentell geprüft. Man kann aus der Gleichung (272) oder (272′) den Spannungskoeffizienten $\left(\frac{\partial p}{\partial T}\right)_v$ berechnen; dieser hängt mit dem linearen Ausdehnungskoeffizienten α und der Kompressibilität $\varkappa$ so zusammen:

$$\left(\frac{\partial p}{\partial T}\right)_v = \frac{3\alpha}{\varkappa}.$$

Durch Differenzieren nach T bei konstantem V folgt nun aus (272) wegen $\frac{\partial}{\partial T}(2\bar{L})_v = C_v$:

(274) $$\frac{3\alpha V}{\varkappa C_v} = \gamma.$$

Wenn man mit *Mie* $\eta = 0$ setzt und annimmt, daß der Abstoßungsexponent n universell ist, so müßte $\frac{3\alpha V}{\varkappa C_v}$ für alle einatomigen Körper denselben Wert $\gamma = \frac{n+2}{6}$ haben. Nach *Grüneisen* schwanken die Werte von $\frac{3\alpha V}{C_v}$ in der Tat relativ wenig; für alle Metalle mit einem Atomgewicht über 100, ausgenommen Wismut und Antimon (die bei den meisten Regelmäßigkeiten der Metalle ausfallen), ist mit verhältnismäßig guter Annäherung

(274′) $$\frac{3\alpha V}{\varkappa C_v} = 2,3.$$

Hieraus folgt für den Abstoßungsexponenten ungefähr $n = 12$.

Einzelne große Abweichungen, besonders bei den Elementen von kleinem Atomgewicht, zeigen, daß die Annahmen von *Mie* nur rohe Annäherungen an die Wirklichkeit sein können.

Zur selben Zeit mit der zit. Untersuchung entdeckte *Grüneisen*[164]) auf empirischem Wege eine Verallgemeinerung der *Mie*schen Gleichung (274), die nur für hohe Temperaturen, im Bereiche des *Dulong-Petit*schen Gesetzes, begründet ist. Das *Grüneisen*sche Gesetz besagt:

Der Quotient aus dem Ausdehnungskoeffizienten und der spezifischen Wärme eines Metalles ist von der Temperatur nahezu unabhängig.

---

164) *E. Grüneisen*, Ann. d. Phys. (4) 26 (1908), p. 211.

Grüneisen zeigte, daß diese Regel bei vielen Metallen (Ni, Cu, Pd, Ag, Ir, Pt) von — 150° C bis gegen 1000° C mit großer Genauigkeit zutrifft.

Eine theoretische Ableitung dieses Gesetzes gab *Grüneisen* 1912 in einer großen Arbeit[165]), die sich eng an die *Mie*schen Gedanken anschließt und den Versuch einer vollständigen Thermodynamik der einatomigen Festkörper enthält. Man kann ihren Grundgedanken so kennzeichnen, daß sie die oben eingeführte Teilungszahl η genauer festlegt und mit einer Schwingungszahl in Beziehung bringt; dadurch wird der Anschluß an die zu gleicher Zeit sich entwickelnde Lehre von der spezifischen Wärme erreicht.

Grüneisen denkt sich alle Atome festgehalten außer einem; dieses wird dann unter der Wirkung der übrigen monochromatische Schwingungen der Frequenz ν ausführen. Die potentielle Energie bei einer Amplitude ξ ist $\frac{1}{2}D\xi^2$; sie wird in zwei Teile $\frac{1}{2}D_m\xi^2$ und $\frac{1}{2}D_n\xi^2$ zerfallen, von denen der erste durch die anziehenden, der zweite durch die abstoßenden Kräfte erzeugt wird. Das Verhältnis $\frac{\eta}{1-\eta}$ der entsprechenden Anteile der Gesamtenergie wird also im Sinne der monochromatischen Theorie gleich $\frac{D_m}{D_n}$ gesetzt werden können, also

$$\eta = \frac{D_m}{D}, \qquad 1 - \eta = \frac{D_n}{D}. \tag{275}$$

Dann wird nach (273b)

$$\gamma = \frac{(m+2)D_m + (n+2)D_n}{6D}. \tag{276}$$

Diese Größe γ läßt sich nun auf die Atomfrequenz

$$\nu = \frac{1}{2\pi}\sqrt{\frac{D}{\mu}} \tag{277}$$

zurückführen (μ = Atommasse).

Ist nämlich N_p die Anzahl der Atome im Abstande r_p von dem schwingenden und φ_p der Winkel der Verbindungslinie mit der Schwingungsrichtung ξ, so ist offenbar die zurückziehende Kraft

$$\sum_p \{f(r_p + \xi) - f(r_p - \xi)\} N_p \cos\varphi_p,$$

wo die Summe über die Atome eines Halbraumes zu erstrecken ist; das gibt angenähert

$$\xi 2 \sum_p f'(r_p) N_p \cos\varphi_p = -D\xi.$$

165) *E. Grüneisen,* Ann. d. Phys. (4) 39 (1912), p. 257. S. auch Verh. d. Deutsch. Phys. Ges. 13 (1911), p. 836; 14 (1912), p. 322. II. Conseil de Physique Solvay 1913 (Brüssel 1913), Molekulartheorie der festen Körper.

Mit dem Kraftgesetz (267) folgt daraus

$$(275') \qquad D_m = -\frac{m(m+1)}{r_0^{m+2}} a \sigma_m, \quad D_n = \frac{n(n+1)}{r_0^{n+2}} b \sigma_n,$$

wo die über den *ganzen* Raum erstreckte Gittersumme

$$\sigma_n = \sum_p \left(\frac{r_0}{r_p}\right)^n N_p \cos \varphi_p$$

nur von n abhängt. Sodann wird

$$\frac{r_0}{D} \frac{\partial D}{\partial r_0} = -\frac{(m+2) D_m + (n+2) D_n}{D} = -6\gamma.$$

r_0^3 ist mit V, und D mit ν^2 proportional, daher erhält man

$$(278) \qquad \gamma = -\frac{d \log \nu}{d \log V} = -\frac{V}{\nu} \frac{d\nu}{dV}.$$

Nach (273b) ist γ positiv; (278) drückt also den einleuchtenden Satz aus, daß die Schwingungszahl bei Kompression ($\Delta V < 0$) zunimmt bei Dilatation ($\Delta V > 0$) abnimmt.

Von den zahlreichen thermodynamischen Folgerungen, die *Grüneisen* aus der Zustandsgleichung (272) im Verein mit der Formel (278) zieht, heben wir folgende hervor.

I. Die Größe γ hängt nach (278) von V ab, doch nur unwesentlich, nämlich nur von dem Verhältnis $\frac{V}{V_0}$, wo V_0 das Atomvolumen bei $p = 0$, $T = 0$ bedeutet. An diesem Punkte ist nach (272)

$$(279) \qquad G(V_0) = 0,$$

und wenn man darin $V_0 = \mathrm{N} r_0^3$ setzt, so ergibt (273a) mit Rücksicht auf (269)

$$(279') \qquad \frac{m a s_m}{r_0^m} = \frac{n b s_n}{r_0^n},$$

was man auch direkt aus der Gleichgewichtsbedingung $\left(\frac{d\Phi}{dr}\right)_0 = 0$ schließen kann; dabei bedeutet hier r_0 den Atomabstand bei $T = 0$, $p = 0$. Vernachlässigt man die Änderung von r_0, so folgt aus (276), (275') leicht

$$(280) \qquad \gamma = \frac{1}{6} \frac{(n+1)(n+2)\psi_n - (m+1)(m+2)\psi_m}{(n+1)\psi_n - (m+1)\psi_m},$$

wo

$$(280') \qquad \psi_n = \frac{\sigma_n}{s_n} = \frac{\sum_p \left(\frac{r_0}{r_p}\right)^n N_p \cos \varphi_p}{\sum_p \left(\frac{r_0}{r_p}\right)^n N_p} < 1.$$

Die *Mie*sche Beziehung (274) bleibt also auch bei *Grüneisen* mit großer Annäherung gültig. Der Wert von γ geht in den *Mie*schen $\gamma = \frac{n+2}{6}$

über, wenn ψ_m neben ψ_n vernachlässigt werden kann; das ist, wie leicht aus (280′) zu sehen, der Fall, wenn $n \gg m$ ist. *Grüneisen* betrachtet daneben den Fall, daß die von den ferneren Atomen ausgeübten Kräfte durch die näheren Atome abgeschirmt werden; dann hat man die Summen in (280′) nach dem ersten Gliede abzubrechen, so daß ψ_n von n unabhängig wird. Aus $\psi_m = \psi_n$ folgt aber $\gamma = \frac{n+m+3}{6}$. Manche Beobachtungen scheinen diesen Wert wahrscheinlicher zu machen als den von *Mie* gewählten.

II. Sieht man die Energie E als Funktion von Volumen und Entropie S an, so gilt bekanntlich

$$p = -\frac{\partial E}{\partial V}, \quad T = \frac{\partial E}{\partial S}.$$

Daher ergibt die Zustandsgleichung (272) zusammen mit der Energiegleichung (271) folgende Differentialgleichung für E:

$$V\frac{dE}{dV} + \gamma E = G(V) + \gamma \Phi_0.$$

Hier sind Φ_0 und γ als Funktionen von V zu betrachten. Drückt man G nach (273) durch die Ableitung von Φ_0 nach V aus, so kann man schreiben:

$$V\frac{d(E-\Phi_0)}{dV} + \gamma(E-\Phi_0) = 0,$$

oder, wenn man statt V die unabhängige Variable ν vermöge (278) einführt

$$\nu\frac{d(E-\Phi_0)}{d\nu} - (E-\Phi_0) = 0.$$

Daraus folgt durch Integration

$$\frac{E-\Phi_0}{\nu} = \frac{2\overline{L}}{\nu} = w(S),$$

wo w eine willürliche Funktion bedeutet, und hieraus durch Differentiation nach S:

(281) $$\frac{T}{\nu} = w'(S).$$

Also wird S eine Funktion von $\frac{T}{\nu}$ allein, und die Energie bekommt die Form

(281′) $$E = \Phi_0 + \nu f\left(\frac{\nu}{T}\right).$$

Damit ist der Anschluß an die monochromatische Quantentheorie der spezifischen Wärme erreicht. Umgekehrt folgt aus (281′) notwendig, daß die Zustandsgleichung die Form (272) hat.

III. Aus der Zustandsgleichung folgt wegen (279) für die Kompressibilität beim absoluten Nullpunkt ($\overline{L} = 0$):

$$(282)\qquad \frac{1}{\varkappa_0} = \left(\frac{dG}{dV}\right)_0 = \frac{A}{9 V_0^{\frac{m}{3}+1}} m(n-m).$$

Daher hat man eine Entwicklung der Form

$$G(V) = \frac{V-V_0}{\varkappa_0}\left(1 - \beta\frac{V-V_0}{V_0} + \cdots\right).$$

Die thermische Ausdehnung gegen den Druck $p = 0$ findet man nun durch Auflösen der Gleichung $G(V) = \gamma 2\bar{L}$ angenähert als

$$(283)\qquad \frac{V-V_0}{V_0} = \frac{2\bar{L}}{Q_0 - \beta\cdot 2\bar{L}},$$

wo

$$(283')\qquad Q_0 = \frac{V_0}{\gamma\varkappa_0}.$$

In erster Näherung ist also die thermische Volumänderung dem Wärmeinhalt $2\bar{L}$ proportional. Das ist die theoretische Fassung des von *Grüneisen* zuerst empirisch gefundenen Gesetzes; es stellt die Beobachtungen an einfachen festen Körpern tatsächlich richtig dar[166]), wenigstens wenn man die Konstante β, die theoretisch gleich $\frac{n+m+3}{6}$ ist, geeignet wählt. Für den linearen Ausdehnungskoeffizienten $\alpha = \frac{1}{3}\frac{1}{V}\frac{dV}{dT}$ folgt aus (283) in erster Näherung

$$(283'')\qquad \frac{C_v}{3\alpha} = Q_0 = \frac{V_0}{\gamma\varkappa_0},$$

was mit der Gleichung (274) von *Mie* (die dieser nur für den Grenzfall hoher Temperaturen bewiesen hatte) formal übereinstimmt, wenn man die geringfügige Veränderlichkeit von $\frac{\varkappa}{V}$ vernachlässigt.

IV. Für die Frequenz beim absoluten Nullpunkt erhält *Grüneisen* eine Formel, die mit der bekannten Dimensionsformel von *Madelung* und *Einstein* (222) übereinstimmt. Führt man das Atomgewicht $\mathrm{M} = \mathrm{N}\mu$ und die Kompressibilität nach (282) ein, so wird

$$(284)\qquad \nu_0^2 = \frac{9\mathrm{N}^{\frac{2}{3}}}{2\pi^2}\,\frac{(n+1)\psi_n - (m+1)\psi_m}{n-m}\cdot\frac{V^{\frac{1}{3}}}{\varkappa_0\mathrm{M}}.$$

Hieraus folgt mit $V_0 = \frac{\mathrm{M}}{\varrho_0}$:

$$\lambda_0 = \frac{c}{\nu_0} = C\varkappa_0^{\frac{1}{2}}\mathrm{M}^{\frac{1}{3}}\varrho_0^{\frac{1}{6}}$$

166) *S. Valentiner* u. *J. Wallot* (Verh. d. Deutsch. Phys. Ges. 16 (1914), p. 757; Ann. d. Phys. (4) 46 (1915), p. 837) glaubten aus sorgfältigen Beobachtungen an Pt, Ir, Rh, Si, CaF_2, FeS_2 auf systematische Abweichungen schließen zu müssen. Doch konnte *Grüneisen* (Ann. d. Phys. (4) 55 (1918), p. 371; 58 (1919), p. 753) zeigen, daß diese Fehler (außer bei Si) nur auf dem angewandten Rechnungsverfahren beruhten.

in Übereinstimmung mit (222) (s. Nr. **24**). Dabei wird

$$C = \frac{c\pi}{3} N^{-\frac{1}{3}} \left(\frac{2(n-m)}{(n+1)\psi_n - (m+1)\psi_m} \right)^{\frac{1}{2}}$$

von der richtigen Größenordnung.

Zu einer neuen Formel gelangt *Grüneisen*, indem er statt $\varkappa_0$ den Wert (283″) einführt:

$$\nu_0 = C' \sqrt{\frac{1}{M V_0^{\frac{2}{3}}} \cdot \frac{C_v}{3\alpha}}. \tag{285}$$

Diese ist nützlich in den Fällen, wo die Kompressibilität nicht bekannt ist (wie z. B. damals bei Diamant, Rhodium, Iridium). Mit dem empirischen Werte $C' = 2{,}9 \cdot 10^{11}$ erhält man folgende Tabelle für $\Theta = \frac{h\nu_0}{k}$, wo die als „beobachtet" bezeichneten Werte aus dem Verlaufe der Atomwärme (nach der Formel (237) von *Nernst* und *Lindemann*) entnommen sind:

Tabelle IX.

	Θ ber.	Θ beob.		Θ ber.	Θ beob.
C	1860	1940	Ag	210	222
Al	374	405	Pb	105	92
Cu	325	320			

V. *Grüneisen* stellt auch die Beziehung seiner Theorie zur *Lindemann*schen Formel (228) für die Schwingungszahl ν_0 her, etwa auf folgende Weise:

Sind V_s und T_s Volumen und absolute Temperatur beim Schmelzpunkt, so folgt aus (283), (283′) mit $2\bar{L} = 3RT_s$ in erster Näherung:

$$\delta_s = \frac{V_s - V_0}{V_0} = \frac{2\bar{L}}{Q_0} = \frac{3RT_s\gamma\varkappa_0}{V_0}.$$

Drückt man hier $\varkappa_0$ durch δ_s aus und setzt das in (284) ein, so kommt

$$\nu_0^2 = \frac{27}{2\pi^2} \frac{N^{\frac{2}{3}} R\gamma}{\delta_s} \frac{(n+1)\psi_n - (m+1)\psi_m}{n-m} \cdot \frac{T_s}{M V_0^{\frac{2}{3}}}. \tag{286}$$

Nun ist aber δ_s, wie *Grüneisen*[167]) nachweist, für die Metalle Mg, Al, Cu, Pd, Ag, Pt, Au, Pb nicht völlig, aber annähernd konstant (ungefähr $= 0{,}08$); damit ergibt sich die *Lindemann*sche Formel (228)

$$\nu_0 = C^* R^{\frac{1}{2}} N^{\frac{1}{3}} \sqrt{\frac{T_s}{M V_0^{\frac{2}{3}}}}. \tag{286′}$$

Grüneisen zeigt, daß mit $m = 3$, $n = 12$ für den Zahlenfaktor ungefähr der richtige Wert herauskommt.

167) S. auch *E. M. Lémeray*, Paris C. R. 131 (1900), p. 1291.

Wichtig ist auch die Schätzung der mittleren Schwingungsamplitude beim Schmelzpunkt aus der Gleichung

$$3RT_s = 4\pi^2 M\nu^2 \overline{\xi^2}.$$

Es ergibt sich, daß das Verhältnis $\left(\frac{\xi}{r_0}\right)_{T_s}$ ziemlich unabhängig von der Substanz ist und den kleinen Wert 0,085 hat.

VI. — $\Phi_0(V_0)$ ist die Arbeit, die nötig ist, um beim absoluten Nullpunkt alle Atome in große gegenseitige Entfernung zu bringen, also die *Sublimationswärme beim absoluten Nullpunkt.* Für diese ergibt sich wegen (279)

(287) $$-\Phi_0(V_0) = \frac{A}{V_0^{\frac{m}{3}}} - \frac{B}{V_0^{\frac{n}{3}}} = \frac{A}{V_0^{\frac{m}{3}}}\left(1 - \frac{m}{n}\right),$$

oder wegen (282) und (283″)

(287′) $$-\Phi_0(V_0) = \frac{9}{mn} \cdot \frac{V_0}{\varkappa_0} = \frac{9\gamma}{mn} \cdot \frac{C_v}{3\alpha}.$$

Nach *Grüneisen* ist diese Beziehung annähernd erfüllt, wenn man mit *Mie van der Waals*sche Kohäsionskräfte annimmt ($m = 3$, $\gamma = \frac{n+2}{6}$); dann wird der Zahlenfaktor $\frac{9\gamma}{mn}$ ungefähr $= 0{,}6$.

Alle diese von *Grüneisen* gefundenen Zusammenhänge sind später von der elektrostatischen Gittertheorie aufgegriffen und auf die zwei- oder mehratomigen Ionengitter übertragen worden. Bei diesen wird die universelle, aber schwache *van der Waals*sche Anziehung durch die elektrostatischen Kräfte bei weitem überwogen; der Anziehungsexponent m wird also gleich 1, und die Konstante a in der Formel (267) (bzw. A, (269)) läßt sich exakt berechnen. Dadurch wird die in der *Mie-Grüneisen*schen Theorie noch steckende Willkür für diese Ionengitter beseitigt (s. Nr. **38**).

29. Quantentheorie der Zustandsgleichung. Während die *Grüneisen*sche Theorie die Abhängigkeit der thermischen Energie $2\overline{L}$ von der Temperatur unbestimmt läßt, haben *Ratnowsky*[168]), *Ornstein*[169]), *Debye*[170]) und andere den Weg eingeschlagen, durch Modifikation der quantentheoretischen Formel für die Temperaturabhängigkeit der Energie zur Zustandsgleichung zu gelangen.

---

168) *S. Ratnowsky,* Ann. d. Phys. 38 (1912), p. 637; Verh. d. Deutsch. Phys. Ges. 15 (1913), p. 75.

169) *L. S. Ornstein,* Proc. Amst. Akad. 1912, p. 983.

170) *P. Debye,* Phys. Ztschr. 14 (1913), p. 259; Wolfskehl-Kongreß, Göttingen 1913 (B. G. Teubner, Leipzig 1913), Vortrag über Zustandsgleichung und Quantenhypothese mit einem Anhang über Wärmeleitung.

Ratnowsky und *Ornstein* wenden die monochromatische Formel für die thermische Energie an. Dabei ist es bequem, nach dem Vorgange von *Ornstein* von der *freien Energie* eines Resonators auszugehen; diese beträgt nach *Planck*[171])

(288) $$f = kT\mathsf{F}\left(\frac{h\nu}{kT}\right), \quad \text{wo } \mathsf{F}(x) = \ln(1 - e^{-x}).$$

Hieraus ergibt sich die Energie des Resonators nach der thermodynamischen Formel

(288') $$u = f - T\frac{\partial f}{\partial T} = kT\mathsf{P}\left(\frac{h\nu}{kT}\right), \quad \mathsf{P}(x) = \frac{x}{e^x - 1}$$

in Übereinstimmung mit (232); ferner ist die Entropie des Resonators:

(288'') $$s = -\frac{\partial f}{\partial T} = \frac{u - f}{T} = k\left\{\mathsf{P}\left(\frac{h\nu}{kT}\right) - \mathsf{F}\left(\frac{h\nu}{kT}\right)\right\}.$$

Sieht man die Atome eines Mols als unabhängige Resonatoren von je 3 Freiheitsgraden an, so wird die freie Energie des Mols

(289) $$F = \Phi_0 + 3RT\mathsf{F}\left(\frac{h\nu}{kT}\right).$$

Um die Zustandsgleichung zu bekommen, muß man außer Φ_0 auch die Frequenz ν als Funktion des Volumens ansehen; dann erhält man nach bekannten thermodynamischen Formeln für den Druck p und die Entropie S die Ausdrücke:

(289') $$\begin{cases} p = -\dfrac{\partial F}{\partial V} = -\dfrac{d\Phi_0}{dV} - 3RT \cdot \dfrac{1}{\nu}\dfrac{d\nu}{dV}\mathsf{P}\left(\dfrac{h\nu}{kT}\right), \\ S = -\dfrac{\partial F}{\partial T} = 3R\left\{\mathsf{P}\left(\dfrac{h\nu}{kT}\right) - \mathsf{F}\left(\dfrac{h\nu}{kT}\right)\right\}. \end{cases}$$

Die erste dieser Relationen stimmt mit der *Mie-Grüneisen*schen Zustandsgleichung (272) überein, wenn man darin für die Schwingungsenergie $2\overline{L}$ den Ausdruck (234) der Quantentheorie (nach *Einstein*) einsetzt und die Definition von γ nach (278) benutzt.

Nachdem bei der spezifischen Wärme die Notwendigkeit erwiesen worden war, die monochromatische Theorie zu verlassen und das elastische Spektrum zu berücksichtigen, übertrug *Debye* seine dort (s. Nr. 27) bewährte Methode auf die Berechnung der freien Energie. Mit dem Verteilungsgesetz (155) der Schwingungszahlen ergibt sich

(290) $$F = \Phi_0 + 3RT \cdot 3\left(\frac{T}{\Theta}\right)^3 \int_0^{\frac{\Theta}{T}} \mathsf{F}(x)\, x^2\, dx,$$

wo Θ der Maximalfrequenz ν_m des elastischen Spektrums proportional

171) S. etwa *M. Planck,* Theorie der Wärmestrahlung 4. Aufl. (Leipzig 1921), § 127, Formel (189), (190), p. 127 und § 178, Formel (429), p. 203.

ist: $\Theta = \frac{h\nu_m}{k}$. Mit Hilfe einer partiellen Integration wird

(290′) $$F = \Phi_0 + 3RT\left\{\mathsf{F}\left(\frac{\Theta}{T}\right) - \frac{1}{3}\mathsf{D}\left(\frac{\Theta}{T}\right)\right\}.$$

Debye nimmt nun in rationeller Verallgemeinerung der monochromatischen Theorie an, daß ν_m, und damit Θ, vom Volumen V abhängen. Dann ergibt sich für den Druck

(291) $$p = -\frac{\partial F}{\partial V} = -\frac{d\Phi_0}{dV} - 3RT\mathsf{D}\left(\frac{\Theta}{T}\right)\frac{1}{\Theta}\frac{d\Theta}{dV}.$$

Wenn nun analog zu (278)

(291′) $$\frac{V}{\Theta}\cdot\frac{d\Theta}{dV} = \frac{V}{\nu_m}\frac{d\nu_m}{dV} = -\gamma$$

gesetzt wird, so hat die gewonnene Zustandsgleichung die von *Mie* und *Grüneisen* angenommene Form (272), wobei für die Schwingungsenergie $2\bar{L}$ die *Debye*sche Formel (239) einzusetzen ist.

Für die Entropie erhält man ebenso

(291″) $$S = -\frac{\partial F}{\partial T} = 3R\left\{\frac{4}{3}\mathsf{D}\left(\frac{\Theta}{T}\right) - \mathsf{F}\left(\frac{\Theta}{T}\right)\right\}.$$

Die allgemeinen Folgerungen aus diesen Gesetzen sind dieselben, die *Grüneisen* gezogen hat, sofern er nicht das besondere Potenz-Kraftgesetz benutzt.

Debye insbesondere setzt Φ_0 dem Quadrat der Volumenänderung ΔV, vom absoluten Nullpunkt gezählt, proportional und entwickelt Θ nach ΔV bis zu Gliedern zweiter Ordnung. Wegen (273a), (279), (282) ist dann

(292) $$\Phi_0 = \frac{\Delta V}{2\varkappa_0 V_0};$$

ferner setzt *Debye*

(292′) $$\Theta = \Theta_0\left(1 - a\frac{\Delta V}{V_0} + \frac{b}{2}\left(\frac{\Delta V}{V_0}\right)^2 + \cdots\right),$$

wo die Konstante a offenbar mit dem Werte identisch ist, den die *Grüneisen*sche Größe γ für $T = 0$, d. h. $V = V_0$, annimmt.

Die *Debye*sche Theorie führt also nicht wesentlich über die *Grüneisen*sche heraus; sie ist einerseits allgemeiner, sofern sie das *Mie-Grüneisen*sche Potenz-Kraftgesetz fallen läßt und es durch eine Reihe mit unbestimmten Koeffizienten ersetzt, andererseits spezieller, indem sie die Temperaturabhängigkeit der thermischen Energie festlegt. Die Hauptleistung der *Debye*schen Arbeit aber liegt in der Klärung der Grundlagen, nämlich in der Erkenntnis, daß die thermische Ausdehnung nur dadurch zustande kommt, daß die Kräfte zwischen den Atomen nicht genau den Verrückungen proportional sind, daß also das *Hooke*sche Gesetz nicht exakt gilt. Denn nur dann kann die Maximalfrequenz ν_m, die nach Nr. **26**, Formeln (154'), (238), (240), von den Elastizitätskonstanten abhängt, und damit Θ eine Funktion der Deformation, also insbesondere der Volumenänderung ΔV sein. Allerdings kann man gegen diese *Debye*sche Auffassung wiederum das Bedenken erheben, wie es erlaubt sein kann, die Atomschwingungen mit Hilfe der Formeln für den gewöhnlichen Oszillator zu behandeln, wenn doch die zurückziehenden Kräfte nicht den Verrückungen proportional sind. Die kritische Behandlung dieser Frage erfolgt im nächsten Abschnitt (Nr. **30**); sie führt zu dem Ergebnis, daß die *Debye*sche Methode richtig ist, solange man sich bei der Entwicklung von Θ nach ΔV (allgemeiner nach den Komponenten der Deformation) auf die linearen Glieder beschränkt.

Hier soll zunächst ohne Rücksicht auf diese Kritik die formale Ausgestaltung der *Debye*schen Theorie besprochen werden.

R. Ortvay[172]) hat angegeben, wie man verfahren muß, wenn man nicht nur Volumenänderungen, sondern beliebige Deformationen, auch von Kristallen, behandeln will.

Dazu braucht man nur Φ_0 als quadratische Form der 6 Deformationskomponenten $x_x, y_y, z_z, y_z, z_x, x_y$ anzusetzen und entsprechend Θ nach diesen Größen zu entwickeln, ebenfalls bis auf Glieder zweiter Ordnung einschließlich. Dann wird auch die freie Energie F eine Funktion der $x_x, \ldots$, die man bis auf Glieder zweiter Ordnung einschließlich zu entwickeln hat; statt der einen Zustandsgleichung (291) hat man dann die 6 Spannungsgleichungen

$$(293)\begin{cases} X_x = -\dfrac{\partial F}{\partial x_x} = X_x^0 - c_{11} x_x - c_{12} y_y - c_{13} z_z - c_{14} y_z - c_{15} z_x - c_{16} x_y, \\ \ldots\ldots\ldots\ldots\ldots\ldots\ldots\ldots\ldots\ldots, \end{cases}$$

deren Koeffizienten $X_x^0, \ldots; c_{11}, \ldots$ von der Temperatur abhängen. Die X_x^0 sind die Komponenten der thermischen Spannungen; sie hängen offenbar von den linearen Gliedern der Entwicklung von Θ nach den $x_x, \ldots$ ab. Die $c_{11}, \ldots$ sind die Elastizitätskonstanten; sie werden nur dann Funktionen der Temperatur, wenn man in Θ die Glieder 2. Ordnung in den $x_x, \ldots$ mitnimmt. Die folgende Kritik der Methode wird zeigen, daß dieses nicht ohne weiteres erlaubt ist, weil dann die Quantentheorie des harmonischen Oszillators nicht mehr ausreicht.

Um die Wärmeausdehnung zu erhalten, hat man die äußeren Spannungen $X_x, \ldots$ gleich Null zu setzen und die Gleichungen nach

172) *R. Ortvay*, Verh. d. Deutsch. Phys. Ges. 15 (1913), p. 773.

den $x_x, \ldots$ aufzulösen; man bekommt dann Ausdrücke der Form

$$(293') \quad \begin{cases} x_x = s_{11} X_x^0 + s_{12} Y_y^0 + \cdots + s_{16} X_y^0, \\ \ldots\ldots\ldots\ldots\ldots\ldots \end{cases}$$

wo die s_{ij} die in (53''), Nr. 8, eingeführten Elastizitätsmoduln sind.

Ortvay entwickelt diese Theorie insbesondere für einen isotropen Körper; dann wird die Zahl der Koeffizienten dadurch beschränkt, daß die Entwicklungen von Φ_0 und Θ nach den $x_x, \ldots$ nur von den Orthogonalinvarianten dieser Größen abhängen. Es ergibt sich leicht, daß $X_x^0 = Y_y^0 = Z_z^0 = p^0$, $Y_z^0 = Z_x^0 = X_y^0 = 0$, und daraus folgt gleichförmige Dilatation bei Temperaturerhöhung.

Wesentlich ausgestaltet wurde die Theorie durch Arbeiten von *van Everdingen*[173]), *Lorentz*[174]), *Ornstein* und *Zernike*[175]), *Tresling*[176]). Nach der *Debye*schen Theorie der spezifischen Wärme ist nämlich Θ ausdrückbar durch die Schallgeschwindigkeiten der elastischen Wellen (s. Nr. **26**, Formel (154'), (238), (240)), bei isotropen Körpern direkt durch die Elastizitätskonstanten (s. Nr. **26**, Formel (245), (246)). Die Deformationsenergie eines elastischen Kontinuums wird nun bis auf Glieder von höherer als 3. Ordnung in den Deformationskomponenten entwickelt; bei isotropen Körpern hängt sie nur von den Orthogonalinvarianten der Deformationsgrößen

$$J_1 = x_x + y_y + z_z,$$
$$J_2 = y_y z_z + z_z x_x + x_x y_y - \tfrac{1}{4}(y_z^2 + z_x^2 + x_y^2),$$
$$J_3 = x_x y_y z_z + \tfrac{1}{4}(z_y x_z y_x - x_x y_z^2 - y_y z_x^2 - z_z x_y^2),$$

ab, und zwar erhält man nach *Tresling*, der die Ansätze von *Debye*, *Ortvay*, *van Everdingen* als unzulässig nachweist, den Ausdruck

$$\Phi = A J_1^2 + B J_2 + C J_1^3 + D J_1 J_2 + E J_3.$$

Dabei darf man aber nicht die Formeln (35) (Nr. **6**) für die $x_x, \ldots$ gebrauchen, sondern die für „endliche“ Deformationen[177]) gültigen

$$2x_x + 1 = \left(\frac{\partial x}{\partial \xi}\right)^2 + \left(\frac{\partial y}{\partial \xi}\right)^2 + \left(\frac{\partial z}{\partial \xi}\right)^2, \ldots$$

$$y_z = \frac{\partial x}{\partial \eta}\frac{\partial x}{\partial \zeta} + \frac{\partial y}{\partial \eta}\frac{\partial y}{\partial \zeta} + \frac{\partial z}{\partial \eta}\frac{\partial z}{\partial \zeta}, \ldots,$$

173) *M. J. M. van Everdingen*. De toestandvergelijking van het isotrope, vaste lichaam, Proefschrift Utrecht 1914.

174) *H. A. Lorentz*, Versl. Kon. Ak. van Wetensch. te Amsterdam, Nov. 1915, 24, p. 671.

175) *L. S. Ornstein* u. *F. Zernike*, Versl. Kon. Ak. van Wetensch. te Amsterdam; I, II, III. Febr.-März 1916, 24, p. 1689, 1561; Juni 1916, 25, p. 396.

176) *J. Tresling*, Deformaties en trillingen in het vaste lichaam by afwijkingen van de wet van Hooke, ook in verband met de toestandsvergelijking. Proefschrift Leiden 1919.

177) S. dieze Encyklop. IV 23 (*C. H. Müller* u. *A. Timpe*) Nr. **6** (Anhang).

hier bedeuten ξ, η, ζ die Koordinaten eines Teilchens vor der Deformation, das nach derselben die Koordinaten x, y, z hat. (Bei kleinen Verrückungen $\mathfrak{u}_x = x - \xi, \ldots$ gehen diese Ausdrücke in die einfachen $x_x = \frac{\partial \mathfrak{u}_x}{\partial x} = u_{xx}, \ldots y_z = \frac{\partial \mathfrak{u}_y}{\partial z} + \frac{\partial \mathfrak{u}_z}{\partial y} = u_{yz} + u_{zy}, \ldots$ über.)

Nun denke man sich zunächst eine unendlich kleine Deformation gegeben; von dieser aus werde eine zweite Deformation vorgenommen. Dann kann man „relative Elastizitätskonstanten" für die letztere definieren, und diese werden ihrerseits lineare Funktionen der Komponenten der ersten Deformation sein.

Es werden also auch die Geschwindigkeiten der Schallwellen lineare Funktionen der ersten Deformationsgrößen, und dasselbe gilt von Θ. Auf diese Weise findet *Tresling* für den Koeffizienten der thermischen Ausdehnung einen der Schwingungsenergie proportionalen Ausdruck (Gesetz von *Grüneisen*), der von den Koeffizienten A, B, C, D, E abhängt; von diesen sind A, B als gewöhnliche Elastizitätskonstanten bekannt, C, D, E werden aus den beobachteten Abweichungen vom *Hooke*schen Gesetz bestimmt.[178])

Der Gedanke, welcher der im folgenden dargestellten Ableitung aus der Gittertheorie zugrunde liegt, stimmt mit dieser Methode im wesentlichen überein; nur muß die schon erwähnte Kritik der Anwendbarkeit der Oszillatorformeln vorausgeschickt werden, durch welche der Gültigkeitsbereich der Theorie eingeschränkt wird.

In den genannten holländischen Arbeiten findet sich eine zweite Methode zur Aufstellung der Zustandsgleichung entwickelt, die nicht von der Energie ausgeht, sondern direkt die thermischen Spannungen durch Mittelbildung über die von den Atomen ausgeübten Kräfte zu berechnen sucht.[179]) Beide Methoden führen natürlich bei konsequenter Anwendung auf dieselben Endformeln.

Alle diese Theorien[180]) bewegen sich im Rahmen der Kontinuumsphysik. Demgegenüber hat die Gittertheorie die Aufgabe, die in der

---

178) *Tresling* führt diese Rechnung für Stahl nach Messungen von *J. H. Poynting* (Proc. Roy. Soc. (A) 86 (1912), p. 534) aus und erhält für die thermische Ausdehnung Übereinstimmung der Größenordnung.

179) Die Methode der direkten Berechnung der thermischen Spannungen ist auch von *K. Försterling* in den früher zitierten Arbeiten (Anm. 155, 161) angewandt worden; derselbe Autor diskutiert in einer andern Abhandlung (Ann. d. Phys. (4) 47 (1915), p. 1127) das Problem der Zustandsgleichung vom Standpunkt der *Helmholtz*schen Theorie der zyklischen Systeme.

180) Abhandlungen von *E. Rasch* (Mitt. aus. d. kgl. Materialprüfungsamt, Berlin 1912, p. 321), *M. B. Weinstein* (Ann. d. Phys. (4) 51 (1916), p. 465; 52 (1917), p. 203, 506) u. a. sind teils fehlerhaft, teils ohne Bedeutung für die Entwicklung der Theorie.

thermischen Zustandsgleichung (der freien Energie) vorkommenden Parameter auf die Atomkräfte explizite zurückzuführen (s. Nr. **31**).

30. Anharmonische Oszillatoren. Ein „idealer" fester Körper ist nach *Debye* ein solcher, bei dem die potentielle Energie exakt durch eine quadratische Form der Verrückungen dargestellt wird (bei dem also das *Hooke*sche Gesetz streng gilt). *Debye* hebt hervor, daß ein solcher Körper *keine* thermische Ausdehnung zeigen würde; denn wenn sich die Atomkräfte einer Annäherung je zweier Atome ebenso stark widersetzen als einer Entfernung, kann keine spontane Dilatation der Mittellagen mit wachsender Schwingungsenergie eintreten.

Die thermische Ausdehnung beruht also wesentlich auf der Abweichung von der „Idealität", auf den Gliedern 3. Ordnung in der potentiellen Energie. Es wurde schon oben darauf hingewiesen, daß dann die Frage entsteht, warum es erlaubt ist, die für ein System harmonischer Oszillatoren gültigen Formeln der Quantentheorie auf diesen Fall anzuwenden.

Debye macht die Sachlage an einem einzigen linearen Oszillator klar, dessen potentielle Energie bis auf Glieder 3. Ordnung der Schwingungsamplitude x einschließlich entwickelt wird:

(294) $$\varphi(x) = m\frac{\omega^2}{2}x^2 + gx^3.$$

Die Bewegungsgleichung lautet

$$m\ddot{x} + \frac{\partial\varphi}{\partial x} = m(\ddot{x} + \omega^2 x) + 3gx^2 = 0.$$

Vernachlässigt man zunächst die Glieder von höherem als 1. Grade, so ist die Lösung

$$x = A\cos(\omega t - \alpha),$$

wobei A, α Integrationskonstanten sind. Sodann ergibt sich in 2. Näherung die inhomogene Gleichung

$$m(\ddot{x} + \omega^2 x) = -3gA^2\cos^2(\omega t - \alpha) = -\frac{3gA^2}{2} - \frac{3gA^2}{2}\cos 2(\omega t - \alpha),$$

deren Lösung ist

$$x = A\cos(\omega t - \alpha) - \frac{3gA^2}{2m\omega^2} + \frac{gA^2}{2m\omega^2}\cos 2(\omega t - \alpha).$$

Der zeitliche Mittelwert der Schwingungsamplitude ist

$$\bar{x} = -\frac{3gA^2}{2m\omega^2}.$$

Andererseits ist die Gesamtenergie des Oszillators bei der Schwingung in 1. Näherung

$$u = \frac{m}{2}(\dot{x}^2 + \omega^2 x^2) = \frac{A^2}{2}m\omega^2,$$

also wird

(295) $$\bar{x} = -\frac{3g}{m^2\omega^4}u.$$

Die Verlagerung des Schwingungsmittelpunktes ist also in 1. Näherung der Schwingungsenergie proportional; hierin sieht *Debye* mit Recht die Wurzel des *Grüneisen*schen Satzes von der Proportionalität der thermischen Ausdehnung mit der Energie.

Die Berechnung der Temperaturabhängigkeit der Lage des Schwingungsmittelpunktes erfordert nun aber die Anwendung der statistischen Mechanik bzw. der Quantentheorie auf den asymmetrischen Oszillator, der streng genommen keine Sinusschwingungen ausführt. Um auch auf solche Systeme wenigstens näherungsweise die bekannten Methoden der Quantentheorie anwenden zu können, schlägt *Debye* folgenden Weg ein:

Er denkt sich eine konstante äußere Kraft K angebracht, die den ruhenden Oszillator um die Strecke $\bar{x}$ aus seiner natürlichen Gleichgewichtslage entfernt; zwischen K und $\bar{x}$ muß dann die Gleichung

$$K = \left(\frac{d\varphi}{dx}\right)_{x=\bar{x}} = m\omega^2\bar{x} + 3g\bar{x}^2$$

bestehen. Um diese neue Gleichgewichtslage werden nun wegen der Wärmebewegung Schwankungen auftreten, gemessen durch die Koordinate

$$\xi = x - \bar{x}.$$

Die gesamte Energie im Felde der konstanten Kraft K wird dann

$$u = \frac{m}{2}\dot{\xi}^2 + \varphi(\bar{x} + \xi) - K\xi$$

$$= \left(\frac{m\omega^2}{2}\bar{x}^2 + g\bar{x}^3\right) + \frac{m}{2}\dot{\xi}^2 + \frac{1}{2}(m\omega^2 + 6g\bar{x})\xi^2 + g\xi^3.$$

Debye läßt nun einfach das Glied mit ξ^3 weg; dann kann man

$$u - \left(\frac{m\omega^2}{2}\bar{x}^2 + g\bar{x}^3\right) = \frac{m}{2}(\dot{\xi}^2 + \bar{\omega}^2\xi^2), \quad \bar{\omega}^2 = \omega^2 + \frac{6g\bar{x}}{m}$$

als Energie eines gewöhnlichen, harmonischen Oszillators ansehen und die bekannten statistischen Methoden darauf anwenden. Die Frequenz $\bar{\omega} = \omega\left(1 + \frac{3g}{m\omega^2}\bar{x}\right)$ wird von der Mittellage $\bar{x}$. abhängig, und man erhält für die freie Energie einen Ausdruck der Form (288):

$$F = \frac{m\omega^2}{2}\bar{x}^2 + g\bar{x}^3 + kT\mathsf{F}\left(\frac{h\bar{\nu}}{kT}\right), \quad \bar{\nu} = \nu\left(1 + \frac{3g}{m\omega^2}\bar{x}\right).$$

Debye streicht nachträglich noch das Glied mit $\bar{x}^3$, das eine Abweichung vom *Hooke*schen Gesetz bei einer Veränderung der Mittellage $\bar{x}$ bedeuten würde. Hiergegen muß man ein Bedenken vorbringen; denn nachdem vorher schon das Glied mit ξ^3 fortgelassen worden ist, hat es den Anschein, als ob in dem Ausdruck $(\bar{x} + \xi)^3$ näherungsweise die Glieder mit $\bar{x}^3$ und ξ^3 *zugleich* vernachlässigt würden. Das Verfahren von *Debye* erfordert also eine besondere Rechtfertigung.

In der Tat beruht die Möglichkeit, das Glied mit ξ^3 fortzulassen, nicht darauf, daß die Schwingungsamplitude ξ klein ist gegen die Verschiebung der Mittellage $\bar{x}$ (bei den wirklichen Körpern ist stets das Umgekehrte der Fall), sondern auf einem Satze der statistischen Mechanik, der sowohl in ihrer klassischen Gestalt als auch bei Einführung der Quanten gilt. Dieser Satz bezieht sich auf ein System von asymmetrischen Oszillatoren mit der Energie

$$W = \tfrac{1}{2}(p^2 + \omega^2 q^2) + a q^3 \tag{296}$$

und besagt, daß die freie Energie, nach Potenzen der kleinen Größe a entwickelt, keine Glieder 1. Ordnung in a enthält. (Hier ist die Masse gleich 1 gesetzt; durch die Substitution

$$q = x\sqrt{m}, \qquad p = \dot{x}\sqrt{m}, \qquad a = m^{-\frac{3}{2}} g$$

gelangt man zum allgemeinen Fall zurück.)

Für die klassische statistische Mechanik ergibt sich der Beweis sofort aus der Definition der freien Energie durch das Zustandsintegral Z:

$$F = -kT \log Z, \qquad Z = \iint e^{-\frac{W}{kT}} dp\, dq. \tag{297}$$

Entwickelt man Z nach a, so wird

$$Z = \iint e^{-\frac{1}{2kT}(p^2 + \omega^2 q^2)} \left(1 - \frac{a}{kT} q^3 + \frac{1}{2}\left(\frac{a}{kT}\right)^2 q^6 - \cdots\right) dp\, dq,$$

und man sieht ohne weiteres, daß das in a lineare Glied Null ist.

In der Quantentheorie tritt an die Stelle des Zustandsintegrals die Quantensumme[181])

$$Z = \sum_{n=0}^{\infty} e^{-\frac{W_n}{kT}}, \tag{297'}$$

wo W_n die Energien der quantenmäßig ausgezeichneten Zustände (stationäre Bewegungen) sind. Für ein System von einem Freiheitsgrade, wie das vorliegende, werden diese Quantenzustände durch die Bedingung

$$J = \int p\, dq = nh \tag{298}$$

festgelegt, wo die Integration über eine Periode zu erstrecken ist. Wenn man p aus der Energiegleichung entnimmt, erhält man ein elliptisches Integral

$$J = \int \sqrt{2W - \omega^2 q^2 - 2aq^3}\, dq,$$

181) S. etwa *M. Planck*, Theorie der Wärmestrahlung, 4. Aufl. (Leipzig 1921), § 127, p. 126. Ferner *C. G. Darwin* und *R. H. Fowler*, Proc. Cambridge Phil. Soc. 21, Pt. 3 (1922), p. 262.

die Integration erstreckt hin und zurück zwischen den beiden Wurzeln des Integranden, die die positiven Werte des Integranden begrenzen.

Die erste Behandlung des asymmetrischen Oszillators nach dieser Methode findet sich in einer Arbeit von *Boguslawski*[182]) über Pyroelektrizität. Diese Erscheinung ist mit der thermischen Ausdehnung eng verwandt und muß wie diese auf der Verschiebung des Schwingungsmittelpunktes bei wachsenden Amplituden beruhen. *Boguslawski* behandelt sie nach dem Vorbild der monochromatischen Theorie der spezifischen Wärme, indem er voneinander unabhängige, elektrisch geladene Oszillatoren annimmt, deren Energie ein kubisches Glied enthält (s. Nr. 32).

Die Auswertung des Integrals J ergibt nach *Boguslawski* folgende Reihe nach Potenzen von W:

$$J = \frac{W}{\nu}\left(1 + \frac{15}{4}\,\frac{a^2 W}{(2\pi\nu)^6} + \cdots\right) = nh, \quad \nu = \frac{\omega}{2\pi},$$

und hieraus erhält man für die ausgezeichneten Energiewerte

$$W = W_n = nh\nu\left(1 - \frac{15}{4}\,\frac{a^2}{(2\pi\nu)^6}\, nh\nu + \cdots\right). \tag{299}$$

Da hier kein lineares Glied in a auftritt, gilt dasselbe für Z und damit für F.

Hieraus erhellt die Berechtigung des *Debye*schen Verfahrens: Solange man alle höheren Potenzen von a (sowie die Glieder von höherer als 3. Ordnung der potentiellen Energie) vernachlässigt, ist es erlaubt, die Schwingungen um die verschobene Gleichgewichtslage mit den gewöhnlichen Formeln für Systeme harmonischer Oszillatoren zu behandeln.

Eine strenge Begründung der Theorie der Zustandsgleichung erfordert die Übertragung jenes Satzes auf ein System von vielen Freiheitsgraden.

Das Problem der Schwingungen eines mechanischen Systems um eine Gleichgewichtslage bei Berücksichtigung der Glieder von höherer als 2. Ordnung in der potentiellen Energie ist von Lord *Rayleigh*[183]) mit Hilfe eines auf die *Lagrange*schen Bewegungsgleichungen an-

182) *S. Boguslawski*, Phys. Ztschr. 15 (1914), p. 283, 569, 805. Eine Behandlung des anharmonischen Oszillators findet sich auch in einer Arbeit über Bandenspektren der Halogenwasserstoffe von *A. Kratzer* (Ztschr. f. Phys. 3 (1920), p. 289). S. ferner *A. Sommerfeld*, Atombau und Spektrallinien, 3. Aufl. (Braunschweig 1922), Anhang 17.

183) Lord *Rayleigh*, Theory of Sound (London 1894). Der Fall eines Freiheitsgrades in Bd. I, Chap. IV, § 67, 68, der beliebig vieler Freiheitsgrade in Bd. II, Appendix to Chap. V.

gewandten Verfahrens sukzessiver Approximation behandelt worden. Der Ansatz ist etwas allgemeiner, als in der Gittertheorie notwendig ist, da die Koeffizienten der Geschwindigkeits- (bzw. Impuls-)Komponenten in der kinetischen Energie als Funktionen der Koordinaten angesehen werden. Doch führt *Rayleigh* die Rechnung allgemein nur bis zur zweiten Annäherung; die dritte Annäherung, die für die Anwendung der Quantentheorie maßgebend ist, gibt er nur für den Fall zweier Freiheitsgrade und konstanter Koeffizienten der kinetischen Energie. *J. Horn*[184]) gibt die Lösung der Bewegungsgleichungen durch trigonometrische Reihen an und untersucht einen speziellen Fall genau, in dem sich die Variabeln separieren lassen. *Born* und *Brody*[185]) haben das Problem mit Hilfe einer Methode gelöst, die aus der Störungstheorie der Himmelsmechanik stammt und direkt die Quantenbedingungen liefert. Sie nehmen an, daß die Koeffizienten der Impulse in der kinetischen Energie konstant sind (die Methode läßt sich ohne Schwierigkeit auch ohne diese Annahme durchführen); sie führen die Normalkoordinaten $q_1, \dots q_f$ und zugehörigen kanonischen Impulse $p_1, \dots p_f$ des ungestörten Systems (potentielle Energie quadratisch in den q_k) ein und denken sich die Störungsfunktion (höhere Glieder der potentiellen Energie) nach Potenzen eines Parameters λ entwickelt:

$$(300) \quad H = \tfrac{1}{2}\sum_{k=1}^{f}(p_k^2 + \omega_k^2 q_k^2) + \lambda f_3(q_1, \dots q_f) + \lambda^2 f_4(q_1, \dots q_f) + \cdots$$

Dabei bedeuten $f_3, f_4, \dots$ Polynome 3., 4., ... Grades in $q_1, \dots q_f$.

Sodann kann man nach *Schwarzschild*[186]) für das ungestörte System Wirkungsvariable $2\pi x_k$ und Winkelvariable $\frac{y_k}{2\pi}$ einführen mit Hilfe einer von *Poincaré*[187]) angegebenen kanonischen Substitution:

$$q_k = \sqrt{\frac{2x_k}{\omega_k}} \cos y_k, \quad p_k = -\sqrt{2\omega_k x_k} \sin y_k.$$

184) *J. Horn,* Crelles J. f. d. reine u. angew. Math. 126 (1903), p. 194.

185) *M. Born* u. *E. Brody,* Ztschr. f. Phys. 6 (1921), p. 140. *H. Poincare* behandelt in seinem Werke Les Méthodes nouvelles de la mécanique céleste, Bd. II, Chap. XV, § 159 p. 160, (Paris 1893) das Problem des gestörten Oszillatorensystems für eine beliebige Störungsfunktion nach einer etwas anderen Methode, die für Anwendung der Quantenbedingungen ungeeignet ist. Auch findet sich in diesem Werke die von *Born* u. *Brody* benutzte Methode (Bd. II, Chap. XI, § 125, p. 17) ganz allgemein für beliebige mechanische Systeme entwickelt; die Verbindung dieses Verfahrens mit den Quantenregeln haben *M. Born* u. *W. Pauli* [Ztschr. f. Phys. 10 (1922), p. 137] hergestellt.

186) *K. Schwarzschild,* Berl. Ber. 1916, p. 548.

187) *H. Poincaré,* Leçons de Mécanique Céleste (Paris 1905), Tome I, Chap. I, § 6, p. 5.

Damit wird der Ausdruck der Energie:

$$H = \sum_k \omega_k x_k + \lambda f_3\left(\sqrt{\frac{2x_k}{\omega_k}}\cos y_k\right) + \lambda^2 f_4\left(\sqrt{\frac{2x_k}{\omega_k}}\cos y_k\right) + \cdots$$

und die *Hamilton-Jacobi*sche partielle Differentialgleichung für die Wirkungsfunktion S lautet:

$$\sum_k \omega_k \frac{\partial S}{\partial y_k} + \lambda f_3\left(\sqrt{\frac{2}{\omega_k}\frac{\partial S}{\partial y_k}}\cos y_k\right) + \lambda^2 f_4\left(\sqrt{\frac{2}{\omega_k}\frac{\partial S}{\partial y_k}}\cos y_k\right) + \cdots = W.$$

Wenn man eine Lösung dieser Gleichung finden kann, die Konstante $\alpha_1, \ldots \alpha_f$ enthält und die Form

$$S = \sum_k \alpha_k y_k + \mathfrak{P}(y_k, \alpha_k)$$

hat, wo die Funktion $\mathfrak{P}$ periodisch in den y_k ist, so sind nach *Schwarzschild* die Größen $J_k = 2\pi\alpha_k$ die Wirkungsvariabeln des gestörten Problems, und die zugehörigen Winkelvariabeln erhält man durch Differentiation: $w_k = \frac{\partial S}{\partial J_k}$.

Die Lösung der Differentialgleichung wird als Potenzreihe nach λ angesetzt:

$$S = S_0 + \lambda S_1 + \lambda^2 S_2 + \cdots$$

und zugleich die Energiekonstante:

$$W = W_0 + \lambda W_1 + \lambda^2 W_2 + \cdots$$

Dann ergeben sich die folgenden Näherungsgleichungen:

$$\sum_k \omega_k \frac{\partial S_0}{\partial y_k} = W_0,$$

$$\sum_k \omega_k \frac{\partial S_1}{\partial y_k} = W_1 - f_3\left(\sqrt{\frac{2}{\omega_k}\frac{\partial S_0}{\partial y_k}}\cos y_k\right),$$

$$\sum_k \omega_k \frac{\partial S_2}{\partial y_k} = W_2 - \sum_k \frac{\partial f_3}{\partial q_k}\cdot\frac{1}{2}\frac{\frac{\partial S_1}{\partial y_k}}{\frac{\partial S_0}{\partial y_k}}\sqrt{\frac{2}{\omega_k}\frac{\partial S_0}{\partial y_k}}\cos y_k - f_4\left(\sqrt{\frac{2}{\omega_k}\frac{\partial S_0}{\partial y_k}}\cos y_k\right),$$

. . . .

Diese lassen sich der Reihe nach lösen; denn die linke Seite ist immer derselbe lineare Differentialausdruck, und die rechte Seite ist bekannt, wenn die vorhergehenden Gleichungen gelöst sind. Die erste Näherungsgleichung hat die Lösung

$$(301)\qquad S_0 = \sum_k \alpha_k y_k, \quad \text{wenn} \quad W_0 = \sum_k \alpha_k \omega_k = \sum_k J_k \nu_k, \quad (\omega_k = 2\pi\nu_k).$$

Daher müssen die Funktionen $S_1, S_2, \ldots$ sämtlich periodisch in den y_k sein, und durch Mittelbildung über die zweite Gleichung folgt:

$$(302)\qquad W_1 = \overline{f_3\left(\sqrt{\frac{2\alpha_k}{\omega_k}}\cos y_k\right)} = 0.$$

Dann läßt sich S_1 als trigonometrische Summe ohne konstantes Glied aus der zweiten Gleichung berechnen, und dieser Wert ist in die dritte Gleichung einzusetzen. Mittelbildung über diese liefert

$$(303)\qquad W_2 = \overline{\sum_k \frac{1}{\sqrt{2\,\omega_k \alpha_k}} \frac{\partial f_3}{\partial q_k} \frac{\partial S_1}{\partial y_k} \cos y_k} - \overline{f_4\left(\sqrt{\frac{2\,\alpha_k}{\omega_k}} \cos y_k\right)}.$$

Nun läßt sich S_2 berechnen und das Verfahren in gleicher Weise beliebig fortsetzen.

Das Wesentliche desselben besteht darin, daß man, um die Energie in einer bestimmten Ordnung λ^p zu berechnen, nur die Näherungs-Differentialgleichungen bis zur Ordnung $p-1$ zu integrieren braucht. So genügt zur Berechnung von W_2 die Bestimmung von S_1 aus der entsprechenden Differentialgleichung.

Das Resultat der Ausrechnung von W_2 ist von der Form

$$(304)\qquad W_2 = \tfrac{1}{2}\sum_{kl} \omega_{kl}\, \alpha_k\, \alpha_l = \tfrac{1}{2}\sum_{kl} \nu_{kl} J_k J_l, \qquad (\omega_{kl} = 4\pi^2 \nu_{kl})$$

Dabei zerfallen die Koeffizienten ν_{kl} in zwei Summanden

$$(305)\qquad \nu_{kl} = \nu_{kl}' + \nu_{kl}'',$$

von denen der erste nur von den Koeffizienten von f_3, der zweite von denen von f_4 abhängt. Schreibt man

$$(306)\qquad \begin{cases} f_3 = \sum\limits_l a_l q_l^3 + \sum\limits_{lm} a_{lm} q_l^2 q_m + \sum\limits_{lmn} a_{lmn} q_l q_m q_n, \\ f_4 = \sum\limits_l b_l q_l^4 + \sum\limits_{lm} b_{lm} q_l^2 q_m^2 + \sum\limits_{lm} b_{lm}^* q_l^3 q_m \\ \qquad + \sum\limits_{lmn} b_{lmn} q_l^2 q_m q_n + \sum\limits_{lmnr} b_{lmnr} q_l q_m q_n q_r \end{cases}$$

mit der Bestimmung, daß verschieden bezeichnete Indizes auch immer verschiedene Werte der Reihe 1, 2, ... f annehmen sollen, und daß die Indizes eines Koeffizienten a oder b vertauschbar sein sollen, wenn das zugehörige Produkt der q bei der Vertauschung ungeändert bleibt, so erhält man[188])

$$(305\text{a})\qquad \begin{cases} \nu_{kk}' = -\frac{1}{2(2\pi)^6 \nu_k^2}\left\{\frac{15\,a_k^2}{\nu_k^2} + \sum\limits_l a_{kl}^2\left(\frac{2}{\nu_l^2} - \frac{1}{4\nu_k^2 - \nu_l^2}\right)\right\}, \\ \nu_{kl}' = -\frac{1}{2(2\pi)^6 \nu_k \nu_l}\left\{6\left(\frac{a_k a_{lk}}{\nu_k^2} + \frac{a_l a_{kl}}{\nu_k^2}\right) + 4\left(\frac{a_{kl}^2}{4\nu_k^2 - \nu_l^2} + \frac{a_{lk}^2}{4\nu_l^2 - \nu_k^2}\right)\right. \\ \qquad \left. + \sum\limits_m \left[2\frac{a_{km} a_{lm}}{\nu_m^2} + 18\,a_{klm}^2\left(\frac{1}{\nu_m^2 - (\nu_k - \nu_l)^2} + \frac{1}{\nu_m^2 - (\nu_k + \nu_l)^2}\right)\right]\right\}, \end{cases}$$

188) Wegen eines in der zit. Arbeit von *M. Born* u. *E. Brody* (Anm. 185) untergelaufenen Rechenfehlers vgl. die Bemerkung dieser Autoren in der Ztschr. f. Phys. 8 (1922), p. 205. *E. Schrödinger* [Ztschr. f. Phys. 11 (1922). p. 170] hat ein anderes Rechenverfahren angegeben; Berichtigung eines Irrtums hierzu ebenda p. 396.

(305b) $$\nu''_{kk} = \frac{3\,b_k}{(2\,\pi)^4\,\nu_k^2}, \qquad \nu''_{kl} = \frac{2\,b_{kl}}{(2\,\pi)^4\,\nu_k\,\nu_l}.$$

Man sieht, daß die ν'_{kl} nur von den Quadraten und Produkten der Koeffizienten des Polynoms f_3 abhängen.

Die Quantenbedingungen lauten

$$J_k = n_k h,$$

wo die n_k ganze Zahlen sind. Daher wird die gesamte Energie (mit $\lambda = 1$) nach (301), (302), (304):

(307) $$W = h \sum_k \nu_k n_k + \tfrac{1}{2} h^2 \sum_{kl} \nu_{kl} n_k n_l + \cdots.$$

Das ist die Verallgemeinerung der für einen Freiheitsgrad gültigen Formel (299) und enthält diese als Spezialfall. Aus dem oben über die ν''_{kl} Gesagten geht hervor, daß die ausgezeichneten Energiewerte und damit auch die freie Energie nach (297′) von den Koeffizienten der kubischen Terme nur quadratisch abhängen. Vernachlässigt man also die Quadrate und Produkte der kubischen Terme sowie alle höheren Glieder der potentiellen Energie, so gilt in dieser Annäherung die einfache Formel für ungekoppelte, harmonische Oszillatoren:

(308) $$W = h \sum_k \nu_k n_k.$$

Damit ist das *Debye*sche Verfahren soweit gerechtfertigt, als es sich auf die erlaubten Glieder beschränkt; man sieht jetzt, daß die Mitführung der Terme von höherer als erster Ordnung in der Entwicklung der Frequenzen nach den Deformationskomponenten nicht zulässig ist (insbesondere das Glied mit b in der *Debye*schen Entwicklung (292′) für Θ). Die freie Energie wird bei Benutzung der Formel (308) durch Addition der zu den einzelnen Eigenfrequenzen gehörigen Anteile gewonnen; sie ist also mit Benutzung der durch (288) definierten Funktion

(309) $$F = kT \sum_k \mathsf{F}\left(\frac{h\nu_k}{kT}\right).$$

Man kann das durch direktes Ausrechnen der Zustandssumme leicht bestätigen.

31. Die freie Energie des Gitters. Um nach dem *Debye*schen Prinzip die freie Energie eines Gitters zu berechnen[189]), muß man zur potentiellen Energie die Glieder dritten Grades in den Verrückungen

189) *M. Born*, Ztschr. f. Phys. 7 (1921), p. 217, 327. Ein in der ersten Mitteilung begangener Fehler wird in der zweiten berichtigt.

hinzunehmen; mit Beachtung von (18), (18'), (18'') hat man:

$$(310)\qquad \Phi = \Phi_0 + \Phi_2 + \Phi_3$$

$$= \Phi_0 + \tfrac{1}{2}\sum_{kk'}\mathop{\mathrm{S}}_{ll'}\Big\{\tfrac{1}{2}\sum_{xy}(\varphi_{kk'}^{l-l'})_{xy}\,\mathfrak{u}_{kk'x}^{ll'}\,\mathfrak{u}_{kk'y}^{ll'} + \tfrac{1}{6}\sum_{xyz}(\varphi_{kk'}^{l-l'})_{xyz}\,\mathfrak{u}_{kk'x}^{ll'}\,\mathfrak{u}_{kk'y}^{ll'}\,\mathfrak{u}_{kk'z}^{ll'}\Big\}.$$

Hier sind die Koeffizienten 2. Ordnung durch (14), (15), (16) definiert, und es gilt in analoger Weise:

$$(311)\qquad (\varphi_{kk'}^{l})_{xyz} = \left(\frac{\partial^3 \varphi_{kk'}}{\partial x\,\partial y\,\partial z}\right)_{\mathfrak{r}_{kk'}^{l}} = (x_{kk'}^{l}\,\delta_{yz} + y_{kk'}^{l}\,\delta_{zx} + z_{kk'}^{l}\,\delta_{xy})\,Q_{kk'}^{l}$$
$$+ x_{kk'}^{l}\,y_{kk'}^{l}\,z_{kk'}^{l}\,R_{kk'}^{l},$$

$$(312)\qquad R_{kk'}^{l} = \left\{\frac{1}{r}\frac{d}{dr}\left[\frac{1}{r}\frac{d}{dr}\left(\frac{1}{r}\frac{d\varphi_{kk'}}{dr}\right)\right]\right\}_{\mathfrak{r}_{kk'}^{l}}.$$

Nun denke man zunächst eine homogene Verzerrung $\mathfrak{u}_k^l$ hergestellt durch Anbringung eines Systems äußerer Kräfte $\mathfrak{K}_k^l$; damit Gleichgewicht herrscht, muß

$$\mathfrak{K}_{kx}^{l} = \frac{\partial \Phi}{\partial \mathfrak{u}_{kx}^{l}} = \sum_{k'}\mathop{\mathrm{S}}_{l'}\Big\{\sum_{y}(\varphi_{kk'}^{l-l'})_{xy}\,\mathfrak{u}_{kk'y}^{ll'} + \tfrac{1}{2}\sum_{yz}(\varphi_{kk'}^{l-l'})_{xyz}\,\mathfrak{u}_{kk'y}^{ll'}\,\mathfrak{u}_{kk'z}^{ll'}\Big\}$$

sein.

Um die neue Gleichgewichtslage sollen die Partikel des Gitters beliebige Schwingungen $\mathfrak{v}_k^l$ ausführen, stets unter der zusätzlichen Wirkung der konstanten Kräfte $\mathfrak{K}_k^l$; diese leisten dabei die Arbeit

$$\sum_{k}\mathop{\mathrm{S}}_{l}\mathfrak{K}_k^l\mathfrak{v}_k^l = \tfrac{1}{2}\sum_{kk'}\mathop{\mathrm{S}}_{ll'}\Big\{\sum_{xy}(\varphi_{kk'}^{l-l'})_{xy}\,\mathfrak{u}_{kk'y}^{ll'}\mathfrak{v}_{kk'x}^{ll'} + \tfrac{1}{2}\sum_{xyz}(\varphi_{kk'}^{l-l'})_{xyz}\,\mathfrak{u}_{kk'y}^{ll'}\mathfrak{u}_{kk'z}^{ll'}\mathfrak{v}_{kk'x}^{ll'}\Big\}.$$

Diese ist von der potentiellen Energie des Gitters abzuziehen, nachdem darin die Verrückungen $\mathfrak{u}_k^l$ durch $\mathfrak{u}_k^l + \mathfrak{v}_k^l$ ersetzt sind; dann heben sich die linearen Glieder genau auf, und man erhält

$$\Psi = \Phi - \sum_{k}\mathop{\mathrm{S}}_{l}\mathfrak{K}_k^l\mathfrak{v}_k^l$$
$$= \Phi_0 + \tfrac{1}{2}\sum_{kk'}\mathop{\mathrm{S}}_{ll'}\Big\{\tfrac{1}{2}\sum_{xy}(\varphi_{kk'}^{l-l'})_{xy}\,[\mathfrak{u}_{kk'x}^{ll'}\mathfrak{u}_{kk'y}^{ll'} + \mathfrak{v}_{kk'x}^{ll'}\mathfrak{v}_{kk'y}^{ll'}]$$
$$+ \tfrac{1}{6}\sum_{xyz}(\varphi_{kk'}^{l-l'})_{xyz}\,[\mathfrak{u}_{kk'x}^{ll'}\mathfrak{u}_{kk'y}^{ll'}\mathfrak{u}_{kk'z}^{ll'} + 3\,\mathfrak{u}_{kk'x}^{ll'}\mathfrak{v}_{kk'y}^{ll'}\mathfrak{v}_{kk'z}^{ll'}$$
$$+ \mathfrak{v}_{kk'x}^{ll'}\mathfrak{v}_{kk'y}^{ll'}\mathfrak{v}_{kk'z}^{ll'}]\Big\}.$$

Hier denke man sich die Ausdrücke für die homogene Verzerrung $\mathfrak{u}_k^l$ (28) eingesetzt. Da alle Deformationen, die man durch mechanische oder thermische Einwirkung auf einen Kristall erzielen kann, äußerst klein sind, so wird es erlaubt sein, mit *Debye* die Glieder 3. Grades in $\mathfrak{u}_k^l$ zu streichen. Der Ausdruck Ψ ist als Funktion der $\mathfrak{v}_k^l$ betrachtet ein Polynom 3. Grades. Man kann daher auf ihn den in Nr. **30** bewiesenen Satz von *Born* und *Brody* anwenden. Dieser besagt, daß bei Vernachlässigung der in $(\varphi_{k k'}^{l-l'})_{xyz}$ quadratischen Terme (sowie aller höheren, hier nicht angeschriebenen Entwicklungsglieder mit $(\varphi_{k k'}^{l-l'})_{xy\bar{x}\bar{y}}, \ldots)$ für die Anwendung der Quantentheorie auf das Oszillatorensystem, dessen potentielle Energie Ψ ist, die Terme dritten Grades in $\mathfrak{v}_k^l$ fortgelassen werden können. Mit Benutzung der Ausdrücke (11) und (31) kann man daher schreiben:

$$(313)\qquad \Psi = N\Delta(U_0 + U_2) + \tfrac{1}{4}\sum_{kk'}\mathop{\mathrm{S}}_{ll'}\sum_{xy}(\varphi_{kk'}^{l-l'})_{xy}^{*}\,\mathfrak{v}_{kk'x}^{ll'}\,\mathfrak{v}_{kk'y}^{ll'},$$

wo

$$(314)\qquad (\varphi_{kk'}^{l})_{xy}^{*} = (\varphi_{kk'}^{l})_{xy} + \sum_{z}(\varphi_{kk'}^{l})_{xyz}\,\mathfrak{u}_{kk'z}^{l}$$

$$= (\varphi_{kk'}^{l})_{xy} + \sum_{z}(\varphi_{kk'}^{l})_{xyz}\Big[\mathfrak{u}_{kz} - \mathfrak{u}_{k'z} + \sum_{\bar{z}} u_{z\bar{z}}\,\bar{z}_{kk'}^{l}\Big].$$

Auf die thermischen Schwingungen $\mathfrak{v}_k^l$ kann man nun die Quantentheorie eines Systems harmonischer Oszillatoren anwenden. Dazu muß man sämtliche Frequenzen bestimmen. Nun hat die quadratische Form

$$\Psi - N\Delta(U_0 + U_2)$$

der $\mathfrak{v}_k^l$ genau dieselbe Gestalt, wie die Glieder 2. Ordnung Φ_2 (18′) der potentiellen Energie selbst, nur daß die Koeffizienten eine etwas andere Bedeutung haben. Daher gelten alle in Nr. **14—19** durchgeführten Überlegungen auch für den deformierten Kristall; insbesondere werden die Frequenzen durch die $3s$ Zweige ω_j^* der Frequenzfunktion im Phasenraum dargestellt, und es gilt der Verteilungssatz (Nr. **18**). Daher wird nach (309) die freie Energie (pro Volumeneinheit des *undeformierten* Zustandes):

$$(315)\qquad F = U_0 + U_2 + \frac{kT}{(2\pi)^3\Delta}\int\sum_{j}\mathsf{F}\left(\frac{h\nu_j^*}{kT}\right)d\varphi,$$

wo das Integral über den Würfel $-\pi < \varphi < \pi$ des Phasenraums zu erstrecken ist. Hier hängen die ν_j^* wegen (314) von den Komponenten $\mathfrak{u}_k$, u_{xy} der homogenen Deformation ab.

Die weitere Behandlung des Ausdrucks (315) ist in voller Strenge nicht möglich. Es kann sein, daß in Zukunft ein Gedanke von *O. Stern*[190]) weiterführt, der darauf beruht, daß wenigstens bei hohen Temperaturen die freie Energie nur das Produkt aller Eigenfrequenzen enthält, das

190) *O. Stern,* Ann. d. Phys. (4) 51 (1916), p. 237. *Stern* betrachtet die Schwingungsgleichungen des *endlichen* Gitters und führt die freie Energie auf die Determinante derselben zurück. Eine Ausrechnung gelingt aber nur in dem einfachsten Falle der Punktreihe (eindimensionales Gitter).

sich rational durch die Determinante der Schwingungsgleichungen ausdrücken läßt; wendet man diese Idee auf den Ausdruck (315) an, so erhält man

$$F = U_0 + U_2 + \frac{pkT}{\Delta} \ln \frac{h\overline{\nu *}}{kT}, \tag{315'}$$

wo

$$\ln \overline{\nu *} = \frac{1}{(2\pi)^3 p} \int \ln (\nu_1{}^* \nu_2{}^* \ldots \nu_{3p}^*) \, d\varphi \tag{315''}$$

$$= \frac{1}{2(2\pi)^3 p} \int \ln \left(\mathrm{Det.} \begin{bmatrix} k\,k' \\ xy \end{bmatrix}^* \right) d\varphi + \text{konst.},$$

wo die $\begin{bmatrix} k\,k' \\ xy \end{bmatrix}^*$ aus den $(\varphi_{kk'}^l)_{xy}^*$ nach der Regel (101) gebildet sind.

Doch scheint es vorläufig nicht möglich, selbst in einfachen Fällen auf diesem Wege zu übersichtlichen Ergebnissen zu gelangen.

Daher bleibt nur derselbe Weg, der in der Theorie der spezifischen Wärme (Nr. **27**) zu brauchbaren Näherungsformeln führt und der darin besteht, daß man die Frequenzen ν_j^* durch die ersten Glieder ihrer Reihenentwicklung nach τ ersetzt; ganz analog zu Nr. **14**, (103), (104) ist in erster Näherung

$$\begin{cases} \nu_j^* = \dfrac{c_j^*}{2\pi} \tau, & (j = 1, 2, 3), \\ \nu_j^* = \nu_j^{0*}, & (j = 4, 5, \ldots 3p). \end{cases} \tag{316}$$

Dieses Verfahren wird bei tiefen Temperaturen wohl genügen, weil dort die Abhängigkeit der Frequenzen von Wellenlänge und Wellenrichtung nicht stark in Betracht kommt; aber bei höheren Temperaturen muß man auf Abweichungen gefaßt sein. Man sieht das am besten an dem Grenzfall eines zweiatomigen Gitters mit nahezu gleichen Massen der beiden Atome; dieses wird sich fast wie ein einatomiger Körper verhalten; d. h. sämtliche Frequenzen werden sich in Spektren vom Charakter der „akustischen" Zweige anordnen, und es würde ganz verfehlt sein, die „optischen" Zweige durch konstante Schwingungszahlen zu approximieren (vgl. auch Nr. **33, 38**). In Wirklichkeit werden alle Übergänge zwischen diesem Grenzfall und praktisch monochromatischer Schwingung vorkommen; aber man ist heute noch nicht in der Lage, diese Verhältnisse theoretisch zu beherrschen.

Wenn nun im folgenden gleichwohl das Verfahren angewandt wird, das in der Anwendung der Gleichungen (316) besteht, so muß betont werden, daß dabei die optischen Frequenzen in einer Weise bevorzugt sind, die sich als ungerechtfertigt herausstellen kann. Spätere numerische Rechnungen (s. Nr. **33**, **38**) werden in der Tat zeigen, daß die auf diesem Wege gefundenen Ausdehnungskoeffizienten von regulären Kristallen zu groß ausfallen.

Man erhält nun mit Rücksicht auf die an (290) anschließende Umformung:

$$(317)\qquad F = U_0 + U_2 + \frac{kT}{\Delta}\left\{\sum_{j=1}^{3}\left[\overline{\mathsf{F}\left(\frac{\Theta_j^*}{T}\right)} - \tfrac{1}{3}\overline{\mathsf{D}\left(\frac{\Theta_j^*}{T}\right)}\right] + \sum_{j=4}^{3p}\mathsf{F}\left(\frac{\Theta_j^*}{T}\right)\right\}.$$

Dabei bedeutet der Strich Mittelbildung über die Einheitskugel, und es ist

$$(318)\qquad \begin{cases} \Theta_j^* = \dfrac{h\nu_j'^*}{k}, \quad \nu_j'^* = c_j^*\sqrt[3]{\dfrac{3}{4\pi\Delta}}, & (j = 1, 2\ 3) \\ \Theta_j^* = \dfrac{h\nu_j^{0*}}{k}, & (j = 4, 5, \ldots 3p) \end{cases}$$

gesetzt; die c_j^* und ν_j^{0*} sind lineare Funktionen der Deformationskomponenten $\mathfrak{u}_k$, u_{xy}.

Um die letzteren zu ermitteln, hat man in den Formeln für die Schallgeschwindigkeiten und die Grenzfrequenzen überall die $(\varphi_{kk'}^{l})_{xy}$ durch $(\varphi_{kk'}^{l})_{xy}^*$ nach (314) zu ersetzen. Dazu hat man zunächst die (32) entsprechenden Größen zu bilden; dabei treten aber nicht nur die Deformationskomponenten $x_x = u_{xx}, \ldots y_z = u_{yz} + u_{zy}, \ldots$ auf, sondern auch die Drehungskomponenten $u_{yz} - u_{zy}, \ldots$ Von letzteren kann man offenbar absehen, also $u_{xy} = u_{yx}$ voraussetzen; dann erhält man an Stelle der Größen (32) die folgenden:

$$(319)\qquad \begin{cases} \text{a)} & \begin{bmatrix} kk' \\ xy \end{bmatrix}^* = \begin{bmatrix} kk' \\ xy \end{bmatrix} + \sum_z (\mathfrak{u}_{kz} - \mathfrak{u}_{k'z}) \begin{bmatrix} kk' \\ xyz \end{bmatrix} \\ & \qquad + \sum_{\bar x \bar y} u_{\bar x \bar y} \begin{bmatrix} kk' \\ xy \mid \bar x \bar y \end{bmatrix}, \\ \text{b)} & \begin{bmatrix} k \\ xy \mid z \end{bmatrix}^* = \begin{bmatrix} k \\ xyz \end{bmatrix} - \sum_{k'}\sum_{\bar z} \mathfrak{u}_{k'\bar z} \begin{bmatrix} kk' \\ xy\bar z \mid z \end{bmatrix} \\ & \qquad + \sum_{\bar x \bar y} u_{\bar x \bar y} \begin{bmatrix} k \\ xy \parallel \bar x \bar y \parallel z \end{bmatrix}, \\ \text{c)} & [xy \mid \bar x \bar y]^* = [xy\bar x\bar y] + \sum_k \sum_z \mathfrak{u}_{kz} \begin{bmatrix} k \\ xy \mid \bar x \bar y \parallel z \end{bmatrix} \\ & \qquad + \sum_{z\bar z} u_{z\bar z} [xy \mid \bar x \bar y \parallel z\bar z]. \end{cases}$$

Dabei haben die als Koeffizienten auftretenden Klammersymbole folgende Bedeutung:

$$
(320)\quad
\left\{
\begin{aligned}
&\begin{bmatrix} kk' \\ xyz \end{bmatrix} = \frac{1}{\varDelta}\mathop{\mathrm{S}}\limits_{l}(\varphi^l_{kk'})_{xyz} = \frac{1}{\varDelta}\Big\{\delta_{yz}\mathop{\mathrm{S}}\limits_{l} Q^l_{kk'}x^l_{kk'} + \delta_{zx}\mathop{\mathrm{S}}\limits_{l} Q^l_{kk'}y^l_{kk} \\
&\qquad\qquad + \delta_{xy}\mathop{\mathrm{S}}\limits_{l} Q^l_{kk'}z^l_{kk'} + \mathop{\mathrm{S}}\limits_{l} R^l_{kk'}x^l_{kk'}y^l_{kk'}z^l_{kk'}\Big\}, \\
&\begin{bmatrix} kk' \\ xyz \mid \bar z \end{bmatrix} = \frac{1}{\varDelta}\mathop{\mathrm{S}}\limits_{l}(\varphi^l_{kk'})_{xyz}\bar z^l_{kk'} = \delta_{yz}\begin{bmatrix} kk' \\ x\bar z \end{bmatrix} + \delta_{zx}\begin{bmatrix} kk' \\ y\bar z \end{bmatrix} \\
&\qquad + \delta_{xy}\begin{bmatrix} kk' \\ z\bar z \end{bmatrix} - (\delta_{yz}\delta_{x\bar z} + \delta_{xz}\delta_{y\bar z} + \delta_{xy}\delta_{z\bar z})\frac{1}{\varDelta}\mathop{\mathrm{S}}\limits_{l} P^l_{kk'} \\
&\qquad + \frac{1}{\varDelta}\mathop{\mathrm{S}}\limits_{l} R^l_{kk'}x^l_{kk'}y^l_{kk'}z^l_{kk'}\bar z^l_{kk'}, \\
&\begin{bmatrix} kk' \\ xy \mid \bar x\bar y \end{bmatrix} = \tfrac{1}{2}\left\{\begin{bmatrix} kk' \\ xy\bar x \mid \bar y \end{bmatrix} + \begin{bmatrix} kk' \\ xy\bar y \mid \bar x \end{bmatrix}\right\}, \\
&\begin{bmatrix} k \\ xyz \mid \bar x\bar y \end{bmatrix} = \frac{1}{\varDelta}\mathop{\mathrm{S}}\limits_{l}\sum_{k'}(\varphi^l_{kk'})_{xyz}\bar x^l_{kk'}\bar y^l_{kk'} = \delta_{yz}\begin{bmatrix} k \\ x\bar x\bar y \end{bmatrix} + \delta_{zx}\begin{bmatrix} k \\ y\bar x\bar y \end{bmatrix} \\
&\qquad + \delta_{xy}\begin{bmatrix} k \\ z\bar x\bar y \end{bmatrix} + \frac{1}{\varDelta}\mathop{\mathrm{S}}\limits_{l}\sum_{k'} R^l_{kk'}x^l_{kk'}y^l_{kk'}z^l_{kk'}\bar x^l_{kk'}\bar y^l_{kk'}, \\
&\begin{bmatrix} k \\ xy \,\|\, \bar x\bar y \,\|\, z \end{bmatrix} = \tfrac{1}{2}\left\{\begin{bmatrix} k \\ xy\bar x \mid z\bar y \end{bmatrix} + \begin{bmatrix} k \\ xy\bar y \mid z\bar x \end{bmatrix}\right\}, \\
&\begin{bmatrix} k \\ xy \mid \bar x\bar y \,\|\, z \end{bmatrix} = \tfrac{1}{2}\left\{\begin{bmatrix} k \\ xyz \mid \bar x\bar y \end{bmatrix} + \begin{bmatrix} k \\ \bar x\bar y z \mid xy \end{bmatrix}\right\}, \\
&[xyz \mid \bar x\bar y\bar z] = \frac{1}{2\varDelta}\mathop{\mathrm{S}}\limits_{l}\sum_{kk'}(\varphi^l_{kk'})_{xyz}\bar x^l_{kk'}\bar y^l_{kk'}\bar z^l_{kk'} \\
&\qquad = \delta_{yz}[x\bar x\bar y\bar z] + \delta_{zx}[y\bar x\bar y\bar z] + \delta_{xy}[z\bar x\bar y\bar z] \\
&\qquad + \frac{1}{2\varDelta}\mathop{\mathrm{S}}\limits_{l}\sum_{kk'} R^l_{kk'}x^l_{kk'}y^l_{kk'}z^l_{kk'}\bar x^l_{kk'}\bar y^l_{kk'}\bar z^l_{kk'}, \\
&[xy \mid \bar x\bar y \,\|\, z\bar z] = \tfrac{1}{4}\{[xyz \mid \bar x\bar y\bar z] + [\bar x\bar y z \mid xy\bar z] + [xy\bar z \mid \bar x\bar y z] \\
&\qquad + [\bar x\bar y\bar z \mid xyz]\}.
\end{aligned}
\right.
$$

Diese Formeln setzen in Evidenz, wie weit die Indizes $x, y, \ldots$ vertauschbar sind; in den Symbolen sind diese Verhältnisse durch Striche und Doppelstriche angedeutet. Ferner kehrt $\begin{bmatrix} kk' \\ xyz \end{bmatrix}$ bei Vertauschung von k, k' sein Vorzeichen um, verschwindet also für $k = k'$.

$\begin{bmatrix} kk' \\ xyz \mid \bar z \end{bmatrix}$ bleibt bei Vertauschung von k, k' ungeändert; für $k = k'$ ist es zunächst nicht definiert, man definiere es durch die Forderung

$$
(321)\qquad \sum_{k'}\begin{bmatrix} kk' \\ xyz \mid \bar z \end{bmatrix} = 0.
$$

Außerdem gelten die Identitäten

$$(321') \qquad \sum_{k'} \begin{bmatrix} k\,k' \\ x\,y\,z \end{bmatrix} = 0, \quad \sum_{k} \begin{bmatrix} k \\ x\,y\,z \,|\, \bar{x}\,\bar{y} \end{bmatrix} = 0.$$

Man bilde nun nach den Vorschriften von Nr. 8 durch Auflösen der linearen Gleichungen (44), wobei die $\begin{bmatrix} k\,k' \\ xy \end{bmatrix}$ durch die $\begin{bmatrix} k\,k' \\ xy \end{bmatrix}^*$ ersetzt sind, die Symbole $\begin{Bmatrix} k\,k' \\ xy \end{Bmatrix}^*$ und aus diesen nach (49b) die Elastizitätskonstanten $[|\,xy\,|\,\bar{x}\bar{y}\,|]^*$ des deformierten Gitters; auch diese werden lineare Funktionen von $\mathfrak{u}_k$ und u_{xy}. Die Schallgeschwindigkeiten c_j^* sind aus den zu (128′) analogen Gleichungen

$$(322) \qquad \varrho c_j^{*2} \mathfrak{U}_x - \sum_y \mathfrak{U}_y \sum_{\bar{x}\bar{y}} [|\,x\bar{x}\,|\,y\bar{y}\,|]^* \mathfrak{s}_{\bar{x}} \mathfrak{s}_{\bar{y}} = 0$$

zu berechnen; auch sie werden bis auf Glieder von höherer als 1. Ordnung nach $\mathfrak{u}_k$, u_{xy} entwickelt. Die Grenzfrequenzen ν_j^{0*} bestimmen sich aus den zu (100a) analogen Schwingungsgleichungen:

$$(323) \qquad (2\pi\nu^{0*})^2 m_k \mathfrak{U}_{kx} + \Delta \sum_{k'} \sum_{y} \begin{bmatrix} k\,k' \\ xy \end{bmatrix}^* \mathfrak{U}_{k'y} = 0.$$

Auf diese Weise erhält man schließlich Ausdrücke der Form

$$(324) \qquad \Theta_j^* = \Theta_j \Big(1 - \sum_k \mathfrak{B}_k^j \mathfrak{u}_k - \sum_{xy} B_{xy}^j u_{xy}\Big),$$

wo die Komponenten der Vektoren $\mathfrak{B}_k^j$ und der Tensoren B_{xy}^j für $j = 1, 2, 3$ Funktionen der Wellenrichtung $\mathfrak{s}$, für $j = 4, 5, \ldots 3p$ Konstante sind.

Die Tensoren sind symmetrisch:

$$(324') \qquad B_{xy}^j = B_{yx}^j,$$

und von den p Vektoren $\mathfrak{B}_k^j$ $(k = 1, 2, \ldots p)$ sind nur $p - 1$ unabhängig, da die Identität

$$(324'') \qquad \sum_k \mathfrak{B}_k^j = 0$$

gelten muß.

Entwickelt man nun die von der Temperatur abhängigen Terme des Ausdrucks (317) für F ebenfalls nach $\mathfrak{u}_k$, u_{xy} bis auf Glieder von höherer als 1. Ordnung, so erhält man nach leichter Rechnung

$$(325) \qquad F = F_0 - \sum_k \mathfrak{K}_k^0 \mathfrak{u}_k - \sum_{xy} K_{xy}^0 u_{xy} + U_2,$$

wo folgende Abkürzungen gebraucht sind:

$$(326)\quad \begin{cases} F_0 = U_0 + \frac{kT}{\Delta}\left\{\sum_{j=1}^{3}\left[\mathsf{F}\left(\frac{\Theta_j}{T}\right) - \frac{1}{3}\mathsf{D}\left(\frac{\Theta_j}{T}\right)\right] + \sum_{j=4}^{3p}\mathsf{F}\left(\frac{\Theta_j}{T}\right)\right\}, \\ \mathfrak{K}_k^0 = \frac{kT}{\Delta}\left\{\sum_{j=1}^{3}\mathfrak{B}_k^j\,\mathsf{D}\left(\frac{\Theta_j}{T}\right) + \sum_{j=4}^{3p}\mathfrak{B}_k^j\,\mathsf{P}\left(\frac{\Theta_j}{T}\right)\right\}, \\ K_{xy}^0 = \frac{kT}{\Delta}\left\{\sum_{j=1}^{3}B_{xy}^j\,\mathsf{D}\left(\frac{\Theta_j}{T}\right) + \sum_{j=4}^{3p}B_{xy}^j\,\mathsf{P}\left(\frac{\Theta_j}{T}\right)\right\}. \end{cases}$$

Außerdem ist für U_2 der früher ermittelte Ausdruck (31) einzusetzen; die Temperaturabhängigkeit der darin vorkommenden Konstanten, welche die Elastizität und Piezoelektrizität bestimmen, wird in der hier angestrebten Annäherung nicht festgelegt.

Aus der freien Energie F erhält man durch Differentiations- und Eliminationsprozesse sämtliche mechanischen und thermischen Größen.

Die *spezifische Entropie* ist

$$(327)\quad S = -\frac{\partial F}{\partial T} = -\frac{\partial F_0}{\partial T} + \sum_k\left(\frac{\partial \mathfrak{K}_k^0}{\partial T}\mathfrak{u}_k\right) + \sum_{xy}\frac{\partial K_{xy}^0}{\partial T}u_{xy}.$$

Die *spezifische Energie* ist durch

$$E = F + TS$$

gegeben; setzt man

$$(328)\quad E_0 = F_0 - T\frac{dF_0}{dT},\quad \mathfrak{K}_k^* = \mathfrak{K}_k^0 - T\frac{d\mathfrak{K}_k^0}{dT},\quad K_{xy}^* = K_{xy}^0 - T\frac{dK_{xy}^0}{dT},$$

dann wird

$$(328')\quad E = E_0 - \sum_k \mathfrak{K}_k^*\,\mathfrak{u}_k - \sum_{xy} K_{xy}^*\,u_{xy} + U_2.$$

Die *inneren Kräfte*, die sich den Verrückungen $\mathfrak{u}_k$ widersetzen, sind

$$(329)\quad \mathfrak{K}_{kx} = -\frac{\partial F}{\partial \mathfrak{u}_{kx}} = \mathfrak{K}_{kx}^0 - \frac{\partial U_2}{\partial \mathfrak{u}_{kx}}$$

und die *Spannungen*

$$(329')\quad K_{xy} = -\frac{\partial F}{\partial u_{xy}} = K_{xy}^0 - \frac{\partial U_2}{\partial u_{xy}}.$$

Mit Hilfe von (329) kann man, wie in Nr. 8, die Verrückungen eliminieren; die freie Energie des Gitters unter der Wirkung konstanter äußerer Kräfte $\mathfrak{F}_k = -\mathfrak{K}_k$ ist

$$(330)\quad F^* = F - \sum_k(\mathfrak{F}_k\,\mathfrak{u}_k) = F + \sum_k(\mathfrak{K}_k\,\mathfrak{u}_k),$$

und man erhält mit Benutzung der in Nr. 8 entwickelten Formeln

$$(330')\quad F^* = F_0^* + \sum_k(\mathfrak{u}_k^0\,\mathfrak{K}_k) - \sum_{xy}\widetilde{K}_{xy}^0\,u_{xy} + U_2^*,$$

$$(331)\quad \begin{cases} \text{a)}\ \mathfrak{u}_{kx} = \dfrac{\partial F^*}{\partial \mathfrak{K}_{kx}} = \mathfrak{u}^0_{kx} + \dfrac{\partial U^*_2}{\partial \mathfrak{K}_{kx}}, \\ \text{b)}\ K_{xy} = -\dfrac{\partial F^*}{\partial u_{xy}} = \widetilde{K}^0_{xy} - \dfrac{\partial U^*_2}{\partial u_{xy}}, \end{cases}$$

wo U^*_2 durch (52′) gegeben ist und folgende Abkürzungen gebraucht sind:

$$(332)\quad \begin{cases} \mathfrak{u}^0_{kx} = -\sum\limits_{k'}\sum\limits_{y}\left\{\begin{matrix}kk'\\xy\end{matrix}\right\}\mathfrak{K}^0_{k'y} \quad \text{oder} \quad \mathfrak{K}^0_{kx} = -\sum\limits_{k'}\sum\limits_{y}\left[\begin{matrix}kk'\\xy\end{matrix}\right]\mathfrak{u}^0_{k'y}, \\ \widetilde{K}^0_{xy} = K^0_{xy} + \sum\limits_{k}\sum\limits_{z}\left[\!\left[\begin{matrix}k\\z\,|\,xy\end{matrix}\right]\!\right]\mathfrak{K}^0_{kz} = K^0_{xy} - \sum\limits_{k}\sum\limits_{z}\left[\begin{matrix}k\\xyz\end{matrix}\right]\mathfrak{u}^0_{kz}, \\ F^*_0 = F_0 + \frac{1}{2}\sum\limits_{k}\mathfrak{K}^0_k\,\mathfrak{u}^0_k = F_0 - \frac{1}{2}\sum\limits_{kk'}\sum\limits_{xy}\left\{\begin{matrix}kk'\\xy\end{matrix}\right\}\mathfrak{K}^0_{kx}\mathfrak{K}^0_{k'y} \\ \qquad = F_0 - \frac{1}{2}\sum\limits_{kk'}\sum\limits_{xy}\left[\begin{matrix}kk'\\xy\end{matrix}\right]\mathfrak{u}^0_{kx}\mathfrak{u}^0_{k'y}. \end{cases}$$

Das Zusatzglied in F^*_0 ist offenbar 2. Ordnung in $(\varphi^l_{kk'})_{xyz}$ und müßte bei konsequenter Durchführung der Näherung weggelassen werden.

Aus F^* gewinnt man die spezifische Entropie und Energie durch die Formeln:

$$(333)\quad \begin{cases} S = -\dfrac{\partial F^*}{\partial T} = -\dfrac{dF^*_0}{dT} - \sum\limits_{k}\left(\dfrac{d\mathfrak{u}^0_k}{dT}\mathfrak{K}_k\right) + \sum\limits_{xy}\dfrac{d\widetilde{K}^0_{xy}}{dT}u_{xy}, \\ E^* = F^* + TS = E^*_0 + \sum\limits_{k}(\mathfrak{u}^*_k\mathfrak{K}_k) - \sum\limits_{xy}\widetilde{K}^*_{xy}u_{xy} + U^*_2, \end{cases}$$

mit den Abkürzungen:

$$(333')\quad \begin{cases} E^*_0 = F^*_0 - T\dfrac{dF^*_0}{dT}, \\ \mathfrak{u}^*_k = \mathfrak{u}^0_k - T\dfrac{d\mathfrak{u}^0_k}{dT}, \\ \widetilde{K}^*_{xy} = \widetilde{K}^0_{xy} - T\dfrac{d\widetilde{K}^0_{xy}}{dT}. \end{cases}$$

Für die zugeführte Wärme erhält man

$$(333'')\quad dQ = T\,dS = \left\{\frac{dE^*_0}{dT} + \sum_{k}\left(\frac{d\mathfrak{u}^*_k}{dT}\mathfrak{K}_k\right) - \sum_{xy}\frac{d\widetilde{K}^*_{xy}}{dT}u_{xy}\right\}dT - T\sum_{k}\left(\frac{d\mathfrak{u}^0_k}{dT}\,d\mathfrak{K}_k\right) + T\sum_{xy}\frac{d\widetilde{K}^0_{xy}}{dT}\,du_{xy}.$$

32. Thermische Ausdehnung, Pyroelektrizität und ihre Umkehreffekte. Es soll nun die Wechselwirkung zwischen den elastischen, elektrischen und thermischen Eigenschaften des Gitters behandelt werden. In einem homogenen elektrischen Felde $\mathfrak{E}$ gilt nach (39) $\mathfrak{K}_k = -\frac{e_k}{\varDelta}\mathfrak{E}$. Setzt man ferner

$$\mathfrak{p}^0 = \frac{1}{\varDelta}\sum_k e_k \mathfrak{u}_k^0, \tag{334}$$

so erhält man aus (331) ausführlich (s. Nr. **11**, (66)):

$$\left\{\begin{array}{l} \text{a)}\ \mathfrak{p}_x = \mathfrak{p}_x^0 + \sum_y [|xy|]\,\mathfrak{E}_y + \sum_{yz} [|x|yz|]\,u_{yz}, \\ \text{b)}\ K_{xy} = \widetilde{K}_{xy}^0 + \sum_z [|z|xy|]\,\mathfrak{E}_z - \sum_{\overline{x}\overline{y}} [|xy|\overline{x}\overline{y}|]\,u_{\overline{x}\overline{y}}, \end{array}\right. \tag{335}$$

oder mit der gewöhnlichen Bezeichnungsweise:

$$\left\{\begin{array}{l} \text{a)}\left\{\begin{array}{l} \mathfrak{p}_x = \mathfrak{p}_x^0 + a_{11}\mathfrak{E}_x + a_{12}\mathfrak{E}_y + a_{13}\mathfrak{E}_z + e_{11}x_x + e_{12}y_y + e_{13}z_z \\ \qquad + e_{14}y_z + e_{15}z_x + e_{16}x_y, \\ \cdots\cdots\cdots\cdots \end{array}\right. \\ \text{b)}\left\{\begin{array}{l} X_x = \widetilde{K}_1^0 + e_{11}\mathfrak{E}_x + e_{21}\mathfrak{E}_y + e_{31}\mathfrak{E}_z - c_{11}x_x - c_{12}y_y - c_{13}z_z \\ \qquad - c_{14}y_z - c_{15}z_x - c_{16}x_y, \\ \cdots\cdots\cdots\cdots \end{array}\right. \end{array}\right. \tag{335'}$$

Dabei ist statt $\widetilde{K}_{xx}^0, \widetilde{K}_{yy}^0, \ldots$ hier $\widetilde{K}_1^0, \widetilde{K}_2^0, \ldots$ geschrieben.

Die zugeführte Wärme wird nach (333″):

$$\begin{aligned} dQ = &\left\{\frac{dE_0^*}{dT} - \left(\frac{d\mathfrak{p}^*}{dT}\mathfrak{E}\right) - \left(\frac{d\widetilde{K}_1^*}{dT}x_x + \cdots + \frac{d\widetilde{K}_4^*}{dT}y_z + \cdots\right)\right\}dT \\ &+ T\left(\frac{d\mathfrak{p}^0}{dT}d\mathfrak{E}\right) + T\left(\frac{d\widetilde{K}_1^0}{dT}dx_x + \ldots + \frac{d\widetilde{K}_4^0}{dT}dy_z + \ldots\right), \end{aligned} \tag{336}$$

wo

$$\mathfrak{p}^* = \frac{1}{\varDelta}\sum_k e_k \mathfrak{u}_k^* = \mathfrak{p}^0 - T\frac{d\mathfrak{p}^0}{dT} \tag{337}$$

gesetzt ist.

Man kann nun (335′b) nach den $x_x, \ldots$ auflösen und die gefundenen Werte in (335′a), (336) einsetzen; dann erhält man:

$$\left\{\begin{array}{l} \text{a)}\left\{\begin{array}{l} x_x = u_1^0 + d_{11}\mathfrak{E}_x + d_{21}\mathfrak{E}_y + d_{31}\mathfrak{E}_z - s_{11}X_x - \ldots s_{14}Y_z - \ldots \\ \cdots\cdots\cdots\cdots \end{array}\right. \\ \text{b)}\left\{\begin{array}{l} \mathfrak{p}_x = \overline{\mathfrak{p}}_x^0 + b_{11}\mathfrak{E}_x + b_{12}\mathfrak{E}_y + b_{13}\mathfrak{E}_z - d_{11}X_x - \cdots - d_{14}Y_z \ldots \\ \cdots\cdots\cdots\cdots \end{array}\right. \end{array}\right. \tag{338}$$

und

$$\begin{aligned} dQ = &\left\{\frac{d\overline{E}_0}{dT} - \left(\frac{d\overline{\mathfrak{p}}^*}{dT}\mathfrak{E}\right) + \left(\frac{du_1^*}{dT}X_x + \cdots + \frac{du_4^*}{dT}Y_z + \cdots\right)\right\}dT \\ &+ T\left(\frac{d\overline{\mathfrak{p}}^0}{dT}d\mathfrak{E}\right) - T\left(\frac{du_1^0}{dT}dX_x + \cdots + \frac{du_4^0}{dT}dY_z + \cdots\right). \end{aligned} \tag{339}$$

Hier sind (außer den in Nr. **11** bereits definierten) folgende Bezeichnungen eingeführt:

$$(340)\quad\begin{cases}\text{a)}\ u_i^0 = \sum_{j=1}^{6} s_{ij}\widetilde{K}_j^0 \qquad \widetilde{K}_i^0 = \sum_{j=1}^{6} c_{ij} u_j^0,\\ \text{b)}\ u_i^* = u_i^0 - T\frac{d u_i^0}{d T},\\ \text{c)}\ \widetilde{\mathfrak{p}}_x^0 = \mathfrak{p}_x^0 + \sum_{j=1}^{6} d_{ij}\widetilde{K}_j^0,\\ \text{d)}\ \widetilde{\mathfrak{p}}_x^* = \widetilde{\mathfrak{p}}_x^0 - T\frac{d\widetilde{\mathfrak{p}}_x^0}{d T},\\ \text{e)}\ K = \frac{1}{2}\sum_i u_i^0 \widetilde{K}_i^0 = \frac{1}{2}\sum_{ij} s_{ij}\widetilde{K}_i^0\widetilde{K}_j^0 = \frac{1}{2}\sum_{ij} c_{ij} u_i^0 u_j^0,\\ \text{f)}\ \widetilde{E}_0^* = E_0^* - \left(K - T\frac{dK}{dT}\right) = (F_0^* - K) - T\frac{d(F_0^* - K)}{d T}.\end{cases}$$

Die Größe K ist offenbar 2. Ordnung in $(\varphi_{kk'}^l)_{xyz}$ und müßte eigentlich fortgelassen werden.

Die Formeln lehren uns über die Bedeutung der neu eingeführten Größen folgendes:

I. Die $\widetilde{K}_i^0$ sind die *thermischen Spannungen*[191]).

II. Die u_i^0 sind die Komponenten der *thermischen Deformation* bei fehlenden äußeren Spannungen (und $\mathfrak{E} = 0$)[191]).

III. $\mathfrak{p}^0$ ist das sogenannte „*wahre*" *pyroelektrische Moment*, nämlich das, welches bei fehlender Deformation (und $\mathfrak{E} = 0$) auftritt. $\widetilde{\mathfrak{p}}^0$ ist das direkt der Messung zugängliche *pyroelektrische Moment bei fehlenden Spannungen* (und $\mathfrak{E} = 0$), das durch Zusammenwirken der wahren Pyroelektrizität mit der durch die thermische Ausdehnung erzeugten Piezoelektrizität entsteht.[192])

IV. Die Koeffizienten von dT in (336) und (339) sind die *Wärmekapazitäten der Volumeneinheit bei konstanter Deformation bzw. bei konstanter Spannung.* Nennt man diese in Analogie zu der bei isotropen Körpern gebräuchlichen Bezeichnungsweise C_v bzw. C_p, so wird

$$(341)\quad\begin{cases}\text{a)}\ C_v = \frac{dE_0^*}{dT} - \left(\frac{d\mathfrak{p}^*}{dT}\mathfrak{E}\right) - \left(\frac{d\widetilde{K}_1^*}{dT}x_x + \cdots + \frac{d\widetilde{K}_4^*}{dT}y_z + \cdots\right),\\ \text{b)}\ C_p = \frac{d\widetilde{E}_0^*}{dT} - \left(\frac{d\widetilde{\mathfrak{p}}^*}{dT}\mathfrak{E}\right) + \left(\frac{du_1^*}{dT}X_x + \cdots + \frac{du_4^*}{dT}Y_z + \cdots\right).\end{cases}$$

Die Wärmekapazitäten hängen also von der absoluten Größe der Deformation bzw. der Spannung ab, außerdem von dem elektrischen Felde, in dem der Kristall sich befindet; bestimmend hierfür sind die Temperaturkoeffizienten der aus den thermischen Spannungen bzw.

191) *S. Voigt,* Kristallphysik, V. Kap., § 149 ff. Man findet dort Angaben über die Meßmethoden und ihre Ergebnisse.

192) Über die phänomenologische Theorie der Pyroelektrizität s. diese Encykl. V 16 (*F. Pockels*), Nr. 11. Ferner *Voigt,* Kristallphysik, IV. Kap., § 125 ff.

Deformationen und den pyroelektrischen Momenten abgeleiteten Größen $\widetilde{K}_i^*$, $\mathfrak{p}^*$ bzw. u_i^*, $\tilde{\mathfrak{p}}^*$.

Ist kein Feld vorhanden, und ist der Kristall undeformiert, so hat man $\mathfrak{E} = 0$, $x_x = 0, \ldots$, also $X_x = \widetilde{K}_1^0, \ldots$ und man erhält die Formeln

$$(342)\quad \begin{cases} \text{a)}\ C_v = \dfrac{d E_0^*}{d T} \\ \text{b)}\ C_p = \dfrac{d \widetilde{E}_0^*}{d T} + \sum\limits_{i=1}^{6} \dfrac{d u_i^*}{d T} \widetilde{K}_i^0. \end{cases}$$

Hieraus folgt unter Benutzung von (340b, e, f):

$$(343)\quad C_p - C_v = T\left(\frac{d^2 K}{d T^2} - \sum_{i=1}^{6} \widetilde{K}_i^0 \frac{d^2 u_i^0}{d T^2}\right)$$

$$= T \sum_{i=1}^{6} \frac{d \widetilde{K}_i^0}{d T} \frac{d u_i^0}{d T} = T \sum_{i,j=1}^{6} c_{ij} \frac{d u_i^0}{d T} \frac{d u_j^0}{d T}.$$

Diese Formel ist eine Verallgemeinerung der für reguläre Kristalle und isotrope Körper gültigen (229) (s. Nr. **25**); denn bei regulärer Symmetrie gilt für den linearen Ausdehnungskoeffizienten

$$\alpha = \frac{d u_1^0}{d T} = \frac{d u_2^0}{d T} = \frac{d u_3^0}{d T},$$

während $u_4^0 = u_5^0 = u_6^0 = 0$ sind, und nach Nr. **13** sind

$$c_{11} = c_{22} = c_{33}, \quad c_{12} = c_{23} = c_{31}, \quad c_{11} + 2 c_{12} = \frac{3}{\varkappa},$$

also
$$C_p - C_v = \frac{9 \alpha^2 T}{\varkappa},$$

in Übereinstimmung mit (229), wenn man diese Formel auf die Volumeneinheit ($V = 1$) bezieht.

Hierzu ist aber zu bemerken, daß der Unterschied $C_p - C_v$ von 2. Ordnung in $(\varphi_{kk'}^l)_{xyz}$ ist, also bei konsequenter Durchführung der Annäherung vernachlässigt werden müßte. Jedenfalls muß man beachten, daß die Zusatzglieder, die bei der Berücksichtigung der nächsten Näherung zu C_p und C_v einzeln hinzutreten, von derselben Größenordnung sein werden wie die Differenz $C_p - C_v$ (s. hierzu Nr. **34**).

V. Aus (336) und (339) erhält man für $dT = 0$, $d\mathfrak{E} = 0$ die *isotherme Deformationswärme* als Funktion der Änderungen der Deformations- bzw. Spannungskomponenten:

$$(344)\quad \begin{cases} \text{a)}\ d Q_v = T\left(\dfrac{d \widetilde{K}_1^0}{d T} d x_x + \cdots + \dfrac{d \widetilde{K}_4^0}{d T} d y_z + \cdots\right), \\ \text{b)}\ d Q_p = - T\left(\dfrac{d u_1^0}{d T} d X_x + \cdots + \dfrac{d u_4^0}{d T} d Y_z + \cdots\right). \end{cases}$$

VI. Die Formeln (336) und (339) enthalten auch den sogenannten *elektrokalorischen Effekt*[193]), d. h. eine Erwärmung bei Erregung eines elektrischen Feldes; sie beträgt bei konstanter Deformation bzw. Spannung

$$(345)\quad \begin{cases} \text{a)}\ d\,Q_v^{(e)} = T\left(\frac{d\,\mathfrak{p}^0}{d\,T}\,d\,\mathfrak{E}\right), \\ \text{b)}\ d\,Q_p^{(e)} = T\left(\frac{d\,\bar{\mathfrak{p}}^0}{d\,T}\,d\,\mathfrak{E}\right). \end{cases}$$

Dieser Effekt wurde auf Grund thermodynamischer Betrachtungen von *W. Thomson*[194]) (*Lord Kelvin*) vorhergesagt und von *R. Straubel*[195]) experimentell nachgewiesen.

VII. Die Temperaturabhängigkeit aller Parameter ist durch die voranstehenden Formeln auf die der Größen (326) F_0, $\mathfrak{K}_k^0$, K_{xy}^0 zurückgeführt. Man hat zu beachten, daß hier alle Parameter auf die Volumeneinheit des *unverzerrten* Kristalls bezogen sind; will man sie auf die Volumeneinheit des tatsächlichen, deformierten Zustandes beziehen, so hat man entsprechend umzurechnen. Dann werden z. B. die Elastizitätskonstanten, die hier von der Temperatur nicht abhängen, infolge der thermischen Dilatation Funktionen der Temperatur. Doch ist diese Veränderlichkeit so gering, daß man meist von der Umrechnung absehen kann. Wir geben hier die Formeln für den Energieinhalt E_0^*, die thermischen Spannungen $\widetilde{K}_i^0$ und das wahre pyroelektrische Moment $\mathfrak{p}^0$ an; dabei wollen wir den Unterschied zwischen F_0 und F_0^*, der zweiter Ordnung in $(\varphi_{kk'}^l)_{xyz}$ ist und überdies bei zentrischer Symmetrie exakt verschwindet, vernachlässigen und demgemäß E_0^* mit $E_0 = F_0 - T\frac{d\,F_0}{d\,T}$ identifizieren. Dann erhält man

$$(346)\quad \begin{cases} \text{a)}\ E_0^* = U_0 + \frac{k\,T}{\Delta}\left\{\overline{\sum_{j=1}^{3} \mathsf{D}\left(\frac{\Theta_j}{T}\right)} + \overline{\sum_{j=4}^{3p} \mathsf{P}\left(\frac{\Theta_j}{T}\right)}\right\}, \\ \text{b)}\ \widetilde{K}_{xy}^0 = \frac{k\,T}{\Delta}\left\{\overline{\sum_{j=1}^{3} C_{xy}^j \mathsf{D}\left(\frac{\Theta_j}{T}\right)} + \overline{\sum_{j=4}^{3p} C_{xy}^j \mathsf{P}\left(\frac{\Theta_j}{T}\right)}\right\}, \\ \text{c)}\ \mathfrak{p}^0 = \frac{k\,T}{\Delta}\left\{\overline{\sum_{j=1}^{3} \mathfrak{C}^j \mathsf{D}\left(\frac{\Theta_j}{T}\right)} + \overline{\sum_{j=4}^{3p} \mathfrak{C}^j \mathsf{P}\left(\frac{\Theta_j}{T}\right)}\right\}, \end{cases}$$

193) *S. Voigt,* Kristallphysik, IV. Kap., § 140, 141.

194) *W. Thomson,* Math. Phys. Pap. Bd. I, p. 316.

195) *R. Straubel,* Gött. Nachr. 1902, p. 161; s. auch *Fr. Lange,* Diss. Jena 1905.

wo

$$(347)\quad \left\{\begin{aligned} &a)\quad C_{xy}^{j} = B_{xy}^{j} + \sum_{k}\sum_{z}\left[\left|{}_{z}\Big|{}^{k}_{xy}\right|\right]\mathfrak{B}_{kz}^{j},\\ &b)\quad \mathfrak{C}_{x}^{j} = -\frac{1}{\varDelta}\sum_{kk'}\sum_{y}\begin{Bmatrix} kk' \\ xy \end{Bmatrix} e_{k}\mathfrak{B}_{k'y}^{j} \end{aligned}\right.$$

gesetzt ist.

Die Formel (346a) stimmt mit (253) überein, wenn man dort die Dichte der potentiellen Energie U_0 hinzufügt und $N\varDelta = 1$ setzt. Für den Faktor $\frac{k}{\varDelta}$ kann man auch $\frac{R}{pV}$ schreiben, wo $V = \frac{\mathrm{M}}{\varrho}$ das Atomvolumen bedeutet (M = mittleres Atomgewicht einer Zelle).

Bezüglich der Formeln (346) ist an das oben (Nr. **31**, p. 677) Gesagte zu erinnern; die Ersetzung der „optischen“ Zweige des elastischen Spektrums durch eine konstante Frequenz kann besonders bei $\widetilde{K}_{xy}^{0}$ und $\mathfrak{p}^{0}$ zu beträchtlichen Fehlern führen.

VIII. Bei *hohen Temperaturen* ist $\mathsf{D} = \mathsf{P} = 1$; man erhält für die Energie den *Dulong-Petit*schen Wert $E_0^* = \frac{3pk}{\varDelta}T$ (Atomwärme $VE_0^* = \frac{\mathrm{N}\varDelta}{p}E_0^* = 3RT$) und außerdem

$$(348)\qquad \widetilde{K}_{xy}^{0} = \frac{kT}{\varDelta}(\overline{C_{xy}^{*}} + C_{xy}^{0}),\qquad \mathfrak{p}^{0} = \frac{kT}{\varDelta}(\overline{\mathfrak{C}^{*}} + \mathfrak{C}^{0}),$$

wo

$$(349)\quad \left\{\begin{aligned} &C_{xy}^{*} = \sum_{j=1}^{3} C_{xy}^{j}, \qquad C_{xy}^{0} = \sum_{j=4}^{3p} C_{xy}^{j},\\ &\mathfrak{C}^{*} = \sum_{j=1}^{3}\mathfrak{C}^{j}, \qquad \mathfrak{C}^{0} = \sum_{j=4}^{3p}\mathfrak{C}^{j} \end{aligned}\right.$$

gesetzt ist. Führt man hier die Ausdrücke (347) ein, so sieht man, daß es auf die Berechnung der Summen

$$\sum_{j=1}^{3} B_{xy}^{j},\qquad \sum_{j=4}^{3p} B_{xy}^{j},\qquad \sum_{j=1}^{3}\mathfrak{B}_{k}^{j},\qquad \sum_{j=4}^{3p}\mathfrak{B}_{k}^{j}$$

ankommt. Diese lassen sich nach dem oben erwähnten Gedanken von *Stern*[190]) rational durch die Koeffizienten der Schwingungsgleichungen ausdrücken. Denn nach (324) ist

$$(350)\qquad \mathfrak{B}_{k}^{j} = -\frac{\partial \ln \Theta_j^*}{\partial \mathfrak{u}_k},\qquad B_{xy}^{j} = -\frac{\partial \ln \Theta_j^*}{\partial u_{xy}}.$$

Definiert man nun die Mittelwerte $\overline{\Theta}^* = \frac{h\overline{\nu}^*}{k}$, $\overline{\Theta}^0 = \frac{h\overline{\nu}^0}{k}$ durch

$$(351)\quad \left\{\begin{aligned} \overline{\Theta}^{*3} &= \left(\frac{h\overline{\nu}^*}{k}\right)^3 = \Theta_1^*\Theta_2^*\Theta_3^* = \left(\frac{h}{k}\right)^3 \nu_1^*\nu_2^*\nu_3^*,\\ \overline{\Theta}^{0\,3(p-1)} &= \left(\frac{h\overline{\nu}^0}{k}\right)^{3(p-1)} = \Theta_4^*\ldots\Theta_{3p}^* = \left(\frac{h}{k}\right)^{3(p-1)}\nu_4^*\ldots\nu_{3p}^*, \end{aligned}\right.$$

so wird

$$(352)\quad \begin{cases} \sum_{j=1}^{3} B^j_{xy} = -3\dfrac{\partial \ln \overline{\Theta^*}}{\partial u_{xy}}, & \sum_{j=4}^{3p} B^j_{xy} = -3(p-1)\dfrac{\partial \ln \overline{\Theta^0}}{\partial u_{xy}}, \\ \sum_{j=1}^{3} \mathfrak{B}_k^{\,j} = -3\dfrac{\partial \ln \overline{\Theta^*}}{\partial \mathfrak{u}_k}, & \sum_{j=4}^{3p} \mathfrak{B}_k^{\,j} = -3(p-1)\dfrac{\partial \ln \overline{\Theta^0}}{\partial \mathfrak{u}_k}. \end{cases}$$

Setzt man nun

$$(353)\quad \begin{cases} \Pi^* = \text{Det.}\left(\sum_{\bar{x}\bar{y}} [\,|\,x\bar{x}\,|\,y\bar{y}\,|\,]^* \mathfrak{s}_{\bar{x}}\mathfrak{s}_{\bar{y}}\right), \\ \Pi^0 = \text{Det.}\left(\begin{matrix}\begin{bmatrix} k\,k' \\ x\,y \end{bmatrix}^* \\ k,k' = 1,2,\ldots(p-1)\end{matrix}\right), \end{cases}$$

so wird $(\nu_1^* \nu_2^* \nu_3^*)^2$ proportional Π^*,

$(\nu_4^* \nu_5^* \ldots \nu_{3p}^*)^2$ „ Π^0,

also

$$3\ln \overline{\Theta^*} = \tfrac{1}{2}\ln \Pi^* + \text{konst.},$$

$$3(p-1)\ln \overline{\Theta^0} = \tfrac{1}{2}\ln \Pi^0 + \text{konst.}$$

Nun sind Π^* und Π^0 Funktionen der $\mathfrak{u}_k$, u_{xy}; entwickelt man sie nach diesen und setzt

$$(353')\quad \begin{cases} \Pi^* = \Pi_0^*\left(1 - \sum_k \mathfrak{B}_k^* \mathfrak{u}_k - \sum_{xy} B^*_{xy} u_{xy}\right), \\ \Pi^0 = \Pi_0^0\left(1 - \sum_k \mathfrak{B}_k^0 \mathfrak{u}_k - \sum_{xy} B^0_{xy} u_{xy}\right), \end{cases}$$

so erhält man

$$(354)\quad \begin{cases} \sum_{j=1}^{3} B^j_{xy} = \tfrac{1}{2} B^*_{xy}, & \sum_{j=4}^{3p} B^j_{xy} = \tfrac{1}{2} B^0_{xy}, \\ \sum_{j=1}^{3} \mathfrak{B}_k^{\,j} = \tfrac{1}{2} \mathfrak{B}_k^*, & \sum_{j=4}^{3p} \mathfrak{B}_k^{\,j} = \tfrac{1}{2} \mathfrak{B}_k^0. \end{cases}$$

Hier hängen die B^*_{xy} und $\mathfrak{B}^*_k$ noch von $\mathfrak{s}$ ab, während B^0_{xy}, $\mathfrak{B}^0_k$ konstant sind.

IX. Bei *tiefen Temperaturen*, im Bereich des *Debye*schen T^3-Gesetzes der spezifischen Wärme, wo **D** durch $\frac{\pi^4}{5x^3}$, **P** durch 0 zu ersetzen ist (s Nr. **26**, Formel (241′)), gilt

$$(355)\quad \begin{cases} E_0^* = U_0 + \dfrac{\pi^4}{5}\dfrac{k}{\Delta}\sum_{j=1}^{3} \overline{\dfrac{1}{\Theta_j^3}}\, T^4, \\ \widetilde{K}^0_{xy} = \dfrac{\pi^4}{5}\dfrac{k}{\Delta}\sum_{j=1}^{3} \overline{\dfrac{C^j_{xy}}{\Theta_j^3}}\, T^4, \\ \mathfrak{p}^0 = \dfrac{\pi^4}{5}\dfrac{k}{\Delta}\sum_{j=1}^{3} \overline{\dfrac{\mathfrak{C}^j}{\Theta_j^3}}\, T^4. \end{cases}$$

In diesem Bereiche gilt also das *Grüneisen*sche Gesetz von der Proportionalität zwischen thermischer Ausdehnung und Energie in Strenge für alle Kristalle[196]); und ein entsprechendes Gesetz gilt für die Pyroelektrizität. Näherungsweise kann man schreiben:

$$(356)\quad \begin{cases} E_0^* = U_0 + \frac{3\pi^4}{5}\frac{k}{\Delta}\frac{T^4}{\overline{\Theta}^3}, \\ \overline{K}_{xy}^0 = \frac{\pi^4}{5}\frac{k}{\Delta}\sum_{j=1}^{3} \overline{C_{xy}^j}\,\frac{T^4}{\overline{\Theta}^3}, \\ \mathfrak{p}^0 = \frac{\pi^4}{5}\frac{k}{\Delta}\sum_{j=1}^{3} \overline{\mathfrak{C}^j}\,\frac{T^4}{\overline{\Theta}^3}, \end{cases}$$

wo $\overline{\Theta}$ der durch

$$(356')\quad \frac{3}{\overline{\Theta}^3} = \sum_{j=1}^{3} \overline{\frac{1}{\Theta_j^3}}$$

definierte Mittelwert ist. Die hier auftretenden Summen lassen sich wiederum auf die Entwicklungskoeffizienten der Determinante Π^* (353) zurückführen

Bei höheren Temperaturen verliert das Gesetz seine allgemeine Gültigkeit, wie ein Vergleich der Formeln (346a) und (346b) zeigt. Es gilt dann noch für einatomige Körper, für die es *Grüneisen* selbst zuerst ausgesprochen hat, mit guter Annäherung, da es meist erlaubt ist, die drei elastischen Schwingungen durch *eine* mittlere Schallgeschwindigkeit darzustellen.

Eine Prüfung der hier angegebenen Verallgemeinerung des *Grüneisen*schen Gesetzes ist noch nicht vorgenommen worden.

X. *Die Temperaturabhängigkeit der Pyroelektrizität* ist in der ersten Zeit der Entwicklung der Quantentheorie auf Anregung von *W. Voigt* experimentell von *Ackermann*[197]) untersucht worden, und zwar herab bis zum Siedepunkt des flüssigen Wasserstoffs. Dabei hat sich ergeben, daß das pyroelektrische Moment in ganz ähnlicher Weise mit sinkender Temperatur abfällt, wie die thermische Energie.

Zur Deutung dieser Versuche hat *Boguslawski*[198]) eine „monochromatische" Theorie entwickelt; er stellt sich vor, daß die in den Gitterpunkten sitzenden Ionen unabhängig voneinander Schwingungen um ihre Gleichgewichtslagen ausführen, die bei azentrischen Kristallen infolge unsymmetrischer Bindung zu einem elektrischen Mo-

---

196) S. hierzu *M. Planck*, Vorlesungen über Thermodynamik, 6. Aufl. (Berlin-Leipzig 1921), § 285, p. 276.

197) *W. Ackermann*, Diss. Göttingen 1914; Ann. d. Phys. (4) 46 (1915), p. 197.

198) Zit. in Anm. 182).

mente führen. So gelangt er zu einer Formel der Gestalt

$$\mathfrak{p}^* = \frac{kT}{\Delta}\mathfrak{C}\,\mathsf{P}\left(\frac{\Theta}{T}\right)$$

entsprechend einem einzelnen der Eigenschwingungsterme in (346 c). In einer weiteren Arbeit[199]) stellt *Boguslawski* fest, daß dieses Gesetz bei tieferen Temperaturen versagt, und zwar in derselben Weise, wie die *Einstein*sche Formel der spezifischen Wärme. Er versucht sodann die Theorie zu verbessern, indem er die *Planck*sche Funktion durch eine *Debye*sche ersetzt:

$$\mathfrak{p}^* = \frac{kT}{\Delta}\mathfrak{C}\,\mathsf{D}\left(\frac{\Theta}{T}\right).$$

Doch fällt auch diese Kurve noch immer mit sinkender Temperatur wesentlich steiler gegen Null ab, als die Beobachtungen; *Boguslawski* schließt aus diesen, daß in der Nähe des absoluten Nullpunktes $\mathfrak{p}^*$ proportional T^2 (nicht T^4) sein wird. Er ersetzt daher die *Debye*sche Funktion $\mathsf{D}(x)$ durch die ähnlich gebaute

$$\frac{1}{x}\int\limits_0^x \mathsf{P}(\xi)\,d\xi = \frac{1}{x}\int\limits_0^x \frac{\xi\,d\xi}{e^{\xi}-1},$$

die für große x sich verhält wie $\frac{1}{x}$ (während die *Debye*sche Funktion mit $\frac{1}{x^3}$ proportional ist). Dann wird in der Tat bei tiefen Temperaturen $\mathfrak{p}^*$ mit T^2 proportional.

M. Born[200]) hat geglaubt, diese Formel von *Boguslawski* mit Hilfe der Gittertheorie begründen zu können; doch beruhte diese Ableitung auf einem (schon oben erwähnten) Fehler. Nach der hier entwickelten Theorie muß auch für die pyroelektrischen Momente das T^4-Gesetz gelten. Der Widerspruch dieser theoretischen Forderung gegen die *Ackermann*schen Messungen harrt noch der Aufklärung.

XI. Das Auftreten der gewöhnlichen, polaren Pyroelektrizität ist nur bei gewissen Gruppen azentrischer Kristalle möglich. Verschwinden die Momente 1. Ordnung, so können Momente 2. Ordnung bemerkbar werden; man erhält für diese aus (79), Nr. **12**:

$$(357) \qquad M^0_{xy} = M^0_i = \frac{1}{2\Delta}\sum_k (x_k \mathfrak{u}^0_{ky} + y_k \mathfrak{u}^0_{kx}) e_k \quad (i = 1, 2, \ldots 6).$$

Das sind die Komponenten der sogenannten *„wahren" tensoriellen* (*oder zentrischen*) *Pyroelektrizität*[201]), nämlich derjenigen elektrischen Erre-

199) *S. Boguslawski*, Phys. Ztschr. 15 (1914), p. 805.

200) S. die in Anm. 189) zit. Abhandlung; ferner *M. Born*, Phys. Ztschr. 23 (1922), p. 125.

201) S. hierzu diese Encykl. V 16 (*F. Pockels*), Nr. **13**; ferner *W. Voigt*, Kristallphysik, V. Kap., III. Abschn., §§ 160—163.

gung, die bei Verhinderung der thermischen Deformation bei Temperaturänderung eintritt. Diese sind nicht der direkten Beobachtung zugänglich, sondern die Größen

$$\widetilde{M}_i^0 = M_i^0 + \sum_{j=1}^{6} \alpha_{ij} u_j^0, \tag{357'}$$

wo die α_{ij} die durch (77') definierten Konstanten der tensoriellen Piezoelektrizität sind.

Die Existenz dieser zentrischen Pyroelektrizität ist von *W. Voigt* wahrscheinlich gemacht worden.[202])

Als Umkehreffekt muß man die Erscheinung erwarten, daß zentrische Kristalle in starken elektrischen, inhomogenen Feldern eine Erwärmung zeigen. Die Formeln hierfür sind leicht aus dem allgemeinen Ausdruck (333'') für die zugeführte Wärme unter Berücksichtigung der in Nr. **12** dargelegten Verhältnisse zu gewinnen. Diese Erscheinung ist noch nicht beobachtet worden.

33. Beispiel. Zentrische D-Gitter. Als Beispiel sollen die holoedrischen D-Gitter behandelt werden. Für diese ist aus Symmetriegründen

$$\widetilde{K}^0_{xx} = \widetilde{K}^0_{yy} = \widetilde{K}^0_{zz}, \quad \widetilde{K}^0_{yz} = \widetilde{K}^0_{zx} = \widetilde{K}^0_{xy} = 0,$$

und aus (340a) folgt für den Koeffizienten der linearen thermischen Ausdehnung

$$\alpha = \frac{du_1^0}{dT} = (s_{11} + 2s_{12}) \frac{d\widetilde{K}_1^0}{dT} = \frac{\varkappa}{3} \frac{d\widetilde{K}_1^0}{dT}, \tag{358}$$

wo $\varkappa$ die kubische Kompressibilität bedeutet. Mit *Mie* und *Grüneisen* bilde man nun aus α, der Atomwärme C_v und dem Atomvolumen V die Größe (274)

$$\gamma = \frac{3V\alpha}{\varkappa C_v}. \tag{359}$$

Wegen der zentrischen Symmetrie sind die C^j_{xy} mit den B^j_{xy} identisch. Daher folgt für tiefe Temperaturen aus (356) und (354)

$$C_v = V\frac{dE_0^*}{dT} = V\frac{12\pi^4}{5}\frac{k}{\Delta}\frac{T^3}{\Theta^3},$$

$$\alpha = \frac{\varkappa}{3}\frac{d\widetilde{K}^0_{xx}}{dT} = \frac{\varkappa}{3}\frac{4\pi^4}{5}\frac{k}{\Delta}\frac{1}{2}\overline{B^*_{xx}}\,\overline{\frac{T^3}{\Theta^3}},$$

also

$$\gamma_0 = \tfrac{1}{6}\overline{B^*_{xx}}, \tag{359'}$$

und für hohe Temperaturen aus (348) und (354)

$$C_v = V\frac{3pk}{\Delta} = 3R,$$

$$\alpha = \frac{\varkappa}{3}\frac{k}{\Delta}\frac{1}{2}(\overline{B^*_{xx}} + B^0_{xx}),$$

202) *W. Voigt*, Gött. Nachr. 1905, p. 394.

also

$$\gamma_\infty = \frac{1}{6p}(\overline{B^*_{xx}} + B^0_{xx}). \tag{359''}$$

Man kann auch den Übergang der Größe γ von γ_0 zu γ_∞ durch eine einfache Näherungsformel darstellen, indem man in den allgemeinen Formeln (346) statt der akustischen Θ_j den Mittelwert $\overline{\Theta}$ nach (356′) einführt; dann erhält man

$$\gamma = \frac{\sum_{j=1}^{3} \overline{B^j_{xx}} + \sum_{j=4}^{3p} B^j_{xx}\Psi_j(T)}{3 + \sum_{j=4}^{3p}\Psi_j(T)}, \tag{359a}$$

wo

$$\Psi_j(T) = \frac{\mathsf{S}\left(\frac{\Theta_j}{T}\right)}{4\,\mathsf{D}\left(\frac{\overline{\Theta}}{T}\right) - 3\,\mathsf{P}\left(\frac{\overline{\Theta}}{T}\right)} \tag{359b}$$

gesetzt ist. Da $\Psi_j(0) = 0$, $\Psi_j(\infty) = 1$ ist, kommt man mit Rücksicht auf (354) leicht zu den Grenzfällen (359′), (359″) zurück. Doch ist diese Verallgemeinerung ohne Bedeutung; denn, wie schon oben hervorgehoben, haben bei dieser Art der Annäherung die ultraroten Eigenfrequenzen (Reststrahlen) ein zu großes Gewicht.

Wir beschränken uns von jetzt an auf zweiatomige Gitter ($p = 2$). Aus Symmetriegründen gilt für rein thermische Deformation:

$$\mathfrak{u}_k = 0, \quad u_{xx} = u_{yy} = u_{zz} = u, \quad u_{yz} = u_{zx} = u_{xy} = 0.$$

Daher reduzieren sich unter Benutzung der in Nr. **13**, II eingeführten Bezeichnungen die Größen (319) auf

$$\begin{cases} A^* = A + uA', & B^* = B + uB', \\ C^* = 0, & D^* = D + uD'; \end{cases} \tag{360}$$

A, B, D sind durch (84) definiert, und außerdem ist gesetzt

$$\begin{cases} A' = [xx\,|\,xx\,\|\,xx] + 2[xx\,|\,xx\,\|\,yy] \\ \qquad = 3A + 2B + \frac{1}{2\Delta}\mathop{\mathsf{S}}_{l}\sum_{kk'} R^l_{kk'}(r^l_{kk'})^2(x^l_{kk'})^4, \\ B' = [xx\,|\,yy\,\|\,xx] + [xx\,|\,yy\,\|\,yy] + [xx\,|\,yy\,\|\,zz] \\ \qquad = A + 4B + \frac{1}{2\Delta}\mathop{\mathsf{S}}_{l}\sum_{kk'} R^l_{kk'}(r^l_{kk'})^2(x^l_{kk'})^2(y^l_{kk'})^2, \\ D' = \left[\begin{smallmatrix}1,2\\ xx\,|\,xx\end{smallmatrix}\right] + 2\left[\begin{smallmatrix}1,2\\ xx\,|\,yy\end{smallmatrix}\right] = 5D - \frac{5}{\Delta}\mathop{\mathsf{S}}_{l} P^l_{12} + \frac{1}{3\Delta}\mathop{\mathsf{S}}_{l} R^l_{12}(r^l_{12})^4. \end{cases} \tag{361}$$

Statt B' kann man bequemer die Größe

$$(361')\qquad A'+2B'=5(A+2B)+\frac{1}{6\Delta}\mathop{\mathrm{S}}_{l}\sum_{kk'}R^l_{kk'}(r^l_{kk'})^6$$

benützen. Ferner erkennt man leicht die Gültigkeit der Relation[203])

$$(361'')\qquad D'=\frac{1}{\delta^2}\frac{d\Delta D}{d\delta}.$$

Nach (88') sind die Elastizitätskonstanten $c_{11}=A$, $c_{12}=c_{44}=B$, also

$$c^*_{11}=A^*=A+uA',\quad c^*_{12}=c^*_{44}=B^*=B+uB'.$$

Für die weitere Rechnung soll die vereinfachende Annahme gemacht werden, daß der Kristall elastisch nahezu isotrop ist; das ist bei Steinsalz (NaCl) einigermaßen erfüllt. Es soll demgemäß die in Nr. 27 (258) definierte Größe $K=1$ gesetzt werden, also $c_{11}=3c_{12}$.

Nun wird die Determinante der elastischen Schwingungen (353):

$$\Pi^*=B^{*3}\begin{vmatrix}1+p^*\mathfrak{s}_x^2 & 2\mathfrak{s}_x\mathfrak{s}_y & 2\mathfrak{s}_x\mathfrak{s}_z\\ 2\mathfrak{s}_y\mathfrak{s}_x & 1+p^*\mathfrak{s}_y^2 & 2\mathfrak{s}_y\mathfrak{s}_z\\ 2\mathfrak{s}_z\mathfrak{s}_x & 2\mathfrak{s}_z\mathfrak{s}_y & 1+p^*\mathfrak{s}_z^2\end{vmatrix},$$

wo

$$p^*=\frac{A^*}{B^*}-1$$

gesetzt ist. Entwickelt man nach u, so hat man wegen der Annahme $A=3B$:

$$p^*=2+3u\left(\frac{A'}{A}-\frac{B'}{B}\right),$$

also

$$\Pi^*=3B^3\left\{1+u\left[\frac{A'}{A}+2\frac{B'}{B}+4\left(\frac{A'}{A}-\frac{B'}{B}\right)(\mathfrak{s}_y^2\mathfrak{s}_z^2+\mathfrak{s}_z^2\mathfrak{s}_x^2+\mathfrak{s}_x^2\mathfrak{s}_y^2)\right]\right\}.$$

---

203) Man kann diese Formel auch direkt begründen. Es sei s irgendeine Gittersumme und $s^*=s+us'$ der Wert, den sie annimmt, wenn man $(\varphi^l_{kk'})_{xy}$ durch $(\varphi^l_{kk'})^*_{xy}$ ersetzt; da bei regulären Gittern s nur von δ abhängt, so ist andererseits

$$s^*=s+\left(\frac{ds}{d\delta}\right)_0(\delta-\delta_0),\quad u=\frac{\delta-\delta_0}{\delta_0},$$

also

$$s'=\left(\delta\frac{ds}{d\delta}\right)_0.$$

Nun entsteht ΔD^* aus ΔD durch die angegebene Ersetzung; man kann also diesen Schluß darauf anwenden und erhält

$$\Delta D'=\delta\frac{d\Delta D}{d\delta},$$

was mit (361'') übereinstimmt.

Ähnliche Überlegungen lassen sich auf A und B nicht anwenden, weil bei den Ausdrücken (84) dieser Größen die Gleichgewichtsbedingungen (81b) benützt sind; es fehlen daher Glieder, die vor dem Differenzieren nach δ hinzugefügt werden müssen.

Nach (354) folgt nun:

$$B^*_{xx} = -\frac{1}{3}\left[\frac{A'}{A} + 2\frac{B'}{B} + 4\left(\frac{A'}{A} - \frac{B'}{B}\right)(\mathfrak{s}_y^2\mathfrak{s}_z^2 + \mathfrak{s}_z^2\mathfrak{s}_x^2 + \mathfrak{s}_x^2\mathfrak{s}_y^2)\right].$$

Der Mittelwert hiervon ist:

$$\overline{B^*_{xx}} = -\frac{1}{3}\left[\frac{A'}{A} + 2\frac{B'}{B} + \frac{4}{5}\left(\frac{A'}{A} - \frac{B'}{B}\right)\right] = -\frac{1}{5}\left(3\frac{A'}{A} + 2\frac{B'}{B}\right).$$

Die Determinante der Gitterschwingungen wird:

$$\Pi^0 = D^{*3} = (D + uD')^3,$$

also nach (354)

$$B^0_{xx} = -\frac{D'}{D}.$$

Nun folgt aus (359'), (359'') mit $p = 2$:

$$(362)\quad \begin{cases} \gamma_0 = -\frac{1}{30}\left(3\frac{A'}{A} + 2\frac{B'}{B}\right), \\ \gamma_\infty = -\frac{1}{60}\left(3\frac{A'}{A} + 2\frac{B'}{B} + 5\frac{D'}{D}\right). \end{cases}$$

Zur weiteren Verdeutlichung sollen die Konstanten A, B, C, A', B', C' für das NaCl-Gitter unter der Annahme berechnet werden, daß sich das elementare Potential in einer Reihe der Form

$$(363)\qquad \varphi_{kk'}(r) = \sum_{p=1}^{\infty} \frac{b^{(p)}_{kk'}}{r^p} \qquad (k, k' = 1, 2)$$

entwickeln läßt; dieser Ansatz enthält das Kraftgesetz (267) von *Mie* und *Grüneisen* (s. Nr. **28**) als Spezialfall. Die kleinste Zelle ist das Rhomboeder mit den Kanten (s. die Aufzählung der D-Gitter in Nr. **13**)

$$(364)\qquad \mathfrak{a}_1 = r_0(\mathfrak{i}_2 + \mathfrak{i}_3),\quad \mathfrak{a}_2 = r_0(\mathfrak{i}_3 + \mathfrak{i}_1),\quad \mathfrak{a}_3 = r_0(\mathfrak{i}_1 + \mathfrak{i}_2);$$

dabei sind $\mathfrak{i}_1$, $\mathfrak{i}_2$, $\mathfrak{i}_3$ die Einheitsvektoren parallel zu den Würfelkanten und r_0 der Abstand eines Paares benachbarter Na- und Cl-Atome, für den die Beziehung

$$(365)\qquad r_0^3 = \tfrac{1}{2}\delta^3 = \tfrac{1}{2}\Delta$$

gilt. Diese Zelle enthält je ein Na- und ein Cl-Atom, deren Lage man so wählen kann:

$$(366)\qquad \mathfrak{r}_1 = 0,\quad \mathfrak{r}_2 = r_0(\mathfrak{i}_1 + \mathfrak{i}_2 + \mathfrak{i}_3).$$

Es wird demnach

$$(367)\quad \begin{cases} \mathfrak{r}^l_{11} = \mathfrak{r}^l_{22} = r_0\{\mathfrak{i}_1(l_2 + l_3) + \mathfrak{i}_2(l_3 + l_1) + \mathfrak{i}_3(l_1 + l_2)\}, \\ \mathfrak{r}^l_{21} = -\mathfrak{r}^l_{12} = r_0\{\mathfrak{i}_1(1 + l_2 + l_3) + \mathfrak{i}_2(1 + l_3 + l_1) + \mathfrak{i}_3(1 + l_1 + l_2)\}. \end{cases}$$

Aus dem Potentialgesetz (363) folgt

$$(368)\quad \begin{cases} \varphi^l_{kk'} = \sum\limits_{p=1}^{\infty} \frac{b^{(p)}_{kk'}}{(r^l_{kk'})^p}, & P^l_{kk'} = -\sum\limits_{p=1}^{\infty} \frac{p\, b^{(p)}_{kk'}}{(r^l_{kk'})^{p+2}}, \\ Q^l_{kk'} = \sum\limits_{p=1}^{\infty} \frac{p(p+2)\, b^{(p)}_{kk'}}{(r^l_{kk'})^{p+4}}, & R^l_{kk'} = -\sum\limits_{p=1}^{\infty} \frac{p(p+2)(p+4)\, b^{(p)}_{kk'}}{(r^l_{kk'})^{p+6}}. \end{cases}$$

Man setze nun:

(369) $$b_{12}^{(p)} = b_p, \quad \frac{b_{11}^{(p)} + b_{22}^{(p)}}{2 b_{12}^{(p)}} = \beta_p,$$

ferner

(370) $$\begin{cases} S_0'(p) = \underset{l}{\mathsf{S}}\left((1 + l_2 + l_3)^2 + (1 + l_3 + l_1)^2 + (1 + l_1 + l_2)^2\right)^{-\frac{p}{2}}, \\ S_0''(p) = \underset{l}{\mathsf{S}}'\left((l_2 + l_3)^2 + (l_3 + l_1)^2 + (l_1 + l_2)^2\right)^{-\frac{p}{2}}, \\ S_1'(p) = 3 \underset{l}{\mathsf{S}}\left((1 + l_2 + l_3)^2 + \cdots\right)^{-\frac{p+4}{2}} (1 + l_2 + l_3)^4, \\ S_1''(p) = 3 \underset{l}{\mathsf{S}}'\left((l_2 + l_3)^2 + \cdots\right)^{-\frac{p+4}{2}} (l_2 + l_3)^4, \end{cases}$$

und

(370') $$\begin{cases} S_0(p) = S_0'(p) + \beta_p S_0''(p), \\ S_1(p) = S_1'(p) + \beta_p S_1''(p); \end{cases}$$

dann wird nach (10), Nr. **3**, und (84), Nr. **13**:

(371) $$\begin{cases} \varphi_0 = 2 \sum_{p=1}^{\infty} \frac{1}{r_0^p} b_p S_0(p), \\ A = \frac{1}{3\Delta} \sum_{p=1}^{\infty} \frac{1}{r_0^p} b_p p(p+2) S_1(p), \\ A + 2B = \frac{1}{3\Delta} \sum_{p=1}^{\infty} \frac{1}{r_0^p} b_p p(p+2) S_0(p), \\ B = \frac{1}{6\Delta} \sum_{p=1}^{\infty} \frac{1}{r_0^p} b_p p(p+2) \{S_0(p) - S_1(p)\}, \\ D = \frac{1}{3\Delta} \sum_{p=1}^{\infty} \frac{1}{r_0^{p+2}} b_p p(p-1) S_0'(p+2). \end{cases}$$

Zwischen den Konstanten b_p, β_p muß die Bedingung (83'), Nr. **13**, bestehen, die hier lautet:

(372) $$\frac{d\varphi_0}{dr_0} = -\frac{2}{r_0} \sum_{p=1}^{\infty} \frac{1}{r_0^p} b_p p\, S_0(p) = 0.$$

Sodann erhält man weiter nach (361) mit Rücksicht auf (371):

(373) $$\begin{cases} A' = -\frac{1}{3\Delta} \sum_{p=1}^{\infty} \frac{1}{r_0^p} b_p p(p+2) \{(p+2) S_1(p) - S_0(p)\}, \\ B' = -\frac{1}{6\Delta} \sum_{p=1}^{\infty} \frac{1}{r_0^p} b_p p(p+2) \{p S_0(p) - (p+2) S_1(p)\}, \\ D' = -\frac{1}{3\Delta} \sum_{p=1}^{\infty} \frac{1}{r_0^{p+2}} b_p p(p+2)(p-1) S_0'(p+2). \end{cases}$$

Das zweigliedrige, von *Mie* und *Grüneisen* benutzte Kraftgesetz (267) erhält man durch folgende Spezialisierung:

$$(374)\quad \begin{cases} b_m = -a, & a > 0, & \beta_m = \alpha, & \\ b_n = b, & b > 0, & \beta_n = \beta, & m < n \\ b_p = 0 \text{ für } p \neq m, n; & & \beta_p = 0 \text{ für } p \neq m, n. \end{cases}$$

Dann kann man noch b mit Hilfe von (372) eliminieren:

$$(372')\qquad \frac{am}{r_0^m} S_0(m) = \frac{bn}{r_0^n} S_0(n),$$

und erhält damit:

$$(375)\quad \begin{cases} \text{a)}\ \ \varphi_0 = -2\frac{am}{r_0^m} S_0(m)\left(\frac{1}{m} - \frac{1}{n}\right), \\ \text{b)}\ \ A = \frac{1}{3\varDelta}\frac{am}{r_0^m} S_0(m) f_1(n,m), \\ \text{c)}\ \ A + 2B = \frac{1}{3\varDelta}\frac{am}{r_0^m} S_0(m)(n - m), \\ \text{d)}\ \ B = \frac{1}{6\varDelta}\frac{am}{r_0^m} S_0(m) f_2(n,m), \\ \text{e)}\ \ D = \frac{1}{3\varDelta}\frac{am}{r_0^{m+2}} S_0(m) f_3(n,m). \end{cases}$$

Dabei ist gesetzt:

$$(376)\quad \begin{cases} f_1(n,m) = (n+2)\frac{S_1(n)}{S_0(n)} - (m+2)\frac{S_1(m)}{S_0(m)}, \\ f_2(n,m) = (n-m) - f_1(n,m), \\ f_3(n,m) = (n-1)\frac{S_0'(n+2)}{S_0(n)} - (m-1)\frac{S_0'(m+2)}{S_0(m)}. \end{cases}$$

Da der Abstoßungsexponent n sicher größer ist als der Anziehungsexponent m, so sieht man sofort, daß $\varphi_0 < 0$, $A > 0$, $A + 2B > 0$, $D > 0$ ist, während das Vorzeichen von B nicht ohne weiteres anzugeben ist.

Diese Formeln präzisieren die von *Grüneisen* angegebenen Gesetzmäßigkeiten. Insbesondere hat man für die Kompressibilität $\varkappa$:

$$\frac{1}{\varkappa} = \frac{1}{3}(A + 2B) = \frac{1}{9\varDelta}\frac{am}{r_0^m} S_0(m)(n - m),$$

ein Ausdruck, der mit dem *Grüneisen*schen (282), Nr. 28, übereinstimmt, wenn man r_0^3 durch V_0 ersetzt und die Gittersumme mit a zu der Konstanten A vereinigt. Ferner ergibt sich aus (375a) und (375c)

$$(377)\qquad \varkappa\varphi_0 = -18\varDelta\frac{1}{mn};$$

nun ist nach (11) $U_0 = \frac{\varphi_0}{2\varDelta}$ die Energiedichte im Gleichgewicht, also $-U_0$ die zur Zerlegung des Gitters in seine Atome pro Volumeneinheit aufzuwendende Arbeit, die Sublimationswärme beim absoluten Nullpunkt, für die aus der *Grüneisen*schen Theorie die Formel (287′) herauskam. Man hat also übereinstimmend:

$$-U_0 = -\frac{\Phi_0(V_0)}{V_0} = -\frac{\varphi_0}{2\Delta} = \frac{9}{mn}\cdot\frac{1}{\varkappa}. \tag{378}$$

Die hier dargelegte Theorie aber führt weiter als die *Grüneisen*sche, indem sie einmal die vorkommenden Gittersummen aus der Struktur zu berechnen erlaubt, sobald die Konstanten r_0, a, m, n gegeben sind, sodann auch die Elastizitätskonstanten

$$c_{11} = A, \quad c_{12} = c_{44} = B,$$

die für die ultrarote Eigenschwingung maßgebende Konstante D und schließlich auch die Konstanten A', B', C' der thermischen Ausdehnung liefert. Für die letzteren erhält man:

$$\left\{\begin{aligned} A' &= -\frac{1}{3\Delta}\frac{am}{r_0^m} S_0(m) f_1'(n, m), \\ B' &= -\frac{1}{6\Delta}\frac{am}{r_0^m} S_0(m) f_2'(n, m), \\ D' &= -\frac{1}{3\Delta}\frac{am}{r_0^{m+2}} S_0(m) f_3'(n, m), \end{aligned}\right. \tag{379}$$

wo gesetzt ist:

$$\left\{\begin{aligned} f_1'(n,m) &= (n+2)\left[(n+2)\frac{S_1(n)}{S_0(n)} - 1\right] - (m+2)\left[(m+2)\frac{S_1(m)}{S_0(m)} - 1\right], \\ f_2'(n,m) &= (n-m)(n+m+1) - f_1'(n,m), \\ f_3'(n,m) &= (n+2)(n+1)\frac{S_0'(n+2)}{S_0(n)} - (m+2)(m-1)\frac{S_0'(m+2)}{S_0(m)}. \end{aligned}\right. \tag{380}$$

Nun wird

$$\left\{\begin{aligned} \gamma_0 &= \frac{1}{30}\left(3\frac{f_1'}{f_1} + 2\frac{f_2'}{f_2}\right), \\ \gamma_\infty &= \frac{1}{60}\left(3\frac{f_1'}{f_1} + 2\frac{f_2'}{f_2} + 5\frac{f_3'}{f_3}\right). \end{aligned}\right. \tag{381}$$

Diese Formeln sind in ihrer Struktur ganz analog den von *Mie* und *Grüneisen* für einatomige Körper aufgestellten Gesetzen (Nr. 28).

Nimmt man an, daß n sehr groß gegen m, also auch gegen 1 ist, so folgt aus beiden Formeln (381)

$$\gamma_0 = \gamma_\infty = \frac{n+2}{6}, \tag{381′}$$

in Übereinstimmung mit dem ersten Ansatze von *Mie* (Nr. 28).

Im allgemeinen Falle hängt γ von den beiden Exponenten m, n des Kraftgesetzes ab (wie auch bei *Grüneisen*), außerdem aber von den Konstanten α und β, die das Verhältnis der Kräfte zwischen gleichartigen und ungleichartigen Ionen bestimmen.

Über die numerische Berechnung der elastischen und thermischen Konstanten auf Grund der Annahme elektrostatischer Kohäsionskräfte s. Nr. **38**.

34. Spezifische Wärme bei hohen Temperaturen. Die Quantenformeln von *Born* und *Brody* (s. Nr. **30**, (305), (306), (307)) erlauben im Prinzip, die Annäherung einen Schritt weiter zu treiben und die Glieder vierter Ordnung sowie die Quadrate und Produkte der Glieder dritter Ordnung der potentiellen Energie zu berücksichtigen. Hierzu wäre es notwendig, diese Störungsglieder durch die Normalkoordinaten des ungestörten Systems (quadratische Energie) auszudrücken. Doch sind diese verwickelten Rechnungen noch nicht ausgeführt worden. Nur der Energieinhalt des undeformierten Gitters ist unter Berücksichtigung der höheren Glieder von *Born* und *Brody*[203a]) berechnet worden. Der Einfluß des anharmonischen Charakters der Schwingungen macht sich natürlich erst bei höheren Temperaturen stärker geltend; dann führt aber bereits die klassische statistische Mechanik zum Ziele.[203b]) Die Aufstellung der exakten Quantenformeln hat immerhin den Wert, daß sie den Verlauf der Energie von den tiefsten bis zu den höchsten Temperaturen einheitlich darstellen.

Die Zustandssumme (297′) wird in diesem Falle nach (307) mit genügender Annäherung

$$Z = \sum e^{-\frac{W}{kT}} = \sum_{n_1=0}^{\infty}\sum_{n_2=0}^{\infty}\cdots\sum_{n_f=0}^{\infty} e^{-\frac{h}{kT}\sum_{l=1}^{f}\nu_l n_l}\left(1 - \frac{h^2}{2kT}\sum_{l,m=1}^{f}\nu_{lm}n_l n_m\right),$$

wo $f = 3N$ die Anzahl der Freiheitsgrade ist. Eine einfache Rechnung führt zu

$$Z = \prod_{l=1}^{f}\frac{1}{1-e^{-\frac{h\nu}{kT}}}\left\{1 - \frac{h^2}{2kT}\left[\sum_{l=1}^{f}\frac{\nu_{ll}e^{-\frac{h\nu_l}{kT}}\left(1+e^{-\frac{h\nu_l}{kT}}\right)}{\left(1-e^{-\frac{h\nu_l}{kT}}\right)^2} + \sum_{\substack{l,m=1\\ l\neq m}}^{f}\frac{\nu_{lm}e^{-\frac{h(\nu_l+\nu_m)}{kT}}}{\left(1-e^{-\frac{h\nu_l}{kT}}\right)\left(1-e^{-\frac{h\nu_m}{kT}}\right)}\right]\right\}.$$

Hieraus folgt für die freie Energie:

$$(382)\qquad F = -k\ln Z = kT\sum_l \ln\left(1-e^{-\frac{h\nu_l}{kT}}\right) + \frac{h^2}{2}\left\{\sum_l\frac{\nu_{ll}\left(1+e^{-\frac{h\nu_l}{kT}}\right)}{\left(e^{\frac{h\nu_l}{kT}}-1\right)^2} + \sum_{l\neq m}\frac{\nu_{lm}}{\left(e^{\frac{h\nu_l}{kT}}-1\right)\left(e^{\frac{h\nu_m}{kT}}-1\right)}\right\}.$$

203a) *M. Born* u. *E. Brody*, Ztschr. f. Phys. 6 (1921), p. 132.

203b) Die klassische Rechnung ist von *E. Schrödinger* [Ztschr. f Phys. 11 (1922), p. 170, 393] mitgeteilt worden; in derselben Abhandlung findet sich eine andere Ableitung der *Born-Brody*schen Quantenformeln.

Das erste Glied stimmt mit dem für harmonische Oszillatoren gültigen Ausdruck (309) überein; das zweite wird nur dann beträchtlich, wenn für hinreichend viele Frequenzen $\frac{h\nu_l}{kT} \ll 1$ ist. Für den Grenzfall hoher Temperaturen erhält man:

$$F = kT \sum_l \ln \frac{h\nu_l}{kT} + \frac{h^2}{2} \left\{ \sum_l 2\nu_{ll} \left(\frac{kT}{h\nu_l}\right)^2 + \sum_{l \neq m} \nu_{lm} \frac{kT}{h\nu_l} \frac{kT}{h\nu_m} \right\}. \tag{383}$$

Man führe nun die Mittelwerte ein:

$$\left\{\begin{aligned} &\text{a)} \quad \ln \nu = \frac{1}{3N} \sum_l \ln \nu_l, \\ &\text{b)} \quad \sigma = \frac{1}{9N^2} \left(2 \sum_l \frac{\nu_{ll}}{\nu_l^2} + \sum_{l \neq m} \frac{\nu_{lm}}{\nu_l \nu_m} \right); \end{aligned}\right. \tag{384}$$

dann wird

$$F = 3kNT \ln \frac{h\nu}{kT} + \frac{9}{2} \sigma k^2 N^2 T^2. \tag{383'}$$

Sodann erhält man die Entropie und Energie:

$$\left\{\begin{aligned} S &= -\frac{\partial F}{\partial T} = 3Nk\left(1 - \ln \frac{h\nu}{kT}\right) - 9\sigma k^2 N^2 T, \\ E &= F + TS = 3NkT - \tfrac{9}{2} \sigma N^2 k^2 T^2 \end{aligned}\right. \tag{385}$$

und die spezifische Wärme bei fehlender Deformation:

$$C_v = \frac{dE}{dT} = 3Nk(1 - 3\sigma NkT). \tag{385'}$$

Genau dieselben Formeln kann man aber auch mit Hilfe der klassischen statistischen Mechanik gewinnen. Dabei scheint sich zunächst eine Schwierigkeit zu ergeben; denn die Größen ν_{ll}, ν_{lm} werden nach (305a) für $\nu_l = 2\nu_m$ und $\nu_l = \nu_m + \nu_k$ unendlich, während bei der klassischen Rechnung natürlich keine Brüche auftreten können, deren Nenner die angegebenen Nullstellen haben. Die genaue Rechnung zeigt aber, daß in dem Ausdruck (384b) für σ die Nenner sich gerade aufheben; man erhält

$$\sigma = \sigma' + \sigma'', \tag{386}$$

wo

$$\left\{\begin{aligned} \sigma' &= -\frac{1}{9N^2(2\pi)^6} \left\{ 15 \sum_k \frac{a_k^2}{\nu_k^6} + 3 \sum_{k \neq l} \frac{a_{kl}^2 + 2a_k a_{lk}}{\nu_k^4 \nu_l^2} \right. \\ &\qquad \left. + \sum_{k \neq l \neq m} \frac{a_{km} a_{lm} + 6 a_{klm}^2}{\nu_k^2 \nu_l^2 \nu_m^2} \right\}, \\ \sigma'' &= \frac{2}{9N^2(2\pi)^4} \left\{ 3 \sum_k \frac{b_k}{\nu_k^4} + \sum_{k \neq l} \frac{b_{kl}}{\nu_k^2 \nu_l^2} \right\}. \end{aligned}\right. \tag{387}$$

σ' ist negativ, also auch σ, wenn $|\sigma''| < |\sigma'|$; man kann annehmen, daß das immer der Fall ist. Denn die Tatsache der thermischen Ausdehnung zeigt, daß die Glieder 3. Ordnung der potentiellen Energie (Koeffizienten a) merkliche Beträge haben.

Nach (385′) muß dann C_v bei hohen Temperaturen einen linearen Anstieg zeigen, der, auf den Nullpunkt extrapoliert, gerade auf den *Dulong-Petit*schen Wert ($3R$ pro Atom) führt. Diese Folgerung wird qualitativ bei vielen Substanzen (Metallen) bestätigt[204]); quantitative Vergleiche sind wegen der Unsicherheit der Umrechnung von C_p auf C_v nur in wenigen Fällen möglich. Schon lange vor der Entwicklung der Theorie haben *Magnus* und *Lindemann*[205]) darauf hingewiesen, daß die bei höheren Temperaturen bestimmten geradlinigen Temperaturkurven für die Atomwärmen der Metalle gegen einen gemeinsamen Wert beim absoluten Nullpunkt konvergieren; dieser wurde zu 5,5 cal angegeben. Daß er so tief liegt, rührt nach *Magnus*[206]) erstens davon her, daß C_p statt C_v extrapoliert wurde, und zweitens von systematischen Meßfehlern bei den älteren Beobachtern.

Born und *Brody* haben in der zitierten Arbeit[203a]) Messungen von *A. Magnus*[207]) an Platin herangezogen, die tatsächlich jenen linearen Anstieg von C_v mit dem richtigen Grenzwert bei $T = 0$ zeigen; *Magnus*[206]) selbst hat mit neueren Daten betr. der Umrechnung von C_p auf C_v das Resultat bestätigt: er findet durch Extrapolation auf $T = 0$ den Wert $(C_v)_0 = 5{,}957$ cal in ausgezeichneter Übereinstimmung mit dem theoretischen Werte $3R = 5{,}956$ cal. Bei Kupfer findet *Magnus* $(C_v)_0 = 5{,}93$ cal, ein Wert, der in Anbetracht der Unsicherheit der Beobachtungswerte hinreichend gut stimmt.[207a])

In der Nähe des Schmelzpunktes wird ein rasches Ansteigen der spezifischen Wärme beobachtet.[208]) *A. Wigand*[209]) deutet dieses als

204) Eine Übersicht über die neueren Messungen findet sich in der zit. Arbeit von *Born* u. *Brody* (Anm. 203a).

205) *A. Magnus* u. *F. A. Lindemann*, Ztschr. f. Elektrochem. 16 (1910), p. 269.

206) *A. Magnus*, Ztschr. f. Phys. 7 (1921), p. 141.

207) *A. Magnus*, Ann. d. Phys. (4) 48 (1915). p. 983.

207a) Betreffs Kalium und Natrium s. *G. v. Hevesy*, Ztschr. f. phys. Chem. 101 (1922), p. 337.

208) *E. Schrödinger* teilt in seinem Bericht über den Energiegehalt der Festkörper [Phys. Ztschr. 20 (1919), p. 420, 450, 474, 523] Formeln mit, durch die dem anomalen Anstieg der spezifischen Wärme vor dem Schmelzpunkt Rechnung getragen werden soll. Für Natrium kann man die Anomalie einer Zusammenstellung von *R. Ladenburg* und *R. Minkowski* [Ztschr. f. Phys. 8 (1922), p. 137) entnehmen.

209) *A. Wigand*, Ann. d. Phys. (4) 22 (1907), p. 99 (insbes. p. 105); Jahrb. d. Rad. u. Elektr. 10 (1913), p. 54 (insbes. p. 75).

„Unschärfe" des Umwandlungspunktes. *E. Brody*[210]) sucht die genannten Anomalien mit den Energieschwankungen in Zusammenhang zu bringen.

35. Verdampfen, Schmelzen. Irreversible Vorgänge. Durch die quantentheoretische Formel (309) für die freie Energie ist nicht nur die Abhängigkeit von Temperatur und Deformation dargestellt, sondern auch ein bestimmter Nullpunkt für die Entropie festgelegt, auf den man jeden Zustand der Substanz einschließlich des flüssigen und gasförmigen beziehen kann. Insbesondere gelangt man, wie *Stern*[211]) zuerst gezeigt hat, durch eine einfache kinetische Betrachtung zur Bestimmung der Entropiekonstante eines Dampfes (Gases), bezogen auf die Entropie des festen Kondensats beim absoluten Nullpunkt. Diese Größe spielt in der Theorie der chemischen Gleichgewichte von Gasgemischen eine Rolle und wird daher nach *Nernst* „chemische Konstante" des Gases genannt.[211a]) Nach dem *Nernst*schen Theorem gehen nämlich Zustandsänderungen von festen Körpern beim absoluten Nullpunkt ohne Änderung der Entropie vor sich; bezieht man nun die Entropien der reagierenden Gase sämtlich auf die Kondensate beim absoluten Nullpunkt, so ist dadurch ihre Entropieänderung in jedem Zustande und damit das Gleichgewicht eindeutig festgelegt. Schon vor *Stern* haben *Sackur*[212]) und *Tetrode*[213]) die chemische Konstante durch eine direkte Anwendung der Quantentheorie auf das Gas selbst berechnet.[214]) Den Ausgangspunkt bildet die *Boltzmann*sche Beziehung, wonach die Entropiedifferenz $S_1 - S_2$ zweier Zustände dem Logarithmus des Verhältnisses ihrer Wahrscheinlichkeiten $\frac{W_1}{W_2}$ proportional sein soll; diese Formel wird nun auf einen einzelnen Zustand angewandt, in der Form

$$S = k \ln W.$$

---

210) *E. Brody*, Phys. Ztschr. 23 (1922), p. 197.

211) *O. Stern*, Phys. Ztschr. 14 (1913), p. 629; auch wiedergegeben bei *W. Nernst*, Die theoretischen und experimentellen Grundlagen des neuen Wärmesatzes (Halle 1918), p. 139; Ztschr f. Elektrochem. 25 (1919), p. 66. Eine andere Ableitung gibt *Stern* in der schon zitierten Abhandlung Ann. d. Phys. 51 (1916), p. 237.

211a) Über die Beziehungen zur Chemie s. diese Encykl. V 11 (*K. F. Herzfeld*), insbes. Nr. 4. 5, 8.

212) *O. Sackur*, Ann. d. Phys. 36 (1911), p. 958; Nernst-Festschrift 1912, p. 405; Ann. d. Phys. 40 (1913), p. 67; Jahresb. d. Schles. Ges. f. vaterl. Kultur 1913.

213) *H. Tetrode*, Ann. d. Phys. 38 (1912), p. 434; 39 (1912), p. 255.

214) *L. Schames* [Phys. Ztschr. 21 (1920), p. 38, 39] hat später eine Ableitung nach derselben Methode versucht, doch ist sie nicht korrekt.

Dabei ist nach *Planck*[215]) die „thermodynamische Wahrscheinlichkeit" kein echter Bruch, sondern eine ganze Zahl, die angibt, auf wieviele Weisen ein makroskopischer Zustand durch Verteilung der Elementargebilde (Atome) auf die Elemente des Zustandsraumes (Koordinaten q, Impulse p) realisiert werden kann. Dabei ist wesentlich, daß diese Elemente $\int dq\, dp$ des Phasenraumes endlich sind; nach *Sackur* und *Tetrode* haben sie in jeder Koordinatenrichtung die Ausdehnung h (*Planck*sches Wirkungsquantum). Bei dieser Ableitung bleibt vieles willkürlich, vor allem die Einführung der Atomzahl N.

Ein anderer Weg wurde von *Tetrode*[216]), *Keesom*[217]), *Sommerfeld* und *Lenz*[218]), *Planck*[219]), *Scherrer*[220]), *Brody*[221]) eingeschlagen. Diese Arbeiten laufen darauf heraus, die Bewegungsvorgänge in einem Gase irgendwie als periodisch oder quasi-periodisch aufzufassen und dann direkt die Quantenregeln auf sie anzuwenden. Die nächstliegende Annahme, diese Periode zur freien Weglänge in Beziehung zu setzen, führt zu absolut falschen Resultaten und gibt nicht einmal die richtige Abhängigkeit der Entropie vom Volumen. Daher behandeln diese Theorien zum Teil ohne Berücksichtigung der wirklichen Atombewegungen das Gas als isotropen, elastischen Körper mit Eigenschwingungen, zum Teil wählen sie bestimmte Gefäßformen, die bei regulärer Reflexion der Atome und hinreichender Verdünnung periodische, bzw. mehrfach periodische Bewegungen der Atome bedingen. Auch hier ist viel Willkür unvermeidlich, doch hat der Erfolg gezeigt, daß ein richtiger Kern darin steckt. Die Schwierigkeiten, die in der Definition des absoluten Wertes der Entropie liegen, sind von *Ehrenfest* und *Trkal*[222]) betont worden; sie haben Wert daraufgelegt, die Ableitung so einzurichten, daß nicht die Einzelwerte der chemischen Konstanten, sondern ihre Differenzen, die allein für das chemische Gleichgewicht maßgebend

215) *M. Planck,* Vorles. über die Theorie der Wärmestrahlung, 4. Aufl. (Leipzig 1921), 3. Abschn., p. 111ff.

216) *H. Tetrode,* Phys. Ztschr. 14 (1913), p. 212.

217) *W. H. Keesom,* Leiden Comm. Suppl. 33 (Dez. 1913); Phys. Ztschr. 15 (1914), p. 217, 695.

218) *A. Sommerfeld,* Wolfskehl-Vorträge zu Göttingen (Leipzig 1914), p. 125, 134, 137.

219) *M. Planck,* Berl. Ber. 1916, p. 653.

220) *P. Scherrer,* Gött. Nachr. 1916, p. 159.

221) *E. Brody,* Ztschr. f. Physik 6 (1921), p. 79.

222) *P. Ehrenfest* u. *V. Trkal,* Versl. Ak. Amsterdam 28 II (1920) [= Proc. Amsterdam 23 (1920), p. 162]; Ann. d. Phys. 65 (1921), p. 609. *M. Planck* [Ann. d. Phys. 66 (1922), p. 365] hat den älteren Standpunkt gegen diese Autoren verteidigt. S. auch *W. Schottky,* Ann. d. Phys. (4) 68 (1922), p. 481; *K. F. Herzfeld,* Ann. d. Phys. (4) 69 (1922), p. 54.

sind, durch statistische Betrachtungen auf Grund der Quantentheorie bestimmt werden.

Bei der sicherlich einwandfreien Ableitung von *Stern* kommt auch dem Einzelwerte der chemischen Konstanten auf Grund des *Nernst*schen Theorems ein Sinn zu, nämlich als die Entropiekonstante des Gases, bezogen auf das Kondensat beim absoluten Nullpunkt. *Stern* hat seine Theorie zunächst für einatomige Substanzen unter der vereinfachenden Annahme entwickelt, daß den Atomen des festen Körpers *eine* bestimmte Eigenfrequenz zukommt (wie in der *Einstein*schen Theorie der Atomwärme, s. Nr. **26**). Später hat *Tetrode*[223]) die Existenz des elastischen Spektrums berücksichtigt; wir schließen uns dieser Fassung an.

Der zweite Hauptsatz der Thermodynamik führt für den Verdampfungsprozeß zu der *Clausius-Clapeyron*schen Gleichung[224])

$$\frac{d \ln p}{d T} = \frac{\lambda}{R T^2},$$

wo λ die Verdampfungswärme pro Mol beim Sättigungsdruck ist. Für diese hat man

$$\lambda = \lambda_0 + c_p T - E;$$

dabei bedeutet c_p die Atomwärme des Gases bei konstantem Druck und E die Energie des festen Körpers, vom absoluten Nullpunkt an gezählt. Ist E als Funktion von T bekannt, so erhält man durch Integration die Dampfdruckformel

$$\text{(388)} \qquad \ln p = -\frac{\lambda_0}{R T} + \frac{c_p}{R} \ln T - \int_0^T \frac{E}{R T^2} d T + C.$$

Die Integrationskonstante C ist die von *Nernst* als „chemische Konstante“ bezeichnete Größe. Das hier auftretende Integral läßt sich auf die freie Energie F, ebenfalls vom absoluten Nullpunkt gezählt, zurückführen; denn es ist

$$E = F - T \frac{\partial F}{\partial T},$$

also

$$\frac{E}{T^2} = -\frac{d}{d T}\left(\frac{F}{T}\right),$$

$$\text{(388')} \qquad \ln p = -\frac{\lambda_0}{R T} + \frac{c_p}{R} \ln T + \frac{F}{R T} + C,$$

da $\frac{F}{T}$ nach (309) für $T = 0$ verschwindet. Für $x \ll 1$ ist

$$\mathsf{F}(x) = \ln x - \frac{x}{2} \cdots;$$

223) *H. Tetrode*, Amsterdam Proc. 17 (1915), p. 1167.

224) S. etwa *M. Planck*, Vorles. über Thermodynamik, 6. Aufl. (Berlin-Leipzig 1921), § 174, 178, Formeln (111), (112).

also erhält man für hinreichend hohe Temperaturen aus (309)

$$F = 3RT\left(\ln\frac{h\tilde{\nu}}{kT} - \frac{1}{2}\frac{h\bar{\nu}}{kT}\right),$$

wo $\bar{\nu}$, $\tilde{\nu}$ das arithmetische und geometrische Mittel aller Frequenzen sind:

$$(389) \qquad \begin{cases} 3N\bar{\nu} = \nu_1 + \nu_2 + \nu_3 + \cdots \\ \tilde{\nu}^{3N} = \nu_1\nu_2\nu_3 \ldots \end{cases}$$

Für große T wird also

$$(390) \qquad \ln p = -\frac{\lambda_0'}{RT} - \left(3 - \frac{c_p}{R}\right)\ln T + C + 3\ln\frac{h\tilde{\nu}}{k};$$

dabei bedeutet

$$(390') \qquad \lambda_0' = \lambda_0 + 3N\frac{h\bar{\nu}}{2}$$

die Verdampfungswärme beim absoluten Nullpunkt; daß diese sich von der Energiekonstanten λ_0 unterscheidet, spricht für die Existenz einer „Nullpunktsenergie“, die für den Freiheitsgrad von der Frequenz ν den Betrag $\frac{h\nu}{2}$ hat.[225])

Die Dampfdruckformel (390) läßt sich nun direkt kinetisch gewinnen; diese Ableitung nebst ausführlicher Diskussion findet sich schon in einer älteren Arbeit von *Mie*[225a]) und wurde von *Stern* (bzw. *Tetrode*) unabhängig auf das vorliegende Problem angewandt. Dabei soll hier nur der Fall betrachtet werden, daß der Dampf einatomig ist ($c_p = \frac{5}{2}R$). Die Koordinaten $x_1, y_1, z_1, \ldots x_N, y_N, z_N$ der N Atome seien durchlaufend mit $q_1, \ldots q_{3N}$, die zugehörigen Impulse mit $p_1, \ldots p_{3N}$ bezeichnet. Die Atome $1, 2, \ldots n$ seien im gasförmigen, die Atome $n+1, \ldots N$ im festen Zustand, und es sei $n' = N - n$. Es werde angenommen, daß die Arbeit, die zur Überführung eines Atoms aus dem festen Zustand in den gasförmigen beim absoluten Nullpunkt nötig ist, unabhängig von der Anfangs- und Endlage gleich φ_0 sei (Vernachlässigung der Oberflächenenergie); dann ist die Energie der Gasatome insgesamt

$$E_g = \frac{1}{2m}(p_1^2 + \cdots + p_{3n}^2) + n\varphi_0.$$

Für den festen Körper seien die Normalkoordinaten $q_1', \ldots q_{3n'}'$ eingeführt; dann ist seine Energie (s. Nr. **19**):

$$E_f = \tfrac{1}{2}\{(p_1'^2 + \omega_1^2 q_1'^2) + \cdots + (p_{3n'}'^2 + \omega_{3n'}^2 q_{3n'}'^2)\}.$$

---

225) *M. Planck,* Vorles. über die Theorie der Wärmestrahlung, 2. Aufl. (Leipzig 1913), § 140, p. 140.

225a) *G. Mie,* Ann. d. Phys. (4) 11 (1903), p. 657; dort ist auch ältere Literatur zitiert.

Sodann wird die Wahrscheinlichkeit des betrachteten Zustandes (die Atome 1, 2, ... n bilden das Gas, die Atome $n+1$, ... N den festen Körper) nach dem *Boltzmann*schen Theorem

$$W_n' = A\int e^{-\frac{1}{kT}(E_g + E_f)}\,dq_1 \ldots dp_{3n}\,dq_1' \ldots dp'_{3n'}$$

$$= A e^{-\frac{n\varphi_0}{kT}} V^n (2\pi m kT)^{\frac{3n}{2}} \left(\frac{kT}{\tilde{\nu}}\right)^{3n'}.$$

Dabei ist V das Volumen des Gasraums (neben dem das des festen Körpers vernachlässigt werden kann); die Integrationen nach den q_k' sind von $-\infty$ bis $+\infty$ erstreckt, was wegen des scharfen Maximums der Exponentialfunktion nur eine geringe Vernachlässigung bedeutet (abgeschätzt bei *Stern*). $\tilde{\nu}$ ist das durch (389) definierte geometrische Mittel aller $\nu_k = \frac{\omega_k}{2\pi}$.

Um die gesuchte Wahrscheinlichkeit W_n zu erhalten, daß irgendwelche n Atome im Gasraum und irgendwelche n' Atome im festen Zustande sind, hat man erstens (wegen der verschiedenen Anordnungsmöglichkeiten der letzteren im Gitter) mit $n'!$, zweitens (wegen der verschiedenen Möglichkeiten der Teilung von N Dingen in zwei Gruppen von n und n' Dingen) mit $\frac{N!}{n!\,n'!}$ zu multiplizieren. Dann erhält man

$$W_n = A\frac{N!}{n!} V^n e^{-\frac{n\varphi_0}{kT}} (2\pi m kT)^{\frac{3n}{2}} \left(\frac{kT}{\tilde{\nu}}\right)^{3(N-n)}.$$

Das Gleichgewicht ist durch das Maximum der Wahrscheinlichkeit gekennzeichnet; man hat also $\frac{dW_n}{dn} = 0$, oder bequemer $\frac{d\ln W_n}{dn} = 0$ zu setzen. Benutzt man dabei die *Stirling*sche Formel $\ln n! = n\ln n - n$, so erhält man für die Anzahl n der Gasatome die Bestimmungsgleichung

$$\ln n = -\frac{\varphi_0}{kT} + \ln V - \frac{3}{2}\ln T + \frac{3}{2}\ln\frac{2\pi\tilde{\nu}^2 m}{k}.$$

Aus der Zustandsgleichung $pV = nkT$ gewinnt man endlich die Dampfdruckformel

$$\ln p = -\frac{\varphi_0}{kT} - \frac{1}{2}\ln T + \frac{3}{2}\ln\frac{2\pi\tilde{\nu}^2 m}{k^{\frac{1}{3}}}. \tag{391}$$

Diese ist mit (390) zu vergleichen. Man hat für $\lambda_0' = N\varphi_0$ und $c_p = \frac{5}{2}R$ Übereinstimmung der von T abhängigen Glieder; also folgt

$$C = \ln\frac{(2\pi m)^{\frac{3}{2}} k^{\frac{5}{2}}}{h^3}. \tag{392}$$

Diese Formel kann als eines der gesichertsten Resultate der Quantentheorie angesehen werden. Führt man statt der Atommasse das Atomgewicht M ein, so wird

$$C = C_0 + \tfrac{3}{2}\ln \mathrm{M}, \tag{393}$$

wo

$$C_0 = \ln \frac{(2\pi)^{\frac{3}{2}} R^{\frac{5}{2}}}{\mathrm{N}^4 h^3} = 10{,}17 \text{ (in C.G.S.-Einheiten)} \tag{393'}$$

eine universelle Konstante ist.[226])

Auch für zweiatomige Gase hat *Stern*[227]) auf diesem Wege die chemische Konstante berechnet; dabei ist die Schwierigkeit zu überwinden, daß zur Beziehung der Entropie des Gases auf den festen Zustand im absoluten Nullpunkt bekannt sein muß, wie die Rotationsenergie der Molekeln sich als Funktion der Temperatur verhält. Da die Aussagen der Quantentheorie hierüber noch nicht vollständig mit der Erfahrung stimmen[228]), schlägt *Stern* einen Umweg ein; er denkt sich alle Molekeln mit magnetischen Momenten versehen, so daß sie wechselseitig Magnetfelder aufeinander ausüben und sich parallel zu stellen suchen. Dann schwingen sie jedenfalls bei tiefen Temperaturen

---

226) Die Größe C_0 besitzt keine „Dimension" im gewöhnlichen Sinne, da sie sich bei einer Änderung der Einheiten nicht um Faktoren, sondern um additive Konstanten ändert. So benutzt *Nernst* als Druckeinheit nicht dyn cm^{-2}, sondern Atmosphären und statt der natürlichen Logarithmen *Brigg*sche. Da eine Atm. $= 1{,}0132 \cdot 10^6$ dyn cm^{-2} ist, so ist die *Nernst*sche chemische Konstante $C' = C_0' + \frac{3}{2}\log \mathrm{M}$, wo

$$C_0' = \frac{C}{2{,}3026} - \log 1{,}0132 \cdot 10^6 = -1{,}587$$

ist. Über die Prüfung dieser Zahl durch die Erfahrung s. das in Anm. 211) zit. Buch von *Nernst*; folgende aus diesem stammende Tabelle diene zur Illustration:

	C' beob.	M	C_0' beob.
A	$0{,}75 \pm 0{,}06$	39,88	$-1{,}65 \pm 0{,}06$
Hg	$1{,}83 \pm 0{,}03$	200,6	$-1{,}62 \pm 0{,}03$

Ferner: *G. Heidhausen*, Ztschr. f. Elektrochem. 1921, p. 69; *R. Ladenburg* u. *R. Minkowski*, Ztschr. f. Phys. 8 (1922), p. 137.

227) *O. Stern,* Ann. d. Phys. 44 (1914), p. 497.

228) S. *A. Einstein* u. *O. Stern,* Ann. d. Phys. 40 (1913), p. 551; *O. Sackur,* Jahresber. d. Schles. Ges. f. vaterl. Kultur 1913; *P. Ehrenfest,* Verh. d. Deutsch. Phys. Ges. 15 (1913), p. 451; *E. Holm,* Ann. d. Phys. 42 (1913), p. 1311; *J. v. Weyssenhoff,* Ann. d. Phys. 51 (1916); p. 285; *M. Planck,* Verh. d. Deutsch. Phys. Ges. 17 (1915), p. 407; *S. Rotszajn,* Ann. d. Phys. 57 (1918), p. 81; *P. S. Epstein,* Verh. d. Deutsch. Phys. Ges. 18 (1916), p. 398; Phys. Ztschr. 20 (1919), p. 289; *F. Reiche,* Ann. d. Phys. 58 (1919), p. 657; s. auch *A. Eucken,* Jahrb. d. Rad. 16 (1920), p. 361; *F. Reiche,* Die Quantentheorie (Berlin 1921), Kap. V; *N. Bohr*, Abhandl. über Atombau (übers. von *H. Stinzing*), Braunschweig 1921, X. Abh., § 3, p. 140.

um Gleichgewichtslagen, man kann also ihre Entropie nach den Resonatorformeln der Quantentheorie berechnen; außerdem kennt man aber auch nach der Theorie des Ferromagnetismus von *Weiß*[229]) das Verhalten eines solchen Systems bei allen Temperaturen, kann also den Verlauf der Rotationsenergie vom Nullpunkt bis zu hohen Temperaturen angeben. Auf diese Weise findet *Stern*, daß infolge der Atomschwingungen und der Rotation zu der chemischen Konstanten (392) noch der Betrag

$$(394) \qquad - \ln \frac{h\nu}{k} + \ln \frac{8\pi^2 J k}{h^2}$$

hinzutritt, wo J das Trägheitsmoment der Molekel und ν die Schwingungszahl der beiden Atome gegeneinander ist. Auch diese Formel ist von *Stern* am Beispiel der Dissoziation des Joddampfes bestätigt worden.

Eine zu der rationellen Dampfdruckformel (388) analoge *Theorie des Schmelzens* ist nicht entwickelt worden; nur einzelne Ansätze sind vorhanden, zu denen die *Lindemann*sche Beziehung zwischen Schmelztemperatur und Eigenschwingung zu rechnen ist (s. Nr. 24, Formel (228)). Die *Molekulartheorie der irreversiblen Prozesse* in festen Körpern steckt ebenfalls erst in den Anfängen oder ist, wie die Lehre von der elektrischen Leitfähigkeit der Metalle und der damit zusammenhängenden Erscheinungen, noch voller Widersprüche in sich und mit der Erfahrung. Von großem Interesse ist ein Versuch *Debyes*[230]), die Wärmeleitfähigkeit von elektrischen Isolatoren kinetisch zu erklären. Nach experimentellen Untersuchungen von *Eucken*[231]) wächst nämlich die Wärmeleitfähigkeit von Kristallen bei abnehmender absoluter Temperatur ungefähr umgekehrt proportional zu dieser; sie sollte also bei $T = 0$ unendlich groß werden. Hiermit stimmt die Vorstellung der Gittertheorie, daß bei sehr tiefen Temperaturen, also sehr kleinen Schwingungsamplituden, die quasielastischen Bindungskräfte zwischen den Atomen den Ausschlägen derselben exakt proportional sind, so daß der Transport von Schwingungsenergie mit Schallgeschwindigkeit, also praktisch unendlich schnell vor sich geht. Bei höheren Temperaturen treten Abweichungen von diesem idealen Verhalten ein, die sich u. a. in der thermischen Ausdehnung äußern. Es liegt nahe, anzunehmen, daß diese Abweichungen eine ungestörte Fortpflanzung der elastischen Wellen verhindern und dadurch eine

229) *P. Weiß*, Verh. d. Deutsch. Phys. Ges. 13 (1911), p. 718.

230) *P. Debye*, Wolfskehl-Vorträge zu Göttingen (Leipzig 1914), Anhang p. 46.

231) *A. Eucken*, Phys. Ztschr. 12 (1911), p. 1005; Ann. d. Phys. (4) 34 (1911), p. 185.

Energiezerstreuung bewirken, die schließlich das als Wärmeleitung aufgefaßte langsame Vorrücken der mittleren Energie verursacht. Die Arbeit von *Debye* zerfällt in zwei Teile, von denen der erste die formalen Gesetze der Fortpflanzung von elastischen Wellen in dem als (isotropes) Kontinuum gedachten Körper bei Vorhandensein einer Zerstreuung behandelt, der zweite diese Zerstreuung mit der Nichtlinearität der Bewegungsgleichungen in Verbindung bringt. Der Gedanke ist der: Durch die sich kreuzenden Wellenzüge der Molekularbewegung entstehen Dichteschwankungen, deren statistische Gesetze schon durch die Arbeiten von *Smoluchowski*[231a]) über die Opaleszenz bekannt sind; da sich nun die Wellen nicht exakt superponieren, erfährt jeder Wellenzug an diesen Verdichtungsstellen eine Zerstreuung, die ihm Energie entzieht. Man kann dann für jeden Wellenzug eine Art „mittlere Weglänge" definieren und man findet diese umgekehrt proportional der Temperatur; daraus folgt dasselbe für den mittleren Wärmestrom, entsprechend dem Versuchsergebnis *Euckens*. *Debye* schätzt auch die absolute Größe der Wärmeleitungskonstante ab, indem er die Abweichungen von der Linearität des Kraftgesetzes aus der thermischen Ausdehnung (bei Steinsalz) entnimmt, und gelangt zu einem in Anbetracht der stark vereinfachten Rechnung nicht schlechten Ergebnis. Diese Theorie soll hier nicht ausführlich wiedergegeben werden, nicht nur, weil sie von der Gitterstruktur der Kristalle keinen Gebrauch macht, sondern hauptsächlich, weil ihr Grundgedanke angefochten wird. Zuerst hat *Schrödinger*[232]) auf Grund einer ausführlichen Betrachtung des eindimensionalen Kristalles (Punktreihe) die Behauptung aufgestellt, daß auch bei streng linearen Schwingungsgleichungen keine unendlich große Wärmeleitfähigkeit zu erwarten ist; bei einer diskreten Punktfolge erfolgt nämlich die Ausbreitung einer lokalen Störung ganz anders als bei einem Kontinuum und hängt wesentlich davon ab, ob die anfängliche Störung benachbarter Punkte gesetzmäßig oder regellos verteilt ist. *Schrödinger* glaubt schließen zu dürfen, daß im letzteren Falle, der einer lokalen Erwärmung entspricht, keine Ausbreitung der Störung mit Schallgeschwindigkeit zu erwarten ist. Diesen Schluß haben wiederum *Ornstein* und *Zernike*[233]) angegriffen; sie zeigen, daß in einem eindimensionalen, elastischen Konti-

---

231a) *M. v. Smoluchowski,* Boltzmann-Festschrift 1904, p. 626; Ann. d. Phys. (4) 25 (1908), p. 205. Ferner *A. Einstein,* Ann. d. Phys. 33 (1910), p. 1275. Weitere Literatur s. II. Conseil Solvay 1911, deutsch von *A. Eucken* (Halle 1914), Bericht *Perrin,* Nr. 39, 40, p. 177ff.

232) *E. Schrödinger,* Ann. d. Phys. 44 (1914), p. 916.

233) *L. S. Ornstein* u. *F. Zernike,* Amsterdam Proc. 19 (1916), p. 1295.

nuum, durch das ein Energiestrom hindurchläuft, keine örtlichen Differenzen der mittleren Energiedichte auftreten, sobald die Schwingungsgleichungen linear sind. Überdies behaupten diese Autoren, daß das Ergebnis von *Debye* auf einem Fehler beruht, wonach in einem Kontinuum bei nichtlinearen Bewegungsgleichungen eine endliche Wärmeleitungskonstante herauskommt; sie zeigen nämlich, daß in einem solchen eindimensionalen Kontinuum Wellen entgegengesetzter Richtung sich ungestört durchkreuzen.

Die Ursache der langsamen Ausbreitungsgeschwindigkeit der Energie in Kristallen ist also noch nicht endgültig aufgeklärt. Wahrscheinlich erscheint nur, daß sie als Zerstreuung der elastischen Wellen gedeutet werden muß.[234]) Die Lösung des Problems der Wärmeleitung der Kristalle und damit zusammenhängender Aufgaben (Absorption der ultraroten Eigenschwingungen[234a]) usw.) erscheint als das nächste und wichtigste Ziel der kinetischen Theorie fester Körper.

V. Elektromagnetische Gitterpotentiale.

36. Entwicklung der Lehre von der elektrostatischen Kohäsion. Die ältere Physik hat die Kohäsionskräfte, welche die Festigkeit und Elastizität der festen Körper erzeugen, als eigentümliche Wirkungen der Elementarmassen aufeinander angesehen, die ganz anderen Gesetzen genügen, als Gravitation, Elektrizität und Magnetismus, und daher von diesen wesensverschieden sind.

Das wichtigste Merkmal dieser Kohäsionskräfte ist ihre geringe „Reichweite", die sich beim Zerbrechen eines Körpers in dem plötzlichen Übergang vom festen Zusammenhang zu völliger Unabhängigkeit der Stücke, ferner bei den Erscheinungen der Elastizität[235]), Kapillarität[236]) usw. in charakteristischer Weise äußert; es muß sich also um Kräfte handeln, die viel schneller mit der Entfernung abnehmen, als dem *Newton*schen bzw. *Coulomb*schen Gesetz entspricht Obwohl bereits früh zahlreiche Erscheinungen bekannt waren, die auf das Vorhandensein elektrischer Ladungen in den Atomen deuteten, wurden diese doch nicht mit der Existenz der Kohäsion in Zusammenhang gebracht. Erst als die Elektronentheorie in den Händen von

234) Auf anderen Annahmen beruht ein Erklärungsversuch von *K. T. Compton* [Phys. Rev. 7 (1916), p. 341], der von *Yositosi Endo* [Science Reports of the Tôhoku Imperial University 1. Ser. 11 (1922), p. 181] weiter entwickelt worden ist.

234a) S. hierzu *H. Rubens* u. *G. Hertz,* Berl. Ber. 1912, p. 256; *P. P. Ewald,* Die Naturwissenschaften 10 (1922). p. 1057.

235) S. diese Encykl. IV 23 (*C. H. Müller* u. *A. Timpe*).

236) S. diese Encykl. V 9 (*H. Minkowski*).

Lorentz, Wiechert, Larmor, Abraham u. a. ernstlich den Versuch machte, die Materie als elektrisches Phänomen zu deuten, mußte die Erklärung des Zusammenhalts der Festkörper jedenfalls in das Programm des „elektromagnetischen Weltbildes" aufgenommen werden. Aber lange ehe die moderne Atomphysik damit Ernst machte, hatte die Chemie mehrere Anläufe gemacht, ihre Verwandtschaftskräfte auf elektrische Anziehungen zurückzuführen. Der erste Versuch dieser Art wurde von *Berzelius* unternommen[237]); seine dualistische Theorie der Affinität mußte scheitern, als die organische Chemie Beispiele für die Ersetzbarkeit eines elektropositiven durch ein elektronegatives Atom beibrachte. Gleichwohl schlief die elektrische Affinitätstheorie niemals ganz ein; so wurde sie in neuerer Zeit durch *J. Stark*[238]) vertreten, der über die Verteilung der wirksamen Ladungen (Valenzelektronen) auf den Atomoberflächen und die von ihnen ausgehenden Kraftlinien ausführliche Bilder entwarf. Ein Fortschritt in der Richtung einer quantitativen Theorie war aber erst möglich, als man es aufgab, die chemische Bindung überall durch ein und denselben Mechanismus erklären zu wollen, und man eine rationelle Einteilung der Verbindungen nach ihrem elektrochemischen Verhalten vornahm. *Abegg*[239]) unterschied *homöopolare* und *heteropolare* (oder ionogene) Verbindungen. Nur die letzteren haben die Tendenz, in Ionen zu spalten; nur bei ihnen wird man die chemische Affinität auf die unmittelbare *Coulomb*sche Anziehung freier Ladungen zurückführen dürfen. *W. Kossel*[240]) hat diese Vorstellungen mit der *Bohr*schen Atomtheorie in Verbindung gebracht und konsequent zur Erklärung der anorganischen Verbindungen, insbesondere der Komplexverbindungen, herangezogen. Nach ihm bestehen die homöopolaren Verbindungen in wesentlichen Umlagerungen und Verschmelzungen der die Atomkerne umgebenden Elektronensysteme; ihre theoretische Erfassung ist also von der genauen Kenntnis dieser Systeme und ihrer Gesetze abhängig. Die heteropolaren Verbindungen aber beruhen darauf, daß einige Atome an andere Elektronen abgeben. Der Mechanismus dieses Vorgangs

---

237) Über die Entwicklung der älteren Theorien der Affinität s. diese Encykl. V 6 (*F. W. Hinrichsen* u. *L. Mamlock*), insbes Nr. 7 u. 9.

238) *J. Stark,* Die Prinzipien der Atomdynamik (Leipzig 1915).

239) *R. Abegg,* Ztschr. f. anorg. Chem. 39 (1904), p. 330; s. a. *F. W. Hinrichsen,* Ann. d. Chem. 336 (1904), p. 168.

240) *W. Kossel,* Ann. d. Phys. 49 (1916), p. 229. Ähnliche Vorstellungen sind unabhängig von *G. N. Lewis* [Proc. of the nat. acad. of sc. 2 (1916), p. 586; J. am. chem. soc. 38 (1916), p. 762; Science, N. S. 46 (1917), p. 297] und *J. Langmuir* [J. am. chem. soc. 41 (1919), p. 868, 1543; J. of the Franklin Inst., March 1919, p. 359] entwickelt worden.

ist wiederum nicht ohne eingehende Kenntnis der Atomstruktur zu verstehen; nimmt man aber die entstehenden Ionen als gegeben hin, so erhält man allein durch die zwischen ihnen wirksamen *Coulomb*schen Kräfte ein für viele Zwecke ausreichendes Bild der chemischen Anziehungen.

Während die *Kossel*sche Theorie in der Hauptsache qualitativer Art war[240a]), konnte durch Anwendung ihrer Gedanken auf die inzwischen erforschte Gitterstruktur der Kristalle nicht nur eine quantitative Theorie der polaren chemischen Verwandtschaft begründet, sondern auch die elektrostatische Natur der Kohäsion der polar gebauten festen Körper bewiesen werden.

Schon vor der *Laue*schen Entdeckung, durch welche die Analyse der Kristallstruktur mit Röntgenstrahlen ermöglicht wurde, hat *Madelung*[107]) in seiner grundlegenden Arbeit von 1910 über das Wesen der Reststrahlen aus der Existenz dieser ultraroten Resonanzgebiete den Schluß gezogen, daß die Kristalle vom Typus des Steinsalzes nicht aus Molekeln, sondern aus geladenen Atomen aufgebaut sein müssen, und hat das bekannte Würfelgitter angegeben, das später durch die Röntgenanalyse bestätigt worden ist (s. Nr. **24**). Hierdurch verlor der Begriff der chemischen Molekel für diese festen Ionenverbindungen seine ursprüngliche Bedeutung; ein ganzer Kristall aus heteropolarer Substanz war danach als einzige, riesige Molekel aufzufassen.[241]) Der Gedanke, daß dann die Eigenschaften des Kristalls wesentlich von den *Coulomb*schen Kräften zwischen den Ionen bestimmt sein müßten, wurde von *Haber*[242]) 1911 gefaßt; er und durch ihn angeregt *Linde-*

---

240 a) *W. L. Bragg* u. *H. Bell* [Nature 107 (1921), p. 107] haben auf Grund der allgemeinen Vorstellungen von *Lewis, Langmuir* und *Kossel* die Durchmesser der Ionen aus den Gitterstrukturen bestimmt.

241) Zu einem ganz ähnlichen Ergebnis für homöopolare Verbindungen gelangten *W. Nernst* u. *F. A. Lindemann* (Berl. Ber. 1912, p. 1160, 1172; s. auch Göttinger Wolfskehl-Vorträge, Leipzig 1914, *W. Nernst*, Kinetische Theorie fester Körper, § 2, p. 64). Sie schlossen aus der spezifischen Wärme des Diamanten, daß dieser einatomig sein müßte, und konstruierten unter Mitarbeit von *Nernsts* Assistenten *v. Siemens* ein Modell des Diamantgitters, das die Tetraedersymmetrie des Kohlenstoffatoms als Grundelement enthielt. *A. Schönflies* machte darauf aufmerksam, daß es ein einfacheres Gitter aus Tetraeder-Atomen gebe, welches in seinem Buche Kristallsysteme und Kristallstruktur (Leipzig 1890) innerhalb der Gesamtheit aller möglichen Strukturen bereits diskutiert sei (p. 539); es ist in diesem Art. Nr. **13** als Beispiel eines D-Gitters aufgeführt worden. *Nernst* erkannte die Vorzüge dieses Modells an, das bald darauf von *W. H.* und *W. L. Bragg* [Proc. Roy. Soc. 89 (1913), p. 284] mit Hilfe der Röntgenstrahlenanalyse abgeleitet wurde.

242) *F. Haber* Verh. d. Deutsch. Phys. Ges. 13 (1911), p. 1117.

mann[243]) haben versucht, zwischen dem Abstand benachbarter Atome im Gitter, der Sublimationswärme, dem Schmelzpunkt, der ultraroten Eigenfrequenz usw. auf diese Weise Beziehungen herzustellen. Die Resultate dieser Betrachtungen sind jedoch mangels einer hinreichenden mathematischen Theorie nur als Dimensionsformeln zu betrachten, die aus den im folgenden mitgeteilten strengeren Formeln abgelesen werden können.

Die 1913 von *N. Bohr*[244]) begründete Atomtheorie gab den Ausgangspunkt für einen von *Born* und *Landé*[245]) unternommenen Versuch, die Kristalle vom Steinsalztypus aus Atommodellen aufzubauen. Bei seinen ersten Modellen hatte *Bohr* angenommen, daß die Elektronen ebene „Ringe" (Polygone) um den Kern als Zentrum bilden und mit konstanter Winkelgeschwindigkeit so um diesen rotieren, daß das Impulsmoment jedes Elektrons gleich $\frac{h}{2\pi}$ ist. Die Konfigurationen wurden von *Sommerfeld*, *Debye*, *Kroo* u. a.[246]) zur Erklärung der Röntgenspektren herangezogen, und es schien eine Zeit lang, als ob sie hierdurch eine empirische Bestätigung fänden. Daher gingen *Born* und *Landé* von solchen Ringmodellen aus. Zunächst betrachteten sie die Molekelbildung aus einem elektronegativen und einem elektropositiven Atom, und zwar die Verbindungen der Alkalimetalle Li und Na mit den Halogenen K, F, Cl. Das Metallatom gibt ein Elektron an das Halogenatom ab; die entstehenden Ionen haben einen inneren Ring von zwei Elektronen und darauf folgende Ringe von je 8 Elektronen. Ihre Wechselwirkung wird in der Weise

243) *F. A. Lindemann*, Verh. d. Deutsch. Phys. Ges. 13 (1911), p. 1107.

244) Die ersten Arbeiten *Bohrs* erschienen im Phil. Mag. 26 (1913), p. 1, 476, 857. Diese und einige folgende sind ins Deutsche übersetzt von *H. Stinzing*, als Buch erschienen unter dem Titel *N. Bohr*, Abhandlungen über Atombau (Braunschweig 1921). S. ferner diese Encykl. V 26 (*A. Smekal*).

245) *M. Born* u. *A. Landé*, Berl. Ber. 1918, p. 1048. Schon vorher hat *A. C. Crehore* [Phil. Mag. (6) 29 (1915), p. 750] eine Untersuchung veröffentlicht, die ein ähnliches Ziel hat. Doch geht er nicht von *Bohr*schen Elektronenringen aus, sondern von seinen eigenen Atommodellen, die sich an das *Thomson*sche Atommodell anlehnen, betrachtet die Atome als elektrisch neutral (auch bei Kristallen wie NaCl!) und muß daher mit elektrodynamischen Anziehungen operieren. Seine äußerst undurchsichtigen Rechnungen scheinen überdies fehlerhaft zu sein.

246) *A. Sommerfeld*, Ann. d. Phys. 51 (1916), p. 125, Teil III; Phys. Ztschr. 19 (1918), p. 297; *P. Debye*, Phys. Ztschr. 18 (1917), p. 276; *J. Kroo*, Phys. Ztschr. 19 (1918), p. 307; s. ferner *L. Vegard*, Verh. d. Deutsch. Phys. Ges. 19 (1917), p. 328, 344; Phil. Mag. 35 (1918), p. 294; 37 (1919), p. 237; Phys. Ztschr. 20 (1919), p. 97, 121; *A. Smekal*, Wiener Ber. IIa 128 (1920), p. 639; 129 (1920), p. 635; Phys. Ztschr. 21 (1920), p. 505; 22 (1921), p. 400.

berechnet, daß die potentielle Energie in eine Potenzreihe nach dem reziproken Kernabstand r entwickelt wird; dann ist das erste Glied die *Coulomb*sche Anziehung der überschüssigen Ladungen, das nächste Glied ist bei geeigneter Stellung der Ringe eine Abstoßung, proportional r^{-3}. An dieser Stelle wird die Reihe abgebrochen, und das Gleichgewicht für verschiedene ausgezeichnete Stellungen der Ringebenen gegen die Kernachse (parallel und senkrecht) berechnet. Da die so erhaltenen Molekeldurchmesser sich nicht an der Erfahrung prüfen lassen, wird sodann die analoge Rechnung für die regulären Kristalle ausgeführt. Wegen der axialen Symmetrie der einzelnen Ionen müssen dabei ihre Achsen geeignet angeordnet werden; bei der einfachsten Konfiguration besteht die Basis des Gitters aus acht Ringatomen, deren Achsen den Raumdiagonalen parallel sind. Sodann wird die Gitterenergie φ_0 als Funktion der Gitterkonstanten δ berechnet. Wiederum rührt das erste Glied von der *Coulomb*schen Anziehung der Ionen her (welche die Abstoßung überwiegt, weil Nachbarionen entgegengesetzt geladen sind); die Berechnung dieser mit δ^{-1} proportionalen Energie war dadurch möglich, daß gleichzeitig *Madelung* seine nachher zu besprechende Methode fand und sie den Autoren mündlich mitteilte. Das zweite Glied ergab sich als proportional δ^{-5}. Unter den oben angegebenen Annahmen über die Ringstruktur der Atome konnten sodann der Gleichgewichtsabstand δ_0 für die Halogen-Alkali-Salze[247]) (nach Formel (83'), Nr. **13**) berechnet werden. Es ergab sich eine überraschend gute Übereinstimmung mit dem aus der gemessenen Dichte bestimmten Werte von δ_0, wenn man annahm, daß der innerste Ring einquantig (1 Quant pro Elektron), *alle* folgenden aber zweiquantig seien. Dieses Resultat, wonach die äußersten Elektronen jedes Atoms in Bahnen laufen, die zweiquantigen *Kepler*bahnen sehr ähnlich sein müssen, hat in der neuesten Entwicklung der *Bohr*schen Atomtheorie eine Bestätigung gefunden; *Bohr*[248]) konnte zeigen, daß die für die Dimensionen der äußeren Elektronenbahnen maßgebende „effektive Quantenzahl" ungefähr gleich 2 ist.

Einen vollständigen Widerspruch mit der Erfahrung aber ergab die Berechnung der Kompressibilität $\varkappa$ (aus dem 2. Differentialquotienten von φ_0 nach δ, Formel (90'), Nr. **13**); die berechneten Werte fielen nämlich rund doppelt so groß aus wie die beobachteten.

---

247) Die Resultate der numerischen Rechnung für *alle* Alkali-Halogensalze finden sich bei *M. Born* u. *A. Landé*, Verh. d. Deutsch. Phys. Ges. 20 (1918), p. 202.

248) *N. Bohr*, Vorträge über Atomtheorie, Göttingen, Juni 1922 (ungedruckt); Ann. d. Phys. (4) 71 (1923), p. 228.

Diese Tatsache gab den Ausgangspunkt für die weitere Entwicklung der Theorie. Sie erwies die Unzulänglichkeit der ebenen Ringmodelle, die dann auch aus anderen theoretischen und experimentellen Tatsachen (vor allem aus den Röntgenspektren) gefolgert werden konnte. Da bessere Atommodelle nicht vorlagen, mußte man auf eine eingehende Berücksichtigung der Atomstruktur verzichten und sich mit einem halbphänomenologischen Ansatze begnügen. Das ist deswegen möglich, weil der weitaus größte Anteil der Energie und der Kräfte in einem Ionengitter elektrostatischer Natur ist; man würde keinen allzu großen Fehler begehen, wenn man die Energie so berechnete, als wenn die Ionen starre Kugeln wären. Für die Abstoßung genügt daher ein relativ roher Ansatz, der auf die feinere Struktur der Ionen keine Rücksicht nimmt. Die Hauptsache ist die Berechnung der elektrostatischen Kräfte, die jetzt im Zusammenhange dargestellt werden soll.

37. Elektrostatische Gitterpotentiale. Das *elektrostatische Potential* eines Gitters im Punkte $\mathfrak{r}$ ist

$$(395)\qquad \varphi(\mathfrak{r}) = \mathop{\mathrm{S}}_{l} \sum_{k} \frac{e_k}{R_k^l}, \quad R_k^l = |\mathfrak{r}_k^l - \mathfrak{r}|.$$

Die dreifach unendliche Reihe (395) ist nur bedingt konvergent; man darf die Summationen nach l und k nicht ohne weiteres vertauschen.

Unter dem *„erregenden Potential“* verstehen wir mit *Ewald* das Potential aller Gitterpunkte außer einem; diesen kann man als Basispunkt $\mathfrak{r}_{k'}$ annehmen. Wir schreiben:

$$(396)\qquad \varphi_{k'}(\mathfrak{r}) = \mathop{\mathrm{S}}_{l} \sum_{k}{}' \frac{e_k}{R_k^l},$$

wo der Strich am Summenzeichen bedeutet, daß die Indexkombination $l = 0$, $k = k'$ wegzulassen ist.

Als *„Selbstpotential“* des Gitters für einen Gitterpunkt $\mathfrak{r}_{k'}$ bezeichnen wir den Wert des erregenden Potentials in dem Punkte $\mathfrak{r}_{k'}$:

$$(396')\quad \varphi_{k'} = \varphi_{k'}(\mathfrak{r}_{k'}) = \mathop{\mathrm{S}}_{l} \sum_{k}{}' \frac{e_k}{R_{kk'}^l}, \quad R_{kk'}^l = |\mathfrak{r}_k^l - \mathfrak{r}_{k'}| = |\mathfrak{r}_{kk'}^l|.$$

Das elektrostatische Potential φ_0 aller Gitterpunkte auf eine Zelle ist gleich der *doppelten elektrostatischen Energie des Gitters pro Zelle:*

$$(397)\qquad \varphi_0 = \sum_{k'} e_{k'} \varphi_{k'} = \mathop{\mathrm{S}}_{l} \sum_{kk'}{}' \frac{e_k e_{k'}}{R_{kk'}^l}.$$

Die Berechnung dieser Größen erfordert die Umwandlung der schlecht (bedingt) konvergenten Reihen in rasch konvergente.

Das Problem der Bestimmung der Funktion $\varphi(\mathfrak{r})$ ist in etwas anderer Formulierung wohl zuerst von *Riemann*[249]) behandelt worden, als *Green*sche Funktion eines rechtwinkligen Parallelepipedons. Sucht man nämlich eine Lösung der *Laplace*schen Differentialgleichung

$$\nabla^2\psi = \frac{\partial^2\psi}{\partial x^2} + \frac{\partial^2\psi}{\partial y^2} + \frac{\partial^2\psi}{\partial z^2} = 0 \tag{398}$$

innerhalb eines Raumteils, welche auf der Oberfläche vorgegebene Werte annimmt, so läßt sich diese Aufgabe auf die andere zurückführen, eine Lösung der Gleichung zu finden, die an der Oberfläche verschwindet und im Innern eine Singularität (Pol) vom Charakter $\frac{1}{r}$ hat; das ist die *Greensche Funktion.*[250]) Für das rechtwinklige Parallelepiped läßt sich diese nun leicht durch ein Spiegelungsverfahren bestimmen; man spiegelt das Innere an den Begrenzungsebenen wiederholt, bis der ganze Raum erfüllt ist. Dabei soll ein Pol vom Charakter $+\frac{1}{r}$ durch die Spiegelung in einen Pol vom Charakter $-\frac{1}{r}$ übergehen. Faßt man nun zwei benachbarte Parallelepipede als Zelle eines Gitters und die beiden darin liegenden Pole von entgegengesetztem Residuum als elektrische Ladungen von entgegengesetztem Vorzeichen auf, so erfüllt offenbar die zugehörige Funktion $\varphi(\mathfrak{r})$ alle Bedingungen, ist also die *Green*sche Funktion. *Riemann* hat die *Fourier*sche Entwicklung dieser Funktion angegeben. Dasselbe Problem in der Ebene hat er in einer Abhandlung „Zur Theorie der *Nobili*schen Farbenringe“[251]) behandelt.

Anknüpfend an diese Arbeiten hat *Appell*[252]) eine vollkommen strenge und sehr elegante Methode zur Behandlung elektrostatischer Gitterpotentiale entwickelt, in engster Anlehnung an die Theorie der elliptischen Funktionen. Er betrachtet die Funktionen, die

1. im Gitter periodisch,
2. harmonisch sind, d. h. der Differentialgleichung (398) genügen,
3. keine anderen Singularitäten im Endlichen haben als Pole.

Diese Funktionen sind offenbar gerade die Gitterpotentiale (395). Sodann zeigt er, daß alle solche Funktionen durch eine bestimmte Funk-

---

249) *B. Riemann,* Schwere, Elektrizität und Magnetismus, bearbeitet von *K. Hattendorff,* 2. Ausg. (Hannover 1880), § 23.

250) S. diese Encykl. II A 7b (*Heinrich Burkhardt* u. *W. Franz Meyer*), Nr. 18; II C 3 (*L. Lichtenstein*), Nr. 20.

251) *B. Riemann,* Pogg. Ann. Phys. Chem. 95 (1855), p. 130.

252) *P. Appell,* Acta Math. 4 (1884), p. 313; 8 (1886), p. 265; J. de math. (4) 3 (1887), p. 5; Palermo Rend. 22 (1906), p. 361. — Neuere rein mathematische Literatur über diesen Gegenstand ist zitiert in dieser Encykl. II C 3 (*L. Lichtenstein*), Nr. 31, Anm. 400), p. 290.

tion Z ausdrückbar sind, in der Form

$$\varphi(\mathfrak{r}) = \sum_k e_k Z(\mathfrak{r} - \mathfrak{r}_k). \tag{399}$$

Diese Funktion $Z(\mathfrak{r})$ ist durch die außerhalb der Punkte des einfachen Gitters

$$\mathfrak{r}^l = l_1 \mathfrak{a}_1 + l_2 \mathfrak{a}_2 + l_3 \mathfrak{a}_3, \quad |\mathfrak{r}^l| = r^l$$

absolut und gleichmäßig konvergente Reihe

$$Z(\mathfrak{r}) = \frac{1}{r} + \mathop{\mathrm{S}'}_{l} \left\{ \frac{1}{R^l} - \frac{1}{r^l} - \frac{(\mathfrak{r}\mathfrak{r}^l)}{(r^l)^3} - \frac{3}{2(r^l)^3}\left[\frac{(\mathfrak{r}\mathfrak{r}^l)^2}{(\mathfrak{r}^l)^2} - \frac{1}{3}\mathfrak{r}^2\right]\right\} \tag{400}$$

definiert, wo

$$R^l = |\mathfrak{r}^l - \mathfrak{r}| \tag{400'}$$

gesetzt ist und der Strich am Summationszeichen bedeutet, daß die Indexkombination $l_1 = l_2 = l_3 = 0$ wegzulassen ist. Die Bildung dieser Z-Funktion entspricht genau der Konstruktion der *Weierstraß-Hermite*schen ζ-Funktion in der Theorie der elliptischen Transzendenten mit Hilfe des *Mittag-Leffler*schen Satzes; man bildet die formale Reihe $\mathop{\mathrm{S}}_{l} \frac{1}{R^l}$, die die Gitterpunkte $\mathfrak{r}^l$ zu Polen hat, und macht sie konvergent, indem man von jedem Gliede ein Polynom 2. Grades abzieht. (Physikalisch bedeutet das, daß man zu den gleichnamigen Ladungen $+1$ in den Gitterpunkten eine kompensierende, entgegengesetzte Ladung im Unendlichen hinzufügt.) *Appell* diskutiert die Eigenschaften seiner Z-Funktion und gibt insbesondere ihre *Fourier*sche Entwicklung an, aus der man die eines beliebigen Gitterpotentials nach der Formel (399) erhält. Das Resultat stimmt mit dem von *Ewald* auf etwas anderem Wege gefundenen (s. u.) überein.

Appell gab auch die trigonometrischen Reihen für das Potential einer Punktreihe, eines ebenen rechtwinkligen Netzes und eines räumlichen rechtwinkligen Gitters an; hierbei wendet er die später von *Ewald* benutzte (s. u.) ϑ-Transformationsformel an, die schon in der einfachsten Gestalt bei *Riemann* (l. c. Anm. 249, 251) vorkommt. Diese Arbeiten, die hinsichtlich mathematischer Strenge und Klarheit nichts zu wünschen übrig lassen, wurden aber von der Physik nicht beachtet. Die physikalische Anwendung der Gitterpotentiale auf die Theorie der Kristalle datiert von dem Tage, als *Madelung*[253]) die

---

253) *E. Madelung,* Phys. Ztschr. 19 (1918), p. 524. — *Madelung* behandelt Punktreihen, Netze und Gitter mit gleichnamigen Ladungen, deren Potential offenbar divergiert. Er muß daher seinen Reihen eine „unendlich große Konstante" hinzufügen. Zur strengeren Begründung der Theorie schlägt er bei Betrachtung der Punktreihe vor, die in den Punkten $x = na$ angebrachten gleichen

schon von *Appell* angegebenen Reihen wiederfand.[253a]) Bald darauf hat *Ewald*[254]) seine schon vorher für die elektromagnetischen (optischen) Gitterpotentiale entwickelte, sehr elegante Methode zur Berechnung elektrostatischer Potentiale hergerichtet. Beide Verfahren sollen hier im Zusammenhang dargestellt werden; die *Madelung*sche Methode erfordert dabei ein Aufsteigen vom eindimensionalen Gebilde (Punktreihe) über das zweidimensionale (ebenes Netz) zum dreidimensionalen (Raumgitter).

I. *Potential der Punktreihe.* Auf der x-Achse sei eine periodische, neutrale (zunächst als kontinuierlich vorgestellte) Ladungsverteilung von der linearen Dichte $\varrho(x)$ gegeben; die Periode sei a, also $\varrho(x+a) = \varrho(x)$ und man hat die *Fourier*sche Reihe ohne konstantes Glied

$$\varrho(x) = \sum_{-\infty}^{+\infty}{}'_n \varrho_n e^{\frac{2\pi i n x}{a}}.$$

Das Potential wird dieselbe Periodizität haben, also eine Entwicklung der Form

$$\varphi^{(1)}(x, r) = \sum_{-\infty}^{+\infty}{}'_n f_n(r) \cdot e^{\frac{2\pi i n x}{a}}, \qquad (r = \sqrt{y^2 + z^2})$$

zulassen. Die *Laplace*sche Differentialgleichung (398) in Zylinderkoordinaten lautet bei Achsensymmetrie

$$\frac{\partial^2 \varphi^{(1)}}{\partial r^2} + \frac{1}{r}\frac{\partial \varphi^{(1)}}{\partial r} + \frac{\partial^2 \varphi^{(1)}}{\partial x^2} = 0$$

und fordert für die $f_n(r)$ die Bedingungen

$$\frac{d^2 f_n(r)}{dr^2} + \frac{1}{r}\frac{d f_n(r)}{dr} - \frac{4\pi^2 n^2}{a^2} f_n(r) = 0.$$

Die $f_n(r)$ sind also Zylinderfunktionen; da sie im Unendlichen ver-

---

Ladungen durch die exponentiell nach beiden Seiten abnehmende Ladungsverteilung

$$e_n = e\frac{\beta}{\sqrt{\pi}} e^{-\beta^2 (n a}$$

zu ersetzen, deren Potential konvergiert, und dann zur Grenze $\beta = 0$ überzugehen. Einen ähnlichen Ausweg hat auch *Ewald* (s. u.) eingeschlagen. Doch ist dann noch der Beweis erforderlich, daß die Reihenfolge der vorgenommenen Operationen und des Limes $\beta = 0$ vertauscht werden darf. Hier soll die Betrachtung auf neutrale Gebilde beschränkt werden.

253a) Bei einer Untersuchung über magnetische Eigenschaften kubischer Gitter benutzen *L. S. Ornstein* und *F. Zernike* [Amsterdam Proc. 21 (1918), p. 911] eine Methode zur Berechnung von Gitterpotentialen, die mit der *Madelung*schen im wesentlichen identisch ist.

254) *P. P. Ewald*, Ann. d. Phys. **64** (1921), p. 253. Über die Entwicklung der *Ewald*schen Methode und ihre Anwendung auf die Optik der Gitter wird später berichtet (s. Nr. **41**—**44**).

schwinden müssen, sind es die *Hankel*schen Funktionen[255])

$$f_n(r) = c_n K_0\left(\frac{2\pi n r}{a}\right).$$

Nun ist die lineare Dichte mit der Ableitung des Potentials durch die Relation

$$\varrho(x) = -\frac{1}{2}\left[r\frac{d\varphi^{(1)}}{dr}\right]_{r=0}$$

verbunden; daraus folgt

$$\varrho_n = -\frac{1}{2}\left[r\frac{df_n(r)}{dr}\right]_{r=0} = -\frac{1}{2}c_n\left[r\frac{dK_0}{dr}\right]_{r=0} = \frac{1}{2}c_n.$$

Daher ist die *Fourier*sche Entwicklung des Potentials

$$\varphi^{(1)}(x,r) = 2\sum_{-\infty}^{+\infty}{}^{n}\varrho_n K_0\left(\frac{2\pi n r}{a}\right)e^{\frac{2\pi i n x}{a}}.$$

Ist die Ladung punktförmig verteilt, nämlich die Ladung e_k an der Stelle x_k, $\sum_k e_k = 0$, so kann man die Darstellung des Potentials durch einen Grenzübergang gewinnen; man denke sich $\varrho(x)$ für alle x gegen Null konvergieren außer für $x = x_k$, wo $\varrho(x)$ so unendlich werden soll, daß

$$\lim_{\delta=0}\int_{x_k-\delta}^{x_k+\delta}\varrho(x)\,dx = e_k$$

endlich bleibt. Dann wird

$$\varrho_n = \frac{1}{a}\int_0^a \varrho(x)\cdot e^{-\frac{2\pi i n x}{a}}dx = \frac{1}{a}\sum_k e_k e^{-\frac{2\pi i n x_k}{a}},$$

also

$$\varphi^{(1)}(x,r) = \frac{2}{a}\sum_{-\infty}^{+\infty}{}^{n}\sum_k e_k K_0\left(\frac{2\pi n r}{a}\right)e^{\frac{2\pi i n}{a}(x-x_k)}. \tag{401}$$

Diese Reihe konvergiert überall, außer in den Ladungen, und zwar außerhalb der x-Achse sehr schnell.

II. *Selbstpotential und Energie der Punktreihe.* Das Selbstpotential der Punktreihe läßt sich auf verschiedene Weise berechnen. *Madelung* führt es auf die *Gauß*sche Γ-Funktion zurück. Es ist bekanntlich[256])

255) S. *E. Jahnke* u. *F. Emde*, Funktionentafeln (Leipzig 1909). Dort ist $K_0(x)$ mit $\frac{i\pi}{2}H_0^{(1)}(ix)$ bezeichnet; eine Tabelle der Funktion findet sich auf p. 135, Tafel XIV. Für kleine x ist $K_0(x) = \ln\frac{2}{\gamma x}$, wo $\ln\gamma = 0{,}5772\ldots$ die *Euler*sche Konstante ist.

256) S. etwa *E. Jahnke* u. *F. Emde*, Funktionentafeln (Leipzig 1909), p. 27. Tafel von $\Psi(x+1)$ auf p. 30. — *E. T. Whittaker*, Modern Analysis (Cambridge 1902), Kap. IX, § 99, p. 180.

$$(402)\qquad \Psi(z) = \frac{d \ln \Gamma(z)}{dz} = -\gamma + (z-1)\sum_{p=1}^{\infty} \frac{1}{p(z+p-1)}$$
$$= -\gamma + \sum_{p=0}^{\infty}\left(\frac{1}{p+1} - \frac{1}{p+z}\right),$$

wo γ die *Euler*sche Konstante ist. Es werde vorausgesetzt, daß der Punkt $x_{k'}$, für den das Selbstpotential dargestellt werden soll, *links* von allen übrigen Basispunkten liegt (d. h. $x_k \geqq x_{k'}$); ist diese Voraussetzung für ein x_k nicht erfüllt, so muß es vor dem Einsetzen in die folgende Formel um a vergrößert werden. Dann wird

$$\varphi_{k'}^{(1)} = \sum_{l=0}^{\infty} \sum_{k}{}' e_k \left\{ \frac{1}{x_k - x_{k'} + la} + \frac{1}{a - (x_k - x_{k'}) + la} \right\};$$

wobei der Strich am Summenzeichen bedeutet, daß für den *ersten* Summanden die Kombination $k = k'$, $l = 0$ auszuschließen ist. Daher wird mit Rücksicht auf $\sum\limits_k e_k = 0$:

$$(403)\qquad \varphi_{k'}^{(1)} = -\frac{1}{a} \sum_{k \neq k'} e_k \left\{ \Psi\left(\frac{x_k - x_{k'}}{a}\right) + \Psi\left(1 - \frac{x_k - x_{k'}}{a}\right)\right\} + \frac{2\gamma e_{k'}}{a}.$$

Die Funktion Ψ wird hier im Intervall (0, 1) gebraucht; tabuliert ist sie gewöhnlich im Intervall (1, 2); zur Umrechnung dient die Beziehung

$$(402')\qquad \Psi(z) = \Psi(z+1) - \frac{1}{z}.$$

Man kann auch die *Ewald*sche Methode, die unten für das räumliche Gitter dargestellt wird, auf das eindimensionale anwenden.

Ausgezeichnet ist der Fall äquidistanter Punktladungen; jede willkürliche periodische Ladungsverteilung läßt sich offenbar durch diesen mit beliebiger Annäherung approximieren. Das Selbstpotential lautet in diesem Falle für n Ladungen $e_1, e_2, \ldots e_n$

$$(404)\qquad \varphi_{k'}^{(1)} = \frac{1}{\delta} \sum_{-\infty}^{+\infty} \sum_{k=1}^{n}{}' \frac{e_{k'+k}}{|nl + k|} = \frac{1}{\delta} \sum_{l=0}^{\infty} \sum_{k=1}^{n} (e_{k'+k} + e_{k'+n-k}) \frac{1}{nl + k},$$

wo $\delta = \frac{a}{n}$ der Abstand der Punkte ist und der Strich am Summenzeichen bedeutet, daß das Wertepaar $l = 0$, $k = 0$ wegzulassen ist. Nun ist

$$\frac{1}{ln + k} = \int_0^1 x^{ln+k-1}\, dx.$$

Setzt man das ein, so erhält man leicht

$$\varphi_{k'}^{(1)} = \frac{1}{\delta} \int_0^1 \sum_{k=1}^{n} (e_{k'+k} + e_{k'+n-k}) x^{k-1} \frac{dx}{1 - x^n} - \frac{1}{\delta} \lim_{L=\infty} R_L,$$

wo

$$R_L = \int_0^1 \sum_{k=1}^{n} (e_{k'+k} + e_{k'+n-k})\, x^{k-1} \frac{x^{(L+1)n}}{1-x^n}\, dx.$$

Nun ist $\sum_{k=1}^{n} e_k = 0$, also hat das Polynom $\sum_{k=1}^{n}(e_{k'+k} + e_{k'+n-k})\, x^{k-1}$ die Nullstelle $x = 1$ und ist durch $1 - x$ teilbar. Mithin hat R_L die Form

$$R_L = \int_0^1 x^{(L+1)n} \frac{f(x)}{g(x)}\, dx,$$

wo $g(x)$ im Intervall $0 \leqq x \leqq 1$ nicht verschwindet; also gibt es eine obere Schranke M für $\frac{f(x)}{g(x)}$ in diesem Intervall und es wird

$$R_L \leqq M \int_0^1 x^{(L+1)n}\, dx = \frac{M}{1 + (L+1)n}, \quad \lim_{L=\infty} R_L = 0.$$

Das Selbstpotential ist also als Integral einer rationalen Funktion darstellbar:

$$\text{(404')} \qquad \varphi_k^{(1)} = \frac{1}{\delta} \int_0^1 \frac{\sum_{k=1}^{n} (e_{k'+k} + e_{k'+n-k})\, x^{k-1}}{1 - x^n}\, dx.$$

Die Nullstellen des Nenners sind die n^{ten} Einheitswurzeln. Durch Zerlegung in Partialbrüche kann man leicht die Integration ausführen und erhält

$$\text{(405)} \qquad \varphi_{k'}^{(1)} = -\frac{1}{\delta} \sum_{k=1}^{n} \xi_{k'k} \log\left(2 \sin \frac{\pi k}{n}\right),$$

wo

$$\text{(405')} \quad \xi_{k'k} = \frac{1}{n} \sum_{q=1}^{n} (e_{k'+q} + e_{k'+n-q})\, e^{\frac{2\pi i k q}{n}} = \frac{2}{n} \sum_{q=1}^{n} e_{k'+q} \cos \frac{2\pi k q}{n}$$

gesetzt ist.

Man kann zu dieser Formel auch auf folgendem Wege gelangen: Jede beliebige periodische, äquidistante Ladungsverteilung läßt sich in der Form

$$\text{(406)} \qquad e_k = \sum_{q=1}^{n} \xi_q\, e^{-\frac{2\pi i k q}{n}}$$

darstellen; die Koeffizienten ξ_q haben die Werte

$$\text{(406')} \qquad \xi_q = \frac{1}{n} \sum_{k=1}^{n} e_k\, e^{\frac{2\pi i q k}{n}}.$$

Für obigen Ausdruck $\xi_{k'k}$ erhält man

$$\xi_{k'k} = \xi_k\, e^{-\frac{2\pi i}{n} k' k} + \xi_{-k}\, e^{+\frac{2\pi i}{n} k' k}$$

Das Selbstpotential wird

$$\varphi_{k'}^{(1)} = \frac{1}{\delta} \sum_{l=0}^{\infty} \sum_{k=1}^{n} (e_{k'+k} + e_{k'+n-k}) \frac{1}{nl+k}$$

$$= \frac{1}{\delta} \sum_{q=1}^{n} \xi_q e^{-\frac{2\pi i k' q}{n}} \sum_{l=0}^{\infty} \sum_{k=1}^{n} \frac{2 \cos \frac{2\pi q k}{n}}{nl+k}$$

$$= \frac{1}{2\delta} \sum_{q=1}^{n} \xi_{k'q} \sum_{l=1}^{\infty} \frac{2 \cos \frac{2\pi q l}{n}}{l}.$$

Die hier auftretende Summe ist der Wert, den die Funktion

$$\text{(407)} \qquad \Pi(z) = 2 \sum_{l=1}^{\infty} \frac{\cos 2\pi l z}{l} = -2 \log (2 \sin \pi z)$$

in dem rationalen Punkte $z = \frac{q}{n}$ annimmt; diese ist ein Spezialfall des von *Born* in anderem Zusammenhange untersuchten „Grundpotentials" (s. u.). Man bekommt

$$\text{(408)} \qquad \varphi_{k'}^{(1)} = \frac{1}{2\delta} \sum_{q=1}^{n} \xi_{k'q} \Pi\left(\frac{q}{n}\right) = -\frac{1}{\delta} \sum_{q=1}^{n} \xi_{k'q} \log \left(2 \sin \frac{\pi q}{n}\right),$$

in Übereinstimmung mit (405).

Für die äquidistante Punktreihe wird die Berechnung der Energie besonders einfach; nach (397) und (405), (405′) läuft sie nämlich darauf heraus, daß man $e_{k'+q}$ durch

$$\text{(409)} \qquad s_{k'} = \sum_{k=1}^{n} e_k e_{k'+k}$$

ersetzt; dann ist

$$\text{(410)} \qquad \frac{1}{2} \varphi_0^{(1)} = -\frac{1}{\delta} \sum_{q=1}^{n} \sigma_q \log \left(2 \sin \frac{\pi q}{n}\right),$$

wo

$$\text{(410′)} \qquad \sigma_q = \frac{1}{2} \sum_{k'} e_{k'} \xi_{k'q} = \frac{1}{n} \sum_{k=1}^{n} s_k \cos \frac{2\pi k q}{n}.$$

III. *Potential des ebenen Netzes.* In der xy-Ebene sei ein ebenes Netz mit den Grundvektoren $\mathfrak{a}_1$, $\mathfrak{a}_2$ ausgespannt. Die elektrische Flächendichte $\varrho(xy)$ sei periodisch (zunächst kontinuierlich) im Netze verteilt und habe die *Fourier*entwicklung

$$\varrho = \sum_{l,m}' \varrho_{lm} e^{i(\mathfrak{k}_{lm} \mathfrak{r})};$$

dabei ist $\mathfrak{r}$ der Vektor $(x, y, 0)$ und

$$\text{(411)} \qquad \mathfrak{k}_{lm} = 2\pi(l\mathfrak{b}_1 + m\mathfrak{b}_2),$$

wo $\mathfrak{b}_1$, $\mathfrak{b}_2$ die Grundvektoren des „reziproken Netzes" sind, die sich aus den Gleichungen

(412) $$(\mathfrak{a}_i \mathfrak{b}_k) = \delta_{ik} \qquad (i, k = 1, 2)$$

bestimmen:

(412') $$\left\{\begin{aligned} \mathfrak{b}_{1x} &= \frac{\mathfrak{a}_{2y}}{|\mathfrak{a}_1 \mathfrak{a}_2|}, & \mathfrak{b}_{1y} &= \frac{-\mathfrak{a}_{2x}}{|\mathfrak{a}_1 \mathfrak{a}_2|}, \\ \mathfrak{b}_{2x} &= \frac{-\mathfrak{a}_{1y}}{|\mathfrak{a}_1 \mathfrak{a}_2|}, & \mathfrak{b}_{2y} &= \frac{\mathfrak{a}_{1x}}{|\mathfrak{a}_1 \mathfrak{a}_2|}; \end{aligned}\right\} \quad |\mathfrak{a}_1 \mathfrak{a}_2| = \mathfrak{a}_{1x}\mathfrak{a}_{2y} - \mathfrak{a}_{2x}\mathfrak{a}_{1y}.$$

Mit *Madelung* setze man das Potential an in der Form

$$\varphi^{(2)} = \sum_{lm}{}' c_{lm} e^{i(\mathfrak{k}_{lm}\mathfrak{r}) - |\mathfrak{k}_{lm}| \cdot |z|};$$

diese Funktion erfüllt die *Laplace*sche Differentialgleichung und verschwindet für $z = \pm \infty$. Zwischen Flächendichte und Potential besteht die Beziehung

$$\left(\frac{d\varphi^{(2)}}{dz}\right)_{z=0} = -2\pi\varrho;$$

daraus folgt

$$c_{lm} = \frac{2\pi \varrho_{lm}}{|\mathfrak{k}_{lm}|}.$$

Sind insbesondere punktförmige Ladungen e_k an den Stellen $\mathfrak{r}_k(x_k, y_k, 0)$, so erhält man durch einen ähnlichen Grenzübergang wie oben unter I:

$$\varrho_{lm} = \frac{1}{|\mathfrak{a}_1 \mathfrak{a}_2|}\iint \varrho e^{-i(\mathfrak{k}_{lm}\mathfrak{r})}\, dx\, dy = \sum_k \frac{e_k}{|\mathfrak{a}_1 \mathfrak{a}_2|} e^{-i(\mathfrak{k}_{lm}\mathfrak{r}_k)},$$

und das Potential wird

(413) $$\varphi^{(2)}(x, y, z) = \frac{2\pi}{|\mathfrak{a}_1 \mathfrak{a}_2|}\sum_k \sum_{lm}{}' e_k \frac{e^{-|\mathfrak{k}_{lm}| \cdot |z|}}{|\mathfrak{k}_{lm}|} e^{i(\mathfrak{k}_{lm}, \mathfrak{r} - \mathfrak{r}_k)}.$$

Die Reihe konvergiert außerhalb der Ebene $z = 0$ sehr gut.

IV. *Selbstpotential des ebenen Netzes.* Das *Madelung*sche Verfahren ist auf den Fall beschränkt, wo sich das Netz als Folge paralleler (nicht notwendig äquidistanter) Punktreihen auffassen läßt. Man kann das Selbstpotential $\varphi_{k'}^{(2)}$ zusammensetzen aus dem der neutralen Punktreihe, die durch den betrachteten Punkt $\mathfrak{r}_{k'}$ geht (Formel (403)), und den Werten der Potentiale der übrigen, parallelen Punktreihen in $\mathfrak{r}_{k'}$. Wählt man die x-Achse und den Vektor $\mathfrak{a}_1$ parallel zu der neutralen Punktreihe ($\mathfrak{a}_{1x} = a$, $\mathfrak{a}_{1y} = 0$), so erhält man:

(414) $$\varphi_{k'}^{(2)} = \varphi_{k'}^{(1)} + \frac{2}{a}\sum_{-\infty}^{\infty}{}'_{n,l} \sum_k{}' e_k K_0\left(\frac{2\pi n |y_{k'} - y_k + l\mathfrak{a}_{2y}|}{a}\right) e^{\frac{2\pi i n}{a}(x_{k'} - x_k + l\mathfrak{a}_{2x})}.$$

Man kann diese Größe auch mit Hilfe des nachher für räumliche Gitter dargestellten *Ewald*schen Verfahrens berechnen. Die Energie der Netzebene spielt keine praktische Rolle.

V. *Potential des Raumgitters.* Man kann auch hier von einer kontinuierlichen, periodischen Dichteverteilung

$$\varrho = \mathop{\mathrm{S}'}_{l} \varrho^l e^{i(\mathfrak{q}^l \mathfrak{r})}$$

ausgehen; dabei ist $\mathfrak{r}$ der Vektor (x, y, z) und

(415) $$\mathfrak{q}^l = 2\pi(l_1\mathfrak{b}_1 + l_2\mathfrak{b}_2 + l_3\mathfrak{b}_3),$$

wo $\mathfrak{b}_1$, $\mathfrak{b}_2$, $\mathfrak{b}_3$ die Grundvektoren des *reziproken Gitters*[256a]) sind, die sich aus den Gleichungen

(416) $$(\mathfrak{a}_i \mathfrak{b}_k) = \delta_{ik}$$

bestimmen:

(416′) $$\mathfrak{b}_1 = \frac{1}{\Delta}[\mathfrak{a}_2\mathfrak{a}_3], \quad \mathfrak{b}_2 = \frac{1}{\Delta}[\mathfrak{a}_3\mathfrak{a}_1], \quad \mathfrak{b}_3 = \frac{1}{\Delta}[\mathfrak{a}_1\mathfrak{a}_2].$$

Setzt man das Potential $\varphi^{(3)}$, oder einfach φ, als *Fourier*sche Reihe an:

$$\varphi = \mathop{\mathrm{S}}_{l} c^l e^{i(\mathfrak{q}^l \mathfrak{r})},$$

so gibt die *Poisson*sche Differentialgleichung $\nabla^2\varphi = -4\pi\varrho$:

$$c^l = \frac{4\pi\varrho^l}{|\mathfrak{q}^l|^2}.$$

Sind insbesondere punktförmige Ladungen e_k $\left(\sum_k e_k = 0\right)$ an den Stellen $\mathfrak{r}_k$, so gibt derselbe Grenzübergang wie oben:

$$\varrho^l = \frac{1}{\Delta}\int \varrho e^{-i(\mathfrak{q}^l \mathfrak{r})}\,dx\,dy\,dz = \sum_k \frac{e_k}{\Delta} e^{-i(\mathfrak{q}^l \mathfrak{r}_k)},$$

also wird das Potential

(417) $$\varphi = \frac{4\pi}{\Delta} \mathop{\mathrm{S}'}_{l} \sum_k \frac{e_k}{|\mathfrak{q}^l|^2} e^{i(\mathfrak{q}^l,\, \mathfrak{r}-\mathfrak{r}_k)}.$$

Das kann man so schreiben:

(417′) $$\varphi = \sum_k e_k \psi(\mathfrak{r} - \mathfrak{r}_k),$$

wo

(418) $$\psi = \frac{4\pi}{\Delta} \mathop{\mathrm{S}'}_{l} \frac{e^{i(\mathfrak{q}^l \mathfrak{r})}}{|\mathfrak{q}^l|^2}.$$

Diese Reihe konvergiert überall außer in den durch die Gitterpunkte $\mathfrak{r}^l$ gehenden, zu den Zellenkanten parallelen Geraden[257]); doch ist die Konvergenz langsam und die Reihe läßt sich nicht gliedweise differenzieren. Man muß daher nach andern Darstellungen von ψ suchen.

256a) Siehe *P. P. Ewald*, Ztschr. f. Kristallogr. 56 (1921), p. 129.

257) Eine Untersuchung der Konvergenz von *Fourier*schen Reihen im Raume findet sich bei *M. Born*, Dynamik der Kristallgitter, Anhang, p. 114. Die dabei benützte Methode hat *D. Hilbert* in einer Vorlesung 1914 mitgeteilt.

Die analytischen Eigenschaften dieser Funktion, durch welche sie eindeutig festgelegt ist, sind die folgenden:

ψ ist periodisch im Gitter (ohne konstantes Glied), wird im Nullpunkt unendlich wie $\frac{1}{r}$ und genügt der Differentialgleichung

(418′) $$\nabla^2 \psi = \frac{4\pi}{\varDelta}.$$

In der Tat folgt hieraus die Darstellung (418). Dazu wende man die *Green*sche Formel

$$\iiint (f\nabla^2 g - g\nabla^2 f)\, dx\, dy\, dz = \iint \left(f\frac{\partial g}{\partial \nu} - g\frac{\partial f}{\partial \nu}\right) d\sigma,$$

in der $d\sigma$ ein Oberflächenelement des Integrationsraumes und ν die äußere Normale bedeutet, auf die Zelle an und setze

$$f = e^{-i(\mathfrak{q}^l, \mathfrak{r})}, \quad g = \psi.$$

Wegen der Periodizität verschwinden die Oberflächenintegrale an den Zellengrenzen; man muß aber wegen der Singularität von ψ eine kleine Kugel um den Nullpunkt ausschneiden, und diese liefert zum Oberflächenintegral den Beitrag 4π.

Da ferner $\nabla^2 f = -|\mathfrak{q}^l|^2 f$ ist, so folgt

$$|\mathfrak{q}^l|^2 \int \psi e^{-i(\mathfrak{q}^l, \mathfrak{r})}\, dx\, dy\, dz = 4\pi.$$

Also ist der Koeffizient der *Fourier*schen Reihe von ψ gleich $\frac{4\pi}{\varDelta |\mathfrak{q}^l|^2}$ und man erhält in der Tat die Darstellung (418).

Um diese in eine schnell konvergente Reihe zu verwandeln, geht man nach *Ewald* so vor. Mit Hilfe der Identität

$$\frac{1}{a} = \int_0^\infty e^{-a\xi}\, d\xi$$

schreibt man

$$\psi = \frac{4\pi}{\varDelta} \int_0^\infty \mathop{\mathsf{S}'}_{l} e^{-|\mathfrak{q}^l|^2 \xi + i(\mathfrak{q}^l \mathfrak{r})}\, d\xi$$

und zerlegt das Integral in zwei Teile:

(419) $$\begin{cases} \psi = \psi_1 + \psi_2, \quad \psi_1 = \dfrac{4\pi}{\varDelta} \displaystyle\int_\eta^\infty \mathop{\mathsf{S}'}_{l} e^{-|\mathfrak{q}^l|^2 \xi + i(\mathfrak{q}^l \mathfrak{r})}\, d\xi, \\ \psi_2 = \dfrac{4\pi}{\varDelta} \displaystyle\int_0^\eta \mathop{\mathsf{S}'}_{l} e^{-|\mathfrak{q}^l|^2 \xi + i(\mathfrak{q}^l \mathfrak{r})}\, d\xi. \end{cases}$$

Das erste Teilintegral läßt sich elementar ausführen:

(420) $$\psi_1 = \frac{4\pi}{\varDelta} \mathop{\mathsf{S}'}_{l} \frac{e^{-\eta |\mathfrak{q}^l|^2 + i(\mathfrak{q}^l \mathfrak{r})}}{|\mathfrak{q}^l|^2}.$$

Das zweite läßt sich nach *Ewald* mit Hilfe der Transformationsformel der dreifachen Theta-Reihen[258]) umformen. Es seien $\mathfrak{A}$, $\mathfrak{A}_1$, $\mathfrak{A}_2$, $\mathfrak{A}_3$ vier beliebige Vektoren und

(421) $$\mathfrak{G}_l = \mathfrak{A} + l_1\mathfrak{A}_1 + l_2\mathfrak{A}_2 + l_3\mathfrak{A}_3;$$

ferner sei

(421') $$\mathfrak{Q}_l = \frac{\pi}{|\mathfrak{A}_1\mathfrak{A}_2\mathfrak{A}_3|}\{l_1[\mathfrak{A}_2\mathfrak{A}_3] + l_2[\mathfrak{A}_3\mathfrak{A}_1] + l_3[\mathfrak{A}_1\mathfrak{A}_2]\}.$$

Dann gilt identisch in dem Vektor $\mathfrak{B}$ die Transformationsformel:

(422) $$\mathop{\mathrm{S}}_l e^{-\mathfrak{G}_l^2 + i(\mathfrak{G}_l\mathfrak{B})} = \frac{\pi^{\frac{3}{2}}}{|\mathfrak{A}_1\mathfrak{A}_2\mathfrak{A}_3|}\mathop{\mathrm{S}}_l e^{-(\mathfrak{Q}_l + \frac{1}{2}\mathfrak{B})^2 - 2i(\mathfrak{Q}_l\mathfrak{A})}.$$

Diese wenden wir in der Weise an, daß wir setzen

(423) $$\mathfrak{A} = -\frac{\mathfrak{r}}{2\sqrt{\xi}},\quad \mathfrak{A}_1 = \frac{\mathfrak{a}_1}{2\sqrt{\xi}},\quad \mathfrak{A}_2 = \frac{\mathfrak{a}_2}{2\sqrt{\xi}},\quad \mathfrak{A}_3 = \frac{\mathfrak{a}_3}{2\sqrt{\xi}},$$

also

(423') $$\mathfrak{G}_l = \frac{1}{2\sqrt{\xi}}(\mathfrak{r}^l - \mathfrak{r}),\quad \mathfrak{Q}_l = \sqrt{\xi}\,\mathfrak{q}^l;$$

dann wird:

$$\mathop{\mathrm{S}}_l e^{-\frac{1}{4\xi}(\mathfrak{r}^l - \mathfrak{r})^2} = \frac{8\pi^{\frac{3}{2}}\xi^{\frac{3}{2}}}{\Delta}\mathop{\mathrm{S}}_l e^{-|\mathfrak{q}^l|^2\xi + i(\mathfrak{q}^l\mathfrak{r})}.$$

Mithin erhält man mit $\mathfrak{B} = 0$:

$$\psi_2 = \frac{1}{2\sqrt{\pi}}\int_0^\eta \mathop{\mathrm{S}}_l e^{-\frac{1}{4\xi}(\mathfrak{r}^l - \mathfrak{r})^2}\frac{d\xi}{\xi^{\frac{3}{2}}} - \frac{4\pi}{\Delta}\eta.$$

Setzt man

(424) $$\alpha = \frac{1}{2\sqrt{\xi}},\quad \varepsilon = \frac{1}{2\sqrt{\eta}},$$

so wird

(425) $$\psi_2 = \frac{2}{\sqrt{\pi}}\int_\varepsilon^\infty \mathop{\mathrm{S}}_l e^{-\alpha^2(\mathfrak{r}^l - \mathfrak{r})^2}d\alpha - \frac{\pi}{\Delta\varepsilon^2}.$$

---

258) Über die Transformationsformel der einfachen ϑ-Reihen, s. diese Encykl. II B 3 (*R. Fricke*), Nr. 72, p. 323; II A 12 (*H. Burkhardt*), Nr. **107**, p. 1339. Über allgemeine ϑ-Funktionen s. II B 7 (*A. Krazer* u. *W. Wirtinger*), Nr. **15—45**, p. 636 bis 686. S. ferner *A. Krazer*, Lehrbuch der Thetafunktionen (Leipzig 1903). *Ewald* teilt in der Anm. 254) zit. Arbeit einen einfachen Beweis der hier benutzten Transformationsformel sowohl für den eindimensionalen, als auch für den dreidimensionalen Fall mit; er beruht darauf, daß die Differentialgleichung der Wärmeleitung, welche im Grundbereich (Periode der Punktreihe, Zelle des Gitters) periodisch ist, auf zwei Weisen gelöst wird: einmal durch die Methode der Wärmepole (*d'Alembert*sche Lösung), sodann durch die Methode der Eigenschwingungen (*Fourier*sche Reihen). Die Gleichsetzung beider Ausdrücke liefert die Transformationsformel. Diese Ableitung für einfache ϑ-Reihen findet sich schon bei *S. D. Poisson*, Théorie mathématique de la chaleur (Paris 1835), suppl. p. 51.

Hier kann man die *Gauß*sche Fehlerfunktion

$$F(x) = \frac{2}{\sqrt{\pi}} \int_0^x e^{-\alpha^2}\, d\alpha \tag{426}$$

einführen; wir setzen

$$G(x) = 1 - F(x) = \frac{2}{\sqrt{\pi}} \int_x^\infty e^{-\alpha^2} d\alpha. \tag{426'}$$

Ersetzen wir auch in ψ_1 das η durch ε, so erhalten wir schließlich:

$$\left\{ \begin{aligned} \psi_1 &= \frac{4\pi}{\Delta} \mathop{\mathbf{S}'}_{l} \frac{e^{-\frac{1}{4\varepsilon^2}|\mathfrak{q}^l|^2 + i(\mathfrak{q}^l \mathfrak{r})}}{|\mathfrak{q}^l|^2}, \\ \psi_2 &= \mathop{\mathbf{S}}_{l} \frac{G(\varepsilon|\mathfrak{r}^l - \mathfrak{r}|)}{|\mathfrak{r}^l - \mathfrak{r}|} - \frac{\pi}{\Delta \varepsilon^2}. \end{aligned} \right. \tag{427}$$

Die Summe $\psi = \psi_1 + \psi_2$ ist natürlich von der willkürlichen Trennungsstelle ε unabhängig. Für $\varepsilon = \infty$ wird $\psi_2 = 0$ und ψ_1 verwandelt sich in die ursprüngliche *Fourier*sche Reihe (418). Für $\varepsilon = 0$ wird $\psi_1 = 0$ und ψ_2 wird eine divergente Reihe; das Potential φ selbst geht bei geeigneter Anordnung der Summationsfolge in seine ursprüngliche quellenmäßige Form

$$\varphi = \sum_k e_k \psi_k(\mathfrak{r} - \mathfrak{r}_k) = \mathop{\mathbf{S}}_{l} \sum_k \frac{e_k}{|\mathfrak{r}_k^l - \mathfrak{r}|}$$

über.

ψ_1 konvergiert um so besser, je kleiner ε ist, ψ_2 um so besser, je größer ε ist; durch geeignete Wahl von ε kann man erreichen, daß beide Reihen sehr schnell konvergieren. Man findet leicht Zwischenwerte, für die beide Reihen praktisch berechenbar sind.

Die Einführung der Trennungsstelle ε ist *Ewalds* Verdienst, da in der älteren Literatur etwas Analoges nicht zu finden ist.

VI. *Selbstpotential und Energie des Raumgitters.* Nach *Madelung* lassen sich solche Gitter behandeln, die sich als Folge neutraler Netzebenen auffassen lassen, von denen jede selbst wieder eine Folge neutraler Punktreihen ist. Legt man die x-Achse in eine dieser Punktreihen und die y-Achse in die hindurchgehende neutrale Netzebene, ferner den Grundvektor $\mathfrak{a}_1$ parallel zur x-Achse $(\mathfrak{a}_{1x}, 0, 0)$, $\mathfrak{a}_2$ parallel zur xy-Ebene $(\mathfrak{a}_{2x}, \mathfrak{a}_{2y}, 0)$, so kann man das Selbstpotential des Raumgitters $\varphi_{k'}^{(3)}$, oder einfach $\varphi_{k'}$, aus dem einer Netzebene (414) und den Potentialen der parallelen Netzebenen zusammensetzen:

$$\begin{aligned} \varphi_{k'} &= \varphi_{k'}^{(2)} \\ &+ \frac{2\pi}{|\mathfrak{a}_1 \mathfrak{a}_2|} \sum_{l,m,p=-\infty}^{\infty} \sum_k{}' e_k \frac{1}{|\mathfrak{k}_{lm}|} e^{-|\mathfrak{k}_{lm}| \cdot |z_{k'} - z_k + p\mathfrak{a}_{3z}| + i(\mathfrak{k}_{lm}, \mathfrak{r}_{k'} - \mathfrak{r}_k + p\mathfrak{a}_{,})}. \end{aligned} \tag{428}$$

Die Summation über p führt übrigens auf eine geometrische Reihe und läßt sich ausführen.

In ganz ähnlicher Weise lassen sich auch die elektrostatischen Anteile der Gittersummen (20), Nr. **3**, (26), Nr. **5** und (32), Nr. **6**, die bei der Bestimmung des Gleichgewichts und der elastischen und piezoelektrischen Größen auftreten, berechnen, soweit sie sich aus Beiträgen neutraler Netzebenen zusammensetzen lassen. Das ist aber bei den Größen (32) nicht durchweg möglich, nämlich nur bei (32b) $\begin{bmatrix} k \\ x\,y\,z \end{bmatrix}$ und (32c) $[xy\bar{x}\bar{y}]$, bei denen Summationen über k vorkommen; ein Beispiel hierfür s. unten (Nr. **39**, (450)). Dagegen lassen sich die Größen (32a) $\begin{bmatrix} kk' \\ xy \end{bmatrix}$ auf diesem Wege nicht finden, da es Summen über einzelne einfache Gitter sind.

Die *Ewald*sche Methode ist in jedem Falle anwendbar. Um das erregende Potential zu bilden, hat man von φ (417′) abzuziehen $\frac{e_{k'}}{|\mathfrak{r} - \mathfrak{r}_{k'}|}$; man kann daher setzen:

(429) $$\varphi_{k'}(\mathfrak{r}) = e_{k'}\bar{\psi}(\mathfrak{r} - \mathfrak{r}_{k'}) + \sum_k{}' e_k \psi(\mathfrak{r} - \mathfrak{r}_k),$$

wo

(430) $$\bar{\psi}(\mathfrak{r}) = \psi(\mathfrak{r}) - \frac{1}{r}\cdot$$

Diese Funktion teile man durch eine Trennungsstelle ε wie in (427); ferner setze man entsprechend

$$\frac{1}{r} = \frac{2}{\sqrt{\pi}}\int_0^\varepsilon e^{-r^2\alpha^2}\,d\alpha + \frac{2}{\sqrt{\pi}}\int_\varepsilon^\infty e^{-r^2\alpha^2}\,d\alpha.$$

Das erste Integral, das von ψ_1 abzuziehen ist, hat den Wert $\frac{1}{r}F(\varepsilon r)$; das zweite ist nach (425) genau gleich dem Gliede $l = 0$ von ψ_2. Daher wird:

(430′) $$\left\{\begin{aligned} \bar{\psi} &= \bar{\psi}_1 + \bar{\psi}_2, \\ \bar{\psi}_1 &= \frac{4\pi}{\Delta}\mathop{\mathrm{S}}_l{}' \frac{e^{-\frac{1}{4\varepsilon^2}|\mathfrak{q}^l|^2 + i(\mathfrak{q}^l\mathfrak{r})}}{|\mathfrak{q}^l|^2} - \frac{F(\varepsilon r)}{r}, \\ \bar{\psi}_2 &= \mathop{\mathrm{S}}_l{}' \frac{G(\varepsilon|\mathfrak{r}^l - \mathfrak{r}|)}{|\mathfrak{r}^l - \mathfrak{r}|} - \frac{\pi}{\Delta\varepsilon^2}. \end{aligned}\right.$$

Das Selbstpotential in $\mathfrak{r}_{k'}$ wird nun

(431) $$\varphi_{k'} = \varphi_{k'}(\mathfrak{r}_{k'}) = e_{k'}\bar{\psi}(0) + \sum_k{}' e_k \psi(\mathfrak{r}_{kk'}),$$

wo

(432) $$\left\{\begin{aligned} \bar{\psi}_1(0) &= \frac{4\pi}{\Delta}\mathop{\mathrm{S}}_l{}' \frac{e^{-\frac{1}{4\varepsilon^2}|\mathfrak{q}^l|^2}}{|\mathfrak{q}^l|^2} - \frac{2\varepsilon}{\sqrt{\pi}}, \\ \bar{\psi}_2(0) &= \mathop{\mathrm{S}}_l{}' \frac{G(\varepsilon r^l)}{r^l} - \frac{\pi}{\Delta\varepsilon^2}, \end{aligned}\right.$$

während $\psi(\mathfrak{r}_{k'} - \mathfrak{r}_k)$ ohne weiteres aus (427) gebildet werden kann. Die Reihen (427), (430′) lassen sich gliedweise differenzieren; daher kann man ohne weiteres die elektrostatischen Anteile der Größen $\mathfrak{K}_k^{(0)}$ nach (20), Nr. **3**, und $\begin{bmatrix} k\,k' \\ x\,y \end{bmatrix}$ für $k \neq k'$ nach (32a), Nr. **6**, bilden. Man findet

$$(433)\quad \begin{cases} \text{a)} & (\mathfrak{K}_{kx}^{(0)})^{(e)} = -\frac{e_k}{\varDelta}\left\{e_k\left(\frac{\partial \overline{\psi}}{\partial x}\right)_0 + \sum_{k'} e_{k'}\left(\frac{\partial \psi}{\partial x}\right)_{\mathfrak{r}_{kk'}}\right\}, \\ \text{b)} & \begin{bmatrix} k\,k' \\ x\,y \end{bmatrix}^{(e)} = \frac{1}{\varDelta} e_k e_{k'} \left(\frac{\partial^2 \psi}{\partial x \partial y}\right)_{\mathfrak{r}_{kk'}} \qquad (k \neq k'). \end{cases}$$

Letztere Größe bestimmt die elektrostatische Kraft, die zwei *einfache* Gitter bei einer relativen Verrückung aufeinander ausüben; es ist bemerkenswert, daß diese sich nicht aus dem Potential des einen Gitters auf das andere ableitet (denn dieses ist ja für das unendliche Gitter eine divergente Reihe), sondern aus der Funktion ψ, die dieselben Pole hat, aber nicht der *Laplace*schen Differentialgleichung $\nabla^2\varphi = 0$, sondern der *Poisson*schen (418′) genügt. Mit Hilfe dieser Gleichung kann man die Größe (433b) sehr einfach für alle solchen Punktepaare regulärer Gitter berechnen, die folgende Eigenschaft haben: Wenn man einen Punkt $\mathfrak{r}_k$ festhält und die Operationen der Tetraedergruppe anwendet, so sollen die zu $\mathfrak{r}_k$ und $\mathfrak{r}_k'$ gehörigen einfachen Gitter in sich transformiert werden. Insbesondere gilt das bei D-Gittern (s. Nr. **13**) für *jedes* Punktepaar. Dann gilt

$$\begin{bmatrix} k\,k' \\ x\,x \end{bmatrix}^{(e)} = \begin{bmatrix} k\,k' \\ y\,y \end{bmatrix}^{(e)} = \begin{bmatrix} k\,k' \\ z\,z \end{bmatrix}^{(e)} = D_{kk'}^{(e)}, \quad \begin{bmatrix} k\,k' \\ y\,z \end{bmatrix}^{(e)} = \begin{bmatrix} k\,k' \\ z\,x \end{bmatrix}^{(e)} = \begin{bmatrix} k\,k' \\ x\,y \end{bmatrix}^{(e)} = 0.$$

Also wird

$$3 D_{kk'}^{(e)} = \sum_x \begin{bmatrix} k\,k' \\ x\,x \end{bmatrix}^{(e)} = \frac{1}{\varDelta} e_k e_{k'} (\nabla^2 \psi)_{\mathfrak{r}_{kk'}} = \frac{4\pi e_k e_{k'}}{\varDelta^2},$$

$$(434)\qquad D_{kk'}^{(e)} = \frac{4\pi}{3} \frac{e_k e_{k'}}{\varDelta^2}.$$

Diese Größen sind nur für $k \neq k'$ definiert; ergänzt man sie vermöge $\sum_{k'} D_{kk'}^{(e)} = 0$ für $k = k'$, so sieht man sogleich, daß die Formel (434) auch für $k = k'$ gilt. Die von dem einen Gitter auf das andere ausgeübte Kraft bei einer Verrückung des zweiten beträgt

$$(434')\qquad \mathfrak{K}_{kk'}^{(e)} = D_{kk'}^{(e)} \mathfrak{u}_{k'} = \frac{e_k}{\varDelta} \frac{4\pi}{3} \mathfrak{p}_{k'},$$

wo $\mathfrak{p}_{k'} = \frac{1}{\varDelta} e_{k'} \mathfrak{u}_{k'}$ das Moment pro Volumeneinheit ist, das dabei entsteht. Die Wirkung der Verrückung ist also dieselbe, als wenn ein elektrisches Feld $\frac{4\pi}{3}\mathfrak{p}_{k'}$ herrschte; das ist die bekannte, sogenannte *Lorentz*sche *Kraft*, die sich hier als strenge Folge aus der Gittertheorie für die oben gekennzeichneten Punktepaare regulärer Kristalle, insbesondere für alle Punktepaare der D-Gitter ergibt [s. diese Encykl. V 14 (*H. A. Lorentz*), Nr. **36**, Formel (113)]. Zugleich gibt die allgemeine Formel (433b) die richtige Verallgemeinerung für beliebige Kristalle.

Die Berechnung der elektrostatischen Anteile an den elastischen und piezoelektrischen Konstanten nach der *Ewald*schen Methode findet sich in der Literatur nicht. Ein einfacher Weg sei hier angedeutet.

Man gehe aus von der elektrostatischen Energiedichte

$$(435)\qquad U_0 = \frac{1}{2\Delta}\varphi_0 = \frac{1}{2\Delta}\Big(\overline{\psi}(0)\sum_k e_k^2 + \sum_{kk'}{}' e_k e_{k'}\,\psi(\mathfrak{r}_{kk'})\Big)$$

und denke sich eine homogene Deformation nach Nr. **5**, (28) ausgeführt; diese kann man in der Weise zerlegen, daß

$$x_k \text{ ersetzt wird durch } x_k + \mathfrak{u}_{kx} + \sum_y u_{xy}\, y_k,$$

$$x^l \text{ ersetzt wird durch } x^l + \sum_y u_{xy}\, y^l.$$

Letzteres läßt sich wieder zerlegen in die Aussagen, daß

$$\mathfrak{a}_{ix} \text{ ersetzt wird durch } \mathfrak{a}_{ix} + \sum_y u_{xy}\,\mathfrak{a}_{iy} \quad (i = 1, 2, 3).$$

Hieraus folgt für die reziproken Vektoren $\mathfrak{b}$ bis auf Glieder von höherer als 1. Ordnung in den u_{xy}, daß

$$\mathfrak{b}_{ix} \text{ ersetzt wird durch } \mathfrak{b}_{ix} - \sum_y u_{yx}\,\mathfrak{b}_{iy},$$

also

$$\mathfrak{q}_x^l \text{ ersetzt wird durch } \mathfrak{q}_x^l - \sum_y u_{yx}\,\mathfrak{q}_y^l.$$

Nun ersetze man in $\psi(\mathfrak{r}_{kk'})$ nach (427) und $\overline{\psi}(0)$ nach (430) die $\mathfrak{r}_k$, $\mathfrak{r}^l$, $\mathfrak{q}^l$ durch die hier angegebenen Ausdrücke; dann erhält man die Energiedichte U im verzerrten Zustande als Funktion der $\mathfrak{u}_k$, u_{xy}, und indem man sie nach diesen entwickelt, bekommt man nach Nr. **5**, **6** die gesuchten Größen als Koeffizienten der Reihe.

VII. *Potential des Halbgitters und Energie zweier Gitterhälften.* Die elektrostatische Energie der beiden, durch eine Netzebene getrennten Gitterhälften aufeinander spielt in der Theorie der Oberflächenenergie (s. Nr. **4**) eine Rolle.

Wenn alle zur Grenzebene parallelen Netzebenen neutral sind, läßt sich das Potential des Halbgitters auf einen äußeren Punkt leicht nach dem *Madelung*schen Verfahren konstruieren. Man kann die Grundvektoren $\mathfrak{a}_1$, $\mathfrak{a}_2$ parallel zur Grenzebene annehmen; der Vektor $\mathfrak{a}_3$ sei in den freien Raum $z > 0$ gerichtet. Für die wechselseitige

Energie der beiden Gitterhälften pro Flächeneinheit bekommt man:

$$(436)\quad \Phi = \frac{2\pi}{|\mathfrak{a}_1\,\mathfrak{a}_2|}\sum_{k k'} e_k e_{k'} \sum_{-\infty}^{+\infty}{}'_{l,m} \sum_{p=0}^{\infty} \frac{p}{|\mathfrak{k}_{l m}|}\, e^{-|\mathfrak{k}_{l m}|\cdot|z_{k'} - z_k + p\,\mathfrak{a}_{3\,z}|}\, e^{i(\mathfrak{k}_{l m},\, \mathfrak{r}_{k'} - \mathfrak{r}_k + p\,\mathfrak{a}_3)}.$$

Ewald hat eine Methode zur Behandlung von Halbgittern[259]) angegeben und auf das optische Reflexionsproblem angewandt; die Übertragung auf den elektrostatischen Fall führt, wie man leicht sieht, zu derselben Formel, wenn man darin die Summation über p (geometrische Reihe) ausführt (s. Nr. **44**).

VIII. *Das Gitter kleinster elektrostatischer Energie und das Grundpotential.* Die Tatsache, daß in der Natur die Ionengitter vom Typus des Steinsalzes (NaCl) besonders häufig auftreten, hat *Born*[260]) zu der Frage geführt, ob dieses Gitter durch eine Extremaleigenschaft der elektrostatischen Energie (die den Hauptanteil der Gesamtenergie ausmacht) ausgezeichnet ist. In der Tat ist das der Fall.

Um das zu sehen, betrachte man ein einfaches Gitter mit der Zelle $\mathfrak{a}_1, \mathfrak{a}_2, \mathfrak{a}_3$ vom Volumen 1, $\Delta = 1$, dessen Gitterpunkte also durch

$$\mathfrak{r}_k = k_1\mathfrak{a}_1 + k_2\mathfrak{a}_2 + k_3\mathfrak{a}_3 \qquad (k_1, k_2, k_3 = 0, 1, \ldots n-1)$$

gegeben sind. Sodann fasse man n^3 Zellen dieses Gitters zu einer Zelle $\mathfrak{A}_1 = n\mathfrak{a}_1$, $\mathfrak{A}_2 = n\mathfrak{a}_2$, $\mathfrak{A}_3 = n\mathfrak{a}_3$ zusammen; innerhalb dieser setze man die beliebigen Ladungen $e_k = e_{k_1 k_2 k_3}$ in die Punkte $\mathfrak{r}_k$ und wiederhole diese dann periodisch in dem mit $\mathfrak{A}_1, \mathfrak{A}_2, \mathfrak{A}_3$ aufgebauten Gitter (zyklisches Gitter, s. Nr. **18**):

$$e_{k_1+n,\,k_2,\,k_3} = e_{k_1,\,k_2+n,\,k_3} = e_{k_1,\,k_2,\,k_3+n} = e_{k_1 k_2 k_3} \quad \text{oder kurz} \quad e_{k+n} = e_k.$$

Ferner ist

$$\mathfrak{r}_{k k'} = \mathfrak{r}_{k-k'}.$$

Daher erhält man für die doppelte elektrostatische Energie pro Zelle nach (435)

$$(437)\qquad \varphi_0 = \sum_{k,k'=0}^{n-1} e_k e_{k'} C_{k-k'},$$

wo

$$(437')\qquad C_0 = \overline{\psi}(0),\ C_k = \psi(\mathfrak{r}_k)$$

gesetzt ist.

φ_0 ist also eine quadratische Form der e_k vom Charakter einer dreidimensionalen Zyklante. Fragt man nach dem Minimum von φ_0

259) *P. P. Ewald*, Ann. d. Phys. 49 (1916), p. 1, 117; s. insbes. Teil II, § 2, p. 119.

260) *M. Born*, Ztschr. f. Phys. 7 (1921), p. 124. — In dieser Arbeit wird die Betrachtung nur für reguläre Gitter durchgeführt.

mit den Nebenbedingungen

$$(438) \qquad \sum_{k=0}^{n-1} e_k = 0, \quad \sum_{k=0}^{n-1} e_k^2 = n^3,$$

so erhält man die linearen Gleichungen

$$\sum_{k'=0}^{n-1} C_{k-k'} e_{k'} + \lambda e_k + \mu = 0.$$

Durch Summation nach k folgt $\mu = 0$; die Lösung kann man in der Form

$$(439) \qquad e_{kp} = c \cos \frac{2\pi}{n}(pk), \quad (pk) = p_1 k_1 + p_2 k_2 + p_3 k_3$$

ansetzen, und man erhält für λ die $n^3 - 1$ Werte

$$(440) \qquad \lambda_p = -\sum_{k=0}^{n-1} C_k \cos \frac{2\pi}{n}(pk), \quad (k_1^2 + k_2^2 + k_3^2 \neq 0).$$

Aus den linearen Gleichungen und der zweiten Nebenbedingung (438) folgt andererseits, daß

$$(440') \qquad \lambda_p = -\frac{1}{n^3} \varphi_{0p}$$

ist, wo φ_{0p} der Wert von φ_0 für die Lösung e_{kp} (439) ist. Der gesuchte Minimalwert der Energie wird also von einer der $n^3 - 1$ periodischen Ladungsverteilungen (439) erreicht; sie heißen „Normalverteilungen", die zugehörigen Größen φ_{0p} „Normalpotentiale". Diese lassen sich nämlich als Potentialwerte im Nullpunkt der Normalverteilungen ansehen, wenn $c = \frac{n^3}{2}$ gesetzt wird; denn es ist, wie leicht zu zeigen,

$$(441) \qquad \varphi_{0p} = \mathop{\mathsf{S}}_{l} \sum_{kk'}{}' \frac{e_{kp} e_{k'p}}{R_{kk'}^l} = n^3 \mathop{\mathsf{S}}_{l}{}' \frac{\cos \frac{2\pi}{n}(pl)}{r_l}.$$

Die hier auftretenden Summen sind die Werte, die die Funktion von 3 Variabeln z_1, z_2, z_3

$$(442) \qquad \Pi(z) = \mathop{\mathsf{S}}_{l}{}' \frac{\cos 2\pi(lz)}{r_l}$$

in den rationalen Gitterpunkten $z = \frac{p}{n}$ annimmt; es gilt

$$(441') \qquad \varphi_{0p} = n^3 \Pi\left(\frac{p}{n}\right).$$

Diese Funktion Π hat *Born* „Grundpotential" genannt; sie ist periodisch mit der Periode 1 für jede der 3 Variabeln z_1, z_2, z_3 und wird in den Ecken des Würfelgitters unendlich. Aus (437) und (441') folgt für Π leicht die Darstellung

$$\Pi(z) = \sum_k C_k \cos 2\pi(kz) = \overline{\psi}(0) + \sum_k{}' \psi(\mathfrak{r}_k) \cos 2\pi(kz).$$

Zerlegt man hier ψ nach (427), so läßt sich in ψ_1 die Summation über k ausführen und man bekommt die einheitlichen Ausdrücke

$$\Pi = \Pi_1 + \Pi_2 \tag{442'}$$

$$\left\{\begin{aligned} \Pi_1 &= \frac{1}{\pi} \mathop{\mathsf{S}}_l \frac{e^{-\frac{\pi^2}{\varepsilon^2}(\mathfrak{b}, l - z)^2}}{(\mathfrak{b}, l - z)^2} - \frac{2\varepsilon}{\sqrt{\pi}}, \\ \Pi_2 &= \mathop{\mathsf{S}}_l \sum_k{}' \cos 2\pi(kz) \frac{G(\varepsilon r_{k+nl})}{r_{k+nl}}. \end{aligned}\right. \tag{442''}$$

Man kann nun zeigen, daß diese Funktion $\Pi(z)$ im Punkte $z_1 = z_2 = z_3 = \frac{1}{2}$ ein Minimum hat und es ist sehr wahrscheinlich, daß es das absolute Minimum ist. Im Falle des eindimensionalen Gitters (Punktreihe) ist nämlich $\Pi(z)$ mit der in II, (407) eingeführten Funktion identisch, deren absolut kleinster Wert $\Pi(\frac{1}{2}) = -2 \ln 2$ ist. Ein strenger Beweis des Satzes für 3 Dimensionen steht noch aus.[261])

Der Punkt $z_i = \frac{1}{2}$ entspricht dem Indextripel $p_i = \frac{n}{2}$, zu dem die Normalverteilung (439)

$$e_{k, \frac{n}{2}} = c \cos \pi(k_1 + k_2 + k_3) = c(-1)^{k_1 + k_2 + k_3}$$

gehört, die von n unabhängig ist. Im Falle einer kubischen Zelle ist das aber gerade die Ladungsverteilung des Steinsalzgitters; dieser kommt also die kleinste elektrostatische Energie zu unter allen Ladungsverteilungen, die den Nebenbedingungen (438) genügen, also insbesondere solchen, die durch bloße Umstellungen der Ladungen $\pm e$ im Steinsalzgitter innerhalb eines beliebig großen Würfels entstehen.

Wichtiger als dieser Minimalsatz ist die Tatsache, daß durch die Funktion Π alle Selbstpotentiale und Gitterenergien mit beliebiger Genauigkeit ausgedrückt werden können.

Jede beliebige periodische Ladungsverteilung e_k, $\mathfrak{r}_k$ in der Zelle $(\mathfrak{A}_1 \mathfrak{A}_2 \mathfrak{A}_3)$ läßt sich nämlich durch eine solche approximieren, wo die Ladungen in den rationalen Punkten

$$\mathfrak{r}_k = \frac{k_1}{n} \mathfrak{A}_1 + \frac{k_2}{n} \mathfrak{A}_2 + \frac{k_3}{n} \mathfrak{A}_3 = k_1 \mathfrak{a}_1 + k_2 \mathfrak{a}_2 + k_3 \mathfrak{a}_3$$

261) Für 2 Dimensionen ist der Beweis von *O. Emersleben* (Diss. Göttingen) geführt worden. Dieser hat auch eine Tafel des Grundpotentials berechnet und sie zur Bestimmung der elektrostatischen Gittertheorien einiger Kristalle verwendet. S. auch *O. Emersleben,* Phys. Ztschr. **24** (1923), p. 73, 97.

sitzen. Eine solche aber läßt sich (analog wie in dem unter I behandelten eindimensionalen Falle) als Summe sinusförmiger Ladungsverteilungen auffassen:

$$e_k = \sum_q \xi_q e^{-\frac{2\pi i}{n}(kq)}, \quad \xi_q = \frac{1}{n^3}\sum_k e_k e^{\frac{2\pi i}{n}(kq)}, \tag{443}$$

wo die Summenzeichen, wie immer, dreifache Summen bedeuten. Dann wird das Selbstpotential

$$\varphi_{k'} = \mathop{\mathrm{S}}_l \sum_k{}' \frac{e_k}{R^l_{kk'}} = \mathop{\mathrm{S}}_l \sum_q{}' \frac{e_{k'+q}}{r_{q+ln}} = \sum_p \xi_p e^{-\frac{2\pi i}{n}(k'p)} \mathop{\mathrm{S}}_l{}' \frac{e^{-\frac{2\pi i}{n}(pl)}}{r_l},$$

$$\varphi_{k'} = \sum_p \xi_{pk'} \Pi\left(\frac{p}{n}\right) = \frac{1}{n^3}\sum_p \xi_{pk'} \varphi_{0p}, \tag{444}$$

wo

$$\xi_{pk'} = \xi_p e^{-\frac{2\pi i}{n}(pk')} + \xi_{-p} e^{\frac{2\pi i}{n}(pk')}. \tag{444'}$$

Für die elektrostatische Energie bekommt man:

$$\frac{1}{2}\varphi_0 = \sum_p \sigma_p \Pi\left(\frac{p}{n}\right) = \frac{1}{n^3}\sum \sigma_p \varphi_{0p}, \tag{445}$$

wo

$$\sigma_p = \frac{1}{n^3}\sum_k s_k \cos\frac{2\pi}{n}(pk), \quad s_k = \sum_{k'} e_{k'} e_{k'+k}. \tag{445'}$$

Wenn also die Funktion Π für eine Zelle $\mathfrak{a}_1, \mathfrak{a}_2, \mathfrak{a}_3$ tabuliert ist, so hat man damit die Selbstpotentiale und Energien aller, zu dieser Zelle gehörigen Gitter mit rationalen Gitterpunkten und damit approximativ auch für beliebige Lage der Gitterpunkte in der Zelle. Für reguläre Gitter ist Π von *Emersleben*[261]) tabuliert; der Minimalwert von Π ist[262])

$$\Pi\left(\frac{1}{2}\right) = \mathop{\mathrm{S}}_l{}' \frac{(-1)^{l_1+l_2+l_3}}{\sqrt{l_1^2+l_2^2+l_3^2}} = -1{,}747\,557\,8\ldots \tag{446}$$

Einige andere numerische Werte sollen bei den Anwendungen mitgeteilt werden.

38. Physikalische Folgerungen aus der Annahme elektrostatischer Kohäsion. Das Verfahren, das *Born* und *Landé* bei der Berechnung der Dimensionen und der Kompressibilität von Ionengittern aus den Ringmodellen der Ionen benutzt haben, bestand darin, daß außer der *Coulomb*schen Anziehung noch das erste Glied der nach fallenden Potenzen von r fortschreitenden Reihe mitgenommen wurde,

262) Dieser Wert ist mit geringerer Genauigkeit schon von *Madelung* in seiner ersten Arbeit (Anm. 253) berechnet, ferner von *Born* u. *Landé* (Anm. 245) und *Ewald* (Anm. 254).

die die Abstoßung der Elektronenringe darstellt. Mit dieser Annäherung handelt es sich also um ein Kraftgesetz der alten, von *Mie* und *Grüneisen* benutzten zweigliedrigen Form (267), deren Konsequenzen für zweiatomige, reguläre Kristalle vom Steinsalztypus hier systematisch in Nr. **33** entwickelt worden sind. Die Anziehungskraft ist aber jetzt völlig bekannt; man hat für die *Coulomb*schen Kräfte in (374) offenbar

$$(447)\qquad m = 1, \quad a = e^2, \quad \alpha = -1$$

zu setzen, wo e die Ionenladung ist. Die Abstoßungskraft (die drei Konstanten n, b, β) aber hängen von dem Bau der äußeren Elektronenschalen der Ionen ab; für die Ringmodelle hatte sich $n = 5$ ergeben. *Born* und *Landé*[263]) erkannten nun, daß die Kompressibilität ein scharfes Kriterium für die Größe des Abstoßungsexponenten n liefert.

Man hat nämlich nach (90) und (375) mit Rücksicht auf (447)

$$(448)\qquad \frac{1}{\varkappa} = \frac{1}{3}(A + 2B) = \frac{e^2 S_0(1)}{9\Delta r_0}(n-1) = \frac{e^2 S_0(1)}{18 r_0^4}(n-1).$$

Für $\alpha = -1$ folgt aus (370′)

$$S_0(1) = S_0'(1) - S_0''(1),$$

und diese Gittersumme geht nach (370) durch die ganzzahligen Substitutionen

$$(449)\qquad \begin{cases} l_1' = 1 + l_2 + l_3 \\ l_2' = 1 + l_3 + l_1 \\ l_3' = 1 + l_1 + l_2 \end{cases} \text{bzw.} \quad \begin{matrix} l_1'' = l_2 + l_3 \\ l_2'' = l_3 + l_1 \\ l_3'' = l_1 + l_2 \end{matrix}$$

gerade in die Größe $-\Pi(\frac{1}{2})$ nach (442) über:

$$(450)\qquad S_0(1) = -\mathop{\mathrm{S}'}_{l} \frac{(-1)^{l_1+l_2+l_3}}{\sqrt{l_1^2 + l_2^2 + l_3^2}} = -\Pi\left(\frac{1}{2}\right) = 1{,}747.$$

Indem man r_0 durch die Atomgewichte M_1, M_2 der beiden Ionen und die Dichte ϱ des Kristalls ausdrückt ($e = 4{,}774.10^{-10}$ E. S. E):

$$(451)\qquad r_0 = \sqrt[3]{\frac{M_1 + M_2}{2\varrho N}}, \quad \frac{e^2}{r_0^4} = 2{,}947.10^{13}\left(\frac{\varrho}{M_1 + M_2}\right)^{\frac{4}{3}},$$

erhält man die Formel

$$(452)\qquad n = 1 + 3{,}496.10^{-13} \cdot \frac{1}{\varkappa}\left(\frac{M_1 + M_2}{\varrho}\right)^{\frac{4}{3}},$$

durch welche der Abstoßungsexponent auf die Messung von ϱ und $\varkappa$ zurückgeführt wird.

---

263) *M. Born* u. *A. Landé*, Verh. d. Deutsch. Phys. Ges. 20 (1918), p. 210; s. ferner *M. Born* u. *E. Brody*, Ztschr. f. Phys. 7 (1922), p. 217. — Für die numerischen Angaben des Textes wird diese neuere Abhandlung zugrunde gelegt

Die folgende Tabelle zeigt, daß n wesentlich größer als 5 herauskommt, nämlich ungefähr bei 9 liegt.

Tabelle X.

	ϱ beob.	$\varkappa$ beob.	n
NaCl	2,17	$4{,}13 \cdot 10^{-12}$	7,84
NaBr	3,01	5,1	8,61
NaJ	3,55	6,9	8,45
KCl	1,98	5,62	8,86
KBr	2,70	6,2	9,78
KJ	3,07	8,6	9,31

Damit ist bewiesen, daß die ebenen Ringmodelle nicht ausreichen, um die Elastizität der Salzkristalle zu erklären. *Born* und *Landé* zogen hieraus den Schluß, daß die Ionen räumliche Elektronengebilde sein müßten, weil der Exponent der gegenseitigen Abstoßung um so größer ist, je symmetrischer die den Kern umgebenden Ladungen im Raume verteilt sind.

Born[264]) hat dieses Ergebnis mit der Grundannahme der *Kossel*schen Theorie der Elektrovalenz[240]) in Verbindung gebracht; nach dieser sollen die Atome der Edelgase und die Ionen der den Edelgasen benachbarten Atome eine Außenschale von acht Elektronen haben. Es liegt nahe, diese acht Elektronen in den Ecken eines Würfels[265]) anzunehmen oder wenigstens dem System ihrer Bahnen im Zeitmittel Würfelsymmetrie zuzuschreiben. Damit versteht man sogleich, warum sich diese Ionen gerade in kubischen Kristallen aneinanderlegen, was bei den Ringmodellen nicht recht begreiflich ist; ferner aber kann man auch den Exponenten $n = 9$ der Abstoßungskraft ableiten. Hierzu berechnet *Born* die elektrostatische Energie zweier einfacher Ionenmodelle, bestehend aus je einem positiven Kern, der eine mit sieben, der andere mit neun Ladungen, und je acht Elektronen in den Ecken eines den Kern als Mittelpunkt umgebenden Würfels. Sind a, a' die Radien der den Würfeln umschriebenen Kugeln, r der Kernabstand, so erhält man für parallele Orientierung der Kanten

$$\varphi = \frac{-e^2}{r} + \frac{e^2(a^4 - a'^4)}{r^5} f_5 + \frac{e^2 a^4 a'^4}{r^9} f_9 + \cdots,$$

264) *M. Born*, Verh. d. Deutsch. phys. Ges. 20 (1918), p. 230. Die Wechselwirkung von „Polsystemen" hat schon *E. Riecke* [Ann. d. Phys. (4) 3 (1900), p. 545; Phys. Ztschr. 1 (1900), p. 277] zur Erklärung der Kristallstruktur, insbesondere der piezo- und pyroelektrischen Erscheinungen herangezogen (s. Nr. **10**).

265) Zu der Annahme statischer Würfelmodelle sind kurz vorher und unabhängig auf Grund rein chemischer Überlegungen *G. N. Lewis* u. *J. Langmuir* gelangt (zit. Anm. 240).

wo $f_5, f_9, \ldots$ Funktionen der Richtung der Zentrallinie gegen die Würfelkanten (Kugelfunktionen 5., 9., ... Grades) sind. Man sieht, daß für genau gleich große Würfel ($a = a'$) das erste nicht verschwindende Glied der Reihe, welches auf die *Coulomb*sche Anziehung folgt, den Exponenten $n = 9$ hat. Damit ist die Größenordnung des Abstoßungsexponenten (Tabelle X) plausibel gemacht.

Landé[266]) hat den Versuch gemacht, Atommodelle mit Würfel-, allgemeiner Polyeder-Symmetrie auf Grund der Quantentheorie zu konstruieren; dabei bewegen sich die Elektronen so, daß sie in jedem Augenblick eine symmetrische Konfiguration bilden. So interessant die Feststellung ist, daß es solche ausgezeichneten Lösungen des n-Körperproblems gibt, so mißt man Modellen dieser Art wegen ihrer mechanischen Labilität heute keine Bedeutung mehr bei.

Haber[267]) hat versucht, die Deformierbarkeit der Ionen zu berücksichtigen; da er mit ruhenden Elektronen und elektrostatischen Kräften operiert, ist auch hier der Einwand zu machen, daß es sich um labile Systeme handelt.

Fajans und *Herzfeld*[268]) haben neben dem Glied mit $n = 9$ auch das mit $n = 5$ berücksichtigt; durch geeignete Wahl der Ionenradien a, a' von vier Halogenionen und drei Alkaliionen konnten sie Gitterkonstanten von 11 Salzen befriedigend darstellen. (Die Anwendung auf die chemischen Eigenschaften der Salze s. Nr. **39**.)

Die von *Born* nur für parallele Orientierung der Würfel ausgeführte Berechnung der elektrostatischen Energie wurde von *Smekal*[268a]) für beliebige Stellung der Würfel verallgemeinert. *Rella*[269]) hat die entsprechenden Formeln angegeben für Atome von Würfel- bzw. Tetraedersymmetrie, sonst aber beliebigem Bau; diese Formeln lassen sich auch auf den Fall kreisender Elektronen anwenden; *H. Schwendenwein*[269a]) hat mit ihrer Hilfe die Ionengröße und die Gitterenergie der Alkalihalogenide für Ionenmodelle vom *Landé*schen Würfeltypus berechnet.

Da sich nach bekannten Sätzen der Potentialtheorie elektrische

---

266) *A. Landé*, Verh. d. Deutsch. Phys. Ges. 21 (1919), p. 2, 644, 653; Berl. Ber. 1919, p. 101; Ztschr. f. Phys. 1 (1920), p. 191; 2 (1920), p. 83, 87, 380. *E. Madelung* u. *A. Landé*, Ztschr. f. Phys. 2 (1920), p. 230.

267) *F. Haber*, Verh. d. Deutsch. Phys. Ges. 21 (1919), p. 750.

268) *K. Fajans* u. *K. F. Herzfeld*, Ztschr. f. Phys. 2 (1920), p. 309.

268a) *A. Smekal*, Ztschr. f. Phys. 1 (1920), p. 309.

269) *T. Rella*, Ztschr. f. Phys. 3 (1920), p. 157.

269a) *H. Schwendenwein*, Ztschr. f. Phys. 4 (1921), p. 73; s. hierzu auch *A. Landé*, ebenda, p. 450.

Punktladungen niemals zu stabilen Konfigurationen anordnen, so muß die Stabilität sowohl der Atome und Ionen, als auch der aus ihnen aufgebauten Gitter auf den Bewegungen der Elektronen beruhen. Da die *Bohr*sche Atomtheorie noch keine handlichen Modelle bereitstellt, hat *Born*[270]) unter Verzicht auf die absolute Berechnung der Kristalleigenschaften die Abstoßungskraft als Zentralkraft angesetzt[270a]), (also ohne Berücksichtigung der Kugelfunktionen, welche die Abhängigkeit der Kraft von der Orientierung der Atome gegeneinander ausdrücken); dabei entnahm er den Abstoßungsexponenten aus der Formel (452) und eliminierte die Konstante b mit Hilfe der Gleichgewichtsbedingungen (372'). Es handelt sich also um die Anwendung der hier in Nr. **33** zusammengestellten Formeln (375) auf den Fall $m = 1$. Während *Born* ursprünglich mit dem mittleren Exponenten $n = 9$ für alle Alkalihalogenide rechnete, sollen hier die einzelnen Werte von n für die verschiedenen Salze (Tabelle X) nach einer neueren Arbeit von *Born* und *Brody*[271]) berücksichtigt werden.

Um die Größen (375) für $m = 1$ zu berechnen, hat man außer der schon angegebenen Gittersumme $S_0(1)$ (450) noch die Summe $S_1(1) = S_1'(1) - S_1''(1)$ zu berechnen; diese nimmt durch die Sub-

270) *M. Born*, Ann. d. Phys. 61 (1919), p. 87; Verh. d. Deutsch. Phys. Ges. 21, p. 199, 533.

270a) *W. Schottky* (Phys. Ztschr. 21 (1920), p. 232) hat gegen diesen Ansatz folgendes Bedenken vorgebracht: Nach einem bekannten Satze der statistischen Mechanik (Literatur bei *Schottky* l. c.) verteilt sich bei einem, durch elektromagnetische Kräfte zusammengehaltenen System eine Energiezufuhr ΔU in der Weise auf die potentielle und kinetische Energie, daß erstere um $2\Delta U$ zunimmt, letztere um ΔU abnimmt. Wenn ein Kristall aus *Bohr*schen Atomen aufgebaut ist, müßte dieser Satz anwendbar sein; danach dürfte man nicht die Gitterenergie als potentielle Energie zwischen ungeänderten Atomen auffassen, sondern müßte berücksichtigen, daß beim Aufbau des Gitters aus seinen Atomen (Ionen) diese selbst sich wesentlich ändern, weil die kinetische Energie der umlaufenden Elektronen um den vollen Betrag der gesamten Energieänderung abnimmt. — Tatsächlich ist aber diese Änderung (im folgenden kurz als Gitterenergie bezeichnet) klein gegen den gesamten Energieinhalt der Atome; also wird auch die Änderung der Atome beim Aufbau des Gitters aus den freien Atomen relativ klein sein. Denkt man sich nun diesen Aufbau unendlich langsam (adiabatisch im Sinne der Qantentheorie) vollzogen, so ist die Gesamtenergie aller Atome in jedem Augenblick nur Funktion der Lage der Kerne; *diese Funktion* ist es, die in der Gittertheorie als „potentielle Energie" der ganzen Atome aufeinander eingeführt wird. Bedenken können sich nur dagegen erheben, ob es erlaubt ist, den nach Abspaltung der elektrostatischen Anziehung übrig bleibenden Teil dieser Energie durch ein Potenzgesetz (proportional r^{-n}) anzunähern; doch kann darüber nur der Erfolg entscheiden.

271) *M. Born* u. *E. Brody*, Ztschr. f. Phys. 7 (1922), p. 217.

stitution (449) die Form an

$$S_1(1) = -3 \mathop{\mathrm{S}}_{l} \frac{(-1)^{l_1+l_2+l_3} l_1^4}{(\sqrt{l_1^2+l_2^2+l_3^2})^5} \tag{453}$$

und läßt sich leicht umformen in

$$S_1(1) = \frac{1}{3} S_0(1) - 2 \sum_{p=1}^{\infty} (-1)^p \cdot p^2 \left(\frac{\partial^2 \varphi^{(2)}}{\partial z^2}\right)_{\substack{x=0\\ y=0\\ z=p}}, \tag{453'}$$

wo $\varphi^{(2)}$ das durch (413) gegebene Potential der Netzebene $x = 0$ des Steinsalzgitters ist:

$$\varphi^{(2)} = 8 \sum_{m} \sum_{n} \frac{e^{-\pi\sqrt{m^2+n^2}\cdot|z|}}{\sqrt{m^2+n^2}} \cos m\pi x \cos n\pi y. \quad (m, n \text{ ungerade})$$

Daher wird

$$S_1(1) = \tfrac{1}{3} S_0(1) + 16\pi^2 \sum_{p=1}^{\infty} (-1)^p p^2 \sum_{m} \sum_{n} \sqrt{m^2+n^2}\, e^{-\pi\sqrt{m^2+n^2}\cdot p} \quad (m, n \text{ ungerade}) \tag{453''}$$

$$= 3{,}226.$$

Das in f_3, f_3' vorkommende Glied $(m-1) S_0'(m+2)$, dessen erster Faktor für $m = 1$ verschwindet, ist der Anteil der elektrostatischen Kräfte an den Größen D bzw. D'. In Nr. 37, VI wurde gezeigt, daß diese Größe *nicht* aus dem gewöhnlichen elektrostatischen Potential abgeleitet werden darf, sondern aus der dort definierten Funktion ψ nach der Formel (434); hier wird wegen $e_1 = e$, $e_2 = -e$:

$$D^{(e)} = D_{12}^{(e)} = -\frac{4\pi}{3} \frac{e^2}{\Delta^2}. \tag{454}$$

Der Vergleich mit (375e) zeigt, daß

$$(m-1) S_0'(m+2) \text{ durch } 2\pi \tag{455}$$

zu ersetzen ist.

Die Gittersummen (370) gehen durch die Substitution (445) über in[272]):

---

272) Die Bezeichnung in der ersten Arbeit von *Born* (Anm. 270) war etwas anders:

jetzt:	$S_0'(n)$,	$S_0''(n)$,	$S_1'(n)$,	$S_1''(n)$;
früher:	$S_1(n)$,	$S_2(n)$,	$3C_1(n+4)$,	$3C_2(n+4)$.

Diese Funktionen sind von *Born* durch direkte Summierung berechnet worden (Tabelle XI). *O. Emersleben* (zit. Anm. 261) hat gezeigt, daß man sie nach demselben Verfahren, das *Ewald* auf die elektrostatischen Gittersummen angewandt hat (s. Nr. 37, V), in schnell konvergierende Reihen verwandeln kann. Diese Reihen hat *P. Epstein* als „allgemeine Z-Funktionen" [Math. Ann. 56 (1903), p. 615; 63 (1906), p. 205] eingeführt und ausführlich studiert.

$$(456)\quad \begin{cases} S_0'(n) = \underset{\substack{l_1+l_2+l_3\\ \text{ungerade}}}{\mathsf{S}} (l_1^2+l_2^2+l_3^2)^{-\frac{n}{2}}, \\ S_0''(n) = \underset{\substack{l_1+l_2+l_3\\ \text{gerade}}}{\mathsf{S}'} (l_1^2+l_2^2+l_3^2)^{-\frac{n}{2}}, \\ S_1'(n) = 3\underset{\substack{l_1+l_2+l_3\\ \text{ungerade}}}{\mathsf{S}} (l_1^2+l_2^2+l_3^2)^{-\frac{n+4}{2}} l_1^4, \\ S_1''(n) = 3\underset{\substack{l_1+l_2+l_3\\ \text{gerade}}}{\mathsf{S}'} (l_1^2+l_2^2+l_3^2)^{-\frac{n+4}{2}} l_1^4. \end{cases}$$

Folgende Tabelle gibt einen Überblick über ihre Werte:

Tabelle XI.

n	$S_0'(n)$	$S_0''(n)$	$S_0'(n+2)$	$S_1'(n)$	$S_1''(n)$
7	6,231	1,149	6,065	6,084	0,5739
8	6,144	0,785	6,036	6,045	0,3942
9	6,065	0,544	6,020	6,021	0,2730
10	6,036	0,381	6,011	6,012	0,1908

Die aus der Kompressibilität der Alkalihalogenide bestimmten Werte von n (Tab. X) fallen zwischen 7 und 10; man kann also die zugehörigen Werte der Gittersummen durch (graphische) Interpolation bestimmen und dann die Funktionen $f_1, f_2, f_3, f_1', f_2', f_3'$ nach (376) und (380) für verschiedene Werte von β berechnen.[273])

Für zwei Kristalle des hier behandelten Typus ist die Elastizitätskonstante $c_{11} = A$ von *Voigt*[274]) gemessen worden; und zwar ist in C. G. S.-Einheiten

$$\text{für NaCl} \qquad c_{11} = 4{,}68 \cdot 10^{11},$$
$$\text{für KCl} \qquad c_{11} = 3{,}68 \cdot 10^{11}.$$

Born hatte ursprünglich in (374) $\beta = 1$ gesetzt und den damit erhaltenen theoretischen Wert in recht guter Übereinstimmung mit den Beobachtungen gefunden. Man kann aber die Übereinstimmung nach *Born* und *Brody* durch geeignete Wahl von β noch verbessern. Nach (375 b) ist

$$(457)\qquad c_{11} = A = \frac{e^2 S_0(1)}{6 r_0^4} f_1(n, 1);$$

273) Tabellen von $f_1, f_2, f_3, f_1', f_2', f_3'$ finden sich in der zit. (Anm. 271) Arbeit von *Born* und *Brody*.

274) *W. Voigt*, Lehrbuch der Kristallphysik, § 373, p. 774. Eine Berechnung der ebenfalls gemessenen Konstanten c_{12} liefert keine unabhängige Prüfung der Theorie, da sich c_{12} durch $\varkappa$ und c_{11} ausdrücken läßt $\left(\frac{3}{\varkappa} = c_{11} + 2c_{12}\right)$.

mit Benutzung von (450), (451) folgt daraus

$$f_1 = 1{,}168 \cdot 10^{-13} c_{11} \left(\frac{M_1 + M_2}{\varrho}\right)^{\frac{4}{3}}, \tag{457'}$$

und man erhält

$$\text{für NaCl} \quad f_1 = 4{,}42,$$
$$\text{für KCl} \quad f_1 = 5{,}43.$$

Folgende Tabelle gibt die Werte von f_1 für diese beiden Salze als Funktionen von β:

Tabelle XII.

$\beta =$	$-1{,}5$	$-1{,}0$	$-0{,}5$	0	0,5	1,0	1,5
NaCl	5,28	4,83	4,45	4,10	3,81	3,54	3,30
KCl	6,08	5,76	5,47	5,22	4,99	4,75	4,56

Man sieht, daß man für $\beta = -0{,}5$ sehr gute Übereinstimmung bekommt. Der negative Wert von β bedeutet nach (369), daß bezüglich der mit r^{-n} proportionalen Kraft gleichartige und ungleichartige Ionen sich verschieden verhalten: Ungleichartige Ionen müssen als nächste Nachbarn im Gitter sich natürlich abstoßen, weil sonst das Gitter zusammenbräche; gleichartige Ionen aber ziehen sich an. Die mit r^{-n} proportionalen Strukturkräfte verhalten sich also hinsichtlich der Richtung gerade entgegengesetzt wie die mit r^{-1} proportionalen *Coulomb*schen Kräfte.[275]) Dieses Ergebnis scheint für das Verständnis der Natur dieser Kräfte von Bedeutung zu sein.

Mit diesem Werte $\beta = -0{,}5$ soll nun die Wellenlänge der Reststrahlen berechnet werden. Nach (223') ist die Eigenfrequenz

$$\omega^{(0)} = \sqrt{\left(\frac{1}{m_1} + \frac{1}{m_2}\right) \Delta D};$$

dabei ist nach (375e) für $m = 1$:

$$\Delta D = \frac{S_0(1)}{3} \frac{e^2}{r_0^{\,3}} f_3.$$

Führt man die Dichte $\varrho = \frac{m_1 + m_2}{2 r_0^{\,3}}$, die *Faraday*sche Konstante $F = Ne = 2{,}90 \cdot 10^{14}$ E.S.E., die Atomgewichte $M_1 = N m_1$, $M_2 = N m_2$ und die Wellenlänge $\lambda_0 = \frac{2\pi c}{\omega^{(0)}}$ ein, so erhält man

$$\omega^{(0)2} = \frac{4\pi^2 c^2}{\lambda_0^{\,2}} = \frac{2 S_0(1) F^2 \varrho}{3 M_1 M_2} f_3, \tag{458}$$

$$\lambda_0 = \sqrt{\frac{6\pi^2 c^2}{S_0(1) F^2} \frac{M_1 M_2}{\varrho f_3}} = 6{,}03 \sqrt{\frac{M_1 M_2}{\varrho f_3}}. \tag{458'}$$

275) Dasselbe Ergebnis haben *M. Born* und *E. Bormann* [Ann. d Phys. 62 (1920), p. 218] auch bei Zinkblende ZnS erhalten.

Daraus folgt nach (225') für $p = 1$, $z = 1$:

$$K = \varepsilon - \varepsilon_0 = \frac{6\pi}{S_0(1)} \cdot \frac{1}{f_s} = \frac{10,78}{f_s}. \tag{459}$$

Aus λ_0 kann man mit der *Försterling*schen Korrektion (227') die Wellenlänge λ_m der maximalen Reflexion berechnen

$$\lambda_m = \frac{\lambda_0}{\sqrt{1 + \frac{K}{2(\varepsilon - K)}}}. \tag{460}$$

Die Tabelle enthält die berechneten Werte von f_s, daraus λ_0 nach (358'), sodann die gemessenen Dielektrizitätskonstanten ε und daraus λ_m nach (360). Zum Vergleich sind die von *Rubens* gemessenen Wellenlängen λ_R der Reststrahlen daneben gesetzt.

Tabelle XIII.

	f_s	λ_0	ε	λ_m	λ_R
NaCl	3,60	61,6	5,82	50	52,0
KCl	4,59	74,5	4,75	61	63,4
KBr	5,44	88,0	4,66	75	82,6
KJ	5,01	108,3	5,10	93	94,1

Die Übereinstimmung ist befriedigend.

Endlich soll die thermische Ausdehnung berechnet werden. Setzt man für die Atomwärme den *Dulong-Petit*schen Wert $C_v = 3R$, so erhält man für

$$\gamma = \frac{3V\alpha}{\varkappa C_v} = \frac{M_1 + M_2}{2R\varrho} \cdot \frac{\alpha}{\varkappa} \tag{461}$$

die Werte[276]) der Tabelle XIV, die von den theoretischen Werten von γ_0 und γ_∞ nach (381) mit $\beta = -0,5$ umrahmt sind.

Tabelle XIV.

	$\varkappa \cdot 10^{12}$	$\alpha \cdot 10^{15}$	γ_0	γ	γ_∞
NaCl	4,13	4,04	1,47	1,59	2,12
KCl	5,62	3,80	1,47	1,53	2,15
KBr	6,2	4,20	1,49	1,80	2 21
KJ	8,6	4,27	1,46	1,61	2,17

Wie die Theorie es verlangt, fällt γ zwischen γ_0 und γ_∞, und zwar

276) Dieselbe Größe γ findet sich bei *Grüneisen* (2. Conseil de Physique Solvay 1913; *E. Grüneisen*, Molekulartheorie der festen Körper) tabuliert, unter der Bezeichnung $\left(\frac{\partial p}{\partial \mathfrak{E}}\right)_0$, Tab. 8, p. 44. Die Abweichungen von unseren Zahlen rühren davon her, daß *Grüneisen* mit individuellen C_v-Werten rechnet, während hier $C_v = 3R$ gesetzt ist.

etwas näher an γ_0; das bedeutet, daß die ultraroten Schwingungen durchaus nicht als monochromatisch behandelt werden dürfen (s. Nr. **33**).

In ganz ähnlicher Weise wie die Alkalihalogenide haben *Born* und *Bormann*[277]) den Kristall Zinkblende ZnS behandelt. Dieser ist piezoelektrisch, und man konnte daran denken, auch die piezoelektrische Konstante zu berechnen; doch wurde bereits in Nr. **13**, II gezeigt, daß ohne alle Annahmen über die Natur der Molekularkräfte, nur aus der zweiatomigen Struktur eine Beziehung (96) zwischen den Konstanten der Elastizität, Dielektrizität, Piezoelektrizität resultiert, die bei Zinkblende *nicht* erfüllt ist. Der Grund ist in der Deformierbarkeit der Ionen zu suchen. Da in der zitierten Arbeit bei der Berechnung des elektrostatischen Anteils der Konstante c_{11} ein Fehler untergelaufen ist, soll das Resultat nicht vollständig wiedergegeben werden. Nur soviel sei gesagt, daß sich hier der Abstoßungsexponent zu $n = 4{,}92$ (rund $n = 5$) ergibt; das läßt auf einen weniger symmetrischen Bau der zweiwertigen Ionen Zn^{++}, S^{--} schließen, als bei den Alkalien und Halogenen. Wichtig ist auch, daß die Größenordnung der Elastizitätskonstanten und der Eigenfrequenz nur dann herauskommt, wenn man die Ionen als zweiwertig annimmt. Diese Tatsache ist eine sehr starke Stütze der elektrostatischen Kohäsionstheorie.

Eine weitere Anwendung derselben haben *Born* und *Stern*[278]) auf die Oberflächenenergie von Kristallflächen gemacht (s. Nr. **4**). Nach (22), (23) ist allgemein die spezifische Oberflächenenergie (Oberflächenspannung) beim absoluten Nullpunkt

$$\sigma = -\frac{\Phi_{12}}{2F} = -\frac{1}{2\,|\mathfrak{a}_1\,\mathfrak{a}_2|}\sum_{kk'}\mathop{\mathrm{S}}_{l_3>0} l_3\,\varphi^l_{kk'}.$$

Wenn man hier für das Elementarpotential das Gesetz (267) bzw. (374) mit $m = 1$, $a = e^2$, $\alpha = -1$, $\beta = 1$ nimmt, also

$$\varphi_{kk'} = \pm\frac{e^2}{r} + \frac{b}{r^n},$$

so kann man den ersten, elektrostatischen Anteil von σ nach der *Madelung*schen Methode (Nr. **37**, VII), den zweiten durch direkte Summation finden. So wird z. B. für die Würfelfläche (100) des Steinsalzgitters

$$\sigma_{100} = -\frac{1}{2r_0^2}\left\{\frac{e^2}{r_0}s_0(1) + \frac{b}{r_0^{\,n}}s_0(n)\right\}, \tag{462}$$

277) *M. Born* u. *E. Bormann*, Ann. d. Phys. 62 (1920), p. 218; Verh. d. Deutsch. Phys. Ges. 21 (1919), p. 733.

278) *M. Born* u. *O. Stern*, Berl. Ber. 1919, p. 901.

wo

$$(462') \quad s_0(1) = \underset{l_1 \geqq 1}{\mathrm{S}} \frac{l_1(-1)^{l_1+l_2+l_3}}{\sqrt{l_1^2+l_2^2+l_3^2}}, \quad s_0(n) = \underset{l_1 \geqq 1}{\mathrm{S}} \frac{l_1}{(\sqrt{l_1^2+l_2^2+l_3^2})^n}.$$

Die erste dieser Summen[278a]) läßt sich nun so darstellen (s. Nr. 37 (428')):

$$s_0(1) = -\sum_{p=1}^{\infty}(-1)^p p \varphi_p^{(2)},$$

wo

$$\varphi_p^{(2)} = 8 \sum_{m} \sum_{n} \frac{e^{-\pi\sqrt{m^2+n^2}}}{\sqrt{m^2+n^2}}$$

ungerade

das Potential einer Netzebene (100) auf die im Absande p senkrecht über einem gleichnamigen Punkte der Netzebene gelegene Einheitsladung ist. Man erhält

$$s_0(1) = -0{,}0650.$$

Durch direkte Summierung folgt für $n = 9$:

$$s_0(9) = 1{,}226.$$

Die Konstante b kann man mit Hilfe von (372') eliminieren und erhält

$$(463) \quad \sigma_{100} = -\frac{e^2}{r_0^3}\frac{s_0(1)}{2}\left(1 + \frac{1}{n}\frac{s_0(n)S_0(1)}{s_0(1)S_0(n)}\right);$$

dabei findet man nach (450) und Tabelle XI (für $\beta = 1$, $n = 9$):

$$S_0(1) = 1{,}747, \quad S_0(9) = S_0'(9) + S_0''(9) = 6{,}609.$$

Mit Rücksicht auf (451) wird

$$(463') \quad \sigma_{100} = 0{,}145\frac{e^2}{r_0^3} = 4030\frac{\varrho}{\mathrm{M}_1+\mathrm{M}_2}\ \mathrm{erg\,cm}^{-2}.$$

Die folgende Tabelle enthält die nach dieser Formel berechneten Werte von σ für einige Salze. Zum Vergleich sind die Werte der Oberflächenspannung für die geschmolzenen Salze daneben gesetzt, die entsprechend der hohen Temperatur des Schmelzpunktes viel kleiner sind.

Tabelle XV.

	σ ber. Kristall	σ beob. Schmelze		σ ber. Kristall	σ beob. Schmelze
NaCl	150,2	66,5	KBr	91,6	48,4
NaBr	118,7	49,0	KJ	74,9	59,3
KCl	107,5	69,3			

In ganz derselben Weise kann man σ für andere Flächen derselben Kristalle berechnen. *Born* und *Stern* finden für die durch eine

278a) Die Bezeichnung bei *Born* und *Stern* ist etwas abweichend:

$$s_0(1) = -\frac{\alpha'}{4}, \quad s_0(n) = s.$$

Würfelkante und eine Diagonale der Würfelfläche gehende Ebene (011)

(464) $$\sigma_{011} = 10900 \frac{\varrho}{M_1 + M_2} \text{ erg cm}^{-2}.$$

Also wird

(465) $$\frac{\sigma_{011}}{\sigma_{100}} = \frac{10900}{4030} = 2{,}71.$$

Diese Zahl gibt nach dem in Nr. 4 erwähnten Satz von *Wulff* an, um wievielmal im thermodynamischen Gleichgewicht die Fläche (011) vom Würfelzentrum weiter entfernt sein müßte, als die Würfelfläche (100); da $2{,}71 > \sqrt{2}$ ist, folgt also, daß die Fläche (011) nicht auftreten kann.

Es ist wohl kaum ein Zweifel, daß das Verhältnis der Kapillarkonstanten irgendeiner Fläche zu der der Würfelfläche um so größer sein wird, je schiefer die Fläche gegen die Würfelfläche geneigt ist. Doch steht ein Beweis hierfür noch aus. Selbst für die Oktaederfläche (111) ist die Rechnung noch nicht durchgeführt worden, weil parallel zu dieser Netzebenen mit lauter positiven und lauter negativen Ionen aufeinanderfolgen, wobei die *Madelung*sche Methode versagt. Man könnte das Halbgitter aus neutralen Halbstrahlen aufgebaut denken, deren Potential sich einfach (etwa mit der *Gauß*schen Ψ-Funktion) darstellen läßt, oder die *Ewald*schen Methoden anwenden; doch sind diese Rechnungen noch nicht versucht worden. Auch eine Theorie der Temperaturabhängigkeit der Oberflächenspannung von Kristallflächen ist noch nicht vorhanden. Endlich soll hier nochmals betont werden, daß für die Flächenausbildung größerer Kristallstücke wahrscheinlich die Kapillarkräfte eine weit geringere Rolle spielen als die Wachstumsgeschwindigkeit, da es sich nicht um Gleichgewichtszustände handelt.

Born und *Stern* haben auch die Kantenenergie für die Würfelkante des Steinsalzgitters berechnet und finden (s. Nr. 4 (24), (25)):

(466) $$\varkappa = 0{,}01191 \frac{e^2}{r_0^2} = 0{,}00001945 \left(\frac{\varrho}{M_1 + M_2}\right)^{\frac{2}{3}} \text{erg cm}^{-1}.$$

$\varkappa$ verhält sich also zu σ_{100} der Größenordnung nach wie $r_0 : 1$, wie es die allgemeinen Überlegungen von Nr. 4 schon ergaben.

W. Eitel[279]) hat in ähnlicher Weise die Oberflächenenergie einiger Flächen von *Zinkblende* untersucht.

Das *Zerreißen* von Stäben aus binären Kristallen ist nach Messungen von *Voigt* und *Sella*[279a]) ein gesetzmäßiger Vorgang.

Wenn man aber versucht, die Zerreißfestigkeit einfach statisch zu

279) *W. Eitel,* Senckenbergiana 2 (1920), p. 81.

279 a) *W. Voigt* und *Sella,* Wied. Ann. d. Phys. 48 (1893), p. 636.

berechnen (als der Wert der Kraft, bei der der Differentialquotient der Kraft nach der Verlängerung verschwindet), erhält man viel hundertmal größere Werte als die beobachteten.[279b]) Ansätze zur Erklärung dieser Tatsache haben *Griffith, Polanyi* und *Smekal*[280]) gegeben. *Polanyi* weist auch auf Schwierigkeiten hin, die dadurch entstehen, daß die beim Zerreißen geleistete Deformationsarbeit gar nicht ausreicht, die Oberflächenenergie der beiden neu entstehenden Kristallflächen zu liefern; er will den Zerreißvorgang als „Quantensprung" aufgefaßt wissen.[280a])

39. Chemische Folgerungen aus der Annahme elektrostatischer Kohäsion. Auf den engen Zusammenhang zwischen der Kohäsion der festen (heteropolaren) Verbindungen und der chemischen Energie wurde schon in Nr. **36** hingewiesen. Während für einatomige Körper die Energie Φ_0 als Sublimationswärme (beim absoluten Nullpunkt) direkt der Beobachtung zugänglich ist, gilt dasselbe bei den binären Salzen nicht. Vielmehr ist hier $-\Phi_0$ die Arbeit, die aufgewendet werden muß, um das Gitter in die voneinander unendlich entfernten Ionen (Ionengas) aufzulösen; diese Größe, bezogen auf 1 Mol, soll kurzweg „Gitterenergie" genannt und mit U bezeichnet werden.[281]) Bei Annahme einer mit r^{-n} proportionalen Abstoßungskraft wird für einen beliebigen regulären heteropolaren Kristall

$$(467)\qquad \mathsf{U} = -\Phi_0 = -\frac{1}{2z}\mathrm{N}\varphi_0 = \frac{1}{z}\mathrm{N}\left(\frac{\alpha e^2}{\delta} - \frac{\beta}{\delta^n}\right),$$

wobei z die Anzahl der Molekeln in der Zelle ist. Die Konstante α bedeutet den Absolutwert der elektrostatischen Energie pro Zelle, reduziert auf $e = 1$, $\delta = 1$.

Die Größen β und n bestimmen sich aus den Gleichungen (83'), (90'):

$$(468)\qquad \frac{d\varphi_0}{d\delta} = 0, \quad \frac{1}{18\delta}\frac{d^2\varphi_0}{d\delta^2} = \frac{1}{\varkappa},$$

aus denen folgt[281a]):

$$(468')\qquad \beta = \frac{\alpha e^2}{n}\delta^{n-1}, \qquad n = 1 + \frac{9}{\alpha e^2}\cdot\frac{\delta^4}{\varkappa}.$$

Dann wird

$$(469)\qquad \mathsf{U} = \left(1 - \frac{1}{n}\right)\mathrm{N}\frac{\alpha}{z}\frac{e^2}{\delta}.$$

279b) *F. Zwicky*, Phys. Ztschr. 24 (1923), p. 131.

280) Zitiert in Anm. 22).

280a) Weitere Literatur zur dynamischen Strukturtheorie s. *A. Johnsen*, Fortschritte im Bereich der Kristallstruktur (Ergebnisse der exakten Naturwissenschaften, Bd. 1, Berlin 1922), Nr. XII, p. 270.

281) S. *M. Born*, Verh. d Deutsch. Phys. Ges. 21 (1919), p. 13.

281a) Hier wird die Kompressibilität $\varkappa$ als Konstante behandelt; sie hängt tatsächlich nur wenig von Druck und Temperatur ab. Neuere Untersuchungen hierüber hat *P. W. Bridgman* [Proc. Nat. Acad. of Sc. 8 (1922), p. 361] angestellt.

Drückt man δ durch die Dichte ϱ und das Molekulargewicht M aus,

$$\delta^3 N \varrho = M z,$$

so erhält man zur Bestimmung von n mit $N = 6{,}06 \cdot 10^{23}$ und $e = 4{,}774 \cdot 10^{-10}$ E. S. E.:

$$(470) \qquad n = 1 + \frac{9}{\alpha e^2 \varkappa}\left(\frac{Mz}{N\varrho}\right)^{\frac{4}{3}} = 1 + \frac{7{,}701 \cdot 10^{-13}}{\alpha \varkappa}\left(\frac{Mz}{\varrho}\right)^{\frac{4}{3}},$$

und für die Gitterenergie

$$(471) \quad \mathsf{U} = \left(1 - \frac{1}{n}\right)\frac{\alpha}{z} e^2 N^{\frac{4}{3}}\left(\frac{\varrho}{M}\right)^{\frac{1}{3}} = 1{,}169 \cdot 10^{13}\,\frac{\alpha}{z}\left(1 - \frac{1}{n}\right)\left(\frac{\varrho}{M}\right)^{\frac{1}{3}} \text{ erg}$$

oder in thermischem Maße:

$$(471') \qquad \mathsf{U} = 279{,}1\,\frac{\alpha}{z}\left(1 - \frac{1}{n}\right)\left(\frac{\varrho}{M}\right)^{\frac{1}{3}} \text{ kcal.}$$

Die Konstante α ist für fünf Gittertypen berechnet worden, die durch die Kristalle Steinsalz NaCl, Flußspat CaF_2, Zinkblende ZnS, Caesiumchlorid CsCl und Cuprit Cu_2O repräsentiert werden.

Für das NaCl-Gitter ist α aus (469) und (375a) zu berechnen.

Das elektrostatische Potential des CaF_2-Gitters wurde zuerst von *A. Landé*[282]) berechnet. Das Potential des ZnS-Gitters findet sich in der schon zitierten Arbeit von *Born* und *Bormann*.[275]) Alle drei Werte wurden später mit größerer Genauigkeit von *Emersleben*[261]) bestimmt, der auch die Konstanten für Caesiumchlorid CsCl und Cuprit Cu_2O angegeben hat. Die Gitter von NaCl, CaF_2, ZnS und CsCl sind schon in Nr. **13** beschrieben worden (vgl. Fig. 5, 6, 7, 8). Das von Cu_2O besteht aus einem raumzentrierten O-Gitter und einem flächenzentrierten Cu-Gitter, welches gegen das erstere um $\frac{1}{4}$ der Würfeldiagonale verschoben ist. Die Zelle ist ein Würfel, der zwei Molekeln enthält (vgl. Fig. 9).

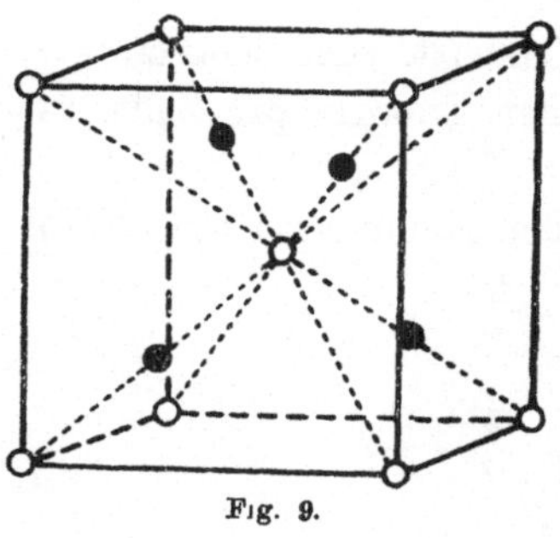

Fig. 9.

Bezeichnen wir in Verallgemeinerung der gebrauchten Definition mit r_0 je die kleinste Koordinatendifferenz zweier Gitterpartikel und wie stets mit $\delta^3 = \Delta$ das Zellvolum, so ergibt sich als elektrostatischer Energieanteil *pro Molekel* für

282) *A. Landé*, Verh. d. Deutsch. Phys. Ges. 20 (1918), p. 217. Bezüglich eines Rechenfehlers vgl. *E. Bormann*, Ztschr. f. Phys. 1 (1920), p. 55.

$$(472)\begin{cases} \mathrm{NaCl}\,(z=1)\colon \frac{1}{2}\varphi_0^{(e)} = -\frac{e^2}{2r_0}\cdot 3{,}495115 = -\frac{e^2}{\delta}\sqrt[3]{2}\cdot 1{,}747558, \\ \mathrm{CaF_2}\,(z=1)\colon \frac{1}{2}\varphi_0^{(e)} = -\frac{e^2}{2r_0}\cdot 5{,}81828 = -\frac{e^2}{\delta}\sqrt[3]{2}\cdot 5{,}81828, \\ \mathrm{ZnS}\,(z=1)\colon \frac{1}{2}\varphi_0^{(e)} = -\frac{e^2}{2r_0}\cdot 7{,}56584 = -\frac{e^2}{\delta}\sqrt[3]{2}\cdot 7{,}56584, \\ \mathrm{CsCl}\,(z=1)\colon \frac{1}{2}\varphi_0^{(e)} = -\frac{e^2}{2r_0}\cdot 2{,}035356 = -\frac{e^2}{\delta}\cdot 2{,}035356, \\ \mathrm{Cu_2O}\,(z=2)\colon \frac{1}{4}\varphi_0^{(e)} = -\frac{e^2}{2r_0}\cdot 4{,}75219 = -\frac{e^2}{\delta}\cdot 9{,}50438. \end{cases}$$

Also wird für

$$(472')\begin{cases} \mathrm{NaCl}\colon & \alpha = \sqrt[3]{2}\cdot 1{,}747558 = 2{,}2017, \\ \mathrm{CaF_2}\colon & \alpha = \sqrt[3]{2}\cdot 5{,}81828 = 7{,}3305, \\ \mathrm{ZnS}\colon & \alpha = \sqrt[3]{2}\cdot 7{,}56584 = 9{,}5324, \\ \mathrm{CsCl}\colon & \alpha = 2{,}035356, \\ \mathrm{Cu_2O}\colon & \alpha = 19{,}00876. \end{cases}$$

Der Exponent n ist für die Alkali-Halogenide schon in Nr. **38** bestimmt worden (Tab. X); hier soll mit dem mittleren Werte $n = 9$ gerechnet werden. Für CaF_2 erhält man mit $\varkappa = 1{,}16 \cdot 10^{-12}$ aus (470) $n = 7{,}4$; für ZnS mit $\varkappa = 1{,}44 \cdot 10^{-12}$ ist $n = 4{,}92$, also rund $n = 5$ (s. o. Nr. **38**). Damit wird für den

$$(473)\begin{cases} \text{Typus NaCl:} & \mathsf{U} = 545\sqrt[3]{\frac{\varrho}{M}}\ \text{kcal}, \\ \text{Typus CaF}_2\text{:} & \mathsf{U} = 1770\sqrt[3]{\frac{\varrho}{M}}\ \text{kcal}, \\ \text{Typus ZnS:} & \mathsf{U} = 2120\sqrt[3]{\frac{\varrho}{M}}\ \text{kcal}. \end{cases}$$

Einige hiernach berechnete Werte finden sich in der Tabelle XVII unter $\mathsf{U}_{\text{ber.}}$[284]).

Die Prüfung dieser theoretischen Werte an der Erfahrung ist mit Hilfe eines von *Born*[285]) angegebenen Kreisprozesses möglich, den

284) In dieser Tabelle fehlen die Li- und Cs-Salze. Bei den ersteren ist es wahrscheinlich, daß der Exponent $n = 9$ nicht zutrifft, weil das Li-Ion, das nur zwei Elektronen hat, keine kubische Symmetrie aufweisen kann. Bei den letzteren ist vermutlich das Gitter von dem des NaCl verschieden; jedenfalls ist das für CsCl bei Zimmertemperatur von *Davey* und *Wick* [Phys. Rev. 17 (1921), p. 402] röntgenometrisch nachgewiesen worden.

285) *M. Born*, Verh. d. Deutsch. Phys. Ges. 21 (1919), p. 679. Der Inhalt dieser Arbeit wurde schon im April 1919 im Berliner Kolloquium mitgeteilt. Gleichzeitig mit der zit. Arbeit erschien eine Abhandlung von *K. Fajans* (ebenda p. 714), der unabhängig zu denselben Ergebnissen gelangt ist.

man nach *Haber*[286]) durch folgendes Schema darstellen kann:

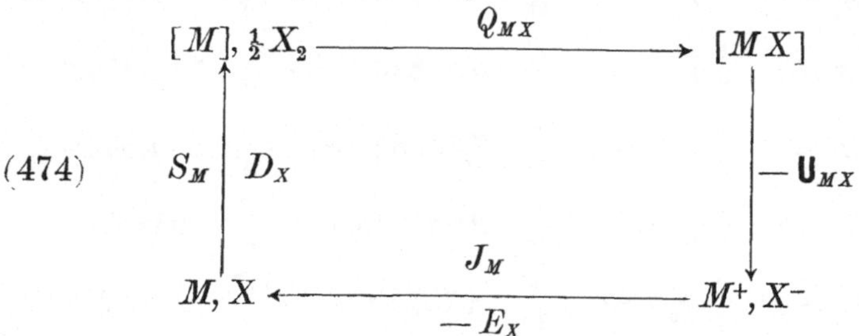

Dabei bedeutet

M ein einwertiges Metallatom,

X ein Halogenatom.

Der gasförmige Zustand ist durch das chemische Symbol des Körpers ohne besondere Kennzeichen, der feste Zustand durch das Symbol in eckigen Klammern angedeutet. Ferner bedeuten:

Q_{MX} die Bildungswärme des Salzes aus festem Metall und gasförmigem Halogen,

S_M die Sublimationswärme des Metalls,

J_M die Ionisierungsenergie des Metalls,

D_X die Dissoziationswärme des Halogens,

E_X die Elektronenaffinität des Halogens, d. h. die Arbeit, die nötig ist, dem Halogenion X^- das überschüssige Elektron zu entreißen.

Alle Energiewerte beziehen sich auf 1 Grammatom des Halogens oder Metalls und gelten für den absoluten Nullpunkt; als Einheit soll die kcal benutzt werden.

Der Kreisprozeß liefert die Gleichung

(475) $$\mathfrak{U}_{MX} = Q_{MX} + Z_M + Z_X,$$

wo

(475′) $$\begin{cases} Z_M = S_M + J_M, \\ Z_X = D_X - E_X. \end{cases}$$

Ein analoger Kreisprozeß gilt für zweiwertige Metalle und führt zu der Relation:

(476) $$\mathfrak{U}_{MX_2} = Q_{MX_2} + Z_M + 2Z_X.$$

Die erste Prüfung bestand in der Berechnung der Wärmetönung von Umsetzungen des Typus

$$M_1X_1 + M_2X_2 = M_2X_1 + M_1X_2,$$

die sich offenbar aus den Bildungswärmen so zusammensetzt:

(477′) $$Q = Q_{M_1X_1} + Q_{M_2X_2} - Q_{M_2X_1} - Q_{M_1X_2}.$$

286) *F. Haber*, Verh. d. Deutsch. Phys. Ges. 21 (1919), p. 750.

Bildet man den analogen Ausdruck

(477'') $$\mathsf{U} = \mathsf{U}_{M_1X_1} + \mathsf{U}_{M_2X_2} - \mathsf{U}_{M_2X_1} - \mathsf{U}_{M_1X_2},$$

so ergibt die Formel (475)

(477) $$Q = \mathsf{U}.$$

In der Tat haben die beiden Größen Q und U deutlich einen parallelen Gang; doch sind die absoluten Werte wegen der doppelten Differenzbildung so klein (< 10 kcal), daß der relative Fehler den Wert selbst erreicht. Eine Verbesserung brachte *Fajans*[287]) an, indem er erkannte, daß man statt der Bildungswärmen die direkt und sicher meßbaren Lösungswärmen nehmen kann, da sich der Einfluß des Wassers auf die Wärmetönung heraushebt.

Eine bessere Prüfung gestattet die Betrachtung von Umsetzungen des Typus $$M_1X + M_2 = M_2X + M_1,$$

deren Wärmetönung nach (475)

(478) $$Q_{M_1X} - Q_{M_2X} = \mathsf{U}_{M_1X} - \mathsf{U}_{M_2X} - Z_{M_1} + Z_{M_2}$$

beträgt. Die Größen Z_M sind nach (475') als bekannt anzusehen; denn die Sublimationswärme S_M ist direkt meßbar und die Ionisierungsenergie läßt sich nach der Quantengleichung $J_M = \mathrm{N}h\nu$ aus der Grenzfrequenz derjenigen Serie berechnen, die der Metalldampf im normalen (nicht elektrisch erregten) Zustande absorbiert.[288]) Auch die Prüfung der Formel (478) gab eine befriedigende Übereinstimmung.

Hierdurch ermutigt, berechneten *Born* und *Fajans*[285]) aus den theoretischen U_{MX}-Werten nach (475), (475') die Elektronenaffinitäten der Halogenatome. Diese waren zwar damals noch nicht auf anderem Wege bestimmbar, doch konnte man aus ihnen eine direkt meßbare Größe ableiten, die Ionisierungsenergie U_{HX} der (gasförmigen) Halogenwasserstoffe. Für die Bildung dieser gilt nämlich ein ganz analoger Kreisprozeß, der zu der Formel führt

(479) $$\mathsf{U}_{HX} = Q_{HX} + Z_H + Z_X;$$

287) *K. Fajans,* Verh. d. Deutsch. Phys. Ges. 21 (1919), p. 539. Anschließend an diese Überlegungen (ebenda p. 549, 709) hat *Fajans* den Begriff der Hydratationswärme der Ionen eingeführt und interessante Beziehungen zwischen dieser Größe und den Ionenradien gefunden. S. auch *M. Born,* Ztschr. f. Phys. 1 (1920), p. 45.

288) S. hierüber folgende zusammenfassende Berichte: *J. Franck* u. *G. Hertz,* Phys. Ztschr. 17 (1916), p. 409, 430; 20 (1919), p. 132; *J. Franck,* Phys. Ztschr. 22 (1921), p. 388, 409, 441, 466; *R. Ladenburg,* Jahrb. d. Rad. u. Elektr. 17 (1921), p. 93; *W. Gerlach,* Die experimentellen Grundlagen der Quantentheorie (Sammlung Vieweg Nr. 58, Braunschweig 1921).

289) *P. D. Foote* u. *F. L. Mohler,* J. Amer. Soc. 42 (1920), p. 1832.

dabei ist

(479′) $$Z_H = D_H + J_H,$$

wo D_H die Dissoziationswärme des Wasserstoffs pro Grammatom und J_H die Ionisierungswärme des H-Atoms bedeuten. D_H ist durch direkte Messungen, wenn auch nicht sehr genau, bekannt; J_H läßt sich mit großer Genauigkeit aus dem *Bohr*schen Modell des H-Atoms entnehmen. Wenn nun Z_X mit Hilfe der festen Salze nach (475) bestimmt ist, so kann man aus (479) die Ionisierungsenergie $\mathfrak{U}_{HX}$ berechnen. Man findet Werte in der Nähe von 300 kcal, fallend mit wachsendem Atomgewicht des Halogens.

Diese Größen $\mathfrak{U}_{HX}$ konnten nun durch die Methode des Elektronenstoßes direkt bestimmt werden; *Foote* und *Mohler*[289]) fanden $\mathfrak{U}_{\mathrm{HCl}} = 323$, *Knipping*[290]) mit etwas größerer Genauigkeit $\mathfrak{U}_{\mathrm{HCl}} = 331$, $\mathfrak{U}_{\mathrm{HBr}} = 317$, $\mathfrak{U}_{\mathrm{HJ}} = 308$ ($\pm$ 7) kcal. Letzterer stützte sich dabei auf Helium als Eichgas, dessen Ionisierungsspannung er zu 25,3 Volt annahm; nun hat aber *Lyman*[291]) die Hauptserie des He gefunden und die Größe der Terme mit optischer Genauigkeit bestimmt, woraus hervorgeht, daß die Ionisierungsspannung um 0,8 Volt oder 18,4 kcal zu verkleinern ist. Bringt man diese Korrektion an den *Knipping*schen Zahlen an, so erhält man

(480) $$\mathfrak{U}_{\mathrm{HCl}} = 313, \quad \mathfrak{U}_{\mathrm{HBr}} = 299, \quad \mathfrak{U}_{\mathrm{HJ}} = 290\ (\pm\ 7)\ \mathrm{kcal}.$$

Mit Hilfe dieser recht sicheren Zahlen kann man nun die Gitterenergien der Salze prüfen.

Durch Subtraktion von (475) und (479) hat man nämlich

(481) $$\mathfrak{U}_{MX} = Q_{MX} + \mathfrak{U}_{HX} - Q_{HX} + Z_M - Z_H.$$

Wir geben hier die zur Berechnung nötigen Daten[292]):

Tabelle XVI.

Q_{MX}	Na	K	Rb	Q_{HX}
Cl	99	104	105	22
Br	90	97	99	12
J	77	85	87	1
D_M	26	21	20	$D_H = 40$
J_M	117	99	95	$J_H = 310$
Z_M	143	120	115	$Z_H = 350$

290) *P. Knipping,* Ztschr. f. Phys. 7 (1921), p. 328.

291) *Th. Lyman,* Nature 110 (1922), p. 278.

292) Die Bildungswärmen nach *Landolt-Börnstein.* D_{Na} und D_{K} aus *R. Ladenburg* u. *R. Minkowski,* Ztschr. f. Phys. 8 (1921), p. 137; D_{Rb} aus dem

In der folgenden Tabelle sind die hieraus nach (481) berechneten Werte als $U_{beob.}$ neben die aus den Formeln (473) der Gittertheorie folgenden $U_{ber.}$ gestellt.

Tabelle XVII.

	$U_{beob.}$	$U_{ber.}$		$U_{beob.}$	$U_{ber.}$		$U_{beob.}$	$U_{ber.}$
NaCl	183	182	KCl	165	162	RbCl	161	155
NaBr	170	171	KBr	154	155	RbBr	151	148
NaJ	159	158	KJ	144	144	RbJ	141	138

Die Übereinstimmung ist vorzüglich. Doch hängt sie wesentlich davon ab, ob der Wert $2D_H = 80$ kcal für die Dissoziationswärme des Wasserstoffs richtig ist; ist dieser in Wirklichkeit etwa um 20 kcal größer, wie manche annehmen, so würden die Werte von $U_{beob.}$ sämtlich um 10 kcal zu verkleinern sein. Da aber die Unsicherheit der Sublimationswärmen 1 bis 5 kcal, die der *Knipping*schen U_{HX}-Werte etwa 7 kcal beträgt, so bliebe auch dann noch die Übereinstimmung innerhalb der Fehlergrenzen.

Jedenfalls scheint es sicher zu sein, daß die elektrostatische Kohäsionstheorie den weitaus überwiegenden Teil der chemischen Energie heteropolarer Kristalle richtig erfaßt.

Hier sollen noch die theoretischen Gitterenergien der Calciumsalze und der Zinkblende angegeben werden:

$$(482)\quad \begin{cases} U_{CaF_2} = 609\,, & U_{CaBr_2} = 452\,, \\ U_{CaCl_2} = 480\,, & U_{CaJ_2} = 422\,, \\ U_{ZnS} = 738\,. & \end{cases}$$

Aus den theoretischen Gitterenergien kann man nach (475) bzw. (476) und (475') die Elektronenaffinitäten berechnen.[293]) Dazu braucht man die Dissoziationswärmen der Halogene; diese sind für Br_2 und J_2 von *Bodenstein*[293a]), für Cl_2 neuerdings von *v. Wartenberg* und *Henglein*[293b]) gemessen worden, und zwar mit dem Ergebnis:

$$D_{Cl} = 27, \quad D_{Br} = 23, \quad D_J = 17 \text{ kcal.}$$

Siedepunkt geschätzt. Die Ionisierungsenergien sind aus den optischen Daten praktisch fehlerfrei zu entnehmen (s. die in Anm. 288 zitierten Zusammenstellungen). J_H folgt aus der *Bohr*schen Theorie des H-Atoms. Am unsichersten ist D_H; wir benutzen den Wert von *J. Langmuir* [Ztschr. f. Elektrochem. 23 (1917), p. 217], der $2D_H$ zu etwa 80 kcal. angibt.

293) Außer den schon zit. Abhandlungen s. *M. Born* u. *E. Bormann,* Ztschr. f. Phys. 1 (1920), p. 250; *M. Born* u. *W. Gerlach,* Ztschr. f. Phys. 5 (1921), p. 433.

293a) *M. Bodenstein,* Ztschr. f. Elektrochem. 16 (1910), p. 966; 22 (1916), p. 327.

293b) *H. v. Wartenberg* u. *F. A. Henglein,* Ber. d. Deutsch. chem. Ges. 1922, p. 1003; *F. A. Henglein,* Ztschr. f. anorg. Chem. 123 (1922), p. 137.

Daraus erhält man

(483) $$E_{Cl} = 86, \quad E_{Br} = 86, \quad E_J = 79 \text{ kcal}.$$

J. Franck[294]) hat einen Weg angegeben, um diese Größen direkt spektroskopisch zu bestimmen; dieser führt, angewandt auf Beobachtungen von *Steubing*[295]) (J) und von *Eder* und *Valenta*[296]) (Br) und *v. Angerer*[296a]) (Cl), auf die Werte

(483′) $$E_{Cl} = 89{,}3, \quad E_{Br} = 67{,}5, \quad E_J = 59{,}2 \text{ (Spektroskopisch)}.$$

Von diesen fällt der erste nahe an den theoretischen Wert; bei den anderen aber ist der Unterschied wohl beträchtlich größer als die Unsicherheit der Einzeldaten. Der Grund dieser Diskrepanzen ist noch nicht aufgeklärt. In ähnlicher Weise haben *Born* und *Gerlach*[293]) die Elektronenaffinität des Schwefelatoms bestimmt, d. h. die Arbeit, die nötig ist, einem *doppelt* geladenen Schwefelion *beide* Elektronen fortzunehmen. Sie finden mit Hilfe der beiden Kristalle Bleiglanz PbS (NaCl-Gittertypus) und Zinkblende ZnS übereinstimmend den Wert $E_S = 45$ kcal. Für Sauerstoff haben analoge Rechnungen noch zu keinem befriedigenden Ergebnis geführt.

Unabhängig von der Frage der Absolutwerte der theoretischen Gitterenergien hat die Zerlegung der Wärmetönung in einfachere Bestandteile einen großen Wert zur Auffindung einfacher Zusammenhänge bei den Energieumsetzungen zwischen den Elementen in Abhängigkeit von ihrer Stellung im periodischen System. Das Material ist von *Grimm*[297]) systematisch bearbeitet worden; es hat sich ergeben, daß die Differenzen der Gitterenergien, die man aus empirischen Daten bestimmen kann, viel einfachere Gesetzmäßigkeiten zeigen als die Wärmetönungen. Auch zeigen sich Beziehungen zu den Radien, Ladungen und Struktureigenschaften der Ionen.[297a])

40. Elektrische Theorien der homöopolaren Bindung. Eine Theorie der homöopolaren Kristallgitter ist nur in den ersten An-

294) *J. Franck,* Ztschr. f. Phys. 5 (1921), p. 428.

295) *W. Steubing,* Ann. d. Phys. 64 (1921), p. 673.

296) *Eder* u. *Valenta,* Beiträge zur Photochemie u. Spektralanalyse, p. 358.

296a) *v. Angerer,* Ztschr. f. Phys. 11 (1922), p. 167.

297) *H. G. Grimm,* Ztschr. f. phys. Chem. 102 (1922), p. 113, 141, 504.

297a) Von den zahlreichen mehr qualitativen Betrachtungen, welche an die referierten Arbeiten anknüpfen, seien folgende aus der physikalischen Literatur erwähnt: *A. Reis,* Ztschr. f. Phys. 1 (1920), p. 204, 294; 2 (1920), p. 57; Ztschr. f. Elektrochem. 26 (1920), p. 412; *A. Reis* und *L. Zimmermann,* Ztschr. f. phys. Chem. 102 (1922), p. 298; *W. Kossel,* Ztschr. f. Phys. 1 (1920), p. 395; *K. Fajans* u. *H. Grimm,* Ztschr. f. Phys. 2 (1920), p. 299; *A. v. Weinberg,* Ztschr. f. Phys. 3 (1920), p. 337.

fängen vorhanden. Die Kohäsion der Metalle hat *F. Haber*[298]) dadurch zu erklären versucht, daß er annahm, jedes (einwertige) Metallatom spalte ein Elektron ab, und diese Elektronen bilden zwischen den übrig bleibenden positiven Metallionen ein negatives Elektronengitter; es handelt sich also um eine „pseudopolare" Bindung. *Haber* wendet die Formeln (470), (471) an; er findet entsprechend der großen Kompressibilität der Alkalimetalle sehr kleine Werte von n (bis herab zu $n = 3$). Die so gewonnenen Werte von U bedeuten die Arbeit, die zum Zerlegen des Metalls in unendlich verdünnte positive Ionen und Elektronen nötig ist; es gilt also

$$\mathsf{U} = S + J,$$

wo S die Sublimationswärme, J die Ionisierungsarbeit ist. *Haber* findet diese Relation recht gut bestätigt. Die Annahme, daß die Elektronen in Gleichgewichtslagen zwischen den Atomresten ruhen, will er nur als provisorisch betrachtet wissen; in Wirklichkeit werden die Elektronen sich auf Quantenbahnen bewegen. Er knüpft hieran Betrachtungen über den selektiven lichtelektrischen Effekt, den Mechanismus der elektrischen Leitfähigkeit, des Diamagnetismus usw.

Einige andere Autoren versuchen an dem geometrisch gut bekannten Diamantgitter das Wesen der Kohäsion zwischen *gleichen* (bzw. sehr ähnlichen) Atomen zu verstehen.[298a])

Thirring[299]) hat die Meinung ausgesprochen, daß nur zwei Hypothesen möglich seien:

A) Von den C-Atomen spalten sich einzelne Elektronen ab, die auf Ringen zwischen den übrig bleibenden positiven C-Ionen kreisen und diese dadurch zusammenhalten (pseudopolare Bindung, wie nach *Habers* Hypothese bei den Metallen).

B) Alle zu einem C-Kern gehörigen Elektronen umgeben diesen innerhalb einer Sphäre, deren Radius klein ist gegen die Gitterkonstante; das Gleichgewicht beruht allein auf den elektrostatischen Kräften, die diese neutralen C-Atome bei geeigneter Lage aufeinander ausüben.

Thirring zeigt zuerst[300]), daß die Annahme B) zu verwerfen ist, da

298) *F. Haber,* Berl. Ber. 30 (1919), p. 506, 990.

298a) *A. C. Crehore* [Phil. Mag. (6) 30 (1915), p. 257] hat das Diamantgitter aus dem von ihm angegebenen Modell des Kohlenstoffatoms aufgebaut. S. die Bemerkungen in Anm. 245). Über Konstruktionen von Molekelmodellen siehe *A. C. Crehore,* Phil. Mag. (6) 30 (1915), p. 613.

299) *H. Thirring,* Ztschr. f. Phys. 4 (1921), p. 1.

300) Als mathematisches Hilfsmittel benutzt *Thirring* die von *Rella* (zit. Anm. 269) angegebenen Formeln für die Potentiale symmetrischer Elektronenanordnungen.

selbst dann, wenn man von allen Stabilitätsschwierigkeiten absieht, sich unmögliche Größenverhältnisse für die Elektronensysteme der C-Atome ergeben. Der Annahme A) aber steht die Schwierigkeit entgegen, daß die Röntgenanalyse von *Debye* und *Scherrer*[301]) keine zwischen den Atomen gelegenen Elektronenringe ergeben hat; eine Diskussion hierüber wurde zwischen *Coster*[302]) und *Kolkmeijer*[303]) geführt. *Coster* hält die Annahme der Zwischenringe für verträglich mit den Ergebnissen der Röntgenaufnahmen; hierauf stützt sich *Thirring* und führt unter dieser Voraussetzung eine angenäherte Berechnung des Diamantgitters durch, deren Ergebnisse innerhalb der möglichen Grenzen liegen. *Kolkmeijer* aber verwirft auf Grund einer Neuberechnung der Röntgenaufnahmen des Diamanten die Zwischenringe; damit fällt auch die *Thirring*sche Theorie.

Landé[304]) hat einen Ausweg aus dieser Schwierigkeit gefunden, indem er auf die Möglichkeit einer dritten Hypothese hinwies:

C) Die Elektronen umgeben (wie bei B) den Kern in engen Bahnen; die Bewegung entsprechender Elektronen verschiedener, gleichorientierter Atome ist *gleichphasig.*

Die Annahme des vollständigen Synchronismus, die zunächst recht willkürlich erscheint, läßt sich nach *Born*[305]) auf die Prinzipien der Quantentheorie stützen. Man sieht leicht, daß zwei solche synchrone Atome in größerer Entfernung sich anziehen. *Landé* nimmt an, daß die vier äußeren Elektronen des C-Atoms zweiquantige Ellipsenbahnen beschreiben; er berücksichtigt die Deformation dieser durch die Nachbaratome und gelangt so zu einer Gitterkonstanten, die von dem empirischen Werte nur um weniger als 10% abweicht. Sodann zieht er neue Messungen der Kompressibilität des Diamanten von *Adams*[306]) und Schätzungen der Sublimationswärme von *Cohn*[307]) heran, um mittels der *Grüneisen*schen Formel (287') bzw. (378) das Produkt der Exponenten des Kraftgesetzes zu bestimmen; er findet mit $\varkappa = 0{,}16 \cdot 10^{-12}\,\mathrm{cm^2 dyn^{-1}}$, $\mathsf{U} = 168$ kcal/mol den Wert $n \cdot m = 27$, der mit der Berechnung aus dem Atommodell durchaus verträglich ist.[308])

301) *P. Debye* u. *P. Scherrer*, Phys. Ztschr. 19 (1918), p. 474.

302) *D. Coster*, Proc. Amsterdam 22 (1920), No. 6.

303) *N. H. Kolkmeijer*, Proc. Amsterdam 23 (1920), No. 1.

304) *A. Landé*, Ztschr. f. Phys. 4 (1921), p. 410; 6 (1921), p. 10.

305) *M. Born*, Die Naturwissenschaften 10 (1922), p. 677; Anm. auf p. 678; *M. Born* u. *W. Heisenberg*, Ztschr. f. Phys. 14 (1923), p. 44.

306) *L. H. Adams*, J. of Washington Acad. of Sciences 11 (1921), p. 45.

307) *Hedwig Cohn*, Ztschr. f. Phys. 3 (1920), p. 143.

308) Die Benutzung der älteren Kompressibilitätsbestimmung von *Th. W.*

Wir geben diese Theorie hier nicht ausführlich wieder, weil das zugrunde gelegte Modell des C-Atoms nach den neueren Untersuchungen von *Bohr* nicht richtig ist. Manche Züge der *Landé*schen Überlegung werden aber vermutlich bestehen bleiben; so vor allem die Dimensionierung der äußeren Elektronenbahnen der Atome als zweiquantige Ellipsen (entsprechend der „effektiven" Quantenzahl *Bohr*s, s. Nr. **36**) und die Gleichphasigkeit entsprechender Elektronen verschiedener Atome. Es scheint danach, daß dieser Versuch zur Deutung der homöopolaren Bindung die richtigen Grundgedanken erfaßt hat.[309])

Außer dieser eigentlichen homöopolaren Anziehung scheint es aber eine andere Art von Kohäsionskräften zwischen gleichartigen Molekeln zu geben, nämlich dann, wenn diese zwar neutral sind, aber als Dipole, Quadrupole usw. aufeinander wirken.[309a]) *Born* und *Kornfeld*[309b]) haben versucht, auf diese Weise die Sublimationswärme der Halogenwasserstoffe mit den Dipolmomenten dieser Molekeln in Beziehung zu setzen und sind dabei zu der richtigen Größenanordnung gelangt. Die Rechnung gründet sich auf die Annahme eines ein-

---

Richards [Ztschr. f. Phys. Chem. 61 (1907), p. 183] $\varkappa = 0{,}5 \cdot 10^{-12}$ würde den viel zu kleinen Wert $n \cdot m = 8{,}75$ ergeben.

309) *W. H. Bragg* [Proc. Phys. Soc. London 34 (1921), p. 33] hat ausführliche Untersuchungen über die Struktur organischer Kristalle angestellt, aus denen wichtige Schlüsse über die Bindungen zwischen den Atomen gezogen werden können.

J. J. Thomson [Phil. Mag. 43 (1922), p. 721; 44 (1922), p. 658] hat auf Grund der von ihm entwickelten Atommodelle eine dynamische Gittertheorie skizziert, offenbar ohne die Literatur zu kennen. So berechnet er z. B. die elektrostatischen Gitterpotentiale durch direkte Summierung und erhält natürlich wegen der schlechten Konvergenz sehr ungenaue Zahlen. *B. M. Sen* [Phil. Mag. (6) 43 (1922), p. 672, 683] versucht die thermischen Eigenschaften der festen Körper durch Anwendung der Begriffe der kinetischen Gastheorie (Atomradius, Zusammenstoß usw.) abzuleiten. Es seien hier noch die Arbeiten erwähnt, die darauf ausgehen, die Wärmetönung homöopolarer Kohlenstoffverbindungen aus einfachen Summanden zusammenzusetzen (analog zu der *Born*schen Zerlegung bei heteropolaren Verbindungen). Diese Bestrebungen gehen auf *Julius Thomsen* [Ztschr. f. phys. Chem. 1 (1887), p. 369] zurück. Neuerdings sind diese Gedanken von *A. v. Weinberg* [Ber. d. Deutsch. Chem. Ges. 52 (1919), p. 928, 1501; 53 (1920), p. 1347, 1519] aufgenommen worden; s. hierzu die kritischen Bemerkungen von *W. Hückel*, Chem. Ber. 55 (1922), p. 2839; ferner *K. Fajans* [Ztschr. f. Phys. 1 (1920), p. 101; Ztschr. f. phys. Chem. 99 (1921), p. 395] u. a.

309a) S. hierzu die Theorien über die *van der Waals*sche Anziehung von *W. H. Keesom* [Phys. Ztschr. 22 (1921), p. 129, 643; 23 (1922), p. 225; dort ist weitere Literatur zitiert] und *P. Debye* [Phys. Ztschr. 21 (1920), p. 178; 22 (1921), p. 302]; *H. Fakenhagen* [Phys. Ztschr. 23 (1922), p. 87].

309b) *M. Born* u. *H. Kornfeld*, Phys. Ztschr. 24 (1923), p. 121.

fachen regulären Dipolgitters, dessen elektrostatische Energie *Kornfeld*[309c]) bestimmt hat.

41. Entwicklung der Lehre von den elektromagnetischen Gitterpotentialen. Die Formeln der elektrostatischen Gittertheorie sind streng nur für Gleichgewichtszustände und näherungsweise für langsam veränderliche Vorgänge anwendbar. Denn bei schnellen Schwingungen kommt die endliche Ausbreitungsgeschwindigkeit der elektromagnetischen Störungen ins Spiel; diese bewirkt eine Verzögerung der Kräfte zwischen zwei aufeinander wirkenden Partikeln mit wachsender Entfernung.

Bisher wurden alle Gitterkräfte als Fernkräfte angenommen, die zeitlos wirken. Dabei konnte auch die Optik behandelt werden mit Hilfe des Kunstgriffes, daß die für ein Kontinuum gültigen *Maxwell*schen Gleichungen auf das diskontinuierliche Gitter angewandt wurden (s. Nr. **20**—**24**). Eine strenge Theorie der elektromagnetischen Wellen im Gitter erfordert eine tiefere Begründung der Rechtmäßigkeit dieses Verfahrens; hierzu ist es notwendig, die Lehre von den Gitterpotentialen auf zeitlich variable, elektromagnetische Vorgänge zu erweitern. Zuvor soll ein Überblick über die Entwicklung der Wellenoptik bis zu der hier aufgeworfenen Fragestellung gegeben werden.[310])

Zwei Betrachtungsweisen stehen sich bei der theoretischen Behandlung des Durchgangs elektromagnetischer Wellen durch dispergierende Körper gegenüber:

Die eine Methode hält sich eng an die von *Maxwell* formulierte Vorstellung eines kontinuierlichen polarisierbaren Mediums; die zur Erklärung der Dispersion notwendige Ergänzung durch molekulare Resonatoren wird an das Schema der Kontinuumsphysik nur locker angeklebt. Das elektrische Moment der Volumeneinheit $\mathfrak{P}$ wird als Summe der zahllosen Einzelmomente $\mathfrak{p}$ der Molekeln aufgefaßt, und nur diese $\mathfrak{p}$ werden zur Darstellung der Resonanzeigenschaften besonderen mechanischen Schwingungsgleichungen unterworfen. Mit diesem Verfahren stimmt auch das hier (in Nr. **20**, **24**) angewandte überein.

Die zweite Methode macht mit der atomistischen Auffassung Ernst. Das elektromagnetische Feld genügt dann außerhalb und innerhalb der Materie stets denselben *Maxwell*schen Gleichungen für den freien Äther; der Unterschied besteht nur darin, daß innerhalb der Materie

309c) *H. Kornfeld,* Diss. Göttingen 1923.

310) Eine ausführliche historische Darstellung findet man bei *R. Lundblad,* Untersuchungen über die Optik der dispergierenden Medien vom molekulartheoretischen Standpunkt (Upsala 1920).

die in den Atomen sitzenden Resonatoren gleichzeitig mitschwingen; sie senden Kugelwellen aus, und durch Interferenz aller dieser Kugelwellen entsteht ein Vorgang im Äther, der im Mittel der Fortpflanzung einer (etwa ebenen) Lichtwelle von makroskopischen Dimensionen entspricht.

Die letztere Auffassung geht auf eine Arbeit von *Lorentz*[311]) aus dem Jahre 1879 zurück, die noch auf dem Boden der *Helmholtz*schen Fernwirkungstheorie steht; später hat *Lorentz* dieselben Gedanken auch mit der *Maxwell*schen Feldtheorie dargestellt.[312]) Er hat aber meist die zuerst genannte Darstellungsweise vorgezogen, die wegen ihrer Einfachheit in die Lehrbücher der Optik übergegangen ist. Mit der ersten *Lorentz*schen Dispersionstheorie nahe verwandt ist die von *Planck*.[313]) Das betrachtete Medium wird als isotrop vorausgesetzt; die Wechselwirkung der Partikel kann daher nur durch Mittelbildung über die relativen Lagen erfaßt werden. Insofern haben diese Arbeiten eine Mittelstellung zwischen der eigentlichen Kontinuumsphysik und der streng atomistischen Gittertheorie. Das wichtigste Resultat dieser Untersuchungen ist der Satz, daß die von allen Partikeln auf eine ausgeübte elektrische Kraft pro Ladungseinheit nicht gleich der mittleren (optischen) Feldstärke $\mathfrak{E}$, sondern gleich $\mathfrak{E} + \frac{4\pi}{3}\mathfrak{P}$ ist, wo $\mathfrak{P}$ das elektrische Moment der Volumeneinheit bedeutet. Man denkt sich den Aufpunkt von einer Kugel umgeben und nimmt an, daß die innerhalb derselben befindlichen Partikel im Mittel keine Wirkung auf das Zentrum ausüben; die außerhalb befindlichen Partikel aber ersetzt man durch ein Kontinuum vom Moment $\mathfrak{P}$, und es ist leicht zu zeigen, daß dieses auf die im Kugelmittelpunkt befindliche Einheitsladung die Kraft $\frac{4\pi}{3}\mathfrak{P}$ ausübt. Die Ableitung dieser Zusatzkraft mit strengeren Methoden bildet den Hauptinhalt der im folgenden aufgezählten Abhandlungen. Die Gittertheorie liefert für D-Gitter dasselbe Resultat und für beliebige Gitter die richtige Verallgemeinerung.

Auf die Wichtigkeit der zweiten, streng atomistischen Auffassung haben gelegentlich *v. Laue*[314]) und *Voigt*[315]) hingewiesen. Die erste Arbeit, die den alten *Lorentz*schen Gedanken in moderner Form neu

---

311) *H. A. Lorentz,* Verh. d. K. Akad. v. Wet. Amsterdam 18 (1879).

312) *H. A. Lorentz,* Arch. néerland. 25 (1892), p. 363; Wied. Ann. 9 (1880), p. 657; Versuch einer Theorie der elektr. u. opt. Erscheinungen (Leiden 1895); The Theory of Electrons (Leipzig 1916), Chap. IV.

313) *M. Planck,* Berl. Ber. 24 (1902), p. 470.

314) *M. v. Laue,* Ann. d. Phys. 18 (1905), p. 550.

315) *W. Voigt,* Phys. Ztschr. 8 (1907), p. 841.

aufnahm, ist die Dissertation von *Ewald*[316]) vom Jahre 1912, die eine strenge Lösung für rhombische Gitter gibt und auf die wir unten zurückkommen. Von da an setzte ein größeres Interesse für die atomistische Auffassung der Wellenfortpflanzung ein.

Esmarch[317]), *Natanson*[318]), *Bothe*[319]), *Oseen*[320]), *Lundblad* l. c.[310]), *Faxén*[321]) behandeln isotrope Körper, wobei sie besonders den Übergang einer Welle aus dem Vakuum in das dispergierende Medium (Reflexion und Brechung) verfolgen. *Oseen* zeigte, daß die von den Elektronenschwingungen herrührenden Wellen sich so in zwei Teile zerlegen lassen, daß der eine Teil im Innern des Körpers die einfallende Welle gerade aufhebt, während der zweite Teil die reflektierte und die gebrochene Welle erzeugt; zu demselben Resultat kam *Ewald* vom Standpunkt der Gittertheorie aus. (Dieser sog. Auslöschungssatz von *Ewald* und *Oseen* wurde übrigens schon vor *Oseen* von *Bothe* l. c.[319]) ausgesprochen.)

Einen Übergang von diesen Untersuchungen der isotropen Medien zur Gittertheorie der Kristalle bildet eine Arbeit von *Havelock*[322]); dieser nimmt an, daß der kugelförmige Hohlraum der *Lorentz*schen Theorie in einem Kristall durch einen anders geformten, in erster Näherung ein Ellipsoid, zu ersetzen ist, derart, daß die Wirkung der im Innern befindlichen Partikel auf den Aufpunkt sich im Mittel aufhebt. Auf diesem Wege kann er die Doppelbrechung ableiten und durch die Exzentrizität des Ellipsoids ausdrücken, ohne daß es ihm gelingt, diese mit andern physikalischen Eigenschaften des Gitters in Verbindung zu bringen. Letzteres gilt auch von der Theorie der Doppelbrechung von *Langevin*[323]), der diese einfach dadurch gewinnt, daß er jede (isolierte) Molekel als anisotrop annimmt. Das Hauptresultat dieser beiden Arbeiten ist der Nachweis, daß eine gewisse einfache Kombination der Hauptbrechungsindizes eine von der Wellenlänge unabhängige Konstante ist. Die eigentlichen gittertheoretischen Arbeiten verfolgen in erster Linie zwei Ziele: die strenge Begründung

316) *P. P. Ewald,* Diss. München 1912; Intern. Congress of Mathematics, Cambridge 1912.

317) *W. Esmarch,* Ann. d. Phys. 42 (1913), p. 1257.

318) *L. Natanson,* Krak. Anz. (Bull. intern.) A. (1914), p. 1, 335; (1916), p. 221.

319) *W. Bothe,* Diss., Berlin 1914; Ann. d. Phys. 64 (1921), p. 693.

320) *C. W. Oseen,* Ann. d. Phys. 48 (1915), p. 1; Phys. Ztschr. 16 (1915), p. 404.

321) *H. Faxén,* Ztschr. f. Phys. 2 (1920), p. 218.

322) *T. H. Havelock,* Proc. Roy. Soc. London 77 (1906), p. 170.

323) *P. Langevin,* Le Radium 7 (1910).

der *Lorentz*schen Zusatzkraft $\frac{4\pi}{3}\mathfrak{P}$ bzw. ihrer Verallgemeinerung und die Ableitung der Doppelbrechung als Wirkung der Gitterstruktur.

Die älteste dieser Arbeiten ist wohl die von Lord *Rayleigh*[324]), die hauptsächlich das erstgenannte Ziel verfolgt.

Er betrachtet die Fortpflanzung von Wellen in einem Medium, in dem „Hindernisse", d. h. Kugeln oder unendlich lange, parallele Zylinder von abweichenden Eigenschaften, gitterartig verteilt sind. Dabei beschränkt er sich auf unendlich lange Wellen, d. h. auf die Potentialgleichung $\nabla^2\varphi = 0$. An diese Arbeit knüpft eine Abhandlung von *Havelock*[325]), der in formaler Weise eine Dispersionsformel erhält, indem er die für das zusammengesetzte Medium gefundene Dielektrizitätskonstante als Funktion der Wellenlänge gemäß der *Cauchy*schen Formel ansetzt. Die eigentliche Lösung des *Rayleigh*schen Problems für endliche Wellen gelang *Kasterin*[326]); er fand ein Integral der Wellengleichung $\nabla^2\varphi + k^2\varphi = 0$, das die Grenzbedingungen an den Hindernissen erfüllt und eine ebene Welle darstellt.

Im folgenden werden an Stelle der Hindernisse die Partikel des Gitters treten, die wegen ihrer Ladung als Dipole wirken. Der Übergang von den Arbeiten *Rayleighs* und *Kasterins* zu der hier behandelten Gittertheorie wird durch die Bemerkung hergestellt, daß die Beeinflussung einer ebenen Welle durch ein kleines kugelförmiges Hindernis in erster Näherung durch eine von dem Hindernis ausgehende Dipolwelle beschrieben werden kann.

Die schon genannte Arbeit von *Ewald*[316]) behandelt die Fortpflanzung einer ebenen Welle in einem rhombischen Dipolgitter.[326a]) Dabei wird nicht, wie in der gewöhnlichen Dispersionstheorie, zwischen der einfallenden, erregenden Welle und den erzwungenen Schwingungen der Resonatoren unterschieden, sondern der Vorgang des Fortschreitens einer elektromagnetischen Störung, bei der die Dipole gleichphasig mit dem Felde im Vakuum schwingen, wird als Einheit aufgefaßt; es handelt sich nicht um erzwungene, sondern um freie Schwingungen des aus Feld und eingelagerten Dipolen bestehenden Systems. Die Anregung dieser Schwingungen durch eine von außen auf den Kristall

---

324) Lord *Rayleigh*, Phil. Mag. 23 (1892), p. 481; Scient. Pap. (Cambridge 1903), Vol. IV, Nr. **200**, p. 19.

325) *T. H. Havelock*, Proc. Roy. Soc. London 77 (1906), p. 170; 80 (1907), p. 28.

326) *N. Kasterin*, Lorentz-Jubelband u. Amsterdam Proc. 1897/98, p. 460.

326a) *L. Silberstein* [Phil. Mag. (6) 33 (1917), p. 92, 521; 37 (1919), p. 396] hat eine Theorie der Dispersion in Dipolgittern entwickelt, ohne die *Ewald*schen Methoden zu kennen, und hat sie auf das Diamantgitter angewandt.

auffallende Welle führt auf das Problem der Reflexion und Brechung; auch diese hat *Ewald*[327]) vom Standpunkte der Gittertheorie aus entwickelt. Seine Formeln gelten für beliebige Wellenlängen, also auch im Gebiet der Röntgenstrahlen; hierdurch wurde *Ewald*[328]) auf eine Vertiefung der *Laue*schen Theorie der Röntgeninterferenzen geführt. Die hieraus folgenden kleinen Abweichungen vom *Bragg*schen Reflexionsgesetz [s. diese Encykl. V 24 (*M. v. Laue*) V, Nr. **45**—**57**] scheinen durch die Erfahrung bestätigt zu werden.[329])

Die *Ewald*schen Resultate wurden von *Born*[330]) der allgemeinen Gittertheorie eingeordnet. Der Zusammenhang mit der gewöhnlichen Kristalloptik wird dadurch hergestellt, daß die *Ewald*schen Gitterpotentiale nach $\tau = \frac{2\pi}{\lambda}$ entwickelt werden; dann führen die ersten Glieder dieser Entwicklung zu denselben Formeln, welche die *Maxwell*sche Kontinuumstheorie ergibt (s. Nr. **20**—**22**). Im folgenden werden die wichtigsten Ergebnisse dieser Theorie im Zusammenhange dargestellt; dabei wird wesentlich von der Methode der Thetatransformationsformel Gebrauch gemacht, die *Ewald*[331]) in vollster Allgemeinheit 1921 dargestellt hat.

42. Der Hertzsche Vektor einer ebenen Welle. Die bei schnellen Schwingungen von den geladenen Gitterpartikeln ausgehenden elektromagnetischen Wellen kann man so berechnen, als rührten sie von einem Dipol her. Wird nämlich die Ladung e verschoben, so kann man in der Ruhelage eine Ladung $-e$ angebracht denken, die mit ihr zusammen einen Dipol bildet, und diese wieder kann man durch eine ruhende Ladung e kompensieren; das Gitter dieser ruhenden Ladungen trägt nichts zu den bei Schwingungen auftretenden, zeitlich veränderlichen Feldern bei. Das Feld des Dipolgitters läßt sich aus dem *Hertz*schen Vektor $\mathfrak{Z}$ ableiten vermöge der Formeln[332])

---

327) *P. P. Ewald,* Ann. d. Phys. 49 (1916), p. 1, 117.

328) *P. P. Ewald,* Habilitationsschrift München 1917; abgedr. Ann. d. Phys. 54 (1917), p. 519, 557; Phys. Ztschr. 21 (1920), p. 617; Ztschr. f. Phys. 2 (1920), p. 332.

329) *M. Stenström,* Exper. Unters. d. Röntgenspektra (Lund 1919); *E. Hjalmar*, Ztschr. f. Phys. 1 (1920), p. 439; *M. Siegbahn,* Ztschr. f. Phys. 9 (1922), p. 68 und Paris C. R. 174 (1922), p. 745; *Bergen Davis* u. *H. M. Terril,* Proc. Nat. Acad. of Sc. 8 (1922), p. 357.

330) *M. Born,* Dynamik d. Kristallgitter (Leipzig 1915), Teil II.

331) *P. P. Ewald,* Ann. d. Phys. 64 (1921), p. 253.

332) S. etwa *M. Abraham,* Theorie der Elektrizität II, 3. Aufl. (Leipzig 1914), Formeln (48c), (48d), p. 55.

$$(484)\qquad \begin{cases} \mathfrak{E} = \operatorname{grad}\operatorname{div}\mathfrak{Z} - \frac{1}{c^2}\frac{\partial^2 \mathfrak{Z}}{\partial t^2}, \\ \mathfrak{H} = \frac{1}{c}\operatorname{rot}\frac{\partial \mathfrak{Z}}{\partial t}. \end{cases}$$

$\mathfrak{Z}$ genügt der Wellengleichung

$$(485)\qquad \nabla^2 \mathfrak{Z} - \frac{1}{c^2}\frac{\partial^2 \mathfrak{Z}}{\partial t^2} = 0.$$

Bei *Ewald* und den andern zitierten Autoren wird das Feld einer ebenen elektromagnetischen Welle durch Summation der von den einzelnen Dipolen ausgehenden Kugelwellen gewonnen; dabei treten Konvergenzschwierigkeiten auf, ganz ähnlich denen, die in der Theorie der elektrostatischen Gitterpotentiale (s. Nr. **37**) zu überwinden waren. *Ewald* umgeht diese, indem er jede einzelne Kugelwelle mit einem Faktor der Form e^{-kr} versieht, der eine (räumliche) Dämpfung bedeutet, und am Schluß zum Limes $k = 0$ übergeht. Man vermeidet diese Schwierigkeiten, indem man nicht von der quellenmäßigen Darstellung des Feldes ausgeht, sondern es durch seine Eigenschaften beschreibt und dazu einen analytischen Ausdruck mit Hilfe der *Fourier*schen Reihen bestimmt; der Übergang zur Darstellung als Summe von Kugelwellen folgt dann leicht mit Hilfe der Thetatransformationsformel.

Eine ebene elektromagnetische Welle im Gitter besteht aus Verrückungen der Gitterpunkte nach Formel (99):

$$(486)\qquad \mathfrak{u}_k^l = \mathfrak{U}_k e^{-i\omega t} e^{i\tau(\mathfrak{s}\mathfrak{r}_k^l)},$$

begleitet von einem elektromagnetischen Felde

$$(486')\qquad \mathfrak{Z} = \mathfrak{S} e^{-i\omega t} e^{i\tau(\mathfrak{s}\mathfrak{r})},$$

wo der Vektor $\mathfrak{S}$ eine Ortsfunktion ist, die offenbar folgende Eigenschaften haben muß:

1. Sie ist überall regulär analytisch außer in den Gitterpunkten $\mathfrak{r}_k^l$, wo sie Pole erster Ordnung mit den Residuen

$$\mathfrak{p}_k = e_k \mathfrak{U}_k$$

hat, d. h. eine Entwicklung der Form[333])

$$\mathfrak{S} = \frac{\mathfrak{p}_k}{|\mathfrak{r}_k^l - \mathfrak{r}|} + A.F$$

zuläßt;

2. sie ist periodisch im Gitter, d. h. sie nimmt in entsprechenden Punkten der Zellen gleiche Werte an;

333) Das Zeichen *A. F.* bedeutet hier und im folgenden eine in dem betrachteten (für $\mathfrak{S}$ singulären) Punkte und seiner Umgebung regulär analytische Funktion.

3. sie genügt der aus (485) durch die Substitution (486′) hervorgehenden Differentialgleichung

$$(487)\qquad \tau^2\left(\frac{1}{n^2}-1\right)\mathfrak{S}+2i\tau(\mathfrak{s}\nabla)\mathfrak{S}+\nabla^2\mathfrak{S}=0,$$

wo

$$(488)\qquad n=\frac{c\tau}{\omega}=\frac{c}{\lambda\nu}$$

der Brechungsindex ist.

Durch diese Bedingung ist $\mathfrak{S}$ eindeutig bestimmt, wie sich aus der im folgenden mitgeteilten Darstellung ergibt (oder sich mit Hilfe der *Green*schen Sätze leicht beweisen läßt).

Man genügt der Forderung 1 dadurch, daß man

$$(489)\qquad \mathfrak{S}=\sum_k \mathfrak{p}_k S(\mathfrak{r}-\mathfrak{r}_k)$$

setzt, wo $S(\mathfrak{r})$ eine skalare Ortsfunktion ist, die

1. periodisch ist im Gitter,
2. überall in der Basis analytisch außer im Nullpunkt, wo ihr Verhalten durch die Gleichung
$$S=\frac{1}{r}+A.F.$$
beschrieben wird, d. h. wo sie einen Pol erster Ordnung mit dem Residuum 1 hat,
3. der Differentialgleichung
$$(490)\qquad \tau^2\left(\frac{1}{n^2}-1\right)S+2i\tau(\mathfrak{s},\operatorname{grad}S)+\nabla^2S=0$$
genügt.

Man kann diese Funktion S leicht durch eine *Fourier*sche Reihe darstellen:

$$S=\mathop{\mathrm{S}}_{l} s^l e^{i(\mathfrak{q}^l\mathfrak{r})},$$

wo $\mathfrak{q}^l$ der durch (415) (Nr. 37) definierte Vektor ist. Nach allgemeinen Sätzen[334]) konvergiert diese Reihe überall außer in den Punkten der durch die Gitterpunkte $\mathfrak{r}^l$ gehenden, zu den Zellenkanten parallelen Geraden, da der Pol der Funktion S im Nullpunkt von niederer als zweiter, nämlich erster Ordnung ist.

Die Koeffizienten

$$(490\,\mathrm{a})\qquad s^l=\frac{1}{\Delta}\iiint S e^{-i(\mathfrak{q}^l\mathfrak{r})}\,dx\,dy\,dz$$

lassen sich mit Hilfe der *Green*schen Formel

$$\iiint(f\nabla^2 g-g\nabla^2 f)\,dx\,dy\,dz=\iint\left(f\frac{\partial g}{\partial\nu}-g\frac{\partial f}{\partial\nu}\right)d\sigma$$

aus der Differentialgleichung (490) berechnen.

334) S. etwa *M. Born,* Dynamik der Kristallgitter, Anhang, p. 114.

Dabei soll das dreifache Integral hier und im folgenden stets über die Zelle erstreckt werden, ausgenommen unendlich kleine Kugeln, durch welche die etwa vorhandenen Singularitäten der Funktionen f und g ausgeschlossen werden. Das Flächenintegral soll über die Begrenzung der Zelle und über die Oberfläche der kleinen Kugeln erstreckt werden; ν bedeutet die äußere Normale.

Man wähle nun

$$f(\mathfrak{r}) = e^{-i(\mathfrak{q}^l \mathfrak{r})}, \quad g(\mathfrak{r}) = S(\mathfrak{r});$$

dann ist f regulär in der Zelle und genügt der Differentialgleichung

$$\nabla^2 f = -|\mathfrak{q}^l|^2 f,$$

während g im Nullpunkt einen Pol hat und der Differentialgleichung (490) genügt. Schließt man nun diesen Pol durch eine kleine Kugel aus und beachtet, daß die Oberflächenintegrale über je zwei gegenüberliegende Grenzflächen der Zelle sich wegen der Periodizität von f und g aufheben, so erhält man

$$\iiint \left\{ -f\left[\tau^2\left(\frac{1}{n^2}-1\right)S + 2i\tau(\mathfrak{s}\operatorname{grad} S)\right] + |\mathfrak{q}^l|^2 fS \right\} dx\,dy\,dz = 4\pi.$$

Das Integral des zweiten Gliedes kann man durch partielle Integration umformen; dabei liefert das Oberflächenintegral über die kleine Kugel keinen Beitrag und das über die Begrenzung der Zelle fällt wegen der Periodizität fort. Man hat also

$$\iiint f(\mathfrak{s}\operatorname{grad} S)\,dx\,dy\,dz = -\iiint S(\mathfrak{s}\operatorname{grad} f)\,dx\,dy\,dz$$
$$= i(\mathfrak{s}\mathfrak{q}^l)\iiint Sf\,dx\,dy\,dz.$$

Setzt man das ein, so erhält man schließlich

$$\left\{|\mathfrak{q}^l|^2 + 2\tau(\mathfrak{s}\mathfrak{q}^l) - \tau^2\left(\frac{1}{n^2}-1\right)\right\}\iiint Sf\,dx\,dy\,dz = 4\pi,$$

oder nach (490a)

$$\varDelta s^l = \frac{4\pi}{|\mathfrak{q}^l|^2 + 2\tau(\mathfrak{s}\mathfrak{q}^l) + \tau^2\frac{n^2-1}{n^2}} = \frac{4\pi}{(\mathfrak{q}^l+\tau\mathfrak{s})^2 - \frac{\tau^2}{n^2}}.$$

Danach wird

(491) $$S = \frac{4\pi}{\varDelta}\mathop{\mathrm{S}}_{l}\frac{e^{i(\mathfrak{q}^l\mathfrak{r})}}{(\mathfrak{q}^l+\tau\mathfrak{s})^2 - \frac{\tau^2}{n^2}}.$$

Die weitere Behandlung gliedert sich in zwei verschiedene Fälle, je nachdem, ob die Gitterkonstante δ mit der Wellenlänge λ vergleichbar (bzw. gar größer) oder ob sie sehr viel kleiner als λ ist. Der erstere Fall entspricht den *Röntgenstrahlen*; da $\mathfrak{q}^l$ von der Größenordnung $\frac{1}{\delta}$ und $\lambda = \frac{2\pi}{\tau}$ ist, so kann es vorkommen, daß der Nenner eines der

*Fourier*glieder sehr klein wird. Dann überwiegt das betreffende Glied und man hat wesentlich eine oder eine endliche Zahl einfach periodischer, ebener Wellen. Hierauf beruht die Zerstreuung der Röntgenstrahlen (nach *v. Laue* und *Bragg*); auf die *Ewald*sche Theorie dieses Vorgangs, die an die Formel (491) anknüpft, kommen wir unten kurz zurück (Nr. **44**).

Der zweite Fall entspricht der *Optik des sichtbaren Lichts.* Wenn $\lambda \gg \delta$ ist, wird keiner der Nenner klein, außer dem des konstanten Gliedes ($l = 0$), das von der Größenordnung $\frac{1}{\tau^2} = \frac{\lambda^2}{4\pi^2}$ wird. Dieses Glied hat also eine überragende Bedeutung und soll daher abgetrennt werden; wir schreiben

$$(492) \qquad S = \frac{4\pi}{\Delta}\frac{n^2}{n^2-1}\frac{1}{\tau^2} + S^*, \qquad S^* = \frac{4\pi}{\Delta}\mathop{\mathfrak{S}'}_{l}\frac{e^{i(\mathfrak{q}^l\mathfrak{r})}}{(\mathfrak{q}^l+\tau\mathfrak{s})^2-\frac{\tau^2}{n^2}}.$$

Diese *Fourier*sche Reihe konvergiert überall außer auf den, durch die Gitterpunkte $\mathfrak{r}^l$ gehenden, zu den Zellenkanten parallelen Geraden; die Konvergenz ist aber schlecht und die Reihe läßt sich nicht gliedweise differenzieren. Daher soll sie jetzt in eine von *Ewald* angegebene, rasch konvergente Form gebracht werden, die außerdem einen einfachen Übergang zur quellenmäßigen Darstellung, als Summe von Dipolkugelwellen, erlaubt.

Mit Hilfe der Identität

$$\frac{1}{a} = \int_0^\infty e^{-a\xi}d\xi$$

läßt sich S^* so zerlegen:

$$(493) \qquad S^* = S_1 + S_2,$$

$$(493') \qquad \begin{cases} S_1 = \dfrac{4\pi}{\Delta}\displaystyle\int_\eta^\infty \mathop{\mathfrak{S}'}_{l} e^{-\left[(\mathfrak{q}^l+\tau\mathfrak{s})^2-\frac{\tau^2}{n^2}\right]\xi + i(\mathfrak{q}^l\mathfrak{r})}\,d\xi, \\ S_2 = \dfrac{4\pi}{\Delta}\displaystyle\int_0^\eta \mathop{\mathfrak{S}'}_{l} e^{-\left[(\mathfrak{q}^l+\tau\mathfrak{s})^2-\frac{\tau^2}{n^2}\right]\xi + i(\mathfrak{q}^l\mathfrak{r})}\,d\xi. \end{cases}$$

Das erste Integral läßt sich elementar ausführen:

$$S_1 = \frac{4\pi}{\Delta}\mathop{\mathfrak{S}'}_{l}\frac{e^{-\eta\left[(\mathfrak{q}^l+\tau\mathfrak{s})^2-\frac{\tau^2}{n^2}\right] + i(\mathfrak{q}^l\mathfrak{r})}}{(\mathfrak{q}^l+\tau\mathfrak{s})^2-\frac{\tau^2}{n^2}}.$$

Im zweiten läßt sich der Integrand mit Hilfe der Thetatransformationsformel (422) umformen.

Setzt man in dieser

$$\mathfrak{B} = 2\tau\sqrt{\xi}\,\mathfrak{s}, \quad \mathfrak{A} = -\frac{\mathfrak{r}}{2\sqrt{\xi}}, \quad \mathfrak{A}_1 = \frac{\mathfrak{a}_1}{2\sqrt{\xi}}, \quad \mathfrak{A}_2 = \frac{\mathfrak{a}_2}{2\sqrt{\xi}}, \quad \mathfrak{A}_3 = \frac{\mathfrak{a}_3}{2\sqrt{\xi}},$$

also

$$\mathfrak{G}_l = \frac{1}{2\sqrt{\xi}}(\mathfrak{r}^l - \mathfrak{r}), \quad \mathfrak{Q}_l = \sqrt{\xi}\,\mathfrak{q}^l,$$

so wird

$$\mathop{\mathbf{S}}_l e^{-\frac{1}{4\xi}(\mathfrak{r}^l - \mathfrak{r})^2 + i\tau(\mathfrak{r}^l - \mathfrak{r}, \mathfrak{s})} = \frac{8\pi^{\frac{3}{2}}\xi^{\frac{3}{2}}}{\varDelta}\mathop{\mathbf{S}}_l e^{-(\mathfrak{q}^l + \tau\mathfrak{s})^2\xi + i(\mathfrak{q}^l\mathfrak{r})}.$$

Somit hat man

$$S_2 = -\frac{4\pi}{\varDelta}\int_0^\eta e^{-\tau^2\left(1-\frac{1}{n^2}\right)\xi}\,d\xi + \frac{4\pi}{\varDelta}\int_0^\eta \mathop{\mathbf{S}}_l e^{-\left[(\mathfrak{q}^l + \tau\mathfrak{s})^2 - \frac{\tau^2}{n^2}\right]\xi + i(\mathfrak{q}^l\mathfrak{r})}\,d\xi,$$

$$\text{(493'')} \qquad S_2 = \frac{4\pi}{\varDelta}\,\frac{e^{-\tau^2\left(1-\frac{1}{n^2}\right)\eta} - 1}{\tau^2\left(1-\frac{1}{n^2}\right)}$$

$$+ \frac{1}{2\sqrt{\pi}}\int_0^\eta \mathop{\mathbf{S}}_l e^{-\frac{1}{4\xi}(\mathfrak{r}^l - \mathfrak{r})^2 + i\tau(\mathfrak{r}^l - \mathfrak{r}, \mathfrak{s}) + \frac{\tau^2}{n^2}\xi}\,\frac{d\xi}{\xi^{\frac{3}{2}}}.$$

Es werde nun wieder die durch (426′) eingeführte Funktion

$$G(x) = \frac{2}{\sqrt{\pi}}\int_x^\infty e^{-\alpha^2}\,d\alpha = 1 - F(x)$$

gebraucht, wo $F(x)$ die Fehlerfunktion ist; dann gilt die von *Ewald*[335]) bewiesene Identität:

$$\text{(494)} \quad \frac{2}{\sqrt{\pi}}\int_\varepsilon^\infty e^{-R^2\alpha^2 + \frac{K^2}{4\alpha^2}}\,d\alpha = \frac{1}{2R}\left\{e^{iKR}G\left(\varepsilon R + \frac{iK}{2\varepsilon}\right) + e^{-iKR}G\left(\varepsilon R - \frac{iK}{2\varepsilon}\right)\right\}.$$

Man kann in dieser zur Grenze $\varepsilon = 0$ übergehen, wenn man den reellen Integrationsweg der α-Ebene ins Komplexe verzerrt und so führt, daß er etwa unter dem Winkel $-\frac{\pi}{4}$ vom Nullpunkt in die untere Halbebene einläuft (s. Fig. 10) und dann sich der reellen Achse annähert. Dann erhält man die bekannte Formel

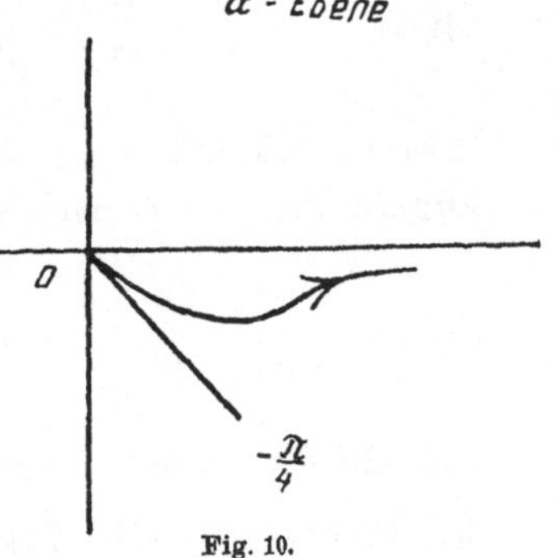

Fig. 10.

$$\text{(494')} \quad \frac{2}{\sqrt{\pi}}\int_0^\infty e^{-R^2\alpha^2 + \frac{K^2}{4\alpha^2}}\,d\alpha = \frac{e^{iKR}}{R},$$

von der nachher Gebrauch gemacht wird.

335) *P. P. Ewald*, l. c. Anm. 254), Anhang.

Setzt man in S_2

$$\alpha = \frac{1}{2\sqrt{\xi}}, \quad \varepsilon = \frac{1}{2\sqrt{\eta}},$$

so läßt sich das Integral mittelst der Hilfsformel (494) ausrechnen; führt man auch in S_1 die Größe ε statt η ein, so wird schließlich:

$$(495)\quad \begin{cases} S_1 = \dfrac{4\pi}{\Delta} \mathop{\mathsf{S}'}\limits_{l} \dfrac{e^{-\frac{1}{4\varepsilon^2}\left[(\mathfrak{q}^l + \tau\mathfrak{s})^2 - \frac{\tau^2}{n^2}\right] + i(\mathfrak{q}^l \mathfrak{r})}}{(\mathfrak{q}^l + \tau\mathfrak{s}) - \frac{\tau^2}{n^2}} \\[2ex] S_2 = \dfrac{4\pi}{\Delta} \dfrac{n^2}{n^2-1} \dfrac{1}{\tau^2}\left(e^{-\frac{n^2-1}{n^2}\frac{\tau^2}{4\varepsilon^2}} - 1\right) \\[2ex] \quad + \mathop{\mathsf{S}}\limits_{l} \dfrac{e^{i\tau(\mathfrak{r}^l - \mathfrak{r}, \mathfrak{s})}}{2\,|\mathfrak{r}^l - \mathfrak{r}|}\Big\{e^{i\frac{\tau}{n}|\mathfrak{r}^l - \mathfrak{r}|}\, G\!\left(\varepsilon|\mathfrak{r}^l - \mathfrak{r}| + \dfrac{i\tau}{2\varepsilon n}\right) \\[2ex] \qquad + e^{-i\frac{\tau}{n}|\mathfrak{r}^l - \mathfrak{r}|}\, G\!\left(\varepsilon|\mathfrak{r}^l - \mathfrak{r}| - \dfrac{i\tau}{2\varepsilon n}\right)\Big\}. \end{cases}$$

Man sieht aus diesen Formeln, daß S_1 und S_2 reguläre Funktionen von τ sind. Die Reihen konvergieren bei geeigneter Wahl von ε beide gut, und zwar S_1 um so besser, je kleiner ε ist, S_2 um so besser, je größer ε ist. Letzteres folgt daraus, daß für große x die asymptotische Näherungsformel

$$G(x) = 1 - F(x) = \frac{1}{\sqrt{\pi}} \frac{e^{-x^2}}{x}$$

gilt.

Die Einführung der Trennungsstelle ε ist, wie bei den elektrostatischen Gitterpotentialen, *Ewalds* Verdienst. Für $\varepsilon = \infty$ verschwindet S_2 und S_1 geht in die ursprüngliche *Fourier*sche Reihe (491) über.

Für $\varepsilon = 0$ muß man die Grenzformel (494′) beachten; man erhält dann $S_1 = 0$ und

$$(496)\qquad S = \frac{1}{\tau^2}\frac{4\pi}{\Delta}\frac{n^2}{n^2-1} + S_2 = \mathop{\mathsf{S}}\limits_{l} \frac{e^{i\tau(\mathfrak{r}^l - \mathfrak{r}, \mathfrak{s}) + \frac{i\tau}{n}|\mathfrak{r}^l - \mathfrak{r}|}}{|\mathfrak{r}^l - \mathfrak{r}|}.$$

Hieraus erkennt man die Zusammensetzung des Feldes aus Dipolkugelwellen; denn nach (486′) und (489) wird

$$(496')\qquad \mathfrak{Z} = e^{-i\omega t} \sum_k \mathop{\mathsf{S}}\limits_{l} \mathfrak{p}_k e^{i\tau(\mathfrak{r}_k{}^l \mathfrak{s})} \frac{e^{\frac{i\tau}{n}|\mathfrak{r}_k^l - \mathfrak{r}|}}{|\mathfrak{r}_k{}^l - \mathfrak{r}|}.$$

Die Glieder dieser Summe sind wegen $\frac{\tau}{n} = \frac{\omega}{c}$ Kugelwellen von der Frequenz ω mit Vakuumlichtgeschwindigkeit c, die von den Dipolen mit den Momenten

$$\mathfrak{p}_k e^{-i\omega t} e^{i\tau(\mathfrak{r}_k^l \mathfrak{s})} = e_k \mathfrak{u}_k^l$$

erregt werden; diese bilden selbst eine ebene Welle, die mit der Geschwindigkeit $\frac{\tau}{\omega} = \frac{n}{c}$ fortschreitet.

43. Elektromagnetische Wechselwirkungen. Damit eine Welle der beschriebenen Art dynamisch möglich ist, müssen die Kräfte, die das elektromagnetische Feld der Welle auf die einzelnen Partikel ausübt, mit den übrigen Kräften, die die Partikel im Gitterverbande festhalten, im Gleichgewicht stehen. Hierzu ist zu bemerken, daß die Trennung der Kräfte in elektromagnetische und andere nur als vorläufig anzusehen ist; in Wirklichkeit werden alle Kräfte elektromagnetischer Natur sein, durch Quantenbedingungen in ihrer Wirksamkeit eingeschränkt. Solange die Lehre vom Atombau nicht alle Einzelheiten dieser Vorgänge liefert, wird man gut daran tun, für das Studium der optischen Eigenschaften des Gitters das Atom als fertiges Gebilde mit quasielastisch an den Kern gebundenen Elektronen anzusehen und diese Bindungskräfte den elektromagnetischen Wechselwirkungen gegenüber zu stellen.

Das elektromagnetische Feld, das an einer Partikel angreift, ist natürlich nur das der übrigen Partikel; *Ewald* nennt es das „erregende Feld". Die Wirkung der Partikel auf sich selbst ist in die Trägheit seiner Masse einbegriffen. Der *Hertz*sche Vektor des erregenden Feldes für den Punkt $\mathfrak{r}_k^l$ ist nach (496')

$$\mathfrak{Z}_k^l = e^{-i\omega t} \sum_{k'} \mathfrak{S}'_{l'} \mathfrak{p}_{k'} \frac{e^{i\tau\left[(\mathfrak{r}_{k'}^{l'} \mathfrak{s}) + \frac{1}{n}\left|\mathfrak{r}_{k'}^{l'} - \mathfrak{r}\right|\right]}}{\left|\mathfrak{r}_{k'}^{l'} - \mathfrak{r}\right|}, \tag{497}$$

wo der Akzent am Summenzeichen bedeutet, daß die Indexkombination $k' = k$, $l' = l$ wegzulassen ist; durch $\mathfrak{S}$ drückt er sich so aus:

$$\mathfrak{Z}_k^l = e^{-i\omega t}\left\{e^{i\tau(\mathfrak{r}\mathfrak{s})}\,\mathfrak{S} - \mathfrak{p}_k \frac{e^{i\tau\left[(\mathfrak{r}_k^l \mathfrak{s}) + \frac{1}{n}\left|\mathfrak{r}_k^l - \mathfrak{r}\right|\right]}}{\left|\mathfrak{r}_k^l - \mathfrak{r}\right|}\right\}$$

$$= e^{-i\omega t} e^{i\tau(\mathfrak{r}_k^l \mathfrak{s})}\left\{e^{-i\tau(\mathfrak{r}_k^l - \mathfrak{r}, \mathfrak{s})}\,\mathfrak{S} - \mathfrak{p}_k \frac{e^{i\frac{\tau}{n}\left|\mathfrak{r}_k^l - \mathfrak{r}\right|}}{\left|\mathfrak{r}_k^l - \mathfrak{r}\right|}\right\}.$$

Zerlegt man nun $\mathfrak{S}$ nach (489), so wird

$$\mathfrak{Z}_k^l = e^{-i\omega t} e^{i\tau(\mathfrak{r}_k^l \mathfrak{s})}\left\{\sum_{k'} \mathfrak{p}_{k'} e^{-i\tau(\mathfrak{r}_{k'}^{l'} - \mathfrak{r}, \mathfrak{s})} S(\mathfrak{r} - \mathfrak{r}_{k'}) - \mathfrak{p}_k \frac{e^{\frac{i\tau}{n}\left|\mathfrak{r}_k^l - \mathfrak{r}\right|}}{\left|\mathfrak{r}_k^l - \mathfrak{r}\right|}\right\}.$$

Hier ist offenbar der Ausdruck in der Klammer periodisch im Gitter;

man kann ihn daher durch seinen Wert für $l = 0$ ersetzen. Führt man also die Funktion

$$(498)\qquad \Psi_{kk'} = e^{-i\tau(\mathfrak{r}_{k'}-\mathfrak{r},\mathfrak{s})} S(\mathfrak{r}-\mathfrak{r}_{k'}) - \delta_{kk'} \frac{e^{\frac{i\tau}{n}|\mathfrak{r}_{k'}-\mathfrak{r}|}}{|\mathfrak{r}_{k'}-\mathfrak{r}|}$$

ein, so wird

$$(497')\qquad \mathfrak{Z}_k^l = e^{-i\omega t} e^{i\tau\left(\mathfrak{r}_k^l\mathfrak{s}\right)} \sum_{k'} \Psi_{kk'} \mathfrak{p}_{k'}.$$

Endlich trennen wir von S das konstante Glied der *Fourier*schen Reihe (491) ab und setzen entsprechend

$$(498')\qquad \Psi_{kk'} = \frac{1}{\tau^2}\frac{4\pi}{\Delta}\frac{n^2}{n^2-1} e^{-i\tau(\mathfrak{r}_{k'}-\mathfrak{r},\mathfrak{s})} + P_{kk'},$$

wo

$$(499)\qquad P_{kk'} = e^{-i\tau(\mathfrak{r}_{k'}-\mathfrak{r},\mathfrak{s})} S^*(\mathfrak{r}-\mathfrak{r}_{k'}) - \delta_{kk'} \frac{e^{\frac{i\tau}{n}|\mathfrak{r}_{k'}-\mathfrak{r}|}}{|\mathfrak{r}_{k'}-\mathfrak{r}|}$$

ist.

Um nun die auf die Partikel $\mathfrak{r}_k^l$ wirkende Kraft zu ermitteln, hat man aus $\mathfrak{Z}_k^l$ nach (484) $\mathfrak{E}$ und $\mathfrak{H}$ zu berechnen, dann den Vektor

$$\mathfrak{F} = e_k\left\{\mathfrak{E} + \frac{1}{c}[\dot{\mathfrak{u}}_k^l \mathfrak{H}]\right\}$$

zu bilden und darin $\mathfrak{r}$ gegen $\mathfrak{r}_k^l$ konvergieren zu lassen. Da $\mathfrak{Z}_k^l$ und damit auch $\mathfrak{E}_k^l$ und $\mathfrak{H}_k^l$ lineare Funktionen der Verrückungen $\mathfrak{u}_k^l$ sind, so wird der magnetische Anteil der Kraft quadratisch in den $\mathfrak{u}_k^l$. Nun haben wir uns überall mit Ausnahme des Kapitels über die Zustandsgleichung (Nr. **29**—**32**) in den Kräften stets auf die ersten Potenzen der Verrückungen beschränkt; daher lassen wir jetzt konsequenter Weise den magnetischen Anteil der Kraft fort.

Die auf die Partikel $\mathfrak{r}_k^l$ wirkende elektromagnetische Kraft ist also

$$(500)\qquad \mathfrak{F}_k^l = [e_k \mathfrak{E}]_{\mathfrak{r}_k^l} = e_k\left[\operatorname{grad}\operatorname{div}\mathfrak{Z}_k^l + \frac{\tau^2}{n^2}\mathfrak{Z}_k^l\right]_{\mathfrak{r}_k^l};$$

ihre Komponenten sind:

$$\mathfrak{F}_{kx}^l = e_k e^{-i\omega t} e^{i\tau\left(\mathfrak{r}_k^l\mathfrak{s}\right)} \sum_{k'}\sum_{y}\left[\frac{\partial^2 \Psi_{kk'}}{\partial x\,\partial y} + \delta_{xy}\frac{\tau^2}{n^2}\Psi_{kk'}\right]_{\mathfrak{r}_k} \cdot \mathfrak{p}_{k'y}.$$

Setzt man hier für $\Psi_{kk'}$ den Ausdruck (498′) ein und ersetzt im zweiten Gliede $\frac{\tau}{n}$ durch $\frac{\omega}{c}$, so erhält man:

$$(500')\qquad \mathfrak{F}_{kx}^l = \left\{\frac{4\pi e_k}{n^2-1}(\mathfrak{P}_x + n^2\mathfrak{s}_x(\mathfrak{s}\mathfrak{P})) + \omega^2\sum_{k'} m_{kk'}\mathfrak{u}_{k'x} + \sum_{k'}\sum_{y}\begin{bmatrix}k\,k'\\ x\,y\end{bmatrix}^{(e)}\mathfrak{u}_{k'y}\right\} e^{-i\omega t} e^{i\tau\left(\mathfrak{r}_k^l\mathfrak{s}\right)},$$

wobei folgende Abkürzungen gebraucht sind:

(501)
$$\left\{\begin{aligned} \mathfrak{P} &= \frac{1}{\Delta}\sum_k \mathfrak{p}_k = \frac{1}{\Delta}\sum_k e_k \mathfrak{U}_k, \\ m_{kk'} &= \frac{1}{c^2} e_k e_{k'} [P_{kk'}]_{\mathfrak{r}_k}, \\ \begin{bmatrix} k\ k' \\ x y \end{bmatrix}^{(e)} &= e_k e_{k'} \left[\frac{\partial^2 P_{kk'}}{\partial x\, \partial y}\right]_{\mathfrak{r}_k}. \end{aligned}\right.$$

Durch die Formel (500′) wird die Kraft, die auf eine Partikel wirkt, in drei völlig verschiedene Teile zerlegt:

Der erste Teil hat die Amplitude

(502)
$$\mathfrak{B}_k = e_k \overline{\mathfrak{E}}, \quad \overline{\mathfrak{E}} = \frac{4\pi}{n^2 - 1}(\mathfrak{P} + n^2 \mathfrak{s}(\mathfrak{s}\mathfrak{P}));$$

er entsteht aus dem konstanten Gliede der *Fourier*schen Reihe (491) der Funktion S, also aus dem räumlichen Mittelwerte des *Hertz*schen Vektors, und stellt daher die Kraft dar, die von dem mittleren, der Beobachtung zugänglichen Felde $\overline{\mathfrak{E}}$ ausgeübt wird. In der Tat stimmt der Ausdruck von $\mathfrak{B}_k$ genau mit dem überein, der nach (169), (171), (172) (Nr. **20**) von der *Maxwell*schen Kontinuumstheorie geliefert wird. Hierin besteht die Rechtfertigung des früher angewandten Verfahrens.

Der zweite Teil ist dem Quadrat der Frequenz ω proportional; seine Amplitude ist

$$\omega^2 \sum_{k'} m_{kk'} \mathfrak{U}_{k'}.$$

Er stellt also einen Beitrag zur Trägheit dar. Die Größen $m_{kk'}$ sind Komponenten der (tensoriellen) elektromagnetischen Masse der Zelle.[335])

Der dritte Teil hat genau die Form der Glieder in der Schwingungsgleichung (133) (Nr. **17**), welche die Wechselwirkung zwischen den Partikeln des Gitters darstellen.

Um nun die Bedingungen dafür aufzufinden, daß eine Welle von der hier betrachteten Art im Gitter dynamisch möglich ist, hat man auf die Bewegungsgleichungen (130) (Nr. **17**) zurückzugehen. Dort wurde früher für $\mathfrak{F}_k^l$ die von einer gegebenen äußeren Lichtwelle erzeugte Kraft gesetzt. Jetzt nehmen wir für $\mathfrak{F}_k^l$ den Ausdruck (500′), der die von allen Partikeln des Gitters auf eine ausgeübte Kraft darstellt; dann erhält man:

(503)
$$\omega^2\Big(m_k \mathfrak{U}_{kx} + \sum_{k'} m_{kk'} \mathfrak{U}_{k'x}\Big) + \sum_{k'}\sum_{y} \begin{bmatrix} k k' \\ x y \end{bmatrix} \mathfrak{U}_{k'y} = -\mathfrak{B}_{kx}.$$

Das stimmt mit der früheren Schwingungsgleichung (133) bis auf das

335) *M. Born*, Berl. Ber. **1918**, p. **712**.

Hinzukommen der elektromagnetischen Massen genau überein. Die Klammersymbole bedeuten jetzt die Summen der früher allein betrachteten Atomkräfte (Index a) und der durch (501) definierten elektromagnetischen. Wechselwirkungen (Index e):

$$\left[\begin{matrix}kk'\\xy\end{matrix}\right] = \left[\begin{matrix}kk'\\xy\end{matrix}\right]^{(a)} + \left[\begin{matrix}kk'\\xy\end{matrix}\right]^{(e)}. \tag{504}$$

Da die elektromagnetische Trägheit äußerst klein und wohl immer zu vernachlässigen ist, so ist damit bewiesen, daß die *Ewald*sche Auffassung der Wellenfortpflanzung als „freie" Schwingung genau zu demselben Resultat führt wie die formale Anwendung der *Maxwell*schen Gleichungen, bei der es sich um erzwungene Schwingungen handelt. Die strenge Theorie führt nur insofern weiter, als sie die elektromagnetischen Wechselwirkungen tatsächlich zu berechnen erlaubt.

Hierzu ist die genauere Untersuchung der Funktion $P_{kk'}$ nötig; wir schreiben diese nach (499)

$$\begin{cases} P_{kk'} = e^{i\tau(\mathfrak{r}-\mathfrak{r}_{k'},\mathfrak{s})}\, S^*(\mathfrak{r}-\mathfrak{r}_{k'}), & (k' \neq k) \\ P_{kk} = e^{i\tau(\mathfrak{r}-\mathfrak{r}_k,\mathfrak{s})}\, \overline{S}(\mathfrak{r}-\mathfrak{r}_k), \end{cases} \tag{505}$$

wo

$$\overline{S}(\mathfrak{r}) = S^*(\mathfrak{r}) - \frac{e^{\frac{i\tau}{n}|\mathfrak{r}| - i\tau(\mathfrak{r},\mathfrak{s})}}{|\mathfrak{r}|} \tag{506}$$

gesetzt ist.

In $P_{kk'}$ $(k' \neq k)$ lassen sich die zur Bildung des Klammersymbols (501) nötigen Operationen ohne weiteres ausführen, da $S^*(\mathfrak{r}_k - \mathfrak{r}_{k'})$ endlich ist. In P_{kk} aber muß man zuerst das für $\mathfrak{r} = \mathfrak{r}_k$ unendlich werdende Glied nach (506) abziehen und kann dann erst das Klammersymbol ausrechnen.

Hierzu teilt man mit *Ewald* die Funktion S^* nach (493) in die Teile S_1 und S_2, und gleichzeitig das abzuziehende Glied in derselben Weise:

$$\frac{e^{\frac{i\tau}{n}|\mathfrak{r}| - i\tau(\mathfrak{r}\mathfrak{s})}}{|\mathfrak{r}|} = \frac{2}{\sqrt{\pi}} \int_{(0)}^{\varepsilon} e^{-\mathfrak{r}^2\alpha^2 + \frac{\tau^2}{n^2}\cdot\frac{1}{4\alpha} - i\tau(\mathfrak{r}\mathfrak{s})}\, d\alpha$$
$$+ \frac{2}{\sqrt{\pi}} \int_{\varepsilon}^{\infty} e^{-\mathfrak{r}^2\alpha^2 + \frac{\tau^2}{n^2}\cdot\frac{1}{4\alpha} - i\tau(\mathfrak{r}\mathfrak{s})}\, d\alpha;$$

dabei ist der Integrationsweg in der α-Ebene, wie oben (p. 765) so zu führen, daß er vom Nullpunkt etwa unter dem Winkel $-\frac{\pi}{4}$ in die untere Halbebene ausläuft.

In dem zweiten Integral setze man $\alpha = \frac{1}{2\sqrt{\xi}}$, $\varepsilon = \frac{1}{2\sqrt{\eta}}$, und erkennt dann, daß es mit dem Gliede $l = 0$ des entsprechenden Integrals in dem Ausdruck (493″) für S_2 identisch wird. Also entsteht $\overline{S}_2$ aus S_2^* einfach durch Weglassen des Gliedes $l = 0$.

Das erste Integral aber läßt sich mit Hilfe der Fehlerfunktion ausführen; denn aus der *Ewald*schen Identität (494) folgt mit Rücksicht auf (494′):

$$\begin{aligned}(507)\quad \frac{2}{\sqrt{\pi}}\int\limits_{(0)}^{\varepsilon} e^{-R^2\alpha^2+\frac{K^2}{4\alpha^2}}\,d\alpha &= i\frac{\sin KR}{R}\\ &+\frac{1}{2R}\left\{e^{iKR}F\left(\varepsilon R+\frac{iK}{2\varepsilon}\right)+e^{-iKR}F\left(\varepsilon R-\frac{iK}{2\varepsilon}\right)\right\};\end{aligned}$$

man sieht sogleich, daß dieser Ausdruck für $R = 0$ einen endlichen Grenzwert hat.

Somit erhält man:

$$(508)\left\{\begin{aligned}\overline{S} &= \overline{S}_1+\overline{S}_2,\\ \overline{S}_1 &= e^{-i\tau(\mathfrak{r}\mathfrak{s})}\left\{\frac{4\pi}{\Delta}\mathop{\mathrm{S}'}_{l}\frac{e^{-\frac{1}{4\varepsilon^2}\left[(\mathfrak{q}^l+\tau\mathfrak{s})^2-\frac{\tau^2}{n^2}\right]+i(\mathfrak{q}^l+\tau\mathfrak{s},\,\mathfrak{r})}}{(\mathfrak{q}^l+\tau\mathfrak{s})^2-\frac{\tau^2}{n^2}}-i\frac{\sin\frac{\tau}{n}r}{r}\right.\\ &\qquad\left.-\frac{1}{2r}\left[e^{i\frac{\tau}{n}r}F\left(\varepsilon r+\frac{i\tau}{2\varepsilon n}\right)+e^{-i\frac{\tau}{n}r}F\left(\varepsilon r-\frac{i\tau}{2\varepsilon n}\right)\right]\right\},\\ \overline{S}_2 &= \frac{4\pi}{\Delta}\frac{n^2}{n^2-1}\frac{1}{\tau^2}\left(e^{-\frac{n^2-1}{n^2}\frac{\tau^2}{4\varepsilon^2}}-1\right)\\ &\qquad+\mathop{\mathrm{S}'}_{l}\frac{e^{i\tau(\mathfrak{r}^l-\mathfrak{r},\,\mathfrak{s})}}{2|\mathfrak{r}^l-\mathfrak{r}|}\left\{e^{i\frac{\tau}{n}|\mathfrak{r}^l-\mathfrak{r}|}G\left(\varepsilon|\mathfrak{r}^l-\mathfrak{r}|+\frac{i\tau}{2\varepsilon n}\right)\right.\\ &\qquad\qquad\left.+e^{-i\frac{\tau}{n}|\mathfrak{r}^l-\mathfrak{r}|}G\left(\varepsilon|\mathfrak{r}^l-\mathfrak{r}|-\frac{i\tau}{2\varepsilon n}\right)\right\}.\end{aligned}\right.$$

Diese Funktionen sind bei $\mathfrak{r} = 0$ regulär analytisch; dasselbe gilt also für P_{kk}; man kann daher die zur Bildung des Klammersymbols $\begin{bmatrix}k\,k\\x\,y\end{bmatrix}^{(e)}$ nötigen Operationen ausführen. Wenn das mittlere Feld $\overline{\mathfrak{E}}$ (502) Null ist, so handelt es sich um Vorgänge, die man als rein *mechanisch* bezeichnen wird, obwohl die elektromagnetischen Kräfte dabei keineswegs fortfallen; aber sie spielen dann ausschließlich die Rolle von Wechselwirkungen zwischen den Partikeln. Die Anregung solcher Schwingungen geschieht entweder grob mechanisch oder thermisch; die Frequenz ist dabei immer relativ klein, die Wellenlänge λ also klein gegen die zur selben Frequenz gehörige Vakuum-Wellenlänge $\frac{c}{\nu}$ des Lichtes. Daher kann man in den Wechselwirkungsgliedern $\omega = 0$, also $n = \frac{c\tau}{\omega} = \infty$ setzen. Die für $n = \infty$ aus (495) und

(508) folgenden Ausdrücke für S, $\bar{S}$ erlauben dann die elektrostatischen Anteile der physikalischen Parameter bei solchen quasistatischen Vorgängen zu berechnen. Entwickelt man sie nach Potenzen von τ bis zu den Gliedern mit τ^2, so muß man genau dieselben Ausdrücke bekommen, die auch die formale Anwendung der in Nr. **37**, IV angegebenen Methode zur Berechnung der elektrostatischen Konstanten des Gitters geben würde.

Die elektromagnetische Trägheit des Gitters wird besonders deutlich, wenn man nach dem in Nr. **16** erläuterten Verfahren die gewöhnlichen elastischen Wellengleichungen ableitet. An die Stelle von (125) tritt dann folgende Gleichung:

$$\Omega^{(2)}\Big(m + \sum_{kk'} m_{kk'}\Big)\mathfrak{u}_x + \sum_y \mathfrak{u}_y \sum_{kk'} \begin{bmatrix} 2 \\ kk' \\ xy \end{bmatrix} - \sum_k \sum_y \mathfrak{u}^{(1)}_{ky} \sum_{k'} \begin{bmatrix} 1 \\ kk' \\ xy \end{bmatrix} = 0.$$

Daher ist die gesamte elektromagnetische Masse der Zelle

$$\sum_{kk'} m_{kk'} = \frac{1}{c^2} \sum_{kk'} e_k e_{k'} [P_{kk'}]_{\mathfrak{r}_k},$$

wo in $P_{kk'}$ $\tau = 0$ zu setzen ist. Aus (427), (430′) einerseits, (495), (508) andererseits folgt aber

$$\text{für } \tau = 0: \qquad S^* = \psi, \quad \bar{S} = \dot{\bar{\psi}},$$

mithin nach (505) und (435)

$$(509) \qquad \sum_{kk'} m_{kk'} = \frac{1}{c^2}\Big\{\bar{\psi}(0) \sum_k e_k^2 + \sum_{kk'}{}' \psi(\mathfrak{r}_{kk'})\, e_k e_{k'}\Big\} = \frac{\varphi_0}{c^2}.$$

Die mit c^2 multiplizierte elektromagnetische Masse pro Zelle ist also gleich der elektrostatischen Energie aller Partikel auf eine Zelle, oder doppelt[336]) so groß wie die elektrostatische Energie des Gitters pro Zelle $\frac{1}{2}\varphi_0$. Dies ist ein instruktives Beispiel für die Trägheit der Energie.

Wenn das mittlere Feld $\bar{\mathfrak{E}}$ (502) von Null verschieden ist, handelt es sich um optische Wellen. Dann ist der Brechungsindex n als endlich zu betrachten. Die formalen Betrachtungen über Kristalloptik (Nr. **20**—**22**) bleiben (bei Weglassen der $m_{kk'}$) alle gültig. Es genügt hier, bis auf Glieder von höherer als erster Ordnung in τ zu ent-

---

336) Daß nicht die relativistische Formel Masse $= \frac{1}{c^2}$ Energie gilt, hat denselben Grund, der in der Theorie des starren Elektrons zu dem Faktor $\frac{4}{3}$ führt $\left(m = \frac{4}{3}\frac{U}{c^2}\right)$, nämlich die Annahme nicht elektromagnetischer Kräfte. Der hier auftretende Faktor 2 bedeutet, daß die Hälfte der Ruhenergie elektrostatisch, die andere fremder Art ist.

wickeln. Für $\tau = 0$ bekommt man wieder nach (505)

$$P_{kk'} = S^* = \psi \quad (k' \neq k), \qquad P_{kk} = \overline{S} = \overline{\psi},$$

und

$$(510) \begin{cases} \text{a)} \begin{bmatrix} 0 \\ kk \\ xy \end{bmatrix}^{(e)} = e_k^2 \left[\frac{\partial^2 \overline{\psi}}{\partial x \partial y}\right]_{\mathfrak{r}_k}, \\ \text{b)} \begin{bmatrix} 0 \\ kk' \\ xy \end{bmatrix}^{(e)} = e_k e_{k'} \left[\frac{\partial^2 \psi}{\partial x \partial y}\right]_{\mathfrak{r}_{kk'}}, \qquad (k' \neq k). \end{cases}$$

Die Größen (510b) stimmen bis auf den Faktor $\frac{1}{\varDelta}$ mit den statischen (433b) überein, wie es nach der allgemeinen Formel (105), Nr. **14**, sein muß; dagegen sind die dort durch $\sum\limits_{k'} \begin{bmatrix} kk' \\ xy \end{bmatrix} = 0$ definierten Größen $\frac{1}{\varDelta}\begin{bmatrix} kk \\ xy \end{bmatrix}$ von (510a) verschieden. Das liegt natürlich daran, daß die Energie des Dipolgitters bei einer Translation der beweglichen Ladungen (Elektronen) allein, ohne gleichzeitige Translation der ruhenden Ladungen (Kerne), *nicht* invariant ist. Nach den Ergebnissen von Nr. **23** hat man bei ultraroten Schwingungen ein Gitter von Polen, bei ultravioletten ein Gitter von Dipolen anzunehmen. Für erstere hat man die Größen (510a) wegzulassen und sie durch die Definition

$$\begin{bmatrix} 0 \\ kk \\ xy \end{bmatrix}^{(e)} = -\sum_{k'}{}' \begin{bmatrix} 0 \\ kk' \\ xy \end{bmatrix}$$

zu ersetzen; für letztere sind die unabhängigen Größen (510a) zu benutzen. Für solche Punktepaare der Basis regulärer Gitter, welche die Eigenschaft haben, daß bei Anwendung der Tetraederdrehungen um einen Punkt die zugehörigen einfachen Gitter in sich transformiert werden (insbesondere für *alle* Punktepaare der Basis der D-Gitter), ist nach (434)

$$(510') \begin{bmatrix} 0 \\ kk' \\ xx \end{bmatrix}^{(e)} = \begin{bmatrix} 0 \\ kk' \\ yy \end{bmatrix}^{(e)} = \begin{bmatrix} 0 \\ kk' \\ zz \end{bmatrix}^{(e)} = D_{kk'}^{(e)} = \frac{4\pi}{3}\frac{e_k e_{k'}}{\varDelta}, \quad \begin{bmatrix} 0 \\ kk' \\ xy \end{bmatrix}^{(e)} = 0, \ (x \neq y);$$

genau dasselbe gilt nun bei regulären Dipolgittern auch für $k = k'$, da $\overline{\psi}$ ebenso wie ψ der Differentialgleichung $\nabla^2 \psi = \frac{4\pi}{\varDelta}$ genügt, und zwar für jeden Basispunkt. Ein einfaches reguläres Dipolgitter wirkt also bei einer homogenen Erregung aller Punkte außer einem so auf diesen, als wenn das elektrische Feld $\frac{4\pi}{3}\mathfrak{p}_k$ vorhanden wäre. Ist ein regulärer Kristall hinsichtlich seiner optischen Eigenschaften als ein einfaches Dipolgitter aufzufassen, so wird die elektromagnetische Wechselwirkung der Dipole exakt durch die „*Lorentz*sche Kraft" beschrieben. Die Formeln (510) enthalten die Verallgemeinerung auf beliebige Gitter.

Numerische Berechnungen der Größen (510a) hat *Ewald*[337]) für ein einfaches rhombisches Dipolgitter ausgeführt. Er hat die gewonnenen Zahlen in der Weise zur Berechnung der optischen Eigenschaften verwandt, daß er jeden Dipol als zentralsymmetrischen, quasielastischen Oszillator annahm, als Wechselwirkung zwischen den Dipolen aber keine anderen als die elektromagnetischen (510a). Die Berechnung der Doppelbrechung für die Achsenverhältnisse des Kristalls Anhydrit gab Übereinstimmung der Größenordnung; mehr kann bei dem einfachen Modell nicht erwartet werden.

Zur Berechnung der optischen Aktivität sind noch die Koeffizienten 1. Ordnung in τ zu bestimmen; dabei genügt es, für n einen Mittelwert des von der Richtung abhängenden Brechungsindex 1. Ordnung zu nehmen. Diese Rechnung ist von *Hermann*[338]) für die regulären Kristalle Natriumchlorat $NaClO_3$ und Natriumbromat $NaBrO_3$ durchgeführt worden (s. Nr. 22). Die wässrigen Lösungen dieser Substanzen sind optisch inaktiv; daher muß das Drehungsvermögen eine Folge der Gitterstruktur sein. Die Strukturen sind von *Kolkmeijer*, *Bijvoet* und *Karssen*[339]), von *Dickinson* und *Goodhue*[340]) und von *Vegard*[340a]) röntgenometrisch bestimmt worden und lassen sich in der Tat mit ihrem Spiegelbilde nicht zur Deckung bringen. *Hermann* hat nun das Problem dadurch der Rechnung zugänglich gemacht, daß er an die Stelle der Ionen quasielastisch gebundene, isotrope Oszillatoren setzte; ihre Anzahl und die Eigenfrequenzen bestimmte er aus dem Verlaufe des Brechungsindex als Funktion der Wellenlänge. Sodann konnte er den Verlauf des Drehungsvermögens aus den elektromagnetischen Wechselwirkungen berechnen und fand Übereinstimmung mit den Beobachtungen innerhalb der bei der Roheit des Modells zu erwartenden Grenzen.

44. Reflexion und Brechung. Röntgenstrahlen. Ein Halbgitter von Dipolen sei durch eine Netzebene begrenzt; wir machen diese zur Ebene $z = 0$ und nehmen an, daß für alle Gitterpunkte $z_k^l \geqq 0$ sei. Die Zelle kann dann immer so gewählt werden, daß $\mathfrak{a}_1$, $\mathfrak{a}_2$ der

337) *P. P. Ewald*, Ann. d. Phys. 49 (1916), p. 1; s. § 11, p. 36.

338) *K. Hermann*, Diss. Göttingen 1923; Ztschr. f. Phys. 16 (1923), p. 103.

339) *N. H. Kolkmeijer, J. M. Bijvoet, A. Karssen*, Proc. Amsterdam 23 (1920), p. 644.

340) *R. G. Dickinson* und *Goodhue*, J. of the Amer. Chem. Soc. 43 (1921), p. 2045.

340a) *L. Vegard*, Ztschr. f. Phys. 12 (1922), p. 289.

Grenzebene parallel sind und $\mathfrak{a}_3$ in das Innere des Gitters weist ($\mathfrak{a}_{1z} = \mathfrak{a}_{2z} = 0$, $\mathfrak{a}_{3z} > 0$).

Wir stellen mit *Ewald* die Frage, ob es möglich ist, daß sich eine ebene Dipolwelle unter Begleitung der zugehörigen Feldwelle von der Grenze her in das Gitter fortpflanzt. Das Feld stellen wir durch den *Hertz*schen Vektor $\mathfrak{Z}$ in der quellenmäßigen Form (496') dar; dabei ist aber die Summation über die Dipole auf den oberen Halbraum ($l_3 \geqq 0$) zu beschränken. Führt man dann $\mathfrak{Z}$ vermöge von (486') und (489) auf die skalare Funktion S zurück, so hat man nach (496)

$$(511) \qquad S = \underset{l_3 \geqq 0}{\mathsf{S}} \frac{e^{i\tau(\mathfrak{r}^l - \mathfrak{r}, \mathfrak{s}) + \frac{i\tau}{n}|\mathfrak{r}^l - \mathfrak{r}|}}{|\mathfrak{r}^l - \mathfrak{r}|}.$$

Ist nun $\mathfrak{v}$ ein variabler Vektor, $|\mathfrak{v}| = v$, $dv = d\mathfrak{v}_x d\mathfrak{v}_y d\mathfrak{v}_z$ und K eine komplexe Größe, so gilt die Identität

$$(512) \qquad \frac{e^{iKr}}{r} = \frac{1}{2\pi^2}\int e^{-i(\mathfrak{v}\mathfrak{r})} \frac{dv}{v^2 - K^2},$$

wo die Integration über den ganzen Raum zu erstrecken ist. Man kann, ohne den Wert des Integrales zu ändern, das Vorzeichen jeder Integrationsvariabeln $\mathfrak{v}_x$, $\mathfrak{v}_y$, $\mathfrak{v}_z$ umkehren; ferner kann man den Integrationsweg für jede der drei Variabeln $\mathfrak{v}_x$, $\mathfrak{v}_y$, $\mathfrak{v}_z$ in der betreffenden komplexen Ebene von der reellen Achse weg verschieben, solange nicht $K^2 - v^2 = 0$ wird. Ist insbesondere $K = K_1 + iK_2$, $K_2 > 0$, so darf der Integrationsweg etwas *über* der reellen Achse, zwischen dieser und K, geführt werden.

Um diese Formel anzuwenden, ersetzen wir $\frac{\tau}{n}$ durch das komplexe K und gehen am Schluß zum Grenzwert $K_1 = \frac{\tau}{n}$, $K_2 = 0$ über. Dann wird:

$$S = \frac{1}{2\pi^2}\int \frac{dv}{v^2 - K^2} \underset{l_3 \geqq 0}{\mathsf{S}} e^{-i(\mathfrak{r}^l - \mathfrak{r}, \mathfrak{v} - \tau\mathfrak{s})}.$$

Man setze nun

$$(513) \qquad \xi_j = (\mathfrak{a}_j, \mathfrak{v} - \tau\mathfrak{s}), \qquad (j = 1, 2, 3)$$

also

$$(513') \qquad \mathfrak{v} - \tau\mathfrak{s} = \xi_1\mathfrak{b}_1 + \xi_2\mathfrak{b}_2 + \xi_3\mathfrak{b}_3$$

und führe die ξ_1, ξ_2, ξ_3 als Integrationsvariable ein; wegen $d\xi_1 d\xi_2 d\xi_3 = d\xi = \Delta dv$ wird

$$S = \frac{1}{2\pi^2\Delta}\int \frac{d\xi\, e^{i[\xi_1(\mathfrak{r}\mathfrak{b}_1) + \xi_2(\mathfrak{r}\mathfrak{b}_2) + \xi_3(\mathfrak{r}\mathfrak{b}_3)]}}{[\xi_1\mathfrak{b}_1 + \xi_2\mathfrak{b}_2 + \xi_3\mathfrak{b}_3 + \tau\mathfrak{s}]^2 - K^2} \underset{l_3 \geqq 0}{\mathsf{S}} e^{-i(\xi_1 l_1 + \xi_2 l_2 + \xi_3 l_3)}.$$

Die Summe ist das Produkt dreier geometrischer Reihen; damit diese konvergieren, muß der imaginäre Teil des betreffenden $l_j \xi_j$ negativ sein. Daher muß man zur Erzeugung der Konvergenz den Integrationsweg jeder Variabeln ξ_j in der komplexen ξ_j-Ebene von der reellen Achse fort verschieben, und zwar nach oben oder unten, je nachdem ob $l_j <$ oder > 0 ist. Wir bezeichnen einen dicht unterhalb der reellen Achse in positiver Richtung verlaufenden Weg mit $\xrightarrow{1}$, einen dicht oberhalb laufenden mit $\xrightarrow{2}$; kehren wir den letzteren um, so schreiben wir $\xleftarrow{2}$ (siehe Fig. 11). Setzt man

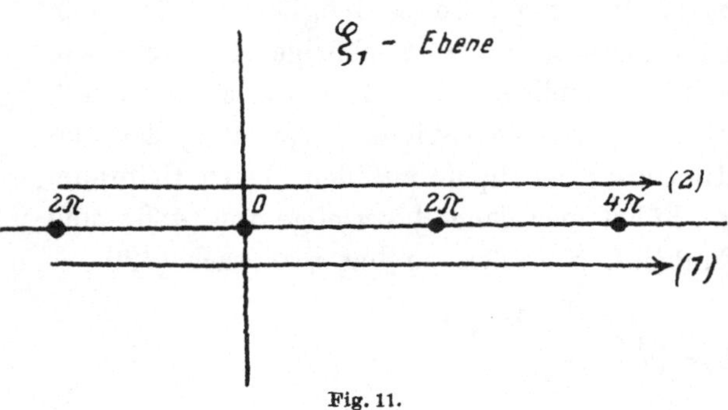

Fig. 11.

$$f(\xi_1) = \frac{1}{2\pi^2 \Delta} \iint \frac{d\xi_2\, d\xi_3\, e^{i[\xi_1(\mathfrak{r}\mathfrak{b}_1) + \xi_2(\mathfrak{r}\mathfrak{b}_2) + \xi_3(\mathfrak{r}\mathfrak{b}_3)]}}{[\xi_1\mathfrak{b}_1 + \xi_2\mathfrak{b}_2 + \xi_3\mathfrak{b}_3 + \tau\mathfrak{s}]^2 - K^2} \sum_{l_2=-\infty}^{+\infty} \sum_{l_3=0}^{\infty} e^{-i(l_2\xi_2 - l_3\xi_3)},$$

so wird nach dem über den Integrationsweg gesagten

$$S = \int f(\xi_1)\, d\xi_1 \sum_{l_1=-\infty}^{+\infty} e^{-i\xi_1 l_1}$$

$$= \int_{\xrightarrow{2}} f d\xi_1 \sum_{l_1=0}^{\infty} e^{-i\xi_1 l_1} + \int_{\xrightarrow{1}} f d\xi_1 \sum_{l_1=0}^{\infty} e^{i\xi_1 l_1} - \int f d\xi_1,$$

wo das letzte Integral auf der reellen Achse genommen werden kann. Nun ist

$$\frac{1}{1 - e^{-i\xi_1}} = \frac{1}{2} - \frac{1}{2}\frac{i \sin \xi_1}{1 - \cos \xi_1}, \quad \frac{1}{1 - e^{i\xi_1}} = \frac{1}{2} + \frac{1}{2}\frac{i \sin \xi_1}{1 - \cos \xi_1}.$$

Setzt man das ein, so kann man die beiden Anteile der ersten Integrale, die von dem Summanden $\frac{1}{2}$ herrühren, auf die reelle Achse verlegen und gegen das letzte Integral fortheben. Sodann kann man im zweiten Integral die Richtung des Weges umkehren und die beiden Wege $\xrightarrow{1}$ und $\xleftarrow{2}$ zu einer die reelle Achse umschließenden Schlinge $\circlearrowright$ zusammenfassen:

$$S = -\frac{i}{2} \int_{\circlearrowright} f d\xi_1 \frac{\sin \xi_1}{1 - \cos \xi_1}.$$

Setzt man nun voraus, daß es sich nicht um Röntgenstrahlen, sondern um sichtbares oder ultraviolettes Licht handelt, so ist τ, und damit auch $|K|$, klein gegen die $|\mathfrak{b}_1|$, $|\mathfrak{b}_2|$, $|\mathfrak{b}_3|$; daher ist der Nenner m Integral $f(\xi_1)$ nie Null und $f(\xi_1)$ regulär. Die Pole des Integranden von S sind also die Nullstellen von $1 - \cos \xi_1$, d. h. die Punkte der reellen Achse $\xi_1 = 2\pi l_1$ $(l_1 = -\infty \cdots + \infty)$. Zieht man jetzt die Schlinge auf die Pole zusammen, so liefert der Residuensatz

$$S = 2\pi \sum_{l_1=-\infty}^{+\infty} f(2\pi l_1)$$

$$= 2\pi \sum_{l_1=-\infty}^{+\infty} \int g_{l_1}(\xi_2)\, d\xi_2 \sum_{l_2=-\infty}^{+\infty} e^{-i\xi_2 l_2},$$

mit

$$g_{l_1}(\xi_2) = \frac{1}{2\pi^2 \Delta} \int \frac{d\xi_3\, e^{i[2\pi l_1(\mathfrak{r}\mathfrak{b}_1) + \xi_2(\mathfrak{r}\mathfrak{b}_2) + \xi_3(\mathfrak{r}\mathfrak{b}_3)]}}{[2\pi l_1 \mathfrak{b}_1 + \xi_2 \mathfrak{b}_2 + \xi_3 \mathfrak{b}_3 + \tau \mathfrak{s}]^2 - K^2} \sum_{l_3=0}^{\infty} e^{-i\xi_3 l_3}$$

Die Wiederholung des Verfahrens liefert

$$S = 4\pi^2 \sum_{l_1, l_2\, -\infty}^{+\infty} g_{l_1}(2\pi l_2)$$

$$= \frac{2}{\Delta} \sum_{l_1 l_2\, -\infty}^{+\infty} e^{2\pi i [l_1(\mathfrak{r}\mathfrak{b}_1) + l_2(\mathfrak{r}\mathfrak{b}_2)]} \int_{\underset{1}{\longrightarrow}} \frac{e^{i\xi_3(\mathfrak{r}\mathfrak{b}_3)}}{[2\pi l_1 \mathfrak{b}_1 + 2\pi l_2 \mathfrak{b}_2 + \xi_3 \mathfrak{b}_3 + \tau \mathfrak{s}]^2 - K^2} \cdot \frac{d\xi_3}{1 - e^{-i\xi_3}}.$$

Die Pole des Integranden sind jetzt zweierlei Art:

1. Die Nullstellen von $1 - e^{-i\xi_3}$, d. h. die reellen Zahlen

(514) $$\xi_3 = 2\pi l_3, \qquad (l_3 = -\infty \cdots + \infty);$$

2. Die Wurzeln der quadratischen Gleichung

(515) $$[2\pi l_1 \mathfrak{b}_1 + 2\pi l_2 \mathfrak{b}_2 + \xi_3 \mathfrak{b}_3 + \tau \mathfrak{s}]^2 - K^2 = 0;$$

diese seien $\xi_3 = \xi_0$ und $\xi_3 = \overline{\xi_0}$. Im Grenzfall, daß K reell ist, sind ξ_0 und $\overline{\xi_0}$ konjugiert komplex. Der Vektor $\mathfrak{b}_3 = \frac{1}{\Delta}[\mathfrak{a}_1 \mathfrak{a}_2]$ steht auf der Grenzebene senkrecht und zeigt ins Innere des Gitters. Man sieht leicht, daß in dem Falle, wo die Wellenebenen zur Grenze parallel sind ($\mathfrak{s}$ parallel $\mathfrak{b}_3$), ξ_0 nicht reell sein kann, wenn τ klein gegen die $\mathfrak{b}_1, \mathfrak{b}_2, \mathfrak{b}_3$ ist. Man kann also den Integrationsweg (1) immer zwischen ξ_0 und der reellen Achse führen (Fig. 12).

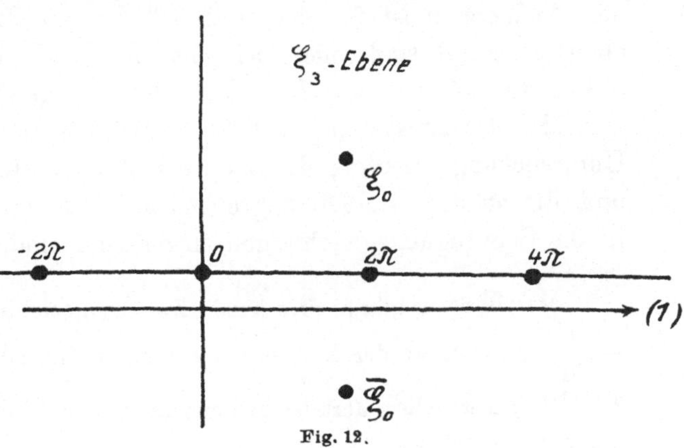

Fig. 12.

Nun ist $(\mathfrak{r}\mathfrak{b}_3) > 0$ im Innern, < 0 im Äußern des Halbgitters. Will man den Integrationsweg (1) auf Umläufe um die Pole reduzieren, so muß man, damit der Integrand im Unendlichen verschwindet, ihn im ersten Falle nach oben, im zweiten nach unten ziehen. Daher liefert der Residuensatz zwei verschiedene Darstellungen[341]):

Für *innere Punkte*:

$$(516) \quad \begin{cases} S_i = S^{(0)} + S^{(1)} \\ S^{(0)} = \dfrac{4\pi}{\Delta} \mathop{\mathbf{S}}_{l} \dfrac{e^{i(\mathfrak{q}^l \mathfrak{r})}}{(\mathfrak{q}^l + \tau\mathfrak{s})^2 - \dfrac{\tau^2}{n^2}}, \\ S^{(1)} = \dfrac{4\pi i}{\Delta} \sum_{l_1, l_2 \atop -\infty}^{+\infty} \dfrac{e^{2\pi i[l_1(\mathfrak{r}\mathfrak{b}_1) + l_2(\mathfrak{r}\mathfrak{b}_2)] + i\xi_0(\mathfrak{r}\mathfrak{b}_3)}}{\mathfrak{b}_3^2(\xi_0 - \bar{\xi}_0)(1 - e^{-i\xi_0})}; \end{cases}$$

für *äußere Punkte*:

$$(516') \qquad S_a = S^{(2)} = \frac{4\pi i}{\Delta} \sum_{l_1, l_2 \atop -\infty}^{+\infty} \frac{e^{2\pi i[l_1(\mathfrak{r}\mathfrak{b}_1) + l_2(\mathfrak{r}\mathfrak{b}_2)] + i\bar{\xi}_0(\mathfrak{r}\mathfrak{b}_3)}}{\mathfrak{b}_3^2(\xi_0 - \bar{\xi}_0)(1 - e^{-i\bar{\xi}_0})}.$$

Aus diesen skalaren Funktionen gewinnt man nun die entsprechenden *Hertz*schen Vektoren nach (486′) und (489):

$$(517) \qquad \mathfrak{Z}^{(p)} = e^{-i\omega t} e^{i\tau(\mathfrak{r}\mathfrak{s})} \sum_k \mathfrak{p}_k S^{(p)}(\mathfrak{r} - \mathfrak{r}_k), \qquad (p = 0, 1, 2).$$

Die Formeln (516), (517) zeigen, daß das Feld im Innern des Gitters sich aus zwei Teilen zusammensetzt, von denen der erste mit dem Felde des unendlichen Gitters identisch ist; der zweite ist ganz ähnlich gebaut wie das äußere Feld.

Setzt man nun in den Formeln $\omega = 0$, $\tau = 0$, so bekommt man das elektrostatische Feld eines Halbgitters; dieses spielt in der Theorie der Oberflächenspannung eine Rolle (s. Nr. **37**, VII). Die Formel für den Außenraum ist für den Fall, daß die zur Grenze parallelen Netzebenen neutral sind, identisch mit der in Nr. **37**, VII angegebenen (436), die mit der *Madelung*schen Methode gewonnen wurde.

Mit der Aufstellung des Feldes ist der erste Teil der optischen Untersuchung erledigt; der zweite besteht darin, das erregende Feld und die an den Dipolen angreifenden Kräfte zu berechnen, die dann in die Schwingungsgleichungen einzusetzen sind. Nun kann man den

341) Übrigens gibt es ein schmales Zwischengebiet im Außenraum $(\mathfrak{r}\mathfrak{b}_3) > -1$, $-\frac{1}{|\mathfrak{b}_3|} < z < 0$, wo der Nenner $1 - e^{i\xi_3}$ stärker unendlich wird als der Zähler $e^{i\xi_3(\mathfrak{r}\mathfrak{b}_3)}$; daher gelten dort beide Darstellungen und lassen sich auch direkt ineinander umrechnen.

Inhalt der Optik des unendlichen Gitters (s. Nr. **20, 21, 44**) so aussprechen, daß bei geeigneter Wahl des Brechungsindex n und des Polarisationszustandes (der $\mathfrak{U}_1, \mathfrak{U}_2, \ldots$) für jede Frequenz ω dynamisches Gleichgewicht zwischen den vom erregenden Felde $\mathfrak{Z}^{(0)}$ des unendlichen Gitters ausgeübten Kräften und den quasielastischen Bindungen der Dipole möglich ist. Man gelangt daher zu einer Lösung des dynamischen Problems, indem man dem in (516), (516′) dargestellten Felde ein anderes im ganzen Raume superponiert, das den Anteil $\mathfrak{Z}^{(1)}$ im Innern gerade aufhebt, sofern man nur voraussetzt, daß die quasielastischen Bindungen am Rande dieselben sind wie im Innern. Diese Lösung hat also folgende Form:

Im Innern: $\mathfrak{Z}^{(i)} = \mathfrak{Z}^{(0)}$,

im Äußern: $\mathfrak{Z}^{(a)} = \mathfrak{Z}^{(2)} - \mathfrak{Z}^{(1)}$.

Das Bild der drei Wellenzüge und ihrer Superposition zeigt die Fig. 13; — $\mathfrak{Z}^{(1)}$ ist die im Außenraum einfallende, $\mathfrak{Z}^{(2)}$ die reflektierte, $\mathfrak{Z}^{(0)}$ im Innenraum die gebrochene Welle. Die einfallende Welle $-\mathfrak{Z}^{(1)}$ wird im Innern gerade durch den zweiten Anteil $\mathfrak{Z}^{(1)}$ der von den Dipolen erregten Welle ausgelöscht.

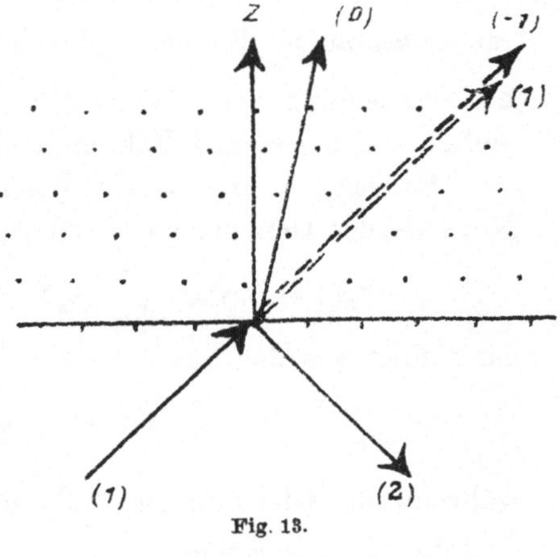

Fig. 13.

Das ist der Inhalt des „*Auslöschungssatzes*“, der von *Oseen* und *Bothe* für isotrope Körper, von *Ewald* für Kristalle abgeleitet worden ist.[342])

Jede der drei Wellen besteht aus einer makroskopischen Dünung mit überlagerten Zacken von atomaren Dimensionen. Läßt man letztere unberücksichtigt, so hat man in (516), (516′) alle *Fourier*glieder außer $l = 0$ zu streichen. Dann wird

$$(518)\quad \begin{cases} S^{(0)} = \dfrac{4\pi}{\Delta}\dfrac{1}{\tau^2}\dfrac{n^2}{n^2-1} \\[2ex] S^{(1)} = \dfrac{4\pi i}{\Delta}\dfrac{e^{i\xi_0(\mathfrak{r}\mathfrak{b}_3)}}{\mathfrak{b}_3{}^2(\xi_0-\bar{\xi}_0)\left(1-e^{-i\xi_0}\right)}, \\[2ex] S^{(2)} = \dfrac{4\pi i}{\Delta}\dfrac{e^{i\bar{\xi}_0(\mathfrak{r}\mathfrak{b}_3)}}{\mathfrak{b}_3{}^2(\xi_0-\bar{\xi}_0)\left(1-e^{-i\bar{\xi}_0}\right)}, \end{cases}$$

342) l. c. Anm. 316, 319, 320.

wo $\mathfrak{x}_0$, $\bar{\mathfrak{x}}_0$ die Wurzeln der aus (515) entstehenden Gleichung

$$\left(\frac{1}{\tau}\mathfrak{x}_3\mathfrak{b}_3 + \mathfrak{s}\right)^2 - \frac{1}{n^2} = 0 \tag{519}$$

sind. Die *Hertz*schen Vektoren $\mathfrak{Z}^{(p)}$ haben nun nach (517) die Form

$$\left\{\begin{aligned} \mathfrak{Z}^{(0)} &= \mathfrak{A}^{(0)} e^{-i\omega t} e^{i\tau(\mathfrak{r}\mathfrak{s})}, \\ \mathfrak{Z}^{(1)} &= \mathfrak{A}^{(1)} e^{-i\omega t} e^{i\frac{\tau}{n}(\mathfrak{r}\mathfrak{s}_1)}, \\ \mathfrak{Z}^{(2)} &= \mathfrak{A}^{(2)} e^{-i\omega t} e^{i\frac{\tau}{n}(\mathfrak{r}\mathfrak{s}_2)}, \end{aligned}\right. \tag{520}$$

wo $\mathfrak{A}^{(i)}$ komplexe Amplituden sind und

$$\frac{1}{n}\mathfrak{s}_1 = \mathfrak{s} + \frac{1}{\tau}\mathfrak{x}_0\mathfrak{b}_3, \quad \frac{1}{n}\mathfrak{s}_2 = \mathfrak{s} + \frac{1}{\tau}\bar{\mathfrak{x}}_0\mathfrak{b}_3. \tag{521}$$

Da nun $\mathfrak{x}_0$, $\bar{\mathfrak{x}}_0$ die Lösungen der quadratischen Gleichung (519) sind, so folgt, daß $\mathfrak{s}_1$, $\mathfrak{s}_2$ Einheitsvektoren sind.

Die Formeln (520) zeigen, daß die Wellenlänge der beiden Wellen im Außenraume $\mathfrak{Z}^{(1)}$ und $\mathfrak{Z}^{(2)}$ den Wert $\lambda_0 = n\lambda$ hat, wenn $\lambda = \frac{2\pi}{\tau}$ die Wellenlänge der Welle $\mathfrak{Z}^{(0)}$ im Gitter ist. Die beiden Außenwellen laufen also mit Vakuum-Lichtgeschwindigkeit, wie es sein muß.

Es seien α, α_1, α_2 die Winkel der Wellennormalen gegen die Normale der Grenzfläche (Einfallslot), also

$$\frac{1}{|\mathfrak{b}_3|}(\mathfrak{b}_3\mathfrak{s}) = \cos\alpha, \quad \frac{1}{|\mathfrak{b}_3|}(\mathfrak{b}_3\mathfrak{s}_1) = \cos\alpha_1, \quad \frac{1}{|\mathfrak{b}_3|}(\mathfrak{b}_3\mathfrak{s}_2) = \cos\alpha_2;$$

dann folgt aus der quadratischen Gleichung (519):

$$\frac{1}{\tau}(\mathfrak{x}_0 + \bar{\mathfrak{x}}_0) = -2\cos\alpha, \quad \frac{1}{\tau^2}\mathfrak{x}_0\bar{\mathfrak{x}}_0 = 1 - \frac{1}{n^2},$$

während die Gleichungen (521) durch skalare Multiplikation mit $\frac{\mathfrak{b}_3}{\mathfrak{b}_3^2}$ in folgende übergehen:

$$\frac{1}{\tau}\mathfrak{x}_0 = \frac{1}{n}\cos\alpha_1 - \cos\alpha, \quad \frac{1}{\tau}\bar{\mathfrak{x}}_0 = \frac{1}{n}\cos\alpha_2 - \cos\alpha.$$

Eliminiert man $\mathfrak{x}_0$, $\bar{\mathfrak{x}}_0$, so erhält man

$$\cos\alpha_1 = -\cos\alpha_2, \quad \sin\alpha_1 = \sin\alpha_2 = n\sin\alpha,$$

d. h. das gewöhnliche Reflexions- und Brechungsgesetz für die Wellennormalen.

Für kubische Gitter hat *Ewald* ferner gezeigt, daß aus den Formeln (518) die *Fresnel*schen Gesetze für die Amplituden und Phasen des reflektierten und gebrochenen Strahles folgen. Für beliebige Gitter müssen sich auf dieselbe Weise die entsprechenden Gesetze der Kristalloptik ergeben; doch ist das noch nicht im einzelnen untersucht worden.

Ewald hat diese Überlegungen auch auf Röntgenwellen ausgedehnt. Bei diesen ist nicht mehr $\lambda \gg \delta$, also $\tau \ll |\mathfrak{b}_i|$, sondern umgekehrt; ferner ist der Brechungsindex mit großer Annäherung gleich 1.

Dann kann es vorkommen, daß für gewisse Wellenrichtungen der Nenner eines Gliedes von $S^{(0)}$ verschwindet,

$$(522) \qquad (\mathfrak{q}^l + \tau\mathfrak{s})^2 - \tau^2 = 0,$$

oder wenigstens sehr klein wird; die betreffende ebene Welle tritt dann sehr stark hervor. Die durch (522) dargestellten Richtungen sind genau dieselben, welche durch die *Laue*schen Bedingungen für das Auftreten der Interferenzmaxima geliefert werden.[343]

Die Gleichung (522) bedeutet, daß es reelle Lösungen $\xi_3 = 2\pi l_3$ von (519) gibt; für diese verschwinden aber die Faktoren $(1 - e^{-i\xi_0})$ bzw. $(1 - e^{-i\bar{\xi}_0})$ im Nenner von $S^{(1)}$ und $S^{(2)}$; auch im Außenraume treten also diese Wellen mit beträchtlicher Amplitude auf. Läßt man eine solche Welle von außen auf die Grenzfläche auffallen, so erzeugt sie im Inneren ein Bündel diskreter Wellen, die auch nach hinten als reflektierte Wellen gemäß der *Bragg*schen Konstruktion austreten.

Diese geometrische Betrachtung ist von *Darwin*[344] und *Ewald*[345] wesentlich vertieft worden, indem sie das dynamische Problem in ganz analoger Weise ansetzten wie in der Optik, also die Dispersionstheorie der Röntgenstrahlen entwarfen. *Ewald* hat überdies das Problem des Halbkristalles genau untersucht und das Analogon des optischen Auslöschungssatzes aufgestellt. Er fand dabei, daß kleine Abweichungen von der *Bragg*schen Reflexionsformel zu erwarten sind; denn wenn man die Wechselwirkung der Oszillatoren mit dem Felde genau berücksichtigt, so treten Wellen von merklicher Stärke nicht nur bei monochromatischer Anregung und exakt der *Bragg*schen Formel entsprechendem Einfallswinkel auf, sondern in gewissen kleinen Bereichen. Die durch die Theorie geforderten „Anregungsfehler" sind durch die neuesten Messungen bestätigt worden (s. Nr. **41**).

---

343) S. diese Enzykl. V 24 (*M. v. Laue*), Nr. **46, 47, 48**.

344) *C. G. Darwin*, Phil. Mag. 27 (1914), p. 315, 675.

345) *P. P. Ewald*, Ann. d. Phys. 54 (1917), p. 519.

(Abgeschlossen den 7. September 1922.)

V 26. DIE SERIENGESETZE IN DEN SPEKTREN DER ELEMENTE.

Von

C. RUNGE

IN GÖTTINGEN.

Inhaltsübersicht.

Literatur.

Über die Literatur orientieren:

H. Kayser, Handbuch der Spektroskopie, Bd. 2, p. 495 ff.

A. Sommerfeld, Atombau und Spektrallinien, 4. Aufl. 1924, Kap. 7 u. 8.

Die Wellenlängen und Schwingungszahlen sind zusammengestellt von

W. M. Hicks, Treatise on the analysis of spectra, Cambridge 1922.

H. Kayser, Handbuch der Spektroskopie, Bd. V, VI u. VII.

A. Fowler, Report on Series in line spectra, London 1922.

F. Paschen und *R. Götze,* Seriengesetze der Linienspektra, Berlin 1922.

Siehe auch dort die Literaturangaben.

1. Historisches. Als *Kirchhoff* und *Bunsen* entdeckten, daß die Elemente, wenn sie in geeigneter Weise zum Leuchten gebracht werden, bestimmte Farben aussenden, durch die sie charakterisiert sind, tauchte auch sogleich die Vorstellung auf, daß diese Farben durch Schwingungen in den Atomen oder Molekülen hervorgerufen sein müßten, und daß zwischen den Schwingungszahlen der Farben eines

Elementes sich Relationen ergeben würden ähnlich denen, die zwischen dem Grundton und den Obertönen einer schwingenden Saite oder Membran, einer Platte oder Glocke bestehen. Zunächst wurde nach ganzzahligen Relationen gesucht, und dabei fand *G. Johnstone Stoney*[1]) die merkwürdige Tatsache, daß die Schwingungszahlen der drei im *Geißler*schen Rohr und in den Protuberanzen der Sonne beobachteten Wasserstofflinien H_α, H_β, H_δ sich wie $20:27:32$ verhalten. Es kommt bei dieser Aussage wesentlich darauf an, wie groß die ganzen Zahlen im Verhältnis zu der Genauigkeit sind, mit der die gemessenen Werte $\frac{H_\alpha}{H_\beta}$, $\frac{H_\beta}{H_\delta}$ durch die Quotienten $\frac{20}{27}$, $\frac{27}{32}$ dargestellt werden. Denn die Theorie der Kettenbrüche lehrt, daß man zu jedem beliebigen Wert zwei ganze Zahlen finden kann, deren Quotient ihn genauer darstellt als 1 dividiert durch das Quadrat des Nenners. Wenn daher z. B. das Verhältnis der Schwingungszahlen $H_\alpha : H_\beta$ nicht wesentlich genauer bestimmt wäre als etwa $(\frac{1}{27})^2 = \frac{1}{729}$, so würde die Bemerkung $H_\alpha : H_\beta = 20:27$ nichts Bemerkenswertes besagen. Zu der damaligen Zeit waren aber die Wellenlängen schon mit einer erheblich höheren Genauigkeit bekannt, so daß allerdings *Stoneys* Entdeckung eine sehr merkwürdige Tatsache ans Licht zog. Dazu kommt, daß die drei in Anbetracht der Genauigkeit der Darstellung kleinen Zahlen $20:27:32$ *gleichzeitig* die Verhältnisse der drei Schwingungszahlen richtig wiedergeben, was die Übereinstimmung noch merkwürdiger, die Wahrscheinlichkeit eines zufälligen Zusammentreffens sehr klein macht. *Stoney* schloß daraus, daß die drei Schwingungen der zwanzigste, siebenundzwanzigste und zweiunddreißigste harmonische Oberton einer Grundschwingung seien. Diesen Schluß aufrecht zu erhalten, hätte er Bedenken tragen müssen, als *W. Huggins*[2]) im Jahre 1880 in einer Reihe von Sternen z. B. α Lyrae die ganze regelmäßige Reihe der Wasserstofflinien, die sich bis ins Ultraviolett erstreckt, entdeckte, und *H. W. Vogel*[3]) sie im *Geißler*schen Rohr als Wasserstofflinien bestätigte. Waren H_α, H_β, H_δ harmonische Oberschwingungen einer Grundschwingung, so sollte man erwarten, daß auch die andern Linien der Reihe harmonische Oberschwingungen derselben Grundschwingung sein müßten, was keineswegs der Fall war Vielmehr zeigte die Reihe der Schwingungszahlen eine Häufung nach der Seite der höheren Werte, was gegen jede akustische Analogie verstieß.

1) *J. Stoney*, Phil. Mag. **41** (1871), p. 291.

2) *W. Huggins*, Phil. Trans. (2) **171** (1880), p. 669.

3) *H. W. Vogel*, Sitzungsber. d. Berl. Akad. 1879, p. 586; 1880, p. 192.

In diese Sache wurde erst durch die Entdeckung von *J. J. Balmer* (1885)[4]) mehr Licht gebracht, der die ganze Reihe der von *Huggins* und *Vogel* beobachteten Wasserstoffwellenlängen proportional dem Ausdruck

$$\frac{m^2}{m^2-4}$$

für $m = 3, 4, 5 \ldots$ fand. Für $m = 3, 4, 6$ gibt die Formel $\frac{9}{5}, \frac{4}{3}, \frac{9}{8}$ oder $\frac{36}{20}, \frac{36}{27}, \frac{36}{32}$, so daß die reziproken Werte die Verhältnisse $20:27:32$ ergeben, wie *Stoney* schon gefunden hatte. Zugleich fanden sich in einer Reihe von Spektren andrer Elemente ähnliche Reihen von Linien.[5])

Das Charakteristische dieser Reihen oder „Serien", wie sie genannt wurden, geht aus der Formel am besten hervor, wenn man nicht die Wellenlängen sondern die Schwingungszahlen $\nu = \frac{1}{\lambda}$ darstellt.[6]) Beim Wasserstoff ist

$$\nu = A - \frac{B}{m^2} \qquad (B = 4A).$$

Mit wachsendem m wächst ν und nähert sich der Grenze A in immer kleineren Schritten. Auf *Huggins'* Aufnahme von α Lyrae von 1880 sind schon die den Werten bis $m = 15$ entsprechenden Glieder zu sehen.[7]) Die Intensität nimmt mit wachsendem m ab und zugleich auch die Schärfe der Linien, so daß sie, wenn überhaupt noch sichtbar, schließlich ineinander fließen und dadurch als Linien unwahrnehmbar werden.

Denselben Anblick gewähren nun ähnliche „Serien" in den Spektren anderer Elemente, und die Schwingungszahlen können in ähnlicher Weise durch eine etwas erweiterte Formel mit hoher Genauigkeit dargestellt werden z. B. durch die Form

$$\nu = A - \frac{B}{m^2} - \frac{C}{m^3} \quad \text{oder} \quad \nu = A - \frac{B}{m^2} - \frac{C}{m^4},$$

---

4) *J. J. Balmer,* Wied. Ann. 25 (1885), p. 80.

5) *Liveing* und *Dewar,* Proceedings of the Royal Society 29, 30, 32 (1879, 80, 81); Phil. Trans. 174 (1883).

6) Ist λ die Wellenlänge im Vakuum, so ist $\nu = \frac{1}{\lambda}$ die Zahl der Wellenlängen auf der Länge 1 d. h. die Zahl der Schwingungen während der Zeit, in der das Licht im Vakuum die Längeneinheit durchläuft. Diese Größe ν hat die Dimension einer reziproken Länge. Für die Längeneinheit *cm* ist ν im sichtbaren Spektrum von der Größenordnung 10^4 und entspricht, wenn man noch einige wenige Dezimalen hinzufügt, der in der Spektroskopie erreichbaren Genauigkeit. Daher wird diese Schwingungszahl in der Spektroskopie vor der Zahl der Schwingungen *in der Sekunde* bevorzugt, die aus ihr durch Multiplikation mit der Lichtgeschwindigkeit 3×10^{10} cm/sec entsteht.

7) Nature 21, p. 269.

wo A, B, C geeignet gewählte Konstante bedeuten.[8]) Dabei zeigte sich, daß die Konstante B für alle damals bekannten Serien nahezu den gleichen Wert hatte und damit auf eine Naturkonstante hinwies, die eine allen diesen Elementen gemeinsame Eigenschaft andeutet. Für große Werte von m wird $\frac{C}{m^3}$ klein gegen $\frac{B}{m^2}$. Hier unterscheiden sich die Serien also nur durch die Werte von A, d. h. der Grenze, der sich die Schwingungszahlen mit wachsendem m nähern, und werden also, in der Skala der Schwingungszahlen gezeichnet, alle einander kongruent.

Bei mehreren Elementen zeigten sich Serien von Linienpaaren oder Linientripletts mit konstanten Schwingungsdifferenzen, so daß die Schwingungszahlen der verschiedenen Serien dadurch erhalten wurden, daß man nur der Konstanten A verschiedene Werte gab, während der von A abzuziehende Teil der Formel, der eine Funktion der Laufzahl m ist, für die verschiedenen Serien der gleiche war.

Dieser Umstand führte *Rydberg* dazu, die von A abzuziehende Funktion von m als eine selbständige physikalische Größe aufzufassen, worin er noch durch die Bemerkung bestärkt wurde, daß in den Spektren der Alkalien der Wert dieser Funktion für das niedrigste m bei der einen dort auftretenden Serie von Linienpaaren gleicher Schwingungsdifferenz mit dem Werte von A für eine andere im Spektrum auftretende Serie übereinstimmt. Diese Auffassung ist viel später durch die von *Niels Bohr* aufgestellte Theorie der Spektrallinien glänzend bestätigt worden, wonach das konstante Glied A und der von der Laufzahl m abhängige Teil, wenn man sie mit dem *Planck*schen Wirkungsquantum $h = 6{,}545 \cdot 10^{-27}\,\mathrm{gr\,cm^2 sec^{-1}}$ multipliziert, die Energievorräte zweier Konfigurationen des von seinen Elektronen umkreisten Atoms darstellen.[9]) Beim Übergang von der Konfiguration höherer Energie zu der Konfiguration niederer Energie wird die Energiedifferenz ausgestrahlt mit der Schwingungszahl, die sich aus ihr durch Division mit h ergibt.

Für den Ausdruck der Energie kommt es auf eine additive Kon-

---

8) *C. Runge*, On the harmonic series of lines in the spectra of the elements, Report of the Brit. Assoc. 1888, p. 576.

9) Hier ist angenommen, daß ν nicht die in der Spektroskopie übliche reziproke Wellenlänge $\frac{1}{\lambda}$ sondern die Zahl der in der *Zeiteinheit* vollzogenen Schwingungen darstellt, die sich aus $\frac{1}{\lambda}$ durch Multiplikation mit der Lichtgeschwindigkeit c ergibt. Soll ν die in der Spektroskopie übliche Bedeutung beibehalten, so hat man mit hc zu multiplizieren, um die Energie zu erhalten.

stante nicht an, die sich in der Differenz der Energien weghebt. Es ist üblich, die Konstante so zu bestimmen, daß der Konfiguration, bei der ein Elektron ganz aus dem Verbande herausgeführt ist, die Energie Null zukommt, so daß die andern Konfigurationen eine negative Energie erhalten. In der Serienformel liefert daher der Wert, den sie für einen unendlich großen Wert der Laufzahl annimmt, *mit entgegengesetztem Zeichen* genommen die Energie der Endkonfiguration, während der übrige schon mit dem negativen Zeichen versehene Teil der Formel die Energie der Anfangskonfiguration darstellt. Dieser Teil ist im Spektrum durch den Abstand der betreffenden Linie von dem asymptotischen Ende der Serie dargestellt. Es leuchtet ein, daß diese Energiebeträge zusammen mit dem Energiebetrag der Endkonfiguration von wesentlichstem Interesse sind, d. h. daß es weniger auf die Schwingungszahl der einzelnen Serienlinie als auf ihren Abstand von dem Serienende und auf das Serienende selbst ankommt. Die Abhängigkeit dieses Abstandes von der Laufzahl hat beim Wasserstoff die Form

$$(1) \qquad -\frac{R}{m^2} \qquad (R = 109678 \cdot 3 \text{ cm}^{-1}).$$

Bei den andern Serien ist die Form etwas anders. Für ein neutrales Atom bildet $-\frac{R}{m^2}$ bei sehr großen Werten von m zwar immer noch eine brauchbare Annäherung, für die kleineren Werte von m aber werden die Abweichungen beträchtlich. Man muß weitere Parameter einführen, wenn man den Beobachtungen Rechnung tragen will. *Rydberg*[10]) glaubte ursprünglich mit einem Parameter auszukommen, so daß es möglich sein würde, eine Funktion von $m + \alpha$

$$-f(m + \alpha)$$

zu finden, die für alle Serien den Abstand der Linie der Laufzahl m vom Serienende darstellt. So kam er als zweite Annäherung auf

$$(2) \qquad -\frac{R}{(m+\alpha)^2},$$

während *Kayser* und *Runge* an eine Reihenentwicklung nach fallenden Potenzen von m dachten und die Form $-\left(\frac{B}{m^2} + \frac{C}{m^3}\right)$ oder $-\left(\frac{B}{m^2} + \frac{C}{m^4}\right)$ bildeten. Mit *einem* weiteren Parameter reicht man indessen nicht aus. Man braucht mindestens zwei, um mit der Genauigkeit spektroskopischer Messungen Schritt zu halten. Die erfolg-

10) *J. R. Rydberg*, Recherches sur la constitution des spectres d'émission des élements chimiques, Kgl. Svenska Vet.-Akad. Handl. 32, Nr. 11 (1890); Ostwalds Klassiker Nr. 196, deutsch von A. v. Öttingen.

reichste Form ist die von *W. Ritz*[11]). Er macht in der *Rydberg*schen Form α mit m veränderlich, derart daß es mit wachsendem m sich einem konstanten Wert nähert, und ersetzt es durch eine nach fallenden Potenzen von m^2 fortschreitende Reihe. Es würde keinen wesentlichen Unterschied machen, die Reihe nach fallenden Potenzen von m selbst fortschreiten zu lassen. In nächster Annäherung schreibt er

$$(3\text{a}) \qquad -\frac{R}{\left(m+\alpha+\frac{\beta}{m^2}\right)^2}$$

oder auch

$$(3\text{b}) \qquad -\frac{R}{\left(m+\alpha+\frac{\beta'}{(m+\alpha)^2}\right)^2}$$

oder endlich, indem er die Schwingungszahl ν selbst in die Formel einführt, für die ja in erster Annäherung $A-\nu=\frac{R}{(m+\alpha)^2}$ ist:

$$(3\text{c}) \qquad -\frac{R}{\left(m+\alpha+\frac{\beta''}{A-\nu}\right)^2}.$$

Diese Formeln enthalten nur zwei Parameter, da R eine allen Formeln gemeinsame Konstante[12]) und daher nicht zu zählen ist. Da m nur in der Verbindung $m+\alpha$ vorkommt, so kann man den ganzzahligen Wert von m für eine beliebige Serienlinie willkürlich annehmen und danach α bestimmen, oder man kann eine Festsetzung dieser Art machen, daß α zwischen $-\frac{1}{2}$ und $+\frac{1}{2}$ oder zwischen 0 und 1 liegen soll. Theoretische Überlegungen haben gewisse physikalische Anhaltspunkte gegeben, wie m zu rechnen ist. Der Wert der *Ritz*schen Formel besteht darin, daß sie im Allgemeinen alle andern Formeln mit nicht mehr als zwei Parametern in der Genauigkeit, mit der sie sich den Beobachtungen anschließt, übertrifft. Schon wenn man $\beta=0$ setzt, kann man aus zwei bekannten aufeinander folgenden Linien einer Serie weitere Linien mit einiger Genauigkeit extra-

11) *W. Ritz*, Ann. d. Phys. 12 (1903), p. 264; Gesammelte Werke p. 85.

12) Es wird hier von der kleinen Modifikation abgesehen, die nach der Theorie von *Bohr* R dadurch erfahren muß, daß die Masse des Atoms gegen die Masse des Elektrons nicht unendlich groß ist. Es kreisen im einfachsten Falle des Wasserstoffs Atomrest und Elektron um den gemeinsamen Schwerpunkt. Ist m die Masse des Elektrons und M die Masse des Atoms ohne dieses Elektron und R_∞ der Wert, den man für R einsetzen müßte, wenn m gegen M vernachlässigt werden kann, so ist zu setzen:

$$R=R_\infty\frac{M+m}{M}$$

(vgl. *A. Sommerfeld,* Atombau und Spektrallinien, 4. Aufl., 2. Kap., § 5).

polieren. Kennt man aber drei aufeinander folgende Linien, so ist auch β bestimmt, und die Genauigkeit der Extrapolation wird groß genug, um die übrigen Linien mit großer Sicherheit aus dichten Gruppen anderer Linien herauszulesen.

Einen solchen Ausdruck mit einem laufenden ganzzahligen Index m, der in geeignetem Maßstab und mit entgegengesetztem Zeichen genommen die Energien einer Reihe von Konfigurationen darstellt entsprechend den mit wachsender Laufzahl weiter und weiter vom Atom abliegenden nach der Quantentheorie möglichen Bahnen eines Elektrons, und der spektroskopisch im Maßstab der Schwingungszahlen den Abstand der Serienlinie vom Serienende angibt, nennt man für jeden ganzzahligen Wert von m einen *„Term"*. *Rydberg* hat von vornherein mit wunderbarer Intuition erraten, daß auch die Schwingungszahl des Serienendes einen „Term" ergibt, so daß die Schwingungszahl jeder Serienlinie gleich der Differenz zweier Terme ist. Während die Laufzahl des Terms des Endzustandes festgehalten wird, nimmt die Laufzahl des andern Terms die Reihe ganzzahliger Werte an. Aber es kann auch die Laufzahl des ersten Terms die Reihe der ganzen Zahlen durchlaufen und damit die Energien einer Reihe von *Anfangs*zuständen darstellen, die in einen Endzustand übergehen, deren Term in der ersten Serie einem Anfangszustand entsprach. Die Differenz der Schwingungszahlen der beiden Serienenden ergibt dann die Schwingungszahl einer Serienlinie.

2. Das Wasserstoffspektrum. Das einfachste Serienspektrum ist das des Wasserstoffs. Hier haben wir es nur mit *einer* Reihe von Termen Gl. (1) zu tun. Als Energien von Endkonfigurationen bei der Emission kommen, soweit man bisher hat beobachten können, die Werte für $m = 1, 2, 3, 4$ vor. Dem entsprechen die Serienformeln

$$\nu = \frac{R}{1^2} - \frac{R}{m^2} \qquad (m = 2, 3, 4)$$

$$\nu = \frac{R}{2^2} - \frac{R}{m^2} \qquad (m = 3 \text{ bis } 37)$$

$$\nu = \frac{R}{3^2} - \frac{R}{m^2} \qquad (m = 4 \text{ bis } 9?)$$

$$\nu = \frac{R}{4^2} - \frac{R}{m^2} \qquad (m = 5, 6).$$

Die erste Serie, von der bis jetzt nur drei Linien beobachtet sind, verläuft im äußersten Ultraviolett. Die Dritte, von der fünf Linien sichergestellt sind, liegt im Ultrarot, die vierte[13]) hat noch kleinere

13) *Braket*t, Astroph. J. 56 (1922), p. 154.

Schwingungszahlen. Die zweite, die sogenannte Balmer-Serie, die lange Zeit die einzige bekannte Wasserstoffserie war, hat, wie oben erwähnt, den Ausgangspunkt für die Serienuntersuchungen gebildet. Die große Reihe ihrer Linien ist zuerst in den Spektren der Sterne und bei Sonnenfinsternissen in dem Spektrum der äußersten Sonnenhülle beobachtet worden. Erst in neuerer Zeit ist es *Wood*[14]) gelungen, sich von dem Spektrum des Wasserstoff*moleküls* zu befreien, das im Laboratorium sich den Serienlinien überlagert und nach dem Ende der Serie hin ihre Beobachtung erschwert.

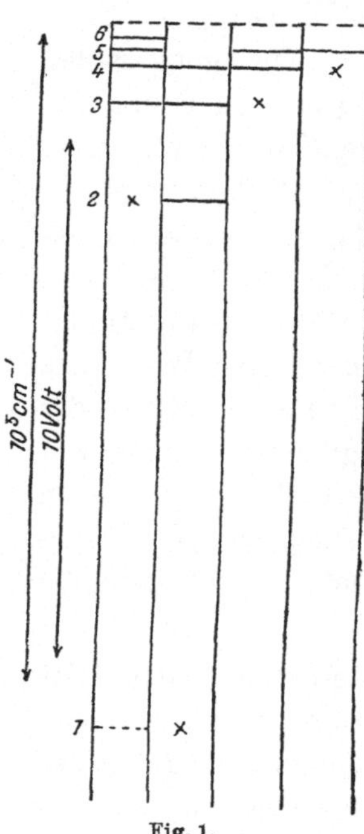

Fig. 1.

In der Fig. 1 sind die Serien, wie sie beobachtet werden, gezeichnet, aber nicht in einem Spektrum vereinigt, sondern getrennt voneinander in vertikalen Streifen. Links steht die Balmerserie, daneben die ultraviolette und rechts davon die beiden ultraroten Serien. Das Kreuz bezeichnet in jedem Streifen den Nullpunkt, von dem aus man nach oben die Schwingungszahlen in dem nebenliegenden Maßstab für die Einheit cm^{-1} abzulesen hat. Die vier Nullpunkte sind so angenommen, daß die vier Enden der Serien in derselben horizontalen gestrichelten Linie zusammenfallen. Würde man die einzelnen Streifen so verschieben, daß die Kreuze in einer Horizontalen liegen, so würde man das gesamte Bild der beobachteten Spektrallinien erhalten. Von der gestrichelten Linie aus nach unten gemessen erhalten wir dagegen in demselben Maßstab die Werte der Terme. Es ist üblich, diese Terme außer in cm^{-1} auch in einer andern Einheit anzugeben. Ist ν ihr Wert in reziproken Längeneinheiten gemessen, so ist νc (c die Lichtgeschwindigkeit) die Zahl der Schwingungen in der Zeiteinheit und $h\nu c$ die entsprechende Energie. Man gibt nun an Stelle der Energie die Spannung V an, die einem Elektron e die kinetische Energie verleiht, die mit der zu messenden übereinstimmt, so daß also $eV = h\nu c$. In elektromagnetischen cm g sec-Einheiten würde $V = 10^8$ mal der Voltzahl zu setzen sein. Es entspricht somit ein Volt der Schwingungszahl

$$\nu = \frac{10^8 e}{hc}\ \mathrm{cm}^{-1} = 8000\ \mathrm{cm}^{-1}\ \text{rund}.$$

Der zweite Maßstab erlaubt, die Energie der Terme in Volt abzulesen.

14) *Wood*, Phil. Mag. 72 (1921), p. 729.

In der Kolonne der Balmerserie ist der Term mit der Laufzahl $m = 1$ durch eine gestrichelte Linie mit eingetragen; gestrichelt, weil ihm keine Spektrallinie entspricht, wie den übrigen Linien der Kolonne. Dieser Term stellt die Energie der stabilsten Konfiguration des Wasserstoffatoms dar oder, wie man auch sagt, die Energie des unangeregten Wasserstoffatoms.

Die Spektren sind vertikal angeordnet, um durch die Lage der Linien an den Energiebetrag der betreffenden Konfiguration zu erinnern, der der potentiellen Energie eines auf diese Höhe gehobenen schweren Körpers verglichen wird. So wie bei dem Fall eines Körpers von einem höheren auf ein tieferes Niveau die Differenz der potentiellen Energien frei wird und sich z. B. in die Energie eines Knalles umsetzen könnte, wenn der Körper auf den Boden aufschlägt, so entsteht hier die Strahlungsenergie bei dem Übergang von dem höher gezeichneten Term auf den tieferen.

Es ist anzunehmen, daß außer diesen vier Serien des Wasserstoffs noch weitere vorkommen, bei denen die Endterme die Werte $\frac{R}{5^2}$, $\frac{R}{6^2}$ usw. haben. Ihnen würden in der Figur weiter rechts sich anschließende Streifen entsprechen, deren Nullpunkte für die Skala der Schwingungszahlen jedes Mal um eine Stelle weiter hinaufrücken. Diese Serien liegen weiter und weiter im Ultrarot. Eine Andeutung der ersten Linie der nächstfolgenden Serie $\nu = \frac{R}{5^2} - \frac{R}{6^2}$ findet *A. H. Pfund*[15]) bei $\lambda = 7{,}40\ \mu$.

Während beim Wasserstoff nur *eine* Reihe von Termen vorkommt[16]), so ist es bei den anderen Elementen anders. Die Terme, die beim Wasserstoff in den verschiedenen vertikalen Streifen der Figur auf gleicher Höhe liegen, rücken bei andern Elementen auseinander, zum Teil so, daß sie sich in demselben Streifen in zwei oder mehr Terme spalten, zum Teil nur so, daß sie in den verschiedenen Streifen nicht mehr in derselben Horizontalen liegen. Chemisch verwandte Elemente zeigen dabei ganz analoge Seriensysteme, die von Element zu Element mit wachsender Atomnummer systematische Änderungen erfahren. Als Beispiel mögen die Spektren der Alkalien ausführlicher besprochen werden, deren Gesetzmäßigkeiten zuerst entdeckt wurden. Im Anschluß daran lassen sich dann die übrigen Serien-Spektra wesentlich kürzer beschreiben.

---

15) J. of the Optical Soc. of Am. 9 (1924), p. 196.

16) In dieser Aussage ist von der „Feinstruktur" der Wasserstofflinien abgesehen, d. h. von der Tatsache, daß die Linien streng genommen aus mehreren nahe bei einander liegenden Komponenten bestehen.

3. Die Spektren der Alkalien. In den Spektren der Alkalien treten die meisten Spektrallinien paarweise auf. In den Formeln zeigt sich das in der Art, daß entweder der konstante Term zwei verschiedene, nahe beieinander liegende Werte hat; dann sind die beiden Serien, in der Skala der Schwingungszahlen gezeichnet, kongruent, und alle Paare haben den gleichen Abstand; oder der mit der Laufzahl veränderliche Term hat zwei Formen, die sich durch die Werte der Parameter α, β in den Gl. (3) unterscheiden; dann werden die Paare mit wachsender Ordnungszahl enger, bis sie nicht mehr als zwei Linien erkannt werden können und die beiden Serien denselben Auslauf haben; oder endlich es sind sowohl der konstante Term wie der laufende Term doppelt, wovon weiter unten die Rede sein wird.

In allen diesen Spektren tritt ein Linienpaar hervor, das an Intensität alle andern überstrahlt. Es ist das erste Glied der sogenannten Hauptserie. Im Natriumspektrum z. B. ist es das wohlbekannte Paar der gelben Linien, von *Fraunhofer* im Sonnenspektrum mit dem Buchstaben D bezeichnet. Der Term der Endkonfiguration der Hauptserie ist der Term niedrigster Energie also höchsten Betrages, tiefsten Niveaus. Der Laufterm ist doppelt. Wir wollen ihn mit mp_1 und mp_2 bezeichnen, wo p an das Wort „Prinzipalserie" erinnern soll. mp_1 soll dem tieferen Niveau, also dem größeren Termwert entsprechen.[17]) Der Unterschied zwischen mp_1 und mp_2 verschwindet mit wachsendem m; denn für große Werte von m unterscheiden sich beide Werte weniger und weniger von $\frac{R}{m^2}$. Das bedeutet, die Linienpaare rücken mit wachsender Ordnungszahl zusammen und erscheinen für große Werte von m als einfache Linien. Der konstante Term, der die Energie der Endkonfiguration darstellt, ist durch den Wert einer Formel gegeben, die wir mit ms bezeichnen wollen, wenn darin für m sein niedrigster Wert m_1 eingesetzt wird. Die Schwingungszahlen ν der Hauptserie werden somit aus der Energie $-mph$ der Anfangskonfiguration vermindert um die Energie $-m_1sh$ der Endkonfiguration durch Division mit h berechnet:

$$\nu = m_1 s - mp_1 \quad \text{und} \quad \nu = m_1 s - mp_2$$

Der Hauptserie entspricht eine zweite Serie von Linienpaaren, deren Endkonfigurationen den niedrigsten unter den Termen mp_1 und mp_2 entsprechen und deren laufender Term ms ist. Wir nennen sie die s-Serie. Der Wert, mit dem die Laufzahl m bei der Darstellung einer

---

17) Bisher ist das Umgekehrte üblich gewesen. Aber neuere Gründe (vgl. p. 803 u. 804) lassen die obige Bezeichnung richtiger erscheinen. Übrigens ist die neue Bezeichnung im Einklang mit der alten Bezeichnung D_1, D_2 für die Natriumlinien.

Serie anfängt, ist, wenn es sich nur um die Berechnung der Schwingungszahlen handelt, wie wir oben schon sahen, gleichgültig, weil man immer von m eine ganze Zahl abtrennen und dem oben in der *Ritz*schen Formel mit α bezeichneten Parameter hinzusetzen kann. Bei den Wasserstofftermen lag es nahe, den Parameter Null zu setzen, so daß für den Term der stabilsten Konfiguration $m = 1$ ist. Dem entsprechend hat man auch bei den Alkalien den stabilsten Term mit $1s$ bezeichnet, so daß die Schwingungszahlen der Hauptserie durch

$$\nu = 1s - mp_1 \quad \text{und} \quad \nu = 1s - mp_2$$

dargestellt sind. m läßt man dann nach der Analogie des Wasserstoffspektrums von $m = 2$ anfangen, so daß die Hauptserie in den Alkalien der Wasserstoffserie

$$\nu = \frac{R}{1^2} - \frac{R}{m^2} \qquad (m = 2, 3, \ldots)$$

entspricht, die in Figur 1 durch den zweiten Streifen von links dargestellt wird. Die s-Serie ist durch

$$\nu = 2p_1 - ms \quad \text{und} \quad \nu = 2p_2 - ms \qquad (m = 2, 3, \ldots)$$

dargestellt.

Bohr ist durch seine Vorstellung von dem Aufbau der Atome zu einer andern Bestimmung der Laufzahl gelangt. Bei ihm erhalten die homologen Terme bei den verschiedenen Alkalien nicht notwendig die gleichen Laufzahlen, sondern sie kann für die größeren Atomnummern größer sein. Die physikalische Bedeutung der Laufzahl ist bei ihm die Quantenzahl, die sich aus der kinetischen Energie des äußersten Elektrons ergibt. In Polarkoordinaten geschrieben ist die doppelte kinetische Energie multipliziert mit dem Zeitdifferential

$$M\dot{r}^2 dt + Mr^2\dot{\varphi}^2 dt.$$

Der erste Teil wird über eine Periode von r, der zweite über eine Periode von φ integriert. Nach der Quantentheorie müssen beide Integrale ganzzahlige Vielfache des Wirkungsquantums ergeben. Die Summe der beiden ganzen Zahlen heißt nach *Bohr* die Hauptquantenzahl. Homologe Bahnen können bei Elementen mit größeren Kernladungen weit höhere Hauptquantenzahlen liefern, wenn die Bahnen ins Innere des Atomrumpfes eindringen. Dennoch wollen wir hier, um das Homologe in den Spektren der verschiedenen Alkalien hervorzuheben, wie bisher üblich die einander homologen Terme mit derselben Laufzahl bezeichnen.

Zu diesen beiden mit p und s bezeichneten Serien treten noch weitere, die als d-Serie, f-Serie, g-Serie usw. bezeichnet werden. Bei der d-Serie ist der Endterm $2p_1$ und $2p_2$, so daß die Schwingungszahlen durch die Formeln

$$\nu = 2p_1 - md \quad \text{und} \quad \nu = 2p_2 - md\text{[18]} \quad (m = 3, 4, \ldots)$$

dargestellt werden.

Die d-Serie besteht also wie die s-Serie aus einer Reihe von Linienpaaren mit der Schwingungsdifferenz $2p_1 - 2p_2$. Die Linienpaare haben also alle dieselbe Weite und laufen in beiden Serien an derselben Stelle aus.[19]) Bei der f-Serie ist $3d$ der Anfangsterm, die Schwingungszahlen werden durch die Formel

$$\nu = 3d - mf \qquad (m = 4, 5, \ldots)$$

dargestellt. Analog sind die Formeln der weiteren Serien

$$\nu = 4f - mg \qquad (m = 5, 6, \ldots),$$
$$\nu = 5g - mh \qquad (m = 6, 7 \ldots).$$

In Fig. 2 sind die Serien im Spektrum des Caesium gezeichnet. Das Kreuz bezeichnet wieder wie in Fig. 1 für jede Serie den Nullpunkt der nach oben zu messenden Schwingungszahlen, und die obere gestrichelte Linie bezeichnet das Ende der Serien. Von der gestrichelten Linie aus nach unten gemessen bezeichnen die Abstände der Linien die Werte der laufenden Terme, während der Abstand des Kreuzes den Wert des konstanten Terms ergibt. Bei der Hauptserie von Paaren haben wir daher in der Figur Doppelstriche und nur ein Kreuz, bei der s-Serie umgekehrt zwei Kreuze und einfache Striche, von denen jeder aber zwei Spektrallinien repräsentiert, deren Schwingungszahlen von den verschiedenen beiden Nullpunkten aus zu messen sind. Die beiden Kreuze fallen in die Niveaus des ersten Paares der Hauptserie. Um den Abstand der beiden Kreuze sind die Komponenten der Linienpaare voneinander getrennt. Die Schwingungsdifferenz ist für alle

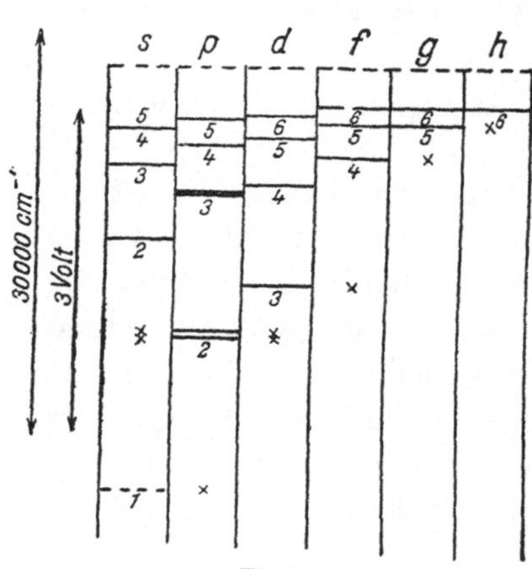

Fig. 2.

18) Bei den Alkalien mit höherer Atomnummer sind auch die Terme md als doppelt erkannt, wovon weiter unten die Rede sein wird.

19) *Kayser* und *Runge* haben die d- und s-Serie die erste und zweite Nebenserie genannt. *Rydberg* wandte die Bezeichnungen diffus und scharf an, die sich in den Buchstaben d und s erhalten haben. Zu damaliger Zeit waren die weiteren Serien noch unbekannt, für die neuerdings die Buchstaben $f, g, \ldots$ benutzt werden (vorher b, x, y . .).

Paare die gleiche und gleich der Schwingungsdifferenz des ersten Paares der Hauptserie. Die Ausgangsterme dieses Paares der Hauptserie bilden die Endterme der s-Serie von Paaren, und zwar entspricht in der Figur die höhere Linie dem höheren Kreuz, d. h. dem höheren Nullpunkt, also der kleineren Schwingungszahl bei jedem Paar der s-Serie. Dies spiegelt sich in einer schon von *Rydberg* bemerkten Erscheinung in dem Intensitätsverhältnis der beiden Linien der Paare wider. Während nämlich in der Hauptserie die Linie der größeren Schwingungszahl $1s - 2p_2$ die intensivere ist, hat in der s-Serie von Paaren die kleinere Schwingungszahl $2p_2 - ms$ die größere Intensität. D. h. die größere Intensität hängt an dem Term mp_2 im Gegensatz zu mp_1. Noch schlagender tritt etwas Ähnliches bei der magnetischen Aufspaltung der Linien hervor. Im magnetischen Felde wird die Linie *größerer* Schwingungszahl bei der Hauptserie genau so zerlegt wie die Linie *kleinerer* Schwingungszahl in der s-Serie und umgekehrt.

Rechts von diesen beiden Serien von Paaren ist die d-Serie und rechts davon die f-Serie und zwei Linien der g- und eine der h-Serie eingetragen. Die d-Serie hat dieselben zwei konstanten Terme wie die s-Serie.

Im Spektrum des Caesiums wird bei der d-Serie neben der Linie kleinerer Schwingungszahl bei den intensiveren Paaren noch eine Linie beobachtet. Die Reihe dieser Linien bildet eine Serie mit dem festen Term $2p_2$ und einem Laufterm, den wir von dem Laufterm md der andern beiden Linien dadurch unterscheiden wollen, daß wir ihn mit md_2, den der andern beiden mit md_3 bezeichnen. Wir haben es also streng genommen in der Serie mit je drei Linien zu tun

$$\nu = 2p_1 - md_2, \quad \nu = 2p_2 - md_3, \quad \nu = 2p_2 - md_2$$

statt mit einem Linienpaar. Aber der Unterschied zwischen md_2 und md_3 ist klein und wird für größere Werte von m unmerklich. Der Maßstab der Figur ist zu klein, um den Unterschied erkennen zu lassen.

Die Linie $2p_2 - md_3$ ist stärker als die Linie $2p_2 - md_2$, die von $2p_1 - md_2$ den allen Paaren gemeinsamen Abstand $2p_1 - 2p_2$ hat. Bei Rubidium ist auch bei dem ersten der Paare der d-Serie neben der Linie kleinerer Schwingungszahl $2p_2 - md_2$ eine etwas stärkere Linie $2p_2 - md_3$ beobachtet. Es ist wohl anzunehmen, daß die Dinge sich in den Spektren von *K*, *Na*, *Li* ähnlich verhalten, nur daß hier der Unterschied zwischen md_2 und md_3 so klein ist, daß er nicht beobachtet werden konnte. Die f-Serie hat den Endterm $3d$ des ersten Laufterms der d-Serie, und beim Caesium erhalten wir dementsprechend zwei Endterme $3d_2$ und $3d_3$. Die Schwingungszahlen sind somit

$$\nu = 3d_2 - mf \quad \text{und} \quad \nu = 3d_3 - mf$$

und bilden also eine Serie von Linienpaaren mit dem Abstand $3d_2 - 3d_3$.

Die Fig. 2 läßt sich in eine gewisse Analogie zu der Fig. 1 setzen, wenn wir uns denken, daß in Fig. 2 die Doppellinien in eine zusammenrücken und in jedem der verschiedenen vertikalen Streifen jeder Term mit entsprechenden Termen der andern Streifen den gleichen Wert erhält, d. h. daß die betreffende Linie in dieselbe Horizontale rückt. Die Terme der s-Serie reichen am tiefsten, und in der Reihenfolge s—p—d—f—g—h reichen sie weniger und weniger tief.

Beim Caesium sind auch bei den Paaren der f-Serie Begleiter[20]) beobachtet, so daß auch hier zwei Termfolgen mf_3 und mf_4 wie in der p- und d-Serie zu unterscheiden sind, und man wird zu der Vermutung geführt, daß alle Termfolgen außer den Termen ms bei allen Alkalien doppelt sind.

Die Terme ms, mp, md, mf, mg, mh nähern sich in dieser Reihenfolge für denselben Wert von m dem Werte $\frac{R}{m^2}$ der Wasserstoffterme.

Die Messungen ergeben z. B. für Caesium:

$$6s = 2276 \cdot 7, \quad 6p_2 = 2656, \quad 6d_3 = 3584, \quad 6f = 3077, \quad 6g = 3059,$$

$$6h = 3049. \quad \frac{R}{6^2} = 3046{,}6.$$

Nach *Bohr* ist dies so aufzufassen, daß die den letzten dieser Terme entsprechenden Bahnen in ihrem ganzen Verlauf von der Hülle der übrigen das Atom umgebenden Elektronen erheblich entfernt bleiben und daß dadurch Atom und Hülle zusammen auf das entfernte Elektron nahezu ebenso wirken wie ein von seinem Elektron befreites Wasserstoffatom.

Bei dem Vergleich dieser Terme für die Laufzahl $m = 6$ ist diese so gerechnet, daß die s-Serie mit $m = 1$, die p-Serie mit $m = 2$ usw. anfängt. Eine tiefere physikalische Einsicht gewinnt man, wenn man mit *Bohr* die Hauptquantenzahl (s. o. p. 793) als Laufzahl einführt und die Terme mit gleicher Hauptquantenzahl z. B. $n = 6$ vergleicht. *Bohr* schließt aus dem Aufbau der Atome, daß beim Caesium die s-Serie und die p-Serie mit $n = 6$, die folgenden mit $n = 3, 4, \ldots$

---

20) Vgl. die interferometrischen Messungen von *K. W. Meißner*, Ann. d. Phys. 65 (1920), p. 378.

anfangen. Die Terme für $n = 6$ lauten dann

$$6s = 31407, \quad 6p_2 = 19674, \quad 6d_3 = 3584, \quad 6f = 3077,$$
$$6g = 3059, \quad 6h = 3049.$$

Von der d-Serie an haben wir dieselben Terme wie oben, während die Termwerte für die s- und p-Serie weit größer sind. Von der d-Serie an verläuft die Bahn des äußersten Elektrons ganz außerhalb des übrigen Gebildes und wird dadurch mit der entsprechenden Elektronenbahn um ein Wasserstoffatom vergleichbar, während sie bei der s- und p-Serie in das Innere des übrigen Gebildes eintaucht.[21])

Wie *Sommerfeld* gefunden hat, haben die den verschiedenen Termreihen entsprechenden Bahnen in bezug auf den Kern verschiedene Drehimpulse, die durch ganze Vielfache von $\frac{h}{2\pi}$ bestimmt werden. Diese ganze Zahl, die „azimutale Quantenzahl", wie *Sommerfeld*, die „Nebenquantenzahl", wie *Bohr* sie nennt, charakterisiert somit die Termreihe. Die s-Terme entsprechen der Quantenzahl 1, die p-Terme 2, die d-Terme 3, die f-Terme 4, die g-Terme 5. Statt der Bezeichnungen s, p, d, f, g, h ergibt sich somit die einfachere und physikalisch bedeutungsvollere, daß man eine Termreihe durch die azimutale Quantenzahl bezeichnet und die Terme eines Paares durch ihre Laufzahl, an die man als Index die azimutale Quantenzahl $k = 1, 2, \ldots$ anhängt, sei es daß man wie hier die Laufzahl m oder die von *Bohr* eingeführte Hauptquantenzahl n anwendet. Ein zweiter Index unterscheidet dann die beiden Terme des Paares.

Die Konfigurationen, denen die Terme $ms, mp, \ldots$ entsprechen, treten nun außer in diesen Serien von Linienpaaren auch noch in andrer Weise in Kombinationen von Anfangs- und Endkonfigurationen zusammen. *Ritz* hat zuerst auf diese von ihm „Kombinationslinien" genannten Spektrallinien aufmerksam gemacht, deren Schwingungszahl gleich der Differenz der beiden Terme ist. Aber erst durch die Theorie von *Bohr* wurde ein Prinzip erkannt, das *Bohr*sche „Korrespondenzprinzip", nach dem unter normalen Verhältnissen nur gewisse Kombinationen vorkommen können, andere nicht. Die azimutale Quantenzahl k erlaubt uns die Regel auszusprechen, die für alle unter normalen Verhältnissen entstehenden Spektrallinien gilt. Sie gehören nur zu solchen Termdifferenzen, deren azimutale Quantenzahlen um eine Einheit von einander verschieden sind. Bei den Spektrallinien der Hauptserie z. B. ist der Übergang von $k = 2$ zu $k = 1$, bei der s-Serie von $k = 1$ zu $k = 2$. Bei der d-Serie von $k = 3$ zu $k = 2$,

21) *N. Bohr*, Linienspektren und Atombau, Ann. d. Phys. 71 (1923), p. 228.

der f-Serie von $k = 4$ zu $k = 3$ usw. Es ist anzunehmen, daß alle Kombinationen, bei denen k sich um eine Einheit vergrößert oder verkleinert, auch wirklich vorkommen und jedenfalls für die kleineren Laufzahlen mit erheblicher Intensität vertreten sind, nur liegen die Terme vielfach so nahe bei einander, daß die entsprechenden Linien ins Ultrarote fallen, wo sie nicht leicht zu beobachten sind.

In kräftigen elektrischen Feldern[22]) kommen auch solche Kombinationen vor, bei denen sich k nicht oder um mehr als eine Einheit ändert. So sind z. B. im Spektrum des Lithiums und des Natriums unter anderen die Kombinationen von $2p$ als Endterm mit den weiteren p-Termen als Anfangsterm beobachtet worden[23]), deren Reihe man natürlich auch eine Serie nennen kann, wie jede Reihe von Kombinationslinien, bei denen der eine Term sich nur durch verschiedene Werte der Laufzahl unterscheidet. Beim Lithium und Natrium werden ferner einige der Kombinationen $2p - mf$ beobachtet.

Die Kombinationslinien machen es manchmal möglich, die Werte der Terme zu verbessern, die aus den Serien vielleicht nicht so genau hervorgehen. Denn wenn man die Schwingungszahl einer Kombinationslinie und den einen ihrer beiden Terme genau kennt, so kann man den andern genau berechnen. So findet z. B. *Datta*[24]) im Spektrum des Kaliums die Kombinationslinie $1s - 3d$ doppelt $\nu = 21535 \cdot 62$ und $\nu = 21538 \cdot 36$. Da nun der s-Term gleich $35005 \cdot 88$ genau bekannt ist und nach allen Analogien einfach sein muß, so schließt er daraus auf zwei Werte von $3d$

$$3d_2 = 13470 \cdot 26 \quad \text{und} \quad 3d_3 = 13467 \cdot 52$$

und danach darauf, daß die Serienlinien $2p_2 - md$ doppelt sein müssen wie beim Rubidium und Caesium.

Überblickt man die fünf Serienspektren der Alkalien, so zeigt sich sehr deutlich die Ähnlichkeit ihrer Bildung. Von Element zu Element ändert sich mit wachsender Atomzahl das Spektrum in regel-

22) In komplizierteren Spektren (schon bei den Erdalkalien vgl. Nr. 8 und dann besonders bei Cr, Mn, Fe usw.) treten Kombinationen mit $\Delta k = 0$ und $\Delta k = 2$ auch ohne die Mitwirkung elektrischer Felder auf. In diesen Fällen hat man auf das Vorhandensein zweier verschiedener Formen des Atomrumpfes zu schließen, welche den beiden kombinierenden Termen entsprechen („heteromorphe Terme"). Nur bei den Alkalien, wo der Atomrumpf die einfache und eindeutige Form der Edelgasschale hat, sind heteromorphe Terme und feldfreie Kombinationen $\Delta k = 0$, $\Delta k = 2$ ausgeschlossen.

23) *Lenard,* Ann. d. Phys. 11 (1903), p. 647.

24) *Datta,* Proc. Roy. Soc. A. 99 (1921), p. 69; vgl. auch *C. Runge*, Bemerkung über die Spektra der Alkalien, Die Naturwissenschaften, Jahrg. XI, p. 433. Dazu die Bemerkung von *F. Paschen*, p. 434.

mäßiger Weise. In Fig. 3 sind die Spektren in der gleichen Art wie in Fig. 2 die Serien des Caesiums gezeichnet. Nur sind die Linien weggelassen und allein das Kreuz jeder Serie sowie das gemeinsame Ende eingezeichnet, und zwar für jedes Element in je einer Kolonne. Mit andern Worten es sind die tiefsten s-, p-, d-, f-Terme von der gestrichelten Linie nach unten gemessen eingetragen. Auf der linken Seite sind die Terme $\frac{R}{m^2}$ hinzugefügt, nur daß für $m = 1$ der betreffende Punkt $\frac{R}{1^2}$ unterhalb der Zeichnung liegt. Für $m = 2, 3, 4 \ldots$ schließt er sich an die Reihen der tiefsten p-, d-, f-Terme an, wodurch es plausibel erscheint, daß man die Laufzahlen dieser Terme für p mit 2, für d mit 3, für f mit 4 bezeichnet, obgleich sie nicht mit den Hauptquantenzahlen in Einklang sind, die *Bohr* aus dem Elektronenaufbau der Atome gewinnt. Die Linienpaare sind in der Zeichnung wegen der Kleinheit des Maßstabes nicht angedeutet.

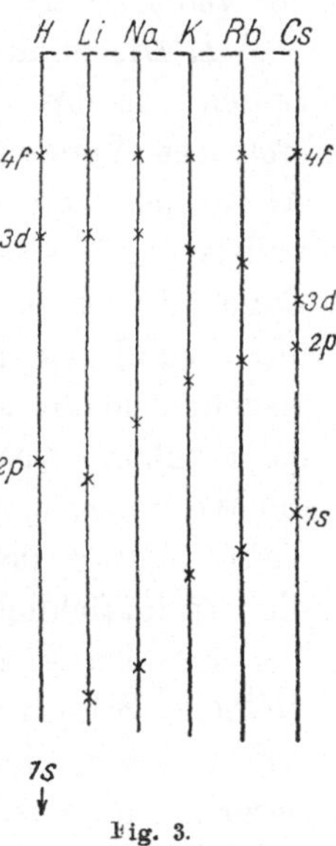

Fig. 3.

In der Trennung der beiden Komponenten eines Linienpaares zeigt sich ebenfalls eine gesetzmäßige Abhängigkeit von der Atomzahl. Die Quadratwurzel aus der Schwingungsdifferenz $2p_1 - 2p_2$ der Paare in den s- und d-Serien und des ersten Paares der Hauptserie ist, wie die folgende Tabelle zeigt, sehr nahe linear von der Atomzahl abhängig.

x = Atomzahl	$2p_1 - 2p_2$	$\sqrt{2p_1 - 2p_2}$	$-0{,}757 + 0{,}4404x$	Differenz
Li 3	0,33 cm^{-1}	0,57 $cm^{-\frac{1}{2}}$	0,56	+ 0,01
Na 11	17,17 „	4,14 „	4,09	+ 0,05
K 19	57,70 „	7,60 „	7,61	− 0,01
Rb 37	237,6 „	15,41 „	15,54	− 0,13
Cs 55	554,0 „	23,54 „	23,47	+ 0,07

Wenn auch die gerechneten Werte nicht ganz innerhalb der Grenzen der Beobachtungsgenauigkeit bleiben, so deutet die Übereinstimmung doch an, daß die Schwingungsdifferenz in erster Linie von der Atomzahl, d. h. von der Kernladung, abhängt.

Der Umstand, daß die Schwingungsdifferenz bei einer Reihe von Linienpaaren eines Spektrums den gleichen Wert besitzt, hat in zahlreichen Fällen zur Entdeckung von Serien geführt. Denn bei der hohen Genauigkeit, mit der Spektrallinien gemessen werden können, wird die Übereinstimmung zweier Schwingungsdifferenzen innerhalb der engen Grenzen der Beobachtungsgenauigkeit nicht leicht ein Werk des Zufalls sein.

4. Die Spektren von Kupfer, Silber und Gold. Diese Spektren zeigen, wie ihre Stellung im periodischen System und noch mehr die *Bohr*sche Vorstellung von dem Aufbau der Atome erwarten läßt, Ähnlichkeit mit den Spektren der Alkalien. Nur sind sie weniger vollständig beobachtet, am unvollständigsten das des Goldes, wo die Zugehörigkeit der beobachteten Paare zu den verschiedenen Serien nicht durchweg mit Sicherheit angegeben werden kann. Gut festgestellt sind die s- und d-Serien von Linienpaaren beim Kupfer und beim Silber. Aus dem Ende der s- und d-Serien ergeben sich dann die Werte $2p_1$ und $2p_2$ und aus dem laufenden Term der s-Serie der Term $1s$, mit dem dann $1s - 2p_1$ und $1s - 2p_2$ berechnet werden, die das tatsächlich beobachtete erste Glied der p-Serie darstellen.

Bei den Paaren der d-Serie hat wie beim Caesium die Linie kleinerer Schwingungszahl einen Begleiter, so daß zwei Termreihen md_2 und md_3 sich ergeben $3d_2$ und $3d_3$ liefern die Endterme der f-Serie, von der allerdings nur ein Glied aufgefunden ist. Gestützt wird der betreffende f-Term indessen durch ein Kombinationslinienpaar, das mit diesem Term und mit $2p_1$ und $2p_2$ gebildet ist. Auch verschiedene andere Kombinationslinien stärken die Zuversicht, daß die Linien richtig gedeutet sind, obgleich viele Linien übrig bleiben, die sich nicht in Serien ordnen lassen.

Die Schwingungsdifferenzen $2p_1 - 2p_2$ der Paare wachsen auch hier von Element zu Element mit der Atomzahl und wie bei den Alkalien ist die Quadratwurzel aus der Schwingungsdifferenz nahezu eine lineare Funktion der Atomzahl, wie die folgende Tabelle zeigt.

x = Atomzahl	$2p_1 - 2p_2$	$\sqrt{2p_1 - 2p_2}$	$-11{,}915 + 0{,}9202x$
Cu 29	248,4	15,76	14,77
Ag 47	920,6	30,34	31,33
Au 79	3815,6	61,77	60,78

Als Funktion der Atomgewichte ist die Übereinstimmung noch etwas besser:

	x = Atomgewicht	$\sqrt{2p_1 - 2p_2}$	$-5{,}787 + 0{,}3443x$
Cu	63,57	15,76	15,42
Ag	107,88	30,34	30,68
Au	197,2	61,77	61,43

Immerhin liegen aber auch hier die Abweichungen außerhalb der Beobachtungsgenauigkeit.

Am überzeugendsten für die Analogie der Linien mit denen der Alkalien ist die Tatsache, daß sie im magnetischen Felde genau in derselben charakteristischen Weise aufgespalten werden, wie die entsprechenden Linien der Alkalien.

5. Die Spektren der zweiten Kolonne des periodischen Systems. Auch in der zweiten Kolonne des periodischen Systems sind Serienspektren beobachtet worden und spiegeln die chemischen Verwandtschaften wider, wenn auch hier die Gesetzmäßigkeiten viel schwieriger aufzufinden sind wegen der zahlreichen Linien, die mit den Serien bis jetzt nicht in Zusammenhang gebracht werden können und daher noch zu manchen Lücken und Unsicherheiten Anlaß geben. Wir haben es mit dreierlei Arten von Serien zu tun, Serien von Einzellinien, Serien von Tripletts und Serien von Linienpaaren wie bei den Alkalien. In den drei Gruppen treten wie bei den Alkalien *p*-, *s*-, *d*-, *f*-Serien auf. Die Serien von Linienpaaren gehören dem ionisierten Atom an und werden vorzugsweise im Funkenspektrum beobachtet. Sie haben denselben Aufbau wie das Spektrum der Alkalien. Dies Verhalten entspricht dem von *A. Sommerfeld* und *W. Kossel* aufgestellten „Verschiebungssatz", wonach das Spektrum eines ionisierten Atoms seiner Struktur nach gleich ist dem Spektrum des nach der Atomnummer vorhergehenden neutralen Atoms.[25]) In den Formeln für die Serien dieser Linienpaare ist dann aber entsprechend der doppelten Kernladung die Konstante R durch $2^2 R$ zu ersetzen.

Das Serienspektrum des neutralen Atoms dieser Gruppe möge an dem Beispiel des Quecksilbers an der Hand der Fig. 4 erläutert werden. Die Triplettserien sind ähnlich wie oben bei der Beschreibung der Alkalien in fünf Kolonnen dargestellt, die den *s*-, *p*-, *d*-, *f*-, *g*-Serien entsprechen. Ebenso sind die Serien von Einzellinien gezeichnet. Die Schwingungszahlen sind von unten nach oben zu zählen, wobei die Kreuze ihre Nullpunkte angeben. Die Energien der Terme sind von der gestrichelten Linie ausgehend nach unten zu zählen. Das Serienspektrum der Einzellinien ist dem der Alkalien ähnlich gebaut, nur daß die *F*-Serie[26]) nicht mehr beobachtet ist und daß die Einzellinien an Stelle der Paare treten.

Der niedrigste Term ist 1 *S*, der den Endterm der *P*-Serie und daher für sie den Nullpunkt der Schwingungszahlen bildet. Seiner tiefen Lage entsprechend hat die *P*-Serie sehr hohe Schwingungszahlen. Das erste Glied der *P*-Serie liegt bei $\lambda = 1849\ 10^{-8}$ cm

25) Verhandl. d. Deutsch. Phys. Ges., Jahrg. 21 (1919), p. 240.

26) Die Serien der Einzellinien werden gewöhnlich mit großen Buchstaben bezeichnet.

$\nu = 54069 \text{ cm}^{-1}$ und ist vermutlich die stärkste Linie des ganzen Spektrums, nur daß sie durch ihre Lage im Ultraviolett, wo schon die Luft anfängt, undurchsichtig zu werden, nicht so stark auffällt. Auch bei Mg, Zn, Cd liegt die entsprechende Linie im Ultraviolett, während sie in den Spektren von Ca, Sr, Ba, Ra in den sichtbaren Teil fällt und hier schon seit langer Zeit als die Linie bekannt ist, die bei niedriger Temperatur der Lichtquelle am intensivsten ausgestrahlt wird. Die Wellenlängen sind Ca 4226, Sr 4607, Ba 5535, Ra 4826 Å.

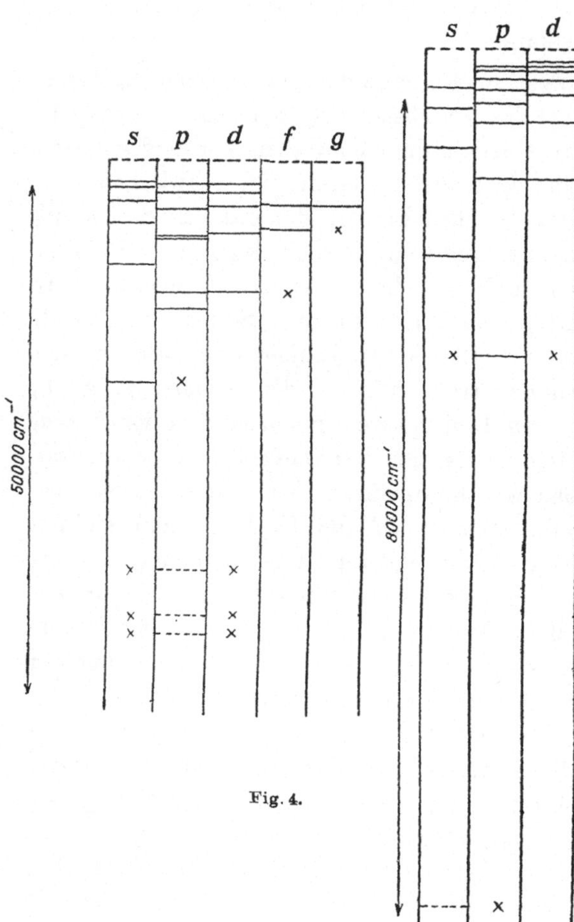

Fig. 4.

Die Triplettserien-Systeme der zweiten Kolonne des periodischen Systems haben alle die Eigentümlichkeit, daß die drei Endkonfigurationen der *s*- und *d*-Serie niedrigere Energie haben als die Endkonfiguration der *p*-Serie. In der Figur zeigt sich das in der Lage der drei Nullpunkte der Schwingungszahlen der *s*- und *d*-Serie zu dem Nullpunkt in der *p*-Serie. Sie liegen umgekehrt zueinander wie in den einfachen Serien und wie in den Dublettserien bei den Alkalien. Infolgedessen ist zu erwarten, daß bei den Triplettserien nicht das erste Glied der Hauptserie überwiegend stark ist, wie bei den Alkalien, sondern die ersten Glieder der *s*- und *d*-Serie. In der Tat sind diese auffallend stark. Es läßt sich aber über ihre Stärke im Verhältnis zum ersten Glied der Hauptserie nichts Sicheres aussagen, weil dieses im Ultrarot liegt und daher seine Intensität mit den sichtbaren Linien nicht verglichen ist.

Ebenso wie in der ersten Kolonne des periodischen Systems die Linienpaare der d-Serie noch einen Begleiter in der Nähe der Komponente kleinerer Schwingungszahl zeigen oder vermuten lassen, wo er nicht beobachtet ist, so tritt etwas Analoges bei den Tripletts der d-Serien ein. Statt eines Terms md haben wir drei Terme md_1, md_2, md_3, die nur wenig voneinander verschieden sind und deren Differenzen zwischen dem ersten und zweiten und zweiten und dritten im Allgemeinen schrittweise zunehmen, ebenso wie dies bei den mp-Termen der Fall ist, die wir auch für den Augenblick vom kleineren zum größeren Intervall mit mp_1, mp_2, mp_3 numerieren. Bei jedem Triplett der d-Serie haben wir also drei Endterme $2p_1$, $2p_2$, $2p_3$ und drei Anfangsterme md_1, md_2, md_3. Diese Reihenfolge ordnet die Terme zugleich von unten nach oben, es ist in allen diesen Spektren $2p_1 > 2p_2 > 2p_3$ und $md_1 > md_2 > md_3$.[27]) Von den Übergängen md zu $2p$ kommen aber nicht alle neun vor, sondern nur sechs. Von md_1 sind alle drei nach $2p_1$, $2p_2$, $2p_3$ zu beobachten, von md_2 nur die nach $2p_2$ und $2p_3$ und von md_3 nur der nach $2p_3$. Wegen des kleinen Unterschiedes zwischen md_1, md_2, md_3 haben wir daher das folgende Bild. Drei Linien

$$\nu = 2p_1 - md_1, \quad 2p_2 - md_2, \quad 2p_3 - md_1$$

mit denselben Schwingungsdifferenzen wie die Tripletts der s-Serie

$$\nu = 2p_1 - ms, \quad 2p_2 - ms, \quad 2p_3 - ms.$$

Von diesen drei Linien ist $2p_1 - md_1$ einfach; $2p_2 - md_1$ hat einen Begleiter $2p_2 - md_2$ und $2p_3 - md_3$ hat zwei Begleiter $2p_3 - md_2$ und $2p_3 - md_3$. Der Begleiter $2p_2 - md_2$ der mittleren Linie $2p_2 - md_1$ hat von dem ersten Begleiter $2p_3 - md_2$ der dritten Linie denselben Abstand $2p_2 - 2p_3$ wie die zweite und dritte Linie.

Um die nicht eintretenden Kombinationen einfach angeben zu können, hat *Sommerfeld*[28]) die p-Terme mit mp_0, mp_1, mp_2 anstatt mit mp_1, mp_2, mp_3 bezeichnet und die Indizes $j = 0, 1, 2$ bei den p-Termen, $j = 1, 2, 3$ bei den d-Termen *innere* Quantenzahlen genannt. Man kann dann die auftretenden Kombinationen durch die einfache Aussage charakterisieren, daß nur diejenigen eintreten, bei denen die „innere Quantenzahl" j sich nicht oder nur um eine Einheit vermehrt

27) Die bisher übliche Bezeichnungsweise ist umgekehrt. Durch neuere Untersuchungen rechtfertigt sich aber die hier gewählte Bezeichnung mit der unten auf der Seite angegebenen Modifikation.

28) Vgl. die drei zusammengehörenden Arbeiten: Ann. d. Phys. 63 (1920), p. 121; 70 (1923), p. 32; 73 (1924), p. 209.

oder vermindert. Zugleich erhält man damit eine einfache Regel, durch welche die Intensitäten ausgedrückt werden. Diejenigen Übergänge sind die stärksten, bei denen die innere Quantenzahl j sich in demselben Sinne verändert wie die azimutale Quantenzahl k, und diejenigen Übergänge sind die schwächsten, bei denen sich j entgegengesetzt ändert wie k. Von den drei Linien $2p_2 - md_1$, $2p_2 - md_2$, $2p_2 - md_3$ z. B. ($2p_2$ bedeutet hier also dasselbe, was oben $2p_3$ genannt wurde), ist $2p_2 - md_3$ die stärkste, $2p_2 - md_1$ die schwächste. Die Begleiter der Linien $2p_1 - md_1$ sind also stärker als diese Linien selbst, und der entferntere Begleiter von $2p_2 - md_1$ ist stärker als der nähere, so daß bei den höheren Gliedern der Serie die Begleiter noch sichtbar sein können, wenn die Linien $2p_1 - md_1$ und $2p_2 - md_1$ nicht mehr sichtbar sind. Dadurch kann der Anschein entstehen, als ob die Tripletts nicht die konstanten Schwingungsdifferenzen $2p_0 - 2p_1$ und $2p_1 - 2p_2$ zeigten. Der Index 0 bei den p-Termen hat noch eine besondere Bedeutung, von der unten die Rede sein wird.

Die Terme $3d_1$, $3d_2$, $3d_3$ sind nun wieder die Endterme der f-Serie, deren Schwingungszahlen die Formen haben

$$2d_1 - mf, \quad 2d_2 - mf, \quad 2d_3 - mf.$$

Beim Quecksilber sind indessen von dieser Serie nur zwei Glieder und auch diese nur unvollkommen gemessen, ähnlich bei Mg, Zn, Cd. Beim Ca, Sr, Ba hingegen ist sie sehr gut beobachtet, und bei Ba sind die mf-Terme auch als dreifach erkannt. Mit der Bezeichnung mf_2, mf_3, mf_4 lassen sich wieder die auftretenden Kombinationen durch die *Sommerfeld*sche Regel ausdrücken, daß die innere Quantenzahl $j = 1, 2, 3, 4$ beim Übergang von mf zu $2d$ sich nicht oder nur um eine Einheit verändert. Das Verhältnis der Abstände $mf_2 - mf_3$ und $mf_3 - mf_4$ ist unregelmäßig, $mf_2 - mf_3$ ist kleiner als $mf_3 - mf_4$, in einigen Fällen fast gleich, in einem Fall kleiner als $\frac{1}{4}(mf_3 - mf_4)$.

Die Figur kann nun auch dazu dienen, die Schwingungszahlen der Kombinationslinien darzustellen, von denen eine große Anzahl beobachtet ist. Es kommen Übergänge zwischen den Termen der Serien von Einzellinien für sich und denen der Triplettserien für sich vor, wie auch Übergänge zwischen den Einzeltermen und den Triplettermen. Von den Termen $2p_j$ zu dem niedrigsten Term der S-Serie kommt nur der Übergang von $2p_1$[29]) vor, dem eine intensive Linie entspricht.

Die Schwingungsdifferenzen der Tripletts der s- und d-Serien und

29) Über die Eigenschaft dieser sog. Resonanzlinie vgl. *A. Sommerfeld*, Atombau und Spektrallinien, 4. Aufl., p. 527.

der Dubletts in den Spektren der ionisierten Atome wachsen mit wachsenden Atomzahlen ähnlich wie in der ersten Kolonne des periodischen Systems. Im Spektrum des ionisierten Atoms hat man:

A = Atomzahl	D = Schwingungsdifferenz	$\sqrt{D}$	0,7696 A
Be : 4	6,61	2,57	3,08
Mg : 12	91,55	9,57	9,24
Ca : 20	222,9	14,93	15,39
Sr : 38	800,0	28,29	29,24
Ba : 56	1691,0	41,12	43,10
Ra : 88	4858,4	69,70	67,72

A = Atomzahl	D = Schwingungsdifferenz	$\sqrt{D}$	1,0177 A
Zn : 30	872,5	29,54	30,53
Cd : 48	2484,0	49,84	48,85
Hg : 80	9829,3	99,14	81,42

In der Reihe Be, Mg, Ca, Sr, Ba, Ra sind die Quadratwurzeln aus den Schwingungsdifferenzen den Atomzahlen bis auf wenige Prozent proportional. In der Reihe Zn, Cd, Hg dagegen kann es nur für Zn und Cd behauptet werden, die Schwingungsdifferenz von Hg ist erheblich größer.

Bei den Tripletts findet man:

A = Atomnummer	D_1 = 1. Differenz	D_2 = 2. Differenz	$\sqrt{D_1}$	$\sqrt{D_2}$	0,5265 A	0,3503 A
Be : 4	2,36	0,67	1,54	0,82	2,11	1,40
Mg : 12	40,92	19,89	6,40	4,46	6,32	4,20
Ca : 20	105,9	52,3	10,29	7,23	10,53	7,01
Sr : 38	394,4	187,0	19,86	13,68	20,01	13,31
Ba : 56	878,0	370,5	29,63	19,25	29,48	19,62
					0,6915 A	0,475 A
Zn : 30	388,91	189,78	19,72	13,78	20,75	14,25
Cd : 48	1171,05	541,86	34,22	23,28	33,19	22,80
Hg : 80	4630,6	1767,3	68,05	42,04	55,32	38,01

Wie bei den Dubletts sind auch hier in der ersten Gruppe die Quadratwurzeln aus den Schwingungsdifferenzen einigermaßen proportional den Atomnummern. Bei Zn, Cd, Hg aber zeigt Hg eine wesentlich größere Differenz.

6. Die Spektren der dritten Kolonne des periodischen Systems. In der dritten Kolonne des periodischen Systems sind ausführliche Serien von Dubletts bei Al, Ga, In, Tl beobachtet worden. Wie bei den Alkalien und den Funkenspektren der Elemente der zweiten

Kolonne unterscheiden wir wieder *s*-, *p*-, *d*-, *f*-Serien, die zu einander in der geschilderten Beziehung stehen.[30]) Die beiden Endterme der *s*-Serie $2p_1$ und $2p_2$ entsprechen einer niedrigeren Energie als der Endterm $1s$ der *p*-Serie anders als bei den Alkalien.[31]) Die *f*-Serien sind bis jetzt nur bei Al und Tl aufgefunden worden. Die Terme der *d*-Serie sind wieder wie bei den andern Dublett-Spektren zweifach, so daß dadurch auch die *f*-Serie aus äquidistanten Dubletts bestehen muß. Das ist bei Tl auch beobachtet, während bei Al $3d_1$ und $3d_2$ so wenig von einander verschieden sind, daß sich daraus wohl erklärt, warum hier bei der schwerer zu beobachtenden *f*-Serie, die im Ultrarot liegt, die Paare nicht beobachtet worden sind. Kombinationslinien, deren Schwingungszahlen Differenzen dieser Serienterme sind, wurden bei In in geringer, bei Al in größerer Anzahl und zahlreich bei Tl beobachtet. Im Spektrum des Bors wird ein kräftiges Linienpaar beobachtet, daß nach seinem Verhalten im magnetischen Felde wahrscheinlich das erste Glied der *s*-Serie darstellt.

Die Schwingungsdifferenzen der Dubletts nehmen mit wachsender Atomnummer ähnlich wie in den ersten beiden Kolonnen des periodischen Systems zu.

A = Atomnummer	D = Schwingungsdifferenz	$\sqrt{D}$	$\frac{\sqrt{D}}{A}$	$0{,}76 + 0{,}004\,A$
B : 5	15,3 cm^{-1}	3,91	0,78	0,78
Al : 13	112,0	10,58	0,81	0,81
Ga : 31	826,1	28,74	0,93	0,88
In : 49	2212,6	47,04	0,96	0,96
Tl : 81	7792,7	88,28	1,09	1,08

Der Quotient $\frac{\sqrt{D}}{A}$ wächst, wie man sieht, langsam mit der Atomnummer A und zwar ungefähr linear.

Beim Aluminium sind auch die Spektra des einmal und des zweimal ionisierten Atoms von *Paschen*[32]) beobachtet worden und bestätigen auf das Schönste die Vorstellung *Bohr*s von dem Aufbau der Atome. Nach Absprengung des äußersten Elektrons wird der Bau des Aluminiumatoms dem des Magnesiumatoms ähnlich. Eines

30) Auch einige wenige Glieder der *g*- und *h*-Serien sind beobachtet.

31) Beim Tl sind die beiden Linien $2p_1 - 1s$ und $2p_2 - 1s$ beide mehrfach und bestehn aus je drei Komponenten vgl. *E. Back*, Ann. d. Phys. 70 (1923), p. 367. Dennoch spaltet im magnetischen Felde die zweite genau wie D_2, die erste ähnlich wie D_1 auf. In diesen Komponenten steckt daher noch eine weitere Quantenzahl.

32) *Paschen*, Ann. d. Phys. 71 (1923), p. 142 und p. 537.

der beiden am lockersten gebundenen Elektronen kann jetzt die analogen Bahnen wie beim Magnesium beschreiben, nur daß jetzt die Gesamtladung des Kerns mit der der übrigen Elektronen zusammen doppelt so groß ist. *Paschen* findet demgemäß das Spektrum dem des neutralen Magnesiums ganz ähnlich. Es werden Serien von Triplets beobachtet. Wegen der doppelten Zentralladung sind aber die Terme viermal so groß.

Wird auch ein zweites Elektron abgesprengt, so gleicht der Aufbau des Atoms dem des Natriums, und demgemäß zeigt das Spektrum Serien von Linienpaaren; aber wegen der dreifachen Zentralladung sind die Terme neunmal so groß. Durch die größeren Terme rücken die Spektren der ionisierten Atome nach der Seite der höheren Schwingungszahlen und es werden dadurch Kombinationen sichtbar, deren Analoga beim neutralen Atom nicht beobachtet sind, weil sie zuweit im Ultraroten liegen würden. Sie lassen daher vermuten, daß im Ultrarot auch das Spektrum des neutralen Atoms Serien von namhafter Intensität enthält, die den höheren azimutalen Quantenzahlen entsprechen.

7. Die Spektren von Helium, Neon, Argon, Krypton. Helium zeigt ein Spektrum, das sich aus zwei Gruppen von Serien, Spektrum des Orthohelium und Spektrum des Parhelium genannt, zusammengesetzt, die beide eine große Ähnlichkeit mit einem Spektrum eines Alkalis haben. Beide Gruppen bestehen aus s-, p-, d- und f-Serien. In der ersten Gruppe geht die Ähnlichkeit darin noch weiter, daß es sich um Linienpaare handelt; aber das Intensitätsverhältnis ist ein anderes als bei den Alkalien, da die schwächere Komponente sehr viel schwächer ist. Auch ist die Zerlegung im magnetischen Felde eine andere als bei den entsprechenden Linien der Alkalien.[33]) Die Heliumlinien werden durch das magnetische Feld alle in normale Triplets zerlegt. Die zweite Gruppe besteht aus einfachen Linien. Auch hier sind S-, P-, D-, F-Serien beobachtet. Im äußersten Ultraviolett ist die P-Serie von *Th. Lyman*[34]) gefunden $1S - mP$, deren Endterm der stabilsten Konfiguration entspricht, während im Sichtbaren die P-Serie $2S - mP$ schon lange vorher von *Runge* und *Paschen*[35]) beobachtet war.

Auch Helium gibt noch ein zweites Spektrum, das dem ionisierten Atom zukommt. Das ionisierte Heliumatom He^+ besteht aus dem Kern und *einem* den Kern umkreisenden Elektron, ist also dem Wasserstoff-

33) *W. Lohmann*, Phys. Ztschr. 9 (1908), p. 145.

34) *Th. Lyman*, Nature 110 (1922), p. 278.

35) *Runge* und *Paschen*, Astroph. J. 3, p. 4.

Atom ähnlich nur daß es die doppelte Kernladung hat. Wir haben daher ein Spektrum zu erwarten, das dem des Wasserstoffs ähnlich ist. Es treten die Terme

$$\frac{4R}{m^2}$$

miteinander in Kombination. R hat einen etwas größeren Wert wie bei Wasserstoff, weil der gemeinsame Schwerpunkt des Kerns und des Elektrons hier dem Kern etwas näher liegt. (Vgl. Anmerk. 12.) Es ist $R = 109\,722{,}1 \text{ cm}^{-1}$.

Beobachtet sind die Serien

$$\nu = \frac{4R}{2^2} - \frac{4R}{m^2}, \quad \nu = \frac{4R}{3^2} - \frac{4R}{m^2} \quad \text{und} \quad \nu = \frac{4R}{4^2} - \frac{4R}{m^2}.$$

Hätte R denselben Wert wie beim Wasserstoff, so müßten bei der ersten und dritten Serie die den graden Werten $m = 2\overline{m}$ entsprechenden Linien

$$\nu = \frac{R}{1^2} - \frac{R}{\overline{m}^2} \quad \text{und} \quad \nu = \frac{R}{2^2} - \frac{R}{\overline{m}^2}$$

mit den Wasserstofflinien zusammenfallen. Durch den größeren Wert von R haben sie eine um etwa 4 auf 10^5 größere Schwingungszahl. Die Linien der dritten Serie für ungrade Werte von m und die Linie $\nu = \frac{4R}{3^2} - \frac{4R}{4^2}$ der zweiten Serie sind schon im Jahre 1897 zuerst in dem Sternspektrum von η Puppis[36]) durch *Pickering*, dann aber auch in einer Reihe von andern Sternspektren beobachtet worden. Die Serie wurde dem Wasserstoff zugeschrieben bis *N. Bohr* sie als Heliumserie erkannte[37]), nachdem *Fowler* sie zusammen mit der Serie $\frac{4R}{3^2} - \frac{4R}{m^2}$ in Helium, das nur wenig Wasserstoff enthielt, beobachtet hatte.[38]) Aus den *Fowler*schen Messungen der Serie $\frac{4R}{3^2} - \frac{4R}{m^2}$ leitete *Bohr* den seiner Theorie entsprechenden Unterschied der Werte von R für Helium und Wasserstoff ab und *F. Paschen*[39]) bestätigte den Unterschied durch die Messung des Abstandes der Heliumlinien $\nu = \frac{4R}{4^2} - \frac{4R}{m^2}$ für gerade Werte von m von den dicht daneben liegenden Wasserstofflinien der *Balmer*schen Serie.

Die Spektren der andern Edelgase gleichen dem von Helium nicht. Mit der höheren Atomnummer verschwindet die Einfachheit.

36) Astroph. J. 5 (1897), p. 92.

37) Nature, 92 (1914), p. 231.

38) Month. Not. Roy. Astr. Soc. 73 (1912), p. 62.

39) Ann. d. Phys. 50 (1916), p. 906.

Das Spektrum des *Neon* ist von *F. Paschen*[40]) auf 10 Reihen von p-Termen, 4 Reihen von s-Termen und 12 Reihen von d-Termen zurückgeführt, die zu dem aus mehr als 800 Linien bestehenden Spektrum zusammentreten. Die Formeln für die Terme haben hier zum Teil die von *Ritz* angegebene Form, in den übrigen tritt zu der *Ritz*schen Form noch eine Konstante hinzu, deren physikalischen Sinn *W. Grotrian*[41]) deutet und in Zusammenhang mit dem Röntgenspektrum (L-Serie) des *Neon* bringt. Die Terme der letzteren Gruppe bestehen nach *Back* und *Landé*[42]) aus Einfach und Triplett-Termen, die der ersten Gruppe aus Triplett- und Quintett-Termen.

In ähnlicher Weise scheint sich das Krypton- und Argon-Spektrum analysieren zu lassen, in denen schon *Rydberg*[43]) eine große Reihe von konstanten Schwingungsdifferenzen erkannt hat.

8. Die Regeln der zusammengesetzten Dubletts und Tripletts. Um die Gesetzmäßigkeiten zu beschreiben, die in den übrigen Spektren gefunden sind, soll zunächst über die Liniengruppen berichtet werden, die sich als eine Verallgemeinerung der bisher besprochenen Dubletts und Tripletts herausgestellt haben. Schon bei diesen fanden wir, daß sogenannte Dubletts zuweilen aus drei Linien, sogenannte Tripletts aus sechs Linien bestanden. Diese Dubletts entstehen aus der Kombination von zwei p-Termen mit zwei d-Termen, wobei aber von den vier Kombinationen eine ausfällt. Die Tripletts entstehen aus der Kombination von drei p-Termen mit drei d-Termen, wobei von den neun Kombinationen drei ausfallen. Der Grund, weshalb diese Liniengruppen immer noch Dubletts und Tripletts genannt werden, liegt darin, daß die d-Terme nur wenig voneinander verschieden sind. Indem man nun die nahe beieinander liegenden Spektrallinien als eine Linie auffaßt, hat man den Eindruck eines Dubletts oder Tripletts. Wir können diese beiden Liniengruppen durch die nebenstehenden beiden Figuren (Fig. 5) darstellen, in denen die p-Terme durch Punkte auf der mit p bezeichneten, die d-Terme durch Punkte auf der mit d bezeichneten vertikalen Linie und ihre Kombinationen durch die Verbindungslinien der p-Punkte und der d-Punkte wiedergegeben sind. Die von p nach d aufsteigenden Linien stellen die stärksten, die ab-

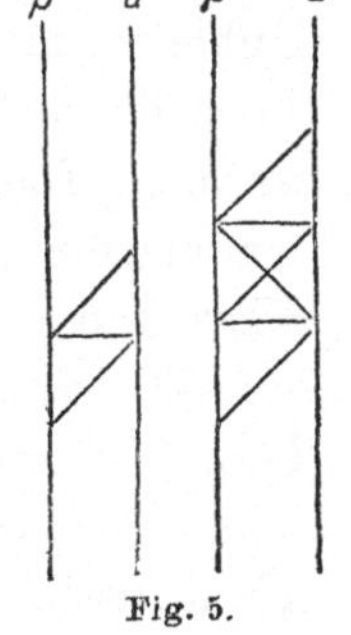

Fig. 5.

40) *F. Paschen,* Ann. d. Phys. 60 (1919), p. 405 und 63 (1920), p. 201.

41) *W. Grotrian,* Ztschr. f. Phys. 8 (1922), p. 116.

42) Vgl. die Monographie von *Back* und *Landé,* Zeemaneffekt und Multiplettstruktur der Spektrallinien, Berlin 1924, p. 54.

43) *J. R. Rydberg,* Astroph. J. 6 (1897), p. 338.

steigenden die schwächsten Kombinationen dar. Die obersten der von links nach rechts aufsteigenden Strecken sollen unter diesen wieder die stärksten Kombinationen darstellen. Im allgemeinen stehen die p- und d-Terme, in dieser Reihenfolge gezeichnet, auch in der Reihenfolge ihrer Niveauhöhen.

Dieselben p-Terme geben bei der Kombination mit den s-Termen eigentliche Dubletts und Tripletts ohne Nebenlinien. D. h. die s-Terme sind einfach. Hier können bei den Dubletts nur zwei, bei den Tripletts nur drei Linien auftreten entsprechend der Kombination des s-Terms mit den zwei oder drei p-Termen. Wir wollen in der Figur (Fig. 6) auch diese Linien dadurch ausdrücken, daß wir den s-Term hinzu-

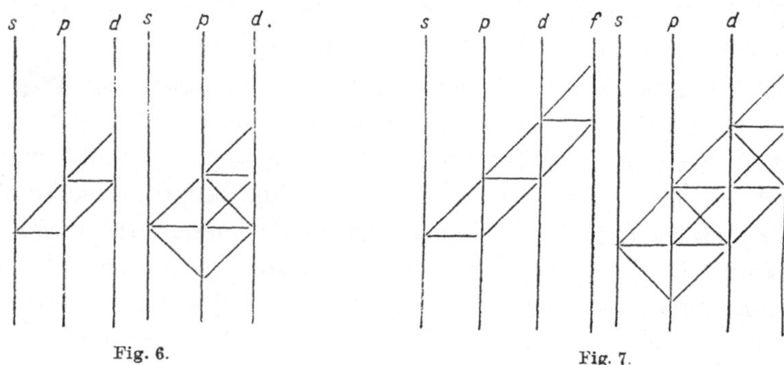

Fig. 6. Fig. 7.

zeichnen. Um auch hier die Intensitäten nach demselben Plan wie zwischen p und d richtig wiederzugeben, muß der s-Term bei den Dubletts auf die gleiche Höhe mit dem unteren p-Term, bei den Tripletts auf die gleiche Höhe mit dem mittleren p-Term gesetzt werden. Dann entspricht wieder der von s zu p aufsteigenden Verbindungslinie die stärkste Kombination unter den Kombinationen des s-Terms mit den p-Termen, der absteigenden die schwächste. Soweit die f-Terme beobachtet sind, gilt für ihre Kombination mit den d-Termen dasselbe, und indem wir vermuten, daß auch für die höheren azimutalen Quantenzahlen dasselbe gilt, erhalten wir die folgende schematische Darstellung für die Dubletts und Tripletts (Fig. 7) die sich, soweit die Beobachtungen reichen, bestätigt hat.

Die Zerlegung der Linien im magnetischen Felde hat einen merkwürdigen Zusammenhang gezeigt zwischen der Anordnung der Terme nach dem obigen Schema und ihrer Aufspaltung, aus der dann die Aufspaltung der Kombinationslinien durch Differenzenbildung berechnet werden kann.[44]) Es wird dadurch möglich aus der Stellung zweier

44) Die Anwendung des Kombinationsprinzips auf den Zeemaneffekt wurde zuerst ausgesprochen von *T. von Lohuizen,* Amsterd. Akad. (Mai 1919) und weiter

Terme in dem obigen Schema die magnetische Aufspaltung der Spektrallinie zu berechnen, die ihrer Kombination entspricht, und umgekehrt aus der Aufspaltung einer Spektrallinie auf die möglichen Stellungen der Terme in dem obigen Schema zu schließen, aus deren Kombination sie entsteht, selbst in solchen Fällen, wo eine Serieneinordnung noch nicht gelungen ist, vielleicht auch nicht vorhanden ist.

Im Spektrum von Be, Mg, Ca, Sr, Ba sind Kombinationen von drei aus den Serien bekannten p-Termen mit drei andern Termen beobachtet, die durch die magnetische Zerlegung auch als p-Terme erkannt worden sind. In dem Schema nehmen beide Systeme der drei Terme dieselben Plätze ein. Um die auftretenden Kombinationen graphisch darzustellen zeichnen wir beide Termreihen als Punkte in zwei Vertikalen nebeneinander (Fig. 8). In allen den beobachteten Fällen bleibt die Kombination der beiden untersten Terme aus, während die beiden höchsten Terme die stärkste Kombination geben. Diese Liniengruppen werden in der Regel dadurch entdeckt, daß die gleichen Schwingungsdifferenzen mehrere Male auftreten. Man übersieht das am Besten, wenn man den Termen p drei Reihen und den Termen p' drei Kolonnen entsprechen läßt, so daß neun Felder entstehn, in denen sich die Reihen und Kolonnen kreuzen und die den neun Kombinationen entsprechen. Von den neun Feldern müssen dann drei unbesetzt bleiben. Als Beispiel möge die Gruppe der sechs starken Kalziumlinien in der Nähe von $\lambda = 4300$ Å hergesetzt werden.

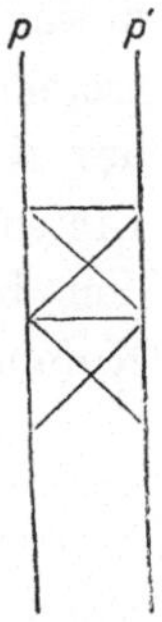

p p'

Fig. 8.

p \ p'	10752,5	(86,8)	10839,3	(47,6)	10886,9
33988,7	23236,2	(86,8)	23149,4		
(105,9)	(105,9)		(105,9)		
34094,6	23342,1	(86,8)	23255,3	(47,6)	23207,7
(52,3)			(52,3)		
34146,9			23307,6		

Die Diagonalfelder von links oben nach rechts unten entsprechen den horizontalen Verbindungslinien der Figur, so daß das unterste dieser Felder leer bleiben muß ebenso wie das Feld rechts oben und links unten, die keiner der sechs Verbindungslinien entsprechen. Die Schwingungsdifferenzen 86,8 und 105,9 treten zweimal auf. Da die p-Terme und damit auch ihre Differenzen 105,9 und 52,3 aus den Triplettserien von Kalzium wohl bekannt sind, so verraten eben diese

ausgeführt von *A. Sommerfeld*, Naturwissensch. 1920. Die endgültigen magnetischen Termaufspaltungen im Dublett- und Triplettsystem verdankt man *A. Landé*, Ztschr. f. Phys. 5 (1921) p. 231.

Differenzen die Anwesenheit der p-Terme in der Liniengruppe. Die Übereinstimmung der beiden Differenzen 86,8 und der Umstand, daß die Differenz 47,6 ungefähr gleich der Hälfte jener Differenz ist, wie immer bei den Triplett-p-Termen, beweist, daß es sich um drei neue Triplett-Terme handelt, die durch ihre magnetische Zerlegung und durch das Leerbleiben des untersten diagonalen Feldes als p-Terme erkannt werden und nun aus ihren Differenzen gegen die schon bekannten p-Terme berechnet werden können.[45])

Ferner sind in den Spektren von Ca und Ba weitere neue p-Terme gefunden aus Liniengruppen, die durch Kombination der aus den Triplettserien bekannten d-Terme mit neuen p-Termen entstehn. Bei diesen Gruppen haben wir die Fig. 5 zugrunde zu legen, um die auftretenden Kombinationen zu überblicken, ebenso wie bei den Tripletts der d-Serie. Als Beispiel möge die Gruppe der sechs starken Ca-Linien in der Nähe von $\lambda = 5270\,\mathring{A}$ angeführt werden, wobei wir den drei p-Termen drei verschiedene Reihen, den drei d-Termen drei Kolonnen entsprechen lassen.

p \ d	28933,5	(21,7)	28955,2	(13,9)	28969,1
9964,9	18968,6	(21,7)	18990,3	(13,9)	19004,2
(4,8)			(4,8)		(4,8)
9969,7			18985,5		19999,4
(1,9)					(1,9)
9971,6					18997,5

Die drei Diagonalfelder von links oben nach rechts unten entsprechen den von p nach d hinaufführenden Verbindungsstrecken, das Glied rechts oben der von p nach d abwärts führenden Strecke. Jene Kombinationen liefern die drei stärksten Spektrallinien der Gruppe (links oben die stärkste), diese die schwächste. Daß die drei bekannten d-Terme hier in Frage kommen, erkennt man aus den Differenzen 13,9 und 21,7. Daß es sich außerdem um neue p-Terme handelt ergibt sich aus den leeren Feldern und der magnetischen Zerlegung.

Auch ein Triplett neuer d-Terme ist auf analoge Weise in den Spektren von Ca, Sr, Ba entdeckt worden. Die Liniengruppe von sieben Linien wird durch die Kombinationen dreier aus der Triplettserie bekannter Terme mit drei neuen d-Termen gebildet. Die ent-

45) *Saunders* und *Russell* [Astrophys. J. 61 (1925)], haben die Zahl der bekannten pp'-Gruppen bei Ca auf 5 erhöht. Die $5\,p'$-Tripletts bilden eine Serie, deren Grenze von der gewöhnlichen p-Serie abweicht. Die Terme mp und mp' sind heteromorphe Terme [vgl. Anm. 22 und *G. Wentzel,* Phys. Ztschr. 24 (1923), p. 104; 25 (1924), p. 182].

sprechende Fig. 9 zeigt die auftretenden Kombinationen. Als Beispiel diene die Gruppe von sieben starken Bariumlinien zwischen $\lambda = 6343$ und $\lambda = 6696$ Å.

d \ d'	17050,2	(448,2)	17498,4	(339,6)	17838,0
32433,0	15382,8	(448,2)	14934,6		
(381,1)	(381,1)		(381,1)		
32814,1	15763,9	(448,2)	15315,7	(339,6)	14976,1
(181,5)			(181,5)		(181,5)
32995,6			15497,2	(339,6)	15157,6

Fig. 9.

Die Diagonalglieder, die den horizontalen Verbindungsstrecken entsprechen, stellen die stärksten Linien der Gruppe dar, die oberste die stärkste. Die Kombinationen unterscheiden sich von denen zwischen zwei dreifachen p-Termreihen dadurch, daß die Verbindungsstrecke der beiden tiefsten Terme nicht fortfällt, abgesehen davon, daß die magnetische Zerlegung die Terme als d-Terme kennzeichnet.

Sommerfeld hat die Regeln, nach denen die Kombinationen auftreten (vgl. Nr. **5**), dadurch in eine Formel gebracht, daß er den drei p-Termen von unten nach oben die „inneren Quantenzahlen" 0, 1, 2, den drei d-Termen die inneren Quantenzahlen 1, 2, 3, den f-Termen 2, 3, 4 und so weiter zuspricht. Das Ausbleiben der Kombination der untersten p-Terme in der Liniengruppe pp' wird so ausgesprochen, daß die Kombination 0 0 nicht zulässig ist. Er vervollständigt nach dem Vorgange von *Landé* die Regeln noch dadurch, daß er bei den Einfachtermen nach der Reihe den S-, P-, D-, F- . . Termen die innere Quantenzahl 0, 1, 2, 3 . . . zuordnet. Indem er nun auch bei den Kombinationen der Einfachterme mit den Triplett-Termen die Kombination 0 0 als unzulässig erklärt, gelangt die Tatsache zum Ausdruck, daß der S-Term nur mit dem mittleren der drei p-Terme kombiniert. In unsrer Figur würden wir demgemäß die S-Terme auf die gleiche Horizontale setzen wie den tiefsten der p-Terme. Wir gelangen so für die Elemente der zweiten Kolonne des periodischen Systems zu der Fig. 10, während für die erste Kolonne die Fig. 11 gilt. Statt der Bezeichnungen s, p, d, f . . ist hier die azimutale Quantenzahl k eingeführt.

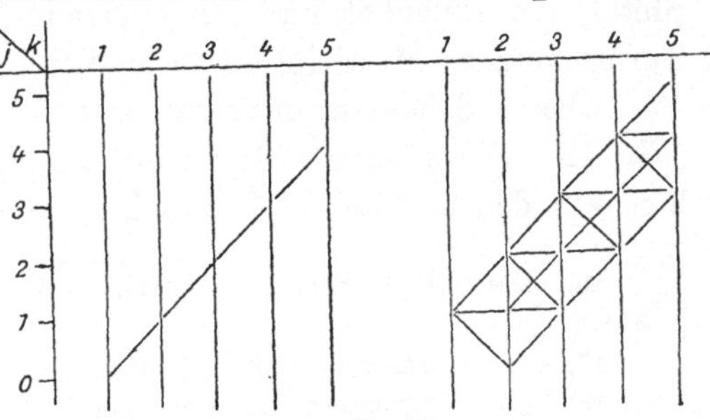

Fig. 10.

Den inneren Quantenzahlen j sind bei den Dubletts die um je eine Einheit unterschiedenen halbzahligen Werte beigelegt. Das erweist sich als gegeben, wenn man die Regeln für die magnetische Zerlegung der Terme in einer Formel zusammenfassen will und ist auch durch die Stellung des Schemas für die Dublett-Terme, das einen Übergang von dem der Einfach-Terme zu dem der Triplett-Terme bildet, plausibel. Die Kombinationsregel heißt dann einfach so: k ändert sich nur um eine Einheit, j ändert sich nicht oder nur um eine Einheit, der Übergang $j = 0$ in $j = 0$ kommt nicht vor.

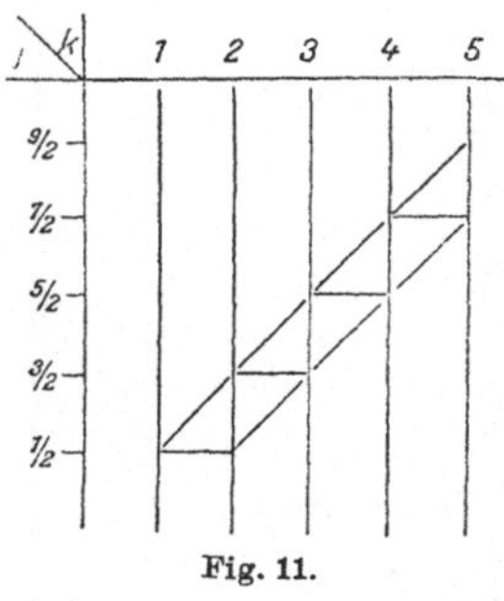

Fig. 11.

9. Die Multipletts. Das im vorigen Abschnitt beschriebene Kombinationsschema hat in den höheren Kolonnen des periodischen Systems eine Erweiterung erfahren durch die Entdeckung noch linienreicherer Gruppen von Spektrallinien, sogenannter Multipletts, die aus der Kombination von Termreihen entstehn, die nicht nur zwei oder drei sondern auch mehr als drei Glieder umfassen. Der Name Multiplett rührt von *M. Catalan*[46]) her, der die fraglichen Liniengebilde und ihre Struktur bei seiner Untersuchung des Mangan (s. Nr. **10**) entdeckte. Entsprechende Liniengebilde stellte Frl. *H. Gieseler*[47]) etwa gleichzeitig im Spektrum von Chrom fest. *Sommerfeld*[48]) zeigte im Anschluß an die *Catalan*sche Arbeit, daß die Systematik der inneren Quantenzahlen gerade Gebilde der beobachteten Struktur erwarten lasse, und gab Kriterien an, wie diese Quantenzahlen bei den verschiedenen Termsystemen zu normieren seien. Es ist auch bei den Multipletts *Landé*[49]) gelungen, die Aufspaltung im magnetischen Felde in eine Regel zu bringen, nach der man die Anzahl und Trennung der kombinierenden Terme aus ihren azimutalen und inneren Quantenzahlen berechnen kann. Auch konnte *Landé*, gestützt auf Präzisionsmessungen von *E. Back*, die *Sommerfeld*sche Anordnung der Multipletts, die zunächst nur für ungerade Termmultiplizitäten gilt, für Terme gerader Multiziplität formulieren.

Unsere Schemata erweitern sich danach in der folgenden Weise (Fig. 12): Die s-Terme bleiben immer einfach, die p-Termreihen bleiben von den dreifachen Termreihen an immer dreifach, die d Term-

46) Trans. Roy. Soc. 223 (1922), p. 127; Anal. Fis. y Chim. 21 (1923), p. 321.

47) Ann. d. Phys. 69 (1922), p. 147.

48) Vgl. insbesondere die zweite der in Anm. 28) genannten Abhandlungen.

49) *Landé,* Ztschr. f. Phys. 15 (1923), p. 189.

reihen bleiben von den fünffachen Termreihen an immer fünffach, die f-Terme von den siebenfachen Termreihen an immer siebenfach usw.

Die Figuren sollen nicht bedeuten, daß die Termreihen von links nach rechts notwendig höher rücken. Es kann z. B. in einem Dublett ebensowohl vorkommen, daß der s-Term höher liegt als die p-Terme (s-Serie der Alkalien), wie daß er tiefer liegt (p-Serie der Alkalien). Es ist auch nicht notwendig, daß in einer Termreihe die Punkte der Figur nach oben hin die höheren Terme (höher immer im Sinne des höheren Niveaus, des größeren Energieinhalts genommen) bedeuten. So stellt z. B. in der f-Serie des Caesium, in der d-Serie des zweifach ionisierten Aluminiums und des einfach ionisierten Magnesiums der obere Punkt der Figur für die zweifachen Termreihen das niedrigere Niveau dar. Die richtige Stellung des Terms im Schema geht, wenn die vorhergehenden Termreihen bekannt sind, eindeutig daraus hervor, daß der dem unteren Punkt entsprechende Term mit den beiden Termen der vorhergehenden Termreihe die Kombinationen bildet, deren Differenz aus den Kombinationen der vorhergehenden Termreihe mit der vorvorhergehenden Termreihe bekannt ist.

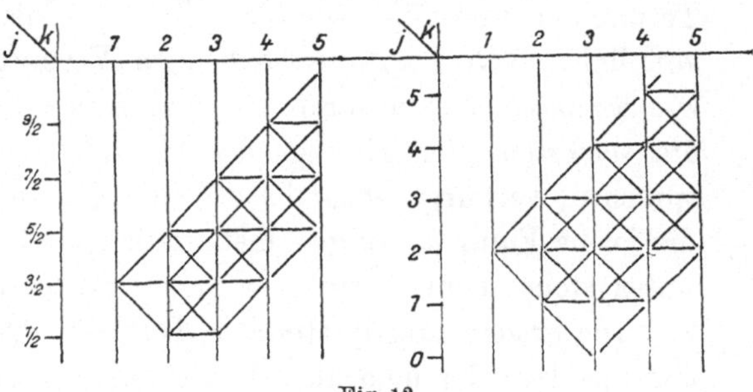

Fig. 12.

Wir wenden auf die Multipletts, die aus der Kombination der Termreihen eines dieser Schemata entspringen, in Verallgemeinerung der Ausdrücke „Dubletts“, „Tripletts“ die Bezeichnungen „Quartetts“, „Quintetts“ usw. an. Eine mit „Quartett“ bezeichnete Gruppe von Linien z. B. besteht dann aber keineswegs aus vier Komponenten, sondern es soll damit nur gesagt sein, daß sie aus der Kombination zweier Termreihen entspringt, die dem Quadruplett-Schema angehören. Es kann die Gruppe also auch z. B. aus drei Linien bestehn, den Kombinationen der ersten und zweiten Termreihe des Quadruplett-Schemas. Von den drei Linien eines wahren Tripletts unterscheiden sie sich durch ihre Zerlegung im magnetischen Felde sowie durch ihre Abstände und Intensitäten voneinander.

Von den dreifachen Termreihen an ist nämlich noch ein anderes Kriterium da, um die richtige Einordnung der Terme in das Schema zu verbürgen. Wie *Landé*[49]) gezeigt hat, nehmen die Differenzen aufeinanderfolgender Terme einer Termreihe von unten nach oben zu und zwar bei den ungraden Termreihen von der untersten Horizontalreihe ($j = 0$) angefangen ungefähr wie $1:2:3\ldots$ bei den graden Termreihen ungefähr wie $3:5:7:\ldots$ Die Intensitätsregel, daß den von links nach rechts aufsteigenden Verbindungsstrecken (bei denen, wie *Sommerfeld* es ausdrückt, k und j sich in gleichem Sinne ändern) die stärksten, den absteigenden die schwächsten Kombinationen entsprechen, verbürgt ebenfalls die richtige Zuordnung. Eine Termreihe, die in die Figur so eingeordnet werden muß, daß die höchsten Niveaus unten stehn, nennen wir eine verkehrte Termreihe.

Die graden Multipletts d. h. Dubletts, Quadrupletts usw. treten in den Spektren der neutralen Atome nur bei der ersten, dritten, fünften, siebenten Kolonne des periodischen Systems auf, die ungraden Multipletts nur bei der zweiten, vierten, sechsten, achten Kolonne. Bei den einmal ionisierten Atomen ist es umgekehrt, bei den zweimal ionisierten wieder ebenso usw.

10. Das Spektrum des Mangans. Um die Spektren zu beschreiben, in denen Multipletts gefunden worden sind, möge das Beispiel des Mangans ausführlicher besprochen werden. Hier hatten *Kayser* und *Runge* die s- und d-Serien entdeckt, die sie für Triplett-Serien hielten. Durch die von *Back*[50]) ausgeführte Zerlegung im magnetischen Felde haben sie sich als Oktetts erwiesen. Bei den Oktetts bestehen die s-, p-, d-Termreihen wie bei den Quintetts, Sextetts und Septetts aus 1, 3, 5 Gliedern. Die s-Serie wird daher aus einer Folge von Gruppen je dreier Spektrallinien gebildet, die sich von eigentlichen Tripletts nur durch ihre etwas anderen Schwingungsdifferenzen und andere magnetische Zerlegung unterscheiden. Die Abstände der drei p-Terme sind von unten nach oben gleich 129,2 und 173,7 cm^{-1}, verhalten sich also etwa wie $3:4$ (zwischen $5:7$ und $7:9$). $7:9$ würde nach *Landé* Oktetts entsprechen. Die d-Serie besteht aus den Kombinationen der drei p-Terme mit den *fünf* d-Termen z. B.

p \ d	13224,9	(2,4)	13227,3	(1,8)	13229,1	(1,3)	13230,4	(0,9)	13231,3
41232,1	28007,2	(2,4)	28004,8	(1,8)	28003,0				
(173,7)			(173,7)		(173,7)				
41405,8			28178,5	(1,8)	28176,7	(1,3)	28175,4		
(129,2)					(129,2)		(129,2)		
41535,0					28305,9	(1,3)	28304,6	(0,9)	28303,7

Da die d-Terme viel enger liegen als die p-Terme, so gewährt die Liniengruppe den Anblick eines Tripletts, bei dem jede der drei Linien

50) *Back*, Ztschr. f. Phys. 15 (1923), p. 206.

in drei zueinander benachbarte aufgespalten ist. Die drei Schwingungszahlen von links oben nach links unten entsprechen in der Fig. 12 den von links nach rechts aufwärts steigenden Verbindungsstrecken und damit den drei stärksten Linien der Gruppe (die stärkste ist die oberste). Die drei von rechts oben nach rechts unten entsprechen den in der Figur von links nach rechts absteigenden Verbindungsstrecken. Die Schwingungsdifferenzen der d-Terme verhalten sich von unten nach oben etwa wie 3,5 : 5,1 : 7 : 9,3. Das würde nach *Landé* eher der d-Termreihe der Sextette entsprechen. Aber diese Regel ist vielfach nur mit geringer Genauigkeit erfüllt. Bei den p-Termen des Quecksilbers z. B., die sicher, wie die magnetische Zerlegung beweist, einer Triplettstruktur angehören sind die Schwingungsdifferenzen 1767,3 und 4630,6 verhalten sich also wie 1 : 2,61 d. h. eher wie 1 : 3 denn wie 1 : 2.

Catalan hat außer den s- und den d-Serien dieser Oktette auch die p-Serie und zwei Glieder der f-Serie gefunden, bei denen jedoch nur je eine Linie beobachtet ist.

Außer diesen Serien von Oktetten sind von *Catalan* im Spektrum des neutralen Manganatoms zwei Systeme von s-, p- und d-Serien aufgefunden, deren Multipletts *Back* durch magnetische Zerlegung als Sextette erkannt hat. Die d-Serien sind allerdings nicht in ihrer vollen Aufspaltung beobachtet worden, die sie der Analogie nach haben müßten. Die fünf d-Terme fließen jedes Mal zu einem Term zusammen, so daß die Kombination mit den drei p-Termen statt der neun nur drei Linien erkennen läßt. Bei den geringen Differenzen von wenigen Hundertstel Å dürfte es schwer sein, die Aufspaltung wahrzunehmen.

Der s-Term dieser Sextette kombiniert mit den p-Termen der Oktette ähnlich wie in der zweiten Kolonne des periodischen Systems der einfache S-Term mit dem mittleren p-Term der Tripletts kombiniert. Der S-Term steht mit dem tiefsten p-Term der Tripletts auf einer Horizontalen $j = 0$ und kombiniert, wie oben bemerkt, mit diesem nicht, weil die Kombination 0 0 der inneren Quantenzahlen nicht zugelassen ist. Der s-Term der Sextette dagegen, der mit dem untersten p-Term der Oktette auf derselben Horizontalen steht, kombiniert auch mit diesem, nur ist nach der allgemeinen Regel die Kombination mit dem mittleren p-Term stärker. Die Kombination mit dem höchsten p-Term muß indessen ausbleiben, weil dazu die innere Quantenzahl sich um zwei Einheiten ändern müßte.

Nach *Catalan* ist der Zustand des neutralen Atoms, der dem s-Term der Sextette entspricht, der unangeregte, weil der s-Term von allen beobachteten der tiefste ist und die beiden Kombinationen dieses Terms mit den beiden p-Termen des Oktetts, deren Niveaus die nächsthöheren sind, schon bei niedrigen Temperaturen erscheinen, bei denen die andern Linien nicht oder nur schwach zu sehen sind.

Zu den Serien von Multipletts hat *Catalan* noch eine Reihe von nicht zu Serien vereinigten Multipletts entdeckt, die nach den *Sommerfeld*schen Regeln der Termkombinationen und Intensitäten und den *Landé*schen Regeln der Abstände und der magnetischen Zerlegung als Kombinationen von p-, d- und f-Termreihen von Sextetts aufzufassen sind. Besonderes Interesse verdient das Multiplett bei 3776—3844 Å, das nach diesen Regeln eine Sextett Kombination df ist und aus vierzehn Linien besteht. *Back* zeigte dies durch die magnetische Zerlegung und erkannte, daß eine fünfzehnte von *Catalan* zum Multiplett hinzugerechnete Linie keine Manganlinie war.

Wenn man eine der beiden Termreihen kennt, die in die Kombinationen eingeht, so kann man die andere berechnen. Wenn man aber keine der beiden Termreihen kennt, so bleibt es willkürlich, welchen Wert wir einem Term einer der beiden Reihen geben wollen, und es bleibt außerdem willkürlich, ob wir in dieser Termreihe die Werte nach oben ab- oder zunehmen lassen wollen d. h., ob die Termreihe normal oder „verkehrt“ angenommen wird. Die andere Termreihe ist dann aber bestimmt. Die zu beobachtenden Schwingungszahlen der Linien, aus denen das Multiplett besteht, lehren uns also wohl, ob die beiden Termreihen gleichen Charakter (beide normal oder beide verkehrt) oder ob sie entgegengesetzten Charakter haben (eine normal die andere verkehrt). Über den Charakter selbst aber sagen die Schwingungszahlen des Multipletts allein nichts aus. Dieser läßt sich erst angeben, wenn man weiß, welche Termreihe den Minuendus und welche den Subtrahendus in den Kombinationen bildet.

Es finden sich im Ganzen beim Mangan ungefähr ebenso viele verkehrte Termreihen wie normale.

Back gibt noch ein Multiplett von acht Linien an, das er als Kombination der p- und d-Termreihe eines Quartettsystems erkannt hat. Es sind demnach im Spektrum des neutralen Manganatoms Quartetts, Sextetts und Oktetts nachgewiesen, also nur Multipletts von grader Vielfachheit.

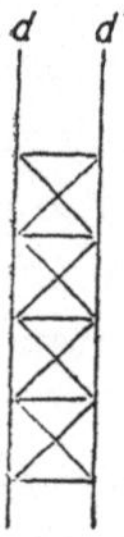

Fig. 13.

Unter den Multipletts kommen auch Sextette vor, die aus der Kombination von zwei d-Termreihen von je fünf Termen entspringen nach dem Schema Fig. 13.

Im Spektrum des einmal ionisierten Manganatoms hat *Catalan* drei Gruppen von drei und zwei Multipletts von je neun

Linien gefunden, von denen das eine von *Back* im magnetischen Felde untersucht und als Kombination *pd* eines Quintettsystems erkannt worden ist. In der einen Gruppe von drei Linien kommt dieselbe *p*-Termreihe vor, so daß sie demnach auch einem Quintettsystem als Kombination *sp* angehört. Das andere Multiplett hat mit einem der andern Tripletts nach den Schwingungsdifferenzen die dreigliedrige Termreihe gemein und, da es nach den Schwingungsdifferenzen zu urteilen auch wohl einem Quintettsystem angehört, so wird dasselbe auch von dem Triplett gelten. Beim einmal ionisierten Mangan ist demnach die Vielfachheit der Multipletts ungrade.

11. Der gegenwärtige Stand der Untersuchungen. Die folgende Tabelle enthält den gegenwärtigen Stand der Untersuchungen.[51])

I	II	III	IV	V	VI	VII	VIII		
Dubletts	Einfachlinien und Tripletts	Dubletts und Quartetts	Einfachlinien Tripletts und Quintetts	Dubletts Quartetts und Sextetts	Tripletts Quintetts und Septetts	Quartetts Sextetts Oktetts	Tripletts Quintetts Septetts	Dubletts Quartetts Sextetts	Einfachlinie Tripletts Quintetts
Li, Be^+, B^{++}	BeB^+	B, C^+	N^+	O^+	O				
Na, Mg^+, Al^{++}, Si^{+++}	Mg, Al^+, Si^{++}	AlSi^+	Si		S				
K, Ca^+	Ca, Sc^+	Sc,Ti^+	Ti,Va^+	Va, Cr^+	Cr, Mn^+ Cl^+	Mn, Fe^+	Fe	Co	Ni
Cu, Zn^+	Zn	Ga			Se				
Rb, Sr^+	Sr, Y^+	Y		Nb	Mo				
Ag, Cd^+	Cd	In	Sn						
Cs, Ba^+	Ba, La								
Au, Hg^+	Hg	Tl, Pb^+	Pb						
Ra^+	Ra								

Zu Serien zusammengefaßt sind die Multipletts außer beim Mangan auch bei Sauerstoff, Schwefel, Selen, Chrom, Blei und Ansätze zu Serien finden sich auch beim Eisen. Bei Sauerstoff, Schwefel und Selen gehören die von *Paschen* und *Runge* beobachteten Triplettserien nach der Zerlegung im magnetischen Felde Quintettsystemen an, und die im Sauerstoffspektrum von ihnen angegebenen Serien von Dubletts sind wahrscheinlich Tripletts, deren völlige Aufspaltung ihnen wegen der Enge der Linien nicht gelungen ist. Das geht aus der von *Hopfield*[52]) beim Sauerstoff entdeckten tiefsten Termreihe der zugehörigen *p*-Terme hervor, die als sicher dreifach bestimmt werden konnte.

---

51) Wegen der Funkenspektren vgl. besonders *Meggers*, *Kieß* und *Walters*, J. Opt. Soc. America 9 (1924), p, 355.

52) *Hopfield*, Astroph. J. 59 (1924), p. 114.

Sehr erweitert wird das vorstehende Schema durch die Methode von *Millikan* und *Bowen* im äußersten Ultraviolett, durch die bei stärkster Funkenanregung hochionisierte Atome z. B. vom Spektraltypus der Alkalien („stripped atoms") erhalten werden.

Die im Heliumspektrum beim Orthohelium beobachteten Serien von Linienpaaren scheinen dem Gesetz zu widersprechen, daß das Spektrum des neutralen oder des ionisierten Atoms nur grade oder nur ungrade Vielfachheiten aufweist. Im magnetischen Felde zeigen die Hauptlinien jedoch normale Aufspaltung[53]), und daher sind sie und die begleitenden schwächeren Linien wohl nicht als eigentliche Linienpaare aufzufassen. Auch das Intensitätsverhältnis zeigt einen viel stärkeren Abfall der schwächeren Komponente als bei den eigentlichen Linienpaaren.

Landé und *Back* haben neuerdings gefunden, daß bei Neon noch anders geartete Multipletts „höherer Stufe" vorkommen, deren Struktur und deren Zerlegung im magnetischen Felde andern Regeln folgen.[54])

Es ist zu erwarten, daß es in der nächsten Zeit gelingen wird die Spektren der Elemente in großem Umfange zu ordnen. Durch die Untersuchung bei verschiedenen Temperaturen in Absorption und Emission, durch die Anregung durch Elektronenstoß, durch die magnetische Zerlegung und die Kenntnis ihrer Regeln, durch die *Bohr*sche Atomtheorie und den Zusammenhang mit den Röntgenspektren sind die Mittel und Wege derartig vervielfacht, daß ein weiteres Vordringen zu erwarten steht.

---

53) *Lohmann,* Phys. Ztschr. 9 (1908), p. 145.

54) *Back* und *Landé,* Zeemaneffekt und Multiplettstruktur der Spektrallinien, Berlin 1924.

(Abgeschlossen im März 1925.)

V 27. DIE GESETZMÄSSIGKEITEN IN DEN BANDENSPEKTREN.

Von

A. KRATZER

IN MÜNSTER I. W.

Inhaltsübersicht.

Literatur.

a) Ältere Darstellungen.

H. Kayser, Handbuch der Spektroskopie.

H. Konen, Das Leuchten der Gase und Dämpfe.

b) Berichte über die neueren Arbeiten.

A. Sommerfeld, Atombau und Spektrallinien, 4. Aufl., Braunschweig 1925, 9. Kap.

A. Kratzer, Ergebnisse der exact. Naturw. 1 (1922), p. 315.

G. H. Dieke, Physica 4 (1924), p. 193.

R Fortrat, J. de Phys. et le Rad. (6) 5 (1924), p. 33.

R. Mecke, Phys. Ztschr. 26 (1925), p. 217.

Randall, Report on the Fine Structure of Near Infrared Bands, J. Opt. Soc. Am. 7 (1923), p. 45.

Weniger, Summary of Investigations in the Infrared Spectrum of Long-Wave-Lengths. J. Opt. Soc. Am. 7 (1923), p. 517.

1. Bezeichnungen. Die Bandenspektren haben ihren Namen davon, daß sie bei geringer Auflösung im Spektrographen den Eindruck eines farbigen Bandes (la bande) hervorrufen. Diese Bänder beginnen meistens mit relativ großer Intensität an einer scharf definierten Stelle („Kante“), von wo aus sie mit abnehmender Intensität nach Rot oder Violett verlaufen. Man sagt dann, die Bande sei nach Rot oder Violett „abschattiert“. Bei größerer Dispersion lassen sich die Bänder häufig in „Linien“ auflösen, bei denen oft ohne Schwierigkeit eine gesetzmäßige Anordnung erkennbar ist. Eine solche nach *einem* Parameter geordnete Schar von Linien wird als Linienserie oder besser als „Zweig“ einer Bande bezeichnet, das ganze bisher beschriebene Gebilde heißt „Teilbande“. Je nach der Zahl und Anordnung der Zweige in einer Teilbande können ihre Kanten einfach oder mehrfach sein. Häufig liegen mehrere analog gebaute Teilbanden beieinander und bilden eine „Bandengruppe“. In diesem Falle ist der Wechsel der Lichtintensität ähnlich der Aufeinanderfolge von Licht und Schatten bei einer kannelierten Säule, das Spektrum heißt kanneliert. Mehrere gleichartige Gruppen, auch wenn diese nur aus einer Teilbande bestehen, bilden ein „Bandensystem“. Sind die einzelnen Gruppen von einander getrennt, so pflegt man ein solches System als Kantenspektrum zu bezeichnen. Überlagern sich jedoch die Gruppen, so wird der regelmäßige Eindruck gestört, das Gebilde heißt Pseudokantenspektrum.

2. Historisches. Die ersten Untersuchungen über Gesetzmäßigkeiten in Banden gehen zurück auf *Thalén*[1]), *Lecoq de Boisbaudran*[2]) und *Stoney*[3]). An Beobachtungen von *Piazzi Smyth* stellte *Herschel*[4]) fest, daß die Schwingungszahlen der Linien eines Zweiges der Kohlenoxydbanden eine arithmetische Reihe bilden und daß die Kanten in einem Bandensystem des Stickstoffs Tripletts bilden, die in allen Teilbanden ungefähr gleiche Aufspaltung zeigen. Im gleichen Jahre, wo *J. Balmer* den Grund zur Seriendarstellung der Linienspektren legte,

---

1) *R. Thalén,* Jodgasens Absorptionsspektrum, Kgl. Sv. Vetensk. Akad. Handl. 8 (1869), Nr. 3.

2) *Lecoq de Boisbaudran,* Paris C. R. 69 (1869), p. 694.

3) *G. J. Stoney,* Phil. Mag. (4) 41 (1871), p. 291; Rep. Brit. Ass. 1870, Not. and. Abstr. p. 41. — On the advantage of referring the position of lines in the spectrum to a scale of wave-numbers. Rep. Brit. Ass. 1871, Not. and Abstr. p. 42; *G. J. Stoney* and *J. E. Reynolds,* Phil. Mag. (4) 42 (1871), p. 41.

4) Anhang zu: *C. P. Smyth,* Edinb. Trans. 30, I (1882), p. 93 und *C. P. Smyth,* Edinb. Trans. 32, III (1887), p 415.

begann dann *H. Deslandres* in einer Reihe von Arbeiten[5]) die Gesetze der Bandenspektren zu entwickeln. Wir geben diese hier so wieder, wie sie *Deslandres* im Jahre 1891 zusammenfassend formulierte[6]):

1. „Jede Teilbande wird von einer oder mehreren identischen Serien gebildet, derart, daß man die Schwingungszahlen der einen Serie erhält, wenn man zu den Schwingungszahlen einer andern Serie eine Konstante hinzufügt.

2. Innerhalb ein und derselben Serie (Zweig) bilden die Differenzen aufeinanderfolgender Linien eine arithmetische Reihe und die Gesamtheit der Linien kann durch die einfache Formel dargestellt werden:

$$\nu = A + Cm^2, \tag{1}$$

wo m eine ganze Zahl ist, die sich um je 1, 2, 3, ... ändert, A und C Konstanten sind.[7])

3. Die ersten, zweiten, dritten ... Kanten der Gruppen eines Systems sind miteinander, so wie die Linien einer Teilbande, durch die einfache Beziehung verknüpft

$$\nu = D + E \cdot n^2, \tag{2}$$

wo n eine ganze Zahl, D und E zwei Konstanten sind."

Das erste Gesetz wird noch ergänzt durch die Bemerkung, daß alle Teilbanden eines Bandensystems sich ähnlich sind, insbesondere aus der gleichen Zahl von Zweigen bestehen, die sich in gleicher Weise anordnen. *Deslandres* faßt seine Gesetze zusammen in die eine Formel:

$$\nu = D(n'^2) + n^2 \cdot E + m^2 \cdot C(n^2, n'^2). \tag{3}$$

Über das Vorausgehende hinaus ist hier noch ein weiterer Parameter n' eingeführt, der die im 3ten Gesetz zusammengefaßten Kantenreihen

5) *H. Deslandres*, Paris C. R. 100 (1885), p. 854; Paris C. R. 103 (1886), p. 375; Paris C. R. 104 (1887), p. 972; Paris C. R. 106 (1888), p. 842; Paris C. R. 110 (1890), p. 748.

6) *H. Deslandres*, J. de phys. (2) X (1891), p. 276. In der Übersetzung sind vom Verfasser die Bezeichnungen im Sinne von 1 abgeändert.

7) Die Festlegung des Variationsbereiches von m hat zur Folge, daß $m = q \cdot m' + r = q\left(m' + \frac{r}{q}\right) = q(m' + \delta)$, wo q eine kleine ganze Zahl ist und nun m' *alle* ganzen Zahlen durchläuft. Das *Deslandres*sche Gesetz (1) kann dann umgeformt werden,

$$\nu = A + Cq^2(m' + \delta)^2 = A' + 2B'm' + C'm'^2.$$

Hier ist zu beachten, daß durch die Wellenzahlen ν der Absolutwert des Parameters m' nicht festgelegt wird, jedes $m'' = m' + a$ liefert einen Ausdruck der gleichen Form.

ordnet und die Konstante C der Zweige ist als abhängig von den die Teilbande festlegenden Parametern n und n' kenntlich gemacht. Nach einer späteren Mitteilung[8]) will *Deslandres* seine Gesetze nur als näherungsweise gültig betrachtet wissen, insbesondere bezeichnet er das zweite Gesetz als „Differentialgesetz". Damit will er sagen, daß es nur in einem beschränkten Bereich innerhalb eines Zweiges möglich ist, die betrachteten Wellenzahlen mittels Gl. (1) innerhalb der Meßgenauigkeit darzustellen. In einem anderen Bereich gilt zwar die gleiche Formel, doch sind die Konstanten etwas abzuändern. Dieser Sachverhalt ist nach seiner Angabe[9]) von ihm und seinen Schülern in mehr als 200 Fällen bestätigt gefunden worden. Das dritte Gesetz erwies sich mit solcher Genauigkeit richtig, daß es zur Ordnung komplizierter Spektren benützt werden konnte.[10])

Die Folgezeit befaßte sich nun zunächst damit, die Richtigkeit der *Deslandres*schen Gesetze nachzuprüfen und sie nötigenfalls zu verbessern. Wichtig ist eine Arbeit von *Kayser* und *Runge*[11]), wo nachgewiesen wird, daß das 2te *Deslandres*sche Gesetz für lange Banden nur als Näherungsgesetz zu betrachten ist. Über die eben besprochene Einschränkung *Deslandres'* hinausgehend, zeigen sie, daß die Frequenzen in der Cyanbande ($\lambda = 3883\,Å$) durch eine der folgenden Interpolationsformeln[12]) besser dargestellt werden:

$$\nu = a_0 + a_2 m^2 + a_3 m^3 + a_4 m^4 + a_5 m^5 \tag{4a}$$

$$\nu = a_0 + a_2 m^2 + a_4 m^4 + a_6 m^6 + a_8 m^8 \tag{4b}$$

$$\nu = a_0 + a_1 m + a_2 m^2 + a_3 m^3 + a_4 m^4. \tag{4c}$$

Sie weisen besonders darauf hin, daß diese Formeln die Beobachtungen nur in dem Wertebereich von m mit einer bestimmten Ge-

---

8) Paris C. R. 138 (1904), p. 317.

9) *H. Deslandres,* J. de phys. (2) 10 (1891), p. 276.

10) *H. Deslandres,* Paris C. R. 112 (1891), p. 661.

11) *H. Kayser* und *C. Runge,* Über die im galvan. Lichtbogen auftretenden Bandenspektra der Kohle, Abh. Berl. Akad. 1889.

12) Auch die Formel $\nu = a + b e^{cm} \sin(d m^2)$ wird angegeben, die am besten die Beobachtungen wiedergab, ohne daß ihr eine physikalische Bedeutung zugemessen würde. — Besonders bemerkenswert erschien der Umstand, daß die erste Differenz der Schwingungszahlen, die bei strenger Gültigkeit der *Deslandres*schen Formel eine arithmetrische Reihe erster Ordnung sein muß, nach anfänglicher Zunahme wieder abnahm, woraus sich auch ein Umkehrpunkt der ν-Werte extrapolieren ließ. Die Existenz dieser „Schwänze" war lange Zeit eine unentschiedene Frage, nachdem es zunächst nach den Messungen von *A. S. King* [Astrophys. J. 14 (1901), p. 323] schien, als ob die Beobachtungen den von *Kayser* errechneten Wert bestätigten. Nach *Junzô Ôkubo* [Sci. Rep. Tôhoku Univ. 11 (1922), p. 55] sind diese Schwänze nicht vorhanden.

nauigkeit darstellen, für den sie berechnet sind. Für größere Werte der Laufzahl m treten immer systematische Abweichungen auf. Diese Feststellungen wurden gestützt durch eine Reihe von Untersuchungen, die im Bonner physikalischen Institut unter der Leitung von *Kayser* ausgeführt wurden.

In der zusammenfassenden Formel (3) war insofern noch eine Lücke, als die Abhängigkeit von dem Parameter n' nicht explizit angegeben war. Diese wurde von *Deslandres* dadurch ausgefüllt, daß er zeigte, daß für diesen Parameter das gleiche Gesetz gilt, wie für den Parameter n[13]). Außerdem war die gegenseitige Zuordnung der Kanten, wenn man nicht die Richtigkeit des *Deslandres*schen Gesetzes zur Voraussetzung machen wollte, willkürlich geblieben.[14]) Dies ergänzte *Deslandres* durch die Bemerkung, daß zu konstantem Werte von n' Teilbanden mit den gleichen Eigentümlichkeiten (Unregelmäßigkeiten in der Linienanordnung, „Störungen") gehören.[15]) In allen diesen Arbeiten hatte *Deslandres* darauf Wert gelegt, die Schwingungszahlen als reinquadratische Funktionen der Parameter m, n, n' darzustellen; dabei waren die Zahlenwerte der Parameter n und n' oft sehr groß und alle Werte unter einer verhältnismäßig hohen Grenze fehlten. Ein für das physikalische Verständnis wichtiger Schritt war, daß *Deslandres* 1919 dazu überging durch Benutzung von linearen Gliedern auf kleine Parameterwerte umzurechnen[16]), so daß jetzt seine Gesetze sich in der Formel zusammenfassen:

$$(5) \qquad \nu = A + 2Bm + Cm^2 - Dn - En^2 + Fn' + Gn'^2.$$

Gleichzeitig legte er dabei Wert auf die Feststellung, daß der vom Parameter n' abhängige Bestandteil von (5) immer positiv, der von n abhängende immer negativ ist. Wegen der Willkür in der Wahl der Zahlenwerte der Parameter enthält jedoch diese Bemerkung nur eine Aussage über die Vorzeichen von E und G.

Schon vorher war eine andere für die spätere Entwicklung wichtige Abänderung des 2ten *Deslandres*schen Gesetzes vorgeschlagen worden. *J. N. Thiele* wollte die Gesetzmäßigkeiten zwischen den

---

13) Paris C. R. 134 (1902), p. 747. Früher hatte *Deslandres* eine andere Formel vorgeschlagen.

14) *J. S. Ames,* Phil. Mag (5) 30 (1890), p. 48.

15) Paris C. R. 139 (1904), p. 1174. Solche Störungen sind z. B. unregelmäßige Intensität einer Linie, falsche Lage innerhalb des Zweiges, abnorm weites oder enges Dublett usw.

16) Paris C. R. 168 (1919), p. 1179.

Linien einer Teilbande wiedergeben durch[17])

$$(6) \qquad \lambda = f((m + c)^2).$$

Dabei sollte m positive und negative ganzzahlige Werte annehmen; es werden dadurch je zwei von der Kante ausgehende Linienserien durch die eine Formel dargestellt, sie sind der positive und negative Zweig einer einzigen Funktion.[18]) Dieser Gesichtspunkt wurde dann von *R. Fortrat*[19]) auf die von *Kayser* und *Runge* erweiterte *Deslandres*sche Formel

$$(4c) \qquad \nu = A + 2mB + m^2C + \cdots$$

übertragen. Er hielt dabei an der *Deslandres*schen Auffassung fest, daß die Numerierung (Festlegung von m) an der Kante ihren Anfang nehmen sollte, so daß der Scheitel der Parabel (4c) auch der physikalische Anfang der beiden Zweige blieb. Durch eine nach unserer heutigen Kenntnis falsche Zuordnung der Dublettlinien bei den sog. Wasserdampf- und Sauerstoffbanden zu dem positiven und negativen Zweig veranlaßt, stellte *Fortrat* fest, daß in diesen Banden bei gleichen oder um 1 verschiedenen Absolutwerten von m in den beiden Zweigen eine Linie fehlt; er glaubte daraus die Regel ableiten zu können, daß die „Störungen" bei nahezu gleichen Werten $\pm m$ auftreten.

---

17) Astrophys. J. 6 (1897), p. 65; 8 (1898), p. 1. Für praktische Zwecke setzt *Thiele* seine Formel an als Quotienten zweier Potenzentwicklungen nach $(m + c)^2$. Die *Thiele*sche Formel wurde von *J. Leinen* (Diss. Bonn 1905) bei der Kohlebande 5165 nachgeprüft und bestätigt. *H. S. Uhler* hat (Proc. Nat. Acad. 1 (1915), p. 487; Astrophys. J. 42 (1915), p. 72; Ztschr. f. wiss. Photogr. 15 (1915), p. 253) die Berechnungsmethode von *Thiele* verbessert und die Formel selbst nur beschränkt gültig gefunden, besonders ist die Cyanbande 3883 durch die *Thiele*sche Formel nicht darstellbar. Durch die *Thiele*sche Formel wurde auch die Frage der „Schwänze" (vgl. 72) wieder angeschnitten, da die Funktion außer für $m = -c$ (Kante) noch weitere Extremwerte hat. Nach *H. S. Uhler* and *R. A. Patterson,* Astrophys. J. 42 (1914), p. 434 lassen jedoch die *King*schen Schwänze in den Cyanbanden keine Zusammengehörigkeit mit den Kanten erkennen.

18) *Thiele* hat auch die Formel vorgeschlagen (Overs. Kgl. Danske Vid. Selskab. Forh. 1899, p. 143)

$$\frac{1}{\lambda} = A + B\cos\frac{2\pi(m-c)}{N} + C\cos 2\cdot\frac{2\pi(m-c)}{N} + \cdots$$

Von weiteren Interpolationsformeln sei erwähnt die von *G. Higgs* für die atmosphärischen Sauerstoffbanden verwendete:

$$\lambda = \lambda_0 + C(m + c)^2 \quad \text{[Proc. Roy. Soc. 54 (1893), p. 200].}$$

19) Paris C. R. 154 (1912), p. 869, Sauerstoffbanden; Paris C. R. 154 (1912), p. 1153, Grüne Kohlebande 5165 Å, Wasserdampf 3064 Å; (C + H)-Bande 4300 Å; Zusammenfassend: Thèses, Paris 1914.

Den wichtigsten Schritt für die Weiterentwicklung tat nun *T. Heurlinger*[20]), indem er der Kante ihre physikalische Bedeutung als Ursprung der einzelnen Zweige nahm. Durch Betrachtung der Intensitätsverteilung kam er zu dem Schlusse, daß als Anfang der Zweige nicht die Kante, sondern das Intensitätsminimum, meistens durch das Fehlen einer Linie erkennbar, zu wählen ist. Bei dieser Numerierung erwies sich die *Deslandres*sche Behauptung, daß entsprechende Störungen in verschiedenen Teilbanden gleiche Laufzahl m haben, in allen Fällen als richtig und auch die *Fortrat*sche Regel über die Verteilung der Störungen auf die Zweige bekam jetzt Allgemeingültigkeit. Gleichzeitig war die *Bohr*sche Theorie soweit entwickelt, daß von jetzt an auch theoretische Gesichtspunkte für die Analyse der Gesetzmäßigkeiten herangezogen wurden. Nachdem durch die Arbeiten von *K. Schwarzschild*[21]), *T. Heurlinger, W. Lenz*[22]) die *Deslandres*sche Linienformel physikalisch verstanden werden konnte, gelang es *Heurlinger*[23]) und *Kratzer*[24]) auch die Kantengesetze zu deuten und für die Bandenspektren das Kombinationsprinzip fruchtbar zu machen. Die konsequente Anwendung dieses Prinzips mußte dann notwendig denselben Weg gehen wie bei den Linienspektren: das Ziel der Analyse der Bandenspektren ist heute die Aufstellung der Termformeln und Kombinationsregeln, deren Kenntnis die Grundlage für eine Theorie der Banden und ihrer Träger bildet.

3. Allgemeines über die Terme der Bandenspektren. Eine Betrachtung der Zahlenwerte der Koeffizienten in der *Deslandres*schen Formel (5) läßt sofort drei Anteile von wesentlich verschiedener Größenordnung erkennen. Das dort mit A bezeichnete konstante Glied ist entweder Null oder groß gegen alle andern Glieder der Formel. Es weist deshalb dem ganzen Bandensystem seinen Platz im Kontinuum der Wellenzahlen zwischen Null und Unendlich an, es bestimmt also den Wellenlängenbereich (langwelliges Ultrarot, optisches Gebiet usw.), dem das Bandensystem angehört. Da die Größenordnung dieser Konstanten mit der der Wellenzahl einer Linie eines Serienspektrums zusammenfällt, die nach *Bohr* durch die Änderung der Elektronenkonfiguration eines atomaren Systems bedingt ist, so wird auch bei den Banden dieser Anteil der Wellenzahl auf die Differenz zweier Energiebeträge zurückgeführt, die verschiedenen

20) *T. Heurlinger*, Diss. Lund 1918.

21) *K. Schwarzschild*, Berl. Akad. Ber. 564 (1916).

22) *W. Lenz*, Verh. d. Deutsch. Phys. Ges. 21 (1919), p. 632.

23) *T. Heurlinger*, Ztschr. f. Phys. 1 (1920), p. 82.

24) *A. Kratzer*, Ann. d. Phys. 67 (1922), p. 127.

Elektronenkonfigurationen des Trägers entsprechen; dieser Term soll deshalb kurz *Elektronenterm* heißen.

Die von den Parametern n und n' abhängigen Teilbeträge sind unter sich von gleicher Größenordnung und definieren eine Wellenzahl, die der Größe nach mit den Werten übereinstimmt, die die Theorie der spezifischen Wärmen bei hohen Temperaturen für die intramolekularen Schwingungen fordert; dieser Termanteil werde deshalb als *Schwingungsterm* bezeichnet. Da die Wellenzahl ν der Spektrallinie den Anfangs- und Endterm enthalten muß, enthält (5) die beiden Parameter n und n', von denen einer dem Anfangs- und einer dem Endterm zuzuteilen ist.

Die Größenordnung des von m abhängigen Anteiles der Wellenzahl ist die der Rotationsgeschwindigkeiten von Gasmolekülen; er soll deshalb *Rotationsanteil* genannt werden. Die Tatsache, daß zur Darstellung eines Zweiges *eine* Laufzahl ausreicht, obwohl auch hier Anfangs- und Endterm beteiligt sein müssen, läßt grundsätzlich zwei Deutungen zu. In Analogie zu den Serienspektren kann man vermuten, daß einer der beiden Terme, etwa der Endterm, für den ganzen Zweig konstant ist und nur im andern Term die Laufzahl variiert. Die zweite Möglichkeit ist, daß die Differenz der Laufzahlen im Anfangs- und Endterm innerhalb eines Zweiges konstant ist; auch dann ist nur ein Parameter frei und für die Seriendarstellung erforderlich. Eine genaue Untersuchung der empirischen Daten läßt in Übereinstimmung mit der Theorie nur die zweite Auffassung zu.

Die Termformel muß in der allgemeinsten Schreibweise sich darstellen durch:

$$T = T(l_1 \ldots l_f,\ n_1 \ldots n_k,\ m_1 m_2 m_3). \tag{6}$$

Für die meisten bisher untersuchten Banden genügt die einfachere Formel:

$$T = T(l,\ n,\ m). \tag{6a}$$

Die Variabeln $l_1 \ldots l_f$, $n_1 \ldots n_k$, $m_1 m_2 m_3$ sind dabei dadurch ausgezeichnet, daß sie nur die diskrete Reihe aller ganzen positiven Zahlen durchlaufen können. Wir wollen im Folgenden, um ganz deutlich hervortreten zu lassen, daß unsere Feststellungen vollkommen unabhängig von einer speziellen Theorie sind, für diese Größen nicht die Bezeichnung Quantenzahl benützen, sondern sie als Laufzahlen oder Parameter bezeichnen. Die Größen $l_1 \ldots l_f$ bestimmen den Elektronenanteil, $n_1 \ldots n_k$ den Schwingungsanteil und $m_1 m_2 m_3$ den Rotationsanteil des Termes.

Mittels der vereinfachten Formel (6a) stellt sich irgend eine Bandenlinie dar durch:

$$(7) \qquad \nu = T(l_a, n_a, m_a) - t(l_e, n_e, m_e).$$

Durch Benützung großer und kleiner Buchstaben sollen dabei der positive (Anfangs-) und der negative (End-)Term gekennzeichnet werden, die Indizes a und e unterscheiden verschiedene Werte der Parameter. In der Modelltheorie weisen sie auf Anfangs- und Endterm hin. Nach dem früher Gesagten sind sämtliche Linien eines Bandensystems dadurch ausgezeichnet, daß für sie l_a und l_e feste Werte haben. Sind auch n_a und n_e festgehalten, so liegt eine bestimmte Teilbande vor. Ist speziell $l_a = l_e$, dann verschwindet in der Differenz (7) der Elektronenbeitrag, die Wellenzahl ist nur von der Größenordnung der intramolekularen Schwingungen, die Bande liegt im Ultrarot; sie heißt Rotationsschwingungsbande. Falls auch noch $n_a = n_e$ ist, so liefert im wesentlichen nur der Rotationsterm Beiträge zur Wellenzahl, die Bande liegt im fernen Ultrarot und heißt Rotationsbande. Da im Folgenden, sofern dies nicht ausdrücklich anders bemerkt ist, immer von den Linien *eines* Systems die Rede ist, so können in den Formeln die Konstanten l_a und l_e ohne Nachteil weggelassen werden.

4. Kombinationsbeziehungen. $n_i, n_j, n_k, n_l, \ldots m', m$ seien beliebige, aber feste Werte der Laufzahlen. Eine bestimmte Linie ist dargestellt durch

$$\nu_{ik}(m) = T(n_i, m') - t(n_k, m).$$

Weitere Linien sind gegeben durch:

$$\nu_{jk}(m) = T(n_j, m') - t(n_k, m),$$
$$\nu_{il}(m) = T(n_i, m') - t(n_l, m),$$
$$\nu_{jl}(m) = T(n_j, m') - t(n_l, m).$$

Durch Kombination läßt sich bilden:

$$(8) \quad \nu_{ik}(m) - \nu_{jk}(m) = \nu_{il}(m) - \nu_{jl}(m) = \cdots = T(n_i, m') - T(n_j, m')$$

und

$$(9) \quad \nu_{ik}(m) - \nu_{il}(m) = \nu_{jk}(m) - \nu_{jl}(m) = \cdots = t(n_l, m) - t(n_k, m).$$

Es gelingt dadurch Anfangsterm und Endterm zu trennen und dabei gleichzeitig zu erreichen, daß nur der Schwingungsparameter variiert wird. Das Bestehen von (8) und (9) ist zunächst Kriterium der richtigen Zuordnung. Da diese Beziehungen offenbar nur dann erfüllt sind, wenn die verglichenen Linien sich nur durch die Laufzahlen n_a bzw. n_e unterscheiden, so sind die Gleichungen nur erfüllt, wenn die verglichenen Linien nicht bloß analogen Zweigen angehören, sondern auch in der Laufzahl m übereinstimmen.[25]) Aus den Zahlenwerten der Differenzen (8) und (9) folgt, daß die Abhängigkeit vom Schwingungsparameter mit guter Näherung dargestellt wird durch[23])[24])

$$(10) \qquad T(n, m) = T_{el} + n(\nu^0 - nx + \cdots) + F(m).$$

Dabei erweisen sich die Größen ν^0, x, .. noch in geringem Maße abhängig von m, doch gelingt es nur bei großer Meßgenauigkeit diese Abhängigkeit hieraus genau festzulegen. Diejenigen Werte von ν^0 und x, die sich als Extremwerte für kleines m ergeben, definieren den Schwingungsterm

$$(10a) \qquad T_{osc}(n) = n\nu^0 - n^2 x + \cdots$$

Hier sind die Größen ν^0 und x nur vom Elektronenparameter abhängig. Bei richtiger Wahl des Parameters n ($n = 0, 1, 2, 3, \ldots$) ist x immer klein gegen ν^0 und beide Größen sind positiv.[26]) Die Festlegung der Laufzahl m gelingt prinzipiell nach (9) durch Variation von m bei festgehaltenem n_i und n_k, wobei gleichzeitig auch die Funktion $F(m)$, jedoch nicht alle in ihr auftretenden Konstanten, festgelegt werden kann. Praktisch reicht aber die Meßgenauigkeit nicht zur zweifellosen Bestimmung des Rotationstermes aus dieser Beziehung aus. Die Gl. (8) läßt ebenso die Festlegung von m' zu. Dabei zeigt sich, daß die Zahlenwerte von m' und m sich nur um ± 1 oder 0 unterscheiden.

Die sichere Bestimmung des Rotationsanteils und Festlegung der Numerierung ist durch eine Reihe von andern Kombinationen möglich. Wie eben erwähnt und aus den nun zu besprechenden Kombinationsbeziehungen nachträglich wieder bestätigt wird, unterscheidet sich der Parameter m' des Anfangsterms von dem des Endterms m nur um die Beträge $+1, 0, -1$; je nach dem Werte dieser Differenz Δ wird der Zweig nach *Heurlinger* als positiver (R-Zweig), Nullzweig (Q-Zweig) oder negativer (P-Zweig) bezeichnet:

$$(11) \qquad \begin{cases} R_{ik}(m) = T(n_i, m+1) - t(n_k, m), \\ Q_{ik}(m) = T(n_i, m) \qquad\quad - t(n_k, m), \\ P_{ik}(m) = T(n_i, m-1) - t(n_k, m). \end{cases}$$

25) Werden an Stelle von Linien mit gleichen Parametern m die Kanten genommen, so gilt (8) und (9) und auch das Folgende nur mit der Genauigkeit, mit der die Rotationsterme gegen die Schwingungsterme klein sind.

26) Diese Forderung läßt sich theoretisch begründen und kann umgekehrt als Kriterium der richtigen Parameterwahl für n benützt werden. *R. Mulliken* schlägt vor auch den Term $T_{osc}(n) = (n - \frac{1}{2})\nu^0 - (n - \frac{1}{2})^2 x + \cdots$ zu benutzen. Nature 114 (1924), p. 349; Phys. Rev. (2) 25 (1925), p. 259.

Sind alle drei Zweige in einer Teilbande vertreten, so gelingt die Isolierung des Rotationsanteiles durch:

$$(11\text{a})\quad \begin{cases} R_{ik}(m) - Q_{ik}(m) = Q_{ik}(m+1) - P_{ik}(m+1) \\ \qquad = T(n_i, m+1) - T(n_i, m), \\ R_{ik}(m) - Q_{ik}(m+1) = Q_{ik}(m) - P_{ik}(m+1) \\ \qquad = t(n_k, m+1) - t(n_k, m). \end{cases}$$

Auch hier ist aus dem gleichen Grunde wie oben das Bestehen der Gleichungen Kriterium für die richtige relative Zuordnung der Wellenzahlen zu den Laufzahlen m innerhalb der Zweige.[27])

Wenn keine drei gesetzmäßig einander zugeordnete Zweige vorhanden sind, also (11a) nicht erfüllt werden kann, wird das Ziel der Bestimmung des Rotationstermes mit Benutzung von zwei Teilbanden mittels einer der folgenden sechs Beziehungen erreicht:

$$(12\text{a})\quad R_{ik}(m) - Q_{ik}(m) = R_{il}(m) - Q_{il}(m) = T(n_i, m+1) - T(n_i, m),$$

$$(12\text{b})\quad Q_{ik}(m+1) - P_{ik}(m+1) = Q_{il}(m+1) - P_{il}(m+1) = T(n_i, m+1) - T(n_i, m),$$

$$(12\text{c})\quad R_{ik}(m) - P_{ik}(m) = R_{il}(m) - P_{il}(m) = T(n_i, m+1) - T(n_i, m-1)$$

und

$$(13\text{a})\quad R_{ik}(m) - Q_{ik}(m+1) = R_{jk}(m) - Q_{jk}(m+1) = t(n_k, m+1) - t(n_k, m),$$

$$(13\text{b})\quad Q_{ik}(m) - P_{ik}(m+1) = Q_{jk}(m) - P_{jk}(m+1) = t(n_k, m+1) - t(n_k, m),$$

$$(13\text{c})\quad R_{ik}(m-1) - P_{ik}(m+1) = R_{jk}(m-1) - P_{jk}(m+1) = t(n_k, m+1) - t(n_k, m-1).$$

Das Ergebnis der Termisolierung ist: In der Mehrzahl der bisher untersuchten Fälle wird die Abhängigkeit vom Rotationsparameter wiedergegeben durch[28]):

$$(14)\quad T(n, m) = T_{el} + T_{osc} + 2\delta(\sqrt{m^2 - \sigma^2} - \varrho) + B(n)(\sqrt{m^2 - \sigma^2} - \varrho)^2 - \beta(\sqrt{m^2 - \sigma^2} - \varrho)^4 + \cdots,$$

27) *E Hulthén*, Ztschr. f. Phys. 11 (1922), p. 284; *A. Kratzer*, Ztschr. f. Phys. 13 (1923), p. 82; Ann. d. Phys. 71 (1923), p. 72.

28) Der Term (14) ist empirisch nicht unterscheidbar von

$$T(n, m) = T_{el} + T_{osc}(n) + B(n)(\sqrt{m^2 - \sigma^2} - \varepsilon)^2 - \beta(\sqrt{m^2 - \sigma^2} - \varrho)^4 + \cdots;$$

theoretische Gesichtspunkte veranlassen jedoch zu der Schreibweise des Textes. (Vgl. Fußnote 27.) Auch ein kleines Glied dritter Ordnung ist nicht auszuschließen.

die Konstanten ϱ und σ sind von der Größenordnung 1 und von n unabhängig; häufig ist $\sigma = 0$. Die Größe ϱ hat in allen bisher vollständig untersuchten Spektren die Werte $0, \pm \frac{1}{2}, \pm \frac{1}{4}$, so daß *Kratzer* vermutet, daß ϱ rational ist. Die Größe B ergibt sich als merklich abhängig vom Schwingungsparameter n; für die meisten Zwecke reicht die Näherung aus:

$$B(n) = B^0 - \alpha n. \tag{14a}$$

Der Koeffizient β ist immer sehr klein gegen B, ebenso δ; wie diese Größen von n abhängen, ist aus den empirischen Daten noch nicht festgestellt.

Häufig bestehen die Teilbanden aus mehr als drei Zweigen; dann reicht ein einfacher Term zur Darstellung nicht aus. Hier erweisen sich in vielen Fällen die mehrfachen Terme als zusammengehörig nach den Formeln

$$\begin{aligned} T_1(n, m) = T_{el} + T_{osc}(n) + 2\delta(\sqrt{m^2 - \sigma^2} - \varrho) \\ + B_1(n)(\sqrt{m^2 - \sigma^2} - \varrho)^2 - \cdots, \end{aligned} \tag{14b}$$

$$\begin{aligned} T_2(n, m) = T_{el} + T_{osc}(n) - 2\delta(\sqrt{m^2 - \sigma^2} + \varrho) \\ + B_2(n)(\sqrt{m^2 - \sigma^2} + \varrho)^2 - \cdots \end{aligned} \tag{14c}$$

Dabei sind B_1 und B_2 so wenig von einander verschieden, daß für die Berechnung der Wellenzahlen die Differenz kaum in Betracht kommt; nur wo es sich unmittelbar um die Differenz $T_1 - T_2$ handelt, ist der Unterschied zu beachten.[29]) Ob auch T_{el} und T_{osc} sich um geringe Beträge in beiden Termen unterscheiden, ist zweifelhaft. Bei besonders komplizierten Spektren treten noch weitere Terme hinzu, die sich aus (14b) und (14c) durch Änderung der Konstanten ergeben.

Mehrere Banden, die erst in der letzten Zeit ausgemessen wurden, lassen zweifelsfrei erkennen[30]), daß die Terme (14b) und (14c) zur Darstellung nicht ausreichen. *R. Mecke*[31]) schlägt eine formale Verallgemeinerung dieser Gleichungen vor, hat aber bisher noch nicht den Nachweis erbracht, daß seine Termformeln eine befriedigende Darstellung der Beobachtungen gestatten.

Die Bestimmung des *Elektronentermes* ist nur durchzuführen, wenn mehrere zu einem Träger gehörende Bandensysteme vorliegen. Sie

---

29) *A. Kratzer*, Ztschr. f. Phys. 23 (1924), p. 298. Auch bei den Heliumbanden ist dies der Fall.

30) Vor allem die Messungen an der zweiten positiven Stickstoffbande und die sog. Emissionsbanden des Wasserdampfes. Vgl. 85) und 79).

31) *R. Mecke,* Ztschr. f. Phys. 28 (1924), p. 261.

konnte deshalb erst in einem Falle näherungsweise gemacht werden. Bei Banden des Heliums konnte *Fowler* nämlich zeigen[32]), daß der Elektronenterm sich ganz wie ein Term der Serienspektren (vgl. den vorausgehenden Artikel) verhält und durch eine Termformel nach *Rydberg* darstellbar ist. Besonders bemerkenswert ist, daß auch die *Rydberg*zahl mit dem aus den Serienspektren bekannten Zahlenwert auftritt.[33])

5. Auswahlregeln. Nach (5) ergeben sich die Wellenzahlen der Linien durch Kombination zweier Terme. Die Kombinationsmöglichkeiten werden aber beschränkt durch Auswahlregeln. Als allgemeingültig läßt sich sagen: 1. m kann sich nur um $+1, 0, -1$ ändern; häufig sind bloß zwei von diesen drei Möglichkeiten zugelassen. 2. Im Falle von mehrfachen Termen sind in jedem einzelnen Falle bei bestimmten Termkombinationen immer nur bestimmte Änderungen des Rotationsparameters m zugelassen.[34]) 3. Die Schwingungsterme kombinieren beliebig, für n_a und n_e besteht also keine Beschränkung. 4. Die Zahlenwerte von n_a und n_e haben keinen Einfluß auf die Kombinationsregeln für die übrigen Parameter.

6. Terme und Deslandressche Gesetze. Die Auswahlregel 1. liefert zusammen mit der Termformel das zweite *Deslandres*sche Gesetz. Im einfachsten Falle, wenn $\sigma = 0$ ist, kommt bei Vernachlässigung der kleinen Glieder:

$$\begin{aligned}\nu(n) &= T(n_a, m + \Delta) - t(n_e, m)\\ &= \nu_{el} + T_{osc}(n_a) - t_{osc}(n_e) + B(n_a)(m - \varrho_a + \Delta)^2\\ &\qquad\qquad - b(n_e)(m - \varrho_e)^2 + \cdots\\ &= A + 2\Delta' B(m - \varrho_e) + (B - b)(m - \varrho_e)^2 + \cdots\\ &= A + 2\Delta' B m^* + C m^{*2} + \cdots,\end{aligned} \tag{15}$$

wo $\Delta' = \Delta - \varrho_a + \varrho_e$ und $\Delta = +1, 0, -1$.

Die Gleichung enthält 3 Zweige, die sich nach Umrechnung der Laufzahl durch die *Deslandres*sche Gl. (1) darstellen lassen. Bei der Umrechnung bleibt der Koeffizient C des in m quadratischen Gliedes erhalten, es kommt somit für alle drei Zweige der gleiche Wert für C

---

32) *A. Fowler*, Proc. Roy. Soc. (A) 91 (1915), p. 208.

33) *H. Deslandres* stellt den Elektronenanteil der Frequenz (nicht des Termes) durch Vielfache einer Grundfrequenz dar. Paris C. R. 169 (1919), p. 745; 169 (1919), p. 1365.

34) Dieser Regel sucht *Mecke* [Ztschr. f. Phys. 26 (1924), p. 261] eine bestimmtere Form zu geben, indem er die für die Feinstrukturen der Atomspektren geltenden Regeln formal auf n und m überträgt. Die Beweise für die Möglichkeit der Darstellung sind jedoch nicht erbracht.

in (1) und damit das erste *Deslandres*sche Gesetz. Die Abweichungen hievon rühren von den nicht angeschriebenen Gliedern höherer Ordnung her. Über *Deslandres* hinausgehend zeigt die Gl. (15) zusammen mit (14a), daß der Koeffizient C in erster Annäherung linear von den Parametern n_a und n_e abhängt[34]) und daß der Koeffizient des linearen Gliedes bei richtiger Wahl von m (nämlich $m^* = m - \varrho$) nur von dem Parameter n_a und zwar in erster Näherung linear abhängt.[35]) Dieser letzte Satz ist in seinem ersten Teile im wesentlichen identisch mit den Kombinationsgleichungen (12a, b, c), (13a, b, c) und kann wie diese zur eindeutigen Festlegung der Numerierung benützt werden.

Wenn $\sigma \neq 0$ ist, so liefert die Entwicklung des Rotationstermes für nicht zu kleine m:

$$F(m) = B(n)\left((m - \varrho)^2 + \frac{\varrho\sigma^2}{m} + \cdots - \sigma^2\right).$$

Die Wellenzahl der Linie bekommt darnach ein Zusatzglied, das durch eine Entwicklung nach negativen Potenzen von m gegeben wird. Diese bemerkenswerte Abweichung vom *Deslandres*schen Gesetz hat zuerst *Heurlinger*[36]) aus den empirischen Daten festgestellt.

Die Auswahlregeln 2 und 4 zusammen mit der Gl. (14a) schließen den Zusatz zum ersten *Deslandres*schen Gesetz in sich, da hiernach qualitativ die einzelnen Teilbanden $(n_a n_e)$ sich nicht unterscheiden und auch quantitativ die Konstanten nur wenig von einander verschieden sind.

Wesentlich verschieden von der *Deslandres*schen Auffassung ist die heutige in Hinsicht auf die *Kante.* Diese hat darnach überhaupt keine physikalische Bedeutung, sondern ist lediglich der mathematische Extremwert der Funktion

$$\nu = A + 2mB + m^2C,$$

wird also durch das in gewisser Beziehung zufällige Verhältnis $-\frac{B}{C}$ festgelegt.[37]) Ob eine Bande nach Violett oder Rot abschattiert ist, hängt davon ab, ob C positiv oder negativ ist, d. h. ob $B(n_a)$ größer als $b(n_e)$ oder kleiner ist. In dem Falle, daß $B(0)$ und $b(0)$ nur wenig von einander verschieden sind, kann sogar nach (14a) C sein Vorzeichen innerhalb eines Bandensystems wechseln, es würde das

35) *A. Kratzer,* Münchner Akademieberichte 1922, p. 107.

36) *T. Heurlinger,* Diss. Lund 1918.

37) Die Lage der Kante wird durch denjenigen Wert von m gegeben, der der Zahl $-\frac{B}{C}$ am nächsten kommt. Diesem Wert entspricht diejenige Linie, die am nächsten bei $\nu = A - \frac{B^2}{C}$ liegt.

System aus verschieden abschattierten Gruppen bestehen. Gegenüber den Serienspektren besteht der charakteristische Unterschied, daß die Kante nur eine endliche Verdichtung von Linien ist, während die Seriengrenze ein Häufungspunkt im mathematischen Sinne ist.

Das Aussehen einer Bande und die augenfällige Erscheinung der regelmäßig angeordneten Kanten wird stark beeinflußt durch die Zahlenwerte der Konstanten B in der Termformel und durch die Intensitätsverteilung innerhalb eines Zweiges. Ist sowohl B wie b klein, dann ist die in der *Deslandres*schen Formel (1) ausschlaggebende Konstante $C = B - b$ erst recht klein, und die Linien liegen nach (1) an der Kante sehr dicht. Ob eine Kante überhaupt zustande kommt, hängt davon ab, ob die Linien bei der Laufzahl $m = -\frac{B}{C}$ noch merkliche Intensität haben. Häufig liegt nun bei den für die Herstellung des Spektrums verwendeten Temperaturen das flache Maximum der Intensität in der Nähe der Kante. Die Anhäufung der Linien in der Kante täuscht dann das Intensitätsmaximum in der Kante selbst vor und die Kanten treten deutlich im Spektrum hervor. Sind dagegen die Werte von B verhältnismäßig groß, dann bleibt auch für die Differenz C ein größerer Spielraum. Wenn jetzt überhaupt eine Kante zustande kommt, so liegt hier nur eine kleine Zahl von Linien in der unmittelbaren Nähe der Kante, diese ist weniger auffallend. Bei besonders großem Wert von B wird überhaupt keine Kante mehr gebildet, jeder Zweig besteht aus einer mäßigen Zahl von Linien, die sich über einen weiten Bereich erstrecken, so daß sich die einzelnen Teilbanden durchkreuzen, es entsteht ein *Viellinien*spektrum. Wenn bei beliebigem B die Anfangs- und Endwerte B^a und b^e so stark voneinander abweichen, daß die Differenz $C = B^a - b^e$ von der gleichen Größenordnung wird, liegt die Kante bei sehr kleinen Werten von m und damit auch in der Nähe des Intensitätsminimums; die Kante wird dann sehr undeutlich und es kann bei ungenügender Auflösung der Eindruck entstehen, als ob die Bande von dem unscharfen Intensitätsmaximum aus *nach beiden Seiten abschattiert* wäre.

Die dritte Auswahlregel gibt zusammen mit der Termformel die *Deslandres*sche Kantenregel. Der Wert von m möge so gewählt sein, daß der Rotationsanteil der Wellenzahl verschwindet. Diese Wellenzahl, die nur noch von Schwingungsparametern abhängt, möge Schwingungslinie ν_s heißen; sie wird häufig als Nullinie bezeichnet und fällt nahezu mit der Linie zusammen, die in (15) durch $m = 0$ festgelegt ist. In vielen Fällen liegt die Kante von dieser Nullinie um einen Betrag entfernt, der in den einzelnen Teilbanden an den Differenzen der Schwingungslinien gemessen nicht sehr verschieden ist. Aus diesem Grunde gilt das Folgende näherungsweise auch von den Kanten. Es ist:

$$
\begin{aligned}
\nu_s &= \nu_{el} + n_a(\nu_a^0 - n_a x_a + \cdots) - n_e(\nu_e^0 - n_e x_e + \cdots), \\
(16) \qquad &= \nu_{el} + (n_a - n_e)\nu_a^0 + n_e(\nu_a^0 - \nu_e^0) - n_a^2 x_a + n_e^2 x_e + \cdots
\end{aligned}
$$

Die Gleichungen stellen das *Deslandres*sche Kantengesetz dar, die zweite Form gibt die Gruppierung der Kanten anschaulich wieder. Da ν_a^0 und ν_e^0 meistens von gleicher Größenordnung sind, ist das Glied

$$(n_a - n_e)\nu_a^0$$

für die Änderung des

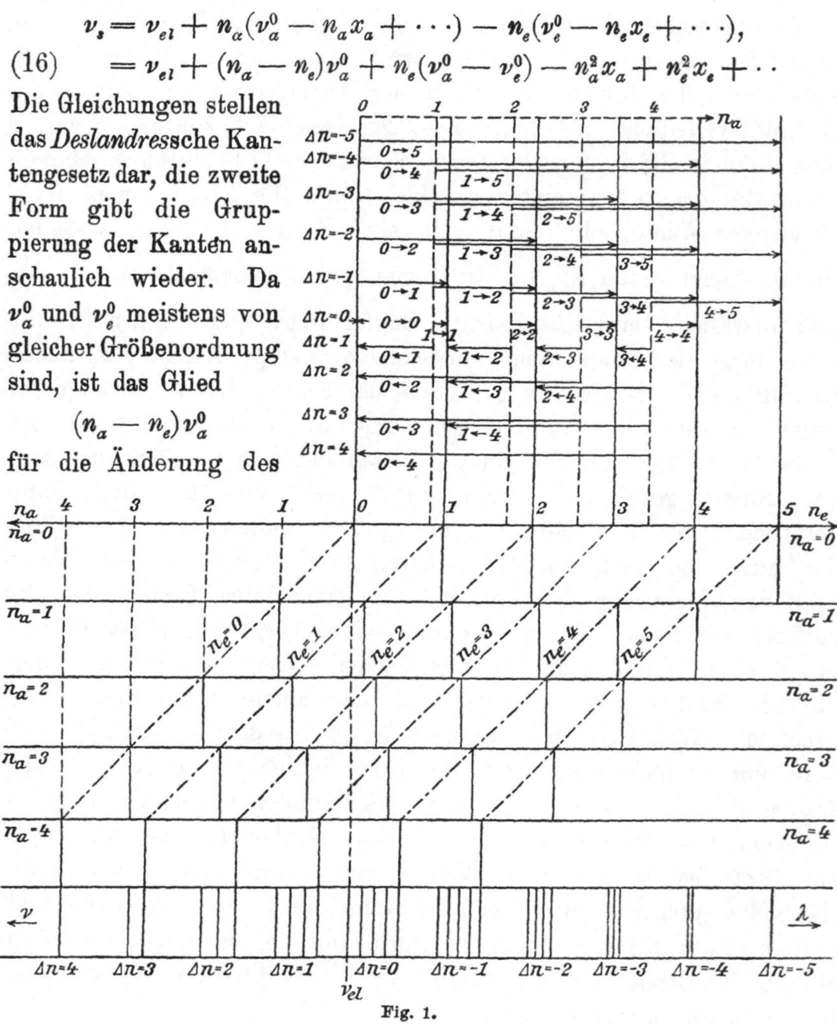

Fig. 1.

Parameters ausschlaggebend; es definiert die Gruppe. Der Absolutwert von n_e definiert mittels der folgenden Glieder die Lage der Teilbande innerhalb der Gruppe. Diese Beziehungen sind im unteren Teile der Fig. 1 dargestellt. Die einzelnen Gruppen kommen dadurch zustande, daß der Parameter n sich um die Werte -5, -4, -3, -2, -1, 0, $+1$, $+2$, $+3$, $+4$ ändert. Die Gruppen lassen sich nach dem dritten Gesetz von *Deslandres*, wie es die Figur angibt, so auseinanderlegen, daß Teilserien entstehen, in denen nur ein Parameter (hier n_e) variiert. Der obere Teil der Figur gibt das Zustandekommen desselben Spektrums aus den Termen wieder. Die Termwerte sind quantitativ von rechts nach links wachsend aufgetragen, die Pfeile deuten den Übergang von einem zum andern Term und gleichzeitig durch ihre Länge die Wellenzahlen an.[38]) Sind die Zahlenwerte von ν^0 verhältnismäßig klein ($< 1000 \text{ cm}^{-1}$), so nimmt häufig n große Werte an (> 10). Dies hat zur Folge, daß die Gruppen nicht mehr getrennt liegen, sondern sich gegenseitig mehr oder minder weit überdecken; die Verteilung der Kanten verliert dadurch an Übersichtlichkeit und die Regelmäßigkeit tritt nicht ohne weiteres in die Erscheinung. *H. Konen*[39]) bezeichnet diese Spektren deshalb als *Pseudokantenspektren,* diejenigen vom Charakter der Cyanbanden als *Kantenspektren.* In den bisher untersuchten Fällen besteht zwischen beiden kein innerer Unterschied.

7. Rotations- und Rotationsschwingungsbanden.[40]) Wenn der Elektronenparameter sich nicht ändert, so haben alle Konstanten der Termformeln im Anfangsterm und Endterm den gleichen Wert, außerdem fällt der Beitrag des Elektronenterms in der Differenz (7) bei der Berechnung der Wellenzahl fort. (Vgl. die Bemerkung bei (10a) und (14)). Es kommt für $\sigma = 0$:

$$(17) \quad \nu = (n_a - n_e)\nu^0 - (n_a^2 - n_e^2)x + (B - n_a\alpha)\Delta^2 + 2\Delta(B - n_a\alpha)(m - \varrho) - (n_a - n_e)\alpha(m - \varrho)^2 - \cdots \quad (\Delta = \pm 1, 0).$$

Feste Werte von n_a und n_e liefern eine Teilbande. Für deren Verteilung ist zu beachten, daß entsprechend der Beobachtung in Absorption (vgl. p. 858) fast durchweg $n_e = 0$ ist. Jede Gruppe des

---

38) Diese bei den Linienspektren gebräuchliche Darstellungsweise hat zuerst *E. Hulthén* auf die Kombination der Bandenterme übertragen. Unsere Darstellung weicht von der üblichen dadurch ab, daß die Oszillationsterme vom gleichen Nullniveau aus aufgetragen sind. Im unteren Teile der Figur sind die Termniveaus $n_a = 1$, $n_a = 2$, ... im gleichen Maßstabe wie im oberen Teil von $n_a = 0$ aus nach unten abgetragen. Die Querlinien $n_e = 0$, $n_e = 1$, ... sind unter 45^0 gezogen; ihre Schnittpunkte mit den Niveaulinien n_a geben die Lage der Banden, da durch den Winkel von 45^0 gewährleistet wird, daß die von oben nach unten durchschrittene Niveaudifferenz maßstäblich in das von rechts nach links laufende Spektrum der Wellenzahlen übertragen wird. Selbstverständlich können die Rollen von n_a und n_e vertauscht werden.

39) *H. Konen*, Das Leuchten der Gase und Dämpfe, p. 212.

40) Eine zusammenfassende Darstellung des empirischen Materials von *Randall* siehe in der Literaturangabe.

Systems enthält daher nur eine Teilbande, die sich aus

(17a) $$\nu_s = n_a \nu^0 - n_a^2 x \qquad (n_a = 0, 1, 2, 3 \ldots)$$

ergibt. Für $n_a = 0$ fehlt der Schwingungsanteil vollständig, man spricht von einer *Rotationsbande*. Solche Rotationsbanden sind festgestellt bei Wasserdampf und Quecksilber.[41]) Der Parameter $n_a = 1$ liefert eine Bande in nächster Nähe der Wellenzahl ν^0, der Schwingungsfrequenz der Molekel. Diese Bande wird deshalb als die der *Grundschwingung* oder Fundamentalbande bezeichnet; $n_a = 2$ liefert eine Wellenzahl, die ungefähr das Doppelte von der Grundschwingung beträgt, sie entspricht der ersten *Oberschwingung*, $n_a = 3$ entspricht der zweiten Oberschwingung u. s. w. Die erste Feststellung einer solchen Oberschwingung geht wohl auf *W. C. Mandersloot* bei CO zurück[42]), planmäßig aufgesucht wurden solche Oberschwingungen von *J. B. Brinsmade* und *E. C. Kemble*[43]) bei HCl und später auch bei andern zweiatomigen Gasen. Das Vorkommen von $n_a = 3, 4$ wurde dann von *Kratzer* aus den Beobachtungen von *W. Burmeister* herausgelesen.[44]) Zweite Oberschwingungen ($n_a = 3$) wurden später von *Cl. Schäfer* und *Thomas*[45]) bei HCl und CO aufgefunden. Eine Zusammenstellung gibt *G. Hettner*[46]), der insbesondere darauf hinweist, daß bei komplizierten Trägern mehr als eine Grundschwingung zu berücksichtigen ist und daß dann an Stelle von (17a) zu setzen ist (mit Vernachlässigung der quadratischen Glieder)

(17b) $$\nu_s = n_1 \nu_1^0 + n_2 \nu_2^0 + \cdots \qquad (n_1, n_2 = \pm 0, \pm 1, \pm 2).$$

Solche „Kombinationstöne" weist *Hettner* bei Wasserdampf nach.

Aus theoretischen Gründen ist zu erwarten, daß bei höherer Temperatur in Absorptionsbanden auch $n_e = 1$ vorkommt. In der Tat haben *Colby, Meyer* und *Bronk* bei HCl auch die zu $n_a = 2$, $n_e = 1$ gehörende Bande gefunden, die sie, weil aus Grundschwingung und Oberschwingung durch Kombination berechenbar, als Kombinationsbande bezeichnen.[47])

41) *H. Rubens*, Berlin Ber. 1921, p. 8; *Rubens* u. *Aschkinass*, Ann. d. Phys. 64 (1898), p. 584; *G. Hettner*, Ann. d. Phys. 55 (1918), p. 476.

42) *W. C. Mandersloot*, Diss. Amsterdam 1914.

43) *J. B. Brinsmade* and *E. C. Kemble*, Proc. Nat. Acad. Sc. 3 (1917), p. 420.

44) *A. Kratzer*, Diss. München 1920 (nicht gedruckt), Ztschr. f. Phys. 3 (1920), p. 289. Neue Untersuchungen von *E. F. Barker* [Phys. Rev. 23 (1924), p. 200] machen diese Deutung bei HCN zweifelhaft. *W. Burmeister*, Diss. Berlin 1914.

45) *Cl. Schäfer* und *M. Thomas*, Ztschr. f. Phys. 12 (1923), p. 330.

46) *G. Hettner*, Ztschr. f. Phys. 1 (1920), p. 345.

47) *Colby, Meyer* and *Bronk*, Astrophys. J. 57 (1923), p. 7.

In den Teilbanden ist α gegen B sehr klein; es kommt deshalb das quadratische Glied in (17) zunächst nicht in Betracht. Der positive und negative Zweig besteht in erster Näherung aus (in der Skala der Wellenzahlen) äquidistanten Linien. Solche wurden zuerst bei HCl in Absorption nachgewiesen von *Eva v. Bahr*[48]), nachdem *N. Bjerrum* deren Auftreten theoretisch vorausgesehen hatte.[49]) Die Messungen von *E. v. Bahr* lassen aber bereits den Einfluß des quadratischen Gliedes mit α deutlich quantitativ erkennen und *Imes* hat durch verbesserte Messungen den quadratischen Gang bei HCl (Grundbande und Oberschwingung), HF und HBr sichergestellt.[50]) Er beobachtet in beiden Zweigen bei HCl je 12 Linien, *Colby, Meyer* und *Bronk* konnten durch Temperatursteigerung diese Zahl auf 20 erhöhen.

Typisch ist die Intensitätsverteilung. In der Mitte, von wo die beiden Zweige ausgehen, hat die Intensität ein Minimum, sie wächst dann nach beiden Seiten fast symmetrisch rasch an und fällt allmählich wieder ab. Wenn die beiden Zweige nicht in Linien aufgelöst sind, so ergeben sich zwei zueinander symmetrische Absorptionsbanden mit der eben beschriebenen Intensitätsverteilung, die man als *Bjerrumsche Doppelbanden* bezeichnet; wegen des quadratischen Gliedes in (17) ist die kurzwellige Seite nahezu immer etwas schmäler und steiler.[51])

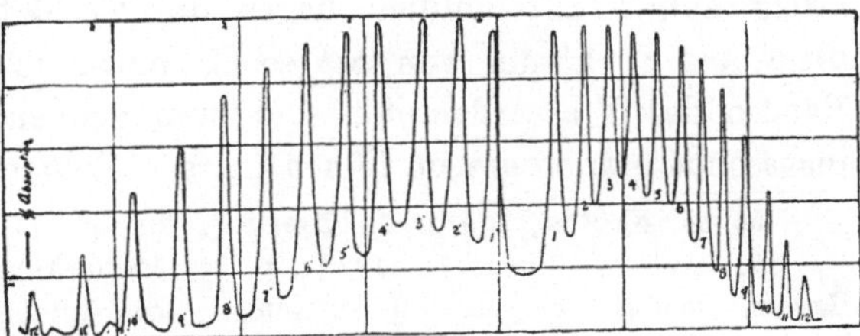

Fig. 2. HCl-Rotationsschwingungsbande nach *Imes*. Lange Wellen links.
(Aus: Sommerfeld, Atombau. Verlag Vieweg & Sohn A.-G. Braunschweig.)

Solche unaufgelöste Doppelbanden sind bei einer großen Reihe von Verbindungen gemessen, sie fehlen bei elementaren Substanzen.[44])

Die genauere Untersuchung der Banden der Halogenwasserstoffe zeigt, daß der negative Zweig die Fortsetzung des positiven Zweiges in dem Sinne bildet, daß beide Zweige durch *eine* Formel

$$\nu = A + 2mB + m^2C$$

dargestellt werden, wenn man der Laufzahl m positive und negative Werte gibt; außerdem fällt in allen diesen Banden *eine* Linie, die

48) *E. v. Bahr,* Verhandl. Deutsch. Phys. Ges. 15 (1913), p. 1150.

49) Nernstfestschrift, Halle 1912, S. 90.

50) *E. S. Imes,* Astrophys. J. 50 (1919), 261.

51) Auch bei Berücksichtigung dieser Tatsache bleibt häufig noch eine stärkere Intensität im kurzwelligen Zweig übrig. Vgl. Fußnote 118).

nach der Intensitätsverteilung als mittlere bezeichnet werden kann, aus. Der ersten Tatsache kann man am einfachsten Rechnung tragen, wenn man in (17) die Größe ϱ gleich Null oder halbzahlig nimmt. Da man aus theoretischen Erwägungen[52]) genötigt ist, für $\varrho = 0$ den Zustand $m = 0$ im Terme auszuschließen, dies aber den Ausfall von 2 Linien zur Folge hätte, kann für ϱ nur ein halbzahliger Wert in Frage kommen. Aus den Kombinationsbeziehungen zwischen der Fundamentalbande und der Oberbande schließt *Kratzer*[53]) auf $\varrho = \frac{1}{2}$, was durch *Colby* an der Kombinationsbande ($n_a = 2$, $n_e = 1$) bestätigt wird.[54]) Mit der Nichtganzzahligkeit von ϱ ist auch der Einfluß eines elektrischen Feldes auf die Bande, der von *Hettner*[55]) berechnet und von *E. F. Barker*[56]) beobachtet ist, in Einklang.

Außer den Rotationsschwingungsbanden der Halogenwasserstoffe sind noch genauer untersucht die von Methan CH_4. *J. P. Cooley* hat bei 7,7 μ, 3,31 μ und 2,35 μ Banden festgestellt und die beiden ersten aufgelöst.[57]) Es tritt hier ein positiver, ein negativer und ein Nullzweig auf. Ganz ähnlich liegen die Verhältnisse bei NH_3, dessen ultrarotes Spektrum von *Schierkolk* untersucht wurde.[58]) Auch die Banden des Wasserdampfes sind zum großen Teil aufgelöst worden, insbesondere auch die im fernen Ultrarot liegenden Rotationsbanden[59]);

52) *A. Kratzer,* Ztschr. f. Phys. 3 (1920), p. 289.

53) Ann. d. Phys. 71 (1923), p. 85 Anmerkung. — Bei den ultraroten Banden genügt es $\varrho = +\frac{1}{2}$ zu setzen; die analogen Verhältnisse bei den Cyanbanden (vgl. Anmerkung 64) veranlaßten den Verf. auch $\varepsilon = -\frac{1}{2}$ hinzuzunehmen. Aus den Intensitätsverhältnissen schließt *E. C. Kemble* [Phys. Rev. 25 (1925), p. 1], daß die Größe ϱ nur mit einfachem Vorzeichen zu nehmen ist. Dieser Folgerung kann man entgehen, wenn man nicht, wie dies der Verf. zunächst getan hat, $m = 0$ ausschließt, sondern lediglich verlangt, daß $m - \varrho$ immer positiv ist. Die Gründe, die zum Ausschluß von $m = 0$ führten, sind nur solange zwingend, als $\varrho = 0$ ist. — In einer Arbeit im Phil. Mag. 47 (1924), p. 549 kommt *H. Bell* zu $\varrho = 0{,}25$. Bei der dort angewandten Berechnungsweise hat jedoch die Ungenauigkeit der empirischen Daten einen zu großen Einfluß auf das Resultat. Läßt man übrigens von vornherein zu, daß im positiven Zweig $\varrho = +\varepsilon$ im negativen Zweig $\varrho = -\varepsilon$ ist (ε beliebig), so ist die formale Schlußweise des Textes nicht aufrecht zu erhalten. Für den Zahlenwert von ϱ sind dann nur die Kombinationsbeziehungen beweisend.

54) *W. Colby,* Astrophys. J. 58 (1923), p. 303.

55) *G. Hettner,* Ztschr. f. Phys. 2 (1920), p. 349.

56) *E. F. Barker,* Astrophys. J. 58 (1923), p. 201.

57) *J. P. Cooley,* Phys. Rev. 21 (1923), p. 376.

58) *K. Schierkolk,* Ztschr. f. Phys. 29 (1924), p. 277; ferner *G. Hettner,* Ztschr. f. Phys. 31 (1925), p. 273.

59) Zusammenfassend: *G. Hettner,* Ann. d. Phys. 55 (1918), p. 55; ferner *Sleator*, Astrophys. J. 48 (1918), p. 124 und *H. Witt,* Ztschr. f. Phys. 28 (1924), p. 236.

es ist aber bisher trotz mehrfacher Versuche[60]) nicht gelungen, sie endgültig zu ordnen. Bemerkenswert ist, daß von *Paschen* diese Banden teilweise auch in Emission festgestellt wurden.[61])

8. Bandentypen. Für das Aussehen der Banden charakteristisch ist zunächst die Größe der Konstanten B und ν^0. Kleines ν^0 hat ein Pseudokantenspektrum zur Folge (vgl. p. 837), kleines B liefert eine große Zahl nahe benachbarter Linien in den Zweigen, großes B umgekehrt wenige Linien mit großen Abständen. Beim Viellinienspektrum des Wasserstoffs scheint dies so weit zu gehen, daß jeder Zweig nur einige Linien enthält, so daß die Laufzahl dem zur Kante gehörigen Wert $m = -\frac{B}{C}$ nicht einmal nahe kommt. Die Bandenzweige bestehen deshalb aus wenigen fast äquidistanten Linien, Kanten fehlen vollständig und das Spektrum weicht darum im Aussehen gänzlich von einem gewöhnlichen Bandenspektrum ab. Während diese Unterschiede aber nur äußerlich sind, bedingt die Zahl und Art der Terme mit den Auswahlregeln innere Verschiedenheiten der Spektren.

Der einfachste Fall würde vorliegen, wenn Anfangsterm und Endterm einfach ist und ϱ, σ und δ in (14) verschwinden. Dieser idealisierte Term lieferte *einen* positiven und negativen Zweig, die sich gegenseitig fortsetzten. Dazu käme noch allenfalls ein Nullzweig, der zu den beiden anderen Zweigen Kombinationsbeziehungen aufweist. Dieser einfache Fall scheint aber in der Erfahrung nicht verwirklicht. In allen untersuchten Banden, wo die Verhältnisse so zu liegen scheinen, haben die Kombinationsbeziehungen (12) und (13) zwischen den Teilbanden gezeigt, daß $\varrho = \frac{1}{2}$ zu setzen ist. Der Ausschluß von $m = 0$ in den Termen hat dann, wie die Figur zeigt, den Ausfall von nur einer Linie zur Folge, was mit der Erfahrung übereinstimmt. Im einzelnen nachgewiesen ist dieses Verhalten bei den sogenannten violetten Cyanbanden, den Ag-Banden[62]), den Au-Banden und den Cu-Banden.[63]) Bei großer Dispersion erweist sich bei den Cyanbanden jeder Zweig doppelt; jede Linie ist eine Doppellinie, deren Aufspaltung mit der

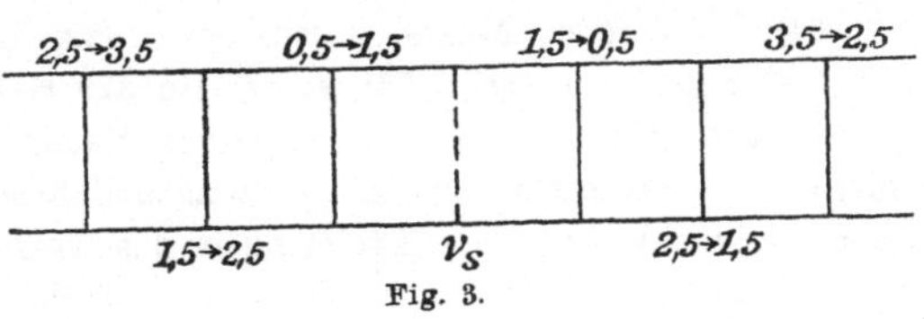

Fig. 3.

60) *N. Bjerrum,* Nernstfestschrift 1912, p. 90; *A. Eucken,* Verh. d. Deutsch. Phys. Ges. 15 (1913), p. 1159; *Rubens* und *Hettner,* Verh. d. Deutsch. Phys. Ges. 10 (1917), p. 166; *G. Hettner,* Ann. d. Phys. 55 (1918), p. 476; *A. Kratzer,* Diss., München 1920; *H. Witt,* Ztschr. f. Phys. 28 (1924), p. 249.

61) *F. Paschen,* Ann. d. Phys. 53 (1894), p. 336.

Laufzahl m annähernd linear wächst. *Kratzer*[62]) stellt die Banden dar durch einen doppelten Anfangs- und Endterm nach der Formel:

$$(18) \quad \begin{cases} T_1 = T_{el} + T_{osc}(n) + 2\delta(m-\varrho) + B_1(n)(m-\varrho)^2 \\ \qquad\qquad - \beta(m-\varrho)^4 + \cdots \\ T_2 = T_{el} + T_{osc}(n) - 2\delta(m+\varrho) + B_2(n)(m+\varrho)^2 \\ \qquad\qquad - \beta(m+\varrho)^4 + \cdots, \end{cases}$$

wo δ sehr klein ist und $\varrho = \frac{1}{2}$. Die Auswahlregeln sind dabei:

$$(19) \quad \begin{cases} \varrho_a = \frac{1}{2} \rightarrow \varrho_e = \frac{1}{2}, & m+1 \rightarrow m : R_1(m) \\ \varrho_a = \frac{1}{2} \rightarrow \varrho_e = \frac{1}{2}, & m-1 \rightarrow m : P_1(m) \\ \varrho_a = -\frac{1}{2} \rightarrow \varrho_e = -\frac{1}{2}, & m+1 \rightarrow m : R_2(m) \\ \varrho_a = -\frac{1}{2} \rightarrow \varrho_e = -\frac{1}{2}, & m-1 \rightarrow m : P_2(m), \end{cases}$$

dabei setzen sich $R_1(m)$, $P_2(m)$, sowie $P_1(m)$ und $R_2(m)$ gegenseitig fort.[64]) Trägt man demnach die Wellenzahlen $\nu(m)$ als Abszissen in einem rechtwinkligen Koordinatensystem ν, m ein, so bilden $R_1(m)$, $P_2(m)$ und $P_1(m)$, $R_2(m)$ je eine stetige Kurve, falls die Laufzahlen m in den beiden Zweigen nach verschiedenen Seiten wachsend aufgetragen werden. Für kleine Werte von m verhalten sich die Kurven wie Parabeln, die sich in der Nähe von $m = 0$ durchkreuzen. (In Fig. 4 sind zwei einfache Zweige, die sich fortsetzen, wiedergegeben, der positive Zweig ist an der Abszissenachse gespiegelt.)

---

62) *E. Bengtsson* u. *E. Svensson,* Paris C. R. 180 (1925), p. 274.

63) *R. Frerichs,* Ztschr. f. Phys. 20 (1923), p. 170; *E. Bengtsson,* Ztschr. f. Phys. 20 (1923), p. 229.

64) *A. Kratzer,* Münch. Akad. Ber. 1922, p. 107, Ann. d. Phys. 71 (1923), p. 72. Für große m ($m > 70$) ist das lineare Gesetz nicht mehr richtig. Durch verschiedene Werte B_1 und B_2 wird dem Rechnung getragen. — Die Benutzung von $\varrho = -\frac{1}{2}$ ist nicht notwendig, da natürlich $m + \frac{1}{2}$ auch als $m + 1 - \frac{1}{2}$ aufgefaßt werden kann. Die Zweifachheit des Termes ist dann durch den doppelten Wert von δ auszudrücken. In diesem Falle fällt der Einwand von *Kemble* (vgl. Anmerkung 53), der nach den empirischen Daten auch für CN zutrifft, fort. Die Sachlage ist hier insofern anders als bei HCl, weil bei CN feststeht, daß die Linien für großes m doppelt sind, während dies bei HCl lediglich aus Analogie zu CN angenommen ist. Das doppelte Vorzeichen bei ϱ hat *Kratzer* aus theoretischen Gesichtspunkten und wegen des Verhaltens der später beschriebenen Hg-Banden gewählt. — *R. T. Birge* gibt [Phys. Ber. (2) 10 (1917), p. 88 und 13 (1919), p. 360] Korrekturglieder für die erweiterte *Deslandres*sche Formel. Die Formel baut sich darauf, daß die Differenzen Δ aufeinanderfolgender Linien, die nach *Deslandres* in einer (Δ, m) Ebene durch eine Gerade dargestellt werden, empirisch durch eine Hyperbel wiedergegeben werden können.

Als Banden des beschriebenen Typus sind außerdem bekannt die sog. Kupferbanden, die negativen Kohlebanden[65]), die Banden von Beryllium ($\lambda = 4708$), Phosphor ($\lambda = 3246$), Silber und Gold.[66]) Jedoch sind von diesen Banden nur die Cu-, Ag- und Au-Banden

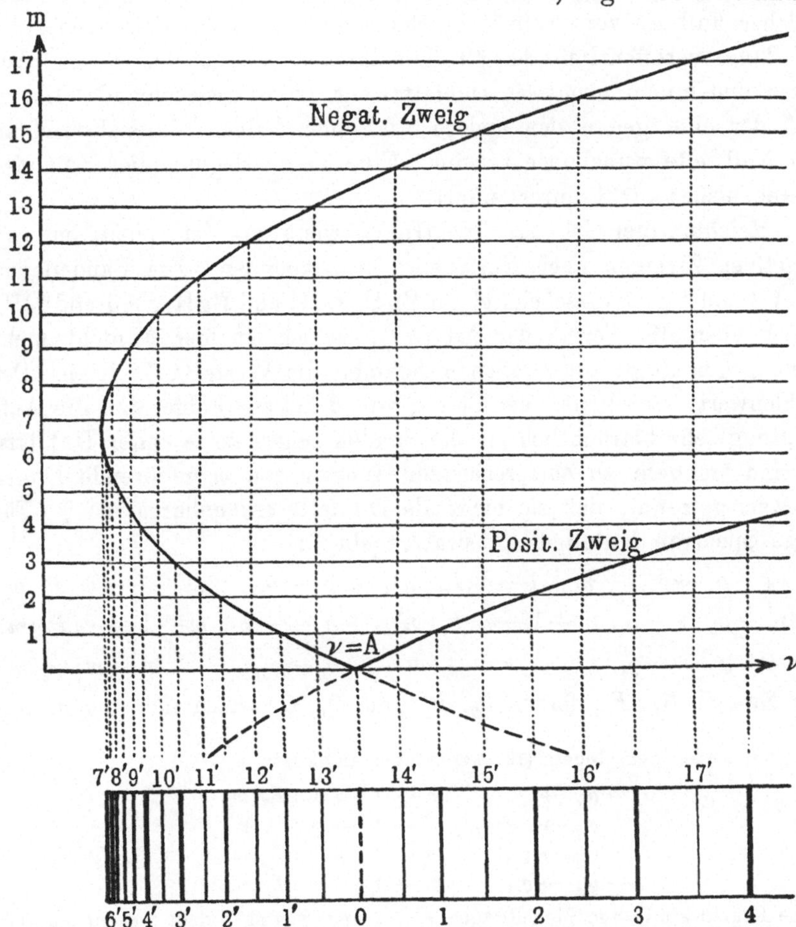

Fig. 4. Numerierung nach *Heurlinger*. Die ausfallende Linie hat in beiden Zweigen die Laufzahl Null.

genauer untersucht, für die der Nachweis erbracht ist, daß $\varrho = \frac{1}{2}$ ist. Die Dublettaufspaltung ist nur noch bei Be festgestellt; das bei den Cu-Banden beobachtete Dublett ist sehr wahrscheinlich nicht zum Cyandublett analog, sondern durch die Isotope von Cu im Molekül CuH zu deuten.[67])

65) *H. Deslandres,* Paris C. R. 137 (1903), p. 457.

66) *T. Heurlinger,* Diss. Lund 1918; *E. Bengtsson,* Ark. f. Mat., Astron. och Fysik 18 (1924), No. 27.

67) *R. Mulliken,* Nature 113 (1924), p. 423. Vgl. auch *R. Mecke* und *R. Frerichs,* Naturw. 12 (1924), p. 812.

Die gegenseitige Fortsetzung der Zweige ist, abgesehen von speziellen Werten von ϱ bei verschwindend kleinem δ, bei den Termen (18) notwendig an die Auswahlregeln (19) geknüpft. Im Falle anderer Auswahlregeln setzen sich die Zweige nicht fort.[68]) Ein solcher Fall ist verwirklicht in Emissionsbanden des Sauerstoffs, die *C. Runge* veröffentlicht hat.[69]) Die Banden bestehen aus einem positiven und einem negativen Dublettzweig, die so gegeneinander liegen, daß der eine gegen den andern um einen halben Linienabstand an der Nullstelle verschoben scheint. Eine Termzerlegung dieser Banden wurde bisher nicht durchgeführt.

Reichhaltiger ist das Spektrum, wenn zu den positiven und negativen Zweigen noch Nullzweige hinzukommen. Die Banden von Zn, Cd und Hg, wahrscheinlich zu ZnH, CdH und HgH gehörend[67])[70]), haben ebenfalls Terme der Art (18), jedoch ist hier δ nicht mehr klein gegen $B \cdot \varrho$; die Größen ϱ nehmen die Werte 0, $\frac{1}{4}$, $\frac{1}{2}$ an. Der Zahlenwert $\varrho = \frac{1}{4}$ und der Betrag von δ hat zur Folge, daß die Aufspaltung sehr beträchtlich ist, die Banden zeigen keine engen Dubletts, es sind vielmehr zu entsprechenden Werten von m gehörende Linien so weit getrennt, daß sie nicht als Dublette erkennbar sind.[71]) Für diese Spektren lauten die Auswahlregeln[70]):

$$(20)\left\{\begin{array}{llll} \varrho_a \rightarrow \varrho_e, & m+1 \rightarrow m: R_1(m), & \varrho_a \rightarrow \varrho_e, & m-1 \rightarrow m: P_1(m) \\ -\varrho_a \rightarrow -\varrho_e, & m+1 \rightarrow m: R_2(m), & -\varrho_a \rightarrow -\varrho_e, & m-1 \rightarrow m: P_2(m) \\ \varrho_a \rightarrow -\varrho_e, & m \rightarrow m: Q_1(m), & -\varrho_a \rightarrow \varrho_e, & m \rightarrow m: Q_2(m). \end{array}\right.$$

Die Zweige R_1, P_2, ferner R_2, P_1 und Q_1, Q_2 setzen sich gegenseitig

68) Außer den Regeln (19) wären noch denkbar:

$$\begin{array}{ll} \varrho_a \rightarrow -\varrho_e, & m+1 \rightarrow m: R_3(m) \\ \varrho_a \rightarrow -\varrho_e, & m-1 \rightarrow m: P_3(m) \\ -\varrho_a \rightarrow \varrho_e, & m+1 \rightarrow m: R_4(m) \\ -\varrho_a \rightarrow \varrho_e, & m-1 \rightarrow m: P_4(m). \end{array}$$

Diese Regeln sind, von Modellfragen abgesehen, von (19) nicht wesentlich verschieden, da sie durch $\varrho_e' = -\varrho_e$ in (19) übergehen. Sich nicht fortsetzende Zweige sind beispielsweise P_1, P_3, R_1, R_3. Außerdem kommen noch 4 Nullzweige in Frage.

69) *C. Runge,* Physica 1 (1921), p. 254. Vgl. dazu *R. Mecke,* Phys. Ztschr. 26 (1925), p. 233.

70) *A. Kratzer,* Ann. d. Phys. 71 (1923), p. 72.

71) *E. Hulthén,* Paris C. R. 173 (1921), p. 524; Über die Kombinationsbeziehungen unter den Bandenspektra, Lund 1923; Ztschr. f. Phys. 32 (1925), p. 32. — *Heurlinger* stellt z. B. die Quecksilberbanden durch die Formeln dar:

$$\nu_1 = 23740.5 + 15.5m + 1.65m^2$$
$$\nu_2 = 23743.7 + 10.7m + 1.65m^2$$
$$\nu_3 = 23735.5 + 5.75m + 1.65m^2.$$

fort. Für die Größen ϱ kommen die Übergänge in Frage:

$$0, \tfrac{1}{2} \to \tfrac{1}{4}\,(\mathrm{Hg}), \quad 0 \to \tfrac{1}{2}\,(\mathrm{Cd}), \quad 0 \to \tfrac{1}{2}\,(\mathrm{Zn}).$$

Wichtig ist, daß bei dieser Deutung überall $m = 0$ im Term und nur dieser Wert ausgeschlossen werden muß.

Eine besondere Stellung nimmt das Spektrum von CO ein. Es besteht aus je einem positiven, negativen und Nullzweig. Der kleinste vorkommende Wert der Laufzahl in allen Zweigen ist $m = 2$. *Hulthén* stellt die Bande dar durch einen einfachen Term:

$$T = T_{el} + T_{osc}(n) + B(n) \cdot (m - \tfrac{1}{2})^2 + \cdots$$

für Anfangs- und Endzustand; es ist also $\sigma = \delta = 0$, $\varrho = \frac{1}{2}$ zu setzen.[72]) Die Auswahlregeln lauten dann einfach:

$$(21\text{a}) \qquad \varrho_a = \tfrac{1}{2} \to \varrho_e = \tfrac{1}{2} \left\{ \begin{array}{r} m + 1 \to m : R(m) \\ m \to m : Q(m) \\ m - 1 \to m : P(m). \end{array} \right.$$

Bei dieser Auffassung ist aber nicht zu verstehen, daß $Q(1)$ und $R(1)$ fehlt. Diese Schwierigkeit vermeidet eine zweite Deutung, daß auch hier die Terme doppelt sind und $\varrho = \pm \frac{1}{2}$ ist. Man hat dann die Auswahlregeln zu schreiben:

$$(21\text{b}) \qquad \left\{ \begin{array}{ll} -\varrho_a \to -\varrho_e, & m + 1 \to m : R(m) \\ \varrho_a \to \varrho_e, & m - 1 \to m : P(m) \\ +\varrho_a \to -\varrho_e, & m + 1 \to m : R'(m) \\ -\varrho_a \to +\varrho_e, & m - 1 \to m : P'(m) \end{array} \right. \quad \left. \begin{array}{l} \\ \\ \\ \\ \end{array} \right\} \equiv Q(m).$$

Bei dieser Darstellung sind alle Werte von m außer $m = 0$ zugelassen, die fehlenden Linien ergeben sich richtig. Der Q-Zweig in der *Hulthén*schen Bezeichnung besteht hier aus zwei Zweigen; damit ist in Einklang, daß er stärker als die beiden anderen ist.

Den Spektren von Hg, Zn, Cd verwandt ist das der Heliumbande 5730 Å. Sie enthält wie diese je zwei positive, negative und Nullzweige. Die Terme sind doppelt nach den Formeln (18), doch sind die Größen ϱ nicht sicher bestimmbar.[73]) Mit $\varrho_a = \varrho_e = \frac{1}{4}$ lauten die Auswahlregeln:

$$(22) \left\{ \begin{array}{llll} \varrho_a \to -\varrho_e, & m+1 \to m : R(m); & -\varrho_a \to \varrho_e, & m-1 \to m : P(m) \\ \varrho_a \to -\varrho_e, & m \to m : P'(m); & -\varrho_a \to \varrho_e, & m \to m : R'(m) \\ \varrho_a \to \varrho_e, & m \to m : Q_1(m); & -\varrho_a \to -\varrho_e, & m \to m : Q_2(m). \end{array} \right.$$

---

72) *E. Hulthén*, Über die Kombinationsbeziehungen unter den Bandenspektra.

73) *A. Kratzer*, Ztschr. f. Phys. 16 (1923), p. 353. Es ist hier nur die in Anmerkung 28) eingeführte Größe ε festzulegen, da wegen der Größe der Korrekturglieder bei He das in Ann. d. Phys. 71 (1923), p. 72 bei Zn benützte Rechenverfahren versagt.

Die ausfallenden Linien werden bei dieser Darstellung nicht vollständig erklärt; die Anfänge der Zweige sind $R(1)$, $R'(1)$, $Q_1(2)$, $Q_2(1)$, $P(2)$, $P'(2)$. Das Fehlen von $Q_1(1)$ wird nicht gedeutet.[74])

Zwei weitere Banden des Heliums (λ 6400, 4546 Å) leiten sich aus dieser dadurch ab[74]), daß *die* Zweige, die im Anfangsterm $-\varrho_a$ haben, ausfallen; es bleibt also übrig: $R(m)$, $P'(m)$, $Q_1(m)$. Ein weiterer Zweig, von *Curtis* mit $P(m)$ bezeichnet[75]), der wesentlich schwächer ist, ist bisher nicht erklärt. Es ist fraglich, ob er der gleichen Teilbande wie die drei anderen Zweige angehört.

Außerdem hat *Fowler* noch einige Teilbanden des Heliums untersucht, die den eben beschriebenen ähnlich gebaut sind. Sie bestehen aus drei Zweigen und lassen sich durch einen doppelten Term (18) darstellen. Die Auswahlregeln sind hier[76]):

$$(23)\quad \left\{\begin{array}{lr} \varrho_a \rightarrow \varrho_e, & m \rightarrow m : Q_1(m) = R'(m) \\ \varrho_a \rightarrow \varrho_e, & m-1 \rightarrow m : P_1(m) = P(m) \\ -\varrho_a \rightarrow \varrho_e, & m \rightarrow m : Q_3(m) = Q(m). \end{array}\right.$$

Wie bei den beiden oben besprochenen Banden sind zwei Nullzweige und ein negativer Zweig (oben ein positiver Zweig) vorhanden, jetzt ist der Endterm für alle drei Zweige der gleiche, oben war es der Anfangsterm. Die Größe ϱ ist in beiden Termen $\frac{1}{4}$, doch ist der Wert nicht gesichert; die Konstanten B_1 und B_2 in den Gl. (18) müssen hier etwas verschieden angenommen werden, damit die gerechneten Wellenzahlen mit den gemessenen hinreichend übereinstimmen. Da diese Banden das einzige bisher bekannte Beispiel einer Systemserie bilden, kommen wir darauf später in anderm Zusammenhang nochmals zurück.

Alle diese besprochenen Banden lassen sich, da σ in der Term-

---

74) *G. H. Dieke,* Ztschr. f. Phys. 31 (1925), p. 326 weist auf eine Analogie zwischen dieser Bande und den negativen Stickstoffbanden hin. Er wählt $\varrho_a = \frac{1}{4}$, $\varrho_e = \frac{3}{4}$ und hat dann die Übergänge:

$$\begin{array}{llll} \varrho_a \rightarrow \varrho_e, & m \rightarrow m : R(m-1), & \varrho_a \rightarrow \varrho_e, & m-1 \rightarrow m : P'(m-1) \\ -\varrho_a \rightarrow -\varrho_e, & m \rightarrow m : P(m+1), & -\varrho_a \rightarrow -\varrho_e, & m+1 \rightarrow m : R'(m+1) \\ \varrho_a \rightarrow -\varrho_e, & m+1 \rightarrow m : Q_1(m+1), & -\varrho_a \rightarrow \varrho_e, & m-1 \rightarrow m : Q_2(m-1). \end{array}$$

Die Bezeichnungen der Zweige sind die des Textes. Bei dieser Deutung ergeben sich die CO Banden hieraus durch das Ausfallen von R und P, also der Nullzweige dieser Anordnung. Die fehlenden Linien werden auch bei dieser Anordnung nicht zwanglos gedeutet.

75) *W. E. Curtis,* Proc. Roy. Soc. (A) **101** (1922), p. 38.

76) *W. E. Curtis,* Proc. Roy. Soc. (A) **103** (1923), p. 315. Die an zweiter Stelle angegebenen Bezeichnungen im Texte sind die von *Curtis.* Die Termdarstellung des Textes ist vom Ref. durchgeführt.

formel verschwindet, durch eine erweiterte *Deslandres*sche Formel darstellen. Typisch anders wird dies, wenn $\sigma \neq 0$ ist. Die Formel für den einzelnen Zweig hat dann ein *Heurlinger*sches Korrekturglied notwendig (vgl. p. 834). Besonders charakteristisch sind aber Dubletts, da hier unter bestimmten Bedingungen die Aufspaltung für kleine m stark zunimmt (Fig. 5). Das einzige Spektrum, bei dem die Termdarstellung wenigstens teilweise durchgeführt ist, ist das der sog. (C + H)-Banden.[77]) Der Endterm der Bande bei 4300 Å besteht aus zwei doppelten Termen (14 b, c), die sich dadurch voneinander

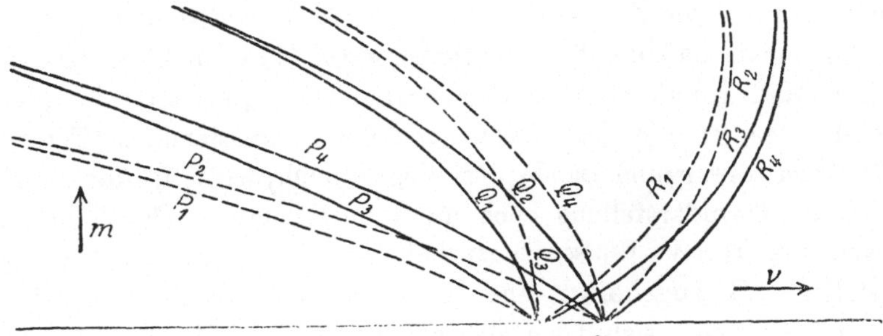

Fig. 5. (C + H)-Bande 4300 Å.
(Aus: Ztschr. f. Physik 23. Verlag J. Springer, Berlin.)

unterscheiden, daß die Konstanten b und β in den beiden Dublettermen etwas verschiedene Werte haben. Die Werte b_1 und b_2, sowie b_3 und b_4 können praktisch als gleich angenommen werden; ferner ist $\sigma = 1$, $\varrho = \frac{1}{2}$. Der Anfangsterm scheint ebenso gebildet, jedoch mit dem Unterschied, daß $\sigma < 1$ ist, und auch die Unterschiede in B und β kleiner sind. Für das Aussehen des Spektrums kommt deshalb die Verschiedenheit der Anfangsterme nicht in Frage. Jeder der vier Endterme kombiniert nun mit einem der vier Anfangsterme, und zwar so, daß ein positiver, negativer und Nullzweig auftritt. Es gelten also die Kombinationsbeziehungen (11 a) für je drei der 12 Zweige. Aus den Endtermen:

$$(24)\quad \begin{cases} t_1(m,n) = t_{el} + t_{osc}(n) + b_{1,2}\left(\sqrt{m^2-1} - \frac{1}{2}\right)^2 + \cdots \\ t_2(m,n) = t_{el} + t_{osc}(n) + b_{1,2}\left(\sqrt{m^2-1} + \frac{1}{2}\right)^2 + \cdots \\ t_3(m,n) = t_{el} + t_{osc}(n) + b_{3,4}\left(\sqrt{m^2-1} - \frac{1}{2}\right)^2 + \cdots \\ t_4(m,n) = t_{el} + t_{osc}(n) + b_{3,4}\left(\sqrt{m^2-1} + \frac{1}{2}\right)^2 + \cdots \end{cases}$$

ergibt sich, wenn man die Aufspaltung der Anfangsterme vernachlässigt: Für kleine Werte von m fällt $t_1(m)$ mit $t_3(m)$ und $t_2(m)$ mit $t_4(m)$ nahezu zusammen. Für große Werte von m kann 1 in

77) *A. Kratzer*, Ztschr. f. Phys. 23 (1924), p. 298; vgl. auch 72).

der Wurzel gegen m^2 vernachlässigt werden, es ist $t_1(m+1)$ von $t_2(m)$ und $t_3(m+1)$ von $t_4(m)$ nicht zu trennen, dagegen erweitert sich das Dublett $t_1(m+1)$, $t_2(m)$ und $t_3(m+1)$, $t_4(m)$ für abnehmende m. Für die Zweige ergibt sich so das Bild der Figur, bei der in den mit dem Index 1 und 3 versehenen Zweigen die Numerierung so abgeändert ist, daß die nahe zusammenfallenden Wellenzahlen $R_1(m+1)$, $R_2(m)$, sowie $R_3(m+1)$, $R_4(m)$ ... gleiche Ordinate haben.

Bei der (C + H)-Bande 3900 Å gewährleisten nun Auswahlregeln, daß nur die Zweige Q_1, Q_2, R_3, R_4, P_3, P_4 auftreten (vgl. Fig. 5). Die Folge ist, daß die Kombinationsgesetze (11a) nicht mehr erfüllt sind, es sind Kombinationsdefekte vorhanden. Qualitativ das gleiche Verhalten zeigen die Emissionsbanden des Wasserdampfes (Teilbande 3064) und die grüne Bande des Magnesiumhydrids[78]), doch ist bei diesen die Termdarstellung noch nicht durchgeführt. Durch die Messungen von *W. W. Watson*[79]) ist bei den Wasserdampfbanden (wahrscheinlich OH zugehörig) eine Isolierung der Terme möglich geworden. Es zeigt sich dabei, daß die Termformel (14b), (14c) nicht ausreicht, quantitativ das Verhalten der Terme wiederzugeben.

Das charakteristische *Heurlinger*sche Dublett haben nach den genauen Messungen von *Meggers*[80]) auch die atmosphärischen Sauerstoffbanden, in denen jedoch nur ein positiver und ein negativer Dublettzweig vorkommt.

Als Vertreter einer weiteren Klasse von Banden führt *Heurlinger* die zweite positive Stickstoffgruppe und die Kohlebanden an. Deren Termdarstellung ist jedoch noch nicht vollständig durchgeführt. Für diese Banden, ebenso für die sog. negativen Stickstoffbanden (zu N_2^+ gehörend[81]), ist ein eigenartiger Wechsel in der Intensität typisch. Z. B. bestehen die negativen Stickstoffbanden aus je einem doppelten positiven und negativen Zweig. Solange man nur die Frequenzen betrachtet, unterscheiden sich die Banden kaum merklich von den Cyanbanden. Die Linien lassen sich durch Terme (14b, c) mit $\sigma = 0$, $\varrho = \frac{1}{2}$ innerhalb der Beobachtungsgenauigkeit befriedigend darstellen. Bei Betrachtung der Intensitätsverhältnisse zeigt sich jedoch, daß innerhalb eines Zweiges bei aufeinanderfolgenden Linien die Intensität abwechselnd groß und klein ist; je nach

78) *T. Heurlinger,* Diss. Lund 1918.

79) *W. W. Watson,* Astrophys. J. 60 (1924), p. 146; *G. H. Dieke,* Amsterd. Akad. 34 (1925), p. 100.

80) *W. F. Meggers,* Publ. of the Allegheny Observ. 6 (1919), p. 13.

81) *W. Wien,* Ann. d. Phys. 69 (1922), p. 325.

der Wahl der Numerierung sind also alle Linien mit gerader Laufzahl m stark, alle mit ungerader Laufzahl m schwach oder umgekehrt.[82]) Da ein derartiges Verhalten physikalisch schwer verständlich erscheint, vertreten *Heurlinger*, *H. Dieke*[83]) und der Referent den Standpunkt, daß jeder dieser Zweige tatsächlich aus zwei Zweigen besteht, die sich so ineinanderschieben, daß jede Linie des einen Zweiges genau zwischen zwei Linien des anderen Zweiges fällt. Die Teilbande besteht nach dieser Auffassung aus vier Dublettzweigen, die, von der Dublettaufspaltung abgesehen, zustande kommen durch die Übergänge

$$m+\tfrac{3}{4}\to m+\tfrac{1}{4},\quad m+\tfrac{1}{4}\to m-\tfrac{1}{4},$$
$$m+\tfrac{1}{4}\to m+\tfrac{3}{4},\quad m-\tfrac{1}{4}\to m+\tfrac{1}{4}.$$

Je nachdem, ob man $\varrho=\pm\tfrac{1}{4}$ oder $\varrho=\pm\tfrac{3}{4}$ annimmt, ist dann die Deutung der Zweige als positive, negative und Nullzweige verschieden.[84]) Die Dublettkomponenten können durch verschiedene Werte von δ in (14b, c) eingeordnet werden.

Während hier hauptsächlich die Intensitätsverhältnisse der Deutung der Banden Schwierigkeiten bereiten, kommt bei der zweiten positiven Gruppe der Stickstoffbanden, sowie bei den Kohlebanden noch hinzu, daß die für die Darstellung der Frequenzen benötigten Terme in (14) nicht enthalten sind. Eine befriedigende empirische Formel für diese Terme ist noch nicht aufgestellt.[85])

9. Bandensysteme. Systemserien. Für die *Verteilung der Teilbanden* (Kanten) innerhalb eines Systems haben sich nach den bisherigen Untersuchungen für die verschiedenen Spektren keine Unterschiede ergeben. Die Unterscheidung in Kantenspektren und Pseudokantenspektren scheint nur eine äußere zu sein. Einzelne Bandensysteme scheinen dadurch ausgezeichnet, daß jede Gruppe nur eine oder zwei Teilbanden enthält, wie dies bei den Rotationsschwingungsbanden der Fall war. Dies kommt besonders häufig vor bei Absorptionsbanden kalter Gase und bei Resonanzbanden; im ersten Falle

82) *M. Faßbender*, Ztschr. f. Phys. 30 (1924), p. 73.

83) *G. H. Dieke*, Ztschr. f. Phys. 31 (1925), p. 326.

84) *G. H. Dieke* benutzt sowohl im Anfang- wie im Endterm gleichzeitig $\varrho=\tfrac{1}{4}$ und $\varrho=\tfrac{3}{4}$. Er weist selbst darauf hin, daß dadurch dem modellmäßigen Verständnis Schwierigkeiten entstehen. Diese Zuordnung ist jedoch nicht unvermeidlich.

85) Vgl. *R. Mecke* und *P. Lindau*, Ztschr. f. Phys. 25 (1924), p. 277; *R. Mecke*, Ztschr. f. Phys. 28 (1924), p. 261, und Phys. Ztschr. 25 (1924), p. 597; *P. Lindau*, Ztschr. f. Phys. 26 (1924), p. 343, 30 (1924), p. 187; *E. Hulthén* und *G. Johansson*, Ztschr. f. Phys. 26 (1924), p. 308; Ark. f. Mat., Astron. och Fysik 18 (1924), No. 28.

sind für den Anfangszustand der Absorption, also Endzustand der Emission, ein bestimmter oder nur wenige Schwingungszustände der Träger der Spektren vorhanden, n_e muß fast in allen Teilbanden denselben Wert haben (Beispiel: atmosphärische O_2-Banden). Bei der Resonanz ist durch die Anregung ein bestimmter Anfangszustand vorhanden, n_a hat in allen Teilbanden gleichen Wert. (Resonanzspektrum des Jod.[86]))

Eine von der eben besprochenen wesentlich verschiedene Kantenanordnung hat *Fowler* bei den schon erwähnten Heliumbanden gefunden.[32]) Er stellt zwei Serien von Teilbanden fest, deren Kanten sich durch eine *Rydberg*sche Formel für die Linien eines Serienspektrums darstellen lassen. *Fowler* bezeichnet sie als Haupt- und Nebenserie. Diese Feststellung, die sich zunächst nur auf die Wellenzahlen der Kanten bezieht, wird dadurch gestützt, daß die genauere Untersuchung dieser Banden ergibt, daß in allen durch eine Serienformel zusammengefaßten Banden die Endterme in jeder Hinsicht, insbesondere auch die von m abhängenden Rotationsanteile identisch sind. Dadurch ist erwiesen, daß die Zusammenfassung dieser Banden keine willkürliche ist. In dem veränderlichen Anfangsterm variiert nicht bloß der Elektronenterm der *Rydberg*schen Formel entsprechend, sondern auch die Konstante B des Rotationsanteils nimmt mit wachsender Laufzahl des *Rydberg*terms systematisch ab. Die vorliegenden Daten genügen aber noch nicht zur Ableitung einer empirischen Formel. Der Gang ist mit den theoretischen Erwartungen in Übereinstimmung. Es liegen also hier zwei Systemserien vor. Auch die beiden Heliumbanden λ 6400 und 4546 Å scheinen einer Systemserie anzugehören. Ihren Endterm haben sie unter sich und mit der Bande 5730 Å gemeinsam. Letztere gehört jedoch nicht der gleichen Systemserie an; die beiden Systemserien stehen also zueinander in einem ähnlichen Verhältnis wie die erste und zweite Nebenserie in den Serienspektren. Ähnliche Beziehungen hat *R. T. Birge* bei den Stickstoffbanden nachgewiesen.[92]) *R. Mulliken* hat bei BO sämtliche drei Übergänge, die zwischen drei Elektronentermen möglich sind, gefunden.[86a]) Auch die oben besprochenen Hg-Banden haben mit einem zweiten System den Endterm gemeinsam.[86b])

10. Bandenspektren und periodisches System der Elemente. Die Aufstellung von Gesetzmäßigkeiten zwischen Banden und periodi-

86) *R. Mecke*, Ann. d. Phys. 71 (1923), p. 104. Deutung von *W. Lenz*, Phys. Ztschr 21 (1920), p. 691; vgl. auch Ztschr. f. Phys. 25 (1924), p. 299.

86a) *R. Mulliken*, Phys. Rev. (2) 25 (1925), p. 259.

86b) *H. Hulthén*, Ztschr. f. Phys. 32 (1925), p. 32.

schem System ist aus mehreren Gründen erschwert. Da die Banden als Träger aus theoretischen Gründen sicher Moleküle haben, so kommen dafür nicht bloß die Elemente, sondern auch alle Verbindungen in Frage. Gerade darin liegt nun ein besonderer Anreiz, bei chemisch analogen Verbindungen nach Gesetzen zu suchen, etwa den Einfluß der verschiedenen Halogene in einer Halogenverbindung zu studieren. Dabei ist aber verschiedenes zu berücksichtigen. In vielen Fällen ist der wirkliche Träger der Bande nicht bekannt.[87]) Ferner ist zu beachten, daß ein ganzes Bandensystem ja nur einer Linie bei den Serienspektren entspricht, insofern es nur von zwei verschiedenen Elektronentermen herrührt, so daß zu einem brauchbaren Vergleich zunächst zu entscheiden ist, ob die zu vergleichenden Systeme wirklich analoge Systeme sind.[88]) Weiter ist mindestens die Verteilung der Teilbanden im System vollständig zu analysieren, da nur dann die Schwingungsfrequenz ν^0 der Bande zweifelsfrei entnommen werden kann. Soll auch die Konstante B zum Vergleich herangezogen werden, so ist eine vollständige Termzerlegung notwendig.[89]) Aus diesem Grunde können die Resultate früherer Arbeiten, in denen diese Forderungen nicht erfüllt sind, höchstens qualitative Bedeutung haben.[90]) Dann beschränken sich aber alle Ergeb-

87) Z. B. ist trotz zahlreicher zu diesem Zwecke angestellten Versuche bis heute noch nicht entschieden, ob die sog. Cyanbanden, wie *Runge* und *Grotrian* meinen, dem Stickstoff oder einer Verbindung von C und N, wahrscheinlich CN, zuzuschreiben sind. Nach neuen Untersuchungen von *R. T. Birge* ist das theoretische Argument, das für N_2 zu sprechen schien, in seinen empirischen Grundlagen nicht stichhaltig. Die Experimente (vgl. *Freundlich* und *Hochheim*, Ztschr. f. Phys. 26 (1924), p. 102) sprechen gegen N_2. Die als Zn-, Cd-, Hg-, Cu-Banden bezeichneten Spektren können nicht elementaren Molekülen angehören, sondern sind wahrscheinlich Hydriden dieser Elemente zuzuschreiben usw.

88) Dies trifft z. B. bei den Zn-, Cd-, Hg-Banden, obwohl sie sich äußerlich ähnlich sind, nur teilweise zu; in diesem Falle ist dies leicht aus der Verschiedenheit der Werte von ϱ in den Termen der Systeme zu entnehmen.

89) Die Kenntnis der Elektronenfrequenz läßt ungefähr dieselben Schlüsse zu, wie die Kenntnis der Wellenlänge *einer* Serienlinie, etwa der Linie $(1s - 2p)$ bei mehreren Elementen. Die Konstante B, deren theoretische Bedeutung $\frac{h}{8\pi^2 J}$ ist (h *Planck*sches Wirkungsquantum, J Trägheitsmoment) liefert das Trägheitsmoment und damit bei bekannter chemischer Formel des Trägers den Atomabstand in der Molekel. ν^0 liefert die Stärke der Bindung der Atome und das Kraftgesetz.

90) Die ausführlichste Arbeit über Verbindungsspektra ist *Ch. M. Olmsted*, Diss. Bonn 1906; vgl. ferner *H. Konen*, Das Leuchten der Gase und Dämpfe, p. 229 f. und besonders p. 275 f., dort auch Literaturangaben; außerdem *S. Datta*, On the Spectra of the Alkaline Earth Fluorides and their Relation to each other, Proc. Roy. Soc. (A) 99 (1921), p. 436.

nisse im wesentlichen auf die Aussage, daß bei chemisch verwandten Substanzen ähnlich gebaute Spektren vorkommen. Diese Aussage hat aber, soweit sie sich auf die Verteilung der Teilbanden bezieht, keine besondere Bedeutung, da diese für alle einfacheren Banden durch das gleiche Gesetz geregelt wird.[91]) Andererseits kommen bei der gleichen Substanz Spektren von ganz verschiedenem Aussehen vor.[92]) Etwas mehr Bedeutung haben die Feststellungen über Analogien in der Feinstruktur der Banden.[93]) Der einzige Fall, wo quantitativ vergleichbare Zahlen vorliegen, sind die ultraroten Rotationsschwingungsbanden bei HF, HCl und HBr, doch ist dieses geringe Material für allgemeine Schlüsse nicht hinreichend. Die Feststellung, daß die Atomabstände mit dem Atomgewicht wachsen, ist als solche nach den Modellvorstellungen trivial, die Zahlenbeziehung ist von der Modelltheorie noch nicht prüfbar. Hier läßt sich auch ein Zusammenhang zwischen Atomabstand und Schwingungsfrequenz angeben[94]), der sich möglicherweise auf Grund von Dimensionsbetrachtungen verallgemeinern läßt.

11. Äußere Beeinflussung der Bandenspektren. Zeemaneffekt. Bei der Frage nach der Beeinflußbarkeit der Banden durch äußere Umstände ist zu unterscheiden zwischen Intensitätsänderungen und Änderungen der Wellenlängen. Durch Änderung der Anregungsbedingungen (Gleichstrom, Wechselstrom, Funkenentladung, Flamme, Stromdichte), durch Änderung des Druckes, Zumischung von Gasen, durch ein elektrisches oder magnetisches Feld wird die Intensität stark beeinflußt, indem unter bestimmten Bedingungen einzelne Bandensysteme besonders begünstigt, andere wieder unterdrückt werden

---

91) Z. B. legt *L. C. Glaser,* Beiträge zur Kenntnis des Spektrums des Berylliums, Diss. Breslau 1916, Wert auf die Ähnlichkeit der Kantenverteilung bei Al und Be, trotzdem sie verschiedenen Gruppen des periodischen Systems angehören.

92) Bei Stickstoff z. B. sind drei Systeme, obwohl sie nach *R. T. Birge,* Phys. Rev. 23 (1924), p. 294 sicher zum gleichen Träger gehören, sehr verschieden. Darnach haben nämlich die zweite und vierte Gruppe gemeinsame Endterme, die ihrerseits wieder Anfangsterme der ersten Gruppe und der Banden des nachleuchtenden Stickstoffs sind.

93) Z. B. haben die als Zn-, Cd-, Hg-Banden bezeichneten Spektren analoge Teilbanden. Andererseits weisen die als H_2O-, MgH_2- und (C + H)-Banden bezeichneten Banden (wahrscheinlich zu OH, MgH und CH gehörend) große Ähnlichkeit auf, obwohl C, O und Mg verschiedenen Gruppen des periodischen Systems angehören. — Neuerdings hat *R. Mecke* einen „Wechselsatz für Bandenspektren" formuliert [Ztschr. f. Phys. 28 (1924), p. 261, Phys. Ztschr. 26 (1925), p. 217], der aber weder empirisch, noch theoretisch hinreichend gestützt ist.

94) *A. Kratzer,* Naturw. 12 (1924), p. 1057.

oder innerhalb der Teilbanden die Zweige sich verschieden verhalten.[95]) Bei schwacher Dispersion kann dadurch der Eindruck erweckt werden, daß dabei die Wellenlänge des Spektrums sich ändert, daß es sich verschiebt. Die Betrachtung der Bandenlinien zeigt jedoch, daß in den meisten Fällen diese Veränderungen nicht die *Wellenlängen* der einzelnen Linien betreffen. Insbesondere gilt dies für die Einwirkung des Druckes. Bei mehreren Banden ist nachgewiesen, daß die Linien keine Druckverschiebung zeigen. Über den Einfluß eines *elektrischen Feldes* liegen keine Untersuchungen vor, die ein Gesetz erkennen lassen.[96])

Auch der Einfluß eines *Magnetfeldes* auf Banden ist nicht einheitlich. Allen Banden gemeinsam ist, daß sämtliche Linien eines Zweiges und entsprechender Zweige des Systems sich qualitativ gleich verhalten. Man kann dieses Gesetz als Analogon zur *Prestonschen Regel* betrachten, es ist jedoch noch nicht für verschiedene Substanzen mit gleichartigen Banden geprüft.[97]) Im einzelnen lassen sich die magnetischen Veränderungen auf solche des Elektronentermes und solche der Rotationsschwingungsterme zurückführen. Die Aufspaltung des ersteren ist entweder Null oder steht im Sinne der *Runge*schen Regel in einfachem Zusammenhang mit der normalen Aufspaltung.[98]) Auf diese überlagert sich dann die Aufspaltung des Schwingungs- und Rotationstermes. Die Abhängigkeit vom Schwingungsparameter ist bisher nicht näher untersucht[101]), die vom Rotationsparameter m ist in mehreren Fällen genauer gemessen; der Mechanismus läßt sich am besten aus den Ergebnissen von *Fortrat*[99]) bei der Bande 3872 Å des Swanspektrums ersehen. Dort erfahren die Linien, die überhaupt eine meßbare Aufspaltung zeigen, bei schwachem Felde eine symmetrische Aufspaltung in je zwei parallel und senkrecht zum Feld polarisierte Komponenten (transversale Beobachtung). Mit wach-

95) Vgl. etwa *H. Konen*, Das Leuchten der Gase und Dämpfe, p. 313, dort Literaturangabe; ferner *W. Steubing*, Phys. Ztschr. 23 (1922), p. 427; *Mia Toussaint*, Ztschr. f. Phys. 19 (1923), p. 271, und Diss. Marburg 1923 mit Literaturangabe; *W. Steubing* u. *M. Toussaint*, Ztschr. f. Phys. 21 (1924), p. 128; *R. Seeliger*, Phys. Ztschr. 16 (1915), p. 55 u. a. — Die verschiedene Beeinflußbarkeit der einzelnen Zweige wird dazu benützt, unübersichtliche Spektren, z. B. das Viellinienspektrum des Wassertoffs, zu ordnen.

96) Vgl. jedoch Anmerkung 56).

97) Als Belege hierfür kommt in Betracht: *A. Dufour*, Paris C. R. 146 (1908). p. 229; ferner *Jean Becquerel*, Paris C. R. 148 (1909), p. 707; ferner die in Anmerkung 101 genannten Arbeiten, sowie *E. Hulthén*, Über die Kombinationsbeziehungen unter den Bandenspektra.

98) *A. Dufour*, Paris C. R. 148 (1909), p. 1311; Paris C. R. 149 (1909), p. 917.

99) *R. Fortrat*, Ann. de phys. (9) 19 (1923), p. 81.

sender Feldstärke wächst die Aufspaltung, gleichzeitig verschiebt sich die Intensität; die eine, etwa die langwelligere, Komponente wird auf Kosten der anderen bevorzugt, bis diese bei hinreichend starkem Felde ganz verschwindet. Wenn nun die ungestörte Linie die Komponente eines Dubletts ist, so verhält sich die andere Komponente ebenso, nur mit dem Unterschiede, daß die Intensitätsverschiebung jetzt die umgekehrte ist (Fig. 6). Das hat zur Folge, daß aus den zwei Komponenten eines Dubletts zunächst im Magnetfeld vier parallel und senkrecht polarisierte Komponenten entstehen; von diesen verschwinden mit wachsendem Feld zwei zur ursprünglichen Dublettmitte symmetrisch gelegene; sind es die äußeren der vier Komponenten, so zieht sich das Dublett mit wachsendem Magnetfeld zusammen.[100]) Dieser Fall liegt häufig vor; ein ursprüngliches Dublett wird vereinfacht, gleichzeitig werden dabei Störungen regularisiert.[101]) Bei den sog. Wasserdampfbanden liegt der gegenteilige Fall vor, hier wird das Dublett erweitert.[102]) Die Abhängigkeit der Aufspaltung von der Feldstärke ist in vielen Fällen quadratisch, in einzelnen wird sie linear angegeben. Zum Teil ist die Verschiedenheit durch die Überlagerung der Elektronenterm- und Rotationstermaufspaltung veranlaßt; je nach dem Überwiegen der beiden Bestandteile tritt die lineare oder quadratische Abhängigkeit deutlicher hervor. Auch der Sinn der Zirkularpolarisation ist bei den Spektren verschieden; es kommt auch eine gegenüber dem normalen *Zeeman*effekt von Serienlinien anomale Polarisation vor.[103]) Den für die Aufspaltung aufgestellten empirischen Formeln[101]) kommt nur geringe Bedeutung zu, da sie sich auf die Wellenzahlen der *Linien*, nicht auf die *Terme* beziehen. Formeln für die Aufspaltung von Termen

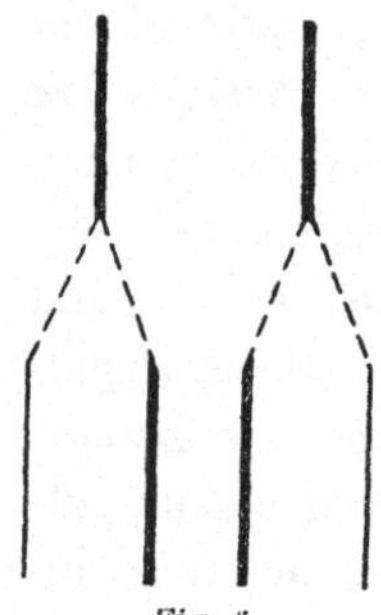
Fig. 6.

100) Die Analogie zum *Paschen-Back*-Effekt ist nur äußerlich. Bei den Banden wird ein ohne Feld vorhandenes Dublett auf seine Mitte ohne wesentliche Änderung der Wellenlänge der Mitte zusammengedrängt. Beim *Paschen-Back*-Effekt vereinigen sich die im Magnetfeld erst entstandenen Komponenten in Linien, die der normalen Lorentzaufspaltung entsprechen.

101) *R. Fortrat*, Paris C. R. 156 (1913), p. 1459; Paris C. R. 157 (1913), p. 991; *H. Deslandres* et *V. Burson*, Paris C. R. 157 (1913), p. 1105; *F. Croze*, Thèses, Paris 1913; Ann. de phys. 1 (1914), p. 35; 1 (1914), p. 97; *A. Bachem*, Ztschr. f. Phys. 3 (1920), p. 372; hier ist bei den Cyanbanden ein Einfluß des Oszillationszustandes erkennbar.

102) *H. Deslandres* et *d'Azambuja*, Paris C. R. 157 (1913), p. 814; *R. Fortrat*, Paris C. R. 157 (1913), p. 991; J. d. Phys. (6) 5 (1924), p. 20.

103) *A. Dufour*, Paris C. R. 146 (1908), p. 118.

anzugeben, ist zurzeit deswegen unmöglich, weil die geringe Zahl der Messungen die Anwendung des Kombinationsprinzips nicht zuläßt. Eine theoretische Verarbeitung des Materials ist deshalb erst möglich, wenn durch systematische Durchmessung mehrerer Teilbanden eines Systems der Einfluß auf den Term isoliert werden kann.

Die *Temperaturabhängigkeit* der Banden soll wegen ihres Zusammenhangs mit der Theorie im folgenden Abschnitt besprochen werden.

12. Die Theorie der Bandenspektren. Eine Theorie der Bandenspektren muß notwendig dem Umstande Rechnung tragen, daß, ebenso wie bei den Serienspektren, die Schwingungszahl der einzelnen Linie sich durch die Kombination zweier Terme darstellt. Der einzige bisher vorgeschlagene Ansatz, der dies leistet, ist das Postulat von *Bohr*, daß der Spektralterm, mit dem *Planck*schen Wirkungsquantum h multipliziert, den Energieinhalt eines atomaren Systems in einem durch die Quantentheorie definierten Zustand darstellen soll. Die Überlegungen über das Zustandekommen der Spektren, die hiervon keinen Gebrauch machen, haben insoweit noch Bedeutung, als sie etwa mögliche Bewegungszustände in den Atomverbänden nachweisen, deren Energieinhalt nach der *Bohr*schen Auffassung in Frage kommen kann.

In diesem Sinne grundlegend waren die Untersuchungen von *N. Bjerrum*[104]), der die im fernen Ultrarot auftretenden Absorptionsbanden auf Rotationen der Moleküle und die im näheren Ultrarot liegenden auf die Überlagerung von Rotationen auf die Schwingungen der Atome (Ionen) im Molekülverband zurückführte. Auf die optischen Banden wurde dieser Gedanke zuerst von *K. Schwarzschild*[105]) übertragen, der bereits im Sinne der *Bohr*schen Theorie die einzelnen Bandenlinien aus dem Zusammenwirken von Elektronenbewegung und Präzessionsbewegung der Molekel zu deuten versuchte, aber, da ihm die Auswahlregeln[106]) noch fehlten, keine quantitative Übereinstimmung erzielen konnte. Von einer eingehenden Kenntnis der empirischen Tatsachen ausgehend, hat dann *Heurlinger*[107]) die *Schwarzschild*sche Theorie in ihrer jetzigen Form begründet. Von ihm unabhängig gelangte etwas später *W. Lenz*[108]) zu den gleichen Ergeb-

---

104) *N. Bjerrum,* Nernstfestschrift, Halle 1912, p. 92.

105) *K. Schwarzschild,* Berl. Ber. 564, 1916.

106) *N. Bohr,* On the Quantum Theory of Line Spectra I, Kopenhagener Akademie 1918, p. 34; *A. Rubinowicz,* Phys. Ztschr. 19 (1918), p. 441.

107) *T. Heurlinger,* Phys. Ztschr. 20 (1919), p. 188, Diss. Lund 1918.

108) *W. Lenz,* Verh. d. Deutsch. Phys. Ges. 21 (1919), p. 632.

nissen. Gleichzeitig war die *Bjerrum*sche Theorie der ultraroten Banden im *Bohr*schen Sinne ergänzt worden, und die dort gewonnenen Ergebnisse konnten auf die optischen Banden übertragen werden.[109]) Die Teilbanden eines Systems wurden von *Heurlinger* auf die Schwingungen der Atome im Molekül zurückgeführt, so daß also ein Bandensystem durch die gleichzeitige Änderung von Elektronenbewegung, Schwingung und Rotation, letztere eingeschränkt durch die Regel $\Delta m = \pm 1, 0$, zustande kommen sollte. Für das Verständnis des quantitativen Zusammenhangs der Teilbanden untereinander hatte es sich als nötig erwiesen, die Wechselwirkung der Rotation und Oszillation zu untersuchen und zur Deutung der Feinstruktur und sonstiger noch ungeklärter Fragen lag es nun nahe, auch die gegenseitige Einwirkung der Elektronenbewegung und Bewegung der Molekel im Raum zu diskutieren.[110])

Das allgemeinste Problem der theoretischen Ableitung der Bandenterme besteht also darin, die Bewegung eines molekularen Systems bestehend aus Elektronen und mindestens zwei Kernen zu untersuchen und dessen Energie zu berechnen.[111]) Für praktische Zwecke muß diese Aufgabe noch wesentlich idealisiert und dadurch vereinfacht werden. Das komplizierteste Modell, bei dem die Rechnung bis zur Bestimmung der Energie vollständig durchgeführt ist, ist ein zweiatomiges Molekül, bei dem das gesamte Impulsmoment zerfällt in einen molekülfesten, beliebig zum Molekül orientierten Elektronenanteil und einen Rotationsanteil, senkrecht zur Atomachse, der mit der Atomachse und dem Elektronenmoment in einer Ebene liegt (vgl. Fig. 7). Für dieses Modell ergibt sich die (mit der aus den empirischen Daten oben abgeleiteten Formel (14) übereinstimmende) Gleichung für den Term $T = \frac{W}{h}$[110]) [112]):

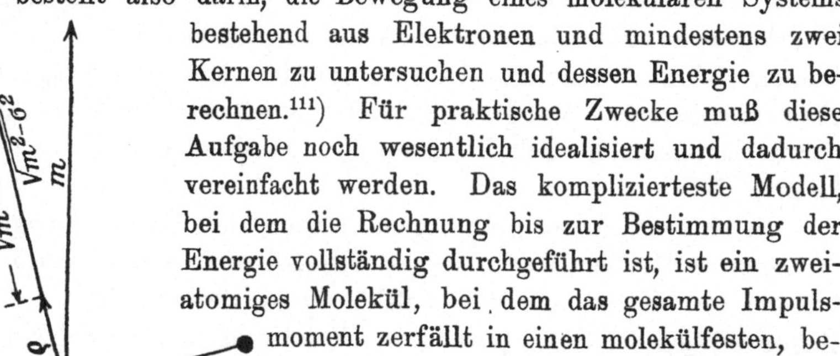

Fig. 7.

109) *N. Bohr,* Gesammelte Abhandlungen, Braunschweig 1921, p. 138 (die Arbeit war 1916 gedruckt, aber nicht veröffentlicht); *T. Heurlinger,* Ztschr. f. Phys. 1 (1920), p. 82; *H. Sponer,* Diss. Göttingen 1920; *A. Kratzer,* Diss. München 1920; Ztschr. f. Phys. 3 (1920), p. 289. Ohne Benützung der *Bohr*schen Theorie wird das Problem behandelt von *E. C. Kemble,* Phys. Rev. 15 (1920), p. 95, ferner Phys. Rev. 8 (1916), p. 701.

110) *A. Kratzer,* Münchener Hab.-Schrift 1921. Zum Teil abgedruckt in Ann. d. Phys. 67 (1922), p. 129; 71 (1923), p. 72.

111) *M. Born* und *W. Heisenberg,* Ann. d. Phys. 74 (1924), p. 1.

$$\frac{W}{h} = \frac{Wel}{h} + n\nu^0 - n^2 x + \cdots + \frac{h}{8\pi^2 J_0}(1 - \alpha n + \cdots)\left(\sqrt{m^2 - \sigma^2} - \varrho\right)^2$$

$$(25) \qquad - B \cdot \frac{4B^2}{\nu^{0\,2}}\left(\sqrt{m^2 - \sigma^2} - \varrho\right)^4 + \cdots$$

(h = *Planck*sches Wirkungsquantum, m, n ganze Zahlen). Hier bedeutet ν^0 die Frequenz der Atomschwingung bei verschwindend kleiner Amplitude; die Größe x ist ein Maß für die Abweichung der Schwingung von einer harmonischen. J_0 ist das Trägheitsmoment der schwingungs- und rotationslosen Molekel; σ bedeutet das Impulsmoment der Elektronen um die Atomverbindungslinie $\left(\text{gemessen in den Einheiten } \frac{h}{2\pi}\right)$, ϱ ist das Impulsmoment der Elektronen senkrecht zur Atomverbindung. Die Größe α ist auf zwei verschiedene Einflüsse zurückzuführen: da infolge der Atomschwingung das Trägheitsmoment zeitlich variiert, muß die Rotationsgeschwindigkeit von der Amplitude der Schwingung (n) abhängen; da ferner die Zentrifugalkraft den Atomabstand vergrößert, so findet die Schwingung um eine Gleichgewichtslage mit kleinerer zurücktreibender Kraft (anharmonische Bindung!) statt, die Schwingungsfrequenz wird also Funktion der Zentrifugalkraft (m^2). Das Glied vierter Ordnung endlich bringt eine Verkleinerung der Rotationsgeschwindigkeit zum Ausdruck, die von der Vergrößerung des Trägheitsmomentes unter dem Einfluß der Zentrifugalkraft herrührt.

In Abschnitt 8 wurde betont, daß (14) nicht für alle beobachteten Bandenspektren ausreicht. Eine Erweiterung der theoretischen Formel (25) ist in mannigfacher Weise möglich. Die nächstliegende Möglichkeit ist, beim *Kramers-Pauli*schen Modell von der Einschränkung abzusehen, daß Gesamtimpulsmoment, Elektronenimpulsmoment und Atomverbindungslinie in einer Ebene liegen.[113]) Ein weiterer Schritt

112) *H. A. Kramers*, Ztschr. f. Phys. 13 (1923), p. 343. — *H. A. Kramers* und *W. Pauli jr.*, Ztschr. f. Phys. 13 (1923), p. 351. — Nach *Born*, Vorlesungen über Atommechanik, Berlin 1925, p. 140, Anmerkung ist nur $\sigma = 0$ oder $\varrho = 0$ in (25) zulässig. Auch das doppelte Vorzeichen in (14b, 14c) kommt in (25) nicht richtig zum Ausdruck. Durch die Zweiwertigkeit der Quadratwurzel ist es zwar formal in (25) mit enthalten. Nach *Kramers* und *Pauli* entspricht jedoch das negative Zeichen in der Wurzel einem mechanisch instabilen Bewegungszustand.

113) *Kramers* und *Pauli* schließen diesen Fall aus physikalischen Gründen von der weiteren Diskussion aus, weil der Rotationsanteil der Energie von der Größe des Elektronenanteils würde. Dieser Schluß ist aber nur zulässig, wenn man als Normalzustand des Moleküls ein Molekül annimmt, dessen Kerne ruhen, und hierauf die Bewegung im Raum überlagert. Gerade die Bandenspektren haben aber gezeigt, daß dieser Zustand im allgemeinen nicht zu den stationären Zuständen gehört. Vgl. *Born* und *Heisenberg*, l. c.

wäre die Idealisierung weniger weit zu treiben und an Stelle des die Elektronen ersetzenden Kreisels mit einem oder mehreren Elektronen zu rechnen. *Mecke* benützt statt *eines* Kreisels *zwei* solche, die von einander unabhängig sind, und versucht formal in Analogie zu den Multipletts der Linienspektren durch geometrische Addition von Impulsmomenten ohne Rücksicht auf die Mechanik die Termformel zu erweitern.[114])

Drei- und *mehratomige Moleküle* werden in erster Näherung als dreiachsige starre Kreisel behandelt. Die Quantelung ist von *P. S. Epstein* und *F. Reiche* durchgeführt[115]), doch haben diese Formeln bisher noch keine Anwendung finden können.

Die *Auswahlregeln* lassen sich mit Hilfe des *Bohr*schen Korrespondenzprinzipes aus Modellvorstellungen herleiten, für komplizierte Spektren sind jedoch noch keine speziellen Modelle aufgestellt worden.

Auch die *Intensitätsverteilung* innerhalb der Bandenspektren ist im Allgemeinen nach der skizzierten Theorie verständlich. Die Intensität regelt sich darnach zunächst durch die Wahrscheinlichkeit des Anfangszustandes (Zahl der Moleküle im Anfangszustand). Für die Teilbanden ergibt sich daraus insbesondere, daß bei niedrigen Temperaturen kleine Werte von n ausgezeichnet sind; für die Absorption kalter Gase und Dämpfe, deren spezifische Wärmen bei der betr. Temperatur keinen Oszillationsanteil erkennen lassen, ist dadurch der Anfangszustand $n = 0$ der Absorption festgelegt, was mit den Beobachtungen durchaus in Einklang ist (HCl, O_2 usw.). Wachsende Temperaturerhöhung muß nach und nach auch größere Werte von n hervortreten lassen. Dies wird z. B. durch die Kombinationsbande bei HCl bestätigt.[116]) Die Rotationsgeschwindigkeiten müssen sich nach einem Gesetz anordnen, das sich aus einer quantenstatistischen Abänderung der *Maxwell*schen Verteilung ergibt. Die Intensitäten innerhalb eines Zweiges müssen diese Verteilung widerspiegeln. Allerdings hängen sie noch von einem zweiten Faktor ab. Ob dieser einfach als Übergangswahrscheinlichkeit bezeichnet werden kann, oder ob hier, analog wie bei den Linienspektren[117]) auch die Wahrscheinlichkeit der Endterme eine Rolle spielt, ist noch unentschieden. Jedenfalls wird am allgemeinen Verlauf der Intensitätskurve durch diesen Faktor

---

114) *R. Mecke,* Ztschr. f. Phys. 28 (1924), p. 261.

115) *P. S. Epstein,* Verhandl. Deutsch. Phys. Ges. 18 (1916), p. 398; Phys. Ztschr. 20 (1919), p. 289. *Fr. Reiche,* Phys. Ztschr. 19 (1918), p. 394.

116) Vgl. auch die Beobachtungen von *Chr. Füchtbauer,* Phys. Ztschr. 26 (1925), p. 345 bei O_2.

117) *A. Sommerfeld,* Atombau und Spektrallinien, Braunschweig 1924, p. 649.

innerhalb eines Zweiges nicht viel geändert.[118]) Die Folgerung aus der Theorie, daß die Laufzahl *m* des Maximums proportional mit der Quadratwurzel aus der absoluten Temperatur ist, wird durch den Versuch bestätigt.[119]) Bemerkenswert sind die Versuche von *W. Lenz* die Übergangswahrscheinlichkeiten für die Oszillationen aus dem *Bohr*schen Korrespondenzprinzip zu bestimmen.[120]) Entsprechende Überlegungen stellt *E. C. Kemble* für die Rotationsübergänge an.[121])

13. Schlußbemerkung. Die Untersuchung der Spektren liefert auf Grund der Spektralterme eine weitgehende Kenntnis der Moleküle und Atome. Eine Reihe von physikalischen Eigenschaften (spez. Wärme, magnetische Permeabilität, Dielektrizitätskonstante, u. a.) hängen damit unmittelbar zusammen und müssen aus spektroskopischen Daten ableitbar sein. Allerdings ergeben sich dabei Schwierigkeiten, die darauf hinweisen, daß hier noch grundsätzliche Fragen ungelöst sind. Dies äußert sich auch darin, daß die *Bohr*sche Deutung der Terme als Energiestufen zwar die Berechnung der Spektren gestattet, über den Vorgang der Strahlung jedoch keine Vorstellung zuläßt, die zwanglos den Zusammenhang mit den übrigen optischen Erscheinungen herstellen könnte, ohne unsere Grundanschauungen über Optik und Elektrodynamik abzuändern. Auch die mechanische Berechnung der Terme führt auf Schwierigkeiten, die es zweifelhaft erscheinen lassen, ob die Quantentheorie nur die Integrationskonstanten der Mechanik festlegt, oder ob sie darüber hinaus auch die Grundgesetze der Mechanik abändert. So werden wir von mehreren Seiten her auf die Frage geführt, ob es überhaupt möglich ist, durch ein mechanisches Modell die Eigenschaften der Materie restlos zu erfassen. Der Weg zur Beantwortung dieser Frage wird voraussichtlich von der weiteren Untersuchung der Spektren gewiesen werden. Der folgende Artikel *Smekal* diskutiert diese Fragen in allgemeinerem Zusammenhange.

---

118) Empirische Feststellungen über den Intensitätsverlauf im Ultrarot: *Imes,* Astrophys. J. 50 (1919), p. 260; *Colby, Meyer and Bronk,* Astrophys. J. 57 (1923), p. 7; *Spence and Holley,* Opt. Soc. 7 (1923), p. 169; *Brinsmade and Kemble,* Proc. Nat. Acad. Sc. 3 (1917), p. 420. — Im optischen Gebiet sind besonders die Untersuchungen von *R. T. Birge* zu nennen: Astrophys. J. 55 (1922), p. 273; Phys. Rev. 18 (1921), p. 319; Phys. Rev. 19 (1922), p. 439. *Birge* gibt die empirische Formel $I = c_1 m^{\frac{3}{2}} e^{-c_2 m^{\frac{3}{2}}}$, der positive Zweig bei CN ist 10—20% stärker.

119) Vgl. die Messungen von *F. Paschen,* Ann. d. Phys. 53 (1894), p. 336 bei H_2O, außerdem die in 118) genannten Arbeiten.

120) *W. Lenz,* Ztschr. f. Phys. 25 (1924), p. 299.

121) *E. C. Kemble,* Phys. Rev. 25 (1925), p. 1.

(Abgeschlossen im Mai 1925.)

V 28. ALLGEMEINE GRUNDLAGEN DER QUANTENSTATISTIK UND QUANTENTHEORIE.

VON

ADOLF SMEKAL

IN WIEN.

Inhaltsübersicht.

Literatur.

Lehrbücher und Monographien.*)

1. Zu Abschnitt I und III.

M. Born, Dynamik der Kristallgitter, Leipzig 1915 (Teubner); 2., gänzlich umgearbeitete Auflage. 1923 unter dem Titel „Atomtheorie des festen Zustandes" und inhaltlich übereinstimmend mit V 25.

R. Fürth, Schwankungserscheinungen in der Physik, Braunschweig 1920 (Vieweg).

P. Hertz, Statistische Mechanik in *Weber-Gans,* Repertorium der Physik, Bd. I, 2. Teil, Leipzig 1916 (Teubner).

H. A. Lorentz, Les théories statistiques en thermodynamique, Leipzig 1916 (Teubner).

W. Nernst, Die theoretischen und experimentellen Grundlagen des neuen Wärmesatzes, Halle 1918 (Knapp); 2., bis auf einen Anhang unveränderte Auflage 1924.

M. Planck [1], Vorlesungen über die Theorie der Wärmestrahlung, 1. Auflage Leipzig 1906 (Barth); 4., von jeder der früheren wesentlich abweichende Auflage 1921; jüngst 5. Auflage 1924.

Cl. Schaefer, Einführung in die theoretische Physik, Bd. II, 1. Teil: Theorie der Wärme, Molekular-kinetische Theorie der Materie, Berlin 1921 (W. de Gruyter).

A. Waßmuth, Grundlagen und Anwendungen der statistischen Mechanik, Braunschweig 1915 (Vieweg); 2., vermehrte Auflage 1922.

Die Theorie der Strahlung und der Quanten (*Solvay*-Kongreß Brüssel 1911), deutsch von *A. Eucken,* Halle 1914 (Knapp).

Vorträge über die kinetische Theorie der Materie und der Elektrizität (*Wolfskehl*-Kongreß Göttingen 1913), Leipzig 1914 (Teubner).

Ferner die reiche, bei *P.* und *T. Ehrenfest,* IV 32, angeführte ältere Literatur.

2. Zu Abschnitt II.

N. Bohr [1], Abhandlungen über Atombau aus den Jahren 1913—1916; deutsch von *H. Stintzing,* Braunschweig 1921 (Vieweg).

— [2], Über die Quantentheorie der Linienspektren; deutsch von *P. Hertz,* Braunschweig 1923 (Vieweg).

— [3], Drei Aufsätze über Spektren und Atombau, Braunschweig 1922 (Vieweg).

E. Buchwald, Das Korrespondenzprinzip, Braunschweig 1923 (Vieweg).

J. M. Burgers [1], Het Atoommodel van Rutherford-Bohr, Diss. Leiden, Haarlem 1918 (Loosjes).

K. Fajans, Radioaktivität und die neueste Entwicklung der Lehre von den chemischen Elementen, 4. Auflage, Braunschweig 1923 (Vieweg).

W. Gerlach [1], Die experimentellen Grundlagen der Quantentheorie, Braunschweig 1921 (Vieweg).

---

*) Im Nachfolgenden sind nur die dem Referenten zugänglich gewesenen deutschen Werke angeführt, so daß das obige Verzeichnis keineswegs etwa Anspruch auf Vollständigkeit erheben will. Die im Texte öfter angezogenen Werke sind hier wie dort durch eine in [ ] beigesetzte Nummer gekennzeichnet.

A. Landé, Fortschritte der Quantentheorie, Dresden 1922 (Steinkopff).
A. March, Theorie der Strahlung und der Quanten, Leipzig 1919 (Barth).
M. Planck [1].
P. Pringsheim, Fluoreszenz und Phosphoreszenz im Lichte der neueren Atomtheorie, Berlin 1921 (Springer), 2. Auflage 1924.
F. Reiche, Die Quantentheorie, Berlin 1921 (Springer).
A. Sommerfeld [1], Atombau und Spektrallinien, Braunschweig 1919 (Vieweg), 3., stark veränderte und vermehrte Auflage 1922; jüngst 4. Auflage 1924.

Bezeichnungen.

1. Makroskopische bzw. makroskopisch-statistische Größen.

E Energie des warmen Körpers (Gas, Festkörper oder Hohlraumstrahlung).
V Volumen.
p Druck.
a^* äußere *makroskopische* Parameter.
A äußere Kraft.
ϑ empirische Temperatur.
T absolute Temperatur.
c_{V} spezifische Wärme bei konstantem Volumen.
$\delta\mathsf{Q}$ *reversibel**) zugeführte Wärmemenge.
S Entropie.
Ψ *Planck*sche Wärmefunktion.
F Freie Energie.
$\varrho(\nu, T)$ Strahlungsdichte für die Frequenz ν.
$k = 1{,}372 \cdot 10^{-16}$ erg/grad *Boltzmann-Planck*sche Konstante.

2. Statistische Größen.

N Anzahl der Moleküle (bzw. Atome, Eigenschwingungen, Teilsysteme) in V.
Γ-Raum = Phasenraum des statistischen *Gesamt*systems.
μ-Raum = Phasenraum des Einzelmoleküls.
$N_{L,l}$ Anzahl der Molekülphasenpunkte in der l^{ten} μ-Raum-Zelle bei der individuellen *Zustandsverteilung* Z_L.
Ω Volumen einer μ-Raum-Zelle.
$R(\mathsf{Z}_L)$ Anzahl der Realisierungsmöglichkeiten (29) von Z_L.
$\mathsf{R} = \sum_{L=1}^{L^*} R(\mathsf{Z}_L)$ Summe der Realisierungsmöglichkeiten *aller* denkbaren Z_L.
N_l Anzahl der Moleküle in der l^{ten} μ-Zelle bei Wärmegleichgewicht [*Boltzmannsche Verteilung,* (41), (105)].
$g(q_k, p_k, a^*) = g(I_r)$ Gewichtsfunktiou der Moleküle.

---

*) Man vgl. hierzu etwa Nr. 37 im II. Bande des im Literaturverzeichnisse angeführten Werkes von *Cl. Schaefer*.

$f(\zeta, a)$ Verteilungsfunktion der Moleküle bzw. der statistischen Teilsysteme.

$F(\zeta, a)$, $F(T, a)$ Verteilungsfunktion des Gases bzw. warmen Körpers.

$\overline{\overline{\varphi}}$ räumlich-zeitlicher Mittelwert der Phasenfunktion $\varphi(q_k, p_k, a^*)$ des Einzelmoleküls, genommen über das ganze Gas.

$\mathbf{M}(\mathbf{V}, \vartheta)$, $\mathbf{M}(\mathbf{V}, T)$ *Maxwell-Boltzmann*scher Verteilungsfaktor (49) der Molekültranslation.

3. Molekulare Größen.

M Masse des Einzelatoms oder -moleküls.

x, y, z, p_x, p_y, p_z Cartesische Schwerpunktskoordinaten und Impulse des Atomsystems.

q_k, p_k $(k = 1, 2, \ldots, s)$ generalisierte, kanonisch konjugierte Koordinaten und Impulse der inneren Bewegung von s Freiheitsgraden (einschließlich der Molekülrotation).

a molekulare oder makroskopische Parameter.

t Zeit, β_1 willkürliche Konstante des Zeitintegrals der Bewegungsgleichungen.

$w_r = \omega_r \cdot t + \delta_r$; I_r $(r = 1, 2, \ldots, u)$ kanonisch konjugierte Uniformisierungsvariable („Winkelkoordinaten" und „Wirkungsvariable") für u-fach periodische Bewegungen (u „Periodizitätsgrad").

E_t, v Translationsenergie und -geschwindigkeit.

$\mathfrak{J}$ Translationsimpuls-Vektor.

$\mathfrak{D}$ Drehimpuls-Vektor.

$E(q_k, p_k, a) = E(I_r, a) = \alpha_1$ innere Energie des Atomsystems.

α_i, β_i $(i = 1, 2, \ldots, s)$ willkürliche Integrationskonstanten der Bewegungsgleichungen.

$\overline{\varphi(q_k, p_k, a)}$ Zeitmittelwert der Phasenfunktion $\varphi(q_k, p_k, a)$.

ω Bewegungsfrequenzen, ω_r „Grundschwingungszahlen".

ν Strahlungsfrequenzen.

n, k Quantenzahlen.

$E_n, I_n, g_n, \ldots$ Quantenwerte von Energie, Wirkungsvariablen, Gewichtsfunktion usw.

n', n'' Quantenzahlwerte vor bzw. nach Eintritt eines Quantenüberganges.

4. Universelle Konstanten.

$c = 2{,}99 \cdot 10^{10}$ cm/sec Lichtgeschwindigkeit.

$e = 4{,}774 \cdot 10^{-10}$ el.-st. Einh. Elektronen- bzw. Protonenladung, Elementarquantum der Elektrizität.

$m = 0{,}899 \cdot 10^{-27}$ g Ruhmasse des Elektrons.

$m' = 1{,}649 \cdot 10^{-24}$ g Ruhmasse des Protons.

$h = 6{,}54 \cdot 10^{-27}$ erg.sec *Planck*sches elementares Wirkungsquantum.

Vorbemerkung. Die Aufstellung des *Planckschen Strahlungsgesetzes* um die Jahrhundertwende bedeutet den Beginn einer einzigartigen Krise in der theoretischen Physik, deren Beendigung wir auch heute noch nicht vorauszusehen vermögen. Die Anfänge ihrer Frucht, der *Quantentheorie*, finden sich diesem Ausgangspunkte gemäß in V 23: *Theorie der Strahlung* von *W. Wien* behandelt, welche Darstellung dem eigentlichen Thema des vorliegenden Artikels historisch daher am nächsten steht. Die neuere Entwicklung hingegen, gekennzeichnet durch die Namen *Einstein*, *Bohr*, *Sommerfeld*, hat die Quantentheorie im wesentlichen immer deutlicher zu einer *Theorie der Materie* fortgebildet; als Inbegriff *molekularer Gesetzmäßigkeiten* ist sie dadurch nicht nur in Beziehung zu den *makroskopischen Gesetzen der gesamten klassischen**) *Physik* getreten, sondern hat auch — worauf es hier allerdings nicht ankommen wird — in mancherlei Hinsicht die *Chemie* der Physik tributpflichtig gemacht.

Die Auffassung, daß in der Quantentheorie im wesentlichen eine Theorie der Materie zu erblicken sei, legt den Versuch nahe, die allgemeinen quantentheoretischen Gesetzmäßigkeiten als jene Bedingungen hinzustellen, welchen *Atome* und *Moleküle* in ihrer Vielheit als gemeinsame Träger der makroskopischen mechanischen *und* elektrodynamischen Erscheinungen zu genügen haben. Es ist klar, daß nur die Methoden der *statistischen Physik* berufen sein können, eine derartige Brücke zwischen den *klassischen* und den *Quantengesetzen* zu schlagen. Von einer solchen, lückenlosen Darstellung der *allgemeinen Grundlagen der Quantentheorie* ist man gegenwärtig zwar noch ziemlich weit entfernt, namentlich was die elektrodynamischen Fragen anbetrifft. Nach der mechanischen und thermodynamischen Seite hingegen ist eine statistische Fundierung der Quantentheorie bereits in ziemlichem Umfange möglich. Da dieser Weg zugleich eine rationelle Behandlung der *Quantenstatistik* vorzubereiten gestattet, ist er in vorliegendem Berichte zum Ausgangspunkte gewählt worden.

Aus diesen Gründen wird im ersten Abschnitte die jüngste Entwicklung der *statistischen Mechanik* dargelegt, soweit sie auf rein klassischen Grundlagen beruht und als für die Quantentheorie fruchtbar angesehen werden kann. Die Darstellung dieser Entwicklung, welche grundlegend mit dem Namen *P. Ehrenfests* verknüpft ist, kann darum in vieler Hinsicht als Ergänzung und Fortsetzung von IV 32: *Begriffliche Grundlagen der statistischen Auffassung in der Mechanik*

*) Die Bezeichnung „*klassisch*" wird hier wie im folgenden *stets im Gegensatz zu „quantentheoretisch"* benutzt, so daß in diesem Zusammenhange z. B. auch die Relativitätstheorie zur „klassischen Physik" gerechnet wird.

von *P.* und *T. Ehrenfest* angesehen werden. In diesen Abschnitt geht ferner ein Teil jener Entwicklungen der *höheren Dynamik* ein (IV 11 und 12, *P. Stäckel*, VI 2, 12, *E. T. Whittaker*), welche von den einzelnen Autoren meist im Zusammenhang mit speziellen Quantenproblemen behandelt worden sind. Nachdem die *Quantenstatistik* soweit geführt ist, als dies ohne Kenntnis der feineren Quantengesetze des Atombaues tunlich erscheint, wird im zweiten Abschnitte eine möglichst deduktive Darstellung der *grundlegenden quantentheoretischen Gesichtspunkte* zu geben versucht und über *deren Anwendungsgebiet* sowie über die *Stellungnahme der Quantentheorie zu den Strahlungsfragen* berichtet. Da eine eingehendere quantentheoretische Behandlung der *allgemeinen spektroskopischen Gesetzmäßigkeiten* einer abgesonderten Darstellung vorbehalten war, muß bezüglich dieser Fragen auf die Berichte V 26 von *C. Runge* und V 27 von *A. Kratzer* verwiesen werden. Der Schlußabschnitt endlich ist einer Reihe von Anwendungen gewisser im zweiten Teile gewonnener Erkenntnisse auf die Quantenstatistik gewidmet. Da die *Quantentheorie des festen Aggregatzustandes* bereits in V 25 durch *M. Born* eine selbständige Behandlung erfahren hat, beschränken sich diese Anwendungen zunächst auf *thermische Eigenschaften der Gase;* die anschließende quantenstatistische Untersuchung der *chemischen Gleichgewichte* und der *quantenstatistischen Bedeutung des Nernstschen Wärmetheorems* besitzt gewisse Berührungspunkte mit der Behandlung dieser Fragen durch *K. F. Herzfeld* in seinem Berichte V 11, *Physikalische und Elektrochemie.*

I. Die Entwicklung der klassischen statistischen Mechanik zur Quantenstatistik.

1. Einleitung. Allgemeine Richtlinien. Die Aufgabe der *physikalischen Statistik* besteht darin, die *molekularen* Gesetzmäßigkeiten mit den *makroskopischen* zu verknüpfen. Der Übergang von den ungeheuer vielen Gleichungen der molekularen Vorgänge zu den wenigen bekannten phänomenologischen Gesetzen wird dabei durch *Mittelbildungen* über die molekularen Zustandsveränderlichen vollzogen[1]), so daß die

1) Unter gewissen, allerdings wesentlich von Annäherungen besonderer Art Gebrauch machenden Voraussetzungen können die phänomenologischen Gesetze mit *Hilbert* auch als Bedingungen dafür aufgefaßt werden, daß die Gleichungen der Molekularvorgänge auflösbar sind; sie erscheinen dann als Eliminationsresultat dieser Gleichungen. Vgl. die *Hilbertsche Gastheorie, D. Hilbert,* Grundzüge einer allgemeinen Theorie der linearen Integralgleichungen, Leipzig 1912, sowie die Einleitung zu *M. Born,* Dynamik der Kristallgitter, Leipzig 1915.

Die Frage nach der *Bestimmtheit* makroskopischer Prozesse auf Grund der Molekulartheorien behandelt *T. Ehrenfest-Afanassjewa,* Versl. Akad. Amsterdam 26 (1917), p. 1088; vgl. ferner IV 32, Nr. 15.

phänomenologischen, direkt meßbaren Größen, ihrer experimentellen Bedeutung nach, als *zeitliche* oder *zeitlich-räumliche Mittelwerte* aufzufassen und darzustellen sind. Die Lösung dieser Aufgabe für das Gebiet der phänomenologischen *Thermodynamik* insbesondere ist einer der Hauptgegenstände der *statistischen Mechanik*. Ausgangspunkt der Betrachtung ist in jedem Falle die Aufstellung eines geeigneten *Modells* für das zugrunde gelegte physikalische System, welches formal den Bedingungen des oben angedeuteten Überganges zu genügen hat. Nun ist klar, daß es viele derartige Modelle geben kann, deren Anwendung auf die wirklichen Körper versagt oder nur innerhalb beschränkter Grenzen erfolgreich ist. Man wird daher trachten, das zu benutzende Modell so allgemein als möglich zu wählen, um es den speziellen Eigenschaften der wirklichen Körper gegenüber möglichst anpassungsfähig zu erhalten. Bevor wir uns aber der Behandlung des nach dem heutigen Stande der Theorie in dieser Hinsicht erfolgreichsten Modelles zuwenden, erscheint es notwendig, einen kurzen Überblick über jene Richtungen der statistischen Mechanik vorauszuschicken, welche deren neuere Entwicklung gekennzeichnet haben.

Die phänomenologische Thermodynamik fordert, daß die makroskopischen Zustandsgrößen eines warmen Körpers durch seine *Gesamtenergie* E und eine Anzahl *unabhängiger „äußerer" makroskopischer Parameter* (Volumen V, Schwere-, elektrische, magnetische Felder usw.) allein darstellbar sind, welch letztere in ihrer Gesamtheit mit dem Buchstaben a^* bezeichnet werden mögen. Das Verschwinden der zahlreichen molekularen Zustandveränderlichen aus den Ausdrücken für die makroskopischen Zustandsgrößen ist nun bisher auf folgende beide Arten erreicht worden[2]), von denen aber namentlich in der älteren Statistik meist *gleichzeitig* Gebrauch gemacht worden ist:

A. Man wählt die Differentialgleichungen, denen die Bewegung des angenommenen Modelles gehorcht, so, daß die Zeitmittelwerte der für die Thermodynamik in Betracht kommenden molekularen Zustandsfunktionen („Phasenfunktionen") nur von E und den a^* abhängen.

B. Man läßt die Natur dieser Differentialgleichungen vollständig offen, läßt die Bewegung jedoch willkürlich beliebig oft *unstetig* werden und verfügt über das Verhalten des Modells an den Unstetigkeitsstellen durch „Wahrscheinlichkeits"-Annahmen; letztere können dann mit Leichtigkeit so eingerichtet werden, daß die genannten Zeitmittelwerte auch nur wieder E und die a^* enthalten. — Diesen letzteren Weg hat von Anfang an besonders die *kinetische Gastheorie* entwickelt[3]),

2) Vgl. *A. Smekal,* Monatsh. Math. Phys. 32 (1922), p. 245.

3) Vgl. IV 32, Nr. 1.

wobei die „Zusammenstöße“ mit ausreichender Genauigkeit durch derartige Bewegungs-Singularitäten ersetzt werden konnten.

Die Quasiergodenhypothese. Wie *P.* und *T. Ehrenfest* in IV 32 eingehend ausgeführt haben, liegen der älteren klassischen statistischen Mechanik teils bewußt, teils unbewußt, durchwegs Modelle zugrunde, für welche die Eigenschaft A von entscheidender Bedeutung ist; es sind dies die von *Boltzmann* und *Maxwell* vielbenutzten *ergodischen mechanischen Systeme.* Ein solches System soll im „Γ-Raume“ nur eine einzige Phasenbahn („G-Bahn“) besitzen, welche *exakt durch* jeden Phasenpunkt seiner „Energiefläche“ hindurchgeht.[4]) Die seinerzeit von *P.* und *T. Ehrenfest* geäußerten Zweifel hinsichtlich der Widerspruchslosigkeit dieser Definition haben inzwischen ihre Bestätigung gefunden: wie *Rosenthal*[5]) und *Plancherel*[6]) zeigen konnten, ist sie aus mengentheoretischen Gründen *unhaltbar.* Indessen hatten bereits *P.* und *T. Ehrenfest* in der *Quasiergodenhypothese* eine viel weniger weitgehende Annahme formuliert[7]), welche nur fordert, daß *jede* beliebige G-Bahn jedem Punkte der Energiefläche *beliebig nahe kommt.*[8]) Bei Hinzunahme einiger weiterer Einschränkungen[9]) ist sie imstande, die Ergoden

4) Vgl. IV 32, Nr. **10a.** Betreffs der oben sowie im folgenden verwendeten Begriffe der statistischen Mechanik vergleiche man, wenn nicht anders bemerkt, ebenfalls IV 32, namentlich Nr. **9** und **12.**

5) *A. Rosenthal,* Ann. d. Phys. (4) 42 (1913), p. 796.

6) *M. Plancherel,* Ann. d. Phys. (4) 42 (1913), p. 1061.

7) IV 32, Anm. 89a), 90).

8) Mit Rücksicht auf den *Poincaré-Carathéodoryschen Wiederkehrsatz* (vgl. *C. Carathéodory,* Berlin. Ber. 1919, p. 580) kann man dies in Strenge nur bis auf eine Punktmenge vom *Lebesgueschen Maß Null* fordern, was praktisch jedoch nicht von Belang ist.

Die Bewegungsgleichungen eines quasiergodischen Mechanismus können außer dem Energieintegral kein weiteres eindeutiges Integral besitzen.

H. A. Lorentz [1], p. 20, hat nun gegenüber der Ergoden- bzw. Quasiergodenannahme auf die Notwendigkeit einer Berücksichtigung der Existenz der Schwerpunktsintegrale hingewiesen, deren Vorhandensein (ebenso wie jenes der Flächensätze) vor allem auch erforderlich ist, um die *makroskopisch-mechanischen* Eigenschaften der betrachteten thermischen Systeme zutreffend darstellen zu können. Indessen zeigt er selbst, daß die Berücksichtigung dieses Umstandes wegen der ungeheuren Zahl der molekularen Freiheitsgrade praktisch nichts ausgibt, was bereits von *P. Hertz,* Math. Ann. 74 (1913), p. 153; vgl. p. 157, Anm. 2, angedeutet worden war. Formal läßt sich diese Schwierigkeit jedoch stets überwinden, wenn man die Quasiergodenhypothese nur auf die um die Schwerpunkts- und Flächenintegrale *reduzierte* Bewegung des Modelles bezieht. Vgl. dazu ferner gewisse Betrachtungen, die jüngst von *G. Jaffé,* Ann. d. Phys. 76 (1925), p. 680, angestellt worden sind.

9) Vgl. IV 32, Anm. 90) und 93), sowie *P. Hertz,* Statistische Mechanik in

hypothese hinsichtlich ihrer Bedeutung für die statistische Mechanik, namentlich in bezug auf die Formulierung A vollständig zu ersetzen. Daß mechanische Systeme wirklich möglich sind, bei denen Bahnkurven von quasiergodischem Typus auftreten, hat *Artin*[10]) an einem von *G. Herglotz* aufgefundenen mechanischen Problem von zwei Freiheitsgraden nachgewiesen; indessen kommt diese Eigenschaft keineswegs *sämtlichen* Bahnkurven dieses Problems zu, sondern nur einer allerdings überwiegenden Mannigfaltigkeit von ihnen.[11]) — Eine Übertragung der Quasiergodenhypothese auf die Quantenstatistik ist von *Szarvassi* vorgenommen worden.[12])

Die statistische Mechanik von P. Hertz. Die Annahme eines quasiergodischen Modelles für den warmen Körper enthält zunächst noch nichts Näheres über seine molekulare Konstitution; mit den oben erwähnten Zusatzvoraussetzungen garantiert sie bloß, daß die Zeitmittelwerte *aller*[13]) zeitlich veränderlicher Phasenfunktionen von den

Weber-Gans, Repertorium der Physik, Bd. I, 2 (Leipzig 1916), p. 436—600 („Rep."), insbesondere Nr. 250, p. 483.

10) *W. Artin,* Vortrag am Naturforschertag 1922 in Leipzig, Abh. Math. Sem. Hamburg 3 (1924), p. 170. Allerdings wird der Wiederkehrbereich (Anm. 66) der Bahnkurven des *Artin*schen Beispieles von Singularitäten begrenzt, welche die Erfüllung der in der vorigen Anmerkung zitierten Bedingungen unmöglich machen dürften. Bei Abwesenheit solcher Singularitäten sind nach *T. M. Cherry,* Trans. Cambridge Phil. Soc. 23 (2924), p. 43, quasiergodische Bahnkurven *unmöglich* (Zusatz bei der Revision).

11) Neben ∞^3 quasiergodischen Bahnkurven gibt es hier nämlich noch ∞ viele periodische und ∞^2 einfach- und doppelt-asymptotische Bahnkurven.

Neuerdings ist es *E. Fermi,* Phys. Ztschr. 24 (1923), p. 261, gelungen zu beweisen, daß jedes mechanische System, welches außer dem Energieintegral keine weiteren eindeutigen, analytischen, von der Zeit unabhängigen Integrale besitzt, unter gewissen Zusatzvoraussetzungen (daß es ein „Normalsystem" ist, vgl. Anm. 349) quasiergodische Bahnkurven haben kann; bezüglich ihrer Mannigfaltigkeit vgl. man auch *W. Urbański,* Phys. Ztschr. 25 (1924), p. 47. Auch hier gibt es stets Partikularlösungen, welche diese Eigenschaft nicht besitzen, so daß keineswegs sämtliche Bahnkurven quasiergodisch sind.

Hinsichtlich der Bedeutung, welche man den nicht-quasiergodischen Partikularlösungen beimessen kann, vgl. Anm. 165), aber auch Anm. 380).

12) *A. Szarvassi,* Denkschr. Wien Akad. 95 (1918), p. 391, auf p. 420. Vgl. dazu Anm. 184).

13) Diese Eigenschaft ist zweifellos viel zu weitgehend gegenüber den Forderungen der Thermodynamik, welche sich jedenfalls nur auf *makroskopisch beobachtbare* Zeitmittelwerte erstrecken können (vgl. die Formulierung A). Bisher liegen nur *zwei* Versuche vor, die erwähnte Unabhängigkeitsforderung bloß für *bestimmte* Zeitmittelwerte zu klären. *J. Kroo,* Bull. Acad. Cracovie (A) 1913, p. 548, diskutiert so das Zeitmittel der kinetischen Energie, *A. Smekal,* Wien. Ber. 126 [IIa] (1917), p. 1515, §§ 5—7, die Bedingungen für das Zustandekommen des Gleichverteilungssatzes der kinetischen Energie. — Keine *allgemeine*

willkürlichen Integrationskonstanten der Bewegung, abgesehen von der Gesamtenergie **E**, unabhängig werden. Dies ist ein *mechanisches*, bzw. ein *Problem der Theorie der Differentialgleichungen*, ebenso wie die Berechnung dieser Zeitmittelwerte als Funktion von **E** und a^* selbst, welches u. a. mit Notwendigkeit zum *Gleichverteilungssatze der kinetischen Energie* führt.[14])

Diese Ergebnisse reichen indessen nicht hin, um die kinetisch-statistische Bedeutung der Temperatur sowie aller übrigen mit dem II. Hauptsatze der Thermodynamik zusammenhängenden Fragen klarzustellen. Setzt man, wie wir dies hier zunächst getan haben, die Annahme eines quasiergodischen Modelles voran, so läßt sich dies erst auf dem Wege einer Zerlegung des ganzen Systems in *Teilsysteme* erreichen, ohne daß es wesentlich wäre, hierbei bis auf die einzelnen Moleküle und Atome zurückzugehen. Das Verdienst, diesen sehr beachtenswerten Weg konsequent verfolgt und ausgebaut zu haben, gebührt *P. Hertz*.[15]) Für jene Art der Statistik, die wir heute grundsätzlich als alleinberechtigt ansehen müssen, die *Quantenstatistik*, vermag dieser Weg jedoch kaum Nennenswertes zu leisten, wie schon der Hinweis darauf zeigt, daß die Quasiergodenhypothese bereits unabhängig von jeder spezielleren Modellvorstellung unweigerlich den Gleichverteilungssatz zur Folge hat.

Behandlung scheint jedoch bisher in der Literatur die Hauptfrage gefunden zu haben, für welche Arten von *Hamilton*schen Bewegungsgleichungen zeitfreie Integrale existieren, *die von* **E** *und den* a^* *allein abhängen und sich unendlich langsamen, umkehrbar erfolgenden Parameterverschiebungen gegenüber invariant verhalten* — wie es die makroskopische Thermodynamik von der *Entropie* folgert. Die Hilfsmittel zur Bearbeitung dieser Frage liegen gegenwärtig in der *Theorie der Parameterinvarianten* (Nr. **3A**) bereit, welche vielleicht eine restlose Beantwortung und damit auch eine Entscheidung über die Brauchbarkeit von Modellen der Beschaffenheit *A* überhaupt, ermöglichen wird. Bisher ist die *Existenz* derartiger Integrale nur für *rein periodische* (*Boltzmann, Clausius*), *monozyklische* (*Helmholtz*) und *quasiergodische Systeme* (*P. Hertz*) sichergestellt [vgl. Anm. 48) und 114)]; ihre *Nichtexistenz* für *bedingt periodische Systeme* (vgl. Nr. **15a**) wurde von *Boltzmann* in Spezialfällen bereits vermutet, ist aber erst jüngst auf Grund gewisser Ergebnisse von *Burgers* (s. Anm. 71) beweisbar geworden. Daß rein periodische und monozyklische Systeme keine brauchbaren Modelle warmer Körper zu liefern vermögen, ist von Anfang an keinerlei besonderen Zweifeln begegnet. Vgl. zu diesen Fragen seither die Darstellung bei *A. Smekal*, Molekulare und statistische Theorie der Wärme, im Handbuch der Physik, herausgegeben von *H. Geiger* und *K. Scheel*, Bd. 9, Berlin, Springer 1926 (im Erscheinen).

14) Vgl. *P. Hertz*, Rep. l. c. Anm. 9), Nr. 250—255; *A. Smekal*, l. c. Anm. 13, § 2, ferner unten, Nr. **7a**.

15) *P. Hertz*, Rep. l. c. Anm. 9), ferner Ergebn. d. exakt. Naturwiss. 1 (1922), p. 60. Für die Wechselwirkungen der Teilsysteme muß dann wesentlich von einer Annahme der Art B Gebrauch gemacht werden.

Die neueste Entwicklung der „gastheoretischen" Richtung. Die übrige Entwicklung der statistischen Mechanik während der letzten zehn Jahre hat darum auch im wesentlichen den alten Weg von *Boltzmann* und *Maxwell* weitergeführt, den sie allerdings wesentlich vertieft und erweitert: sie geht wieder direkt von der molekularen Konstitution der Materie aus. Wie in der *kinetischen Gastheorie* (V 8, *L. Boltzmann* und *J. Nabl*) wird der warme Körper aus einer Vielheit *gleichbeschaffener Moleküle* aufgebaut gedacht, die, besonders ausgesprochen im *Gase*, als Modell von der Art B zusammenwirken; diese Moleküle sind jedoch nicht mehr Massenpunkte oder starre Körper, vielmehr wird der Einfluß ihres *Feinbaues* und der *Ungleichwertigkeit ihrer Freiheitsgrade*[16]) weitestgehend berücksichtigt (z. B. Nr. **24**). Auch die „Wahrscheinlichkeits"-Annahmen sind nicht mehr die alten *„Gleichmöglichkeits"-Behauptungen*; an ihre Stelle treten zunächst unbestimmt bleibende *Ansätze* über relative Häufigkeiten (Nr. **3**, **4**), die hinterher aus der Erfahrung direkt bestimmbar werden und so zu den Grundannahmen der *Quantentheorie* führen (Nr. **9**).

Allerdings haben *P.* und *T. Ehrenfest* mit allem Nachdruck darauf hinweisen müssen, daß die statistische Mechanik bis 1911 zumindest an *einer* Stelle von der bedenklichen Ergodenhypothese Gebrauch zu machen genötigt war: zur Rechtfertigung der *Gleichsetzung* von *räumlichen* und *zeitlichen* Mittelwerten.[17]) Wenngleich nach dem Obigen an Stelle der Ergodenhypothese nunmehr die Quasiergodenhypothese gesetzt werden konnte, so war dies zunächst nur durch einen Verzicht auf eine ausdrückliche Rechtfertigung der angedeuteten Verallgemeinerungen möglich — eine von fast allen Autoren vollständig ignorierte Schwierigkeit. Erst *Szarvassi*[12]) hat durch Einführung *„ergozonaler"* Systemgesamtheiten diese Lücke mit Bewußtsein auszufüllen gesucht, bis *v. Mises*[18]) einen wahrscheinlichkeitstheoretischen Weg angegeben hat, durch den die Verwendung der Quasiergodenhypothese oder einer anderen Annahme vom Typus A an dieser Stelle überhaupt entbehrlich gemacht worden ist (Nr. **4**). Damit ist die statistische Mechanik auch von einer teilweisen Benützung eines Modells der Art A vollständig gereinigt, soweit man nicht eine solche Voraussetzung, wie z. B. für die Translationsbewegung nicht-entarteter Gase (Nr. **3**), aus praktischen Gründen als innerhalb bestimmter Grenzen brauchbare Annahme bewußt festhalten will.

Da der modernen Behandlung der *Atomtheorie des festen Zustandes (Dynamik der Kristallgitter)* durch *M. Born* in V 25 eine selbständige,

16) Vgl. IV 32, Nr. 29.

17) Vgl. IV 32, Nr. 11—13.

18) *R. v. Mises*, Phys. Ztschr. 21 (1920), p. 225, 256.

eingehende Darstellung zuteil geworden ist, braucht auf die von ihr dargebotenen statistischen Probleme nur hinsichtlich einiger grundsätzlicher Fragen, und dies erst an späterer Stelle (Nr. 6b), eingegangen zu werden. Tragfähige Grundlagen für eine allgemeine molekularstatistische Theorie des *flüssigen Aggregatzustandes* sind bis heute noch nicht aufgestellt worden. So bleibt für das Weitere zunächst nur die statistische Behandlung von *Gasmodellen* übrig, deren möglichst allgemein gehaltener Darstellung wir uns nunmehr zuwenden. Wir betrachten hierbei einstweilen nur chemisch einheitliche Gase von ein- oder mehratomigen Molekülen, oder Gasgemische, deren Komponenten miteinander nicht chemisch reagieren. Die allgemeine Theorie der Dissoziationsgleichgewichte wird erst in Nr. 25 behandelt.

2. „Mechanische" Eigenschaften des Gasmodells. Das Gas, bzw. jede Komponente eines Gasgemisches, bestehe aus N untereinander gleichartigen Molekülen. Jedes Molekül werde als beliebig kompliziert gebautes Gebilde angesehen, dessen genauere Struktur (Nr. **13**) wir hier noch offen lassen, eventuell sogar direkt als unbekannt auffassen können. Vorausgesetzt sei nur, daß die auf seinen ruhenden Massenschwerpunkt bezogene oder „innere", von veränderlich äußeren Kräften ungestörte Bewegung (einschließlich der Rotation) durch ein System von s totalen Differentialgleichungen von zweiter Ordnung nach der Zeit t beschrieben werden kann, in denen außer Funktionen von s unabhängigen *Koordinaten* (und unter gewissen Umständen auch von t), nur noch die in Nr. **1** erwähnten, im allgemeinen konstanten äußeren *Parameter* a^* vorkommen. Ein solches System von Differentialgleichungen[19]) läßt sich dann auf die Form von $2s$ „kanonischen" Differentialgleichungen nach Art der *Hamiltonschen kanonischen Differentialgleichungen der Mechanik* bringen, welche nunmehr zwei Reihen voneinander unabhängiger Veränderlicher, die s *Koordinaten* q_k und s dazu *kanonisch konjugierte Impulse* p_k $(k = 1, 2, \ldots, s)$ enthalten:

$$(1) \qquad \frac{dq_k}{dt} = \frac{\partial H}{\partial p_k}, \quad \frac{dp_k}{dt} = -\frac{\partial H}{\partial q_k} \qquad (k = 1, 2, \ldots, s).$$

Dann sei $H(q_k, p_k, a^*)$ wie in der Mechanik als *Hamiltonsche Funktion* bezeichnet, s als Anzahl der „inneren" Freiheitsgrade[20]); H fällt meist mit der Gesamtenergie $E(q_k, p_k, a^*)$, der inneren Energie des Moleküls, zusammen.

19) Aber auch wesentlich allgemeinere Systeme von Differentialgleichungen. Vgl. z. B. *E. T. Whittaker,* Analytical Dynamics, 2. Aufl. Cambridge 1917, Nr. 110, p. 265/267. Im allgemeinen muß dazu vorausgesetzt werden, daß die Bewegungsgleichungen aus einem Variationsprinzipe ableitbar sind.

20) Die Wahl der Bezeichnungen hat hier etwas anders erfolgen müssen als beispielsweise in IV 32. Vgl. die Übersicht über die Bezeichnungsweise am Eingang dieses Berichtes.

Diese kanonischen Bewegungsgleichungen heißen im engeren Sinne des Wortes „mechanische“, wenn das Molekül z. B. aus $\frac{s}{3}+1$ Massenpunkten bestünde, zwischen denen *Newtonsche* Anziehungskräfte wirkten (Mehrkörperproblem). In Übereinstimmung mit der Bezeichnung: statistische *Mechanik* sei diese Terminologie innerhalb des vorliegenden Abschnittes auch noch dann festgehalten, wenn der Aufbau des Moleküls wesentlich auf *elektrodynamische* Weise gedacht ist, wie beim *Bohr-Rutherfordschen Atommodell* (Nr. **13**).[21]) Die Berechtigung oder Notwendigkeit der Wahl obiger Differentialgleichungen für die innere Bewegung der Moleküle ist übrigens keineswegs direkt nachweisbar; sie wird aber in hohem Maße nahegelegt durch den Umstand, daß in der gesamten makroskopischen Physik höhere als die zweiten Differentialquotienten der Koordinaten nach der Zeit keine selbständige Rolle spielen.[22])

Bezeichnen x, y, z die kartesischen Koordinaten des Massenschwerpunktes, p_x, p_y, p_z die dazugehörigen Impulse und M die Gesamtmasse des Moleküls, so besteht seine Translationsenergie $E_t(x, y, z, p_x, p_y, p_z, a^*)$ aus der von den Impulsen allein abhängigen kinetischen Energie

$$\frac{1}{2M}\cdot(p_x^2+p_y^2+p_z^2), \tag{2}$$

zu der allenfalls eine von den vorhandenen äußeren Parametern abhängige potentielle Energie $\Phi(x, y, z, a^*)$ hinzukommen kann.[23])

Der Momentanzustand eines Moleküls ist demnach durch die $2\cdot(s+3)=2\cdot r$ Größen q_k, p_k $(k=1, 2, \ldots s)$, x, y, z, p_x, p_y, p_z, — seine „Phasen“ — vollständig bestimmt; die während seiner freien Bewegung unveränderliche Gesamtenergie ist $E(q_k, p_k, a^*)+E_t(p_x, p_y, p_z, x, y, z, a^*)$.

21) Dies muß deswegen besonders betont werden, weil zahlreiche Autoren von der makroskopischen Physik her nur alles das als „mechanisch“ zu bezeichnen scheinen, was „nicht“ „elektrisch“ ist. Vgl. auch Anm. 246).

22) Man wird diesen Standpunkt daher jedenfalls so lange beizubehalten haben, als seine Unzulänglichkeit nicht nachgewiesen ist, wovon gegenwärtig noch keine Rede sein kann. Er ist übrigens keineswegs wesentlich für die nachfolgende Entwicklung der statistischen Mechanik, welche noch ganz bedeutend allgemeinere Ansätze zuließe; hingegen könnten derartige Verallgemeinerungen für die Quantentheorie von Interesse werden. S. Nr. **14**, **16b**.

23) Von dem quantitativ nur höchst selten in Betracht kommenden Falle, daß Φ auch von der „inneren“ Bewegung des Moleküls abhängt, sehen wir im folgenden der Einfachheit halber ab, ebenso wie auch stets $\Phi=0$ gesetzt werden soll, da z. B. der Fall des Gases im Schwerefelde innerhalb der gewöhnlichen Darstellungen der kinetischen Gastheorie behandelt werden kann und *hier* keine neuen Gesichtspunkte liefert. Desgleichen muß hinsichtlich der üblichen Auffassung des Verhaltens der Moleküle in der Nähe von Gefäßwänden auf jene Darstellungen verwiesen werden.

Man kann die Bewegung des einzelnen Moleküls daher in einem $2r$-dimensionalen *Ehrenfestschen* μ-*Raum*[24]) abbilden, in dem alle seine Phasen als Koordinaten aufgefaßt werden.

Bezüglich der Gesamtheit von N Molekülen der obigen Beschaffenheit endlich setzen wir voraus, daß sie sich in einem geschlossenen Gefäße vom Volumen **V** befinden (ebenso von den sämtlichen Komponenten des Gasgemisches). Der Einfachheit halber vernachlässigen wir hier sowohl das endliche Volumen der Moleküle gegenüber **V** als auch ihre wechselseitigen Beeinflussungen.[25]) Indessen sollen die Moleküle sich dann doch nicht so vollständig unabhängig voneinander bewegen, als wie wenn jedem Einzelmolekül ein Raumgebiet **V** für sich allein zur Verfügung stünde. Während einer fortlaufenden Reihe von im übrigen ganz „zufällig“ aufeinanderfolgenden Zeitpunkten sollen sich die Momentanwerte der Phasen eines oder mehrerer Moleküle des Gases „unstetig“ um beliebige endliche Beträge ändern können (s. Nr. **1**, Annahme B): *dies* also die Wirkung, welche wir dem gleichzeitigen Vorhandensein der N Moleküle in **V** zuschreiben. In der *kinetischen Gastheorie* werden die „Zusammenstöße“ durch derartige Un-

---

24) Vgl. IV 32, Nr. **12a**.

25) Bezüglich der Berücksichtigung dieser Punkte vgl. Anm. 104) und Nr. **17** sowie Nr. **19** und **24c**, wo auch die Fragen der Gasentartung berührt werden. — Über die Dimensionen der Moleküle, Atome und Ionen, sowie die Methoden zu ihrer Bestimmung vgl. den zusammenfassenden Bericht von *K. F. Herzfeld,* Jahrb. d. Rad. 19 (1923), p. 259.

Die Größenordnung der zwischenmolekularen elektrischen Felder ist von *P. Debye,* Phys. Ztschr. 20 (1919), p. 160, auf Grund des *Bohr-Rutherford*schen Atommodells abgeschätzt worden, die genaue Rechnung hat *J. Holtsmark,* Phys. Ztschr. 20 (1919), p. 162; Ann. d. Phys. 58 (1919), p. 577; Phys. Ztschr. 25 (1924), p. 73, ausgeführt und auf das Problem der Verbreiterung der Spektrallinien angewendet [vgl. dazu auch Nr. **16b**, Anm. 333) und 375)].

Der elektrische Ursprung der *van der Waalsschen Kohäsionskräfte* ist ebenfalls von *P. Debye,* Phys. Ztschr. 21 (1920), p. 179, aufgeklärt worden, Phys. Ztschr. 22 (1921), p. 302 auch jener der bei großer Annäherung zweier Molekeln geweckten abstoßenden Kräfte. Vgl. dazu ferner *W. H. Keesom,* Phys. Ztschr. 22 (1921), p. 129, 643; 23 (1922), p. 225; *F. Zwicky,* Phys. Ztschr. 22 (1921), p. 449; *H. Falkenhagen,* Diss. Göttingen 1920; Phys. Ztschr. 23 (1922), p. 87; *O. Klein,* Fysisk Tidsskrift 20 (1922), p. 127.

Unabhängig von den modernen atomelektrischen Fragestellungen haben *S. Chapman* und *D. Enskog* in weiterer Verfolgung der klassischen Arbeiten von *Boltzmann* und *Maxwell* die kinetische Theorie der Vorgänge in „mäßig verdünnten“ Gasen behandelt. Literaturangaben bei *D. Enskog,* Diss. Upsala 1917, Ark. f. Math. Astr. och Fys. 16 (1921), Nr. 16; K. Svenska Vet. Handl. 63 (1922), Nr. 4. Betreffs der älteren Literatur s. V 9 (*L. Boltzmann* und *J. Nabl*), insbesondere Nr. **22—25**, **29**, **30**, sowie V 10 (*H. Kammerlingh Onnes* und *W. H. Keesom*).

stetigkeitsansätze approximiert.[26]) Man muß dann annehmen, daß die Moleküldimensionen auch gegenüber den „mittleren freien Weglängen" vernachlässigbar klein sind; in der Tat beträgt dieses Verhältnis unter normalen Umständen 10^{-3} und wird bei hoch verdünnten Gasen noch wesentlich kleiner. Von der gleichen Größenordnung ist dann auch das Verhältnis der im Mittel während beliebiger Beobachtungsdauern als Summe der „Stoßdauern" vernachlässigten Zeiten gegenüber diesen Beobachtungsdauern selbst. Es empfiehlt sich aber, für das Folgende von dieser speziellen physikalischen Rechtfertigung der eingeführten Unstetigkeiten einstweilen abzusehen, da sie für die formale Entwicklung der statistischen Mechanik belanglos ist; dies wird uns zugleich ermöglichen, den Fall der Wechselwirkungen der Gasmoleküle mit dem sie umgebenden Strahlungsfelde unter einem zu erledigen. — Wie man sieht, haben die gemachten Annahmen zur Folge, daß die Gesamtenergie E des Gases in jedem Augenblicke durch die *Summe* der Energien der einzelnen Moleküle gegeben ist; während die letzteren an den Unstetigkeitsstellen sich um beliebige Beträge verändern können, bleibt E dauernd konstant.[27])

3. Die Struktur des Molekülphasenraumes. „Räumliche" a priori-Häufigkeitseigenschaften des Gasmodells. Um das Verhalten des Gasmodells an den Unstetigkeitsstellen seiner Bewegung näher zu kennzeichnen, ist es erforderlich, die Bewegung selbst geeignet beschreiben zu können. Die ältere statistische Mechanik verwendet hierzu meist abwechselnd den Γ-Raum und den μ-Raum. Ersterer kommt für uns

26) Nach *v. Mises*, Phys. Ztschr. 21 (1920), p. 225, 256, liegt die genauere Rechtfertigung hierfür darin, daß Bewegungszustände zweier Moleküle vor dem Stoße, die nur „unendlich" wenig voneinander verschieden sind, *endlich große* Unterschiede der Bewegungen der beiden Moleküle nach dem Stoße zur Folge haben können. (Wenn z. B. die beiden Moleküle geradlinig aufeinander losfliegen, so kann jedes von ihnen durch den Zusammenstoß entweder „rechts" oder „links" aus seiner ursprünglichen Bewegungsrichtung abgelenkt werden, je nachdem, ob diese um „unendlich" wenig nach rechts oder links von der Verbindungslinie der beiden Molekülschwerpunkte abgewichen war.) Der Umstand, daß es sich hier um eine Äußerung *tatsächlich vorhandener Bewegungssingularitäten* (*exakt* zentrales Aufeinanderlosfliegen der Moleküle) handelt, rechtfertigt es auch und zwingt sogar dazu, für das physikalische Geschehen in der Umgebung einer solchen Stelle *Häufigkeitsansätze* („Wahrscheinlichkeitsannahmen") einzuführen (Nr. **3** und **4**) und so die unmittelbar-kausale Determination der Mechanik durch die mehr mittelbare der Wahrscheinlichkeitsgesetze zu *ergänzen.* Das gleiche gilt naturgemäß auch für die „Umgebung" der Singularitäten beliebiger *nicht-mechanischer* Vorgänge.

27) Betreffs der Schwankungen, die E infolge des thermischen Kontaktes des Gases mit seiner Umgebung in Wirklichkeit dauernd mitmacht, vgl. Nr. **7b**.

hier jedoch nicht notwendig in Betracht, da von einer Annahme vom Typus A (Nr. 1) nicht Gebrauch gemacht werden soll; seine Benutzung wird jedoch unerläßlich im Falle der Untersuchung von Dissoziationsgleichgewichten (Nr. 25). Der μ-Raum gestattet hingegen in bequemer Weise die hier festgehaltene Unveränderlichkeit und Gleichartigkeit der Moleküle zur Geltung zu bringen.

(I) Die ältere klassische statistische Mechanik teilt den μ-Raum in „sehr kleine aber endliche" und untereinander gleich große Zellen (oder „Elementargebiete der Wahrscheinlichkeit") ein, deren Form im übrigen beliebig und daher z. B. parallelepipedisch sein kann. Werden die Phasenpunkte sämtlicher N Moleküle zu einem bestimmten Zeitpunkt t in diesen μ-Raum eingetragen gedacht, so werden sich in jeder der fortlaufend mit $1, 2, \ldots, l, \ldots$ numerierten Zellen bestimmte Anzahlen $N_{L,1}, N_{L,2}, \ldots, N_{L,l}, \ldots$ solcher Punkte vorfinden. Die Gesamtheit der Zahlen $N_{L,l}$ stellt eine bestimmte Verteilung der N Molekülbildpunkte über die Zellen dar und heißt die *Zustandsverteilung* Z_L der Moleküle zur Zeit t.[28]) Als Maß für die „Wahrscheinlichkeit" einer solchen Zustandsverteilung wird dann — besonders seit dem systematischen Gebrauch, den *Planck* von dieser Größe gemacht hat[29]) — die Anzahl sämtlicher *individueller* Realisierungsmöglichkeiten oder *Komplexionen* von Z_L,

$$(3) \qquad \frac{N!}{N_{L,1}!\,N_{L,2}!\ldots N_{L,l}!\ldots},$$

angesehen. Um diese kombinatorische Größe zu berechnen, wird angenommen:

(a_I) daß alle innerhalb der gleichen Zelle befindlichen „Moleküle" physikalisch als hinreichend gleichwertig gelten können und daher untereinander vertauschbar, Moleküle verschiedener Zellen aber nicht vertauschbar sind,

(b_I) daß die Aufenthalte jedes Moleküls in gleich großen Zellen a priori als gleichhäufig anzusehen sind. —

Die Annahme (b_I) kann in der älteren Theorie mittels der *Ergoden- oder Quasiergodenhypothese* unter Berufung auf den *Liouvilleschen Satz* gerechtfertigt werden, der zugleich die Veranlassung zur Wahl *gleich großer* Zellen gibt. (a_I) pflegt hingegen keine nähere Begründung zu erhalten und steht anscheinend in befremdlichem Gegensatze zu der Willkürlichkeit, die nach Obigem hinsichtlich der *Größe des Volumens* Ω

28) Vgl. IV 32, Nr. **12a**.

29) *M. Planck* [1] nennt sie wenig glücklich „thermodynamische Wahrscheinlichkeit"; sie ist identisch mit *Ehrenfests* $P(\mathsf{Z})$, vgl. IV 32, Gl. (36).

der gewählten Zellen übrigbleibt. Indessen sieht man leicht, daß auch hier die Ergoden- oder Quasiergodenhypothese, die ja grundsätzlich keinen Punkt des Γ- und μ-Raumes[30]) vor einem anderen auszeichnet, eine wesentliche Rolle spielt: Man braucht etwa nur dafür zu sorgen, daß jeder Verkleinerung von Ω eine Zunahme von N parallel geht, so daß für $\Omega \longrightarrow 0$ und gleichzeitig $N \longrightarrow \infty$ das Produkt $\Omega \cdot N$ einem endlichen, von Null verschiedenen Grenzwert zustrebt. Die Annahme (a_I) hat also für Ω von endlicher Größe eigentlich keinen Sinn und zeigt sich nur im Falle dieses Grenzüberganges hinterher gerechtfertigt, dessen Ausführbarkeit in der älteren Theorie mit Rücksicht auf die Ergoden- oder Quasiergodenhypothese nur dem Bedenken begegnen konnte, daß die Molekülzahl N eine *grundsätzlich endliche*, wenn auch ungeheure Größe darstellt. Durch wirkliche Ausführung des angedeuteten Grenzüberganges kann man daher nur zu einer *stetigen Approximation* der bei Festhalten an obiger Methodik *prinzipiell diskontinuierlichen Phasenfunktionen* $\varphi(\mathbf{Z})$ des Gases gelangen.[31]) Will man der Endlichkeit von N *schon vorher* Rechnung tragen, so darf man die Ω eine von N abhängige endliche Größe nicht unterschreiten lassen.[32])

(II) Aus dem Obigen geht hervor, daß mit dem Verzicht auf die Ergoden- oder Quasiergodenhypothese eine wesentliche Revision der

---

30) Die Annahme der Ergoden- oder Quasiergodenhypothese für das Gasmodell (Γ-Raum) zieht notwendig auch jene für das Einzelmolekül (μ-Raum) nach sich, nur daß letzteres hierbei keinen energetischen Einschränkungen zu unterliegen braucht.

31) Vgl. IV 32, Nr. **12**c.

32) Der im Vorstehenden auseinandergesetzte Sachverhalt findet sich bei *P.* und *T. Ehrenfest,* IV 32, Anm. 110), nur kurz angedeutet. Wir haben es für notwendig befunden, ihn hier so eingehend darzustellen, um die fast bei jedem Schritte wesentliche Rolle der Ergoden- oder Quasiergodenhypothese klarzustellen, welche im Nachfolgenden vollständig verlassen werden wird. Wie man sieht, bedingt hier also die *Endlichkeit von N allein* die Endlichkeit der Zellengröße, welche der quasiergodische Mechanismus *nicht* zu begründen vermag, ja, welcher er geradezu widerspricht; daher bleibt auch die nähere *Struktur der Zellen* (über die ja nur der Mechanismus des Modells etwas aussagen könnte) vollständig unbestimmt und *irrelevant.* — Bei der *Quantenstatistik* (Nr. **10**) hingegen ist es gerade der *Mechanismus des Modells,* der diese Endlichkeit und zugleich auch eine *bestimmte Zellenstruktur* festlegt, so daß der grundsätzlichen Berücksichtigung der Endlichkeit von N keine weiteren Schwierigkeiten entgegenstehen.

Der Vollständigkeit halber sei endlich auch noch darauf hingewiesen, daß Ω beim quasiergodischen Mechanismus natürlich auch nicht beliebig groß gewählt werden darf, sondern stets „sehr klein gegenüber der feinsten physikalischen Unterscheidbarkeit" bleiben muß.

Betrachtungen und Häufigkeitsansätze für das Gasmodell im μ-Raum erforderlich wird. Da nach Nr. 2 die innere Bewegung der Moleküle vollkommen unabhängig von ihrer Translationsbewegung erfolgen soll, kann der $2r$-dimensionale μ-Raum in einen $2s$-dimensionalen für die innere Bewegung und einen 6-dimensionalen für die Translation gespalten werden, die nun nacheinander behandelt werden sollen.

Innere Bewegung. Als Grundannahme hinsichtlich der Bedeutung einer brauchbaren Zelleneinteilung des μ-Raumes muß mit Rücksicht auf (a_I) und (b_I) (s. oben) offensichtlich festgehalten werden:

(a_{II}) daß die *a priori-Häufigkeit* aller Molekülzustände, welche durch die μ-Punkte einer *bestimmten* Zelle dargestellt werden, bei unbegrenzt fortgesetzt gedachter Unterteilung *gleich groß* wird, damit von ihnen überdies noch angenommen werden kann, daß sie physikalisch als hinreichend gleichwertig und *ununterscheidbar*, und daher einander ersetzbar (vertauschbar) angesehen werden können.

(b_{II}) Von Zelle zu Zelle hingegen wird diese a priori-Häufigkeit nun im allgemeinen *verschieden* sein und nicht mehr durch das Volumen der Zellen allein bestimmt werden müssen. —

Im Gegensatz zu (a_I) und (b_I) enthalten (a_{II}) und (b_{II}) keinerlei *Behauptungen* über Eigenschaften der Moleküle, sondern *Ansätze*, welche für die Anwendung der *kombinatorischen Methodik* der statistischen Mechanik unerläßlich sind.[32a]) Welche *spezielle Form* diese Ansätze für *wirkliche* Moleküle besitzen, kann und muß der späteren Entscheidung durch die *Erfahrung* überlassen bleiben (Nr. 9); dies gilt namentlich auch von dem Ansatz verschiedener a priori-Häufigkeiten (b_{II}), der erstmals von *P. Ehrenfest*[33]) in die Statistik eingeführt worden ist.[34])

32a) In *einem*, bis vor kurzem aber kaum für abänderungsfähig oder -bedürftig angesehenen, jedoch *fundamentalen* Punkte enthält (a_{II}) ebenso wie der klassische Ansatz (a_I) allerdings eine *Behauptung* — zwar nicht bezüglich der Eigenschaften des Einzelmoleküls, wohl aber über Eigenschaften des Zusammenwirkens der Moleküle zu einem statistischen System. Nach der oben und im folgenden vertretenen Auffassung haben *die* Moleküle, deren Phasenpunkte in die gleiche μ-Zelle fallen, als voneinander *statistisch unabhängig* zu gelten, was anschaulich zwar naheliegt, begrifflich jedoch keineswegs notwendig ist. Wenn man die *statistische Unabhängigkeit der Insassen jeder einzelnen μ-Zelle* aufgibt, so gelangt man zu einer jüngst von *S. N. Bose*, Ztschr. f. Phys. 26 (1924), p. 178 vorgeschlagenen und von *A. Einstein*, Berl. Ber. 1924, p. 261; 1925, p. 3, befürworteten abweichenden Methodik, deren Bedeutung am Ende von Nr. 27 kurz besprochen werden wird; vgl. namentlich Anm. 795), 796), 797).

33) *P. Ehrenfest*, Phys. Ztschr. 15 (1914), p. 657. In einem speziellen strahlungstheoretischen Falle hat *P. Ehrenfest* diesen Ansatz bereits schon früher behandelt, vgl. Ann. d. Phys. 36 (1911), p. 91, § 5. — Hinsichtlich der Bedeutung einer nicht konstanten a priori-Häufigkeit oder „Gewichtsfunktion" s. auch Anm. 99).

Mit Rücksicht auf (a_{II}) und (b_{II}) erweist es sich — ohne daß damit der Allgemeinheit irgendwie Abbruch getan werden würde — als vorteilhaft, Molekülzustände, deren a priori-Gleichhäufigkeit auf Grund der Bewegungsgleichungen (1) von vornherein als feststehend angesehen werden muß, jedenfalls nicht in verschiedenen, sondern stets nur in ein und derselben Zelle unterzubringen. Hinsichtlich dieser Zustände gibt der als *Axiom* anzusehende Satz Auskunft, daß zwei Molekülzustände, von denen der eine *kausal*, d. h. eben auf Grund von (1), aus dem andern hervorgeht, a priori gleiche Häufigkeit besitzen.[35]) Denkt man sich daher die ganze unendliche μ-Kurve eines Moleküls in den μ-Raum eingetragen, die seiner *ungestörten* Bewegung bei Wahl irgendwelcher bestimmter Anfangsbedingungen nach (1) entspricht, so hat man eine Gesamtheit solcher a priori gleichhäufiger Molekülzustände.

Die vollständige Integration der Gleichungen (1) der jetzt etwa als konservativ vorauszusetzenden inneren Bewegung erfolgt bekanntlich am einfachsten mittels der *Hamilton-Jacobischen partiellen Differentialgleichung.*[36]) Führt man in $E(q_k, p_k, a^*)$ an Stelle der Impulse p_k durch die s Gleichungen

$$(4) \qquad p_k = \frac{\partial S}{\partial q_k} \qquad (k = 1, 2, \ldots, s)$$

---

34) In der älteren statistischen Mechanik war man der Meinung, daß (b_I) die einzig zulässige Annahme sei, weil sie mittels des *Liouvilleschen* Satzes aus den Bewegungsgleichungen (1) allein gefolgert werden könne; wie unter (I) hervorgehoben worden ist, benötigt man hierzu aber noch die Ergoden- oder Quasiergodenhypothese. Auch *H. Poincaré* hatte sich dieser Meinung angeschlossen, vgl. J. de Phys. (3) 2 (1912), p. 5, verwendet aber in der gleichen Arbeit bereits ebenfalls einen Ansatz von der Art (b_{II}), unabhängig von *Ehrenfest.* —

Der in der älteren statistischen Mechanik als „Maß für die Wahrscheinlichkeit" benutzten absoluten Integralinvariante

$$\overset{(2s)}{\int \cdots \int} dq_1, \ldots, dq_s, dp_1, \ldots, dp_s$$

entspricht in der neueren „stetigen" Statistik die absolute Integralinvariante

$$\overset{(2s)}{\int \cdots \int} g(q_k, p_k, a^*)\, dq_1, \ldots, dq_s, dp_1, \ldots, dp_s$$

[siehe die Gleichungen (15), (46), (34aa) und (50)], in welcher $g(q_k, p_k, a^*)$ ein (eindeutiges) zeitfreies Integral der Bewegungsgleichungen (1) sein muß. Vgl. *E. T. Whittaker,* Analytical dynamics, 2. Aufl. Cambridge 1917, p. 283. Der *Liouville*sche Satz geht daraus einfach für $g = 1$ hervor].

35) Zur genaueren Erklärung der Bedeutung dieser oder ähnlicher Aussagen vgl. z. B. *P. Hertz,* Rep. l. c. (s. Anm. 9), Nr. 247.

36) Vgl. etwa II A 5, *E. v. Weber* (Partielle Differentialgleichungen), insbes. Nr. 31, oder *E. T. Whittaker,* Analytical dynamics, 2. Aufl. Cambridge 1917.

die partiellen Differentialquotienten einer Funktion S ein, so erhält man diese Differentialgleichung, indem man noch E der willkürlichen (Energie-)Konstante α_1 gleichsetzt:

$$E\left(q_1, \ldots, q_s, \frac{\partial S}{\partial q_1}, \ldots, \frac{\partial S}{\partial q_s}, a^*\right) = \alpha_1. \tag{5}$$

Wenn nun

$$S(q_1, \ldots, q_s, \alpha_1, \ldots, \alpha_s, a^*) + C \tag{6}$$

eine vollständige Lösung von (5) ist, worin $\alpha_2, \ldots \alpha_s$ und C weitere willkürliche Konstanten bedeuten, so stellen die Gleichungen

$$\frac{\partial S}{\partial \alpha_1} = t + \beta_1, \quad \frac{\partial S}{\partial \alpha_i} = \beta_i \qquad (i = 2, 3, \ldots, s) \tag{7}$$

zusammen mit den Gleichungen (4) die allgemeine Lösung der Bewegungsgleichungen (1) dar; $\beta_1, \ldots, \beta_s$ sind ebenfalls willkürliche Konstanten, t bedeutet wieder die Zeit. Die Gleichungen (4) und (7) gestatten einerseits die Phasen q_k, p_k als Funktionen der α_i, β_i, a^* und der Zeit auszudrücken:

$$\left.\begin{cases} q_k = q_k(\alpha_1, \ldots, \alpha_s, t + \beta_1, \beta_2, \ldots, \beta_s, a^*) \\ p_k = p_k(\alpha_1, \ldots, \alpha_s, t + \beta_1, \beta_2, \ldots, \beta_s, a^*), \end{cases}\right\} (k = 1, 2, \ldots, s) \tag{8}$$

oder umgekehrt die „Integrale" A_i, B_i als Funktionen der q_k, p_k, a^* darzustellen:

$$\begin{cases} E(q_k, p_k, a^*) \equiv A_1(q_k, p_k, a^*) = \alpha_1, \quad B_1(q_k, p_k, a^*) = t + \beta_1, \\ A_i(q_k, p_k, a^*) = \alpha_i, \quad B_i(q_k, p_k, a^*) = \beta_i \quad (i = 2, 3, \ldots, s). \end{cases} \tag{9}$$

Jede μ-Kurve eines Moleküls als geometrischer Ort a priori gleichhäufiger Molekülzustände wird also mittels der Gleichungen (8) erhalten werden können, indem man den willkürlichen Konstanten $\alpha_1, \ldots, \alpha_s, \beta_2, \ldots, \beta_s$ bestimmte feste Werte erteilt und $t + \beta_1$ alle Werte von $-\infty$ bis $+\infty$ annehmen läßt; sie kann auch, was auf dasselbe hinausläuft, als *Schnittlinie* der $2s - 1$ zeitfreien Integral-„Hyperflächen" $A_i = \alpha_i$ $(i = 1, 2, \ldots, s)$, $B_i = \beta_i$ $(i = 2, 3, \ldots, s)$ im μ-Raume interpretiert werden.

Indessen sind die μ-Kurven der ungestörten inneren Molekülbewegung nicht die einzigen Orte nach (1) a priori gleichhäufiger Molekülzustände im μ-Raume. Wenn in der Thermodynamik mit einem warmen Körper ein *adiabatisch-reversibler* Prozeß ausgeführt wird, so bedeutet das eine *„unendlich langsame" umkehrbare Änderung der äußeren Parameter* a^*, die an jedem einzelnen der Gasmoleküle wirksam wird. Die dadurch verursachten *Störungen* der inneren Molekülbewegung lassen sich — weil unendlich langsam erfolgend — nun ebenfalls mittels der Gleichungen (1) berechnen, und man schließt ähnlich wie oben: *Alle durch „unendlich langsame", umkehrbare Änderungen makroskopischer*[37]) *Parameter erreichbaren μ-Kurven verbinden Molekülzustände von a priori gleicher Häufigkeit.* Damit sind zugleich sämtliche derartigen Zustände eruiert: weitere Beeinflussungsmöglichkeiten der Moleküle sind makroskopisch nicht realisierbar.

Die $2s-1$ zeitfreien unter den Integralen (9) sind Phasenfunktionen des Moleküls, welche sich dem zeitlichen Ablauf der *ungestörten* Bewegung des Moleküls gegenüber invariant verhalten; einer „unendlich langsamen", umkehrbaren Parameterverschiebung δa^* gegenüber werden sie sich im allgemeinen jedoch verändern. Diese Veränderung beträgt, wie in Nr. **3 A** näher erörtert werden wird, z. B. für A_i:

$$(10) \qquad \delta A_i = \overline{\frac{\partial A_i(q_k, p_k, a^*)}{\partial a^*}} \cdot \delta a^* = \delta \alpha_i,$$

wobei durch den Querstrich der *zeitliche Mittelwert* von $\frac{\partial A_i}{\partial a^*}$, genommen über die ganze unendliche Erstreckung der *ungestörten* Ausgangsbewegung (der anfänglichen μ-Kurve) angedeutet werden soll. Funktionen der zeitfreien Integrale $J(E, A_2, \ldots, A_s, B_2, \ldots, B_s)$ (also wieder derartige Integrale), welche die Eigenschaft haben, daß für sie

$$(11) \qquad \delta J = 0,$$

heißen *Parameterinvarianten* oder *adiabatische Invarianten*[38]) in bezug auf die Parameter a^*. Wenn u die Anzahl sämtlicher *eindeutiger* voneinander unabhängiger Parameterinvarianten I der Bewegungsgleichungen (1) darstellt, so ist ein „Bündel" von allen durch unendlich langsame, umkehrbare Parameteränderungen ineinander überführbaren μ-Kurven einfach durch irgendwelche feste Werte dieser $I_1, I_2, \ldots, I_u$ bestimmt (Nr. **3 A**); die Werte der übrigen, von den I unabhängigen zeitfreien Integrale ($2s-u-1$ an der Zahl) sind dann beliebig wählbar und bestimmen zusammen mit den I die einzelnen μ-Kurven dieses Bündels.

---

37) Nur mittels *solcher* Parameter a^* werden ja die *einzelnen Moleküle willkürlich* beeinflußbar. Über die Ausdehnung der Betrachtung auf *sämtliche* am Molekül auftretenden Parameter a *einschließlich der molekularen* vgl. Nr. **3 A** und **14**, sowie namentlich Anm. 285).

38) Letztere Bezeichnung rührt von *P. Ehrenfest*, Ann. d. Phys. 51 (1916), p. 327 her; sie hat den Nachteil, daß das Eigenschaftswort „adiabatisch" mehr an die rasch verlaufenden adiabatischen Vorgänge der technischen Thermodynamik erinnert, als an die hier wesentlichere Reversibilität der Parameteränderung. Da die Ermittlung dieser Invarianten (s. Nr. **3 A**) überdies nichts mit Thermodynamik zu tun hat, sondern ein Problem der Dynamik darstellt, hat *A. Smekal*, s. Anm. 41), die Bezeichnung „Parameterinvarianten" für sie in Vorschlag gebracht, an der im folgenden auch festgehalten werden soll.

Um nun die Zellen des $2s$-dimensionalen μ-Raumes der inneren Bewegung abzugrenzen, wird man Gebiete wählen, welche von einander benachbarten derartigen Bündeln ausgefüllt werden[39]), und wird diese letzteren nach (a_{II}) auch untereinander als a priori gleichhäufig gelten lassen. Nach geeigneter *Normierung* der I (s. unten) kann man hierzu etwa u Flächenscharen

$$(12) \quad I_r = I_r^{(0)},\; I_r = I_r^{(1)},\; I_r = I_r^{(2)}, \ldots, I_r = I_r^{(n_r)}, \ldots \quad (r = 1, 2, \ldots, u)^{40)}$$

in Ansatz bringen, welche die *Struktur des μ-Raumes* bestimmen[41]); die $I_r^{(n_r)}$ bedeuten hierbei festzuhaltende Spezialwerte der den Integralen I_r gleichzusetzenden willkürlichen Konstanten, welche für alle n_r der Bedingung genügen:

$$(13) \qquad I_r^{(n_r-1)} \underset{(=)}{<} I_r^{(n_r)} \underset{(=)}{<} I_r^{(n_r+1)}.$$

Die Scharen (12) müssen ferner so gewählt werden, daß sie das ganze Gebiet des μ-Raumes überdecken, dessen Punkte physikalisch reali-

39) Diese Bedingung kann keineswegs für ganz beliebige mechanische Systeme (1) erfüllt werden, sondern nur für solche, welche eine *kontinuierliche* Mannigfaltigkeit „stabiler", d. h. ganz im Endlichen verlaufender Bahnkurven besitzen. S. Nr. **3 A**, wo diese Systeme zu den Klassen (A) und (B) zusammengefaßt sind. In Anbetracht der erfahrungsgemäßen weitgehenden Stabilität von Atomen und Molekülen bedeutet dieser Umstand hier jedoch keinerlei Einschränkung.

Soweit sich die nachfolgenden und die Ausführungen von Nr. **3 A** auf die Einteilung des μ-Raumes beziehen, soll stets stillschweigend vorausgesetzt werden, daß man es nur mit Systemen der Art (A) in Nr. **3 A** (Existenz kontinuierlicher Mannigfaltigkeiten stabiler Lösungen von (1) von genau $2s$ Dimensionen) zu tun hat. Im Falle (B) wäre derjenige Teil des μ-Raumes, dessen Punkte physikalisch realisierbaren, also vor allem stabilen Molekülzuständen entsprechen, und auf den sich daher die Einteilung (12) zu beziehen hätte, von $\sigma(< 2s)$ Dimensionen; formal bliebe davon alles unberührt, bis auf die Schreibweise von (14), sowie (14') und (14'') in Nr. **3 A** und die Begründung dieser Beziehungen in Anm. 74).

40) Die allgemeinste zulässige Einteilung bestünde darin, jede I_r-Fläche nicht zur gemeinsamen Begrenzung eines ganzen Zell*streifens* zu verwenden, sondern nur zur gegenseitigen Abgrenzung zweier Nachbarzellen. Für die allgemeine Entwicklung der Theorie ist die Spezialisierung (12) belanglos; sie ist die einzige, die bisher und ausnahmslos praktische Bedeutung erlangt hat. —

Eine Verwechslung des hier gebrauchten *Index* r mit der früher benutzten Anzahl $r = s + 3$ der inneren und Translationsfreiheitsgrade der Moleküle braucht wohl nicht befürchtet werden, um so mehr als letztere Bezeichnung im folgenden nicht mehr auftreten wird.

41) *A. Smekal,* Wien. Anz. 1921, p. 126; Verhandl. Deutsch. Phys. Ges. (3) 2 (1921), p. 47 (vorläufige Mitteilung).

sierbaren Molekülzuständen entsprechen.[42]) — Die von den Flächen $I_r = I_r^{(n_r - 1)}$ und $I_r = I_r^{(n_r)}$ $(r = 1, 2, \ldots, u)$ begrenzte Zelle kann durch u ganze Zahlen, z. B. die Indizes $n_1, n_2, \ldots, n_u$ gekennzeichnet werden; die erwähnte Normierung der I_r kann so erfolgen, daß das Volumen dieser Zelle $\Omega_{n_1, n_2, \ldots, n_u}$ für $s = u$ direkt durch das Produkt

$$\Omega_{n_1, n_2, \ldots, n_u} = \prod_{r=1}^{u} \left(I_r^{(n_r)} - I_r^{(n_r - 1)}\right) \tag{14}$$

gegeben ist.[43])

Über die Wahl der Größen $I_r^{(n_r)}$ läßt sich a priori gar nichts aussagen, da die Bewegungsgleichungen (1) hierüber — im Gegensatz zur älteren Theorie (I), welche wegen (b_{I}) die Gleichheit aller Zellvolumina nahelegte — keine Aussage zu folgern gestatten. Wir können und müssen diese Frage, wie schon erwähnt, offen lassen und ihre spätere Beantwortung der Erfahrung überweisen. Nach dem Ansatz (12) mögen die $\Omega_{n_1, n_2, \ldots, n_u}$ also beliebig groß und voneinander verschieden ausfallen, unter Umständen sogar von verschiedener Dimensionszahl sein, infinitesimal werden oder auf Null zusammenschrumpfen[44]). Auf Grund von (a_{II}) schreiben wir endlich jeder Zelle einen bestimmten mittleren Energiewert $E_{n_1, n_2, \ldots, n_u}$ zu und ebenso bestimmte derartige Werte für die anderen in Betracht kommenden Phasenfunktionen der Moleküle oder deren Zeitmittelwerte.[45])

Nach (b_{II}) haben wir schließlich bestimmte Ansätze für die a priori-Häufigkeiten der verschiedenen Zellen einzuführen. Diese a priori-Häufigkeiten sind als Phasenfunktionen der Moleküle aufzufassen, die sich sowohl dem zeitlichen Ablauf der ungestörten Bewegung, als auch unendlich langsamen, umkehrbaren Parameteränderungen gegenüber *invariant* verhalten müssen. Auf letztere Eigenschaft namentlich schließt man ebenso wie im vorangehenden.[46]) Mit *P. Ehrenfest*[33]) sei im ganzen von Zellen bedeckten Teil des μ-Raumes eine *nicht negative* Funktion

42) Die Notwendigkeit dieser Bedingung hat in der Quantenstatistik besonders *M. Planck*, Verhandl. Deutsch. Phys. Ges. 17 (1915), p. 407, 438; Ann. d. Phys. 50 (1916), p. 385, § 3, betont. S. ferner Anm. 39).

43) S. Nr. **3 A**, wo auch der Fall $u < s$ angeführt wird. — Ein Beispiel, welches die Anwendung der Ansätze dieser Nummer illustriert, findet sich in Nr. **6 b**, wozu auch Nr. **9**, p. 954/955 verglichen werden möge.

44) Um diese letzte, von der Erfahrung zugelassene Möglichkeit mitberücksichtigen zu können, sind in (13) auch Gleichheitszeichen geschrieben worden.

45) Diese Annahme steht offensichtlich in engstem Zusammenhange mit der Struktur des μ-Raumes selbst: Größe und Form der einzelnen Zellen müssen so gewählt sein, daß derartige mittlere Werte überhaupt existieren.

46) Diese wichtige Bemerkung (vgl. Nr. 8) scheint sich *an dieser Stelle* nirgends in der Literatur zu finden.

$g(q_k, p_k, a^*)$ — die „*Gewichtsfunktion*" — definiert, von welcher innerhalb jeder Zelle ein ganz bestimmter Wert $g_{n_1, n_2, \ldots, n_u}$ als a priori-Häufigkeit oder „*Gewicht*" der Zelle $n_1, n_2, \ldots, n_u$ gewählt werde[47]); dann muß $g(q_k, p_k, a^*)$ als eine „reine" Funktion aller voneinander unabhängiger eindeutiger Parameterinvarianten I_r von (1) dargestellt werden können:

$$g(q_k, p_k, a^*) \equiv g(I_1, I_2, \ldots, I_u). \tag{15}$$

In der Tat folgt hieraus für eine Parameterverschiebung δa^* nach (11)

$$\delta g = \sum_{r=1}^{u} \frac{\partial g}{\partial I_r} \cdot \delta I_r = 0.\text{[48])} \tag{16}$$

Translation. Die Anwendung der im vorstehenden enthaltenen Gesichtspunkte auf die Frage nach der Struktur des 6-dimensionalen Translations-μ-Raumes führt zunächst zu der Feststellung, daß die

---

47) Namentlich wenn die Gewichtsfunktion als *stetig* angenommen wird, läßt sich ihre Einführung bei endlichen Zelldimensionen auch näher als „Wahrscheinlichkeitsfunktion" im Sinne *Reichenbachs* bewerkstelligen. Vgl. *H. Reichenbach*, Diss. Erlangen 1915; Ztschr. f. Phys. 2 (1920), p. 150; 4 (1921), p. 448.

P. Ehrenfest (vgl. Anm. 33) führt die Gewichtsfunktion direkt als a priori-*Wahrscheinlichkeit* ein und fordert demgemäß, daß ihr Integral über den ganzen μ-Raum erstreckt, die Einheit ergebe; er hebt aber hervor, daß dieses Integral für alle bekannten Gewichtsfunktionen divergiert. Dies ist indessen nicht verwunderlich, wenn man bedenkt, daß g doch nur *relative Häufigkeiten* mißt und als echte Wahrscheinlichkeit einen im Grenzfalle unendlich groß werdenden Nenner erhalten müßte. In der Tat kann diese Schwierigkeit behoben werden, wenn man anstatt g den Quotienten $\frac{g}{N}$ als a priori-*Wahrscheinlichkeit* einführt und beachtet, daß die angegebene Integration nur bei gleichzeitiger Ausführung eines Grenzüberganges von der Art des auf p. 878 angedeuteten legitimiert werden kann, in welchem Falle dann das Integral im allgemeinen konvergiert.

48) Zufolge (14) kann daher auch das *Zellvolumen* als Gewichtsfunktion gewählt werden, ähnlich wie in der älteren Theorie (I). Über die Tragweite dieses Umstandes s. Nr. 24.

Hingegen hat z. B. *das von der „Energiefläche des Moleküls" im μ-Raum umschlossene Volumen* („Phasenvolumen"), falls es überhaupt endlich ist, *nicht* diese Eigenschaft. Diese trifft vielmehr nur in ganz *speziellen* Fällen zu, z. B. für periodische Systeme von *einem* Freiheitsgrade oder für quasiergodische Gleichungen (1). Der erstgenannte Satz ist von *Boltzmann* bewiesen worden (siehe Anm. 114), der letztere von *P. Hertz*, vgl. z. B. Rep. l. c., Anm. 9), Nr. 270 (s. auch Anm. 68). — *P. Ehrenfest*, vgl. Anm. 33), hat in dieser Arbeit §§ 3, 4 ein Integraltheorem bewiesen, nach dem das *über den μ-Raum erstreckte Integral einer beliebigen Funktion dieses Volumens* die Eigenschaft (11) bzw. (16) hat. Der dort aus dem Verschwinden von (82a) gezogene Schluß, daß eine *beliebige Funktion dieses Volumens* für g gewählt werden dürfe, ist wegen (15) also nur für die genannten speziellen Systeme berechtigt.

Translationsbewegung keinerlei Parameterinvarianten besitzt (s. Nr. **3 A**). Eine bestimmte Zelleneinteilung, die von der Natur der Bewegung selbst in einem ähnlichen Sinne wie oben gefordert würde, ist hier also nicht angebbar. Konsequenterweise ist daher eine beliebige Phasenraum-Einteilung vorzunehmen und mit ihr der auf p. 878 angedeutete Grenzübergang auszuführen. Der Annahme einer ganz beliebigen Gewichtsfunktion,

$$g_t(x, y, z, p_x, p_y, p_z),$$

würde hier wegen des makroskopischen Charakters der Dimensionen von **V** unter Umständen bereits die unmittelbare makroskopische Erfahrung widersprechen. Da in Nr. **2** die Wechselwirkungen der Moleküle gänzlich vernachlässigt worden sind, kann man schließen, daß g_t von x, y, z unabhängig sein muß, ferner wegen der Willkürlichkeit der Orientierung des kartesischen Koordinatensystems der x, y, z, daß g_t nur die Quadratsumme der p, also allein die Translationsenergie E_t (2) enthalten könnte. Die Erfahrung hat hier bekanntlich bis zu dem noch hypothetischen *Entartungsgebiet* der Gase ausnahmslos für

$$g_t = \text{const.} \tag{17}$$

entschieden.[49]) Diese Umstände zeigen, daß wir auf die Translation die in der älteren Theorie (I) aus der *Quasiergodenhypothese* gefolgerten Annahmen (a_I) und (b_I) ohne weiteres übertragen dürfen; da aus (a_I) und (b_I) allein die Quasiergodenhypothese jedoch *nicht* deduziert werden kann[50]), ist es möglich, sie auch bei der Behandlung der Translation zu vermeiden.

3 A. Theorie der Parameterinvarianten oder adiabatischen Invarianten.[38]) Die in Nr. **3** eingeführten „räumlichen" Häufigkeitsansätze haben die Bedeutung der Parameterinvarianten eines beliebigen mechanischen Systems für die Begründung einer rationellen Statistik bereits erkennen lassen. Da die Existenz solcher Invarianten außerdem unter Umständen Schlüsse über den Bau von Atomen und Molekülen zu ziehen erlaubt und für die Quantentheorie dieser Gebilde von grundsätzlicher Bedeutung ist (Nr. **14**), soll an dieser Stelle eine kurze Übersicht über ihre Theorie eingeschaltet werden, die im Grunde genommen ein sehr spezielles Kapitel der höheren Dynamik darstellt.

Wie in Nr. **2** werde vorausgesetzt, daß die innere Bewegung der Moleküle durch die kanonischen Bewegungsgleichungen (1) bestimmt sei; die zugehörige *Hamilton*sche Funktion $H(q_k, p_k, a)$, bzw. die Ge-

49) Vgl. hierzu Nr. **9**.

50) Vgl. hierüber Nr. **4**, insbesondere Anm. 80).

samtenergie der inneren Bewegung $E(q_k, p_k, a)$ enthalte aber nun beliebig viele Parameter a, *die keineswegs sämtlich makroskopischer Natur zu sein brauchen.* Werden irgendwelche dieser Parameter „unendlich langsam“ verschoben, so ist für die „Umkehrbarkeit“ dieses Prozesses, wie sich leicht einsehen läßt, erforderlich, daß es Bahnkurven des mechanischen Problems mit infinitesimal benachbarten Parameterwerten gibt, welche im allgemeinen die gleichen analytischen Eigenschaften besitzen und vor allem „stabil“ in dem Sinne sein müssen, daß ihre q_k und p_k für alle Zeiten zwischen endlichen Grenzen eingeschlossen bleiben.[51]) Nach dem *Poincaré-Carathéodoryschen Wiederkehrsatze*[52]) erfüllen derartige stabile Bahnkurven einen endlichen Bereich von einer Dimensionszahl $\mathfrak{s} < 2s$ überall dicht[53]), so daß sich zu jedem beliebigen Punkte einer Bahnkurve mit dem Parameterwerte $a + \delta a$ stets beliebig viele Punkte der Bahnkurve mit dem Parameterwerte a finden lassen, welche von ersterem höchstens einen Abstand von der Größenordnung $|\delta a|$ besitzen, und umgekehrt. Bahnkurven, welche ins Unendliche laufen, haben diese Eigenschaft naturgemäß nicht, so daß es bei ihnen nicht möglich ist, das „gestörte“ System $(a + \delta a)$ zu jedem beliebigen Zeitpunkte durch „unendlich langsame“ Ausführung einer Parameterverschiebung $-\delta a$ in seinen ungestörten Bewegungszustand (a) zurückzuführen. Mit Rücksicht auf diese Erfordernisse hat man demnach zwischen folgenden Arten von mechanischen Problemen zu unterscheiden:

(A) Die stabilen Lösungen bilden kontinuierliche, $2s$-dimensionale Mannigfaltigkeiten.

(B) Die stabilen Lösungen bilden kontinuierliche, σ-dimensionale Mannigfaltigkeiten $(\sigma < 2s)$.

(C) Es gibt überhaupt keine kontinuierlichen Mannigfaltigkeiten stabiler Lösungen.

(D) Es gibt überhaupt keine stabilen Lösungen.

Die Fälle (C) und (D) scheiden somit von der ferneren Betrachtung aus; zu (D) gehört z. B. die Translationsbewegung der Moleküle, für welche daher keine Parameterinvarianten angegeben werden können. Im Falle (B) hat man offenbar zwischen solchen Parametern zu unterscheiden, durch deren Verschiebung das mechanische System aus einer

51) Bezüglich der verschiedenen üblichen Stabilitätsdefinitionen vgl. man etwa VI 2, 12 (*E. T. Whittaker*), *Prinzipien der Störungstheorie und allgemeinen Theorie der Bahnkurven in dynamischen Problemen,* Nr. 7 und 8.

52) *C. Carathéodory,* Berl. Ber. 1919, p. 580.

53) Abgesehen von einer im allgemeinen belanglosen Punktmenge vom *Lebesgue*schen Maß Null.

stabilen Bahnkurve wieder in eine solche übergeführt wird, und solchen, durch deren Verschiebung das System *instabil* wird[54]) (*Instabilitäts-Parameter*). Zu den Systemen der Klasse (B) gehört z. B. das *Newtonsche* bzw. *Coulombsche Drei- und Vielkörperproblem.* Die erfahrungsmäßige Stabilität der Atome und Moleküle verlangt also, daß zumindest die makroskopischen Parameter a^* nicht zu ihren „Instabilitäts-Parametern" gehören, falls molekulare Gebilde mit ausreichender Berechtigung als *Coulombsche Vielkörpersysteme* angesehen werden können (vgl. dazu Nr. **13, 14**).[54]) Im folgenden mögen etwaige Instabilitäts-Parameter stabiler Lösungen der Gleichungen (1) von der Untersuchung ausdrücklich als ausgeschlossen gelten; bei den übrigen Parametern sollen ferner nur solche Werte und Verschiebungen zugelassen werden, welche keine Änderungen des analytischen Charakters der betrachteten stabilen Bahnkurven zur Folge haben.[55])

Um nun den Einfluß „unendlich langsamer" Parameterverschiebungen auf die Bewegung des betrachteten mechanischen Systems zu berechnen, hat man derartige Vorgänge durch die folgenden Annahmen zu präzisieren[56]), wobei es wegen der Unabhängigkeit der einzelnen

54) *A. Smekal,* Ztschr. f. Phys. 11 (1922), p. 294.

55) „Unendlich langsame" umkehrbare Parameterübergänge zwischen Familien von stabilen Partikularlösungen von (1) *verschiedenen analytischen Charakters* (z. B. von doppeltperiodischen zu einfachperiodischen oder beliebigen mehrfachperiodischen zu quasiergodischen Familien) führen zu Schwierigkeiten, auf welche an dieser Stelle nicht genauer eingegangen werden kann. Vgl. z. B. *P. Ehrenfest,* Ann. d. Phys. 51 (1916), p. 327, § 9; *J. M. Burgers* [1], §§ 38—40; *N. Bohr* [2], Teil I, § 3. Als Grenzfall solcher Vorgänge kann auch das unendlich langsame Anwachsen äußerer Kraftfelder angesehen werden, wenn hierbei vom feldfreien Zustande ausgegangen wird ($a = 0$) und das Feld den analytischen Charakter der Bewegung modifiziert. S. Nr. **15 b**.

E. Fermi, Nuovo Cimento 25 (1923), p. 171, zeigte neuerdings an einem einfachen Beispiele, daß das Ergebnis unendlich langsam ausgeführter Parameterverschiebungen von endlichem Betrage durchaus davon abhängig ist, ob die durchlaufenen Zwischenzustände sämtlich zur gleichen Bahnkurvenfamilie wie der Ausgangs- und Endzustand gehören oder nicht. Allerdings handelt es sich hier auch noch darum, daß zur Ausführung des betreffenden Verschiebungsprozesses mindestens *zwei verschiedenartige* Parameter verändert werden müssen. Eine allgemeine Behandlung *dieses* Umstandes und seiner Konsequenzen für Bahnkurven gleichen analytischen Charakters hat *E. Fermi,* Nuovo Cimento 25 (1923), p. 271, zu formulieren versucht, wobei der in Anm. 66) vermutete Satz ohne Beweis verwendet wird; alle Resultate *Fermis* lassen sich jedoch aus bereits bekannten Ergebnissen (vgl. Anm. 68) folgern, wenn man die ganze Fragestellung auf jene weiter unten im Text, p. 892, behandelte, nach der Existenz *übereinstimmender Parameterinvarianten* für beliebig *verschiedene Parameter* zurückführt. (Anm. bei der Korrektur.)

56) *J. M. Burgers,* Proc. Acad. Amsterdam 20 (1917), p. 149.

Parameter voneinander zunächst offenbar genügt, sich auf einen einzigen derselben zu beschränken:

(a) Selbst nach Ablauf eines Zeitraumes, während dessen der Phasenpunkt des Systems jedem Punkte seines *Poincaré-Carathéodoryschen Wiederkehrbereiches*[52]) beliebig nahe gekommen ist, kann die gesamte Parameterverschiebung δa als kleine Größe erster Ordnung angesehen werden.

(b) Die Änderungsgeschwindigkeiten $\frac{da}{dt}$ können bei der angestrebten Genauigkeit als *konstant* angesehen werden.[57])

(c) Die Bewegungsgleichungen (1) bleiben während der Parameterverschiebung innerhalb der angestrebten Genauigkeit gültig[58]), so daß der Einfluß der letzteren wegen (a) z. B. nach den Methoden der *Störungstheorie* berechnet werden kann.[59])

Um die durch eine unendlich langsame Parameterverschiebung δa bewirkte totale zeitliche Änderung eines beliebigen der zeitfreien Integrale A_i (9) von (1) zu berechnen, hat man dessen Momentanänderung

$$\frac{\partial A_i(q_k, p_k, a)}{\partial a} \cdot \frac{da}{dt}$$

über die durch

$$\int_0^T \frac{da}{dt} \cdot dt = \delta a$$

bestimmte Zeitdauer T zu integrieren. Zufolge (b) erhält man

$$\delta A_i = \frac{1}{T} \int_0^T \frac{\partial A_i(q_k, p_k, a)}{\partial a} \cdot dt \cdot \frac{da}{dt} \cdot T = \frac{1}{T} \int_0^T \frac{\partial A_i(q_k, p_k, a)}{\partial a} \cdot dt \cdot \delta a;$$

57) Die Tragweite dieser Annahme ist noch nicht untersucht, und daher strenggenommen mit Sicherheit auch noch nicht angebbar, ob das Ergebnis einer unendlich langsamen Parameterverschiebung von der Art, wie a mit der Zeit variiert, unabhängig ist. Mit *J. M. Burgers* — [1], p. 242 — kann man dies indessen als sehr wahrscheinlich ansehen, wenn die Parameterverschiebung nur keine *Resonanz* mit dem ungestörten System zur Folge hat, oder $\frac{da}{dt}$ dauernd als unendlich klein gegenüber irgendwelchen der $\frac{dq_k}{dt}$ angesehen werden kann. Vgl. dazu ferner *A. Sommerfeld* [1], p. 376, 720, und *H. Kneser*, Math. Ann. 91 (1924), p. 155.

58) Diese Annahme ist wegen den Bestehenbleibens des Energiesatzes im allgemeinen unbedenklich, wie man z. B. unmittelbar sieht, wenn die zu variierenden Parameter nur in die Kräftefunktion eingehen.

59) Das Auftreten säkularer Störungen, welche die erforderliche Stabilität aufheben, ist durch die vorangegangenen Festsetzungen über die im folgenden zu betrachtenden Parameter bereits ausgeschlossen.

wegen (a) können unter dem Integralzeichen für die q_k und p_k die entsprechenden Werte für die *ungestörte* Ausgangsbewegung (konstantes a) eingesetzt werden[60]), wegen des *Wiederkehrsatzes*[52]) kann überdies der Zeitmittelwert von $\frac{\partial A_i}{\partial a}$ über T durch dessen Grenzwert für $T \to \infty$ ersetzt werden, falls letzterer existiert. Da sich dieser Grenzwert wiederum wegen des Wiederkehrsatzes vom Zeitmittelwert, genommen über die ganze unendliche Erstreckung der Bahnkurve, nicht unterscheidet, ergibt sich schließlich in Übereinstimmung mit (10), unabhängig vom Beginne der Parameterverschiebung

$$(10') \qquad \delta A_i = \overline{\frac{\partial A_i(q_k, p_k, a)}{\partial a}} \cdot \delta a.^{61})$$

Um sämtliche durch (11) definierten Parameterinvarianten der Bewegungsgleichungen (1) *in bezug auf einen speziellen Parameter a* zu finden, führt man a zunächst als willkürliche Funktion der Zeit ein und setzt hinterher $\frac{da}{dt} = \text{const.}$[62]) Während die vollständige Lösung (6) der *Hamilton-Jacobi*schen Differentialgleichung (5) im Falle $a = \text{const.}$ zu den Integrations*konstanten* α_i, β_i in (9) führt, bestimmt sie im Falle $a = a(t)$ mittels (4) und (7) eine Berührungstransformation, welche von den ursprünglichen kanonischen Veränderlichen q_k, p_k zu den neuen kanonischen *Variablen* α_i, β_i überzugehen erlaubt. Da die charakteristische Funktion S dieser Transformation jetzt von der Zeit abhängt, lauten die Bewegungsgleichungen (1) in den neuen Variablen geschrieben nunmehr

$$(1') \qquad \left\{\frac{d\alpha_i}{dt} = -\frac{\partial K}{\partial \beta_i}, \quad \frac{d\beta_i}{dt} = \frac{\partial K}{\partial \alpha_i}\right\} \quad (i = 1, 2, \ldots, s),$$

60) *J. M. Burgers,* l. c.; vgl. auch die genauere Durchführung für einzelne Spezialfälle bei *N. Bohr* [2], namentlich p. 23/24.

61) Daß dieser Betrag im allgemeinen von der speziellen Wahl der benutzten kanonischen Variablen q_k, p_k *unabhängig* ist, hängt wiederum mit dem Wiederkehrsatz, bzw. mit der vorausgesetzten *Stabilität* der für diese Betrachtung zugelassenen Bahnkurven von (1) zusammen. Wenn die Bewegung mehrfach periodisch ist und mittels mehrfacher *Fourier*scher Reihen dargestellt werden kann, läßt sich dies durch direkte Ausrechnung zeigen. Bezüglich einer Anwendung dieses Satzes vgl. man Anm. 73).

62) *G. Krutkow,* Versl. Akad. Amsterdam 27 (1918), p. 908; *A. Smekal,* Wien Anz. 1921, p. 126; Verhandl. Deutsch. Phys. Ges. (3) 2 (1921), p. 47; ferner auch *G. Krutkow* und *V. Fock,* Ztschr. f. Phys. 13 (1923), p. 195, § 1. — Eine andere allgemeine Methode, die auf der Theorie der kontinuierlichen Gruppen beruhen soll, wurde jüngst von *V. F. Lenzen,* Phys. Rev. (2) 20 (1922), p. 201 angekündigt.

Der Grundgedanke obiger Methode findet sich, auf einen Spezialfall angewendet, bereits bei *J. M. Burgers,* Versl. Akad. Amsterdam 25 (1917), p. 1055; auch [1], § 39.

wobei sich K zu

$$(1'') \qquad K(\alpha_i, \beta_i, a) = H + \frac{\partial S}{\partial a} \cdot \frac{da}{dt} = \alpha_1 + \frac{\partial S(\alpha_i, \beta_i, a)}{\partial a} \cdot \frac{da}{dt}$$

ergibt.[63]) Setzt man jetzt in (1) $\frac{da}{dt} = \text{const.}$ und integriert, ähnlich wie vordem bei der Ableitung von (10'), beide Seiten dieser Gleichungen nach der Zeit, so ergibt sich mit Rücksicht auf (1'')

$$(10'') \qquad \left\{ \begin{aligned} \delta A_i &= \delta \alpha_i = -\overline{\frac{\partial^2 S}{\partial a \partial \beta_i}} \cdot \delta a, \\ \delta B_i &= \delta \beta_i = \overline{\frac{\partial^2 S}{\partial a \partial \alpha_i}} \cdot \delta a \end{aligned} \right\} \quad (i = 1, 2, \ldots, s).^{64})$$

Mit Hilfe von (10'') ist es nun im allgemeinen wenigstens grundsätzlich möglich, sämtliche Parameterinvarianten (11) der Bewegungsgleichungen (1) als Funktionen der A_i und B_i zu ermitteln. Ebenso wie bei den gewöhnlichen Integralen von (1) konzentriert sich das Interesse vor allem auf jene Parameterinvarianten, die als *eindeutige* Funktionen der q_k und p_k dargestellt werden können. Solche Parameterinvarianten müssen offenbar durch sämtliche voneinander unabhängigen, gewöhnlichen eindeutigen Integrale von (1) ausgedrückt werden können und sind letzteren an Zahl daher höchstens gleich.[65]) Bezüglich ihrer Ermittlung möge darauf hingewiesen werden, daß beliebige, über *stabile* Bahnkurven erstreckte Zeitmittelwerte, wie sie auch die rechten Seiten von (10'') einnehmen, im allgemeinen nur von *eindeutigen* Integralen von (1) abhängen können.[66]) Läßt man daher bei der Bestim-

63) Vgl. z. B. *E. T. Whittaker*, Analytical Dynamics, 2. Aufl. Cambridge 1917; Nr. 138 in Verbindung mit Nr. 142 und dem Energiesatz.

64) Für $i = 1$ ist an Stelle von B_i, $B_1 - t$ zu setzen. — Ein ähnlicher Mittelungsprozeß wie in (10'') findet ganz allgemein auch in der übrigen Störungstheorie Anwendung, wenn es sich um die Bestimmung einer ersten Näherung handelt. Vgl. z. B. *N. Bohr* [2], p. 62/64, oder Nr. **15b**.

65) Bei Problemen, deren *Hamilton-Jacobi*sche Differentialgleichung (5) durch *Separation der Variablen* integriert werden kann (*bedingt periodische Systeme*, s. Nr. **15**), beträgt die Anzahl der eindeutigen Integrale im allgemeinen s; beim *Vielkörperproblem* geben über diese Frage die bekannten Theoreme von *Bruns* und *Poincaré* Auskunft, vgl. z. B. VI 2, 12 (*E. T. Whittaker*), Nr. 4 oder das in Anm. 63) zitierte Buch des gleichen Verfassers, ferner *E. Fermi*, Phys. Ztschr. 24 (1923), p. 261. Die gleiche Frage bei *beliebigen Problemen von zwei Freiheitsgraden* behandeln in letzter Zeit *E. T. Whittaker*, Proc. Edinb. Roy. Soc. 37 (1917), p. 95 und *H. Kneser*, Math. Ann. 84 (1921), p. 277, § 8. Nach *T. M. Cherry*, Proc. Cambr. Phil. Soc. 22 (1924), p. 287, gibt der *Poincaré*sche Satz allerdings nur die Anzahl jener eindeutigen Integrale richtig an, *welche nach Potenzen eines Parameters entwickelbar sind.*

66) Dieser Satz ist bisher allerdings nur für Spezialfälle beweisbar. Seine Allgemeingültigkeit würde das Zutreffen folgender beider Annahmen zur Voraus-

mung der Parameterinvarianten von den Gleichungen (10″) alle jene weg, welche sich auf die Änderung eines Integrals beziehen, das auf den rechten Seiten aller dieser Gleichungen nicht auftritt, so wird man nur die eindeutigen Parameterinvarianten von (1) erhalten.[67])

Der Umstand, daß die rechten Seiten von (10″) unter den Zeitmittelwerten partielle Ableitungen nach dem speziell ins Auge gefaßten Parameter a aufweisen, zeigt, daß man im allgemeinen *für verschiedene Parameter a, verschiedene Systeme unabhängiger Parameterinvarianten* erhalten wird. Alle bisher in Betracht gekommenen und rechnerisch beherrschbaren Systeme lassen sich indessen auf die Form *mehrfach-zyklischer Systeme* bringen, für welche *die Unabhängigkeit der eindeutigen Parameterinvarianten von der speziellen Wahl der Parameter* leicht nachgewiesen werden kann. Ein solches System besitzt die Eigenschaft, daß seine *Hamilton*sche Funktion H bzw. seine Gesamtenergie E nur von den Impulsen p_k und den Parametern, *nicht aber von den Koordinaten* q_k *abhängt.* Um die ausgezeichnete Stellung derartiger Systeme gebührend hervortreten zu lassen, mögen

---

setzung haben müssen: 1. Jeder Zeitmittelwert kann durch einen *Zahlmittelwert* über den $\mathfrak{s}$-dimensionalen *Poincaré-Carathéodoryschen Wiederkehrbereich* der betreffenden Bahnkurve ersetzt werden. 2. Dieser Wiederkehrbereich selbst wird ausschließlich durch *eindeutige* Integrale von (1) „begrenzt“. — Beide Annahmen sind für *bedingt periodische Systeme* (s. Nr. **15**) auf Grund eines Satzes von *P. Stäckel* beweisbar, vgl. *J. M. Burgers,* Versl. Akad. Amsterdam 25 (1916), p. 849, 918. Der Beweis ist ohne weiteres auf *bedingt periodische*, durch *Fourier*sche Reihen darstellbare *Partikularlösungen* allgemeinerer Systeme übertragbar; in allen diesen Fällen ist übrigens auch das Verhalten der Funktion S in (10″) leicht zu übersehen, vgl. *J. M. Burgers,* Versl. Akad. Amsterdam 25 (1917), p. 1055. — Bei *quasiergodischen* Systemen (s. Anm. 10 und 11) gilt 1. sozusagen durch Definition, s. Anm. 9), bezüglich 2. vgl. man *E. Fermi,* Phys. Ztschr. 24 (1923), p. 261 und *W. Urbański,* Phys. Ztschr. 25 (1924), p. 47. Hier ist $\mathfrak{s} = 2s - 1$, und alle Zeitmittelwerte hängen ausschließlich von der Energiekonstante α_1 ab. — Im Zusammenhang mit 2. sei auch auf die Bemerkungen von *H. Kneser,* Math. Ann. 84 (1921), p. 277, §§ 7—9, über die Rolle der eindeutigen Integrale hingewiesen. (Der Begriff „Ergodenhypothese“ ist hier nicht im üblichen Sinne gefaßt.) Vgl. ferner Anm. 55), zweiter Absatz.

67) Würde man von der Zeitmittelbildung über die rechten Seiten von (1′) absehen wollen und die Gleichungen (1′) für $\frac{da}{dt} = \text{const.}$ integrieren, so würden sich im allgemeinen genau $2s - 1$ Integrale von (1′) als Parameterinvarianten ergeben, die aber *keineswegs* sämtlich *eindeutige* Funktionen der q_k und p_k sein und mit den nach der obigen Methode bestimmten übereinstimmen würden. Nur bei $s = 1$ fallen die beiden Ergebnisse notwendig zusammen, wie auch *G. Krutkow* und *V. Fock,* Ztschr. f. Phys. 13 (1923), p. 195, am „*Rayleigh*schen Pendel“ (periodisches System von *einem* Freiheitsgrade) direkt rechnerisch gezeigt haben.

für sie im folgenden anstatt p_k, q_k $(k = 1, 2, \ldots, s)$ die Bezeichnungen I_r, w_r $(r = 1, 2, \ldots, u\ (\leqq s))$ benutzt werden. Dann folgt aus den *Hamilton*schen Gleichungen (1) wegen $\frac{\partial H}{\partial w_r} = 0$, $I_r =$ const., und wenn man $\frac{\partial H}{\partial I_r} = \omega_r$ setzt, $w_r = \omega_r t + \delta_r$, wobei die Größen δ_r ebenso wie die Werte der I_r willkürliche Integrationskonstanten darstellen. Wegen (4) hat die vollständige Lösung S der *Hamilton-Jacobi*schen Differentialgleichung (5) eines derartigen Systems die Gestalt

$$(5') \qquad S = \sum_{r=1}^{u} I_r \cdot w_r + C,$$

ist also unabhängig von sämtlichen an dem System vorkommenden Parametern. Indem wir jetzt an Stelle der α_i, β_i in den Gleichungen (1') die kanonisch konjugierten Variablen I_r, w_r wählen, erhalten wir für die während der Verschiebung *beliebiger* Parameter gültige *Hamilton*sche Funktion (1'') wegen $\frac{\partial S}{\partial a} = 0$ einfach $K = H(I_r, a)$ und somit

$$(11') \qquad \delta I_r = 0 \qquad (r = 1, 2, \ldots, u).$$

Hinsichtlich der w_r findet man, daß die Beziehungen $\frac{d w_r}{d t} = \omega_r$ während der Parameterverschiebungen unverändert ihre Gültigkeit bewahren, so daß über das Verhalten der für die Bewegung selbst belanglosen Größen δ_r in diesem singulären Falle keine weiteren Aussagen gemacht werden können. *Die Impulse eines mehrfach-zyklischen Systems sind demnach in bezug auf jeden beliebigen seiner Parameter Parameterinvarianten oder adiabatische Invarianten.*[68])

68) Man überzeugt sich leicht, daß dies auch für die zyklischen Impulse von Systemen gilt, die nicht bezüglich aller Koordinaten zugleich zyklisch sind, s. z. B. *G. Krutkow*, Versl. Akad. Amsterdam 27 (1918), p. 908, § 6.

Die fundamentale Frage nach den notwendigen und hinreichenden Bedingungen dafür, daß die eindeutigen Parameterinvarianten eines dynamischen Problems für alle nach den einleitenden Festsetzungen dieser Nr. in Betracht kommenden Parameter miteinander übereinstimmen, ist, da die ganze Fragestellung in der Literatur noch überhaupt keine Beachtung gefunden hat, bisher nicht näher untersucht worden. Indessen scheint es aber einen derartigen Fall zu geben, bei dem die Zurückführung auf zyklische Variable unmöglich ist, so daß *diese* Eigenschaft dafür im allgemeinen nicht ausreichend sein dürfte. Wenn die bereits bekannten Probleme mit quasiergodischen Bahnkurven (s. Anm. 10 und 11) die in Anm. 9) näher zitierten Zusatzbedingungen erfüllen sollten, so daß die Berechtigung der Annahme 1. in Anm. 66) für sie dadurch gewährleistet wäre, dann könnte der Beweis für die Parameterinvarianz des sogenannten „Phasenvolumens“ (s. Anm. 48) *ergodischer* Systeme unmittelbar auf sie übertragen werden. Dieser Beweis stammt von *P. Hertz*, Ann. d. Phys. 33 (1910), p. 225, 537, § 11 (vgl. auch die in Anm. 48) zitierte Stelle) und ist von speziellen Eigenschaften

Bei allen Systemen mit *stabilen* Bahnkurven, deren kartesische Koordinaten q_k und die dazugehörigen kanonisch konjugierten Impulse p_k $(k = 1, 2, \ldots s)$ sich durch geeignete Berührungstransformationen in die Variablen w_r, I_r $(r = 1, 2, \ldots u)$ eines *mehrfach-zyklischen Systems* überführen lassen, haben sich die q_k, p_k *als mehrfach-periodische Funktionen der* w_r *darstellen lassen*[69]), wobei der „Periodizitätsgrad" u stets $\leqq s$ ist. Sie sind dann im allgemeinen in u-fache *Fourier*sche Reihen nach den „Winkelvariablen" w_r entwickelbar[70]), in welchen sie die Periode 1 besitzen mögen. Daraus geht unmittelbar hervor, daß die w_r bei allen diesen Systemen von der Dimension einer reinen Zahl sind, die I_r somit *sämtlich* von der Dimension einer *Wirkungsgröße.* Für die aus diesem Grunde auch als „Wirkungsvariable" bezeichneten I_r erhält man dann (vgl. Nr. **15a**)

$$(11'') \qquad I_r = \int_0^1 dw_r \cdot \sum_{k=1}^{s} p_k \frac{\partial q_k}{\partial w_r} \qquad (r = 1, 2, \ldots u).$$

Der Beweis dafür, daß die Größen (11″) Parameterinvarianten oder adiabatische Invarianten sind, wurde für die einzelnen, die Quantentheorie interessierenden Spezialfälle bereits vor der im vorstehenden auseinandergesetzten allgemeinen Theorie erbracht. Für *rein periodische* und *quasi-periodische Systeme* hat dies *P. Ehrenfest* auf Grund eines mechanischen Theorems von *Boltzmann* gezeigt, für *nicht-entartete* $(u = s)$ sowie für *entartete* $(u < s)$ *bedingt periodische Systeme* (Nr. **15**) *Burgers.*[71]) Alle diese Systeme gehören zu der eingangs dieser Nr.

des benutzten Parameters unabhängig; *G. Krutkow,* l. c. § 8 hat ihn, von (10″) ausgehend, wiederholt. S. auch *P. Ehrenfest,* Ann. d. Phys. 51 (1916), p. 327, § 5. — *Bei allen nicht-quasiergodischen Systemen hingegen hat sich für die genannte Unabhängigkeit der Parameterinvarianten von den speziellen Eigentümlichkeiten der verschiedenen Parameter die Zurückführbardeit auf mehrfach-zyklische Systeme als notwendig erwiesen.* — Vgl. dazu Anm. 55), zweiter Absatz.

69) Die Umkehrung dieses Satzes ist von *G. Herglotz* bewiesen, aber nicht publiziert worden (vgl. *J. M. Burgers* [1], p. 48, und *A. Smekal,* Ztschr. f. Phys. 11 (1922), p. 294, wo dieser Beweis erwähnt wird), nachdem er schon früher entweder bekannt oder vermutet worden war, s. *K. Schwarzschild,* Berl. Ber. 1916, p. 548. Später hat *H. Kneser,* Math. Ann. 84 (1921), p. 277, § 6, ohne Kenntnis desselben, einen davon völlig unabhängigen Beweis gegeben.

70) Dabei soll, um die Eindeutigkeit dieser Entwicklungen zu gewährleisten, stets vorausgesetzt sein, daß zwischen den u Größen $\frac{\partial H}{\partial I_r} = \omega_r$ keine Linearbeziehungen mit rationalen Koeffizienten bestehen, was sich immer durch geeignete Wahl der Berührungstransformationen erreichen läßt. Beispiele hierfür etwa bei *J. M. Burgers* [1], insbesondere §§ 10—14.

71) *P. Ehrenfest,* Versl. Akad. Amsterdam 22 (1913), p. 586; Ann. d. Phys. 51 (1916), p. 327, s. ferner auch Anm. 114) und *H. Kneser,* Math. Ann. 91 (1924),

unter (A) aufgeführten Klasse von mechanischen Problemen. Beschränkt man sich auf die im Anschluß an die Verhältnisse bei der Klasse (B) zugelassenen Parameter, so gilt die Parameterinvarianz von (11″) auch für beliebige, *mittels mehrfacher Fourierscher Reihen darstellbare Familien von bedingt periodischen Partikularlösungen beliebig allgemeinerer Probleme.*[72]) [73])

Für die in Nr. 3 eingeführten „räumlichen“ Häufigkeitsansätze des Gasmodells kommen offensichtlich nur *eindeutige* Parameterinvarianten in Betracht, die unabhängig von den verschiedenen Arten *makroskopischer Parameter* a^* sind. Man kann erwarten, daß die innere Bewegung der Moleküle zumindest dann so beschaffen sein wird, daß diese Bedingung erfüllbar ist, wenn die in Nr. 3 eingeführte *Gewichtsfunktion* hinterher an der Erfahrung geprüft, sich als von einer Konstante *verschieden* herausstellt (Nr. 9). Die in Nr. 3 mit Rücksicht auf die μ-Raum-Struktur gewünschte *Normierung* der Parameterinvarianten ist notwendig, um der Unbestimmtheit zu begegnen, welche in dem Umstande begründet ist, daß jede „reine“ Funktion irgendwelcher Parameterinvarianten immer wieder eine Parameterinvariante ist. Sie läuft darauf hinaus, das Volumelement $d\Omega$ des μ-Raumes mit Hilfe von Parameterinvarianten auszudrücken. Wenn der Periodizitätsgrad u irgendeines der oben erwähnten Systeme, welche die Parameterinvarianten (11′) besitzen, gleich der Anzahl der Freiheitsgrade ist, hat

---

p. 155; *J. M. Burgers,* Ann. d. Phys. 52 (1917), p. 195; Versl. Akad. Amsterdam 25 (1917), p. 849, 918. Von (10″) ausgehend, hat später auch *G. Krutkow* einen eleganten Beweis für nicht-entartete, bedingt periodische Systeme gegeben, Versl. Akad. Amsterdam 27 (1918), p. 294, § 7. Bedingt periodische Lösungen, welche nicht durch Separation der Variablen bei der Integration der *Hamilton-Jacobi*schen Differentialgleichung erhalten worden sind, hat ebenfalls *Burgers* untersucht, Versl. Akad. Amsterdam 25 (1917), p. 1055, vgl. auch den Beweis von *Bohr* und *Kramers, N. Bohr,* Ztschr. f. Phys. 13 (1923), p. 117, Anm. 1) auf p. 132, endlich *M. v. Laue*, Ann. d. Phys. 76 (1925), p. 619. Bezüglich einer beim *Burger*schen Invarianzbeweise auftretenden Schwierigkeit vgl. man Anm. 357).

72) *A. Smekal,* Ztschr. f. Phys. 11 (1922), p. 294. Die Einzelheiten des Beweises verlaufen genau so wie bei *J. M. Burgers,* Versl. Akad. Amsterdam 25 (1917), p. 1055.

73) Allen in diesem Absatze erwähnten Systemen (bzw. Partikularlösungen) ist gemeinsam, daß ihre Gesamtenergie $H(q_k, p_k, a) = E(q_k, p_k, a)$ auf die Form $E(I_r, a)$ gebracht werden kann. Die „Kraft“, welche an dem System durch Verschiebung des Parameters a hervorgerufen wird, berechnet sich mittels (10′) zu $-\frac{\delta E}{\delta a}$ und beträgt auf Grund des in Anm. 61) angeführten Satzes einfach $-\frac{\partial E(I_r, a)}{\partial a}$.

man einfach

$$(14') \qquad d\Omega = dI_1 \cdot dI_2 \ldots dI_u \qquad (u = s).$$[74]

Der Fall $u < s$ erfordert eine nähere Untersuchung des speziellen vorliegenden Problemes; man erhält allgemein

$$(14'') \qquad d\Omega = d(I_1^{f_1}) \cdot d(I_2^{f_2}) \ldots d(I_u^{f_u}), \qquad (u < s)$$

wobei $f_1 + f_2 + \cdots + f_u = s$.[75])

4. „Zeitliche" a priori-Häufigkeitseigenschaften des Gasmodells. Seine Zeitgesamtheit. Nachdem in Nr. 3 die Hilfsmittel für eine Beschreibung der Bewegung des Gasmodells in einer Weise entwickelt worden sind, die der kombinatorischen Methodik der statistischen Mechanik angepaßt ist, kann nunmehr auch auf das Verhalten des Modells an den Unstetigkeitsstellen seiner Bewegung eingegangen werden. Auch hierüber läßt sich zunächst nur ein *Ansatz* einführen, über de.. die Erfahrung näher zu entscheiden haben wird (Nr. **9**, **11**, **26**). Als Vorläufer eines solchen hinsichtlich der Translation allein, ist der *„Stoßzahlansatz"* der kinetischen Gastheorie in seiner statistischen Weiterbildung anzusehen.[76])

Die Zellen des Translations-μ-Raumes mögen in beliebiger Weise numeriert sein und n_t' bzw. n_t'' zwei beliebige dieser Zellen bedeuten. Anderseits seien die beiden Zellen $n_1', n_2', \ldots, n_u'$ bzw. $n_1'', n_2'', \ldots, n_u''$ des μ-Raumes der inneren Bewegung ins Auge gefaßt. Denkt man sich die beiden Räume als Projektionen des einheitlichen $2(s+3)$-dimensionalen μ-Raumes der inneren *und* Translationsbewegung, so kennzeichnen die beiden Indexkombinationen

$$(n')\ n_t', n_1', n_2', \ldots, n_u', \quad (n'')\ n_t'', n_1'', n_2'', \ldots, n_u''$$

---

74) Da der Übergang von den p_k, q_k zu den I_r, w_r durch eine Berührungstransformation vermittelt wird und für jede solche die Funktionaldeterminante der p_k, q_k nach den I_r, w_r der Einheit gleich ist, erhält man

$$\int \ldots \int dp_1 \ldots dp_s dq_1 \ldots dq_s = \int \ldots \int dI_1 \ldots dI_s dw_1 \ldots dw_s.$$

Wird nun entsprechend der Einteilung (12) über alle w_r von 0 bis 1 integriert, so gelangt man zu (14'). Der Beweis von (14'') kann auf ähnlichem Wege geführt werden. S. aber auch Anm. 39).

75) In direktem Zusammenhange mit der Quantentheorie und unabhängig von der Frage der Parameterinvarianten werden die Normierungsfragen behandelt von *M. Planck,* Verhandl. Deutsch. Phys. Ges. 17 (1915), p. 407, 438; Ann. d. Phys. 50 (1916), p. 385; speziell mit bedingt periodischen Systemen beschäftigen sich *K. Schwarzschild,* Berl. Ber. 1916, p. 548, und *P. S. Epstein,* Berl. Ber. 1918, p. 435. Vom obigen Standpunkte aus sei auf *G. Krutkow,* Versl. Akad. Amsterdam 29 (1920), p. 69 verwiesen, dessen Betrachtungen sich indessen formal auf den Γ-Raum beziehen.

76) Vgl. IV 32, Nr. **3**—**6**, insbesondere aber Nr. **18**. Ferner *L. Boltzmann,* Vorlesungen über Gastheorie, 2 Bände, 2. Aufl. Leipzig 1912.

zwei beliebige Zustandsgebiete oder Zellen (n') und (n'') der inneren *und* Translationsbewegung eines Moleküls. Besteht nun eine der Bewegungsunstetigkeiten des Gasmodells darin, daß eines der in (n') befindlichen Moleküle innerhalb einer vernachlässigbar kurzen Zeit nach (n'') übergeht, so sei die a priori-Häufigkeit eines solchen Überganges während der Zeitstrecke dt durch

$$C_{n'}^{n''} \cdot dt \qquad (n' \rightarrow n'') \tag{18}$$

und für den inversen Vorgang durch

$$C_{n''}^{n'} \cdot dt \qquad (n' \leftarrow n'') \tag{18a}$$

gegeben.[77]) Befinden sich zu Beginn von dt gerade $N_{n'}^{(0)}$ bzw. $N_{n''}^{(0)}$ Moleküle in den Zellen (n') bzw. (n''), so wird die durch die Wechselwirkung mit (n'') verursachte Änderung von $N_{n'}^{(0)}$ während *dt im Mittel*

$$d^{(n'')} N_{n'}^{(0)} = (N_{n''}^{(0)} C_{n''}^{n'} - N_{n'}^{(0)} C_{n'}^{n''}) \cdot dt \tag{19}$$

betragen. Über die Natur derjenigen Vorgänge, welche die Existenz und Größe dieser „Übergangswahrscheinlichkeiten“ (18), (18a) bedingen, braucht an dieser Stelle noch keine spezielle Annahme eingeführt zu werden.[78])

Wie aus der Formulierung dieser Ansätze hervorgeht, sind sie im allgemeinen nicht an die Voraussetzung gebunden, daß das Gasmodell gegen seine Umgebung energetisch abgeschlossen ist (Nr. 5), sondern werden auch dessen Wechselwirkungen mit anderen warmen Körpern, sowie der Hohlraumstrahlung zu berücksichtigen gestatten (Nr. 7, 8). In letzteren Fällen wird dem Gase fortdauernd in ganz unregelmäßiger Weise Energie zugeführt oder von ihm abgeleitet werden; an Stelle der Konstanz der Energiesumme aller Moleküle tritt dann bei stationärem Verhalten des Gases die Bedingung eines für hinreichend lange Zeiten konstanten *mittleren* Gesamtenergiebetrages E (Nr. 7). In der vorliegenden Nummer beschränken wir uns

---

77) Bezüglich der Zeitdauer eines derartigen Überganges vgl. man insbesondere Anm. 192). — Der *Index t* weist wie im Vorhergehenden stets auf die *Translations*bewegung der Moleküle hin, während die *Zeit t* stets als *Argument* geschrieben wird.

78) Über jene Zellen bzw. Molekülzustände (n'), (n''), zwischen denen überhaupt keine Übergangsmöglichkeiten bestehen, für die also die Größen (18) und (18a) *zugleich* verschwinden, gibt in der Quantentheorie das *Bohrsche Korrespondenzprinzip* Auskunft. Vgl. Nr. 14.

Man wird bemerken, daß das Verschwinden des „Gewichtes“ $g_{n'}$ einer Zelle (n') notwendig das Verschwinden von

$$C_{n'}^{n} \quad \text{und} \quad C_{n}^{n'}$$

für alle n nach sich zieht, und umgekehrt. Vgl. Anm. 80) aber auch 90).

jedoch im wesentlichen auf den Fall dauernder energetischer Isolierung des Gasmodells.

Die Größen (18) bzw. (18a) müssen naturgemäß von der Zeit unabhängig sein; im Gegensatz zu den „räumlichen“ a priori-Häufigkeiten g hingegen kann für sie eine Parameterinvarianzbedingung von der Art (16) weder erwartet noch begründet werden, da sie im allgemeinen von der Gesamtenergie des Gases abhängen müssen, wie auch aus der später zu erwähnenden Stationaritätsbedingung (32) (und in Verbindung mit (41) und (64a)) unmittelbar hervorgeht. Dieser Umstand erschwert es beträchtlich, von vornherein genauere Angaben über ihre Abhängigkeit von den zeitfreien Integralen in (9) und von der Translationsenergie E_t (2) der Moleküle zu machen. Jene Schwierigkeit wird aber zunächst vollständig wettgemacht durch die Tatsache, daß die Größen (18) und (18a) für die Ableitung des thermischen Gleichgewichtes im Gase keine wesentliche Rolle spielen (s. weiter unten), und ebenso auch bei den übrigen der statistischen Behandlung zugänglichen warmen Körpern (Nr. **6**). — Nähere Ausführungen über die Bedeutung und Unabhängigkeit der „Übergangswahrscheinlichkeiten“ (18), (18a) bei speziellen Problemen finden sich in den Nr. **11**, **12**, **26**.

Da nach Nr. **3** jeder beliebigen Zelle (n') oder (n'') ganz bestimmte Werte der Molekülenergie $E(q_k, p_k, a^*) + E_t$, etwa $E_{n'} + E_{t,n'}$ bzw. $E_{n''} + E_{t,n''}$ zuzuordnen sind, kann die Numerierung aller Zellen nach zunehmenden Energiewerten vorgenommen werden. Dann bezeichne $N_1^{(m)}, N_2^{(m)}, \ldots, N_l^{(m)}, \ldots$ die Anzahl der zur Zeit t_m in der 1., 2., ..., l^{ten}, ... Zelle befindlichen Moleküle oder deren Zustandsverteilung $\mathsf{Z}(t_m)$. Hierbei gilt dauernd für alle m

$$\sum_{l=1}^{\infty} N_l^{(m)} = N \tag{20}$$

und

$$\sum_{l=1}^{\infty} N_l^{(m)} \cdot (E_l + E_{t,l}) = \mathsf{E}, \tag{21}$$

wobei nach Annahme für alle l

$$E_{l-1} + E_{t,l-1} < E_l + E_{t,l} < E_{l+1} + E_{t,l+1} \tag{22}$$

ist. Geht man von einer beliebigen Anfangsverteilung $\mathsf{Z}(t_0)$ aus, so verändern sich die $N_l^{(0)}$ nach den gemachten Annahmen während dt in ganz zufälliger Weise zu einer $\mathsf{Z}(t_1)$, die natürlich in keiner Weise vorausberechenbar ist; ähnliches tritt nach Ablauf weiterer Teilstrecken dt ein und nach m solchen Intervallen sei $\mathsf{Z}(t_m)$ erreicht. Die Aufeinanderfolge dieser einzelnen Zustandsverteilungen nennt man die *Zeit-*

gesamtheit des Gasmodelles. Betrachtet man nun eine sehr große Zahl m von solchen zeitlich aufeinandergefolgten Zustandsverteilungen, so werden sich die einzelnen Zustandsverteilungen darin immer wiederholen, einige öfter, andere seltener. Um den unter Umständen makroskopisch beobachtbaren *Zeitmittelwert* einer bestimmten molekularen Größe φ (z. B. der Arbeitsleistung eines äußeren Feldes am einzelnen Molekül bei der Parameterverschiebung δa^*) zu berechnen, hat man nun folgendermaßen zu verfahren:

Der Index L kennzeichne eine beliebige dieser Zustandsverteilungen $N_{L,1}, N_{L,2}, \ldots N_{L,l}, \ldots$, welche τ_L-mal während der Zeit $t_m - t_0$ aufgetreten ist. Die Gesamtzahl aller verschiedenen Z_L sei L^*; dann ist jedenfalls

$$\sum_{L=1}^{L^*} \tau_L \cdot dt = t_m - t_0. \tag{23}$$

Der „räumliche“ Mittelwert von φ, d. h. der Mittelwert über den μ-Raum, etwa $[\varphi]_L$, ist dann offenbar

$$[\varphi]_L = \sum_{l=1}^{\infty} N_{L,l} \cdot \varphi_l, \tag{24}$$

wenn φ_l den Wert von φ in der l^{ten} Zelle des μ-Raumes bedeutet. $[\varphi]_L$ ändert sich, sowie die Z_L in der Zeitgesamtheit durch eine andere abgelöst wird. Die gesuchte Größe entspricht also dem *zeitlichen Mittelwert von* $[\varphi]_L$,

$$\overline{\overline{\varphi}} = \frac{1}{t_m - t_0} \sum_{L=1}^{L^*} \tau_L \cdot dt \cdot [\varphi]_L = \frac{1}{t_m - t_0} \sum_{L=1}^{L^*} \sum_{l=1}^{\infty} \tau_L N_{L,l} \cdot \varphi_l \cdot dt, \tag{25}$$

und zugleich einem *zeitlich-räumlichen Mittelwert von* φ.[79]) Durch Vertauschung der beiden Summationen nach L und l erhält man, wenn

$$N_l = \frac{1}{t_m - t_0} \sum_{L=1}^{L^*} \tau_L N_{L,l} \cdot dt \tag{26}$$

von nun an die *mittleren* Anzahlen von Molekül-Phasenpunkten in der l^{ten} Zelle des μ-Raumes bedeuten:

$$\overline{\overline{\varphi}} = \sum_{l=1}^{\infty} N_l \cdot \varphi_l. \tag{27}$$

Die mittels der τ_L definierten mittleren Anzahlen N_l werden,

79) Im Gegensatz zu der Bezeichnung der Zeitmittelwerte über die innere Bewegung des *einzelnen Moleküls* durch einen *einfachen* Querschnitt (s. Gl. (10)), seien im folgenden die nach (25) bzw. (27) und (32) über das *ganze Gas* gebildeten Mittelwerte (im allgemeinen stets für $\lim t_m - t_0 = \infty$) durch *zwei* Querstriche angedeutet.

auch wenn man in (26) bzw. (25) und (27) zum Limes $t_m - t_0 = \infty$ übergeht, im allgemeinen für räumlich voneinander getrennte, im übrigen aber völlig gleichbeschaffene Gasmodelle beliebig *verschieden* ausfallen können, je nachdem, wie bei ihnen gerade *zufällig* die einzelnen Zustandsverteilungen aufeinandergefolgt sind. Die Benutzung der Ansätze (18), (18a) zusammen mit jenen von Nr. **3** gestattet nun jedoch, Aussagen über ihr *wahrscheinliches* mittleres Verhalten, über ihre *wahrscheinliche mittlere Größe* zu machen.[80]) Indem man wieder von einer beliebigen, aber bestimmten Anfangsverteilung Z_0 zur Zeit t_0 ausgeht, kann man nämlich die Frage stellen, mit welcher relativen Häufigkeit das Auftreten einer bestimmten, beliebigen anderen Zustandsverteilung Z_1 nach Ablauf von dt zu erwarten sein wird, wobei natürlich an den Bedingungen (20) und (21) festgehalten werden muß. Diese relative Häufigkeit ist auf Grund der in Nr. **3** und eingangs dieser Nummer gemachten Ansätze ohne weiteres berechenbar, ebenso jene dafür, daß nach Ablauf von m Zeitstrecken dt gerade die m individuellen Zustandsverteilungen $\mathsf{Z}_0, \mathsf{Z}_1, \mathsf{Z}_2, \ldots, \mathsf{Z}_m$ aufeinandergefolgt sind[81]); usf. In dieser Reihe von Zustandsverteilungen wird z. B. die l^{te} Zelle des μ-Raumes eine ganz bestimmte Anzahl von Malen die Anzahl N_l^* von Molekülphasenpunkten enthalten haben. Fragt man nun nach der Relativhäufigkeit, mit der N_l^* Moleküle in der l^{ten} Zelle während einer *ganz beliebigen*, mit (20) und (21) verträglichen Reihe von m zeitlich aufeinandergefolgten Zustandsverteilungen, die aus Z_0

80) Hierin kommt am wesentlichsten der Unterschied zutage zwischen jenen Modellen, die allein mit Häufigkeitsansätzen arbeiten, und den quasiergodischen. Bei letzteren ist die Realisierung jeder Z_L zu irgendeinem Zeitpunkte *sicher* — laut Definition der quasiergodischen Mechanismen; bei ersteren, falls die für Z_L in Betracht kommenden „Übergangswahrscheinlichkeiten" (18), (18a) von Null verschieden sind, was *keineswegs* notwendig ist, *möglich* und *wahrscheinlich* — *möglich bleibt aber auch das Gegenteil!* Daß man durch geeignete Verfügung über die g oder die Übergangswahrscheinlichkeiten (vgl. Anm. 78) bei den Häufigkeitsmodellen *die Realisierung beliebig zahlreicher Zustandsverteilungen unmöglich machen kann,* begründet ihre weitaus größere Allgemeinheit und Anpassungsfähigkeit. —

Diese Gegenüberstellung hinsichtlich der *Sicherheit,* mit der überhaupt realisierbare Zustandsverteilungen erwartet werden können, verliert sehr viel an Schärfe, wenn man bedenkt, daß die statistische Deutung der Irreversibilität auch beim quasiergodischen Gasmodell den gleichen Schwierigkeiten unterworfen ist, die eben jeder wahrscheinlichkeitstheoretischen Untersuchung anhaften. Siehe IV 32. — Nach der Auffassung des Referenten ist den Bemerkungen von *P.* und *T. Ehrenfest* über die Stellung der „Wahrscheinlichkeits-Hypothesen" in der Physik — IV 32, Nr. **30** — *an dieser Stelle* auch heute nichts Tröstlicheres hinzuzufügen.

81) *R. v. Mises,* Phys. Ztschr. 21 (1920), p. 225, 256.

hervorgegangen sind, vorkommen, so ergibt sich hierfür eine bestimmte, von Z_0, E, N, m und N_l^* abhängige Größe. Wenn für E, N und m *sehr große* Zahlen gewählt werden, so zeigt sich bei geeigneten Annahmen über das Verhalten der „Übergangswahrscheinlichkeiten“ (18), (18a), daß diese Relativhäufigkeit an einer bloß von E abhängigen, *von* Z_0 *und den „Übergangswahrscheinlichkeiten“ hingegen unabhängigen*[82]), im allgemeinen unganzzahligen Stelle $N_l^* = N_l$ ein *Maximum* besitzt und überdies nur in einer *sehr engen* Umgebung von N_l von Null merklich verschiedene Beträge annimmt.[83]) Da dieses Maximum in der Grenze für $N \to \infty$, $m \to \infty$ beliebig steil gemacht werden kann und für beliebige Zellenindizes l existiert, zeigt sich das *wahrscheinliche zeitliche mittlere Verhalten* des Gases durch einen *mittleren Verteilungszustand* der Moleküle gekennzeichnet, welcher durch die Gesamtheit aller Zahlen N_l gegeben ist.[84])

82) Diese Übergangswahrscheinlichkeiten werden sich außer bei statistischem *Nicht*gleichgewicht im allgemeinen nur bei Schwankungserscheinungen äußern können, zu deren Beobachtung die gewöhnlichen „makroskopischen“ Beobachtungszeiten viel zu lange andauern.

83) Diese Überlegungen, deren eingehende Darstellung gelegentlich an anderer Stelle veröffentlicht werden soll, verlaufen ganz ähnlich wie die in der Anm. 81) zitierten von *v. Mises*. Bei *v. Mises* wird das Gasmodell jedoch nicht als energetisch abgeschlossen betrachtet und nur die Frage nach der Wahrscheinlichkeit beantwortet, mit der in seiner Zeitgesamtheit die Gesamtenergie E auftritt („kanonische Gesamtheit“, vgl. Nr. 7b). Der Beweis ist bei *v. Mises* einstweilen nur für zwei Spezialfälle durchgeführt, nämlich: 1. ruhende *Planck*sche Oszillatoren von einem Freiheitsgrade, 2. *Brown*sche Molekularbewegung. Aus dem Beweisgange ist, wie auch schon *v. Mises* nachdrücklich betont hat, zu entnehmen, daß dessen Übertragung auf wesentlich allgemeinere Fälle keinen prinzipiellen Schwierigkeiten begegnen kann; allerdings werden die zur Ausführung der Grenzübergänge $N \to \infty$, $m \to \infty$ notwendigen Umformungen sehr weitläufig und unübersichtlich — vielleicht wird sich auch hier der von *C. G. Darwin* und *R. H. Fowler* (s. Anm. 94, 95) entwickelte Formalismus als nützlich erweisen können. Welcher Art die Einschränkungen sind, die bei der Behandlung der allgemeinsten Fälle hinsichtlich der Wahl der g und der „Übergangswahrscheinlichkeiten“ (18), (18a) einzuführen sein werden, ist noch nicht untersucht. Vgl. aber Anm. 85) und 90).

Den wesentlichsten Punkt der angedeuteten Beweisgänge stellt die Berechnung m-facher, im Limes unendlicher Wahrscheinlichkeitsprodukte dar; sie wird durch einen Satz von *v. Mises* selbst ermöglicht, *R. v. Mises*, Math. Ztschr. 4 (1919), p. 1, I. Teil. Es sei noch hervorgehoben, daß die erwähnten Sätze und Beweisführungen bei *v. Mises* in der Terminologie der „Grundlagen der Wahrscheinlichkeitsrechnung“ des gleichen Autors, Math. Ztschr. 5 (1919), p. 52 ausgesprochen sind, aber auch unabhängig von ihr formuliert werden können.

84) Wie man bemerken wird, können die im allgemeinen unganzen Zahlen N_l keine Zustandsverteilung bestimmen; vgl. auch Anm. 89). Über ihre *Approximation* durch eine solche hingegen vgl. Nr. 5b.

Der Umstand, daß die gewöhnlich unbekannten oder schwer zu ermittelnden „Übergangswahrscheinlichkeiten" (18), (18a) für die Größen N_l im allgemeinen belanglos sind[85]), ermöglicht es, die N_l mittels eines geeigneten *fingierten* Gasmodelles auf wesentlich einfacherem Wege zu berechnen. Man braucht hierzu nur etwa ein Modell zu betrachten, in dessen Zeitgesamtheit sich *alle* mit den Bedingungen (20) und (21) verträglichen individuellen Zustandsverteilungen **Z** gleich oft und gleich lange Zeit realisiert zeigen.[86]) Der hierbei auftretenden besonderen Gesamtheit von Zustandsverteilungen hat man unabhängig von deren zeitlicher Aufeinanderfolge auch für jedes *beliebige* (wirkliche oder fingierte) Gasmodell eine eigene Bedeutung beigelegt und sie als *Raumgesamtheit* des Gases dessen Zeitgesamtheit gegenübergestellt. Sie ist offenbar eine rein theoretische Konstruktion[87]); man erhält sie, indem man sich eine sehr große An-

85) Die Beschränkung auf derartige Gasmodelle ist charakteristisch für den gegenwärtigen Stand der Statistik und kann in gewissem Sinne als eines ihrer *Postulate* angesehen werden. Denn die hier im Anschluß an die *v. Mises*sche Untersuchung vorangestellte *Ableitung* des mittleren Verteilungszustandes (31) wird von den meisten Autoren überhaupt gar nicht angestrebt; dieser mittlere Verteilungszustand pflegt vielmehr entweder einfach der *Raumgesamtheit* des Gasmodelles (s. im Text weiter unten) entnommen und durch eine der Quasiergodenhypothese verwandte Annahme (s. z. B. Anm. 12) gerechtfertigt zu werden, oder eine derartige Rechtfertigung unterbleibt überhaupt. Ja, die Fragestellung wird sogar umgekehrt, (31) wird als gültig vorausgesetzt, und es wird versucht, daraus Aussagen über die Übergangswahrscheinlichkeiten (18), (18a) abzuleiten (vgl. Nr. **11**, **26**), siehe auch Anm. 90).

Wenn man bedenkt, daß die Unabhängigkeit der N_l von den Übergangswahrscheinlichkeiten (18), (18a) *wesentlich durch die ungeheure Größe der Molekülanzahl N mitbewirkt wird,* so ergibt sich jedoch, daß obige Beschränkung praktisch kaum von großer Tragweite sein dürfte. Die Frage nach der Existenz und Bedeutung *allgemeinerer Verteilungseigenschaften* ist noch unerledigt (vgl. Anm. 83). Man kann jedoch vermuten, daß sie bei der statistischen Behandlung sogenannter „unvollständiger Gleichgewichte" eine Rolle spielen könnten. Über die Position der bisherigen Statistik gegenüber solchen Gleichgewichten vgl. man *W. Schottky,* Ann. d. Phys. 68 (1922), p. 481.

86) Ein solches fingiertes Modell würde den „ergozonalen" Modellen von *Szarvassi* (s. Anm. 12) entsprechen. Denkt man sich den in Nr. **3** (I) angedeuteten Grenzübergang zu infinitesimalen μ-Raumzellen ausgeführt, so würde ein solches Modell in ein *quasiergodisches* übergehen (s. Nr. **1**). Alle älteren Darstellungen beschäftigen sich von vornherein ausschließlich mit derartigen speziellen Modellen, so daß an dieser Stelle die Benutzung der Quasiergodenhypothese oder einer verwandten Annahme für sie *unerläßlich* war. Vgl. Nr. **1** Ende, sowie Anm. 17).

87) Solche Gesamtheiten überhaupt nennt *P. Hertz,* Rep., s. Anm. 9), *virtuelle Gesamtheiten.* Nach obiger Definition erscheint die Raumgesamtheit hier somit als Spezialfall einer virtuellen Gesamtheit.

zahl von kongruenten, in Zellen eingeteilten μ-Räumen vorstellt, in deren jedem sich eine bestimmte Zustandsverteilung von N Molekülen mit der Energiesumme E realisiert vorfindet. Eine bestimmte Zustandsverteilung Z_L, gegeben durch die Molekülanzahlen

$$N_{L,1},\, N_{L,2}, \ldots N_{L,l}, \ldots \tag{28}$$

wird in ihr um so häufiger vorkommen, je größer die Zahl ihrer *Realisierungsmöglichkeiten* $R(\mathsf{Z}_L)$ ist. Wenn man berücksichtigt, daß nach Nr. 3 der l^{ten} Zelle das Gewicht g_l zukommt, daß die relative Häufigkeit für das gleichzeitige Vorkommen von $N_{L,l}$ Molekülen in dieser Zelle also

$$g_l^{N_{L,l}}$$

beträgt, so erhält man hierfür[88])

$$R(\mathsf{Z}_L) = \frac{N!}{N_{L,1}!\, N_{L,2}! \ldots N_{L,l}! \ldots} \cdot g_1^{N_{L,1}} g_2^{N_{L,2}} \ldots g_l^{N_{L,l}} \ldots \tag{29}$$

Damit ist die Relativhäufigkeit jeder beliebigen Zustandsverteilung Z_L in der Raumgesamtheit des Gases bestimmt, wenn die $N_{L,l}$ überdies der Bedingung

$$\sum_{l=1}^{\infty} N_{L,l}(E_l + E_{t,l}) = \mathsf{E} \tag{30}$$

(vgl. (21)) genügen. Für den Mittelwert der in der l^{ten} Zelle des μ-Raumes jeweils vorhandenen Anzahl von Molekülphasenpunkten erhält man

$$\overline{N}_l = \frac{\sum_{L=1}^{L^*} R(\mathsf{Z}_L) \cdot N_{L,l}}{\sum_{L=1}^{L^*} R(\mathsf{Z}_L)} \;{}^{89)}, \tag{31}$$

und dies wird bei über alle Grenzen wachsender Anzahl der μ-Räume mit dem zeitlichen Mittelwerte von $N_{L,l}$ für das oben erwähnte *fingierte* Gasmodell identisch (vgl. auch (26)!). Wie aus der vorangegangenen Argumentation hervorgeht und auch durch direkte Rechnung erhärtet werden kann, müssen für $N \to \infty$ die Größen $\overline{N}_l$ in (31) nun auch mit den vorhin aus der Zeitgesamtheit eines *beliebigen* Gasmodells abgeleiteten, gleichbezeichneten Größen identisch werden. *Der wahrscheinliche, zeitlich-mittlere Verteilungszustand der Moleküle eines beliebigen Gases mit den „Übergangswahrscheinlichkeiten"* (18),

88) *P. Ehrenfest*, s. Anm. 33). — Betreffs des kombinatorischen Faktors vgl. (3), ferner IV 32, Anm. 115) u. 116), wo das Volumen des Z_L-„Sternes" in gleicher Weise berechnet wird wie $R(\mathsf{Z}_L)$.

89) Während die $N_{L,l}$ nach Definition ganze Zahlen darstellen, ist das für die $\overline{N}$ nicht mehr mit Notwendigkeit der Fall.

(18a) *wird für große Werte von N also direkt aus dessen Raumgesamtheit mittels* (31) *berechenbar.*

Da die mittleren Änderungen der N_l offenbar verschwinden müssen, folgt jetzt aus (19) für zwei beliebige Zellen (n') und (n'') eine Beziehung von der Form

$$(32) \qquad N_{n'} \cdot \overline{\overline{C_{n'}^{n''}}} = N_{n''} \cdot \overline{\overline{C_{n''}^{n'}}},$$

welche die Bedingung der *Stationarität* der Bewegung des Gasmodells zum Ausdruck bringt; die in sie eingehenden Größen $\overline{\overline{C}}$ stellen nunmehr im allgemeinen gewisse zeitlich-räumliche *Mittelwerte* der „Übergangswahrscheinlichkeiten" (18), (18a) dar.[90]) Für den *zeitlich-räumlichen Mittelwert einer beliebigen Molekülphasenfunktion* φ (vgl. (27)) ergibt sich

$$(33) \qquad \overline{\overline{\varphi}} = \sum_{l=1}^{\infty} N_l \cdot \varphi_l.$$ [91])

Den durch die Zahlen N_l charakterisierten *mittleren Verteilungszustand* im Gase bezeichnen wir im folgenden als *Boltzmannsche Verteilung*[92]); sie stellt nicht das wirkliche mittlere zeitliche Verhalten

---

90) Diese oft gefolgerte und benutzte (vgl. Nr. **11**, **26**) Beziehung ist wohl *hinreichend* für die gewünschte Stationarität, aber keineswegs *notwendig*, wie zuerst *M. Radaković* und *E. Schrödinger* anläßlich von Vorträgen hervorgehoben haben. Seien etwa (a), (b), (c) drei Zellen des μ-Raumes, für welche nur die Mittelwerte der Übergangswahrscheinlichkeiten C_a^b, C_b^c und C_c^a oder bloß diese selbst von Null verschieden seien, so wird bei

$$N_a \cdot \overline{\overline{C_a^b}} = N_b \cdot \overline{\overline{C_b^c}} = N_c \cdot \overline{\overline{C_c^a}}$$

die Bewegung stationär bleiben und ähnliches auch bei Aufnahme beliebig vieler weiterer Zellen in diesen „Zykel" bestehen können. Man sieht leicht, daß Stationarität überhaupt nur durch Einführung solcher „Zykel" erreicht werden kann, wenn

$$\overline{\overline{C_{n'}^{n''}}} \quad \text{und} \quad \overline{\overline{C_{n''}^{n'}}}$$

nicht *zugleich* verschwinden. — Man wird bemerken, daß die $N_{n'}$ bzw. $N_{n''}$ in (32) auf einem von der Benutzung der C vollkommen freien Wege, nämlich mittels der Raumgesamtheit zu berechnen sind. Auf die noch offene Frage hinsichtlich der den Übergangswahrscheinlichkeiten aufzuerlegenden Beschränkungen ist bereits in Anm. 83) hingewiesen worden; (32) stellt ersichtlich eine hierbei stets zu berücksichtigende Bedingung dar. Bezüglich eines Beispiels, welches den Zusammenhang der C und $\overline{\overline{C}}$ illustriert, vgl. man Nr. **11**, p. 972, ferner Nr. **26**.

91) Wenn φ eine zeitlich veränderliche Molekülphasenfunktion ist, so hat man in (33) anstatt φ_l dessen *Zeitmittelwert* $\overline{\varphi}_l$ (s. Anm. 79) einzuführen. Vgl. z. B. *A. Smekal,* Ann. d. Phys. 57 (1918), p. 276, § 2.

92) *P.* und *T. Ehrenfest* haben — vgl. IV 32, Nr. **3** u. Nr. **13** — die ehemals sehr verbreitete Bezeichnung *„Maxwell-Boltzmannsche Verteilung"* für jene Zustandsverteilung **Z** von der Energie **E** festgehalten, für welche $R(\mathbf{Z})$ (29) den größten Wert annimmt (s. auch Nr. **5b**). Obige, auch der Kürze halber empfeh-

des individuellen Gases dar, sondern nur das mit erdrückend großer Wahrscheinlichkeit zu erwartende. Dieser Umstand ist für die statistische Interpretation der Irreversibilitätsfragen des II. Hauptsatzes der Thermodynamik, sowie für den Nachweis des *Boltzmannschen H-Theorems* von entscheidender Bedeutung, wie *P.* und *T. Ehrenfest* in IV 32 näher ausgeführt haben. Im folgenden soll er jedoch, damit zugleich dem allgemeinen Sprachgebrauch folgend, nur an jenen Stellen eigens betont werden, wo eine besondere Veranlassung dafür vorliegt.

5. Die Boltzmannsche Verteilung des Gasmodells. Um die *Boltzmann*sche Verteilung rechnerisch zu ermitteln, haben wir die in (31) auftretenden Summen auszuführen. Der Übersichtlichkeit halber stellen wir die von den Ansätzen der früheren Nummern *formal* hierzu erforderlichen nochmals zusammen:

(a) Jede Zelle (n) des μ-Raumes besitzt ein *bestimmtes a priori-Gewicht* g_n.

(b) Jeder Zelle (n) des μ-Raumes ist ein *bestimmter Molekülenergiewert* $E_n + E_{t,n}$ zugeordnet.

(c) Die Summe der Energien aller N Moleküle beträgt E (30).

Bedeutet ferner ζ eine beliebige komplexe Veränderliche, so sei die mittels der Ansätze (a) und (b) definierte Funktion

$$F(\zeta) = g_1 \zeta^{E_1 + E_{t,1}} + g_2 \zeta^{E_2 + E_{t,2}} + \cdots = \sum_{l=1}^{\infty} g_l \zeta^{E_l + E_{t,l}} \tag{34}$$

als *„Verteilungsfunktion"* der Gas*moleküle* bezeichnet[93]); bei geeigneter Wahl der Molekülenergiewerte und vor allem der „Gewichte" wird sie wegen (22) innerhalb des Einheitskreises $|\zeta| < 1$ als konvergent vorausgesetzt werden können.

---

lenswerte Bezeichnung betrifft definitionsgemäß keine *einzelne* Zustandsverteilung, sondern eine *mittlere*. Wegen des außerordentlichen Überwiegens der *„Maxwell-Boltzmann*schen Verteilung" (vgl. Nr. 5) fallen die beiden Verteilungen aber *praktisch* miteinander vollständig zusammen.

93) Unter Verteilungsfunktion des Gas*modells* hingegen soll aus später ersichtlichen Gründen die N^{te} Potenz von $F(\zeta)$ verstanden werden. — Da die Gewichtsfunktion nach Anm. 47) nur *relative Häufigkeiten* mißt, kann sie mit einem beliebigen konstanten, dimensionslosen Faktor multipliziert werden, ohne daß damit an ihrer physikalischen Bedeutung etwas geändert werden würde. Die gleiche Unbestimmtheit haftet demnach der Definition der Verteilungsfunktionen $F(\zeta)$ an; sie äußert sich daher überall dort, wo in den statistischen Größen keine Differentialquotienten von $\log F(\zeta)$ auftreten. Vgl. z. B. Nr. **8a**. Über die Festlegung dieses Faktors durch die Quantentheorie s. Nr. **24c**, **25**, **27**.

5a. Die strenge Methode. Betrachtet man mit *Darwin* und *Fowler*[94]) die Potenzentwicklung von

$$[F(\zeta)]^N, \tag{35}$$

so folgt aus dem Polynomialsatz wegen (30), daß der Koeffizient von ζ^{E} in (35) gleich der im Nenner von (31) auftretenden Summe

$$\mathsf{R} = \sum_{L=1}^{L^*} R(\mathsf{Z}_L) = \sum_{L=1}^{L^*} \frac{N!}{N_{L,1}!\,N_{L,2}!\ldots N_{L,l}!\ldots} \cdot g_1^{N_{L,1}} \cdot g_2^{N_{L,2}} \ldots g_l^{N_{L,l}} \ldots \tag{36}$$

ist. Nach den *Cauchy*schen Integralformeln beträgt dieser Koeffizient

$$\mathsf{R} = \frac{1}{2\pi i} \int\limits_\gamma \frac{d\zeta}{\zeta^{\mathsf{E}+1}} [F(\zeta)]^N, \tag{37}$$

wenn die Integration in der komplexen Zahlenebene etwa längs eines Kreises vom Radius $|\gamma| < 1$ erfolgt. Um für die Gesamtenergie E eine ähnliche Integraldarstellung zu erhalten, bildet man die Doppelsumme

$$\mathsf{R} \cdot \mathsf{E} = \sum_{L=1}^{L^*} R(\mathsf{Z}_L) \cdot \sum_{l=1}^{\infty} N_{L,l} \cdot (E_l + E_{t,l}), \tag{36a}$$

welche ersichtlich mit dem Koeffizienten von ζ^{E} in

$$\zeta \cdot \frac{d}{d\zeta} [F(\zeta)]^N \tag{35a}$$

übereinstimmt. Hieraus folgt

$$\mathsf{R} \cdot \mathsf{E} = \frac{1}{2\pi i} \int\limits_\gamma \frac{d\zeta}{\zeta^{\mathsf{E}+1}}\, \zeta \frac{d}{d\zeta} [F(\zeta)]^N \tag{38}$$

Für die *Boltzmannsche Verteilung* ergibt sich aus (31) und (36)

$$\mathsf{R} \cdot N_l = \sum_{L=1}^{L^*} R(\mathsf{Z}_L) \cdot N_{L,l}, \tag{36b}$$

und auf ähnlichem Wege wie in den früheren Fällen erhält man für den Koeffizienten von $\zeta^{\mathsf{E}-(E_l+E_{t,l})}$ in

$$N \cdot [F(\zeta)]^{N-1}, \tag{35b}$$

$$\mathsf{R} \cdot N_l = N \cdot \frac{1}{2\pi i} \int\limits_\gamma \frac{d\zeta}{\zeta^{\mathsf{E}+1}} g_l \cdot \zeta^{(E_l+E_{t,l})} \cdot [F(\zeta)]^{N-1}. \tag{39}$$

Integrale von der Form (37), (38), (39) lassen im Falle sehr

---

94) *C. G. Darwin* und *R. H. Fowler*, Phil. Mag. **44** (1922), p. 450.

großer N und E asymptotische Entwicklungen zu[95]), die eine Zurückführung von (38) und (39) auf (37) ermöglichen. Die Schlußweise ist dabei etwa die folgende[94]): Die Integranden aller dieser Integrale werden auf der reellen positiven Halbachse für $\zeta = 0$ und $\zeta = 1$ unendlich und besitzen an einer *einzigen* dazwischenliegenden Stelle ϑ ein Minimum. Führt man den Kreis γ gerade durch $\zeta = \vartheta$ hindurch, so findet man, daß unter allen Werten dieser Integranden längs der Peripherie von γ, jene, welche dem auf der positiven reellen Halbachse liegenden Punkte entsprechen, desto steilere Maxima sind, je größer N und E gewählt wurden. Man kann also die Integrale durch die Werte ihrer Integranden an der reellen Stelle $\zeta = \vartheta$ ersetzen und zur Bestimmung von ϑ von jenen ihrer Faktoren absehen, welche keine durch die Größe von N und E bedingten steilen Maxima besitzen. Von diesen letztgenannten Faktoren abgesehen, lautet die

95) Über derartige Entwicklungen vgl. z. B. II A **12** (*H. Burkhardt*), Nr. **109**. — *Darwin* und *Fowler* (l. c.) benutzen hierfür eine Form, die sie als „method of steepest descents" bezeichnen. Zu deren Rechtfertigung machen sie hinsichtlich des komplexen Linienintegrals

$$\frac{1}{2\pi i}\int\limits_{\gamma} \psi(\zeta)\,[\Phi(\zeta)]^{\mathsf{E}}\,\frac{d\zeta}{\zeta}$$

folgende Voraussetzungen: $\Phi(\zeta)$ ist analytisch und nach zunehmenden Potenzen von ζ entwickelbar; seine Entwicklung, deren Koeffizienten reell und positiv sind, beginnt mit einer negativen Potenz und hat einen endlichen Konvergenzradius, der ohne Beschränkung der Allgemeinheit gleich Eins angenommen werden kann; die Exponenten dieser Reihe sind nicht von der Form $\alpha + \beta \cdot d$, worin α und β bestimmte ganze Zahlen sind und d alle ganzen Zahlen durchläuft. $\psi(\zeta)$ ist analytisch und besitzt keine Pole innerhalb des Einheitskreises, ausgenommen etwa für $\zeta = 0$. γ bedeutet einen einmaligen geschlossenen, positiv zu durchlaufenden Integrationsweg um den Ursprung.

In den obigen Fällen ist offenbar

$$\Phi(\zeta) = \zeta^{-1} \cdot [F(\zeta)]^{\frac{N}{\mathsf{E}}}$$

und alle erwähnten Bedingungen sind entweder trivial oder stets erfüllbar, bis auf die notwendige Konvergenz der *Verteilungsfunktion* (34) selbst, die von der Reihe der Molekül-Energiewerte $E_n + E_{t,n}$ abhängt, *welche durch geeignet gewählte rationale Zahlen beliebig weitgehend approximiert zu denken sind.* Nach *Darwin* und *Fowler* soll die Konvergenz von (34) im Quantenfalle durch das *Bohrsche Korrespondenzprinzip* (Nr. **14**) stets gesichert sein; vgl. indessen Anm. 209) und Nr. **24b**, wo ein unter allen Umständen konvergenzerzeugender Gesichtspunkt herangezogen wird. —

Die Methode von *Darwin* und *Fowler* ist engstens verwandt mit der „Methode der Sattelpunkte", die *P. Debye* [München Akad. 1910, Nr. 5; Math. Ann. 67 (1910), p. 535] zur asymptotischen Darstellung der Zylinderfunktionen benutzt und die schon früher von *Riemann* skizziert war. Im Reellen geht sie in *Lord Kelvins* „Methode der stationären Phase" über.

Minimumbedingung für die Integranden in (37), (38), (39) gemeinsam

$$\frac{d}{d\zeta}\{\zeta^{-\mathsf{E}}\cdot[F(\zeta)]^N\}=0.$$

Wenn ϑ $(0<\vartheta<1)$ also ihre einzige reelle Lösung bedeutet, hat man in Übereinstimmung mit (38)

$$\mathsf{E}=N\cdot\vartheta\cdot\frac{d\log F(\vartheta)}{d\vartheta}. \tag{40}$$

Aus (39) folgt jetzt für die *Boltzmannsche Verteilung:*

$$N_l=N\cdot\frac{g_l\vartheta^{(E_l+E_{t,l})}}{F(\vartheta)}=N\cdot\frac{g_l\vartheta^{(E_l+E_{t,l})}}{\sum\limits_{l=1}^{\infty}g_l\vartheta^{(E_l+E_{t,l})}}. \tag{41}$$

Auf ähnlichem Wege wie (41) berechnen *Darwin* und *Fowler* auch das mittlere Schwankungsquadrat von N_l und finden[96])

$$\overline{\overline{(N_{L,l}-N_l)^2}}=N_l\cdot\left[1+\frac{N_l}{N}\left\{1+\frac{N\left(E_l+E_{t,l}-\frac{\mathsf{E}}{N}\right)^2}{\vartheta\frac{d\mathsf{E}}{d\vartheta}}\right\}\right]. \tag{42}$$

(41) gibt also die *mittlere* Molekülanzahl an, die nach Nr. 4 in einer beliebigen Zelle des μ-Raumes bei hinreichend langer Beobachtungszeit anzutreffen sein würde. Über die Bedeutung der durch (40) bestimmten Größe ϑ und ihren Zusammenhang mit dem *Temperaturbegriff* (Nr. 6, 7) kann an dieser Stelle noch nichts ausgesagt werden. Da E wegen (30) zugleich mit den Molekülenergiewerten $E+E_t$ von den Parametern a^* abhängt (Nr. 2), kann man aus (40) zunächst nur folgern, daß auch ϑ von diesen Parametern abhängig ist.

5 b. Das ältere Verfahren. Während obige Approximationsmethode mathematisch völlig einwandfrei durchgeführt werden kann, weist der bisher übliche Weg zur Ableitung der Verteilung (41) eine gewisse Lücke auf, welche durch die Benutzung der nur für große Anzahlen n gültigen (abgekürzten) *Stirlingschen Formel*

$$n!\sim n^n\cdot e^{-n} \tag{43}$$

verursacht wird; andererseits kommt ihm aber größere Durchsichtigkeit und Anschaulichkeit zu als der allgemeinen *Darwin-Fowler*schen Methode. Wenn mit Rücksicht auf die Größe von N angenommen wird, daß einer der Summanden von (36) alle übrigen um Größen-

96) Das zweite Glied in der geschweiften Klammer kann nur weggelassen werden, wenn sich das Gas mit einem sehr großen Wärmereservoir in thermischer Berührung befindet (Nr. 7). — Die Mittelwerte beliebig hoher Schwankungspotenzen haben *Darwin* und *Fowler* ebenfalls nach ihrer Methode berechnet, vgl. Proc. Cambridge Phil. Soc. 21 (1922), p. 391.

ordnungen übertrifft, so kann die ganze Summe durch die *„Anzahl der Realisierungsmöglichkeiten“* jener Zustandsverteilung Z_{MB} (*Maxwell-Boltzmannsche Verteilung*[92])) ersetzt werden[97]), welche $R(\mathsf{Z})$ zu einem *Maximum* macht.[98])

Indem man die *Stirling*sche Formel ohne Rücksicht auf die Größe der $N_{L,l}$ auf $R(\mathsf{Z}_L)$ anwendet, erhält man

$$\log R(\mathsf{Z}_L) = N \cdot \log N - N + \sum_{l=1}^{\infty} \left(N_{L,l} \cdot \log \frac{g_l}{N_{L,l}} + N_{L,l} \right) \cdot$$

Um dies mit Berücksichtigung der beiden Nebenbedingungen[99])

$$\text{(20a)} \qquad \sum_{l=1}^{\infty} N_{L,l} = N$$

und

$$\text{(30)} \qquad \sum_{l=1}^{\infty} N_{L,l}(E_l + E_{t,l}) = \mathsf{E}$$

zu einem Maximum zu machen, hat man mittels zweier willkürlicher *Lagrange*scher Multiplikatoren ϱ und ϑ_1 den Ausdruck

$$\text{(44)} \qquad \log R(\mathsf{Z}_L) + \varrho N - \vartheta_1 \mathsf{E}$$

zu bilden und dessen Änderungen für beliebige $\delta N_{L,l}$ gleich Null zu setzen:

$$\text{(44a)} \qquad \delta[\log R(\mathsf{Z}_L) + \varrho N - \vartheta_1 \mathsf{E}] = 0.$$

97) Den Nachweis, daß die „wahrscheinlichste“ Zustandsverteilung Z_{MB} den Einfluß aller übrigen Z in (36) überwiegt, hat (ebenfalls mit Benutzung der *Stirling*schen Formel) *K. F. Herzfeld,* Phys. Zeitschr. 15 (1914), p. 785, erbracht.

98) Diejenigen Autoren, welche vom *Boltzmannschen Prinzip*

$$\text{(90)} \qquad \mathsf{S} = k \cdot \log R(\mathsf{Z}_{MB})$$

ausgehen (vgl. Nr. **8b**), pflegen die Bevorzugung von Z_{MB} mit Rücksicht auf den II. Hauptsatz zu rechtfertigen, indem sie die Entropie S aus Irreversibilitätsgründen mit der Zustandsverteilung Z_{MB} *maximaler „Wahrscheinlichkeit“* (siehe Anm. 29) $R(\mathsf{Z}_{MB})$ verknüpfen. Ganz abgesehen von den gegen die unmittelbare Begründung von (90) zu erhebenden Einwendungen, ist dieser Vorgang auch methodisch bedenklich, da man an dieser Stelle noch über keine statistische Temperaturdefinition verfügt.

99) Der Einfluß eventueller weiterer Nebenbedingungen [z. B. die Forderung der Gültigkeit der Schwerpunkts- und Flächensätze für das gesamte Gasmodell (vgl. dazu Anm. 8)] läßt sich, wie *P. Ehrenfest* gezeigt hat, auf die Einführung einer im μ-Raume *nicht konstanten* (im allgemeinen allerdings von ϑ_1 abhängigen) *Gewichtsfunktion* zurückführen und braucht daher hier nicht weiter berücksichtigt zu werden. Vgl. *P. Ehrenfest,* Ann. d. Phys. 36 (1911), p. 91, Anm. 1 auf p. 95 und Phys. Ztschr. 7 (1906), p. 528. Ein Beispiel für einen solchen Fall ist in Nr. **24b**, ferner auch in einer Arbeit von *A. March,* Phys. Ztschr. 22 (1921), p. 429, zu finden. — Umgekehrt kann eine nicht konstante Gewichtsfunktion als Repräsentant derartiger Nebenbedingungen angesehen werden.

Die Ausführung dieser Rechnung ergibt für Z_{MB}, wenn ϱ mittels (20a) eliminiert wird,

$$N_{MB,l} = N \cdot \frac{g_l \cdot e^{-\vartheta_1 (E_l + E_{t,l})}}{\sum\limits_{l=1}^{\infty} g_l \cdot e^{-\vartheta_1 (E_l + E_{t,l})}}; \tag{45}$$

der *Lagrange*-Faktor ϑ_1 ist hierbei durch die Nebenbedingung (30) bestimmt.[100])

Wie der Vergleich von (41) und (45) dartut, stimmt die Zustandsverteilung Z_{MB} mit der *Boltzmannschen Verteilung* vollkommen überein, wenn man

$$\vartheta = e^{-\vartheta_1}$$

setzt. Die Einzelverteilung Z_{MB} leistet also praktisch genau dasselbe wie die *mittlere Boltzmann*-Verteilung. Sieht man von der nicht vollständig legitimen Anwendung der *Stirling*schen Formel ab, so ist damit zugleich der Beweis geliefert, daß die Zustandsverteilung Z_{MB} tatsächlich alle übrigen Z_L *zeitlich* und *räumlich erdrückend überwiegt*[101]), wie es die Ausgangsannahme fordert.

5 c. Das Maxwellsche Geschwindigkeitsverteilungsgesetz. Macht man von der in Nr. **2** und **3** der Bequemlichkeit halber eingeführten, in dieser Nummer bisher jedoch noch nicht benutzten Unabhängigkeit der inneren Bewegung der Moleküle von ihrer Translationsbewegung Gebrauch, so zeigt sich, daß man an Stelle der einheitlichen *Verteilungsfunktion* $F(\zeta)$ (34) der Gasmoleküle auch das Produkt zweier solcher hätte benutzen können; die eine derselben,

$$f(\zeta) = \sum_{l_1=1}^{\infty} g_{l_1} \zeta^{E_{l_1}}, \tag{34a}$$

möge sich nur auf die innere Bewegung der Moleküle beziehen, die andere hingegen

$$f_t(\zeta) = \sum_{l_2=1}^{\infty} g_{l_2} \zeta^{E_{t,l_2}} \tag{34b}$$

allein auf die Translation. Die Größen $\ldots E_{l_1}, \ldots$ sollen jetzt die nach zunehmenden Beträgen geordnete Reihe der inneren Energien

100) *P. Ehrenfest,* Phys. Ztschr. **15** (1914), p. 657.

101) Damit ist der Beweis der diesbezüglichen *Boltzmann*schen Behauptung (III) bei *P.* und *T. Ehrenfest,* IV 32, Nr. **13**, ohne Benutzung der Ergoden- oder Quasiergodenhypothese erbracht. Vgl. dazu auch *K. Lichtenecker,* Phys. Ztschr. 20 (1919), p. 919, und Anm. 166).

Für konstante Gewichtsfunktionen stimmen (41) und (45) auch vollkommen mit jener μ-Raumverteilung überein, die formal der *Gibbs*schen *kanonischen Γ-Raumverteilung* entspricht. Vgl. IV 32, Nr. **21**, ferner im Text weiter unten, Nr. **7 b**, und Anm. 136).

bedeuten, welche den einzelnen Zellen des μ-Raumes der inneren Bewegung (Nr. 3) zugeordnet sind, ... E_{t,l_2}, ... die entsprechende Reihe der Translationsenergien. Denkt man sich jetzt (34a) und (34b) miteinander multipliziert, so ergeben sich in der Tat lauter Glieder von der Form der einzelnen Summanden von $F(\zeta)$ und nur diese.

Die angedeutete Zerlegung der Verteilungsfunktion ermöglicht es, von der speziellen Beschaffenheit (17) der Translations-Gewichtsfunktion Gebrauch zu machen und mit Rücksicht auf sie die Summe (41) bzw. (45) durch ein Integral über den zulässigen Teil *des μ-Raumes der Translation* zu approximieren.[102]) Indem man für alle Zellen dieses μ-Raumes

$$g_{l_2} = \frac{dx\,dy\,dz\,dp_x\,dp_y\,dp_z}{G_t} \tag{46}$$

setzt, worin G_t eine hier nicht näher bestimmbare Maßkonstante bedeutet[103]), erhält man

$$f_t(\zeta) = \frac{1}{G_t}\int^{(6)}\!\!\cdots\int \zeta^{\frac{1}{2M}\left(p_x^2+p_y^2+p_z^2\right)}\cdot dx\,dy\,dz\,dp_x\,dp_y\,dp_z, \tag{34bb}$$

wobei die Integration nach x, y, z über das Volumen V[104]), nach p_x,

102) Vgl. Nr. 3 (I).

103) Um die Dimension von $F(\zeta)$ durch diese Approximation nicht zu verändern, muß die einstweilen unbestimmt bleibende Konstante G_t (vgl. aber Nr. 25, 27) die Dimension der dritten Potenz einer Wirkungsgröße erhalten. [Offenbar besitzt $F(\zeta)$ die Dimension der Gewichtsfunktion, die man stets zu Null wählen kann und wird; ζ *muß* ersichtlich die Dimension Null (bzw. *logarithmische Dimension*) haben und daher ebenso auch ϑ, vgl. (64).] —

Bezüglich einer eingehenderen Rechtfertigung des angedeuteten Grenzüberganges zum Integral sei auf *C. G. Darwin* und *R. H. Fowler*, Proc. Cambridge Phil. Soc. 21 (1922), p. 262, insbes. § 5, verwiesen. Vgl. auch Phil. Mag. 44 (1922), p. 450, § 12, 13.

104) Wenn die endliche Ausdehnung der Moleküle und der Einfluß von zwischen ihnen wirkenden Kräften berücksichtigt werden soll, so wird dadurch die Berechnung des Integrales (34bb) in einigen wesentlichen Punkten abgeändert; die einzige dadurch bewirkte Änderung in den nachfolgenden Formeln besteht also darin, daß $f_t(\zeta)$ im allgemeinsten Falle nicht durch (47) ersetzt, sondern von Fall zu Fall besonders ermittelt werden muß. — Literaturangaben zur *van der Waalsschen Theorie* sind in Anm. 25) angeführt; sie enthält bis jetzt noch keinerlei quantentheoretische Elemente (vgl. dazu aber Nr. 24b). Innerhalb der statistischen Mechanik sind die mit ihr zusammenhängenden Fragen, vor allem die allgemeine Berechnung des Integrales (34bb) ganz ausführlich in der Leidener Diss. von *L. S. Ornstein* „Toepassing der statistische Mechanica van Gibbs op molekulair-theoretische vraagstukken" (1908) behandelt worden, allerdings mit Bezugnahme auf den Γ-Raum. Vgl. auch *L. S. Ornstein*, Arch. Néerl. (III A) 4 (1918), p. 203.

p_y, p_z von $-\infty$ bis $+\infty$[105]) zu erstrecken ist. Wegen $\zeta < 1$ ergibt sich

$$(47) \qquad f_t(\zeta) = \left(\frac{2\pi M}{\log \frac{1}{\zeta}}\right)^{\frac{3}{2}} \frac{\mathsf{V}}{G_t}$$

und daher für die einheitliche Verteilungsfunktion (34)

$$(34\text{c}) \qquad F(\zeta) = \left(\frac{2\pi M}{\log \frac{1}{\zeta}}\right)^{\frac{3}{2}} \frac{\mathsf{V}}{G_t} \cdot \sum_{l=1}^{\infty} g_l \zeta^{E_l}.\text{[106]})$$

Die *Boltzmannsche Verteilung* (41) erhält jetzt die Gestalt[107])

$$(48) \quad N_l = N \left(\frac{2\pi M}{\log \frac{1}{\vartheta}}\right)^{-\frac{3}{2}} \frac{1}{\mathsf{V}} \cdot g_l \frac{\vartheta^{\frac{1}{2M}(p_x^2 + p_y^2 + p_z^2) + E_l}}{\sum_{l=1}^{\infty} g_l \vartheta^{E_l}} \cdot dx\, dy\, dz\, dp_x\, dp_y\, dp_z.$$

Die allein von der Translationsbewegung herrührenden Faktoren dieses Ausdrucks

$$(49) \quad \mathbf{M}(\mathbf{V}, \vartheta) = \left(\frac{2\pi M}{\log \frac{1}{\vartheta}}\right)^{-\frac{3}{2}} \frac{1}{\mathsf{V}} \vartheta^{\frac{1}{2M}(p_x^2 + p_y^2 + p_z^2)} \cdot dx\, dy\, dz\, dp_x\, dp_y\, dp_z$$

sind offenbar für alle Gase gemeinsam; mit N multipliziert gibt (49) die mittlere Zahl aller Gasmoleküle an, die sich innerhalb des Volumens zwischen x und $x + dx$, y und $y + dy$, z und $z + dz$ befinden und deren Impulse zwischen den Grenzen p_x und $p_x + dp_x$, p_y und $p_y + dp_y$, p_z und $p_z + dp_z$ liegen. Für $\vartheta = e^{-\frac{1}{kT}}$ (T absolute Temperatur, s. Nr. **8a**) entspricht (49) also dem *Maxwellschen Geschwindigkeitsverteilungsgesetz*, wie man unmittelbar sieht, wenn man anstatt der Impulsgrößen die Geschwindigkeiten $\dot{x}, \dot{y}, \dot{z}$ einführt.[108]) —

105) Eigentlich über $p_x^2 + p_y^2 + p_z^2 \leq 2M \cdot \mathsf{E}$, doch ist dieser Unterschied wegen der enormen Größe von E belanglos.

106) An Stelle des Summationsindex l_1 in (34a) schreiben wir hier und im folgenden der Bequemlichkeit halber wieder l.

107) Man beachte, daß die Maßkonstante G_t *nur* in der *Verteilungsfunktion* (34 bb) und (47), bzw. (34c) auftritt, aus der *Boltzmann*schen Verteilung (48) und ebenso aus dem *Maxwell*schen Geschwindigkeitsverteilungsgesetz (49) hingegen verschwindet (s. auch Anm. 93). Das Gleiche gilt hinsichtlich der Maßkonstante G in (34aa) gegenüber (50). Über die Bestimmung von G_t vgl. Nr. **24c**, über jene von G Nr. **25**, **27**.

108) Vgl. z. B. *W. Lenz*, Phys. Ztschr. 11 (1910), p. 1175, 1260; *A. Waßmuth*, Wien Ber. (IIa) 130 (1921), p. 159. — Den Nachweis, daß die *Maxwell*sche Geschwindigkeitsverteilung als Z_{MB} im μ-Raume der Translation aufgefaßt, $R(\mathsf{Z})$ wirklich zu einem *Maximum* macht, hat, *unabhängig von der Stirlingschen Formel*, *R. v. Mises*, Phys. Ztschr. 19 (1918), p. 81, erbracht und auch die Frage

Wenn die in Nr. **3** eingeführte Gewichtsfunktion für die innere Bewegung der Moleküle eine im μ-Raum *überall konstante* oder wenigstens *stetige* Funktion darstellt, so kann auch die Verteilungsfunktion (34a) der inneren Bewegung durch einen Integralausdruck approximiert werden; der Vorgang ist dann ein ganz ähnlicher wie bei der Translationsbewegung.[109]) Man erhält so

$$(34\,\mathrm{aa})\qquad f(\zeta) = \frac{1}{G}\overset{(2s)}{\int\cdots\int} g(q_k, p_k, a^*)\cdot \zeta^{E(q_k, p_k, a^*)}\cdot d\tau,$$

wobei $d\tau$ ein Volumelement des $2s$-dimensionalen μ-Raumes der inneren Bewegung $dq_1, dq_2 \ldots dq_s.\ dp_1 \ldots dp_s$ und G eine Maßkonstante von der Dimension der s^{ten} Potenz einer Wirkungsgröße bedeutet.[110]) Die *Boltzmannsche Verteilung* (48), die mit Benutzung von (49) die Form erhält

$$(48\,\mathrm{a})\qquad N_l = N\cdot \mathbf{M}(\mathbf{V}, \vartheta)\cdot \frac{g_l \vartheta^{E_l}}{\sum\limits_{l=1}^{\infty} g_l \vartheta^{E_l}},$$

wird dann

$$(50)\qquad N_l = N\cdot \mathbf{M}(\mathbf{V}, \vartheta)\cdot \frac{g(q_k, p_k, a^*)\, \vartheta^{E(q_k, p_k, a^*)}\cdot d\tau_l}{\overset{(2s)}{\int\cdots\int} g(q_k, p_k, a^*)\, \vartheta^{E(q_k, p_k, a^*)}\cdot d\tau};$$

die in (34aa) und (50) auftretende Integration ist offenbar über den ganzen von der Zelleneinteilung (12) bedeckten Teil des μ-Raumes der inneren Bewegung zu erstrecken.

An Stelle der q_k, p_k können hier endlich noch überall die in Nr. **3** zur Zelleneinteilung des μ-Raumes herangezogenen *eindeutigen Parameterinvarianten* I_r der Bewegungsgleichungen (1) eingeführt werden (vgl. Nr. **3 A**). Da gezeigt werden kann, daß die Molekülenergie als Funktion der I_r und a^* allein darstellbar ist[73]), und die

nach der *Ganzzahligkeit* der Lösung (die aber nur für eine Z_{MB} einen Sinn hat — vgl. Anm. 89) behandelt. Bezüglich der älteren Literatur muß auf V 9 (*L. Boltzmann* und *J. Nabl*) und IV 32, Nr. 4 verwiesen werden.

Einen nicht ganz direkten, *experimentellen* Nachweis des *Maxwell*schen Geschwindigkeitsverteilungsgesetzes hat *O. Stern* an Molekularstrahlen erbracht, Ztschr. f. Phys. 2 (1920), p. 49; 3 (1920), p. 417; Phys. Ztschr. 21 (1920), p. 582. Zu diesen Experimenten vgl. ferner *M. Born* und *E. Bormann*, Phys. Ztschr. 21 (1920), p. 578, sowie den Bericht über Atomstrahlen von *W. Gerlach*, Erg. d. ex. Naturwiss. 3 (1924), p. 182.

109) Während bei der Translation *Form* und Größe der Zellen beliebig waren, muß bei der *inneren Bewegung* eine Zelleneinteilung des μ-Raumes von der *bestimmten* Form (12) *auch während der Ausführung des Grenzüberganges zum Integral* beibehalten werden.

110) Vgl. Anm. 103) und 107).

Gewichtsfunktion g nach (15) nur von den I_r abhängt, erhält man z. B. anstatt (50)

$$N_i = N \cdot \mathbf{M}(\mathbf{V}, \vartheta) \cdot \frac{g(I_r) \cdot \vartheta^{E(I_r, a^*)} \cdot d\Omega_i}{\int_{(u)} \cdots \int g(I_r) \cdot \vartheta^{E(I_r, a^*)} \cdot d\Omega}, \tag{50a}$$

worin $d\Omega$ entsprechend (14) jetzt das Volumendifferential des μ-Raumes, ausgedrückt in den I_r, bedeutet.

6. Die Boltzmannsche Verteilung bei beliebigen statistischen Gebilden.

6 a. Gasgemische. $N^{(1)}$ Moleküle eines Gases 1, $N^{(2)}$ Moleküle eines Gases 2, ... sollen im gleichen Volumen $\mathbf{V}$ miteinander vereinigt sein und die Gesamtenergie $\mathbf{E}$ besitzen; die „Verteilungsfunktionen" (34) der einzelnen Molekülsorten seien $F_1(\zeta)$, $F_2(\zeta)$, ... Bei sinngemäßer Ausdehnung der in Nr. 2—4 gemachten Voraussetzungen auf das Gasgemisch wird man den Zustand desselben zu einem bestimmten Zeitpunkte kennzeichnen können, indem man die momentane Zustandsverteilung jeder einzelnen Molekülsorte in ihrem eigenen μ-Raume ohne Rücksicht auf die gleichzeittg in $\mathbf{V}$ befindlichen Fremdmoleküle angibt. Auf dem in Nr. 4 geschilderten Wege gewinnt man wieder die Berechtigung, die zu erwartende *mittlere zeitliche* Häufigkeitsverteilung im Gasgemische durch jene seiner *Raumgesamtheit* (vgl. (31)) zu ersetzen. Die Anzahl der Realisierungsmöglichkeiten einer aus den bestimmten Partial-Zustandsverteilungen $\mathbf{Z}_{L_1}^{(1)}$, $\mathbf{Z}_{L_2}^{(2)}$, ... bestehenden Total-Zustandsverteilung $\mathbf{Z}_L^{(1,2,\ldots)}$ ist dann gleich dem Produkte von lauter Ausdrücken $R(\mathbf{Z}_{L_1}^{(1)})$, $R(\mathbf{Z}_{L_2}^{(2)})$, ..., die analog (29) gebaut sind:

$$R(\mathbf{Z}_L^{(1,2,\ldots)}) = R(\mathbf{Z}_{L_1}^{(1)}) \cdot R(\mathbf{Z}_{L_2}^{(2)}) \ldots \tag{29A}$$

Um entsprechend (36) die Summe $\mathbf{R}^{(1,2,\ldots)}$ für alle mit der gegebenen Gesamtenergie $\mathbf{E}$ verträglichen $\mathbf{Z}^{(1,2,\ldots)}$ zu berechnen, wird man sich mit *Darwin* und *Fowler*[94]) wieder der Verteilungsfunktionen bedienen. Dann erhält man $\mathbf{R}^{(1,2,\ldots)}$ als den Koeffizienten von $\zeta^{\mathbf{E}}$ in der Polynomialentwicklung von

$$[F_1(\zeta)]^{N^{(1)}} \cdot [F_2(\zeta)]^{N^{(2)}} \cdot [F_3(\zeta)]^{N^{(3)}} \ldots \tag{35A}$$

in der Form

$$\mathbf{R}^{(1,2,\ldots)} = \frac{1}{2\pi i} \int_\gamma \frac{d\zeta}{\zeta^{\mathbf{E}+1}} [F_1(\zeta)]^{N^{(1)}} \cdot [F_2(\zeta)]^{N^{(2)}} \ldots \tag{37}$$

und findet die den Gleichungen (38) und (39) entsprechenden Beziehungen, indem man dort ebenfalls an Stelle von $[F(\zeta)]^N$ das Produkt (35A) einsetzt. Die gleiche Argumentation wie in der vorigen

Nummer führt zu der Bedingungsgleichung

$$\frac{d}{d\zeta}\{\zeta^{-\mathsf{E}}\cdot[F_1(\zeta)]^{N^{(1)}}\cdot[F_2(\zeta)]^{N^{(2)}}\cdot[F_3(\zeta)]^{N^{(3)}}\ldots\}=0$$

für die Größe ϑ, welche die asymptotische Darstellung dieser und aller verwandt gebauten Integrale für sehr große E, $N^{(1)}$, $N^{(2)}$, $N^{(3)}$, ... ermöglicht. Man erhält so

$$\text{(40 A)} \quad \mathsf{E}=N^{(1)}\vartheta\cdot\frac{d\log F_1(\vartheta)}{d\vartheta}+N^{(2)}\vartheta\cdot\frac{d\log F_2(\vartheta)}{d\vartheta}+N^{(3)}\vartheta\cdot\frac{d\log F_3(\vartheta)}{d\vartheta}+\cdots.$$

Die Energie, welche z. B. der ersten Komponente des Gasgemisches zukommt, ist nun keine konstante Größe mehr; sie schwankt um einen Mittelwert E_1, der mittels einer ähnlich wie (36) gebauten Summe zu

$$\text{(51 A)} \qquad \mathsf{E}_1=N^{(1)}\vartheta\cdot\frac{d\log F_1(\vartheta)}{d\vartheta}$$

gefunden werden kann. Gleiches gilt naturgemäß auch für die übrigen Komponenten des Gasgemisches. Man hat also

$$\text{(40 AA)} \qquad \mathsf{E}=\mathsf{E}_1+\mathsf{E}_2+\mathsf{E}_3+\cdots$$

und bemerkt, daß die Ausdrücke (51) für die einzelnen Gemischkomponenten formal vollständig mit Gleichung (40) für das energetisch abgeschlossene Einzelgas übereinstimmen. Für die *Boltzmann*sche Verteilung jeder Molekülsorte erhält man übereinstimmend mit dem Früheren

$$\text{(41 A)} \quad N_l^{(1)}=N^{(1)}\cdot\frac{g_l\vartheta^{(E_l+E_{t,l})}}{\sum\limits_{l=1}^{\infty}g_l\vartheta^{(E_l+E_{t,l})}}, \text{ usf.,}$$

$$\text{(50 A)} \quad N_l^{(1)}=N^{(1)}\cdot\mathsf{M}^{(1)}(\mathsf{V},\vartheta)\cdot\frac{g(q_k,p_k,a^*)\,\vartheta^{E(q_k,p_k,a^*)}\cdot d\tau_l}{\overset{(2s)}{\int\cdots\int}g(q_k,p_k,a^*)\,\vartheta^{E(q_k,p_k,a^*)}\cdot d\tau}, \text{ usf.;}$$

hierbei unterscheiden sich die *Maxwell*schen Geschwindigkeitsverteilungsausdrücke $\mathsf{M}^{(1)}(\mathsf{V},\vartheta)$, $\mathsf{M}^{(2)}(\mathsf{V},\vartheta)$, ... nach (49) nur hinsichtlich der den einzelnen Molekülsorten zukommenden Massen M_1, M_2, ...

6 b. Fester Körper und Hohlraumstrahlung. Die bisherigen Methoden und Ergebnisse sind mit Leichtigkeit auch auf beliebige statistische Gebilde anwendbar, wenn auf sie eine sinngemäße Erweiterung der in den Nummern 2—4 gemachten Ansätze möglich ist. Dazu ist vor allem erforderlich, daß sich ein solches Gebilde aus einer sehr großen Anzahl von im allgemeinen voneinander unabhängigen, gleichartigen *Teilgebilden* zusammensetzen läßt, deren Wechselwirkungen als von vernachlässigbar kurzer Dauer angesehen werden können und denen ein hinreichend großer Energiebetrag gemeinsam ist. Beispiele solcher Gebilde sind die gebräuchlichen Modelle beliebiger *fester Körper*, insbesondere von *Kristallen*, deren Moleküle (Ionen,

Atome, eventuell Elektronen) durch quasielastische Kräfte aneinander gebunden sind (V 25, *Atomtheorie des festen Zustandes* (*M. Born*)), ferner die *Hohlraumstrahlung* (V 23, *Theorie der Strahlung* (*W. Wien*)).

In den genannten beiden Fällen stellt es sich als möglich heraus, den Bewegungszustand des Gebildes mit Hilfe von *Normalkoordinaten* zu beschreiben[111]); die Bewegungsgleichungen zerfallen dann in lauter gleichgebaute Beziehungen von der Form

$$\frac{d^2q}{dt^2} + 4\pi^2\nu^2 \cdot q = 0, \tag{52}$$

welche man als Schwingungsgleichung eines *linearen harmonischen Oszillators* zu bezeichnen pflegt, wenn die darin auftretende Koordinate q als Elongation eines um seine Ruhelage linear schwingenden Massenpunktes m aufgefaßt wird. Die Frequenzen ν in (52) entsprechen den verschiedenen Eigenschwingungen des festen Körpers, beziehungsweise des durchstrahlten Hohlraumes. Die Anzahl der Eigenschwingungen, welchen eine Frequenz zwischen ν und $\nu + d\nu$ zukommt, beträgt für beliebig geformte Volumina V[112]) beim *festen* Körper

$$N_{FK}(\nu) \cdot d\nu = \frac{12\pi\nu^2 \cdot d\nu}{v^3}\,\mathsf{V}, \tag{53a}$$

(v eine mittlere Fortpflanzungsgeschwindigkeit für transversale und longitudinale Wellen), bei der *Hohlraumstrahlung* hingegen

$$N_{HS}(\nu) \cdot d\nu = \frac{8\pi\nu^2 \cdot d\nu}{c^3}\,\mathsf{V} \tag{53b}$$

(c Lichtgeschwindigkeit). Die Hohlraumstrahlung besitzt unbegrenzt viele Freiheitsgrade, ihr Frequenzspektrum kann als stetig angesehen

---

111) Betreffs der Kristalle vgl. für das Folgende V 25 (*M. Born*), insbes. Nr. **18** und **19**. Bezüglich der Hohlraumstrahlung siehe V 23 (*W. Wien*), ferner *P. Debye*, Ann. d. Phys. 33 (1910), p. 1427; *M. v. Laue*, Ann. d. Phys. 44 (1914), p. 1197; *H. A. Lorentz* [1], p. 23; *A. Rubinowicz*, Phys. Ztschr. 18 (1917), p. 96, und *M. Planck* [1]. — Eine Gegenüberstellung von Kristall und Hohlraumstrahlung findet sich z. B. bei *L. Flamm*, Phys. Ztschr. 19 (1918), p. 116, 166, und *M. Planck* [1].

Für *Flüssigkeiten* ist ein allgemeiner, für obige Zwecke verwendbarer Ansatz noch nicht bekannt geworden. Hingegen sind ähnliche Ansätze wie beim festen Körper auch auf die *Translationsbewegung von Gasen bei sehr tiefen Temperaturen* angewendet und zur Berechnung des quantentheoretischen Ausdrucks für die *chemische Konstante* benutzt worden. S. darüber Nr. **19**.

112) Hinsichtlich der Unabhängigkeit von Form und Größe des Volumens vgl. *F. Hasenöhrl*, Phys. Ztschr. 7 (1906), p. 37; *H. Weyl*, Math. Ann. 71 (1911), p. 441; Crelles J. 141 (1912), p. 163; 143 (1914), p. 177; Palermo Rend. 39 (1915), p. 1; *M. v. Laue*, Ann. d. Phys. 44 (1914), p. 1197; ferner V 24, *Wellenoptik* (*M. v. Laue*), Nr. **44**.

werden und erstreckt sich ins Unendliche. Der feste Körper hingegen besitzt eine endliche, wenn auch sehr große Zahl von Freiheitsgraden N_{FK}, denen genau genommen eine diskrete Reihe von Frequenzen entspricht; er hat daher eine endliche kleinste, sowie eine größte Frequenz, von denen erstere jedoch praktisch stets Null gesetzt und letztere, die *Debyesche Grenzfrequenz* ν_D, durch die Beziehung

$$(53a') \qquad \frac{12\pi}{v^3}\mathsf{V} \cdot \int_0^{\nu_D} \nu^2 \cdot d\nu = N_{FK}$$

approximiert werden kann.

Es ist nun leicht zu sehen, daß die statistische Behandlung des Festkörpers oder der Hohlraumstrahlung ganz analog jener eines Gasgemisches erfolgen kann. An Stelle jeder Komponente des Gasgemisches treten sämtliche Eigenschwingungen *gleicher Frequenz*, die das betrachtete Gebilde besitzt. Um die Überlegungen von Nr. 4 und 5 auch hier anwenden zu können, muß man voraussetzen:

(1) daß zwischen den Eigenschwingungen gleicher Frequenz ungehinderter Energieaustausch stattfinden können muß,

(2) daß dies auch für Eigenschwingungen verschiedener Frequenz möglich ist.[113])

Bedeutet nun $F(\nu, \zeta)$ die *Verteilungsfunktion* einer Eigenschwingung (eines Oszillators) von der Frequenz ν, so hat man zur Aufsuchung

113) Im Falle der Hohlraumstrahlung pflegen diese Annahmen tatsächlich auch explizit ausgesprochen zu werden; in der Tat entspricht die Rolle des *Planckschen Kohlestäubchens,* welches dazu bestimmt ist, die Umkehrbarkeit der mit der Hohlraumstrahlung vorgenommenen thermodynamischen Prozesse sicherzustellen (vgl. *M. Planck* [1], § 68), diesen Voraussetzungen. — Für den festen Körper scheint nur *H. A. Lorentz* [1], Note VIII, p. 112/114, besonders auf die Notwendigkeit derartiger Annahmen hingewiesen zu haben, die übrigens auch mit dem Problem der *Wärmeleitfähigkeit* eines Kristalls in engem Zusammenhang stehen. [Ohne unmittelbare Beziehung zu (1) und (2) auch vermutet bei *M. Born,* Phys. Ztschr. 15 (1914), p. 185, Schlußabsatz. Der dort behandelte und zu dieser Vermutung führende Fall stellt ein „unvollständiges Gleichgewicht" dar, bezüglich dessen auf Anm. 85) verwiesen werden möge.] Das Problem der Wärmeleitfähigkeit muß gegenwärtig noch als gänzlich ungeklärt angesehen werden [s. V 25 (*M. Born*), Nr. 35 Ende], doch ist es wohl wahrscheinlich, daß man dabei kaum ohne Berücksichtigung dieser Annahmen wird auskommen können, auch dann, wenn man wie bei hohen Temperaturen unelastische Schwingungen im Kristall zulassen muß (vgl. V 25, Nr. 34). Strenggenommen ist die gewöhnliche und Quantenstatistik (und damit die Thermodynamik, siehe Nr. 7) der Festkörper als nicht ganz einwandfrei begründet anzusehen, solange man sich der Notwendigkeit obiger Annahmen nicht bewußt wird. Vgl. auch Anm. 137).

des *Boltzmann*schen Verteilungszustandes analog (35 A) das Produkt

(35 B) $$P(\zeta) = \prod_{\nu} [F(\nu, \zeta)]^{N(\nu) \cdot d\nu}$$

zu bilden, worin $N(\nu) \cdot d\nu$, je nachdem, ob es sich um den Festkörper oder die Hohlraumstrahlung handelt, den Ausdruck (53 a) oder (53 b) bedeutet; Approximation durch ein Integral ergibt

(35 BB) $$\log P(\zeta) = \int F(\nu, \zeta) \cdot N(\nu) \cdot d\nu,$$

wobei vorausgesetzt werden muß, daß (35 B) bzw. (35 BB) für $|\zeta| < 1$ konvergieren. Die in (35 BB) auftretende Integration hat beim festen Körper von $\nu = 0$ bis $\nu = \nu_D$ zu erfolgen, bei der Hohlraumstrahlung von $\nu = 0$ bis $\nu = \infty$. An Stelle von (37 A) tritt jetzt für eine gegebene Gesamtenergie E des Festkörpers bzw. der Hohlraumstrahlung

(37 B) $$\mathsf{R} = \frac{1}{2\pi i} \int_{\gamma} \frac{d\zeta}{\zeta^{\mathsf{E}+1}} P(\zeta)$$

und man findet

(40 B) $$\mathsf{E} = \vartheta \frac{d \log P(\vartheta)}{d\vartheta}.$$

Dem Mittelwert der Energie der Moleküle einer beliebigen Komponente des Gasgemisches entspricht nun hier die mittlere, auf die $N(\nu) \cdot d\nu$ Eigenschwingungen (Oszillatoren) des Frequenzintervalles $d\nu$ entfallende Energie $\mathsf{E}_\nu \cdot d\nu$. Analog (51 A) beträgt sie

(51 B) $$\mathsf{E}_\nu \cdot d\nu = N(\nu) \cdot d\nu \cdot \vartheta \frac{\partial \log F(\nu, \vartheta)}{\partial \vartheta},$$

und wegen (35 BB) ist ersichtlich

(40 BB) $$\mathsf{E} = \int \mathsf{E}_\nu \cdot d\nu,$$

mit dem gleichen Integrationsbereich wie (35 BB). —

Die wirkliche Ausführung obiger Formeln sowie auch die Aufstellung der zu (41 A) analogen *Boltzmann*schen Verteilung für die Eigenschwingungen (Oszillatoren) selbst, erfordert die Kenntnis der Verteilungsfunktion $F(\nu, \zeta)$, zu deren Ermittlung auf die Schwingungsgleichung (52) zurückgegangen werden muß. Fassen wir sie, was formal ohne Einschränkung der Allgemeinheit möglich ist, direkt als Oszillator-Bewegungsgleichung des Massenpunktes m auf, so entspricht ihr die Energie

(54) $$E(q, p, \nu) \equiv \frac{p^2}{2m} + 2\pi^2 m \nu^2 q^2 = \alpha,$$

welche nunmehr an Stelle der Molekülenergie der bisherigen Betrachtungen zu treten hat. Der μ-Raum dieses Gebildes von *einem* Freiheitsgrade ist zweidimensional, und die „Energiefläche“ (54) stellt in ihm zugleich die einzige, zu $E = \alpha$ gehörige μ-Kurve dar. Die beiden Halbachsen der Ellipse (54) in der q, p-Ebene sind $\sqrt{2m\alpha}$ und $\sqrt{\frac{\alpha}{2\pi^2 m\nu^2}}$, ihr Flächeninhalt beträgt daher $\frac{\alpha}{\nu}$; für verschiedene Werte von α erhält man eine Schar konzentrischer Ellipsen, deren Flächeninhalte also proportional α anwachsen.

Um die Zelleneinteilung der μ-Ebene vornehmen zu können, hat man nach Nr. **3** zunächst als a priori gleichhäufige Oszillatorzustände die μ-Kurve (54) und alle aus ihr durch umkehrbare, unendlich langsame Parameterveränderungen hervorgehenden μ-Kurven aufzusuchen. Als makroskopisch beeinflußbarer Parameter a^* kommt hier nur die Frequenz ν in Betracht; wird nämlich das Volumen des Festkörpers oder eines durchstrahlten Hohlraumes umkehrbar unendlich langsam („adiabatisch reversibel“) geändert, so ändern sich hierbei auch die Frequenzen aller Eigenschwingungen in der gleichen Art. Bei einer solchen Änderung von ν ändert sich nun auch α, die Größe $\frac{\alpha}{\nu}$ hingegen bleibt, wie *Ehrenfest* unter Benutzung eines Satzes von *Boltzmann* gezeigt hat[114]), *invariant.* Nach der in Nr. **3** und Nr. **3A** verwendeten Bezeichnungsweise ist also

$$I = \frac{E(q, p, \nu)}{\nu} \tag{55}$$

eine *Parameterinvariante* (Adiabatische Invariante) des Oszillators bzw. jeder Eigenschwingung des Festkörpers oder des Hohlraumes, und zwar, wie man leicht einsieht, die einzige. Entsprechend (12) wird man also eine Ellipsenschar

$$I = h_0, \quad I = h_1, \quad I = h_2, \quad \ldots, \quad I = h_n, \quad \ldots \tag{56}$$

wählen können, um die Zellen der μ-Ebene festzulegen; (56) kann mit Benutzung von (55) auch in der Form geschrieben werden

$$E = h_0\nu, \quad E = h_1\nu, \quad E = h_2\nu, \quad \ldots, \quad E = h_n\nu, \quad \ldots \tag{56a}$$

Die Konstanten $h_0, h_1, h_2, \ldots, h_n, \ldots$ sind ersichtlich von der Dimension einer *Wirkungsgröße*; hinsichtlich ihrer besonderen Wahl kann, wie bereits in Nr. **3** hervorgehoben, a priori gar nichts ausgesagt werden[115]), vielmehr darf darüber nur mit Berufung auf die Erfahrung

---

114) *P. Ehrenfest,* Proc. Amsterdam Akad. 16 (1914), p. 591; Ann. d. Phys. 51 (1916), p. 327, Anhang I; ferner *L. Boltzmann,* Wiss. Abh. Bd. I, p. 26, 228; Prinzipien der Mechanik (Leipzig 1904), Bd. II, § 39, 40, 41, 48; *R. Clausius,* Pogg. Ann. 142 (1870), p. 211. Siehe auch Anm. 48) und 71).

115) Da E mit h_0 zugleich verschwindet und der Fall $h_0 < 0$ physikalisch bedeutungslos ist, kann nur geschlossen werden, daß $h_0 = 0$ zu setzen ist, was dem Ursprung der p, q-Ebene entspricht. Vgl. Anm. 42).

(Nr. **9**) entschieden werden. Wenn entsprechend (13) $h_{n-1} \underset{(=)}{<} h_n \underset{(=)}{<} h_{n+1}$ vorausgesetzt wird, so sieht man, daß die Fläche der n^{ten} Zelle durch

(56b) $$\Omega_n = h_n - h_{n-1}$$

(vgl. (14)) bestimmt ist. Die geometrische Bedeutung von (55) ist also die folgende: Verändert man die Frequenz ν der Oszillatoren bzw. der Eigenschwingungen umkehrbar unendlich langsam, so verändern in der μ-Ebene die Ellipsen (56a) ihre Gestalt, jedoch so, daß der Flächeninhalt (56b) zwischen je zweien von ihnen ungeändert bleibt.

Um die Verteilungsfunktion hinschreiben zu können, hat man jetzt nach Nr. **5** jeder Zelle der μ-Ebene ein bestimmtes a priori-Gewicht zuzuschreiben, welches nach Nr. 3, Gleichung (15) nur von (55) abhängen kann: Wählt man in der n^{ten} Zelle einen bestimmten Punkt q_n, p_n, durch den die Bahnkurve

(57) $$E(q_n, p_n, \nu) = h^{(n)} \cdot \nu$$

hindurchgeht, so wird nun der Zelle zugeordnet

(a) das Gewicht

(57a) $$g_n = g(I_n) = g\left[\frac{E(q_n, p_n, \nu)}{\nu}\right] = g(h^{(n)})\,^{116)},$$

(b) die Energie

(57b) $$E_n = E(q_n, p_n, \nu) = h^{(n)} \cdot \nu\,.$$

Über die spezielle Form der Gewichtsfunktion $g(I)$ kann nach Nr. **3** von vornherein ebensowenig etwas Genaueres ausgesagt werden, als über die Struktur (56) bzw. (56a) der Phasenebene. Auch *ihre* endgültige Bestimmung muß der Erfahrung überlassen bleiben; doch wird es sich im nachfolgenden wenigstens für die Hohlraumstrahlung als möglich herausstellen, einige *qualitative* Angaben über ihren Verlauf vorherzusagen. — Mit diesen Ansätzen erhält man nun für die gesuchte *Verteilungsfunktion*

(58) $$F(\nu, \zeta) = \sum_{n=1}^{\infty} g_n \zeta^{h^{(n)} \cdot \nu}\,.$$

Da g_n nach (57a) und (55) sich umkehrbaren, unendlich langsamen ν-Änderungen gegenüber *invariant* verhält, ist im Oszillator-Spezial-

---

116) Daß die Gewichtsfunktion bei der Hohlraumstrahlung von der Form (57a) sein muß, hat *P. Ehrenfest*, Ann. d. Phys. 36 (1911), p. 91, mittels des statistischen Analogons zum II. Hauptsatz der Thermodynamik gezeigt. Vgl. Nr. 8, wo darauf hingewiesen wird, daß die bloß wahrscheinlichkeitstheoretisch begründete Forderung (15) bzw. (57a) *hinreichend* ist für die Gültigkeit des II. Hauptsatzes bei den vorliegenden statistischen Modellen.

falle $F(\nu, \zeta)$ für derartige Änderungen von der Form

(58a) $$F(\nu, \zeta) = F_1(\zeta^\nu) = F_2(\nu \cdot \log \zeta).$$

Wenn $g(I)$ *stetig*[117]) ist, kann (58) durch ein Integral ersetzt werden, wobei man dann zur Rechtfertigung der Gleichungen (35B), (35BB), (37B), (40B) und (51B) den Grenzübergang $N(\nu) \cdot d\nu \to \infty$ (vgl. Nr. **3** (I)) ausführen muß. Dann ergibt sich entsprechend (34aa)

$$F(\nu, \zeta) = \frac{1}{G} \int_0^\infty \int_0^\infty g\left[\frac{E(q, p, \nu)}{\nu}\right] \cdot \zeta^{E(q, p, \nu)} \cdot dq \cdot dp\,,$$

wo G einen Maßfaktor von der Dimension einer Wirkungsgröße bedeutet[118]); führt man anstatt von q und p die Variable I (55) ein, so findet man

(58b) $$F(\nu, \zeta) = \frac{1}{G} \int_0^\infty g(I) \cdot \zeta^{I \cdot \nu} \cdot dI.$$

Mit (58) bzw. (58b) erhält man jetzt für die *Boltzmannsche Verteilung* der Oszillatoren bzw. der Eigenschwingungen analog (41A) und (50A)

(41B) $$N_n(\nu) \cdot d\nu = N(\nu) \cdot d\nu \frac{g_n \vartheta^{h(n) \cdot \nu}}{\sum\limits_{n=1}^{\infty} g_n \vartheta^{h(n) \cdot \nu}},$$

(50B) $$N_n(\nu) \cdot d\nu = N(\nu) \cdot d\nu \frac{g(I) \cdot \vartheta^{I \cdot \nu} \cdot dI_n}{\int_0^\infty g(I) \cdot \vartheta^{I \cdot \nu} \cdot dI}.$$

Die Anwendung von (58) bzw. (58b) auf (40B) und (51B) soll im folgenden bloß auf die *Hohlraumstrahlung*[119]) erfolgen; die aus-

---

117) *P. Ehrenfest* (s. die vorige Anm.) hat außerdem den Fall berücksichtigt, daß g für *einzelne* Werte von I („Punktbelegung") von der gleichen Größenordnung wird, wie die gleichzeitig vorhandene stetige Gewichtsfunktion, integriert über einen endlichen Bereich von I („Streckenbelegung"). Man kann diesen Fall dadurch berücksichtigen, daß man für $F(\nu, \zeta)$ die Summe von zwei Ausdrücken der Form (58) und (58b) setzt; die Bedeutung von (58) ist dann aber insofern eine etwas geänderte, als dann z. B. g_n *exakt* nur das Gewicht der μ-Kurve (57) darstellt, während es in (57a) für alle innerhalb der n^{ten} Zelle verlaufenden μ-Kurven steht. Eine formal andere Möglichkeit besteht darin, $F(\nu, \zeta)$ als *Stieltjessches Integral* anzusetzen, was auch bei beliebigen Molekülen für $F(\zeta)$ geschehen kann. S. Nr. **9**, Gl. (34a').

118) Vgl. Anm. 103).

119) Die Ableitung obiger Formeln für den festen Körper und die Hohlraumstrahlung nach der hier befolgten *Methode der Verteilungsfunktionen* (Nr. **5a**) ist allein für den quantentheoretischen Fall, d. h. mit spezialisierter Gewichtsfunktion, von *C. G. Darwin* und *R. H. Fowler*, Proc. Cambridge Phil. Soc. 21

führliche Darstellung der endgültigen quantentheoretischen Behandlung[120]) des Festkörpers mittels dieser Formeln ist für $\vartheta = e^{-\frac{1}{kT}}$ (T absolute Temperatur) bei *M. Born,* V 25, Nr. **25—35** zu finden.

Bezeichnet man, wie üblich, die auf die Volumeneinheit entfallende mittlere Energie der Hohlraumeigenschwingungen von der Frequenz ν als *räumliche Strahlungsdichte* $\varrho(\nu)$, so folgt hierfür aus (51B) in Verbindung mit (53b) und (58)

$$(59) \qquad \varrho(\nu) = \frac{8\pi\nu^2}{c^3} \cdot \vartheta \cdot \frac{\partial \log F_2(\nu \cdot \log\vartheta)}{\partial\vartheta} = \frac{8\pi\nu^3}{c^3} \cdot F_3(\nu \cdot \log\vartheta),$$

wobei ϑ durch die *Energie* E *der Gesamtstrahlung*

$$(60) \qquad \frac{\mathsf{E}}{\mathsf{V}} = \int_0^\infty \varrho(\nu) \cdot d\nu = \frac{8\pi}{c^3}\int_0^\infty \nu^3 \cdot F_3(\nu \cdot \log\vartheta) \cdot d\nu$$

nach Gleichung (40b) festgelegt ist. *Der zeitlich-räumliche mittlere Strahlungszustand im Hohlraume ist also durch die Zustandsgröße* ϑ *bestimmt, welche in die Strahlungsdichte* $\varrho(\nu)$ *nur in der Verbindung* $\nu \cdot \log\vartheta$ *eingeht.* Dies entspricht der Aussage des *Wienschen Verschiebungsgesetzes,* das sonst meist auf thermodynamisch-elektrodynamischer Grundlage abgeleitet zu werden pflegt.[121]) Obige Begründung setzt namentlich die dazu unerläßlichen *elektrodynamischen Voraussetzungen* klar in Evidenz, welche sich auf *das Ergebnis der Abzählung der Hohlraumeigenschwingungen* (53b) und die Benutzung der *harmonischen*

(1922), p. 262 angegeben worden. Des *älteren Verfahrens* (Nr. **5b**) bedienen sich sowohl im sogenannten „klassischen" ($g =$ const.), wie im quantentheoretischen Falle alle übrigen Autoren, vor allem *M. Planck* [1]. Den allgemeinen Fall beliebiger Gewichtsfunktion $g(I)$ hat bei der Hohlraumstrahlung — ebenfalls mittels des älteren Verfahrens (Nr. **5b**) — *P. Ehrenfest,* Ann. d. Phys. 36 (1911), p. 91 behandelt. Vgl. diesbezüglich die Anmerkungen 116) und 117).

120) d. h. mittels der von der Quantentheorie bzw. von der Erfahrung geforderten speziellen Gewichtsfunktion; vgl. Nr. 9.

121) Vgl. etwa V 23 (*W. Wien*) oder *M. Planck* [1], § 71—90. — Läßt man die auf p. 917 genannte Bedingung (2) fallen, so erhält man das Verschiebungsgesetz für die Eigenschwingungen gleicher Frequenz ν gesondert, wobei diesen dann eine bestimmte, willkürlich vorgegebene Energie $\mathsf{E}^{(\nu)}$ und ein durch (51B) daraus abzuleitender Zustandsparameter $\vartheta^{(\nu)}$ entspricht, der nun für verschiedene ν beliebig *verschieden* ausfallen kann. Die entsprechenden Ergebnisse der auf etwas verschiedenen Voraussetzungen beruhenden elektromagnetischen Überlegung finden sich z. B. bei *M. Planck* [1], § 91—106. — Wird von der Bedingung (2) beim *festen Körper* abgesehen, so zeigt sich mit Hilfe der in den beiden nachfolgenden Nummern angestellten Überlegungen, daß diese Ergebnisse die *Unmöglichkeit eines thermodynamischen Gleichgewichtszustandes* bei ihm zur Folge hätten — woraus sich namentlich die Unerläßlichkeit der Bedingung (2) besonders drastisch demonstrieren läßt.

Schwingungsgleichungen (52) beschränken.[122]) — Indem man in das Integral (60) anstatt ν die Größe $\nu \cdot \log \vartheta$ als neue Integrationsveränderliche einführt[123]), ergibt sich ferner, *daß die Gesamtstrahlung der vierten Potenz von* $\frac{1}{\log \vartheta}$ *proportional wird,* was dem *Stefan-Boltzmannschen Gesetze für die Gesamtstrahlung* entspricht, jedoch erst mittels der in den folgenden beiden Nummern erfolgenden Klarstellung des Temperaturbegriffes abschließend begründet werden kann.[124])

Die bisher gezogenen Folgerungen gelten für ganz beliebige Gewichtsfunktionen $g(I)$, soferne diese die Bedingung (60) für die *Endlichkeit der Energie der Gesamtstrahlung* erfüllen.[125]) Man sieht aber leicht, daß diese Bedingung keineswegs von jeder Gewichtsfunktion befriedigt werden kann; setzt man z. B. $g = 1$, so wird aus (58b)

(58bb) $$F(\nu, \zeta) = \frac{1}{G} \cdot \frac{1}{\nu \cdot \log \frac{1}{\zeta}}$$

---

122) Der in Anm. 114 zitierte *Boltzmann*sche Satz gilt für *beliebige periodische Systeme* (vgl. Nr. 3 A), so daß die Beschränkung auf die spezielle *harmonische Schwingungsgleichung* bei obigen Betrachtungen (und ähnlich fast überall in der Strahlungstheorie) *unwesentlich* ist, wenn nur *die Frequenz* (reziproke Periode) *des Systems von dessen Energie unabhängig ist.*

123) Vgl. z. B. *M. Planck* [1], § 86.

124) *C. G. Darwin* und *R. H. Fowler* (vgl. Anm. 119) haben hervorgehoben, daß eine solche Ableitung des *Stefan-Boltzmann*schen Strahlungsgesetzes weder Existenz noch Größe eines *Strahlungsdruckes* $\mathfrak{p}$ voraussetzt, ein solcher jedoch umgekehrt daraus gefolgert werden kann. In der Tat erhält man aus diesem Gesetze rein thermodynamisch

$$\mathfrak{p}\mathsf{V} = \tfrac{1}{3}\mathsf{E}$$

und daraus geht hervor, daß die elektromagnetischen Voraussetzungen zur Ableitung des *Maxwellschen Strahlungsdruckes* mit jenen übereinstimmen, welche oben für das *Wien*sche Verschiebungsgesetz namhaft gemacht worden sind. Eine spezielle Wahl der Gewichtsfunktion ist für seine Begründung also ebensowenig erforderlich, wie für das *Stefan-Boltzmann*sche Gesetz.

125) Da sich (53a) und (53b) bloß um einen Zahlenfaktor voneinander unterscheiden, gelten diese Folgerungen gleicherweise für den festen Körper, wo z. B. dem *Stefan-Boltzmann*schen Gesetze, bzw. seinen Differentialquotienten nach T, das bekannte *Debyesche* T^3*-Gesetz der spezifischen Wärme* bei tiefen Temperaturen entspricht [vgl. V 25 (*M. Born*), Nr. **26**]. Das T^3-Gesetz des Festkörpers hat also keine speziellere Gewichtswahl zur Voraussetzung als die schwarze Strahlung; über seine Grenzen vgl. *Cl. Schaefer,* Ztschr. f. Phys. 7 (1921), p. 287; *M. Planck* [1], p. 217. Wegen der Endlichkeit der *Debyeschen Grenzfrequenz* ν_D sind die weiter unten aus der Endlichkeit der Gesamtstrahlung (60) gezogenen Schlüsse über die Gewichtsfunktion für den festen Körper jedoch erst dann bindend, wenn man das T^3-Gesetz als *Erfahrungssatz* ansieht, dem die Gewichtswahl angepaßt werden muß.

und das Integral (60) divergiert („*Rayleigh-Jeans*-Katastrophe" nach *Ehrenfest*, weil dieser Ansatz zum *Rayleigh-Jeans*schen Strahlungsgesetze führt). Die genauere Diskussion der Bedingung (60) ist von *Ehrenfest*[126]) ausgeführt worden, kann hier aber nur hinsichtlich einiger ihrer Ergebnisse wiedergegeben werden. *Ehrenfest* bezeichnet die Bedingung der Konvergenz von (60) als „Violettforderung", die weitere, daß $F_2(\nu \cdot \log \vartheta)$ sich für kleine Werte von $\nu \cdot \log \vartheta$ wie (58bb) verhalte, als „Rotforderung". Er findet dann:

(A) *Die Violettforderung ist mit einer stetigen Gewichtsfunktion* $g(I)$ („reiner Streckenbelegung") *unverträglich.*

(B) Damit sie erfüllbar wird, muß der Energiewert $E = 0$ $(I = 0)$ ein *Sondergewicht* g_0 erhalten und $g(I)$ bei Annäherung an $I = 0$ *stärker als von der zweiten Ordnung gegen Null gehen.*

(C) Die Rotforderung zeigt sich nur dann nicht erfüllt, wenn $g(I)$ für große I zu stark gegen Null abnimmt.

Noch weitergehende Aussagen über das Verhalten von $g(I)$ sind bloß dann möglich, wenn man weitere, durch die bisherigen Betrachtungen nicht mehr nahegelegte Einschränkungen, etwa bezüglich des Verhaltens von (59) postuliert; solche Bedingungen können nur mehr im Wege des unmittelbaren Vergleiches von (59) mit den experimentellen Ergebnissen über die Energieverteilung im Normalspektrum gewonnen werden und sollen daher erst an späterer Stelle (Nr. 9) zur Erörterung gelangen.

7. Thermodynamisches Gleichgewicht zwischen beliebigen warmen Körpern. In den vorigen beiden Nummern ist die Ableitung der *Boltzmannschen Verteilung* für beliebige statistische Gebilde insofern zunächst bloß formal vorgenommen worden, als es *nach außen energetisch vollkommen abgeschlossene Systeme* in Wirklichkeit gar nicht geben kann. Von der bisher stets mitgeführten Bedingung, daß die Energiesumme aller Teilgebilde (Moleküle bzw. Oszillatoren oder Eigenschwingungen) für jede vorkommende Zustandsverteilung strenggenommen *exakt* gleich E sein mußte, befreit man sich, indem man derartige Gebilde *in energetisch-thermischer Wechselwirkung untereinander* der Betrachtung unterzieht.

7a. Empirische Temperatur.

$$F_1(\zeta),\ F_2(\zeta),\ \ldots$$

sollen die Verteilungsfunktionen (34c) beliebig vieler verschiedener

126) *P. Ehrenfest*, Ann. d. Phys. 36 (1911), p. 91. Vgl. dazu ferner *P. Ehrenfest*, Naturwissenschaften 11 (1923), p. 543, wo sich auch einige hier nicht angeführte Literaturangaben zur Geschichte des Problems finden.

Gase mit den Molekülanzahlen $N_1, N_2, \ldots$ und den Volumina $\mathsf{V}_1, \mathsf{V}_2, \ldots$ bedeuten,

$$P_{FK}^{(1)}(\zeta),\ P_{FK}^{(2)}, \ldots$$

die Verteilungsfunktionen (35B) beliebig vieler, diese Volumina begrenzender fester Körper und endlich $P_{HS}(\zeta)$ die Verteilungsfunktion der Hohlraumstrahlung. Wenn wir alle diese Gebilde in energetischer Wechselwirkung untereinander betrachten, so hat es keine Schwierigkeit, das *Darwin-Fowler*sche Verfahren (Nr. **5a**) auch auf sie zur Anwendung zu bringen. Wie in den beiden vorigen Nummern erhält man die Summe R der Realisierungsmöglichkeiten aller von ihnen ausführbaren Zustandsverteilungen, indem man den Koeffizienten von ζ^{E} der Potenzentwicklung des Ausdruckes

$$\Pi[F(\zeta)]^N \cdot \Pi[P_{FK}(\zeta)] \cdot P_{HS}(\zeta)$$

mittels der *Cauchy*schen Integralformeln zu

$$\mathsf{R} = \frac{1}{2\pi i}\int\limits_{\gamma} \frac{d\zeta}{\zeta^{\mathsf{E}+1}} \prod [F(\zeta)]^N \cdot \prod P_{FK}(\zeta)] \cdot P_{HS}(\zeta)$$

berechnet. Für die Größe ϑ, welche die asymptotische Entwicklung dieses und aller ähnlich gebauten Integrale anzugeben gestattet, erhält man die zu den früheren Fällen analog gebaute Bedingungsgleichung

$$\frac{d}{d\zeta}\left\{\zeta^{-\mathsf{E}} \prod [F(\zeta)]^N \cdot \prod [P_{FK}(\zeta)] \cdot P_{HS}(\zeta)\right\} = 0,$$

welche für die Gesamtenergie zu der Beziehung

$$\text{(61)} \qquad \mathsf{E} = \sum N \cdot \vartheta \cdot \frac{d \log F(\vartheta)}{d\vartheta} + \sum \vartheta \frac{d \log P_{FK}(\vartheta)}{d\vartheta} + \vartheta \frac{d \log P_{HS}(\vartheta)}{d\vartheta}$$

führt. Dieser Ausdruck besteht ersichtlich aus lauter Summanden, von denen jeder nur *einem* bestimmten unter den Gasen, festen Körpern oder der Hohlraumstrahlung zugehört. Auf ganz ähnlichem Wege, wie dies beim Gasgemische (Nr. **6a**) geschehen ist, überzeugt man sich, daß jeder Summand die *mittlere Energie* darstellt, welche dem betreffenden Gebilde während hinreichend langer Beobachtungszeit zukommen wird. Bezeichnet man diese mittleren Energien mit $\mathsf{E}^{(N)}$, E_{FK}, E_{HS}, so bringt

$$\text{(61a)} \qquad \mathsf{E} = \sum \mathsf{E}^{(N)} + \sum \mathsf{E}_{FK} + \mathsf{E}_{HS}$$

die *mittlere Energieverteilung* zwischen den verschiedenen in Energieaustausch befindlichen Gebilden zum Ausdruck. Die ursprüngliche Form (61) dieser Beziehung setzt nun die wichtige Eigenschaft in Evidenz, *daß dieser mittlere Verteilungszustand durch eine einzige, allen*

Gebilden gemeinsame Zustandsgröße ϑ *gekennzeichnet ist.*[127]) Eine derartige Größe bezeichnet man in der makroskopischen Thermodynamik als *empirische Temperatur*[128]) der miteinander in Energieaustausch befindlichen Gebilde, womit sich zugleich herausstellt, daß diese tatsächlich als Modelle warmer Körper brauchbar sind; der mittlere Zustand selbst wird dann als ihr *thermodynamisches Gleichgewicht* bezeichnet.

Man überzeugt sich leicht, daß die Ergebnisse der beiden vorigen Nummern hinsichtlich der *Boltzmannschen Verteilung* bei einzelnen Gasen, Gasgemischen, festen Körpern und der Hohlraumstrahlung auch unter den hier benutzten allgemeineren energetischen Voraussetzungen unverändert zu Recht bestehen; der einzige Unterschied besteht darin, daß man für ϑ nunmehr bei allen in *„thermischer Berührung"* befindlichen warmen Körpern den gleichen Wert einzusetzen hat. Für den einzelnen thermisch nicht isolierten warmen Körper hängt ϑ jetzt also nicht mehr von einem bestimmten willkürlich vorgegebenen, sondern von seinem *mittleren* Energieinhalte, ferner von den Werten der äußeren makroskopischen Parameter a^* ab.[129]) Die hier *statistisch definierte empirische Temperatur* eines warmen Körpers ist also genau so wie jene der makroskopischen Thermodynamik eine Funktion seiner *inneren Energie* E und, falls man von der Mitwirkung weiterer Parameter absieht, seines *Volumens* V.

Wählt man als Maß für die empirische Temperatur, wie in der makroskopischen Thermodynamik gebräuchlich, aber an sich willkürlich, die Wärmeausdehnung einer besonderen thermometrischen Substanz, eines *idealen Gases*, so läßt sich der Zusammenhang dieser Größe mit ϑ leicht aufsuchen. Das Modell eines solchen einatomigen Gases erhält man aus dem allgemeinen, in Nr. 2, 3 und 4 behandelten Modelle, indem man einfach von der inneren Bewegung der Moleküle absieht. *Die Verteilungsfunktion des idealen einatomigen Gases* ist dann durch (47) allein gegeben, seine Energie (bzw. *mittlere* Energie, wenn es in thermischem Gleichgewicht mit anderen warmen Körpern steht) nach (40) durch

---

127) Das in Nr. 5b geschilderte ältere Verfahren führt in allem, wenn auch nicht ganz so übersichtlich, zu den gleichen Ergebnissen. Die Gemeinsamkeit der Größe ϑ bzw. $\log\frac{1}{\vartheta} = \vartheta_1$ geht insbesondere daraus hervor, daß die Bedingung konstanter *Gesamt*energie der miteinander wechselwirkenden statistischen Gebilde einen *einzigen*, ihnen allen *gemeinsamen Lagrange*-Multiplikator ϑ_1 erfordert. Vgl. *P. Ehrenfest*, Phys. Ztschr. 15 (1914), p. 657, § 4.

128) Vgl. *M. Born*, Phys. Ztschr. 22 (1921), p. 218, 249, 282; § 2.

129) Vgl. Nr. 5a Ende.

$$(62)\quad \mathsf{E} = N\cdot\vartheta\cdot\frac{d\log F(\vartheta)}{d\vartheta} = N\cdot\vartheta\cdot\frac{d}{d\vartheta}\left\{\log\left[\left(\frac{2\pi M}{\log\frac{1}{\vartheta}}\right)^{\frac{3}{2}}\frac{\mathsf{V}}{G_t}\right]\right\} = \frac{3N}{2}\cdot\frac{1}{\log\frac{1}{\vartheta}}.$$

Bedeutet $\mathfrak{p}$ den Druck des idealen Gases, R die Gaskonstante und T die „absolute" Temperatur der gasthermometrischen Skala, so ist pro Mol

$$(63)\quad \mathfrak{p}\mathsf{V} = R\cdot T = \frac{2}{3}\mathsf{E}.$$

Man findet also, wenn jetzt für N die Anzahl der Moleküle pro Mol, die *Loschmidtsche Zahl* genommen wird,

$$(64)\quad \frac{1}{\log\frac{1}{\vartheta}} = k\cdot T\text{ [130]},$$

wobei

$$(65)\quad k = \frac{R}{N}$$

universell und von der Dimension Energie pro Grad ist und als *Boltzmannsche Konstante* bezeichnet zu werden pflegt. (62) und (64) ergeben zusammen für den Energieinhalt des idealen einatomigen Gases

$$(62\mathrm{a})\quad \mathsf{E} = 3N\cdot\frac{k\cdot T}{2};$$

da die Anzahl der Translationsfreiheitsgrade jedes der N Moleküle drei beträgt, entfällt auf jeden Freiheitsgrad der gleiche mittlere Energiebetrag $\frac{k\cdot T}{2}$. Ein derartiger *Satz von der Gleichverteilung der Energie über die Freiheitsgrade* muß sich, wie die Ableitung von (62) aus (47) bzw. (34bb) zeigt, stets dann ergeben, *wenn die Molekülenergie eine homogene quadratische Form der in ihr vorkommenden Variablen ist und die Gewichtsfunktion konstant gesetzt werden darf.* Da der Ausdruck (54) für die Oszillatorenergie die erstgenannte Bedingung erfüllt, so findet man diesen Satz in der Tat auch für den festen Körper und die Hohlraumstrahlung, wenn man für diese beiden Gebilde versuchsweise die Gewichtsfunktion konstant setzt; der mittlere, auf jeden Freiheitsgrad entfallende Energiebetrag wird hier kT, entsprechend dem Umstande, daß zu dem Mittelwerte der *kinetischen* Energie $\frac{kT}{2}$ pro Freiheitsgrad ein gleichgroßer Betrag an mittlerer *potentieller* Energie hinzutritt.[131])

130) Die am Ende von Nr. 3 aus theoretischen Gründen als zulässig bezeichnete beliebige Translationsgewichtsfunktion $g_t(E_t)$ würde in (62) und (64) im allgemeinen zu ganz andersartigen Abhängigkeiten von ϑ führen können. Siehe auch Nr. 9, p. 952.

131) Die Annahme $g = \text{const.}$ ist indessen, wie sich bei der Hohlraumstrahlung bereits in Nr. 6b gegenüber der „Violettforderung" gezeigt hat, *unzulässig;*

Wenn in die Formeln der beiden vorhergehenden Nummern

(64a) $$\vartheta = e^{-\frac{1}{k \cdot T}}$$

eingeführt wird, so erhält man den Energieinhalt sowie die *Boltzmann*sche Verteilung für Gase, Gasgemische, feste Körper und die Strahlung ausgedrückt als Funktionen der gasthermometrischen Temperatur. Bei der Strahlung ergibt sich das *Wiensche Verschiebungsgesetz* in der üblichen Form

(59a) $$\varrho(\nu) = \frac{8\pi\nu^3}{c^3} \cdot F_4\left(\frac{\nu}{T}\right)$$

und aus (60) das *Stefan-Boltzmannsche Gesetz*, wonach die Gesamtstrahlung der vierten Potenz von T proportional ist.

7b. Energie-Schwankungen. Wie zu Beginn von **7a** bereits gezeigt worden ist, verhalten sich die einzelnen Bestandteile eines aus Gasen, festen Körpern und Hohlraumstrahlung zusammengesetzten thermischen Systems praktisch genau so, wie wenn sie gegeneinander thermisch isoliert wären, dabei aber die gleiche Temperatur ϑ bzw. T besitzen würden. Ein wesentlicher Unterschied besteht nur darin, daß der Energieinhalt jedes dieser Bestandteile nicht konstant bleibt, sondern *schwankt*, so daß durch die gemeinsame Temperatur nur ein *mittlerer Energieinhalt* für jeden von ihnen eindeutig bestimmt wird. Bedeutet $F_A(\zeta)$ die Verteilungsfunktion des Bestandteiles A und $\prod_{(A)} F(\zeta)$ das Produkt der Verteilungsfunktionen aller übrigen Bestandteile, so ist

---

beim festen Körper ergibt sich dasselbe, wenn man das *Debye*sche T^3-Gesetz als Erfahrungssatz berücksichtigt, vgl. Anm. 125) und Nr. **9**. — Für hohe Temperaturen und kleine Eigenschwingungsfrequenzen hingegen ist $g =$ const. eine brauchbare Näherung; beim festen Körper ergibt sie den Gleichverteilungssatz in der Gestalt des *Dulong-Petitschen Grenzgesetzes der spezifischen Wärmen* [V 25 (*M. Born*), Nr. **25**], bei der Hohlraumstrahlung als *Rayleigh-Jeanssches Grenzgesetz* [V 23 (*W. Wien*), Nr. **4** A, **6**; siehe ferner die „Rotforderung", oben, Nr. **6 b**). —

Die im Text angegebenen Bedingungen sind indessen nur *hinreichend* für das Zustandekommen des Gleichverteilungssatzes in der Form (62a); ihre *Notwendigkeit* ist nur für die mit Häufigkeitsansätzen arbeitenden Modelle [Nr. **3** (II)] evident. Diesbezügliche Zweifel von *W. Peddie*, Proc. Edinburgh Roy. Soc. 26 (1906), p. 130 hat *P. Ehrenfest*, ebenda 27 (1907), p. 195 geklärt. Hinsichtlich rein mechanischer Modelle ist die Frage dieser Bedingungen noch unerledigt, vgl. Anm. 13); *quasiergodische* Modelle ergeben dagegen stets den Gleichverteilungssatz, aber für die kinetische Energie allein. S. Anm. 14). — Bezüglich der Gültigkeit des Gleichverteilungssatzes für hohe Ozillator- bzw. Rotatorfrequenzen vgl. man die Diskussion über diesen Punkt bei *G. Jaffé*, Ann. d. Phys. 74 (1924), p. 628 und *R. Becker*, Ann. d. Phys. 75 (1924), p. 556

entsprechend (38) der mittlere Energieinhalt E_A von A durch

(66) $$\mathsf{R} \cdot \mathsf{E}_A = \frac{1}{2\pi i} \int_\gamma \frac{d\zeta}{\zeta^{\mathsf{E}+1}} \zeta \frac{d}{d\zeta} [F_A(\zeta)] \cdot \prod_{(A)} [F(\zeta)]$$

bestimmt, wobei

(67) $$\mathsf{R} = \frac{1}{2\pi i} \int_\gamma \frac{d\zeta}{\zeta^{\mathsf{E}+1}} F_A(\zeta) \cdot \prod_{(A)} [F(\zeta)].$$

Im Fall eines Gases hat man für $F_A(\zeta)$ den Ausdruck (35) einzuführen, für ein Gasgemisch, einen festen Körper oder die Strahlung die Ausdrücke (35A) bzw. (35B), (35BB). Dann ergibt sich (vgl. z. B. (51A))

(66a) $$\mathsf{E}_A = \vartheta \frac{d \log F_A(\vartheta)}{d\vartheta} = k \cdot T^2 \cdot \frac{d \log F_A(k \cdot T)}{dT}.$$

Sei nun $\mathsf{E}_{A,L}$ ein beliebiger, mit der gegebenen Gesamtenergie E des thermischen Systems verträglicher Energiewert von A, so wird das *mittlere Schwankungsquadrat* von E_A

$$\overline{\overline{(\mathsf{E}_{A,L} - \mathsf{E}_A)^2}} = \overline{\overline{\mathsf{E}^2_{A,L}}} - \mathsf{E}^2_A.$$

Zur Ermittlung dieses Ausdruckes hat man also noch

$$\overline{\overline{\mathsf{E}^2_{A,L}}}$$

zu berechnen, was z. B. im Falle eines Gases (Nr. 5) folgendermaßen geschehen kann:

Bedeutet $\mathsf{Z}_L^{(A)}$ eine beliebige Zustandsverteilung des Gases und $\mathsf{E}_{A,L}$ die ihr entsprechende Energie, so hat man, entsprechend (30)

$$\mathsf{E}_{A,L} = \sum_{l=1}^{\infty} N_{L,l}^{(A)} \cdot \left(E_l^{(A)} + E_{t,l}^{(A)}\right).$$

Wendet man den Operator $\zeta \cdot \frac{d}{d\zeta}$ zweimal hintereinander auf

$$F_A(\zeta) = [F^{(A)}(\zeta)]^{N_A} = \left[\sum_{l=1}^{\infty} g_l^{(A)} \cdot \zeta^{E_l^{(A)} + E_{t,l}^{(A)}}\right]^{N_A}$$

an, so erhält man nach Ausführung der Polynomialentwicklung für das allgemeine Glied derselben

$$R(\mathsf{Z}_L^{(A)}) \cdot \mathsf{E}^2_{A,L} \cdot \zeta^{\mathsf{E}_{A,L}}.$$

Um $\overline{\overline{\mathsf{E}^2_{A,L}}}$ zu berechnen, hat man jetzt die Summe aller Ausdrücke dieser Art zu bilden, für welche $\mathsf{E}_{A,L}$ mit der Energie E des *Gesamtsystems* verträglich ist. Diese Summe ist der *Darwin-Fowler*schen Schlußweise[94]) gemäß aber nichts anderes als der Koeffizient von ζ^{E}

in der Entwicklung von

$$\left\{\left(\zeta \frac{d}{d\zeta}\right)^2 F_A(\zeta)\right\} \cdot \prod_{(A)} [F(\zeta)]$$

und beträgt

$$\text{(68)} \qquad \mathsf{R} \cdot \overline{\overline{\mathsf{E}^2_{A,L}}} = \frac{1}{2\pi i} \int_\gamma \frac{d\zeta}{\zeta^{\mathsf{E}+1}} \left\{\left(\zeta \frac{d}{d\zeta}\right)^2 F_A(\zeta)\right\} \cdot \prod_{(A)} [F(\zeta)].$$

Die asymptotische Entwicklung dieses Integrals gibt bis auf Glieder zweiter Ordnung nach dem allgemeinen Verfahren von Nr. **5a**

$$\text{(68a)} \qquad \overline{\overline{\mathsf{E}^2_{A,L}}} = \frac{\left(\vartheta \frac{d}{d\vartheta}\right)^2 \cdot F_A(\vartheta)}{F_A(\vartheta)} = \frac{\vartheta \frac{d}{d\vartheta} \{\mathsf{E}_A \cdot F_A(\vartheta)\}}{F_A(\vartheta)} = (\mathsf{E}_A)^2 + \vartheta \frac{d\mathsf{E}_A}{d\vartheta}.$$

Die Gültigkeit dieser Formeln ist ersichtlich nicht auf den zur Illustration herangezogenen Fall eines Gases beschränkt. Für das mittlere Schwankungsquadrat der Energie von A ergibt sich also in erster Näherung allgemein

$$\text{(69)} \qquad \overline{\overline{(\mathsf{E}_{A,L} - \mathsf{E}_A)^2}} = \vartheta \frac{d\mathsf{E}_A}{d\vartheta} = k \cdot T^2 \frac{d\mathsf{E}_A}{dT};$$

dieser Ausdruck hängt nur von der mittleren Energie von A ab, gleichgültig mit wie vielen anderen warmen Körpern A sich in thermischer Wechselwirkung befindet.[132]) Bis auf Glieder von der dritten Ordnung hingegen ergibt sich nach *Darwin* und *Fowler*[133])

$$\text{(69a)} \qquad \overline{\overline{(\mathsf{E}_{A,L} - \mathsf{E}_A)^2}} = \vartheta \frac{d\mathsf{E}_A}{d\vartheta} \left(1 - \frac{\frac{d\mathsf{E}_A}{d\vartheta}}{\frac{d\mathsf{E}}{d\vartheta}}\right).$$

---

132) Wird für A ein ideales einatomiges Gas gewählt, so ergibt (69) wegen (62a) für das mittlere Schwankungsquadrat seiner Energie den Betrag $\frac{3N}{2} \cdot k^2 T^2$. Da die im Vorhergehenden betrachteten Gasmodelle sich hinsichtlich ihrer Translation genau so wie ideale Gase verhalten, stellt dieser Betrag für beliebige solche Gase in erster Annäherung auch gleichzeitig das mittlere Schwankungsquadrat des auf ihre *Translation* entfallenden Energiebetrages dar. Der Umstand, daß die Verteilungsfunktion eines beliebigen solchen Gases nach (34c) als Produkt der Verteilungsfunktion für ein ideales einatomiges Gas (47) (s. oben Nr. **7a**) und eines nur von der inneren Energie der Moleküle herrührenden Anteils geschrieben werden kann, zeigt nämlich (vgl. die Betrachtungen von Nr. **6** und **7a**), daß es formal immer ersetzt werden kann durch ein ideales einatomiges Gas, welches sich in Wärmegleichgewicht mit einem Gebilde *ruhender Moleküle* befindet, deren Verteilungsfunktion durch (34a) gegeben ist. — Die Möglichkeit einer solchen Ersetzung zeigt ferner, daß man in vielen Fällen sich auf die Betrachtung dieses statistischen Gebildes ruhender Moleküle beschränken kann, ohne damit der Allgemeinheit irgendwelchen Abbruch zu tun.

133) Vgl. Anm. 94), ferner *C. G. Darwin* und *R. H. Fowler*, Proc. Cambridge Phil. Soc. 21 (1922), p. 391, Gl. (2, 5).

Der Schwankungsausdruck (69) ist also nur dann hinreichend gerechtfertigt, wenn E genügend groß gegenüber E_A ist, d. h. wenn A sich entweder in thermischem Kontakt mit einem „Wärmereservoir" befindet oder nur einem sehr kleinen Teil des Gesamtsystems ausmacht.

Besteht das Gesamtsystem aus sehr vielen gleichartigen[134]), Energie austauschenden Bestandteilen A, so kann man nicht nur auch für diesen Fall den Schwankungsausdruck (69) ableiten[135]), sondern auch die relative Häufigkeit des Auftretens beliebiger von E_A verschiedener Energiewerte $\mathsf{E}_{A,L}$ während hinreichend langer Beobachtungszeiten ermitteln. Das letztere wird am einfachsten dadurch ermöglicht, daß man A als „Molekül" eines „A-Gases" von willkürlich vielen „A-Molekülen" auffaßt, die Annahmen der Nummern **2**—**4** sinngemäß auf diesen Fall erweitert, wobei der μ-Raum zum „Γ-Raum" (vgl. Nr. **1**) wird, und die *Boltzmannsche Verteilung* für das A-Gas aufsucht. Man gelangt so ohne Benutzung der Ergoden- oder Quasiergodenhypothese (Nr. **1**) zu Verteilungsgesetzen, welche den *Boltzmann*schen Ergebnissen sowie denen der von *Gibbs* behandelten *kanonischen Gesamtheit* entsprechen.[136]) Diese Methode ist indessen nur anwendbar, wenn die

134) Dann wird, wenn N die Anzahl der A bedeutet, $\mathsf{E} = \mathsf{E}_A \cdot N$ und der Klammerausdruck in (69a): $\left(1 - \frac{1}{N}\right)$.

135) *J. W. Gibbs*, Elementary Principles in Statistical Mechanics (1902), deutsch von *E. Zermelo*, Leipzig 1905, p. 71, Gl. (198) und (205); *A. Einstein*, Ann. d. Phys. 14 (1904), p. 360; Congres Solvay Bruxelles 1912, p. 419; *M. v. Laue*, Verh. Deutsch. Phys. Ges. 17 (1915), p. 198; *K. Szell*, Verh. Deutsch. Phys. Ges. 17 (1915), p. 122; *L. Brillouin*, J. d. Phys. et le Rad. (6) 2 (1921), p. 65; *M. Planck*, Berl. Ber. 1923, p. 350, 355.

Die Mittelwerte höherer Potenzen der Energie hat ebenfalls zuerst *Gibbs* (auf Grund seiner „kanonischen" Gesamtheit) berechnet, l. c. p. 76, Gl. (220). *C. G. Darwin* und *R. H. Fowler*, Proc. Cambridge Phil. Soc. 21 (1922), § 2 haben hierfür unter ähnlichen Voraussetzungen wie sie im Text zur Ableitung von (68) benutzt worden sind, auch die Glieder zweiter und dritter Ordnung ermittelt. —

Alle Überlegungen dieser Nummer setzen stillschweigend voraus, daß die makroskopischen Parameter a^* hierfür als exakt konstant angesehen werden können. Während diese Annahme bei den benutzten Gasmodellen unbedenklich ist, bedeutet sie beim festen Körper, daß er sich strenggenommen vollständig *inkompressibel* verhalten muß. Den Einfluß der Kompressibilität haben mit Benutzung des *Boltzmannschen Prinzipes* (Nr. **8b**) *H. A. Lorentz* [1], Note V und *M. v. Laue*, Phys. Ztschr. 18 (1917), p. 542; 19 (1918), p. 23 berücksichtigt. Vgl. z. B. auch *R. Fürth*, Schwankungserscheinungen in der Physik, Braunschweig 1920, III. Kapitel. Fehlresultate von *K. C. Kar*, Phys. Rev. 21 (1923), p. 672; Phys. Ztschr. 24 (1923), p. 429 sind jüngst von *R. Fürth*, Phys. Ztschr. 25 (1924), p. 111 berichtigt worden.

136) Vgl. IV 32 (*P.* und *T. Ehrenfest*), Nr. 25 und 28; *P. Hertz*, Rep., siehe Anm. 9, Kapitel II; *C. G. Darwin* und *R. H. Fowler*, Phil. Mag. 44 (1922), p. 823,

Wechselwirkungen der „*A*-Moleküle“ im Sinne von Nr. **2** und **4** nur während vernachlässigbar kurzen Zeitstrecken stattfinden, so daß es berechtigt ist, sie praktisch als voneinander unabhängig anzusehen. Werden die „*A*-Moleküle“ z. B. dadurch erhalten, daß man sich ein genügend großes Gasvolumen in gleichgroße Parallelepipede eingeteilt denkt, deren Inhalt je ein „*A*-Molekül“ repräsentiert, so wird dies bei Benutzung der bisherigen Gasmodelle stets zulässig sein, wenn nur jedes „*A*-Molekül“ genügend zahlreiche wirkliche Moleküle enthält. Eine gleichartige Unterteilung hinsichtlich der benutzten Modelle für den festen Körper[137]) und die Hohlraumstrahlung ist indessen im allgemeinen nicht mehr ohne weiteres zulässig.

Für letztere haben *Ornstein* und *Zernike*[138]) direkt nachgewiesen, daß es grundsätzlich nicht gestattet ist, den Strahlungszustand innerhalb beliebiger *Teilvolumina* eines von vollkommen spiegelnden[139]) Wänden abgegrenzten, evakuierten Hohlraumes als unabhängig anzusehen; dies ist unmittelbar evident, da ja innerhalb eines solchen *die Annahmen* (1) *und* (2) *von Nr.* **6b** *unerfüllbar* sind, wenn die Strahlung in ihm *stehende Schwingungen* ausführt, wie in erster Annäherung wohl aus jeder beliebigen Theorie der Optik gefolgert werden müßte. Bei

wo allerdings nirgends der denkbar allgemeinste Fall entwickelt wird. S. auch Anm. 101). Bezüglich der *Gibbs*schen Resultate selbst vgl. man sein in der vorigen Anmerkung zitiertes Buch, ferner IV 32, Nr. **19**—**24**. — Unter den oben angedeuteten Umständen entspricht E_A dem Mittelwerte der Energie von A in einer kannonischen Gesamtheit, deren *Modul* gleich $k \cdot T$ ist. — Eine direkte Ableitung der kanonischen Verteilung ohne Benutzung der Ergoden- oder Quasiergodenhypothese und ohne Bezugnahme auf ein *A*-Gas gibt *R. v. Mises,* siehe Anm. 81).

137) Bei festen Körpern, namentlich bei *schlechten Wärmeleitern* (vgl. Anm. 113), könnte es wesentlich von der *zeitlichen Häufigkeit* der nach den Bedingungen (1) und (2) von Nr. **6b** erfolgenden Wechselwirkungen zwischen den einzelnen Eigenschwingungen abhängen, ob die Anwendung von (69) bzw. (69a) zu Resultaten führt, denen innerhalb der üblichen makroskopischen Beobachtungszeiten eine Bedeutung beigemessen werden kann. Im Fall der Gase ist dieser Punkt wegen der enormen Häufigkeit der „Zusammenstöße“ vollkommen belanglos.

138) *L. S. Ornstein* und *F. Zernike,* Versl. Akad. Amsterdam 28 (1919), p. 281, § 2, 3. In dieser Arbeit wird vom *Planck*schen Strahlungsgesetze Gebrauch gemacht, um ältere Überlegungen *Einsteins* zu entkräften, welche zur *Lichtquantentheorie* geführt hatten. Vgl. darüber Nr. **12**, Anm. 234). Der von *Ornstein* und *Zernike* bezüglich der Anwendung der Schwankungsformel (69a) auf die Hohlraumstrahlung gefundene Widerspruch wird im Texte ohne Benutzung einer speziellen Strahlungsformel abgeleitet.

139) Oder was grundsätzlich auf dasselbe hinausläuft, von diffus vollkommen reflektierenden Wänden, wie sie *A. Einstein,* Ann. d. Phys. 17 (1905), p. 132; Phys. Ztschr. 10 (1909), p. 185, 817, verwendet.

Zugrundelegung der harmonischen Schwingungsgleichung (52) kann man unter dieser Voraussetzung das mittlere Schwankungsquadrat der Energie $\mathsf{E}_\nu^* \cdot d\nu$ berechnen, welche im Mittel auf alle Eigenschwingungen von der Frequenz ν des Teilvolumens V^* entfällt. Man erhält für diese sogenannten *Interferenzschwankungen unabhängig von einer speziellen Energieverteilung und einem besonderen Strahlungsgesetz*[140])

$$(70)\qquad \overline{(\mathsf{E}_{\nu,L}^* \cdot d\nu - \mathsf{E}_\nu^* \cdot d\nu)^2} = \frac{(\mathsf{E}_\nu^* \cdot d\nu)^2}{N_{HS}(\nu) \cdot d\nu}.$$

Nach (69) wäre anderseits, wenn V^* klein gegen das Gesamtvolumen des Hohlraumes ist,

$$(70\text{a})\qquad \overline{(\mathsf{E}_{\nu,L}^* \cdot d\nu - \mathsf{E}_\nu^* \cdot d\nu)^2} = k \cdot T^2 \frac{\partial \mathsf{E}_\nu^*}{\partial T} d\nu,$$

was zusammen mit (70) zu einer Differentialgleichung führt, deren Integration mit Rücksicht auf das *Wiensche Verschiebungsgesetz* (59a) und die mit der „Rotforderung“ von Nr. **6b**, Ende, gleichbedeutende Bedingung, daß E_ν^* mit T zugleich unendlich werden muß, ergeben würde

$$(71)\qquad \mathsf{E}_\nu^* \cdot d\nu = N_{HS}(\nu) \cdot d\nu \cdot k \cdot T.$$

Die zugehörige Strahlungsdichte wäre

$$(71\text{a})\qquad \varrho(\nu) = \frac{8\pi\nu^2 \cdot k \cdot T}{c^3}$$

und stimmt mit jener überein, die sich aus (58bb) herleitet (*Rayleigh-Jeanssches Strahlungsgesetz*). Da (71a) zugleich mit (58bb) der Forderung nach Endlichkeit der Gesamtstrahlung (60) („Violettforderung“ von Nr. **6b**) widerspricht, ist die eingangs dieses Absatzes behauptete Unzulässigkeit der Anwendung von (69) bzw. (69a) auf Teilvolumina der Vakuumstrahlung nunmehr auch auf rechnerischem Wege erwiesen.[141])

---

140) *L. S. Ornstein* und *F. Zernike*, l. c. § 2; *H. A. Lorentz* [1], Note IX. Zur *quantentheoretischen* Deutung des Ausdruckes (70) vgl. man auch Anm. 242). — Die oben besonders hervorgehobene Allgemeinheit des Ausdruckes (70) ist von entscheidender Bedeutung für die nachfolgenden Betrachtungen, welche die Aussagen über Strahlungsschwankungen soweit zu führen trachten, als dies ohne Benutzung einer speziellen Elektrodynamik möglich erscheint.

141) Die Ursachen dieses Widerspruches liegen also in der *Kohärenz* der die einzelnen Teilvolumina in gesetzmäßigem Ablauf überstreichenden stehenden Schwingungen. Da *M. v. Laue*, Ann. d. Phys. 20 (1906), p. 365; 23 (1907), p. 1, 795, gezeigt hat, daß die Entropien kohärenter Strahlenbündel sich *nicht additiv* zusammensetzen lassen, kann man die der ganzen Strahlung zukommende Entropie nicht gleich der Summe der mittleren Entropien setzen, welche den verschiedenen Volumsteilen des durchstrahlten Hohlraumes zuzuordnen wären. *Ornstein* und *Zernike* (l. c.) legen auf diese Form der Begründung obigen Widerspruches das Hauptgewicht, da *Einstein* (vgl. Anm. 139) sich zur Ableitung von (69) des *Boltzmannschen Prinzipes* (Nr. **8b**) bedient und hierzu jene Additivität

Offenbar würde das Ergebnis (70), das *gesamte* Schwankungsquadrat der Strahlungsenergie innerhalb des *ganz beliebig wählbaren* Teilvolumens **V*** darzustellen, von dem Augenblicke an erst fehlerhaft werden, wo es eine über den ganzen Hohlraum hin wirksame Vorrichtung gäbe, welche den vorausgesetzten stehenden Schwingungszustand *innerhalb* desselben und *längs seiner Begrenzungen willkürlich* immer wieder unterbricht und umordnet, wodurch die Bedingungen (1) und (2) von Nr. **6b** und damit die erforderliche statistische *Unabhängigkeit beliebiger Teilvolumina* zur Realisierung gelangen würden. Wenn man sich nach einer derartigen Vorrichtung umsieht, so wird man zunächst genötigt, auf die *Grundlagen der elektromagnetischen Lichttheorie in ihrer elektronentheoretischen Weiterbildung* (V 14, (*H. A. Lorentz*)) zurückzugreifen. Wie *H. A. Lorentz* und namentlich *Ritz*[142]) betont haben, müssen sich alle Feld- bzw. „Äther"-Vorgänge der *Maxwell-Lorentzschen Theorie mittels retardierter Potentiale auf die Bewegungen der das elektromagnetische Feld „begrenzenden" materiellen elektrischen Teilchen* (Bestandteile der Atome von Gasen und festen Körpern in den vorangegangenen Betrachtungen) *zurückführen lassen;* innerhalb des Hohlraumes mit *ideal spiegelnden Wänden* ist eine derartige Zurückführung begreiflicherweise *nicht möglich.* Eine solche Hohlraumstrahlung kann nur als ideale, in Strenge nicht verwirklichbare Abstraktion angesehen werden, da bei ihr auf die Mitwirkung von Materie als grundsätzlich notwendige Quelle oder Senke elektromagnetischer Feldenergie bewußt Verzicht geleistet wird.[143]) Denkt man sich den Hohlraum hingegen von *wirklichen* warmen Körpern (Festkörpern und einzelnen Gasmolekülen) begrenzt, so wird das statistische Verhalten der Strahlung durch jenes der umgebenden Materie im Sinne der *Lorentz-Ritz*schen Deutung der Strahlungsvorgänge mitbestimmt sein, wobei man es allerdings offen lassen muß, *ob die Maxwell-Lorentzsche Theorie eine zutreffende Darstellung dieser Abhängigkeit zu liefern vermag.* Die oben genannte Vorrichtung kann also nur in dem Vermögen der *wirklichen* Materie, Strahlung zu absorbieren und emittieren gesucht werden, und dies ist der *einzige* Weg, die Erfüllung der Bedingungen (1) und (2) von Nr. **6b** für die Strahlung sicherzustellen.[144]) Die Energieschwan-

voraussetzen muß. *Allerdings führt die Maxwellsche Theorie auch unabhängig davon auf* (70a), was offenbar in den speziellen Voraussetzungen begründet ist, welche sie für die Wechselwirkungen zwischen Strahlung und Materie benutzt.

142) *W. Ritz,* Ann. Chim. Phys. (8) 13 (1908), p. 145.

143) *W. Ritz,* Phys. Ztschr. **9** (1908), p. 903; *A. Einstein,* Phys. Ztschr. 10 (1909), p. 185; *W. Ritz,* Phys. Ztschr. 10 (1909), p. 224.

144) Vgl. die Rolle des *Planck*schen Kohlestäubchens, Anm. 113), ferner Anm. 121).

kungen der Strahlung können daher nur für einen von *wirklicher* Materie begrenzten Hohlraumteil in Übereinstimmung mit den in Nr. **6b** an das Strahlungsgesetz gestellten Anforderungen[145]) erhalten und mittels (69) bzw. (69a) berechnet werden. Durch Anwendung von (69) auf das *Wien*sche Verschiebungsgesetz (59a) erhält man für die Strahlung des Frequenzintervalles $d\nu$ allgemein

$$\overline{(\mathsf{E}_{\nu,L}\cdot d\nu - \mathsf{E}_\nu \cdot d\nu)^2} = k\cdot T^2\nu \cdot N_{HS}(\nu)\cdot d\nu \frac{\partial F_4\left(\frac{\nu}{T}\right)}{\partial T}.$$

Zieht man hiervon die im Hohlrauminnern unabhängig von dem Einfluß der begrenzenden Materie erfolgenden *Interferenzschwankungen* (70) ab, so kann der Beitrag der Wechselwirkungen mit der Wandmaterie zum mittleren Schwankungsquadrat der Strahlungsenergie pro Volumseinheit in der Form

$$(72)\qquad k\cdot T^2\frac{\partial \varrho(\nu,T)}{\partial T}\cdot d\nu - \frac{c^3}{8\pi\nu^2}[\varrho(\nu,T)]^2\cdot d\nu > 0$$

geschrieben werden. Der Umstand, daß diese Größe nach dem Obigen nicht verschwinden kann, weist darauf hin, daß es unmöglich ist, das Strahlungsgesetz für irgendwelche Arten von Materie zu begründen[146]), ohne hierbei von deren *speziellen Absorptions-* und *Emissionsgesetzen* wesentlichen Gebrauch zu machen.

7c. Impuls-Schwankungen. Neben dem *Energieaustausch*, den die in Nr. 2 und 4 eingeführten kurzandauernden, zeitlich regellos aufeinanderfolgenden Wechselwirkungen zwischen den Molekülen bzw.

---

145) *W. Ritz*, Phys. Ztschr. 9 (1908), p. 903 meint, daß wegen der oben an der *idealen* Hohlraumstrahlung geübten Kritik auch der Ausdruck (53b) für die Anzahl der Eigenschwingungen bzw. Freiheitsgrade der Strahlung im Volumen V hinfällig werden müßte, und folgert, daß es durch Verminderung dieser Anzahl möglich sein müßte, die *Rayleigh-Jeans-Katastrophe* von Nr. **6b**, Gl. (58bb) zu vermeiden. Es ist indessen leicht einzusehen, daß (53b) von obiger Kritik nicht berührt wird und bei Befolgung des *Ritz*schen Vorschlages weder das *Wien*sche Verschiebungsgesetz noch das *Stefan-Boltzmann*sche Gesetz zutreffend sein könnte; ebenso würde sich der Strahlungsdruck (s. Anm. 124) nicht zu dem von der *Maxwell*schen Theorie geforderten Betrage ergeben, von der *Ritz* ja bei seinen Betrachtungen ausgeht.

Die in Anm. 143) zitierte Diskussion zwischen *Ritz* und *Einstein* wurde durch eine gemeinsame Erklärung, *W. Ritz* und *A. Einstein*, Phys. Ztschr. 10 (1909), p. 323 abgeschlossen, welche sich nur auf die Frage nach der Begründung der *Irreversibilität* der Strahlungsvorgänge bezieht.

146) Mit anderen Worten: die Gewichtsfunktion $g(I)$ in (41B) bzw. (50B) zu bestimmen. Die Feststellungen (A) bis (C) am Ende von Nr. **6b** enthalten daher implizit bereits die ersten, vorläufigen, endgültig aber erst auf Grund der Erfahrung näher präzisierbaren Aussagen über Strahlungseigenschaften der Materie.

Eigenschwingungen der betrachteten statistischen Gebilde vermitteln, wird unter Umständen auch ein Austausch von *linearem* oder von *Drehimpuls* unter ihnen eintreten, dessen genauere Kenntnis in einigen Fällen von Interesse ist. Innerhalb homogener warmer Körper kommt er allerdings nur bei Gasen in Betracht, wo in der *kinetischen Gastheorie* bei der Aufstellung des *Stoßzahlansatzes*[147]) auf ihn Rücksicht genommen werden muß. Der mittlere Linearimpuls-Austausch zwischen Gas und begrenzendem festen Körper, auf Grund dessen die Größe des an der Grenzfläche herrschenden *Druckes* angegeben werden kann, findet ebenfalls im Rahmen der *kinetischen Gastheorie* seine Behandlung.[148]) Für den Rahmen der vorliegenden Darstellung kommt demnach nur der Impulsaustausch *zwischen materiellen Körpern und der Strahlung* in Betracht, wobei hier zunächst nur auf den *Linearimpuls* eingegangen werden soll.[149])

Ein materielles Kügelchen oder ein Gasmolekül von der Masse M bewege sich innerhalb der Hohlraumstrahlung der Einfachheit halber nur in *einer* bestimmten Richtung, z. B. der x-Achse, mit der Geschwindigkeit v. Nach einer von *Einstein* mehrfach auch in der Theorie der *Brownschen Molekularbewegung* benutzten Methode kann man zweierlei Änderungen unterscheiden, die der Impuls $M \cdot v$ des Kügelchens bzw. Gasmoleküls während der kurzen Zeit τ erfährt[150]):

(1) Der Strahlungsdruck verursacht eine Widerstandskraft, die jene Bewegung zu hemmen sucht und bei Vernachlässigung von $\left(\frac{v}{c}\right)^2$ und höheren Potenzen dieses Verhältnisses proportional der Geschwindigkeit wird. Die dadurch während der Zeit τ hervorgerufene Impulsänderung beträgt: $-D \cdot v \cdot \tau$.

(2) Die Unregelmäßigkeiten des Strahlungsfeldes bewirken einen nach Größe und Vorzeichen stets wechselnden elektromagnetischen Impuls Δ, der innerhalb der angestrebten Genauigkeit als von v unabhängig angesehen werden kann.

Bei Abwesenheit der Strahlung und Wärmegleichgewicht ergibt

---

147) Vgl. Anm. 76).

148) V 9 (*L. Boltmann* und *J. Nabl*), Nr. 2—5. Hinsichtlich der zugehörigen *Impuls-* bzw. *Druckschwankungen* auch für beliebige warme Körper vgl. *R. Fürth*, Phys. Ztschr. 20 (1919), p. 350 oder das in Anm. 135) zitierte Buch des gleichen Autors.

149) Die Frage nach der Erhaltung des *Drehimpulses* bei den Strahlungsvorgängen wird erst in Nr. 20 Erwähnung finden.

150) *A. Einstein*, Phys. Ztschr. 10 (1909), p. 185, 817; Ann. d. Phys. 33 (1910), p. 1105; Phys. Ztschr. 18 (1917), p. 121; *L. Brillouin*, J. de Phys. et le Rad. (6) 2 (1921), p. 140.

sich die mittlere kinetische Energie des Teilchens in der Bewegungs richtung zu

$$\frac{M \cdot \overline{v^2}}{2} = \frac{k \cdot T}{2}; \tag{73}$$

für ein Gasmolekül geht dies unmittelbar aus dem Gleichverteilungssatz (62a) hervor[151]), ebenso für ein beliebiges materielles Kügelchen, wie man leicht nachweist, wenn z. B. eine Suspension sehr vieler solcher gleicher Teilchen in einem Gase nach dem Vorbild von Nr. **6a** behandelt wird. Da die Anwesenheit der Strahlung im Falle des Wärmegleichgewichtes an dieser Beziehung nichts ändern kann, hat man zunächst

$$\overline{(M \cdot v)^2} = \overline{(M \cdot v - D \cdot v \cdot \tau + \Delta)^2}$$

und wegen

$$\overline{v \cdot \Delta} = 0$$

bis auf das zu vernachlässigende Glied mit τ^2

$$\overline{\Delta^2} = 2 D \cdot M \cdot \overline{v^2} \cdot \tau.$$

Mit Benutzung von (73) ergibt sich endlich

$$\frac{\overline{\Delta^2}}{\tau} = 2 Dk \cdot T. \tag{74}$$

(I) Um D zu ermitteln, hat man die Strahlungsvorgänge nach der speziellen Relativitätstheorie von einem Koordinatensystem aus zu beurteilen, in welchem das bewegte Teilchen ruht. Bezüglich der Gefäßwände ist die Strahlung naturgemäß in ihrem *mittleren* Verhalten isotrop und beträgt pro Volumeneinheit für einen bestimmten infinitesimalen Körperwinkel dK, welcher eine bestimmte Strahlrichtung kennzeichnet, sowie für das Frequenzintervall $d\nu$

$$\varrho(\nu, T) \cdot d\nu \frac{dK}{4\pi}. \tag{75}$$

Im bewegten Koordinatensystem ist die Volumdichte der Strahlung hingegen von der Strahlrichtung abhängig, welche durch den Winkel φ' mit der x-Achse festgelegt sei. An Stelle von (75) tritt daher

$$\varrho'(\nu', \varphi', T) \cdot d\nu' \frac{dK'}{4\pi}, \tag{75a}$$

wofür die relativistischen Transformationsformeln ergeben

$$\varrho'(\nu', \varphi', T) = \left[\varrho(\nu') + \frac{v}{c}\nu' \cdot \cos\varphi' \frac{\partial \varrho(\nu', T)}{\partial \nu'}\right] \cdot \left(1 - 3\frac{v}{c}\cos\varphi'\right). \tag{75b}$$

Einstein hebt hervor, daß die Gültigkeit dieser Beziehung *wesentlich über jene der Maxwellschen Elektrodynamik hinausgeht,* aus der sie ur-

151) Vgl. p. 927 und Anm. 131).

sprünglich abgeleitet wird; da in ihre Grundlagen nur der Energiesatz, das *Doppler*sche Prinzip und die Aberration eingehen, müsse sie auch von jeder anderen als der Undulationstheorie des Lichtes geliefert werden können. Bedeutet nun σ einen mittleren Querschnitt und $\alpha(\nu')$ den *mittleren Absorptionskoeffizient* des Teilchens für Strahlung des Frequenzintervalles $d\nu'$, so wird die aus der Richtung φ' während der Zeit τ im Mittel absorbierte Energie

$$\alpha(\nu')\cdot\tau\cdot c\cdot\sigma\cdot\varrho'(\nu',\varphi',T)\cdot d\nu'\frac{dK'}{4\pi}\cdot \tag{76}$$

Der zugehörige auf das Teilchen übertragene Linearimpuls beträgt den c^{ten} Teil hiervon; seine hier allein in Betracht kommende x-Komponente ergibt sich durch Multiplikation mit $\cos\varphi'$, und daraus der mittlere Gesamtimpuls in der x-Richtung, indem man

$$dK' = 2\pi\sin\varphi'\cdot d\varphi'$$

setzt und über φ' von Null bis π integriert. So findet man, wenn anstatt ν' wieder ν geschrieben wird, für die von der Strahlung des Frequenzbereiches $d\nu$ verursachten Impulswirkungen

$$D = \frac{4\pi}{c}\alpha(\nu)\sigma\left[\varrho(\nu,T) - \frac{\nu}{3}\frac{\partial\varrho(\nu,T)}{\partial\nu}\right]. \tag{77}$$

(II) Zur Berechnung des mittleren Quadrates der auf das Teilchen übertragenen unregelmäßigen Impulse Δ, bedient man sich am einfachsten des im vorigen Abschnitte diskutierten Ausdruckes für das mittlere Energie-Schwankungsquadrat. Hierzu ist es notwendig, nacheinander die Impulswirkung jener Schwankungen zu berechnen, welche zu einer Energieaufnahme bzw. Energieabgabe des Teilchens in bezug auf das Strahlungsfeld führen. Offenbar sind diese Energiebeträge bei Wärmegleichgewicht im Mittel einander gleich; da die Erhaltung des Impulsgleichgewichtes auch die Gleichheit der dabei übertragenen mittleren Bewegungsgrößen verlangt, wird es hinreichen, allein die mit Energieabsorption verbundenen Impulsschwankungen zu betrachten und das so erhaltene Resultat nachträglich zu verdoppeln. Eine Transformation der Strahlungsdichte auf das bewegte Koordinatensystem ist hier überflüssig, da das Teilchen für diese Betrachtung und bei der angestrebten Genauigkeit als ruhend angesehen werden kann. Wendet man (70a) auf die Volumeneinheit von in Wärmegleichgewicht mit Materie befindlicher Hohlraumstrahlung an, so hat man

$$k\cdot T^2\frac{\partial\varrho(\nu,T)}{\partial T}\cdot d\nu;$$

um die auf das Teilchen ausgeübten Impulswirkungen zu berechnen, müssen jedoch die Energieschwankungen jeder beliebigen Strahl*richtung* gesondert untersucht und *als voneinander unabhängig* angesehen werden dürfen.[152]) Wird der obige Ausdruck daher auf das Volumen eines dem Teilchen umschriebenen Zylinders angewendet, dessen Erzeugenden parallel einer beliebigen Strahlrichtung und von der Länge $\tau \cdot c$ sind, so würde er durch c^2 dividiert, das mittlere Quadrat der Impulsschwankungen während τ angeben, wenn sämtlichen vorgekommenen Energieschwankungen Absorptionsprozesse des Teilchens entsprechen würden. Für sämtliche Strahlrichtungen entsprechen nun gerade dem Bruchteil $4\pi \cdot \alpha(\nu) \cdot \tau \cdot c \cdot \sigma$ (vgl. (76) und (77)) der Energieschwankungen pro Volumeneinheit derartige Absorptionsvorgänge; dieser Betrag ist noch durch 3 zu dividieren, wenn man aus ihm das mittlere Quadrat aller x-Komponenten der dabei übertragenen Impulse ableiten will, wie aus seiner Unabhängigkeit von den Koordinatenrichtungen und der vorausgesetzten Unabhängigkeit aller Einzelschwankungen hervorgeht. Insgesamt erhält man also für Absorption *und* Emission

$$\overline{\Delta^2} = \frac{2}{3} \cdot 4\pi\alpha(\nu) \cdot \tau \cdot c \cdot \sigma \frac{kT^2}{c^2} \frac{\partial \varrho(\nu, T)}{\partial T} \cdot d\nu. \tag{78}$$

(III) Führt man (77) und (78) in (74) ein, so folgt

$$\frac{T}{3}\frac{\partial \varrho}{\partial T} = \varrho - \frac{\nu}{3}\frac{\partial \varrho}{\partial \nu}, \tag{79}$$

welche Differentialgleichung das *Wien*sche Verschiebungsgesetz (59a) ergibt. Wie man bemerkt, fallen die individuellen Eigenschaften des betrachteten Materieteilchens (mittlerer Querschnitt, Absorptions- und Emissionseigenschaften) vollständig aus obigen Überlegungen wieder hinaus. Es ist einleuchtend, daß eine analoge Untersuchung einer im Strahlungsraume mit der Geschwindigkeit v bewegten, vollständig reflektierenden oder spiegelnden Platte oder eines ebensolchen Kügelchens zu dem gleichen Ergebnisse führen muß, wenn man sich wieder der

152) Diese Annahme enthält formal eine Voraussetzung über *gerichtete* Energie-Absorption und *-Emission*. Wie *L. Brillouin* (l. c.) hervorhebt, ist sie für die nachfolgende Ableitung des *Wienschen Verschiebungsgesetzes* von grundsätzlicher Bedeutung und soll der von *Einstein* in seinen älteren Arbeiten benutzten Annahme gleichwertig sein, daß die Schwankungen benachbarter Teile einer ebenen klassisch-elektromagnetischen Welle als voneinander unabhängig angesehen werden können. Nach *G. Breit*, Phys. Rev. **22** (1923), p. 313 hingegen soll in der Wellentheorie den *Interferenzvorgängen* der stets in *endlicher Spektralbreite* $d\nu$ zur Absorption gelangenden Strahlung für das Zustandekommen von (78) die Hauptrolle zugeschrieben werden. — Während die Vorstellung *gerichteter Strahlungsemission* mit der *Maxwell*schen Theorie noch am ehesten bei makroskopischen Teilchen verträglich scheint, führt sie namentlich bei einzelnen Molekülen zu ernsten Widersprüchen mit den üblichen Folgerungen hinsichtlich der Emission in Kugelwellen. Vgl. dazu Nr. **11**, **12** und **20**.

allgemeinen Schwankungsformel (69) bzw. (70a) bedient[153]); würde man anstatt dessen, wie in Nr. **7 b** als im allgemeinen ungerechtfertigt nachgewiesen, den Ausdruck (70) für die Interferenzschwankungen allein benutzen, so käme man ähnlich wie in Nr. **7 b** zum unbrauchbaren *Rayleigh-Jeansschen Strahlungsgesetz* (71), (71 a).

Bei näherer Prüfung der den Überlegungen dieses Abschnittes zugrunde liegenden Voraussetzungen findet man, daß sie ihrer statistischen Seite nach im wesentlichen mit jenen von Nr. **6 b** und **7 b** übereinstimmen. Die Gruppierung der aus der *Maxwell*schen Elektrodynamik herübergenommenen Annahmen ist hier jedoch eine etwas verschiedene. Dementsprechend unterscheidet sich die obige Ableitung des *Wien*schen Verschiebungsgesetzes wesentlich von jener in Nr. **6 b**: letztere ist auf das Modell der Hohlraumstrahlung an sich gegründet, erstere hingegen auf deren Wechselwirkung mit Materie von bekannten bzw. prüfbaren thermisch-statistischen Eigenschaften. Die Tragweite beider Ableitungen reicht, wie sich bereits gezeigt hat, wesentlich über jene der benutzten Aussagen der *Maxwell*schen Elektrodynamik hinaus. Um die *vollständige Maxwell*sche Theorie zu prüfen, ist aber unmittelbar nur die Methode des vorliegenden Abschnittes brauchbar. *Einstein* und *Hopf*[154]) haben zu diesem Zwecke die Rechnung für einen gedämpften *Planck*schen Oszillator ausgeführt und *dessen Strahlungseigenschaften nach der Maxwellschen Elektrodynamik ermittelt.* Indem hierbei $\overline{\Delta^2}$ auf einem von dem obigen abweichenden Wege berechnet wird, gelangen sie zur Differentialgleichung

$$\frac{c^3}{24\pi k\cdot T\cdot \nu^2}\varrho^2 = \varrho - \frac{\nu}{3}\frac{\partial \varrho}{\partial \nu}, \tag{79a}$$

deren Integration wieder zum *Rayleigh-Jeans*schen Strahlungsgesetze führt und damit der „Violettforderung" (Nr. **6 b**) widerspricht. Während die bisher benutzten Aussagen der *Maxwell*schen Theorie sich in vollem Umfange als brauchbar erwiesen, versagen also ihre darüber hinausgehenden Ansätze und Folgerungen hinsichtlich der Strahlungseigen-

153) *L. Brillouin,* l. c. § 10, 11.

154) *A. Einstein* und *L. Hopf,* Ann. d. Phys. 33 (1910), p. 1105. Dieser Untersuchung geht eine damit in Zusammenhang stehende Arbeit der gleichen Autoren, Ann. d. Phys. 33 (1910), p. 1096 voran, in der gezeigt wird, daß die Koeffizienten einer *Fourier*-Reihe, welche die Schwingung natürlicher Strahlung darstellen soll, als statistisch voneinander unabhängig angesehen werden dürfen. Dieser Satz wurde von *M. v. Laue,* Ann. d. Phys. 47 (1915), p. 853 bestritten; die anschließende Diskussion, *A. Einstein,* Ann. d. Phys. 47 (1915), p. 879; *M. v. Laue,* Ann. d. Phys. 48 (1915), p. 668, vermochte *für Maxwellsche Strahlung* im wesentlichen den *Einstein-Hopf*schen Standpunkt sicherzustellen. S. dazu ferner *M. Planck,* Ann. d. Phys. 73 (1924), p. 272.

schaften materieller Körper. Die Ursachen der „*Rayleigh-Jeans*-Katastrophe" liegen demnach auf klassisch-elektrodynamischem und nicht auf statistischem Gebiete.

8. Die statistische Form des II. Hauptsatzes der Thermodynamik.

8a. Das Entropiedifferential. Die Klarstellung der statistischen Bedeutung des Temperaturbegriffes kann erst als abgeschlossen gelten, wenn gezeigt werden kann, daß einer ganz bestimmten Funktion der in Nr. 7a als empirische Temperatur erkannten Größe ϑ Eigenschaften zukommen, wie sie in der makroskopischen Thermodynamik die absolute Temperatur T *als integrierender Nenner des Differentialausdrucks für die „zugeführte Wärme" besitzt.* E bedeute wieder die Gesamtenergie des in 7a betrachteten Systems warmer Körper und ebenso a^* ihre gemeinsamen äußeren makroskopischen Parameter. Werden die letzteren unendlich langsam und umkehrbar verschoben, so folgt aus dem Energiesatz, daß hierzu die Leistung einer äußeren Arbeit

$$\sum_{a^*} \mathsf{A} \cdot da^*$$

aufgewendet werden muß. Erfolgt gleichzeitig mit dieser Arbeitsleistung eine Energieänderung $d\mathsf{E}$, so ist der Differentialausdruck der „zugeführten Wärme" durch

$$\delta \mathfrak{Q} = d\mathsf{E} + \sum_{a^*} \mathsf{A} \cdot da^* \tag{80}$$

definiert. Der II. Hauptsatz besagt dann die Existenz eines integrierenden Nenners T, welcher $\delta\mathfrak{Q}$ zu dem vollständigen Differential

$$d\mathsf{S} = \frac{\delta \mathfrak{Q}}{T} \tag{81}$$

der Entropie S des Körpersystems macht.

Zur Berechnung der den makroskopischen Kräften A entsprechenden Mittelwerte hat man zu bedenken, daß die Parameteränderungen da^* an jedem einzelnen Molekül bzw. jeder Eigenschwingung der verschiedenen warmen Körper angreifen und dort eine Kraft $-\frac{\partial E(I_r^i, a^*)}{\partial a^*}$ [73]) hervorrufen, wenn unter E wieder die Energie eines beliebigen Moleküls bzw. einer Eigenschwingung verstanden wird. Die *Boltzmann*sche Verteilung ergibt dann allgemein als Gesamtkraft (z. B. für ein Gas (Nr. 5) nach (48a) oder (50a) und wenn a^* nicht mit dem Volumen identisch ist[155])):

155) Falls $a^* = \mathsf{V}$ wäre, hätten die Formeln nur äußerlich ein anderes Aussehen, wegen des in (48a) und (50a) isoliert geschriebenen *Maxwell*schen Verteilungsfaktors (49), der bei den Gasen, im Gegensatz zu (34a) allein von V abhängig ist.

$$(82)\quad \begin{cases} N\dfrac{-\sum\limits_{l=1}^{\infty} g_l \dfrac{\partial E_l}{\partial a^*}\cdot\vartheta^{E_l}}{\sum\limits_{l=1}^{\infty} g_l\cdot\vartheta^{E_l}} = \dfrac{\dfrac{\partial F(\vartheta, a^*)}{\partial a^*}}{F(\vartheta, a^*)}\cdot\dfrac{N}{\log\dfrac{1}{\vartheta}} - \dfrac{N\sum\limits_{l=1}^{\infty}\dfrac{\partial g_l}{\partial a^*}\cdot\vartheta^{E_l}}{\sum\limits_{l=1}^{\infty} g_l\cdot\vartheta^{E_l}}\cdot\dfrac{1}{\log\dfrac{1}{\vartheta}} \\ \qquad = \dfrac{1}{\log\dfrac{1}{\vartheta}}\cdot\left[\dfrac{\partial\log[F(\vartheta, a^*)]^N}{\partial a^*} - \dfrac{N\sum\limits_{l=1}^{\infty}\dfrac{\partial g_l}{\partial a^*}\cdot\vartheta^{E_l}}{\sum\limits_{l=1}^{\infty} g_l\cdot\vartheta^{E_l}}\right]. \end{cases}$$

Hat man die Gewichtsfunktion entsprechend den Feststellungen und Ansätzen von Nr. **3** gewählt, so verschwindet $\frac{\partial g_l}{\partial a^*}$ nach (16) für jeden beliebigen Zellenindex l und damit der in obiger Beziehung auftretende Ausdruck

$$(82\text{a})\qquad N\cdot\frac{\sum\limits_{l=1}^{\infty}\dfrac{\partial g_l}{\partial a^*}\cdot\vartheta^{E_l}}{\sum\limits_{l=1}^{\infty} g_l\cdot\vartheta^{E_l}} = 0.$$ [156]

Bedeutet nun

$$(83)\qquad \Pi \equiv \Pi[F_A(\xi, a^*)]$$

das Produkt der Verteilungsfunktionen *aller* Bestandteile A des betrachteten thermischen Gesamtsystems (vgl. p. 925 und 928), so hat man nach (82) und (82a)

$$(84)\qquad \mathsf{A} = \frac{1}{\log\frac{1}{\vartheta}}\cdot\frac{\partial\log\Pi[F_A(\vartheta, a^*)]}{\partial a^*};$$

die Gesamtenergie beträgt anderseits nach (61)

$$(84\text{a})\qquad \mathsf{E} = \vartheta\cdot\frac{\partial\log\Pi[F_A(\vartheta, a^*)]}{\partial\vartheta}.$$

Der Differentialausdruck der „zugeführten Wärme" wird auf Grund dieser Beziehungen von der Form

$$(80\text{a})\quad \begin{cases} \delta\mathfrak{Q} = \left\{\dfrac{\partial\log\Pi}{\partial\vartheta} + \vartheta\dfrac{\partial^2\log\Pi}{\partial\vartheta^2}\right\}\cdot d\vartheta \\ \qquad\qquad + \sum\limits_{a^*}\left\{\vartheta\dfrac{\partial^2\log\Pi}{\partial\vartheta\cdot\partial a^*} + \dfrac{1}{\log\frac{1}{\vartheta}}\cdot\dfrac{\partial\log\Pi}{\partial a^*}\right\}\cdot da^* \\ \quad = \dfrac{1}{\log\frac{1}{\vartheta}}\cdot d\left\{\log\Pi + \log\dfrac{1}{\vartheta}\cdot\vartheta\cdot\dfrac{\partial\log\Pi}{\partial\vartheta}\right\}. \end{cases}$$

156) *A. Smekal,* Phys. Ztschr. 19 (1918), p. 137, 200.

$\log \frac{1}{\vartheta}$ ist also ein integrierender Faktor von $\delta \mathfrak{Q}$, und zwar offenbar der einzige, der von ϑ allein abhängig ist. Es ergibt sich daher

$$(81\text{a}) \qquad \log \frac{1}{\vartheta} \cdot \delta \mathfrak{Q} = d \left\{ \log \Pi + \log \frac{1}{\vartheta} \cdot \mathsf{E} \right\};$$

würde der Ausdruck (82a) nicht verschwinden, so ist leicht einzusehen, daß $\delta \mathfrak{Q}$ im allgemeinen überhaupt keine integrierenden Faktoren besitzt, jedenfalls aber auch in Spezialfällen keinen von ϑ allein abhängigen besitzen kann. *Das Verschwinden von* (82a) *ist also hinreichend und notwendig*[157]) *für die Möglichkeit einer statistischen Interpretation des II. Hauptsatzes der Thermodynamik.*[158]) *Diese Bedingung ist nach obigem stets erfüllt, wenn,* wie auch gerechtfertigterweise nicht anders möglich, *die Gewichtsfunktion g auf Grund der in Nr.* 3 *erörterten Gesichtspunkte als Funktion von Parameterinvarianten allein angesetzt worden ist.*[159]) Da ϑ bereits früher als *empirische Temperatur* erkannt worden ist, kann man aus (81) in Übereinstimmung mit Nr. 7a schließen, daß

$$(64) \qquad \frac{1}{\log \frac{1}{\vartheta}} = k \cdot T,$$

worin k wieder durch (65) bestimmt ist. Die Entropie des betrachteten Körpersystems ist demnach *bis auf eine willkürliche additive Konstante* durch

$$(85) \qquad \mathsf{S} = k \cdot \log \Pi + \frac{\mathsf{E}}{T}$$

gegeben.[160]) Setzt man für Π das Produkt (83) der Verteilungsfunktionen aller Körper A ein, so wird

$$(85\text{a}) \qquad \mathsf{S} = \sum_A \left\{ k \cdot \log F_A(\vartheta, a^*) + \frac{\mathsf{E}_A}{T} \right\} = \sum_A \mathsf{S}_A.$$

Die in S_A bzw. S auftretenden willkürlichen additiven Konstanten hängen offenbar mit einer Unbestimmtheit zusammen, welche der Definition der Gewichtsfunktionen insgesamt und damit auch der Ver-

157) Notwendig, weil der eventuell existierende integrierende Faktor neben ϑ sonst auch noch die Parameter der verschiedenen Körper A enthalten müßte, was seiner Eigenschaft, ebenso wie ϑ allein als empirische Temperatur gelten zu können, widerspricht.

158) *P. Ehrenfest,* Phys. Ztschr. 15 (1914), p. 657, § 2; vgl. auch Anm. 48).

159) *P. Ehrenfest,* Ann. d. Phys. 51 (1916), p. 327, § 8; *A. Smekal,* Phys. Ztschr. 19 (1918), p. 137, 200; Wien. Anz. 1921, p. 126; Verh. Deutsch. Phys. Ges. (3) 2 (1921), p. 47; *G. Krutkow,* Versl. Akad. Amsterdam 29 (1920), p. 693; *N. Bohr* [2], p. 11.

160) Vgl. z. B. *C. G. Darwin* und *R. H. Fowler,* Phil. Mag. 44 (1922), p. 823.

teilungsfunktionen anhaftet: Multipliziert man g mit einem beliebigen konstanten Zahlenfaktor, so erhalten auch die $F_A(\zeta, a^*)$ diesen Faktor, ohne daß sich an den bisherigen Betrachtungen auch nur das Geringste ändern würde.[93]) Ebenso können die im Falle *stetiger* Gewichtsfunktionen eingeführten unbestimmten Maßfaktoren G (vgl. z. B. (47), (34aa), (58bb)) stets mit den unbekannten Entropiekonstanten vereinigt gedacht werden. Auf die Bedeutung der letzteren für das *chemische Verhalten der Gase* und *das Gesetz ihrer Sättigungsdrucke* kann erst in Nr. 25 eingegangen werden.

Die Beziehung (85a) bringt zum Ausdruck, daß die Entropie eines in thermodynamischem Gleichgewichte befindlichen Systems warmer Körper gleich der Summe ihrer Einzel-Entropien ist. Hält man an der *Definition*

$$\mathsf{S}_A = k \cdot \log F_A(\vartheta, a^*) + \frac{\mathsf{E}_A}{T} + \text{const.} \tag{86}$$

auch für *Nicht-Gleichgewicht* fest, so ist leicht einzusehen, daß bei geeigneter Verfügung über die willkürliche Konstante (Nr. 27) in

$$\mathsf{S}_A + \mathsf{S}_B \leqq \mathsf{S}_{A+B} \tag{87}$$

das Gleichheitszeichen nur im Falle des Wärmegleichgewichtes zwischen A und B gelten kann. Man hat nämlich im allgemeinen

$$\frac{1}{k} \cdot \mathsf{S}_A = \log F_A(\vartheta_A, a^*) - \mathsf{E}_A \cdot \log \vartheta_A,$$

wobei ϑ_A für den thermisch isolierten Körper A nach (40), (40A) oder (40B) durch

$$\mathsf{E}_A = \vartheta_A \cdot \frac{\partial \log F_A(\vartheta_A, a^*)}{\partial \vartheta_A}$$

bestimmt ist; letztere Beziehung besagt aber nichts anderes, als daß S_A für die vorgegebene Energie E_A an der Stelle $\vartheta = \vartheta_A$ ein *Minimum* besitzt. Es ist also jedenfalls für $\vartheta \neq \vartheta_A, \vartheta_B$

$$\frac{1}{k} \cdot \mathsf{S}_A < \log F_A(\vartheta) - \mathsf{E}_A \log \vartheta$$

und

$$\frac{1}{k} \cdot \mathsf{S}_B < \log F_B(\vartheta) - \mathsf{E}_B \log \vartheta.$$

Die Vereinigung dieser beiden Ungleichungen ergibt daher für konstant gehaltene Energie*summe* die Behauptung (87), *womit die Irreversibilität des Wärmeausgleiches* von A und B *im makroskopischen Sinne* bewiesen ist.[161]) Die in Nr. 7b näher behandelte Tatsache der *Schwankungen*

161) Wie *Darwin* und *Fowler* (vgl. die vorige Anm.) hervorheben, hätte die Funktion $\Sigma = \mathsf{S} + b \cdot \mathsf{E}$ die gleiche Eigenschaft der Zunahme, wobei b eine universelle Konstante bedeutet. Würde man daher darauf ausgehen, eine Funk-

des Energieinhaltes aller miteinander in thermischem Gleichgewichte befindlichen warmen Körper zeigt hingegen, daß von einer solchen Irreversibilität *im molekularen Sinne* keine Rede sein kann[162]); die mittels (86) statistisch definierte Entropiegröße *schwankt* zugleich mit dem mittleren Energieinhalte des betrachteten warmen Körpers.

Bezeichnet man mit *Planck*[163]) die *charakteristische Funktion* eines warmen Körpers, wenn T und die Parameter a^* (Volumen usw.) als dessen unabhängige Zustandsvariablen gewählt werden, mit $\Psi(T, a^*)$, so ergibt die makroskopische Thermodynamik

$$(88)\qquad \begin{cases} \mathsf{A} = T \cdot \dfrac{\partial \Psi}{\partial a^*} \\ \mathsf{E} = T^2 \cdot \dfrac{\partial \Psi}{\partial T} \\ \mathsf{S} = \Psi + T \cdot \dfrac{\partial \Psi}{\partial T}, \end{cases}$$

wobei Ψ mit der *freien Energie*[164]) F des Körpers durch

$$(88\text{a})\qquad \mathsf{F} = -T \cdot \Psi$$

zusammenhängt. Der Vergleich von (88) mit den Beziehungen (84), (84a) und (85a) zeigt, daß, abgesehen von willkürlichen additiven Konstanten, allgemein

$$\Psi = k \cdot \log \Pi,$$

---

tion dieser Eigenschaft allein statistisch aufzubauen und als statistisches Entropieanalogon zu wählen, so würde die makroskopisch-thermodynamische Beziehung $\dfrac{\partial \mathsf{S}}{\partial \mathsf{E}} = \dfrac{1}{T}$ für T keine bestimmte Festlegung durch ϑ herbeiführen können; dies gilt für alle Vereinigungs- und Trennungsüberlegungen bei konstanter Energie. Vgl. ferner *K. F. Herzfeld,* Wien. Ber. (IIa) 122 (1913), p. 1553.

162) Siehe auch Nr. 4 Ende. — Über die Gültigkeitsgrenzen des II. Hauptsatzes vergleiche man insbesondere *M. v. Smoluchowski,* Göttinger Vorträge über die kinetische Theorie der Materie und der Elektrizität, Leipzig 1914, p. 88—121, ferner Phys. Ztschr. 13 (1912), p. 1069; Wien. Ber. (IIa) 124 (1915), p. 339.

163) *M. Planck* [1], § 127; Thermodynamik, 6. Aufl., Leipzig 1921, § 152a.

164) Genauer: *Freie Energie bei konstantem Druck* (*Eucken*). — Zur Veranschaulichung von Ψ kann man sich auf Grund von (89) den ganzen zellenbedeckten Teil des μ-Raumes mit der Dichte

$$\vartheta^{(E_l + E_{t,l})}$$

für jede Zelle belegt denken. Dann ist z. B., im Falle eines Gases, das „Gesamtgewicht" des μ-Raumes identisch mit der Verteilungsfunktion $F(\zeta)$ (34) für $\zeta = \vartheta$ und gleich

$$e^{-\frac{\Psi}{N \cdot k}}.$$

Bezüglich einer näheren Diskussion der statistischen Formeln für die verschiedenen thermodynamischen Funktionen vgl. man insbesondere *K. F. Herzfeld,* Ztschr. f. phys. Chem. 95 (1920), p. 139; Phys. Ztschr. 22 (1921), p. 186; 23 (1922), p. 95 oder V 11 (*K. F. Herzfeld*), Nr. 5.

bzw. für jeden einzelnen Bestandteil A des thermischen Systems

$$\Psi_A = k \cdot \log F_A(T, a^*); \tag{89}$$

die freie Energie F_A von A wird

$$\mathsf{F}_A = -k \cdot T \cdot \log F_A(T, a^*). \tag{89a}$$

Mit Rücksicht auf die Bedeutung der zur Ableitung von (85) herangezogenen *Boltzmann*schen Verteilung (vgl. Nr. 4 Ende) möge auch an dieser Stelle ausdrücklich betont werden, daß diese, wie überhaupt alle statistischen Ergebnisse strenggenommen keineswegs die *wirklichen* Werte der betreffenden makroskopisch-thermodynamischen Größen darstellen, oder deren Zeitmittelwerte über praktisch unendlich lange Beobachtungsdauern. Obige Beziehungen geben vielmehr nur deren *wahrscheinlichste* zeitliche Mittelwerte an und es ist innerhalb der Statistik prinzipiell unmöglich, beliebig große Abweichungen von ihnen auszuschließen.[165])

8b. Das Boltzmannsche Prinzip. Anstatt die Begründung der statistischen Form des Entropiesatzes in Anlehnung an die Ergebnisse der exakten Methode von Nr. **5a** vorzunehmen, hätte man sich auch unmittelbar jener des in Nr. **5b** skizzierten älteren Verfahrens bedienen können. Dieses letztere gestattet überdies dem Ausdruck für die Entropie jene andere, weitverbreite Deutung zu geben, welche den Inhalt des sogenannten *Boltzmannschen Prinzips* ausmacht. Aus der auch für ganz beliebige statistische Gebilde gültigen Gleichung (44a) kann nämlich unmittelbar die Gleichheit der vollständigen Differentiale

$$d \log R(\mathsf{Z}_{MB}) = d\{-\varrho \cdot N + \vartheta_1 \cdot \mathsf{E}\}$$

abgelesen werden, wenn man bedenkt, daß unter allen überhaupt denkbaren und ganz beliebigen, in (44a) zulässigen Änderungen δN_e auch jene vorkommen müssen, welche einer infinitesimalen Energieänderung $d\mathsf{E}$ und umkehrbar unendlich langsamen Arbeitsleistung $\sum_{a^*} \mathsf{A} \cdot da^*$ entsprechen. Mittels (20a) und (45) wird $-\varrho N$, abgesehen von Gliedern, welche von E und den a^* *unabhängig* sind, unschwer

165) Siehe auch Anm. 80). Demgegenüber hat *Planck* mehrfach die Ansicht vertreten, daß es dem Physiker frei steht, *durch eine besondere physikalische Zusatzannahme* solche Abweichungen auszuschließen, welche eine Verletzung des anerkannt eindeutigen Ablaufes der makroskopischen Erscheinungen hervorrufen würden. Vgl. IV 32 (*P.* und *T. Ehrenfest*), Nr. **30**, ferner Anm. 1).

166) Mittels dieser Beziehung und der *Stirling*schen Formel (43) läßt sich nach *K. Lichtenecker*, Verh. Deutsch. Phys. Ges. 21 (1919), p. 236 die Entropie nur mit einer Unsicherheit von mehr als $^1/_2$ % ermitteln. Da *Lichtenecker* die *Stirling*sche Formel selbst nicht benutzt, gilt seine Abschätzung auch für die erste Näherung von (85) bzw. (86).

zu $\log[F(e^{-\vartheta_1}, a^*)]^N$ bzw. für das oben betrachtete Gesamtsystem nach (83) zu $\log \Pi$ bestimmt; dann ergibt die auf (82 a) gegründete Beziehung (81 a) wegen $\vartheta_1 = \log\frac{1}{\vartheta}$

$$\vartheta_1 \cdot \delta \mathfrak{Q} = d \log R(\mathbf{Z}_{MB})$$

und daher wegen (64) und (85) bzw. (86)

$$\mathbf{S} = k \cdot \log R(\mathbf{Z}_{MB}) + \text{const.} \tag{90}$$ [166])

Hierbei bedeutet $\mathbf{Z}_{MB}$ (vgl. p. 909) jene Zustandsverteilung des betrachteten statistischen Gebildes (Körpersystem oder einzelner warmer Körper), welche die „Anzahl der Realisierungsmöglichkeiten" $R(\mathbf{Z})$[167]) oder die *„thermodynamische Wahrscheinlichkeit"* nach *Planck*[168]) zu einem Maximum macht. In der Form (90) besagt das *Boltzmannsche Prinzip* also, *daß die Entropie* bis auf eine willkürliche additive Konstante *durch den k-fachen Logarithmus der (thermodynamischen) Wahrscheinlichkeit der* mit den gegebenen äußeren Bedingungen verträglichen *Zustandsverteilung maximaler Komplexionsanzahl gegeben sei.*[169]) Wie die Resultate von Nr. **5b** zeigen, kann man übrigens an Stelle von $R(\mathbf{Z}_{MB})$ in (90) nach Belieben auch $\mathbf{R}$ oder $R(\mathbf{Z}_m)$ (für die zeitlich *mittlere* Zustandsverteilung $\mathbf{Z}_m$) setzen, ohne das ja stets nur asymptotisch ausgewertete Ergebnis derselben irgendwie zu verändern. Schließ-

---

167) Vgl. z. B. Gl. (29), (36), (29 A).

168) Vgl. Anm. 29). — Eine andere, auf einem Vorschlag von *D. Hilbert* beruhende Definition der „thermodynamischen Wahrscheinlichkeit", zu deren Begründung man *zweier verschiedener* Zelleneinteilungen des μ-Raumes bedarf, wird von *D. Enskog,* Ann. d. Phys. 72 (1923), p. 321 benutzt. Sie stellt jedoch ebenso wie die *Planck*sche keine „echte" Wahrscheinlichkeit dar und eine auf sie gegründete Ableitung des *Boltzmann*schen Prinzipes analog jener von (90 a) wäre den gleichen Einwendungen ausgesetzt, wie sie weiter unten im Texte näher angegeben werden. Über die Bedeutung dieser abgeänderten Definition vgl. man Anm. 762).

169) Vgl. V 8 (*L. Boltzmann* und *J. Nabl*), Nr. 13; IV 32 (*P.* und *T. Ehrenfest*), insbesondere Nr. 28 und 29; *M. Planck* [1], § 113—127. — Die in Anm. 158) zitierte Arbeit von *P. Ehrenfest* ist ursprünglich dem (oben etwas vereinfachten) Beweise von (90) gewidmet, ebenso *A. Smekal,* Phys. Ztschr. 19 (1918), p. 137, 200. Von den zahlreichen Arbeiten über das *Boltzmann*sche Prinzip seien noch hervorgehoben: *A. Einstein,* Ann. d. Phys. 33 (1910), p. 1277; *L. S. Ornstein,* Arch. Néerl. (III A) 2 (1912), p. 78; *K. F. Herzfeld,* Wien. Ber. (IIa) 122 (1913), p. 1553; Phys. Ztschr. 15 (1914), p. 785; *T. Ehrenfest-Afanassjewa,* Versl. Akad. Amsterdam 26 (1918), p. 1437; *P. Ehrenfest* und *V. Trkal,* Ann. d. Phys. 65 (1921), p. 609; Versl. Akad. Amsterdam 28 (1920), p. 162; *M. Planck,* Ann. d. Phys. 66 (1921), p. 365; *C. G. Darwin* und *R. H. Fowler,* Phil. Mag. 44 (1922), p. 823, § 4; *R. H. Fowler,* Phil. Mag. 45 (1923), p. 497; *R. C. Tolman,* J. Amer. Chem. Soc. 44 (1922), p. 75; *D. Enskog,* Ann. d. Phys. 72 (1923), p. 321.

lich möge auch noch hervorgehoben werden, *daß der Beweis von* (90) *ebenso wie jener von* (85) *bzw.* (86) *vollständig unabhängig von bestimmten Verfügungen über die Gewichtsfunktion verläuft*, sofern diese wegen (82a) der bereits anderwärts als notwendig begründeten Bedingung (16) genügt.

Im Gegensatz zu obiger, in jeder Hinsicht konsequenter Begründung leitet *Planck* in seinen Darstellungen der Strahlungstheorie das *Boltzmannsche Prinzip* mittels einer eigentümlichen Methode ab, die in der Literatur zu mehrfachen Einwendungen Anlaß gegeben hat. Erblickt man mit *Boltzmann* das Wesen der Irreversibilität der Wärmeerscheinungen darin, daß die statistischen Systeme „im allgemeinen" von Zustandsverteilungen „geringerer Wahrscheinlichkeit" zu solchen „höherer Wahrscheinlichkeit" überzugehen streben, so gelangt man dazu, „die Größe der Entropie als ein direktes allgemeines Maß für die physikalische Wahrscheinlichkeit" aufzufassen. *Ohne daß es notwendig sein soll, diese Wahrscheinlichkeit vorher genau zu definieren*, wird *angenommen*, daß $\mathbf{S}$ eine *universelle Funktion* dieser Wahrscheinlichkeit W sei. Für die zwei voneinander als vollkommen unabhängig (thermisch isoliert) vorausgesetzten warmen Körper A und B wird auf Grund des Ansatzes

$$\mathbf{S}_A = f(W_A), \qquad \mathbf{S}_B = f(W_B)$$

sowie aus dem *Multiplikationstheorem der Wahrscheinlichkeiten unabhängiger Ereignisse*

$$\mathbf{S}_{A+B} = \mathbf{S}_A + \mathbf{S}_B = f(W_{A+B}) = f(W_A \cdot W_B)$$

gefolgert und aus dieser Funktionalgleichung

$$\text{(90a)} \qquad \mathbf{S} = k \cdot \log W$$

abgeleitet, wobei in (90a) entgegen (90) *keine willkürliche additive Konstante mehr auftreten kann.* Indem *Planck* eine bestimmte Zelleneinteilung des μ-Raumes und die konstante Gewichtsfunktion *Eins axiomatisch* festlegt, *wird die bisherige „echte" Wahrscheinlichkeit ohne nähere Rechtfertigung mit Bezug auf die zeitlichen Vorgänge an dem betrachteten System, hinterher durch die Definition der „thermodynamischen" Wahrscheinlichkeit* $R(\mathbf{Z}_{MB})$ *ersetzt.* Obwohl die Größen $R(\mathbf{Z}_{MB})$ *sehr große, stets ganze Zahlen* darstellen, *muß es also stillschweigend als unbedenklich angesehen werden, auf sie das oben benutzte Multiplikationstheorem „echter Wahrscheinlichkeiten" unabhängiger Ereignisse anwenden zu können.* Auf diese Art gelangt man wieder zu (90), wobei aber die willkürliche Konstante wegen der Verfügung über die Gewichtsfunktion bereits zu Null festgelegt erscheint.

Obige Darstellung des *Planck*schen Gedankenganges läßt durch die Hervorhebung der dabei notwendigen, einer besonderen Begründung entbehrenden *Annahmen* die Angriffspunkte der meisten gegen ihn erhobenen Einwendungen erkennen. Hat man aber einmal die *universelle Bedeutung von* $R(\mathbf{Z}_{MB})$ mit Rücksicht auf die *Zeitgesamtheit* der betrachteten beliebigen statistischen Gebilde klargestellt (Nr. **4, 5b**), so läßt sich der größte Teil seiner übrigen Schwierigkeiten vermeiden, wenn es gelingt, an Stelle der „thermodynamischen" Wahrscheinlichkeiten mit „echten" zu operieren. Hierzu wäre es zunächst am naheliegendsten, wie in der Thermodynamik überhaupt, nur Entropie*differenzen* zu betrachten, in welchem Falle bei gegebener Gesamtenergie sowohl (90) als (90a) zu

$$\mathbf{S}' - \mathbf{S}'' = k \cdot \log\left[\frac{R(\mathbf{Z}')}{R(\mathbf{Z}'')}\right] \tag{90b}$$

führen, da dann z. B. nach (36) allgemein für beliebige Zustandsverteilungen $W(\mathbf{Z}) = \frac{R(\mathbf{Z})}{\mathbf{R}}$ ist. Wegen der asymptotischen Gleichheit von $R(\mathbf{Z}_{MB})$ und $\mathbf{R}$ beträgt aber das Maximum von $\frac{R(\mathbf{Z})}{\mathbf{R}}$ stets *Eins*, so daß man bei Verwendung *echter* Wahrscheinlichkeiten für das innere thermodynamische Gleichgewicht eines *isolierten* warmen Körpers aus (90a) stets $\mathbf{S} = 0$ erhalten müßte. Diese Schwierigkeit fällt dagegen sofort weg, wenn man den betrachteten warmen Körper A in thermische Berührung mit einem sehr großen System oder Wärmereservoir W bringt (vgl. Nr. **7b** Ende). Jetzt wird nämlich (vgl. z. B. (29A))

$$W_A = \frac{R_A(\mathbf{Z}^{(A)}) \cdot R_W(\mathbf{Z}^{(W)})}{\mathbf{R}_{A+W}},$$

wobei der Faktor $\frac{R_W(\mathbf{Z}^{(W)})}{\mathbf{R}_{A+W}}$ für ein sehr großes Gebilde W als von den Zustandsverteilungen $\mathbf{Z}^{(A)}$ unabhängig angesehen werden kann. Die „echte" Wahrscheinlichkeit W_A wird so bis auf einen von A unabhängigen Faktor gleich der „thermodynamischen", und die Aufsuchung ihres Maximalwertes kann nun wie bei *Planck* erfolgen.

9. Bestimmung von Gewichtsfunktionen auf Grund experimenteller Ergebnisse. Existenz diskreter stationärer Quantenzustände. Wie aus (88) und (89) bereits hervorgegangen ist, lassen sich sämtliche thermodynamische Größen eines warmen Körpers A durch Vermittlung der *Planck*schen Funktion Ψ statistisch auf seine *Verteilungsfunktion* $F_A(T, a^*)$ zurückführen. *Dieses fundamentale Ergebnis ermöglicht prinzipiell die Bestimmung der in die* F_A *eingehenden Gewichtsfunktionen und Molekülenergien, sofern die makroskopisch-thermischen*

Größen empirisch gegeben sind. Wie die Ergebnisse von Nr. **6b** über die Gewichtsfunktion der Hohlraumstrahlung gezeigt haben, wird man im allgemeinen nicht einmal erwarten dürfen, mit *stetigen* Gewichtsfunktionen das Auslangen zu finden. Um auch die Unstetigkeiten der Gewichtsverteilung ermitteln zu können, setzt man die allgemeine Verteilungsfunktion (34a) der inneren Bewegung der Moleküle am einfachsten als *Stieltjessches Integral* an, in der Form

$$F(\tau) = \int_0^\infty e^{-\tau E} \cdot dg', \tag{34a'}$$

wobei $\tau = \frac{1}{k \cdot T}$ gesetzt ist.[170]) *R. H. Fowler*[171]) hat nun in Weiterführung eines Gedankens von *Poincaré* zeigen können, daß für derartige Integrale ein Umkehrtheorem analog dem bekannten *Fourier*schen Integraltheorem gilt. Dieses ergibt, auf (34a') angewendet, den Zusammenhang zwischen g' und der Molekülenergie E in der Gestalt:

$$g' = \frac{1}{2\pi i} \int_{\alpha - i\infty}^{\alpha + i\infty} F(\tau) \cdot e^{\tau E} \cdot \frac{d\tau}{\tau}, \tag{91}$$

wobei α eine beliebige positive reelle Zahl bedeutet, die einen gewissen Grenzwert nicht unterschreiten darf.[172]) Aus (91) entnimmt

---

170) Wie man sieht, wird die bisherige Rolle von g hier nun von dg' übernommen (vgl. auch den Ansatz (46) und (34aa)). Die a priori-Häufigkeit dafür, daß die Energie E eines Moleküles zwischen E_1 und E_2 ($> E_1$) gelegen sei, wird jetzt durch $g'(E_2) - g'(E_1)$ gemessen.

171) *R. H. Fowler*, Proc. Roy. Soc. A 99 (1921), p. 462. Eine Behandlung der Integralgleichung (34a') findet sich in allem Wesentlichen aber bereits 1859 bei *B. Riemann*, Ges. Werke, II. Aufl., p. 149 (vgl. hierzu auch die Note von *H. Weber*, p. 154), und hat seither oftmalige Anwendung namentlich in der analytischen Zahlentheorie gefunden. Siehe etwa *H. Bachmann*, Analytische Zahlentheorie.

172) Die genaueren Festsetzungen und Voraussetzungen hierfür sind die folgenden: g' sei eine monoton-zunehmende Funktion von E für alle in Betracht kommenden Werte von E, welche in jedem endlichen Intervall (E_m, E_n) nur eine endliche Anzahl von Sprungstellen besitzt. Die Größe der zugehörigen Sprungwerte bei E_i sei j_i, wobei $E_i \to \infty$, wenn $i \to \infty$. Unter $\int f(E) \cdot dg'(E)$ werde nicht das allgemeinste *Stieltjes*sche Integral verstanden, sondern dieses Integral gleich $\sum f(E_i) \cdot j_i + \int f(E) \frac{dg'}{dE} \cdot dE$ gesetzt, wobei $\frac{dg'}{dE}$ existieren und stetig sein soll, abgesehen von einer endlichen Zahl von Stellen in jedem endlichen Intervalle (E_m, E_n), in welchem es auch beschränkt sein muß. Wenn überdies

$$\sum_0^\infty j_i \cdot e^{-\tau E_i} \quad \text{und} \quad \int_{-a}^\infty e^{-\tau E} \cdot \frac{dg'}{dE} \cdot dE$$

für $\tau = \gamma_0$ konvergieren und a so gewählt wird, daß in $(-a, 0)$ keine Sprung-

man, daß $F(\tau)$ als *komplexe* Funktion ihres Arguments gegeben sein muß, was im allgemeinen nur annäherungsweise der Fall sein wird, wenn $F(\tau)$ auf Grund der experimentellen Ergebnisse durch eine empirische Formel dargestellt werden konnte; indessen läßt sich diese Schwierigkeit — wenn erforderlich — auch vermeiden und g' als Funktion von E direkt mit Benutzung bloß reeller Tabellenwerte für $F(\tau)$ bestimmen.[173])

Thermische Grenzgesetze für hinreichend hohe Temperaturen. Um die Anwendbarkeit der obigen Methode zu illustrieren, möge zunächst auf das Verhalten der verschiedenen warmen Körper einschließlich der Strahlung bei hinreichend hohen Temperaturen eingegangen werden. Erfahrungsgemäß wird die spezifische Wärme bei konstantem Volumen sowohl bei festen Körpern (*Dulong-Petitsches Gesetz*) als bei ein- und mehratomigen Gasen für hohe Temperaturen *konstant*[174]) und zwar gleich $\varkappa$ bzw. $\frac{\varkappa}{2}$ pro Freiheitsgrad. Da $c_V = \frac{\partial \mathsf{E}}{\partial T}$, ergibt sich aus (88), daß der thermische Energieinhalt (abgesehen von der hier belanglosen Energiekonstante) in diesem Grenzgebiete proportional der absoluten Temperatur wird, was nach dem *Rayleigh-Jeans*schen Grenzgesetze (71a) für lange Wellen und hohe Temperaturen auch für die Hohlraumstrahlung zutrifft. Aus (88) und (89) folgt dann, daß die Verteilungsfunktion der Teilsysteme für diese Arten thermischer Systeme pro Freiheitsgrad entweder der absoluten Temperatur oder deren Quadratwurzel proportional wird.[175]) Man hat demnach $F(\tau)$ proportional $\frac{1}{\tau}$ oder $\frac{1}{\sqrt{\tau}}$ und findet allgemein

$$g = \text{const} \qquad (\lim T \to \infty). \tag{92}$$

werte von g' vorkommen, sei nun

$$F(\tau) = \int_{-a}^{\infty} e^{-\tau E} \cdot d g'(E).$$

Dann ist $F(\tau)$ holomorph für alle Punkte der komplexen Halbebene, für welche der reelle Teil von τ größer als γ_0 ist, und man hat

$$\frac{1}{2}[g'(E+0) + g'(E-0)] - g'(-a) = \lim_{\Gamma \to \infty} \frac{1}{2\pi i} \int_{\gamma - i\Gamma}^{\gamma = i\Gamma} F(\tau) \cdot e^{\tau E} \cdot \frac{d\tau}{\tau}. \tag{91'}$$

wobei $\gamma > \gamma_0$, $\gamma > 0$.

173) *R. H. Fowler*, l. c. § 5. Vgl. auch *C. G. Darwin* und *R. H. Fowler*, Phil. Mag. 44 (1922), p. 823.

174) Der Einfluß anharmonischer Schwingungen und des Schmelzens bei den festen Körpern und der der beginnenden Dissoziation bzw. Ionisation bei den Gasen, welche unter Umständen ein Überschreiten dieser konstanten Grenzwerte zu bewirken oder deren Erreichen zu verhindern vermögen, kann hier außer Betracht bleiben.

175) Bezüglich der Hohlraumstrahlung vgl. (58bb) in Verbindung mit (64); das gleiche gilt für den Festkörper.

Für hohe Temperaturen verhält sich die Gewichtsfunktion aller hier betrachteten thermischen Systeme wie eine Konstante, in vollster Übereinstimmung mit der in Nr. **3** (I) *angeführten Gleichhäufigkeitsbehauptung* (b_I) *der älteren statistischen Mechanik,* in welcher diese allerdings auch für beliebig tiefe Temperaturen unverändert in Geltung bleiben sollte. Das gleiche Ergebnis hinsichtlich der *Translationsbewegung* der Gase allein, für beliebige Temperaturen bis herab zum hypothetischen *Entartungsgebiet* (s. Nr. **19**, **24c**) ist bereits in Nr. **3**, Ende und Nr. **5c** vorweggenommen worden.[176])

Die Energieverteilung im Normalspektrum der Hohlraumstrahlung. Eine das thermische Verhalten für beliebig hohe und tiefe Temperaturen gleichmäßig gut darstellende, vollkommen selbständige und *empirisch* gesicherte Beziehung besitzt man nur für die Hohlraumstrahlung: das für die Quantentheorie fundamentale *Plancksche Strahlungsgesetz.*[177]) Die neuesten, zur Prüfung dieser Beziehung angestellten Messungen von *Rubens* und *Michel* haben ergeben, daß der Ausdruck

$$\varrho(\nu) = \frac{8\pi h \nu^3}{c^3} \cdot \frac{1}{e^{\frac{h\nu}{kT}} - 1} \tag{93}$$

die beobachteten Größen innerhalb der 1% betragenden Meßgenauigkeit vollständig darstellt.[178]) Durch diese Untersuchung müssen die auf Verarbeitung der gesamten älteren experimentellen Literatur gegründeten Schlüsse von *Nernst* und *Wulf* zugunsten einer Strahlungsformel von der Gestalt

$$\varrho(\nu) = \frac{8\pi h \nu^3}{c^3} \cdot \frac{1}{e^{\frac{h\nu}{kT}} - 1} \cdot (1 + \alpha) \tag{93a}$$

als wenigstens innerhalb der zuletzt erreichten Meßgenauigkeit widerlegt gelten; α sollte nämlich für große und kleine Werte von $\frac{\nu}{T}$

176) Vgl. dazu auch die auf p. 927 und in Anm. 131 über den *Gleichverteilungssatz der Energie* gemachten Bemerkungen.

177) *M. Planck,* Verhandl. Deutsch. Phys. Ges. 19. Okt. 1900, p. 202. Zur Geschichte dieser Strahlungsformel vgl. man insbesondere die 1. Auflage von *M. Planck* [1] (1906), sowie den *Planck*schen Nobelvortrag: „Die Entstehung und bisherige Entwicklung der Quantentheorie", Leipzig 1920 (Barth) oder *M. Planck,* Physikalische Rundblicke, Leipzig 1922 (Hirzel).

178) *H. Rubens* und *G. Michel,* Berl. Ber. 1921, p. 590; Phys. Ztschr. 22 (1921), p. 569. Spätere Messungen im Ultraviolett nach einer lichtelektrischen Methode übertreffen diese Untersuchung nicht an Genauigkeit und befinden sich mit ihr innerhalb der Fehlergrenzen völlig in Übereinstimmung. Vgl. *E. Császár,* Programm der Hochschule in Pápa 1918, Ztschr. f. Phys. 14 (1923), p. 220; *E. Steinke,* Ztschr. f. Phys. 11 (1922), p. 215.

gegen Null konvergieren, dazwischen aber einen maximalen Wert von 7 % erreichen.[179])

Sieht man (93) als *exakt* an, so folgt daraus mit Rücksicht auf (53b)

$$(94)\qquad F(\tau, \nu) = \frac{C}{1 - e^{-\tau \cdot h\nu}} = C \cdot \sum_{n=0}^{\infty} e^{-\tau \cdot nh\nu}$$

und zufolge (91) [bzw. (91')] oder durch direkten Vergleich mit (58)

$$\lim_{\varepsilon \to 0} \int_{nh-\varepsilon}^{nh+\varepsilon} g(E) \cdot dE = C \qquad (n = 0, 1, 2, \ldots, \infty),$$

wobei E die Energie einer beliebigen Hohlraumeigenschwingung von der Frequenz ν bedeutet und die Konstante C willkürlich bleibt.[180])
Hierfür kann auch einfacher geschrieben werden

$$(95)\qquad \begin{cases} g = C = \text{const.} & \text{für} \quad E_n = n \cdot h\nu \quad (n = 0, 1, 2, \ldots, \infty) \\ g = 0 & \text{für} \quad E \neq E_n . \end{cases}$$ [181])

Die Gewichtsfunktion der Hohlraumstrahlung ist demnach unstetig. Jede ihrer Eigenschwingungen besitzt entweder überhaupt keine Energie oder einen Energiebetrag, welcher einem ganzzahligen Vielfachen des „Energie-

---

179) *W. Nernst* und *Th. Wulf*, Verhandl. Deutsch. Phys. Ges. **21** (1919), p. 294. Auf diese Arbeit sei ferner hinsichtlich aller älteren, zur Prüfung der *Planck*schen Formel angestellten experimentellen Untersuchungen verwiesen. Bis 1909 sind diese auch in V 23 (*W. Wien*), Nr. **12** besprochen.

180) Vgl. Anm. 93).

181) *P. Ehrenfest*, Ann. d. Phys. **36** (1911), p. 91; *H. Poincaré*, J. d. Phys. (5) **2** (1912), p. 5; *M. Planck*, Acta math. **38** (1921), p. 387; *R. H. Fowler*, Proc. Roy. Soc. A **99** (1921), p. 462. — Obige Analyse, bei *Poincaré* mittels des gewöhnlichen *Fourier*schen Integraltheorems durchgeführt, enthält eine Lücke, welche durch die oben angeführte Erweiterung desselben durch *Fowler* vermieden werden kann. Auf Grund von (91') findet man im einzelnen

$$\frac{1}{2}[g'(E+0) + g'(E-0)] - g'(-a) = \frac{1}{2\pi i}\int_{\gamma - i\infty}^{\gamma + i\infty} \frac{C \cdot e^{\tau E}}{1 - e^{-\tau h\nu}} \cdot \frac{d\tau}{\tau}$$

$$= \frac{C}{2\pi i}\int_{\gamma - i\infty}^{\gamma + i\infty} \sum_{n=0}^{p} e^{\tau(E - nh\nu)} \cdot \frac{d\tau}{\tau} + \frac{C}{2\pi i}\int_{\gamma - i\infty}^{\gamma + i\infty} \frac{e^{-\tau[(p+1)h\nu - E]}}{1 - e^{-\tau h\nu}} \cdot \frac{d\tau}{\tau}.$$

Das erste Integral auf der rechten Seite gibt $C(p+1)$ für $ph\nu < E < (p+1)h\nu$ und $C(p+\frac{1}{2})$ für $E = ph\nu$, das zweite hingegen verschwindet. Zufolge Anm. 170) hat man also für die a priori-Häufigkeit dafür, daß die Energie einer Hohlraumeigenschwingung im Intervall (E_b, E_a) gelegen ist,

$$g'(E_b) - g'(E_a) = 0 \quad \text{für} \quad ph\nu < E_a < E_b < (p+1)h\nu$$

und

$$g'(E_b) - g'(E_a) = C \quad \text{für} \quad (p-1)h\nu < E_a < ph\nu < E_b < (p+1)h\nu,$$

was mit (95) identisch ist.

quantums" $h\nu$ gleich ist[182]), wobei das diese Größe bestimmende *Planck*sche *„Wirkungsquantum" h* direkt aus den empirisch bestimmten Konstanten der Strahlungsgleichung (93) zu $6{,}52 \cdot 10^{-27}$ erg · sec berechnet werden kann.[183]) Alle übrigen denkbaren Energiewerte haben das Gewicht *Null*, kommen also, zumindest praktisch, überhaupt nicht vor. Trotzdem ist (95) mit dem früher für kleine Werte von $\frac{\nu}{T}$ erhaltenen Grenzgesetze (92) wohl verträglich. In diesem Falle haben für die Strahlungsformel vor allem jene unter den ausgezeichneten Werten von (95) Bedeutung, für welche n sehr groß ist; sind n' und n'' zwei solche Anzahlen, für welche überdies $n'' - n' \ll n', n''$, so wird $\frac{E_{n''} - E_{n'}}{E_{n'}}$ mit wachsenden n', n'' beliebig klein, die Schwingungszustände, welche den ausgezeichneten Energiewerten E_n entsprechen, rücken im Verhältnis zu diesem selbst immer dichter zusammen, so daß für sehr große n *praktisch* für jeden *beliebigen* Energiewert $g =$ const. wird, wie in der älteren statistischen Mechanik. — Fragt man auf Grund des Ergebnisses (95) nach jener Struktur der μ-Ebene (56) bzw. (56a), die gewählt werden muß, um bei *Annahme* von (95) das *Planck*sche Strahlungsgesetz (93) *abzuleiten*, so ist klar, daß jede beliebige Ellipseneinteilung (56) zulässig sein wird, in deren Zellen *höchstens* je *eine* μ-Kurve mit von Null verschiedenem Gewicht g vorkommt. Setzt man z. B. $h_n = n \cdot h$ und rechnet die äußere Begrenzung der Zellen als nicht mehr zu ihnen gehörig[184]), so wäre das ebenso

---

182) Diese Aussage ist wesentlich von jener zu unterscheiden, daß auf jede Eigenschwingung nur eine ganze Anzahl selbständiger „Lichtquanten" $h\nu$ entfallen könne. Vgl. *P. Ehrenfest*, Ann. d. Phys 36 (1911), p. 91, § 14, insbesondere p. 112/114; s. auch Anm. 226), ferner *G. Krutkow*, Phys. Ztschr. 15 (1914), p. 133, 363 und *P. Ehrenfest* und *H. Kamerlingh Onnes*, Ann. d. Phys. 46 (1915), p. 1021, Anhang, sowie Anm. 545).

183) Vgl. z. B. *M. Planck* [1] § 164, wo aus den älteren Messungen genauer $h = 6{,}525 \cdot 10^{-27}$ abgeleitet wird. Aus den neuesten Messungen von *Rubens* und *Michel*, s. Anm. 178), hat *G. Michel*, Ztschr. f. Phys. 9 (1922), p. 285, $h = 6{,}521 \cdot 10^{-27}$ berechnet. — Über sämtliche Methoden zur Bestimmung von h und deren Ergebnisse bis Mai 1920 berichtet zusammenfassend *R. Ladenburg*, Jahrb. d. Rad. 17 (1920), p. 93, 273 und erhält als besten Mittelwert $h = 6{,}54 \cdot 10^{27}$ mit einer Unsicherheit von etwa 2 Promille.

184) Eine derartige Zelleneinteilung ist z. B. von *M. Planck* [1] und auch bei fast allen übrigen Ableitungen des Strahlungsgesetzes zugrunde gelegt worden, welche hierzu Oszillatoren oder Hohlraumeigenschwingungen benutzen; in den ersten drei Auflagen des *Planck*schen Buches wird (95) dabei für die sogenannte *I. Fassung der Planckschen Quantentheorie* als Postulat an die Spitze gestellt und ebenso bei den meisten anderen Autoren. Von derartigen Ableitungen seien noch hervorgehoben: *P. Ehrenfest*, Phys. Ztschr. 7 (1906), p. 528; *P. Debye*,

zulässig, wie z. B. $h_n = (n - \frac{1}{2})h$; man kann die Zellen aber auch beliebig schmal wählen, so daß nur wenige von ihnen überhaupt Phasenpunkte enthalten können oder allein mit den durch (95) ausgezeichneten μ-Ellipsen $E_n = n \cdot h\nu$ operieren. —

Die fundamentale Bedeutung, welche das Ergebnis einer *unstetigen*, nur *diskrete, von Null verschiedene Werte* aufweisenden Gewichtsfunktion der Hohlraumstrahlung für die gesamte Theorie der Materie erhalten hat, läßt es wünschenswert erscheinen, auch die statistischen Grundlagen einer Strahlungsformel zu ermitteln, welche im Sinne von (93a) von der *Planck*schen Formel abweicht[185]), wobei α eine will-

---

Ann. d. Phys. 33 (1910), p. 1427; *P. Ehrenfest* und *H. Kamerlingh Onnes,* Ann. d. Phys. 46 (1915), p. 1021; *A. Szarvassi*, Denkschr. Wien. Akad. 95 (1918), p. 391; *L. Flamm,* Phys. Ztschr. 19 (1918), p. 116, 166; *J. Kunz,* Phil. Mag. 45 (1923), p. 300; *S. N. Bose,* Ztschr. f. Phys. 26 (1924), p. 178. Bemerkenswerterweise ist sich von allen Autoren nur *Szarvassi* dessen bewußt gewesen, daß die Anwendung der statistischen Formeln von Nr. 5 und 6 auf die Quantentheorie der Hohlraumstrahlung die Ersetzbarkeit einer *Zeitgesamtheit* durch eine *Raumgesamtheit* zur Voraussetzung hat. Da die Untersuchung von *v. Mises* (Anm. 81), auf Grund welcher diese Sachlage in Nr. 4 geklärt worden ist, damals noch nicht vorlag, formulierte *Szarvassi* eine eigene, der *Planck*schen Quantentheorie angepaßte Voraussetzung, welche die Rolle der *Quasiergodenhypothese* in der älteren statistischen Mechanik (Nr. 1) zu übernehmen bestimmt war; weil von der „Bahnkurve" des statistischen Gebildes im Γ-Raume bei *grundsätzlicher Endlichkeit* des Volumens der μ-Raumzellen und konstanter Gewichtsfunktion hier nur mehr verlangt werden mußte, daß sie nach genügend langer Zeit in jede der nun ebenfalls *endlichen* Γ-Raumzellen gelange, und zwar durchschnittlich in jede Zelle *gleich oft* (anstatt *jedem Punkte der Energiefläche immer wieder beliebig nahezukommen*), hat *Szarvassi* derartige Gebilde *ergozonal* genannt. Diese oder eine verwandte Annahme hätte man seinerzeit übrigens auch zur Rechtfertigung aller im Rahmen der inzwischen aufgegebenen *II. Fassung der Planckschen Quantentheorie* (vgl. hierzu Anm. 191) vorgenommenen Anwendungen der Statistik benötigt. — Eine allgemeine, *auf die Wechselwirkung von Strahlung mit beliebiger Materie* gegründete Ableitung des *Planck*schen Strahlungsgesetzes von größter prinzipieller Tragweite ist von *Einstein* gegeben worden und wird in Nr. 11 dargestellt. Die oben erwähnten, auf einer Oszillatoren- oder Hohlraumeigenschwingungs-Statistik beruhenden Ableitungen von (93) sind ihr gegenüber in der neueren Literatur etwas in den Hintergrund getreten, jedoch mit Unrecht; wie die Ausführungen von Nr. 6b zeigen, ist ein Großteil von den Grundlagen der ersteren für den Beweis des *Wienschen Verschiebungsgesetzes* unerläßlich, dessen Kenntnis die *Einstein*sche Ableitung voraussetzen muß. Siehe ferner Anm. 224). — Vom Standpunkt einer Erweiterung der *Jaumannschen Kontinuitätstheorie der Physik,* welche atomistische Bilder und Modelle völlig zu vermeiden bestrebt ist, hat *E. Lohr,* Denkschr. Wien. Akad. 99 (1924), p. 11, insbes. §§ 2, 3, 5 eine Ableitung des *Planck*schen Strahlungsgesetzes skizziert.

185) Abgesehen von den auf empirischen Daten beruhenden, nunmehr entkräfteten Einwendungen von *Nernst* und *Wulf* gegen (93) (s. Anm. 179), hat auf

kürliche, numerisch beliebig klein zu haltende Funktion von $\frac{\nu}{T}$ bedeutet, die für große und kleine Werte ihres Arguments gegen Null konvergiert. Diese und ähnliche Fragen sind von *P. Ehrenfest* im Anschluß an seine bereits am Ende von Nr. **6b** angeführten Ergebnisse untersucht und beantwortet worden. In Verschärfung der dort angeführten Bedingungen (A) bis (C) findet man für (93a)

$$(95\text{a})\qquad \left\{\begin{array}{lll} g = C = \text{const.} & \text{für} & E_0 = 0,\ E_1 = h\cdot\nu \\ g = 0 & \text{für} & 0 < E < E_1 \\ g \text{ beliebig} & \text{für} & E > E_1 \\ \text{jedoch} & & \\ \lim g \rightarrow C = \text{const.} & \text{für} & \lim \frac{E}{kT} \rightarrow 0. \end{array}\right.$$ [186]

Die Existenz zumindest einer *zweiten* Singularität von g ist demnach auch in diesem Falle nicht mehr zu umgehen. Damit zufolge (93a) auf eine Hohlraumeigenschwingung überhaupt Energie entfällt, muß diese also mindestens $h\nu$ betragen. Tatsächlich sind von der Annahme der Wirksamkeit einer derartigen „Reizschwelle" für die Eigenschwingungsenergie einige Autoren ausgegangen, welche bestrebt waren, die zur Ableitung eines brauchbaren Strahlungsgesetzes unumgänglichen Diskontinuitäten nach Möglichkeit zu reduzieren.[187]) Wird bloß eine *endliche* Anzahl von „Energiestufen" in (95) zugelassen, im übrigen

---

Grund der (hier freilich nicht sehr ins Gewicht fallenden) klassischen Elektrodynamik auch *E. Kretschmann*, Ann. d. Phys. 65 (1921), p. 310, eine derartige Abweichung vom *Planck*schen Gesetze als möglich bezeichnet.

186) *P. Ehrenfest*, l. c. Anm. 126), § 12 und 13, Beispiel III. — Läßt man hingegen die in (93) und (93a) enthaltene, im Grunde genommen wesentlich über jede experimentelle Kontrollmöglichkeit hinausgehende Annahme eines *exponentiellen* Abfalles der Nennerfunktion in der Strahlungsgleichung fallen, so kann die Unerläßlichkeit eines zweiten „Punktgewichtes" (s. Anm. 117), wie *Ehrenfest* besonders hervorhebt, nicht mehr gefolgert werden. Die Annahme $\lim g \rightarrow C$ für $\lim \frac{E}{kT} \rightarrow 0$ in (95a) entspricht dem allgemeinen Grenzgesetze (92).

187) *H. v. Jüptner*, Ztschr. f. Elektrochem. 19 (1913), p. 711; *J. de Boissoudy*, Paris C. R. 156 (1913), p. 765; J. d. Phys. (5) 3 (1913), p. 385 (vgl. dazu *E. Bauer*, ebenda, p. 641; *J. de Boissoudy*, ebenda, p. 649); *E. Császár*, Ztschr. f. Phys. 14 (1923), p. 342; 19 (1923), p. 213. Bei *A. Einstein* und *O. Stern*, Ann. d. Phys. 40 (1913), p. 551 fungierte vorübergehend eine derartige Schwellenwertenergie als Nullpunktsenergie [vgl. dazu die Bemerkungen von *A. Eucken* im Anhange zu „Die Theorie der Strahlung und der Quanten" (Solvay-Kongreß 1911), Halle 1914, p. 374]. S. ferner den Versuch von *W. Nernst*, Verhandl. Deutsch. Phys. Ges. 18 (1916), p. 83, die an (95) anschließende Quantentheorie überhaupt zu vermeiden.

aber (95a) beibehalten und diese Anzahl hinreichend groß genommen, so approximiert (95a) das *Planck*sche Strahlungsgesetz bis zu jedem gewünschten Genauigkeitsgrade.[188])

Materielle Festkörper bei beliebigen Temperaturen. Wie in Nr. **6b** gezeigt worden ist, stimmen die Grundlagen einer statistischen Behandlung der *festen Körper* in den meisten wesentlichen Punkten mit jenen der Hohlraumstrahlung überein; insbesondere ist die allgemeine Verteilungsfunktion (58) der Eigenschwingungen von gleicher Frequenz in beiden Fällen dieselbe. Hinsichtlich der experimentellen makroskopisch-thermischen Daten, welche zur Ermittlung des Verlaufes der Gewichtsfunktion beim Festkörper in Betracht kommen, besteht aber ein wesentlicher Unterschied gegenüber der Hohlraumstrahlung: während es bei letzterer experimentell keine Schwierigkeiten hat, das Strahlungsgesetz (83) für beliebiges *monochromatisches* Licht empirisch zu ermitteln, bezieht sich die Kenntnis des Verlaufes der *spezifischen Wärme* (c_p, woraus c_v berechenbar) des Festkörpers als Funktion seiner Temperatur auf sämtliche an ihm auftretende Eigenfrequenzen *zugleich*. Wie die Prüfung der *Debye*schen Theorie[189]) an der Erfahrung ergeben hat, läßt sich c_v für etwa 20, meist regulär kristallisierende, chemisch verhältnismäßig einfache Stoffe[190]) mit bemerkens-

188) *E. Császár*, l. c. Dieser Fall kann vielleicht insofern ein gewisses Interesse beanspruchen, als ja die Existenz von zumindest endlich vielen Energiestufen (allerdings an Materie) direkt experimentell sichergestellt werden konnte (s. weiter unten). Um z. B. die Messungen von *Rubens* und *Michel* (vgl. Anm. 178) auf diese Weise innerhalb der Beobachtungsgenauigkeit darzustellen, würde man *mindestens 15 diskrete Energiewerte* von (95) benötigen.

189) V 25 (*M. Born*), Nr. **26**, **27**.

190) Vgl. z. B. den vortrefflichen Bericht von *E. Schrödinger*, Phys. Ztschr. 20 (1919), p. 420, 450, 474, 497, 523, insbesondere Fig. 6 und die Tabellen II, III und V. — Auch hier muß aber natürlich, wie schon oben bei der Strahlung, hervorgehoben werden, daß die experimentellen Ergebnisse die *exakte* Gültigkeit eines Funktionsverlaufes (96) [eventuell in Verbindung mit (96a)] nicht zu erweisen vermögen. Während jede Festkörpereigenschwingung bei *exakter* Gültigkeit von (96) nach (100) *abzählbar unendlich viele Energiestufen* annehmen können müßte, wird man hier, ebenso wie in Anm. 188) bei der Strahlung, fragen können, *wie vieler diskreter Energiestufen* es bedarf, um den gemessenen Verlauf der spezifischen Wärme mit der Temperatur *innerhalb der Beobachtungsfehlergrenzen* wiedergeben zu können. Mit einer einzigen *Schwellenwertenergie* (vgl. Anm. 187), oberhalb welcher $g =$ const. gesetzt wird, sucht *H. v. Jüptner*, Ztschr. f. Elektrochem. 19 (1913), p. 711; 20 (1914), p. 10, 105, das Auslangen zu finden. Nach *E. Császár*, Ztschr. f. Phys. 19 (1923), p. 213 reicht beim Cu die Annahme *der ersten*, beim Ag jene *der ersten und zweiten Stufe* von (100) für eine befriedigende Wiedergabe von c_v hin; indessen zeigt sich, daß die mittels solcher Darstellungen errechneten Werte von Θ, bzw. ν_D [vgl. (96')] dann im allgemeinen wesentlich

werter Genauigkeit bis zu den tiefsten Temperaturen durch

(96) $$c_V = N_{FK} \cdot k \left[\frac{12}{x^3} \int_0^x \frac{\xi^3}{e^\xi - 1} d\xi - \frac{3x}{e^x - 1} \right]$$

darstellen, wobei

(96′) $$\xi = \frac{h \cdot \nu}{k \cdot T}, \quad x = \frac{h \cdot \nu_D}{k \cdot T} = \frac{\Theta}{T}$$

(Θ *Debyes* „charakteristische“ Temperatur) gesetzt ist und der Zusammenhang zwischen der Gesamtzahl der Freiheitsgrade des Festkörpers N_{FK} und der *Debye*schen Grenzfrequenz ν_D durch (53a′) gegeben wird. In einer weiteren, ebenfalls recht beträchtlichen Anzahl von Fällen[190]) entspricht der Verlauf von c_V den Folgerungen der weitergehenden *Born-Kármán*schen Theorie[189]), nach welcher c_V durch Ausdrücke von der Form (96) („*Debye*funktionen“) und damit additiv verbundene von der Gestalt

(96a) $$N_{FK} \cdot k \frac{x^2 \cdot e^x}{(e^x - 1)^2} \qquad \left(x = \frac{h\nu_0}{k \cdot T}\right)$$

(„*Einstein*funktionen“) darstellbar wird; die Größen ν_0 bedeuten dann gewisse charakteristische Eigenfrequenzen des Kristallgitters. Durch Integration nach der Temperatur ergibt sich für den Energieinhalt aus (96)

(97′) $$\mathsf{E} = N_{FK} \cdot kT \frac{3}{x^3} \int_0^x \frac{\xi^3}{e^\xi - 1} d\xi + \mathsf{E}_0(\nu_D),$$

was sich mit Benutzung von (53a) auf die Form bringen läßt

(97) $$\mathsf{E} = \int_0^{\nu_D} N_{FK}(\nu) \cdot \left[\frac{h\nu}{e^{\frac{h\nu}{kT}} - 1} + \varepsilon_0(\nu) \right] \cdot d\nu;$$

(96a) hingegen ergibt

(97a) $$N_{FK} \cdot \left[\frac{h\nu_0}{e^{\frac{h\nu_0}{kT}} - 1} + \varepsilon_0'(\nu_0) \right].$$

Da die bei der Integration auftretenden willkürlichen additiven Konstanten E_0 bzw. ε_0 und ε_0' im allgemeinen Funktionen von ν_D bzw. ν und ν_0 sein werden und sich zeigen wird, daß sie den Verlauf der Gewichtsfunktion grundsätzlich zu beeinflussen vermögen, muß auf sie im folgenden besondere Rücksicht genommen werden. Schreibt man das

---

schlechter mit den auf anderen Wegen berechneten übereinstimmen, als bei Benutzung der ursprünglichen *Debye*schen Formel (96). Siehe ferner *E. Schrödinger*, Ztschr. f. Phys. 25 (1924), p. 173; *E. Császár*, Ztschr. f. Phys. 32 (1925), p. 872.

*Planck*sche Strahlungsgesetz (93) mit Rücksicht auf (35b) in der Form

$$(93') \qquad \mathsf{E}_\nu = \varrho(\nu) \cdot \mathsf{V} = N_{HS}(\nu) \cdot \frac{h\nu}{e^{\frac{h\nu}{kT}} - 1},$$

so erkennt man, *daß das Zeitmittel der Energie einer einzelnen Hohlraumeigenschwingung*

$$(98) \qquad \varepsilon(\nu) = \frac{h\nu}{e^{\frac{h\nu}{kT}} - 1}$$

bis auf die unbekannte additive Funktion $\varepsilon_0(\nu)$ bzw. $\varepsilon_0'(\nu)$ mit jenem einer beliebigen Festkörpereigenschwingung gleicher Frequenz übereinstimmt.

Wenn $\varepsilon_0 = \varepsilon_0' = 0$, so ist der Verlauf der Gewichtsfunktion der Festkörpereigenschwingungen offenbar zugleich mit jenem der Hohlraumeigenschwingungen durch (95) gegeben und alle im Anschluß an das *Planck*sche Strahlungsgesetz angestellten Erwägungen gelten sinngemäß auch für alle festen Körper, auf welche sich die *Debye-Born-Kármán*sche Theorie anwenden läßt. Ist ε_0 bzw. ε_0' hingegen von Null verschieden, so ist für $T = 0$, $\mathsf{E} = \mathsf{E}_0$ bzw. $\varepsilon = \varepsilon_0$, und der Körper sowie auch jede seiner Eigenschwingungen besitzen eine *Nullpunktsenergie*. An Stelle der Verteilungsfunktion (94) erhält man jetzt

$$(99) \qquad F(\tau, \nu) = \frac{C \cdot e^{-\tau \cdot \varepsilon_0}}{1 - e^{-\tau \cdot h\nu}} = C \cdot \sum_{n=0}^{\infty} e^{-\tau(\varepsilon_0 + n \cdot h\nu)}.$$

Wie der Vergleich mit (94) und (58) zeigt, ergibt sich für die Gewichtsfunktion

$$(100) \qquad \begin{cases} g = C = \text{const.} & \text{für} \quad E_n^* = \varepsilon_0 + n \cdot h\nu \quad (n = 0, 1, \ldots, \infty) \\ g = 0 & \text{für} \quad E \neq E_n^*. \end{cases}$$

g ist also beim festen Körper auch im Falle des Vorhandenseins einer Nullpunktsenergie nur an einer Reihe isolierter Stellen von Null verschieden, nämlich für jene Schwingungszustände der Eigenfrequenzen, welche einem Energiebetrag der Wertereihe $E_0^*, E_1^*, \ldots, E_n^*, \ldots$ entsprechen. Alle übrigen, zufolge der makroskopisch-mechanischen Bewegungsgleichungen in gleicher Weise zulässigen Schwingungszustände besitzen das Gewicht Null.[191]) Indem man sie wegen ihres praktischen

191) *M. Planck* hat in der sogenannten „zweiten Fassung" der Quantentheorie (s. die II. Auflage von [1], 1913, ferner die IV., 1921) versucht, den Fall $\varepsilon_0 = \frac{1}{2} h \cdot \nu$ auf Grund klassisch-elektrodynamischer Kompromißhypothesen zu begründen. Diese, von ihrem Urheber inzwischen wenigstens hinsichtlich ihrer extremen Form zurückgenommene Fassung [s. *M. Planck,* Die Naturwissenschaften 11 (1923), p. 535], ist übrigens auch mit der Statistik nicht ohne weiteres in Einklang zu bringen. Nach der „zweiten Fassung" sollten nämlich z. B. auch alle Schwin-

Nicht-Auftretens als *nichtstationär* ansieht, bezeichnet man die in (95) bzw. (100) durch das Eingehen des *Planckschen Wirkungsquantums*

---

gungszustände von Festkörpereigenfrequenzen möglich sein, welchen eine von den E_n (95) bzw. E_n^* (100) verschiedene Energie zukommt, und zwar sollten im Mittel alle solchen Zustände, für welche $E_{n-1} < E \leqq E_n$ ist, *gleich häufig* vorkommen. Nach *Planck* wäre daher innerhalb dieser Theorie die Gesamtzahl der Eigenschwingungen, für welche $E_{n-1} < E \leqq E_n$ ist, proportional

$$e^{-\frac{E_n - E_{n-1}}{2k \cdot T}}$$

zu setzen gewesen. Nun treten aber zufolge der *Boltzmannschen Verteilung* (Nr. 5, 6) die Eigenschwingungen von der Energie E mit der zeitlich-räumlichen Relativhäufigkeit

$$e^{-\frac{E}{kT}}$$

auf, so daß grundsätzlich nur *infinitesimal* benachbarten Energiewerten gleiche Relativhäufigkeiten entsprechen können. Die genannte Annahme von *Planck* sollte nun aber für die *prinzipiell endlichen* Energieintervalle (E_{n-1}, E_n) gelten und könnte daher nur zu einem *unechten*, *vom jeweiligen Anfangszustande abhängigen* Wärmegleichgewicht des betrachteten statistischen Gebildes führen. Zu einem Ausweg aus diesen Schwierigkeiten kann man mit *K. F. Herzfeld*, Wien. Ber. (IIa) 121 (1912), p. 1449, nur dann gelangen, wenn man die mit den Energiewerten E ausgestatteten Schwingungszustände von vornherein als *voneinander statistisch abhängig* ansieht, was auf eine Modifikation der statistischen Grundlagen hinausläuft.

Durch die bereits mehrfach zitierte Untersuchung der statistischen Grundlagen des *Planck*schen Strahlungsgesetzes von *P. Ehrenfest* war im Grunde genommen bereits 1911 (also im Entstehungsjahre der „zweiten Fassung" und ohne ihre Kenntnis) gezeigt worden, daß die „zweite Fassung" der gewöhnlichen Statistik widerspricht und keine legitime Ableitung des *Planck*schen Ausdruckes (98) mit $\varepsilon_0 = \frac{1}{2} h \cdot \nu$ ermöglichen kann. Ein Jahr darauf hat *H. Poincaré*, J. d. Phys. (5) 3 (1913), p. 5 diese Frage direkt behandelt und das negative Ergebnis formuliert. Die in Anm. 181) erwähnte Lücke seines Beweises hat *M. Planck*, Acta math. 38 (1921), p. 387 den Anlaß zu einem Versuch geboten, der angefochtenen Ableitung einen neuen Beweisgrund zu geben. Die in Anm. 181) angedeutete *Fowler*sche Beweisführung, angewendet auf den Fall einer Nullpunktsenergie $\varepsilon_0 = \frac{1}{2} h \cdot \nu$, widerlegt nunmehr jeden derartigen Versuch endgültig, indem sie eindeutig zu (100) führt.

Allerdings muß man sich aber auch darüber im klaren sein, daß Ergebnissen wie etwa (95) und (100) in letzter Linie doch nur größenordnungsmäßige Bedeutung zukommen kann. Würde man z. B. annehmen wollen, daß die mittleren „Lebensdauern" der oben ausgeschlossenen Zwischenzustände um mindestens drei Größenordnungen geringer sind als jene der Quantenzustände, so findet man leicht, daß ein derartiges Verhalten bisher weder bei den Strahlungsmessungen, noch bei jenen der spezifischen Wärme der Festkörper hätte bemerkt werden können. Tatsächlich liegt in der Quantentheorie der Dispersionserscheinungen eine derartige Möglichkeit vor, wie *K. F. Herzfeld* und namentlich *A. Smekal* jüngst näher ausgeführt haben. Vgl. dazu Nr. 21.

gekennzeichneten, realisierbaren Eigenschwingungszustände auch als *stationäre* oder *Quantenzustände*.[192])

Die Frage nach der Existenz und Größe einer Nullpunktsenergie des festen Körpers ist außer für die Festlegung seiner Quantenzustände auch für seine Thermodynamik von Belang, da E_0 wegen seiner Abhängigkeit von ν_D auch als Funktion des Körper*volumens* V aufgefaßt werden kann.[193]) Wird sie mit *Planck* als der kalorische Energiedefekt des Körpers im *Dulong-Petit*schen Gebiet gegenüber der ihm nach der älteren klassischen Statistik zustehenden Energie angesehen, so hat man auf Grund der empirisch bestätigten Beziehung (96)

$$(101) \qquad E_0 = \lim_{T \to \infty} \left[N_{FK} \cdot kT - \int_0^T c_{\mathsf{V}} \cdot dT \right] = \tfrac{3}{8} N_{FK} \cdot h\nu_D.$$[194])

Bennewitz und *Simon* haben jüngst wahrscheinlich machen können, daß eine Nullpunktsenergie dieser Größenordnung aus der niedrigen

192) Die Ergebnisse (95) und (100), sowie die analogen, weiter unten hinsichtlich der Quanteneigenschaften von *Gasmolekülen* zusammengestellten Folgerungen und experimentellen Feststellungen beweisen also z. B., daß die *mittlere Abklingungsdauer*, welche von einem Quantengebilde zur Ausführung eines mit spontaner Energieausstrahlung verbundenen *Überganges zwischen zwei Quantenzuständen* benötigt wird, von *niedrigerer Größenordnung* sein muß als die *mittleren Verweilzeiten* des Gebildes in diesen ausgezeichneten Zuständen selbst. Ähnliches gilt ersichtlich auch von allen übrigen mit derartigen *Quantenübergängen* verbundenen Vorgängen. Diese wichtige Folgerung bestätigt hinterher die Berechtigung der am Ende von Nr. 2 und zu Beginn von Nr. 4 gemachten, für die in den Nummern 4 bis 8 geschilderte Form der Statistik wesentliche Voraussetzung, daß jene Übergangszeitdauern praktisch gegen die Verweilzeiten vernachlässigt werden können. — Die in der vorigen Anmerkung erörterte Unzulänglichkeit der „zweiten Fassung“ der *Planck*schen Quantentheorie kann in diesem Zusammenhange auch mit dem Hinweise auf die von ihr für den Absorptionsprozeß geforderte *endliche „Akkumulationszeit“* in Verbindung gebracht werden. Der gleiche Widerspruch würde durch die Annahme einer merklichen *Abklingungszeit* leuchtender Atome hervorgerufen werden, wie sie anfangs von *W. Wien*, Ann. d. Phys. 60 (1919), p. 597 zur Deutung seiner Versuche über die Abnahme der Lichtemission von ins Vakuum auslaufenden Kanalstrahlen herangezogen worden ist. Diese Annahme wurde von *G. Mie*, Ann. d. Phys. 66 (1921), p. 237; 73 (1924), p. 195 übernommen und sogar zu einer Strahlungstheorie weiter ausgebildet, führt aber in ihrer Anwendung auf die spezifische Wärme materieller Körper ersichtlich zu Widersprüchen mit experimentell gesicherten Ergebnissen der Quantentheorie, wie z. B. (96) und (100).

193) Vgl. z. B. *P. Debye*, Wolfskehlvorträge Göttingen 1913, Leipzig 1914 (Teubner), p. 19; oder *M. Planck* [1], IV. Aufl. 1921, § 184.

194) Vgl. auch V 25 (*M. Born*), Nr. 35, Gl. (390'). Die aus der *Born-Kármán*schen Theorie hervorgehenden Beziehungen für c_{V} führen naturgemäß zu Ausdrücken von der gleichen Größenordnung.

Schmelztemperatur des Wasserstoffes gefolgert werden kann und auch in den Abweichungen der tiefsiedenden Gase von der *Trouton*schen Regel zum Ausdruck gelangt.[195]) Sollten diese Ergebnisse — was aber gegenwärtig unstatthaft, und vielleicht auch in Zukunft unwahrscheinlich — direkt zugunsten des Ausdruckes (101) gedeutet werden dürfen, so könnte man wegen

$$(101') \qquad \int_0^{\nu_D} N_{FK}(\nu) \cdot \tfrac{1}{2} h\nu \cdot d\nu = \tfrac{3}{8} N_{FK} \cdot h\nu_D$$

[vgl. (53a) und (53a')] geneigt sein, auf das Vorhandensein einer Nullpunktsenergie vom Betrage

$$(102) \qquad \varepsilon_0(\nu) = \tfrac{1}{2} h\nu$$

für jede einzelne Festkörperschwingung von der Frequenz ν zu schließen.[196]) Die Definition (101) setzt allerdings stillschweigend voraus,

195) *K. Bennewitz* und *F. Simon*, Ztschr. f. Phys. 16 (1923), p. 183. Die Verfasser kündigen weitere Untersuchungen zu dieser wichtigen Frage an und heben hervor, daß die von *A. Byk*, Ann. d. Phys. 66 (1921), p. 157; 69 (1922), p. 161; Ztschr. f. phys. Chem. 110 (1924), p. 291 (vgl. dazu auch Anm. 436) als Quanteneffekte gedeuteten Abweichungen verschiedener Eigenschaften namentlich der tiefsiedenden Gase vom Theorem der übereinstimmenden Zustände auf das Vorhandensein einer Nullpunktsenergie zurückgeführt werden können. Zu den Arbeiten von *Byk* vgl. man auch noch *G. M. Schwab*, Ztschr. f. Phys. 11 (1922), p. 188.

196) Es muß aber betont werden, daß ein solcher Rückschluß nicht unbedingt als zwingend anerkannt zu werden braucht. Wie die neuere Entwicklung der *Bohr*schen Atomtheorie gezeigt hat (s. *N. Bohr* [3], 3. Vortrag, oder auch Nr. 14, Gl. (134)) hängt die stets endliche Nullpunktsenergie der Atominnenbewegung von mannigfachen Stabilitätsverhältnissen ab. Es mag daher sein, daß $\varepsilon_0(\nu)$ nicht für alle Frequenzen den gleichen Ausdruck (102) besitzt, namentlich wird man bei den Frequenzen ν_0 der „*Einstein*“-Glieder in der *Born-Kármán*schen Theorie an eine Sonderstellung denken können. Aus den gleichen Gründen wäre auch denkbar, daß sich $\varepsilon_0(\nu)$ für Festkörper verschiedener chemischer Zusammensetzung verschieden groß ergibt.

Eine einwandfreie quantentheoretische *Begründung* des Ausdruckes (102) ist bisher nicht möglich gewesen (vgl. dazu Anm. 191). Jedenfalls erinnert (102) an das Auftreten *halber Quantenzahlen* bei den Bandenspektren [hier handelt es sich vielfach ebenfalls um Ionenbindungen wie im Kristall! S. z. B. *A. Kratzer*, Ergeb. d. exakt. Naturwiss. 1 (1922), p. 315], ferner bei den Gesetzmäßigkeiten des anomalen Zeemaneffektes (vgl. dazu V 26, *C. Runge*). In Analogie zu den quantentheoretisch einfachsten Fällen (z. B. beim H-Atom) würde man jedoch eher $\varepsilon_0(\nu) = h \cdot \nu$ erwarten, wie dies bereits vor der *Bohr*schen Theorie von *A. Einstein* und *O. Stern*, Ann. d. Phys. 40 (1913), p. 374 als wahrscheinlich angesehen worden ist. Zugunsten des letztgenannten Werkes können Beobachtungen von *G. E. M. Jauncey*, Phys. Rev. 20 (1922), p. 421 über die Temperaturabhängigkeit der Zerstreuung von Röntgenstrahlen durch NaCl-Kristalle ge-

daß der Energieinhalt des Festkörpers den von der klassischen Theorie gegebenen Wert bei hohen Temperaturen auch wirklich annimmt; trifft dies nicht zu, so bedeuten (101) bzw. (102) bloß jene Energiebeträge, um welche die tatsächlichen Energieinhalte bei hohen Temperaturen hinter den klassischen zurückbleiben.[196a])

Gase. Wie *Eucken* erstmals an Wasserstoff festgestellt hat, stimmt das thermische Verhalten *mehratomiger* Gase bei hinreichend tiefen Temperaturen mit jenem der *einatomigen* überein.[197]) Der Abfall der spezifischen Wärme ist *qualitativ* hierbei ein ähnlicher wie bei den Festkörpern, so daß wegen (92) in bezug auf die innere Bewegung der Moleküle (Rotation und Schwingungen der atomaren Bestandteile gegeneinander) ohne weitere Rechnung auf die Wirksamkeit einer *nicht konstanten Gewichtsfunktion* geschlossen werden kann. Wie bereits am Ende von Nr. **3A** hervorgehoben worden ist, kann bereits aus diesem Umstande allein gefolgert werden, daß die innere Bewegung der Moleküle einer bestimmten *speziellen* Klasse von dynamischen Problemen angehören muß[198]), womit auch eine bestimmte Art ihres inneren Aufbaues vor allen anderen denkbaren Möglichkeiten

---

deutet werden, wenn man sie nach der Theorie von *P. Debye*, Ann. d. Phys. 43 (1914), p. 47 berechnet. *Debye* und *Jauncey* rechnen allerdings nur mit der *Planck*schen Nullpunktsenergie (102), mit welcher *Jauncey* keine befriedigende Übereinstimmung findet und daher, auf *L. Brillouin*, Ann. de phys. 17 (1922), p. 88 verweisend, geneigt ist, die *Debye*sche Theorie als mangelhaft anzusehen; $\varepsilon_0(\nu) = h\nu$ ergibt indessen eine verhältnismäßig zufriedenstellende Übereinstimmung zwischen Theorie und Experiment.

Eine Nullpunktsenergie von der Größe (102) spielt auch in der *Stern*schen Ableitung des quantentheoretischen Ausdrucks für die *chemische Konstante* eine wesentliche Rolle (s. Nr. **25**, **27**); da der gleiche Ausdruck aber auch noch auf zahlreiche andere Arten erhalten werden kann, scheint diesem Umstande keine entscheidende Beweiskraft zugunsten von (102) zuerkannt werden zu sollen.

196a) Siehe V 11 (*K. F. Herzfeld*), Nr. **27**, p. 1037/1038.

197) *A. Eucken*, Berl. Ber. 1912, p. 141; s. auch *K. Scheel* und *W. Heuse*, Ann. d. Phys. 40 (1913), p. 473.

198) Nach Nr. **3A** muß die innere Bewegung der Atome und Moleküle daher so beschaffen sein, daß sie

a) eindeutige Parameterinvarianten besitzt,

b) diese zumindest für alle makroskopischen Parameter a miteinander übereinstimmen.

Wie dort näher ausgeführt, können bisher nur *bedingt periodische Systeme oder bedingt periodische Partikularlösungen nicht bedingt periodischer Systeme* als diesen Bedingungen genügend angesehen werden. Bei letzteren Systemen bleibt dann einstweilen die Frage offen, *ob und auf welche Art dafür gesorgt ist, daß die wirkliche Bewegung tatsächlich nur in derartigen Partikularlösungen erfolgen kann?* S. Nr. **14** und **16**.

ausgezeichnet und gefordert erscheint. Die gleichen Folgerungen ergeben sich aus dem Anstieg der spezifischen Wärmen mehratomiger und einatomiger[174]) Gase in der Nähe beginnender Dissoziation bzw. Ionisation. Eine rechnerische Entscheidung auf Grund der experimentellen Daten darüber, ob die Gewichtsfunktion der Gasmoleküle ebenso einen *diskontinuierlichen* Verlauf zeigt, wie beim festen Körper, oder nicht, ist bisher nicht versucht worden.[199]) Die Existenz und Bestimmung von *Anregungs-* und *Ionisationsspannungen* zahlreicher ein- und mehratomiger Gase mittels der *Franck-Hertzschen Elektronenstoßmethode*, vor allem der direkte Nachweis von *zu den einzelnen Spektrallinien gehörigen diskreten Energiestufen der Atome und Moleküle* durch *Franck* und seine Mitarbeiter[200]) können jedoch nur im Sinne einer *diskreten* Gewichtsfunktion gedeutet werden; die relative Größe von g für die einzelnen Quantenzustände bleibt dadurch allerdings noch unbestimmt. Von fundamentaler Bedeutung ist der Umstand, daß sich die gemessenen Größen der Energiestufen, im Gegensatz zu (95) und (100), im allgemeinen um *verschieden große Beträge* voneinander unterscheiden.[201]) Einen vom Elektronenstoßverfahren völlig unabhängigen, ganz direkten experimentellen Nachweis der *Existenz diskreter Quantenzustände* haben endlich *Stern* und *Gerlach* zu erbringen vermocht, indem sie zeigten, daß sich die Atome eines Ag-Dampfstrahles im magnetischen Felde nur auf zwei bestimmte diskrete Weisen gegen die Feldrichtung ein-

199) Über die Versuche, bei *Voraussetzung einer diskontinuierlichen Gewichtsfunktion* die spezifische Wärme des Wasserstoffes formelmäßig darzustellen, wird in Nr. **24b** berichtet werden.

200) *J. Franck* und *P. Knipping,* Ztschr. f. Phys. 1 (1920), p. 320 (He); *J. Franck* und *E. Einsporn,* Ztschr. f. Phys. 2 (1920), p. 18; *E. Einsporn,* Diss. Berlin 1920; Ztschr. f. Phys. 5 (1921), p. 208 (Hg); *E. Brandt,* Ztschr. f. Phys. 8 (1922), p. 32 (N_2). Ferner neuerdings *G. Hertz,* Physica 3 (1923), p. 302; Naturwissenschaften 11 (1923), p. 778; Ztschr. f. Phys. 22 (1924), p. 18 (He, Ne, Hg, Zn, Tl); *P. S. Olmstead* und *K. T. Compton,* Phys. Rev. 22 (1923), p. 559 (H); *G. Hertz* und *R. K. Kloppers,* Ztschr. f. Phys. 31 (1925), p. 463 (A, Kr, Xe); *G. Hertz* und *J. C. Scharp de Visser,* Ztschr. f. Phys. 31 (1925), p. 470 (Ne).

Bezüglich der Anregungs- und Ionisierungsspannungen, aller Einzelheiten, sowie der experimentellen Methodik muß auf den vorangehenden Artikel über *Serienspektren:* V 26 (*C. Runge*) oder *A. Sommerfeld* [1] verwiesen werden, ferner auf die zusammenfassenden Berichte von *J. Franck* und *G. Hertz,* Phys. Ztschr. 20 (1919), p. 132 und *J. Franck,* Phys. Ztschr. 22 (1921), p. 388, 409, 441, 446.

201) Setzt man die Existenz einer *diskreten* Gewichtsfunktion *voraus,* so kann die Frage, ob die Energieunterschiede benachbarter Quantenzustände mit zunehmender Energie monoton *abnehmen* oder nicht, unter Umständen bereits aus den Abweichungen des empirisch ermittelten Verlaufes der spezifischen Wärmen von einer „*Einstein*"-Funktion (96a) beurteilt werden.

stellen; die Gewichte der beiden Quantenzustände ergaben sich hierbei als *gleich groß.*[202])

10. Allgemeine Quantenstatistik. Die Ergebnisse der vorigen Nummer zeigen, *daß die Gewichtsfunktion in allen der unmittelbaren oder mittelbaren Prüfung zugänglichen Fällen statistischer Gebilde nur eine diskrete Reihe von nicht verschwindenden Werten besitzt.* Man wird darum nicht zögern, *diese Eigenschaft auf ganz beliebige materielle Körper zu übertragen*, welche einer statistischen Behandlung zugänglich sind.[203]) Offensichtlich ist diese Annahme gleichbedeutend mit der *Existenz diskreter stationärer Zustände der Teilsysteme* (Atome, Moleküle, Eigenschwingungen) aus denen sich das statistische Gebilde zusammensetzt.[204]) Für *isolierte Atome und Moleküle beliebiger chemischer Beschaffenheit* ist dieses *Postulat* zuerst von *Bohr* im Jahre 1913 in der Form ausgesprochen worden, daß solche Gebilde *dauernd* nur in einer diskreten Reihe stationärer Zustände zu existieren vermögen[205]) (*I. Grundpostulat der Bohrschen Theorie*).

---

202) *W. Gerlach* und *O. Stern*, Ztschr. f. Phys. 8 (1921), p. 110; 9 (1922), p. 349, 353; Ann. d. Phys. 74 (1924), p. 673. Inzwischen hat *Stern* auch die Untersuchung des gleichen Effektes im *elektrischen* Felde angekündigt. — Die Gleichheit der Gewichte konnte im obigen Falle nur ungefähr festgestellt werden.

Bezüglich der quantentheoretischen *Ableitung* dieser Effekte und ihrer Deutung vgl. man Nr. **15b**.

203) Da Größe und Verlauf der spezifischen Wärme bei konstantem Volumen zumindest für *einatomige* Flüssigkeiten mit jenen der festen Körper nahezu übereinstimmen, gilt dies vermutlich nicht bloß für die neben der Hohlraumstrahlung bisher allein in Betracht gezogenen *Gase* und *Festkörper*, sondern auch für *Flüssigkeiten*, obwohl für diese ein spezielles, brauchbares Modell gegenwärtig nicht vorliegt. Roh ausgedrückt, verhalten sich wenigstens einatomige Flüssigkeiten thermisch so ähnlich wie ein submikroskopisch feines, lockeres Kristallpulver, dessen Körnchen in unausgesetzter Bewegung umeinander begriffen sind. Vgl. zu dieser Frage u. a. *H. Mache*, Wien. Ber. (2a) 110 (1901), p. 176; *G. Mie*, Ann. d. Phys. 11 (1903), p. 657; *E. Madelung*, Phys. Ztschr. 14 (1913), p. 729; *M. Born* und *R. Courant*, Phys. Ztschr. 14 (1913), p. 731; *A. Eucken*, Berl. Ber. 1914, p. 682; Verhandl. Deutsch. Phys. Ges. 18 (1916), p. 4, 18; *C. V. Raman*, Nature 111 (1923), p. 428; *W. H. Bragg*, Nature 111 (1923), p. 428; *C. V. Raman*, Nature 111 (1923), p. 532; *K. Honda*, Phil. Mag. 45 (1923), p. 189; *F. A. Lindemann*, Phil. Mag. 45 (1923), p. 1119.

204) Die Existenz stationärer Zustände ist also *keine statistische Eigenschaft* der Teilsysteme, nur der *Weg*, welcher zur Ermittlung dieser Eigentümlichkeit geführt hat, war *statistischer* Natur. Er hat daher auch die Frage nach der Existenz stationärer Zustände materieller Systeme, welche *nicht* als Bestandteile eines statistisch behandelbaren Gebildes aufgefaßt werden können (z. B. Gase, deren Moleküle merkliche Wechselwirkungen aufeinander ausüben), einen guten Sinn. Vgl. diesbezüglich Nr. **17**.

205) *N. Bohr* [1], [2], [3]; Ztschr. f. Phys. 13 (1923), p. 117. Die *Bohr*sche

Da die quantenstatistische Behandlung der Festkörper bereits in V 25 (*M. Born*) entwickelt worden ist, kann die folgende Darstellung der allgemeinen Quantenstatistik ausschließlich auf *Gase* beschränkt werden, für deren *Translation* nach (92) die Ergebnisse von Nr. **5c** in unveränderter Geltung bleiben. Wenn vorausgesetzt wird, daß die innere Energie eines beliebigen Gasmoleküls $E(q_k, p_k, a^*)$ nach Nr. **3A** als Funktion der eindeutigen, für alle a^* miteinander übereinstimmenden Parameterinvarianten I_r der inneren Molekularbewegung dargestellt ist[206]), so können die ausgezeichneten Werte E_n der diskreten stationären Zustände aus $E(I_r, a^*)$ nur dadurch erhalten werden, daß man den I_r für jede Nummer n ausgezeichnete Werte

$$(103) \qquad I_{r,1}, I_{r,2}, \ldots, I_{r,n}, \ldots \qquad \begin{cases} (r = 1, 2, \ldots, u) \\ (n = 1, 2, \ldots, \infty) \end{cases}$$

erteilt, so daß

$$(103') \qquad E(I_{r,n}, a^*) = E_n$$

wird. Ist die *Funktion* $E(I_r, a^*)$ bekannt, so lassen sich die Größen (103) ohne weiteres aus der Reihe der ausgezeichneten, stets nach zunehmenden Beträgen geordnet gedachten Energiewerte E_n berechnen, wenn man letztere, entweder zugleich mit dem Verlauf der Gewichtsfunktion aus makroskopischen Daten ermittelt hat (Nr. **9**) oder aus spektroskopischen Eigenschaften der Moleküle ableitet (Nr. **11**); die ausgezeichneten Größen (103) sind hierbei dann stets ebenfalls nach *zunehmenden* bzw. *nicht abnehmenden* Beträgen geordnet.[207]) Über die Reihe der den einzelnen stationären Zuständen zuzuordnenden *Gewichte*

$$g_1, g_2, \ldots, g_n, \ldots \qquad (n = 1, 2, \ldots, \infty)$$

läßt sich hingegen, abgesehen von dem allgemein gültigen Grenzgesetze (92), von vornherein keine besondere Aussage machen.

Nach Nr. **5c** und (64), sowie auf Grund dieser Festsetzungen hat die Verteilungsfunktion einer beliebigen Art von *ruhenden* Molekülen, abgesehen von einer willkürlichen multiplikativen Konstante,

---

(hier nur abgekürzt wiedergegebene) Formulierung legt also keinen Wert darauf, z. B. den Fall der festen Körper mitzuumfassen.

206) Vgl. Anm. 73).

207) *W. Pauli*, Ann. d. Phys. 68 (1922), p. 177, § 4 beweist für *bedingt periodische Systeme* (vgl. Nr. **3A** und Nr. **15**), daß stets $\frac{\partial E}{\partial I_r} > 0$ $(r = 1, 2, \ldots, u)$, was mit obiger Behauptung identisch ist. Der Beweis läßt sich ohne weiteres auf *mehrfach periodische Partikularlösungen* von *nicht bedingt periodischen Systemen* übertragen und gilt damit für alle Systeme, für welche sich nach Nr. **3A** bisher die Existenz von Parameterinvarianten der oben angegebenen Beschaffenheit hat nachweisen lassen.

jetzt die Gestalt

(104) $$F(T, a^*) = \sum_{n=1}^{\infty} g_n \cdot e^{-\frac{E_n}{kT}}.$$ [208])

Die in Nr. **3** besprochene Zelleneinteilung des μ-Raumes kann auf vielerlei Arten vorgenommen werden (vgl. p. 954/955), z. B. so, daß man in (12) $I_r^{(n_r)} = I_{r,n}$ setzt [vgl. (103)], woran im folgenden stets stillschweigend festgehalten werden soll. Für hinreichend *hohe Temperaturen* können zufolge (92) alle jene Glieder in (104) weggelassen werden, deren Gewichtsfaktoren von dem konstanten Grenzwerte merklich abweichen. Die Eigenschaft der $I_{r,n}$ mit E_n zugleich zuzunehmen [207]), zusammen mit der Konvergenz [209]) von (104) gestatten den Rest durch ein Integral zu approximieren, für welches man bei obiger Zelleneinteilung wegen (14), analog (34aa), bzw. (50a) wie in der *älteren „klassischen" statistischen Mechanik* erhält

(104a) $$F(T, a^*) = \frac{1}{G} \int_0^{\infty} \overset{(u)}{\cdots} \int_0^{\infty} e^{-\frac{E(I_r, a^*)}{kT}} \cdot d\Omega \qquad (T \to \infty).$$

Bei Mitberücksichtigung der *Translation* erhält man für die *Boltzmannsche Verteilung* der Moleküle entsprechend (48a)

(105) $$N_n = N \cdot \mathbf{M}(\mathbf{V}, T) \frac{g_n \cdot e^{-\frac{E_n}{kT}}}{F(T, a^*)}.$$

---

208) S. Anm. 132).

209) Die für die Anwendbarkeit des *Darwin-Fowler*schen Verfahrens (Nr. **5a**) unerläßliche *Konvergenzforderung* für (104) (vgl. Anm. 95) ist namentlich für einatomige *Bohr-Rutherford*sche Moleküle (Nr. **12**) wegen deren negativen Energiewerten im allgemeinen *nicht* erfüllbar. Formal kann diese Schwierigkeit durch Einführung einer Gewichtsfunktion vermieden werden, welche zwar (92) widerspricht, aber die Konvergenz erzeugt. Vgl. hierzu *K. F. Herzfeld,* Ann. d. Phys. 51 (1916), p. 261; *J. M. Burgers* [1], § 42; *E. Fermi,* Atti Accad. Naz. Lincei 32 (1923), p. 493; Ztschr. f. Phys. 26 (1924), p. 54, sowie das in Nr. **24a** behandelte, der letztgenannten Arbeit entnommene Beispiel. [Die *Herzfeld*sche Gewichtsfunktion ist jedoch, wie bereits *Burgers* hervorgehoben hat, mit der Bedingung (16) unverträglich.] Nach Anm. 99) läuft die Benutzung jeder derartigen Gewichtsfunktion auf Hinzunahme einer neuen, besonderen Grenzbedingung hinaus. Der dabei notwendig werdende Verzicht auf (92) läßt in allen diesen Fällen stets eine sachliche Rechtfertigung zu, nämlich die, daß das Gas für hohe Temperaturen nicht mehr alle Eigenschaften des Gasmodelles von Nr. **2** besitzt und als hinreichend „verdünnt" gelten kann. Zur Frage der Berücksichtigung der zwischenmolekularen Wechselwirkungen vergleiche man Nr. **17**. Für nicht zu hohe Temperaturen kommt in (104) nur eine *endliche* Anzahl von Gliedern in Betracht, so daß die Konvergenzschwierigkeit entfällt.

Wie die Überlegungen von Nr. **4** und **6** gezeigt haben, muß das *mittlere zeitliche Verhalten des Gases bei Wärmegleichgewicht* als durch (105) gekennzeichnet angesehen werden, wenn ein, wenigstens praktisch, regellos funktionierender Mechanismus existiert, der bewirkt, daß die Moleküle im Laufe der Zeit jeden ihrer möglichen inneren und Translationsbewegungszustände annehmen können.[210]) Der weitgehende Unterschied, welcher in der *Quantenstatistik* zwischen den *diskreten* stationären Zuständen der *inneren* und den praktisch in *stetiger*[211]) Mannigfaltigkeit vorhandenen Zuständen der *Translations*bewegung offenbar wird, erfordert die Existenz besonderer „Übergangswahrscheinlichkeiten" (18), (18a), welche den Austausch von *stetig veränderlicher Translationsenergie* und *nur in endlichen Beträgen umsetzbarer innerer Energie* der Moleküle ermöglichen. Zieht man nun noch die Wechselwirkungen der Moleküle mit dem Strahlungsfelde in Betracht, so ergeben sich noch weitere derartige Möglichkeiten für den Energieaustausch. Die eingehende Darstellung dieser Fälle überweisen wir den *Anwendungen der Quantenstatistik*, wo in Nr. **26a** *die strahlungslosen Wechselwirkungen zwischen Translation und innerer Bewegung*, in Nr. **26b** hingegen *die strahlungslosen Ionisations- und Wiedervereinigungsstöße*, endlich in Nr. **26c** *der lichtelektrische Effekt und das Wiedervereinigungsleuchten*, zur Erörterung gelangen. Bei allen diesen Möglichkeiten spielen wegen der durch die Translation hervorgerufenen gastheoretischen Zusammenstöße und deren Wirkungen die Wechselbeziehungen zwischen *mehreren verschiedenen Arten von Atomsystemen* (z. B. Atome, Ionen und freie Elektronen) eine wesentliche Rolle, wodurch sie sich als Spezialfälle der Betrachtungen über das *allgemeine Dissoziationsgleichgewicht* (Nr. **25**) erweisen. Die Wechselwirkung des Strahlungsfeldes mit der *inneren Bewegung* der Moleküle läßt sich im Gegensatz zu den bisher aufgezählten Fällen, wenigstens hinsichtlich des Energieaustausches, praktisch unabhängig von den Translationsvorgängen behandeln. Dieser Fall, der in der folgenden Nummer besprochen wird, ist für die anschließende Darstellung der *Grundlagen der Quantentheorie* deswegen von besonderem Interesse, weil er gewisse grundlegende Aussagen über die Strahlungs-

---

210) Da dies, wie namentlich in Nr. **11** und Nr. **26a** gezeigt wird, auf keinerlei besondere Schwierigkeiten stößt, entbehren Zweifel an der Legitimität dieses Ausdruckes bzw. seines Faktors (104), wie sie gelegentlich von *A. Eucken*, Jahrb. d. Rad. 16 (1920), p. 361, ebenda p. 379 geäußert worden sind, nunmehr jeder Unterlage.

211) Diese Aussage ist experimentell natürlich gleichbedeutend mit *beliebig dichter* Erfüllung einer stetigen Mannigfaltigkeit, vgl. Nr. **17**, **19**.

eigenschaften *isolierter*, ruhend gedachter Atome und Moleküle zu folgern erlaubt.

11. Absorption und Emission durch Gasmoleküle im Wärmegleichgewicht mit schwarzer Strahlung. Um die Wechselwirkung der *inneren* Bewegung der Moleküle mit dem Strahlungsfelde bei Wärmegleichgewicht beschreiben zu können, handelt es sich vor allem darum, geeignete „Übergangswahrscheinlichkeiten" (18), (18a) aufzufinden, welche den Übergang eines zunächst *ruhend* gedachten Moleküls aus seinem n''^{ten} in den n'^{ten} stationären Zustand durch *Aufnahme* von Strahlungsenergie, sowie den entgegengesetzen, mit Energie*abgabe* verbundenen Vorgang in solcher Weise mit der Strahlungsdichte $\varrho(\nu, T)$ verknüpfen, daß die Stationaritätsbedingung (32) zum *Planck*schen Strahlungsgesetze (93) führt. Eine derartige *Ableitung* der *Planck*schen Strahlungsformel, welche ganz unabhängig von der besonderen Natur der Moleküle verläuft, ist in der Tat möglich und von *Einstein* angegeben worden.[212]) In Analogie zu dem Verhalten eines gewöhnlichen, *linearen elektromagnetischen Oszillators*[213]) *im Maxwellschen Strahlungsfelde* unterscheidet *Einstein* die folgenden *drei* Möglichkeiten von Energieaustausch der Moleküle mit dem Strahlungsfelde[214]):

1. Das Molekül vermag *spontan*, d. h. ohne Beeinflussung durch das Strahlungsfeld, seinen stationären Zustand zu verändern, welcher Prozeß offenbar nur mit *Ausstrahlung* von Energie verbunden sein kann.[215]) Die zugehörige „Übergangswahrscheinlichkeit" sei

$$A_{n'}^{n''} \cdot dt \qquad (n' \rightarrow n''). \tag{106}$$

2. Den mit Energie*aufnahme* verbundenen Prozeß $n'' \rightarrow n'$ vermag das Molekül nur unter dem Einfluß des Strahlungsfeldes, auszuführen (*positive Einstrahlung*). Wenn er durch Strahlung von der Frequenz ν verursacht wird, betrage seine „Übergangswahrscheinlichkeit"

$$B_{n''}^{n'} \eta(\nu, t) \cdot dt \qquad (n'' \rightarrow n'), \tag{107 a}$$

212) *A. Einstein*, Verhandl. Deutsch. Phys. Ges. 18 (1916), p. 318; Mitt. Phys. Ges. Zürich 1916, Nr. 18; Phys. Ztschr. 18 (1917), p. 121.

213) S. oben p. 918.

214) Vgl. die Folgerungen aus dem *Bohrschen Korrespondenzprinzipe* (Nr. 14), welche die nachfolgenden *Postulate* näher zu begründen geeignet erscheinen, ferner eine naheliegende, von *A. Smekal*, Ztschr. f. Phys. 33 (1925), p. 613, gelegentlich benutzte Ergänzung der *Einstein*schen Betrachtungen, welche jene korrespondenzmäßige Rechtfertigung näher ausführt.

215) Der formale Charakter dieser Folgerung aus dem Energiesatze ist namentlich von *N. Bohr*, Ztschr. f. Phys. 13 (1923), p. 117, III. Kapitel, § 4, betont worden.

wobei $\eta(\nu, t)$ die zum Zeitpunkt t des als praktisch momentan anzusehenden Absorptionsvorganges im betrachteten Raume gerade vorhandene Gesamtenergie der Strahlung von der Frequenz ν, bezogen auf die Volumeneinheit, darstellen soll.[216])

3. Das Molekül vermag den unter Energie*abgabe* verlaufenden Übergang $n' \to n''$ auch unter dem Einfluß des Strahlungsfeldes auszuführen (*negative Einstrahlung*); wird er durch Strahlung von der Frequenz ν bewirkt, so soll seine „Übergangswahrscheinlichkeit“ durch

$$B_{n'}^{n''}\, \eta(\nu, t) \cdot dt \qquad (n' \to n'') \tag{107b}$$

gegeben sein.[217])

216) *L. S. Ornstein* und *F. Zernike,* Versl. Akad. Amsterdam 28 (1919), p. 281, § 4. — Da nach Nr. **6b** und **9** auf jeden Freiheitsgrad der Hohlraumstrahlung zu jedem Zeitpunkt entweder *gar keine Energie* oder aber ein *ganzzahliges Vielfaches* des Betrages $h\nu$ entfällt, so entspricht $\eta(\nu, t)$ ebenfalls einem bestimmten, sehr großen und mit der Zeit „sprungweise“ veränderlichen ganzzahligen Vielfachen von $h\nu$. Übrigens kann man formal in der Zurückführung der ursprünglichen Ansätze (107a') und (107b') von *Einstein* auf elementarere Annahmen ohne Schwierigkeit noch weiter gehen als *Ornstein* und *Zernike* und an Stelle von $\eta(\nu, t)$ in (107a) und (107b) einfach einen der durch (95) bestimmten, wechselnden *Momentanwerte der Energie einer beliebigen Hohlraumeigenschwingung von der Frequenz* ν einführen; die von der *Einstein*schen Ableitung des *Planck*schen Strahlungsgesetzes gelieferte Begründung der *Bohrschen Frequenzbedingung* (114) wird damit geradezu trivial, vgl. Anm. 224) (auch Anm. 244), zweiter Absatz). — Faßt man die gesamte vorhandene Strahlungsenergie als „Wechselwirkungsenergie“ der das Strahlungsfeld begrenzenden materiellen elektrischen Teilchen auf, so sieht man, daß die „Einstrahlungsvorgänge“, welche an einem bestimmten dieser Teilchen, z. B. dem hervorgehobenen Molekül, stattfinden, nach den *Ornstein-Zernike*schen Ansätzen (107a) und ebenso (107b) von dem zeitlichen Verhalten *aller übrigen* Teilchen abhängen, während die „Ausstrahlungs“akte nur durch das zeitliche Verhalten des betrachteten Teilchens selbst bedingt sind. Vgl. dazu Nr. **17**.

217) Man erkennt, daß 1. der spontanen Emission des klassischen linearen Oszillators entspricht, 2. und 3. seiner Beeinflussung durch das Strahlungsfeld, je nachdem, wie die *Phasen* des Oszillators und des Feldes zu einem bestimmten Zeitpunkte gerade beschaffen sind. Diese drei Möglichkeiten bestehen naturgemäß auch für kompliziertere klassisch-elektromagnetische Gebilde, als für lineare Oszillatoren (vgl. dazu Anm. 287a). Während solche Gebilde aber im allgemeinen, d. h. wenn sie mehrere Freiheitsgrade besitzen, *gleichzeitig von Strahlung verschiedenster Frequenz beeinflußt werden können,* spricht der lineare Oszillator nur *monochromatisch,* nämlich auf Strahlung seiner Eigenfrequenz an. Obige Ansätze stehen den Verhältnissen am linearen Oszillator insofern näher, als sie *postulieren,* daß der Übergang zwischen zwei stationären Zuständen eines Moleküls unter allen Umständen *nur durch monochromatische* Anregung hervorgerufen werden kann; andererseits ist es aber durch (107a) und (107b) zunächst

Die Größen $A_{n'}^{n''}$, $B_{n''}^{n'}$, $B_{n'}^{n''}$ bedeuten hierbei für den n'^{ten} und n''^{ten} stationären Zustand gemeinsam charakteristische Konstante und sind für isolierte und in Strenge ruhende Moleküle ebenso wie die zeitlich veränderlichen Energiegrößen $\eta(\nu, t)$ temperaturunabhängig; offensichtlich entspricht der Ansatz (106) dem Gesetz einer *radioaktiven Zerfallsreaktion.*[218]) Sind die *Gewichte* der beiden betrachteten stationären Zustände einander *gleich*, so muß man in Analogie zu dem Verhalten des linearen elektromagnetischen Oszillators im *Maxwell*schen Strahlungsfelde erwarten, daß

$$B_{n''}^{n'} = B_{n'}^{n''} \tag{108}$$

ist[219]), welche Beziehung im Falle *verschiedener* Gewichte ersichtlich zu

$$g_{n''} B_{n''}^{n'} = g_{n'} B_{n'}^{n''} \tag{109}$$

erweitert werden muß.[220])

---

noch nicht ausgeschlossen, daß monochromatische Strahlung *jeder beliebigen Frequenz* ν zu einem solchen Übergangsakte befähigt sein könnte.

Mit Rücksicht auf die stets *endliche Breite* $d\nu$ der Spektrallinien (vgl. dazu Nr. **17** und Anm. 323) müßte eigentlich in (107a) und (107b) $\eta(\nu, t)$ durch $\eta(\nu, t)\cdot d\nu$ ersetzt werden, was beim linearen klassischen Oszillator dem Umstande entspricht, daß auch er streng genommen stets auf Strahlung *endlicher Spektralbreite* reagiert. (Vgl. dazu Anm. 152.) Siehe ferner *R. Becker,* Ztschr. f. Phys. 27 (1924), p. 173.

218) Dieser Umstand ist im Zusammenhang mit einer quantentheoretischen Deutung der *radioaktiven Zerfallsvorgänge,* wie sie von *A. Smekal,* Wien. Anz. 1922, p. 129; Ztschr. f. Phys. 10 (1922), p. 275; 25 (1924), p. 265; 28 (1924), p. 142 und *S. Rosseland,* Ztschr. f. Phys. 14 (1923), p. 173 versucht worden ist, von besonderem Interesse.

219) *A. Einstein* und *P. Ehrenfest,* Ztschr. f. Phys. 19 (1923), p. 301. — Man vgl. ferner die Darstellung der Begründung dieser Beziehung bei *M. Planck* [1], §§ 154—159, wo (108) als „Hauptgesetz der Einstrahlung" mittels der *Fokker-Planck*schen Differentialgleichung [l. c. § 147, ferner *A. Fokker,* Ann. d. Phys. 43 (1914), p. 812; *M. Planck,* Berl. Ber. 1917, p. 324] und Berufung auf die Verhältnisse bei sehr großen Werten der „Quantenzahlen" n' und n'' abgeleitet wird. Übrigens sieht man auch ohne jede Rechnung ein, daß bei elektromagnetischen Gebilden mit einer *einzigen* Eigenfrequenz *für große n' und n'' aus klassisch-elektromagnetischen Gründen* [vgl. dazu Nr. **14**, p. 994, 999 und Nr. **15a**, Gl. (142)] (108) gelten muß, während bei komplizierteren Gebilden wegen der dort möglichen *polychromatischen* Beeinflussung durch das Strahlungsfeld (s. Anm. 217) diese Folgerung im allgemeinen unzulässig wird und nicht ohne das *Bohr*sche *Korrespondenzprinzip* (s. Nr. 14) gerechtfertigt werden kann. Tatsächlich zieht *Planck,* l. c. auch nur Gebilde der erstgenannten Art (lineare Oszillatoren, Rotatoren von einem Freiheitsgrade und Kreisbahnen *Bohr*scher Wasserstoffatome) in Betracht.

220) (109) ist von *Einstein* ursprünglich aus (111) auf Grund der Forderung abgeleitet worden, daß *erfahrungsgemäß* $\varrho(\nu, T)$ mit wachsender Temperatur T zugleich über alle Grenzen wächst.

Um nun jene Strahlungsdichte $\varrho(\nu, T)$ zu erhalten, welche herrschen muß, damit die vorausgesetzten Übergangsprozesse den durch die *Boltzmannsche Verteilung* gekennzeichneten *mittleren* stationären Gleichgewichtszustand der ruhenden Moleküle nicht zu stören vermögen, hat man die zeitlichen Mittelwerte der Übergangswahrscheinlichkeiten (106), (107a) und (107b) zu bilden und in die allgemeine Stationaritätsbedingung (32) für das Wärmegleichgewicht einzuführen. Wegen

$$\overline{\overline{\eta(\nu, t)}} = \varrho(\nu, T) \tag{110}$$[221]

erhält man für jene Mittelwerte

$$A_{n'}^{n''} \cdot dt \tag{106'}$$

$$B_{n''}^{n'} \varrho(\nu, T) \cdot dt \tag{107a'}$$

$$B_{n'}^{n''} \varrho(\nu, T) \cdot dt \tag{107b'}$$

und sodann auf Grund von (32) mittels des in (105) eingehenden *Boltzmann*schen Verteilungsfaktors für die inneren Energien der ruhenden Moleküle

$$g_{n''} e^{-\frac{E_{n''}}{kT}} \cdot B_{n''}^{n'} \varrho(\nu, T) = g_{n'} e^{-\frac{E_{n'}}{kT}} \cdot (A_{n'}^{n''} + B_{n'}^{n''} \cdot \varrho(\nu, T)). \tag{111}$$[222]

Aus (109) folgt jetzt allgemein

$$\varrho(\nu, T) = \frac{\dfrac{A_{n'}^{n''}}{B_{n'}^{n''}}}{e^{\frac{E_{n'} - E_{n''}}{k \cdot T}} - 1} \tag{112}$$

und damit bereits die *Temperaturabhängigkeit* des *Planck*schen Ge-Gesetzes (93). Der Vergleich mit dem in seinen Grundlagen nach Nr. **6b** wesentlich über die klassische *Maxwell*sche Elektrodynamik hinausgehenden *Wienschen Verschiebungsgesetze* (59a) ergibt

---

221) Bezüglich der Nichtberücksichtigung der zur Ausführung der vorausgesetzten Quantenübergänge benötigten Zeitdauern vgl. man Anm. 192).

222) Der in Anm. 90) formulierte Einwand gegen (32) und damit auch (111) widerspricht in seiner Anwendung auf den obigen Fall dem Korrespondenzprinzip (s. Nr. **14**, p. 999). Er kann daher nur dort wirksam sein und ist es auch, wo der Übergang zu großen Werten von n' und n'', bzw. zu kleinen Werten von n' und n'' *grundsätzlich* undurchführbar ist, wie bei mancherlei Arten von *Scheingleichgewichten*, z. B. bei stationärer Anregung der charakteristischen Antikathodenstrahlung in der Röntgenröhre. [Vgl. dazu und zur *Einseitigkeit des radioaktiven Zerfalls A. Smekal*, Ztschr. f. Phys. 10 (1922), p. 275; § 6, p. 298; Ztschr. f. Phys. 28 (1924), p. 142.]

(113) $$\frac{8\pi h\nu^3}{c^3} = \frac{A_{n'}^{n''}}{B_{n'}^{n''}}$$ [223]

und

(114) $$E_{n'} - E_{n''} = h \cdot \nu,$$

womit (112) direkt in das *Plancksche Strahlungsgesetz* (93) übergeht.[224]) Wie aus (114) hervorgeht, gibt es für jedes Paar n', n'' von stationären Zuständen *nur eine einzige, ganz bestimmte Frequenz*, welche die auf Grund von (107a) und (107b) bereits als *monochromatisch* postulierte Anregung von Übergängen zwischen n' und n'' durch das Strahlungsfeld zu bewirken vermag[225]), und mit der Frequenz der, beim analogen, *spontanen* Übergang $n' \rightarrow n''$ ausgestrahlten, scharfen *Spektrallinie* übereinstimmt. Diese, von *Bohr* seit 1913 in seiner Quantentheorie der Linienspektren selbständig postulierte *„Frequenzbedingung“* (*II. Grundpostulat der Bohrschen Theorie*) besagt überdies, *daß bei der Wechselwirkung zwischen Strahlung und Innenbewegung der Moleküle Energie nur in ganzen Beträgen $h\nu$ umgesetzt werden kann,*

---

223) Bei Berücksichtigung von Strahlung *endlicher Spektralbreite* findet man an Stelle von (113)

(113') $$\frac{8\pi h\nu^3}{c^3} \cdot d\nu = \frac{A_{n'}^{n''}}{B_{n'}^{n''}};$$

s. auch *E. A. Milne*, Phil. Mag. 47 (1924), p. 209. — Wie der Vergleich mit (53b) ergibt, ist der Ausdruck $\frac{A_{n'}^{n''}}{h\nu \cdot B_{n'}^{n''}}$ gleich der Anzahl der Hohlraumeigenschwingungen pro Volumeneinheit von der Frequenz ν.

224) Das fundamentale Ergebnis (114) ermöglicht es zusammen mit (95) unmittelbar, das Verhältnis der obigen Ableitung des *Planck*schen Gesetzes zu den in Anm. 184) angeführten Ableitungen zu überblicken. Während die letzteren ausschließlich auf die *Hohlraumstrahlung* Bezug nehmen, knüpft die erstere wesentlich an die *Strahlungseigenschaften der Materie* an, ohne jedoch von Daten unabhängig bleiben zu können, welche für die reine Hohlraumstrahlung kennzeichnend sind; außer den Ansätzen für die Übergangswahrscheinlichkeiten selbst [(107a), (107b) und Anm. 216)] vgl. man namentlich die Rolle von (110) und die in der vorigen Anm. hervorgehobene Bedeutung von (113) bzw. (113'). — Die Beziehung (114) beweist, daß jedes Molekül während der Ausführung eines mit Strahlung verbundenen Überganges zwischen zweien seiner Quantenzustände mit *einer* ganz bestimmten Hohlraumeigenschwingung in Energieaustausch tritt [vgl. dazu Nr. 9, Gl. (95), sowie Anm. 216)]. *Den spontanen Ausstrahlungsvorgängen kann hierbei auch die Wechselwirkung mit einem, vorher keine Energie besitzenden Freiheitsgrade der Strahlung entsprechen, den positiven und negativen Einstrahlungsvorgängen hingegen nur eine solche mit Hohlraumeigenschwingungen, deren Energie ein ganzzahliges Vielfaches von $h\nu$ beträgt.*

225) Vgl. Anm. 217); bezüglich der *endlichen Breite der Spektrallinien* ferner Anm. 323) und Nr. 17.

wobei h wieder das *Plancksche Wirkungsquantum* (p. 954) bedeutet.[226]) Wie in der Theorie der *Serien-* und *Bandenspektren* (V 26, *C. Runge* und V 27, *A. Kratzer*) gezeigt wird, entspricht diese der *klassischen Maxwell-Lorentzschen Elektrodynamik prinzipiell entgegengesetzte* Folgerung dem ausnahmslos bewährten *Ritzschen Kombinationsprinzip*, dessen Gültigkeit bis zu den hochfrequentesten *Röntgen-* und *Gammastrahlen* hin sichergestellt ist, so daß (114) gegenwärtig als eines der experimentell bestfundierten Naturgesetze angesehen werden darf.[227]) Die damit gewonnene Interpretation des Kombinationsprinzipes ermöglicht mittels (114) grundsätzlich *die Berechnung sämtlicher quantenmäßig ausgezeichneter, diskreter Energiewerte* (103') *für beliebige Atome und Moleküle* aus der Gesamtheit ihrer spektroskopischer Eigenschaften; dieses Ergebnis, das von fundamentalster Bedeutung für die gesamte Atomtheorie ist, bietet somit eine *allgemeine Sicherstellung* für die eingangs der vorigen Nummer postulierte *allgemeine Existenz stationärer Zustände für beliebige Atome und Moleküle,* indem es diese unmittelbar mit der *Fähigkeit jener Gebilde zur Aussendung diskreter, scharfer Spektrallinien* verknüpft. Die Tragweite der *universellen* Beziehung (113) wird in Nr. **20** einer näheren Erörterung unterzogen werden.

Die vorstehende allgemeine Ableitung der *Planck*schen Strahlungsformel ist grundsätzlich auf Temperaturen und Gasdichten beschränkt, bei welchen die Wechselwirkungen benachbarter Moleküle *praktisch* noch nicht in Betracht gezogen werden brauchen; diese nach Nr. **2**

226) Die obige Aussage ist wesentlich von der Behauptung der *Lichtquantenhypothese* (Nr. **20**) zu unterscheiden, nach welcher sich die Strahlungsenergie *im Vakuum in selbständigen, räumlich konzentrierten Lichtquanten von der Größe $h\nu$ ausbreiten soll.* Vgl. Anm. 182) und Anm. 545).

227) Vgl. dazu vor allem *N. Bohr* [1], [2], [3] und *A. Sommerfeld* [1], ferner *W. Gerlach* [1]. Im Gebiete der *Röntgenspektren* wurde die vorübergehend bezweifelte allgemeine Gültigkeit des Kombinationsprinzipes abschließend erwiesen von *A. Smekal,* Wien. Ber. (2 a) 130 (1921), p. 25; Ztschr. f. Phys. 5 (1921), p. 91, 121; 7 (1921), p. 410; Phys. Ztschr. 22 (1921), p. 559; *D. Coster,* Ztschr. f. Phys. 5 (1921), p. 139; 6 (1921), p. 185; Paris C. R. 172 (1921), p. 1176; 173 (1921), p. 77; Phys. Rev. 19 (1922), p. 20; Diss. Leiden 1922; *A. Dauvillier,* Paris C. R. 172 (1921), p. 1350; 173 (1921), p. 35; *G. Wentzel,* Ztschr. f. Phys. 6 (1921), p. 84; Ann. d. Phys. 66 (1921), p. 437; *A. Sommerfeld* und *G. Wentzel,* Ztschr. f. Phys. 7 (1921), p. 86.

Hinsichtlich der *Gammastrahlung* vgl. man *C. D. Ellis,* Proc. Roy. Soc. A 99 (1921), p. 261; 101 (1922), p. 1; Ztschr. f. Phys. 10 (1922), p. 303; *L. Meitner,* Ztschr. f. Phys. 9 (1922), p. 145; *A. Smekal,* Ztschr. f. Phys. 10 (1922), p. 275; 25 (1924), p. 265; *C. D. Ellis* und *H. W. B. Skinner,* Proc. Roy. Soc. A 105 (1924), p. 165, 185.

auch bei beliebigen statistischen Betrachtungen im allgemeinen unvermeidliche Einschränkung kann hier auch in der Form ausgesprochen werden, daß die von dem Strahlungsfelde auf die Moleküle ausgeübten *äußeren* Kräfte vernachlässigbar klein sein müssen gegenüber den zwischen den Bestandteilen des Einzelmoleküls wirkenden *inneren* Kräften.[228]) Die Ableitung gilt nach den gemachten Voraussetzungen ferner zunächst bloß für *ruhende* Moleküle, kann aber mit Leichtigkeit auf den Fall thermisch *bewegter* Teilchen erweitert werden, indem man die Größen $A_{n'}^{n''}$, $B_{n''}^{n'}$, $B_{n'}^{n''}$ der Ansätze (106), (107a), (107b) bzw. (106'), (107a'), (107b') in entsprechender Weise von *Geschwindigkeitsgröße* und *-richtung* des betrachteten Moleküls *vor* und *nach* jedem Quantenübergang $n' \to n''$ bzw. $n'' \to n'$ abhängen läßt und für die Anwendung der Stationaritätsbedingung (32) die *vollständige Boltzmannsche Verteilungsformel* (105) benutzt. Eine ähnliche Betrachtung wie oben ergibt zugleich mit dem *Planckschen Strahlungsgesetz* wiederum (113), während an Stelle von (114) jetzt die *verallgemeinerte Frequenzbedingung*

$$(115) \qquad E_{n'} + E_t^{(n')} - E_{n''} - E_t^{(n'')} = h \cdot \nu$$

tritt, in welcher $E_t^{(n')}$ bzw. $E_t^{(n'')}$ die *Translationsenergien* bedeuten, die das Molekül vor bzw. nach Ausführung des Quantenüberganges $n' \to n''$ bzw. $n'' \to n'$ besessen hat.[229]) Da die Translationsenergien praktisch unter allen Umständen als *stetig* veränderlich angesehen werden müssen, wird durch (115) im Gegensatz zu (114) ein *kontinuierliches* Spektrum dargestellt; dieses enthält die zugehörige „scharfe" Spektrallinie (114) des *ruhenden* Moleküls in sich und bedingt deren *thermokinetische Verbreiterung*, wie man im Zusammenhang mit dem *Dopplerschen Prinzip* (Nr. **20**) und dem *Maxwellschen Geschwindigkeitsverteilungsgesetze* (49) nachweisen kann.

Die Anwendung der Stationaritätsbedingung (32) bei den obigen

---

228) Die erwähnte Einschränkung, deren letztgenannte Form von *N. Bohr*, Ztschr. f. Phys. 13 (1923), p. 117, II. Kap., § 1, im Zusammenhang mit dem Ansatz (106), (106') und dessen Unabhängigkeit von der Strahlungsdichte hervorgehoben worden ist, kann demnach weder als eine den *Einstein*schen Ansätzen (106'), (107a'), (107b'), noch der bisherigen Form der Quantentheorie im allgemeinen, entgegenstehende Schwierigkeit gewertet werden. Bleibt $A_{n'}^{n''}$ zufolge obiger Einschränkung in (106') von der Strahlungsdichte $\varrho(\nu, T)$ unabhängig, so sieht man leicht, daß die *Einstein*schen Ansätze die *einzigen* sind, welche das *Planck*sche Strahlungsgesetz in obiger Weise abzuleiten gestatten und dementsprechend mit einem Wärmegleichgewicht zwischen Strahlung und Molekülen verträglich sind.

229) *A. Einstein* und *P. Ehrenfest*, Ztschr. f. Phys. 19 (1923), p. 301, § 2; *E. Schrödinger*, Phys. Ztschr. 23 (1922), p. 301.

Überlegungen hat zur Folge, *daß Energie und Impuls*, einerseits für das *ganze* Gas, andererseits für die schwarze Strahlung, *im zeitlichen Mittel unverändert bleiben*, womit hier die Gültigkeit des *Energie-* und *Impulssatzes* im *makroskopisch-statistischen* Sinne gesichert erscheint. Fordert man das Bestehen dieser beiden Sätze jedoch auch noch *für den Vorgang der Wechselwirkung zwischen der Strahlung und dem Einzelmolekül*, so bedürfen obige Betrachtungen einer Ergänzung von prinzipieller Bedeutung.[230]) Was das Bestehen des *Energiesatzes* beim Einzelmolekül anbetrifft, so wird es formal durch die aus obiger Ableitung hervorgegangene *Bohrsche Frequenzbedingung* (114) bzw. (115) allerdings bereits gewährleistet. Bezüglich des *Impulssatzes* hingegen ist man auf eine eigene Betrachtung der durch die Wechselwirkung mit dem Strahlungsfelde bedingten *Impulsschwankungen* am Einzelmolekül angewiesen, eine Betrachtung, deren Methodik von *Einstein* herrührt und bereits in Nr. **7c** geschildert worden ist. Wie dort hervorgehoben, hat man zur Berechnung der Impulswirkungen auf ein im Strahlungsfelde bewegtes materielles Teilchen die durch Absorption und Emission des letzteren verursachten *Energieschwankungen für jede beliebige Strahlrichtung getrennt zu behandeln und als voneinander unabhängig anzusehen.* Wird für das bewegliche Teilchen ein einzelnes Molekül gewählt, so ist die Größe der von ihm verursachten Einzelenergieschwankungen zufolge (114) bzw. (115) bereits bekannt und durch $h\nu$ gegeben. Nach Nr. **7c** ist nun zu schließen, *daß dem räumlich gerichteten Umsatz der Strahlungsenergie $h\nu$ bei Absorption und Emission ein Umsatz von Strahlungsimpuls von der Größe $\frac{h\nu}{c}$ entspricht.* Die Anwendung dieses Ergebnisses[231]) liefert (vgl. Nr. **7c**) mit Be-

230) Diesen Umstand hat *O. Halpern*, Ztschr. f. Phys. 21 (1924), p. 151, übersehen und ist dadurch zu der unbegründeten Meinung veranlaßt worden, die im Texte nachfolgenden *Einstein*schen Überlegungen und deren Ergebnis als entbehrlich ansehen zu dürfen.

231) *A. Einstein*, Mitt. Phys. Ges. Zürich 1916, Nr. 18; Phys. Ztschr. 18 (1917), p. 121.

Wie die Betrachtungen auf p. 938/939 ergeben haben, ist der Ansatz *räumlichgerichteter Impulsübertragungen*, unabhängig von der *Größe* des umgesetzten Impulses, bereits für eine *von einer speziellen Elektrodynamik möglichst unabhängige* Ableitung des *Wienschen Verschiebungsgesetzes* erforderlich und ist daher nicht als eine besondere *quantentheoretische* Folgerung anzusehen. Wenn man sie nicht vollkommen exakt, sondern nur mit beliebig weitgehender Annäherung gelten lassen will, so ist sie, wie *C. W. Oseen*, Ann. d. Phys. 69 (1922), p. 202 gezeigt hat, sogar mit der bereits mehrfach als unzulänglich erkannten *Maxwell*schen Elektrodynamik vereinbar. [Vgl. dazu jüngst auch *E. Weber*, Ztschr. f. Phys. 32 (1925), p. 370.] Allerdings verlangt die *Maxwell*sche Theorie dann

rücksichtigung von (111) und (114) bzw. (115):

$$(77\text{a})\qquad D = \frac{h\nu}{c^2}\cdot\frac{g_{n''}B_{n''}^{n'}\cdot e^{-\frac{E_{n''}}{kT}}\cdot\left(1-e^{-\frac{h\nu}{kT}}\right)}{g_{n'}\cdot e^{-\frac{E_{n'}}{kT}}+g_{n''}\cdot e^{-\frac{E_{n''}}{kT}}}\cdot\left[\varrho(\nu,T)-\frac{\nu}{3}\frac{\partial\varrho(\nu,T)}{\partial\nu}\right],$$

$$(78\text{a})\qquad \Delta^2 = \frac{2\tau}{3}\left(\frac{h\nu}{c}\right)^2\cdot\frac{g_{n''}B_{n''}^{n'}\cdot e^{-\frac{E_{n''}}{kT}}\cdot\varrho(\nu,T)}{g_{n'}\cdot e^{-\frac{E_{n'}}{kT}}+g_{n''}\cdot e^{-\frac{E_{n''}}{kT}}}.$$

In die Impulsgleichgewichtsbedingung

$$(74)\qquad \frac{\overline{\Delta^2}}{\tau} = 2D\,.\,kT$$

eingesetzt, führen diese Ausdrücke zu der Differentialgleichung

$$(79\text{a})\qquad \left(\varrho-\frac{\nu}{3}\frac{\partial\varrho}{\partial\nu}\right)\cdot\left(1-e^{-\frac{h\nu}{kT}}\right)=\frac{1}{3}\frac{h\nu}{kT}\varrho,$$

welche wiederum das *Planck*sche Strahlungsgesetz (93) ergibt.

Bedeuten $\mathfrak{J}^{(n')}$ und $\mathfrak{J}^{(n'')}$ die Linearimpulsvektoren des Moleküls vor und nach Ausführung eines Quantenüberganges $n' \to n''$ bzw. $n'' \to n'$, und bezeichnet $\mathfrak{i}$ einen Einheitsvektor, dessen Richtung mit jener der dabei durch das Strahlungsfeld bewirkten Impulsübertragung zusammenfällt, so ist mit den zuletzt angeführten *Einstein*schen Betrachtungen zugleich auch *die allgemeine Gültigkeit der Vektorgleichung*

$$(116)\qquad \mathfrak{J}^{(n')}-\mathfrak{J}^{(n'')}=\mathfrak{i}\frac{h}{c}\cdot\nu$$

für jeden elementaren Strahlungsprozeß als notwendige Folgerung der Gültigkeit des Impulssatzes am Einzelmolekül erwiesen. Da in (115) die gleiche Frequenz ν auftritt, wie in (116), so kann ν gegebenenfalls auch mittels der letzteren Beziehung bestimmt werden: *die „Impulsfrequenzbedingung“* (116) *tritt so unmittelbar in Parallele zu der „Energiefrequenzbedingung“* (115), entsprechend der naturgemäßen *Ko-*

auch eine Fortpflanzung der Lichtenergie im Vakuum innerhalb eines Kegels von beliebig kleinem Öffnungswinkel, und dieser Kegel wird erst dann zu einer „unendlich dünnen Schußlinie“ (*Einsteinsche Nadelstrahlung*), wenn man zwar die *Maxwell*sche Theorie fallen läßt, aber den (hier experimentell allerdings *grundsätzlich unkontrollierbaren*) *Satz von der Erhaltung des Drehimpulses im Vakuumstrahlungsfelde* beibehält. Vgl. *W. Schottky*, Die Naturwissenschaften 9 (1921), p. 492, 506; rechte Spalte von p. 509. — Alle derartigen Folgerungen über die *Lichtausbreitung* gehen jedoch weit über die bloße Feststellung gerichteter Impuls*übertragung* bei Absorption und Emission hinaus und dürfen mit ihr ebensowenig verwechselt werden, wie der Umsatz von Strahlungsenergie $h\nu$ mit der Existenz freier „Lichtquanten“ im Strahlungshohlraume [Anm. 182), 226) und 545)]. S. Nr. **20**.

ordination von Energie- und Impulssatz, welche von der *Relativitätstheorie* aufgedeckt worden ist.[232]) Die Geringfügigkeit der in (116) auftretenden Größen, sowie der in (115) vorkommenden Translationsglieder, selbst bei beträchtlicheren Molekulargeschwindigkeiten, hat jedoch zur Folge, daß für die *praktische* Berechnung von ν nur die ursprüngliche *Bohrsche Frequenzbedingung* (114) als erste Näherung von (115) in Betracht kommt. Bezüglich der prinzipiellen Bedeutung von (116) für die Erklärung des *Dopplereffekts* und für die Frage nach der *Zulässigkeit der Wellentheorie* vgl. man Nr. **20**.

12. Allgemeine Gesetze der Wechselwirkung zwischen Materie und Hohlraumstrahlung bei Wärmegleichgewicht. In der vorangehenden Nummer ist für den Spezialfall isolierter, thermisch bewegter Gasmoleküle gezeigt worden, daß die Absorption und Emission von Strahlungsenergie grundsätzlich an die Wirksamkeit *monochromatischer* Strahlung gebunden ist, wobei jeder dieser Elementarvorgänge zwischen Molekül und Strahlung wenigstens formal verknüpft gedacht werden muß mit dem Umsatz eines „Energiequantums" $h\nu$ und dem gleichzeitigen Austausch des Linearimpulsbetrages $\frac{h\nu}{c}$. Zu einer *vollständigen* Beschreibung des Wärmegleichgewichts zwischen den Molekülen und der Strahlung reichen diese Ergebnisse indessen noch nicht hin: wie für den Grenzfall tieferer Temperaturen und praktisch ruhender Moleküle unmittelbar aus obiger Ableitung der *Bohr*schen Frequenzbedingung (114) ersichtlich wird, sollten hier sonst praktisch überhaupt nur Wechselwirkungen der Moleküle mit Strahlung von

---

232) Während die *Bohrsche Frequenzbedingung* (114) sogleich allgemeine Anerkennung gefunden hat, haben sich einige der führenden Forscher, namentlich *Bohr* [Ztschr. f. Phys. 13 (1923), p. 117; Anm. auf p. 150], der Übertragung gerichteten Impulses $\frac{h\nu}{c}$ gegenüber noch längere Zeit hindurch sehr reserviert verhalten. Als Erklärung hierfür mag in Betracht kommen, daß aus dieser faszinierenden Folgerung *Einsteins* bis vor kurzem keinerlei Schlüsse von so weittragender Bedeutung gezogen worden sind, wie aus der Frequenzbedingung (114). Wie in den Nrn. **20**, **21**, **22** näher gezeigt werden wird, hat sich das jüngst in ganz entscheidender Weise geändert. Unabhängig davon muß aber betont werden, daß die obige Betrachtung keine anderen hypothetischen Elemente enthält, als die eingangs dieser Nr. beim Energiegleichgewicht verwendeten *Einstein*schen Ansätze (106'), (107a'), (107b') (vgl. dazu Anm. 228); die Sicherheit von (116) und jene von (115) bzw. (114) ist demnach die gleiche. Ein entgegengesetzter Standpunkt ist jüngst von *P. Jordan,* Ztschr. f. Phys. 30 (1924), p. 297 zu begründen versucht worden, doch hat *A. Einstein,* Ztschr. f. Phys. 31 (1925), p. 784, darauf hingewiesen, daß *Jordan* eine Annahme benutzt, welche sämtlichen Erfahrungen über die Lichtabsorption widerspricht.

irgendwelchen der durch (114) gegebenen *diskreten Spektralfrequenzen* möglich sein — im Gegensatz zu der durch das ganze Spektrum hindurch feststellbaren *Zerstreuung* und *Dispersion* von Strahlung *beliebiger* Frequenzen.[233]) Betrachtet man ferner die Mitwirkung von so kurzwelliger Strahlung an dem Wärmegleichgewicht mit der Hohlraumstrahlung, daß mit einer merklichen *Ionisation* (Nr. **18b**, **25a**, **26c**) oder *Dissoziation* (Nr. **18b**, **25**, **26c**) der Moleküle gerechnet werden muß, endlich die Teilnahme beliebiger materieller Körper, auf welche die obigen statistischen Betrachtungen, wenn überhaupt, so ebenfalls nicht unmittelbar übertragen werden können, so erhebt sich auch hier die Frage nach den *allgemeinen Gesetzen* der Wechselwirkung zwischen Materie und Hohlraumstrahlung.

Die Beantwortung dieser Frage wird ermöglicht durch die Anwendung der allgemeinen Schwankungsbeziehung (69) auf den Energieaustausch *zwischen einem beliebigen materiellen Körper und der durch das Plancksche Strahlungsgesetz* (93) *für das gesamte Spektrum empirisch gekennzeichneten schwarzen Strahlung.* Wird (93) in (69) eingeführt, so erhält man für das mittlere Energieschwankungsquadrat pro Volumeneinheit, *bezogen auf einen von beliebiger Materie begrenzten Teil des durchstrahlten Vakuums* (Nr. **7b**, p. 935),

$$(117)\qquad k\cdot T^2\frac{\partial\varrho(\nu,T)}{\partial T}\cdot d\nu=\left\{h\nu\cdot\varrho(\nu,T)+\frac{c^3}{8\pi\nu^2}[\varrho(\nu,T)]^2\right\}\cdot d\nu.$$

Wie der Vergleich mit (70) lehrt, stellt das zweite Glied auf der rechten Seite von (117) genau die nach der klassischen Theorie von der Mitwirkung der Materie unabhängigen *Interferenzschwankungen* der Strahlung dar. Nach (72) beträgt also der Anteil der Moleküle an den Energieschwankungen der Strahlung (*Einsteinsche Schwankungen*)

$$(72\text{a})\qquad h\nu\cdot\varrho(\nu,T)\cdot d\nu,$$

und bezogen auf die Strahlungsdichte $\varrho(\nu,T)\cdot d\nu$ selbst,

$$(115\text{a})\qquad h\nu.$$

Die Deutung dieses für ganz *beliebige Materie* gültigen Ergebnisses bestätigt die für isolierte Moleküle vermittels der *Bohrschen Frequenzbedingung* (114) bzw. (115) bereits erworbene Erkenntnis im denkbar weitgehendsten Sinne, *daß bei der Wechselwirkung zwischen Materie und Strahlungsfeld Energie grundsätzlich nur in ganzen „Quanten" $h\nu$ umgesetzt werden kann.*[234]) Vergleicht man nämlich (115a) mit den

233) Offenbar besagt das Postulat von der allgemeinen Existenz diskreter stationärer Zustände, daß es Gasmoleküle mit der Eigenschaft, *absolut schwarze Körper* zu sein, prinzipiell nicht geben kann.

234) Obige Schwankungsbetrachtung ist bereits lange vor der *Bohr*schen Theorie von *Einstein* herangezogen worden, um Aufschlüsse über die Strahlungs-

in Nr. **9** aufgedeckten *statistischen Grundlagen des Planckschen Strahlungsgesetzes* (93), so sieht man, daß (115a) gerade dadurch seine Bedeutung erhält, daß es die kleinste Energiedifferenz darstellt, um welche sich der Energieinhalt einer Hohlraumeigenschwingung vermöge der Wechselwirkung mit einer beliebigen absorbierenden oder emittierenden Substanz zu *ändern* vermag. Auf Moleküle angewandt, liefert die obige Schwankungsbetrachtung insbesondere eine von der vorangehenden in gewisser Hinsicht unabhängige, *zweite* Begründung der Frequenzbedingung (114) bzw. (115).[235]) (115a) umfaßt außerdem die von *Einstein* schon 1905 gegebene quantitative Behandlung des *lichtelektrischen Effektes*, sowie die erfolgreiche Deutung aller Arten von *kontinuierlichen Spektren* nach *Bohr* (Nr. **18b**).

Wird die Betrachtung des in Nr. **7c** und auch in der vorigen Nummer behandelten *Impulsgleichgewichtes* nunmehr auch auf den vorliegenden Fall der Wechselwirkung zwischen Strahlung und *beliebiger* Materie ausgedehnt, so folgt aus (115a) in Verallgemeinerung von (116), *daß jeder derartige Vorgang von dem Austausch eines gerichteten Impulses vom Betrage*

$$\frac{h\nu}{c} \tag{116a}$$

begleitet sein muß.[236]) Der dadurch bedingte „Rückstoß" ist beim *lichtelektrischen Effekt von Röntgen- und Gammastrahlung* experimentell nachweisbar[237]) und scheint berufen zu sein, *die quantentheoretische Deutung aller mit Richtungsänderungen verbundenen optischen Erscheinungen, einschließlich der Interferenzvorgänge zu liefern* (Nr. **20, 21, 22**).

---

eigenschaften der Materie zu gewinnen, vgl. *A. Einstein,* Ann. d. Phys. 17 (1905), p. 132; Phys. Ztschr. 10 (1909), p. 185. *Einsteins* Rückschluß auf die Fortpflanzung selbständiger räumlich konzentrierter „Lichtquanten" $h\nu$ [vgl. Anm. 182), 226), 231), 545)] im Vakuum wurde eingehend erst von *L. S. Ornstein* und *F. Zernike* (Anm. 138) zu widerlegen gesucht (Nr. **6b**, p. 932/933, insbesondere Anm. 141) und auf die oben formulierte Aussage zurückgeführt, nachdem letztere von verschiedenen Seiten, namentlich auch von *Bohr,* schon früher als allein bindend angesehen worden war.

235) Natürlich muß hierzu strenggenommen außer dem *Planck*schen Strahlungsgesetz auch noch das weitere Erfahrungsresultat der allgemeinen Existenz stationärer Zustände bei materiellen Gebilden hinzugenommen werden. Siehe Anm. 204).

236) Vgl. *A. Smekal,* Die Naturwissenschaften 11 (1923), p. 873.

237) *A. H. Compton,* Nature 112 (1923), p. 435; *F. W. Bubb,* Nature 112 (1923), p. 363; *P. Auger,* Paris C. R. 177 (1923), p. 169; 178 (1924), p. 929, 1535; *W. Bothe,* Ztschr. f. Phys. 20 (1923), p. 237; 26 (1924), p. 59; *L. Meitner,* Ztschr. f. Phys. 22 (1924), p. 334; *C. T. R. Wilson,* Proc. Roy. Soc. A 104 (1923), p. 1; *A. H. Compton* und *J. C. Hubbard,* Phys. Rev. 23 (1924), p. 439.

Was insbesondere die oben als notwendig bezeichnete Ergänzung zur Behandlung des Wärmegleichgewichtes zwischen Gasmolekülen und schwarzer Strahlung anbetrifft, so ist durch die Ergebnisse (115a) und (116a) auch der Weg gewiesen, den Einfluß der Wechselwirkung von Molekülen mit monochromatischer Strahlung zu verfolgen, deren Frequenz mit den gleichzeitigen Frequenzbedingungen (115) und (116) unverträglich ist. Die Forderung der Gültigkeit des Energie- und Impulssatzes für derartige Elementarprozesse führt hier zusammen mit (115a) und (116a) zu der Annahme *einer nur teilweisen Energieabsorption durch das Molekül, verbunden mit der Emission von monochromatischer Sekundärstrahlung von anderer als der Primärfrequenz.*[238]) Bezeichnet ν' die Primärfrequenz, ν'' die Sekundärfrequenz und $\mathfrak{i}'$ bzw. $\mathfrak{i}''$ die Einheitsvektoren für die Richtung der beiden Strahlungen, so erhält man in Verallgemeinerung von (115) und (116) als Analoga der *positiven Einstrahlungsvorgänge*

$$E_{n'} + E_t^{(n')} + h\nu' = E_{n''} + E_t^{(n'')} + h\nu'' \tag{118a}$$

und

$$\mathfrak{J}^{(n')} + \mathfrak{i}' \frac{h}{c} \nu' = \mathfrak{J}^{(n'')} + \mathfrak{i}'' \frac{h}{c} \nu'', \tag{119a}$$

für die Analoga der *Ausstrahlungsvorgänge* und *negativen Einstrahlungsprozesse* hingegen

$$E_{n'} + E_t^{(n')} - h\nu' = E_{n''} + E_t^{(n'')} + h\nu'' \tag{118b}$$

und

$$\mathfrak{J}^{(n')} - \mathfrak{i}' \frac{h}{c} \nu' = \mathfrak{J}^{(n'')} + \mathfrak{i}'' \frac{h}{c} \nu'', \tag{119b}$$

---

238) *A. Smekal*, Die Naturwissenschaften 11 (1923), p. 873; *W. Pauli*, Ztschr. f. Phys. 18 (1923), p. 272 (Schlußabsatz); *A. H. Compton*, Phys. Rev. 24 (1924), p. 168. Ferner jüngst: *H. A. Kramers* und *W. Heisenberg*, Ztschr. f. Phys. 31 (1925), p. 681; *A. Smekal*, Ztschr. f. Phys. 32 (1925), p. 241 (Zusatz b. d. Korrektur)

239) Die durch (118) und (119) gekennzeichneten *Grundgleichungen für die Zerstreuung des Lichtes* und damit auch für die *Dispersion* stehen demnach in wesentlichem Zusammenhange mit der *Molekültranslation*, während die *Bohr*sche Frequenzbedingung (114) für die *Eigenstrahlung der Moleküle* als erste Näherung von (115) noch für *ruhende Moleküle* hat abgeleitet werden können. Tatsächlich haben *C. G. Darwin* und der Referent bei früheren Versuchen einer Quantentheorie der Dispersion nur Strahlungsbeeinflussungen *ruhender* Moleküle vorausgesetzt und *kein stationäres Energiegleichgewicht* erhalten können. *C. G. Darwin*, Nature 110 (1922), p. 841; Proc. Nat. Acad. Amer. 9 (1923), p. 25; Nature 111 (1923), p. 771; *A. Smekal*, Naturwissenschaften 11 (1923), p. 873.

Ein von ganz ähnlichen Voraussetzungen wie im Texte ausgehender Beweis für das Wärmegleichgewicht zwischen schwarzer Strahlung und (longitudinalen) *Kompressionswellen* („Schall"wellen bzw. Wärmebewegung) *in festen oder flüssigen Körpern* ist jüngst, ebenfalls unter Hinweis auf das *Dispersionsproblem*, von *E. Schrödinger*, Phys. Ztschr. 25 (1924), p. 89 gegeben worden.

welche Beziehungen für $\nu' = 0$ in (115) und (116) übergehen.[239]) Für die „Übergangswahrscheinlichkeiten" eines derartigen Vorganges und seines inversen ergibt sich durch entsprechende Verallgemeinerung von (106'), (107a') und (107b')

$$(120\text{a})\qquad B_{n''}^{n'}(\nu')\cdot\varrho(\nu',T)\cdot[A_{n'}^{n''}(\nu'')+B_{n'}^{n''}(\nu'')\cdot\varrho(\nu'',T)]\cdot dt,$$

$$(120\text{a}')\qquad [A_{n'}^{n''}(\nu')+B_{n'}^{n''}(\nu')\cdot\varrho(\nu',T)]\cdot B_{n''}^{n'}(\nu'')\cdot\varrho(\nu'',T)\cdot dt,$$

beziehungsweise

$$(120\text{b})\qquad [A_{n'}^{n''}(\nu')+B_{n'}^{n''}(\nu')\cdot\varrho(\nu',T)]\cdot[A_{n'}^{n''}(\nu'')+B_{n'}^{n''}(\nu'')\cdot\varrho(\nu'',T)]$$

$$(120\text{b}')\qquad B_{n''}^{n'}(\nu')\cdot\varrho(\nu',T)\cdot B_{n''}^{n'}(\nu'')\cdot\varrho(\nu'',T),$$

wodurch das Wärmegleichgewicht mit der schwarzen Strahlung ebenso wie bei den in Nr. **11** betrachteten Vorgängen garantiert erscheint, sofern noch entsprechend (113)

$$(120\text{c})\qquad \frac{8\pi\nu'^3}{c^3}=\frac{A_{n'}^{n''}(\nu')}{B_{n'}^{n''}(\nu')};\qquad \frac{8\pi\nu''^3}{c^3}=\frac{A_{n'}^{n''}(\nu'')}{B_{n'}^{n''}(\nu'')}$$

vorausgesetzt wird.[240]) Da durch die Gleichungen (118) und (119) bei vorgegebenen Energie- und Impulsgrößen *jeder beliebigen Frequenz* ν' *ein bestimmtes* ν'' *zugeordnet wird*, ermöglichen obige Betrachtungen zusammen mit jenen der vorangehenden Nummer einen *vollständigen* Beweis für die Stationarität des Wärmegleichgewichtes zwischen *Planck*scher Strahlung und Quantenmolekülen für Temperaturen, bei welchen *Ionisation* bzw. *Dissoziation* noch keine merkliche Rolle spielen.[241])[242])

240) *A. Einstein* und *P. Ehrenfest*, Ztschr. f. Phys. 19 (1923), p. 301, § 3; *H. A. Kramers* und *W. Heisenberg*, Ztschr. f. Phys. 31 (1925), p. 681; *A. Smekal*, Ztschr. f. Phys. 32 (1925), p. 241.

241) Die für den Fall *thermischer* oder *lichtelektrischer Ionisation* bzw. *Dissoziation* notwendig werdenden Ergänzungen ergeben sich aus den Betrachtungen von Nr. **26b** und **26c**.

242) Denkt man sich die in (120a) bzw. (120a') angezeigten Multiplikationen ausgeführt, so erhält man bei Beschränkung auf die *„normale" Zerstreuung* (Nr. **21**) und Berücksichtigung von (120c) einen Ausdruck, der, abgesehen von einem von der Strahlungsdichte unabhängigen Faktor, mit der rechten Seite von (117) übereinstimmt, wenn man nachträglich $\nu = \nu' = \nu''$ setzt. Diese näherungsweise Gleichsetzung ist sachlich begründet durch den Umstand, daß der Unterschied von ν' und ν'' für gewöhnliche Moleküle dann unmeßbar klein wird und nur für freie Elektronen und harte Röntgenstrahlung meßbare Beträge erreichen kann.

Im Zusammenhang mit den am Ende der Anm. 224) gemachten Bemerkungen möge noch darauf hingewiesen werden, daß sich das „streuende" Molekül während des Streuvorganges sowohl mit Hohlraumeigenschwingungen in Wechselwirkung befinden kann, welche „energiefrei" sind, als mit solchen, die ein beliebiges ganzzahliges Vielfaches von $h\nu'$ bzw. $h\nu''$ als Energie besitzen. — Über die Frage nach der *Zeitdauer des Streuvorganges* vgl. man Nr. **21**.

Streicht man in (118a) $E_{n'}$ und $E_{n''}$, so wird bei dem betrachteten Strahlungsvorgange keine Änderung der inneren Energie des Moleküls und damit seines Quantenzustandes vor sich gehen; für diesen Sonderfall, der auch die Wechselwirkung *freier Elektronen* mit der Strahlung umfaßt, lassen sich (120a) bzw. (120a') direkt aus relativitätstheoretischen Invarianzforderungen herleiten.[243]) Die Beziehungen (118a) und (119a) sind für praktisch als frei anzusehende Elektronen zuerst von *A. H. Compton* und *P. Debye*[244]) aufgestellt und mit Rücksicht auf die bei der *Zerstreuung der Röntgenstrahlen* bemerkte *Frequenzerniedrigung* diskutiert worden (Nr. **21**).

II. Allgemeine Grundlagen der Quantentheorie.

A. Quantentheorie isolierter Atome und Moleküle.

13. Das Rutherford-Bohrsche Atommodell.[245]) In der vorangehenden Darstellung der Entwicklung statistisch-mechanischer Betrachtungen zur Quantenstatistik sind Atome und Moleküle im allgemeinen ohne Rücksicht auf ihre genauere Konstitution kurzweg als „mechanische" Gebilde angesehen worden — eine aus der statistischen *Mechanik* vererbte, veraltete Bezeichnungsweise, in welcher „mechanisch" der Sache nach aber nur im Sinne von „dynamisch" aufgefaßt zu werden braucht.[246]) Wie insbesondere die durch die Namen *Lenard* und *Rutherford* gekennzeichneten Untersuchungen über die Zerstreuung von Kathoden- und α-Strahlen beim Durchgang durch die Materie gezeigt haben, muß letztere *universell* aus *elektrisch geladenen* Partikeln aufgebaut gedacht werden: Atome und Moleküle sind *elektrodynamische* Gebilde. Ihre bisher erkannten letzten Bausteine sind (negative) *Elektronen* und *Protonen* (positive Elektronen oder Wasserstoffatomionen), wie etwa die Erscheinungen der Vakuumentladung und des lichtelektrischen Effektes, die Radioaktivität und *Astons* Isotopenforschung,

243) *W. Pauli,* Ztschr. f. Phys. 18 (1923), p. 272; 22 (1924), p. 261.

244) *A. H. Compton,* Phys. Rev. 21 (1923), p. 483; *P. Debye,* Phys. Ztschr. 24 (1923), p. 161.

245) Vgl. hierzu und zum folgenden allgemein *A. Sommerfeld* [1]; *J. M. Burgers* [1]; *N. Bohr* [1], [2], [3]; *K. Fajans,* Radioaktivität, IV. Aufl., Braunschweig 1922.

246) Damit soll gemeint sein, daß es hierbei nur auf die „Bewegung" *an sich* ankommt, für welche man solange mit „Bewegungs"gleichungen von der Form (1) zu operieren versuchen wird, als dem von der Erfahrung nicht widersprochen wird. [Siehe Anm. 22) und 280).] Dieser Standpunkt ist wesentlich allgemeiner als z. B. jener der *Newtonschen Mechanik* bzw. *Dynamik,* den er aber als Spezialfall in sich schließt.

endlich zuletzt und wohl am direktesten die *künstliche Atomzertrümmerung* von *Rutherford* und *Chadwick, Kirsch* und *Pettersson* dargetan haben.[246a]) Über die nähere Struktur dieser Bausteine ist gegenwärtig, von willkürlichen und haltlosen Spekulationen (Kugelgestalt usw.) abgesehen, nichts bekannt; dem Experimentator haben sie sich bisher in allen Fällen als praktisch *punktförmig wirksame Kraftzentren* erwiesen, *deren unveränderliche elektrische Ladung als wahre Substanz der Materie erscheint.* Für *Elektron* ($-e$) und *Proton* ($+e$) ist sie, abgesehen vom Vorzeichen, durch das *Elementarquantum der Elektrizität,* $e = 4{,}774 \pm 0{,}005 \cdot 10^{-10}$ elektrostatische Einheiten (*Millikan*) gegeben; für die *Ruhmasse des Elektrons* m hat man $0{,}899 \cdot 10^{-27}$ Gramm, für jene des *Protons* $m' = 1{,}649 \cdot 10^{-24}$ Gramm berechnet. Weitere zahlenmäßig angebbare Eigenschaften der beiden Elementarladungen sind gegenwärtig nicht bekannt.

Die unter normalen Umständen stets beobachtete elektrische Neutralität der Atome und Moleküle verlangt, daß gleich viel Elektronen und Protonen am Aufbau eines jeden derartigen Gebildes teilnehmen. Unabhängig von den chemischen Bindungsverhältnissen befinden sich nach *Rutherford* sämtliche im einzelnen *Atom* vorhandenen positiven Ladungen zusammen mit einer bestimmten Anzahl von Elektronen, auf ein Raumgebiet vereinigt, dessen Durchmessergrößenordnung experimentell zu 10^{-12} bis 10^{-13} cm bestimmt worden ist.[247]) Die resultierende Gesamtladung $+Z \cdot e$ dieses *Atomkernes* ist offenbar gleich dem Überschuß der Protonenanzahl $Z + Z_1$ über jene der Kernelektronen Z_1; die *Kernladungszahl* Z nimmt im *periodischen System der Elemente* von Element zu Element um eine Einheit zu und heißt daher auch *Ordnungszahl* oder *Atomnummer.* Jedes chemische Element ist demnach durch eine bestimmte *ganze Zahl* zwischen $Z = 1$ für Wasserstoff und $Z = 92$ für Uran gegeben; die zu einem bestimmten Z-Werte gehörigen verschiedenen Anzahlen Z_1 kennzeichnen die einzelnen *Atomarten* oder *Isotopen* des betreffenden Elementes. Experimentell hat der Verlauf von Z durch das ganze periodische System, und damit die „richtige" Anordnung der Elemente, mittels des *Moseleyschen Gesetzes der Röntgenspektren* eindeutig festgelegt werden können[248]); für einzelne Elemente sind die Kernladungszahlen in Übereinstimmung damit von *Chadwick* auf Grund von Zerstreuungsver-

---

246a) Siehe etwa *H. Pettersson* und *G. Kirsch, Atomzertrümmerung,* Leipzig 1925 (Akad. Verl.-Ges.).

247) *E. Rutherford,* Phil. Mag. 27 (1914), p. 494; *C. G. Darwin,* Phil. Mag. 27 (1914), p. 506.

248) Vgl. V 26 (*C. Runge*).

suchen an α-Strahlbündeln experimentell *direkt* bestimmt worden.[249]) Bezieht man die Atomgewichte, wie üblich, auf Sauerstoff $= 16$, so wird das Atomgewicht eines Protons ~ 1; wegen der relativen Geringfügigkeit der Elektronenmassen wird dann das Atomgewicht jeder Atomart eines chemischen Elementes einfach durch die zugehörige Protonenanzahl $Z + Z_1$ bestimmt sein müssen, was der praktischen *Ganzzahligkeit der Astonschen Isotopenatomgewichte* entspricht. Z_1 muß also jeweils gleich der Differenz von ganzzahligem Atomgewicht und Atomnummer gesetzt werden; eine davon unabhängige, direkte Bestimmung dieser Größe ist bisher noch nicht möglich gewesen, kann aber auch als entbehrlich angesehen werden für den gegenwärtigen Stand der Theorie, welcher die Annahme *punktförmig* bzw. kugelsymmetrisch wirksamer Atomkerne als bislang so gut wie vollständig ausreichende Annäherung zur Voraussetzung hat.[250])

Außerhalb des Atomkernes werden sich beim neutralen Atom nach dem Vorangehenden gerade Z Elektronen befinden müssen, welche im „Normalzustand" des Atoms Abstände vom Atomzentrum bis zur Größenordnung 10^{-8} cm erreichen; ähnliches gilt für die Moleküle, welche je nach der betreffenden chemischen Verbindung aus mehreren Atomkernen und den entsprechenden Anzahlen von Elektronen bestehen werden.[251]) Nach Ausweis von Zerstreuungsversuchen mit Kathoden- und α-Strahlen sind diese Elektronen *einzeln* wirksam und umgeben die Kerne als *Elektronenhülle* mit einer nach innen hin *zunehmenden Dichte.*[252]) Die Anzahl Z der Hülleelektronen des Atoms ergibt sich aus den gleichen Versuchen in befriedigender Übereinstimmung mit der Kernladungszahl, ferner aus dem *Brechungsquotienten für Röntgenstrahlung*[253]); die genaueste Methode zur erfolgreichen *Zählung der einzelnen Hülleelektronen*, welche zugleich gewisse Eigenschaften ihrer *mittleren räumlichen Konfigurationen* zu bestimmen ge-

249) *J. Chadwick,* Phil. Mag. 40 (1920), p. 734.

250) Bezüglich der gegenwärtigen Bedeutung der Quantentheorie für die Frage nach den Einzelheiten des Kernaufbaues vgl. Nr. 17, Anm. 439).

251) Vgl. den Bericht von *K. F. Herzfeld,* Jahrb. d. Rad. 19 (1923), p. 259 über die Größe der Atome, Ionen und Moleküle und die Methoden zu ihrer Bestimmung.

252) S. *W. Bothe,* Ztschr. f. Phys. 4 (1921), p. 161. Zu diesen und auch den übrigen Ergebnissen der Untersuchungen über den Durchgang korpuskularer Strahlen durch die Materie sowie ihre Bedeutung für die Fragen des Atombaues vgl. man ferner die zusammenfassenden Berichte von *R. Seeliger,* Jahrb. d. Rad. 16 (1920), p. 19 und *W. Bothe,* Jahrb. d. Rad. 20 (1923), p. 46.

253) *A. H. Compton,* Phil. Mag. 45 (1923), p. 1121; vgl. ferner jüngst *B. Davis* und *R. v. Nardroff,* Proc. Nat. Acad. Amer. 10 (1924), p. 60, 384; *R. v. Nardroff,* Phys. Rev. 24 (1924), p. 143.

stattet, gründet sich jedoch auf *Intensitätsmessungen an von kristallisierten Körpern reflektiertem Röntgenlicht.*[254])

Das Kernproblem der Quantentheorie — letztere als Theorie der Materie aufgefaßt — besteht nun darin, die Elektrodynamik der Atombestandteile, zunächst der Elektronenhülle, auf Grund obiger, empirisch sichergestellter Tatsachen und in Übereinstimmung mit den vorangegangenen Ergebnissen der Statistik zu entwickeln. Der naheliegendste Weg einer Anwendung der *Maxwellschen Elektrodynamik* auf die Bewegung von Z einzelnen Elektronen im Felde eines Z-fach positiv geladenen, massebeschwerten Atomkernes erweist sich indessen sogleich als ungangbar — in Übereinstimmung mit dem bereits oben in Nr. **6b**, **7b**, **7c** und **9** festgestellten *Versagen der Maxwellschen Theorie* beim Strahlungsproblem und ihrer Unvereinbarkeit mit den in Nr. **12** behandelten allgemeinen Strahlungseigenschaften beliebiger materieller Körper. Wie man etwa aus der *Lorentz-Ritzschen Form*[255]) *der Maxwellschen Elektrodynamik* entnehmen kann, läßt sich das genannte Bewegungsproblem zwar grundsätzlich aus einem Variationsprinzip ableiten, so daß seine Bewegungsgleichungen auf die kanonische Form (1) gebracht werden können[256]); doch geht in sie wegen der Anwesenheit der *retardierten Potentiale* die Zeit explizit ein und bewirkt, daß jede Art von beschleunigter Bewegung dauernd von *irreversibler Energie- (und Drehimpuls-)Ausstrahlung* begleitet wird. Dieser ununterbrochene Energieverlust widerspricht aber offensichtlich der nach Nr. **9** statistisch abgeleiteten und auch experimentell direkt sichergestellten *Energiekonstanz der Atome (und Moleküle) in ihren stationären Quantenzuständen.*

Um diesem Widerspruch zu entgehen, ist immer wieder versucht worden, innerhalb der *Maxwell*schen Theorie wenigstens spezielle Typen von strahlungsfreien Elektronenbewegungen ausfindig zu machen[257]),

254) *P. Debye* und *P. Scherrer,* Phys. Ztschr. 19 (1918), p. 474; *W. L. Bragg, R. W. James* und *C. H. Bosanquet,* Phil. Mag. 41 (1921), p. 309; Ztschr. f. Phys. 8 (1921), p. 77; Phil. Mag. 44 (1922), p. 433; *D. R. Hartree,* Proc. Cambr. Phil. Soc. 21 (1923), p. 625; Phil. Mag. 46 (1923), p. 1091.

255) *W. Ritz,* Ann. Chim. Phys. (8) 13 (1908), p. 145; Arch. Sc. phys. et nat. (4) 26 (1908), p. 209; Gesamm. Werke, Paris 1911 (Gauthier-Villars), p. 317, 427.

256) Vgl. Anm. 19).

257) Vgl. z. B. *G. Nordström,* Proc. Akad. Amst. 22 (1919), p. 145; *A. D. Fokker,* Physica 1 (1921), p. 107; *S. R. Milner,* Phil. Mag. 41 (1921), p. 403; 44 (1922), p. 1052; *G. H. Livens,* Phil. Mag. 42 (1921), p. 807; *G. A. Schott,* Phil. Mag. 45 (1923), p. 769; *L. Page,* Phys. Rev. 24 (1924), p. 296. Durch *Abänderung* der *Maxwell*schen Theorie hat *L. Page,* Phys. Rev. 18 (1921), p. 292, strahlungsfreie Elektronenbahnen zu erhalten gesucht, ähnlich *H. Bateman,* Mess. of Math. 53 (1924), p. 145.

doch hat sich auch ihre Strahlungslosigkeit nur als eine scheinbare herausgestellt[258]); wie sich später zeigen wird (Nr. **14**), wäre es aber auch im Falle ihrer Existenz mit Rücksicht auf das *Bohrsche Korrespondenzprinzip* ausgeschlossen, ihnen für die Quantentheorie irgendwelche Bedeutung zuzubilligen.

Während sich die *Maxwell*sche Elektrodynamik bei allen Arten von *makroskopischen* Erscheinungen durchaus bewährt und auch für den *Grenzfall hinreichend kleiner Frequenzen* („langer Wellen") in der Strahlungstheorie zu brauchbaren Grenzgesetzen geführt hat [Nr. **9**, ferner V 22 und V 23 (*W. Wien*)], ist ihr Widerspruch zu den strahlungsfreien Quantenzuständen der *Rutherford-Bohrschen Atommodelle* ein ebenso vollständiger wie zu deren quantenhaften Strahlungseigenschaften (Nr. **11, 12**). Erwägt man den Umfang der experimentellen Sicherstellung der klassischen Grundlagen, so kann diese Tatsache jedoch nicht weiter befremdlich erscheinen.[259]) Von diesen Grundlagen darf das *Coulombsche Gesetz der Elektrostatik* im Inneren des Atoms jedenfalls noch als am besten gesichert angesehen werden[260]), wenngleich es für sehr kleine Distanzen, etwa von 10^{-12} cm abwärts, auch nicht mehr den Tatsachen entspricht.[261]) Gegen die Allgemeingültigkeit des *Biot-Savartschen Gesetzes* im Atominnern liegen nach den quantitativen Ergebnissen beim *experimentellen Nachweis der Ampèreschen Molekularströme durch die magnetomechanischen Effekte von Barnett*[262]) *und Einstein-de Haas*[263]) gewichtige Bedenken vor, welche durch eine Reihe spektroskopischer Tatsachen [*anomaler Zeemaneffekt*, s. V 26 (*C. Runge*) und V 27 (*A. Kratzer*)] bekräftigt zu werden scheinen.[264]) Was schließ-

258) *G. A. Schott*, Phil. Mag. 45 (1923), p. 769, ferner auch Phil. Mag. 36 (1918), p. 243 und *H. Bateman*, Proc. Nat. Acad. Amer. 5 (1919), p. 367.

259) S. etwa *A. Smekal*, Verhandl. Deutsch. Phys. Ges. (3) 2 (1921), p. 20.

260) Vgl. z. B. *J. Chadwick*, Phil. Mag. 40 (1920), p. 734, § 5.

261) *W. Lenz*, München Ber. 1918, p. 355, § 3; *A. Smekal*, Wien. Ber. (2a) 129 (1920), p. 455; *C. G. Darwin*, Phil. Mag. 41 (1921), p. 486. S. ferner Anm. 316).

Ob diese Abweichungen vom *Coulomb*schen Gesetze nicht nur im Atomkernbereiche, sondern auch bei der Wechselwirkung der Hülleelektronen eines Atoms von höherer Kernladung eine wesentliche Rolle spielen, entzieht sich gegenwärtig noch jeder näheren Beurteilung.

262) *S. J. Barnett*, Phys. Rev. 6 (1915), p. 239; *I. G. Stewart*, Phys. Rev. 11 (1918), p. 100; *S. J. Barnett* und *L. J. H. Barnett*, Phys. Rev. 17 (1921), p. 404; 20 (1922), p. 90; Phys. Ztschr. 24 (1923), p. 14.

263) *A. Einstein* und *J. W. de Haas*, Verhandl. Deutsch. Phys. Ges. 17 (1918), p. 152; *E. Beck*, Ann. d. Phys. 60 (1919), p. 109; *G. Arvidson*, Phys. Ztschr. 21 (1920), p. 88; *A. P. Chattock* und *L. F. Bates*, Nature 90 (1922), p. 721; Trans. Phil. Soc. (A) 223 (1922), p. 257. Der Effekt wurde übrigens bereits von *O. W. Richardson*, Phys. Rev. 26 (1908), p. 248, vorausgesagt.

264) Vgl. z. B. *A. Landé*, Ztschr. f. Phys. 11 (1922), p. 353.

lich das *Induktionsgesetz* anbetrifft, so ist unmittelbar ersichtlich, daß es innerhalb von Atomen mit stationären Quantenzuständen überhaupt nicht ohne wesentliche Modifikation formuliert werden kann.

Wenn somit auf eine vollständige Brauchbarkeit der klassischen Elektrodynamik im Atominnern von vornherein überhaupt nicht gerechnet werden kann, so wird man anderseits doch erwarten dürfen, wenigstens gewisse von ihren Ergebnissen für die Quantentheorie des Atombaues nutzbar machen zu können. Dieser in der folgenden Nummer geschilderte Weg ist vor allem von *Bohr*[265]) eingeschlagen worden, und ihm verdankt man so ziemlich alles, was, abgesehen von den beiden fundamentalen Frequenzbedingungen (115) und (116), den gegenwärtigen Bestand der Atomelektrodynamik ausmacht. Die Mängel, mit welchen ein derartiges Verfahren notwendig behaftet ist, namentlich aber die zahlreichen Lücken, welche es unausgefüllt lassen muß, sind anderseits so offenkundige, daß es nicht überraschen kann, wenn die gegenwärtige Form der Quantentheorie jene strenge Einheitlichkeit und Folgerichtigkeit vermissen läßt, die man an der klassischen Elektrodynamik innerhalb *ihrer* Domäne so sehr bewundern muß.

14. Die Korrespondenz- und Stabilitätsprinzipe der Quantentheorie. Um die Ergebnisse der *Maxwellschen Elektrodynamik* der *Atomelektrodynamik* nach Möglichkeit zugänglich zu machen, hat man jenes Grenzgebiet aufzusuchen, in welchem diese beiden theoretischen Gebiete miteinander zur Berührung gelangen müssen. Von der Strahlungstheorie ausgehend, hat *Planck* mehrfach darauf hingewiesen, *daß für die klassische Theorie das Wirkungsquantum h als unmeßbar klein angesehen werden müsse.*[266]) Nach *Planck* erscheint demnach die *Maxwell*sche Elektrodynamik gewissermaßen als Spezialfall der Quantentheorie für den ausgezeichneten *Grenzübergang*

$$\lim h \to 0, \tag{121}$$

was man unmittelbar bestätigt findet, wenn man (121) z. B. auf das *Plancksche Strahlungsgesetz* (93) anwendet und damit zum *Rayleigh-Jeansschen Strahlungsgesetz* (71 a) der klassischen Theorie gelangt. Bringt man (121) in der *Bohr*schen Frequenzbedingung (114) *bei endlich bleibender Frequenz* ν zur Ausführung, *so rücken die ausgezeichneten Energiewerte* $E_{n'}$, $E_{n''}$ *der Quantenmoleküle beliebig dicht aneinander, was der grundsätzlichen Zulässigkeit beliebig stetig veränderlicher Energiewerte bei einem klassisch-elektrodynamischen Gebilde korrespondiert.*

Einen zweiten Weg, der in einem gewissen Zusammenhange mit

265) *N. Bohr* [1], [2], [3].

266) Vgl. z. B. *M. Planck* [1], p. 143, § 140.

der notwendigen Strahlungsfreiheit der stationären Quantenzustände steht, verdankt man *Bohr*.[265]) Nach der klassischen Theorie wird ein Elektron desto weniger Energie ausstrahlen, je geringfügiger die Beschleunigung ist, welche es erfährt. Dies entspricht, wie man sich z. B. an einer einfach periodischen Elektronenbewegung leicht überzeugen kann, dem *Grenz*übergange

$$\lim \nu \to 0. \tag{122}$$

Führt man (122) im *Planckschen Strahlungsgesetze bei festgehaltenem h* aus, so gelangt man ebenfalls wieder zum *Rayleigh-Jeansschen Strahlungsgesetze* (71a) der klassischen Theorie. Auf die *Bohr*sche Frequenzbedingung (114) angewendet, führt (122) auf solche ausgezeichnete Energiewerte $E_{n'}$, $E_{n''}$ der Moleküle bzw. Atome, deren Differenzen *beliebig klein* werden können müssen. *Damit nach Bohr eine eindeutige Korrespondenz zwischen klassischer und Atomelektrodynamik erzielt werden kann, muß die diskrete Reihe der ausgezeichneten Energiewerte* E_n *demnach eine und nur eine Häufungsstelle besitzen. Wenn* E_n *überdies nach* (103′) *als Funktion der u eindeutigen, voneinander unabhängigen Parameterinvarianten* $I_{r,n}$ $(r = 1, 2, \ldots, u)$ *der inneren Molekül- bzw. Atombewegung dargestellt werden kann, so muß auch die diskrete Reihe aller ausgezeichneten Werte* $I_{r,n}$ $(n = 1, 2, \ldots)$ *je eine einzige Häufungsstelle besitzen.*[267]) In diesem Grenzgebiete unterscheiden sich dann — jetzt immer bei festgehaltenem *h*! — die Energien benachbarter Quantenzustände um im Limes infinitesimal werdende Beträge, welche mit den beim Übergang zwischen zwei solchen Zuständen *klassisch* ausgestrahlten Energien unmittelbar in Vergleich gezogen werden können. — Der Grenzübergang (122) und die daranschließenden Folgerungen bilden den Kern des *Bohrschen Korrespondenzprinzipes*, auf dessen Bedeutung für die Festlegung der stationären Zustände im Nachfolgenden besonders eingegangen werden wird.[268]) Der *Planck*sche Grenzübergang (121), welcher die Ableitung von ganz ähnlichen Konsequenzen ermöglicht, soll zur Unterscheidung davon als Grundlage

---

267) Vgl. Nr. **10** und insbesondere die Anm. 207. Das obige Ergebnis führt zusammen mit (133) zu der wichtigen Folgerung, *daß bei vollständiger Korrespondenz zwischen klassischer und Atomelektrodynamik keine von den Quantenzahlen* n_r *in* (133) *eine endliche obere Grenze besitzen kann,* was einzelnen in der Literatur aufgetretenen gegenteiligen Äußerungen widerspricht. Vgl. z. B. *D. Enskog,* Ann. d. Phys. 72 (1923), p. 321, insbes. p. 342; *P. Tartakowsky,* Ztschr. f. Phys. 15 (1923), p. 153, dagegen jedoch *A. Kratzer,* Ztschr. f. Phys. 26 (1924), p. 40.

268) Vgl. dazu namentlich auch *N. Bohr,* Ztschr. f. Phys. 13 (1923), p. 117, II. Kap., §§ 2 und 3.

eines „*Planck*schen Korrespondenzprinzipes" weiterhin ebenfalls mit berücksichtigt werden.[269])

Um zur praktischen Auswertung der Grenzübergänge (121) und (122), sowie der in Verbindung damit zu fordernden *allgemeinen Korrespondenz zwischen klassischer und Atomelektrodynamik* übergehen zu können, hat man zunächst eine geeignete *Annahme* über das Verhalten eines beliebigen *Bohr*schen Atommodells in jenem Grenzzustande einzuführen, welcher der Häufungsstelle seiner ausgezeichneten Quantenenergiewerte entspricht. Wegen der notwendigen Strahlungslosigkeit dieses Zustandes darf man voraussetzen, daß seine Bewegungsgleichungen mit genügender Annäherung aus den klassisch-elektrodynamischen Bewegungsgleichungen bei Vernachlässigung aller jener Glieder gefunden werden können, welche eine *Ausstrahlung* des Modells zur Folge haben müßten.[270]) Wenn angenommen wird, daß sich das elektrische Vielkörpersystem in einem äußeren elektromagnetischen Felde mit den zeitlich konstanten Potentialen Φ und $\mathfrak{A}$ befindet, und wenn e_α, m_α Ladung und Ruhemasse seines α^{ten} Bestandteiles ($\alpha = 1, 2, \ldots, Z+1$), $\mathfrak{r}_\alpha$ und $\mathfrak{p}_\alpha$ seinen Koordinaten- und Impulsvektor in bezug auf den Massenschwerpunkt bedeuten, so lassen sich diese Bewegungsgleichungen nach *Darwin*[271]) bis auf Glieder von höherer als der zweiten Ordnung in $\frac{\dot{\mathfrak{r}}}{c}$ ganz allgemein auf die kanonische Form

---

269) In einer nach Niederschrift obiger Nummer erschienenen Untersuchung von *H. A. Senftleben,* Ztschr. f. Phys. 22 (1924), p. 127, wird der hier und im folgenden mit Berufung auf *Planck* benutzte Grenzübergang (121) in ganz ähnlichem Sinne systematisch zur Anwendung gebracht.

270) Diese Bewegungsgleichungen des Modells sind für das *Planck*sche und *Bohr*sche Korrespondenzprinzip naturgemäß gemeinsam. Bei Anwendung des ersteren haben sie jedoch *allgemein* zu gelten, während das *Bohr*sche Korrespondenzprinzip strenggenommen nur zu der Erwartung berechtigt, daß die Gleichungen für einen Modellbewegungszustand richtig sind, *bei dem sowohl die Abstände der Elektronen vom Atomkern, als auch jene der Elektronen untereinander dauernd „sehr groß" sind.* Man beachte den Unterschied dieses Modellzustandes und desjenigen, der etwa allein durch hinreichende Entfernung eines Valenzelektrons vom *Atomrest* gekennzeichnet ist! Vgl. dazu Anm. 450).

Postuliert man die Energiekonstanz der Elektronenbewegungen im Atom ohne Rücksicht auf die klassische Ausstrahlung, so ergibt die Vereinigung dieser Annahme mit der klassischen Elektrodynamik eine Reihe bemerkenswerter „Gleichgewichtssätze" für elektromagnetisch aufgebaute Materie, von denen einige in der Quantentheorie mehrfach Anwendung gefunden haben. Vgl *W. Schottky,* Phys. Ztschr. 21 (1920), p. 232 und dazu *M. v. Laue,* Phys. Ztschr. 22 (1921), p. 46.

271) *C. G. Darwin,* Phil. Mag. 39 (1920), p. 537; Proc. Cambr. Phil. Soc. 20 (1920), p. 56.

1) bringen; die zugehörige *Hamilton*sche Funktion ist

$$(123)\quad H=\sum_{\alpha=1}^{Z+1}\frac{\mathfrak{p}_\alpha^2}{2m_\alpha}+\sum_{\alpha=1}^{Z+1}\sum_{\beta}^{(\beta\neq\alpha)}\frac{e_\alpha e_\beta}{r_{\alpha\beta}}-\sum_{\alpha=1}^{Z+1}\frac{\mathfrak{p}_\alpha^4}{8c^2m_\alpha^3}$$

$$-\sum_{\alpha=1}^{Z+1}\sum_{\beta}^{(\beta\neq\alpha)}\frac{e_\alpha e_\beta}{2c^2m_\alpha m_\beta}\left[\frac{(\mathfrak{p}_\alpha,\mathfrak{p}_\beta)}{r_{\alpha\beta}}+\frac{(\mathfrak{p}_\alpha,\mathfrak{r}_\beta-\mathfrak{r}_\alpha)(\mathfrak{p}_\beta,\mathfrak{r}_\beta-\mathfrak{r}_\alpha)}{r_{\alpha\beta}^3}\right]$$

$$+\sum_{\alpha=1}^{Z+1}e_\alpha\Phi-\sum_{\alpha=1}^{Z+1}\frac{e_\alpha}{cm_\alpha}(\mathfrak{p}_\alpha,\mathfrak{A}),$$

und stimmt mit der Energie des Modells überein (c Lichtgeschwindigkeit, $r_{\alpha\beta}$ gegenseitige Entfernung von m_α und m_β). Beschränkt man sich auf den *feldfreien* Fall, der an dieser Stelle zunächst allein in Betracht kommt, so sind die beiden letzten Glieder in (123) fortzulassen und man erhält ein dynamisches Problem, das mathematisch noch wesentlich schwieriger ist, wie das *gewöhnliche Mehrkörperproblem*, welches durch die beiden ersten Glieder von H allein gegeben wäre.[272]) Nach den Eigenschaften der Lösungen des *gewöhnlichen Mehrkörperproblems* [VI 2, 12 (*E. T. Whittaker*)] ist zu erwarten, daß das allgemeine Problem (123) neben *stabilen* auch *instabile Lösungen* besitzen wird (vgl. dazu Nr. **3 A**), von denen hier offenbar nur die ersteren in Betracht kommen können. Aber auch unter *diesen* Lösungen muß noch eine engere Wahl getroffen werden, wenn der Fähigkeit des Quantengebildes zu *monochromatischer* Energieemission und -absorption in *einzelnen* Frequenzen des durch (114) gegebenen Linienspektrums eine klassisch-elektrodynamische Parallele zugeordnet werden können soll. *Damit das Modell, auch als klassisch-elektrodynamisches Gebilde betrachtet, befähigt sein kann, ein Linienspektrum zu emittieren oder zu absorbieren*[273]), *muß seine Bewegung*, wenigstens in erster Annäherung, *eine mehrfach periodische sein*, so daß die Verschiebung $\mathfrak{x}$ jedes ein-

272) Die Schwierigkeiten des durch die *Hamilton*sche Funktion (123) gekennzeichneten allgemeinen Falles sind so große, daß er bisher trotz seiner Bedeutung für das *Problem des Heliumatommodelles* (s. Nr. **16a**) (verallgemeinertes Dreikörperproblem) nur für den Fall *zweier* Körper (Wasserstoffatommodell) integriert worden ist. Vgl. die in der vorigen Anm. zitierte Untersuchung von *Darwin*.

273) Dieser Notwendigkeit zufolge müßte jedes klassisch-elektromagnetische Modell für die Zwecke der Quantentheorie verworfen werden, das die Eigenschaft besäße, dauernd strahlungsfrei bleiben zu können. Auf die daraus zu folgernde Zwecklosigkeit aller Bemühungen, strahlungslose Elektronenbahnen auf klassisch-elektromagnetischem Wege zu konstruieren (Anm. 257), ist bereits auf p. 987 hingewiesen worden.

zelnen seiner Teilchen im Raum als Funktion der Zeit dargestellt werden kann durch die *mehrfache Fouriersche Reihe*

$$(124)\quad \xi = \sum_{\tau_1 \ldots \tau_u} C_{\tau_1 \ldots \tau_u} \cos 2\pi([\tau_1 \omega_1 + \cdots + \tau_u \omega_u]\, t + \gamma_{\tau_1 \ldots \tau_u}).$$

$\omega_1 \ldots \omega_u$ heißen die *Grundschwingungszahlen* der Bewegung[274]); ihre Anzahl u oder der „Periodizitätsgrad" der Bewegung ist, da es sich bei derartigen Lösungen des dynamischen Problems (123) wie bereits erwähnt, im allgemeinen nur um bestimmte Klassen von *Partikularlösungen* handeln kann, *kleiner* als die Anzahl $3Z$ der Freiheitsgrade der auf den Schwerpunkt bezogenen *inneren Bewegung* des Modells. Die Lösungen (124) von (123) scheinen ferner jedenfalls eine *kontinuierliche*, $2u$-dimensionale Mannigfaltigkeit bilden zu müssen, entsprechend den *Stetigkeitseigenschaften* klassisch-elektrodynamischer Gebilde.[275]) Werden für ein derartiges Gebilde die Größen $C_{\tau_1 \ldots \tau_u}$ und $\omega_{\tau_1 \ldots \tau_u}$ vermöge der klassischen Ausstrahlung als mit der Zeit langsam veränderlich angesehen, so wird von dem Gebilde *Linienstrahlung* ausgesendet, welche sämtliche Frequenzen

$$\tau_1 \omega_1 + \cdots + \tau_u \omega_u$$

zugleich enthalten wird, *deren zugehörige Amplituden* $C_{\tau_1 \ldots \tau_u}$ *in* (124) *von Null verschiedene Werte besitzen.* Aus den Korrespondenzprinzipien (121) und (122) ist nun zu folgern, daß für $\lim h \to 0$ bzw. $\lim \nu \to 0$

---

274) Die Summation in (124) [und ebenso in (147)] ist über alle ganzzahligen Werte von $\tau_1, \ldots, \tau_u$ auszuführen. Die Eindeutigkeit der Darstellung ist gesichert, wenn es keine ganzen Zahlen $m_1, \ldots, m_u$ gibt, für welche eine Beziehung von der Form

$$m_1 \omega_1 + \cdots + m_u \omega_u = 0$$

möglich ist. Vgl. dazu Anm. 70).

275) Vgl. dazu ähnliche Überlegungen bei *A. Smekal*, Ztschr. f. Phys. 11 (1922), p. 294; 15 (1923), p. 58. — Obige Lösungen entsprechen der in Nr. **3 A** unterschiedenen Klasse (B) von „mechanischen" Problemen; im Falle nicht entarteter, *bedingt periodischer Systeme* (Nr. **15 a**), nach gegenwärtiger Kenntnis aber auch *nur* in diesem Falle, wird allerdings $u = 3Z$, so daß das Problem dann der Klasse (A) beizuzählen wäre. Mit Rücksicht auf die kanonische Form der Bewegungsgleichungen von (123) wird dabei hier wie im folgenden überall vorausgesetzt, daß die mehrfach periodischen *Partikular*lösungen von *bedingt periodischem Typus* sind. Die Vermutung von *P. Ehrenfest*, Ztschr. f. Phys. 19 (1923), p. 242, daß es Reihenlösungen vom *Fourier*schen Typus (124) geben könnte, für welche u gegebenenfalls *größer* als die Anzahl der Freiheitsgrade s werden, aber stets $\leqq 2s - 1$ sein müßte, halten wir für nicht erweisbar; jedenfalls ist bisher kein Beispiel für die Möglichkeit eines derartigen Falles bekannt geworden. — In der Tat findet *T. M. Cherry*, Trans. Cambr. Phil. Soc. 23 (1924), p. 43, daß stets $u \leqq s$ sein muß, ähnlich *G. Wataghin*, Ann. d. Phys. 76 (1925), p. 41 (Zusatz bei der Korrektur).

alle und nur diese Frequenzen mit bestimmten, aus der *Bohr*schen Frequenzbedingung (114) folgenden Quantenfrequenzen *asymptotisch* zusammenfallen müssen:

$$\nu \sim \tau_1 \omega_1 + \cdots + \tau_u \omega_u . \tag{125}$$

Während das Quantenatom aber immer nur *einzelne* der Frequenzen (125) auszustrahlen vermag, werden vom klassischen Gebilde *sämtliche durch* (125) *gegebene Frequenzen zugleich* ausgesendet. *Dieser prinzipielle Unterschied zwischen klassischer und Atomelektrodynamik bleibt somit aufrechterhalten und enthüllt den statistischen Charakter der klassischen Ergebnisse.* Damit die klassische Ausstrahlung in der Grenze (121) oder (122) direkt als Resultat einer *zeitlichen Mittelbildung* aufgefaßt werden kann, braucht nur noch mit *Bohr* gefolgert zu werden, *daß die relative Intensität der Frequenzen* (125) *im klassischen Spektrum als Maß für die mittlere zeitliche Häufigkeit der zeitlich voneinander unabhängig erfolgenden, spontanen, monochromatischen Ausstrahlungsvorgänge des Quantenatoms angesehen werden muß.* Entwickelt man das *elektrische Moment*

$$\sum_{\alpha=1}^{Z+1} e_\alpha \mathfrak{r}_\alpha \tag{123a}$$

des betrachteten Modells nach einer entsprechend (124) gebauten *Fourier*reihe und bezeichnet mit $\overline{A^2}$ den Mittelwert des Quadrates der zu einer von den Frequenzen (125) gehörigen Schwingungsamplitude, so sind jene Intensitäten durch Ausdrücke von der Form

$$\Delta E = \frac{2}{3}(2\pi)^4 \frac{e^2}{c^3} \nu^4 \overline{A^2} \cdot \Delta t \tag{126}$$

gegeben, wo ΔE die auf die Frequenz ν entfallende und während der Zeit Δt im Mittel ausgesandte Energie darstellt. In ähnlicher Weise können nach *Bohr* auch die Polarisationsverhältnisse der einzelnen Spektralfrequenzen (125) der *Fourier*entwicklung des elektrischen Momentes entnommen werden.[276])

Um noch die quantentheoretische Kennzeichnung der stationären Zustände zu ermitteln, welche der Bewegung (124) in der Grenze (121) bzw. (122) entsprechen, möge diese mit Hilfe der *zyklischen* „Winkelvariablen" von der Periode 1,

$$w_r = \omega_r \cdot t + \delta_r \qquad (r = 1, 2, \ldots, u) \tag{127}$$

und der dazu kanonisch konjugierten Parameterinvarianten und „Wir-

276) Vgl. dazu namentlich *A. Sommerfeld* [1], Zusatz 10.

kungsvariablen" I_r dargestellt gedacht werden (Nr. **3 A**). Wegen

$$\omega_r = \frac{\partial E}{\partial I_r} = \frac{\partial H}{\partial I_r} \qquad (r = 1, 2, \ldots, u) \tag{128}$$

ergibt die *Bohr*sche Frequenzbedingung (114) zusammen mit (125) für jeden der beiden Grenzübergänge (121) und (122)

$$\lim \frac{E(I_{r,n'}) - E(I_{r,n''})}{h} = \sum_{r=1}^{u} \tau_r \frac{\partial E}{\partial I_r}. \tag{129}$$

Indem man die *Taylor*sche Entwicklung von $E(I_r)$ nach dem zweiten Gliede abbricht und für ein entsprechendes Verhalten des Restgliedes sorgt, erhält man im Falle des *Planck*schen Grenzüberganges für beliebige Indizes n', n''

$$\lim_{h \to 0} I_{r,n'} - I_{r,n''} = \tau_r \cdot h \qquad (r = 1, 2, \ldots, u). \tag{130}$$

Im *Bohr*schen Falle (122) hingegen findet man wegen des monotonen Verhaltens der $I_{r,n'}$, $I_{r,n''}$ bei wachsenden Indizes n', n'' (Nr. **10**)

$$\lim_{\substack{n' \to \infty \\ n'' \to \infty}} I_{r,n'} - I_{r,n''} = \tau_r \cdot h \qquad (r = 1, 2, \ldots, u), \tag{131}$$

vorausgesetzt, daß die Differenz $n' - n''$ *endlich* bleibt.[277]) Man hat demnach allgemein für beide Grenzfälle

$$\lim I_{r,n} = n_r \cdot h + h_r^{(0)} \qquad (r = 1, 2, \ldots, u), \tag{132}$$

wo die n_r *ganze* Zahlen sind[278]) und die $h_r^{(0)}$ *beliebige, hier nicht näher bestimmbare Konstante* von der Dimension einer Wirkungsgröße darstellen.

Im Anschluß an (123) ist zunächst die feldfreie Bewegung des Modells im Grenzzustande der Erörterung unterzogen worden, doch sieht man ohne weiteres, daß die Ergebnisse (130) und (131) bzw. (132) unter den entsprechenden Voraussetzungen auch im Falle *konstanter äußerer Felder* zu Recht bestehen bleiben. Von besonderem Interesse ist nun aber auch der Fall *hinreichend langsam veränderlicher äußerer Felder*, welcher sich hinsichtlich der dynamischen Seite des durch (123) gekennzeichneten Problems jenem der in Nr. **3 A** behandelten *unendlich langsamen, umkehrbaren Parameterverschiebungen* an einem beliebigen dynamischen System einordnet. Wie aus den Betrachtungen von Nr. **3 A** hervorgeht, bleibt in diesem Falle die Gültig-

277) Wie man sieht, hat die ganze an (129) anknüpfende Überlegung zur Voraussetzung, daß (128) auch noch in einer gewissen *Umgebung* des dynamischen Grenzzustandes (124) einen Sinn hat und beim Übergang gegen ihn gleichmäßig konvergiert.

278) Im *Bohr*schen Falle müssen die n_r offenbar „sehr große" ganze Zahlen sein, im *Planck*schen können sie auch beliebig kleine ganzzahlige Werte besitzen.

keit der kanonischen Bewegungsgleichungen (1) noch erhalten, und dies wird auch hier zutreffen, wenn die Geschwindigkeit der vorgenommenen Parameterverschiebungen bzw. Feldänderungen so beschränkt gedacht wird, daß sie mit der in (123) vorausgesetzten Vernachlässigung der klassischen Ausstrahlung verträglich bleibt. Da nach den Ergebnissen von Nr. **3 A** die Größen I_r *Parameterinvarianten* oder *adiabatische Invarianten* sind, so ist damit *auch für den Fall beliebiger mit* (124) *verträglicher, hinreichend langsam veränderlicher, makroskopischer und molekularer Parameter die Gültigkeit der Beziehungen* (130), (131) *bzw.* (132) *sichergestellt.* Dieses Ergebnis ist anderseits aber auch vom Standpunkt der gewöhnlichen Dynamik aus unmittelbar verständlich und unerläßlich, wenn die linken Seiten von (130) bzw. (131) derartigen Parameteränderungen gegenüber ebenso unverändert bleiben können sollen, wie das für deren rechte Seite wegen des universellen Charakters von h von vornherein ersichtlich ist.[279]) Diese Ergebnisse bedeuten offenbar zugleich auch eine *Sicherstellung der Stabilität des betrachteten Modelles in seinen stationären Grenzquantenzuständen* (132); im Anschluß an Nr. **3 A** muß jedoch betont werden, daß dies nur für solche äußere Störungen zutrifft, welche aus einer u-fach periodischen Partikularlösung der Bewegungsgleichungen wieder eine solche hervorgehen lassen. Ob andersartige Störungen, namentlich solche durch *Instabilitätsparameter* bewirkte (Nr. **3 A**), prinzipiell ausgeschlossen sind oder nicht, ist ebenso unbekannt wie die Gründe dafür, daß das Modell im Grenzzustande überhaupt nur Bewegungsvorgänge ausführen zu können scheint, welche den erwähnten Partikularlösungen entsprechen.

Um die im Vorstehenden zusammengestellten Ergebnisse nun auch für die Bestimmung *beliebiger, nicht an die Grenzübergänge* (121) *oder* (122) *gebundener Quantenzustände* verwerten zu können, ist man zur Einführung einer Reihe von *Annahmen* genötigt, welche das Verhalten der betrachteten Modelle im eigentlichen Gebiete der Atomelektrodynamik betreffen und über deren Brauchbarkeit und Zulässigkeit im Grunde genommen nur der praktische Erfolg entscheiden kann. Am wenigsten bedenklich scheint die Annahme zu sein, daß es überhaupt Differentialgleichungen für die Beschreibung der Bewegung der Modelle in ihren stationären Zuständen gibt und diese aus einem Varia-

279) Wie man sieht, müssen daher für das klassisch-elektrodynamische Modell alle in Betracht kommenden Änderungen der Größen I_r mit *spontaner Strahlungsemission* verbunden sein, was im Quantenfalle den Änderungen (130) bzw. (131) der I_r entspricht, von welchen die *Emission der einzelnen Spektrallinien* (125) begleitet wird.

tionsprinzipe ableitbar sind, was wieder ermöglichen würde, sie in der kanonischen Form (1) auszudrücken.[280]) Wesentlich weitgehender ist hingegen die in vielen Fällen bewährte Annahme der speziellen *Hamilton*schen Funktion (123), vor allem auch noch unter Fortlassung der in (123) vorkommenden Doppelsumme. Diese läuft darauf hinaus, *die Gesetze der klassischen Elektrodynamik unter Vernachlässigung der klassischen Ausstrahlung auch für die Bewegung in beliebigen Quantenzuständen versuchsweise beizubehalten* und im wesentlichen *bloß die Coulombschen Kraftwirkungen zwischen Atomkernen und Elektronen zu berücksichtigen.* Die Vernachlässigung der Ausstrahlung bedingt hierbei nach *Bohr* prinzipiell eine gewisse Unschärfe in der Festlegung der Quantenzustände. Für letztere wird es entsprechend der Beibehaltung der oben als für den Grenzzustand maßgebend angesehenen Bewegungsgesetze naheliegend sein, *auch die allgemeinen „Quantenbedingungen“* (132) *unverändert festzuhalten.* Setzt man demzufolge unabhängig von irgendwelchen Grenzbetrachtungen

$$I_r = n_r \cdot h + h_r^{(0)}, \qquad \begin{cases} (r = 1, 2, \ldots, u) \\ (n_r = 0, 1, 2, \ldots) \end{cases} \tag{133}$$

so ist dies zwar eine mögliche und mit (132) verträgliche Quantenvorschrift, aber keineswegs die einzige, welche zufolge (121) oder (122) in (132) übergehen würde. *Die allgemeinen Quantenbedingungen* (133) *stellen demnach ein selbständiges Postulat dar, dessen Berechtigung ebenso bloß durch den praktischen Erfolg erwiesen werden kann, wie die alleinige Berücksichtigung Coulombscher Wechselwirkungskräfte im Inneren der Atome.*[281]) Auch für die Festlegung der additiven Konstanten $h_r^{(0)}$ in (133) läßt sich von vornherein keinerlei Gesetzmäßigkeit zwangläufig angeben.[282]) Nach *Bohr* und *Burgers* kann man zwar $h_r^{(0)}$ zu

280) Vgl. Anm. 19). Die Voraussetzung der Ableitbarkeit einer Gesetzlichkeit aus einem Variationsprinzipe besagt im Grunde genommen nur, daß die betreffende physikalische Erscheinung unter geringfügigen und daher unbeobachtbaren Änderungen der Bedingungen für ihr Zustandekommen *beobachtbar,* sowie reproduzierbar bleibt und somit überhaupt *als gesetzlich erkennbar* ist. Diese Bemerkung rührt von *W. Wirtinger* her. In der Tat haben sich die physikalischen Gesetzmäßigkeiten bisher ausnahmslos Variationsprinzipien unterordnen lassen; doch bleibt jedenfalls unsicher, ob man in Anbetracht der Diskontinuitäten der Quantentheorie prinzipiell noch berechtigt ist, eine derartige Schlußweise bis in das Innere des Atoms fortzusetzen. Vgl. hierzu Anm. 428).

281) In dem sonst ausgezeichneten Büchlein von *E. Buchwald,* Das Korrespondenzprinzip, Braunschweig 1923, ist der Schluß von (132) auf die Quantenbedingungen (133) versehentlich als eindeutig dargestellt. Vgl. dazu auch die Besprechung von *W. Pauli,* Die Naturwissenschaften 12 (1924), p. 36.

282) Vgl. dazu und zu einem Versuche, eine solche aufzufinden, *A. Smekal,* Ztschr. f. Phys. 10 (1922), p. 275, § 6.

(134) $$h_r^{(0)} = 0 \text{ bzw. } = h$$

festlegen, je nachdem, ob man n_r in (133) mit Eins oder Null beginnen lassen will, wenn man das *Zusatzpostulat* einführt, daß sich die in gewöhnlichen kanonischen Koordinaten q_k, p_k geschriebene invariante „Wirkungsgröße"

$$W = \int_{t_0}^{t} \sum_{r=1}^{u} p_k \cdot dq_k$$

von der in den „Quantelungskoordinaten" w_r, I_r geschriebenen

$$\int_{t_0}^{t} \sum_{r=1}^{u} I_r \cdot dw_r = (t - t_0) \sum_{r=1}^{u} I_r \cdot \omega_r$$

für jede Bewegung des betrachteten dynamischen Gebildes nur um zeitlich periodische Glieder unterscheidet, so daß das Zeitmittel der Wirkungsgröße einfach durch

(135) $$\overline{W} = \sum_{r=1}^{u} I_r \cdot \omega_r$$

gegeben sein wird.[283]) Das Auftreten sogenannter „halber" Quantenzahlen n_r bei der Deutung der *Komplexstrukturen* und *anomalen Zeemaneffekte in den Serienspektren der Elemente*, ferner bei den *Bandenspektren* (V 26, *C. Runge* und V 27, *A. Kratzer*) scheint anderseits, wenigstens für einzelne von den u Bedingungen (133), mit (134) unverträglich zu sein und dürfte daher einer allgemeinen Gültigkeit von (135) widersprechen.

Wie oben hervorgehoben, wird durch die *adiabatische* oder *Parameterinvarianz* der Größen I_r die allgemeine Gültigkeit der Beziehungen (132) und damit auch die *Stabilität der Quantenzustände* in dem oben gekennzeichneten Ausmaße für die Grenzgebiete (121) bzw. (122) sichergestellt. *Die Ausdehnung dieses Ergebnisses auf alle beliebigen, nach* (133) *möglichen Quantenzustände kann wiederum nur im Wege eines neuen selbständigen Postulates vorgenommen werden,* welches zuerst von *Ehrenfest* ausgesprochen worden ist und als *Ehrenfestsches Adiabatenprinzip* bezeichnet wird.[284]) Nach *Bohr* ist dieses Prinzip auch von

283) *N. Bohr,* Ztschr. f. Phys. 13 (1923), p. 117, I. Kap., § 2; Ann. d. Phys. 71 (1923), p. 228, § 2.

284) Diese Annahme, welche von *P. Ehrenfest* bereits Ann. d. Phys. 36 (1911), p. 91; Verhandl. Deutsch. Phys. Ges. 15 (1913), p. 453; Proc. Acad. Amsterdam 16 (1914), p. 591 benutzt worden ist, hat *A. Einstein,* Verhandl. Deutsch. Phys. Ges. 16 (1914), p. 826 mit dem Namen „Adiabatenhypothese" belegt. Ihre eingehende Formulierung und Diskussion bei *P. Ehrenfest,* Ann. d. Phys. 51 (1916), p. 327. *N. Bohr* [2] hat sie später zuerst unter dem Namen „Prinzip der mechanischen

grundsätzlicher Bedeutung für die Festlegung der quantenhaften Energiewerte, welche den Quantenbedingungen (133), (134) entsprechen; da alle Zwischenzustände zwischen den stationären Zuständen sonst prinzipiell nicht realisierbar sind, ist es wichtig, *daß man mittels gewisser virtueller adiabatischer Transformationsprozesse verschiedene stationäre Zustände ineinander überzuführen vermag.*[285]) Dieser Umstand ist auch von entscheidender Bedeutung für die *Möglichkeit einer a priorischen Bestimmung von statistischen Gewichten für die einzelnen stationären*

Transformierbarkeit der stationären Zustände" verwendet, aber jüngst, Ztschr. f. Phys. 13 (1923), p. 117, die obige, der zuerst gewählten verwandte Bezeichnung vorgeschlagen. S. ferner *P. Ehrenfest,* Die Naturwissenschaften 11 (1923), p. 543.

Wie man sich mit Rücksicht auf die in Nr. 3 auseinandergesetzte Methode zur Ermittlung der Struktur des μ-Raumes und die allgemeine Bedingung (82a) in Nr. 8 für die Möglichkeit eines Entropiedifferentials leicht überzeugt, *ist das Adiabatenprinzip als fundamentale Voraussetzung für eine allgemeine, rein quantenstatistische Ableitung des II. Hauptsatzes der Thermodynamik anzusehen.* Siehe *P. Ehrenfest*, Phys. Ztschr. 15 (1914), p. 657; Ann. d. Phys. 51 (1916), p. 327; *A. Smekal,* Phys. Ztschr. 19 (1918), p. 137, 200; *N. Bohr,* Ztschr. f. Phys. 13 (1923), p. 117, Anmerkung auf p. 136. Im Rahmen der allgemeinen, in Nr. 2—8 entwickelten Statistik, welche (vgl. Nr. 9) die Quantenstatistik als Spezialfall mitumfaßt, sind die Grundlagen des Adiabatenprinzips demnach in jenen Annahmen mitenthalten, welche dort hinsichtlich der dynamischen Eigenschaften der Moleküle zugrundegelegt worden sind.

Ein in mehrfacher Hinsicht anfechtbarer Versuch, die Quantenbedingungen (133), (134) sowie die *Bohr*sche Frequenzbedingung (114) mittels der „Adiabatenhypothese" zu begründen, ist von *K. Försterling,* Ann. d. Phys. 60 (1919), p. 673 unternommen worden, doch kann er seit dem *Bohrschen* Korrespondenzprinzip, zumindest was die Frequenzbedingung anbetrifft, nicht mehr aufrechterhalten werden. Vgl. dazu neuerdings jedoch *K. Försterling,* Ztschr. f. Phys. 25 (1924), p. 253.

285) Ein Beispiel für einen derartigen Fall bei *N. Bohr* [2], p. 32/33, wo von den Eigenschaften sogenannter „entarteter" Zustände (vgl. Nr. 15) wesentlicher Gebrauch gemacht werden muß, ferner bei *H. Geppert,* Ztschr. f. Phys. 24 (1924), p. 208. Wie *Bohr* an der gleichen Stelle, p. 10, hervorhebt, kann man zur Vermittlung des Überganges aber auch immer von einem Zustand des betrachteten Gebildes Gebrauch machen, in dem die auf alle seine Teilchen wirkenden Kräfte sehr klein sind und für welchen die Energiewerte in allen stationären Zuständen nahe miteinander zusammenfallen. *Allerdings bedarf es hierzu fast immer nichtrealisierbarer Verschiebungen von molekularen Parametern.* Die Frage, ob dieser Umstand in jedem Falle als unbedenklich angesehen werden kann, ist nach den auf p. 995 gemachten Bemerkungen naheliegend, scheint jedoch gegenwärtig nicht beantwortbar zu sein.

Im Rahmen der vorliegenden Darstellung erscheint der im Texte zuletzt berührte Punkt allerdings von untergeordneterer Bedeutung, da hier, wie in Nr. 9—12, im Grunde genommen von einer *empirischen* Bestimmung der quantenhaften Energiewerte ausgegangen worden ist, sei es mit Hilfe der *Statistik* (Nr. 9), der *spektroskopischen Tatsachen* (p. 974) oder direkt mittels des Experiments (Anm. 200).

Zustände, wie man durch Vergleich mit den in Nr. **3** auseinandergesetzten Gesichtspunkten für die Ermittlung von a priori gleichhäufigen Molekülzuständen unmittelbar erkennen kann.[286]) Bringt man diese Ergebnisse auch im Gebiete der beiden Grenzübergänge (121) und (122) zur Durchführung, so kann leicht gezeigt werden, wie sich die diskontinuierliche Gewichtsverteilung der Quantentheorie hier der kontinuierlich-konstanten Gewichtsverteilung der älteren klassischen statistischen Mechanik beliebig weitgehend annähern läßt.[287])

Der allen vorangehenden Folgerungen für beliebige Quantenzustände zugrundeliegende Gedanke einer allgemeinen Korrespondenz zwischen den Ergebnissen der klassischen Elektrodynamik und den entsprechenden Ansätzen in der Atomelektrodynamik legt weiterhin gewisse *Annahmen über die Strahlungseigenschaften* der Quantenatome und -moleküle nahe, welche ebenfalls jenen der klassisch-elektrodynamischen Gebilde in dem durch (121) bzw. (122) gekennzeichneten Grenzgebiete nachgebildet sind. So wird man aus der Fähigkeit der letzteren zu *spontaner Energieausstrahlung*, zu *„positiver" und „negativer" Einstrahlung*, endlich zur *Zerstreuung des Lichtes* bei Wechselwirkung mit dem umgebenden Strahlungsfelde, auf das Bestehen analoger Eigenschaften der ersteren schließen, auf welchen *Annahmen* in der Tat auch die in Nr. **11** und **12** benutzten *Einstein*schen Ansätze (106′), (107a′), (107b′) beruhen.[287a]) Vor allem aber wird man mit *Bohr* trachten, die oben (p. 993) für den Fall der Grenzübergänge (121) und (122) erwähnten Ergebnisse über die *Intensitäts- und Pola-*

---

286) Auch dieser Punkt ist (vgl. die vorangehende Anmerkung) für die gegenwärtige Darstellung von geringerer Aktualität, weil nach Nr. **9** die Bestimmung der Gewichte zugleich mit jener der Quantenenergiewerte aus der *Statistik* erfolgen kann, falls hierzu geeignete makroskopische Daten vorliegen. Vgl. aber Nr. **24**.

287) Vgl. *N. Bohr*, Ztschr. f. Phys. 13 (1923), p. 117, I. Kap., § 5, wo auch der Sonderstellung der „entarteten Systeme" besonders gedacht wird. Ferner z. B. *N. Bohr* [2], p. 34 und Nr. **24**.

287a) Für Gebilde von *einem* Freiheitsgrade hat *M. Planck* [1] [siehe auch Anm. 217) und 219)] die *Korrespondenz der Einsteinschen Ansätze* (106′), (107a′), (107b′) *mit der klassischen Elektrodynamik* systematisch benutzt; für Gebilde mit *zwei* und *drei* Freiheitsgraden ist diese Korrespondenz allgemein von *J. H. Van Vleck*, J. Opt. Soc. Amer. 9 (1924), p. 27; Phys. Rev. 24 (1924), p. 330, 347, und *K. F. Niessen*, Ann. d. Phys. 75 (1924), p. 743, nachgewiesen worden. — Die *Zerstreuung des Lichtes* (Nr. 21) durch Quantengebilde von beliebig vielen Freiheitsgraden ist auf Grund der quantentheoretischen Deutung dieser Erscheinung von *A. Smekal*, Naturwissenschaften 11 (1923), p. 873, korrespondenzmäßig durchgeführt worden von *H. A. Kramers* und *W. Heisenberg*, Ztschr. f. Phys. 31 (1925), p. 681 (Zusatz bei der Korrektur).

risationsverhältnisse der einzelnen Spektrallinien (125) auch für die bei Übergängen zwischen *beliebigen* Quantenzuständen nach (114) ausgestrahlten Spektrallinien nutzbar zu machen. Sind $n_1', n_2', \ldots, n_u'$ und $n_1'', n_2'', \ldots, n_u''$ die ganzzahligen Werte der Quantenzahlen n_r in (133) vor bzw. nach einem beliebigen, ins Auge gefaßten Quantenübergang und wird

$$\tau_r = n_r' - n_r'' \qquad (r = 1, 2, \ldots, u) \tag{136}$$

gesetzt, so ordnet *Bohr* alle jene Quantenübergänge, für welche die Anzahlen τ_r in (136) mit jenen in (125) übereinstimmen, der mittels des Grenzüberganges (122) erhaltenen Spektralfrequenz (125) des klassisch-elektrodynamischen Modelles zu. Dieser Frequenz muß eine ganz bestimmte harmonische Schwingungskomponente in der allgemeinen *Fourier*entwicklung für das elektrische Moment (123a) des betrachteten Atomgebildes entsprechen. Ist sie im konkreten Falle tatsächlich *vorhanden, so werden alle mit den Bedingungen* (136) *verträglichen Quantenübergänge als möglich anzunehmen sein*; ist sie hingegen *abwesend* — d. h. *ist ihre Intensität Null* — *so werden alle diese Quantenübergänge als unausführbar zu gelten haben.*[288]) Diese für (136) maßgebende harmonische Schwingungskomponente, welche naturgemäß auch außerhalb des Grenzzustandes (122) aufgesucht werden kann, heißt nach *Bohr* die zu den betreffenden Quantenübergängen „korrespondierende" Schwingungskomponente in der Bewegung des Atoms; der Inhalt obiger Aussagen wird von *Bohr* neuerdings als „Korrespondenzprinzip" im engeren Sinne des Wortes bezeichnet und stellt ein auch ohne Bezugnahme auf die klassische Elektrodynamik formulierbares, *rein quantentheoretisches Postulat* dar.[289])

Während man ohne weitere Schwierigkeiten annehmen können wird, *daß der Polarisationszustand aller Spektrallinien*

$$\nu = \frac{1}{h}\left[E(n_r') - E(n_r'')\right], \tag{136a}$$

für welche (136) *gilt, der gleiche ist und mit jenem übereinstimmt, welcher der „korrespondierenden" Schwingungskomponente entspricht,* ist eine ähnliche Aussage hinsichtlich der *Intensitätsverhältnisse* schon deswegen unmöglich, weil das Intensitätsmaß (126) die Spektralfrequenz ν ex-

288) Für gewisse Quantenzahlen ist ein derartiges „Auswahlprinzip" etwa gleichzeitig mit der Aufstellung des wesentlich allgemeineren *Bohr*schen Korrespondenzprinzipes und unabhängig davon von *A. Rubinowicz*, Phys. Ztschr. 19 (1918), p. 441, 465, formuliert und auf Betrachtungen über die Erhaltung des Drehimpulses während der Ausstrahlungsvorgänge gegründet worden. Vgl. dazu *N. Bohr* [2], p. 46, 84, ferner *A. Sommerfeld* [1], V. Kap., §§ 1, 2.

289) *N. Bohr*, Ztschr. f. Phys. 13 (1923), p. 117, II. Kap., § 2.

plizit enthält. Da an der Aussendung jeder Spektrallinie nach der Quantentheorie *zwei* verschiedene Quantenzustände teilnehmen, der Intensitätsausdruck (126) hingegen einen Amplitudenquadrat-Mittelwert für einen *einzigen* Bewegungszustand des Modelles enthält, so kann man überdies nur *versuchen*, diesen Faktor für beide beteiligten Quantenzustände zu berechnen und einen geeigneten *Mittelwert* dieser Ergebnisse an Stelle von $\overline{A^2}$ in (126) einzuführen.[290]) Dieses provisorische Verfahren wird durch die Möglichkeit nahegelegt, nach (133) mittels

$$(137)\qquad I_r(\lambda) = h \cdot [n_r'' + \lambda(n_r' - n_r'')] + h_r^{(0)} \quad (r = 1, 2, \ldots, u)$$

einen Parameter λ $(0 \leqq \lambda \leqq 1)$ einzuführen, welcher die Frequenzen (136a) in Anlehnung an (125) durch

$$(137\,\text{a})\qquad \nu = \int_0^1 \sum_{r=1}^{u} (n_r' - n_r'') \cdot \omega_r(\lambda) \cdot d\lambda$$

darzustellen gestattet.[291]) Die speziellen Darstellungen (137) bzw. (137a) für eine derartige Mittelbildung werden allerdings gegenstandslos, wenn man es unternimmt, das Korrespondenzprinzip und die damit zusammenhängenden Aussagen in Anlehnung an die Folgerungen des *Planck*schen Grenzüberganges (121) zu formulieren; im übrigen gelangt man dabei aber zu Annahmen, welche mit den oben geschilderten in allen Punkten übereinstimmen.

Wenn man die oben in formaler Analogie zu dem Verhalten klassisch-elektrodynamischer Modelle im Grenzzustande (121) oder (122) entwickelten Annahmen zusammenfassend überblickt, so heben sich als Grundpfeiler der gegenwärtigen Form der Quantentheorie für ruhend

290) *H. A. Kramers,* Dansk. Vid. Selsk. Skr. 8, III (1918). Ein dagegen von *N. Bohr* [2], p. 121 seinerseit geäußertes Bedenken, ist von ihm Ztschr. f. Phys. 13 (1923), p. 117, p. 145, 149 inzwischen selbst entkräftet worden. — Versuche, auf rechnerischem Wege und durch Vergleich mit experimentellen Ergebnissen die passendste Mittelungsfunktion ausfindig zu machen, hat *F. C. Hoyt,* Phil. Mag. 46 (1923), p. 135; 47 (1924), p. 826, unternommen.

291) Bei Systemen mit *einem* Freiheitsgrade und demnach einer einzigen Quantenbedingung (133) wäre es anstatt derartiger Mittelungsprozesse naheliegender, den Intensitätsausdruck (126) versuchsweise einfach für jenen Bewegungszustand des Modells zu berechnen, für welchen die Spektralfrequenz ν mit der „korrespondierenden" Schwingungsfrequenz $\tau\omega$ der Bewegung *numerisch* übereinstimmt. Ein derartiger Ersatz des Quantengebildes durch ein klassisch-stetiges ist gelegentlich bereits von *G. Mie,* Ann. d. Phys. 66 (1921), p. 237, jedoch zu ganz anderen Zwecken, benutzt worden. Wie man leicht sieht, ist eine derartige Möglichkeit jedoch grundsätzlich auf den Fall eines Freiheitsgrades beschränkt.

gedachte, isolierte *Bohr*sche Atom- und Molekülgebilde aus ihnen *die Quantenbedingungen* (133) *und das Ehrenfestsche Adiabatenprinzip* als *Stabilitätsprinzipien* hervor. Demgegenüber werden die *Strahlungsvorgänge* als Geschehnisse, welche mit dem zeitweilig-vorübergehenden *Instabilwerden der stationären Zustände* verknüpft sind, im wesentlichen von *der Bohrschen Frequenzbedingung* (114) *und dem Bohrschen Korrespondenzprinzip* (136) beherrscht. *Alle diese Grundlagen bleiben ersichtlich anwendbar, auch wenn man für die Quantengebilde an Stelle der klassisch-elektrodynamischen, künstlich strahlungslos gemachten Näherungsgleichungen*[292]) *beliebige kanonische Differentialgleichungen einführt*, sofern letztere nur die Eigenschaft besitzen, für die Grenzübergänge (121) und (122) in die ersteren überzugehen und Partikularlösungen vom allgemeinen Typus (124) zuzulassen. Sollte sich im Verlaufe der künftigen Entwicklung der Quantentheorie zeigen, wofür aber gegenwärtig noch keine entscheidenden Anhaltspunkte bestehen, daß Differentialgleichungen überhaupt nicht geeignet sind, das Verhalten der Atomsysteme in ihren stationären Zuständen zu beschreiben, dann würden allerdings sowohl die Quantenbedingungen (133) als das *Bohr*sche Korrespondenzprinzip in seiner engeren Fassung (136) durch weitergehende Annahmen ersetzt werden müssen.[293]) Die Gültigkeit der

292) Diese Gleichungen werden in der quantentheoretischen Literatur merkwürdigerweise als „mechanische" bezeichnet, wohl wegen der bisher fast ausschließlichen Beschränkung auf jene Näherung, welche mit alleiniger Berücksichtigung der elektro*statischen Coulomb*schen Kräfte verbunden ist. Man hat daher gelegentlich vom „Versagen der Mechanik" in der Quantentheorie gesprochen (Nr. **16a**), was dem Obigen zufolge aber *nicht mit dem Versagen der allgemeinen dynamischen Differentialgleichungen* (1) *verwechselt werden darf* [vgl. dazu Anm. 246), 280)]. Eine diesbezügliche Unklarheit findet sich auch bei *N. Bohr,* Ztschr. f. Phys. 13 (1923), p. 117, im Texte auf p. 134; vgl. dazu und zu der dortigen Anmerkung *A. Smekal,* Ztschr. f. Phys. 15 (1923), p. 58.

293) Das erstere scheint *Bohr* vor Augen zu haben, wenn er Ztschr. f. Phys. 13 (1923), p. 117, auf p. 135, jedoch ohne nähere Formulierung, von der Einführung eines allgemeinen „Prinzips der Existenz und Permanenz der Quantenzahlen" spricht, welches auch weiterhin die Zuordnung von bestimmten Quantenzahlen zu den verschiedenen stationären Zuständen ermöglichen müßte. Was das Korrespondenzprinzip in seiner engeren Fassung anbetrifft, so würde bei dem Verzicht auf Differentialgleichungen die zu (136) „korrespondierende" Schwingungskomponente der Bewegung außerhalb eines der beiden Grenzzustände (121) und (122) *nicht mehr definiert werden können* und das Gleiche würde sich auch im *Bohr*schen Grenzfalle (122) aus praktischen Gründen herausstellen — möglicherweise jedoch *nicht* im *Planck*schen Falle (121). Unabhängig von dieser Frage würde es aber jedenfalls genügen, allen Quantenübergängen, welchen (136) für *feste* Quantenzahldifferenzen τ_r gemeinsam ist, *die gleichen „Auswahl"- und Polarisationsverhältnisse zuzuordnen.* Dieses formale Verfahren hat sich, ohne Rücksicht-

*Bohr*schen Frequenzbedingung (114) erscheint demgegenüber empirisch durch das *Plancksche Strahlungsgesetz* und das *Ritzsche Kombinationsprinzip* der Serienspektren bereits ebenso allgemein gesichert, wie das *Ehrenfest*sche Adiabatenprinzip durch seine Beziehungen zu den statistischen Grundlagen des II. Hauptsatzes der Thermodynamik.[284])

In den nächstfolgenden Nummern wird nun die Anwendung der vorstehend besprochenen allgemeinen Prinzipien, vornehmlich jene der Quantenbedingungen (133) auf die quantentheoretische Behandlung *konkreter Atom- und Molekülprobleme* auseinandergesetzt, womit sich zugleich ein Bild ihrer bisher erkannten Tragweite ergeben wird. Hingegen sollen im folgenden verschiedene ihrer Anwendungen auf fiktive Systeme unberücksichtigt gelassen werden, womit jedoch keineswegs beabsichtigt ist, deren fördernder und klärender Bedeutung für den Verlauf der bisherigen *Entwicklung* der Quantenlehre die Anerkennung zu versagen.[294])

15. Quantentheorie bedingt periodischer Systeme. Modell des Wasserstoffatoms und des einfach positiv geladenen Heliumatoms.

15a. Das störungsfreie Modell. Nach dem allgemeinen *Rutherford-Bohr*schen Atommodell (Nr. **13**) besteht das Wasserstoffatommodell aus einem Proton als Atomkern ($Z = 1$), um welches ein einziges Elektron seine Bahnen beschreibt; ähnliches gilt für das Modell des einfach positiv geladenen Heliumatoms, bei dem jedoch der Kern durch

---

nahme auf die Frage nach der Existenz oder Nichtexistenz einer „korrespondierenden" Schwingungskomponente, bei der Deutung der optischen Serienspektren, ihrer Komplexstrukturen und *Zeeman*effekte, sowie bei den *Röntgen*spektren längst ausgezeichnet bewährt und namentlich in den Händen von *A. Sommerfeld* und *A. Landé* zu den bewunderswertesten Erfolgen geführt. Vgl. V 26, *C. Runge* und V 27, *A. Kratzer*.

294) Z. B. Oszillatoren von mehreren Freiheitsgraden: *H. A. Lorentz*, Versl. Akad. Amst. 20 (1912), p. 1103; *M. Planck*, Verhandl. Deutsch. Phys. Ges. 17 (1915), p. 407, 438; Ann. d. Phys. 50 (1916), p. 385; *F. Reiche*, Ann. d. Phys. 58 (1919), p. 657, Anhang I u. II; *R. Gans*, Ann. d Phys. 61 (1920), p. 400.

Asymmetrische Oszillatoren: *P. Debye*, Wohlfskehl-Vorträge, Göttingen 1913, erschienen Leipzig 1914, p. 17; *P. Ehrenfest*, Ann. d. Phys. 51 (1916), p. 327; *M. Born* u. *E. Brody*, Ztschr. f. Phys. 6 (1921), p. 140; *E. Schrödinger*, Ztschr. f. Phys. 11 (1922), p. 170; *P. Tartakowsky*, Ztschr. f. Phys. 15 (1923), p. 153. — In sämtlichen bisher angeführten Arbeiten werden zugleich auch quantenstatistische Fragen eingehender behandelt.

Periodisch gestörter Rotator: *P. Ehrenfest* u. *G. Breit*, Ztschr. f. Phys. 9 (1922), p. 207; *N. Bohr*, Ztschr. f. Phys. 13 (1923), p. 117, auf p. 146/147 u. p. 152; *P. Ehrenfest* und *R. C. Tolman*, Phys. Rev. 24 (1924), p. 287.

*Rayleigh*sches Pendel: *G. Krutkow* u. *V. Fock*, Ztschr. f. Phys. 13 (1923), p. 195; *T. H. Havelock*, Phil. Mag. 47 (1924), p. 754.

Ferner zahlreiche Beispiele bei *N. Bohr* [2] und *J. M. Burgers* [1].

ein Alphateilchen von der zweifachen Elementarladung ($Z = 2$) ersetzt zu denken ist, ebenso für das Modell des doppelt positiv geladenen Lithiumatoms mit einem dreifach geladenen Kern ($Z = 3$), usf. Rechnet man dieses Modell nach der klassischen Elektrodynamik durch, so ergeben sich bei fortdauernder Energieausstrahlung Spiralbahnen des Elektrons um seinen Kern, welche mit der schließlichen Vereinigung der beiden Partikel endigen. Um dieser „Katastrophe" gegenüber eine den Tatsachen gemäße *Stabilität* der Atome zu gewährleisten, hat *Bohr* 1913 die Quantentheorie auf das Modell angewendet und damit den ersten und zugleich grundlegendsten Schritt für die gesamte neuere Atomlehre gewagt.[295]) Vernachlässigt man mit *Bohr* die Ausstrahlung und sieht das *Coulomb*sche Gesetz für die Kraftwirkung zwischen Kern und Elektron als allein maßgebend an, so hat man es bei Anwendung der Gesetze der klassischen Dynamik mit einem *elektrischen Analogon zum Keplerschen Planetensystem* zu tun; die Bewegung des Elektrons wird elliptisch und damit *einfach periodisch.* Indem *Bohr* in gewisser Anlehnung an die *Planck*sche Behandlung des linearen Oszillators

$$(138) \qquad -E_n = n \cdot h \frac{\omega}{2} \qquad (n = 1, 2, \ldots)$$

setzte, wo ω die Umlaufsfrequenz der Bewegung bedeutet, erhielt er

$$(139) \qquad E_n = -Z^2 \frac{Rh}{n^2}, \qquad (n = 1, 2, \ldots)$$

und mittels der als *Postulat* eingeführten *Frequenzbedingung* (114) die allgemeine Spektralformel

$$(140) \qquad \nu = Z^2 \cdot R\left(\frac{1}{n''^2} - \frac{1}{n'^2}\right).$$

(140) ergab für $Z = 1$ *die Balmersche Serienformel für sämtliche Spektralfrequenzen des Wasserstoffatoms* und ermöglichte in ganz besonders überzeugender Weise für $Z = 2$ *die Identifizierung der Linien des Heliumfunkenspektrums,* sowie deren Unterscheidung von den *Balmer*linien, indem an Stelle der *Rydbergschen Konstante* R bei ruhend (d. h. unendlich schwer) gedachtem Kern ($M = \infty$)

$$(141) \qquad R_\infty = \frac{2\pi^2 \cdot e^4}{h^3} \cdot m,$$

jene des mitbewegten Kernes von der Masse M

$$(141\text{a}) \qquad R = \frac{2\pi^2 \cdot e^4}{h^3} \cdot \frac{m \cdot M}{m + M}$$

in (140) eingeführt werden konnte, welche für H und He^+ zu merklich unterscheidbaren Zahlwerten führt. (Vgl. V 26, *C. Runge* und

295) *N. Bohr* [1], Abhandlung I—III; hier auch die ältere Literatur zur Geschichte des Problems.

V 27, *A. Kratzer.*) Läßt man n' und zugleich n'' sehr groß werden, jedoch so, daß die Differenz $n' - n''$ klein bleibt und in der Grenze $n' = n''$ gesetzt werden darf, so wird aus (140)

$$\lim_{\substack{n' \to \infty \\ n'' \to \infty}} \nu \sim 2R \frac{n' - n''}{n'^3} = (n' - n'') \cdot \omega, \tag{142}$$

entsprechend (131) und (125).[296]) Für das Impulsmoment des Elektrons in seinen Quantenbahnen bekommt man in der Bezeichnungsweise von Nr. **14** nach (139)

$$\frac{I_n}{2\pi} = n \cdot \frac{h}{2\pi} \qquad (n = 1, 2, \ldots) \tag{143}$$

in Übereinstimmung mit (133) und (134); die Anwendung der Quantentheorie auf die Atomprobleme hat demnach von allem Anfang an einen Weg eingeschlagen, welcher zu identischen Ergebnissen führt, wie der in der vorigen Nummer auseinandergesetzte, allgemeine und bewußt möglichst weitgehende Anschluß an die Folgerungen der *Maxwell*schen Theorie.

Die vorstehend angedeutete, erste quantentheoretische Behandlung der Atommodelle mit einem einzigen Elektron reicht indessen trotz ihrer erwähnten, glänzenden Anfangserfolge nicht hin, um alle genaueren *Einzelheiten der Linien des Balmer- und Heliumfunkenspektrums*, ihre *Feinstruktur*, sowie ihren *Stark-* und *Zeemaneffekt quantitativ* wiederzugeben. Dies und damit den ferneren Ausbau der Theorie ermöglicht zu haben, ist das Verdienst von *A. Sommerfeld.*[297]) Indem *Sommerfeld* die zur Behandlung der „relativistischen" *Kepler*bewegung geeigneten Methoden entwickelte, war die Anwendung der Quantentheorie auf Systeme von *mehreren Freiheitsgraden* mit gewissen *Periodizitätseigenschaften*[298]) bereits so weit klargestellt, daß kurz darauf

296) *N. Bohr* [1], Abhandlung X, ferner vor allem [2] [3].

297) *A. Sommerfeld,* Münchn. Ber. 1915, p. 425, 459; 1916, p. 131; Ann. d. Phys. 51 (1916), p. 1, 125, ferner vor allem [1].

298) Ein zeitlich etwas früherer Versuch von *W. Wilson,* Phil. Mag. 29 (1915), p. 795, ferner 31 (1916), p. 156, beschränkt sich im wesentlichen auf die Formulierung der gleichen Quantenbedingungen wie bei *Sommerfeld,* ohne Erkenntnis ihrer Tragweite, und ist in den Händen seines Urhebers ebenso unfruchtbar geblieben, wie die anfechtbare Theorie von *I. Ishiwara*, Tokyo Sugaki-Buturgakkwai Kizi, 2nd Ser., Vol. 8, Nr. 4, p. 166, bezüglich welcher auf *N. Bohr* [1], p. 142 verwiesen werden muß.

Eine der *Sommerfeld*schen Behandlung der Quantenprobleme von mehreren Freiheitsgraden nahezu völlig äquivalente und ebenfalls gleichzeitige Lösung rührt hingegen von *M. Planck,* Verhandl. Deutsch. Phys. Ges. 17 (1915), p. 407, 438; Ann. d. Phys. 50 (1916), p. 385, her und geht von einer tiefgründigen Analyse der geometrischen Verhältnisse im *μ-Phasenraum* (vgl. Nr. **3**) aus. Die er-

deren endgültige Präzisierung durch Untersuchungen von *Schwarzschild* und *Epstein* herbeigeführt werden konnte.[299])

Die „relativistische" *Kepler*bewegung des Wasserstoffatomelektrons[300]) gehört zu jenen Problemen der Dynamik, *deren Hamilton-Jacobische partielle Differentialgleichung* (5) *sich durch Separation der Variablen vollständig integrieren läßt.* In diesem Falle hat die „Wirkungsfunktion" (6) als vollständige Lösung der Differentialgleichung die spezielle Form

$$S(q_1, \ldots, q_s, \alpha_1, \ldots, \alpha_s) + C = \sum_{k=1}^{s} S_k(q_k, \alpha_1, \ldots, \alpha_s) + C, \tag{6a}$$

wodurch es möglich wird, jede der s Impulsgrößen p_k mittels (4) durch die zugehörige, kanonisch konjugierte Koordinate q_k und die s willkürlichen Integrationskonstanten $\alpha_1, \ldots, \alpha_s$ auszudrücken:

$$p_k = p_k(q_k, \alpha_1, \ldots, \alpha_s) \qquad (k = 1, 2, \ldots, s).\text{[301])} \tag{4a}$$

Die notwendigen und hinreichenden Bedingungen für die Möglichkeit einer derartigen Darstellung sind von *Levi-Cività*[302]) aufgestellt worden und bestehen aus dem folgenden System von $\frac{s(s-1)}{2}$ partiellen Differentialgleichungen:

$$\frac{\partial H}{\partial p_k}\frac{\partial H}{\partial p_l}\frac{\partial^2 H}{\partial q_k \partial q_l} - \frac{\partial H}{\partial p_k}\frac{\partial H}{\partial q_l}\frac{\partial^2 H}{\partial q_k \partial p_l} - \frac{\partial H}{\partial q_k}\frac{\partial H}{\partial p_l}\frac{\partial^2 H}{\partial p_k \partial q_l} + \frac{\partial H}{\partial q_k}\frac{\partial H}{\partial q_l}\frac{\partial^2 H}{\partial p_k \partial p_l} = 0 \tag{144}$$

$$(k = 1, 2, \ldots, s;\ l = 1, 2, \ldots, k-1, k+1, \ldots, s).$$

Bei gegebener, von der Zeit unabhängiger und dann zugleich mit der

---

wähnte Äquivalenz wurde für Systeme mit den entsprechenden Periodizitätseigenschaften von *P. S. Epstein,* Berl. Ber. **1918**, p. 435 nachgewiesen, ferner hat *H. Kneser,* Math. Ann. 84 (1921), p. 277, gezeigt, daß die *Planck*schen Quantelungsprinzipien jene Periodizitätseigenschaften notwendig zur Folge haben.

299) *K. Schwarzschild,* Berl. Ber. **1916**, p. 548; *P. S. Epstein,* Ann. d. Phys. 50 (1916), p. 489; 51 (1916), p. 168.

300) Vgl. dazu die Untersuchung von *G. Jaffé,* Ann. d. Phys. 67 (1922), p. 212.

301) Im Gegensatz zu der in (6) und auch sonst in Nr. **3** und **3 A** bevorzugten Schreibweise sehen wir im folgenden von der Angabe der Parameter a bzw. a^* als Argumente der vorkommenden Funktionen ab, da alle mit den Parametern in Zusammenhang stehenden und hier noch in Betracht kommenden Fragen durch Nr. **3 A** und die Ausführungen in Nr. **14** über das *Ehrenfest*sche *Adiabatenprinzip* als erledigt angesehen werden können.

302) *T. Levi-Cività,* Math. Ann. 59 (1904), p. 383; vgl. auch *H. Kneser,* Math. Ann. 84 (1921), p. 277, § 3. Eine vollständige Diskussion der Bedingungen (144) ist von *Levi-Cività* für $s = 2$ ausgeführt worden; bezüglich $s = 3$ vgl. man *F. A. Dall'Acqua,* Math. Ann. 66 (1909), p. 398.

Energie übereinstimmender *Hamilton*schen Funktion $H(q_1, \ldots, q_s, p_1, \ldots, p_s)$ der Bewegungsgleichungen (1) ist es somit ein Leichtes, festzustellen, ob diese Bedingungen für irgendwelche kanonische Variable q_k, p_k erfüllt sind oder nicht. Ist ersteres für *bestimmte* q_k, p_k der Fall, so wird diese Eigenschaft offenbar auch noch für alle jene kanonischen Veränderlichen Q_k, P_k erhalten bleiben, für welche

$$Q_k = Q_k(q_k) \qquad (k = 1, 2, \ldots, s) \tag{145}$$

ist. Gibt es außer den durch (145) gekennzeichneten kanonischen Veränderlichen noch weitere, in welchen die allgemeinen Bedingungen (144) erfüllbar sind, so nennt man das System „entartet“ und kann sich leicht davon überzeugen, daß es dann durch geeignete Transformationen in ein solches mit *weniger als s Freiheitsgraden* übergeführt werden kann. — Erweist sich ein vorgelegtes dynamisches Problem in verschiedenen bequem zugänglichen Variablen q_k, p_k *nicht* als „separierbar“, so wäre der Nachweis zu erbringen, ob es überhaupt kanonische Veränderliche geben kann, in denen die Separation möglich wird.[303]) Zu diesem Zwecke hätte man die Bedingungen für jene Berührungstransformationen aufzusuchen, deren Anwendung auf das vorgelegte Problem die Befriedigung des Differentialgleichungssystems (144) ermöglichen würde. Die allgemeine Erledigung dieser an sich recht bedeutsamen Fragestellung ist bisher nicht gelungen, sie ist im vorliegenden Falle der Dynamik *Bohr*scher Atom- und Molekülmodelle aber auch von geringerem Interesse, da die allgemeine Theorie des *Drei- und Mehrkörperproblems* (Nr. **16**) erkennen läßt, daß die Separationsmethode grundsätzlich nur im Falle störungsfreier oder durch äußere Kraftfelder gestörter Atommodelle mit einem *einzigen* Elektron anwendbar sein kann.

In der gewöhnlichen Mechanik ist die Differentialgleichung (5) vom zweiten Grade, so daß man im Falle der Separation für (4a)

$$p_k = \sqrt{f_k(q_k, \alpha_1, \ldots, \alpha_s)} \qquad (k = 1, 2, \ldots, s) \tag{4a'}$$

erhält, und Gleiches gilt auch z. B. im Falle der relativistischen *Kepler*bewegung. Sind a_k und b_k zwei aufeinanderfolgende, reelle und einfache Wurzeln des Radikanden in (4a') und ist die Bedingung $a_k < q_k < b_k$ für alle Freiheitsgrade simultan realisierbar, so kann gezeigt werden, daß die q_k, wenn sie einmal zwischen a_k und b_k gelegen waren, dauernd zwischen diesen festen „Librationsgrenzen“ hin und her pendeln. Die Wirkungsfunktion (6a) wächst hierbei nach jeder

303) Über *teilweise separierbare Systeme* vgl. man *P. S. Epstein*, Verhandl. Deutsch. Phys. Ges. 19 (1917), p. 116, § 4.

einzelnen Schwingung und für jedes q_k um den festen „Periodizitätsmodul"

$$(146)\qquad 2\int_{a_k}^{b_k}\sqrt{f_k(q_k,\alpha_1,\ldots,\alpha_s)}\cdot dq_k \qquad (k=1,2,\ldots,s);$$

die Bewegung des Gesamtsystems ist dann *stabil* (vgl. Nr. **2**, **3** und **3 A**) und, wenn das Problem *nicht entartet* ist, gerade *s-fach periodisch.* Derartige Systeme heißen *bedingt periodisch,* weil man mittels geeigneter *Bedingungen* für die $\alpha_1,\ldots,\alpha_s$ in (4a') und (146) die Länge der s verschiedenen Perioden kommensurabel und damit die Systembewegung *einfach periodisch* machen kann.[304]) Ist das Problem hingegen *entartet,* so wird die Bewegung *u-fach periodisch,* wobei u gleich der Anzahl jener Freiheitsgrade wird, auf welche das System im äußersten Falle zurückgeführt werden kann. Man findet demnach, *daß der „Periodizitätsgrad" u eines bedingt periodischen Systems $\leqq s$ sein muß, je nachdem „Entartung" vorliegt oder nicht.*[305])

Will man die Bewegung nun entsprechend den allgemeinen Anforderungen der vorangehenden Nummer, insbesondere des *Bohrschen Korrespondenzprinzipes,* durch u-fache *Fourier*sche Reihen darstellen, so hat man eine Berührungstransformation auszuführen, welche die Separationsvariablen q_k, p_k in solche „Uniformisierungsvariable" w_r, I_r überführt, daß z. B. die

$$(147)\qquad q_k=\sum C^{(q_k)}_{\tau_1\ldots\tau_u}\cos 2\pi(\tau_1 w_1+\cdots+\tau_u w_u+\gamma_{\tau_1\ldots\tau_u})$$
$$(k=1,2,\ldots,s;\ u\leqq s)^{274)}$$

und ebenso die p_k in den w_r periodisch von der Periode 1 werden, wobei die „Winkelvariablen" w_r überdies den Relationen (127) und (128) gehorchen müssen und gegebenenfalls auch die Bedingung (135) hinzugenommen werden kann.[306])[307]) Dann erhält man allgemein in

304) *P. Stäckel,* Habilitationsschrift, Halle 1891, p. 16; Paris C. R. 116 (1893), p. 485; 121 (1895), p. 489; *C. L. Charlier,* Die Mechanik des Himmels, Bd. I, Leipzig 1902.

305) Der Begriff der „Entartung" ist von *K. Schwarzschild,* Berl. Ber. 1916, p. 548, geprägt und zuerst im Zusammenhange mit den Quantenproblemen erörtert worden. — Zu obiger Stelle des Textes vgl. man auch Anm. 275).

306) Vgl. dazu vor allem *J. M. Burgers* [1], wo von derartigen Berührungstransformationen für die Atomprobleme an zahlreichen Beispielen systematischer Gebrauch gemacht wird. Ferner etwa *N. Bohr,* Ztschr. f. Phys. 13 (1923), p. 117, I. Kapitel, § 2. — Faßt man die Gleichungen (4) und (7) in Nr. 3 als Ausdruck einer Berührungstransformation auf, so werden die q_k, p_k $(k=1,2,\ldots,s)$ dadurch zunächst in die kanonischen Größen α_i, β_i $(i=1,2,\ldots,s)$ übergeführt. Die im Text erwähnte Berührungstransformation kann dann durch eine solche ersetzt werden, welche die $\alpha_1,\ldots,\alpha_s;\ \beta_1,\ldots,\beta_s$ weiterhin in die Größen $I_1,\ldots,I_u,$

den *Separations*koordinaten q_r, p_r

$$(148)\quad I_r = 2\int_{a_r}^{b_r} p_r \cdot dq_r = \oint \sqrt{f_r(q_r, \alpha_1, \ldots, \alpha_s)} \cdot dq_r = \oint \frac{\partial S}{\partial q_r} \cdot dq_r$$

$$(r = 1, 2, \ldots, u;\ u \leqq s),$$

oder in *beliebigen* kanonischen Veränderlichen q_k, p_k geschrieben (vgl. (11")):

$$(148\text{a})\qquad I_r = \int_0^1 dw_r \cdot \sum_{k=1}^{s} p_k \cdot \frac{\partial q_k}{\partial w_r} \qquad (r = 1, 2, \ldots, u);$$

für einen von Anfang an *zyklischen* Freiheitsgrad z, welcher einer *stabilen* Bewegung entspricht (z. B. Rotationswinkel und Drehimpuls) ergibt sich an Stelle von (148) insbesondere

$$(148')\qquad I_z = \oint p_z \cdot dq_z = \int_0^{2\pi} p_z \cdot dq_z = 2\pi \cdot p_z.$$

Wendet man jetzt die Quantenbedingungen (133) auf den vorliegenden Fall an,

$$(149)\qquad I_r = \oint p_r \cdot dq_r = n_r \cdot h + h_r^{(0)} \qquad \begin{cases}(r = 1, 2, \ldots, u;\ u \leqq s)\\(n_r = 0, 1, 2, \ldots),\end{cases}$$

so besagen sie nach (146), *daß bei bedingt periodischen Systemen die Periodizitätsmoduln der Wirkungsfunktion,* abgesehen von den eventuellen additiven Konstanten $h_r^{(0)}$, *ganze Vielfache des Planckschen Wirkungsquantums h sein müssen.*[308]) Führt man sie aus, so werden da-

$\bar{\alpha}_1, \ldots, \bar{\alpha}_{s-u};\ w_1, \ldots, w_u, \bar{\beta}_1, \ldots, \bar{\beta}_{s-u}$ überführt. Die dadurch neu eingeführten *Konstanten* $\bar{\alpha}_j, \bar{\beta}_j$ $(j = 1, 2, \ldots, s-u)$ sind gewisse, für die Periodizitätseigenschaften des dynamischen Systems belanglose Funktionen der α_i, β_i $(i = 1, 2, \ldots, s)$ und werden daher im folgenden nicht weiter berücksichtigt; eine besondere Bedeutung kommt ihnen jedoch in der *Störungstheorie* (Nr. **15b**, Fall I, 2) zu, wo sie die Veranlassung zum Auftreten der „säkularen" Störungen geben.

307) Mit Rücksicht auf die weiter unten (Nr. **15b**) zu besprechende Behandlung bedingt periodischer Systeme, bei welchen die Separation der Variablen praktisch nur *mittels einer unendlichen Folge von Berührungstransformationen* bewerkstelligt werden kann, möge noch darauf hingewiesen werden, daß *jede Darstellung der allgemeinen Lösung* eines dynamischen Problems (1) von der Form (147) die Zurückführung auf kanonisch konjugierte Uniformisierungsveränderliche w_r, I_r ermöglicht und diese daher mit ihr gleichbedeutend ist. Der Beweis hierfür stammt von *G. Herglotz,* siehe Anm. 69).

308) Bezüglich des für die Anwendung des *Ehrenfestschen Adiabatenprinzips* (Nr. **14**) bedeutsamen allgemeinen Nachweises dafür, daß die „Quantenintegrale" in (149) für bedingt periodische Systeme *Parameterinvarianten* oder *adiabatische Invarianten* sind, vgl. man Nr. **3A**, namentlich aber die in Anm. 71) zitierte Literatur.

durch — wegen der notwendigen *Eindeutigkeit der Integrale*

$$A_i(q_k, p_k) = \alpha_i \qquad (i = 1, 2, \ldots, s) \tag{9a}$$

im Separationsfalle — bei nicht entarteten Problemen die Werte der bisher willkürlich gebliebenen Integrationskonstanten $\alpha_1, \ldots, \alpha_s$ *eindeutig* festgelegt, und ebenso bei entarteten Systemen jene u von diesen Konstanten, welche für den Bewegungsverlauf allein maßgebend sind; die in (127) eingehenden Phasenkonstanten δ_r, welche mit den willkürlichen Integrationskonstanten $\beta_1, \ldots, \beta_s$ in (7) zusammenhängen, bleiben hingegen beliebig wählbar. Zu jedem einzelnen der abzählbar unendlich vielen Quantenzustände, welchen entsprechend (103′) nach (149) die *eindeutig bestimmten, ausgezeichneten Energiewerte*

$$E_n(I_{1,n}, \ldots, I_{u,n}) = E(n_1 h + h_1^{(0)}, \ldots, n_u h + h_u^{(0)}) \tag{150}$$

zugehören, gibt es demnach noch u-dimensional-kontinuierlich viele *verschiedene* mögliche Einzelbewegungen, deren Verhalten für hinreichend lange Zeiten betrachtet, jedoch übereinstimmt.[309]) Setzt man $h_r^{(0)}$ in (149) gemäß (134) fest, so erhält man für quasiperiodische Systeme genau die von *Sommerfeld*[297]) und *Wilson*[298]) vorgeschlagene Form des Quantenansatzes, für allgemeine bedingt periodische Systeme jene von *Schwarzschild* und *Epstein*.[310])[311]) Zur praktischen Berechnung

309) Der Beweis erfolgt auf Grund eines Satzes von *P. Stäckel* (Anm. 304), welcher dem *Poincaré-Carathéodoryschen Wiederkehrsatz* (Nr. 3A) bei bedingt periodischen Systemen entspricht. Siehe Anm. 52) und 66).

310) Siehe Anm. 299), ferner auch *P. Debye*, Gött. Nachr. 1916, p. 1; Phys. Ztschr. 17 (1916), p. 507. — Eine Formulierung der Quantenbedingungen, welche analog der oben im Anschluß an (146) gewählten, von *Sommerfeld* herrührenden Fassung bloß auf das Verhalten der Wirkungsfunktion (6) Bezug nimmt, hat *A. Einstein*, Verhandl. Deutsch. Phys. Ges. 19 (1917), p. 82, aufgestellt, wozu auch noch auf *P. S. Epstein*, Verhandl. Deutsch. Phys. Ges. 19 (1917), p. 116, zu verweisen ist. Die damit verfolgte Absicht, eine Übertragung der Quantenbedingungen auch auf nicht bedingt periodische Systeme zu ermöglichen, hat sich jedoch leider nicht verwirklichen lassen, wie sich allgemein im Zusammenhang mit dem in Anm. 69), 307) erwähnten *Herglotz*schen Satz beweisen läßt, und auch von *H. Kneser*, Math. Ann. 84 (1921), p. 277, § 6, gezeigt worden ist. Weitere Formulierungen, die ebenfalls nichts Neues zu liefern imstande waren, rühren her von *E. Brody*, Ztschr. f. Phys. 6 (1921), p. 224, und *V. Trkal*, Proc. Cambr. Phil. Soc. 21 (1922), p. 80; Verhandl. Deutsch. Phys. Ges. (3) 3 (1922), p. 48. Zur letzterwähnten Untersuchung vgl. man noch eine Erweiterung von *J. H. Van Vleck*, Phys. Rev. 22 (1923), p. 547.

Einen eigenartigen Versuch zu einer Neuformulierung der Quantenbedingungen von *Sommerfeld-Wilson*, *Schwarzschild* und *Epstein* hat *W. Wilson* in einer dem Referenten im Original nicht zugänglich gewesenen Veröffentlichung, Proc. Roy. Soc. A 102 (1922), p. 478 unternommen. Mit Rücksicht auf die *all-*

sind die „Quantenintegrale" in (149) von *Sommerfeld* als *komplexe Integrale* aufgefaßt worden, wie in (148) und (149) durch Angabe des Zeichens für einen geschlossenen Integrationsweg bereits angedeutet worden ist, womit der *rechnenden* Quantentheorie ein mächtiges funktionentheoretisches Hilfsmittel an die Hand gegeben worden ist.[312])

---

gemeine Relativitätstheorie wird für mehrfach (?) periodische Systeme allgemein

$$\int (p_k + e \cdot \mathfrak{A}_k) \cdot dq_k = n_k \cdot h \qquad (k = 1, 2, 3, 4)$$

gesetzt ($\mathfrak{A}$ Vierer-Vektorpotential). Während *drei* derartige Bedingungen für Raumkoordinaten eine sachgemäße Behandlung des z. B. durch ein äußeres homogenes Magnetfeld *gestörten* Wasserstoffatommodells (Nr. **15 b**) ermöglichen [vgl. *A. M. Mosharrafa*, Proc. Soy. Soc. A 102 (1922), p. 529], würde eine *vierte* Bedingung, deren Integrationsbereich zudem unklar bliebe, zu Ergebnissen führen, welche dem Korrespondenzprinzip gegenüber absurd erscheinen müßten. Wie *O. W. Richardson*, Phil. Mag. 46 (1923), p. 911 besonders zeigt, kann n_4 schon bei *einfach* periodischen Systemen im allgemeinen nicht mehr ganzzahlig sein, was aber von ihm mit dem beim anormalen *Zeeman*effekt, bei der Komplexstruktur und bei den Bandenspektren auftretenden „halben" Quantenzahlen (siehe p. 997) in Verbindung gebracht wird. Ein dem obigen verwandter Versuch rührt von *S. C. Kar*, Phil. Mag. 45 (1923), p. 610, her, doch liegt dessen Unzulänglichkeit unmittelbar auf der Hand, vgl. *A. Smekal*, Phys. Ber. 4 (1923), p. 1083. — Die Bedeutung der *gewöhnlichen* Quantenbedingungen (149) für die *Weylsche Erweiterung der allgemeinen Relativitätstheorie* wird in hochinteressanter Weise von *E. Schrödinger*, Ztschr. f. Phys. 12 (1922), p. 13 diskutiert; die dabei auftretende *Weyl*sche Linearform scheint in direkter Beziehung zu den ersten drei Quantenbedingungen in der obigen neuen Form von *W. Wilson* zu stehen. Zu den letzteren vgl. man auch die Bemerkungen von *M. v. Laue*, Ann. d. Phys. 73 (1924), p. 190, zur *G. A. Schott*schen Form der relativistischen Dynamik.

311) In den ersten Arbeiten, welche von den genannten Autoren der Begründung und Anwendung obiger Quantenbedingungen gewidmet worden sind, hat vor allem die Frage *nach den zur Quantelung eines vorgelegten Systems geeigneten Koordinaten* eine wesentliche Rolle gespielt. Demgegenüber ist der obigen Darstellung, insbesondere der allgemeinen Schreibweise in (148 a) zu entnehmen, daß die Größen I_r *zeitfreie Integrale der Bewegungsgleichungen* (1) und als solche *beliebigen* (kanonischen oder nicht kanonischen) Transformationen der benutzten Variablen gegenüber *invariant* sind. Die *Eindeutigkeit* der obigen Quantenvorschriften besteht daher für ganz *beliebige* q_k, p_k zu Recht, und die Quantenintegrale (148) bzw. (148 a) können grundsätzlich in ganz willkürlichen Veränderlichen berechnet werden. Die durch die Bedingungen (145) gekennzeichnete Gruppe von Separationsvariablen ist aber dadurch ausgezeichnet, daß wegen ihrer unmittelbaren Beziehung zu den Periodizitätseigenschaften der bedingt periodischen Systeme, die Ermittlung der Quantenintegrale durch sie auf dem einfachsten und natürlichsten Wege ermöglicht wird; am unmittelbarsten findet dies seinen Ausdruck darin, daß die Veränderlichen w_r, I_r, wie man unmittelbar auch aus (5') entnehmen kann, der Gruppe der Separationsvariabeln selbst mitangehören.

312) Vgl. namentlich *A. Sommerfeld* [1], Zusatz 6 und 7. — Einwendungen gegen die dabei benutzte Entwicklungsmethode der Quantenintegrale sind von

Spezialisiert man die Quantenbedingungen (149) für *einfach periodische Systeme von beliebig vielen Freiheitsgraden*, so hat man es im Falle $s > 1$ stets mit *entarteten* Systemen zu tun und erhält die *einzige* Quantenbedingung

$$(151) \qquad I = \int_0^{\frac{1}{\omega}} p \cdot dq = n \cdot h + h^{(0)} \qquad (n = 0, 1, 2 \ldots)$$

worin ω die Umlaufsfrequenz der Bewegung darstellt.[313]) Für die Energie des *linearen Planckschen Oszillators* (52) bzw. für jene einer beliebigen *Hohlraum-* oder *Festkörpereigenschwingung* von der Frequenz ν ($s = 1$) (Nr. **6 b**) erhält man daraus nach (55)

$$(152) \qquad E_n = n \cdot h\nu + h^{(0)}\nu \qquad (n = 0, 1, 2, \ldots).$$

Der Vergleich mit den aus der *Statistik* (Nr. **9**) erhaltenen Daten (95) bzw. (100) zeigt, daß in der *Strahlungstheorie* $h^{(0)} = 0$ zu setzen ist, wie dies *Planck* von Anbeginn der Quantentheorie an auch für notwendig befunden hatte; für den *festen Körper* hingegen scheint $h^{(0)}$ von Null verschieden und nach p. 962 entweder gleich $\frac{1}{2} \cdot h$ oder gleich $1 \cdot h$ zu sein. Bei der *einfach periodischen* und darum *entarteten*[314]), „nicht-

---

E. C. Kemble, Proc. Nat. Acad. Amer. 7 (1921), p. 283 erhoben, von *A. Sommerfeld,* J. Opt. Soc. Amer. 6 (1922). p. 25 und *P. S. Epstein,* Proc. Nat. Acad. Amer. 8 (1922), p. 251, jedoch als unberechtigt zurückgewiesen worden.

313) Eine einheitliche Quantentheorie rein periodischer Systeme, wie sie auf Grund von (151) allgemein entwickelt werden könnte, ist von *Bohr* 1916 verfaßt, wegen des gleichzeitigen Erscheinens *Sommerfelds* grundlegender Untersuchungen (Anm. 297) damals jedoch nicht publiziert worden; sie ist nunmehr als Abhandlung X bei *N. Bohr* [1] abgedruckt. Die *Bohr*sche Behandlung stützt sich wesentlich auf das in Anm. 114) zitierte mechanische Theorem von *Boltzmann,* das für einfach periodische Systeme beliebig vieler Freiheitsgrade gilt und seit 1913 von *Ehrenfest* für die Quantentheorie nutzbar gemacht worden ist.

314) Während *Bohr* die nicht-relativistische *Kepler*bewegung konsequent als *entartetes* ebenes Problem ($s = 2$) mit der *einzigen* Quantenbedingung (151) behandelt, ist sie von *Sommerfeld* (Anm. 297), ferner [1]) ursprünglich als *nicht entartetes* ebenes Problem mit *zwei* Bedingungen von der Form (151) gequantelt worden. Obwohl das Endergebnis formal mit jenem der *Bohr*schen Behandlung übereinstimmt, bestehen doch mancherlei wesentliche Unterschiede zwischen den beiden Darstellungen. Die *Bohr*sche Auffassung läßt Ellipsenbahnen von beliebig stetig veränderlicher Exzentrizität zu, nach der *Sommerfeld*schen hingegen sind nur quantenhaft ausgezeichnete Exzentrizitäten möglich. Während die *adiabatische Invarianz* von (151) für periodische Systeme auf Grund des in der vorigen Anmerkung genannten Satzes von *Boltzmann* sichersteht, sind die beiden *Sommerfeld*schen Quantenintegrale im Falle der nicht-relativistischen *Kepler*bewegung (aber auch *nur* in diesem Falle) *keine* adiabatischen Invarianten, sondern nur deren *Summe,* welche mit (151) übereinstimmt. Da nach Nr. **14** überdies wegen des *Korrespondenzprinzipes* ausschließlich der *Periodizitätsgrad* der Bewegung

relativistischen“ *Kepler*bewegung des Elektrons im H- oder He^+-Atommodell nach *Bohr* ($s = 2$ für das ebene, $s = 3$ für das räumliche Problem!), ist zufolge (143), wie oben bereits bemerkt, $h^{(0)}$ jedoch wiederum durch (134) gegeben.

Im Falle des ebenen „relativistischen“ *Kepler*problems ($s = 2$) hat man für die mit der Energie identische *Hamilton*sche Funktion

$$H \equiv mc^2\left(\frac{1}{\sqrt{1-\frac{v^2}{c^2}}} - 1\right) - \frac{Ze^2}{r} = E, \tag{123a}$$

wobei v die Geschwindigkeit des Elektrons und r seinen Abstand vom ruhend gedachten Atomkern mit der Ladung $+Z \cdot e$ bedeuten und nur die *Coulomb*sche Anziehung zwischen Kern und Elektron berücksichtigt ist.[315]) Bezeichnet man mit p_r den zu r kanonisch konjugierten Impuls, ebenso mit p_φ das zum Polarwinkel φ gehörige Impulsmoment des Elektrons, so findet man unschwer

$$p_r^2 + \frac{1}{r^2}\,p_\varphi^2 = \frac{m^2v^2}{1-\frac{v^2}{c^2}}.$$

Mit der Energiegleichung vereinigt, ergibt dies nach Substitution von (4) die *Hamilton-Jacobi*sche partielle Differentialgleichung (5) des Problems

$$\left(\frac{\partial S}{\partial r}\right)^2 + \frac{1}{r^2}\left(\frac{\partial S}{\partial \varphi}\right)^2 = 2mE + \frac{2mZe^2}{r} + \frac{1}{c^2}\left(E + \frac{Ze^2}{r}\right)^2.$$

Wie man sieht, läßt sich die Gleichung in den Polarkoordinaten r, φ unmittelbar separieren; eine genauere Untersuchung lehrt, daß die Bewegung *doppelt periodisch* und somit *nicht entartet* ist und einer Ellipse mit Periheldrehung entspricht. Da φ für das Problem zyklisch ist, hat man nach (148′) und (149) als „azimutale“ Quantenbedingung

$$I_\varphi = 2\pi p_\varphi = n_\varphi \cdot h \qquad (n_\varphi = 1, 2, \ldots)$$

---

für die Art der Anwendung und die Zahl der Quantenbedingungen maßgebend sein darf, so kann mit Rücksicht auf das Adiabaten- und Korrespondenzprinzip gegenwärtig nur die *Bohr*sche Behandlung der nicht-relativistischen *Kepler*bewegung als folgerichtig angesehen werden. Die *Sommerfeld*sche Darstellung ergibt sich *formal* unmittelbar aus der im Text weiter unten behandelten und mit den späteren *Bohr*schen Prinzipien übereinstimmenden *Sommerfeld*schen Behandlung der *relativistischen Kepler*bewegung, indem man den Relativitätseinfluß vernachlässigt und hierzu die Lichtgeschwindigkeit c unendlich setzt.

315) Vgl. dazu und zu der nachfolgend angedeuteten Rechnung etwa *A. Sommerfeld* [1], Zusatz 16. — Entwickelt man die Quadratwurzel bis einschließlich der Glieder in $\left(\frac{v}{c}\right)^4$, so entspricht dies den ersten drei Gliedern der allgemeinen *Hamilton*schen Funktion (123) in Nr. **14**, bei Vernachlässigung der dort implizite mitberücksichtigten Kernmitbewegung.

Die „radiale" Quantenbedingung hingegen ist von der Form

$$I_p = \oint \sqrt{A + \frac{2B}{r} + \frac{C}{r^2}} \cdot dr = -2\pi i \cdot \left(\sqrt{C} - \frac{B}{\sqrt{A}}\right) = n_r \cdot h$$

$$(n_r = 1, 2, \ldots),$$

worin für

$$A = 2mE + \frac{E^2}{c^2}, \quad B = mZe^2 + \frac{Ze^2E}{c^2}, \quad C = -p_\varphi^2 + \frac{Z^2e^4}{c^2}$$

gesetzt ist. Indem man p_φ mittels der azimutalen Quantenbedingung eliminiert, bekommt man für die Energie E des Modells den geschlossenen Ausdruck

$$\text{(139a)} \qquad E_n = mc^2 \cdot \left\{\left[1 + \frac{Z^2\alpha^2}{(n_\varphi + \sqrt{n_r^2 - Z^2\alpha^2})^2}\right]^{-\frac{1}{2}} - 1\right\},$$

oder, wenn man nach Potenzen der dimensionslosen *Sommerfeldschen* „*Feinstrukturkonstante*"

$$\text{(153)} \qquad \alpha = \frac{2\pi e^2}{hc}$$

entwickelt,

$$\text{(139a')} \quad E_n = -Z^2 R_\infty h \cdot \left\{\frac{1}{(n_\varphi + n_r)^2} + \frac{Z^2\alpha^2}{(n_\varphi + n_r)^4} \cdot \left(\frac{1}{4} + \frac{n_r}{n_\varphi}\right) + \cdots\right\}$$

$$(n_\varphi = 1, 2, \ldots), \quad (n_r = 0, 1, 2, \ldots).$$

Setzt man $n_\varphi + n_r = n$, so stimmt dies für $c = \infty$ bzw. $\alpha = 0$ genau mit dem ursprünglichen *Bohr*schen nicht-relativistischen Energieausdruck (139) überein, wobei die *Rydberg*sche Konstante R_∞ wieder durch (141) gegeben ist. Um hier nachträglich noch der *Mitbewegung des Atomkernes* Rechnung zu tragen, ist es ausreichend, R_∞ in (139a') mit *Sommerfeld* einfach durch R gemäß (141a) zu ersetzen. Die strenge Behandlung dieses Problems, welche auf Grund der *Hamilton*schen Funktion (123) außerdem noch den Einfluß der *Retardierung der Potentiale* berücksichtigt, ist von *Darwin*[316]) ausgeführt worden und er-

316) *C. G. Darwin*, Phil. Mag. 39 (1920), p. 537. — Eine Anwendung der *allgemeinen Relativitätstheorie* auf das oben behandelte Modell, jedoch *ohne* Berücksichtigung von Kernmitbewegung und Retardierung der Potentiale, ist (mit Unterstützung von *Bohr* und *Kramers*) von *Th. Wereide*, Phys. Rev. 21 (1923), p. 391 veröffentlicht worden. Das Ergebnis fällt praktisch mit (139a') und (139b) zusammen, indem an Stelle von $\frac{1}{4}$ im zweiten Klammergliede auf der rechten Seite von (139a') eine mittels der Beobachtungsdaten zu bestimmende Konstante tritt, zu deren exakter Festlegung die gegenwärtige Meßgenauigkeit aber nicht hinreicht; wie man unmittelbar sehen kann, ist der Wert dieser Konstante für die allein durch das Verhältnis $\left(\frac{n_r}{n_\varphi}\right)$ bedingte *relative Lage der Feinstrukturkomponenten* ebenso belanglos, wie das in (139b) gegenüber (139a') hinzugekommene konstante Glied. — Die auf p. 987 angegebene Grenze für die Gültigkeit

gibt das von (139a') kaum merklich verschiedene Resultat

$$(139\text{b})\quad E_n = -Z^2 Rh \cdot \left\{ \frac{1}{(n_\varphi + n_r)^2} + \frac{Z^2\alpha^2}{(n_\varphi + n_r)^4} \cdot \left(\frac{1}{4} + \frac{1}{4} \frac{\frac{m}{M}}{\left(1 + \frac{m}{M}\right)^2} + \frac{n_r}{n_\varphi} \right) + \cdots \right\}.$$

Während n_φ in Übereinstimmung mit den spektralen Tatsachen der Normierung (134) der Quantenintegrale genügt, welche hier den Umstand zum Ausdruck bringt, daß $I_\varphi \neq 0$ sein muß, damit es zu keinem Zusammenstürzen von Kern und Elektron kommt, kann $I_r = 0$ werden, was dem von *Bohr* bereits vor *Sommerfeld* berechneten *Relativitätseffekt an Kreisbahnen* entspricht.[317]) Um die Normierung (134) bei *beiden* Quantenbedingungen möglich zu machen, kann man mit *Bohr*[318]) n_φ als *Impulsquantenzahl „k"* allgemein beibehalten, an Stelle von n_r aber als *Hauptquantenzahl „n"* die bereits hervorgehobene

---

des *Coulomb*schen Gesetzes soll nach *Wereide* mittels der allgemeinen Relativitätstheorie qualitativ hinreichend erklärt werden können.

Den Einfluß der Gravitation auf die relativistische Keplerbewegung hat jüngst auch *K. Ogura*, Japan. J. of phys. 3 (1924), p. 85, untersucht und dessen Unmerklichkeit bestätigt.

317) *N. Bohr* [1], Abhandlung VII; [2], p. 90.

318) *N. Bohr* [3], p. 78, hier jedoch auch aus Gründen der Analogie zu den Serienspektren der übrigen Elemente benutzt. — Um die in Anm. 314) erwähnte Beziehung zwischen den Behandlungen der *nicht-relativistischen Kepler*bewegung von *Bohr* und *Sommerfeld* näher zu erläutern, möge zunächst darauf hingewiesen werden, daß sich die mittels mehrfacher *Fourier*scher Reihen vom Typus (147) darstellbaren Lösungen beliebiger dynamischer Probleme *jeder ganzzahligen, linearen Transformation ihrer Uniformisierungsvariablen* w_r, I_r *gegenüber invariant verhalten* und daß dies *nach* (133) *auch für deren stationäre Quantenzustände gilt.* Führt man bei der *relativistischen Kepler*bewegung etwa die kanonische Transformation

$$w' = a_1 w_\varphi + a_2 w_r, \qquad I_\varphi = a_1 I' + a_3 I''$$
$$w'' = a_3 w_\varphi + a_4 w_r, \qquad I_r = a_2 I' + a_4 I''$$

aus, so bleiben alle an die Benutzung der früheren Variablen und ihrer Quantenwerte geknüpften Folgerungen *ungeändert.* Für ein *entartetes* System ist nun die in Anm. 274) angegebene Eindeutigkeitsbedingung *nicht* erfüllt, indem z. B. bei der *entarteten, nicht-relativistischen Kepler*bewegung $\omega_r = \omega_\varphi$ und daher bis auf eine Phasenkonstante $w_r = w_\varphi$ wird. Setzt man speziell $a_1 = a_4 = 1$, $a_2 = 0$, $a_3 = -1$ und bezeichnet w', w'', I', I'' jetzt mit w_n, w_k, I_n, I_k, so wird $w_k = w_r - w_\varphi$ *konstant* und gibt die nun willkürliche Perihellage der Bewegung an, ferner $w_n = w_\varphi$, sowie $I_n = I_\varphi + I_r$ und $I_k = I_r$. Indem *Bohr* diese Variablen auch noch zur Beschreibung und quantentheoretischen Behandlung der *relativistischen Kepler*bewegung benutzt, ordnet er der *sich jetzt langsam verändernden* Perihellage w_k das *Sommerfeld*sche azimutale Quantenintegral I_φ zu, während die Summe der beiden *Sommerfeld*schen Quantenintegrale $I_n = I_\varphi + I_r$ jetzt als Hauptquantenintegral der Radialbewegung zugehört.

Quantensumme $n_\varphi + n_r$ einführen, welche offenbar ebenfalls (134) gehorcht; mit diesen Bezeichnungen erhält man für die *große Achse* $2a$ und den *Parameter* $2p$ (Länge der Sehne im Brennpunkt, senkrecht zu $2a$) der relativistischen *Kepler*ellipse — für letzteren mit einer Annäherung, welche (139a′) entspricht — die symmetrischen Ausdrücke

$$(154) \qquad 2a = n^2 \cdot \frac{h^2}{2\pi^2 Z e^2 m}, \quad 2p = k^2 \cdot \frac{h^2}{2\pi^2 Z e^2 m},$$

wobei $n, k = 1, 2, \ldots$, aber stets $n \geqq k$ sein muß.

Wie *Sommerfeld* zeigen konnte, gibt (139a) bzw. (139a′) (und ebenso auch (139b)) eine quantitative Deutung für die *Feinstruktur der Balmer- und Heliumfunkenlinien*[319]); sie wird bestätigt und vervollständigt durch die Anwendung des Korrespondenzprinzipes auf die relativistische *Kepler*bewegung, welche *Bohr* vorgenommen und *Kramers* zur Ermittlung der *Intensitäts- und Polarisationsverhältnisse der Feinstrukturkomponenten* verarbeitet hat.[320]) Die dem Problem entsprechende *Fourier*entwicklung der Bewegung, welche dem allgemeinen Ansatz (124) in Nr. **14** bzw. (147) analog ist, wird hier, wenn x und y in der Elektronenbahnebene gelegene, rechtwinklige Koordinaten bedeuten, von der Gestalt:

$$(155) \qquad \left\{ \begin{aligned} x &= \sum_{\tau=-\infty}^{\tau=+\infty} C_\tau \cos 2\pi [(\tau\omega_r + \omega_\varphi) t + c_\tau], \\ \pm y &= \sum_{\tau=-\infty}^{\tau=+\infty} C_\tau \sin 2\pi [(\tau\omega_r + \omega_\varphi) t + c_\tau], \end{aligned} \right.$$

wo τ eine beliebige ganze Zahl und ω_φ und ω_r die den beiden Quantengrößen I_φ und I_r nach (128) zugeordneten Grundschwingungszahlen der Bewegung darstellen. Wegen der Gleichheit der Koeffizienten C_τ in den beiden Entwicklungen kann die Bewegung aufgefaßt werden als Überlagerung einer Anzahl zirkularer harmonischer Schwingungen, deren Umdrehungssinn jenem des Elektrons um den Kern gleich oder entgegengesetzt ist, je nachdem die Größe $\tau\omega_r + \omega_\varphi$ positiv oder negativ ist. Da τ beliebig, der Koeffizient von ω_φ hingegen gleich Eins ist, folgt aus dem Korrespondenzprinzip (136), *daß überhaupt nur solche Quantenübergänge des störungsfreien Atoms möglich sind, bei denen sich die azimutale oder Impulsquantenzahl* $n_\varphi = k$

319) Vgl. Anm. 297) und [1], 8. Kap. „Theorie der Feinstruktur".

320) *N. Bohr* [2], II. Teil, § 2; *H. A. Kramers,* Dansk. Vid. Selsk. Skr. 8, III (1918), §§ 2, 7. — Ein vor Aufstellung des Korrespondenzprinzips unternommener Versuch zur theoretischen Deutung der Intensitätsverhältnisse rührt her von *A. Sommerfeld,* Münchn. Ber. 1917, p. 83.

um $\pm$ *1 ändert*[321]), *während* $n_r' - n_r''$ *beliebig groß werden kann;* dies, sowie die auf Grund von (155) zu erwartenden Intensitätsverhältnisse für die einzelnen Quantenübergänge haben sich an den *Paschen*schen Feinstrukturbeobachtungen der Heliumfunkenlinien auf das überzeugendste bestätigen lassen.

Was die Frage anbetrifft, mit welcher *Genauigkeit* man von vornherein erwarten kann, die spektralen Tatsachen durch obige Theorie der relativistischen *Kepler*bewegung *numerisch* wiederzugeben, so läßt sich darauf zunächst nur für die durch (121) oder (122) gekennzeichneten Grenzzustände des Modells aus der Vernachlässigung der klassischen Ausstrahlung folgern, daß man von allen jenen Größen bei der praktischen Berechnung abzusehen hat, welche von derselben Ordnung klein sind, wie das Verhältnis der klassisch-elektrodynamischen Strahlungskräfte zu den Hauptkräften der vom Kern auf das Elektron ausgeübten Anziehung.[322]) Die Benutzung der künstlich strahlungsfrei gemachten, klassisch-elektromagnetischen Bewegungsgleichungen auch *für beliebige Quantenzustände* des Modells legt es nahe, den erwähnten Genauigkeitsgrad auch im Gebiete der letzteren für maßgebend anzusehen; diese von *Bohr*[323]) vertretene *Annahme* ist aber

321) Dies ist, wie *N. Bohr* [2], p. 45/48, 83/84 gezeigt hat, auch für *achsensymmetrische Atommodelle* mit beliebig vielen Elektronen der Fall und entspricht der auch von *A. Rubinowicz* (Anm. 288) betrachteten *Erhaltung des Drehimpulses bei den Ausstrahlungsvorgängen.*

322) Für den Grenzzustand (122) entspricht dies genau der in (123) berücksichtigten Annäherung in den relativistischen Gliedern.

323) *N. Bohr* [2], p. 5, 94. *Bohr* hebt an letzterer Stelle und ebenso Ztschr. f. Phys. 13 (1923), p. 117, auf p. 150/152 auch die Beziehung dieser Frage zu jener nach der *Schärfe der Spektrallinien* und der Größe der *endlichen Zeitdauer eines Strahlungsvorganges* (*Abklingungsdauer,* s. Anm. 192) hervor, welche nach der klassischen Elektrodynamik gerade von der Größenordnung obigen Genauigkeitsgrades sein müßten, und von jener der *Strahlungszeit,* welche von einem mit *gleicher Amplitude und Frequenz* harmonisch schwingenden Elektron benötigt würde, um klassisch die *gleiche Energiemenge* auszustrahlen, welche dem „Quantum" $h\nu$ der betreffenden Spektrallinie entspricht. Auf dies und den Umstand, daß die Unschärfe, mit welcher darnach die Quantenzustände und damit die ausgezeichneten Energiewerte vorausberechnet werden können, vermittels der *Bohr*schen Frequenzbedingung (114) *rein quantentheoretisch* zu einer Unschärfe der ausgesandten Spektralfrequenzen führt, haben *A. Sommerfeld* und *W. Heisenberg,* Ztschr. f. Phys. 10 (1922), p. 393, Betrachtungen und Berechnungen über die „wahre" Spektrallinienbreite angestellt; wie *Bohr* hervorgehoben hat, scheint aber eine völlig *zwangläufige* Behandlung dieses Problems auf Grund des Korrespondenzprinzipes gegenwärtig noch nicht durchführbar zu sein.

Wie diese Andeutungen erkennen lassen dürften, wird in den genannten Untersuchungen die Diskussion von dem ursprünglichen Ausgangspunkt einer

naturgemäß ebensowenig die einzig mögliche und zulässige, wie der Versuch einer Beibehaltung der den Grenzzuständen entsprechenden Bewegungsgleichungen im gleichen Gebiete, so daß gerade *ihre* Prüfung an der Erfahrung stets im Auge zu behalten sein dürfte.[324]) Für den vorliegenden Fall ergibt die *Bohr*sche Annahme, daß in der Entwicklung von (139a) Glieder von gleicher oder höherer Größenordnung wie $Z^2 \cdot \left(\frac{e^2}{pc}\right)^3$ zu vernachlässigen wären, was für kleine Werte von Z der Näherung (139a′) entspricht. Für große Werte von Z hingegen kann noch mindestens ein weiteres Entwicklungsglied hinzugenommen werden[325]), was sich an der faszinierenden *Anwendung der Feinstrukturtheorie auf die Röntgenspektren* durch *Sommerfeld* bestätigt[326]), deren modellmäßige Deutung von einer endgültigen Klar-

praktischen Unzulänglichkeit der benutzten Methoden auf eine *prinzipielle Unmöglichkeit* hin verschoben, die stationären Zustände mit größerer Schärfe festzulegen, als jener, welche durch den angegebenen Genauigkeitsgrad bedingt sein soll. Ein Gesichtspunkt der letzteren Art ist jedenfalls im höchsten Maße beachtenswert, doch muß es wohl noch als gänzlich ungeklärt angesehen werden, ob nicht weit eher die *Vernachlässigung der Retardierung der Potentiale im Zusammenhang mit den zwischenatomaren und -molekularen Wechselwirkungen* (Nr. **17**) als eine grundsätzliche Ursache für die *Unmöglichkeit einer absolut scharfen Quantelung* in Betracht kommt, um so mehr als für die Vernachlässigung der Energieausstrahlung in den klassisch-elektrodynamischen Bewegungsgleichungen ja ohnehin durch die nach (114) festgelegte quantenhafte Ausstrahlung ein geeignetes Äquivalent vorliegt. Da die *allgemeine* Gültigkeit der außerhalb des „Grenzzustandes" benutzten Bewegungsgleichungen überdies *aus theoretischen* (Nr. **14**), *vor allem aber auch aus empirischen* (Nr. **16**) *Gründen fraglich erscheint*, soll die weitergehende Frage nach der erzielten Genauigkeit der theoretischen Darstellung im Texte wesentlich von ihrer, letzten Endes allein maßgeblichen, *empirischen* Seite her betrachtet werden. Jedenfalls aber ist es durch Verknüpfung der Intensitätseigenschaften einer beliebigen Spektrallinie von der Frequenz ν mit den klassisch-elektrodynamischen Strahlungseigenschaften eines Modelloszillators von der gleichen Frequenz möglich, die Frage nach der „wahren" Spektrallinienbreite und der Abklingungsdauer auf dem von *Bohr* angeregten Wege auch *unabhängig von einer speziellen Annahme über die Beschaffenheit der Bewegungsgleichungen der Atome in ihren stationären Zuständen* zu behandeln.

324) So wäre es z. B. denkbar, daß im Gebiete *kleiner Quantenzahlen* die Genauigkeit der obigen Darstellung eine wesentlich *größere* sein könnte, als die *Bohr*sche Annahme erwarten ließe. Eine weitgehende Unvoreingenommenheit in diesem Punkte scheint jedenfalls überall dort von besonderer Wichtigkeit zu sein, wo man zu der Vermutung Anlaß hat, daß die für die Anzahl der Quantenbedingungen (133) bzw. (149) so wichtige *Bestimmung des Periodizitätsgrades* eines vorgelegten Bewegungsproblems *von der Berücksichtigung höherer als der nach Bohr zugelassenen Entwicklungsglieder abhängig sein könnte* (Nr. **15b**, **16a**).

325) *N. Bohr* [2], p. 95.

326) *A. Sommerfeld* [1], 8. Kap.; ferner *A. Sommerfeld* und *W. Heisenberg*, Ztschr. f. Phys. 10 (1922), p. 393.

stellung allerdings noch ziemlich weit entfernt zu sein scheint.[327]) Vergleicht man die absolute Größe des von der Theorie nach (139a′) ermittelten „Wasserstoffdubletts" mit den experimentellen Ergebnissen, so zeigt sich, daß einige Autoren zu einer völligen numerischen Übereinstimmung gelangen, während andere um 10—20% kleinere Werte gemessen haben — ein Ergebnis, das unter allen Umständen *als weitgehende Bestätigung für die der Bohr-Sommerfeldschen Theorie zugrundeliegenden Voraussetzungen angesehen werden muß.* Wenn die Meinung zutreffen sollte, daß die bisher erkannten Fehlerquellen im Sinne einer scheinbaren Vergrößerung des gemessenen Dublettabstandes wirken müssen[328]), so wäre es denkbar, daß künftige Untersuchungen die Realität einer derartigen Diskrepanz und damit gewisser Grenzen für die Anwendbarkeit der obigen Theorie sicherstellen könnten; in Anbetracht der theoretisch vorauszusehenden *großen Empfindlichkeit der fraglichen Feinstrukturen gegenüber Störungen der leuchtenden Atome durch homogene oder inhomogene äußere Felder* (Nr. **15b**) muß eine solche Möglichkeit einstweilen aber noch als sehr unwahrscheinlich angesehen werden.

15b. Theorie der Störungen des Modells durch äußere makroskopische Kraftfelder. Wenn das im vorigen Abschnitte betrachtete Modell eines Atoms mit einem einzigen Elektron der Wirkung eines äußeren elektrischen oder magnetischen Feldes ausgesetzt wird, so ist seine bisher stillschweigend angenommene *Isoliertheit* insofern aufgehoben, als es nunmehr mit jenen Konfigurationen von anderen, neutralen oder elektrisch geladenen Atomen und Molekülen in Wechselwirkung tritt, durch welche jene Felder erzeugt werden. Wenn diese Felder aber hinreichend ausgedehnt sind und *zeitlich konstante* oder *nur wenig veränderliche* Feldstärken besitzen, so wird es durch geeignete räumlich-zeitliche Mittelbildungen über das Verhalten jener äußeren Molekülanordnungen immer möglich sein, den Einfluß der molekularen Struktur dieser Anordnungen praktisch beliebig weit-

327) *A. Landé,* Ztschr. f. Phys. 16 (1923), p. 391; 24 (1924), p. 88; 25 (1924), p. 46; *R. A. Millikan* und *J. S. Bowen,* Phys. Rev. 24 (1924), p. 209, 223. In diesen Arbeiten wird überdies gezeigt, daß die *Sommerfeld*schen Feinstrukturgesetze auch für die *Komplexstrukturen der optischen Serienspektren* maßgebend sind.

328) Man vgl. den zusammenfassenden Bericht über diese Messungen von *E. Lau,* Phys. Ztschr. 25 (1924), p. 60, welcher zu der theoretischen Seite des Problems allerdings in unzureichender Weise Stellung nimmt. — Mit der Frage, wie als real anzusehende Abweichungen von der vorausberechneten Größe des „Wasserstoffdubletts" innerhalb der Theorie aufgeklärt werden könnten, haben sich beschäftigt *H. A. Wilson,* Proc. Roy. Soc. (A) 102 (1923), p. 9; *J. D. v. d. Waals jr.,* Arch. Néerl. (IIIA) 8 (1924), p. 136.

gehend zum Verschwinden zu bringen. Versteht man nun unter einem *makroskopischen* Felde ein solches, welches praktisch außer etwa „im Unendlichen" keinerlei weitere Singularitäten aufweist, so wird das Atom in diesem prinzipiell natürlich niemals realisierbaren Falle wieder in gewissem Sinne als „isoliert" gelten können, indem die äußeren Störungen nun wenigstens jedes molekularstrukturellen Charakters entkleidet sind.

Was nun den *Ansatz* für die Wirkung eines derartigen störenden elektromagnetischen Feldes anbetrifft, so wird er nach den Darlegungen von Nr. **14** für die durch (121) bzw. (122) gekennzeichneten „Grenzzustände" des gestörten Modells einfach mittels der beiden letzten Glieder der allgemeinen *Hamilton*schen Funktion (123) zu bestimmen sein. Entsprechend der in Nr. **14** *postulierten*, sowie in Nr. **15a** bereits *bewährten* Gültigkeit der strahlungsfrei gemachten, klassisch-elektrodynamischen Bewegungsgleichungen auch für *beliebige* stationäre Quantenzustände, wird es naheliegend sein, *die näherungsweise Gültigkeit jenes Ansatzes ebenfalls für beliebige Quantenzustände anzunehmen.*[329]) Das Bewegungsproblem eines auf solche Art gestörten elektrischen Zweikörpermodells unterscheidet sich seiner funktionentheoretischen Seite nach qualitativ nicht mehr von jenem des ungestörten Modells, so daß von der „gestörten" Bewegung erwartet werden darf, daß sie ebenso *bedingt periodischen Charakters* sein wird, wie dies von der „ungestörten" Bewegung in Nr. **15a** gezeigt werden konnte.

Betrachtet man nun zunächst den Einfluß eines *unveränderlichen homogenen elektrischen Feldes* auf die *„nicht-relativistische" Kepler*bewegung des Elektrons, so zeigt sich, daß das Problem durch Separation der Variablen gelöst und somit tatsächlich unmittelbar als *bedingt*

329) Diese *Annahme* und die obigen auf sie hinführenden Überlegungen ergeben jene Rechtfertigung für den Ansatz makroskopischer Feldwirkungen, den *J. Stark*, Jahrb. d. Rad. 17 (1920), p. 161 in den bisherigen Darstellungen der Quantentheorie mit einem gewissen Rechte vermißt. Eine weitere Rechtfertigung kann auf den oben in Nr. **14** gekennzeichneten *statistischen Charakter der Maxwellschen Theorie* gegenüber der Quantentheorie bezogen werden; da für *stationäre* Wirkungen das Ergebnis der *zeitlichen Mittelung* über eine Größe mit ihrem Konstantwerte übereinstimmt, so kann der *Maxwell*sche Ansatz für *konstante*, oder nur *unendlich langsame, umkehrbar veränderliche äußere Felder* unbedenklich übernommen werden, vgl. *A. Smekal*, Verhandl. Deutsch. Phys. Ges. (3) 2 (1921), p. 20. — Daß die Wirkungen unendlich langsam und umkehrbar veränderlicher Felder als Spezialfall einer der in Nr. **3A** betrachteten allgemeinen *Parameterverschiebungen* angesehen werden können und daher quantentheoretisch dem *Ehrenfestschen Adiabatenprinzip* (Nr. **14**) unterliegen, ist von *N. Bohr* [2] und Ztschr. f. Phys. 13 (1923), p. 117, hervorgehoben worden und wird auch weiter unten im Texte berührt.

periodisch erkannt werden kann. Die Bewegung wird hierbei infolge des orientierenden Einflusses durch das Feld *räumlich* und somit *nicht entartet* ($s = 3$) und entspricht jener eines Teilchens, das unter der anziehenden Wirkung zweier fester Zentren steht, von denen sich eines im Unendlichen befindet[330]); nach Nr. **15 a** erhält man hier somit *drei* voneinander unabhängige Quantenbedingungen und für die rechtwinkligen Koordinaten als Funktionen der Zeit im allgemeinen *drei*fache *Fourier*sche Reihenentwicklungen ($u = 3$) vom Typus (124). Die Anwendung dieser Ergebnisse auf den von *Stark* an den *Balmer*linien beobachteten und gemessenen *Starkeffekt* des elektrischen Feldes hat zu einer bis in die kleinsten Einzelheiten gehenden quantitativen Darstellung der Beobachtungen geführt, wie hinsichtlich der *Lage* der *Stark*effektkomponenten von *Schwarzschild* und namentlich von *Epstein*[331]), hinsichtlich ihrer *Polarisations-* und *Intensitätsverhältnisse* von *Bohr* und *Kramers*[332]) gezeigt werden konnte.[333]) Ebenso ist eine be-

330) Da die Bewegung unter dem Einfluß der Anziehung zweier fester, *im Endlichen* befindlicher Zentren nach *Jacobi* in *elliptischen* Koordinaten separierbar ist (vgl. Nr. **16**), so kommen im vorliegenden Falle *parabolische* Koordinaten für die Separation in Betracht.

331) Vgl. Anm. 299). Die ersten Ergebnisse von *P. S. Epstein* erschienen Phys. Ztschr. 17 (1916), p. 148. Auf die Möglichkeit, den *Stark*effekt quantentheoretisch mittels des *Bohr*schen Wasserstoffatommodells zu deuten, hatte bereits *E. Warburg*, Verhandl. Deutsch. Phys. Ges. 15 (1913), p. 1259 hingewiesen, während nur wenig später und unabhängig davon *N. Bohr* [1], Abhandlung VI, die Lage der Hauptkomponenten des Effektes berechnete. Vgl. ferner einen rein klassischen Erklärungsversuch von *K. Schwarzschild,* Verhandl. Deutsch. Phys. Ges. 16 (1914), p. 20.

332) *N. Bohr* [2], II. Teil, § 4; *H. A. Kramers,* Dansk. Vid. Selsk. Skr. 8, III (1918), §§ 3, 6; *N. Bohr,* Proc. London Phys. Soc. 35 (1923), p. 275.

333) Die erzielte Übereinstimmung ist von solcher Güte, daß selbst ein so erbitterter Gegner der Quantentheorie wie *J. Stark* ihr seine Anerkennung nicht versagt hat. Eine unter gewissen Umständen auftretende, von *J. Stark,* Jahrb. d. Rad. 17 (1920). p. 161 allein als unerklärt bezeichnete Intensitätsdissymmetrie der *Stark*effektkomponenten hat *A. Rubinowicz,* Ztschr. f. Phys. 5 (1921), p. 331 gedeutet; vgl. auch *N. Bohr* [1], Abhandlung VI. An anderer Stelle [Proc. London Phys. Soc. 35 (1923), p. 275, auf p. 294] hat *Bohr* dann darauf hingewiesen, daß jene von den experimentellen Bedingungen abhängige Intensitätsdissymmetrie als anschaulicher Beweis für die *Unabhängigkeit* jener monochromatischen Elementarprozesse aufzufassen ist, welchen die einzelnen Komponenten nach der Quantentheorie ihre Entstehung verdanken.

Der von *Stark* bereits anläßlich der Entdeckung des nach ihm benannten Effektes ausgesprochene Gedanke, daß die Ursache für die *Verbreiterung der Spektrallinien* in der Beeinflussung der leuchtenden Atome durch die Nachbaratome bzw. das zwischenmolekulare Feld (vgl. Anm. 25) zu suchen sei, ist von *Holtsmark* auf Grund der obengenannten Ergebnisse über den *Stark*effekt einer quantitativen Theorie dieser Verbreiterung zugrunde gelegt worden. Vgl. Anm. 375).

friedigende theoretische Wiedergabe der experimentellen Grobzerlegung des *Stark*effektes an den Funkenlinien der *Fowler*schen Heliumserie von *Nyquist* und *Stark* möglich gewesen.[334]) In allen diesen Fällen handelt es sich um den Einfluß von elektrischen Feldstärken, welche Störungen der Elektronenbahn bewirken, die um so vieles beträchtlicher sind als die Unterschiede zwischen der „relativistischen" und „nicht-relativistischen" Bewegung des *ungestörten* Modells, daß die Vernachlässigung des Relativitätseffektes vollauf gerechtfertigt erscheint; gleichwohl ist es in dem Ausdruck für die Energie des Modells nicht notwendig, Glieder von höherer als der *ersten* Ordnung in der störenden Feldstärke beizubehalten.[335]) Erst für sehr hohe Feldstärken erhält man den von *Takamine* und *Kokubu* an den *Balmer*linien beobachteten „*Starkeffekt zweiter Ordnung*", zu dessen theoretischer Deutung das in der Feldstärke quadratische Energieglied noch mit herangezogen werden muß; die erhaltene Übereinstimmung ist qualitativ befriedigend[336]), doch muß es einstweilen wohl noch weiteren Beobachtungen vorbehalten bleiben zu entscheiden, ob hier ebenfalls eine quantitative Übereinstimmung erhalten werden können wird, oder ob hier der Beginn reeller Abweichungen von der Theorie erreicht worden ist, deren man nach den Ausführungen von Nr. **14** stets gewärtig sein muß. — Befindet sich das betrachtete Modell in einem äußeren *makroskopischen*, konstanten aber *inhomogenen* elektrischen Felde, so bleiben obige Ergebnisse *für jeden einzelnen Punkt* des Feldes zu Recht bestehen, da dieses für den Bereich eines einzelnen Atoms dann immer

---

334) *H. A. Kramers*, Anm. 332); *P. S. Epstein*, Ann. d. Phys. 58 (1919), p. 553. Zu der letzteren Untersuchung vgl. man auch *H. A. Kramers*, Ztschr. f. Phys. 3 (1920), p. 199, Anm. 3 auf p. 217.

335) Wie *N. Bohr* [2], II. Teil, § 4 mittels der im Text weiter unten geschilderten Methoden der *quantentheoretischen Störungstheorie* gezeigt hat, ist die Bewegung des Elektrons bei Beschränkung auf diesen Genauigkeitsgrad in der Entwicklung des Energieausdruckes *entartet* und bloß *doppelt*periodisch ($u = 2$). Dies hatte schon *K. Schwarzschild* in seiner in Anm. 299) zitierten Untersuchung gefunden, worauf *P. S. Epstein*, Ann. d. Phys. 51 (1916), p. 168 betonte, daß diese Entartung verschwindet, sobald man auch quadratische und höhere Glieder in der Feldstärke zuläßt.

336) *A. Sommerfeld*, Ann. d. Phys. 65 (1921), p. 36. — In Unkenntnis der bereits von *Epstein* (Anm. 331) vorgenommenen Berechnung des in der Feldstärke quadratischen Gliedes hat auch *A. M. Mosharrafa*, Phil. Mag. 43 (1922), p. 943; 44 (1922), p. 371 den quadratischen Effekt berechnet und mit den Beobachtungen verglichen. Auf die Fehlerhaftigkeit eines das quadratische Glied betreffenden, abweichenden Ergebnisses von *H. O. Newboult*, Phil. Mag. 45 (1923), p. 1081, haben *A. M. Mosharrafa*, Phil. Mag. 46 (1923), p. 751 und *P. S. Epstein*, Phil. Mag. 46 (1923), p. 964 hingewiesen.

als hinreichend homogen angesehen werden kann; die Inhomogenität des Feldes bewirkt aber weiterhin das Auftreten einer *ponderomotorischen Kraft* an dem Atom, welche, zunächst wenigstens theoretisch, *die Trennung der verschiedenen diskreten stationären Quantenzustände bei schnell bewegten Atomstrahlen ermöglichen muß.*[337])

Der Einfluß eines konstanten, *homogenen*, äußeren *Magnetfeldes* auf die Elektronenbewegung läßt sich ebenso ohne besondere Schwierigkeiten behandeln wie der Fall des elektrischen Feldes, wenn man für hinreichend große Feldstärken den Relativitätseinfluß vernachlässigt und von dem geringfügigen, in der Feldstärke quadratischen Gliede des Energieausdruckes absieht. Die Variablenseparation erfolgt hier in einem um die Feldrichtung rotierenden Polarkoordinatensystem; man erhält formal drei Quantenbedingungen vom Typus (149), doch erweist sich die Bewegung innerhalb der erwähnten Annäherung als *doppelt*periodisch und darum *entartet* ($s = 3$, $u = 2$). Wie *Sommerfeld* und *Debye* zeigen konnten, ermöglicht die Theorie eine zutreffende Wiedergabe der beim *Zeemaneffekt* des Wasserstoffes beobachteten Linienaufspaltungen[338]); die Beschränkung der letzteren auf das *normale Lorentzsche Triplett* ist dann von *Bohr* als Folge des Korrespondenzprinzipes gedeutet worden, ebenso wie die Polarisations- und Intensitätsverhältnisse der *Zeeman*komponenten.[339]) Wie *Sommerfeld* bereits anläßlich seiner ersten Untersuchungen über die Quantelung des Wasserstoffatommodells fand[340]), kann die Bahn*ebene* des Elektrons ($u = 2$!) bei hinreichend kleinen Feldstärken nur eine beschränkte

---

337) *O. Stern,* Phys. Ztschr. 23 (1922), p. 476.

338) *A. Sommerfeld,* Phys. Ztschr. 17 (1916), p. 491; *P. Debye,* Phys. Ztschr. 17 (1916), p. 507, auch Gött. Nachr. 1916. Eine andere Darstellung, welche die in Anm. 310) erwähnte Formulierung der Quantenbedingungen von *W. Wilson* zugrunde legt, hat *A. M. Mosharrafa,* Proc. Roy. Soc. A 102 (1922), p. 529 veröffentlicht. Die Schlußformel für die Größe der Linienaufspaltung stimmt mit der auf klassischem Wege, nämlich mittels des *Larmorschen Satzes* erhaltenen *Lorentz*schen Deutung überein; dies wird, wie *A. Sommerfeld* [1], p. 369 hervorhebt, dadurch möglich, daß aus ihr bei der Berechnung mittels der Frequenzbedingung (114) das *Planck*sche Wirkungsquantum h herausfällt. — Ältere quantentheoretische Versuche, den *Zeeman*effekt zu begründen, welche mit dem gegenwärtigen Stande der Theorie jedoch nicht mehr vereinbar sind, haben *K. F. Herzfeld,* Phys. Ztschr. 15 (1914), p. 193 und *N. Bohr* [1], Abhandlung VI (und X) unternommen. Zu der letztgenannten Untersuchung vgl. man ferner das Geleitwort von *Bohr* zu *N. Bohr* [1], sowie *N. Bohr* [2], p. 115, Anm. 2).

339) *N. Bohr* [2], II. Teil, § 5.

340) *A. Sommerfeld,* Ann. d. Phys. 51 (1916), p. 1; hier wird die „räumliche" Quantelung auf ein „magnetisches Feld von der Stärke Null" bezogen, dessen *Richtung* als vorgegeben angesehen wird.

Anzahl von *diskreten Orientierungen gegen das Magnetfeld* annehmen, welche durch die Bedingung bestimmt werden, daß die zur Feldrichtung parallele Komponente des Drehimpulsvektors ebenso wie der letztere selbst, entsprechend (148′) und den Quantenbedingungen nur ein *ganzzahliges Vielfaches von* $\frac{h}{2\pi}$ betragen kann. Dieses auch für die diskrete Einstellung des Drehimpulsvektors von Atommodellen mit *beliebig vielen* Elektronen gegen das Feld maßgebende Resultat[341]) sollte nach *Stern*[342]) direkt verifiziert werden können, indem man die von einem *inhomogenen Magnetfelde* auf die Atome in ihren verschiedenen Einstellungen ausgeübten verschiedenen *ponderomotorischen Kräfte* benutzt, um durch die magnetische Ablenkung schnell bewegter Atomstrahlen *eine Trennung der verschiedenen Quantenzustände* herbeizuführen. Die Ausführung des Experiments durch *Stern* und *Gerlach* an Silberatomstrahlen ergab in der Tat eine direkte Bestätigung für die Existenz einer *scharfen „Richtungsquantelung" im magnetischen Felde.*[343])

Wie bereits hervorgehoben, gelten die geschilderten Theorien des *Stark*- und *Zeeman*effektes nur für Feldstärken, welche hinreichend groß sind, um den Einfluß der relativistischen Feinstruktur der *Balmer*- und Heliumfunkenlinien völlig zu verwischen. Versucht man aber das Problem der Einwirkung eines äußeren elektrischen oder magnetischen Feldes auf die *relativistische Keplerbewegung* nach den gleichen Methoden zu behandeln, so zeigt sich, daß eine Separation in den verschiedenen leicht zugänglichen Koordinatensystemen nicht bewerk-

341) Vgl. z. B. *A. Landé*, Phys. Ztschr. 24 (1923), p. 441, wo auch die verschiedenen, durch den *anomalen Zeemaneffekt* bedingten *Abweichungen von der Ganzzahligkeit der Quantenzahlen* zusammengestellt sind, für die eine endgültige modellmäßige Deutung noch aussteht. Diese Abweichungen von der Ganzzahligkeit laufen auf eine der Festlegung (134) widersprechende Verfügung über $h_r^{(0)}$ hinaus, für die zur Zeit noch mehrere verschiedene Möglichkeiten in Betracht gezogen werden können. Wie den Ausführungen von Nr. **14**, p. 996, zu entnehmen ist, kann die Festlegung von $h_r^{(0)}$ nach der gegenwärtigen Form der Quantentheorie überhaupt *nur auf empirischem Wege* vorgenommen werden; daß diese beim anomalen *Zeeman*effekt *halbzahlig* auszufallen scheint, besagt natürlich nicht das Geringste für oder gegen die Gültigkeit der „Mechanik" (vgl. Anm. 246), 292) in der Quantentheorie, wie in der Literatur mehrfach angenommen zu werden scheint. — Hinsichtlich einer ganz analogen Einstellungsvorschrift für den Drehimpulsvektor von Atomen mit *beliebig vielen* Elektronen gegen ein *inhomogenes elektrisches Feld* beim „normalen" und „anomalen" *Stark*effekt vgl. man *O. Stern,* Phys. Ztschr. 32 (1922). p. 476.

342) *O. Stern,* Ztschr. f. Phys. 7 (1921), p. 249.

343) *W. Gerlach* und *O. Stern,* Ztschr. f. Phys. 8 (1921), p. 110; 9 (1922), p. 349, 353; Ann. d. Phys. 74 (1924), p. 673. Vgl. dazu auch Nr. **9** Ende, ferner für weitere *prinzipielle* Folgerungen aus dem Experiment Nr. **17**.

stelligt werden kann. Trotzdem ist es denkbar, und aus analytischen Gründen sogar wahrscheinlich, daß für die genannten Probleme mittels (144) und einer, gegebenenfalls *unendlichen Folge von Berührungstransformationen* Separationsvariable gefunden werden können.[344]) Da man mit Rücksicht auf das Korrespondenzprinzip letzten Endes doch nur an Darstellungen der Bewegung interessiert ist, welche die Ausgangsveränderlichen q_k, p_k entsprechend (124) *direkt als u-fache Fourierreihen der kanonischen zyklischen Uniformisierungsvariablen* w_r, I_r erscheinen lassen, so wird es hinreichen, für die *allgemeine Lösung* des Problems mittels eines beliebigen Verfahrens u-fache *Fourier*reihen nach der Zeit aufzusuchen, welche die Bewegung *darstellen*, d. h. gleichmäßig *konvergieren;* es ist dann *stets* möglich[307]), zu den *kanonischen* Veränderlichen w_r, I_r überzugehen, welche mit den nun nicht mehr interessierenden Separationsvariablen (145) entsprechend (148) zusammenhängen werden.

Ergebnisse von der gewünschten Beschaffenheit, deren *Konvergenz* allerdings in jedem Falle als *fraglich* angesehen werden muß, liefern die Methoden der astronomischen *Störungstheorie* (VI 2, 12, *E. T. Whittaker*), welche für die Quantentheorie zuerst von *Burgers* und *Bohr* nutzbar gemacht worden sind.[345]) Handelt es sich, wie bei den oben genannten Problemen, um den Einfluß von störenden Feldern, deren Wirkung gegenüber jener der inneren Atomkräfte im allgemeinen geringfügig ist, so bietet sich als naturgemäß die namentlich von *Poincaré* und *Lindstedt*[346]) benutzte Methode (I) der Entwicklung nach

344) Wie *H. A. Kramers*, Ztschr. f. Phys. 3 (1920), p. 199, auf p. 201 ohne genauere Kennzeichnung vermerkt, ist ihm und *O. Klein* der Nachweis gelungen, daß das *Stark*effektproblem der relativistischen Feinstruktur in „räumlichen Koordinaten" nicht separierbar ist; im Texte ist jedoch an ganz *beliebige* kanonische Separationskoordinaten p_r, q_r gedacht.

345) *J. M. Burgers* [1], *N. Bohr* [2]. Die Darstellung von *Burgers* ist ausgezeichnet durch den systematischen Gebrauch von Berührungstransformationen, dem sich *Bohr* in seiner letzten zusammenfassenden Arbeit, Ztschr. f. Phys. 13 (1923), p. 117, I. Kap., § 3 anschließt; vgl. auch *H. A. Kramers,* Ztschr. f. Phys. 3 (1920), p. 199. Die *Bohr*sche Behandlungsweise beschränkt sich grundsätzlich auf die Ermittlung einer *ersten Näherung,* entsprechend der von *Bohr postulierten Genauigkeitsschranke* für die mögliche *Festlegung der stationären Zustände* (vgl. dazu Anm. 323), 324). Die quantentheoretische Einkleidung der Methoden zur Bestimmung *höherer Annäherungen* ist hingegen (mit Ausnahme der von *Epstein* behandelten *Delaunay*schen Methode, Anm. 347), 348) von *M. Born* und seinen Mitarbeitern vorgenommen worden. Siehe Anm. 350).

346) Vgl. etwa *H. Poincaré,* Méthodes nouvelles de la mécanique céleste, Paris 1893, Bd. II, Kap. IX ff.; zur *Bohlin*schen Methode ebenda, Bd. II, Kap. XIX oder *C. L. Charlier,* Die Mechanik des Himmels, Leipzig 1902, Bd. II. — Ferner: VI 2, 12 (*E. T. Whittaker*), Nr. 11.

Potenzen eines kleinen störenden Parameters ε dar, welche für den Fall der *Entartung* des ungestörten Systems durch ein von *Bohlin*[346]) herrührendes Verfahren ersetzt werden muß. Will man hingegen die Methode der Entwicklung nach einem kleinen konstanten Parameter vermeiden, bzw. kommt ein solcher in dem betrachteten Falle nicht vor, so hat man sich mit *Epstein*[347]) einer von *Delaunay* in der Mondtheorie benutzten Methode[348]) (II) zu bedienen.

I. Die erstgenannte Methode besteht in folgendem: Das *ungestörte System* habe s Freiheitsgrade und sei etwa auf Grund der in Nr. **15a** geschilderten Separationsmethode als *u-fach bedingt periodisch* erkannt; seine Bewegung wird dann bestimmt sein durch die $2u$ Uniformisierungsvariablen w_r, I_r $(r = 1, 2, \ldots, u)$ sowie weitere $2(s - u)$ willkürliche Integrationskonstanten der Bewegung $\bar{\alpha}_j$, $\bar{\beta}_j$ $(j = 1, 2, \ldots, s - u)$.[306]) Seine *Hamilton*sche Funktion $H^{(0)}(I_1^{(0)}, \ldots, I_u^{(0)})$ hängt dann von den $I_r^{(0)}$ allein ab und stimmt mit seiner Energie $E^{(0)}$ überein. Das *gestörte System* besitze hingegen, in den Variablen des ungestörten Systems ausgedrückt, die *Hamilton*sche Funktion

$$(156)\begin{cases} H(I_1^{(0)}, \ldots, I_u^{(0)}, \bar{\alpha}_1^{(0)}, \ldots, \bar{\alpha}_{s-u}^{(0)}; w_1^{(0)}, \ldots, w_u^{(0)}, \bar{\beta}_1^{(0)}, \ldots, \bar{\beta}_{s-u}^{(0)}) \\ \quad = H^{(0)}(I_r^{(0)}) + \varepsilon H^{(1)}(I_r^{(0)}, \bar{\alpha}_j^{(0)}; w_r^{(0)}, \bar{\beta}_j^{(0)}) + \varepsilon^2 H^{(2)}(\ldots) + \cdots, \end{cases}$$

wo $H^{(1)}$, $H^{(2)}$, ... wegen der Eindeutigkeit von H in den $w_r^{(0)}$ periodisch mit der Periode Eins sein werden, im übrigen aber beliebige Funktionen der $I_r^{(0)}$, $\bar{\alpha}_j^{(0)}$, $\bar{\beta}_j^{(0)}$ darstellen.[349]) Wie man aus der Gültigkeit des Energiesatzes für das gestörte System unmittelbar entnimmt, werden die $I_r^{(0)}$, $\bar{\alpha}_j^{(0)}$, $\bar{\beta}_j^{(0)}$ jetzt aber im allgemeinen nicht mehr konstant und die $w_r^{(0)}$ nicht mehr wie etwa in (127) bloß lineare Funktionen der Zeit sein; mittels der kanonischen Differentialgleichungen (1) und der Beziehungen (128) erhält man für ihre Änderungen

347) Dieses Verfahren wurde von *Epstein* bereits 1917 ausgearbeitet, aber erst kürzlich publiziert, siehe *P. S. Epstein,* Ztschr. f. Phys. 8 (1922), p. 211, 305, auch Phys. Rev. 19 (1922), p. 578. Zur Kritik des Verfahrens an sich vgl. man *M. Born* und *W. Pauli,* Ztschr. f. Phys. 10 (1922), p. 137; ferner *A. Smekal,* Phys. Ber. 3 (1922), p. 1108.

348) Vgl. dazu den II. Bd. des in Anm. 346) genannten Werkes von *H. Poincaré;* ferner: *E. T. Whittaker,* Analytical Dynamics, II. Aufl., Cambridge 1917, wo das *Delaunay*sche Verfahren nach *Epstein* indessen unzureichend bzw. unvollständig dargestellt ist. Die *Whittaker*sche Form der Theorie hat *Burgers* (Anm. 345) angewendet — Ferner: VI 2, 12 (*E. T. Whittaker*), Nr. **10**.

349) Ein derartiges System wird mitunter auch als „Normalsystem" bezeichnet, insbesondere für den Fall $s = u$.

$$
(157\text{a})\quad \left\{\begin{aligned} \frac{dI_r^{(0)}}{dt} &= -\left(\varepsilon\frac{\partial H^{(1)}}{\partial w_r^{(0)}} + \varepsilon^2\frac{\partial H^{(2)}}{\partial w_r^{(0)}} + \cdots\right); \\ \frac{dw_r^{(0)}}{dt} &= \omega_r + \varepsilon\frac{\partial H^{(1)}}{\partial I_r^{(0)}} + \varepsilon^2\frac{\partial H^{(2)}}{\partial I_r^{(0)}} + \cdots, \end{aligned}\right\}(r = 1, 2, \ldots, u)
$$

$$
(157\text{b})\quad \left\{\begin{aligned} \frac{d\bar{\alpha}_j^{(0)}}{dt} &= -\left(\varepsilon\frac{\partial H^{(1)}}{\partial \bar{\beta}_j^{(0)}} + \varepsilon^2\frac{\partial H^{(2)}}{\partial \bar{\beta}_j^{(0)}} + \cdots\right); \\ \frac{d\bar{\beta}_j^{(0)}}{dt} &= \varepsilon\frac{\partial H^{(1)}}{\partial \bar{\alpha}_j^{(0)}} + \varepsilon^2\frac{\partial H^{(2)}}{\partial \bar{\alpha}_j^{(0)}} + \cdots \end{aligned}\right\}(j = 1, 2, \ldots, s-u).
$$

Um die Integration dieser Differentialgleichungen zu bewerkstelligen, wird man die zugehörige *Hamilton-Jacobi*sche Differentialgleichung (5), nämlich

$$
(158)\qquad H\left(\frac{\partial S}{\partial w_r^{(0)}}, w_r^{(0)}, \frac{\partial S}{\partial \bar{\beta}_j^{(0)}}, \bar{\beta}_j^{(0)}\right) = E,
$$

mittels einer „Wirkungsfunktion" S zu lösen haben, welche man so zu konstruieren trachtet, daß sie zugleich eine Berührungstransformation von den „ungestörten" kanonischen Uniformisierungsvariablen $I_1^{(0)}, \ldots, I_u^{(0)}, \bar{\alpha}_1^{(0)}, \ldots, \bar{\alpha}_{s-u}^{(0)}; w_1^{(0)}, \ldots, w_u^{(0)}, \bar{\beta}_1^{(0)}, \ldots, \bar{\beta}_{s-u}^{(0)}$ zu *neuen kanonischen Uniformisierungsvariablen* für das *gestörte System* zu liefern imstande ist. Da nach dem bereits oben Gesagten vermutet werden darf, daß derartige Veränderliche für die im vorliegenden Abschnitt in Betracht kommenden Fälle tatsächlich gefunden werden können, so wird man *für die gestörte Bewegung einen bestimmten Periodizitätsgrad* u' erwarten, der von u verschieden sein können wird, und die gewünschten Veränderlichen mit

$$
(159\text{a})\qquad I_1, \ldots, I_{u'};\ w_1, \ldots, w_{u'},
$$

$$
(159\text{b})\qquad \bar{\alpha}_1, \ldots, \bar{\alpha}_{s-u'};\ \bar{\beta}_1, \ldots, \bar{\beta}_{s-u'}
$$

bezeichnen. Wenn man nun

$$
(160)\qquad S = S^{(0)} + \varepsilon S^{(1)} + \varepsilon^2 S^{(2)} + \cdots
$$

setzt, so werden die $S^{(1)}, S^{(2)}, \ldots$ offenbar periodische Funktionen der $w_{r^1}^{(0)}$, während $S^{(0)}$ z. B. für $u = u'$ gleich $\sum_{r=1}^{u} I_r \cdot w_r^{(0)}$ ist. Die gewünschte Berührungstransformation lautet dann

$$
(161)\qquad \left\{\begin{aligned} I_r^{(0)} &= \frac{\partial S}{\partial w_r^{(0)}}, & \bar{\alpha}_j^{(0)} &= \frac{\partial S}{\partial \bar{\beta}_j^{(0)}} & &\begin{aligned}(r &= 1, 2, \ldots, u)\\ (j &= 1, 2, \ldots, s-u)\end{aligned} \\ w_{r'} &= \frac{\partial S}{\partial I_{r'}}, & \bar{\beta}_{j'} &= \frac{\partial S}{\partial \bar{\alpha}_{j'}} & &\begin{aligned}(r' &= 1, 2, \ldots, u')\\ (j' &= 1, 2, \ldots, s-u')\end{aligned} \end{aligned}\right.
$$

und man hat nun S mittels *sukzessiver Approximationen* als Funktion von den $w_r^{(0)}, \bar{\beta}_j^{(0)}; I_{r'}, \bar{\alpha}_{j'}$ zu bestimmen. Wenn das Verfahren etwa bis einschließlich der m^{ten} Näherung durchgeführt und der dabei ermittelte Periodizitätsgrad wieder mit u' bezeichnet wird, so hat man z. B. für $u' > u$

$$(162\text{a}) \qquad I_r = I_r^{(0)} + \varepsilon I_r^{(1)} + \cdots + \varepsilon^m \cdot I_r^{(m)} \qquad (r = 1, 2, \ldots, u)$$

$$(162\text{b}) \qquad I_{r'} = I_{r'}^{*} + \varepsilon I_{r'}^{(1)} + \cdots + \varepsilon^m \cdot I_{r'}^{(m)} \qquad (r' = u + 1, \ldots, u')$$

und ähnliche Entwicklungen gelten für die w, $\bar{\alpha}$ und $\bar{\beta}$; für die Energie E des gestörten Systems erhält man

$$(163) \qquad E = E^{(0)} + \varepsilon E^{(1)} + \cdots + \varepsilon^m E^{(m)}.$$

Ist $u' = u$, so spricht man von dem alleinigen Auftreten *periodischer Störungen*, bei einer *Zunahme des Periodizitätsgrades* der Bewegung ($u' > u$) hingegen von *säkularen Störungen;* der letztere Fall ist namentlich durch das Vorkommen der *Größen nullter Ordnung* $I_{u+1}^{*}, \ldots, I_{u'}^{*}$ in (162b) gekennzeichnet, *welche* ungleich jenen in (162a) *für das ungestörte System nicht charakteristisch sind* und bei jedem individuellen Störungsproblem gesondert bestimmt werden müssen.

Die allgemeine Durchführung der vorstehend angedeuteten Rechenoperationen verdankt man *Born* und seinen Mitarbeitern.[350]) Um ihre wesentlichen Züge kennen zu lernen, genügt es jedoch, sich auf die Ermittlung der *ersten Näherung* zu beschränken, die bereits früher von *Bohr*[345]) dargestellt worden war. Um die Gleichungen (157a), (157b) in der gewünschten Weise in erster Annäherung zu integrieren, entwickelt man zunächst $H^{(1)}$ in eine u-fache *Fourier*reihe nach den $w_r^{(0)}$:

$$(164) \quad H^{(1)} = \sum_{\tau_1 \ldots \tau_u} \Psi_{\tau_1 \ldots \tau_u}(I_r^{(0)}, \bar{\alpha}_j^{(0)}, \bar{\beta}_j^{(0)}) \cdot \cos 2\pi(\tau_1 w_1^{(0)} + \cdots + \tau_u w_u^{(0)} + \gamma_{\tau_1 \ldots \tau_u})$$ [274])

und hat nun zwei wesentlich verschiedene Hauptfälle voneinander zu unterscheiden:

1. Wenn die *ungestörte Bewegung* entweder *nicht entartet* ($u = s$) oder so beschaffen ist, daß bei $u < s$ *die Größen* $\bar{\alpha}_j^{(0)}$, $\bar{\beta}_j^{(0)}$ *in* (164), *zumindest aber in das erste Glied* Ψ_0 *in* (164), *nicht eingehen,* so tritt an Stelle von (161) die infinitesimale Berührungstransformation

$$(161_1) \quad \begin{cases} I_r = I_r^{(0)} - \varepsilon \dfrac{\partial S^{(1)}}{\partial w_r^{(0)}}, & w_r = w_r^{(0)} + \varepsilon \dfrac{\partial S^{(1)}}{\partial I_r^{(0)}} \quad (r = 1, 2, \ldots, u) \\ \bar{\alpha}_j = \bar{\alpha}_j^{(0)} - \varepsilon \dfrac{\partial S^{(1)}}{\partial \bar{\beta}_j^{(0)}}, & \bar{\beta}_j = \bar{\beta}_j^{(6)} + \varepsilon \dfrac{\partial S^{(1)}}{\partial \bar{\alpha}_j^{(0)}} \quad (j = 1, 2, \ldots, s - u). \end{cases}$$

Zur Bestimmung der Transformationsfunktion $S^{(1)}$ bedient man sich der Bedingung, daß die *Hamilton-Jacobi*sche Differentialgleichung (158)

350) *M. Born* und *W. Pauli*, Ztschr. f. Phys. 10 (1922), p. 137; *M. Born* und *W. Heisenberg*, Ztschr. f. Phys. 14 (1923), p. 44; *L. Nordheim*, Ztschr. f. Phys. 17 (1923), p. 316; 21 (1923), p. 242.

in erster Näherung mittels der Ansätze (160) und (163) befriedigt werden muß, was die Differentialgleichung

$$(165) \qquad H^{(1)} + \sum_{r=1}^{u} \frac{\partial H^{(0)}}{\partial I_r^{(0)}} \frac{\partial S^{(1)}}{\partial w_r^{(0)}} = E^{(1)}$$

für $S^{(1)}$ ergibt. Bildet man das Zeitmittel über diese Beziehung, so gibt das zweite Glied auf der linken Seite wegen der Periodizität von $S^{(1)}$ in den $w_r^{(0)}$ Null, während das erste Glied zufolge (164) Ψ_0 liefert. Man hat demnach

$$(166) \qquad E^{(1)} = \Psi_0,$$

und damit den Satz, *daß die Energie des gestörten Systems als Funktion der I_r in erster Näherung gleich jener des ungestörten Systems ist vermehrt um den Zeitmittelwert der „Störungsfunktion" in erster Näherung $\varepsilon H^{(1)}$ bzw. des Potentials der störenden Kräfte, genommen über die ungestörte Bewegung:*

$$(163_1) \qquad E = E^{(0)}(I_1, \ldots, I_u) + \varepsilon \Psi_0(I_1, \ldots, I_u).$$

Die Integration der nach Abzug von (166) aus (165) resultierenden Differentialgleichung ergibt nun mit Benutzung von (128)

$$(167)\ S^{(1)} = -\frac{1}{2\pi} \sum_{\tau_1 \ldots \tau_u} \frac{\Psi_{\tau_1 \ldots \tau_u}}{\tau_1 \omega_1^{(0)} + \cdots + \tau_u \omega_u^{(0)}} \sin 2\pi (\tau_1 w_1^{(0)} + \cdots + \tau_u w_u^{(0)} + \gamma_{\tau_1 \ldots \tau_u}),$$

wo die Summation über alle ganzzahligen Kombinationen der $\tau_1, \ldots, \tau_u$, ausgenommen $\tau_1 = \cdots = \tau_u = 0$, zu erstrecken ist.[351])

---

351) Zur Ermittlung der höheren Näherungen geht man mit *Born* und *Pauli* (Anm. 350) nun ganz ebenso vor, indem man die zu (165) analogen Bedingungen für die einzelnen Näherungen aufstellt und sukzessive integriert, was mittels der Ergebnisse der vorangegangenen Näherungen stets möglich ist, wenn die $H^{(1)}$, $H^{(2)}$; ... von den $\bar{\alpha}_j^{(0)}$, $\bar{\beta}_j^{(0)}$ *unabhängig* sind. Unter diesen Voraussetzungen degenerieren die letzten $2(s-u)$ Gleichungen (161_1) in

$$\bar{\alpha}_j = \bar{\alpha}_j^{(0)}, \quad \bar{\beta}_j = \bar{\beta}_j^{(0)} \qquad (j = 1, 2, \ldots, s-u)$$

für beliebig hohe Näherungen. Setzt man jedoch wie im Text nur die Unabhängigkeit von Ψ_0 von den $\bar{\alpha}_j^{(0)}$, $\bar{\beta}_j^{(0)}$ voraus, so muß man sich zur Ermittlung der höheren Näherungen einer Fortsetzung des Verfahrens bedienen, welche der unter 2. geschilderten Methode angepaßt ist. — Das mathematisch äußerst elegante Verfahren ergab sich *Born* und *Pauli* durch Verallgemeinerung einer von *Born* und *Brody* auf die spezielle Behandlung eines Systems von gekoppelten Resonatoren mit schwach unharmonischer Bindung zugeschnittenen Methode. Siehe *M. Born* und *E. Brody*, Ztschr. f. Phys. 6 (1921), p. 140 oder V 25 (*M. Born*), Nr. **30**, wo p. 671—673 die Methode ebenfalls geschildert ist, ferner *E. Schrödinger*, Ztschr. f. Phys. 11 (1922), p. 170.

Da der Ausdruck $\tau_1 \omega_1^{(0)} + \cdots + \tau_u \omega_u^{(0)}$ bei beliebigen festen $\omega_1^{(0)}, \ldots, \omega_u^{(0)}$ für absolut genommen hinreichend große positive und negative Anzahlen τ_r *beliebig*

Wie das Ergebnis (161_1) zeigt, besitzt das gestörte System in erster Näherung hier die Eigenschaften *eines bedingt periodischen Systems mit dem gleichen Periodizitätsgrad wie das ungestörte System.* Die Größen I_r in (161_1) bzw. (162 a) werden daher innerhalb dieser Näherung zufolge Nr. **3 A** *adiabatische* oder *Parameterinvarianten* darstellen und den allgemeinen Quantenbedingungen (133) zu unterwerfen sein. *Die Anzahl der Quantenbedingungen des ungestörten und des gestörten Systems sind hier also gleich.* Wie aus (161_1) unmittelbar ersichtlich ist, werden diese Quantenbedingungen in jene des ungestörten Systems übergehen, wenn man $\varepsilon \to 0$ macht und damit die äußeren Störungen zum Verschwinden bringt; indem man diesen Vorgang unendlich langsam und umkehrbar vor sich gehen läßt, erkennt man, daß er sich in keiner Weise von den in Nr. **3 A** betrachteten Parameterverschiebungen unterscheidet. Durch Umkehrung dieses Gedankenganges und Benutzung des *Ehrenfestschen Adiabatenprinzips* ist damit die auch prinzipiell bedeutsame Möglichkeit gegeben, *die Quantelung des gestörten Systems direkt aus jener des ungestörten Systems abzuleiten*[352]), *wobei* $E^{(0)}$ *in* (163_1) *seine ursprünglichen Quantenwerte beibehält.*

2. Wenn die *ungestörte Bewegung entartet* ist ($u < s$) und *die Größen* $\bar{\alpha}_j^{(0)}$, $\bar{\beta}_j^{(0)}$ *in der Störungsfunktion erster Ordnung* (164), *namentlich aber in* Ψ_0 *vorkommen*, so gibt die unter 1. vorgenommene infinitesimale Berührungstransformation (161_1), (167) wieder die gewünschten Uniformisierungsveränderlichen I_r, w_r für die ersten u Freiheitsgrade in erster Näherung; die Größen $\bar{\alpha}_j'$, $\bar{\beta}_j'$, welche ihr zufolge aus den $\bar{\alpha}_j^{(0)}$, $\bar{\beta}_j^{(0)}$ hervorgehen mögen, sind nun aber ungleich den $\bar{\alpha}_j$, $\bar{\beta}_j$ in (161_1) noch Funktionen der Zeit, die nach (157 b), (164) und (167) jetzt den *kanonischen Differentialgleichungen*

---

klein gemacht werden kann, und zwar *unendlich oft* innerhalb des Summationsbereiches von (167) („höhere Kommensurabilitäten" der Himmelsmechanik), so konvergiert die Reihe, wie *Bruns* gezeigt hat, nur für Verhältnisse $\omega_1^{(0)} : \omega_2^{(0)} : \cdots : \omega_u^{(0)}$ von bestimmten zahlentheoretischen Eigenschaften [vgl. z. B den II. Band des in Anm. 346) genannten Werkes von *Charlier,* p. 307, oder VI 2, 12 (*E. T. Whittaker*), Nr. **12**]. Der dadurch verursachte Mangel an gleichmäßiger Konvergenz von (167) ist bei *bedingt periodischen Störungsproblemen* naturgemäß nur in der angewendeten *Methode* begründet und braucht daher innerhalb der vorliegenden Nummer nicht weiter in Betracht gezogen zu werden. Bei *nicht bedingt periodischen Systemen* hingegen, z. B. beim *Dreikörperproblem,* ist diesem Umstande *prinzipielle Bedeutung* beizumessen, s. Nr. **16**.

352) Siehe z. B. *P. Ehrenfest,* Ann. d. Phys. 51 (1916), p. 327, namentlich aber *N. Bohr* [2], I. Teil, § 2 und Ztschr. f. Phys. 13 (1923), p. 117, I. Kapitel, § 4, ferner p. 998 und Anm. 285).

(168) $$\frac{d\bar{\alpha}_j'}{dt} = -\varepsilon\frac{\partial\Psi_0}{\partial\bar{\beta}_j'}, \quad \frac{d\bar{\beta}_j'}{dt} = \varepsilon\frac{\partial\Psi_0}{\partial\bar{\alpha}_j'} \quad (j = 1, 2, \ldots, s-u)$$

genügen müssen. In diesen Größen ausgedrückt, erscheint an Stelle des Energieausdruckes in erster Näherung (163_1) jetzt die von der Zeit abhängige Funktion

($163_2'$) $$E = E^{(0)}(I_1, \ldots, I_u) + \varepsilon\Psi_0(I_1, \ldots, I_u, \bar{\alpha}_1', \ldots, \bar{\alpha}_{s-u}', \bar{\beta}_1', \ldots, \bar{\beta}_{s-u}').$$

Durch die Aufstellung der Gleichungen (168) für die „säkularen" Störungen ist die weitere Behandlung des Problems auf jene eines beliebigen *Systems von $s - u$ Freiheitsgraden* zurückgeführt. Für die in der vorliegenden Nummer allein in Betracht kommenden Fälle kann vermutet werden, daß die Lösungen von (168) *bedingt periodischer Natur, etwa vom Periodizitätsgrad $u' - u$,* sind und daher entweder direkt durch *Variablenseparation* (Nr. **15a**) oder mittels der hier geschilderten störungstheoretischen Methoden (I, II) aufgefunden werden können.[353]) Man erhält dann entweder exakt oder in entsprechender Annäherung an Stelle der $\bar{\alpha}_s'$, $\bar{\beta}_s'$ *neue, uniformisierende kanonische Variable* $w_{u+1}, \ldots, w_{u'}$; $I_{u+1}, \ldots, I_{u'}$ (vgl. (162b)) mit den neuen Bewegungs*konstanten* $\bar{\alpha}_1, \ldots, \bar{\alpha}_{s-u'}$; $\bar{\beta}_1, \ldots, \bar{\beta}_{s-u'}$, welche die säkularen Störungen (168) jetzt ebenso beschreiben, wie vordem die Größen $w_1^{(0)}, \ldots, w_u^{(0)}$; $I_1^{(0)}, \ldots, I_u^{(0)}$ und $\bar{\alpha}_1^{(0)}, \ldots, \bar{\alpha}_{s-u}^{(0)}$; $\bar{\beta}_1^{(0)}, \ldots, \bar{\beta}_{s-u}^{(0)}$ das ungestörte Bewegungsproblem; denkt man sich die *beiden* Berührungstransformationen, welche hier zur vollständigen Ermittelung der ersten Näherung in den gewünschten Uniformisierungsvariablen erforderlich waren, zu einer einzigen zusammengefaßt, so entspricht ihre Transformationsfunktion, dem allgemeinen Ansatz (160) zufolge, dessen beiden ersten Gliedern $S^{(0)} + \varepsilon S^{(1)}$, wo $S^{(1)}$ nun natürlich von (167) verschieden ist. Für die Energie erhält man in erster Näherung mittels der neuen Veränderlichen aus ($163_2'$)

(163_2) $$E = E^{(0)}(I_1, \ldots, I_u) + \varepsilon\Psi_0'(I_1, \ldots, I_u \cdot I_{u+1}, \ldots, I_{u'}),$$

woraus unmittelbar deutlich wird, *daß der Periodizitätsgrad des gestörten Systems hier jenem der ungestörten Bewegung gegenüber zugenommen hat.* Will man die Bewegung mit höherer als der ersten Annäherung kennen lernen, so hat man, je nach den Umständen, wieder den unter 1. oder 2. geschilderten Rechenvorgang zur Anwendung zu bringen.[354])

353) Man wird dann Ψ_0 etwa nach einem darin auftretenden, kleinen konstanten Parameter η entwickeln und die unter 1. oder 2. skizzierten Methoden zur Anwendung bringen, oder, falls ein solcher Parameter nicht zur Verfügung steht, das unter II. geschilderte Verfahren zu benutzen trachten.

354) Vgl. § 2 der in Anm. 350) genannten Arbeit von *Born* und *Pauli,* wo indessen bloß des Falles gedacht wird, daß (168) sich direkt mittels Separation

Um die stationären Zustände eines *säkular gestörten Systems* festzulegen, hat man nach Nr. **14** die allgemeinen Quantenbedingungen (133) auf die u' Größen $I_1, \ldots, I_u, I_{u+1}, \ldots, I_{u'}$ anzuwenden, wodurch die Energie des Systems nach (163_2) ebenso eindeutig festgelegt wird, wie etwa zufolge (163_1) für ein bloß *periodisch gestörtes Problem* mittels der u Größen $I_1, \ldots, I_u$. *Die stationären Zustände eines säkular gestörten bedingt periodischen Systems werden also durch eine größere Anzahl von Quantenbedingungen bestimmt als jene des ungestörten oder periodisch gestörten Systems.* Während die adiabatische oder Parameterinvarianz der *Zahlwerte* der $I_1, \ldots, I_u, I_{u+1}, \ldots, I_{u'}$ innerhalb der vorgesehenen Annäherung auf Grund der Ergebnisse von Nr. **3 A** allgemein sichersteht, solange $\varepsilon \neq 0$, wird sie für $\varepsilon \to 0$ offenbar nur mehr bei den $I_1, \ldots, I_u$ erhalten bleiben können[355]), trotzdem dann auch die *Funktionen* $I_{u+1}, \ldots, I_{u'}$ gegen *endliche Grenzfunktionen* $I^*_{u+1}, \ldots, I^*_{u'}$ konvergieren, wie aus der in (162b) gewählten Schreibweise entnommen werden kann.[356])

3. Abgesehen von den beiden in 1. und 2. geschilderten Hauptfällen kommen namentlich für die quantentheoretischen Anwendungen zwei möglicherweise wichtige Nebenfälle in Betracht, bei welchen die

---

der Variablen lösen läßt. Über die Bedeutung jener Fälle, in welchen die allgemeine Lösung von (168) *nicht* von bedingt periodischer Natur ist, und über deren Bewertung in der Literatur vgl. man Nr. **16 a**. Jedenfalls ist (168) für *alle* bisher durchgerechneten Störungsmöglichkeiten des Wasserstoffatommodells (und damit ebenso für das He^+) *separierbar* gewesen, so daß sich innerhalb des vorliegenden Abschnittes ein Eingehen auf die anders beschaffenen Möglichkeiten erübrigt.

355) Wie man sich etwa durch Anwendung von (128) auf (163_1) und (163_2) leicht überzeugen kann, sind die *Grundschwingungszahlen* $\omega_1, \ldots, \omega_u$ für das periodisch gestörte System oder für die ersten u, periodisch gestörten Freiheitsgrade des säkular gestörten Systems stets *endlich*, während jede der Grundschwingungszahlen $\omega_{u+1}, \ldots, \omega_{u'}$ zugleich mit ε proportional den störenden Kräften wird. Läßt man ε gegen Null gehen oder von Null aus anwachsen, so wird es also unmöglich sein, die Änderung der äußeren Störungen beliebig klein gegen jene der $\omega_{u+1}, \ldots, \omega_{u'}$ zu machen, so daß eine Änderung von ε während dieses Grenzüberganges nicht als „unendlich langsam und umkehrbar" gelten kann, wie dies nach Nr. **3 A** für den Beweis der Parameterinvarianz von $I_{u+1}, \ldots, I_{u'}$ unerläßlich wäre. Vgl. dazu etwa auch *N. Bohr* [2], I. Teil, § 3, p. 30—31. — Über die Frage, wie sich das säkular gestörte Atom *während der Entstehung äußerer Felder* verhält, vgl. man Nr. **17**, Anm. 436).

356) Um Ψ_0' in (163_2) zu berechnen, hat man ähnlich wie auf p. 1029 das Zeitmittel des Potentials der Störungskräfte über die *ungestörte Bewegung* zu bilden, hier aber gerade über diejenige, *bei welcher die* $I_{u+1}, \ldots, I_{u'}$ in (162 b) durch die im Texte erwähnten Grenzwerte $I^*_{u+1}, \ldots, I^*_{u'}$ für $\varepsilon = 0$ ersetzt worden sind.

vorausgesetzten *Entartungszustände des ungestörten Systems* von der bisher aufgetretenen „*eigentlichen Entartung*“ als „*zufällige Entartung*“, sowie als „*Grenzentartung*“ unterschieden werden.

Während die *eigentliche Entartung* gegenüber dem *nicht entarteten* Bewegungszustand durch das *allgemeine Verschwinden* von $s - u$ Grundschwingungszahlen ω_j des Systems gekennzeichnet werden kann, wird bei der *zufälligen Entartung* vorausgesetzt, daß etwa σ von den u Grundschwingungszahlen ω_r der Bewegung ($u \leqq s$) *nur für ganz bestimmte Wertesysteme* $I_1^{(0)}, \ldots, I_u^{(0)}$ *verschwinden.*[357]) Wie sich zeigt, wird der allgemeine Ansatz (160) für die Wirkungsfunktion S des Störungsproblems unter diesen Umständen hinfällig und muß, der *Bohlin*schen Methode entsprechend, durch eine Entwickelung nach aufsteigenden Potenzen von $\sqrt{\varepsilon}$ ersetzt werden. Die Analyse der säkularen Störungen ergibt hier das Auftreten einer Anzahl $\mathfrak{u}$ neuer Grundschwingungen ($\mathfrak{u} \leqq s - u$), für welche die zugehörigen kanonischen Uniformisierungsvariablen $w_{u+1}, \ldots, w_{u+\mathfrak{u}}$; $I_{u+1}, \ldots, I_{u+\mathfrak{u}}$ in erster Näherung ermittelt werden können; da die Entwickelungen der Größen $I_{u+1}, \ldots, I_{u+\mathfrak{u}}$ aber mit zu $\sqrt{\varepsilon}$ proportionalen Gliedern beginnen, so daß die $I_{u+1}, \ldots, I_{u+\mathfrak{u}}$ für $\varepsilon \to 0$ zugleich mit den neuen Grundschwingungszahlen *stetig gegen Null gehen* müssen, so sieht man unmittelbar, daß sie in bezug auf hinreichend kleine Werte von ε *keine adiabatischen* oder *Parameterinvarianten* der Bewegung darstellen können.[358])

Im Falle der *Grenzentartung* handelt es sich um ähnliche Verhältnisse; sie tritt ein, wenn einige der I_r des ungestörten Systems die Grenzwerte einer Realitätsbedingung annehmen. Setzt man z. B.

---

357) Hierfür genügt auch schon das Auftreten *zufälliger Kommensurabilitäten* zwischen den ω_r, da man dann, ähnlich wie in Anm. 318), eine Berührungstransformation dazu benutzen kann, um einige von den ω_r auf Null zu transformieren. Die *zufällige Entartung* entspricht daher den sogenannten *niederen Kommensurabilitäten* der Himmelsmechanik (z. B. Kommensurabilität der Planetenbahnen); da die Quantentheorie jeweils ganz bestimmte Werte der I_r auszeichnet, kann sie für einzelne Quantenzustände bestimmter Modelle von besonderer Bedeutung sein. *Sie wird es aber jedenfalls für die allgemeine Beurteilung des Effektes unendlich langsamer, umkehrbarer Parameterverschiebungen sein, welche einen vorgelegten stationären Zustand so verändern, daß während der Verschiebung gewisse Kommensurabilitäten zwischen den* ω_r *entweder direkt oder mit großer Annäherung passiert werden.* Siehe dazu Anm. 360). — Auf das Bestehen von Schwierigkeiten dieser Art bei Parameterverschiebungen hat bereits *J. M. Burgers* [1], p. 244, in Verbindung mit seinem Beweise für die *Parameterinvarianz der* I_k (Anm. 71) hingewiesen, doch hat jüngst *M. v. Laue,* Ann. d. Phys. 76 (1925), p. 619, zeigen können, daß derartige Kommensurabilitäten für jenen Nachweis in vielen Fällen unbedenklich sind (Zusatz bei der Korrektur).

358) Vgl. dazu Anm. 355).

bei der *relativistischen Kepler*bewegung ($s = u = 2$) (Nr. **15a**) $n = k$, während im allgemeinen $n \geqq k$ ist (p. 1016), so erhält man *Kreisbahnen mit den beiden inkommensurablen Grundschwingungszahlen* ω_n und ω_k; die allgemeine relativistische *Keplerellipse,* welche einen *zwei*dimensionalen Kreisring in der Bahnebene überall dicht bedeckt, geht hierbei in eine *ein*dimensionale und geschlossene Grenzkurve über. Die säkularen Störungen eines derartigen Bewegungstypus lassen sich auch wieder mittels Uniformisierungsveränderlichen beschreiben, welche für $\varepsilon \rightarrow 0$ gleich den zugehörigen Grundschwingungszahlen *stetig gegen Null gehen,* so daß die betreffenden $I_{u+1}, \ldots, I_{u+\mathfrak{u}}$ für hinreichend kleine Werte von ε auch wieder *keine Parameterinvarianten* darstellen können.[358])

Die quantentheoretische Behandlung derartiger Fälle bietet gewisse Schwierigkeiten, welche eben damit zusammenhängen, daß die neuauftretenden Größen $I_{u+1}, \ldots, I_{u+\mathfrak{u}}$ für $\varepsilon \rightarrow 0$ gegen Null gehen, während die erhaltenen Entwickelungen der benutzten Methode zufolge im allgemeinen nur für so kleine Werte von ε konvergieren, daß damit die Anwendung der mittels (134) normierten Quantenbedingungen (133) auf sie illusorisch würde. Ist jene Konvergenz indessen für hinreichend große Werte von ε vorhanden, so kann mit Rücksicht auf das Korrespondenzprinzip wohl nicht daran gezweifelt werden, daß die Anwendung von (133) hier ebenso zu erfolgen hat, wie bei den unter 2. behandelten säkularen Störungen *eigentlich entarteter* Systeme.[359]) Unabhängig von dieser Frage ist es aber von Interesse, die Konsequenzen der *Annahme*

$$I_{u+1} = 0, \ldots, I_{u+\mathfrak{u}} = 0 \tag{169}$$

für das *gestörte* System zu verfolgen, da (169) nach dem Obigen jedenfalls für die *ungestörte* Bewegung gilt, und eine diesbezügliche Verfügung über die Konstanten $h_r^{(0)}$ in den betreffenden Quantenbedingungen (133) solange freisteht, als ihr von der Erfahrung nicht widersprochen wird. Wie sich zeigt, bedeutet (169) dann das Bestehen und die Erhaltung *ganz bestimmter Phasenbeziehungen im gestörten System,* so daß *die gestörte Bewegung den gleichen Periodizitätsgrad u behält wie die ungestörte Bewegung.*[360])

---

359) Diese Folgerung scheint hingegen von *Born* und *Heisenberg* bzw. *Nordheim* (Anm. 350) geleugnet zu werden, ohne daß dafür eine genauere Begründung ersichtlich wäre. Vgl. jedoch Anm. 360) und bereits *J. M. Burgers* [1], § 26, p. 143/144.

360) Dieses Ergebnis ist auf Grund der Anm. 318), 357) wohl ohne weiteres einleuchtend; seine eingehende Begründung geben *Born* und *Heisenberg* bzw. *Nordheim* (Anm. 350), welche auch zeigen, daß im allgemeinen eine endliche

II. Wenn in dem zu integrierenden Störungsproblem kein kleiner konstanter Parameter zur Verfügung steht, so kann man mit *Delaunay* und *Epstein*[361]) ein *bedingt periodisches System* von der gleichen Anzahl von Freiheitsgraden wie an dem vorgelegten Problem als Ausgangssystem *wählen*, dessen Bewegung der zu untersuchenden *„möglichst nahe" kommen soll.*[362]) Ist $H^{(0)}(I_1^{(0)}, \ldots, I_u^{(0)})$ die *Hamilton*sche

Anzahl *verschiedener zulässiger Phasenbeziehungen* möglich ist, zwischen denen dann noch eine anschließende *Stabilitätsuntersuchung* zu entscheiden hat. Zu ihrer Ermittlung kann man bei der *zufälligen Entartung* die Größen $w_{u+1}, \ldots, w_{u+\mathfrak{u}}$; $I_{u+1}, \ldots, I_{u+\mathfrak{u}}$ als Konstante betrachten und das Störungsproblem nach 1. oder 2. mit beliebiger Annäherung durchführen. Im Ausdruck (163) für die Energie des gestörten Systems sind dann $E^{(1)}, E^{(2)}, \ldots$ nach Ausführung von (169) noch von den $w_{u+1}, \ldots, w_{u+\mathfrak{u}}$ abhängig. Man bestimmt sie, indem man die $\mathfrak{u}$ Gleichungen

$$\frac{\partial E^{(1)}(I_1, \ldots, I_u, w_{u+1}, \ldots, w_{u+\mathfrak{u}})}{\partial w_{r'}} = 0 \quad (r' = u+1, \ldots, u+\mathfrak{u})$$

nach den $w_{u+1}, \ldots, w_{u+\mathfrak{u}}$ auflöst, wodurch für die verschiedenen möglichen Wurzelsysteme Funktionen der $I_1, \ldots, I_u$ erhalten werden. Setzt man diese in den Energieausdruck ein, so bekommt man $E^{(1)}, E^{(2)}, \ldots$ ebenso wie $E^{(0)}$ als Funktion der $I_1, \ldots, I_u$ allein; bei einer quantenmäßigen Festlegung der $I_1, \ldots, I_u$ nach (133) erscheint E daher ebenso allein durch Quantengrößen bestimmt, wie bei den vorangegangenen Hauptfällen 1. und 2. — Bei der *Grenzentartung* führt (169) an Planetenbahnen zu den *periodischen Lösungen 1. Art* von *Poincaré* [siehe z. B. VI 2, 12 (*E. T. Whittaker*), Nr. **5** u. **6**].

Würde man (169) als alleiniges Ergebnis einer formalen, durch das Korrespondenzprinzip jedoch nicht zu begründenden Anwendung der Quantenbedingungen auffassen, so wäre damit der von *Bohr* aus dem Korrespondenzprinzip in Übereinstimmung mit (133) gefolgerte allgemeine Satz in gewissem Sinne durchbrochen, *daß die Anzahl der Quantenbedingungen beliebiger ungestörter oder gestörter Systeme mit deren Periodizitätsgrad übereinstimmen muß.* Eine gewisse Begründung für den *Ausschluß aller übrigen Quantenstufen* von (133) mit $h_{r'}^{(0)} = 0$ $(r' = u+1, \ldots, u+\mathfrak{u})$ gegenüber (169) kann nur in der vielleicht plausiblen Forderung gesucht werden, *daß die gestörte Bewegung bei $s \to 0$ stetig in die ungestörte Bewegung übergehen möge.* Wie am Ende von 1. hervorgehoben, ist sie dort von selbst erfüllt und bei 2. gilt ähnliches wenigstens für *bestimmte* von den ungestörten Bewegungen, falls man die $h_r^{(0)}$ in (133) für das ungestörte und das gestörte System in entsprechender Weise festlegt. Ein starkes Argument *gegen* den Ausschluß der erwähnten Quantenstufen in (169) bildet jedoch die im Zusammenhang mit Anm. 357) wichtige Bemerkung, *daß es nur bei Anwendung der vollständigen Quantenbedingungen* (133) *möglich zu sein scheint, den störenden Einfluß der niederen Kommensurabilitäten bei der Ausführung unendlich langsamer, umkehrbarer Parameterverschiebungen möglichst weitgehend zu unterdrücken.*

361) Siehe Anm. 347) und 348), namentlich aber VI 2, 12 (*E. T. Whittaker*), Nr. **10**, wo die Methode in wesentlich speziellerer Form am Dreikörperproblem auseinandergesetzt wird.

362) In diesem Punkte wurzeln die Vor- und Nachteile der Methode zugleich. Welche Bewegung kommt der erst zu untersuchenden „möglichst nahe"? —

Funktion dieses Hilfssystems (der *„ersten intermediären Bewegung“*) und bedeuten die Größen $w_r^{(0)}, I_r^{(0)} (r = 1, 2, \ldots, u)$; $\bar{\alpha}_j^{(0)}, \bar{\beta}_j^{(0)} (j = 1, 2, \ldots, s-u)$ seine Uniformisierungsvariablen bzw. Bewegungskonstanten, so werde vorausgesetzt, daß die *Hamilton*sche Funktion H des zu untersuchenden Problems in der Form

$$(170)\quad H(I_r^{(0)}, w_r^{(0)}), \bar{\alpha}_j^{(0)}, \bar{\beta}_j^{(0)}) = H^{(0)}(I_r^{(0)}) + \sum_{\tau_1\ldots\tau_u} \Phi_{\tau_1\ldots\tau_u} \cos 2\pi(\tau_1 w_1^{(0)} + \cdots + \tau_u w_u^{(0)} + \gamma_{\tau_1\ldots\tau_u})$$ [274])

dargestellt werden kann. Nun hat man ebenso wie bei I. zwei Hauptfälle voneinander zu unterscheiden:

1. Wenn das gewählte Hilfssystem entweder *nicht entartet* $(u = s)$ oder so beschaffen ist, daß $u < s$ die Größen $\bar{\alpha}_j^{(0)}, \bar{\beta}_j^{(0)}$ in den Entwickelungskoeffizienten $\Phi_{\tau_1\ldots\tau_u}$ von (170) *nicht vorkommen*, so kann ohne Beschränkung der Allgemeinheit $\Phi_0 = 0$ angenommen werden. Dann sei $\Phi^{(1)}_{\tau_1\ldots\tau_u}$ derjenige von den Entwickelungskoeffizienten, *welcher den numerisch größten Wert besitzt;* man definiert nun durch

$$(171)\quad H^{(1)}(I_r^{(0)}, w_r^{(0)}) = H^{(0)}(I_r^{(0)}) + \Phi^{(1)}_{\tau_1\ldots\tau_u}(I_r^{(0)}) \cdot \cos 2\pi(\tau_1 w_1 + \cdots + \tau_u w_u + \gamma_{\tau_1\ldots\tau_u})$$

die *Hamilton*sche Funktion der *„zweiten intermediären Bewegung“*. Da nach dem Energiesatz in dieser Näherung $H^{(1)} = E$ sein muß, können die $I_r^{(0)}$ nicht mehr konstant und die $w_r^{(0)}$ nicht länger lineare Funktionen der Zeit sein. Die kanonische Transformation

$$(172)\quad \begin{aligned} &\bar{w}_1^{(1)} = \tau_1 w_1^{(0)} + \cdots + \tau_u w_u^{(0)} + \gamma_{\tau_1\ldots\tau_u}, \quad I_1^{(0)} = \tau_1 \bar{I}_1^{(1)} \\ &w_\varrho^{(1)} = w_\varrho^{(0)}, \qquad I_\varrho^{(0)} = I_\varrho^{(1)} + \tau_\varrho \bar{I}_1^{(1)} \qquad (\varrho = 2, 3, \ldots, u) \end{aligned}$$

liefert zunächst

$$(171')\quad H^{(1)} = H^{(0)}(\bar{I}_1^{(1)}, I_2^{(1)}, \ldots, I_u^{(1)}) + \Phi^{(1)}_{\tau_1\ldots\tau_u}(\bar{I}_1^{(1)}, I_2^{(1)}, \ldots, I_u^{(1)}) \cdot \cos \bar{w}_1^{(1)} E,$$

Während diese Frage allgemein wohl unbeantwortbar bleibt, wird die andere nach der Unabhängigkeit des Endergebnisses von dem gewählten Hilfssystem wohl unter einigermaßen definierten Voraussetzungen erbracht werden können. Wenn man sich dem Gegenstande der vorliegenden Nummer entsprechend, auf *voraussichtlich bedingt periodische Probleme* beschränkt, so fehlt auch hier noch der Nachweis, ob und inwieweit der Entartungszustand des benutzten Hilfssystems das Endergebnis beeinflußt, namentlich was seinen Periodizitätsgrad anbetrifft. [Vgl. dazu *Epstein* (Anm. 347), § 10, Ende.] Alle diese Bedenken, über welche man sich gegenwärtig wohl nur durch Ignorierung aller Schwierigkeiten hinwegsetzen kann, kommen bei den unter I. geschilderten Methoden ganz von selbst nicht in Betracht. — Eine wesentlich günstigere Stellungnahme zu II. gegenüber I. vertritt jüngst *J. Woltjer,* Ztschr. f. Phys. 31 (1925), p. 107 (Zusatz bei der Korrektur).

welcher Beziehung offenbar eine *separierbare Hamilton-Jacobi*sche Differentialgleichung entspricht, da

$$(172') \qquad I_\varrho^{(1)} = \text{const.} \qquad (\varrho = 2, 3, \ldots, u)$$

wird. Führt man anstatt $\overline{w}_1^{(1)}, \overline{I}_1^{(1)}$ das Paar $w_1^{(1)}, I_1^{(1)}$ von neuen Uniformisierungsvariabeln ein, was rechnerisch allerdings nur mit Benutzung von *Entwickelungen nach einem kleinen konstanten Parameter* durchführbar ist[362a]), so bekommt man mittels der neuen Veränderlichen für $H^{(1)}$ eine Funktion von den $I_1^{(1)}, \ldots, I_u^{(1)}$ allein; (170) erhält dann die Form

$$(170') \qquad H = H^{(1)}(I_r^{(1)}) + \sum_{\tau_1' \ldots \tau_u'} \Phi'_{\tau_1' \ldots \tau_u'} \cos 2\pi(\tau_1' w_1^{(1)} + \cdots + \tau_u' w_u^{(1)} + \gamma_{\tau_1' \ldots \tau_u'}),$$

auf welche das Verfahren nun wiederum von neuem angewendet werden kann, bis zu dem gewünschten Grade der Annäherung. Offenbar liegt es in der Methode selbst begründet, daß man nicht ohne weiteres in der Lage sein wird, auf diese Weise einen bestimmten *vorgegebenen* Annäherungsgrad zu erzielen. Eine unerwünschte Folge dieses Umstandes ist, daß die *adiabatische* oder *Parameterinvarianz* der „Wirkungsvariablen" $I_r^{(m)}$ dann genau genommen nur für die $(m+1)^{\text{te}}$ „intermediäre" Bewegung einen exakt angebbaren Sinn besitzt, für die wirkliche Bewegung gegebenenfalls aber nur von höchst problematischem Werte sein kann, namentlich dann, wenn die Konvergenz von (170) eine sehr schlechte ist. Wie man sieht, *stimmt der Periodizitätsgrad der* durch die verschiedenen intermediären Bewegungen zu ersetzenden *gestörten Bewegung hier mit jenem des Hilfssystemes überein, und dies gilt auch für die Anzahl der Quantenbedingungen,* welche man dann für die $I_r^{(m)}$ nach (133) einzuführen haben wird. — Während die soeben geschilderte Methode dem unter I behandelten Falle 1. der *periodischen Störungen* entspricht, bekommt man das Analogon zu den *säkularen Störungen* (2.).

2. wenn das gewählte Hilfssystem *entartet* ist $(u < s)$ und die Größen $\overline{\alpha}_j^{(0)} \overline{\beta}_j^{(0)}$ in den Entwickelungskoeffizienten $\Phi_{\tau_1 \ldots \tau_u}$ von (170) *vorkommen.* Hier muß zunächst das Glied $\Phi_0(I_r^{(0)}, \overline{\alpha}_j^{(0)}, \overline{\beta}_j^{(0)})$ in (170)

362a) Vgl. *P. S. Epstein*, Anm. 247, §§ 7, 8. Es zeigt sich, daß die mittels der $\overline{I}_1^{(1)}, \overline{w}_1^{(1)}$ beschriebene Bewegung von zweierlei Charakter sein kann [„Libration" und „Periodizität" (nach *Epstein*) bzw. „Rotation" (nach *Born* und *Pauli*)], von denen jedoch der erstere von der *Whittakerschen Methode* (vgl. Anm. 348) nicht mitumfaßt wird. Eine ganz analoge Duplizität tritt nach *Born* und *Pauli* (Anm. 350) bei I. auf, *jedoch nur im Falle* 2.

berücksichtigt werden, falls es von Null verschieden ist.[363]) Dann ist die *zweite intermediäre Bewegung* durch die *Hamilton*sche Funktion $H^{(1)} = H^{(0)} + \Phi_0$ definiert; wegen

$$I_r^{(1)} = I_r^{(0)} = \text{const.} \qquad (r = 1, 2, \ldots, u)$$

reduzieren sich ihre Bewegungsgleichungen auf das System von $2(s - u)$ kanonischen Differentialgleichungen

$$(173) \qquad \frac{d\bar{\alpha}_j^{(0)}}{dt} = -\frac{\partial \Phi_0}{\partial \bar{\beta}_j^{(0)}}, \quad \frac{d\bar{\beta}_j^{(0)}}{dt} = \frac{\partial \Phi_0}{\partial \bar{\alpha}_j^{(0)}} \quad (j = 1, 2, \ldots, s-u),$$

in welchen Φ_0 analog zu $\varepsilon \Psi_0$ in (168) durch einen entsprechenden

---

363) Dieser Fall tritt bei *Epstein* [Anm. 247), § 10] nur in sehr undurchsichtiger Form auf, indem (170) dort für den vorliegenden Fall ebenso wie für $u = s$ in eine *s-fache Fourier*sche Reihe entwickelt wird, welches Verfahren bloß rein formal ist, da es unendlich viele *konstante* Reihenglieder ergibt, deren Aufeinanderfolge und Größe von der benutzten, unendlich vieldeutigen Wahl der „uneigentlichen" Uniformisierungsvariablen $w_{u+1}^{(0)}, \ldots, w_s^{(0)}$; $I_{u+1}^{(0)}, \ldots, I_s^{(0)}$ wesentlich abhängen. An Stelle dieser Teilreihe konstanter Glieder von (170), welche z. B. divergieren kann, ergibt die obige, konsequentere Behandlungsweise den Entwicklungskoeffizienten Φ_0, so daß man nun überblicken kann, zu welchen bedenklichen Konsequenzen die *Voraussetzung* führen muß, Φ_0 durch eine solche *konvergente* Reihenentwicklung ersetzen zu dürfen. Während die natürlich ebenfalls nicht immer unbedenkliche *Voraussetzung einer konvergenten Entwickelbarkeit von H nach einer u-fachen Fourierreihe* implizit auch in dem unter I. benutzten Verfahren steckt [vgl. dazu Anm. 351), namentlich aber Nr. **16**], wird die obige, von *Epstein* stillschweigend gemachte weitergehende Annahme zum Ursprung der *unrichtigen* Behauptung, *daß das Verfahren* II., *ungleich jenem von* I., *stets mit beliebiger Annäherung zu für die Quantelung geeigneten Uniformisierungsvariablen führen müsse.* Wie im Text hervorgehoben, trifft dies nur dann zu, wenn das hier auftretende, zu (168) analoge System von kanonischen Differentialgleichungen mittels solcher Veränderlicher integriert werden kann, was ebenso wie bei I. nur für die innerhalb der vorliegenden Nummer in Betracht kommenden Fälle vermutet werden kann. Indem *Epstein* jedes einzelne seiner Entwicklungsglieder von Φ_0 für sich mit $H^{(0)}$ bzw. $H^{(1)}, \ldots$ vereinigt und als eigene, neue „intermediäre" Bewegung ähnlich wie unter II., 1. behandelt, bleiben jene entscheidenden Schwierigkeiten unbemerkt; da man praktisch doch immer nur endlich viele Glieder einer unendlichen Entwicklung berücksichtigen kann, läuft der Mangel der *Epstein*schen Behandlung darauf hinaus, *daß sie nicht einmal den Einfluß des aperiodischen Gliedes* Φ_0 *in* (170) *voll zu berücksichtigen vermag.*

Die vorstehende Diskussion würde im Zusammenhang mit dem in Anm. 362) Bemerkten den Gedanken nahelegen, *als richtig gewähltes Hilfssystem überhaupt nur ein solches gelten zu lassen, bei welchem von vornherein* $\Phi_0 = 0$ *wird.* Dadurch würde wenigstens eine *untere Grenze für den Periodizitätsgrad des Hilfssystems* festgelegt werden können, hingegen bleibt die Frage, inwieweit die gewählte Bewegung der zu untersuchenden „möglichst nahe" angepaßt ist oder nicht, weiterhin unbeantwortet.

Zeitmittelwert von $H - H^{(0)}$, genommen über die erste intermediäre Bewegung, erhalten werden kann, und zwar auch dann noch, *wenn keine Entwickelung von der Gestalt* (170) *möglich ist.*[364]) Wie unter I kann vermutet werden, daß die Gleichungen (173) für die in der vorliegenden Nummer in Betracht kommenden Fälle separierbar oder mittels einer der hier behandelten störungstheoretischen Methoden bei Benutzung von $u' - u$ neuen Uniformisierungsvariablen ($u' \leqq s$) integrierbar sind; analog (163_2) wird $H^{(0)} + \Phi_0$ dann durch die u früheren und die $u' - u$ neu hinzugekommenen „Wirkungsvariablen $I_r^{(1)}$ allein dargestellt werden können. *Der Periodizitätsgrad hat hier demnach gegenüber jenem des benutzten Ausgangssystems zugenommen* und ähnliches gilt auch für die Anzahl der Quantenbedingungen, welche der intermediären Bewegung nach (133) auferlegt werden können, falls man nach ihrer Ermittelung das Verfahren abbricht. Will man zu weiteren Annäherungen übergehen, so hat man (170) mittels der neuen Uniformisierungsveränderlichen auszudrücken und nun ähnlich wie unter 1. einzelne periodische Glieder zu $H^{(0)} + \Phi_0$ hinzuzunehmen. Wenn $u' < s$, können die Entwicklungskoeffizienten noch $2(s - u')$ von den Größen $\bar{\alpha}_j^{(0)}$, $\beta_j^{(0)}$ enthalten, so daß die Integration eines neuen, aus $2(s - u')$ Gleichungen bestehenden und zu (173) analog gebauten kanonischen Differentialgleichungssystems notwendig werden und eine *weitere Erhöhung des Periodizitätsgrades* zur Folge haben kann. Was den erzielbaren Annäherungsgrad dieses Verfahrens und die Parameterinvarianz der von ihm gelieferten „Wirkungsvariablen" anbetrifft, so gilt hier das gleiche, wie es oben bereits unter 1. hervorgehoben worden ist.

Überblickt man die geschilderten störungstheoretischen Methoden, so findet man, *daß der Periodizitätsgrad der gestörten Bewegung nicht immer schon innerhalb der ersten Näherung ermittelt werden kann* (I, 2.; II, 2.). Dies, sowie die Tatsache, daß unter Umständen auch die in den störenden Kräften *quadratischen* Glieder zu beobachtbaren Effekten Anlaß geben können, lassen es angezeigt erscheinen, dann auch den höheren Näherungen eine wesentliche physikalische Bedeutung für die betreffenden Atomprobleme zuzuschreiben. Aus den am Ende von Nr. **15a** angeführten Gründen für einen bestimmten *Genauigkeitsgrad der Quantenrechnungen* hingegen wird von *Bohr* der Standpunkt ver-

364) In diesem Falle kann man also wenigstens zu einer *ersten* Näherung mittels (173) gelangen. — Der im Text betonte Umstand wird von *Epstein,* l. c., p. 317/318 hervorgehoben und ebenso wie oben mit dem von *Bohr* benutzten Ergebnis (168) von I. in Parallele gebracht, merkwürdigerweise jedoch ohne den in der vorigen Anm. gezogenen Folgerungen nachzugehen.

treten, daß für die Festlegung der stationären Quantenzustände im wesentlichen *allein die erste Näherung* einer störungstheoretischen Untersuchung in Betracht zu kommen hat.[365])

Von den in den Bereich der vorliegenden Nummer fallenden quantentheoretischen Anwendungen der störungstheoretischen Methoden ist vor allem die korrespondenzmäßige Behandlung des *Stark*- und *Zeemaneffektes* der *Balmer*- und Heliumfunkenlinien bei hinreichend starken äußeren homogenen Feldern zu nennen, mit welcher *Bohr* die Ergebnisse von *Schwarzschild* und *Epstein*, *Sommerfeld* und *Debye* (p. 1021, 1023) in erster Näherung bestätigt und die dabei auftretenden und bereits früher erwähnten Entartungsverhältnisse geklärt hat. In gleicher Weise hat *Bohr* ferner eine störungstheoretische Behandlung der *relativistischen Keplerbewegung* (Nr. **15a**) geben können, indem er zeigte, daß die von der Relativitätstheorie bedingten Abweichungen von der *gewöhnlichen Kepler*bewegung in erster Annäherung auch als durch ein schwaches äußeres zentrales Zusatzfeld hervorgerufen angesehen werden können, dessen Potential dem Entfernungs*quadrate* verkehrt proportional ist.[366]) Von besonderer Tragweite für den Vergleich der *Sommerfeldschen Feinstrukturtheorie* mit der Erfahrung ist namentlich die Untersuchung des *Einflusses kleiner äußerer homogener elektrischer und magnetischer Störungsfelder* auf die *relativistische Kepler*bewegung, welche von *Sommerfeld*, *Debye* und namentlich von *Bohr* behandelt[367]), von *Kramers* in allen Einzelheiten, insbesondere für elektrische Felder beliebiger Stärke, ausgeführt worden ist.[368]) Die dabei zutage getretene große *Empfindlichkeit der Feinstrukturkomponenten* bereits gegenüber ganz minimalen äußeren Feldstärken läßt es vollkommen erklär-

365) Vgl. z. B. *N. Bohr* [2], [3]; Ztschr. f. Phys. **13** (1923), p. 117. — Wie bereits in Anm. 323) hervorgehoben, kommen hier die beiden Gesichtspunkte einer *praktischen Unzulänglichkeit* der benutzten Bewegungsgleichungen und einer *prinzipiellen Unmöglichkeit absolut scharfer Quantelung* miteinander zur Berührung. Wenn man, wie am Schluß von Anm. 323) angedeutet, das Problem der *Spektrallinienbreite* auf Grund der klassisch-elektrodynamischen Eigenschaften eines „Ersatzoszillators" mit Spektrallinienfrequenz zu lösen versucht, so dürfte das zulässige Genauigkeitsmaß für die Quantenrechnung mit dem oben im Text gegenüber *Bohr* eingenommenen Standpunkt im allgemeinen verträglich sein, wodurch der *Bohr*schen Forderung auf etwas anderem Wege Rechnung zu tragen versucht werden kann.

366) *N. Bohr* [2], II. Teil, § 3.

367) *A. Sommerfeld*, Phys. Ztschr. **17** (1916), p. 491; *P. Debye*, Phys. Ztschr. **17** (1916), p. 507; *N. Bohr* [2], II. Teil, §§ 4, 5; Proc. London Phys. Soc. **35** (1923), p. 275.

368) *H. A. Kramers*, Dansk. Vid. Selsk. Skr. 8, III (1918), §§ 4, 7, 8; Ztschr. f. Phys. **3** (1920), p. 199.

lich erscheinen, daß die bisherigen Messungen der Größe des „Wasserstoffdubletts“ bei verschiedenen Autoren noch immer merkliche Unterschiede voneinander zeigen[328]) und zum Teil von *Sommerfelds* theoretischem Werte abweichen; da die bei den Messungen in Betracht kommenden Störungen vor allem durch die *inhomogenen* und *zeitlich variablen molekular-elektrischen* Felder der den leuchtenden Atomen benachbarten Ionen und Moleküle verursacht werden, für welche eine hinreichende theoretische Behandlung bisher noch nicht möglich gewesen ist, so muß man überdies auf eine noch wesentlich weitgehendere Beeinflußbarkeit der Feinstrukturzerlegungen gefaßt sein, als sie bisher von *Kramers* für *makroskopische* und *konstante* Felder vorausberechnet werden konnte. Die gleichen störenden Einflüsse dürften sich voraussichtlich auch bei der *magnetischen Zerlegung der Feinstrukturkomponenten* in erheblichem Maße geltend machen, wo eine volle Übereinstimmung zwischen der zuerst von *Sommerfeld* und *Debye*[367]) gefolgerten Aufspaltung jeder einzelnen Feinstrukturkomponente in ein normales *Lorentz*sches Triplett mit den Beobachtungen[369]) bisher nicht erzielt werden konnte. Die bei der *gleichzeitigen Wirkung starker äußerer, homogener elektrischer und magnetischer Felder auf die* (nicht-relativistische) *Keplerbewegung* zu erwartenden Verhältnisse sind zuerst von *Bohr*[370]) diskutiert worden, doch stehen für diesen Fall gegenwärtig noch keinerlei Beobachtungen zur Verfügung, welche einen Vergleich mit den theoretischen Vorhersagen ermöglichen würden. Während es *Bohr* verhältnismäßig einfach gelang, den Fall paralleler oder aufeinander senkrechter Feldrichtungen zu erledigen, glaubte er, daß es für die säkularen Störungen bei unter einem *beliebigen Winkel*

---

369) Siehe etwa *H. M. Hansen* und *J. C. Jacobsen*, Dansk. Vid. Selsk. Medd. 11, III (1921), sowie *K. Försterling* und *G. Hansen*, Ztschr. f. Phys. 18 (1923), p. 26, ferner die dort zitierte ältere Literatur. Während die erstgenannten Forscher an He^+ im wesentlichen eine qualitative Bestätigung der Theorie erhalten, finden *Försterling* und *G. Hansen* an H_α und H_β eine Art *Paschen-Backeffekt* vom Typus der Alkalidubletts (vgl. dazu V 26, *C. Runge*). Da eine Verschiedenheit aus Modellgründen wohl so gut wie ausgeschlossen ist, kann der beobachtete Unterschied direkt als Beweis für die Wirksamkeit der in beiden Fällen ja mit Sicherheit verschiedenen störenden Einflüsse der Nachbaratome angesehen werden. Eine theoretische Behandlung jener Einflüsse wird vermutlich auch wesentlich auf die *Orientierung* Rücksicht nehmen müssen, welche die Nachbaratome bzw. -moleküle durch das Magnetfeld erfahren. — Der störende Einfluß eines schwachen, homogenen, zum Magnetfelde senkrechten elektrischen Feldes auf den *Zeeman*effekt der Feinstrukturkomponenten ist jüngst von *H. C. Urey*, Ztschr. f. Phys. 29 (1924), p. 86; Dansk. Vid. Selsk. Skr. VI (1924), Nr. 2, eingehender untersucht worden (Zusatz bei der Korrektur).

370) *N. Bohr* [2], II. Teil, § 5.

gekreuzten Feldern unmöglich sei, die durch das Differentialgleichungssystem (168) gegebene Bewegung mittels für die Quantelung geeigneter Uniformisierungsvariablen zu beschreiben. Dieses Problem ist dann unabhängig erst von *Epstein*[371]) und *Klein*[372]) mit positivem Ergebnisse befriedigend erledigt worden[373]), wobei sich *Epstein* im Gegensatz zu allen übrigen bisher angeführten störungstheoretischen Untersuchungen der von ihm entwickelten, oben unter II. geschilderten Methode bediente. Ebenso wie der gleichzeitige Einfluß elektrischer und magnetischer Felder hat sich bisher auch der störungstheoretisch berechenbare *Zeemaneffekt 2. Ordnung*[374]) der Beobachtung entzogen.[375])

16. Quantentheorie nicht bedingt periodischer Systeme. Wenn ein elektrodynamisches Gebilde aus mehr als zwei beweglichen elektrischen Ladungen besteht, so werden für seine Bewegung in den *Grenzzuständen* (121) oder (122), wie bereits in Nr. **14** (p. 992) angedeutet worden ist, nur *mehrfach periodische Partikular*lösungen des durch die *Hamilton*sche Funktion (123) gekennzeichneten allgemeinen dynamischen Problems in Betracht kommen können. Erweitert man den Gültigkeitsbereich der strahlungsfrei gemachten klassisch-elektrodynamischen Bewegungsgleichungen nun wiederum *versuchsweise* auch

371) *P. S. Epstein,* Phys. Rev. 22 (1923), p. 202, doch wurde das Ergebnis bereits Ztschr. f. Phys. 8 (1922), p. 319 angekündigt.

372) *O. Klein,* Ztschr. f. Phys. 22 (1924), p. 109.

373) Vgl. ferner *W. Lenz,* Ztschr. f. Phys. 24 (1922). p. 197, wo das Ergebnis sogar ohne Benutzung der Störungstheorie auf elementarem Wege hergeleitet wird. — Eine störungstheoretische Behandlung von *O. Halpern,* Ztschr. f. Phys. 18 (1923), p. 287 gibt im Gegensatz zu den übrigen Autoren kein Resultat in geschlossener Form, sondern in jener einer unendlichen Reihe von jedoch fraglicher Konvergenz.

374) *A. M. Mosharrafa,* Phil. Mag. 46 (1923), p. 514 berechnet den Effekt für die *relativistische Keplerbewegung* auf Grund der von ihm und von *W. Wilson* (Anm. 310) aufgestellten Form der Quantenbedingungen, ähnlich wie bei seiner Behandlung des gewöhnlichen *Zeeman*effektes (Anm. 338). Für die *nicht-relativistische Kepler*bewegung hat *O. Halpern,* Ztschr. f. Phys. 18 (1923), p. 352 eine Berechnung veröffentlicht, jedoch ohne den zugehörigen Energieausdruck explizit aufzustellen, so daß eine Nachprüfung der beiden Ergebnisse aneinander eine genauere Untersuchung erfordern würde.

375) Schließlich ist von *Burgers* auch noch ein Versuch zur quantentheoretischen Erfassung der *Druckverschiebung* der Spektrallinien gemacht worden, vgl. *J. M. Burgers* [1], § 25. Die damit in unmittelbarem Zusammenhange stehende Frage nach der *Druckverbreiterung* der Spektrallinien hat *J. Holtsmark,* Ann. d. Phys. 58 (1919), p. 577; Phys. Ztschr. 25 (1924), p. 73; Ztschr. f. Phys. 31 (1925), p. 803, im Anschluß an die oben erwähnte Theorie des *Starkeffektes* eingehend und *quantitativ* zu beantworten gesucht. Siehe ferner *W. Lenz,* Ztschr. f. Phys. 25 (1924), p. 299.

auf *ganz beliebige* stationäre Quantenzustände derartiger Gebilde, so ergibt sich, *daß die Quantenzustände der Modelle beliebiger Atome und Moleküle*, abgesehen vom Wasserstoffatommodell (Nr. 15), *gewissen stetigen, mehrfach periodischen Partikularlösungsfamilien der nicht bedingt periodischen Bewegung dieser Modelle angehören müßten.*[376])

Bezeichnet man die Anzahl der „mechanisch" (bzw. „dynamisch"[246])) gezählten Freiheitsgrade eines derartigen, *ruhend* gedachten Modelles wieder mit s, so wäre z. B. für ein neutrales, durch äußere *makroskopische* Felder (p. 1020) gestörtes Atom mit Z-fach positiv geladenem Kern, $s = 3Z$, wie bei der gestörten *räumlichen* Bewegung des Wasserstoffatommodelles speziell für $Z = 1$. Ebenso wie beim Wasserstoffatommodell *erniedrigt* sich diese Anzahl jedoch um Eins für den *feldfreien Fall*, infolge der hier willkürlichen Orientierung der invariablen Ebene des Modells im Raume.[377]) Da nun der Periodizitätsgrad u einer mehrfach periodischen *Partikular*lösung eines nicht bedingt periodischen Problems offenbar höchstens $s - 1$ sein kann[378]), so muß z. B. für ein *Atom*modell bei $Z \geqq 2$, $u \leqq 3Z - 2$ sein. *Der Periodizitätsgrad und* zufolge (133) auch *die Anzahl der Quantenbedingungen sind demnach für Atome* ($Z \geqq 2$) *und Moleküle grundsätzlich kleiner als die Anzahl ihrer „mechanischen" Freiheitsgrade.* Tatsächlich ist die Anzahl u der „Quantenfreiheitsgrade", wie man aus den Atom- und Molekülspektren auf empirischem Wege entnehmen kann, sogar im allgemeinen *ganz wesentlich kleiner als* $s - 2$ und spricht damit neben zahlreichen anderen Argumenten physikalischer und namentlich *valenzchemischer*

376) *A. Smekal*, Ztschr. f. Phys. 11 (1922), p. 294; 15 (1923), p. 58. Siehe auch die Übersicht über das Problem, welche jüngst von *M. S. Vallarta*, J. Math. and Phys. Massach. Inst. Techn. 3 (1924), p. 109 gegeben worden ist. In weniger systematischer Form und ohne Bezugnahme auf das in Nr. 14 benutzte und erst später aufgestellte *Bohrsche Korrespondenzprinzip* ist obiger Satz auch bereits von *J. M. Burgers* [1], § 26 ausgesprochen worden. Tatsächlich hat man sich seiner, wenn auch unausgesprochen, jedoch von den ersten Untersuchungen *Bohrs* angefangen, bei *sämtlichen* bisherigen Versuchen zur Aufstellung brauchbarer Atom- und Molekülmodelle bedient, wie auch aus deren Schilderung weiter unten im Text entnommen werden kann.

377) Vgl. etwa *J. M. Burgers* [1], § 16; dieser Umstand ist in einer älteren Veröffentlichung des Referenten, Ztschr. f. Phys. 4 (1921), p. 26 übersehen worden.

378) Wäre er nämlich *gleich* s, so müßte die Bewegung nach dem in Anm. 307) erwähnten Satze von *Herglotz* von *bedingt periodischem* Charakter sein, was nach den Theoremen von *Bruns* und *Poincaré* über die Eigenschaften der *Integrale der Vielkörperprobleme* (vgl. VI 2, 12, *E. T. Whittaker*, Nr. 4) unmöglich ist. Allerdings unterscheidet sich das *elektrische Vielkörperproblem* von jenem der Gravitation durch das prinzipielle Auftreten von *Massenkommensurabilitäten* und *abstoßenden Kräften* neben den anziehenden, doch wird die Gültigkeit der erwähnten Theoreme davon nicht berührt.

Natur zugunsten weitgehender Symmetrieeigenschaften der in den stationären Zuständen auftretenden Bewegungstypen.

Eine allgemeine Methode zur Ermittlung jener stetigen, mehrfach periodischen Partikularlösungstypen nicht bedingt periodischer Systeme, welche den *größtmöglichen Periodizitätsgrad* besitzen, ist gegenwärtig noch nicht bekannt; in einigen Fällen scheint hierzu die von *Poincaré* herrührende *Methode der charakteristischen Exponenten*[379]) geeignet zu sein, welche es ermöglicht, *mehrfach periodische Partikularlösungen* in der Umgebung einer bereits anderweitig bekannten *einfach periodischen Partikularlösung* zu bestimmen.[380]) Von grundsätzlicher Bedeutung ist in diesem Zusammenhange, daß es im allgemeinen *einfach periodische Partikularlösungen „verschiedener Instabilität"* gibt, welche durch *stetige* Veränderung der Integrationskonstanten der Bewegung *nicht ineinander übergeführt werden können.* Die solchen Lösungen entsprechenden Familien von mehrfach periodischen Partikularlösungen werden dann

---

379) *H. Poincaré,* Acta Math. 13 (1890), p. 249; ferner VI 2, 12 (*E. T. Whittaker*), Nr. **12**, p. 552.

380) Vgl. *A. Smekal,* Anm. 376). Die *Poincaré*sche Methode bezweckt ursprünglich eine Untersuchung der *Stabilität* einer vorgelegten *rein periodischen Partikularlösung* gegenüber kleinen Änderungen in den Werten der Integrationskonstanten der Bewegung. Aus dem Verhalten der charakteristischen Exponenten kann nun geschlossen werden, welche von den einzelnen Freiheitsgraden „Störungen" periodischer oder säkularer Natur erleiden; die säkularen Störungen bedürfen dabei allerdings einer über das *Poincaré*sche Verfahren hinausgehenden Untersuchung, um im Anschluß daran den Periodizitätsgrad der der Ausgangsbewegung benachbarten und an sie stetig anschließenden *mehrfach periodischen Partikularlösungen* ermitteln zu können. Diejenigen Änderungen der Bewegungskonstanten, welche die Stabilität der Ausgangsbewegung im Sinne von Nr. **3 A** *aufheben,* entsprechen der Verschiebung von „Instabilitätsparametern" und müssen nach Nr. **3 A** und Nr. **14** (p. 995) für *ausgeschlossen* erklärt werden (siehe auch weiter unten im Text); das gleiche gilt für solche Änderungen der Bewegungskonstanten, welche zwar die Stabilität unberührt lassen, jedoch zu Nachbarbewegungen von nicht bedingt periodischem Charakter führen. Zur Illustration des letztgenannten Falles sei auf das in Anm. 10) und 11) erwähnte *Herglotz-Artin*sche Beispiel eines *quasiergodischen* Systems von zwei Freiheitsgraden hingewiesen. [Da für $s \geqq 2$ jedes quasiergodische System nicht bedingt periodisch ist, kommen für die Quantentheorie nur seine mehrfach periodischen Partikularlösungen] in Betracht, während seine allgemeinen quasiergodischen Bahnkurven ausgeschlossen werden müssen; im Gegensatz hierzu würde die ältere statistische Mechanik (Nr. **1**) zufolge dem in Anm. 165) Bemerkten gerade den Ausschluß jener Partikularlösungen fordern müssen.]

Ersetzt man die rein periodische Ausgangslösung durch eine *mehrfach periodische* Partikularlösung, so kommt man mittels der *Poincaré*schen Methode u. a. zu Ergebnissen, welche in naher Beziehung zu den in Nr. **15 b** unter I, 3 geschilderten störungstheoretischen Fragen stehen.

ebenfalls voneinander völlig unabhängig sein und gegebenenfalls sogar einen verschiedenen Periodizitätsgrad besitzen können. Da nach dem *Korrespondenzprinzip* (Nr. **14**) nur Quantenübergänge zwischen stationären Zuständen möglich sind, welche einem *einheitlichen Grenzzustande* (121) oder (122) zugeordnet sind, *so muß ein Atom, dessen stationäre Zustände aus derartigen voneinander unabhängigen Partikularlösungsfamilien mittels der Quantenbedingungen* (133) *ausgewählt sind, mehrere voneinander völlig unabhängige Spektralserien besitzen, welche untereinander keine „Kombinationslinien" besitzen.*[381]) Jede dieser Spektralserien nimmt dann ihren Anfang von einem energieärmsten Zustand des Atoms, unter denen wiederum jener mit der absolut kleinsten Energie als *Normalzustand* des Atoms anzusehen sein wird; da der Übergang aus einem der anderen Serienanfangsquantenzustände in ihn jetzt nur mehr auf *strahlungslosem* Wege (Nr. **18a**) möglich ist, kann man jene als *„metastabile" Atomzustände* bezeichnen, im Anschluß an die von *J. Franck* und seinen Mitarbeitern anläßlich des experimentellen Nachweises dieser Erscheinung beim He eingeführten Terminologie. Daß das Spektrum des neutralen Heliums in Übereinstimmung damit aus *zwei, völlig unabhängigen, miteinander nicht kombinierenden Spektralserien* („Ortho"- und „Parhelium"spektrum) besteht, entspricht obiger Voraussage und ist im Zusammenhange mit dem Korrespondenzprinzip namentlich von *Bohr* immer wieder hervorgehoben worden.[382]) Diese Übereinstimmung von Tatsachen und aus dem Korrespon-

381) *A. Smekal,* Ztschr. f. Phys. **11** (1922), p. 294, wo in Anm. 1) auf p. 299 auch entsprechende Beispiele am *Dreikörperproblem* angegeben sind, die für das Problem des *Heliumatommodells* von Bedeutung werden. Daß es bei Hinzunahme *individueller Bedingungen,* etwa *bestimmter Stabilitätsforderungen,* auch schon bei *bedingt periodischen* Systemen *voneinander unabhängige* Partikularlösungsfamilien geben kann, freilich nicht analytisch, sondern nur im Sinne jener Zusatzforderungen, ist z. B. den Untersuchungen von *Pauli* und *Niessen* (Anm. 415) über das *Zweizentrenproblem* zu entnehmen. Siehe etwa *W. Pauli,* l. c., Ende von § 8.

382) *N. Bohr* [2], III. Teil, § 2; [3], 2. Vortrag, p. 62 ff., 3. Vortrag, p. 100 ff. — Mit Rücksicht auf die große prinzipielle Tragweite einer solchen Tatsache muß jedoch hervorgehoben werden, daß die beobachtete Nichtexistenz der erwähnten Kombinationslinien immer auch durch die Annahme *sehr kleiner* Übergangswahrscheinlichkeiten für die betreffenden Quantenübergänge gedeutet werden könnte — eine zwar mögliche Auffassung, die aber mit Rücksicht auf die *Feinstruktur der beiden He-Serienspektren* (Anm. 404), sowie die Eigenschaften des „metastabilen" He-Zustandes von *Franck* als höchst unwahrscheinlich angesehen werden muß. (Die erwähnten Übergangswahrscheinlichkeiten brauchen hierzu etwa *bloß von der Größenordnung des Verhältnisses : Elektronenmasse zu Kernmasse* zu sein!) — Die jüngst von *T. Lyman,* Nature **113** (1924), p. 785 gefundene He-Kombinationslinie entsteht vermutlich erst unter dem Einfluß eines störenden elektrischen Feldes (Zusatz bei der Korrektur).

denzprinzip gezogenen theoretischen Folgerungen scheinen dafür zu sprechen, daß die strahlungsfrei gemachten klassisch-elektrodynamischen Bewegungsgleichungen zumindest in *qualitativer* Hinsicht auch für Atomprobleme mit mehr als zwei beweglichen Ladungen ausreichend sind und bei einem durchaus zu gewärtigenden *Versagen in quantitativer Hinsicht* (p. 996, 1022) nicht etwa so abgeändert werden *müßten*, daß derartige Probleme nunmehr *bedingt periodisch* würden. Aus ähnlichen Gründen entnimmt man auch, daß die in Nr. **15b** geschilderten störungstheoretischen Methoden für eine Behandlung solcher Probleme im allgemeinen *nicht* in Betracht kommen können.[383]) Was schließlich die *Stabilität* der stationären Quantenzustände anbetrifft, welche

---

383) *A. Smekal*, Ztschr. f. Phys. 11 (1922), p. 294. — Eine genauere Begründung dieser Behauptung hat zunächst darauf hinzuweisen, daß alle diese Probleme nach Anm. 378) wesentlich *nicht bedingt periodisch* sind, so daß z. B. *die allgemeinen Lösungen der Differentialgleichungen* (168) *bzw.* (173) *für die säkularen Störungen, welche eine beliebige Bewegung durch ein neu hinzukommendes Elektron erfährt (Einfangen eines Elektrons durch ein Atom- oder Molekülion!), nicht mehrfach periodischen Charakters sein können.* Im allgemeinen wird für diese Probleme überdies auch noch die, sämtlichen störungstheoretischen Methoden von Nr. **15b** zugrundeliegende *Voraussetzung unerfüllbar sein,* daß bei ihnen Entwicklungen nach mehrfachen *Fourier*schen Reihen wie in (164) oder (170) *überhaupt möglich und konvergent sind* (vgl. Anm. 363). Eine *Divergenz* der störungstheoretischen Entwicklungen muß daher bei solchen Problemen von *prinzipieller Bedeutung* sein, im Gegensatz zu jener, welche bei *bedingt periodischen* Problemen in den benutzten Methoden selbst begründet sein kann (vgl. Anm. 351). Diese *Divergenz* rührt im allgemeinen davon her, daß die störungstheoretischen Methoden für die *allgemeinen Lösungen* eines *nicht bedingt periodischen* Problems formal und automatisch *einen höheren Periodizitätsgrad voraussetzen, als er bei geeignet gewählten Partikularlösungen im günstigsten Falle verwirklicht sein kann.* Erst wenn der Periodizitätsgrad jener Partikularlösungen irgendwie ermittelt ist, kann eine, meist beschränkte Anwendung der störungstheoretischen Methoden auf legitime Art möglich werden.

Während die im Texte bevorzugte Argumentation wesentlich auf Folgerungen aus dem *Bohrschen Korrespondenzprinzipe* beruht, hat *N. Bohr* [2] ursprünglich mehr auf die als selbständiges Postulat für sich betrachteten, formalen Quantenbedingungen (149) bzw. (133), (134) gestützte Gesichtspunkte vertreten. Wenn man den Unterschied zwischen *allgemeinen Lösungen* und *Partikularlösungen bestimmter Periodizitätseigenschaften* bei *nicht bedingt periodischen* Problemen außer Betracht läßt, kann man so mit *Born* und *Pauli* (Anm. 350) zu der Auffassung kommen, daß eine „scharfe Quantelung" hier unmöglich sei und daß z. B. das Heliumatom, ebenso wie alle schwereren Atome und die Moleküle, prinzipiell unscharfe Spektrallinien besitzen müsse. Mit Rücksicht auf die im Text genannten Belege zugunsten der direkt auf das Korrespondenzprinzip fundierten Auffassung erübrigt es sich indessen wohl, auf die anderen Schwierigkeiten jenes älteren Standpunktes einzugehen, der gegenwärtig überdies als allgemein verlassen angesehen werden kann.

aus den mehrfach periodischen Partikularlösungen nicht bedingt periodischer Systeme mittels der allgemeinen Quantenbedingungen (133) auszuwählen sind, so ist bereits oben in Nr. **14** (p. 995) hervorgehoben worden, daß sie der Natur der Sache nach durch das *Ehrenfestsche Adiabatenprinzip* nur für solche äußere Störungen gesichert werden kann, welche jene Bewegungen in solche vom gleichen analytischen Charakter überführen würden. Betrachtet man die Quantenbedingungen als *außermechanische, kinematische Zusatzrelationen* zu den allgemeinen Bewegungsgleichungen solcher Probleme, so wäre es denkbar, die erwartete Stabilität auch andersbeschaffenen Störungen gegenüber zu erhalten[384]); demgegenüber könnte jedoch auch vermutet werden, daß die Stabilität der stationären Zustände nur in dem oben gekennzeichneten Ausmaße besteht und so auch den normalen zwischenmolekularen Wechselwirkungen gegenüber hinreicht[385]), außer wenn es sich um direkte *Stoßvorgänge* (Nr. **18**) handelt, welche durch entsprechend raschen Ablauf und ein bestimmtes Ausmaß gegenseitiger Annäherung gekennzeichnet sind.

Da die vorstehenden Ausführungen allein gewisse analytische Eigenschaften der Lösungen *beliebiger kanonischer Differentialgleichungssysteme* zur Grundlage genommen haben, so werden sie für die Quantentheorie nicht bedingt periodischer Systeme auch dann noch maßgebend sein, wenn sich die strahlungsfrei gemachten klassisch-elektrodynamischen Bewegungsgleichungen quantitativ endgültig als unzureichend erweisen sollten (p. 1053), ohne daß es damit zugleich unmöglich würde, die innere Bewegung der Atome und Moleküle in ihren stationären Quantenzuständen *überhaupt mittels Differentialgleichungen beschreiben zu können.*[386])

16a. Spezielle Atommodelle mit mehreren Elektronen und idealisierte Atommodelle. Im Zusammenhange mit der auf Grund von

---

384) Versuche in dieser Beziehung sind für *Elektronenring*systeme (vgl. weiter unten im Text) von *N. Bohr* [1], I. Abhandlung, und *L. Föppl*, Phys. Ztschr. 15 (1914), p. 707 unternommen worden, nachdem sich bereits *J. W. Nicholson*, Monthly Not. 72 (1911/12), p. 49, 139, 677, 729; 74 (1913/14), p. 204, 486, 623, mit der Stabilisierungsuntersuchung derartiger und verwandter Bewegungen befaßt hatte. Siehe hierzu ferner *J. M. Burgers* [1], § 27, wo auch eingehendere Literaturangaben zu finden sind.

385) Wenn auch die zwischenmolekularen Wechselwirkungen provisorisch Quantengesetzen unterworfen würden (Nr. **17**), so könnten sie nach den Ausführungen der vorliegenden Nummer wiederum nur mehrfach periodischer Natur sein, was die im Text geäußerte Vermutung begünstigen würde.

386) *A. Smekal*, Ztschr. f. Phys. 15 (1923), p. 58. Vgl. dazu Anm. 19), 22), 246), 280), aber auch Nr. **23**, letzter Absatz.

(151) anfangs nur für einfach periodische Systeme möglichen Anwendung der Quantentheorie hatte *Bohr,* und bereits vor ihm *Nicholson,* ursprünglich *ebene, aus mehreren, konzentrisch angeordneten Elektronen-„ringen“ bestehende Atommodelle* angegeben[387]), bei welchen man in der Folge mit Rücksicht auf die im *periodischen System der Elemente* zum Ausdruck kommenden *Valenzverhältnisse*[388]), sowie auf eine numerische Darstellbarkeit einiger *Hauptlinien der Röntgenspektren*[389]) in geeigneter Weise über die Besetzungsanzahlen der einzelnen „Ringe“ zu verfügen suchte.[390]) Jeder Elektronenring erscheint hierbei als einfachste periodische Partikularlösung des entsprechenden Vielkörperproblemes ausgezeichnet und wird zunächst als von seinen Nachbarn völlig unabhängig behandelt; er heißt *ein-, zweiquantig* usw., je nachdem, welchem ganzzahligen Vielfachen von $\frac{h}{2\pi}$ der *Drehimpuls des einzelnen Ringelektrons* gleichgesetzt wird.[391]) Um die nur rohe numerische Wiedergabe zu verbessern, welche für die Frequenzen der wichtigsten Röntgenlinien auf Grund der Annahme eines innersten einquantigen, eines nächsten zweiquantigen Elektronenringes usw. im Normalzustand der Atome erzielt werden konnte, ist man alsbald dazu übergegangen, die gegenseitigen Störungen solcher Ringsysteme zu berücksichtigen, ferner quantenmäßig vorbestimmte Neigungen der verschiedenen Ringebenen zu prüfen und auch elliptische Bewegungszustände der Ringelektronen zuzulassen.[392]) Gestützt auf eine ein-

---

387) *N. Bohr* [1], namentlich Abhandlung I—III, ferner *J. W. Nicholson,* Anm. 384) und die übrige, bei *J. M. Burgers* [1], § 26—27, aufgezählte ältere Literatur. Siehe auch *A. Sommerfeld* [1]. 2. Kapitel, §§ 3, 4.

388) *N. Bohr* [1], Abhandlung III; *J. W. Nicholson,* Phil. Mag. 27 (1914), p. 558; *A. v. d. Broek,* Elster-Geitel-Festschrift, Braunschweig 1915, p. 428; *L. Vegard,* Verhandl. Deutsch. Phys. Ges. 19 (1917), p. 344.

389) *N. Bohr* [1], Abhandlung I, III, IX; *A. Sommerfeld,* Münchn. Ber. 1916, p. 131; Ann. d. Phys. 51 (1916), p. 125.

390) *P. Debye,* Phys. Ztschr. 18 (1917), p. 276; *L. Vegard,* Verhandl. Deutsch. Phys. Ges. 19 (1917), p. 328; *J. Kroo,* Phys. Ztschr. 19 (1918), p. 307; *L. Vegard,* Phil. Mag. 35 (1918), p. 294; 37 (1919), p. 237; Phys. Ztschr. 20 (1919), p. 97, 121.

391) Nach (151) wäre es, wie *J. M. Burgers* [1], p. 138, Anm. 1), hervorhebt, allein gerechtfertigt, jenen Drehimpuls dem *vollständigen* Elektronenring (anstatt jedem Elektron einzeln) zuzuordnen, wie dies auch von *Nicholson* gelegentlich gemacht worden ist. Eine Rechtfertigung des obigen Ansatzes wäre nur auf Grund bestimmter Vorstellungen über die *sukzessive Bildung* eines mehrfach besetzten Elektronenringes aus einzelnen Elektronen denkbar, doch haben gerade derartige Gesichtspunkte mit zu der im nachfolgenden erwähnten *Aufgabe der Elektronenringvorstellung* beigetragen.

392) *F. Reiche* und *A. Smekal,* Naturwissenschaften 6 (1918), p. 304; Ann. d. Phys. 57 (1918), p. 124; *A. Smekal,* Wien. Ber. (2a) 127 (1918), p. 1229;

gehende numerische Prüfung der Konsequenzen dieser und einiger weiterer noch in Betracht kommender Möglichkeiten, hat indessen *Smekal* schließlich zeigen können, *daß die Elektronenringvorstellung quantitativ überhaupt unbrauchbar ist und verworfen werden muß*[393]), nachdem ähnliche Ergebnisse von *kristallgittertheoretischer*[394]) und *valenzchemischer*[395]) Seite zum Teil bereits früher zugunsten *räumlicher Atommodelle*[396]) vorgelegen hatten. Der Mißerfolg der Elektronenringvorstellung wird begreiflich, wenn man die *maximale Instabilität ebener Modelle* überhaupt in Betracht zieht[397]) und bedenkt, daß die klassisch-elektrodynamische Ausstrahlung derartiger Elektronenbewegungen zugleich mit deren geometrischen Abmessungen von desto höherer Ordnung unendlich klein wird, je mehr Elektronen einem einzelnen Ringe angehören[398]); nach dem *Bohrschen Korrespondenzprinzip* (Nr. **14**) würden sich derartige Bewegungszustände auch in quantentheoretischer Hinsicht als praktisch *strahlungsunfähig* erweisen müssen, außerdem erscheint es nach dem gleichen Prinzipe unmöglich, *Elektronenringe als Endprodukt einer sukzessiven Bindung einzelner Elektronen durch die verschiedenen Ionisierungsstufen der Atome zu erhalten*, wie es im Wege ihrer verschiedenen Serienspektren experimentell verfolgt werden

A. Sommerfeld, Phys. Ztschr. 19 (1918), p. 297; *A. Landé*, Verhandl. Deutsch. Phys. Ges. 21 (1919), p. 578, 585; *A. D. Fokker*, Arch. Néerl. (III A) 5 (1921), p. 193.

393) *A. Smekal*, Wien. Ber. (2a) 128 (1919), p. 639; 129 (1920), p. 635; Phys. Ztschr. 21 (1920), p. 505; *L. Vegard*, Phys. Ztschr. 22 (1921), p. 271; *A. Smekal*, Phys. Ztschr. 22 (1921), p. 400.

394) *A. Johnsen*, Phys. Ztschr. 16 (1915), p. 269; *M. Born* und *A. Landé*, Berl. Ber. 1918, p. 1048; Verhandl. Deutsch. Phys. Ges. 20 (1918), p. 210; *H. Thirring*, Phys. Ztschr. 21 (1920), p. 281; *H. Tertsch*, Wien. Ber. (1) 129 (1920), p. 91; Doelter-Festschrift, Leipzig 1921, p. 68; *M. Born*, V 25, Nr. **38**; ferner die in Anm. 238) genannte *experimentelle* Literatur.

395) *W. Kossel*, Ann. d. Phys. 49 (1916), p. 229; *G. N. Lewis*, J. Amer. Chem. Soc. 38 (1916), p. 762; *M. Born*, Verhandl. Deutsch. Phys. Ges. 20 (1918), p. 230.

396) *M. Born*, Verhandl. Deutsch. Phys. Ges. 20 (1918), p. 230; *A. Smekal*, Ztschr. f. Phys. 1 (1920), p. 309. — Ähnliche *Würfelatommodelle* mit *ruhenden* Elektronen, wie sie *Born* zu qualitativen Zwecken in der genannten Arbeit in Betracht zieht, kommen bereits 1916 bei *G. N. Lewis* (Anm. 395) und später bei *J. Langmuir*, J. Amer. Chem. Soc. 41 (1919), p. 868 vor.

397) Bezüglich eines Versuches, die quantentheoretische Unbrauchbarkeit ebener Modelle nachzuweisen, vgl. man *O. Halpern*, Ztschr. f. Phys. 18 (1923), p. 344, wo allerdings nicht-realisierbare Parameterverschiebungen (s. Anm. 285) benutzt werden.

398) *L. Page*, Phys. Rev. 20 (1922), p. 18. Bezüglich des vernachlässigbar geringen Einflusses der zugelassenen klassisch-elektrodynamischen Ausstrahlung auf die zwecks numerischer Wiedergabe der Röntgenspektren betrachteten Ringmodelle vgl. man auch *A. D. Fokker*, Arch. Néerl. (III A) 5 (1921), p. 193.

kann (V 26, *C. Runge*). Ähnliche entscheidende Schwierigkeiten knüpfen sich an *räumlich dynamische Atommodelle*, bei welchen an Stelle der früheren Elektronenringbewegungen ebenfalls wieder *einfach periodische* Partikularlösungen der zugehörigen Vielkörperprobleme, diesmal jedoch von *räumlich maximaler Symmetrie*, auftreten.[399]) Tatsächlich hat *Bohr* in letzter Zeit, allerdings *auf halbempirischem Wege* unter wesentlicher Benutzung des experimentellen Materials über die Serienspektren der Elemente und deren Anregungsbedingungen, feststellen können, daß die Elektronenbewegung im Normalzustande der Atome als eine *wesentlich verwickeltere* angesehen werden muß.[400]) Eine formale Deutung der *Bohr*schen Ergebnisse in der Terminologie der vorliegenden Nummer würde ergeben, daß sich die Elektronen im Innern der Atome in enger Beziehung zu den Gesetzmäßigkeiten des *periodischen Systems der Elemente* auf einzelne *Untergruppen von maximal zwei, vier, sechs oder acht Individuen* verteilen müssen, *deren phasengebundene Bewegung in jedenfalls räumlich symmetrischen, mindestens doppeltperiodischen Bahnen* („harmonische Wechselspiele") *verläuft;* über die Art der nicht unbeträchtlichen wechselseitigen Beeinflussungen dieser Untergruppen ist jedoch noch so wenig bekannt, daß es gegenwärtig auch nicht annähernd möglich wäre, Aussagen über die analytische Beschaffenheit und namentlich über den Periodizitätsgrad jener Partikularlösungen der atomaren Vielkörperprobleme zu machen, welche dem Normalzustand der Atome entsprechen sollten, *falls die in der vorliegenden Nummer benutzten Begriffe und Grundlagen zu dessen Beschreibung überhaupt ausreichend sind.*[401])

399) *A. Landé*, Verhandl. Deutsch. Phys. Ges. 21 (1919), p. 2, 644, 653; Berl. Ber. 1919, p. 101; Ztschr. f. Phys. 1 (1920), p. 191; 2 (1920), p. 83, 87, 380; *E. Madelung* und *A. Landé*, Ztschr. f. Phys. 3 (1920), p. 230; *T. Rella*, Ztschr. f. Phys. 3 (1920), p. 157. — Eine *vierdimensionale* Verallgemeinerung derartiger Modelle ist gegeben worden von *N. H. Kolkmeijer*, Phys. Ztschr. 22 (1921), p. 457; Proc. Acad. Amsterdam 23 (1922), p. 1419, 1428, 1434.

Die allen diesen Atommodellen zugrundeliegende These einer *einfach periodischen* Bewegung aller Elektronen der gleichen „Elektronenschale" kann auch so ausgedrückt werden, daß alle jene Elektronen *gleichzeitig miteinander „in Phase" schwingen.* Die gleiche Annahme wird für die Bewegung *sämtlicher Elektronen des Atoms in seinem Normalzustande* neuerdings von *M. Born* und *W. Heisenberg* (Anm. 350) im Zusammenhang mit den in Nr. **15b** unter I, 3 besprochenen störungstheoretischen Ergebnissen vertreten, jedoch ohne daß auf die eingangs dieser Nummer besprochenen prinzipiellen Schwierigkeiten einer störungstheoretischen Behandlung derartiger Probleme näher eingegangen werden würde.

400) *N. Bohr* [3], 3. Vortrag; *N. Bohr* und *D. Coster*, Ztschr. f. Phys. 12 (1923), p. 342; *N. Bohr*, Ann. d. Phys. 71 (1923), p. 228. Vgl ferner V 26, *C. Runge* und V 27, *A. Kratzer*.

401) Siehe Nr. **23**, letzter Abschnitt.

Untersuchungen *rein theoretischer* Natur, welche ähnlich wie beim Wasserstoffatommodell (Nr. **15**) darauf gerichtet waren, sämtliche beobachtbaren atomaren Eigenschaften bloß auf Grund universeller Konstanten wiederzugeben, sind nach dem Mißerfolg der oben aufgezählten, allgemeineren Versuche nur mehr am *Heliumatom*modell ($Z = 2$) angestellt worden. Aus der großen Anzahl bisher zu diesem Zwecke vorgeschlagener und zum Teil wenigstens mit Rücksicht auf ihre Ionisierungsenergie durchgerechneter Modelle für das He-Atom[402]), welche

---

402) 1. Einquantiger „Ring" von zwei Elektronen: *N. Bohr* [1], p. 38; vgl. auch *A. Sommerfeld* [1], p. 84, 428, 726. — Falsche Ionisierungsspannung, widerspricht überdies dem Korrespondenzprinzip.

2. Störungstheoretische Behandlung des Dreikörperproblems (vgl. dazu jedoch Anm. 383!): *P. S. Epstein,* Naturwissenschaften 6 (1918), p. 230, § 18; Ztschr. f. Phys. 8 (1922), p. 211, 305; *A. Landé,* Phys. Ztschr. 20 (1919), p. 228; 21 (1920) p. 114; *N. Bohr* [3], p. 63. — Falsche Termwiedergabe für den Ortho- und Parheliumzustand, Widerspruch mit dem Korrespondenzprinzip.

3. Ebenes Modell mit halbkreisbogenförmigen Elektronenschwingungen: *J. Langmuir,* Science 51 (1920), p. 605; *H. O. Newboult,* Phil. Mag. 45 (1923), p. 1085; *R. de Laer Kronig,* Science 58 (1923), p. 537. — Widerspricht dem Korrespondenzprinzip.

4. *Modell des Parheliumzustandes* mit zwei symmetrischen einquantigen, unter 120° gegeneinander geneigten Elektronenkreisbahnen: *E. C. Kemble,* Phil. Mag. 42 (1921), p. 123; *N. Bohr* [3], p. 100. — Ionisierungsspannung berechnet und fehlerhaft befunden von *J. H. Van Vleck,* Phil. Mag. 44 (1922), p. 842 und *H. A. Kramers,* Ztschr. f. Phys. 13 (1923), p. 312. Spektralterme des angeregten Modells *störungstheoretisch* (vgl. Anm. 383!) berechnet und fehlerhaft befunden ven *J. H. Van Vleck,* Phys. Rev. 21 (1923), p. 372 und *M. Born* und *W. Heisenberg,* Ztschr. f. Phys. 16 (1923), p. 229.

5. *Ebenes Modell des Orthoheliumzustandes* mit innerer einquantiger und äußerer zweiquantiger Elektronenbahn (nahe verwandt zu 2.). *N. Bohr,* Ann. d. Phys. 71 (1923), p. 228, § 7, nach gemeinsamen Untersuchungen mit *H. A. Kramers.* — Spektralterme des angeregten Modells störungstheoretisch berechnet und fehlerhaft befunden von *M. Born* und *W. Heisenberg,* Ztschr. f. Phys. 16 (1923), p. 229. Stabilitätsfragen: *O. Halpern* (nach Mitteilungen von *A. Rubinowicz* und *W. Pauli*), Ztschr. f. Phys. 18 (1923), p. 344.

6. Modell mit Elektronenbahnen ohne gegenseitige Störungen: *L. Silberstein,* Astrophys. J. 56 (1922), p. 119; 57 (1923), p. 248; Nature 110 (1922), p. 247; 111 (1923), p. 46. — Nach *W. M. Hicks,* Nature 111 (1923), p. 146; *C. V. Raman,* Nature 110 (1922), p. 700; *C. V. Raman* und *A. S. Ganesan*, Astrophys. J. 57 (1923), p. 243; 59 (1924), p. 61 ist im Gegensatz zur Behauptung *Silbersteins* keine brauchbare Wiedergabe der He-Linien zu erzielen, außerdem widerspricht das Modell dem Korrespondenzprinzip.

7. Modell mit verschiedenen gegenseitigen Neigungen der Elektronenbahnebenen: *L. Silberstein,* Astrophys. J. 57 (1923), p. 257; Nature 111 (1923), p. 567; 112 (1923), p. 53. — Widerspricht dem Korrespondenzprinzip.

8. Ebenes Modell des Parheliumzustandes mit bemerkenswerter Anwendung der Quantenbedingungen: *A. Sommerfeld,* J. Opt. Soc. Amer. 7 (1923), p. 509. —

nahezu alle, verschiedene von den einfach oder doppelt periodischen Partikularlösungen des Dreikörperproblems benutzen, tritt ein einziges, von *Kemble* und *Bohr* herrührendes Modell hervor[403]), dem von Anfang an mit Rücksicht auf die bereits oben (p. 1045) berührten *spektralen Eigentümlichkeiten des* He und das *Korrespondenzprinzip* eine erhebliche Wahrscheinlichkeit zugebilligt werden konnte. Wie aber namentlich die Berechnung der von dem experimentellen Werte verschiedenen Größe der Ionisierungsspannung des Modells durch *Van Vleck* und *Kramers* dargetan hat[403]), muß entweder das Modell[404]) oder die Benutzung der strahlungsfrei gemachten klassisch-elektrodynamischen Bewegungsgleichungen[405]) als unzulässig angesehen werden. Der letztere Standpunkt wird namentlich von *Bohr* vertreten und erscheint durch mancherlei Schwierigkeiten gestützt, welche sich jedem

---

Ionisierungsspannung noch nicht berechnet, vgl. dazu und zu einem ähnlichen, noch unpublizierten Modell von *W. Heisenberg: O. Laporte,* Phys. Ber. 5 (1924), p. 91. Modell vermutlich instabil.

9. Ein theoretischer Versuch von *F. J. de Wisniewski,* Phys. Ztschr. 25 (1924), p. 135, scheint zwar angenähert richtige Termwerte zu liefern, enthält aber willkürliche Abänderungen der Bewegungsgleichungen, welche nach *W. Heisenberg,* Ztschr. f. Phys. 25 (1924), p. 175, mit den bisherigen quantentheoretischen Grundlagen unvereinbar sind. Bezüglich eines analogen Versuches am Li-Atommodell siehe *F. J. de Wisniewski,* Phys. Ztschr. 25 (1924), p. 330.

403) Siehe 4. und 5. der vorigen Anmerkung; während der Parheliumzustand dem Normalzustand des Heliumatoms entspricht, stimmt der Orthoheliumzustand mit dem auf p. 1045 erwähnten „metastabilen" Heliumzustande überein, der von *J. Franck* und seinen Mitarbeitern festgestellt worden ist.

404) Hierfür käme in Betracht, daß die für den Parheliumzustand gewählte *doppelt*-periodische Partikularlösungsfamilie des Dreikörperproblems nicht die richtige sein könnte, wofür vielleicht spricht, *daß es hier voraussichtlich auch drei- und vierfach-periodische Partikularlösungen geben kann.* Wenn es als gerechtfertigt anzusehen wäre [vgl. jedoch den in Anm. 399) erwähnten Standpunkt von *Born* und *Heisenberg*], *mit Rücksicht auf die Stabilitätsverhältnisse des Modells* die Realisierung jener mehrfach periodischen Partikularlösungen zu erwarten, *welche den größtmöglichen Periodizitätsgrad besitzen,* so könnte der bisherige Mißerfolg der Theorie wenigstens teilweise auf diesen Umstand zurückgeführt werden. Tatsächlich scheint die Existenz einer *Feinstruktur* der He- und Li^+-Linien sehr zugunsten eines Periodizitätsgrades $u > 2$ zu sprechen. Bezüglich der ersteren vgl. man für He: *W. Lohmann,* Ztschr. f. wiss. Phot. 6 (1906), p. 1, 41; *A. E. Ruark, P. D. Foote* und *F. L. Mohler,* J. Opt. Soc. Amer. 8 (1924), p. 17; *L. S. Ornstein* und *H. C. Burger,* Ztschr. f. Phys. 26 (1924), p. 57; *R. Brunetti,* Rend. Acad. Lincei (5) 33 (1924), p. 413; für Li^+: *H. Schüler,* Ann. d. Phys. 76 (1925), p. 292.

405) Wie bereits in Anm. 272) hervorgehoben, ist es beim Heliumatommodell bisher noch nicht versucht worden, die Retardierung der Potentiale gemäß (123) zu berücksichtigen, so daß hier noch eine weitere Lücke (vgl. die vorige Anm.) auszufüllen wäre, um den im Texte weiterhin gezogenen Folgerungen eine endgültige Rechtfertigung zu verleihen.

Versuche einer von den Gesichtspunkten der vorliegenden Nummer ausgehenden theoretischen Deutung der in den Serienspektren auftretenden *Komplexstrukturen* und *anomalen Zeemaneffekten* entgegenzusetzen scheinen.[406]) Wenn man bedenkt, daß bei jeder Art gegenseitiger Wechselwirkung von Elektronen im Atomverbande auf das Einzelelektron dauernd quasiperiodisch veränderliche Kraftwirkungen ausgeübt werden, *deren Frequenzen von der gleichen Größenordnung sind wie jene der ausgesandten Spektralfrequenzen*, so kann man in der Tat vermuten, daß jene Wechselwirkungen ebensowenig auf strahlungslos-klassisch-elektrodynamischem Wege berechenbar sein werden, wie dies nach der *Bohrschen Frequenzbedingung* (114) für die Spektralfrequenzen möglich ist. Ob diese Analogie aber weiter zu der Erwartung berechtigen darf, auch derartige Wechselwirkungen mit Hilfe gewisser *Differenz-* oder *Mittelungsprozesse* entsprechend (114) bzw. (137a) wiedergeben zu können[407]), muß noch als ebenso fraglich angesehen werden wie jeder Versuch einer direkten Abänderung der strahlungsfrei-klassisch-elektrodynamischen Bewegungsgleichungen für das Gebiet „niederer" Quantenzahlen.

Die vorstehend angedeuteten, selbst von einer vorläufigen Auflösung wohl noch ziemlich weit entfernten Schwierigkeiten haben bewirkt, daß eine wenigstens *qualitative Theorie der spektralen Gesetz-*

---

406) Vgl. z. B. *N. Bohr*, Ann. d. Phys. 71 (1923), p. 228; *A. Landé*, Phys. Ztschr. 24 (1923), p. 441; *R. A. Millikan* und *J. S. Bowen*, Phys. Rev. 24 (1924), p. 209, 223; *A. Landé*, Ztschr. f. Phys. 24 (1924), p. 88; 25 (1924), p. 46; ferner jüngst *W. Pauli*, Ztschr. f. Phys. 31 (1925), p. 373.

407) Ein diesbezüglicher, sehr beachtenswerter Versuch rührt von *W. Heisenberg* her, ist jedoch erst nach der Niederschrift der obigen Nummer Ztschr. f. Phys. 26 (1924), p. 291 erschienen; die benutzten Bewegungsgleichungen scheinen, soweit sich das gegenwärtig schon übersehen läßt, gegebenenfalls mit den strahlungsfrei gemachten klassisch-elektrodynamischen Bewegungsgleichungen übereinstimmen zu können (jedenfalls aber im Grenzfalle „hoher" Quantenzahlen), sind jedoch für die Bewegung in den stationären Quantenzuständen nur mehr sozusagen *indirekt* maßgebend. Ein der *Heisenberg*schen Untersuchung verwandter Versuch auf störungstheoretischer Grundlage rührt von *M. Born*, Ztschr. f. Phys. 26 (1924), p. 379 her; entgegen ausdrücklicher Angabe sind dessen Überlegungen auch nur wieder auf mehrfach-periodische Partikularlösungen der Vielkörperprobleme legitim anwendbar (vgl. Anm. 383), ebenso wie die Betrachtungen der vorliegenden Nummer (Anmerkung nach Abschluß des Manuskriptes). Vgl. dazu auch die sich den vorliegenden Schwierigkeiten auf mehr empirischem Wege annähernden Betrachtungen von *W. Pauli*, Ztschr. f. Phys. 31 (1925), p. 765, die auf eine neuartige, wichtige quantentheoretische Deutung des periodischen Systems der Elemente von *E. C. Stoner*, Phil. Mag. 48 (1924), p. 719, Bezug nehmen, an welche auch *A. Sommerfeld*, Phys. Ztschr. 26 (1925), p. 70, anknüpft (Zusatz bei der Korrektur).

mäßigkeiten (V 26, *C. Runge*) für Atome mit mehreren Elektronen von *stark idealisierten Grundannahmen* auszugehen genötigt war. Im Anschluß an die bahnbrechenden Untersuchungen von *Sommerfeld* und seinen Schülern betrachtet man hierzu mittels der Methoden von Nr. **15** die Bewegung des „Serien"- oder „Leucht"elektrons eines beliebigen Atoms in dem zunächst als *unveränderlich* vorgestellten Felde des Atom„rumpfs", das man sich etwa durch eine Kugelfunktionenentwicklung mit unbestimmten Koeffizienten gegeben denken kann. Man erhält so im allgemeinen durch *drei* Quantenbedingungen festgelegte *präzessierende Zentralbahnen*, welche den *Rydbergschen* und *Ritzschen Typus der Serienformeln*[408]), samt den daran wahrgenommenen Sonderfällen[409]), im Einklang mit dem *Bohrschen Korrespondenzprinzipe*[410]) wiederzugeben gestattet haben. Das gleiche idealisierte Atommodell hat auch die grundsätzliche Verschiedenheit des *Stark-*[411]) und *Zeemaneffektes*[412]) an den Serienlinien gegenüber der an den Wasserstofflinien gefundenen Form dieser Effekte (Nr. **15 b**) theoretisch vorherzusehen ermöglicht. Um auch die *Komplexstruktur der Serienlinien* und ihre *anomalen Zeemaneffekte* wiedergeben zu können, erweist es sich indessen als unumgänglich, bestimmte, weitergehende Annahmen über die *Wechselwirkung zwischen Serienelektron und Atom-*

---

408) *A. Sommerfeld,* Münchn. Ber. 1916, p. 131, ferner [1], 6. Kapitel. Vgl. auch eine der *Sommerfeld*schen Untersuchung verwandte, jedoch speziellere Untersuchung von *F. Tank,* Ann. d. Phys. 59 (1919), p. 293. Zu der teilweise auch auf empirische Argumente gestützten Weiterführung der Theorie vgl. man *E. Fues,* Ztschr. f. Phys. 11 (1922), p. 364; 12 (1922), p. 1; *N. Bohr*, Ann. d. Phys. 71 (1923), p. 228, auf p. 257—259; *G. Wentzel,* Ztschr. f. Phys. 19 (1923), p. 53.

409) *E. Schrödinger,* Ztschr. f. Phys. 4 (1921), p. 347; *N. Bohr,* Nature, 24. März 1921; [3], 3. Vortrag; *Th. v. Urk,* Ztschr. f. Phys. 13 (1923), p. 268 (Anfangsterme der „scharfen" Nebenserie, „Tauchbahnen"); *G. Wentzel,* Ztschr. f. Phys. 19 (1923), p. 53 („gebrochene" *Rydberg*serien). Zum Inhalt der in dieser und der vorhergehenden Anmerkung genannten Untersuchungen vgl. man vor allem die systematische Darstellung von *A. Sommerfeld* und *G. Wentzel* in *Marx'* Handbuch der Radiologie, Bd. VI (Leipzig 1924), p. 206 ff.: „Theorie der Spektralterme".

410) *N. Bohr*, Phil. Mag. 43 (1922), p. 1112; [3], 3. Vortrag; Ann. d. Phys. 71 (1923), p. 228.

411) *R. Becker,* Ztschr. f. Phys. 9 (1922), p. 332; ferner bereits *N. Bohr* [2], III. Teil, sowie Literatur bei *R. Ladenburg*, Ztschr. f. Phys. 28 (1924), p. 51. Der „inhomogene" und der „anomale" *Stark*effekt wird behandelt von *O. Stern,* Phys. Ztschr. 23 (1922), p 476; die Bedeutung der Quantentheorie des *Stark-* und *Zeeman*effektes *für die Theorien des Kerr- und Faradayeffektes* diskutiert *K. F. Herzfeld*, Ann. d. Phys. 69 (1922), p. 369.

412) *A. M. Mosharrafa,* Phil. Mag. 46 (1923), p. 177.

rumpf zu benutzen[413]), was jedoch zu den bereits oben angedeuteten grundsätzlichen Schwierigkeiten führt. Bei allen diesen Untersuchungen spielt, unabhängig von der übrigen Bewegung und ihrer quantentheoretischen Behandlung, die auf die Quantenbedingung (148') gestützte Annahme eine wesentliche Rolle, daß der *Gesamtdrehimpuls* eines beliebigen Atoms durch ein ganzzahliges (oder halbzahliges!) Vielfaches von $\frac{h}{2\pi}$ gegeben sei.

16b. Molekülmodelle. Es ist klar, daß die im Vorstehenden berührten quantentheoretischen Schwierigkeiten für eine Theorie des Atombaues sich in noch weit höherem Maße dem Versuch einer *quantitativen Theorie des Molekülbaues* entgegenstellen müssen. Tatsächlich sind, von einigen älteren, auf die inzwischen erledigte *Elektronenring*vorstellung (p. 1049) gegründeten allgemeinen Versuchen[414]) abgesehen, bisher nur die beiden denkbar einfachsten Molekülmodelle einer quantentheoretischen Behandlung unterzogen worden: das Modell des *Wasserstoffmolekülions* und das des *Wasserstoffmoleküls* selbst. Das erstere Modell läßt sich nach *Niessen* und *Pauli*[415]) auf das Problem der Anziehung eines Elektrons durch zwei feste, positive Einheitsladungen tragende Zentren zurückführen, wenn man die Bewegung der beiden Wasserstoffatomkerne wegen ihrer im Verhältnis zu jener des Elektrons großen Massen in erster Annäherung vernachlässigt; da das Zweizentrenproblem nach *Jacobi* in elliptischen Koordinaten *separierbar* ist[416]), können hier die in Nr. **15a** entwickelten Methoden der quantentheoretischen Behandlung bedingt periodischer Systeme zur Anwendung gebracht werden, wobei die vernachlässigte Kernbewegung eine

---

413) *A. Sommerfeld,* Ztschr. f. Phys. 8 (1921), p. 257; *W. Heisenberg,* Ztschr. f. Phys. 8 (1921), p. 273; *A. Sommerfeld* [1], 6. Kapitel und Nachtrag hierzu; *A. Sommerfeld* und *W. Heisenberg,* Ztschr. f. Phys. 11 (1922), p. 131; *A. Landé,* Ztschr. f. Phys. 11 (1922), p. 353; 15 (1923), p. 189; 19 (1923), p. 112; *W. Pauli,* Ztschr. f. Phys. 16 (1923), p. 155; 20 (1924), p. 371; *A. Sommerfeld,* Ann. d. Phys. 70 (1923), p. 32; *N. Bohr,* Ann. d. Phys. 71 (1923), p. 228; *A. Landé,* Phys. Ztschr. 24 (1923), p. 441; *W. Heisenberg,* Ztschr. f. Phys. 26 (1924), p. 291.

414) *N. Bohr* [1], namentlich Abhandlung III, siehe ferner *J. M. Burgers* [1], § 27 ff. Die *Dispersion* derartiger Molekülmodelle hat *A. Sommerfeld*, Elster-Geitel-Festschrift, Braunschweig 1915, p. 549, Ann. d. Phys. 53 (1917), p. 497 untersucht, die *Rotationsdispersion* hingegen *F. Pauer,* Ann. d. Phys. 56 (1918), p. 261. Über die *Zerstreuung* des Lichtes durch solche Modelle vgl. *M. Born,* Verhandl. Deutsch. Phys. Ges. 20 (1918), p. 16, über ihre *spezifische Wärme* (Nr. 24): *G. Laski,* Phys. Ztschr. 20 (1919), p. 269, 550.

415) *K. F. Niessen,* Physica 2 (1922), p. 345; Diss. Utrecht 1922; Ann. d. Phys. 70 (1923), p. 129; *W. Pauli,* Ann. d. Phys. 68 (1922), p. 177.

416) Vgl. hierzu Anm. 330).

ergänzende Stabilitätsuntersuchung für die einzelnen gefundenen Bahntypen erforderlich macht.[417]) Mangels hierzu geeigneter experimenteller Daten ist eine Prüfung der so gewonnenen Ergebnisse einstweilen *nicht möglich* gewesen.[417a]) Die bisherigen Versuche einer quantentheoretischen Behandlung des *Wasserstoffmolekülmodells* hingegen, welche sich sämtlich gewisser mehrfach periodischer Partikularlösungen des *Vierkörperproblems* mit praktisch in Ruhe befindlichen Kernen bedienen, haben ausnahmslos zu *negativen* Ergebnissen und ähnlichen Schwierigkeiten wie beim oben besprochenen Problem des Heliumatommodells geführt.[418])

---

417) Diese Stabilitätsuntersuchung schließt z. B. alle Typen der Bewegung im *ebenen* Zweizentren-Problem aus, auf welche sich eine frühere Untersuchung des Modells durch *J. Marshall,* Proc. Edinb. Roy. Soc. 42 (1922), p. 247, von vornherein beschränkt hatte. Ähnlich wie in Nr. **16a** findet man also auch hier, daß ein *ebenes* Modell aus Stabilitätsgründen als unbrauchbar angesehen werden muß.

Ein anderes *ebenes* Modell des Wasserstoffmolekülions, bestehend aus zwei, ein ruhendes Elektron in einquantiger Kreisbahn umlaufenden Protonen (vgl. das unbrauchbare ältere *Bohr*sche Heliumatommodell, Anm. 402), l. !), hat *M. Wolfke,* Phys. Ztschr. 21 (1920), p. 407, benutzt und mit dem *Viellinienspektrum des Wasserstoffes* in Verbindung gebracht.

417a) Diese Prüfung ist seither von *H. D. Smyth,* Proc. Roy. Soc. A 105 (1924), p. 116, durch Messung der Ionisierungsspannung des H_2^+ ermöglicht worden; der gefundene Wert *widerspricht* dem theoretisch vorausberechneten, so daß die Theorie sich hier ebenso wie bei dem *neutralen* H_2 (s. weiter unten) als *unzulänglich* erweist.

418) 1. Das *Bohr-Debye*sche Wasserstoffmolekülmodell besteht aus zwei ruhenden Protonen und einem einquantigen „Ring" von zwei Elektronen, dessen Mittelpunkt den Kernabstand halbiert und dessen Ebene zu letzterem senkrecht steht (vgl. das analog gebaute He-Modell von *Bohr,* Anm. 402), l. !): *N. Bohr* [1], III. Abhandlung, *P. Debye,* Münchn. Ber. 1915, p. 1. Die *Strahlungseigenschaften* des Modells hat *M. Wolfke,* Phys. Ztschr. 17 (1916), p. 71, betrachtet, seine *Dispersion* ist von *P. Debye* (l. c.) berechnet worden, seine *Rotationsdispersion* von *P. Scherrer,* Diss. Göttingen 1916; Phys. Ztschr. 17 (1916), p. 71 und *F. Pauer,* Ann. d. Phys. 56 (1918), p. 261, der die *Scherrer*schen Ergebnisse berichtigt hat. Außer der *Dispersion* hat *R. Gans,* Ztschr. f. Phys. 9 (1922), p. 81, für das Modell noch die *Depolarisation des Tyndall-Lichtes,* die *Kerrkonstante* und den *Absorptionskoeffizienten* berechnet. Im Gegensatz zu der dabei erhaltenen, meist ziemlich befriedigenden Übereinstimmung mit der Erfahrung erweist sich die zuletzt von *M. Planck,* Berl. Ber. 1919, p. 914, eingehend diskutierte *Dissoziationswärme* des Modells als *unrichtig.* Die *Instabilität* des Modells gegenüber gewissen äußeren Störungen hat *H. J. van Leeuwen,* Proc. Acad. Amsterdam 18 (1916), p. 1071; Phys. Ztschr. 17 (1916), p. 196 festgestellt und *A. Rubinowicz,* Phys. Ztschr. 18 (1917), p. 187 eingehend untersucht. Bezüglich weiterer Einwände gegen das Modell vgl. man *W. Lenz,* Verhandl. Deutsch. Phys. Ges. 21 (1919), p. 632 und *W. Nernst,* Die theoretischen und experimentellen Grundlagen

Diese Mißerfolge der quantitativen Modellversuche haben ähnlich wie bei den Atombauproblemen dazu genötigt, *allgemeine* Gesetzmäßigkeiten, wie die *Struktur der Bandenspektren* (V 27, *A. Kratzer*), sowie die *Temperaturabhängigkeit der spezifischen Wärme mehratomiger Moleküle* („*Rotationswärme*") (Nr. **24b**) bloß *qualitativ* und ausschließlich auf Grund geeignet *idealisierter Molekülmodelle* quantentheoretisch zu behandeln. In der Tat gestattet bereits die quantentheoretische Behandlung der *Rotationsbewegung eines beliebigen starren Molekülmodells* die Grundzüge der genannten Erscheinungen wiederzugeben, wobei zweiatomige Moleküle als „Hantel"modelle durch gewöhnliche *Rotatoren* von *einem* Freiheitsgrade ersetzt werden können[419]), mehratomige Moleküle hingegen als *Kreisel* von auch mehr als einem Freiheitsgrade Behandlung zu finden haben.[420]) Läßt man die An-

---

des neuen Wärmesatzes, Halle 1918, p. 153. Hinsichtlich einer Verallgemeinerung des *Bohr-Debye*schen Modells mit Bezug auf mehrquantige, nicht-kreisförmige Elektronenbewegungen vgl. man die erwähnte Untersuchung von *M. Planck*, ferner *H. Kallmann*, Diss. Berlin 1920.

2. Das *ebene* „Fahrrad"-Modell von *W. Lenz*, Verhandl. Deutsch. Phys. Ges. 21 (1919), p. 632, ist vermutlich (vgl. Anm. 417) instabil.

3. Modell wie unter 1., aber mit halbkreisbogenförmigen Elektronenschwingungen: *J. Langmuir*, Science 52 (1920), p. 433 (vgl. das analoge He-Modell von *Langmuir*, Anm. 402), 3.). Bildungsmöglichkeit des Modells fraglich.

4. Ein „Pendelbahn"-Modell (ebenfalls im Anschluß an 1.) hat *A. Eucken*, Naturwissenschaften 10 (1922), p. 533, 947, erwogen und seine Bildungsmöglichkeit gegenüber *M. Born*, Naturwissenschaften 10 (1922), p. 677 diskutiert.

5. Ein Modell mit „gekreuzten" einquantigen Elektronenbahnen wie beim *Bohr-Kemble*schen He-Modell (Anm. 402), 4.) hat *M. Born*, Naturwissenschaften 10 (1922), p. 677 zu begründen versucht. Die eingehende störungstheoretische Untersuchung desselben durch *L. Nordheim*, Ztschr. f. Phys. 19 (1923), p. 69, hat indessen seine Unbrauchbarkeit dargetan.

419) Dieser Gesichtspunkt ist zuerst von *N. Bjerrum*, Nernst-Festschrift 1912, p. 90, mit der Quantentheorie in Verbindung gebracht worden. Bezüglich der gesamten älteren Literatur zu den Fragen der Molekülmodelle vgl. man den zusammenfassenden Bericht von *A. Eucken*, Jahrb. d. Rad. 16 (1920), p. 361, bezüglich der Moleküldimensionen insbesondere auch Ztschr. f. Elektrochem. 26 (1920), p. 377 und den Bericht von *K. F. Herzfeld*, Jahrb. d. Elektrochem. 19 (1923), p. 259.

Zur quantentheoretischen und statistischen Behandlung von einfachen Rotatoren vergleiche man vor allem *M. Planck* [1], ferner Ann. d. Phys. 52 (1917), p. 491; 53 (1917), p. 241 und Nr. **24b**.

420) Die älteste quantentheoretische Behandlung des allgemeinen Kreiselproblemes rührt von *M. Planck*, Verhandl. Deutsch. Phys. Ges. 17 (1915), p. 415; Ann. d. Phys. 50 (1916), p. 385 und *K. Schwarzschild*, Berl. Ber. 1916, p. 548, her. Den *symmetrischen Kreisel* haben speziell mit Rücksicht auf das *Bohr-Debye*sche Wasserstoffmolekülmodell (Anm. 418), 1.) und die spezifische Wärme des Wasser-

nahme starrer Verbindungen zwischen den Atomen des Einzelmoleküls fallen und berücksichtigt deren *gegenseitige Bewegungen* zunächst in der Form von selbständigen *harmonischen Schwingungen*[421]), so erhält man Zusammenhänge zwischen den Einzelbanden eines Bandenspektrums.[422]) Eine weitere Annäherung an die wirklichen Verhältnisse, welche jedoch ebenfalls nur mehr für die Theorie der Bandenspektren von Bedeutung ist, wird erzielt, wenn man die *Wechselwirkungen zwischen der Rotation und jenen Atomschwingungen* berücksichtigt, die nun überdies auch als *anharmonisch* in Rechnung gesetzt werden müssen.[423]) Während die bisherigen Annäherungen bis auf die etwa empirisch zu berücksichtigenden energetischen Beiträge der Bewegung eines „Leucht"elektrons von *starren Atomen* Gebrauch machen, kann man, ähnlich wie in der allgemeinen Theorie der *Serienspektren* (p. 1054), nun auch noch versuchen, *der Bewegung des Leuchtelektrons quantenmäßig scharf definierte Drehimpulswerte zuzuschreiben*[424]), welche dann von der gleichen Größenordnung sein müssen, wie jene der Moleküldrehung selbst, und die Kreiselbewegung wesentlich beeinflussen. Eine noch weitergehende Annäherung hinsichtlich des Problems der inneren Bewegungen eines Moleküls würde nun schon auf die Betrachtung konkreter Molekülmodelle hinauslaufen müssen, welche wie die oben betrachteten einfachsten dieser Art, aus einzelnen Atomkernen und Elektronen aufgebaut gedacht werden müssen. Ansätze dafür, wie die aufgezählten Näherungsschritte als sukzessive Approximationen

---

stoffes *P. S. Epstein,* Verhandl. Deutsch. Phys. Ges. 18 (1916), p. 398; Phys. Ztschr. 20 (1919), p. 289; *F. Krüger,* Ann. d. Phys. 50 (1916), p. 346; 51 (1916), p. 450 und *H. Kallmann,* Diss. Berlin 1920, untersucht. Die Quantentheorie des *asymmetrischen Kreisels* haben *F. Reiche,* Phys. Ztschr. 19 (1918), p. 394 und *M. Planck,* Berl. Ber. 1918, p. 1166, sowie *G. Thomsen,* Math. Ann. 94 (1925), p. 146, behandelt. Bezüglich der allgemeinen Theorie und der Deutung der Bandenspektren vergleiche man vor allem *T. Heuerlinger,* Phys. Ztschr. 20 (1919), p. 188; Ztschr. f. Phys. 1 (1920), p. 82 und *W. Lenz,* Verhandl. Deutsch. Phys. Ges. 21 (1919), p. 632; ferner auch die Darstellung bei *A. Sommerfeld* [1], sowie die Berichte von *A. Kratzer,* Ergebn. d. exakt. Naturwiss. 1 (1922), p. 315 und *R. Mecke,* Phys. Ztschr. 26 (1925), p. 217.

421) Vgl. insbesondere die in Anm. 419) zitierten Untersuchungen von *Bjerrum.*

422) *H. Sponer,* Diss. Göttingen 1920; Jahrb. d. Phil. Fak. Gött. 1921, p. 153; *A. Kratzer,* Ztschr. f. Phys. 3 (1920), p. 289; 16 (1923), p. 353; Phys. Ztschr. 22 (1921), p. 552; Ann. d. Phys. 67 (1922), p. 127; 71 (1923), p. 72; Münchn. Ber. 1922, p. 107; Naturwissenschaften 11 (1923), p. 577.

423) *A. Kratzer,* s. die vorige Anmerkung; *M. Born* und *E. Hückel,* Phys. Ztschr. 24 (1923), p. 1.

424) *A. Kratzer,* l. c., ferner *H. A. Kramers,* Ztschr. f. Phys. 13 (1923), p. 343; *H. A. Kramers* und *W. Pauli,* Ztschr. f. Phys. 13 (1923), p. 351.

des allgemeinen Bewegungsproblems solcher Molekülmodelle dargestellt werden können, sind für zweiatomige Moleküle von *Kratzer*[425]), für beliebige mehratomige Moleküle jüngst auch von *Born* und *Heisenberg*[426]) gegeben worden.[427])

B. Quantentheorie unabgeschlossener Systeme.

17. Allgemeine Gesichtspunkte zu einer einheitlichen Anwendung der Quantentheorie. Die bisherigen Betrachtungen haben sich ausschließlich auf in Strenge *isolierte* bzw. durch äußere *makroskopische* Felder (Nr. **15b**) gestörte *Atomsysteme* bezogen. Ihre *Anwendbarkeit* scheint demgemäß zunächst die gleiche, *prinzipiell mit beliebig weitgehender Annäherung mögliche Isolierbarkeit* derartiger Gebilde von ihrer raumzeitlichen Umgebung zur Voraussetzung zu haben, wie sie die grundsätzliche *Stetigkeit*, z. B. der klassisch-physikalischen Zustandsgrößen zu rechtfertigen erlauben würde.[428]) Die Annahme einer

425) *A. Kratzer*, Anm. 422).

426) *M. Born* und *W. Heisenberg*, Ann. d. Phys. 74 (1924), p. 1.

427) Da die experimentelle Untersuchung des *Stark*- und *Zeeman*effektes an Bandenlinien bisher noch keinen größeren, einem quantitativen Vergleiche günstigen Umfang erreicht hat, ist der theoretischen Behandlung der durch äußere Felder *gestörten* Molekülbewegung noch wenig Mühe gewidmet worden. Die Quantelung der Bewegung eines *magnetischen Dipols im magnetischen Felde* haben mit Rücksicht auf Fragen des *Paramagnetismus F. Reiche*, Ann. d. Phys. 54 (1917), p. 401; *S. Rotszajn*, Ann. d. Phys. 57 (1918), p. 181 und *A. Smekal*, Ann. d. Phys. 57 (1918), p. 376, untersucht; sie stimmt mit jener eines *elektrischen Dipols im elektrischen Felde* überein, doch reicht die benutzte Annäherung zur Berechnung des *Stark*effektes der Bandenlinien nicht aus, welche später von *G. Hettner*, Ztschr. f. Phys. 4 (1920), p. 349, veröffentlicht worden ist. Das Verhalten elektrischer Dipole in *inhomogenen* äußeren Kraftfeldern ist von *H. Kallmann* und *F. Reiche*, Ztschr. f. Phys. 6 (1921), p. 352 untersucht worden. Die gegenseitige elektrische Beeinflussung von Dipol- und Quadrupolmolekülen hat *P. Debye* in den in Anm. 25) zitierten Arbeiten behandelt, vgl. ferner auch die ebendort genannten Untersuchungen von *J. Holtsmark* zum Problem der Spektrallinienverbreiterung.

428) Eine wenigstens *bis zu gewissen Genauigkeitsgraden* realisierungsfähige *Isolierbarkeit* ist für die gesamte theoretische Physik *makroskopischer* Systeme unerläßlich und kann in dem hierzu notwendigen Ausmaße gewiß auch als experimentell erwiesen gelten; sie ermöglicht die Feststellung bzw. definiert (vgl. Anm. 280) den Bereich der überhaupt als *gesetzmäßig* erkennbaren Erscheinungen und gestattet, jene als Konsequenzen eines *Variationsprinzipes* (vgl. Anm. 19 u. 280) darzustellen. Eine *prinzipiell vollständige Isolierbarkeit* dagegen wäre schon aus allgemeinen Erkenntnisgründen unmöglich. — Wenn die *Stetigkeit* der klassisch-physikalischen Zustandsgrößen eine mit *beliebig weitgehender* Annäherung verwirklichbare Isolierbarkeit eines beliebigen Gebildes zu folgern gestattet, so geht sie hierin ersichtlich weit über die Möglichkeit jeder direkten experimen-

allgemeinen derartigen Stetigkeit auch für die *quantentheoretischen* Zustandsgrößen (insofern solche überhaupt generell definierbar sind)[429]) *widerspräche* indessen offensichtlich den für jene isolierbaren Gebilde postulierten Eigenschaften, vor allem der *Existenz diskreter stationärer Quantenzustände* (Nr. **9, 10**), sowie ihrer *Fähigkeit zur Emission scharfer Spektrallinien* (Nr. **11**).[430]) Der Umstand, daß namentlich erstere Eigenschaft nach Nr. **9** auch für *makroskopische* Gebilde, nämlich für *Debye-Born-Kármán*sche *Festkörper*, als erwiesen gelten darf, scheint hierbei den sonst denkbaren Ausweg zu versperren, die Quantengesetze in ihrer Gänze als provisorische Grenzgesetze für Gebilde von bloß molekularer Größenordnung anzusehen. Legt man der Quantentheorie daher eine Auffassung zugrunde, welche wenigstens in den beiden eben erwähnten Punkten Grundzüge von *ganz allgemeiner Tragweite* erblickt, so ergibt sich, wie zuerst *Schottky* und *Smekal*[431]) betont haben, *daß eine beliebig weitgehende Isolierung sowohl molekularer als makroskopischer Gebilde von ihrer raumzeitlichen Umgebung prinzipiell unmöglich sein muß.*[432]) Daß speziell die Wechselwirkung *benachbarter*

---

tellen Kontrolle hinaus. Eine solche wird indessen sofort entbehrlich, wenn man sich auf Grund der aus der Theorie der *thermischen Schwankungserscheinungen* (Nr. 7) ableitbaren *empirischen* Aussagen über die energetischen und Impulswechselwirkungen zwischen Strahlung und beliebigen molekularen *und* makroskopischen Gebilden (Nr. **11, 12**) klarmacht, daß jene klassische Folgerung tatsächlich *nicht* zu Recht bestehen kann. Siehe weiter unten im Text und Anm. 432).

429) Siehe Nr. **23**, letzter Absatz, wo auf die erkenntnistheoretischen Folgerungen aus den im Texte berührten Gesichtspunkten hingewiesen wird.

430) *W. Schottky,* Naturwissenschaften 9 (1921), p. 492, 506; *A. Smekal,* Monatsh. Math. Phys. 32 (1922), p. 245.

431) Siehe Anm. 430, ferner vor allem *A. Smekal*, Wien. Anz. 1922, p. 79 (auch Naturwissenschaften 11 (1923), p. 411). Implizit findet sich eine derartige Anschauung bereits in den Untersuchungen zur Theorie der Reaktionsgeschwindigkeiten von *M. Polanyi,* Ztschr. f. Phys. 2 (1920), p. 90; 3 (1920), p. 31, doch konnte *K. F. Herzfeld,* Ztschr. f. Phys. 8 (1921), p. 132 den dort vorgelegenen Anlaß zur Einführung derartiger Vorstellungen auch auf Grund klassisch-kinetischer Annahmen aufklären. Eine teilweise Wiederaufnahme des *Polanyi*schen Standpunktes findet sich indessen später bei *J. A. Christiansen* und *H. A. Kramers,* Ztschr. f. phys. Chem. 104 (1923), p. 451, auf p. 463/464. — Von anderen, zum Teil wesentlich spezielleren Momenten ausgehend, sind ferner auch *H. Tetrode,* Ztschr. f. Phys. 10 (1922), p. 317 und *H. Skaupy,* Ztschr. f. Phys. 12 (1922), p. 184, auf Anschauungen bzw. Vermutungen gekommen, welche den im Text vertretenen Standpunkt zur Voraussetzung haben.

432) Dem in Anm. 428 Gesagten zufolge wird diese Nicht-Isolierbarkeit im allgemeinen jedoch nur innerhalb *molekularer Genauigkeitsschranken* praktisch fühlbar werden können und müssen. Allerdings wären auch beliebig große, „zufällige" *makroskopische* Ausnahmen von diesem Verhalten denkbar und mög-

Atomsysteme in Übereinstimmung mit den experimentellen Ergebnissen über den gegenseitigen *Zusammenstoß molekularer Gebilde* (Nr. **18**) und über den *lichtelektrischen Effekt* (Nr. **18b**) *nicht* auf Grund der klassischen Bewegungsgesetze allein gedeutet werden kann[433]), ist daraufhin unmittelbar einleuchtend, doch ist einstweilen jeder Versuch, genauere Angaben über die tatsächlichen Gesetze jener Wechselwirkungen zu erschließen, fehlgeschlagen.[434])

Würde man indessen die Anwendung der in den vorangehenden Nummern formulierten Grundpostulate der Quantentheorie zumindest provisorisch auch auf die zwischenmolekularen Wechselwirkungen auszudehnen versuchen, so würde man die immerhin bereits qualitativ bedeutungsvolle Aussage erhalten, *daß sich freie Elektronen, Ionen, Atome und Moleküle im Felde ihrer wechselseitigen Kraftwirkungen* ebenso *in ganz bestimmten Quantenbahnen bewegen* sollten, wie dies nach Nr. **14—16** für die Elektronenbewegungen im Inneren dieser

---

lich, müßten jedoch von der gleichen Seltenheit („praktischen Unmöglichkeit") sein, wie Abweichungen ähnlicher Größenordnung vom II. Hauptsatz der makroskopischen Thermodynamik (Nr. 8).

433) Vgl. z. B. *N. Bohr,* Ztschr. f. Phys. 13 (1923), p. 117, II. Kapitel, § 5.

434) Man kann diese Lücke aus der Welt zu schaffen suchen, indem man die Möglichkeit, derartige Wechselwirkungen eingehender zu beschreiben, überhaupt leugnet und einen geeigneten *Ersatzmechanismus* benutzt, welcher wenigstens eine *formelle* Verknüpfung der bei solchen Wechselwirkungen auftretenden Energie- und Impulsbilanzen gewährleistet. Daß die Inanspruchnahme eines derartigen Bildes jedenfalls dazu nötigen müßte, *dem Energie- und Impulssatz beim elementaren Strahlungsvorgange eine bloß statistische Bedeutung zuzuschreiben,* ist von *W. Schottky* und dem Referenten gelegentlich einer (an die in Anm. 430) zitierte Veröffentlichung von *W. Schottky* anschließenden) im September 1921 stattgefundene, unpublizierte Unterredung gefolgert worden. Die Aufgabe dieses Standpunktes wurde indessen trotz weitergehender, aussichtsreicher Konsequenzen, namentlich in bezug auf die Strahlungsfragen, durch gewisse Impuls-Schwierigkeiten nahegelegt, sowie durch die gänzliche Entfernung einer derartigen Theorie von den Erfahrungstatsachen. Betrachtet man es als eigentliche Aufgabe der theoretischen Physik, *Zusammenhänge zwischen beobachtbaren Erscheinungen* aufzusuchen und möglichst quantitativ zu formulieren, so kann allen jenen Bildern, welche nur um den Preis von *experimentell grundsätzlich unkontrollierbaren Annahmen* jene Bedingungen indirekt zu erfüllen geeignet wären, wohl kaum viel mehr als bestenfalls heuristische Bedeutung zugeschrieben werden. Annahmen dieser Art scheinen auch wesentliche Grundlagen einer jüngst von *N. Bohr, H. A. Kramers* und *J. C. Slater,* Ztschr. f. Phys. 24 (1924), p. 69, vertretenen strahlungstheoretischen Deutung der Quantenvorgänge (Nr. **20**) zu bilden, welche in vielen Punkten mit dem oben erwähnten unpublizierten Versuch übereinstimmt. In der vorliegenden Fassung ist diese Theorie allerdings nur auf hochverdünnte Gase anwendbar, so daß sie für das im Texte berührte Problem einstweilen keine neuen Gesichtspunkte geliefert hat.

Gebilde zutreffen soll.[435]) In der Tat scheint die experimentell sichergestellte *Richtungseinstellung der Stern-Gerlachschen Atomstrahlen im in-*

---

435) *A. Smekal,* Wien. Anz. 1922, p. 79; Naturwissenschaften 11 (1923), p. 411; Ztschr. f. Phys. 11 (1922), p. 294, § 6. Man wird indessen nicht daran vorübergehen können, festzustellen, daß es sich hier häufig um Quantenzustände handeln wird, deren „mittlere Lebensdauer" von der gleichen Größenordnung sein wird, wie einzelne Perioden der gequantelten Bewegungsvorgänge selbst, was bei isolierten Atomsystemen (Nr. **14**—**16**) nicht vorkommt, bzw. vorzukommen braucht. Wenn *Bohr* in solchen und einigen anderen Fällen (vgl. z. B. Ztschr. f. Phys. 13 (1923), p. 117, auf p. 146/147) mit besonderer Rücksichtnahme auf das Korrespondenzprinzip von einer *Grenze für die Anwendbarkeit der* in Nr. **14** entwickelten *Quantenpostulate* spricht, so möchten wir glauben, daß dies mehr hinsichtlich der Zulässigkeit gewisser beim isolierten Wasserstoffatommodell (Nr. **15**) bewährter Vereinfachungen und Vernachlässigungen (z. B. Benutzung der strahlungsfrei *und zeitunabhängig* gemachten Bewegungsgleichungen) angenommen werden brauchte, nicht aber bezüglich der *Existenz diskreter strahlungsfreier Quantenbewegungen* selbst. Jedenfalls wird es aber als zweckmäßig angesehen werden können, mit *P. Ehrenfest* und *R. C. Tolman,* Phys. Rev. 24 (1924), p. 287, die bei isolierten Atomsystemen meist auftretenden Verhältnisse als „starke" Quantelung qualitativ von den oben erwähnten Fällen mit „schwacher" Quantelung zu unterscheiden.

Ein weiterer Unterschied zwischen der Quantelung isolierter Atomsysteme und jener bei Berücksichtigung der zwischenmolekularen Wechselwirkungen liegt darin, daß bei letzteren „entartete" Bewegungen (p. 1008), welche sonst von einer *räumlich beliebigen Orientierung der Atomsysteme* herrühren könnten, im allgemeinen *nicht* auftreten werden. Wegen der willkürlichen räumlichen Lage der invariablen Ebene eines *beliebigen* isolierten Atom- und Molekülmodelles im feldfreien Raum müßten letztere sonst in der Tat *sämtlich* als „entartet" angesprochen werden; die obige Auffassung hingegen trägt automatisch der von *P. S. Epstein,* Ann. d. Phys. 51 (1916), p. 168, geäußerten Idee Rechnung, welche „entartete" Systeme als einen grundsätzlich nicht realisierten Idealfall ansieht. Daß nach Ausweis der Statistik (Nr. **24**) trotzdem im makroskopisch feldfreien Raume alle möglichen Orientierungen der Moleküle vorkommen, läßt auf einen räumlich-zeitlich *ungeordneten Charakter* der *zwischenmolekularen Wechselwirkungen* schließen, wie er auch aus den praktischen Erfolgen der *Statistik* (s. Anm. 438) notwendig gefolgert werden muß. Nach dieser Auffassung würde die *Gesamtzahl aller an einer bestimmten Raumstelle und zu einem bestimmten Zeitpunkte möglichen Orientierungen* zwar durch die *Sommerfeldsche Theorie der Richtungsquantelung* (Nr. **15b**) gegeben sein, die individuelle Orientierung des einzelnen Büschels von zugelassenen Richtungen hingegen *von Ort zu Ort verschieden und mit der Zeit im Tempo des zwischenmolekularen Wechselfeldes veränderlich sein.* Man vgl. hierzu eine ähnliche Art von „Orientierungsquantelung" der im übrigen ungeordneten Wärmebewegung, welche *Schrödinger* zur quantentheoretischen Behandlung der *Molekültranslation* (Nr. **19**) eingeführt hat, ferner einen verwandten strahlungstheoretischen Fall in Anm. 548. Einen Beleg für die Brauchbarkeit derartiger Vorstellungen liefert die *Intensitätstheorie der Mehrfachlinien* in den Serienspektren nichtwasserstoffähnlicher Atome, welche *von äußeren makroskopischen Feldern unbeeinflußt* sind. Wie namentlich *A. Sommerfeld,* Ztschr. f. techn. Phys. 6 (1925),

homogenen Magnetfelde[343]) allein auf Grund dieser Folgerung widerspruchsfrei verstanden werden zu können.[436]) Um sie rechnerisch näher verfolgen zu können, hätte man die unter dem Einfluß ihrer Wechselwirkungskräfte vor sich gehende Bewegung sämtlicher Protonen und Elektronen eines hinreichend großen[437]) Raumgebietes der

p. 2, gezeigt hat, sind die Intensitätsverhältnisse der Komplexstrukturen aus der Theorie der Richtungsquantelung *in äußeren makroskopischen Feldern* vorausberechenbar; vgl. dazu auch die grundlegenden Arbeiten der Utrechter Schule, *H. B. Dorgelo*, Ztschr. f. Phys. 22 (1924), p. 170; *H. C. Burger* und *H. B. Dorgelo*, Ztschr. f. Phys. 23 (1924), p. 258; *L. S. Ornstein* und *H. C. Burger*, Ztschr. f. Phys. 24 (1924), p. 41; 28 (1924), p. 135; 29 (1924), p. 241. Der Erfolg der Theorie auch an einem *feldfreien* Problem erscheint ohne die obige Auffassung unverständlich, falls man ohne Bezugnahme auf bestimmte *Gewichtsansätze für entartete Systeme* (Nr. 24) das Auslangen zu finden wünscht.

436) *A. Smekal*, Verhandl. Deutsch. Phys. Ges. (3) 4 (1923), p. 16, wo die Gründe angegeben sind, welche gegen die übrigen, von *A. Einstein* und *P. Ehrenfest*, Ztschr. f. Phys. 11 (1922), p. 31, sowie *N. Bohr*, Ztschr. f. Phys. 13 (1923), p. 117; Anm. 1 auf p. 149, diskutierten Deutungsmöglichkeiten des *Stern-Gerlach*schen Effektes sprechen. Eine ähnliche Bedeutung wie diesem kommt für die im Text berührte Frage auch der Einstellung von beliebigen Atomen und Molekülen in *anwachsenden homogenen äußeren Kraftfeldern* zu.

Von anderen Effekten, welche zugunsten obiger Folgerung gedeutet werden können, kommen gewisse *reaktionskinetische Einzelheiten* (vgl. Anm. 430), sowie Beobachtungen von *S. Datta*, Proc. Roy. Soc. A 101 (1922), p. 539 in Betracht, welcher die K-Hauptserie bis zum 42. Gliede in Absorption beobachtete und von deren 37. Gliede an Abweichungen von der serientheoretischen Lage der Linien fand, die auf den Einfluß der Nachbaratome zurückgeführt werden müssen, ohne daß dies wie bei der gewöhnlichen Linienverbreiterung eine Einbuße an Linienschärfe zur Folge gehabt haben konnte. Auf die Bedeutung der Erfolge der *Quantentheorie der Festkörper* wird in obigem Zusammenhange weiter unten im Texte verwiesen. Vgl. schließlich auch die quantenthermodynamischen Ergebnisse von *A. Byk* (Anm. 195), welche, soweit sie sich nicht restlos auf das Vorhandensein einer Nullpunktsenergie zurückführen lassen sollten, auch im obigen Sinne gedeutet werden können. Übrigens kann bei prinzipieller Berücksichtigung aller zwischenmolekularen Wechselwirkungen auch eine derartige Nullpunktsenergie nur im obigen Sinne verstanden werden, wie für Gase noch im Besonderen aus den Betrachtungen von Nr. **19** entnommen werden kann.

437) Während prinzipiell zwar die *ganze Welt* hierzu in Betracht gezogen werden müßte, genügt innerhalb atomar homogener Bereiche, sowie bei normalen Druck- und Temperaturverhältnissen jedenfalls bereits die näherungsweise Betrachtung von Raumteilen submikroskopischer Abmessungen. Zur Beurteilung des auf diese Weise erzielbaren Annäherungsgrades kann man sich etwa *zwei* derartige Bereiche, einmal voneinander getrennt, das andere Mal miteinander vereinigt, untersucht denken; man vgl. hierzu eine analoge, speziell für *Debye*sche Festkörpereigenschwingungen, jedoch zu ganz anderem Zwecke durchgeführte Betrachtung bei *M. Born*, Phys. Ztschr. 15 (1914), p. 185. — Besonderheiten treten bloß an den *Grenzflächen kondensierter Phasen*, ferner bei *extrem niederen Drucken und Temperaturen* (z. B. *Supraleitung*) auf.

Welt als *einheitliches Quantenproblem*[438]) aufzufassen und deren stationäre Zustände auf Grund der allgemeinen, in Nr. **16** entwickelten Methoden zu ermitteln.[439]) Der in Nr. **16** hervorgehobene, bisherige *quantitative*, vielleicht aber auch *prinzipielle Mißerfolg* dieser Methoden lehrt indessen die gegenwärtige Aussichtslosigkeit eines derartigen Beginnens. Nur im Falle der *Kristallgittertheorie der Festkörper* (Nr. **6b**, **9** und V 25, *M. Born*) ist dieses Verfahren, übrigens bereits seit langem und mit quantitativ ganz besonders erfolgreichen Ergebnissen durchführbar gewesen; hier ist es aber einstweilen unumgänglich, *die Gitterionen durch näherungsweise statische Gebilde zu idealisieren.*[440])

---

438) Dieser Umstand hat zur Folge, daß z. B. die Betrachtungen der *Quantenstatistik* (Nr. **1**—**12**) *nur* innerhalb der in Anm. 428 gekennzeichneten Genauigkeitsschranken zulässig (vgl. dazu etwa p. 974/975, vor Anm. 228, sowie diese Anm. selbst), außerhalb dieser hingegen *prinzipiell unzulässig* sind, im Gegensatz zu jenen der *klassischen Statistik,* welche bei geeignet gewählten äußeren Bedingungen stets mit beliebig weitgehender Genauigkeit anwendungsfähig bleiben. Vgl. *A. Smekal,* Monatsh. Math. Phys. 32 (1922), p. 245, § 3. Bezüglich der bei Berücksichtigung der zwischenmolekularen Wechselwirkungen anzuwendenden Methodik vgl. man z. B. die Behandlung des Problems der Elektronenleitfähigkeit bei *E. Kretschmann,* Ann. d. Phys. 74 (1924), p. 189, 405, oder von einem ganz anderen Gesichtspunkt aus *A. Smekal,* Ztschr. f. Phys. 33 (1925), p. 613.

439) Eine wörtliche Durchführung dieses Programmes würde u. a. auch eine *Quantentheorie des Atomkernbaues* notwendig machen, für welche neben theoretischen Ansätzen auch bereits experimentell bedeutsame Ergebnisse vorliegen. Bezüglich des Nachweises der Gültigkeit des *Kombinationsprinzipes* an der *Kerngammastrahlung* vgl. man die in Anm. 227 hierzu erwähnte Literatur; die daraus zu folgernde *Existenz diskreter stationärer Zustände in den Atomkernen* wird von den in Anm. 261) zitierten Arbeiten von *W. Lenz* und *A. Smekal* bereits vorausgesetzt und zusammen mit den experimentellen Daten über die Raumbeanspruchung der Atomkerne dazu benutzt, die *Giltigkeitsgrenzen des Coulombschen Gesetzes im Atominneren* abzuschätzen. Zur *quantentheoretischen Deutung der radioaktiven Zerfallsvorgänge* vgl. man die in Anm. 218 genannten Arbeiten von *A. Smekal* und *S. Rosseland,* von welchen die des ersteren auch auf die grundsätzlich quantenmäßige Wechselwirkung zwischen Kernbau und Elektronenhülle hinweisen. Die Frage nach dem Einfluß einer *statischen Anisotropie des Kernkraftfeldes* auf die Elektronenhülle und deren optische Spektren hat *L. Silberstein,* Phil. Mag. 39 (1920), p. 46, nach *P. S. Epstein,* Phys. Ber. 1 (1920), p. 648, freilich in unzureichender Weise behandelt. Bezüglich der quantentheoretischen Deutung der experimentell sichergestellten geringfügigen Abweichungen der Spektren *isotoper* Elemente voneinander vgl. man *P. Ehrenfest* und *N. Bohr,* Nature 109 (1922), p. 745, über die mögliche Bedeutung des Kernaufbaues für das *Abbrechen des periodischen Systems der Elemente mit dem Uran S. Rosseland,* Nature 111 (1923), p. 357.

440) Mit Rücksicht auf den fehlenden Anteil hypothetischer „freier" Elektronen an der spezifischen Wärme der Elektronenleiter wird deren Leitfähigkeit

Ähnliche Beschränkungen, jedoch zusammen mit noch wesentlich weitgehenderen Vereinfachungen haben sich in der *Quantenkinetik* (Nr. **18**), sowie bei allen Versuchen zu einer wenigstens qualitativen *quantentheoretischen Behandlung der Molekültranslation* (Nr. **19**) als notwendig erwiesen — Fragen, welche demgemäß in direktem Anschluß an den Gegenstand der vorliegenden Nummer zur Darstellung gelangen sollen.

Sucht man den im Vorstehenden angedeuteten Versuch einer Anwendung des *Postulates von der Existenz stationärer Quantenzustände* (bzw. *Quantenbewegungen*) auf die zwischenmolekularen Wechselwirkungen nun auch noch durch die Benutzung von (115a) als *Bohrsche Frequenzbedingung* nach der Seite der Strahlungsfragen hin zu ergänzen[441]), so begegnet man gewissen prinzipiellen, einstweilen noch unüberwundenen Schwierigkeiten, welche mit der endlichen Ausbreitungsgeschwindigkeit des Lichtes zusammenhängen und die Abgrenzung bzw. überhaupt die Endlichkeit jener räumlichen Bereiche betreffen, deren materieller Inhalt an einem einzelnen elementaren Strahlungsvorgange grundsätzlich teilnimmt.[433]) Diese Schwierigkeiten scheinen indessen in vielen Fällen (Nr. **18**) wenigstens *praktisch* bedeutungslos zu sein für die Anwendung des *Energie-* und *Impulssatzes*, welche nach dem gegenwärtigen Stande der Strahlungsfragen in der Quantentheorie zufolge (115) und (116) hier vor allem in Betracht zu kommen hat. Die Anwendung dieser Frequenzgesetze ergibt allgemein, daß die Lichtemission eines beliebigen atomaren Gebildes wenigstens prinzipiell von dessen Wechselwirkung mit seiner Umgebung abhängig sein muß[442]), wodurch unmittelbar verständlich wird, daß alle Spektral-

---

zweifelsohne durch *relativ stark gebundene* Valenzelektronen bewerkstelligt werden müssen (Nr. **19**), deren Bahnen grundsätzlich nicht mehr auf die Wirkungssphäre einzelner Gitteratome bzw. -Ionen beschränkt sind. (Die Bahnen könnten etwa „Tauchbahnen" (vgl. Anm. 409) sein, bei welchen das Wieder„eintauchen" jedoch stets in die Elektronenhülle eines beliebigen *Nachbar*atoms erfolgt.) Diese insbesondere für die Deutung der *Supraleitung* wohl unerläßliche Annahme widerspricht jedoch der oben im Texte hervorgehobenen Beschränkung auf statische Gitterbausteine, was es bisher unmöglich gemacht hat, eine befriedigende Theorie der Temperaturabhängigkeit der elektronischen Leitfähigkeit aufzustellen.

441) Die prinzipielle Bedeutung der Strahlungsfragen und der nach Nr. **11** (unabhängig von den in Anm. 438) zur Quantenstatistik gemachten Bemerkungen) als *statistisch* anzusehende Charakter der elementaren Strahlungsvorgänge bewahrt jenen Versuch davor, auf die tatsächliche Statuierung einer „prästabilierten Harmonie" hinauszulaufen, wie sie, sonst allerdings mit viel geringerer Tragweite, jedem *klassisch-stetigen* Weltbilde zugrundegelegt werden muß.

442) Wenn es möglich sein sollte, die *Lorentz-Ritz*sche Auffassung der *Maxwell*schen Elektrodynamik, *welche den der Materie gegenübergestellten Begriff des Strahlungsfeldes völlig entbehrlich macht,* auf die Quantentheorie auszudehnen,

linien, auch vom Dopplereffekt abgesehen, eine *endliche Breite* haben müssen[443]), deren untere Grenze, ihre „wahre“ Breite, somit ebenfalls durch jene Wechselwirkungen bedingt sein muß.[444]) Die vorausgesetzte Anwendbarkeit der jeweils nur eine einzige, „scharfe“ Frequenz liefernden *Bohr*schen Frequenzbedingung wird dabei zur Folge haben, daß jene experimentell scheinbar *kontinuierlich*[445]) erfüllte Spektrallinienbreite in Wahrheit nur eine beliebig *dichte Zusammendrängung einzelner „scharfer“ Spektralfrequenzen* darstellen kann[446]), wie auch *die*

so wäre damit, wie bereits in Anm. 216) angedeutet, das Eingehen der *Strahlungsdichte* in die *Einstein*schen Ansätze (107a'), (107b') bzw. (107a), (107b) unmittelbar verständlich gemacht. Wie man leicht sieht, muß aber im Falle einer prinzipiellen Berücksichtigung der zwischenmolekularen Wechselwirkungen auch die *Einstein*sche „Übergangswahrscheinlichkeit“ (106) für spontane Strahlungsemission von den „Feldgrößen“ abhängig werden. Daß sie es in Nr. 11 nicht zu sein braucht, hängt mit der grundsätzlich unvermeidbaren Vernachlässigung der zwischenmolekularen Wechselwirkungen bei molekular-statistischen Betrachtungen (Anm. 438) zusammen, wie sie an jener Stelle vorliegen und worauf auch p. 974/975 bereits hingewiesen worden ist. (Siehe auch Anm. 228.)

443) Bezüglich des *Dopplereffektes* vgl. man die Bemerkungen im Anschluß an (115) und Nr. 20; ferner zur Verbreiterung der Spektrallinien durch *Starkeffekt* in benachbarten Molekularfeldern Anm. 333), 375). *Magnetische* Molekularfelder als Verbreiterungsursache scheinen bisher noch nicht diskutiert worden zu sein, kommen aber praktisch aus quantitativen Gründen wohl meist nicht in Betracht.

444) Vgl. dazu Anm. 323). — Zur *klassischen* Theorie der Spektrallinienbreite vgl. man Lord *Rayleigh,* Phil. Mag. 29 (1915), p. 274; *H. A. Lorentz,* Proc. Acad. Amsterdam 18 (1915), p. 134; zu deren *quantentheoretischer* Behandlung: *A. Sommerfeld* und *W. Heisenberg,* Ztschr. f. Phys. 10 (1922), p. 393; *G. Green,* Phys. Rev. April 1923; *G. Breit,* Proc. Nat. Acad. Amer. 9 (1923), p. 244; ferner die in Anm. 323) eingehender gewürdigten Ansichten von *Bohr.*

445) Siehe Anm. 211).

446) Dieser Folgerung liegt offensichtlich noch die stillschweigende Voraussetzung zugrunde, daß die Lichtemission eines Atoms in einem *zeitlich veränderlichen, inhomogenen* Molekularfelde ausschließlich durch den *Momentanwert des Feldes* beeinflußt wird und daher mit der Lichtemission eines in einem *zeitlich konstanten, homogenen* äußeren Felde von entsprechender Stärke befindlichen Atoms übereinstimmt. *Daß die Lichtemission rasch bewegter Atome durch inhomogene, makroskopische Felder in jedem Feldpunkte genau so modifiziert wird, wie die Lichtemission daselbst ruhender Atome,* ist durch Versuche von *J. Stark,* Ann. d. Phys. 43 (1914), p. 965, 991; 48 (1915), p. 193; sowie *H. Rausch v. Traubenberg,* Vortrag auf der Naturf.-Versamml. Innsbruck 1924, auch Phys. Ztschr. 25 (1924), p. 607, experimentell festgestellt worden und kann für nicht allzu rasch veränderliche Molekularfelder zur Rechtfertigung obiger Annahme herangezogen werden. Was die quantentheoretische Deutung der genannten Erscheinung anbetrifft, so muß sie sich vor allem auf die aus den Ergebnissen der *Statistik* (Nr. 9) zu ziehende Folgerung stützen, *daß die einzelnen elementaren Strahlungsvorgänge von vernachlässigbar kurzer Zeitdauer sein müssen* [vgl. Anm. 192), 191),

kontinuierlichen Spektren der Atomsysteme (Nr. **18 b**) gleich dem *kontinuierlichen Spektrum der Wärmestrahlung* (Nr. **18 b, 19**) grundsätzlich nur als hinreichend dichte Aufeinanderfolgen solcher Frequenzen angesehen werden dürften. Zieht man die Möglichkeit in Betracht, daß der von einem Atom emittierte, *individuelle* Betrag $h\nu$ an Strahlungsenergie von einem entfernten Atom absorbiert werden kann, so folgt aus der in dieser Nummer provisorisch vertretenen Anwendung der Quantenpostulate auf die zwischen-molekularen Wechselwirkungen, daß das emittierende und das absorbierende Atom *prinzipiell als miteinander gekoppelt* angesehen werden müssen, was für die *Quantentheorie der Dispersion* (Nr. **21**) von Bedeutung zu sein scheint.[447])

18. Quantenkinetik. Wenn man die Wohldefiniertheit der Atome und Moleküle (Nr. **13**) bei der Betätigung der meisten ihrer physikalischen und chemischen Eigenschaften, insbesondere im Gaszustande, als Ausdruck dafür auffaßt, daß ihren gegenseitigen Wechselwirkungen in vielen Fällen, vor allem energetisch, eine nur höchst untergeordnete Bedeutung zukommt, so wird man von den letzteren nicht nur absehen können bei der Beurteilung der *spektralen Eigenschaften von isolierten Atomsystemen* (Nr. **14—16**)[448]), sondern auch bei der Frage nach den Folgen der Wechselwirkung von nur ganz *wenigen* derartigen Gebilden. Wenn jene Wechselwirkung *nach* vorübergehender gegenseitiger Annäherung praktisch wieder belanglos geworden ist, *werden sich die beteiligten Gebilde*, deren Anzahl sich unterdessen durch Zerfall, Ionisation, Dissoziation oder Wiedervereinigung geändert haben mag, dann ebenso wie *vor* ihrer Begegnung, *in ganz bestimmten*

---

560), 579)], wie es auch von der *Lichtquantentheorie* (Nr. **20**) gefordert zu werden scheint. Eine andere Deutung des erwähnten Effektes, welche den oben verfolgten Gedankengängen jedoch völlig fernliegt, entwickeln *Bohr*, *Kramers* und *Slater* in ihrer in Anm. 434) erwähnten Veröffentlichung.

447) *A. Smekal,* Wien. Anz. 1922, p. 79; *G. Wentzel*, Ztschr. f. Phys. 22 (1924), p. 193. — Einer ähnlichen Vorstellung scheint sich anfangs auch *Slater* bedient zu haben, vgl. *J. C. Slater,* Nature 113 (1924), p. 307, sowie *N. Bohr*, *H. A. Kramers* und *J. C. Slater,* Ztschr. f. Phys. 24 (1924), p. 69, auf p. 70.

448) Die Frage, inwieweit etwa jene Wechselwirkungen grundsätzlich für die *Stabilität* verschiedener Atomsysteme maßgebend oder mitbestimmend sein könnten, wird damit naturgemäß jeder Beantwortungsmöglichkeit entzogen. Daß dieser Frage in Verbindung mit jener nach der Konstitution des festen und flüssigen Aggregatzustandes eine erhebliche, bislang noch wenig gewürdigte Bedeutung zukommt, scheint unzweifelhaft. Hingegen dürften nach den bisher bekannten experimentellen Tatsachen die Wechselwirkungen zwischen Elektronenhülle und Atomkernen für die Stabilität der letzteren von untergeordneter Bedeutung sein (vgl. indessen letztes Zitat von Anm. 439).

stationären Zuständen befinden müssen[449]), gleich dauernd isolierten Atomsystemen. Hat jene Wechselwirkung („*Zusammenstoß*") eine *bleibende Veränderung* der beteiligten Gebilde zur Folge gehabt, so ist diese nach Nr. **14** nur dann auf *klassischem* Wege berechenbar, wenn der ganze Vorgang im Sinne des *Ehrenfestschen Adiabatenprinzips* als *umkehrbar, unendlich langsam* angesehen werden kann; die bisher vorliegenden Erfahrungen haben indessen gezeigt, daß den wirklichen Vorgängen im allgemeinen *keine* diesem Grenzfalle eigentümlichen Bedingungen zukommen.[450]) Eine Ausnahme hiervon bilden bloß jene Stoßvorgänge, bei welchen die beteiligten Atomsysteme sich vor und nach ihrer Wechselwirkung in stationären Zuständen mit *hohen* Quantenzahlen befinden; hier wird man jedenfalls hinsichtlich aller *beobachtbaren Mittelwerte* auf Grund von Überlegungen, ähnlich jenen von Nr. **14**, eine weitgehende Annäherung an die von der *kinetischen Gastheorie* gelieferten *klassischen* Ergebnisse erwarten dürfen.[451]) Für die Möglichkeit einer künftigen, genaueren *quantentheoretischen Beschreibung von Stoßvorgängen* muß man es mit *Bohr* jedenfalls als bedeutsam ansehen, daß die quantentheoretischen Gesetze der Festlegung stationärer Zustände für *isolierte* Systeme (Nr. **14**), sowie der Überführung solcher Zustände ineinander (Nr. **11**), den für klassische Gesetze charakteristischen Forderungen der Relativität der Bezugssysteme und der Umkehrbarkeit der Prozesse genügen — Eigenschaften, welche auch für eine Durchführung des in der vorangehenden Nummer geschilderten allgemeinen Programmes von prinzipieller Bedeutung sind. Da die Ermittlung jener Quanten-

449) *N. Bohr* [1], Abhandlung I, p. 19.

450) Dies hat sich sowohl bei der Frage nach der Möglichkeit einer „*adiabatischen*" *Bildung von Wasserstoffmolekülen aus Bohrschen Wasserstoffatomen* herausgestellt, welche *Born* und *Nordheim* (s. Anm. 418) unter 5.) diskutiert haben, wie bei der *Anlagerung von Elektronen an bereits eine Elektronenhülle besitzende Atomionen.* Der letztere Punkt ist von prinzipieller Tragweite für die *halbempirische Quantentheorie des Atombaues von Bohr* (Anm. 400); wenn *Bohr* und *Landé* (Anm. 406) hier von einem unerwarteten „Versagen der Mechanik" (Anm. 292) sprechen, so ist dies insofern nicht vollständig berechtigt, als die Brauchbarkeit der strahlungsfrei gemachten, klassisch-elektrodynamischen Bewegungsgleichungen für diesen Fall nach Anm. 270) von vornherein überhaupt gar nicht erwartet werden kann.

451) Vgl. hierzu und zu Folgerungen, welche hieraus auch für den Fall *niedriger* Quantenzahlen versuchsweise extrapoliert werden können, *W. Pauli,* Ann. d. Phys. 68 (1922), p. 177, § 3, ferner *N. Bohr,* Ztschr. f. Physik. 13 (1923), p. 117, II. Kapitel, § 4 und insbesondere Anm. 1) auf p. 130.

Daß obige Vorstellungen erfolgreich sind, hat *S. Rosseland,* Phil. Mag. 45 (1923), p. 164 gezeigt.

gesetze aber noch aussteht, ist es einstweilen bloß möglich, die Stoßvorgänge durch *bilanzmäßige Anwendung des Energie-, Impuls- und Drehimpulssatzes* auf die beteiligten Atomsysteme vor und nach dem Stoße näher zu kennzeichnen. Wir beschränken uns hierbei auf den Fall *zweier* zusammenstoßender Gebilde, da Dreier- und Mehrfachstöße im allgemeinen nur in der *Theorie der Reaktionsgeschwindigkeit* von wesentlicher Bedeutung sind[452]), welche jedoch außerhalb des vorliegenden Berichtes gelegen ist[453]); im Anschluß an die allgemeinen Ausführungen der vorangehenden Nummer erscheint es jedenfalls unerläßlich, *die Translation der beiden Gebilde für hinreichende Entfernungen von der Zusammenstoßstelle als strahlungsfreie Quantenbewegungen aufzufassen.* Zumindest insofern die zu betrachtenden Stoßvorgänge durch das Eintreten von Änderungen der stationären Quantenzustände der beteiligten Gebilde oder durch Strahlungsvorgänge gekennzeichnet sind, muß ihr tatsächliches Zustandekommen ebenso wie jenes der zu ihnen *inversen* Vorgänge *als von gewissen „Übergangswahrscheinlichkeiten" abhängig* angesehen werden; diese *Annahme* entspricht den diesbezüglichen allgemeinen Ansätzen (18), (18a) der *Statistik* und stellt zugleich eine rationelle Verallgemeinerung der für beliebige *Quantenübergänge isolierter Atomsysteme* in Nr. **11** und **12** erforderlich gewesenen Ansätze (106), (107a), (107b) dar, welche für eine *vollständige* Behandlung des *thermodynamisch-statistischen Gleichgewichts zwischen Strahlung und Materie* (Nr. **26b**, **26c**) unerläßlich erscheint.

18a. Strahlungslose Zusammenstöße und Quantenübergänge. Denkt man sich die Bewegung auf den gemeinsamen Schwerpunkt der zusammenstoßenden Gebilde mit den Massen M_1 und M_2 bezogen, so beträgt deren *kinetische Energie vor dem Zusammentreffen* $\frac{1}{2}\mu v^2$, wo

$$\mu = \frac{M_1 \cdot M_2}{M_1 + M_2} \tag{174}$$

ist und die anfängliche Relativgeschwindigkeit v nach Nr. **3** und **19** als zumindest *praktisch stetig veränderlich* angesehen werden darf. *Die beim Zusammenstoß gegebenenfalls zum Umsatz gelangende Translationsenergie kann daher ebenso wie der Linearimpuls des gemeinsamen Schwerpunktes beliebige Werte annehmen.* Im Gegensatz hierzu würde es naheliegen, *für den gemeinsamen Drehimpuls* der beiden Gebilde auf Grund von (148'), (149) und (134) *bloß die diskreten Werte* $0, \frac{h}{2\pi}, \frac{2h}{2\pi}, \frac{3h}{2\pi}, \ldots$

452) Siehe etwa *K. F. Herzfeld*, Ztschr. f. Phys. 8 (1921), p. 132; *J. A. Christiansen* und *H. A. Kramers*, Ztschr. f. phys. Chem. 104 (1923). p. 451.

453) Vgl. V 11 (*K. F. Herzfeld*), Nr. **6**, **9**.

zu erwarten.[454]) Man überzeugt sich jedoch leicht, daß eine derartige Bedingung bei nachträglicher Berücksichtigung der Wechselwirkungen mit benachbarten Atomsystemen in vielen Fällen wesentlich *abgeändert, wenn nicht vollkommen umgestoßen werden müßte,* so daß man ihr Versagen im allgemeinen auch bei anfänglichen Relativgeschwindigkeiten der stoßenden Gebilde, welche jene der umgebenden Gasmoleküle um Bedeutendes übertreffen, zu gewärtigen haben wird.[455])

Wenn die innere Energie jedes der beiden zusammenstoßenden Gebilde vor und nach dem Zusammentreffen dieselbe ist, erleiden jene bloß Änderungen hinsichtlich ihrer Translationsenergie und Geschwindigkeitsrichtung; im Gegensatz zu den hierfür in der *kinetischen Gastheorie* benutzten schematisierenden *mechanischen Voraussetzungen*[456]) muß jeder Versuch einer rechnerischen Verfolgung solcher Vorgänge an *realen* Atomsystemen auf die *individuelle* Natur derartiger Gebilde (Nr. **13**) und die zwischen ihnen wirksamen *elektrischen* Kräfte Rücksicht nehmen. Wie *Debye*[457]) indessen für neutrale *Rutherford-Bohr*sche Atom- und Molekülmodelle *allgemein* zeigen konnte, werden bei beginnender gegenseitiger Annäherung stets *anziehende Kräfte* geweckt, welche erst von einer individuellen Minimaldistanz an in *abstoßende* Kräfte umschlagen. Ist einer der Stoßteilnehmer ein *Elektron* ($M_1 = m$), so kann das getroffene Atom oder Molekül wegen seiner verhältnis-

---

454) *P. S. Epstein,* Proc. Acad. Amsterdam 23 (1922), p. 1193, ferner auch *P. M. S. Blackett,* Proc. Cambr. Phil. Soc. 22 (1924), p. 56, wo ein derartiger Ansatz insbesondere auf die Anregung von Spektrallinien angewendet wird. — In einer früheren Arbeit, Ann. d. Phys. 50 (1916), p. 815, hat *Epstein* eine (inzwischen fallen gelassene) *vollständige* Quantelung der von ihm allein behandelten *relativistischen Hyperbelbewegung* vorgeschlagen, welche obige Drehimpulsvorschrift bereits in sich geschlossen hatte.

455) Dies trifft in der Tat zu für den von *Epstein* (Anm. 454) betrachteten Spezialfall der Erzeugung von „H-Strahlen" durch α-Strahlstoß in (molekularem) Wasserstoffgas, wo die vernachlässigten Wechselwirkungen des einen stoßenden Teilchens (H-Kern) mit seiner Umgebung jedenfalls ganz erhebliche sind; vgl. *A. Smekal,* Phys. Ber. 3 (1922), p. 1112.

Von obiger Formulierung wohl zu unterscheiden wäre hingegen die weit eher in Betracht zu ziehende Annahme, *daß sich ein anfänglich beliebiger Drehimpuls als Folge des Zusammenstoßes nur um ganzzahlige Vielfache von* $\frac{h}{2\pi}$ *ändern könnte.*

456) V 8 (*L. Boltzmann* und *J. Nabl*). Eine Ausnahme von obiger Behauptung bilden nur Zusammenstöße von praktisch als hinreichend *punktförmig* anzusehenden Gebilden, wie z. B. die Erzeugung von H-Strahlen in Wasserstoffgas durch α-Strahlstoß, an welchen dann zugleich die eindrucksvollsten Bestätigungen für die Gültigkeit des Energie- und Linearimpuls-Satzes in der Quantenkinetik erbracht werden können. Vgl. *E. Rutherford,* Phil. Mag. 37 (1919), p. 538.

457) Siehe Anm. 25).

mäßig ungeheuren Masse (M_2) als *praktisch ruhend* angesehen werden; dann ist nach (174) $\mu = m$, also die Stoßenergie $\frac{1}{2} m v^2$, oder in Volt V gemessen, $e \cdot V$, und das Elektron wird von dem Atom praktisch ohne Energieverlust, jedoch mit *Richtungsänderung* „elastisch" reflektiert. Für hinreichend große Geschwindigkeiten folgt hieraus die *Zerstreuung von Kathoden- und β-Strahlen beim Durchgang durch die Materie*, deren quantitative Verfolgung unter Zugrundelegung *Coulombscher Wechselwirkungskräfte mit den verschiedenen Atombestandteilen*, gleich jener der *α-Strahlstreuung*, die in Nr. **13** bereits vorweggenommenen *experimentellen Grundlagen des Atombaues* geliefert haben.[458]) Die von *Ramsauer* entdeckte[458a]) *experimentelle* Tatsache, daß *sehr langsame Elektronen* in großer Anzahl anscheinend *strahlungsfrei und ohne merkliche Richtungsänderung Atome zu durchdringen vermögen*, hat mehrfach quantentheoretische Deutungsversuche veranlaßt, welche auch wieder genötigt waren, auf die allgemeine elektrische Struktur solcher Gebilde Bedacht zu nehmen[459]), ohne jedoch bisher zu allseitig befriedigenden Ergebnissen gelangen zu können.[460])

Wird durch den Zusammenstoß zweier Atomsysteme bewirkt, *daß eines von ihnen hierbei aus dem Quantenzustande n' in den Quantenzustand n'' übergeht*, so muß für die Translationsenergie vor bzw. nach dem Stoß, je nachdem, ob $E_{n''}$ größer oder kleiner als $E_{n'}$ ist,

$$\frac{1}{2} \mu v^2 \gtreqless E_{n''} - E_{n'} \qquad (n', n'' \text{ beliebig}) \tag{175}$$

sein; wenn $E_{n'} < E_{n''}$, spricht man von strahlungslosen *Stößen 1. Art*, wenn $E_{n'} > E_{n''}$, von strahlungslosen *Stößen 2. Art*. Für *Elektronen-*

458) Siehe Anm. 252), ferner insbesondere *G. Wentzel*, Ann. d. Phys. 69 (1922), p. 335; 70 (1923), p. 561. — Der Hauptgrund, warum die Theorien der α- und β-Strahlzerstreuung gerade in der *Quanten*kinetik mitangeführt werden müssen, liegt in der vorausgesetzten und durch den damit erzielten Erfolg gerechtfertigten *Strahlungslosigkeit* der betreffenden Elementarvorgänge.

458a) *C. Ramsauer*, Ann. d. Phys. 64 (1921), p. 513; 66 (1921), p. 546; 72 (1923), p. 345; *H. F. Mayer*, Ann. d. Phys. 64 (1921), p. 451.

459) Bezüglich der allgemeinen Bahneigenschaften eines Elektrons mit hyperbolischer Anfangsgeschwindigkeit im Felde einer positiven Punktladung vgl. man die in Anm. 252) angegebene Literatur, für die Bewegung im Felde von Dipol- oder Quadrupolmolekülen hingegen: *D. Wrinch*, Phil. Mag. 43 (1922), p. 993; *G. Greenhill*, Phil. Mag. 46 (1923), p. 364; *F. Zwicky*, Phys. Ztschr. 24 (1923), p. 171.

460) *F. Hund* (nach einem Gedanken von *J. Franck*), Ztschr. f. Phys. 13 (1923), p. 241; *F. Zwicky*, Phys. Ztschr. 24 (1923), p. 171. Zur Kritik der Ergebnisse, ferner zu den experimentellen Tatsachen vgl. man den zusammenfassenden Bericht von *R. Minkowski* und *H. Sponer*, Ergebnisse der exakten Naturwiss. 3 (1924), p. 67, zu der Untersuchung von *Hund* ferner *G. Wentzel*, Ztschr. f. Phys. 25 (1923), p. 172; *E. Rüchardt*, Ztschr. f. Phys. 25 (1923), p. 164.

stöße 1. Art ist (175) zuerst von *Franck* und *Hertz* bei der Deutung ihrer Versuche über die *Anregung von Spektrallinien durch Elektronenstoß* verwendet und bewahrheitet worden[461]), für die *Anregung durch Atom-, Molekül- oder Ionenstöße* hingegen haben *Joos* und *Kulenkampff* (175) erst jüngt eingehender diskutiert.[462]) Die notwendige Existenz der Stöße 2. Art ist auf Grund von Betrachtungen über die *Erhaltung des statistisch-thermodynamischen Gleichgewichtes gegenüber den Stößen 1. Art* (Nr. **26a**) für *Elektronen*stöße zuerst von *Klein* und *Rosseland*, für *Molekül*stöße von *Franck* ausgesprochen[463]), von *Franck* und seinen Mitarbeitern auch experimentell erwiesen und verwertet worden.[464])

Wird die kinetische Energie der stoßenden Gebilde so weit gesteigert, daß sie die *Ionisierungsarbeit* für irgendeine Elektronengruppe eines derselben (z. B. *K*-, *L*-, *M*-, ... Valenzelektronen) übertrifft,

$$\frac{1}{2}\mu v^2 \geqq E_1 \qquad (\text{bzw. } E_K, E_L, \ldots), \tag{176}$$

so wird das betreffende Gebilde nach dem Stoße in *ein* (*Atom-* oder *Molekül-*)*Ion und ein freies Elektron* zerlegt sein können, während das andere Gebilde im allgemeinen[465]) unverändert bleibt; wird bei *Molekül*stößen die *Dissoziationsenergie* eines der Stoßteilnehmer von der verfügbaren Translationsenergie übertroffen, so kann der Zusammenstoß auch die Bildung *mehrerer Atom-* (bzw. Molekül-)*Ionen* zur Folge

---

461) Siehe die in Anm. 200) genannte Literatur, ferner die an der gleichen Stelle im Text hervorgehobene Tragweite jener Untersuchungen für die Quantentheorie des Atombaues.

462) *G. Joos* und *H. Kulenkampff*, Phys. Ztschr. 25 (1924), p. 257. Vgl. inzwischen auch *J. Franck*, Ztschr. f. Phys. 25 (1924), p. 312.

463) *O. Klein* und *S. Rosseland*, Ztschr. f. Phys. 4 (1921), p 46; *J. Franck*, Ztschr. f. Phys. 9 (1922), p. 259. Überlegungen, welche im wesentlichen anf die Mitwirkung von Stößen 1. *und* 2. Art mit hinauslaufen, sind jedoch bereits früher von *M. Polanyi*, Ztschr. f. Phys. 3 (1920), p. 31 benutzt und Ztschr. f. Phys. 2 (1920), p. 90 sogar zur Aufstellung einer *Theorie der Reaktionsgeschwindigkeiten* herangezogen worden; hier muß auch noch damit gerechnet werden, daß *angeregte* Stoßteilnehmer ihre Energie beim Stoße strahlungslos einbüßen und daß diese Anregungsenergie *zugleich* mit der verfügbaren Translationsenergie Anregung bzw. Ionisation und Dissoziation (s. im Text weiter unten) bei anderen Stoßteilnehmern bewirkt.

464) *J. Franck*, Ztschr. f. Phys. 9 (1922), p. 259; *G. Cario*, Ztschr. f. Phys. 10 (1922), p. 185; *G. Cario* und *J. Franck*, Ztschr. f. Phys. 11 (1922), p. 161; *V. v. Keußler*, Ztschr. f. Phys. 14 (1923), p. 19; *G. Cario* und *J. Franck*, Ztschr. f. Phys. 17 (1923), p. 202. Vgl. ferner etwa noch *H. Kautsky* und *H. Zocher*, Ztschr. f. Phys. 9 (1922), p. 267; *F. Haber* und *W. Zisch*, Ztschr. f. Phys. 9 (1922), p. 302, sowie den zusammenfassenden Bericht von *J. Franck*, Ergeb. d. exakten Naturwiss. 2 (1923), p. 106.

465) Vgl. jedoch die Bemerkung zu *Polanyis* Theorie der Reaktionsgeschwindigkciten in Anm. 463).

haben. Alle diese Vorgänge sind tatsächlich beobachtbar[466]) und entsprechen gewissermaßen den vorgenannten Stößen 1. Art; mit Rücksicht auf die Rolle derartiger Vorgänge bei *Wärmegleichgewicht* (Nr. **26 b**) schließt man[467]) wiederum auch auf das notwendige Vorkommen der zu ihnen *inversen* Vorgänge, welche den Stößen 2. Art analog werden und das Zusammentreffen von mindestens *drei* verschiedenen Gebilden zur Voraussetzung haben, von welchen zwei nach dem Stoße miteinander vereinigt sein müssen.[468])

Wenn das Zusammentreffen zweier Atomsysteme schließlich zu einer *strahlungslos erfolgenden Vereinigung* führen soll, so überzeugt man sich leicht, daß dies, wenn überhaupt, so *praktisch nur bei ganz bestimmten Werten ihrer kinetischen Relativenergie* möglich sein kann, da das aus dem Zusammenstoß hervorgehende einheitliche Gebilde sich in einem *bestimmten stationären Quantenzustand mit zugehörigem diskreten Energiewert* befinden muß. Während die Vereinigung zweier Atome zu einem Molekül ohne Mitwirkung eines dritten Stoßteilnehmers auch dann keine besondere Tragweite für wirkliche Reaktionsvorgänge zu besitzen scheint, wenn erstere sich in angeregten Zuständen befinden[468]), ist die *strahlungslose Bindung freier Elektronen durch Atomionen oder angeregte Atome* zumindest von großer prinzipieller Bedeutung. Da der dazu *inverse* Vorgang der Ausführung eines *strahlungslosen Quantenüberganges durch ein isoliertes Atomsystem unter Aussendung eines Elektronen„strahls“* entspricht, sieht man unmittelbar ein, daß solche Vorgänge nur an zumindest in ihren *inneren* Elektronengruppen *angeregten Atomen* vor sich gehen können. Tatsächlich liegen auch bereits Beobachtungen von *Rutherford* und *Robinson*, sowie *M. de Broglie* vor[469]), welche von *Rosseland* als strahlungslose Quantenübergänge der eben erwähnten Beschaffenheit aufgefaßt worden sind[470]), nachdem die *radioaktive Korpuskularemission* bereits

466) Für die gewöhnliche Ionisation und Dissoziation vgl. man die in Anm. 200) und 462) genannte Literatur, sowie etwa *A. Sommerfeld* [1], für die Anregung der Röntgenniveaus der Atome außer dem letztgenannten Werke auch noch *M. Siegbahn,* Spektroskopie der Röntgenstrahlen, Berlin 1924 (Springer).

467) Vgl. z. B. *R. Becker,* Ztschr. f. Phys. 18 (1923), p. 325; *R. H. Fowler,* Phil. Mag. 47 (1924), p. 257.

468) Vgl. die *reaktionskinetische* Tragweite solcher Dreierstöße in den in Anm. 452) genannten Untersuchungen.

469) *E. Rutherford* und *H. Robinson,* Phil. Mag. 26 (1913), p. 717; *M. de Broglie,* Paris C. R. 172 (1921), p. 746, 806; J. de phys. et le Radium (6) 2 (1921), p. 265. Vgl. jüngst auch *P. Auger,* Paris C. R. 180 (1925), p. 65; J. de phys. et le Radium (6) 6 (1925), p. 205.

470) *S. Rosseland,* Ztschr. f. Phys. 14 (1923), p. 173, § 1; implizit aber findet sich eine derartige Deutung eigentlich bereits bei *C. D. Ellis,* Proc. Roy. Soc. A 101 (1922), p. 3.

vorher schon von *Smekal*[471]) in diesem Sinne gedeutet worden war. Diese Ergebnisse legen es nahe, überhaupt allgemein zu erwarten, daß ein in seinen inneren Elektronengruppen angeregtes Atomsystem *grundsätzlich sowohl zu strahlungslosen als zu mit Strahlungsemission verbundenen spontanen Quantenübergängen* befähigt sein wird; die ersteren haben allerdings stets eine *spontane Ionisierung* des Atoms zur Folge, welche bei den letzteren unmöglich ist. Betrachtet man auch die *Atomkerne als nach Quantengesetzen aufgebaute Gebilde*[439]), *so erscheint die spontane Emission von α- und β-Strahlen durch radioaktive Atomkerne ganz von selbst als Ergebnis strahlungsloser Quantenübergänge,* wobei an Stelle der Selbstionisation die *spontane Elementumwandlung* tritt; wie die experimentell wohlbekannten Energieverhältnisse der radioaktiven Korpuskularstrahlungen und der ihnen zugehörenden *Rückstoßatome* erkennen lassen, darf die zu Beginn dieser Nummer vorausgesetzte *Gültigkeit des Energie- und Linearimpulssatzes in der Quantenkinetik* insbesondere hier als auf das Schlagendste *bestätigt* gelten[472]), und das gleiche gilt auf Grund des radioaktiven *Zerfallsgesetzes* von dem angenommenen *wahrscheinlichkeitstheoretischen Charakter der quantenkinetischen Vorgänge.*[473]) Durch *Umkehrung der strahlungslosen radioaktiven Quantenübergänge* läßt sich ohne Schwierigkeit voraussehen, unter welchen Bedingungen der *Aufbau* radioaktiver Elemente, und auf ähnlichem Wege wohl aller Elemente überhaupt, zustandekommend gedacht werden kann.[471])

18 b. Strahlungsbedingte Zusammenstöße, kontinuierliche Spektren und lichtelektrischer Effekt. Während gegenwärtig kaum Näheres über das Vorkommen von Zusammenstößen bekannt ist, durch welche einer der (gegebenenfalls angeregten) Stoßteilnehmer zu sofortiger *Spektrallinienemission oder -absorption* veranlaßt werde würde[474]),

---

471) *A. Smekal,* Ztschr. f. Phys. 10 (1922), p. 275; 25 (1924), p. 265; ferner *S. Rosseland,* l. c.

472) Literatur siehe etwa bei *St. Meyer* und *E. v. Schweidler,* Radioaktivität, Leipzig 1916 (Teubner).

473) Daß das experimentell begründete *Zerfallsgesetz der radioaktiven Umwandlungen* formal mit dem Ansatz (106) für *spontane* Lichtemission isolierter Atomsysteme übereinstimmt, ist bereits in Nr. **11** und Anm. 218) hervorgehoben worden. Dies entspricht aber vollkommen der eingangs dieser Nummer gemachten *Annahme* eines allgemeinen *wahrscheinlichkeitstheoretischen Charakters der quantenkinetischen Vorgänge,* so daß letzterer durch die radioaktiven Tatsachen — *und bisher wohl durch diese allein* — als *experimentell direkt gerechtfertigt* angesehen werden darf.

474) Diese Möglichkeit erscheint namentlich bei Zusammenstößen angeregter Atome mit Ionen oder freien Elektronen naheliegend, wenn man erwägt,

muß allen jenen Stoßvorgängen eine ganz besondere Tragweite, namentlich auch in *prinzipieller* Hinsicht, zugeschrieben werden, *bei welchen die kinetische Relativenergie der Stoßteilnehmer für den eintretenden Strahlungsvorgang von wesentlicher Bedeutung ist.* Dies gilt vor allem für die bereits im Vorangehenden betrachtete *Vereinigung der beiden Stoßteilnehmer*, wo der Energiesatz in Übereinstimmung mit dem Experiment ergibt, daß ein derartiger Vorgang bei *beliebigen* Werten der anfänglichen kinetischen Relativenergie im allgemeinen tatsächlich nur unter *Strahlungsemission* vor sich gehen kann.

Wenn die Vereinigung zu einem, in seinem n^{ten} Quantenzustande befindlichen Gebilde erfolgt und P_n den bei der Vereinigung selbst freiwerdenden Energiebetrag bezeichnet, so wird die Frequenz ν des „Anlagerungsleuchtens" bei Vernachlässigung von (116a) und *formaler* Anwendung von (115a) durch

$$h\nu = \tfrac{1}{2}\mu v^2 + P_n \qquad (n = 1, 2, 3, \ldots) \tag{177}$$

gegeben sein. Da v praktisch als *stetig veränderlich* angesehen werden muß, folgt, wiederum formal, aus (177), daß der betrachtete Mechanismus durch das Neben- und Nacheinander sehr vieler verschiedener Zusammenstöße mit beliebigen Relativgeschwindigkeiten v zur Entstehung eines *kontinuierlichen Spektrums* Anlaß geben muß, das eine scharfe, *langwellige Grenze* ν_n besitzen wird, welche durch

$$h\nu_n = P_n \qquad (n = 1, 2, 3, \ldots) \tag{178}$$

bestimmt sein wird. Betrachtet man z. B. die Anlagerung eines Elektrons an einen Wasserstoffatomkern, so wird nach (139) $P_n = -E_n$ $(n = 1, 2, \ldots)$, und da $\frac{P_n}{h}$ nach (140) die Häufungsstelle (*Seriengrenze*) der durch $n' = n$ gekennzeichneten Wasserstoffserie darstellt, so fällt diese nach (178) gerade mit ν_n zusammen. Wie demgemäß bereits von *Bohr* und *Debye*[475]) hervorgehoben worden ist, beginnen die kontinuierlichen Spektren des Wasserstoffes in Übereinstimmung mit den Ergebnissen von Laboratoriumsuntersuchungen und stellarspektroskopischen Feststellungen sowohl in Emission als in Absorption[476]) an den Seriengrenzen seines Linienspektrums und erstrecken

daß die elektrodynamischen Wirkungen der Strahlung durch dieselben Kräfte hervorgerufen werden, wie jene, welche eine beschleunigte Elementarladung nach der klassischen Elektrodynamik auszuüben befähigt ist, und bedenkt, daß eine die Lichtemission auslösende Wirkung der Strahlung nach (107a) und (107b) bereits sichersteht.

475) *N. Bohr* [1], Abhandlung I, p. 17; [2], II. Teil, § 6; *P. Debye*, Phys. Ztschr. 18 (1917), p. 428.

476) Emission: *J. Evershed*, Phil. Trans. Roy. Soc. A 197 (1901), p. 399; *W. H. Wright*, Lick Observ. Bull. Nr. 291 (1917) [vgl. ferner noch einer Deutung

sich von da aus *unbegrenzt* in der Richtung abnehmender Wellenlängen, sofern nicht etwa durch eine in den speziellen Versuchsbedingungen begründete *endliche Maximalgeschwindigkeit* v_m der schließlich zur Anlagerung kommenden Elektronen eine *endliche Maximalfrequenz* ν_m,

(179) $$h\nu_m = \tfrac{1}{2}\mu v_m^2 + P_2, \qquad (n = 1, 2, 3, \ldots)$$

erzeugt wird, welcher eine *kurzwellige Grenze des kontinuierlichen Spektrums* entspricht.[477]) Ähnliche Verhältnisse gelten auch für die gewöhnlichen und röntgenoptischen kontinuierlichen Spektren beliebiger Atome, Moleküle und Ionen.[478])

Eine gewisse Vertiefung der obigen, einstweilen bloß auf (115a) und den Energiesatz gegründeten Folgerungen wird ermöglicht, wenn man auf die betrachteten Vorgänge mit *Bohr* Gesichtspunkte zur Anwendung bringt, welche jenen des *Korrespondenzprinzipes* (Nr. **14**) entsprechen.[479]) Betrachtet man hierzu nämlich die beiden zusammenstoßenden Atomsysteme vor und nach ihrer Vereinigung als *einheitliches, in strahlungsfreien Quantenzuständen befindliches Gebilde*, so kann man zunächst anstatt (115a) direkt die *Bohrsche Frequenzbedingung* (114) bzw. die verallgemeinerte Frequenzbedingung (115) zur Begründung von (177) heranziehen. Denkt man sich nun einen der *Grenzzustände* (121) bzw. (122) des Gebildes aufgesucht, so zeigt sich, daß der *grundsätzlich unperiodische Charakter der Bewegung vor* der Strahlungsemission *keine* Zuordnung der letzteren zu *diskreten* Grundschwingungszahlen der Bewegung gestatten kann[480]), wie dies in

---

bedürftige Ergebnisse des gleichen Verf., Nature 109 (1922), p. 810]; *J. Stark,* Ann. d. Phys. 52 (1917), p. 255. — Absorption: *W. Huggins,* An Atlas of Representative Stellar Spectra, 1899, p. 85; *J. Hartmann,* Phys. Ztschr. 18 (1917), p. 429.

477) Daß auch die *Intensitätsverteilung* in den kontinuierlichen Spektren wesentlich von den Versuchsumständen, namentlich von der *Geschwindigkeitsverteilung der stoßenden Elektronen,* abhängig sein kann, wird von *J. Stark,* Ann. d. Phys. 52 (1917), p. 255, auf p. 264, hervorgehoben.

478) Z. B. Na: *R. W. Wood,* Physical Optics, 1911, p. 513; *J. Holtsmark,* Phys. Ztschr. 20 (1919), p. 88; J^-: *W. Steubing,* Ann. d. Phys. 64 (1921), p. 673; *J. Franck,* Ztschr. f. Phys. 5 (1921), p. 428; Br^-: *J. M. Eder* und *E. Valenta,* Beiträge zur Photochemie und Spektralanalyse, p. 358 ff.; *W. Steubing,* Ztschr. f. Phys. 1 (1920), p. 426; Cl^-: *E. v. Angerer,* Ztschr. f. Phys. 11 (1922), p. 167. Bezüglich der *kontinuierlichen Röntgenspektren der Atome* möge etwa verwiesen werden auf *W. Kossel,* Ztschr. f. Physik 1 (1920), p. 119, ferner auf das in Anm. 466) zitierte Werk von *M. Siegbahn.*

479) *N. Bohr* [2], II. Teil, § 6; Ztschr. f. Phys. 13 (1923). p. 117, § 5.

480) Bei diesen Bewegungen fällt auch der sonst in Nr. **14** und **16** beschrittene Ausweg fort, die quantentheoretisch zugelassenen Bewegungen auf

Nr. 14 — durch Extrapolation dann auch außerhalb jener Grenzzustände — bei isolierten Atomsystemen möglich war. In allen Einzelheiten lassen sich diese Verhältnisse wiederum am klarsten bei der Anlagerung eines Elektrons an einen Wasserstoffatomkern verfolgen, dessen *vor* der Lichtemission beschriebene *Keplersche Hyperbelbewegung* mittels *Fourier*scher Integrale durch einen *kontinuierlichen* Bereich von Grundschwingungszahlen dargestellt werden kann[481]); indem man diese Eigenschaft der Bewegung nun wieder ähnlich wie in Nr. 14 allgemein mit der zu erwartenden Strahlungsemission verknüpft, ergibt sich mit Rücksicht auf die quantenmäßige Unbestimmtheit der Relativbewegung somit auch im Rahmen korrespondenzmäßiger Betrachtungen der *kontinuierliche* Charakter der durch (177) beschriebenen Spektralerscheinung.[482])

Fragt man endlich noch nach den Aussagen, welche eine Hinzunahme des *Linearimpulssatzes* und die Berücksichtigung des *Strahlungsrückstoßes* (116a) hinsichtlich der *räumlichen Orientierung* der durch (177) in erster Annäherung beschriebenen Strahlungsvorgänge zu machen erlauben, so zeigt sich, daß man hier nur durch weitere einschränkende Voraussetzungen zu bestimmten, experimentell prüfbaren Ergebnissen kommen kann. Hierbei wird vor allem auf die Ergebnisse der *klassischen Elektrodynamik* Rücksicht genommen werden

---

mehrfach-periodische Partikularlösungen zu beschränken, da auch solche hier nicht auftreten können, wie man sich z. B. leicht an der *Keplerschen* unrelativistischen oder relativistischen *Hyperbelbewegung* überzeugen kann.

481) Vgl. dazu die vorige Anmerkung, ferner etwa *H. A. Kramers*, Phil. Mag. 46 (1923), p. 836; *G. Wentzel*, Ztschr. f. Phys. 27 (1924), p. 257. Allerdings hat *P. S. Epstein* (Anm. 454), eine gewisse Singularität der Hyperbelbewegung benutzend, den Versuch zu einer *vollständigen Quantelung* dieses Bewegungstypus unternommen, welche zu einer Auslese *diskreter* Bahnformen geführt hat, inzwischen aber aufgegeben worden ist.

482) Allerdings wird man sich darüber keiner Täuschung hingeben dürfen, daß diese Analogie zu den Korrespondenzbetrachtungen an isolierten, *abgeschlossenen* Atomsystemen (Nr. 14) in manchen, nicht unwesentlichen Punkten versagt. So ist hier z. B. die Mittelwertdarstellung (137a) grundsätzlich unmöglich, und ähnliches gilt für die an (126) geknüpften *Intensitätsbetrachtungen*; in beiden Fällen wird der Umstand entscheidend bemerkbar, daß der Anfangs- und Endzustand des betrachteten einheitlichen Gebildes *analytisch verschiedenen Bewegungstypen* angehören. Daß dieser Umstand weiterhin zu keiner Unsicherheit bezüglich des allgemeinen Charakters der eintretenden Strahlungsvorgänge führt, ist nur durch die alleinige Bestimmtheit der letzteren durch *einen* von diesen beiden verschiedenen Zuständen bedingt, nämlich jenen, in welchem das Gebilde zu *spontaner Strahlungsemission* befähigt ist; hierdurch erscheint dann auch der allgemeine Charakter der zu diesen Vorgängen *inversen* Art von Strahlungs*absorption* (*lichtelektrischer Effekt*, s. im Text weiter unten) eindeutig mitbestimmt.

müssen, von welchen man erwarten wird, daß sie sich, als räumlich-zeitliche Mittelwerte aufgefaßt, für $\lim \nu \rightarrow 0$ (122) brauchbar erweisen werden. Handelt es sich insbesondere um Anlagerung von *Elektronen* genügend *hoher Geschwindigkeit*[483]) an Atome oder Atomionen, so scheint der emittierte Strahlungsimpuls genähert allein auf Kosten des Elektronenimpulses geliefert zu werden, und zwar so, daß jene Komponente des Elektronenimpulses, welche in die *Emissionsrichtung* fällt, gerade $\frac{h\nu}{c}$ beträgt[484]), was der klassischen Theorie[485]) qualitativ jedenfalls nicht widerspricht und, ebenfalls zumindest qualitativ, die beobachtete *Asymmetrie der beim Auftreffen von Kathodenstrahlen auf Materieschichten hervorgerufenen Strahlungsemission*[486]) wiedergibt.

Wie die *Umkehrung* der bisher betrachteten Strahlungsvorgänge ergibt, *muß durch Absorption von Strahlung der Frequenz ν Ionisation bzw. Dissoziation von isolierten abgeschlossenen Atomsystemen bzw. Molekülen stets dann herbeigeführt werden können, wenn ν größer als ν_n in* (178) *ist.* Dieser als *lichtelektrisch* bezeichnete Effekt wird daher im allgemeinen die Erzeugung *sowohl negativer oder positiver Ladungsträger* zur Folge haben können, deren Relativgeschwindigkeit v jetzt als durch (177) gegeben angesehen werden muß; handelt es sich speziell um die Losreißung von *Elektronen* auf lichtelektrischem Wege, so wird (177) mit dem von *Einstein* bereits 1905 aufgestellten *Quantengesetz der lichtelektrischen Elektronenemission*[487]) identisch, für welches

483) Bezüglich einer analogen Sonderstellung *hoher* Geschwindigkeiten bei *strahlungslosen Elektronenstößen* (Nr 18a) vgl. man die in Anm. 462) zitierte Untersuchung von *Joos* und *Kulenkampff*.

484) Vgl. die Ansätze von *O. W. Richardson*, Phil. Mag. 25 (1913), p. 144; *F. W. Bubb*, Nature 113 (1924), p. 237; Phys. Rev. 23 (1924), p. 289; 24 (1924); p. 177; Phil. Mag. 49 (1925), p. 824; *W. Bothe*, Ztschr. f. Phys. 26 (1924), p. 74.

485) *A. Sommerfeld*, Phys. Ztschr. 10 (1909), p. 969.

486) Vgl. z. B. *J. Stark*, Phys. Ztschr. 10 (1909), p. 902; *W. Friedrich*, Ann. d. Phys. 39 (1912), p. 377; *W. W. Loebe*, Ann. d. Phys. 44 (1914), p. 1033; *E. Wagner*, Jahrb. d. Rad. u. Elektr. 16 (1920), p. 190.

487) *A. Einstein*, Ann. d. Phys. 17 (1905), p. 132; vgl. dazu auch Anm. 234). Setzt man in (177) bzw. (180) $n = 1$ und bedenkt, daß für alle zu dem betreffenden Anregungsvorgang gehörigen Spektrallinien des lichtelektrisch ionisierten Gebildes $\nu^* \leqq \nu_1$ ((178), für $n = 1$) ist, so erhält man mit $\nu^* \leqq \nu$ die von *Einstein* in der gleichen Untersuchung auf Grund von (115a) und dem Energiesatz bewiesene *Stokessche Fluoreszenzregel*. Ist hingegen $n > 1$, so zeigt sich, daß die *Stokes*sche Regel für nicht zu große ν allgemein nicht richtig sein kann; die gleiche Folgerung ergibt sich auf Grund der *Bohr*schen Frequenzbedingung (114) auch schon für die durch gewöhnliche Lichtabsorption (*ohne* Ionisation bzw. Dissoziation) an Atomen und Molekülen bewirkte Fluoreszenzstrahlung, sofern

man auch

$$(180) \qquad h\nu = e \cdot V + P_n \qquad (n = 1, 2, 3, \ldots)$$

erhält, wenn es vorgezogen wird, die Elektronenenergie in Volt auszudrücken. Die Gleichung (180) ermöglicht es offensichtlich, *die Frequenz einfarbigen Lichtes unabhängig von der ursprünglich auf wellentheoretischer Grundlage entwickelten Interferenzspektroskopie zu bestimmen* und auf das Ergebnis einer Geschwindigkeitsmessung zurückzuführen[488]); sie gilt ferner für den *lichtelektrischen Effekt an festen Körpern und Flüssigkeiten*[489]), wo sie u. a. von *Millikan* auch zu einer Präzisionsbestimmung des *Planck*schen Wirkungsquantums h angewendet worden ist[490]) und wo an Stelle von P_n in (177) bzw. (180) eine *individuelle*, mehr oder minder unscharfe *„Ablösungsarbeit“* zu treten hat. Schließlich enthält (177) auch noch das von *Einstein* formulierte *photochemische Äquivalentgesetz*[491]), nach welchem die Anzahl der absorbierten Beträge $h\nu$ gleich der Anzahl der gerade infolge Absorption von Strahlung der Frequenz ν zerfallenden Moleküle sein soll.[492]) — Hinsichtlich der *räumlichen Orientierung* der lichtelektrischen Elektronenemission gegenüber der Einfallsrichtung der wirksamen Strahlung gilt ebenfalls die genaue *Umkehrung* der oben bereits bezüglich des *Anlagerungsleuchtens* gemachten Angaben. In Korrespondenz mit den Folgerungen der klassischen Theorie, wonach die Elektronen *in der Richtung des elektrischen Vektors*, d. h. senkrecht zur Strahlrichtung fortgerissen werden sollten, zeigt sich eine *durchweg seitliche* Elektronenemission, welche die Wirksamkeit einer *in die Strahlrichtung fallenden Linearimpulskomponente von der nach* (116a) *zu erwartenden Größen-*

---

diese Gebilde sich bereits *vor* ihrer Absorption in *angeregten* Zuständen befunden haben. In der Tat sind derartige Widersprüche zur *Stokes*schen Regel bei der Anregung von *Bandenspektren* (V 27, *A. Kratzer*) mehrfach beobachtet worden.

488) Abgesehen von ihrer prinzipiellen Bedeutung hat diese Methode es auch ermöglicht, die Spektrallücke zwischen *Millikan*schem Ultraviolett und langwelliger Röntgenstrahlung zu überbrücken, sowie die Wellenlängen der kürzesten Gammastrahlung zu ermitteln.

489) Für das Gesamtgebiet des lichtelektrischen Effektes, namentlich für die experimentelle Literatur vgl. man etwa *R. Pohl* und *P. Pringsheim,* Die lichtelektrischen Erscheinungen, Braunschweig 1914 (Vieweg); *W. Gerlach* [1], ferner *A. Sommerfeld* [1], für die Beziehungen zwischen lichtelektrischer und thermischer Elektronenemission z. B. *A. Becker,* Ann. d. Phys. 60 (1919), p. 30.

490) Literatur s. Anm. 183).

491) *A. Einstein,* Ann. d. Phys. 17 (1905), p. 132; 37 (1912), p. 832; 38 (1912), p. 881; *J. Stark,* Phys. Ztschr. 9 (1908), p. 889; Ann. d. Phys. 38 (1912), p. 467.

492) Über den Umfang der Bestätigung dieses unmittelbar nur auf ideale photochemische Vorgänge anwendbaren Gesetzes vgl. man etwa den Bericht von *M. Bodenstein,* Ergebn. d. exakten Naturwiss. 1 (1922), p. 210.

ordnung $\frac{h\nu}{c}$ *erkennen läßt*[493]) und damit auch die *Asymmetrie* der bei der senkrechten Bestrahlung ebener Materieschichten durch Röntgen- oder Gammastrahlen lichtelektrisch ausgelösten Elektronenemission[494]) qualitativ verständlich macht.

Wie die *Quantentheorie der Streustrahlung* (Nr. **21**) ergeben hat, muß wesentlich mit der Annahme gerechnet werden, daß die Absorption eines hinreichend großen Strahlungsenergiebetrages $h\nu'$ neben Ionisation oder Dissoziation des absorbierenden Gebildes auch noch das Auftreten einer *Streustrahlung von niedrigerer Frequenz* ν'' *als jener der absorbierenden Primärstrahlung* ν' zur Folge haben kann. Die Theorie dieses Effektes ist erst kürzlich von *A. H. Compton*[495]) näher entwickelt worden und führt im Gegensatz zu (177) bzw. (180) bei Ver-

493) Vgl. die Literaturangaben in Anm. 237). Daß die Elektronenemission in und entgegengesetzt der Strahlrichtung praktisch verschwindet, hat insbesondere *W. Bothe*, Ztschr. f. Phys. 26 (1924), p. 59 experimentell erwiesen. Über spezielle theoretische Ansätze zur Deutung aller dieser Verhältnisse s. Anm. 484). — Daß — entsprechend den Folgerungen der klassischen Theorie — die lichtelektrische Elektronenemission bei Anregung mit *linear polarisierter Strahlung* nach *F. W. Bubb*, Phys. Rev. 23 (1924), p. 137, die Richtung des „elektrischen Vektors" merklich bevorzugt, muß trotz eines diesbezüglichen Deutungsversuches des gleichen Verfassers, Phys. Rev. 24 (1924), p. 177, einstweilen als quantentheoretisch unverständlich angesehen werden. Wie *Bubb* zutreffend hervorhebt, muß hierzu ein *quantentheoretisches Analogon zu dem klassischen „elektrischen Vektor" eines linear polarisierten Lichtstrahls* gefunden werden. Es erscheint denkbar, daß diese Schwierigkeit nur durch die bereits am Ende von Nr. **17** betonte Möglichkeit behebbar sein wird, Emission und Absorption eines individuellen Energiebetrages $h\nu$ prinzipiell als miteinander gekoppelte Vorgänge anzusehen.

494) Vgl. z. B. das von *W. Bothe*, Ztschr. f. Phys. 26 (1924), p. 59 und *L. Meitner*, Ztschr. f. Phys. 22 (1924), p. 334, diskutierte (übrigens nicht vollständige) experimentelle Material. Allerdings wird jene Asymmetrie von *Meitner* zuungunsten des lichtelektrischen Effektes vor allem auf die durch den *Comptoneffekt* (s. weiter unten im Text und Nr. **21**) bewirkte Asymmetrie zurückgeführt, eine *Annahme*, welche nach der Untersuchung von *Bothe* jedenfalls nur für sehr kurzwellige Strahlung volle Berechtigung haben dürfte. Unabhängig von dem Ergebnis einer quantitativen Trennung der beiden stets gleichzeitig auftretenden (und eigentlich ineinander übergehenden) Effekte bleibt hingegen der Hinweis auf jene Asymmetrie, welche bei dem zum lichtelektrischen Effekte *inversen* „Anlagerungsleuchten" auftritt, wo eine Störung durch den *Compton*effekt praktisch ausgeschlossen sein dürfte. Das Ergebnis der in Anm. 486) angeführten Untersuchungen spricht demnach ebenfalls für eine merkliche Asymmetrie beim lichtelektrischen Effekte allein.

495) *A. H. Compton*, Phys. Rev. 24 (1924), p. 168. Dieser Effekt bedeutet nichts anderes als einen Spezialfall der zuerst von *A. Smekal*, Naturwiss. 11 (1923), p. 873, angegebenen „anomalen Zerstreuung" (Nr. **21**), welche durch ihn somit ihre experimentelle Bestätigung findet.

nachlässigung von (116a) als erster Annäherung zu der Energiebedingung

(181) $$h\nu' = \frac{1}{2}\mu v^2 + P_n + h\nu'', \qquad (n = 1, 2, 3, \ldots)$$

aus welcher hervorgeht, daß das Spektrum der auftretenden Streustrahlung *kontinuierlich* sein muß und sich von einer *kurzwelligen Grenze* angefangen bis zu beliebig *langen* Wellen herab erstrecken wird; für letztere wird $h\nu''$ unmerklich, so daß (181) dann in die Gleichung (177) des lichtelektrischen Effektes übergeht. Der Vergleich mit den experimentellen Ergebnissen über den *Comptoneffekt*[496]) zeigt, daß der Energie- und Linearimpulssatz hier ebenso wie beim gewöhnlichen lichtelektrischen Effekt für eine vollständige Kennzeichnung der *räumlichen Vorgänge* nicht ausreichen. Die zum *Comptoneffekt inversen* Vorgänge, deren Existenz aus dem allgemeinen thermischen Gleichgewicht zwischen Strahlung und Materie (Nr. **12**) gefolgert werden muß, lassen auf Grund von (181) erkennen, daß ein „Anlagerungsleuchten" von der Frequenz ν' auch unter dem direkten Einfluß monochromatischer Strahlung von der Frequenz ν'' auf zwei miteinander zusammenstoßende Gebilde zustandekommen kann.

Die im Vorangegangenen in Verbindung mit dem kontinuierlichen Charakter des *Anlagerungleuchtens* angestellten korrespondenzmäßigen Betrachtungen legen die Erwartung nahe, *daß es bei dem Zusammenstoß zweier Atomsysteme auch ohne nachfolgende Vereinigung und auf alleinige Kosten ihrer Translation*[497]) *zu Strahlungsemission oder -absorption kommen kann.* Diese ebenfalls zuerst von *Bohr* betrachtete und zur Deutung des *kontinuierlichen Untergrundes im Wasserstoffspektrum* herangezogene Möglichkeit[498]) scheint insbesondere ganz allgemein von fundamentaler Bedeutung zu sein für die Interpretation des *kontinuierlichen Spektrums der Wärmestrahlung* überhaupt.[499]) Bedeuten v_1 und v_2 (etwa $< v_1$) die quantentheoretisch unbestimmt bleibenden Relativgeschwindigkeiten der beiden (unendlich weit vonein-

496) Vgl. Anm. 495), ferner etwa die in Anm. 494) zitierte Arbeit von *L. Meitner.*

497) Da nach (115) und (116) (vgl. Nr. **20**) schon bei der *spontanen* Ausstrahlung isolierter, abgeschlossener Atomsysteme eine Einbuße von innerer *und* Translationsenergie notwendig stattfindet, so wäre es (u. a. auch aus Gründen, welche den in Anm. 474) angeführten verwandt sind) naheliegend, auch Zusammenstöße für möglich zu halten, bei welchen innere *und* Translationsenergie, letztere in *beliebigem, stetig* veränderlichem Betrage, von *beiden* Stoßteilnehmern gemeinsam zur *Ausstrahlung* bzw. zur *Absorption* durch Strahlung gelangt.

498) *N. Bohr* [2], II. Teil, § 6.

499) Vgl. hierzu auch die in Nr. **19** gegebene Deutung jenes Spektrums, welche der obigen in mehrfacher Hinsicht als verwandt angesehen werden muß.

ander zu denkenden) Gebilde vor und nach dem Zusammenstoße, so ergibt der Energiesatz nach (115a) und bei Vernachlässigung von (116a) die Bedingung

$$h\nu = \tfrac{1}{2}\mu v_1^2 - \tfrac{1}{2}\mu v_2^2; \tag{182}$$

sie zeigt — ebenso wie auch eingehender die angedeutete korrespondenzmäßige Betrachtung — daß das resultierende Spektrum in Emission, wie auch bei *Umkehrung* von (182) in Absorption, in der Tat ein *kontinuierliches* sein wird, im welchem für ganz beliebige Werte von v_1 und v_2 *beliebig kleine und beliebig große Frequenzen* auftreten. Wenn die Versuchsumstände jedoch, wie z. B. bei der Bremsung der Kathodenstrahlelektronen durch das Antikathodenmaterial einer mit der Spannung V_m betriebenen Röntgenröhre, einen *endlichen Maximalwert* der nach (182) in Strahlung umsetzbaren Stoßenergie bedingen, so wird das entstehende kontinuierliche Spektrum analog (179) eine scharfe *kurzwellige Grenze* besitzen müssen, deren Frequenz ν_m z. B. im Falle des kontinuierlichen Spektrums der Röntgenröhre durch das auf das vollkommenste bestätigte *Duane-Huntsche Gesetz*

$$h\nu_m = e \cdot V_m \tag{183}$$

gegeben erscheint.[500]) Eine eingehende Theorie der *Intensitätsverteilung im kontinuierlichen Röntgenspektrum* ist von *Kramers* und *Wentzel* auf Grund der angedeuteten Korrespondenzüberlegungen, allerdings nicht ohne hier einstweilen noch willkürlich bleibende Zusatzannahmen, ausgearbeitet worden[501]) und hat zu einer recht befriedigenden Über-

---

500) Siehe etwa *W. Gerlach* [1] oder das in Anm. 466) zitierte Werk von *M. Siegbahn.* — Eine andere Anwendung von (183), bei welcher V_m die Geschwindigkeit *radioaktiver Primär-Betastrahlen* mißt, ist zur Deutung eines *kontinuierlichen Beta- und Gammastrahlspektrums* diskutiert worden von *S. Rosseland*, Ztschr. f. Phys. 14 (1923), p. 173, § 2 und *A. Smekal*, Ztschr. f. Phys. 25 (1924), p. 265, §§ 3, 5.

501) *H. A. Kramers*, Phil. Mag. 46 (1923), p. 836; *G. Wentzel*, Ztschr. f. Phys. 27 (1924), p. 257. — Eine rechnerische Auswertung von Korrespondenzüberlegungen erscheint hier gegenüber der in Anm. 482) bezüglich des *Anlagerungsleuchtens* gekennzeichneten Sachlage insofern aussichtsreich, als der Anfangs- und Endzustand des betrachteten Quantenüberganges jetzt dem *gleichen unperiodischen Bewegungstypus* angehören. Allerdings muß es einstweilen noch als völlig ungeklärt angesehen werden, wie man aus der *Fourierschen Integraldarstellung der Keplerschen Hyperbelbewegung*, welche die Intensitätsverteilung im *klassisch* gerechneten Bremsspektrum vorstellen würde, auf die Intensitätsverteilung im *quantentheoretischen* Bremsspektrum zu schließen hat; beim abgeschlossenen Atomsystem hat diese Frage in Nr. 14 im Anschluß an (136) und (136a) völlig eindeutig und konsequent beantwortet werden können — eine Möglichkeit, die wesentlich an das Vorhandensein einer *diskreten* Anzahl von klassischen Eigenschwingungen gebunden ist und bei der hier vorliegenden *konti-*

einstimmung mit der Erfahrung geführt.[502]) Diese Theorie umfaßt auch eine die Grenzfrequenz (103) ausnehmende *Richtungsabhängigkeit* jener Intensitätsverteilung in bezug auf das die Bremsstrahlung erzeugende Kathodenstrahlbündel; diese Richtungsabhängigkeit kann nach *Bohr*[503]) als besonderes Zeugnis dafür aufgefaßt werden, daß die von der Theorie vorausgesetzten strahlungsbedingten Stoßvorgänge auch tatsächlich realisiert werden.

19. Quantentheorie der Molekültranslation. Wie bereits in Nr. 17 allgemein ausgeführt und von der speziellen *Quantenkinetik* in Nr. 18 mehrfach benutzt worden ist, scheint es unumgänglich zu sein, die strahlungsfreie Translationsbewegung von Atomen, Molekülen, Ionen oder freien Elektronen im Felde ihrer gegenseitigen Wechselwirkungen als *Quantenbewegung* in einem ähnlichen Sinne zu betrachten, wie etwa jene eines Elektrons in den stationären Zuständen des Wasserstoffatommodells (Nr. 15) Diese Auffassung entspricht den *prinzipiellen* Folgerungen, welche *Nernst* aus dem von ihm aufgestellten

---

nuierlichen Verteilung derselben hinfällig wird. Während *Kramers* die Intensitäten miteinander übereinstimmender klassischer und Quantenfrequenzen des Bremsspektrums einander gleichsetzt und daher genötig ist, den von (183) sich bis ins Unendliche erstreckenden Teil des klassischen Spektrums einfach zu unterdrücken, benutzt *Wentzel* eine dem Linienspektrum des Wasserstoffatoms entnommene *Umrechnung von klassischen Frequenzen auf quantentheoretische Frequenzen gleicher Intensität* und vermag so das gesamte *unendliche* klassische Bremsspektrum für die Quantentheorie in Anspruch zu nehmen.

502) Ältere Versuche einer Theorie des kontinuierlichen Röntgenspektrums rühren her von *B. Davis,* Phys. Rev. 9 (1917), p. 64; *L. Brillouin,* Paris C. R. 170 (1920), p. 274; *A. March,* Phys. Ztschr. 22 (1921), p. 209, 429; Ann. d. Phys. 65 (1921), p. 449; 75 (1924), p. 711; *H. Behnken,* Ztschr. f. Phys. 4 (1921), p. 241.

503) *N. Bohr,* Ztschr. f. Phys. 13 (1923), p. 117, auf p. 154/155. — Nach *Bohr* soll allerdings in dem vorliegendem Falle zum ersten Male die Schwierigkeit auftreten, daß kein bestimmtes *materielles* Bezugssystem angegeben werden könne, in welchem die Frequenz ν in (182) gemessen werden soll. Daß diese Schwierigkeit wegen des Eingehens der Translation in (115) und (116) indessen schon bei abgeschlossenen Einzelatomsystemen allgemein auftreten muß, wird in Nr. 20 gezeigt, ist bei letzteren allerdings (vgl. auch *Bohr,* l. c., p. 150, Anm. 1) quantitativ völlig zu vernachlässigen, sobald der *Dopplereffekt* außer Betracht bleiben darf. Die Existenz eines *nicht-materiellen* Bezugsystems von der gewünschten Eigenschaft kann aber prinzipiell bereits durch das Auftreten des *Einstein*schen „Nadelstrahlungsimpulses" (115) bzw. (115a) an sich als gesichert gelten (Nr. 20). — Eine andere, *offene* Frage bei den betrachteten Vorgängen ist es hingegen, ob der Fehler, den man zwecks Anwendung der *Bohr*schen Frequenzbedingung (114) bei der Energieberechnung durch die *willkürliche Isolierung* (s. Nr. 17) eines zusammenstoßenden Paares von Atomsystemen von dessen Umgebung begeht, nicht wesentlich größer ausfällt, als bei der Isolierung eines *einzelnen* Atomsystems. Vgl. dazu die allgemeinen Bemerkungen auf p. 1065.

Wärmetheorem auch für das Verhalten der *Gase* bei sehr tiefen Temperaturen gezogen und als *Gasentartung* bezeichnet hat[504]); allerdings sind praktische, insbesondere experimentell prüfbare Konsequenzen von Belang *diesen* Folgerungen bisher kaum beschieden gewesen.[505]) Bei einer derartigen Sachlage ist so gut wie ausschließlich die Feststellung von Interesse, ob die quantentheoretische Behandlung der Translation mit jenen negativen Ergebnissen verträglich ist oder nicht. Tatsächlich ist dies auch — neben der ungleich bedeutsameren Ableitung des quantentheoretischen Ausdruckes für die *chemische Konstante* (Nr. **25**) — mehr oder minder das Ziel aller der zahlreichen Untersuchungen, welche der Gasentartung bisher gewidmet worden sind. Diesen ist überdies das Auftreten einer charakteristischen *Länge* gemeinsam, welche indirekt[506]) oder direkt[507]) mit der Quantenbewegung

---

504) *W. Nernst,* Die theoretischen und experimentellen Grundlagen des neuen Wärmesatzes, Halle **1918** (Knapp); zur thermodynamischen Theorie der Gasentartung vgl. man ferner *H. Mache,* Ztschr. f. Phys. 5 (1921), p. 363.

505) Vgl. die Betrachtungen von *W. Nernst,* Berl. Ber. **1919**, p. **118** ferner etwa eine mögliche Deutung der Ergebnisse von *Byk* (Anm. 195), 436)). *Nernst* versucht, die Temperaturabhängigkeit der Gasreibung bei sehr tiefen Temperaturen auf Grund seiner Entartungstheorie (Anm. 504), 508)) vorauszuberechnen, was mit den verfügbaren experimentellen Daten stimmt und auch durch die Untersuchungen von *P. Günther,* Berl. Ber. **1920**, p. **720**; Ztschr. f. phys. Chem. **110** (**1924**), p. **626** (*Nernst*-Jubelband) an Wasserstoff bestätigt zu werden scheint. Eine ganz andersartige Begründung für diesen Effekt gibt jüngst *A. Einstein,* Berl. Ber. **1925**, p. 3, ebenfalls im Zusammenhang mit einer Entartungstheorie (Berl. Ber. **1924**, p. **261**, vgl. Nr. **27**, Ende).

506) Im *statistischen* Teile dieser Betrachtungen (vgl. dazu Nr. **24c**) wird hier gewöhnlich vorausgesetzt, daß die *Zellen,* in welche der Translationsphasenraum der Moleküle (Nr. **3**) einzuteilen ist, die universelle Größe h^3 besitzen sollen, was durch Bezugnahme auf die allgemeine Form der Quantenbedingungen (**113**) gerechtfertigt werden kann (s. p. **1134**).

507) *M. Planck*, Berl. Ber. **1916**, p. **653**; *P. Scherrer,* Gött. Nachr. **1916**, p. **159** (hier wird das ideale Gas formal als *bedingt periodisches System* (Nr. **15a**) behandelt); *E. Brody,* Sitzb. Ungar. Akad. 15 (1917), p. 10; 16 (1918), p. 98; Ztschr. f. Phys. 6 (1921), p. 79; *G. Schay,* Ztschr. f. Phys. 25 (1924), p. 37. (Die Arbeiten der beiden letzterwähnten Autoren unterscheiden sich nur in ihrem statistischen Teile von der *Scherrer*schen Behandlung); *E. Schrödinger,* Phys. Ztschr. 25 (1924), p. 41.

Während in diesen Arbeiten der *Translationsbewegung des Einzelmoleküls* quantenhafte Einschränkungen auferlegt werden, hat eine andere Gruppe von Autoren die von *Debye* mit so großem Erfolg auf die Festkörper angewendete Methode der Eigenschwingungen (Nr. **6b**) zur quantentheoretischen Behandlung der *Schallschwingungen* im Gase benutzt: *H. Tetrode,* Phys. Ztschr. 14 (1913), p. **214**; *W. H. Keesom*, Phys. Ztschr. 14 (1913), p. 665, 695; *A. Sommerfeld* und *W. Lenz,* Gött. Wolfskehl-Vorträge **1913**, Leipzig **1914** (Teubner), p. 125.

der Moleküle des nahezu stets als *ideal* und *einatomig* vorausgesetzten Gases zusammenhängt; jene *Länge* ist meist von der Größenordnung des *mittleren Abstandes der Moleküle*[508]), soll aber in einigen Fällen sogar den *makroskopischen Dimensionen von Gefäßwänden*[509]) entsprechen. Beide Annahmen erscheinen von vornherein in hohem Grade unnatürlich, doch ist es nach einem auf Anregung von *Nernst* unternommenen, aber gescheiterten Versuch von *Sommerfeld* und *Lenz*[510]) erst kürzlich *Schrödinger*[507]) gelungen, die *mittlere freie Weglänge* $\bar{\lambda}$ der Moleküle einer befriedigenden Theorie der Gasentartung zugrunde zu legen. Hierzu erweist es sich als notwendig, zunächst von dem *ungeordneten*[511]) Charakter der Molekülbewegungen abzusehen und diese so zu schematisieren, daß sie in lauter *einfach-periodische Teilbewegungen* aufgelöst werden können, auf welche die Quantenvorschrift (151) dann ohne Schwierigkeit anwendbar wird. Faßt man jede dieser Teilbewegungen als einen geradlinig und mit konstanter Geschwindigkeit v ausgeführten Hin- und Hergang eines Moleküls von der Masse M zwischen je zwei Zusammenstößen auf, deren räumlicher Abstand λ beträgt, so ergibt (151) zusammen mit (134) für die ausgezeichneten Quantenwerte der Translationsgeschwindigkeit v_n

$$(184) \qquad 2M\lambda \cdot v_n = n \cdot h, \qquad (n = 1, 2, 3, \ldots)$$

worin für λ *im Mittel* noch die mittlere freie Weglänge $\bar{\lambda}$ einzusetzen

---

508) *W. Nernst,* Verhand. Deutsch. Phys. Ges. 18 (1916), p. 83 und Anm. 504); sowie die in der vorigen Anm. genannten Arbeiten, welche sich der *Debye*schen Eigenschwingungsmethode bedienen, ferner jüngst *M. Planck,* Berl. Ber. 1925, p. 49.

509) Vgl. die in Anm. 507) erwähnten Arbeiten von *Planck, Scherrer, Brody, Schay* und *A. Schidlof,* C. R. Soc. phys. et d'hist. nat. Geneve 41 (1924), p. 61. — Wie *E. Schrödinger* kürzlich bemerkt hat, führt das in diesen Arbeiten benutzte Rechenschema jedoch im Grunde genommen auch wieder auf eine Länge von der Größenordnung des mittleren gegenseitigen Abstandes der Moleküle zurück.

510) *A. Sommerfeld* und *W. Lenz* (Anm. 507) haben versucht, die mittlere freie Weglänge als Analogon zur *Debye*schen Grenzfrequenz (53a') einzuführen, sind aber auf diese Weise schon für hohe Temperaturen zu einer ganz unmöglichen Zustandsgleichung für das ideale Gas gelangt. — Zum ersten Male wird die mittlere freie Weglänge allerdings bereits einer Theorie der Gasentartung von *O. Sackur,* Ann. d. Phys. 40 (1913), p. 67, zugrunde gelegt, fällt aus ihr aber infolge eines von *Schrödinger* (Anm. 507) bemerkten, nicht mehr gut zu machenden Versehens wieder hinaus.

511) Vgl. Anm. 435). — Eine *nachträgliche* Berücksichtigung dieses Umstandes erscheint bei *Schrödinger* implizit durch die Anwendung der *Statistik* zur Berechnung der thermischen Zustandsgrößen-Mittelwerte für das entartete Gas gegeben, von deren Wiedergabe im obigen Zusammenhange abgesehen werden kann. Vgl. jedoch Nr. **24c**.

sein wird.[512]) Da λ an sich aber *beliebige* Werte anzunehmen vermag, so führt (184) allgemein zu *beliebig dicht verteilten Quantengeschwindigkeiten* $v_n(\lambda)$.[513]) Weil nun die *eine* Quantenbedingung (184) für die *drei* Freiheitsgrade der Translation nicht ausreichen kann, eine *Richtungsquantelung* (Nr. **15 b**) hier aber von der Wahl eines ausgezeichneten Koordinatensystems unabhängig bleiben muß, wird man mit *Schrödinger* festsetzen, daß von einer bestimmten Quantengeschwindigkeit $v_n(\bar{\lambda})$ *im Mittel* so viele verschiedene *Richtungen* zu unterscheiden sein werden, daß die Vektordifferenz benachbarter Richtungen gerade von der Größenordnung

$$(185) \qquad v_1 = v_n - v_{n-1} = \frac{h}{2M\bar{\lambda}} \qquad (n \text{ beliebig})$$

wird. Die Anzahl k_n dieser Richtungen erhält so die Größenordnung

$$(186) \qquad k_n = \frac{4\pi v_n^2}{v_1^2} = 4\pi n^2 \qquad (n = 1, 2, 3, \ldots)$$

und erscheint damit nunmehr ebenfalls quantenmäßig festgelegt; (186) gibt ersichtlich den zu erwartenden Umstand in befriedigender Weise wieder, daß die Bewegung der Gasmoleküle desto *ungeordneter*[514]) und den klassischen Verhältnissen desto ähnlicher wird, je größere Geschwindigkeiten die Moleküle im Mittel besitzen, bzw. je höher demgemäß die Temperatur des Gases sein wird.[515])

Wendet man die *Bohr*sche Frequenzbedingung (114) auf (184) an, so ergibt sich in gewisser Analogie zu (182) allgemein

$$(187) \qquad h\nu = \tfrac{1}{2}Mv_{n'}^2 - \tfrac{1}{2}Mv_{n''}^2 = \frac{h^2}{8M\lambda^2}(n'^2 - n''^2);$$

512) Da die Temperatur als *statistische* Zustandsgröße (Nr. 7) in eine Quantenbedingung nicht eingehen kann, so ist die weitgehende Temperaturunabhängigkeit der mittleren freien Weglänge idealer einatomiger Gase bei konstantem Volumen für die Zulässigkeit der obigen Auffassung von wesentlicher Bedeutung.

513) Vgl. dazu den hiervon praktisch, nicht aber prinzipiell, ununterscheidbaren Fall *quasiergodischer* Molekülbewegungen, auf den in Nr. 3, Ende, Bezug genommen worden ist. — Die Feststellung des Vorkommens beliebig dicht verteilter Quantengeschwindigkeiten nach (184), auf welche die absichtlich skizzenhaft gehaltenen Ausführungen von *Schrödinger* wegen alleiniger Benutzung von $\bar{\lambda}$ nicht eingehen, widerlegt die von *A. Schidlof* (Anm. 509) der Theorie als unannehmbar entgegengehaltene Folgerung, daß (184) mit $\bar{\lambda}$ für λ (wie bei *Schrödinger*) z. B. bei Helium von Atmosphärendruck und $T = 273$, $v_n - v_{n-1} \sim 15$ m/sec ergeben würde.

514) Siehe Anm. 511).

515) Da man mit *Schrödinger* offenbar $n \geqq 1$ annehmen wird, erhält man nach obiger Theorie für das ideale einatomige Gas eine *endliche Nullpunktsenergie* (Nr. 9) pro Molekül von der Größenordnung $\frac{h^2}{8M\bar{\lambda}^2}$.

dies gibt zunächst *diskrete* Spektrallinien[516]), welche das ganze unendliche Spektrum aber überall *dicht*, d. h. praktisch *kontinuierlich*, erfüllen werden, sobald man der tatsächlichen Variabilität von λ Rechnung trägt. Das so zustandekommende kontinuierliche Spektrum entspricht offenbar wiederum dem *kontinuierlichen Spektrum der Wärmestrahlung.*[517])

Während die statistische Verarbeitung der vorstehenden, durch (184) und (186) zusammengefaßten Ansätze für Gasmoleküle in Übereinstimmung mit den Tatsachen ergibt, daß auch noch bei den tiefsten, bisher zur Messung von spezifischen Wärmen aufgesuchten Temperaturen eine *Gasentartung unmerklich* bleibt, führt sie zu einer praktisch *vollständigen Entartung* noch bei gewöhnlichen Temperaturen, wenn man sie auf die Bewegung der *„freien" Elektronen im Inneren eines Metalles* sinngemäß zu übertragen versucht[518]), — ein Ergebnis, das mit dem Fehlen eines Beitrages dieser Elektronen zur spezifischen Wärme des Festkörpers übereinstimmen würde.[519]) Denkt man sich das Kristallgitter eines solchen und in ihm eine beliebige Gitterrichtung mit dem Gitterabstande d, längs welcher sich ein „freies" Elektron von Gitteratom (bzw. -ion) zu Gitteratom fortbewegt, so wäre es naheliegend, die Quantenbedingung (151) jetzt für das *einseitige Fortschreiten mit der Periodenlänge d* anstatt (184) in der Form

$$mv_n \cdot d = n \cdot h \qquad (n = 1, 2, 3, \ldots) \tag{184a}$$

anzusetzen.[519a]) Betrachtet man das Gitter wegen seiner großen Massen

516) Man beachte die formale Übereinstimmung von (187) mit der Spektralformel eines „reinen Rotationsspektrums" in der *Bandentheorie* (V 27, *A. Kratzer*).

517) Siehe Nr. **17**, Ende, ferner die in Nr. **18b** gegebene Deutung des kontinuierlichen Spektrums der Wärmestrahlung, welche praktisch auf die obige hinausläuft, sobald man die Quantenübergänge (187) jeweils nur in räumlicher Nähe eines Zusammenstoß-Umkehrpunktes der betrachteten idealisierten Molekülbewegung vor sich gehen läßt, was auch mit Rücksicht auf den oben nicht berücksichtigten *Impulssatz* unerläßlich zu sein scheint. Die in Anm. 503) erwähnten Schwierigkeiten bestehen naturgemäß auch hier. — Vielleicht ist die oben benutzte Schematisierung der Molekülbewegungen noch nicht zu weitgehend, um gestützt auf das *klassische Verteilungsgesetz der freien Weglängen* im Gase und das *Planck*sche Strahlungsgesetz physikalisch sinnvolle Aussagen über die Intensitätseigenschaften der Übergänge (187) abzuleiten.

518) *E. Schrödinger* (Anm. 507).

519) Vgl. Anm. 440), oder V 20, *Elektronentheorie der Metalle* (*R. Seeliger*), Nr. **17—19**.

519a) Eine genauere Rechtfertigung dieses Ansatzes wäre auf Grund der von *Ehrenfest* und *Breit*, sowie *Bohr* eingehend diskutierten Quantelung eines periodisch gestörten Rotators mit irrationalem Verhältnis zwischen der „echten"

als unbeweglich, so gibt der *Impulssatz* für jeden Quantenübergang, bei welchem sich n um eine Einheit ändern würde, die Aufnahme bzw. Abgabe des von n *unabhängigen* Linearimpulses

$$\frac{h}{d}, \tag{184b}$$

während die dabei umgesetzte Energie, entsprechend (187) von n abhängig bleibt; doch ist es noch völlig ungeklärt, ob diesen Ergebnissen, wie aus formalen Gründen naheliegend, innerhalb einer quantentheoretischen Deutung der *Röntgenstrahlreflexion an Kristallen* (Nr. 22) eine wesentliche Rolle zugeschrieben werden darf oder nicht.

C. Quantentheorie der Strahlungsvorgänge.

20. Wellentheorie und Quantentheorie. Die klassisch-elektromagnetische Wellentheorie der Strahlung geht davon aus, daß alle Lösungen der *Maxwell*schen Gleichungen zugleich auch Lösungen der *Wellengleichung* sind — ein Satz, der bedeutsamerweise keine Umkehrung zuläßt, so daß ein Versagen der klassischen Elektrodynamik jenes einer Wellentheorie keineswegs nach sich ziehen muß. Indem die am meisten gangbare Form der *Maxwell-Lorentz*schen Elektrodynamik dem mit *unendlich* vielen Freiheitsgraden begabten wellentheoretischen Strahlungsfelde die Materie mit ihren nur *endlich* vielen Freiheitsgraden als Quelle oder Senke elektromagnetischer Strahlungsenergie gegenüberstellte, mußte sie versuchen, die Strahlungseigenschaften der letzteren dem wellentheoretischen Charakter des ersteren gemäß zu bestimmen. Die von den *Maxwell*schen Gleichungen geforderte Bedingtheit eines *differentiellen Zusammenhanges zwischen Strahlung und ungleichförmiger Bewegung elektrischer Massen* führt so

---

Periode der Störung und der „Quasi“periode der Rotation (Anm. 294) möglich. Wenn die Bahn eines im Kristallgitter etwa nach Anm. 440) von Ion zu Ion wandernden Elektrons als geschlossen (oder wenigstens quasiperiodisch) angenommen würde, was der „echten“ Periode des angeführten Beispieles zu entsprechen hätte, so würde das zwischen zwei Nachbarionen befindliche Bahnstück als „Quasi“periode der Bewegung aufgefaßt werden können. Ist nun die „echte“ Periode sehr lang, so dominiert nach *Bohr* die Quasiperiode und deren jetzt berechtigte, selbständige Quantelung führt auf (184a). Eine andere, problematischere Begründung gibt *A. H. Compton*, Phys. Rev. 23 (1924), p. 118. — Ein Modell für die Elektronenbewegung im Kristallgitter, welches Anm. 440) entspricht und an dem sich sämtliche angedeuteten Schlüsse eingehend illustrieren lassen, ist jüngst von *K. Höjendahl*, Phil. Mag. 48 (1924), p. 349 mit befriedigendem Erfolge hinsichtlich einer theoretischen Deutung der Temperaturabhängigkeit der elektrischen Leitfähigkeit von Metallen und Legierungen diskutiert worden.

mit Rücksicht auf die Unveränderlichkeit der Spektralfrequenzen dazu, in Atomen und Molekülen die *Existenz mehrfach-periodischer Elektronenbewegungen mit energie-* (ebenso impuls- und drehimpuls-)*unabhängigen*[520]) *Frequenzen* zu folgern, was im einfachsten Falle auf quasielastische Elektronenschwingungen mit *konstanten*[520]) Eigenfrequenzen hinausläuft. Wegen der notwendigen *Übereinstimmung dieser* von vornherein als gegebene *Materialkonstanten* zu betrachtenden *Bewegungsfrequenzen* ω *mit den verschiedenen Strahlungsfrequenzen* ν, welche in den von jenen Gebilden unaufhörlich *kontinuierlich und irreversibel* ausgestrahlten *Kugelwellen* stets *gleichzeitig vorhanden* sein sollten, erscheint jede einzelne dieser Strahlungsfrequenzen als das Primäre gegenüber der *Wellenlänge* des ihr entsprechenden Lichtes, welche erst durch die endliche Ausbreitungsgeschwindigkeit c des letzteren ihre Bedeutung erhält.

Wie aus den insbesondere in Nr. **13** und **14** behandelten allgemeinen Grundlagen der Quantentheorie isolierter Atomsysteme hervorgeht, stehen diese Folgerungen der *Maxwell*schen Elektrodynamik indessen mit gesicherten experimentellen Tatsachen in unüberbrückbarem Widerspruch, womit die Frage nach der Brauchbarkeit einer Wellentheorie des Lichtes der Neubeantwortung bedürftig wird. Dadurch, *daß die Quantentheorie einen unmittelbaren differentiellen Zusammenhang zwischen Elektronenbewegung und Strahlung prinzipiell zu verwerfen nötigt*, fällt aber gerade der einzige Umstand weg, welcher jene Beantwortung in der klassischen Theorie — strenggenommen erst durch Umkehrung der oben geschilderten Schlußweise — ermöglicht hatte. An seine Stelle treten die *Mittelwertaussagen des Korrespondenzprinzipes* (Nr. **14**), die auch im realisierbaren Grenzfalle (122) *nur zu einer asymptotischen, daher nicht prinzipiellen Verknüpfung von Bewegung und Strahlung führen.* Auch hier ist allerdings stets nur *eine* Spektral*frequenz* ν — im Wege über die *Bohr*sche Frequenzbedingung (114) bzw. (115) und (116), zunächst ebenfalls als von vornherein gegebene *Materialkonstante* — die für den einzelnen, *prinzipiell diskontinuierlichen* Strahlungsvorgang *primäre* Größe, welcher ebenso wie in der klassischen Theorie durch Vermittlung der Lichtgeschwindigkeit c eine *Zahl* $\frac{c}{\nu} = \lambda$ als „Wellen*länge*", *wenn auch einstweilen ohne deren Bedeutung*, zugeordnet werden kann. Das Analogon zur *unpolarisierten* klassischen Kugel*welle* erhält man erst, indem man durch *zeitlich-räumliche Mittelbildung* über alle denkbaren Orientierungen des Atomsystems die Impulsgrößen (116) zum Verschwinden

520) Vgl. dazu Anm. 122).

bringt. *Die prinzipielle Umkehrbarkeit der Quantenvorgänge* ergibt dann allerdings im Gegensatz zur obigen Form der klassischen Theorie, daß jene „statistische“ Kugelwelle *nicht nur als divergierende, sondern auch als konvergierende Welle auftreten kann* — was auf klassischem Wege allenfalls nur über die *Lorentz-Ritzsche Auffassung der Maxwellschen Elektrodynamik*[521]) erschlossen werden könnte.

Die vorstehende Übersicht[522]) zeigt, daß die gegenwärtigen Grundlagen der Quantentheorie ebensowenig einen Rückschluß auf die Notwendigkeit einer Wellennatur des Lichtes zulassen, wie auf deren grundsätzliche Unmöglichkeit[523]); hier müssen einstweilen bestimmte *Annahmen* weiterhelfen, von denen solche wellentheoretischer Natur jedenfalls zumindest beträchtliche heuristische Bedeutung besitzen und solange allein in Betracht gezogen worden sind, als die Möglichkeit einer rein quantentheoretischen Deutung der *Interferenz- und Kohärenzerscheinungen* (Nr. 22) noch unbekannt war. Diese Annahmen hängen vor allem von der Bedeutung ab, welche den ausgezeichneten Quantenzuständen der Atomsysteme zugeschrieben wird.

Wie die *Statistik* und auch das direkte Experiment (Nr. 9) ergeben haben, bleiben die Quantenzustände durch *endliche Zeitdauern* („mittlere Lebensdauern“) hindurch erhalten, um dann in *praktisch unmeßbar kurzer Zeit*[524]) („Quantensprung“) durch andere Quantenzustände abgelöst zu werden. Diese Tatsachen sind im Vorangehenden stets so gedeutet worden, als würde das Atomsystem in ihnen notwendig *strahlungsfrei* sein, während seine *quantentheoretische Leuchtdauer* mit jener vernachlässigbar kurzen Zeit zusammenfallen müsse, welche zur Zurücklegung eines Quantenüberganges benötigt wird. Diese — ältere — Auffassung von *Bohr* geht auf den stillschweigend gehegten Wunsch zurück, einen stetig-differentiellen Kausalzusammenhang, wie er nach dem oben Bemerkten der *Maxwell*schen Theorie, ebenso wie auch der gesamten übrigen klassischen Physik, zugrunde liegt,

521) Siehe Anm. 142).

522) Siehe etwa Anm. 143), ferner *A. Einstein,* Phys. Ztschr. 10 (1909), p. 817 und *A. Smekal,* Naturwissenschaften 11 (1923), p. 873.

523) *P. S. Epstein* und *P. Ehrenfest,* Proc. Nat. Acad. Amer. 10 (1924), p. 133, haben sich darüber allerdings bereits in Form eines Kompromisses geäußert, dahingehend, daß das *Bohr*sche Korrespondenzprinzip die wesentlichen Züge der Wellentheorie in einer für die Quantentheorie brauchbaren Form enthalte, so daß diese mehr im Sinne einer Neuanpassung, denn einem vollständigen Verlassen der Wellentheorie aufgefaßt werden müsse.

524) Vgl. dazu namentlich die in Anm. 446) angeführte experimentelle Literatur, welche dort allerdings nur im Sinne der ersten von den beiden nachstehend besprochenen Auffassungen gedeutet erscheint, ferner Anm. 560) und 579).

in der Quantentheorie wenigstens möglichst weitgehend beizubehalten; *die Abwesenheit experimentell feststellbarer äußerer Wirkungen des Atomsystems in seinen Quantenzuständen gibt so den Anlaß zu der Vorstellung seiner Strahlungslosigkeit in diesen Zuständen*, womit die der Erfüllung obigen Wunsches ohnehin entzogenen *Strahlungswirkungen* bloß auf die minimalen Zeitdauern der Quantenübergänge verlegt erscheinen. *Diese Auffassung hat es in den vorangehenden Nummern zugelassen, den Energie- und Impulssatz bei den Molekularvorgängen beizubehalten.* Nach *Oseen*[525]) widerspricht sie einer Brauchbarkeit der *Maxwell*schen Theorie auch weit außerhalb eines nichtstrahlenden Atomsystems; das gleiche gilt nach Nr. **13** und **14** für die strahlungsfreien Elektronenbewegungen selbst, welche der Anwendbarkeit des Korrespondenzprinzipes zuliebe eigenartigerweise sogar unbedingt so beschaffen sein müssen, daß sie eine beträchtliche *klassische* Ausstrahlung zur Folge haben würden.[526]) Man findet dementsprechend, *daß die klassische Abklingungszeit τ eines linearen Oszillators von der Eigenfrequenz $\omega = \nu$,*

$$\tau = \frac{3mc^3}{8\pi^2 e^2 \nu^2} \tag{188}$$

größenordnungsmäßig mit der mittleren Lebensdauer eines beliebigen angeregten (n^{ten}) Quantenzustandes übereinstimmen wird[527]), welche ihrerseits in einfacher Weise entweder direkt durch den reziproken Wert von

$$A_n^1 + A_n^2 + \cdots + A_n^{n-1} \tag{189}$$

mit den *Einstein*schen „Übergangswahrscheinlichkeiten" verknüpft erscheint[528]) oder mittels der fundamentalen *Einstein*schen Beziehung

---

525) *C. W. Oseen*, Phys. Ztschr. 16 (1915), p. 395; Ann. d. Phys. 43 (1914), p. 639. Auf einen anderen Standpunkt, *der ladungsfreien Singularitäten der Maxwellschen Gleichungen eine prinzipielle Bedeutung beimißt*, hat *F. Kottler*, Wien. Ber. (IIa) 129 (1920), p. 3, hingewiesen.

526) Siehe p. 987, ferner Anm. 273) und 257).

527) Daß (188) auch als Maß für die *Schärfe der Spektrallinien* in Betracht kommt, ist bereits in Anm. 323) eingehender hervorgehoben worden.

528) *O. Stern* und *M. Volmer*, Phys. Ztschr. 20 (1919), p. 183; *R. Ladenburg* und *F. Reiche*, Naturwissenschaften 11 (1923), p. 584. Allerdings muß ausdrücklich hervorgehoben werden, daß die größenordnungsmäßige Übereinstimmung zwischen (188) und (189) auf nicht allzu hohe Quantenstufen n beschränkt ist, da z. B. beim linearen Oszillator (188) *unabhängig* von n ausfällt, während seine mittlere Lebensdauer quantentheoretisch nach (126) und (189) *umgekehrt proportional* n sein muß; im Grenzfall großer Quantenzahlen sind mittlere Lebensdauer und klassische Abklingungsdauer daher sogar von verschiedener Größenordnung, was korrespondenzmäßig besonders dann zu eigenartigen Konsequenzen führt, wenn die erstere von derselben Größenordnung wie die „Schwingungsperiode" $\frac{1}{\nu}$ wird.

(113) auf *Absorptionsdaten* zurückgeführt werden kann.[529]) Berechnet man $\tau = \frac{1}{A_{\frac{1}{2}}^{1}}$ für den *linearen Quantenoszillator* von der Frequenz ν (Nr. **6b**, **9**) auf Grund von (126) in Nr. **14**, so erhält man tatsächlich auch quantentheoretisch den Ausdruck (188)[530]); daß dieses Ergebnis aber von noch viel größerer, wenn auch theoretisch einstweilen unverstandener Tragweite sein muß, haben Messungen der klassischen „Abklingungszeit" von *W. Wien* insbesondere an Wasserstoffkanalstrahlen gelehrt.[531]) Die nach diesen verschiedenen Wegen ermittelten Werte von τ ergeben übereinstimmend für Atome und sichtbares Licht eine mittlere Lebensdauer der Quantenzustände von der Größenordnung 10^{-7} bis 10^{-8} sec, für Moleküle im Ultrarot hingegen 10^{-3} bis 1 sec.[529])

Eine andere, jüngst von *Bohr*, *Kramers* und *Slater*[532]) eingehender diskutierte Auffassung versucht den bereits oben betonten Grad von Unabhängigkeit zwischen Elektronenbewegung und Strahlungsfrequenzen in der Quantentheorie sozusagen zum Prinzip zu erheben. *Der Kontinuität jedes stationären Quantenzustandes wird eine kontinuierliche Kugelwellenstrahlung zugeordnet, welche gleichzeitig sämtliche Spektralfrequenzen enthalten soll, die nach der Bohrschen Frequenzbedingung* (114) *sowie dem Korrespondenzprinzip von jenem Quantenzustande aus möglich*

529) *C. Füchtbauer*, Phys. Ztschr. 21 (1920), p. 322; *R. Ladenburg* und *F. Reiche*, l. c.; *R. C. Tolman*, Proc. Nat. Acad. Amer. 10 (1924), p. 85; Phys. Rev. 23 (1924), p. 693; *E. A. Milne*, Phil. Mag. 47 (1924), p. 209.

530) *O. Stern* und *M. Volmer*, l. c.; *M. Planck* [1], § 158, Gleichung 361; *R. Ladenburg* und *F. Reiche*, l. c.

531) *W. Wien*, Ann. d. Phys. 60 (1919), p. 597; 66 (1921), p. 229; 70 (1923), p. 1. Außerdem hat *R. Ladenburg*, Ztschr. f. Phys. 4 (1921), p. 451; 6 (1921), p. 153 (s. auch ferner *R. Ladenburg* und *F. Reiche*, l. c.) gezeigt, daß (188) für das erste Glied der Alkalihauptserien gilt, wo die betreffenden Atome bezeichnenderweise ebenso wie klassische lineare Oszillatoren nur zu Ausstrahlung einer *einzigen* Spektralfrequenz befähigt sind. Das Eingehen der *Quantengewichte* g_n in (109) hat zur Folge, daß ein eindeutiger, gesicherter Zusammenhang zwischen (188) und der mittleren Lebensdauer für beliebige Quantenzustände beliebiger isolierter Atomsysteme eine einwandfreie Bestimmung jener Gewichte ermöglichen würde.

532) *N. Bohr*, *H. A. Kramers* und *J. C. Slater*, Ztschr. f. Phys. 24 (1924), p. 69; vgl. dazu auch Anm. 434). Nähere Ausführungen zu dieser Auffassung stammen von *H. A. Kramers*, Nature 113 (1924), p. 673; 114 (1924), p. 310; *E. Schrödinger*, Naturwissenschaften 12 (1924), p. 720; *R. Becker*, Ztschr. f. Phys. 27 (1924), p. 173; *N. Bohr*, Naturwissenschaften 12 (1924), p. 1115; *J. C. Slater*, Phys. Rev. 25 (1925), p. 395; der Grundgedanke rührt her von *J. C. Slater*, Nature 113 (1924), p. 307. — Insbesondere die Behandlung der Dispersionserscheinungen weist mehrfache Berührungspunkte auf mit den Untersuchungen von *R. Ladenburg* (Anm. 531).

sind. Diese überhaupt nur als „virtuell" anzusehende Strahlung muß aber die stationären Zustände unverändert lassen können, so daß Energie- und Impulssatz nur mehr statistische Gültigkeit beanspruchen dürfen[533]); *ihre einzige, der Beobachtung zugängliche Wirkung*[534]) *soll darin bestehen, die Einsteinschen Übergangswahrscheinlichkeiten* (106), (107 a), (107 b) *für die verschiedenen möglichen Quantenübergänge hervorzurufen.* Mit dem Eintritt eines derartigen Überganges in einen anderen Quantenzustand muß daher die vorherige Strahlung nach einer *mit der „Lebensdauer" des Ausgangs-Quantenzustandes übereinstimmenden „Leuchtdauer"* abgebrochen[535]) werden, um einer neuen kontinuierlichen Strahlung von anderer spektraler Zusammensetzung Platz zu machen; der oben nach der älteren Auffassung diskutierte Zusammenhang zwischen mittlerer Lebensdauer und *klassischer* Oszillatorleuchtdauer wird hier besonders dann eine wesentlich befriedigendere Deutung finden, wenn das Atom in jedem seiner Quantenzustände mit so vielen „virtuellen Oszillatoren" ausgerüstet und klassisch strahlend gedacht wird[536]),

533) Siehe auch Anm. 434). Für den *Energiesatz* sind die diesbezüglichen Verhältnisse von *E. Schrödinger*, Naturwissenschaften 12 (1924), p. 720, durchgerechnet worden, wobei sich ergeben hat, daß das Auftreten meßbarer Schwankungen nicht zu befürchten ist. Ob der gleiche Optimismus auch hinsichtlich des *Impulssatzes* berechtigt wäre, kann wohl erst die genaue Untersuchung lehren, da hier beim *Comptoneffekt* an sehr kurzwelliger Röntgen- und Gammastrahlung große Schwierigkeiten zu erwarten sind (vgl. Nr. **21**). (Vgl. dazu die nachfolgende Anmerkung!) Bezüglich der Bedeutung eines bloß statistisch erfüllten Energiesatzes für die gesamte Physik vgl. man diesbezügliche Ausführungen von *F. Exner,* Vorlesungen über die physikalischen Grundlagen der Naturwissenschaften, Wien 1919, IV. Kapitel: Über Naturgesetze.

534) *Dieser* Punkt der Theorie kann aus allgemeinen Erkenntnisgründen unbefriedigend erscheinen, vgl. Anm. 434). — Das virtuelle Strahlungsfeld soll nach *Bohr, Kramers* und *Slater* allerdings auch noch eine weitgehende gegenseitige Unabhängigkeit der in voneinander entfernteren Atomsystemen auftretenden Strahlungsvorgänge bedingen, welche ebenfalls der experimentellen Prüfung zugänglich ist. Diese von den genannten Forschern offensichtlich als wesentlichste Aussage ihrer Theorie angesehene Behauptung würde im Falle ihrer Richtigkeit der am Ende von Nr. **17** ausgesprochenen Koppelungsfolgerung (Anm. 447) widersprechen, ist jedoch ganz kürzlich von *W. Bothe* und *H. Geiger,* Naturwiss. 13 (1925), p. 440; Ztschr. f. Phys. 32 (1925), p. 639 am *Compton*-Effekt Nr. **21** experimentell widerlegt worden, so daß sich im folgenden ein näheres Eingehen auf sie erübrigt.

535) Zu diesem „Zerhacken" der Atomstrahlung (*Schrödinger*) in einzelne *Wellenzüge von endlicher Länge* vergleiche man das damit übereinstimmende Ergebnis einer formal-wellentheoretischen Analyse des *Einstein*schen Schwankungsausdruckes (117) durch *M. Planck*, Ann. d. Phys. 73 (1924), p. 272.

536) In diesem Punkte scheint die Theorie verallgemeinerungsfähig und mit Rücksicht auf Anm. 534) sogar möglicherweise bedürftig zu sein.

als es nach (114) und dem Korrespondenzprinzip augenblicklich gerade an verschiedenen Spektralfrequenzen auszusenden vermöchte. Für die „Lebensdauer" jedes Quantenzustandes werden die Atome damit hinsichtlich ihrer wichtigsten Eigenschaften ganz so beschaffen, wie die eingangs dieser Nummer aus der klassischen Wellentheorie abgeleiteten Atommodelle; die grundlegende Neuerung der Quantentheorie bestünde dann im wesentlichen darin, daß die sämtlichen, momentan an einem Atom tätigen und energieunabhängig wirksamen „virtuellen Oszillatoren" *gleichzeitig sprungweiser Frequenzänderungen fähig würden,* deren Ausmaß durch die *Bohr*sche Frequenzbedingung (114) gesetzmäßig festgelegt erscheint. — Es ist ohne weiteres klar, daß die *neuere Bohrsche Auffassung* in weitgehender Annäherung zu der immer wieder vermuteten *Brauchbarkeit der Maxwellschen elektromagnetischen Lichttheorie außerhalb der Atomsysteme*[537]) berechtigen würde, *womit alle klassisch-wellenoptischen Ergebnisse in ihren Grundzügen der Quantentheorie dienstbar gemacht werden könnten.*[538])

Wenn im vorangehenden bisher allein die *ältere Auffassung Bohrs* zugrunde gelegt worden ist und auch daran im folgenden festgehalten werden soll, so entspricht dies dem Eindruck, daß zumindest gegenwärtig beide Auffassungen einander bei gleichen Schwierigkeiten ohne erkennbare Entscheidungsmöglichkeit gegenüberstehen, der älteren jedoch die größere historische und heuristische Bedeutung zukommt. Der letzterwähnte Umstand bezieht sich vornehmlich auch auf die in den beiden nachfolgenden Nummern besprochenen Versuche, die Haupttatsachen der bisherigen Wellenoptik *ohne Benutzung wellenoptischer Hilfsmittel* einer quantentheoretischen Deutung zugänglich zu machen. Was die angedeuteten Schwierigkeiten anbetrifft, so äußern sie sich in *Bohrs* neuerer Auffassung auch wieder vornehmlich bei den *unabgeschlossenen Systemen* (Nr. **17**—**19**), namentlich was hier die Ermitt-

---

537) Vgl. z. B. *J. H. Jeans,* Proc. Phys. Soc. London 35 (1923), p. 222, oder *E. Bauer,* Paris C. R. 174 (1922), p. 1335; ferner etwa *R. Becker,* Ztschr. f. Phys. 27 (1924), p. 173, Einleitung. — Die Verträglichkeit des entgegengesetzten Standpunktes von *Oseen* (Anm. 525) mit dieser Auffassung wird sofort verständlich, wenn man sich daran erinnert, daß ersterer einen kausal-differentiellen Zusammenhang zwischen Elektronenbewegung und Strahlung voraussetzt, von welchem gerade hier grundsätzlich abgesehen wird.

538) Bezüglich aller eingehenderen Ausführungen über das *virtuelle Strahlungsfeld,* seine Beziehung zum *Maxwellschen Strahlungsfelde* im Grenzfall langer Wellen und die genauere Art der Wechselwirkung voneinander entfernterer Atome hinsichtlich des Zustandekommens der *Einstein*schen Übergangswahrscheinlichkeiten (107a'), (107b') muß auf die in Anm. 532) aufgezählte Literatur verwiesen werden.

lung und Kennzeichnung der virtuellen Oszillatoren hinsichtlich ihrer Eigenfrequenzen und Bezugssysteme anbetrifft. Es ist klar, daß derartige Schwierigkeiten in jedem theoretischen Gebäude auftreten müssen, welches von vornherein auf eine gewisse Dualität von Materie und Strahlungsfeld gegründet ist; zudem bleibt die prinzipielle Unkontrollierbarkeit aller dem letzteren zugeschriebenen Vorgänge und Eigenschaften eine erkenntnistheoretisch stets unbefriedigende Notwendigkeit. Eine Form der Quantentheorie, welche ähnlich der *Lorentz-Ritzschen Auffassung der klassischen Elektrodynamik*[521]) bloß von Aussagen über Vorgänge an materiellen Teilchen Gebrauch macht, ist bisher nicht bekannt geworden[539]); es hat aber in mancher Hinsicht den Anschein, als würde die *ältere Bohrsche Auffassung* einer solchen Theorie näher stehen, als die neuere Auffassung[539]), da letztere deren Möglichkeit in ihrer gegenwärtigen Gestalt ohne eigentliche Begründung geradezu verneint.

Innerhalb der *älteren Bohrschen Auffassung der Quantenvorgänge* hat es sich bisher noch *in keinem Falle als notwendig erwiesen, über die in* Nr. **12** *formulierten allgemeinen Gesetze der Wechselwirkung zwischen Strahlung und Materie bezüglich der Natur der Lichtausbreitung*

---

539) Gewissermaßen als eine Vorstufe zu einer derartigen Theorie kann allenfalls jene im Anschluß an die *ältere Bohrsche Auffassung* entwickelte Vorstellung angesehen werden, die *N. Bohr,* Ztschr. f. Phys. 6 (1921), p. 1; 13 (1923), p. 117, III. Kapitel, § 2, unter dem Namen *„Koppelungsprinzip"* zusammenfaßt. Sie stützt sich auf die von *W. Wilson,* Phil. Mag. 29 (1915), p. 795 betonte, von *A. Rubinowicz,* Phys. Ztschr. 18 (1917), p. 96, näher ausgeführte Möglichkeit, die *Hohlraumeigenschwingungen* (Nr. **6b**, Anm. 111) nach (152) formal ebenso mittels der Quantenbedingung (151) zu behandeln, *wie ein materielles Atom;* wie *Bohr* durch Anwendung des Korrespondenzprinzipes auf eine derartige Hohlraumeigenschwingung begründet hat, kann sich die Quantenzahl n in (152) bei jedem „Quantenübergang der Hohlraumeigenschwingung" nur um *eine* Einheit ändern; faßt man diesen „Quantenübergang" als eine während der „Leuchtzeit" andauernde *Koppelung* zwischen dem absorbierenden oder emittierenden Atom und der betreffenden Eigenschwingung auf [vgl. *L. Flamm,* Phys. Ztschr. 19 (1918), p. 125); auch *W. Wilson,* l. c.. p. 801, ferner Anm. 224)], so ist damit die *Bohrsche Frequenzbedingung* (114) *als Folgerung aus den allgemeinen Quantenbedingungen* (133) abgeleitet (*N. Bohr,* l. c.). Dieses faszinierende Ergebnis leidet aber, wie *Bohr* selbst betont, an dem unabwendbaren Mangel, *die Tatsachen der Lichtausbreitung und ihre endliche Geschwindigkeit vollständig ignorieren zu müssen!* Andernfalls wäre es naheliegend, *die verschiedenen zu einem gegebenen Zeitpunkt Energie enthaltenden Hohlraumeigenschwingungen als harmonische Komponenten der Wechselwirkungseinflüsse zwischen den das Strahlungsfeld begrenzenden materiellen Teilchen aufzufassen* und damit jenes Feld im Sinne des oben ausgesprochenen Wunsches völlig auszuschalten.

hinauszugehen.[540]) Dadurch, daß diese Gesetze in Wiedergabe beobachtbarer Tatsachen bloß den beim einzelnen Elementarvorgang auftretenden *Umsatz* von Energie bzw. Linearimpuls, entsprechend (115a) und (116a), festlegen, ermöglichen sie ja selbst *keinerlei* Aussagen über den *eigentlichen Vorgang der Lichtausbreitung.*[541]) Insbesondere kann auf Grund dieser Ergebnisse allein jedenfalls *nicht* entschieden werden, ob dieser Vorgang in Strenge *räumlich gerichtet* ist oder nicht.[542]) Wenn die von *Einstein* 1905 begründete *Lichtquantentheorie*[543]) annimmt, *daß sich die Strahlungsenergie durch den leeren Raum in räumlich konzentrierten Lichtquanten von der Energie* $h\nu$ *und dem Linearimpuls* $\frac{h\nu}{c}$ *geradlinig ausbreitet,* so ist diese Erneuerung des *Newton*schen Emissionsgedankens daher als eine über (115a) und (116a) (und ebenso über jede Erfahrungskontrolle) *wesentlich hinausgehende Hypothese* anzusehen.[544]) Während die in Nr. 2—8 entwickelte *Statistik* für Lichtquanten, welche allein durch ihren Energiebetrag $h\nu$ gekennzeichnet sind, *nur zu dem* bloß für kurze Wellen brauchbaren *Wienschen Strahlungsgesetze*

$$\varrho(\nu, T) = \frac{8\pi h \nu^3}{c^3} \cdot e^{-\frac{h\nu}{kT}},$$

540) Als einzige Ausnahme käme vielleicht die von *S. N. Bose,* Ztschr. f. Phys. 26 (1924), p. 178, gegebene, auf die *Lichtquantentheorie* (s. w. u.) gegründete Ableitung des Ausdruckes (53b) für die Anzahl der Hohlraumeigenschwingungen in Betracht, doch scheint auch sie allenfalls mit Beschränkung auf (115a) und (116a) gedeutet werden zu können.

541) Siehe Anm. 182), 226), 234).

542) Vgl. Anm. 231).

543) *A. Einstein,* Ann. d. Phys. 17 (1905), p. 132; 20 (1906), p. 199; Verhandl. Deutsch. Phys. Ges. 11 (1909), p. 482; Phys. Ztschr. 10 (1909), p. 185; 19 (1917), p. 121. — Eine Kompromißtheorie, welche die Wellentheorie durch Annahme einer „fleckigen" Wellenfront mit eingestreuten Singularitäten im Sinne von „Lichtquanten" ergänzt, ist bereits früher von *J. J. Thomson,* Elektrizitätsdurchgang durch Gase, deutsch von *E. Marx,* Leipzig 1906 (Teubner), p. 267, aufgestellt worden; *E. Marx,* Ann. d. Phys. 41 (1913), p. 161, und *F. Kottler,* Wien. Ber. (IIa) 129 (1920), p. 3, haben sie eingehender zu begründen gesucht, doch hat sie niemals ernstlichere Bedeutung erlangt.

Eine Form der Lichtquantentheorie, welche mit einer jedoch bloß *fiktiven* „Phasenwelle" operiert, vertritt *L. de Broglie,* vgl. z. B. Thèse, Paris 1924 (Masson); jene fiktive Welle spielt hier auch eine große Rolle für die Stabilität der im übrigen aber als strahlungsfrei aufgefaßten Quantenzustände.

544) Dieser Sachverhalt pflegt in der Literatur vielfach nicht genügend berücksichtigt zu werden, so daß die Bezeichnung „Lichtquantentheorie" hier schon im Anschluß an (115) und (116) benutzt wird, was ungerechtfertigt erscheint.

anstatt zum *Planck*schen Gesetze (93) führt[545]), soll es nach *Bose* und *Einstein* bei Hinzunahme der Impulsfestlegung mit $\frac{h\nu}{c}$ möglich sein, (93) im Gegensatz zu Nr. 9 oder **11** *ohne jede Benutzung klassischer Hilfsmittel* statistisch abzuleiten.[546]) Von der Annahme ausgehend, daß die *maximale Zellengröße* im *μ-Raume* (Nr. **3**) *der Lichtquanten* ähnlich wie bei der *Molekültranslation* (Nr. **24c**) gleich h^3 sein soll[547]), wird dabei der in Nr. **6b** *wellentheoretisch* als „Anzahl der Hohlraumeigenschwingungen im Volumen **V**" gedeutete Ausdruck (53b) unmittelbar *als Anzahl aller verschiedenen quantentheoretisch möglichen räumlichen Anordnungen und Orientierungen von Lichtquanten* erhalten.[548])

---

545) Siehe die in Anm. 182) angegebene Literatur, ferner das Ergebnis (95), welches für $n \geqq 2$ obiger Form der Lichtquantenhypothese *widerspricht*, dem *Planck*schen Strahlungsgesetze (93) hingegen genügt. Sucht man (95) in die Sprache der Lichtquantentheorie zu übersetzen, so zeigt sich, daß nach (93) neben den „einfachen" Lichtquanten oder Licht„atomen" mit der Energie $h\nu$ auch „mehrfache" Lichtquanten oder Licht„moleküle" mit der Energie $n \cdot h\nu$ im Strahlungsraume auftreten müßten. In *dieser* Form haben die Lichtquantentheorie zu erweitern bzw. zu ergänzen gesucht: *M. Wolfke*, Phys. Ztschr. 22 (1921), p. 375; *L. de Broglie*, Paris C. R. 175 (1922), p. 811; J. de phys. et le Rad. (VI) 3 (1922), p. 422; Thèse, Paris 1924 (Masson), p. 96ff.; *W. Bothe*, Ztschr. f. Phys. 20 (1923), p. 145; 23 (1924), p. 214; *L. S. Ornstein* und *H. C. Burger*, Ztschr. f. Phys. 21 (1924), p. 358. Werden „Zusammenstöße" zwischen Atomen und Quanten„molekülen" zugelassen, so kann *Einsteins* Annahme einer *negativen* Einstrahlung (Nr. **11**) entbehrlich werden.

546) *S. N. Bose*, Ztschr. f. Phys. 26 (1924), p. 178, übersetzt von *A. Einstein*. Die Arbeit zerfällt in zwei, einer unabhängigen Bewertung fähiger Teile: 1. in die lichtquantentheoretische Ableitung von (53b) (s. oben im Text, aber auch Anm. 540), 2. in die statistische Behandlung der Lichtquanten, wobei eine von Nr. **4** und **8b** abweichende Definition der Zustandswahrscheinlichkeiten in Verbindung mit formaler Anwendung des *Boltzmann*schen Prinzips (90a) benutzt wird. Der Teil 2 beruht auf einer neuartigen statistischen Methodik (vgl. Anm. 32a), deren Tragweite am Ende von Nr. **27** nähere Erwähnung findet.

547) Vgl. Anm. 506) und Nr. **24**, insbesondere Nr. **24c**; daß die genannte Annahme nur die *maximale* Zellengröße betreffen kann, folgt aus ähnlichen Betrachtungen wie auf p. 954/955. Die überraschende Bewährung dieser Voraussetzung auch für Lichtquanten läßt deren Bewegung in Analogie zu den Quantenbahnen der Atomsysteme treten, was vielleicht als Fingerzeig für die Möglichkeit einer Quantentheorie der Strahlungsvorgänge angesehen werden könnte, welche ausschließlich auf die beobachtbaren Veränderungen an materiellen Teilchen gegründet wird, *ohne* die endliche Ausbreitungsgeschwindigkeit des Lichtes ignorieren zu müssen (vgl. Anm. 539).

548) Die *Bose*sche Ableitung von (53b) gibt also eine Art „Orientierungsquantelung" der Lichtquanten, ähnlich jener von *Schrödinger* für die Molekültranslation zufolge (186) (vgl. dazu auch Anm. 435); tatsächlich läßt sich (186) nach *Schrödinger* auf verwandtem Wege wie (53b) bei *Bose* aus der Forderung

Eine größere Anzahl von Spekulationen über Dimensionen und sonstige Eigenschaften der Lichtquanten[549]) kann hier außer Betracht bleiben, da sie bisher zu keinen nennenswerten Erfolgen geführt hat.

Was die *Polarisationserscheinungen* anbetrifft, so erfordern sowohl die in Nr. **12** formulierten allgemeinen Gesetze der Wechselwirkung zwischen Materie und Strahlung als auch die eben berührte Lichtquantentheorie *Ergänzungen*, für welche eine endgültige Form kaum noch gefunden sein dürfte. Der Grund hierfür liegt vor allem in dem Mangel eines dem *elektrischen Vektor* des Lichtes der *Maxwell*schen Theorie analogen Begriffes in der Quantentheorie[550]); wie dessen Rolle in der klassisch-elektromagnetischen Lichttheorie konform mit den beobachteten spezifischen Wirkungen polarisierter Strahlung dartut, dürfte sein Analogon in vielen Fällen in einer verhältnismäßig engen *Koppelung* zwischen der Emission und Wiederabsorption individueller Strahlungsenergiebeträge $h\nu$ zu suchen sein[551]), welche bei der Wiederabsorption ähnliche Verhältnisse *schafft* bzw. *auswählt*, wie bei der

---

einer maximalen Zellengröße h^3 ableiten. Eine bis ins einzelne gehende Übertragung des *Bose*schen Verfahrens, wie es *A. Einstein*, Berl. Ber. 1924, p. 261 vorgenommen hat, führt zu einer in statistischer Hinsicht neuartigen Theorie der *Gasentartung* (Nr. **24c**), deren prinzipielle Bedeutung am Ende von Nr. **27** besprochen wird.

549) Z. B.: *M. Brillouin*, Paris C. R. 168 (1919), p. 1318; *R. Emden*, Phys. Ztschr. 22 (1921), p. 513; *L. de Broglie*, Paris C. R. 175 (1922), p. 811; 177 (1923), p. 507, 548, 630; J. de Phys. et le Rad. (VI) 3 (1922), p. 422; *H. Bateman*, Nature 111 (1923), p. 567; 112 (1923), p. 239; 113 (1924), p. 924; Phil. Mag. 46 (1923), p. 977; *W. Bothe*, Ztschr. f. Phys. 17 (1923), p. 137; 26 (1924), p. 74; *L. S. Ornstein* und *H. C. Burger*, Ztschr. f. Phys. 20 (1923), p. 345, 351, hierzu *W. Pauli*, Ztschr. f. Phys. 22 (1924), p. 261; *L. S. Ornstein* und *H. C. Burger*, Ztschr. f. Phys. 21 (1924), p. 358; 30 (1924), p. 253; *E. Marx*, Ztschr. f. Phys. 27 (1924), p. 248; *F. W. Bubb*, Nature 113 (1924), p. 237; Phys. Rev. 24 (1924), p. 177; *G. E. M. Jauncey*, Phys. Rev. 22 (1923), p. 233; 23 (1924), p. 313; *L. Brillouin*, Paris C. R. 178 (1924), p. 1696; *K. Schaposchnikow*, Ztschr. f. Phys. 30 (1924), p 228; *V. S. Vrkljan*, Ztschr. f. Phys. 31 (1925), p. 713.

550) Siehe etwa die in der vorigen Anm. genannten Publikationen von *F. W. Bubb*, bzw. Anm. 493).

551) Vgl. Nr. **17**, Ende, Anm. 447), 493), 534) und Nr. **21**. — Zu ähnlichen Folgerungen führt auch die Frage nach der quantentheoretischen Deutung der *Interferenzfähigkeit der Strahlung* (Kohärenzerscheinungen). (Einen diesbezüglichen, jedoch auf ganz anderer Grundlage beruhenden Versuch hat *P. S. Epstein*, Münchn. Ber. 1919, p. 73, unternommen.) Die in der Literatur mehrfach geäußerte Meinung, daß hier für die *Einstein*sche Lichtquantentheorie unüberwindliche Schwierigkeiten bestehen, scheint unbegründet, wenn man die gleiche Folgerung nicht auch schon auf die Polarisation der Strahlung ausdehnen will.

Emission.[552]) Die letzteren erscheinen nach dem *Bohrschen Korrespondenzprinzip* (Nr. **14**) durch die Polarisationseigenschaften der den verschiedenen Quantenübergängen *korrespondierenden* Schwingungskomponenten der Atombewegung festgelegt. Hiernach wird neben *zirkularer* und *linearer Polarisation* im allgemeinen auch *elliptische Polarisation* auftreten können müssen[553]), wobei vieles dafür zu sprechen scheint, daß diese Polarisationsaussagen des Korrespondenzprinzipes *Eigenschaften der einzelnen elementaren Strahlungsvorgänge* betreffen und nicht etwa als bloß statistische Gesetzmäßigkeiten aufzufassen sind. Eine besondere von der Polarisation im allgemeinen nicht unabhängige Eigenschaft derartiger Einzelvorgänge liegt bei *isolierten* Atomsystemen ferner in der Notwendigkeit, den meist von Null verschiedenen *Betrag der bei den betreffenden Quantenübergängen auftretenden Änderungen des Drehimpulsvektors* $\mathfrak{D}$ *der Atome der ausgesandten Strahlung zuzuordnen*, wenn der *Satz von der Erhaltung des Drehimpulses* gleich jenem von der Erhaltung der Energie und des Linearimpulses (Nr. **11**) am *Einzelatom* beibehalten werden soll.[554]) Bei Atomsystemen mit einer Symmetrieachse, d. h. für alle *störungsfreien* Atom- und Molekülmodelle,

552) Vgl. z. B. die quantentheoretische Deutung der von *R. W. Wood* und *A. Ellet*, Proc. Roy. Soc. (A) 103 (1923), p. 396; Phys. Rev. 24 (1924), p. 243, gefundene Beeinflussung der bei Erregung mit polarisiertem Lichte erhaltenen Polarisation des Fluoreszenzlichtes durch Magnetfelder bei *W. Hanle*, Naturwissenschaften 11 (1923), p. 690; *P. Pringsheim*, Naturwissenschaften 12 (1924), p. 247; Ztschr. f. Phys. 23 (1924), p. 324; *G. Joos*, Phys. Ztschr. 25 (1924), p. 130; *G. Breit*, Phil. Mag. 47 (1924), p. 832; *E. Gaviola* und *P. Pringsheim*, Ztschr. f. Phys. 25 (1924), p. 367; *W. Hanle*, Ztschr. f. Phys. 30 (1924), p. 93. Vgl. ferner *A. E. Ruark*, *P. Foote* und *F. L. Mohler*, J. Opt. Soc. Amer. 7 (1923), p. 415; *F. Weigert*, Naturwissenschaften 12 (1924), p. 38. — Eine Deutung des *Wood-Ellet*effektes bei fehlendem oder sehr schwachem Felde ist von *N. Bohr*, Naturwissenschaften 12 (1924), p. 1115, auf Grund seiner *neueren Auffassung der Quantenvorgänge* gegeben worden (s. auch *W. Hanle*, l. c.), doch ist sie (im oben angedeuteten Sinne) zwanglos auch für *Bohrs ältere Auffassung* durchführbar.

553) Siehe *N. Bohr*, Ztschr. f. Phys. 6 (1921), p. 1, wo dies in engem Zusammenhang mit dem *Koppelungsprinzip* (Anm. 539) gegenüber *A. Rubinowicz*, Ztschr. f. Phys. 4 (1921), p. 343, hervorgehoben wird.

554) Siehe etwa *A. Sommerfeld* [1], 5. Kapitel, § 1. — Die Bedeutung dieser Folgerung verliert allerdings mancherlei an Tragweite, wenn man bedenkt, daß *isolierte* Atomsysteme *prinzipiell überhaupt nicht vorkommen können* (Nr. **17**); in der Tat wird es bei Aufgabe jener Isolierung zunächst völlig unsicher, für welchen Bereich die Drehimpulsänderungen nunmehr in Rechnung zu stellen sind, ähnlich wie dies in Nr. **17** (p. 1065) bei unabgeschlossenen Systemen bereits für die Anwendung des Energiesatzes (115a) bzw. (115) hervorgehoben werden mußte [und gleicherweise für den Impulssatz (116), (116a) in Betracht kommt]. Es ist aber naheliegend, dieses Bedenken *für abgeschlossene Systeme* mit Be-

wird dieser Betrag nach dem *Korrespondenzprinzip*[555]) für deren sämtliche, in der Richtung dieser Achse zirkular polarisierten Spektrallinien *allgemein* und *unabhängig von der Strahlungsfrequenz* durch die Vektorgleichung

(190) $$\mathfrak{D}^{(n')} - \mathfrak{D}^{(n'')} = \mathfrak{d} \cdot \frac{h}{2\pi}$$

gegeben, worin $\mathfrak{d}$ den Einheitsvektor des bei einer beliebigen derartigen Wechselwirkung mit dem Strahlungsfelde umgesetzten Drehimpulses bezeichnet.[556]) Wie *Bohr* und *Rubinowicz* gezeigt haben[557]), kann (190) in Verbindung mit der *Bohr*schen Frequenzbedingung (114) bzw. (115), auch aus dem klassisch-elektrodynamischen Ergebnisse abgeleitet werden, daß das Verhältnis von Energie und Drehimpuls der von einem solchen Gebilde ausgestrahlten Kugelwelle von der Frequenz ν gleich $2\pi\nu$ ist.[558]) Daß $|\mathfrak{D}^{(n')} - \mathfrak{D}^{(n'')}|$ bei einem Quantenübergange eines *durch äußere Kraftfelder* (Nr. **15b**) *gestörten* Atomsystems nach dem Korrespondenzprinzip auch gleich Null oder einem ganzzahligen Vielfachen von $\frac{h}{2\pi}$ sein kann, scheint einer universellen Geltung von (190) für die Strahlungsprozesse zu widerspre-

rufung auf den Erfolg zu ignorieren, welcher das damit übereinstimmende, stillschweigende Vorgehen der Anwendung von (114) in Nr. **14—16** auf isolierte Atome und Moleküle rechtfertigt.

555) *N. Bohr* [2]; siehe Anm. 321).

556) Daß $\mathfrak{d}$ für eine bestimmte Richtung *zweierlei* Drehungssinn besitzen kann, ist quantentheoretisch von besonderem Interesse. Wenn *Bose* (Anm. 546) bei seiner oben im Texte erwähnten lichtquantentheoretischen Ableitung von (53 b) zunächst bloß den *halben* Ausdruck (53 b) erhält und diesen dann nachträglich unter bloßem Hinweis auf die *Polarisation* verdoppelt, so ist das quantentheoretisch *nur mit Rücksicht auf* (190) *zu rechtfertigen.* Dieser Umstand scheint sehr für die in Anm. 559) vertretene Auffassung zu sprechen, wonach (190) *universelle* Gültigkeit für jede Art von Wechselwirkung zwischen Strahlung und Materie beanspruchen können sollte.

557) *N. Bohr* [2], p. 47/48; *A. Rubinowicz,* Phys. Ztschr. 19 (1918), p. 441, 465; vgl. auch besonders *A. Sommerfeld* [1], 5. Kapitel, § 2, 3, ferner *C. N. Wall,* Phil. Mag. 48 (1924), p. 378. Wie *Bohr* betont, spricht dieses Ergebnis, unabhängig von den allgemeinen Quantenbedingungen (133) und deren Anwendbarkeit, dafür, daß der Gesamtdrehimpuls eines Atoms ein ganzzahliges Vielfaches von $\frac{h}{2\pi}$ beträgt, wie sonst aus (148′) gefolgert werden muß und am Ende von Nr. **16a** hervorgehoben worden ist.

558) *H. Busch,* Phys. Ztschr. 14 (1913), p. 455; *K. Schaposchnikow,* Phys. Ztschr. 15 (1914), p. 454; *M. Abraham,* Phys. Ztschr. 15 (1914), p. 914. Vgl. vor allem aber die Darstellung von *A. Sommerfeld* [1], Zusatz 10. — Tatsächlich hat man unmittelbar $h\nu : 2\pi\nu = \frac{h}{2\pi}$ und damit (190).

chen. Nur wenn es erlaubt sein sollte, anzunehmen, *daß alle auf* $\frac{h}{2\pi}$ *fehlenden bzw. überschüssigen Drehimpulsbeträge von jenen Atomanordnungen geliefert bzw. aufgenommen werden, welche die störenden Felder hervorbringen,* wäre es möglich, (190) *als universelles, für jede beliebige Wechselwirkung von Materie und Strahlungsfeld maßgebendes Gesetz der Energiefrequenzbedingung* (115) *und der Impulsfrequenzbedingung* (116) *ebenbürtig an die Seite zu stellen.*[559])

Was die *räumliche Lokalisation der Strahlungsvorgänge* anlangt, so ist sie im Gegensatz zur klassischen Theorie im einzelnen gegenwärtig vollkommen unbestimmt, da die Quantentheorie eben gerade jenen kausal-differentiellen Zusammenhang zwischen Elektronenbewegung und Strahlungsvorgängen aufhebt, welcher innerhalb der klassischen Elektrodynamik *sämtliche beschleunigt bewegten Ladungen als Strahlungsquellen* erkennen läßt. Die bilanzmäßigen Anwendungen (115) bzw. (115a), (116) bzw. (116a) und (190) der Erhaltungssätze auf die Strahlungsvorgänge, insbesondere aber der durch (116) *auch hinsichtlich seiner Richtung festgelegte Einsteinsche Linearimpulsumsatz* zeigen, daß eine derartige Lokalisation doch wenigstens insofern möglich sein muß, als ein ganz bestimmtes *Bezugssystem* angegeben werden kann, in welchem die Frequenz ν der ausgesandten Strahlung zu messen ist. Ob der Strahlungsprozeß *in einem Raumpunkt* innerhalb oder außerhalb des von dem betreffenden Gebilde eingenommenen Raumes vor sich gehend gedacht werden und wie dieser Punkt ermittelt werden könnte[560]), entzieht sich einstweilen aber jeder näheren Kennzeichnung.

---

559) Wie es scheint, kann eine teilweise Aufnahme bzw. Abgabe von Drehimpuls durch die äußeren Atomanordnungen auch mittels klassischer Überlegungen wahrscheinlich gemacht werden, da das strahlende Atom im Störungsfelde ohnehin nur quasi-abgeschlossen ist (siehe Nr. **15 b**, Anfang). Vielleicht ist auch eine experimentelle Bestätigung für die vermutete *Universalität des Strahlungsdrehimpulses* $\frac{h}{2\pi}$ nicht gänzlich ausgeschlossen. Für die Möglichkeit einer *Lichtquantentheorie* scheint sie sogar von grundsätzlicher Bedeutung zu sein, da sich die für die Duplizität der Polarisationsfreiheitsgrade jeder beliebigen Strahlrichtung (siehe Anm. 556) quantentheoretisch erforderliche Duplizität des Drehungssinnes nur bei *von Null verschiedenem Drehimpulsumsatz* ergeben kann.

560) Die Annahme einer *punktartigen Lokalisierung* der Strahlungsprozesse würde mit Rücksicht auf die Existenz des erwähnten Bezugssystems naheliegen, und auf die endliche Zeit, welche die Zurücklegung irgendeines Lichtweges erfordert. Eine wenigstens prinzipiell exakt mögliche Definition der *Länge* eines Lichtweges scheint vor allem unumgänglich zu sein für die Möglichkeit einer *quantentheoretischen Deutung der wellentheoretischen Lichtphase* (Nr. **21**). Der

Die Bestimmung des Bezugssystems der bei einem Quantenübergang eines isolierten Atomsystems absorbierten oder emittierten monochromatischen Strahlung hat *Schrödinger* ausgeführt; sie läuft gleichzeitig hinaus auf eine *quantentheoretische Ableitung bzw. Verallgemeinerung des Dopplerschen Prinzipes.*[561]) Sind $E_{(n')}$, $E_{(n'')}$ die *Absolutbeträge* der Energiewerte $E_{n'}$, $E_{n''}$ des Atomsystems für den betrachteten Quantenübergang, derart, daß $\frac{E_{(n')}}{c^2}$, $\frac{E_{(n'')}}{c^2}$ dessen entsprechende *Ruhmassen* ergeben, und werden unter $v_{(n')}$, $v_{(n'')}$ die Translationsgeschwindigkeiten des Atoms in bezug auf den spektroskopischen Beobachter vor und nach dem Quantenübergang verstanden, so lautet die allgemeine Energiefrequenzbedingung (115) in relativitätstheoretischer Schreibweise:

$$(191)\qquad \frac{E_{(n')}}{\sqrt{1-\frac{v_{(n')}^2}{c^2}}} - \frac{E_{(n'')}}{\sqrt{1-\frac{v_{(n'')}^2}{c^2}}} = h\nu .$$

Zur Anwendung der Impulsfrequenzbedingung (116) mögen unter $\vartheta_{(n')}$, $\vartheta_{(n'')}$ die Winkel verstanden werden, welche die Richtungen von $v_{(n')}$ und $v_{(n'')}$ mit jener des Strahlungsimpulses $\frac{h\nu}{c}$ bilden; (116) zerfällt dann in die beiden Bedingungen

$$(192\,\mathrm{a})\qquad \frac{E_{(n')}v_{(n')}\cdot\cos\vartheta_{(n')}}{c^2\sqrt{1-\frac{v_{(n')}^2}{c^2}}} - \frac{E_{(n'')}\cdot v_{(n'')}\cdot\cos\vartheta_{(n'')}}{c^2\sqrt{1-\frac{v_{(n'')}^2}{c^2}}} = \frac{h\nu}{c},$$

$$(192\,\mathrm{b})\qquad \frac{E_{(n')}v_{(n')}\cdot\sin\vartheta_{(n')}}{c^2\sqrt{1-\frac{v_{(n')}^2}{c^2}}} - \frac{E_{(n'')}\cdot v_{(n'')}\cdot\sin\vartheta_{(n'')}}{c^2\sqrt{1-\frac{v_{(n'')}^2}{c^2}}} = 0 .$$

Setzt man

$$(193)\qquad \nu_0 = \frac{E_{(n')}^2 - E_{(n'')}^2}{2h\sqrt{E_{(n')}\cdot E_{(n'')}}} = \frac{E_{(n')} - E_{(n'')}}{h}\cdot\frac{E_{(n')} + E_{(n'')}}{2\cdot\sqrt{E_{(n')}\cdot E_{(n'')}}},$$

so ergibt sich aus (191), (192a), (192b) für die vom spektroskopi-

---

Versuch, den Absorptions- bzw. Emissions*punkt* eines individuellen Strahlungsprozesses mit einem individuellen Bahnpunkte eines „Leucht"elektrons zu identifizieren, könnte vom Standpunkt der vernachlässigbar kurzen Dauer eines Quantenüberganges (s. namentlich Anm. 579), ferner von den Tatsachen strahlungsbedingter Zusammenstöße (Nr. **18b**), dem lichtelektrischen und *Compton*effekt aus vorteilhaft erscheinen; er wirkt aber befremdlich gegenüber dem Umstand, daß an dem Quantenübergang eines Atoms mit mehreren Elektronen *sämtliche* Ladungen beteiligt sind und die Auszeichnung des „Leucht"elektrons daher bedenklich wird.

561) *E. Schrödinger*, Phys. Ztschr. 23 (1922), p. 301. Bezüglich eines älteren, nicht geglückten Versuches von *K. Försterling*, Ztschr. f. Phys. 3 (1920), p. 404, vgl. man das Referat von *W. Pauli*, Phys. Ber. 2 (1921), p. 489.

schen Beobachter gemessene Frequenz ν der Strahlung

$$(194) \qquad \nu = \nu_0 \cdot \sqrt{\frac{\sqrt{c^2 - v_{(n')}^2}}{c - v_{(n')} \cdot \cos \vartheta_{(n')}} \cdot \frac{\sqrt{c^2 - v_{(n'')}^2}}{c - v_{(n'')} \cdot \cos \vartheta_{(n'')}}}.$$

Der *wellentheoretisch-relativistische* Zusammenhang zwischen der *Ruhfrequenz* ν_0' und der Frequenz ν' der Strahlung einer Lichtquelle, die unter dem Winkel ϑ gegen die Strahlrichtung mit der Geschwindigkeit v relativ zum spektroskopischen Beobachter bewegt ist, lautet demgegenüber

$$(194') \qquad \nu' = \nu_0' \cdot \frac{\sqrt{c^2 - v^2}}{c - v \cdot \cos \vartheta}.$$

Wie der Vergleich von (194) und (194') lehrt, *ist* ν_0 *in* (193) *als quantentheoretische Ruhfrequenz der Strahlung anzusprechen*; die *Doppler-Formel* (194) ergibt sich dann einfach durch Multiplikation von ν_0 mit dem *geometrischen Mittel* des wellentheoretischen Faktors von ν_0' in (194'), gebildet für den Bewegungszustand vor und nach Ausführung des Quantenüberganges. Für $\nu = \nu_0$ erhält man $v_{(n'')} = - v_{(n')}$, $\vartheta_{(n'')} = \vartheta_{(n')} = 0$, und erkennt, daß dieser Spezialfall in der Wellentheorie tatsächlich gerade jenem einer *ruhenden Strahlungsquelle* entspricht; man hat dann nämlich wegen $\mathfrak{J}^{(n')} = - \mathfrak{J}^{(n'')}$ nach (116) einfach

$$(195) \qquad 2\,|\mathfrak{J}^{(n')}| = \frac{h\nu}{c}$$

und, da der Strahlungsimpuls für die klassische, isotrope Kugelwelle verschwindet, $\mathfrak{J}^{(n')} = \mathfrak{J}^{(n'')} = 0$. *Das Ruhsystem eines monochromatischen Strahlungsprozesses erscheint demnach in der Quantentheorie eindeutig definiert durch* (195), wenn man fordert, *daß jeder von den beiden zur klassischen Theorie führenden Grenzübergänge* (121) *und* (122) *die wellentheoretische Doppler-Formel* (194') ergibt. Aus (195) geht aber zugleich unmittelbar hervor, *daß dieses quantentheoretische Bezugssystem der Strahlung weder mit dem Ruhsystem des Atoms vor dem Quantenübergange noch demjenigen nach dem Quantenübergange identisch ist;* die Angabe eines derartigen Bezugsystems auf Grund eines *einzigen* stationären Zustandes ist demnach unmöglich.[562]) — Da es für die vorstehenden Betrachtungen belanglos ist, ob anstatt des Atomsystems die Teilnehmer an einem beliebigen *strahlungsbedingten Zusammenstoß*

562) Dieser Umstand, der indessen keine größeren Erkenntnisschwierigkeiten in sich schließt, als schon die Frequenzberechnung mittels der gewöhnlichen *Bohr*schen Frequenzbedingung (114) wurde von *Bohr* (Anm. 503) vorübergehend als besondere, unannehmbare Härte gewertet. — Eliminiert man übrigens $v_{(n'')}$ und $\vartheta_{(n'')}$ aus (194) mittels (191) und (192), so erhält man nach *P. A. M. Dirac*, Proc. Cambr. Phil. Soc. 22 (1924), p. 432, eine Beziehung von der gleichen Form (194') wie die klassische *Doppler*-Formel.

(Nr. **18 b**) gewählt werden, so gelten sie auch für alle Arten der letzteren, falls dann in (195) unter $\mathfrak{J}^{(n')}$ der resultierende Gesamtlinearimpuls aller Stoßteilnehmer vor dem Zusammenstoße verstanden wird.[563]) Die durch (194) bedingten *Abweichungen von der klassischen Doppler-Verbreiterung der Spektrallinien* bleiben in allen der experimentellen Prüfung gegenwärtig zugänglichen Fällen unmeßbar klein.

21. Quantentheorie der optischen Zerstreuung und Dispersion. Um den Durchgang des Lichtes durch durchsichtige Medien und dessen Gesetzmäßigkeiten zu verstehen, bedarf es der Klarstellung folgender beider Hauptfragen[564]):

I. Wie ist der „Lichtweg" im materiellen Medium beschaffen?

II. Warum ist die Fortpflanzungsgeschwindigkeit des Lichtes im materiellen Medium eine andere als im Vakuum?

Beide Fragen werden von der klassisch-elektromagnetischen Wellentheorie des Lichtes qualitativ erschöpfend und in mancherlei Hinsicht auch quantitativ beantwortet. Fällt eine „ebene" Lichtwelle von der Frequenz ν auf ein Atom auf, so folgert die Wellentheorie das Auftreten einer von dem Atom ausgesandten *Kugelwelle gleicher Frequenz*, welche zunächst bloß eine *teilweise Absorption und Zerstreuung der Primärwelle* ohne Verminderung ihrer Fortpflanzungsgeschwindigkeit und ohne Richtungsänderung bewirkt. Um die gerade mit Änderung der Fortpflanzungsgeschwindigkeit und der Richtung verbundene *Brechung* zu erhalten, muß dieser Vorgang nun für sehr viele derartige Atome, z. B. harmonische Oszillatoren mit der *Bewegungs*eigenfrequenz ω_0, untersucht werden, welche etwa alle in einer zur Einfallsrichtung der Primärwelle senkrechten Ebene liegen mögen. Durch *Interferenz der sekundären Kugelwellen*, also der Streustrahlung, *nach dem Huygensschen Prinzip* wird jetzt eine „ebene" Sekundärwelle von der Frequenz ν zustandekommen, welcher Vorgang nach der klassischen Dispersionstheorie unter anderem so gekennzeichnet werden kann, *als ob die Lichtphase φ in der Atomschicht die (positive oder negative) Zeitdauer* $2\pi\cdot\frac{\Delta\varphi}{\nu}$

563) Wie man jedoch unmittelbar sieht, folgt aus (193), daß eine bloß auf Kosten seiner Translationsenergie zustandekommende Strahlungsemission eines einzelnen mit konstanter Geschwindigkeit gegen den spektroskopischen Beobachter bewegten Partikels unmöglich ist; nach dem Korrespondenzprinzip (Nr. **14**) ist dies trivial, *da gleichförmig bewegte Ladungen auch einer klassischen Ausstrahlung unfähig sind.* Eine mit ungleichförmiger Bewegung verbundene quantentheoretische Ausstrahlung kann dagegen stets im Sinne irgendeiner Art strahlungsbedingten Zusammenstoßes (Nr. **18 b**) gedeutet werden.

564) Siehe etwa *K. F. Herzfeld,* Ztschr. f. Phys. 23 (1924), p. 341.

aufgehalten worden wäre, was innerhalb eines aus derartigen Atomen bestehenden Mediums das Zustandekommen einer von der Vakuumlichtgeschwindigkeit c verschiedenen *Phasengeschwindigkeit* $\frac{c}{n_\nu}$ und damit eines von Eins verschiedenen *Brechungsexponenten* n_ν erklärt; *eine ähnliche, stets positive Verzögerung erleidet die von der Strahlung transportierte Energie* und mißt die stets kleiner als c bleibende *Gruppengeschwindigkeit.*[565]) Wenn ν gleich einer Spektralfrequenz ν_0 des getroffenen Atoms ist, tritt „Resonanz" und damit, je nach der Phase, *positive* oder *negative Einstrahlung* (Nr. **11**) auf, wenn ν nur wenig von ihr verschieden ist, „anomale Dispersion".

Die vorstehende knappe Übersicht über die Grundzüge der klassischen Dispersionstheorie läßt als Hauptpunkte einer *Quantentheorie der Lichtfortpflanzung in materiellen Medien* die Notwendigkeit einer quantentheoretischen Erklärung der *Zerstreuung* und der *Interferenz* erkennen, welche zusammen eine Beantwortung der Frage I ermöglichen, ferner eine Deutung der *Verzögerungszeit in den streuenden Atomen,* welche die Antwort auf die Frage II enthalten muß. Diese Punkte müssen demnach im folgenden einer näheren Erörterung unterzogen werden.

Um die von einzelnen *Bohr*schen Atom- oder Molekülmodellen bewirkte *Zerstreuung* zu berechnen, haben *Debye* und *Sommerfeld*, sowie *Davysson* ursprünglich versucht, die Beeinflussung der Modelle durch ankommende Lichtwellen *störungstheoretisch-quantenmäßig* (Nr. **15 b**) zu ermitteln, die Rückwirkung dieser Störung auf die Welle aber als *klassische Kugelwelle* zu behandeln.[566]) Während der erstere Schritt allenfalls noch einer Rechtfertigung fähig ist[567]), widerspricht die Auffassung einer Kugelwellen-Streustrahlung der allgemeinen Impulsbe-

565) Siehe *K. F. Herzfeld*, Anm. 564), ferner *L. Natanson*, Phil. Mag. 38 (1919), p. 269.

566) *P. Debye*, Münchn. Ber. 1915, p. 1; *A. Sommerfeld*, Elster-Geitel-Festschrift 1915, p. 575; Ann. d. Phys. 53 (1917), p. 497: *C. Davysson*, Phys. Rev. 8 (1916), p. 20; ferner insbesondere *P. S. Epstein*, Ztschr. f. Phys. 9 (1922), p. 92 und *M. Born*, Ztschr. f. Phys. 26 (1924), p. 379, § 2. Bezüglich der auf gleichem Wege untersuchten *Rotationsdispersion* vgl. man Anm. 414) und 418).

567) *J. M. Burgers* [1], p. 215 f.; Versl. Amsterd. 26 (1917). p. 702. — Die Frage zerfällt allerdings im Grunde genommen bereits in *zwei* Teile, a) ob die Anwendung störungstheoretischer Quantenbetrachtungen auch auf langsame, periodische, *also von der Zeit explizit abhängige Störungen* zulässig ist, b) ob das elektrische Feld der Licht„welle" auch tatsächlich als eine derartige *periodische Störung* aufgefaßt werden darf. a) ist von *Burgers* allein behandelt und bejaht worden, b) widerspricht (115 a) und (116 a), könnte aber etwa noch bei Zugrundelegung einer *statistischen* Auffassung beibehalten werden.

bedingung (116a). Tatsächlich haben alle diese Versuche zu keiner brauchbaren Wiedergabe der Wellenlängenabhängigkeit des Brechungsexponenten geführt[568]), vor allem auch deswegen, weil sie notwendig zu einer der Quantentheorie nach Nr. 14 grundsätzlich widersprechenden Gleichsetzung von Bewegungsfrequenzen ω_0 und Spektralfrequenzen ν_0 gelangen müssen. Der letztere Widerspruch kann nun zwar durch die Annahme behoben werden, daß die Streustrahlung der Quantenatome entweder überhaupt nur deren Spektralfrequenzen enthalten könne[569]), oder durch *fiktive* „Ersatzoszillatoren" in den Atomen hervorgerufen werde, deren Bewegungsfrequenzen mit den nach der *Bohr*schen Frequenzbedingung (114) berechneten Spektralfrequenzen übereinstimmen sollen.[570]) Die in diesen beiden Fällen den Interferenzvorgängen zuliebe wiederum vorausgesetzte *Kugelwellenemission* der bisher überdies stets als *ruhend* betrachteten Streuungszentren widerspricht aber ebenfalls wieder (116a), so daß man auf diesem Wege ebensowenig wie in der klassischen Streuungs- und Dispersionstheorie zur Erhaltung des statistischen Wärmegleichgewichtes zwischen Materie und Strahlung gelangen kann.[571]) In der Tat ist auch bereits am Ende von Nr. 12 gezeigt worden, daß die Erhaltung jenes Gleichgewichtes wegen der durch (116a) bedingten Änderung eines von Null verschiedenen Translationsimpulses beim Streuvorgange nur an

568) Siehe die in Anm. 566) genannte Literatur. Die zuerst von *Debye* am H_2-Molekülmodell erhaltene Übereinstimmung wird mit Rücksicht auf das anderweitige Versagen dieses Modelles (Nr. 16b) hinfällig.

569) *C. G. Darwin*, Nature 110 (1922), p. 841; Proc. Nat. Acad. Amer. 9 (1923), p. 771; *A. Smekal*, vgl. Naturwissenschaften 11 (1923), p. 873.

570) *R. Ladenburg*, Ztschr. f. Phys. 4 (1921), p. 451; *R. Ladenburg* und *F. Reiche*, Naturwissenschaften 11 (1923), p. 584; *N. Bohr*, Ztschr. f. Phys. 13 (1923), p. 117, auf p. 161/162. — Einem formal ähnlichen Standpunkt entspricht ferner die *neuere Auffassung der Quantenvorgänge von Bohr, Kramers* und *Slater* (Nr. 20, Anm. 532), jedoch mit einer *virtuellen* Kugelwellen-Streustrahlung, welche so beschaffen gedacht wird, daß sie dem im Text nachfolgend angeführten, auf (116a) gestützten Gegenargument aus statistischen Gründen zu entgehen vermag. Ausführungen zur Quantentheorie der Dispersion, welche mit einer derartigen *virtuellen Kugelwellen*-Streustrahlung arbeiten (was hier nur mehr eine terminologische Bedeutung hat), sind von *H. A. Kramers* gegeben worden [Anm. 532), vgl. dazu ferner *R. Ladenburg* und *F. Reiche*, Naturwissenschaften 12 (1924), p. 672; *M. Born*, Ztschr. f. Phys. 26 (1924), p. 379, §§ 3, 4; *R. Becker*, Ztschr. f. Phys 27 (1924), p. 173].

571) Siehe etwa *C. G. Darwin* und *A. Smekal*, Anm. 569) oder Anm. 239). Der von *K. F. Herzfeld* (Anm. 564), p. 359 vertretene, entgegengesetzte Standpunkt kann nur bei bewußter Vernachlässigung von (116a) als gerechtfertigt angesehen werden. Die gleiche Vernachlässigung liegt auch der *Kramers*schen Quantentheorie der Dispersion (Anm. 570) zugrunde.

thermisch *bewegten* Streuungszentren möglich ist. Wie zuerst *A. H. Compton* und *P. Debye* bei der quantentheoretischen Behandlung des Streuvorganges durch praktisch „freie" Elektronen geschlossen haben, *muß die Streustrahlung eine richtungsabhängige Wellenlängenänderung gegenüber der Primärstrahlung aufweisen*[572]), welche an der hauptsächlich von leichten Elementen gestreuten Röntgenstrahlung tatsächlich auch von *A. H. Compton* experimentell festgestellt und gemessen werden konnte.[573]) Die für die Streuung an beliebigen Atomen oder Molekülen maßgebenden allgemeinen Beziehungen (118) und (119) sind durch Verallgemeinerung der *Compton-Debye*schen Betrachtungen von *Smekal* aufgestellt worden[574]) und zeigen, daß die in der Streustrahlung gegenüber der Primärstrahlung auftretenden *Frequenzänderungen* unter Umständen *sogar von der Größenordnung der Spektralfrequenzen der streuenden Atomsysteme sein können müssen,* wofür ein *direkter* experimenteller Nachweis einstweilen allerdings noch aussteht.[575]) Dieser

---

572) Siehe Anm. 244), 495), ferner *W. Pauli,* Anm. 243).

573) *A. H. Compton,* Bull. Nat. Res. Council 20 (1922), p. 19; Phil. Mag. 46 (1923), p. 897; Phys. Rev. 21 (1923), p. 483; 22 (1923), p. 409; 24 (1924), p. 168; *A. H. Compton* und *Y. H. Woo,* Proc. Nat. Acad. Amer. 10 (1924), p. 271; *P. A. Roß,* Phys. Rev. 22 (1923), p. 524; Proc. Nat. Acad. Amer. 9 (1923), p. 246; 10 (1924), p. 304; *J. A. Becker,* Proc. Nat. Acad. Amer. 10 (1924), p. 342; *M. de Broglie,* Paris C. R. 178 (1924), p. 908; *A. H. Compton* und *J. A. Bearden,* Proc. Nat. Acad. Amer. 11 (1925), p. 117; *Y. H. Woo,* ebenda p. 123; *P. A. Roß* und *D. L. Webster,* ebenda p. 56, 61; *H. Kallmann* und *H. Mark,* Naturwiss. 13 (1925), p. 297. — Die Realität des *Compton*effektes ist von *W. Duane* und seinen Mitarbeitern in zahlreichen Veröffentlichungen in den Proc. Nat. Acad. Amer. 10 (1924) bestritten und eine Deutung der experimentellen Tatsachen auf anderem Wege zu geben versucht worden, doch scheint diese Diskrepanz nach den neuesten Publikationen im wesentlichen zugunsten der *Compton*schen Ergebnisse geklärt zu sein. Ein unabhängiger Beweis für die letzteren liegt aber auch bereits vor im Nachweis der Existenz der *Comptonschen Rückstoßelektronen* (vgl. die Betrachtungen zum *Compton*effekt in Nr. 18b) durch *C. T. R. Wilson* und *Bothe* (Anm. 237), namentlich aber den Ergebnissen von *A. H. Compton* und *J. C. Hubbard,* Phys. Rev. 23 (1924), p. 439 (Diskussion der *Wilson*schen Versuche) und *D. Skobelzyn,* Ztschr. f. Phys. 24 (1924), p. 393; 28 (1924), p. 278.

574) *A. Smekal,* Anm. 569) oder 236).

575) Für $\nu'' = 0$, wo (118) und (119) in (115) und (116) übergehen, entspricht dieser Folgerung aber der experimentell zuerst von *R. J. Strutt,* Proc. Roy. Soc. (A) 96 (1919), p. 272, an Na-Dampf festgestellten Tatsache, daß das mit einer von der Resonanzlinie verschiedenen Spektrallinie erregte Fluoreszenzlicht auch andere Spektralfrequenzen des fluoreszierenden Atomsystems als jene des Primärlichtes enthält. (Bezüglich der quanten- und serientheoretischen Deutung dieses Effektes vgl. man *N. Bohr* [3], p. 35/36.) Die notwendige Existenz des Analogons zu dieser Erscheinung bei der Streustrahlung ist oben direkt aus den auf den Energie- und Impulssatz gegründeten Beziehungen (118)

Fall muß nach (118) und (119) nämlich stets dann eintreten, wenn die unter einem beliebigen Winkel gegen die Primärrichtung erfolgende Emission der Sekundärstrahlung *mit einem Quantenübergang des streuenden Gebildes verbunden ist* (*anomale Zerstreuung*); andernfalls erhält man die nur für das leichte Elektron meßbare Frequenzänderung des gewöhnlichen *Comptoneffekts* (*normale Zerstreuung*).[576])

Die Beziehungen (118) und (119) setzen eine *zwei*malige Anwendung der grundlegenden Wechselwirkungsgesetze (115) und (116) zwischen Materie und Strahlung voraus, deren Erfolg die Unausweichlichkeit der Folgerung erkennen zu lassen scheint, *daß das streuende Atom sich zwischen Aufnahme der Primärstrahlung und Emission der Sekundärstrahlung in einem „metastationären" Zustande von endlicher „Lebensdauer" befinden muß.*[577]) Dies entspricht nun gerade der

---

und (119) entnommen worden, kann aber auch aus dem *Bohrschen Korrespondenzprinzip* (Nr. 14) erschlossen werden, wenn man bekannte Sätze über die *erzwungenen Schwingungen ein- und mehrfach-periodischer Systeme* benutzt. Dieser Weg der Begründung ist jüngst auch von *N. Bohr*, Naturwissenschaften 12 (1924), p. 1115, besonders hervorgehoben worden, unter gleichzeitigem Hinweis auf seither erschienene Rechnungen von *H. A. Kramers* und *W. Heisenberg*, Ztschr. f. Phys. 31 (1925), p. 681, wozu auch *A. Smekal*, Ztschr. f. Phys. 32 (1925), p. 241, zu vergleichen ist. Bezüglich der *indirekten* Bestätigung der „anomalen" Zerstreuung durch den *Compton*-Effekt s. den diesbezüglichen Hinweis in Anm. 495).

576) Streicht man in (118) und (119) $E_{n'}$ und $E_{n''}$, so erhält man für ein streuendes Gebilde von der Masse M und für einen Winkel ϑ zwischen Primär- und Sekundärstrahlung

$$\nu' - \nu'' = \frac{\nu' \cdot \nu''}{M} \cdot \frac{2h}{c^2} \cdot \sin^2 \frac{\vartheta}{2};$$

die Frequenzdifferenz wird also im sichtbaren und ultravioletten Gebiet unmeßbar klein; im Röntgengebiete ist sie wegen des Vorkommens von M im Nenner nur für $M = m$ (Elektronenmasse) meßbar und von der Größenordnung einiger Prozente der Primärfrequenz ν'. In Wellenlängen ausgedrückt, hat man

$$\lambda'' - \lambda' = \frac{2h}{Mc^2} \cdot \sin^2 \frac{\vartheta}{2},$$

worin die rechte Seite *unabhängig von* λ wird und für $M = m$, sowie $\vartheta = \frac{\pi}{2}$ den Zahlenwert $0{,}0243 \cdot 10^{-8}$ cm annimmt. Die beiden Grenzübergänge (121) und (122) führen hier bemerkenswerterweise insofern zu etwas *verschiedenen* Ergebnissen, als (121) für die Frequenz- bzw. Wellenlängendifferenz in der Grenze exakt Null liefert, (122) aber nur eine prozentisch beliebig klein werdende Wellenlängenänderung ergibt.

577) *A. Smekal*, Ztschr. f. Phys. 32 (1925), p. 241; 34 (1925), p. 81. Hierbei wird also der *monochromatische Charakter der elementaren Strahlungsvorgänge* (bzw. der Quantenübergänge) als *prinzipiell* angesehen, wie dies auch der Möglichkeit eines Korrespondenzprinzipes überhaupt, sowie der *Bohr*schen Formulierung des II. Grundpostulates der Quantentheorie (114) (*N. Bohr* [1], [2]) entspricht. Mit Rücksicht auf die allgemeinen Bedingungen der Erhaltung des

oben aus der klassischen Dispersionstheorie gezogenen Folgerung, wonach eine gewisse mittlere Verzögerungszeit pro streuendem Atom formal dazu geeignet ist, den im dispergierenden Medium mit gegenüber c verminderter Fortpflanzungsgeschwindigkeit erfolgenden Strahlungsenergietransport zu deuten. Die Auffassung jener *Verzögerungszeiten als Lebensdauern von Atom- und Molekülzuständen* bisher unbekannter Art ist, allerdings rein phänomenologisch und unabhängig von obiger Quantentheorie der Streuung, zuerst von *Herzfeld*[564]) gegeben worden; das Vorhandensein eines von Eins verschiedenen Brechungsexponenten wäre demnach als unmittelbarer Beweis für die Existenz der oben erschlossenen Streuungszustände bei beliebigen materiellen Medien anzusehen.[578])

Wie die Betrachtung der Energie- und Impulsverhältnisse zeigt, müssen die neuen Atomzustände für alle Primärfrequenzen $\nu \neq \nu_0$ von den mittels der allgemeinen Quantenbedingungen (133) gekennzeichneten *stationären Quantenzuständen verschieden* sein; ihre mittlere Lebensdauer ergibt sich nach *Herzfeld* von der Größenordnung $\frac{1}{\nu}$, also etwa 10^{-15} sec für sichtbares Licht, gegenüber 10^{-8} sec nach (188) oder (189) (Nr. **20**) für die gewöhnlichen stationären Quantenzustände, und würde damit auf *eine noch wesentlich geringere Zeitdauer der Quantenübergänge*[579]) hinweisen. Ob die neuen, somit wesentlich

---

statistischen Wärmegleichgewichtes zwischen Strahlung und Materie (Nr. **11**, **12**) scheint demgegenüber eine von *A. Einstein* und *P. Ehrenfest* (Anm. 229) in Betracht gezogene Verallgemeinerung, wonach gleichzeitig Wechselwirkung eines Atomsystems mit Strahlung mehrerer verschiedener Frequenzen möglich sein sollte, nur bei bereits nach der klassischen Elektrodynamik einer *spontanen Ausstrahlung überhaupt unfähigen Systemen,* d. h. vor allem an *„freien“ Elektronen,* in Frage zu kommen (vgl. dazu Anm. 581).

578) Diese Folgerung gilt für ganz beliebige derartige Medien, wird aber im Zusammenhang mit obiger, an (118) und (119) anschließender Begründung zunächst wohl nur für die Lichtfortpflanzung in nicht zu stark verdichteten Gasen anschaulich, da die zugrundeliegende Anwendung des Energie- und Impulssatzes nach Nr. **17** nur bei *abgeschlossenen Atomsystemen* oder gewissen Arten von *Zusammenstößen* (Nr. **18**) als einigermassen geklärt gelten kann.

579) D. h. der *Leuchtdauern* im Sinne der älteren *Bohr*schen Auffassung der Quantenvorgänge. Da $\frac{1}{\nu}$ von der Größenordnung der *Zeitdauer eines einzigen Elektronenumlaufes* ist, würde die Dauer eines Quanten*überganges* damit zu jener des Durchlaufens von bloß *einem Teil* einer Bahnperiode (oder Quasiperiode) in Beziehung gesetzt werden können, was als Indizium für einen überhaupt *zeitlos* erfolgenden Quantenübergang, entsprechend der in Anm. 560) diskutierten Möglichkeit einer *punktartigen Lokalisation der Strahlungsvorgänge* aufgefaßt werden könnte (s. auch Anm. 446).

Die angegebene Lebensdauer-Größenordnung der „metastationären“ Zustände

unbeständigeren, *metastationären Atom- und Molekülzustände* etwa mit allen nach den klassischen Bewegungsgesetzen überhaupt möglichen Zuständen übereinstimmen oder nicht, kann einstweilen deswegen nicht entschieden werden, weil Energie und Impuls als von diesen Zuständen bisher allein angebbare Größen eine beliebige Bewegung des Atomsystems und seiner Bestandteile keineswegs eindeutig zu kennzeichnen vermögen.[580]) Eine scheinbare Schwierigkeit bezüglich dieser Zustände ergibt sich allerdings für freie Elektronen, bei welchen Energie und Impuls voneinander nicht unabhängig sein können; sie löst sich aber, wenn man — wie stets möglich — die Elektronen beim *Compton*effekt vor Beginn bzw. nach Abschluß des Streuvorganges wie in Nr. **18b** gemäß (181) als in Wechselwirkung mit einem Atomsystem befindlich ansieht, am ideal freien Elektron aber eine Verlangsamung des Strahlungsenergietransportes gegenüber dem Vakuum überhaupt leugnet.[581]) Mit Hilfe von (119) und (195) über-

---

kann als eine eindrucksvolle Bestätigung der von *N. Bohr,* Ztschr. f. Phys. 13 (1923), p. 117, II. Kap., insbesondere §§ 3—5, auf Grund korrespondenzmäßiger Betrachtungen geäußerten Auffassung angesehen werden, daß man zu einer Gültigkeitsgrenze der Quantenpostulate gelangen müsse, wenn mittlere Lebensdauer und „Schwingungsperiode" $\frac{1}{\nu}$ von der gleichen Größenordnung werden (Anm. 528). Wie der formale und hinsichtlich des *Compton-Effektes* auch experimentelle Erfolg der im Texte auseinandergesetzten Quantentheorie der Streuung zu beweisen scheint, bezieht sich jene Gültigkeitsgrenze aber *nur auf die Festlegung der stationären Quantenzustände, welche eben bei den „metastationären" Zuständen hinfällig wird,* während die allgemeinen Frequenzbedingungen (115) und (116) ebenso wie die Benutzung der *Einstein*schen Wahrscheinlichkeitsansätze (106'), (107a'), (107b) in (120) nach wie vor zu Recht bestehen bleiben. Vgl. dazu ferner *A. Smekal,* Ztschr. f. Phys. 34 (1925), p. 81.

580) So wäre es z. B. denkbar, daß gewisse von den Quantenbedingungen der stationären Zustände auch für die „metastationären" in Geltung bleiben könnten.

581) Die Betrachtung vollkommen isolierter, freier Elektronen — ein kaum realisierbarer Grenzfall — ist heuristisch ganz besonders fruchtbar (*Compton, Debye, Pauli,* Anm. 572), aber prinzipiell nicht ohne Besonderheiten und Bedenklichkeiten. Wenn das Strahlungsgleichgewicht gemäß (120a), (120b) bei alleiniger Wechselwirkung mit freien Elektroneu gewahrt werden können soll, müßten diese formal einer *spontanen Ausstrahlung* gemäß (105) fähig sein, wofür die klassische Elektrodynamik wegen der grundsätzlichen Strahlungsfreiheit gleichförmig bewegter Ladungen aber kein korrespondenzmäßiges Analogon zu bieten vermag. Da die Bremsung bzw. Beschleunigung eines derart bewegten Elektrons durch das Strahlungsfeld jedoch zu bestimmten Strahlungsvorgängen Anlaß gibt, so werden diese korrespondenzmäßig dem *Compton-Debye*schen Streuvorgang zuzuordnen sein, aber bei im Grenzfall des ideal freien Elektrons verschwindendem Zeitintervall zwischen Aufnahme der Primärstrahlung und Abgabe

zeugt man sich leicht, *daß das Ruhsystem der auf ein Atomsystem auftreffenden Primärstrahlung mit jenem der später ausgesandten Streustrahlung übereinstimmen muß, und daß, in diesem Bezugssystem gemessen, die Frequenz der Primär- und der Sekundärstrahlung einander gleich sein müssen, $\nu' = \nu''$, wie in der klassischen Theorie.* Dieses Ergebnis, das auch im Grenzfall freier Elektronen in Geltung bleibt, ist für den letzteren auf Grund relativitätstheoretischer Invarianzforderungen zuerst von *Pauli* abgeleitet worden.[582])

Die nach dem Obigen zu erschließende Existenz metastationärer Quantenzustände ist in mehrfacher Hinsicht von besonderem Interesse, einerseits wegen ihrer allgemeinen quantentheoretischen Bedeutung, anderseits wegen ihrer Tragweite für die Fragen der *Statistik.* Der erstgenannte Punkt ist noch völlig ungeklärt, doch ist es jedenfalls bedeutsam, *daß die Zeitdauer gastheoretischer Zusammenstöße der Lebensdauer metastationärer Zustände nahekommt,* was auf eine mögliche Beziehung der letzteren zur Theorie der *Quantenvorgänge in unabgeschlossenen Systemen* (Nr. **17, 18**), namentlich zur zeitlichen Auswirkung dieser Erscheinungen in der Theorie der *chemischen Umsetzungen* und der *Reaktionsgeschwindigkeit*[452]) hinweist.[582a]) In statistischer Hinsicht wäre jedenfalls festzustellen, daß die Existenz metastationärer Zustände Ergänzungen zu den Formeln der *Quantenstatistik* (Nr. **10, 24—27**) bedingen würde, welche durch auch außerhalb der stationären Quantenzustände *von Null verschiedene,* wenn auch nume-

---

der Sekundärstrahlung, wodurch die Möglichkeit und Notwendigkeit einer Unterscheidung zwischen spontaner Ausstrahlung einerseits, positiver und negativer Einstrahlung anderseits verschwindet. Korrespondenzbetrachtungen zum *Compton*effekt, jedoch ohne Bezugnahme auf die eben berührte Fragestellung sind gegeben worden von *K. Försterling,* Phys. Ztschr. 25 (1924), p. 313; *W. Lenz,* Ztschr. f. Phys. 25 (1924), p. 299; *O. Halpern,* Ztschr. f. Phys. 30 (1924), p. 130.

582) Siehe Anm. 243), aber auch schon *A. H. Compton,* Anm. 244). Dieses Ergebnis ist von besonderer Bedeutung für die Beantwortung der Frage nach der Häufigkeitsfunktion, welche für die Intensität der Streuung unter bestimmtem Winkel gegen die Primärrichtung bei gegebener Primärintensität maßgebend ist. *Pauli* und in naher Übereinstimmung damit auch *Compton* haben im genannten Ruhsystem („Normalkoordinatensystem" nach *Pauli*) dafür die klassische *Thomson*sche Streuungsformel angenommen, *Debye* (Anm. 244) benutzt demgegenüber, jedoch in Widerspruch mit den Erfahrungstatsachen, einen etwas abweichenden Ansatz. Vgl. *W. Pauli,* l. c. p. 282, Anm. 2.

582 a) Man vgl. dazu die jüngst erschienenen Betrachtungen über hypothetische „Quasimolekeln" von *M. Born* und *J. Franck,* Ztschr. f. Phys. 31 (1925), p. 411, sowie den in Verbindung mit den „metastationären" Zuständen darauf bezugnehmenden Hinweis bei *A. Smekal,* Ztschr. f. Phys. 32 (1925), p. 241 (Zusatz bei der Korrektur).

risch unbedeutende *Werte der Gewichtsfunktion* gekennzeichnet werden müßten.[583]) Wie *Herzfeld*[564]) für den Fall der Dispersion gezeigt hat, können die dadurch bedingten Abweichungen von der gewöhnlichen Quantenstatistik erst bei genügend *hohen Temperaturen* merklich werden, wie es auch schon auf Grund der *empirisch* fundierten Ergebnisse (95) und (100) nicht anders zu erwarten ist.[584])

Mit vorstehender quantentheoretischer Behandlung der Zerstreuung und Deutung für die Verzögerungszeit der Lichtfortpflanzung in den zerstreuenden Atomen ist nach den Ausführungen am Beginne dieser Nummer eine quantentheoretische Behandlung der Dispersion möglich gemacht, falls nun auch noch eine entsprechende quantenmäßige Begründung für die *Interferenzvorgänge* gegeben werden kann. Vernachlässigt man die „anomale" Zerstreuung (p. 1108) und beschränkt sich auf die „normale" Zerstreuung des *Compton*effektes bei gleichzeitiger Vernachlässigung[585]) der hierbei eintretenden, namentlich im optischen Gebiete unmeßbar kleinen[576]) Frequenzänderungen, so ist eine solche Begründung in der Tat auf verhältnismäßig einfachem Wege möglich. Für eine genauere Ausführung der Theorie, welche die genannten Einschränkungen überflüssig macht, scheinen keine weiteren prinzipiellen Schwierigkeiten vorzuliegen, doch ist sie bisher noch nicht in Angriff genommen worden.

583) Ob und welche Besonderheiten hierbei entsprechend den allgemeinen Ergebnissen von Nr. **6b**, Ende und Nr. **9** der Umgebung des „untersten" Quantenzustandes oder „Normalzustandes" eines Atomsystems zuzukommen hätten, ist einstweilen allerdings noch nicht näher zu übersehen.

584) Siehe Anm. 191), sowie aber die Bemerkungen in Anm. 192) zu einem theoretischen Versuch von *Mie*.

585) Diese Vernachlässigung läuft auf eine Unterdrückung des *Einstein*schen „Nadelstrahl"impulses (116 a) hinaus, welcher die *Richtungsänderung* der Strahlung bei der Zerstreuung bewirkt. Wenn im folgenden von *beliebig geformten Lichtwegen* die Rede ist, so muß man sich diese als Ersatz für Polygonzüge vorstellen, welche durch entsprechend oftmalige Wechsel der Primärstrahlrichtung an streuenden Atomen als *wahre Lichtwege* zustandekommen, wobei von den jeweils auftretenden Impulsänderungen abgesehen wird. Ihre Berücksichtigung würde am Ende langer, entsprechend gekrümmter Lichtwege im allgemeinen schon beträchtliche Vielfache der in Anm. 576) näher angeführten Wellenlängenänderung beim Einzelstreuungsvorgang ergeben können, welche jedoch aus Intensitätsgründen bisher stets unbeobachtbar bleiben mußten. Für die Lichtwege der geometrischen Optik aber überzeugt man sich leicht, daß eine solche Wellenlängenänderung bei sichtbarem Licht auch für große Lichtwege unmerklich bleiben muß. Wenn Reflexionsvorgänge (Nr. **22**) zunächst als ausgeschlossen betrachtet werden, so kommen praktisch immer nur sehr spitze Streuwinkel in Betracht, für welche die Wellenlängenänderung nach Anm. 576) verhältnismäßig am kleinsten ausfallen muß, da für den Streuwinkel Null überhaupt keine derartige Änderung eintritt.

Da die Interferenzvorgänge nach der klassischen Wellentheorie wesentlich von der *Phase* φ der Lichtstrahlen abhängen, wird vorerst die Aufsuchung eines quantentheoretischen Analogons hierzu erforderlich. Bedeutet A den Ort des emittierenden, B den des absorbierenden [positive oder negative Einstrahlung (Nr. **14**) empfangenden] Atoms, welche beide durch einen Lichtweg s von beliebigem Verlaufe verbunden zu denken sind, so ist die Phase φ_ν monochromatischen Lichtes von der Frequenz ν bzw. der Wellenlänge λ, für den Zeitpunkt der Absorption klassisch gegeben durch

$$(196) \qquad \varphi_\nu(s) = \int\limits_A^B \frac{ds}{\lambda} = \frac{\nu}{c} \int\limits_A^B n_\nu \cdot ds ,$$

wenn n_ν den Brechungsindex als Funktion des Ortes darstellt. $\varphi_\nu(s)$ ist dimensionslos, daher eine reine Zahl und gegenüber beliebigen Raum-Zeit-Transformationen *invariante* Größe, klassisch mit hinreichender Schärfe definiert, wenn λ groß ist gegen die Dimensionen von A und B, d. h. wenn Emission und Absorption als hinreichend punktartig lokalisierte Vorgänge angesehen werden können; ob letztere auch *zeitlos* erfolgen oder nicht, ist demgegenüber nicht von Belang.

Um für $\varphi_\nu(s)$ in (196) einen quantentheoretischen Ausdruck angeben zu können, hat man zunächst zu beachten, daß sich alle in (196) vorkommenden Größen auf von einem beliebigen Bezugssystem aus einheitlich zu beschreibende, bewegte materielle Teilchen beziehen, einschließlich ν (bzw. λ), das in der klassischen Theorie durch konstante Elektronen-Schwingungsfrequenzen der beteiligten Atome gegeben ist (Nr. **20**). Ein solches Bezugssystem kann nun auch in der Quantentheorie beliebig gewählt werden, wenn man entsprechend Nr. **17** die zwischenmolekularen Wechselwirkungen berücksichtigt und zugleich mit der inneren Bewegung der Moleküle etwa durch kanonische Differentialgleichungen von der Form (1) beschreibt. Faßt man nun die Emission des Strahlungsenergiebetrages $h\nu$ und dessen Absorption als eine einheitliche Störung auf, welche mit einem Quantenübergange in A anhebt, sich über die Wechselwirkungen der Atomsysteme und diese selbst, längs s und dessen Umgebung ausbreitet, um mit einem Quantenübergange in B zu endigen[586]), so kann man

586) *A. Smekal,* Anm. 435). — Hierbei kann von speziellen Vorstellungen über den Verlauf dieser Störungen im einzelnen völlig abgesehen werden, da nur das Pauschalergebnis jedes derartigen Vorganges in Betracht kommen wird. Es ist daher im Texte auch vermieden worden, hier etwa die Ausdrucksweise der Lichtquantentheorie anzuwenden, wie dies bei *Herzfeld* (Anm. 564) und *Wentzel* (Anm. 587) geschieht. Das Gleiche dürfte nach dem Vorangehenden auch für

mit *Wentzel*[587]) als ***invariantes Maß dieser Störung*** diejenige ***Gesamtänderung*** ansehen, welche die ***invariante***, zu (6) analog gebaute ***Jacobische Wirkungsfunktion S jener kanonischen Bewegungsgleichungen*** hierbei erleidet. Diese Änderung $\Delta_\nu S$ ist (hier im Gegensatz zu S selbst) endlich und kann mit Benutzung der Beziehungen (5) und (7) in der Form geschrieben werden

$$\Delta_\nu S(s) = \int_A^B t \cdot dE + \sum_i \int_A^B \beta_i \cdot d\alpha_i \text{ }^{588}), \tag{197}$$

worin E die Gesamtenergie der von der Störung betroffenen Atomsysteme bedeutet.[589]) $\Delta_\nu S(s)$ ist von der Dimension einer Wirkungsgröße; dividiert man (197) durch h, so kann man als ***quantentheoretische Phase des Lichtweges s*** mit *Wentzel* jetzt den invarianten, dimen-

die Quantentheorie der Zerstreuung deutlich geworden sein, wo die bisherige, gegenteilige Auffassung nur dem Umstand zugeschrieben werden kann, daß *Compton* und *Debye* (Anm. 244)) von dem idealen Grenzfall freier Elektronen ausgegangen sind, an welchem eine Klarstellung der diesbezüglichen Verhältnisse (Anm. 579), 581)), nicht ohne weiteres möglich ist.

587) *G. Wentzel*, Ztschr. f. Phys. 22 (1924), p. 193; 27 (1924), p. 257, Anhang.

588) Wenn hier der Einfachheit halber die Bezeichnungen der zitierten Formeln beibehalten werden, so darf doch nicht übersehen werden, daß es sich dort um die Bewegungsgleichungen der inneren Bewegung eines *isolierten* Atomsystems handelt, hier aber um die Bewegungsgleichungen aller Elementarbestandteile der Atomsysteme, welche in ihrer Wechselwirkung einen beliebig großen, prinzipiell unabgrenzbaren Raumteil der Welt erfüllen (vgl. dazu Anm. 437). Die Anzahl der verschiedenen, durch den Index i gekennzeichneten Freiheitsgrade ist daher hier strenggenommen unendlich (und deswegen gilt das Gleiche auch für S), so daß auch die Anzahl der von der Störung in Mitleidenschaft gezogenen Freiheitsgrade ohne spezielle Annahmen über die Natur der Lichtausbreitung (z. B. die Lichtquantenvorstellung) nur mit einer gewissen, allerdings wohl stets quantitativ zu rechtfertigenden Annähernng als endlich angesehen werden kann.

589) Da jeder der beiden auf der rechten Seite von (197) stehenden Teile von S auch für sich invariant ist, so kann für das Folgende eine beliebige, entsprechend normierte Linearkombination dieser beiden Teile formal zunächst das Gleiche leisten. Wie *R. de L. Kronig*, Ztschr. f. Phys. 29 (1924), p. 383, allerdings unter gewissen speziellen Voraussetzungen zeigte, schien aus der im nachfolgenden geschilderten Betrachtung zunächst nur dann die notwendige Existenz des *Einstein*schen Strahlungsimpulses (116a) mit dem richtigen Vorzeichen gefolgert werden zu können, wenn man das Vorzeichen des zweiten Teiles von (197) umkehrte. Nach *Wentzels* revidierter Theorie (Ztschr. f. Phys. 27 (1924), p. 279, Gl. (62)) hingegen erhält man auf dem *Kronig*schen Wege das richtige Vorzeichen für $\frac{h\nu}{c}$, wie *G. Wentzel*, Phys. Ber. 6 (1925), p. 594 angibt.

sionslosen Ausdruck definieren

(198) $$\varphi_\nu(s) = \frac{\Delta_\nu S(s)}{h}.$$

Wenn man *punktartige Lokalisation von Emission und Absorption* voraussetzt[590]), so wird $s = c \cdot \Delta t$, wo Δt die Zeit der freien Lichtfortpflanzung ist, ferner z. B. bei positiver Einstrahlung in B[591]) für $t = t_A$ bzw. $t = t_B$ nach der *Bohrschen Frequenzbedingung* (114) $\Delta E = \pm h\nu$, und man bekommt (λ = Wellenlänge im Vakuum):

(199) $$\varphi_\nu(s) = \frac{s}{\lambda} + \frac{1}{h}\sum_i \int \beta_i \cdot d\alpha_i.$$

Durch Vergleich von (196) und (198) ergibt sich als *quantentheoretischer Ausdruck für den Brechungsexponenten* n_ν allgemein

(200) $$n_\nu = \frac{c}{\Delta E} \cdot \frac{d\Delta_\nu S(s)}{ds} = 1 + \frac{\lambda}{h} \frac{d\sum\limits_i \int \beta_i \cdot d\alpha_i}{ds};$$

der Brechungsexponent mißt demnach quantentheoretisch die durch Strahlung von der Frequenz ν längs des beliebigen Lichtweges s bedingten Abweichungen von der sonst ungestörten inter- und intramolekularen Bewegung pro Weg- und Energieeinheit. Das *Fermatsche Prinzip der schnellsten Ankunft des Lichtes*

(201) $$\delta \int_A^B n_\nu \cdot ds = 0$$

besagt dann, *daß jene Abweichung auf den Lichtwegen der geometrischen Optik ein Minimum wird.*

Es hat nun nach *Wentzel* keine Schwierigkeiten mehr, *die wellentheoretische Interferenzformel als quantenstatistische Gesetzmäßigkeit umzudeuten,* wenn man den grundlegenden Unterschied zwischen der Definition der wellentheoretischen (196) und der quantentheoretischen (198), (199) Lichtphase gebührend beachtet, wonach letztere gegenüber der ersteren prinzipiell nur für durch materielle Atome begrenzte Lichtwege sinnvoll ist. Allerdings wird man sich angesichts dieser Möglichkeit immer darüber klar sein müssen, daß die Richtigkeit oder Brauchbarkeit dieser klassischen Gesetzmäßigkeit von vornherein *nur im Bereiche der beiden Grenzübergänge* (121) *oder* (122) als sicher-

590) Vgl. dazu Anm. 560), 579).

591) Der Fall der *negativen* Einstrahlung (Nr. **11**) wird bei *Wentzel* nicht erwähnt, kann aber ähnlich behandelt werden. Verfolgt man den Lichtstrahl dann auch über B hinaus, bis er irgend einmal durch positive Einstrahlung vollständig erlischt, so hat man wieder den oben behandelten Spezialfall.

gestellt betrachtet werden kann.[592]) Jedem von A nach B führenden Lichtwege wird, da es sich nur um an materielle Teilchen geknüpfte, also prinzipiell beobachtbare Vorgänge handelt, eine bestimmte a priori-Häufigkeit zuzuordnen sein, ebenso wie dies für die einzelnen Quantenübergänge an isolierten Atomsystemen bereits in Nr. **11** vorausgesetzt worden ist. Betrachtet man nun sämtliche möglichen Lichtwege von A nach B, so wird die Häufigkeit eines einen *beliebigen* dieser Lichtwege benützenden Strahlungsvorganges *nicht durch die Summe* aller dieser a priori-Häufigkeiten gemessen sein, sondern durch das *J-fache* hiervon, wobei $J_\nu(\overline{AB})$ definiert ist durch

(202) $$J_\nu(\overline{AB}) = \frac{(\mathfrak{F}\cdot\overline{\mathfrak{F}})}{|\mathfrak{F}_0|^2};$$

die Vektoren

(203) $$\mathfrak{F}_0 = \sum_s \mathfrak{f}_s, \quad \mathfrak{F} = \sum_s \mathfrak{f}_s \cdot e^{2\pi i\cdot\varphi_\nu(s)}$$

werden hierbei mittels der vektoriellen Amplituden der klassischen, längs der verschiedenen Wege s gestrahlten Wellen erhalten, deren Phasen in B gemäß (198) $\varphi_\nu(s)$ betragen würden.[593]) Da der Zähler von (202) formal dem *Amplitudenquadrat superponierter Wellen* entspricht, ist (202) auf *ganz beliebige Interferenzvorgänge* anwendbar, nicht nur auf die in der vorliegenden Nummer für die Dispersion wichtige statistische Zusammensetzung der von einzelnen Atomen herrührenden Streustrahlung. Man erkennt, *daß das Zustandekommen der Interferenzen nach der Quantentheorie wesentlich von dem Vorhandensein absorbierender Atome B abhängt; im Vakuum sind Interferenzen nicht*

---

592) Die Abweichungen von den klassischen Interferenzgesetzen, welche sich namentlich bei hinreichend kurzwelliger Strahlung mit Rücksicht auf den *Einstein*schen Strahlungsimpuls (116), (116 a) fühlbar machen müssen, sind von *Wentzel* (Anm. 587) nicht in Rücksicht gezogen worden und sollen entsprechend Anm. 585) im folgenden unbeachtet bleiben, soweit dies in prinzipieller Hinsicht zulässig ist. In der neueren *Bohr*schen Quantentheorie der Strahlung (Nr. **20**, Anm. 532) spielen zwar sowohl die klassischen Interferenzgesetze, wie auch der Strahlungsimpuls (116), (116 a) eine entscheidende Rolle, doch wird nicht im einzelnen angegeben, in welcher Weise ihre Vereinigung ermöglicht gedacht wird.

593) Wie bei *Wentzel* (Anm. 587) näher bewiesen wird, sind die Vektoren $\mathfrak{f}_s$ identisch mit dem *Mittelwerte des wellentheoretischen Lichtvektors* von dem Atomsystem A, genommen über alle Phasenkonstanten δ_r in (127) und gebildet für den Lichtweg s. Gleichzeitig wird dort auch gezeigt, daß die Aussagen von (202) und (203) dann mit den Aussagen des *Bohrschen Korrespondenzprinzipes* (Nr. **14**) für jeden zwischen zwei *stationären* Zuständen des Atoms A stattfindenden Quantenübergang übereinstimmen.

nur nicht feststellbar, sondern prinzipiell nicht vorhanden.[594]) Nach der geschilderten Auffassung müßten die Emissionen zweier *verschiedener* Atome prinzipiell als *inkohärent* angesehen werden, was eine unmittelbare und den experimentellen Tatsachen entsprechenden Verknüpfung von *Kohärenzdauer* und *mittlerer Lebensdauer der stationären Quanten-*

---

594) Vergleicht man die Auffassung der Interferenzvorgänge bei *Wentzel* (Anm. 587) mit jener von *Bohr, Kramers* und *Slater* (Nr. **20** und Anm. 532), so zeigen sich einige formale Übereinstimmungen, vor allem aber auch prinzipielle Unterschiede. In beiden Fällen wird durch entsprechende Annahmen dafür gesorgt, daß der Energiesatz mit Rücksicht auf (114) gewahrt wird, bei *Wentzel* wegen *direkter Koppelung* zwischen emittierendem und absorbierendem Atom *exakt,* bei *Bohr* wegen *statistischer Koppelung,* sowie andersartiger Interpretation und Bewertung der klassischen Interferenzformel als in (202) nur *statistisch;* nach *Bohr* müßten gegenüber *Wentzel* Vakuuminterferenzen der „virtuellen" Atomstrahlungen ebenso möglich sein wie in der klassischen Vakuumstrahlung. Bei *Bohr* ist, ebenfalls wie in der klassischen Theorie, die *Strahlung beliebiger Atome interferenzfähig,* und zwar ohne jede zeitliche Einschränkung hindurch, d. h. die Kohärenzdauer wird in Übereinstimmung mit der Erfahrung gleich der mittleren Strahlungsdauer und damit hier auch gleich der mittleren Lebensdauer der in Betracht kommenden Quantenzustände. Bei *Wentzel* ist demgegenüber die Strahlung verschiedener Atome A_1, A_2 prinzipiell *nicht* interferenzfähig (s. oben), außer wenn es sich um Lichtwege handelt, welche A_1, A_2 und B miteinander verbinden. Zur Begründung der Kohärenzdauer muß sich *Wentzel* daher ausdrücklich des Hinweises darauf bedienen, daß die wellentheoretische Interferenz an *gleichzeitig* interferierende Wellen gebunden ist, so daß nur die Interferenz der klassischen Wellen solcher Lichtwege s für (202) und (203) in Betracht kommen kann, deren Durchlaufungszeiten die *mittlere Lebensdauer des stationären Quantenzustandes von A vor* seiner Emission nicht übersteigen. Das Endergebnis hinsichtlich der Kohärenzdauer ist demnach bei *Bohr* und *Wentzel* das gleiche, doch ist ihre Rolle bei *Bohr* noch anschaulich, bei *Wentzel* hingegen durchaus formal. Eine Erweiterung der *Wentzel*schen Theorie in dem Sinne, daß auch Interferenzen verschiedener Atome zugelassen würden, dürfte eine ähnliche Begründung für die Kohärenzdauer wie die *Bohr*sche ermöglichen, welche jedoch von virtuellen Oszillatoren und Strahlungen explizit unabhängig gehalten werden könnte.

Ein besonderer Vorzug der *Wentzel*schen Auffassung vor der *Bohr*schen kann darin gesehen werden, daß sie von vornherein bewußt alle prinzipiell auf experimentellem Wege unkontrollierbaren Hypothesen (*virtuelle* Strahlungen, *Vakuum*interferenzen, *Vakuum*feldstärken usw.) ausschließt und Wahrscheinlichkeitsansätze formuliert, welche die *Interferenzgeometrie* der klassischen Elektrodynamik ersetzen, ohne deren Energie- und Impulsfolgerungen nach sich ziehen zu müssen. Dies wird durch den Umstand ermöglicht, daß die *Vakuum*interferenzvorgänge der klassischen Elektrodynamik qualitativ *von der Strahlungsintensität unabhängig* sind. Die Formulierung von *Wentzel* beschränkt die Tragweite der Wellentheorie daher gewissermaßen auf das Geometrische bzw. Wahrscheinlichkeitstheoretische der Lichtvorgänge und stimmt in diesem Punkte mit den „virtuellen" Konsequenzen der *Bohr-Kramers-Slater*schen Auffassung völlig überein.

zustände ermöglicht, in welchen sich die emittierenden Atome unmittelbar *vor* ihrer Lichtaussendung befinden.

Die Einführung der Größe $\Delta_\nu S$ als invariantes Maß für den Effekt eines elementaren Strahlungsvorganges gibt Anlaß zu einer näheren Prüfung des hierzu von dem Quantenübergang des emittierenden Atomsystems gelieferten Beitrages. Bei Benutzung der quantentheoretischen Uniformisierungsvariablen w_r, I_r $(r = 1, 2, \ldots, u)$ (Nr. **14—16**) des Atomsystems, sowie der Beziehungen (127) und (128) erhält man

$$\Delta S = t \cdot \Delta E + \sum_{r=1}^{u} \int \delta_r \cdot d I_r . \tag{204}$$

Der Beitrag des emittierenden Atoms zur quantentheoretischen Phase $\varphi_\nu(s)$ (198) hängt demnach wesentlich davon ab, ob und in welchem Ausmaß die Phasenkonstanten δ_r $(r = 1, 2, \ldots, u)$ sich während des Emissionsprozesses ändern. Man kann dann mittels der Interferenzformel (202) *für den Bereich der Grenzübergänge* (121) *oder* (122) beweisen, daß für das emittierende Atom A nach der Emission dann und nur dann

$$\lim \Delta I_r = \tau_r \cdot h \qquad (\tau_r = 0, 1, 2, \ldots)$$

für $\lim h \to 0$ oder $\lim \nu \to 0$ wird, wie es auch das *Korrespondenzprinzip* (Nr. **14**) gemäß (130) oder (131) verlangt, *wenn die gleichzeitigen Änderungen der Phasenkonstanten* unter den gleichen Voraussetzungen

$$\lim \Delta \delta_r = d_r \qquad (d_r = 0, \pm 1, \pm 2, \ldots) \tag{205}$$

betragen.[595]) Ebenso wie beim Korrespondenzprinzip wird man mangels genauerer Einsicht einstweilen versuchsweise anzunehmen geneigt sein, daß diesem Zusammenhange allgemeine Bedeutung zugeschrieben werden kann, und daß demnach bei *spontanen Ausstrahlungsvorgängen* stets gleichzeitig

$$\begin{aligned} \Delta I_r &= \tau_r \cdot h \qquad && (\tau_r = 0, 1, 2, \ldots) \\ \Delta \delta_r &= d_r \qquad && (d_r = 0, \pm 1, \pm 2, \ldots) \end{aligned} \tag{206}$$

allgemeinen Geltung haben werden. Hat sich das Atom vor dem Quantenübergang in dem *stationären* Quantenzustand n' befunden, so

595) Dieses Ergebnis ist im wesentlichen von *G. Wentzel* (Anm. 587), § 3, abgeleitet worden. *Wentzel* berücksichtigt aber nicht, daß die wellentheoretische Interferenzformel nur für die Grenzfälle (121) oder (122) gesichert ist (Anm. 592), ferner, daß die $\Delta \delta_r$ nicht nur gleich Null, sondern wegen der Periodizität der Exponentialfunktionen in (203) auch ganzzahlig sein können.

folgt aus (206), daß es sich nachher in einem ebensolchen Zustande n'' befinden muß; dann wird

$$(204') \qquad S_{n'} - S_{n''} = t \cdot (E_{n'} - E_{n''}) + h \cdot \left(\sum_{r=1}^{u} \tau_r \cdot \delta_r + d\right),$$

wo d eine ganze Zahl bedeutet. Für *unganzzahlige Änderungen der* δ_r hingegen muß offenbar entweder der Anfangs- oder der Endzustand des emittierenden Atomsystems ein *metastationärer* sein.[596]) Würde man nun auch noch den Einfluß der Atome B auf die quantentheoretische Lichtphase in Betracht ziehen, so würde sich zeigen, daß ein dem Atom A gleiches und im Quantenzustande n' bzw. n'' befindliches Atom B im Falle der Gültigkeit von (206) mit positiven *und* negativen τ_r *positive* bzw. *negative Einstrahlung* (Nr. **11**) erfahren muß, somit tatsächlich absorbiert. Im Falle beliebiger $\Delta\delta_r$, Verschiedenheit der Atome A und B oder ihrer in Betracht kommenden Quantenübergänge hingegen würde man das Vorkommen metastationärer Atomzustände finden müssen, welche nach dem Früheren mit dem Auftreten von Streustrahlung verknüpft sind.

Die bisherigen Ausführungen der vorliegenden Nummer zeigen, wie zumindest sämtliche für die klassische Dispersionstheorie erforderlichen Teilbetrachtungen auch einer quantentheoretischen Begründung fähig sind, mit dem einzigen, wesentlichen und bedeutungsvollen Unterschiede, *daß an Stelle der klassischen Bewegungseigenfrequenzen der Atomsysteme des brechenden Mediums deren quantentheoretische Spektralfrequenzen einzuführen sind,* wie dies in der Tat auch allein dem experimentellen Sachverhalt entspricht. Es ist daher für das durch die Grenzübergänge (121) oder (122) gekennzeichnete Grenzgebiet, d. h. vor allem für *lange* Wellen, zunächst als Provisorium jedenfalls gerechtfertigt, den klassischen Ausdruck für den Brechungsexponenten n_ν in die Quantentheorie herüberzunehmen und dabei gleichzeitig an Stelle der erwähnten Eigenfrequenzen die Spektralfrequenzen ν_j der Mediumatome einzuführen.[597]) Man erhält so

$$(207) \qquad n_\nu^2 - 1 = \frac{Ne^2}{\pi m} \sum_j \frac{a_j}{\nu_j^2 - \nu^2},$$

---

596) Da jede Änderung der Phasenkonstanten wegen der Periodizität der Exponentialfunktionen in (203) nur modulo 1 wirksam werden kann, wäre es naheliegend, das Ausmaß der $\Delta\delta_r$ mit der mittleren Lebensdauer der metastationären Zustände in direkten Zusammenhang zu bringen. Tatsächlich ist eine Änderung $\Delta\delta_r$ (mod 1), welche von gleicher Größenordnung wie 1 ist, größenordnungsmäßig äquivalent einer Zeitdauer $\frac{1}{\nu}$ der störungsfreien Bewegung des Atomsystems.

597) Wie bereits den Anm. 571) und 585) entnommen werden kann, ist

worin N die Anzahl der Mediumatome (bzw. Moleküle) pro Volumeneinheit darstellt und a_j in der klassischen Theorie das Verhältnis der Anzahl der zu ν_j gehörigen „Dispersionselektronen" zu N bedeutet.[598]) Wie *Ladenburg*[599]) auf Grund von Korrespondenzbetrachtungen und Benutzung der *Einstein*schen Ansätze (106), (107a), (107b) für das Wärmestrahlungsgleichgewicht (Nr. **11**) gezeigt hat, ist a_j quantentheoretisch durch

$$a_j = \frac{g_{n'}}{g_{n''}} A_{n'}^{n''} \frac{\tau_j}{3} \tag{208}$$

gegeben, wenn ν_j die beim Quantenübergange $n' - n''$ ausgesandte Spektralfrequenz bedeutet und τ_j die zugehörige, nach (188) berechnete klassische „Abklingungsdauer". Tatsächlich läßt sich die Dispersion zahlreicher Substanzen, namentlich für sichtbare Strahlung, mit beträchtlicher Genauigkeit durch einen Ausdruck vom Typus (207) darstellen und ebenso hat sich der Zusammenhang (208) in den bisher prüfbaren Fällen befriedigend bewährt.[599]) Die Spektralfrequenzen ν_j sind dabei als durch reine *Absorption* gekennzeichnete Unendlichkeitsstellen von (207) mit den Frequenzen der *Absorptionsserie* der dispergierenden Atomsysteme identisch[600]), was ohne weiteres einleuchtend ist, wenn man in Analogie zu den Voraussetzungen der klassischen Begründung von (207) annimmt, daß sich die Atomsysteme vor Beginn der Bestrahlung sämtlich in ihren *Normalzuständen* befanden, in welchen *nur positive Einstrahlung* von Licht jener Fre-

---

dieses Verfahren wegen der zugrunde liegenden Vernachlässigung der Strahlungsimpulse (116) bzw. (116a) und der beim Streuvorgange auftretenden Wellenlängenänderungen für beliebig kurzwellige Strahlung mit Sicherheit nicht mehr zulässig.

598) Vgl. hierzu etwa V 22 (*W. Wien, Elektromagnetische Lichttheorie*, Nr. **15** bis **22**.

599) *R. Ladenburg*, Ztschr. f. Phys. **4** (1921), p. 451; **6** (1921), p. 153; *R. Ladenburg* und *F. Reiche*, Naturwissenschaften **11** (1923), p. 584.

600) In allerjüngster Zeit hat *G. Wentzel*, Ztschr. f. Phys. **29** (1924), p. 306, in Fortführung der in Anm. 593) angedeuteten Beziehungen seiner früheren Untersuchungen (Anm. 587) zum Korrespondenzprinzipe wahrscheinlich zu machen versucht, daß in (207) an Stelle der ν_j *scheinbare Eigenfrequenzen* $\nu_{j'}$ auftreten müssen, welche *größer* sind als die ν_j. (Das Auftreten anormaler Dispersion in der spektralen Umgebung der ν_j, welches in der klassischen Theorie das Eingehen der ν_j in (207) wesentlich zur Folge hat, kann davon im allgemeinen naturgemäß aber nicht berührt werden.) Tatsächlich haben *K. F. Herzfeld* und *L. Wolf*, Ann. d. Phys. **76** (1925), p. 71, 567, eine derartige scheinbare *Violettverschiebung der* ν_j in (207) für zahlreiche Substanzen am experimentellen Material sicherstellen können, doch kann dies wegen des Vorhandenseins anderer Erklärungsmöglichkeiten einstweilen noch nicht als eine Bestätigung der *Wentzel*schen Folgerung angesehen werden.

quenzen möglich ist. Wie indessen die *Statistik* (Nr. **9**, **11**, **24**) allgemein ergibt, muß bei nicht allzu tiefen Temperaturen stets auch eine gewisse Anzahl von *Atomen in höheren Quantenzuständen* vorhanden sein, welche beim Auftreffen von Strahlung „passender" Frequenz gemäß (107a), (107b) *durch positive oder negative Einstrahlung in beliebige andere Quantenzustände übergeführt werden*, wodurch der Schluß auf das *Auftreten entsprechender Glieder in der Dispersionsformel* (207) *auch für alle von der Absorptionsserie verschiedenen Spektralfrequenzen der Atome* unvermeidlich wird.[601]) Daß dies auch aus dem Korrespondenzprinzip mit Notwendigkeit gefolgert werden muß, hat *Kramers*[602]) rechnerisch erhärtet. Die Dispersionsformel (207), sowie (208) bleiben bis auf die Vermehrung der Gliederzahl unberührt, wenn man wiederum nur Atome eines bestimmten Quantenzustandes in Betracht zieht; die ν_j bedeuten dann sämtliche, von jenem stationären Zustande aus in Absorption oder Emission möglichen Spektralfrequenzen, wobei (208) für die letzteren in (207) mit dem *negativen* Vorzeichen einzuführen ist. Eine experimentelle Bestätigung dieser im Gegensatz zur einfachen Dispersionsformel (207) *nur auf quantentheoretischem Wege* ableitbaren Folgerung steht einstweilen noch aus. Ebenso ist eine genauere, rein quantentheoretische Auswertung des allgemeinen Ausdruckes (200) für den Brechungsexponenten bisher noch nicht vorgenommen worden.

22. Quantentheoretische Deutung der Gitterinterferenz und Beugung. Die im Anschluß an (202) und (203) in der vorangehenden Nummer angestellten *quantenstatistischen Betrachtungen zur klassischen Interferenzformel* lassen sich grundsätzlich auch zur quantentheoretischen Deutung der Gitterinterferenz und Beugung heranziehen, wenn man von vornherein auf die Berücksichtigung der *Einsteinschen Strahlungsimpulse* (116) bzw. (116a) Verzicht leistet, was einer Beschränkung auf das Gebiet kleiner Frequenzen (langer Wellen) gleichkommt.[585]) Wie die ebenfalls in Nr. **21** im Anschluß an (118) *und* (119) exakt behandelte *Quantentheorie der Streuung* zeigt, ist es aber gerade das Auftreten jener Impulsgrößen, welche für die quanten-

---

601) Diese Umstände sind zuerst von *A. Smekal*, Naturwissenschaften 11 (1923), p. 873 anläßlich der bereits oben (p. 1108) berührten Folgerung der Existenz „anomaler" Zerstreuung berücksichtigt worden, ohne jedoch eine genauere formelmäßigen Darstellung zu erhalten.

602) *H. A. Kramers*, Nature 113 (1924), p. 673; 114 (1924), p. 310. — *Kramers* geht von der neueren *Bohr*schen Auffassung der Quantenvorgänge (Nr. **20**) aus, doch lassen sich seine Überlegungen ohne Abänderung im Sinne der älteren Auffassung durchführen.

theoretische Begründung der beim Streuvorgange gleichzeitig mit der Frequenzänderung eintretenden *Richtungsänderung der Strahlung* maßgebend ist. *Allgemein muß jede Art von Richtungsänderung eines Lichtstrahls auf eine Wechselwirkung zwischen Strahlung und Materie zurückgeführt werden, bei welcher vor allem das Auftreten jener gerichteten Impulse eine Frequenzänderung bewirkt, sowie das Ausmaß der Richtungsänderung festlegt.*[603]) Die Berücksichtigung von (116) bzw. (116a) verspricht daher im Gebiete derjenigen optischen Erscheinungen wichtige Ergebnisse zu liefern, bei welchen es sich namentlich um Gesetzmäßigkeiten für jene Richtungsänderungen handelt. Im folgenden wird demgemäß vor allem auf *Fraunhofersche Beugungserscheinungen* eingegangen, welche sich wenigstens in erster Annäherung[604]) unabhängig von der quantenstatistischen Interferenzformel (202) behandeln lassen. Eine weitgehend analoge Behandlung der *Fresnelschen Beugungserscheinungen* scheint ohne Benutzung von (202) ebenfalls möglich zu sein.

Wie zuerst *Duane*[605]) betont hat, läßt sich mittels (116a) eine quantentheoretische Deutung der *Reflexionsbedingungen an Kristallgittern* geben, welche *A. H. Compton*[606]), sowie *Epstein* und *Ehrenfest*[607]) mit den *allgemeinen Quantenbedingungen* (133) und dem *Korrespondenzprinzip* (Nr. **14**) in Verbindung gebracht haben. Wenn Strahlung von der Frequenz ν' auf ein (im allgemeinen triklines) Kristallgitter mit den primitiven Gitterkonstanten d_1, d_2, d_3 auftrifft, *so soll hierbei ein Linearimpulsumsatz zwischen Strahlung und Kristall stattfinden, dessen Richtung mit einer der Gitterrichtungen zusammenfallen muß,* im übrigen aber durch ein *Wahrscheinlichkeitsgesetz* bestimmt sein möge. Bedeutet

$$(209)\qquad d = m_1 d_1 \cos(d_1 d) + m_2 d_2 \cos(d_2 d) + m_3 d_3 \cos(d_3 d)$$

den dieser Richtung zugehörigen kleinsten Gitterabstand, wo dann m_1, m_2, m_3 relative Primzahlen sind, so soll der wechselseitig übertragene Impuls gegeben sein durch

$$(210)\qquad p_{n^*} = n^* \cdot \frac{h}{d}; \qquad (n^* = \pm 1, \pm 2, \ldots)$$

603) Vgl. *A. Smekal,* Anm. 569) und 236).

604) Vgl. die in Anm. 610) besprochenen Abweichungen von der *Braggschen Reflexionsbedingung* (214).

605) *W. Duane,* Proc. Nat. Acad. Amer. 9 (1923), p. 158.

606) *A. H. Compton,* Proc. Nat. Acad. Amer. 9 (1923), p. 359.

607) *P. S. Epstein* und *P. Ehrenfest,* Proc. Nat. Acad. Amer. 10 (1924), p. 133; Phys. Rev. 23 (1924), p. 663. Siehe auch *G. Breit,* Proc. Nat. Acad. Amer. 9 (1923), p. 238.

hierbei bezeichnet n^* eine *positive oder negative*[608]) ganze Zahl und h das *Planck*sche Wirkungsquantum. Wird d aus (210) in (209) eingeführt, so lassen sich nach bekannten zahlentheoretischen Sätzen drei ganze Zahlen n_1^*, n_2^*, n_3^* stets eindeutig so bestimmen, daß für jede beliebige Gitterrichtung

$$(209') \qquad n_1^* \cdot m_1 + n_2^* \cdot m_2 + n_3^* \cdot m_3 = n^*$$

wird und daher auch

$$(210) \qquad \begin{cases} p_{n^*} \cdot \cos(d_1 d) = n_1^* \cdot \dfrac{h}{d_1}, \quad p_{n^*} \cdot \cos(d_2 d) = n_2^* \cdot \dfrac{h}{d_2}, \\ p_{n^*} \cdot \cos(d_3 d) = n_3^* \cdot \dfrac{h}{d_3}; \end{cases}$$

setzt man (210) als gültig voraus, so ist demnach auch jede in d_1, d_2, d_3 oder eine andere Gitterrichtung fallende Komponente des übertragenen Impulses durch einen Ausdruck von der allgemeinen Form (210) bestimmt. Wenn ν', sowie α', β', γ', Frequenz und Richtungskosinus der einfallenden Strahlung und ν'', sowie α'', β'', γ'', die entsprechenden Größen für die auftretende Sekundärstrahlung bedeuten, so folgt aus der einstweilen noch *postulierten* Beziehung (210) und dem Impulssatz

$$(211) \qquad \begin{cases} \alpha'' \cdot \dfrac{h\nu''}{c} = p_{n^*} \cdot \cos(d_1 d) + \alpha' \cdot \dfrac{h\nu'}{c}, \\ \beta'' \cdot \dfrac{h\nu''}{c} = p_{n^*} \cdot \cos(d_2 d) + \beta' \cdot \dfrac{h\nu'}{c}, \\ \gamma'' \cdot \dfrac{h\nu''}{c} = p_{n^*} \cdot \cos(d_3 d) + \gamma' \cdot \dfrac{h\nu'}{c}; \end{cases}$$

der Energiesatz hingegen ergibt bei Berücksichtigung eines gleichzeitig mit p_{n^*} umgesetzten Energiebetrages $E_{n^*}^{(K)}$ von noch unbekannter Größe

$$(212) \qquad h\nu' = h\nu'' \pm E_{n^*}^{(K)}.$$

Die Größe von $E_{n^*}^{(K)}$ ist ersichtlich *allein* maßgebend für die von der Reflexionsordnung abhängige *Frequenzänderung* $\nu' - \nu''$, welche sowohl positiv als negativ ausfallen kann; im Falle der Röntgenstrahlreflexion an Kristallen bei gewöhnlichen Temperaturen muß allerdings

608) Dies ist unerläßlich mit Rücksicht auf die Möglichkeit einer Erhaltung des Wärmegleichgewichtes zwischen Strahlung und Materie, wie es in Nr. **11** und **12** behandelt worden ist und zu jeder Art von Wechselwirkung zwischen Strahlung und Materie auch den hierzu *inversen* Vorgang notwendig macht. Das im Text erwähnte Wahrscheinlichkeitsgesetz für die elementaren Wechselwirkungsvorgänge zwischen Strahlung und Kristall ist ebenso wie für die Streuung am Einzelatom oder -molekül durch (120a) und (120b) gegeben Die in den Anm. 605), 606) und 607) genannten Untersuchungen berücksichtigen jeweils nur die Impulsübertragung von der Strahlung auf den Kristall.

die Häufigkeit der negativen Änderungen ganz erheblich gegen die positiven zurücktreten, so daß im wesentlichen nur eine *Frequenzerniedrigung* resultieren wird. Man überzeugt sich leicht, daß $E_{n^*}^{(K)}$ mit Rücksicht auf (210) unter allen Umständen einen in erster Annäherung vernachlässigbar kleinen Betrag darstellen kann. Setzt man demgemäß $\nu' \sim \nu'' = \nu$, so gibt (211) wegen $\lambda = \frac{c}{\nu}$ für beliebige n_1^*, n_2^*, n_3^* die Bedingungsgleichungen

$$(213) \qquad \alpha'' - \alpha' = \lambda \cdot \frac{n_1^*}{d_1}, \quad \beta'' - \beta' = \lambda \cdot \frac{n_2^*}{d_2}, \quad \gamma'' - \gamma' = \lambda \cdot \frac{n_3^*}{d_3},$$

welche mit jenen der *Laueschen Interferenztheorie der Kristallgitter*[609]) identisch sind. Für beliebige n^* erhält man in bezug auf die unter dem Einfallswinkel ϑ erfolgende „Reflexion" von den Gitterebenen mit dem Abstand d hingegen das *Braggsche Reflexionsgesetz*[609])

$$(214) \qquad n^* \; \lambda = 2\, d \sin \vartheta.$$ [610])

Aus dem Vorstehenden geht hervor, daß die Kristallgitterinterferenz quantentheoretisch in der Tat direkt und ohne jede Rücksichtnahme auf Lichtwege und Phasenverhältnisse erhalten werden kann[611]), wenn man die beim einzelnen Elementarvorgang zwischen Kristall und Strahlung umgesetzten Impulsgrößen durch das Postulat (210) festlegt.[612]) Um (210) näher zu begründen, hat *Duane* wenig ver-

609) Siehe V 24 (*M. v. Laue*), Nr. **46—48**.

610) Die *Bragg*sche Beziehung gilt, wie *C. G. Darwin* und *P. P. Ewald* gezeigt haben, nicht exakt, sondern es ergeben sich für *höhere Ordnungen* n^* geringfügige Abweichungen von ihr, deren Vorhandensein experimentell bereits vielfach bestätigt worden ist; vgl. V 25 (*M. Born*), Nr. **41**, **44**, und *P. P. Ewald,* Ztschr. f. Phys. 30 (1924), p. 1. Während *Darwin* seine Begründung von vornherein ziemlich summarisch auf die Existenz eines von Eins verschiedenen Brechungsexponenten für Röntgenstrahlen stützt (vgl. zu den Gültigkeitsgrenzen eines derartigen Verfahrens die eben genannte *Ewald*sche Veröffentlichung), ist *Ewald,* Phys. Ztschr. 21 (1920), p. 617, näher auf die bei der „Reflexion" an den einzelnen Netzebenen auftretenden *Phasensprünge* eingegangen. Wie man beim Vergleich mit den allgemeinen Ausführungen von Nr. **21** über die klassische Dispersionstheorie erkennen wird, werden jenen Phasensprüngen quantentheoretisch wiederum *Verzögerungszeiten der Energiefortpflanzung* als *mittlere Lebensdauern von gewissen, während des Reflexionsvorganges bestehenden metastationären Zuständen* zuzuordnen sein. Für die Berücksichtigung *ihres* Einflusses auf das Ergebnis des Interferenzvorganges und damit für eine quantentheoretische Begründung der Abweichungen von (214) wird die quantenstatistische Interferenzformel (202) naturgemäß unentbehrlich.

611) S. dagegen aber die vorangehende Anmerkung!

612) *W. Duane* (Anm. 605) hat mittels der gleichen Annahmen auch den Versuch gemacht, eine von ihm und *G. L. Clark* experimentell gefundene und als selektive Reflexion von Röntgenstrahlung an Kristallen aufgefaßte Erscheinung

bindliche Dimensionsbetrachtungen angestellt, *Compton* hingegen die gedanklich ausführbare Verschiebung des Kristallgitters um jede seiner Identitätsperioden trotz ihres Translationscharakters formal als periodischen Vorgang behandelt, der nach (151) für gleichförmige Bewegungen in der Tat zu der *Quantenbedingung*

$$\int_0^d p_n \cdot dq = n \cdot h \qquad (n = 1, 2, \ldots) \tag{215}$$

und *für ganzzahlige Änderungen* n^* *von* n zu (210) führen müßte.[613]) Diese Begründung ist allerdings wenig befriedigend, da sie weder dem eigentlichen Sinn der Quantenbedingungen, soweit dieser bisher erkannt, noch den wirklichen Vorgängen an dem reflektierenden Kristallgitter zu entsprechen scheint. Eine nähere Prüfung der Energiegleichung (212) scheint indessen wenig Anhaltspunkte für die Möglichkeit einer andersartigen Auffassung von (210) zu liefern. Nach der *Compton*schen Auffassung müßte $E_{n^*}^{(K)}$ als *Translationsenergie des bestrahlten Kristallstückes* gleich dem Quadrate von p_n (210) dividiert durch die doppelte Gesamtmasse des Kristallgitters sein[614]) — ein ganz ungeheuer kleiner Betrag, welcher die Frequenzdifferenz $\nu' - \nu''$ auch für hohe Reflexionsordnungen n^* unmeßbar klein machen würde. Tatsächlich haben *Kulenkampff* und *Roß* eine meßbare Frequenzänderung bisher *nicht* feststellen können[615]), was etwa $\lambda'' - \lambda' \leqq 10^{-11}$ cm

---

theoretisch zu deuten, doch hat *W. Kossel*, Ztschr. f. Phys. 23 (1924), p. 278, gezeigt, daß sich die Beobachtungsergebnisse praktisch restlos auf bereits bekannte Erscheinungen zurückführen lassen, wie dies *G. Mie*, Ztschr. f. Phys. 18 (1923), p. 105, bezüglich eigener, davon unabhängiger, anfänglich auch im erwähnten Sinne gedeuteter Beobachtungen bereits selbst erkannt hatte.

613) Die n^*, welche die verschiedenen Reflexions- bzw. Interferenzordnungen kennzeichnen, erscheinen demgemäß hier und ebenso bei allen übrigen Deutungsversuchen von (210) als *Quantenzahldifferenzen*, welche bei den im Texte weiter unten besprochenen Strichgitterinterferenzen sogar „makroskopisch" und dem Auge direkt wahrnehmbar erscheinen!

614) Der Umstand, daß hier ein bestimmter, quantenhaft festgelegter Energie- und Impulsbetrag auf den Kristall übertragen bzw. von ihm geliefert wird, bringt den betrachteten Reflexionsvorgang an den verschiedenen Netzebenen des Gitters in Analogie zu dem Vorgang der *anomalen Zerstreuung* von Nr. 21. Hiernach könnte erwartet werden, daß der Kristall selbst zur spontanen Aussendung eines Spektrums $\nu = \frac{E_{n^*}^{(K)}}{h}$ $(n^* = 1, 2, \ldots)$ befähigt sein könnte, was nach der *Compton*schen Deutung von $E_{n^*}^{(K)}$ jedoch zu absurden Folgerungen führen würde.

615) *H. Kulenkampff*, Ztschr. f. Phys. 19 (1923), p. 17; *P. A. Roß*, Phys. Rev. 23 (1924), p. 290 (beide Autoren haben Reflexionen von höchstens *dritter*

entsprechen und eine dem *Comptoneffekt*[556]) (Nr. **18 b**, **21**) verwandte Deutung unter Mithilfe lichtelektrisch losgelöster Elektronen völlig ausschließen dürfte. Das gleiche Schicksal wird auch dem Versuche zuteil, die Übertragung des Linearimpulses (210) im Wege gleichzeitiger, teilweiser Strahlungsabsorption durch im Kristallgitter längs der verschiedenen Gitterrichtungen bewegte Elektronen zu verstehen; hier würde die bei jedem Quantenübergang eines solchen Elektrons eintretende Impulsänderung *nach Größe und Richtung* gemäß (184 b) von selbst mit (210) übereinstimmen, führt aber zu einem experimentell seiner Größe nach nicht mehr zulässig erscheinenden Energieumsatz. Eine im Rahmen der bisherigen Quantentheorie befriedigende Begründung des Postulates (210) steht daher noch aus.

Ähnliche Betrachtungen wie die vorstehenden lassen sich auch auf den Fall eines künstlichen Beugungsgitters mit der Gitterkonstante d anwenden, wenn man auch hier wieder den Ansatz (210) postuliert, dessen Verständnis hier allerdings womöglich noch größere Schwierigkeiten entgegenstehen. Bezeichnet ϑ' den Einfallswinkel des mit der Neigung ϑ'' abgebeugten Lichtes, so gibt der Impulssatz für $\nu' \sim \nu'' = \nu$

$$(\sin\vartheta' - \sin\vartheta'')\cdot\frac{h\nu}{c} = n^*\cdot\frac{h}{d} \qquad (n^* = 1, 2, \ldots)$$

und damit das bekannte wellentheoretische Ergebnis

$$(216) \qquad n^*\cdot\lambda = d\cdot(\sin\vartheta' - \sin\vartheta'').$$

Zur Begründung von (210) muß hier nach *Compton* gemäß (215) wiederum eine quantenmäßig festgelegte gleichförmige Translationsbewegung des Gitters in seiner Ebene in der etwa mit der x-Achse zusammenfallenden Richtung normal zu den Gitterstrichen herangezogen werden, welche aber in Wirklichkeit nicht auftritt. Wenn die Dichteverteilung der reflektierenden Gittersubstanz für ein ebenes, un-

---

Ordnung, $n^* \leq 3$, untersucht, nach Obigem müßte aber die Untersuchung *möglichst hoher Ordnung* — man ist bisher bis zur 11. Ordnung gekommen — ungleich günstiger für den Nachweis eines möglicherweise doch meßbaren Effektes sein). — Die *Kulenkampff*sche Untersuchung scheint auch sicherzustellen, daß die oben diskutierte Frequenzerniedrigung unabhängig ist von den in Anm. 610) erwähnten Abweichungen von der *Bragg*schen Beziehung (214). Ein solcher Zusammenhang wurde bei gleichzeitigem Anschluß an den *Compton*effekt (Anm. 576) vermutet und diskutiert von *G. E. M. Jauncey* und *C. H. Eckart*, Nature 112 (1923), p. 325; *M. F. Wolfers*, Paris C. R. 177 (1923), p. 759; *E. O. Hulburt*, Phys. Soc. Meeting Chicago 1923, doch kommt *G. E. M. Jauncey*, Proc. Nat. Acad. Amer. 10 (1924), p. 57 ohne Kenntnis der *Kulenkampff*schen Beobachtungen ebenfalls zu einem negativen Ergebnisse.

endlich ausgedehntes Gitter durch

$$D(x) = A \sin\left(\frac{2\pi x}{d} + \delta\right) \tag{217}$$

gegeben wäre, so folgt aus dem *Korrespondenzprinzip* (Nr **14**) in Verbindung mit der gedachten Gitterbewegung formal, daß n in (215) sich nur um $n^* = \pm 1$ ändern könnte[616]), daß an einem solchen Gitter also *nur Beugungsspektren erster Ordnung* auftreten würden. Denkt man sich die Dichtefunktion $D(x)$ eines beliebigen anderen unendlichen ebenen Gitters mit der gleichen Gitterkonstante nach einer *Fourier*schen Reihe entwickelt,

$$D(x) = \sum_{n^*=0}^{\infty} A_{n^*} \sin\left(\frac{2\pi n^* x}{d} + \delta_{n^*}\right), \tag{218}$$

so folgt aus dem Korrespondenzprinzip, *daß jetzt auch Beugungsspektren beliebig hoher Ordnung n^* möglich sind* und *daß die Intensität des Spektrums $n^{*\text{ter}}$ Ordnung zufolge* (126) *dem Amplitudenquadrat $A_{n^*}^2$ der Entwicklung* (218) *proportional sein muß, wie es auch für die Wellentheorie bewiesen werden kann.* Die gleichen hier für lineare unendlich ausgedehnte Strichgitter angedeuteten Überlegungen erweisen sich auch für *endliche* lineare Strich- oder Punktgitter, sowie für räumliche Punktgitter als brauchbar, womit auch eine *quantentheoretische Deutung der Intensitätsverhältnisse an den* eingangs dieser Nummer zunächst bloß interferenzgeometrisch behandelten *Kristallgittern* formal möglich wird. Im Falle der endlichen Gitter hat hierbei an Stelle der *Fourier*schen *Reihen*entwicklung von $D(x)$ eine entsprechende *Fourier*sche *Integral*darstellung zu treten, mit Hilfe deren die Intensitätsverhältnisse der verschiedenen Beugungsspektren in vollkommener Übereinstimmung mit den entsprechenden wellentheoretischen Ergebnissen erhalten werden können; die Wirkung des Gitters erscheint hierbei als Ergebnis der superponierten Wirkungen unendlich vieler Teilgitter mit der sinusförmigen Dichtefunktion (217) und veränderlicher Gitterkonstante. Der gleichen Methode zugänglich erweisen sich auch noch die Beugungserscheinungen am Einzelspalt beliebiger Weite, sowie an der Kante geradlinig begrenzter Schirme.[616a])

---

616) Man vergleiche hierzu etwa die analoge, im Anschluß an (155) aus dem Korrespondenzprinzipe abgeleitete Folgerung, daß sich die Impulsquantenzahl bei der relativistischen *Kepler*bewegung des Elektrons im Wasserstoffatommodell nur um ± 1 ändern könne; hierbei ist zu beachten, daß die Quantenzahländerungen in Nr. **14** und **15** nach (136) mit dem Buchstaben τ, hier aber mit n^* bezeichnet worden sind.

616a) Um zu sehen, wie weit die Anwendung dieses scheinbar ganz absurden Verfahrens getrieben werden kann, haben *P. Ehrenfest* und *P. S. Epstein*

Duane hat schließlich auch noch gezeigt, wie die gewöhnliche *Reflexion* und *Brechung formal* mittels des Ansatzes (210) wiedergegeben werden kann, falls für d in (210) auch *makroskopische Längendimensionen* zugelassen werden. Wenn l die Länge und d die Dicke einer makroskopischen durchsichtigen Platte darstellen und c_1 die von der Vakuumlichtgeschwindigkeit c verschiedene, bereits in Nr. **21** quantentheoretisch gedeutete Fortpflanzungsgeschwindigkeit des Lichtes im dispergierenden Medium der Platte bedeutet, so gibt eine formale Anwendung des Impulssatzes für die Richtung der Plattenebene

$$\sin\vartheta' \cdot \frac{h\nu'}{c} - \sin\vartheta'' \cdot \frac{h\nu''}{c_1} = n_l^* \cdot \frac{h}{l}$$

und daher für $\nu' \sim \nu'' = \nu$ und makroskopische l allgemein

$$\sin\vartheta' : \sin\vartheta'' = c : c_1, \tag{219}$$

das *Snelliussche Brechungsgesetz.* Für die Richtung der Plattendicke hingegen hat man außerhalb (c) oder innerhalb (c_1) der Platte an deren Oberfläche

$$\cos\vartheta' \cdot \frac{h\nu'}{e} - \cos\vartheta'' \cdot \frac{h\nu''}{c} = n_d^* \cdot \frac{h}{d};$$

für $\nu' \sim \nu'' = \nu$ und makroskopische Dicken d folgt daher allgemein

$$\vartheta' = \pi - \vartheta'', \tag{220}$$

was dem *gewöhnlichen Reflexionsgesetz* entspricht.

23. Rückblick auf die Quantentheorie. Prinzipielle Schwierigkeiten und Axiomatisierungsversuche. Die vorstehende Darstellung der Quantenlehre hat, soweit dies gegenwärtig ausführbar scheint, in deduktiver Weise versucht, die Grundlagen und prinzipiell bedeutungsvollsten Anwendungen der Theorie zu entwickeln. Indem sie alle makroskopischen Gesetze letzten Endes als Ausdruck *statistischer* Gesetzmäßigkeiten auffaßt, hat sie sich zunächst der Ergebnisse der *statistischen Analyse* derjenigen von diesen Gesetzmäßigkeiten bedient, welche *empirisch* im weitesten Umfange als gesichert angesehen werden können. So wird den *thermischen Eigenschaften materieller Körper* im wesentlichen schon die allgemeine *Existenz stationärer Quantenzustände* (Nr. **9**, **10**), sowie die Gültigkeit des *Ehrenfestschen Adia-*

(Anm. 607) auch die *Fresnelschen Beugungserscheinungen* untersucht, in der Erwartung, wenigstens hier einen entscheidenden Mißerfolg feststellen zu können; indessen hat sich gezeigt, daß das Verfahren bei geeigneter Anpassung auch hier noch zu den wesentlichsten klassischen Ergebnissen führt (Zusatz bei der Korrektur).

batenprinzips (Nr. **14**) entnommen, der *Allgemeingültigkeit des Planckschen Strahlungsgesetzes* mit (95) hingegen im Grunde bereits die *Einstein-Bohrschen Energie- und Impulsfrequenzbedingungen* (114), (115), (115a) und (116), (116a) (Nr. **9**, **11**, **12**). Die makroskopische *Maxwell*sche Elektrodynamik anderseits läßt ihrer auf die Grenzgebiete (121) und (122) beschränkten Gültigkeit wegen, eine ebensolche Analyse ähnlich weittragender Ergebnisse nicht zu. In Gestalt des *Planck-Bohrschen Korrespondenzgedankens* gibt sie *bei unvermeidlicher Beschränkung auf isolierbar vorgestellte elektrodynamische Gebilde* bloß eine *Anleitung* zur Formulierung von Quantengesetzen grundsätzlich provisorischen Charakters (Nr. **14**). *Bohr*s rein quantentheoretisch gefaßtes *Korrespondenzprinzip*, sowie die *Sommerfeld-Schwarzschildschen Quantenbedingungen* (133) erscheinen demgemäß als Ergebnisse einfachst-möglicher Extrapolationsversuche; der Grad ihrer Berechtigung kann daher im Grunde einstweilen nur an den mit ihnen erzielten theoretischen Erfolgen (Nr. **15**, **16**, **18**, **21**, **22**) gemessen werden und bedarf steter Nachprüfung am immerfort zunehmenden experimentellen Tatsachenmaterial.

Bei näherem Zusehen zeigt sich jedoch, daß der soeben in groben Umrissen einheitlich gezeichnete Hauptgedankengang der Darstellung im einzelnen durch mancherlei Unebenheiten gestört erscheint. Wenn etwa eine wirkliche Rechtfertigung der zur genaueren Begründung von (115) und (116) benötigten speziellen statistischen *Einstein*schen „Übergangswahrscheinlichkeiten" (106), (107a), (107b) (Nr. **11**) erst hinterher durch das Korrespondenzprinzip (Nr. **14**) möglich wird, so beweist dies, daß eine in allen Punkten völlig konsequente Darlegung einstweilen nur im Wege einer *Vorwegnahme* der verschiedenen, für die Theorie gegenwärtig charakteristischen Grundannahmen und -tatsachen ausführbar sein dürfte. Derartige Axiomatisierungsversuche sind demgemäß auch von *Planck* und *Bohr* in ihren Darstellungen der Quantentheorie bevorzugt worden, leiden damit aber auch unter dem Nachteil, daß das Axiomensystem der noch in steter Entwicklung begriffenen Theorie von Zeit zu Zeit abgeändert, beziehungsweise ergänzt werden muß.[617]) *Planck* geht hierbei im wesentlichen von dem Postulate aus, *daß das Volumen einer Phasenraumzelle universell durch eine ihrer Dimensionszahl entsprechende Potenz von h bestimmt sein müsse* — was die *Struktur des Phasenraumes* (Nr. **3**) festlegt und

617) Man vgl. die verschiedenen, untereinander wesentlich abweichenden Auflagen des Buches von *M. Planck* [1], sowie die wechselnde Axiomatik der Darstellungen von *N. Bohr* [1], [2], [3], sowie Ztschr. f. Phys. 13 (1923), p. 117; Ann. d. Phys. 71 (1923), p. 228; Ztschr. f. Phys. 24 (1924), p. 69.

den Quantenbedingungen (133) äquivalent ist[618]) — und stützt sich im übrigen auf Korrespondenzbetrachtungen, welche vielfach an den Grenzübergang (121) anschließen. *Bohr* hingegen stellt die *allgemeine Existenz stationärer Quantenzustände* bei Atomsystemen, sowie die *Frequenzbedingung* (114) als Grundpostulate an die Spitze seiner Theorie; für mehrfach periodische Atomsysteme wird das erstere insbesondere durch Zulassung der „mechanischen"[619]) Bewegungsgleichungen (1) sowie durch direkte *Annahme* der Quantenbedingungen (133), (134) verschärft. Während *Bohr* das *Korrespondenzprinzip* (und ebenso das *Ehrenfest*sche Adiabatenprinzip) anfänglich im Sinne von Nr. **14** als Bindeglied zwischen klassischer und Quantenelektrodynamik hinzunahm, hat er es neuerdings vorgezogen, die auf Grund jenes Gesichtspunktes erhaltenen Ergebnisse zum Inhalt eines selbständigen, rein quantentheoretischen Axioms zu machen, das eine von der klassischen Theorie weitgehend unabhängige Formulierung erhält.

Wie namentlich der *Mißerfolg* aller bisherigen Anwendungsversuche der Quantenbedingungen (133) auf *Atomsysteme mit mehr als zwei beweglichen Ladungen* in Nr. **16**, sowie die noch recht fragwürdige quantentheoretische Behandlung *unabgeschlossener Systeme* in Nr. **17** zeigen, scheint beim gegenwärtigen Stande der Theorie von einer allzu engen Fassung von Quanten*postulaten* am besten noch Abstand genommen werden. Bis auf die beiden *Einsteinschen Energie- und Impulsgesetzmäßigkeiten* (115a) und (116a) für beliebige Arten realer Wechselwirkungen zwischen Materie und Strahlung scheint noch keinem der bisher formulierten Quantengesetze ein wirklich universeller Geltungsbereich zugebilligt werden zu können. Die eben erwähnten *Bohr*schen Postulate sind von vornherein auf die Behandlung *abgeschlossener Systeme von molekularer Größenordnung* zugeschnitten und weisen ihre Grenzen, sobald man sie auf die gegenseitigen Wechselwirkungen beliebig zahlreicher derartiger Systeme anzuwenden versucht. Wie sich in Nr. **17** gezeigt hat, scheint es hier allenfalls nur noch möglich, das Postulat von der Existenz stationärer Quantenzustände im Sinne eines solchen von der *Existenz stationärer Quantenbewegungen* beizubehalten, die so beschaffen sein müßten, daß sie nach der Auffassung der klassischen Elektrodynamik als strahlungslos zu

618) Vgl. hierzu die in Anm. 298) genannten Untersuchungen von *Planck*, *Epstein* und *Kneser*. — Als *Folgerung* aus den Quantenbedingungen (133) wird das im Text angeführte *Planck*sche Postulat benutzt in Nr. **24**, s. auch Anm. 506) und 547).

619) S. Anm. 292).

gelten hätten[620]); alle übrigen Postulate der Quantentheorie abgeschlossener Systeme scheinen sich einstweilen einer entsprechenden Verallgemeinerung auf unabgeschlossene Systeme zu widersetzen.[621])

Die meisten bisherigen Sätze und Folgerungen der Quantentheorie erweisen sich somit als *Grenzgesetze* für den Idealfall vollkommen isolierter, abgeschlossener Atomsysteme. Abgesehen von der prinzipiellen Unmöglichkeit, diesen Idealfall zu realisieren (Nr. **17**), haftet ihnen allen aber auch noch eine, damit teilweise in Verbindung stehende *erkenntnistheoretische Schwierigkeit* an, welche darin liegt, daß man zu der Formulierung der sie kennzeichnenden *Diskontinuitäten* der Benutzung *stetiger* Größen, insbesondere des Koordinatenbegriffes, gegenwärtig noch nicht entraten kann.[622]) Da das *Bohr*sche Postulat von der allgemeinen Existenz stationärer Quantenzustände bei Atomsystemen in Verbindung mit dem Zufallscharakter der Strahlungsvorgänge in der Quantentheorie darauf hinausläuft, die prinzipielle Existenzmöglichkeit von Maßstäben und Uhren zu leugnen, welche raumzeitliche Vorgänge mit einer für das Atominnere hinreichend weitgehenden Präzision zu messen gestatten würden, so wäre es denkbar, daß nur eine diesen Umständen von vornherein angepaßte Methodik

---

620) Diese Auffassung würde im Gegensatz zur Theorie der abgeschlossenen Systeme die Erhaltung von Energie und Impuls *nicht* als Kennzeichen der stationären Quantenzustände ansehen können, sondern bloß als Kennzeichen des Abgeschlossenseins. *Eine Quantenbewegung wäre hiernach im allgemeinen durch grundsätzlich stetige Energie- und Impulsänderungen gekennzeichnet, welche mit Unterlichtgeschwindigkeit vor sich gehen;* ein *Quantenübergang* wegen (115a) und (116a) hingegen *durch unstetige, zeitlos oder mit Lichtgeschwindigkeit und in endlichen Beträgen erfolgende derartige Änderungen* charakterisiert. Dieser Standpunkt schließt, wie bereits in Nr. **17** angedeutet, die Anwendbarkeit von (115a) in der speziellen Form der *Bohr*schen Frequenzbedingung (114) bzw. (115) und (116) aus, welche das Abgeschlossensein des betrachteten Systems ebenfalls zur unvermeidlichen Voraussetzung hat. Ebenso ist die Anwendbarkeit des Korrespondenzprinzipes im Grunde genommen auf abgeschlossene Systeme beschränkt, außer wenn man sich mit gewissen, bei unabgeschlossenen Systemen hier durchaus möglichen Näherungsbetrachtungen zufrieden gibt, die aber darauf Rücksicht nehmen müssen, daß dann bereits *innerhalb* des betrachteten Systems quantenhafte *Strahlungsvorgänge* vor sich gehen können; auf einen ähnlichen Gesichtspunkt wie den zuletzt genannten ist übrigens bereits in Nr. **16**, wenn auch in etwas anderer Form, in Verbindung mit dem Versagen der Quantenbedingungen (133) bei Atommodellen mit mehr als einem Elektron hingewiesen worden, also schon im Gebiete der *abgeschlossenen* Systeme.

621) Man vgl. hierzu vor allem die Diskussion der Begrenzung und Schwierigkeiten dieser Postulate bei *N. Bohr,* Ztschr. f. Phys. 13 (1923), p. 117, ferner den Inhalt der vorigen Anmerkung, sowie etwa Anm. 579).

622) S. etwa *N. Bohr,* Ztschr. f. Phys. 13 (1923), p. 117, Einleitung.

zu einer konsequenten Behandlung und vielleicht auch zu einer wirklichen und allgemeinen Lösung der Atomprobleme berufen sein könnte. Die fundamentale Rolle des *Planckschen Wirkungsquantums* in der bisherigen Quantentheorie, wie auch die in Nr. **14** gewürdigte Tragweite des *Planckschen Grenzüberganges* (121) $\lim h \to 0$ für alle Beziehungen zur makroskopischen Physik lassen daher erwarten, daß die *Plancksche* Größe h als eines der primären Elemente jener Methodik anzusehen sein wird[623]), wie wohl auch alle übrigen *universellen Konstanten* der Atomphysik.[624]) Da h für die Bestimmung *sämtlicher* Diskontinuitäten der Quantentheorie maßgebend ist, können alle bisher mit klassischen Hilfsmitteln und Bildern unternommenen Versuche einer für mehr oder minder plausibel gehaltenen Deutung dieser Unstetigkeiten[625]) aufgefaßt werden als Versuche einer Interpretation der Quantengröße h.

---

623) S. etwa Betrachtungen von *H. A. Senftleben*, Ztschr. f. Phys. 22 (1924), p. 127; 28 (1924), p. 95; 31 (1925), p. 627, welche, allerdings ohne befriedigenden Erfolg, eine u. a. auch auf diesen Gedanken gegründete axiomatische Grundlegung der Quantentheorie angestrebt haben. Bezüglich eines anderen Deutungsversuches der Quantentheorie vgl. man *R. Mecke*, Ztschr. f. Phys. 21 (1924), p. 26.

624) Tatsächlich stehen alle diese Größen gewissermaßen außerhalb des Rahmens der bisherigen physikalischen Theorien, welche ihr Vorhandensein bloß in „phänomenologischem" Sinne verwerten. Daß auch die von h verschiedenen universellen Konstanten für die Quantentheorie von entscheidender Bedeutung sein dürften, läßt sich auf Grund der Dimensionsgleichheit von h und $\frac{e^2}{c}$ (vgl. hierzu etwa die Dimensionslosigkeit der *Sommerfeldschen Feinstrukturkonstante* (153)!), sowie der numerischen Beziehung

$$h \sim \frac{3\, e^2\, m_H}{2\, \pi\, c\, m}$$

vermuten, für welche eine Deutung bislang noch nicht möglich gewesen zu sein scheint. In diesem Zusammenhange möge auch auf Versuche von *H. Bateman*, Phys. Rev. 20 (1922), p, 243; Mess. of Math. 52 (1922), p. 116; 53 (1924). p. 145, hingewiesen werden, den *Mie*schen Plan wieder aufzunehmen: durch bestimmte Abänderungen der *Maxwell*schen Elektrodynamik zu einem Verständnis der Existenz von gerade *zwei verschiedenen elementaren Ladungseinheiten* und deren Befähigung zu *strahlungsfreien, ungleichförmigen Bewegungen* zu gelangen. Siehe ferner einen ähnlichen Versuch zur Deutung der *Massenverschiedenheit von Elektron und Proton* bei *H. Reißner*, Ztschr. f. Phys. 31 (1925), p. 844.

625) Einige dieser Versuche beschränken sich allerdings auf die besonderen, beim Wasserstoffatommodell vorliegenden Verhältnisse. So ein älterer Versuch von *M. Planck*, Berl. Ber. 1915, p. 909, die Unstetigkeit der Quantenübergänge durch eine ad hoc ersonnene Strahlungshypothese überflüssig zu machen. Ferner *A. Szarvassi*, Phys. Ztschr. 19 (1918), p. 505, welcher diese Unstetigkeiten durch Verfügungen über die willkürlich bleibende, additive Konstante der Atomenergien zu beseitigen sucht; diese Konstante spielt ferner eine

III. Spezielle Anwendungen der Quantenstatistik.

24. Spezifische Wärme der Gase. Wie die allgemeinen Betrachtungen von Nr. **8a** gezeigt haben, ist die Kenntnis der *Verteilungsfunktion* eines beliebigen, chemisch homogenen statistischen Gebildes völlig ausreichend zur Beherrschung seines makroskopisch-thermischen Verhaltens. Die in Nr. **10** zusammengestellten Eigenschaften der *Verteilungsfunktion beliebiger Gasmoleküle in der Quantenstatistik* reichen aber im allgemeinen zu einer erschöpfenden Behandlung eines konkreten Problems wie der spezifischen Wärme bestimmter Gase, noch nicht aus; die notwendigen Ergänzungen hinsichtlich der Quantenwerte E_n und g_n für *innere Energie* und *Gewichtsfunktion der Moleküle* müssen soweit als irgend möglich den vorstehenden Ausführungen über die Grundlagen der Quantentheorie (Nr. **13—23**) entnommen werden. Hierbei wird in Nr. **10** einstweilen stillschweigend vorausgesetzt, daß die statistische Behandlung der *Translationsbewegung der Moleküle* in Übereinstimmung mit den diesbezüglichen Ergebnissen der klassischen Statistik (Nr. **5c**) vorgenommen werden darf; den Beweis hierfür wird Nr. **24c** mit einer statistischen Behandlung der *Quantentheorie der Molekültranslation* (Nr. **19**) nachträglich zu erbringen haben.

---

wesentliche Rolle bei *E. B. Wilson,* Proc. Nat. Acad. Amer. 10 (1924), p. 346, wo gezeigt wird, daß die Theorie des H-Atoms sich auch ohne Beschränkung auf bestimmte Quantenbahnen, jedoch bei Benutzung *gequantelter Kräfte* durchführen läßt, falls letztere dem reziproken *Kubus* der Entfernung proportional gesetzt werden. *M. Brillouin,* Paris C. R. 173 (1921), p. 639; J. de Phys. et le Rad. (6) 3 (1922), p. 65, konstruiert eine *Lagrange*funktion, welche die Quantenbahnen des Atoms als ausgezeichnete Bahnen ergibt, aber auch davon abweichende Bewegungen zuläßt; ähnlich *W. M. H. Greaves,* Proc. Cambr. Phil. Soc. 21 (1923), p. 600. [Ein Variationsprinzip, welches den Quantenbedingungen (133) äquivalent ist und *nur* die *Bohr*schen Bahnen zuläßt, haben *V. Trkal,* Proc. Cambr. Phil. Soc. 21 (1922), p. 80; Verhandl. Deutsch. Phys. Ges. (3) 3 (1922), p. 48 und *J. H. Van Vleck*, Phys. Rev. 22 (1923), p. 547, diskutiert.] — Ein Versuch, das Zustandekommen beliebiger diskontinuierlicher Energiebeträge *allgemein* elektromagnetisch zu begründen, rührt von *E. T. Whittaker,* Proc. Edinburgh Soc. 42 (1922), p. 129, her, ist aber zu einer Durchbrechung des Impuls- und Drehimpulssatzes genötigt; vgl. dazu noch *J. A. Ewing,* Proc. Edinburgh Soc. 42 (1922), p. 143; *B. B. Baker,* Phil. Mag. 44 (1922), p. 777. — Ebenfalls ohne Beschränkung auf ein spezielles Atommodell hebt *A. Smekal,* Verhandl. Deutsch. Phys. Ges. (3) 2 (1921), p. 20 hervor, daß die den Quantenbedingungen zugrunde gelegten zyklischen Uniformisierungsvariablen *jedes quantendynamische Problem als Helmholtzschen Polyzykel,* d. h. als ein System mit „verborgenen Bewegungen" erscheinen lassen; durch Benutzung von Quantenbedingungen wird der Polyzykel *gekoppelt* und dadurch in einen Monozykel übergeführt, *wobei die Koppelung durch das Plancksche h herbeigeführt wird.*

Was nun die Energiewerte E_n in der allgemeinen Verteilungsfunktion (104) anbetrifft, so sind sie nach Nr. **15** und **16** in voller Strenge einstweilen bloß für *einatomigen Wasserstoff* (Nr. **24a**) angebbar; zur theoretischen Untersuchung des thermischen Verhaltens *mehratomiger Gase* (Nr. **24b**) ist man daher auf die mehr qualitativen Ergebnisse einer quantentheoretischen Behandlung der in Nr. **16b** angedeuteten idealisierten Molekülmodelle angewiesen. Hinsichtlich der Festlegung der Quantengewichte g_n in (104) vermag die Quantentheorie demgegenüber wesentlich allgemeinere Aussagen zu liefern. Handelt es sich zunächst um ein *nicht-entartetes bedingt periodisches System*, so hat man nach Nr. **15a** genau so viele Quantenbedingungen (u), als der Anzahl der Freiheitsgrade des Systems (s) entspricht; man findet dann, daß die maximale Größe[626]) Ω einer μ-Raumzelle (Nr. **3**), welche nur eine Quantenbahn enthält, auf Grund der Quantenbedingungen (133) nach (14) oder (14′) unabhängig von n

$$\Omega_n = h^s \tag{221}$$

betragen muß[627]), eine Feststellung, welche im Gebiete der Grenzübergänge (121) bzw. (122) (Nr. **14**) gemäß (132) auch unabhängig von der extrapolatorischen Wahl der Quantenbedingungen (133) gilt. Da es nun nach *Bohr* mittels des *Ehrenfestschen Adiabatenprinzips* durch geeignete umkehrbare, unendlich langsame Parameterverschiebungen möglich sein kann, verschiedene Quantenzustände ineinander überzuführen[285]) (Nr. **14**), so folgt aus ganz ähnlichen Betrachtungen wie den in Nr. **3** hinsichtlich der Änderungen *makroskopischer* Parameter, daß die a priori-Häufigkeit g_n aller dieser Quantenzustände *gleich groß* sein muß[628]),

$$g_n = g = \text{const.}^{629}), \tag{222}$$

wie es für das Grenzgebiet (121) oder (122) auch unmittelbar *aus der klassischen Elektrodynamik* gefolgert werden kann. Innerhalb dieses Grenzgebietes hat man daher in (104) bzw. (104a) wegen (221) einfach

$$g_n = g \cdot \frac{d\tau}{h^s}, \quad G = \frac{h^s}{g}, \tag{223}$$

---

626) Siehe p. 954; die, in der Literatur übrigens stets als selbstverständlich empfundene, konsequente Benutzung von μ-Zellen maximaler Größe empfiehlt sich namentlich für alle jene Betrachtungen, welche den Grenzübergang zur klassischen Statistik ohne Weitläufigkeiten zu benutzen anstreben.

627) Siehe Nr. **23**, wo diese Folgerung als von *M. Planck* [1] benutztes Postulat angeführt wird, ferner insbesondere Anm. 618).

628) Siehe vor allem *N. Bohr* [2], p. 10, 35, 107.

629) Vgl. hierzu g_n in (95) und (100), für das Grenzgebiet (121) bzw. (122), welches statistisch auch mit $\lim T \to \infty$ zusammenfällt, aber (92)!

worin g ebenso wie in (222) als willkürliche, dimensionslose Konstante anzusehen ist. Bei *entarteten Systemen* ist $u < s$; aus (14″) und den Quantenbedingungen (133) folgt dann, daß allgemein

$$\Omega_n = \gamma(n) \cdot h^s \tag{224}$$

wird, wo $\gamma(n)$ einen von den den Quantenzustand n kennzeichnenden Quantenzahlen abhängigen, ganzzahligen Faktor bedeutet. Betrachtet man ein nicht-entartetes System mit der gleichen Anzahl s von Freiheitsgraden, das sich durch geeignete Parameterverschiebungen in das vorgelegte entartete überführen läßt, so findet man für die a priori-Häufigkeit des letzteren in seinem n^{ten} Quantenzustande gerade

$$g_n = \gamma(n) \cdot g, \tag{225}$$

worin g die gleiche Bedeutung wie für das nicht-entartete System nach (222) besitzt[630]; $\gamma(n)$ entspricht somit der Anzahl jener Quantenzustände des nicht-entarteten Systems, welche bei der angedeuteten Überführung in das entartete System gegen dessen n^{ten} Quantenzustand konvergieren. Da die räumliche Lage der invariablen Ebene jedes Atom- oder Molekülmodelles bei Abwesenheit äußerer Kraftfelder beliebig orientiert sein kann, ist jedes derartige Gebilde als entartetes System anzusehen; wenn der Absolutbetrag des *Drehimpulses* eines solchen Gebildes gemäß (148′) und (149) oder (190) durch

$$|\mathfrak{D}^{(n)}| = j \cdot \frac{h}{2\pi} \qquad (j = 1, 2, \ldots) \tag{226}$$

gegeben ist[557]) und bei $u = s - 1$ keine weitere Entartung vorliegt, so findet man auf Grund der *Theorie der Richtungsquantelung* von *Sommerfeld* (Nr. **15 b**), daß allgemein

$$\gamma(n) = 2j + 1 \tag{227}$$

sein muß, wo j die zum n^{ten} Quantenzustande gehörige Drehimpulsquantenzahl bedeutet.[631]) Im Falle höherer Entartungsgrade[632]) wäre

630) Siehe Anm. 628). — Wie der Vergleich von (221) und (222) mit (224) und (225) beweist, kann man in Übereinstimmung mit Anm. 48) auch einfach

$$g_n = \Omega_n \tag{15 a}$$

setzen, wenn auf die Dimensionslosigkeit einer a priori-*Relativ*häufigkeit nicht Rücksicht zu nehmen gewünscht wird. (15 a) entspricht genau dem *Gleichhäufigkeitspostulat der klassischen Statistik* [Nr. **3**, (I)], welches indessen auch für beliebig begrenzte Zellen Ω gelten sollte. Die Zulässigkeit von (15 a) ist wesentlich an die Benutzung von μ-Zellen von maximaler Größe gebunden (s. Anm. 626).

631) Siehe Anm. 340), 341) und namentlich Anm. 435), wo im Zusammenhang mit der *Sommerfeld*schen Theorie auch die Frage berührt wird, inwieweit man mit nicht-entarteten Systemen stets das Auslangen finden kann. (227) gilt nach *Sommerfeld* sowohl für ganzzahlige als für die *halbzahligen* Quantenzahl-

die rechte Seite von (227) durch einen Summenausdruck zu ersetzen, welcher Glieder von der Form (227) mit Faktoren multipliziert enthalten müßte, die dem Einfluß der neben der Raumorientierung bestehenden individuellen Entartungseigenschaften Rechnung zu tragen hätten.[633]) — Die vorstehenden Betrachtungen zeigen somit, daß die Verteilungsfunktion (104) für *ruhende Bohr*sche Atome oder Moleküle gemäß (225) allgemein durch

$$F(T, a^*) = g \cdot \sum_n \gamma(n) \cdot e^{-\frac{E_n}{kT}} \tag{228}$$

gegeben sein wird, falls dieser Summenausdruck auch tatsächlich konvergiert; der individuelle Entartungsgrad der betrachteten Atomsysteme entscheidet dann darüber, ob $\gamma(n)$ in (228) einfach durch (227) ersetzt oder besonders ermittelt werden muß.

24a. Einatomige Gase. Für einatomige Moleküle, insbesondere für Wasserstoffatome gemäß (139) oder (139a), ist nach der Quantentheorie allgemein

$$\lim_{n \to \infty} E_n = 0 \tag{229}$$ [634]),

so daß die Summe in (228) für *ganzzahlige positive* $\gamma(n)$ *divergiert* und damit für statistisch-thermodynamische Zwecke unbrauchbar wird. Dieser Mißerfolg geht offensichtlich auf die in der Statistik nur schwer vermeidliche Vernachlässigung der Wechselwirkungen zwischen den verschiedenen Atomen oder Molekülen[438]) (Nr. 17) zurück. Da das Volumen der betrachteten Atomsysteme mit wachsendem n zunimmt,

werte der *Komplexstrukturen* und *anomalen Zeemaneffekte* (V 26, *C. Runge*) und ist daher trotzdem stets ganzzahlig; die Duplizität des Drehungssinnes (vgl. dazu Anm. 556) ist mitberücksichtigt. Über die alleinige *Ausnahmestellung des Wasserstoffatoms* bezüglich (227) vgl. man Anm. 643).

632) Dies ist z. B. bei der statistischen Behandlung des atomaren Wasserstoffes in Nr. **24a** der Fall, wo zu der beliebigen Bahnebenenorientierung noch die Entartung der nicht-relativistischen *Kepler*bewegung hinzutritt, was $u = s - 2$ entspricht.

633) Wie der Erfolg der *Sommerfeldschen Intensitätstheorie* der Komplexstruktur-Spektrallinien (Anm. 435) auf Grund des Ansatzes (227) beweist, ist die willkürliche Orientierung der Atomachsen die einzige Entartung, welche innerhalb der einzelnen Multipletts eines Serienspektrums eine Rolle spielt. Eine Erweiterung der Theorie auf die Intensitätsverhältnisse von Spektrallinien, welche verschiedenen Multipletts angehören, würde daher in der Lage sein, diesen Umstand entweder allgemein zu bestätigen oder Aussagen über weitere Entartungsgrade der Elektronenbewegung in den Atomen und Molekülen zutage zu fördern.

634) Dies entspricht der üblichen Festlegung des Energienullniveaus für den Ionisationszustand des Atoms bei ruhendem Ion und ruhend gedachtem Elektron. Ohne Verfügung über die willkürliche Energiekonstante wird der Limes in (229) *endlich,* was die gleichen Konsequenzen nach sich zieht.

was auch für ruhende Atome bei gleichmäßiger Verteilung über das Gasvolumen **V** auf eine gegenseitige Annäherung hinausläuft, so werden sich für höhere Werte von n allmählich so große gegenseitige *Wechselwirkungsenergien* einstellen, daß das Vorkommen allzu hoher Quantenzustände damit entsprechend herabgemindert würde und die Konvergenz von (228) zustandekommt. Dieses vorauszusehende Verhalten kann annäherungsweise dadurch zu beschreiben gesucht werden, daß man für $n > \bar{n}$ in (228) $\gamma(n) = 0$ setzt, wodurch (228) in eine endliche Summe übergeht[635]); doch zeigt sich dann, wie mittels der statistisch-thermodynamischen Beziehungen von Nr. 8a leicht nachgeprüft werden kann, daß der von der Translation unabhängige Anteil der spezifischen Wärme des Gases für konstante $\bar{n}$ nach anfänglicher Zunahme bei höheren Temperaturen wieder gegen Null abnehmen müßte, was der Erfahrung jedenfalls widerspricht.[636]) Eine befriedigendere Lösung ergibt sich demgegenüber, wenn man bedenkt, daß das Atomvolumen V_n nach der Quantentheorie mit n zugleich über alle Grenzen wächst,

$$(230) \qquad \lim_{n\to\infty} V_n = \infty,$$

so daß das Auftreten beliebig hoher Quantenzustände bereits wegen der *Endlichkeit von* **V** unterbleiben muß. Die *Van der Waalssche Methode zur Berücksichtigung der endlichen Ausdehnung der Moleküle*[637]) zeigt dann, daß das freie Volumen gegenüber **V** um eine *Van der Waalssche Volumskorrektion* b vermindert erscheinen muß, welche angenähert durch den Mittelwertausdruck

$$(231) \qquad b = \frac{1}{2N} \cdot \sum_n N_n \sum_{\tilde{n}} N_{\tilde{n}} \left(\sqrt[3]{V_n} + \sqrt[3]{V_{\tilde{n}}}\right)^3 = \sum_n N_n \cdot \psi(n) \qquad (n \gtreqless \tilde{n})$$

gegeben sein wird, in welchem die N_n den Verteilungszahlen der N

635) *K. F. Herzfeld,* Ann. d. Phys. 51 (1916), p. 261; *A. Sommerfeld,* Münchn. Ber. **1917**, p. 83, insbesondere p. 102; *J. M. Burgers* [1], § 42; *R. Becker,* Ztschr. f. Phys. 18 (1923), p. 325, § 2; ferner *R. H. Fowler,* Phil. Mag. 44 (1924), p. 1, §§ 7, 8, sowie Anm. 209). — Wie *Burgers* hervorhebt, bedeutet $\bar{n}$ dann eine Art Parameter für das Problem, dessen Vorhandensein von Einfluß auf den *Gasdruck* sein muß, was bereits als Hinweis auf die im folgenden zu besprechende *Van der Waals*sche Volumkorrektur aufgefaßt werden könnte.

In einer jüngst erschienenen Arbeit sucht *M. Planck,* Ann. d. Phys. 75 (1924), p. 673, die Konvergenzfrage durch Behandlung eines Ionisationsgleichgewichtes zwischen H-Atomen, H^+-Ionen und freien Elektronen zu umgehen, doch läuft auch dies letzten Endes wieder auf die Einführung einer willkürlichen oberen Quantenzahlgrenze $\bar{n}$ für die intakten H-Atome hinaus.

636) *K. F. Herzfeld,* l. c.; *J. M. Burgers,* l. c.

637) Siehe V 8 (*L. Boltzmann* und *J. Nabl*). Nr. **29**.

in V enthaltenen Moleküle über die verschiedenen Quantenzustände bei Wärmegleichgewicht entsprechen[638]); während diese Verteilungszahlen für praktisch ausdehnungslose Moleküle nach dem Früheren (Nr. 5) durch die *Boltzmannsche Verteilung* (41) bzw. (105) gegeben sind, hat man sie, oder was auf dasselbe hinausläuft, die ihnen entsprechende Verteilungsfunktion, nunmehr erst für den Fall endlich ausgedehnter Moleküle zu ermitteln. Hierzu erweist es sich am einfachsten, das Gas formal als Gasgemisch (Nr. **6 a**) zu behandeln, dessen verschiedene Komponenten aus den $N_1, N_2, \ldots, N_n, \ldots$ Molekülen bestehen, welche sich durchschnittlich im $1^{\text{ten}}, 2^{\text{ten}}, \ldots, n^{\text{ten}}, \ldots$ Quantenzustande befinden[639]); man kann dann seine Entropie S auf Grund der vereinfachten *Van der Waalsschen Zustandsgleichung*

$$(232) \qquad \mathsf{p}(\mathsf{V} - b) = N \cdot kT$$

thermodynamisch bestimmen[638]), während seine Gesamtenergie E durch

$$(233) \qquad \mathsf{E} = \tfrac{3}{2} N \cdot kT + \sum_n N_n \cdot E_n$$

gegeben sein wird, wovon das erste Glied gemäß (62a) der *Translation* mit ihrem *Gleichverteilungssatze* entspricht, während das zweite allein von der *inneren Energie* der Moleküle herrührt. Bildet man nun die *freie Energie* $\mathsf{F} = \mathsf{E} - T \cdot \mathsf{S}$ des Gases, so kann der Ausdruck für die gesuchte Verteilungsfunktion jetzt auf Grund von (89) und (89a) unmittelbar bestimmt werden. Durch Abspaltung des Translationsfaktors der Verteilungsfunktion gemäß (34c) und Benutzung des Ausdruckes (231) für die *Van der Waalssche Volumskorrektion* erhält man für $F(T, a^*)$ bei $b \ll \mathsf{V}$ den Reihenausdruck

$$(234) \qquad F(T, \mathsf{V}) = g \sum_{n=1}^{\infty} \gamma(n) \cdot e^{-\frac{E_n}{kT} - \frac{N\psi(n)}{\mathsf{V}}};$$

da wegen (230) nach (231) auch

$$(230\text{a}) \qquad \lim_{n \to \infty} \psi(n) = \infty$$

---

638) *E. Fermi,* Ztschr. f. Phys. 26 (1924), p. 54, weniger vollkommen auch Rend. Accad. Linc. 32 (1923), p. 493. Zur Berechnung von b müssen die Atomvolumina V_n der verschiedenen Quantenzustände naturgemäß als annähernd kugelförmig vorausgesetzt werden, was nach der Quantentheorie für nicht allzu kurze Zeitdauern in den meisten Fällen auch gerechtfertigt erscheint.

639) Diese Methode, welche eine *thermodynamische Begründung* der Formeln der Quantenstatistik zuläßt, verdankt man *A. Einstein,* Verhandl. Deutsch. Phys. Ges. 16 (1914), p. 820. Vgl. ferner *W. Schottky,* Phys. Ztschr. 22 (1921), p. 1, sowie *M. Planck,* Berl. Ber. 1922, p. 63. *Planck* zeigt, daß diese Behandlungsweise nicht auf Moleküle mit quantenhaft verschiedener *innerer Energie* beschränkt ist, sondern auch auf Moleküle anwendbar ist, deren Translationsenergie um beliebige Beträge verschieden ist.

wird, ist die Konvergenz von (234) für alle Temperaturen, bei welchen $b \ll \mathsf{V}$ gilt, gesichert. Für die *modifizierte Boltzmannsche Verteilung* ergibt sich demnach in Analogie zu (105)

$$(235) \qquad N_n = N \cdot \mathbf{M}(\mathsf{V}, T) \cdot \frac{\gamma(n) \cdot e^{-\frac{E_n}{kT} - \frac{N\psi(n)}{\mathsf{V}}}}{F(T, \mathsf{V})}.$$ [640]

Führt man (235) in (231) ein, so zeigt sich, daß die *Van der Waals*sche „Konstante“ b eine *Temperaturfunktion* sein muß, wie dies auch der Erfahrung entspricht[641]; auch $\psi(n)$ kann nur näherungsweise als eine Konstante angesehen und etwa durch $4\,V_n$ wiedergegeben werden[642], eine genauere Bestimmung wäre z. B. mittels der Anfangsglieder der gewöhnlichen *Boltzmann*schen Verteilung (105) durchführbar.

Die Berechnung der thermodynamisch-statistischen Eigenschaften etwa des *atomaren Wasserstoffes* stößt nunmehr auf keine weiteren Schwierigkeiten, wenn man in (234) die quantenhaften Energiewerte des Wasserstoffatoms E_{n_r, n_φ} gemäß (139a) (Nr. **15a**) einführt und für die Quantengewichte

$$g_n = g \cdot \gamma(n_r, n_\varphi) = g \cdot 2\,n_\varphi \qquad (n_\varphi = 1, 2, \ldots)$$

setzt.[643] Vernachlässigt man den hier belanglosen Einfluß der Rela-

640) Wie in Anm. 99) hervorgehoben worden ist, kann jede Abweichung von der gewöhnlichen *Boltzmann*schen Verteilung (41) bzw. (105) als Einfluß einer nicht konstanten Gewichtsfunktion aufgefaßt werden, welche durch das Vorhandensein einer Nebenbedingung [hier (232)!] hervorgerufen wird. Die Gewichtsfaktoren $e^{-\frac{N\psi(n)}{\mathsf{V}}}$ in (235) genügen zwar der allgemeinen Bedingung (16) *nicht*, doch ist dies in dem Umstande begründet, daß schon (232) und in noch viel höherem Grade (235) nur angenäherte Gültigkeit besitzen. Der a priori-Charakter der Gewichtsfunktionen an sich wird durch diese Umstände aber *keineswegs berührt*, wie *Becker* und *Planck* (Anm. 435) behauptet haben.

641) Siehe V 10 (*H. Kamerlingh Onnes* und *W. Keesom*), Nr. **40**, **43**, **47**.

642) Ein dementsprechend vereinfachter Ausdruck für (235) findet sich in der älteren Arbeit von *E. Fermi* (Anm. 638), sowie unabhängig davon bei *H. C. Urey*, Astrophys. J. 59 (1924), p. 1. *Urey* wendet die *Van der Waals*sche Gleichung (232) auf die Moleküle in gleichen Quantenzuständen gesondert an: sein Ausdruck enthält den Druck $\mathfrak{p}$ explizit im Exponenten, kann aber mittels (232) und $b \ll \mathsf{V}$ ohne Schwierigkeit auf die Form (235) gebracht werden.

643) Siehe etwa *A. Sommerfeld* [1], 4. Kapitel, § 7. Daß $\gamma(n)$ hier von (227) verschieden ist (Anm. 631), hängt damit zusammen, daß die Impulsquantenzahl n_φ bei den Quantenübergängen des H-Atoms sich nach Nr. **15a** stets nur um Einheit ändern kann, während j bei Molekülen und Atomen mit mehr als einem Elektron nach *Bohr* und *Sommerfeld* außerdem auch ungeändert bleiben kann.

tivitätstheorie, so wird nach (139) mit $n_r + n_\varphi = n$ einfach

$$E_n = -R \cdot \frac{h}{n^2}, \qquad (n = 1, 2, \ldots)$$

doch ist die Elektronenbewegung jetzt *entartet*, so daß g_n von neuem ermittelt werden muß; man findet[644])

$$g_n = g \cdot n(n+1) \qquad (n = 1, 2, \ldots)$$

und damit

$$F_{\mathrm{H}}(T, \mathrm{V}) = g \cdot \sum_{n=1}^{\infty} n(n+1)\, e^{\frac{Rh}{kT}\cdot\frac{1}{n^2} - \frac{N}{\mathrm{V}}\psi(n)}. \tag{236}$$ [645])

Um etwa die spezifische Wärme c_{V} des atomaren Wasserstoffes zu bestimmen, hätte man seinen Energieinhalt nach (236) sowie (88) und (89), oder direkt auf Grund von (233) zu berechnen und hierauf nach T zu differenzieren; eine Prüfung des Ergebnisses ist aber mangels hierzu geeigneter experimenteller Daten einstweilen unausführbar.

24 b. Mehratomige Gase. Wie der in Nr. **16 b** erstattete Bericht über den gegenwärtigen Stand der *Quantentheorie mehratomiger Moleküle* ergibt, ist ein brauchbares Modell nicht einmal für den einfachsten Fall des zweiatomigen Wasserstoffmoleküls bekannt, so daß man sich hier einstweilen mit idealisierten Molekülmodellen zufrieden geben muß. Namentlich die Quantentheorie der Bandenspektren (V 27, *A. Kratzer*) hat nun gezeigt, daß an mehratomigen Molekülen im wesentlichen drei verschiedene, näherungsweise voneinander unabhängig wirksame Bewegungsvorgänge unterschieden werden können (Nr. **16 b**): Rotation des ganzen Moleküls, Kernschwingungen und Quantenbewegungen eines „Leucht"elektrons. Die Energie E_n des Moleküls in seinem n^{ten} Quantenzustande setzt sich demgemäß aus drei, in erster Annäherung selbständigen Summanden zusammen, welche diesen Einzelvorgängen zugeordnet sind:

$$E_n = E_n^{(r)} + E_n^{(s)} + E_n^{(e)}. \tag{237}$$

Von diesen drei Gliedern ist das der Elektronenbewegung entsprechende $E_n^{(e)}$ ebenso wie die Energie eines Einzel*atoms* negativ[634]) und konvergiert bei wachsenden Quantenzahlen in Übereinstimmung mit

---

644) Vgl. vor allem *N. Bohr* [2]. p. 107, Anm. 1).

645) Um $\psi(n)$ nach (231) zu berechnen, bedarf es einer speziellen Voraussetzung bezüglich des Zusammenhanges zwischen V_n und den durch (154) gekennzeichneten Dimensionen des Wasserstoffatoms in seinen verschiedenen Quantenzuständen, deren Wahl hier offengelassen bleiben kann. Als erste Annäherung kommt, wie bereits oben angedeutet, $\psi(n) \sim 4\, V_n$ in Betracht, was numerisch völlig ausreichend sein dürfte.

(229) gegen Null. Demgegenüber ist die Schwingungsenergie $E_n^{(s)}$ zwar positiv[646]), strebt für hohe Schwingungsquantenzahlen wegen des *anharmonischen*[423]) Charakters der Schwingungen aber ebenfalls gegen einen *endlichen* Grenzwert, nämlich die Dissoziationsenergie des unerregten Moleküls. Anders hingegen die Verhältnisse bei der Rotationsenergie $E_n^{(r)}$. Bedeutet J das in Betracht kommende Trägheitsmoment und η die Winkelgeschwindigkeit des Moleküls, so wird sein Drehimpuls $p^{(r)} = \eta \cdot J$ nach (148') und (149) festgelegt durch die Quantenbedingung

$$(238) \qquad 2\pi \cdot p_n^{(r)} = 2\pi\eta_n J = n^{(r)} \cdot h$$

und damit seine Rotationsenergie zu

$$(239) \qquad E_n^{(r)} = \tfrac{1}{2}\eta_n^2 \cdot J = \frac{h^2}{8\pi^2 J} \cdot n^{(r)2};$$

$E_n^{(r)}$ wächst also zugleich mit der Rotationsquantenzahl $n^{(r)}$ über alle Grenzen, und das Gleiche gilt daher nach (237) auch für die gesamte Molekülenergie E_n.[647])

Führt man die Molekülenergiewerte (237) zur Berechnung der thermodynamisch-statistischen Eigenschaften eines mehratomigen Gases in den allgemeinen quantenstatistischen Ausdruck (228) für die *Verteilungsfunktion* seiner Moleküle ein, so ist deren Konvergenz durch die eben berührte Eigenschaft von E_n auch dann allgemein gesichert, wenn von der beim einatomigen Gase unerläßlichen Bezugnahme auf die endlichen Moleküldimensionen abgesehen wird.[648]) Die Unkenntnis von $E_n^{(s)}$ und $E_n^{(e)}$ gestattet aber hierbei im Grunde genommen nur

646) Man vgl. den Energieausdruck (152) für eine *harmonische* Schwingungsbewegung.

647) Diese Eigenschaft bleibt auch dann noch erhalten, wenn man die Wechselwirkungen zwischen Rotation, Kernschwingung und Elektronenbewegung *angenähert* in Rücksicht zieht (Anm. 423), 424). Läßt man eine andere Quantenzahl als $n^{(r)}$ unbegrenzt zunehmen, so tritt ebenso wie bei Nichtberücksichtigung jener Wechselwirkungen schließlich *Dissoziation* (Schwingungsquantenzahl) oder *Ionisation* (Elektronenbahn-Quantenzahl) des Moleküls ein. Da die Dissoziationsenergien von den Ionisationsenergien wesentlich übertroffen werden, so kann ein Molekül in Übereinstimmung mit den experimentellen Tatsachen im undissoziierten Zustande gleichwohl mit Rotations- oder Anregungsenergiebeträgen existenzfähig sein, welche die Dissoziationsenergie ganz wesentlich übertreffen. Für extrem hohe Rotationsgeschwindigkeiten allerdings werden aber die Fliehkräfte selbst bei unangeregten Molekülen zu einer Stabilitätsgrenze führen müssen, welcher ein *endlicher*, ohne Zerfall des Gebildes unüberschreitbarer Rotationsenergiebetrag entspricht.

648) Die in der vorigen Anmerkung bei strengerer Betrachtung gefolgerte Existenz einer maximalen Rotationsenergie von endlichem Betrage würde allerdings wiederum eine Benutzung von (234) und (235) unvermeidlich erscheinen lassen.

eine Berücksichtigung der durch (239) gegebenen Quantenstufen der reinen Rotationsenergie; wie eine größenordnungsmäßige Betrachtung lehrt, entspricht dies der Beschränkung auf ein Temperaturgebiet, das Zimmertemperaturen nicht allzu wesentlich überschreitet.[649]) Setzt man demgemäß voraus, daß die Elektronen- und Schwingungsbewegung sämtlicher im Gase vorhandener Moleküle ihrem untersten Quantenzustande entsprechen, so kann man J in (239) als konstant ansehen und E_n mit $E_n^{(r)}$ identifizieren. Dann ist nach (228) und (239) für mehratomige Moleküle allgemein

$$F(T, \Theta) = g \cdot \sum_n \gamma(n)\, e^{-\frac{n^2 \Theta}{T}}, \tag{240}$$

wenn

$$\Theta = \frac{h^2}{8\pi^2 k J} \tag{241}$$

eine nur vom molekularen Trägheitsmomente abhängige „charakteristische Temperatur" der Moleküle definiert; für die spezielle Gewichtswahl $\gamma(n) = 1$ ist der Ausdruck (240) zum ersten Male 1913 von *P. Ehrenfest* angegeben und statistisch konsequent begründet worden.[650]) Setzt man mit *Ehrenfest* $\sigma = \frac{\Theta}{T}$, so hat man überdies

$$F(\sigma) = g \cdot \sum_n \gamma(n)\, e^{-n^2 \sigma} \tag{240a}$$

und daraus nach (88) und (89) für den Rotationsanteil der Gesamtenergie des Gases

$$\mathsf{E}^{(r)} = -Nk\Theta \frac{d \log F(\sigma)}{d\sigma}, \tag{242}$$

sowie für den „Rotationswärme" genannten Betrag zu einer *spezifischen Wärme*

$$c_V^{(r)} = Nk\sigma^2 \frac{d^2 \log F(\sigma)}{d\sigma^2}. \tag{243}$$

Die statistisch-thermodynamischen Funktionen mehratomiger Gase sind demnach für nicht allzu hohe Temperaturen von der einzigen Veränder-

649) Wie *E. C. Kemble* und *J. H. Van Vleck*, Phys. Rev. 21 (1923), p. 381, 653 gezeigt haben, kann man indes für die Schwingungsenergie $E_n^{(s)}$ (152) als Näherungsausdruck benützen und damit die spezifische Wärme des Wasserstoffes, welche weiter unten im Text als reine Rotationswärme behandelt wird, bis zu Temperaturen von etwa 2000° darzustellen suchen.

650) *P. Ehrenfest*, Verhandl. Deutsch. Phys. Ges. 15 (1913), p. 451. Der einzige noch ältere, vom heutigen Standpunkte aus aber nicht mehr annehmbare Versuch rührt her von *A. Einstein* und *O. Stern*, Ann. d. Phys. 40 (1913), p. 551. Ähnlich unannehmbar ist auch ein späterer Versuch von *W. Nernst*, Verhandl. Deutsch. Phys. Ges. 18 (1916), p. 97.

lichen $\sigma = \frac{\Theta}{T}$ *abhängig; verschiedene Gase unterscheiden sich in ihrem Verhalten voneinander nur durch verschiedene Werte ihrer „charakteristischen" Temperaturen* Θ*, falls ihre Gewichte* $\gamma(n)$ *miteinander übereinstimmen*[651]), was aber durchaus nicht stets der Fall zu sein braucht.[652])

Zur Prüfung des Ausdruckes (243) an der Erfahrung kommt bisher allein der von *Eucken* festgestellte, von *Scheel* und *Heuse* bestätigte *Abfall der Rotationswärme des molekularen Wasserstoffes* bei tiefen Temperaturen in Betracht, welche vom klassischen Grenzwerte $N \cdot k$ ausgehend (Nr. 9) *monoton* bis zum Werte Null herabsinkt.[653]) Da H_2 als das leichteste Gas gemäß (241) auch die größtmögliche „charakteristische Temperatur" Θ besitzt, ist auf Grund von (240) in Übereinstimmung mit der Erfahrung vorauszusehen, daß eine Senkung der Rotationswärme anderer zwei- oder mehratomiger Gase unter ihren klassischen Gleichverteilungswert von c_V erst bei sehr viel tieferen Temperaturen eintreten kann, als sie bisher für thermische Messungen an Gasen in Betracht gekommen sind.[653a]) Für alle zweiatomigen Gase muß also, ebenso wie für Wasserstoff bei $T > 300^0$,

$$\lim_{\sigma \to 0} N \cdot k \sigma^2 \frac{d^2 \log F(\sigma)}{d\sigma^2} = N \cdot k \tag{244}$$

---

651) Dieses Ergebnis ist übrigens unabhängig davon, ob man wie oben gemäß der *Bohr*schen Theorie mit der „I." Fassung der *Planck*schen Quantentheorie operiert, oder mit der „II." Fassung (Anm. 191), 192)). Der letzteren haben sich bedient: *E. A. Holm*, Ann. d. Phys. 42 (1913), p. 1311; *J. v. Weyßenhoff*, Ann. d. Phys. 51 (1916), p. 285; *M. Planck*, Verhandl. Deutsch. Phys. Ges. 17 (1915), p. 407; *S. Rotszayn*, Ann. d. Phys. 57 (1918), p. 81; *H. Kallmann*, Diss. Berlin 1920.

652) Daß die Gültigkeit des angegebenen Gesetzes „korrespondierender Zustände" *wesentlich von der Übereinstimmung der Gewichtsfunktionen zweier miteinander zu vergleichender Gase abhäng* scheint bisher in der Literatur keine Beachtung gefunden zu haben. Ein von *A. Langen*, Ztschr. f. Elektrochem. 25 (1919), p. 25 über Anregung von *W. Nernst* benutztes Verfahren zur relativen Berechnung molekularer Trägheitsmomente aus der Dampfdruckkurve und der chemischen Konstante setzt das Korrespondenzgesetz voraus, ohne sich jenes wesentlichen Punktes bewußt zu werden; aus der insbesondere von *A. Eucken*, Jahrb. d. Rad. u. Elekt. 16 (1920), p. 361, betonten Unverträglichkeit eines Teiles der *Langen*schen Ergebnisse mit den spektroskopisch ermittelten Trägheitsmomenten muß demnach auf *Verschiedenheit der Gewichtsfunktionen bei mehreren der bisher geprüften Gase* geschlossen werden. Man vgl. dazu auch die Einwände von *W. Schottky*, Phys. Ztschr. 23 (1922), p. 9, welche vornehmlich den Einfluß des Gewichtes für den untersten Quantenzustand betonen.

653) *A. Eucken*, Berl. Ber. 1912, p. 141; *K. Scheel* und *W. Heuse*, Berl. Ber. 1913, p. 44; Ann. d. Phys. 40 (1913), p. 484; ferner jüngst *J. H. Brinkworth*, Proc. Roy. Soc. A 107 (1925), p. 510 und *F. A. Giacomini*, Phil. Mag. 50 (1925), p. 146.

653a) Der Abfall der Rotationswärme ist von *Giacomini* (Anm. 653) seither auch an den leichten Gasen CH_4 und NH_3 experimentell festgestellt worden.

mit
$$\lim_{\sigma\to 0} F(\sigma) = \lim_{\sigma\to 0} g \cdot \int_{-\infty}^{+\infty} \gamma(n)\, e^{-n^2\sigma} \cdot dn$$

sein, was bei *monotonem* Verlauf von c_v auf

(245) $$\gamma(0) = 0, \quad \gamma(n) = a \cdot n + b \qquad (a > 0,\, b \geqq 0)$$

führt, wo a und b *positive* bzw. nicht negative, ganze[654]) Zahlen bedeuten, falls die $\gamma(n)$ nicht überhaupt eine ungesetzmäßige Zahlenfolge darstellen.[655]) Wegen $\gamma(0) = 0$ liegt es dann am nächsten, allgemein

(246) $$\gamma(n) = n$$

zu setzen, was nach *Reiche* jedenfalls zu einer befriedigenden Übereinstimmung bei hohen und tiefen Temperaturen führt, allerdings zu einer weniger guten im mittleren Temperaturgebiet, während sowohl der auf (227) gegründete Ansatz $\gamma(n) = 2n + 1$, also auch der sonst noch naheliegende $\gamma(n) = n + 1$ sich als wesentlich ungünstiger erweisen.[656])

Der Gewichtsansatz (246) führt ebenso wie auch schon (245) wegen $\gamma(0) = 0$ zu dem bemerkenswerten, auch von der *Quantentheorie der Bandenspektren* (V 27, *A. Kratzer*) bestätigten Ergebnisse, *daß der rotationslose Zustand der Moleküle im Gase praktisch überhaupt nicht vorkommt.* Die Bandentheorie zeigt aber weiterhin, daß der nur unvollständige Erfolg der bisherigen Betrachtungen auf die Benutzung des Energieausdruckes (239) zurückgeführt werden könnte, welcher nur dann als gerechtfertigt anzusehen ist, wenn das ruhende Molekül einen *verschwindenden Elektronendrehimpuls* besitzt, was aber nach neueren Ergebnissen von *Kratzer*[422]) nicht zuzutreffen scheint. Da nach Nr. **16 b** bisher kein brauchbares H_2-Molekülmodell vorliegt[657]),

---

654) Dies folgt unmittelbar aus der definitionsgemäßen Ganzzahligkeit von $\gamma(n)$; wegen der Willkürlichkeit von g können a und b überdies als relativ prim angesehen werden.

655) Dieser Verdacht dürfte nicht völlig unbegründet sein, einerseits wegen der prinzipiellen Sonderstellung des jeweils untersten Quantenzustandes, andererseits wegen der nachfolgend erwähnten Ergebnisse von *Schrödinger,* welcher die Gewichte $\gamma(n)$ empirisch zu bestimmen gesucht hat.

656) *F. Reiche,* Ann. d. Phys. 58 (1919), p. 657, ferner *N. Bohr* [1], Abhandlung X, p. 148. Der Versuch $\gamma(n) = n$ bzw. $2n$ durch eine Wirkung des Schwerefeldes zu begründen, wird von *Reiche* selbst als „recht künstlich" bezeichnet; ein anderer, unzulänglicher Versuch bei *Bohr,* p. 143/144.

657) Das *Bohr-Debye*sche Wasserstoffmolekülmodell [1, Anm. 418)] besitzt den Drehimpuls $\frac{h}{2\pi}$ *in* der Richtung der Kernverbindungslinie; hinsichtlich der spezifischen Wärme ist es untersucht worden von *F. Krüger,* Ann. d. Phys. 50 (1916), p. 346; 51 (1916), p. 450; *P. S. Epstein,* Verhandl. Deutsch. Phys. Ges. 18

ist man hinsichtlich der *Größe* dieses Drehimpulses einstweilen auf Rückschlüsse aus den Bandenspektren angewiesen, welche bei zweiatomigen Molekülen zu einem Betrage von zumindest sehr angenähert $\frac{1}{2} \cdot \frac{h}{2\pi}$ *senkrecht* zur Kernverbindungslinie führen.[422]) Nach (226) erhält man dann an Stelle von (238) und (239)

$$(238\,a) \qquad 2\pi \cdot \eta_n J = \pm (n^{(r)} - \tfrac{1}{2}) \cdot h \qquad (n^{(r)} = 1, 2, \ldots)$$

und

$$(239\,a) \qquad E_n^{(r)} = \tfrac{1}{2} \eta_n^2 \cdot J = \frac{h^2}{8\pi^2 J} (n^{(r)} - \tfrac{1}{2})^2,$$

so daß diese Ausdrücke aus (238) und (239) einfach dadurch hervorgehen, daß man $n^{(r)}$ durch $n^{(r)} - \frac{1}{2}$ ersetzt. Die gleiche Veränderung in den statistischen Formeln (240) bis (243) ergibt dann offenbar die thermischen Eigenschaften von Molekülen mit halbzahligem Eigendrehimpuls; besonders bemerkenswert ist, daß der allgemeine Gewichtsausdruck (227) jetzt in $\gamma(n) = 2n$ übergeht, was mit (246) gleichbedeutend ist, während im Rahmen der früheren Auffassung eine systematische Begründung für (246) nicht möglich zu sein scheint.[656]) Die auf (246) und (239a) gegründete Wiedergabe des beobachteten Verlaufes der Rotationswärme ist nach *Tolman*[658]) bei hohen Temperaturen etwas weniger günstig als bei Benutzung von (239).[658a]) Gibt man die Gewichtswahl frei, so führt

$$(247) \qquad \gamma(1) = 1, \quad \gamma(2) = 2, \quad \gamma(3) = 4, \quad \ldots$$

nach *Schrödinger*[659]) die beste Anpassung an die Beobachtungen herbei, welche sogar jener von *Reiche*[656]) überlegen zu sein scheint; eine Begründung der Gewichtsreihe (247) ist bisher aber nicht gelungen.

(1916), p. 398; *H. Kallmann*, Diss. Berlin 1920, hat aber auch hier völlig versagt. Das *Born*sche Wasserstoffmolekülmodell [5, Anm. 418)] ist von *J. H. Van Vleck*, Phys. Rev. 23 (1924), p. 308. statistisch untersucht worden.

658) *R. C. Tolman*, Phys. Rev. 22 (1923), p. 470, ferner jüngst *E. Hutchisson* und *J. H. Van Vleck*, Phys. Rev. 25 (1925), p. 243.

658a) *P. Ehrenfest* und *R. C. Tolman*, Phys. Rev. 24 (1924), p. 287, haben im Anschluß an ihre Unterscheidung von „starker" und „schwacher" Quantelung (Anm. 435) in letzter Zeit Gründe dafür namhaft gemacht, daß die Gewichtsfunktion sich hier für große n in besonderer Art quasi-kontinuierlich verhalten könnte, was dazu geeignet wäre, jene Unvollkommenheit bei hohen Temperaturen zu beseitigen.

659) *E. Schrödinger*, Ztschr. f. Phys. 30 (1924), p. 341. — Ein ähnlicher, auf (240) gegründeter, jedoch in mehrfacher Hinsicht unzulänglicher Versuch einer empirischen Gewichtsbestimmung findet sich bereits bei *D. Enskog*, Ann. d. Phys. 72 (1923), p. 321 und ergab $\gamma(1) = 1$, $\gamma(2) \sim 3$, kann wegen seiner Mängel aber nicht etwa als Bestätigung von (227) angesehen werden.

Zugunsten der Moleküle mit halbzahligen Elektronen-Eigendrehimpuls spricht, daß sie für das Wasserstoffmolekül auf Grund der Rotationswärme Trägheitsmomente ergeben, welche mit den optischen Daten wesentlich besser verträglich sind, als die etwa $\frac{3}{2}$mal größeren Werte, welche aus (240), (243) und (245) gefolgert werden müssen.[659])[660])

24c. Gasentartung. Wie die in Nr. **19** gegebene kritische Besprechung der zahlreichen Versuche, die Quantentheorie auf die Translationsbewegung der Gasmoleküle anzuwenden, gezeigt hat, scheint die dort eingehender gewürdigte Auffassung von *Schrödinger*[661]) diejenige zu sein, welche gegenwärtig als den wirklichen Vorgängen im Gase noch verhältnismäßig am weitgehendsten angepaßt, angesehen werden kann. Um die *Verteilungsfunktion* (228) bzw. (104) der nach *Schrödinger* durch (184) und (186) quantenhaft festgelegten Molekülbewegungen zu berechnen, hat man wegen (184)

$$E_n^{(t)} = \frac{h^2}{8M\bar{\lambda}^2} \cdot n^2 \qquad (n = 1, 2, \ldots) \tag{248}$$

zu setzen und die zugehörigen Gewichtswerte $\gamma(n)$ (225) zu ermitteln. Da $E_n^{(t)}$ die Energie eines n-quantig bewegten Moleküls angibt, das sich im übrigen *an jeder beliebigen Raumstelle des Gasvolumens* **V** befinden kann, wird $\gamma(n)$ hier offenbar bestimmt sein durch das Produkt aus der *Gesamtzahl Z aller* quantentheoretisch als verschieden anzusehenden *Raumgebiete in* **V**, *welche der Bewegung eines einzelnen Moleküls zur Verfügung stehen,* und der nach (186) in jedem dieser Raumgebiete möglichen *Anzahl* k_n *von quantentheoretisch zugelassenen Bewegungsrichtungen.*[662]) Die erstgenannte Größe ergibt sich auf Grund

660) Die Tatsache, daß das *Curie*sche Gesetz auch für viele *feste* paramagnetische Salze gilt, hat *P. Weiß,* Phys. Ztschr. 12 (1911), p. 935, veranlaßt, die freie Drehbarkeit der Moleküle als Träger der Elementarmagnete vorübergehend auch für den festen Zustand vorauszusetzen. Auf dieser Grundlage und mittels ganz ähnlicher statistischer Betrachtungen, wie sie vorstehend zur Deutung der Rotationswärme benutzt worden sind, ist mehrfach versucht worden, die *Abweichungen vom Curieschen Gesetze bei tiefen Temperaturen* theoretisch wiederzugeben; vgl. *E. Oosterhuis,* Phys. Ztschr. 14 (1913), p. 862; *W. H. Keesom,* Phys. Ztschr. 15 (1914), p. 8; *W. Budde,* Diss. Marburg 1914; *R. Gans,* Ann. d. Phys. 50 (1916), p. 163; *J. v. Weyßenhoff,* Ann. d. Phys. 51 (1916), p. 285; *F. Reiche,* Ann. d. Phys. 54 (1917), p. 401; *A. Smekal,* Ann. d. Phys. 57 (1918), p. 376. Da die freie Drehbarkeit der Moleküle im Festkörper jedoch nicht besteht, so müssen alle diese Versuche, wie namentlich *O. Stern,* Ztschr. f. Phys. 1 (1920), p. 147, betont hat, als hinfällig angesehen werden.

661) *E. Schrödinger,* Phys. Ztschr. 25 (1924), p. 41.

662) Dieses Verfahren läuft darauf hinaus, die Bewegung des Einzelmoleküls wegen der Willkürlichkeit ihrer räumlichen Lokalisierung innerhalb von **V**

der allgemeinen quantentheoretischen Forderung (221), daß das maximale Volumen einer μ-Raumzelle der Translationsbewegung mit Rücksicht auf die *drei* Schwerpunktsfreiheitsgrade der Moleküle durch h^3 festgelegt sein muß, falls eine *bestimmte* und darum als nicht entartet anzusehende Bewegung eines Moleküls ins Auge gefaßt werden würde; aus

$$\Delta x \cdot \Delta y \cdot \Delta z \cdot \Delta p_x \cdot \Delta p_y \cdot \Delta p_z = \Delta x \cdot \Delta y \cdot \Delta z \cdot M^3 v^2 \cdot \Delta v \frac{4\pi}{k_n} = h^3$$

erhält man mittels (184), (185), (186) und

$$\Delta x \cdot \Delta y \cdot \Delta z = \frac{\mathsf{V}}{Z}$$

für Z größenordnungsmäßig

$$Z = \frac{\mathsf{V}}{8\bar{\lambda}^3}$$

und damit

$$\gamma(n) = k_n \cdot Z = \frac{\pi \mathsf{V}}{2\bar{\lambda}^3} \cdot n^2. \tag{249}$$

Definiert man noch mittels

$$\Theta = \frac{h^2}{8 M \bar{\lambda}^2 k} \tag{250}$$

eine „charakteristische Temperatur" Θ für die quantenhafte Translationsbewegung, so erhält man für die *quantentheoretische Verteilungsfunktion* $F_t(T, \mathsf{V})$ *der Translation*

$$F_t(T, \mathsf{V}) = g \cdot \frac{\pi \mathsf{V}}{2\bar{\lambda}^3} \sum_{n=1}^{\infty} n^2 e^{-\frac{n^2 \Theta}{T}}. \tag{251}$$ [663]

Für ein Gas unter Normalbedingungen wird nach (250) $\Theta \sim 10^{-4}$ Grad, so daß man die Summe in (251) *praktisch für alle Temperaturen* durch das Integral

$$\int_0^\infty n^2 \cdot e^{-\frac{n^2 \Theta}{T}} \cdot dn = \frac{\sqrt{\pi}}{4} \left(\frac{T}{\Theta}\right)^{\frac{3}{2}}$$

approximieren kann und den *von der mittleren freien Weglänge* $\bar{\lambda}$ *unabhängigen Ausdruck* erhält:

$$F_t(T, \mathsf{V}) = g \frac{\mathsf{V}}{h^3} (2\pi M k T)^{\frac{3}{2}}. \tag{251a}$$

---

als *entartet* zu behandeln, wodurch die Anwendung von (224) erforderlich wird. — Bei *Schrödinger* (Anm. 661) wird die Verteilungsfunktion (251) — wie man aus Obigem entnimmt, ohne besondere Notwendigkeit — auf dem weitläufigeren Wege über den Γ-Raum des gesamten Gases ermittelt.

663) Man vgl. (251) mit (240) bei der Rotationswärme, beachte jedoch den Unterschied der Gewichte $\gamma(n)$ in (249) bzw. (245)!

Nach (47) und (64) hat sich demgegenüber auf klassischem Wege ergeben

(251 b) $$F_t(T, V) = \frac{V}{G_t}(2\pi MkT)^{\frac{3}{2}},$$

worin G_t nach (46) eine Maßkonstante von der Dimension der dritten Potenz einer Wirkungsgröße bedeutete[103]); wie der Vergleich der beiden Ausdrücke lehrt, erhält man in Übereinstimmung damit und als Spezialfall von (223) den Zusammenhang

(252) $$G_t = \frac{h^3}{g}.$$ [664])

Da der klassische und der quantentheoretische Ausdruck für die Verteilungsfunktion der Molekültranslation bis auf (252) miteinander übereinstimmen, wird der Energieinhalt des Gases gemäß (62) durch (62 a) (Nr. **7 a**) gegeben sein, und *der Translationsanteil seiner spezifischen Wärme $c_V^{(t)}$ bis zu den allertiefsten Temperaturen herab mit dem klassischen Konstantwerte $\frac{3}{2} \cdot Nk$ übereinstimmen.* Damit ist gezeigt, *daß die Gasentartung bis zu den tiefsten bisher erreichbaren Temperaturen unmerklich bleiben muß, wie es auch der Erfahrung entspricht,* so daß die im Vorangehenden für die Translation immer wieder zugelassene Benutzung der klassischen Ergebnisse allgemein gerechtfertigt erscheint.

Die Ergebnisse der übrigen, in Nr. **19** bloß qualitativ gekennzeichneten Versuche zur Anwendung der Quantentheorie auf die Molekültranslation liefern statistische Resultate, welche mit dem oben eingehender geschilderten in den meisten Punkten qualitativ übereinstimmen[664a]); volle Übereinstimmung herrscht namentlich darin, daß die Maximalgröße der μ-Zellen für die Translationsbewegung wie oben zu h^3 angesetzt wird — was nach (221) quantentheoretisch tatsächlich als unumgänglich angesehen werden muß —, so daß alle diese Theorien im klassischen Grenzfalle hoher Temperaturen ebenfalls zu

---

664) G_t ist nichts anderes als der Quotient eines μ-Zellenvolumens durch das Gewicht der betreffenden Zelle, wie man auch dem Vergleich mit (224) und (225) entnehmen kann. Siehe auch Anm. 630). — Natürlich ist G_t mit (252) ebensowenig festgelegt als g. Die Bedeutung des Umstandes, daß man $g = \frac{e}{N}$ setzen muß (e = Basis des natürlichen Logarithmensystems), um zu der üblichen Schreibweise der statistisch-thermodynamischen Funktionen des idealen einatomigen Gases zu gelangen (vgl. z. B. *M. Planck* [1], § 182), kann erst in Nr. **27** einer näheren Diskussion unterzogen werden.

664a) Eine Ausnahme hiervon macht bloß die jüngst von *A. Einstein* (Anm. 505), 508)) aufgestellte Entartungstheorie, deren prinzipielle Tragweite in Anm. 32 a) und Nr. **27**, Ende, näher gewürdigt wird.

(251a) und (252) führen. Die quantitativen Unterschiede der einzelnen Theorien lassen sich in allen Fällen darauf zurückführen, daß für die bei den allertiefsten Temperaturen eintretenden Abweichungen vom klassisch-idealen Gaszustande eine „charakteristische Temperatur“ Θ maßgebend wird, welche in (250) an Stelle der mittleren freien Weglänge $\bar{\lambda}$ entweder eine Länge von der Größenordnung des mittleren Molekülabstandes[508]) enthält, oder selbst makroskopischer Gefäßdimensionen.[509]) Im letzteren Falle wird Θ praktisch überhaupt Null, was eine Gasentartung praktisch völlig ausschließt, im ersteren wird Θ von der Größenordnung: reziprokes Molekulargewicht in Graden, so daß das Entartungsgebiet nach diesen Theorien auch nur höchstens an der Grenze experimenteller Zugänglichkeit gelegen sein könnte. Wendet man die Theorie von *Schrödinger* auf ein *Elektronengas* an, so zeigt der numerische Wert von (250) für $M = m$, daß hier bei mittleren Temperaturen ebenso wie bei gewöhnlichen Gasen der ideale Gaszustand herrschen muß, wie es auch der experimentellen Erfahrung über den *Richardson-Effekt* entspricht; bei sehr tiefen Temperaturen hingegen könnte der Entartungsbeginn des Elektronengases vielleicht noch experimentell faßbar werden. Setzt man für die „freien“ Elektronen im Innern eines metallischen Stromleiters für $\bar{\lambda}$ an Stelle der gaskinetischen Größenordnung 10^{-5} cm formal den *mittleren Atomabstand im festen oder flüssigen Aggregatzustand* von etwa $5 \cdot 10^{-8}$ cm in (250) ein, so wird $\Theta \sim 10^4$ Grade, was auf *Entartung der Leitungselektronen bis zur Schmelz- bzw. Verdampfungstemperatur* hinausläuft. Wenn man sich zur Berechnung *der spezifischen Wärme der Leitungselektronen bei gewöhnlichen Temperaturen* auf das erste Glied von (251) beschränkt, so findet man für $\sigma = \frac{\Theta}{T}$ aus (243) in Übereinstimmung mit Fehlen eines derartigen Beitrages zur spezifischen Wärme der Festkörper[665]) $c_V = 0$.

25. Dissoziationsgleichgewicht. Wie die statistische Betrachtung des Wärmegleichgewichtes zwischen beliebigen thermischen Systemen, einschließlich der Hohlraumstrahlung gezeigt hat (Nr. 7), stimmt das zeitlich-mittlere thermische Verhalten jedes einzelnen der beteiligten warmen Körper mit jenem überein, welches die *Boltzmannsche Verteilung* für ihn im Falle völliger Wärmeisolation ergibt (Nr. 5, 6). Dabei ist grundsätzlich vorausgesetzt worden, daß *chemische Umsetzungen* zwischen den miteinander in Wärmeaustausch befindlichen, chemisch einheitlichen thermischen Systemen nicht stattfinden sollen. Läßt man diese Voraussetzung fallen, so werden die früher als unver-

665) Siehe etwa V 20 (*R. Seeliger*), *Elektronentheorie der Metalle*, Nr. 17—19.

änderlich vorgegeben anzusehenden Teilchenanzahlen der betrachteten „realen" warmen Körper (Gase, Gasgemische, Festkörper) *von der Temperatur und den äußeren makroskopischen Parametern* a^*, **V**, ... *abhängig*; der Beweis der eingangs erwähnten Bedingung für das Wärmegleichgewicht erfordert dann die statistische Untersuchung von *Dissoziationsgleichgewichten*, worin neben der Behandlung von reinen Gasgleichgewichten auch die Betrachtung der gegenseitigen Wechselwirkung von *gasförmigen und festen Phasen* bzw. Reaktionsteilnehmern mit einbegriffen gelten soll.[665a)] Diese Untersuchung wird im folgenden zunächst für einen einfachen Spezialfall, dann völlig allgemein durchgeführt und schließlich auf den Dampfdruck fester Stoffe angewendet; von einer expliziten Berücksichtigung der *Wechselwirkungen mit dem Strahlungsfelde* kann in der vorliegenden Nummer abgesehen werden, da sie keine Änderung der diesbezüglichen Betrachtungen von Nr. 7a zur Folge haben würde.

Boltzmann war der Erste, welcher die Gasdissoziation auf statistischem Wege untersucht hat.[665b)] Die erste systematisch-konsequente statistische Behandlung der Dissoziationsgleichgewichte und Klärung damit zusammenhängender prinzipieller Fragen rührt jedoch von *Ehrenfest* und *Trkal* her[666)]; sie wird für die nachfolgende Darstellung ebenso als vorbildlich angesehen, wie die Benutzung der bereits in der elementareren Statistik bewährten eleganten mathematischen Methodik, welche *Darwin* und *Fowler* entwickelt[94)] und, entsprechend verallgemeinert, auch auf den vorliegenden Fall zur Anwendung gebracht haben.[667)] Eine systematische statistische Grundlegung der *gesamten chemischen Thermodynamik* ist auf Grund der *Ehrenfest-Trkal*schen Ergebnisse von den allgemeinsten, gegenwärtig in Betracht kommenden Gesichtspunkten ausgehend, von *Schottky*[668)] in Angriff

---

665 a) Zur thermodynamischen Theorie der Gleichgewichte möge hier etwa verwiesen werden auf *M. Planck*, Thermodynamik, 6. Aufl., Leipzig 1921; *W. Nernst*, Die theoretischen und experimentellen Grundlagen des neuen Wärmesatzes, 2. Aufl., Halle 1924, sowie V 11, *K. F. Herzfeld* (*Physikalische und Elektrochemie*).

665 b) *L. Boltzmann*, Wied. Ann. 22 (1884), p. 39; Wiss. Abh. Bd. III, p. 71; Vorlesungen über Gastheorie, II. Bd., Leipzig 1898, p. 177 ff.

666) *P. Ehrenfest* und *V. Trkal*, Proc. Akad. Amsterdam 23 (1920), p. 162, auch Ann. d. Phys. 65 (1921), p. 609.

667) *C. G. Darwin* und *R. H. Fowler*, Proc. Cambridge Phil. Soc. 21 (1923), p. 730; ähnlich, aber weniger vollkommen bereits bei *R. H. Fowler*, Phil. Mag. 45 (1923), p. 1.

668) *W. Schottky*, Ann. d. Phys. 68 (1922), p. 481, sowie eine ältere, auf einen spezielleren Kreis von Problemen beschränkte Untersuchung, Ann. d. Phys. 62 (1920), p. 113. Eine vollständige, eingehende Darstellung der chemischen

genommen worden, bisher aber noch nicht zum Abschluß gelangt. Die aus der Betrachtung der Dissoziationsgleichgewichte folgenden *allgemeinen Beziehungen zwischen der Statistik und dem II. Hauptsatz der Thermodynamik, sowie dem Nernstschen Wärmetheorem* werden in Nr. **27** abschließend zusammengestellt.

25 a. Dissoziationsgleichgewicht bei monomolekularen Gasreaktionen. $N_L^{(A_1)}$ Moleküle A_1 mit der *Verteilungsfunktion* $F_{A_1}(\zeta)$ eines Gases 1, $N_L^{(A_2)}$ Moleküle A_2 mit der Verteilungsfunktion $F_{A_2}(\zeta)$ eines Gases 2 und $N_L^{(B_3)}$ Moleküle B_3 mit der Verteilungsfunktion $F_{B_3}(\zeta)$ eines Gases 3 sollen zu einem bestimmten Zeitpunkte im gleichen Volumen V miteinander vereinigt sein und die Gesamtenergie E besitzen; die Gase 1 und 2 mögen ein- oder mehratomig sein, das Gas 3 mindestens zweiatomige Moleküle haben. Wenn zwischen den drei Komponenten dieses *Gemisches* L keinerlei chemische Umsetzungen möglich wären, so würde seine Verteilungsfunktion nach Nr. **6a** durch (35 A), die Anzahl $\mathsf{R}^{(A_1, A_2, B_3)}$ der Realisierungsmöglichkeiten seiner sämtlichen mit E sowie *konstanten* $N_L^{(A_1)}$, $N_L^{(A_2)}$, $N_L^{(B_3)}$ verträglichen Zustandsverteilungen durch (37) gegeben sein. Läßt man aber das Eintreten der *monomolekularen Reaktion*

$$A_1 + A_2 \rightleftarrows B_3 \tag{253}$$

zwischen den Molekülen zu, so werden die Molekülanzahlen $N_L^{(A_1)}$, $N_L^{(A_2)}$, $N_L^{(B_3)}$ *mit der Zeit veränderlich* und man hat an Stelle von $\mathsf{R}^{(A_1, A_2, B_3)}$ die Gesamtzahl der Realisierungsmöglichkeiten $\mathsf{R}^{(X^{(A_1)}, X^{(A_2)})}$ zu ermitteln, die auch alle jene mit E verträglichen Zustandsverteilungen mit umfaßt, für welche die Anzahlen $N_L^{(A_1)}$, $N_L^{(A_2)}$, $N_L^{(B_3)}$ bloß an die Bedingung gebunden sind, daß die Anzahl aller freien und in Molekülen B_3 gebundenen Moleküle A_1, sowie jene der freien und in den B_3 gebundenen Moleküle A_2, vorgegebene konstante Werte $X^{(A_1)}$, $X^{(A_2)}$ besitzen. Denkt man sich den μ-Raum der Moleküle A_1 bzw. A_2, B_3 den allgemeinen Ansätzen von Nr. **3** gemäß in Zellen eingeteilt und jene Zellen mittels eines Index l_1 bzw. l_2, l_3, im Sinne zunehmender Molekülenergiewerte $E_{l_1}^{(A_1)} + E_{t,l_1}^{(A_1)}$ bzw. $E_{l_2}^{(A_2)} + E_{t,l_2}^{(A_2)}$, $E_{l_3}^{(B_3)} + E_{t,l_3}^{(B_3)}$ numeriert, so wird eine individuelle Zustandsverteilung $\mathsf{Z}_L^{(A_1, A_2, B_3)}$ des reagierenden Gasgemisches dadurch gekennzeichnet sein, daß sich etwa $N_{L,l_1}^{(A_1)}$ bzw. $N_{L,l_2}^{(A_2)}$, $N_{L,l_3}^{(B_3)}$, *beliebige* von den gerade mit der Gesamtzahl $N_L^{(A_1)}$ bzw. $N_L^{(A_2)}$, $N_L^{(B_3)}$ vorhandenen Molekülen A_1 bzw. A_2, B_3 in der l_1^{ten} bzw. l_2^{ten}, l_3^{ten} Zelle des zugehörigen μ-Raumes

Thermodynamik wird von *Schottky* nach freundlicher persönlicher Mitteilung in Buchform vorbereitet.

aufhalten. Jede dieser Zustandsverteilungen wird dann die Bedingungen zu erfüllen haben:

$$(254)\qquad \sum_{l_1=1}^{\infty} N_{L,l_1}^{(A_1)} = N_L^{(A_1)},\quad \sum_{l_2=1}^{\infty} N_{L,l_2}^{(A_2)} = N_L^{(A_2)},\quad \sum_{l_3=1}^{\infty} N_{L,l_3}^{(B_3)} = N_L^{(B_3)},$$

$$(255)\qquad N_L^{(A_1)} + N_L^{(B_3)} = X^{(A_1)},\quad N_L^{(A_2)} + N_L^{(B_3)} = X^{(A_2)},$$

$$(256)\qquad \mathsf{E} = \sum_{l_1=1}^{\infty} N_{L,l_1}^{(A_1)} \cdot [E_{l_1}^{(A_1)} + E_{t,l_1}^{(A_1)} + E_0^{(A_1)}]$$
$$+ \sum_{l_2=1}^{\infty} N_{L,l_2}^{(A_2)} \cdot [E_{l_2}^{(A_2)} + E_{t,l_2}^{(A_2)} + E_0^{(A_2)}]$$
$$+ \sum_{l_3=1}^{\infty} N_{L,l_3}^{(B_3)} \cdot [E_{l_3}^{(B_3)} + E_{t,l_3}^{(B_3)} + E_0^{(B_3)}],$$

die Formulierung der Energiebeschränkung (256) wird hierbei ersichtlich an die Voraussetzung gebunden sein, daß die willkürlichen Konstanten $E_0^{(A_1)}$, $E_0^{(A_2)}$, $E_0^{(B_3)}$ aller in (256) eingehenden Molekülenergiewerte zugleich mit E auf dasselbe, an sich im übrigen willkürliche Energienullniveau bezogen sind.[669])

669) Diese Voraussetzung liegt stillschweigend naturgemäß bereits den Betrachtungen von Nr. **6 a**, **7** und **8 a**, insbesondere den Gleichungen (40 A), (40 B), (61), (61 a), (84 a) zugrunde, ist aber wegen der Unveränderlichkeit der Teilchenanzahlen der verschiedenen dort betrachteten warmen Körper von keiner besonderen Aktualität. Hier dagegen wird es ganz wesentlich darauf ankommen, in welcher Weise die Moleküle A_1, A_2 bei Elementarvorgängen vom Typus (253) ihre Energiekonstanten „mitnehmen“, oder anders gesagt, welche *Relation zwischen* $E_0^{(A_1)}$, $E_0^{(A_2)}$, $E_0^{(B_3)}$ besteht. Nimmt man beispielsweise die Moleküle A_1 und A_2 einatomig und betrachtet sie in erster Annäherung als punktförmige, nur der Translation fähige Gebilde, welche beim Zusammentreten zu einem zweiatomigen Molekül B_3 in letzterem etwa anharmonische Schwingungen auszuführen vermögen, so wird es am naheliegendsten sein, jenen Zustand des reagierenden Gemisches zur Kennzeichnung des Energienullniveaus heranzuziehen, in dem überhaupt keine Moleküle B_3, sondern bloß einzelne Atome A_1 und A_2 vorhanden sind; setzt man hier willkürlich $E_0^{(A_1)} = E_0^{(A_2)} = 0$, so erkennt man, daß $E_0^{(B_3)}$ dann gerade diejenige Energiemenge darstellt, welche aufgewendet werden muß, um ein Molekül B_3 in seine beiden Bestandteile zu zerlegen, und welche gleichzeitig der maximalen Schwingungsenergie entspricht, deren ein Molekül B_3 überhaupt fähig sein kann. — Wenn man mit *Schottky* (Anm. 668) den „Kernphasenraum“ als Γ-Raum des Gemisches benutzt (siehe weiter unten im Text, sowie Anm. 671), so ist es am naheliegendsten, den Zustand völliger Dissipation der Atome und Moleküle in Atomkerne und einzelne Elektronen zu wählen, deren wechselseitige Entfernungen so groß zu denken sind, daß eine merkliche Wechselwirkung nicht mehr stattfindet. Bei Einbeziehung quantentheoretisch gedeuteter radioaktiver Ab- und Aufbauvorgänge [siehe Anm. 218), 439), ferner Nr. **18 a**, Ende] wäre im „Urphasenraum“ die völlige Dissipation auch der Atomkerne in einzelne Protonen und Elektronen (Nr. **13**) zur Festlegung des Energienullniveaus heranzuziehen.

Zur Berechnung der Anzahl der Realisierungsmöglichkeiten $R(\mathsf{Z}_L^{(A_1, A_2, B_3)})$ *einer* bestimmten, mit (254), (255), (256) verträglichen Zustandsverteilung $\mathsf{Z}_L^{(A_1, A_2, B_3)}$ genügt es im Gegensatz zur elementareren Statistik (Nr. 4—6) jetzt nicht mehr, der Betrachtung eine Abbildung der verschiedenen Molekularzustände in den einzelnen Molekülphasenräumen zugrunde zu legen; offenbar ist eine *einheitliche* Untersuchung des reagierenden Gasgemisches hierzu unerläßlich, da es im allgemeinen kein statistisches System geringeren Umfanges gibt, in welchem eine mögliche, mit (254), (255), (256) verträgliche Veränderung bei Wahrung seines materiellen Bestandes vorgenommen werden kann.[670] Betrachtet man dementsprechend den *Γ-Raum des reagierenden Gasgemisches* mit den stets wechselnden Molekülanzahlen $N_L^{(A_1)}$, $N_L^{(A_2)}$, $N_L^{(B_3)}$, so wird man diesen mit einer den Momentanwerten der Molekülanzahlen zugeordneten und mit jenen zugleich sprungweise veränderlichen Γ-Zelleneinteilung ausgestattet denken können, deren Projektion auf $N_L^{(A_1)}$ bzw. $N_L^{(A_2)}$, $N_L^{(B_3)}$ einzelne μ-Räume von Molekülen A_1 bzw. A_2, B_3, mit der bereits oben festgelegten μ-Zelleneinteilung für die Moleküle A_1 bzw. A_2, B_3, übereinstimmt.[671] Offenbar

670) Diese Feststellung gilt mit Notwendigkeit indessen nur für *echte* Gleichgewichte; bei unvollständigen oder „gehemmten" Gleichgewichten (*Schottky*), etwa bei Mitwirkung fester und flüssiger Reaktionsteilnehmer oder Phasen sind in vielen Fällen geeignete Vereinfachungen zulässig. Als äußersten Grenzfall „gehemmter" Gleichgewichte können z. B. die in Nr. **6a** betrachteten reaktions*un*fähigen Gasgemische angesehen werden, bei welchen man mit gesonderter statistischer Behandlung der einzelnen Gemischkomponenten das Auslangen findet.

671) Wie die angegebene Beziehung zwischen den Γ-Zellen und den μ-Zelleneinteilungen erkennen läßt, wird die Dimensionszahl des Γ-Raumes $N_L^{(A_1)} \cdot r_1 + N_L^{(A_2)} \cdot r_2 + N_L^{(B_3)} \cdot r_3$ betragen, wenn r_1, r_2, r_3, analog Nr. **2**, die Anzahl der Freiheitsgrade von innerer *und* Translationsbewegung der Moleküle A_1, A_2, B_3 bedeuten; da r_1 und r_2 beim Zusammentreffen zweier Moleküle A_1, A_2 zu einem Molekül B_3 ungeändert bleiben müssen, wie man bei aus punktförmigen Massen oder Ladungen bestehenden Gebilden (Nr. **13**) unmittelbar einsieht, so hat man $r_3 = r_1 + r_2$, was wegen (255) die Dimensionszahl des Γ-Raumes zu $X^{(A_1)} \cdot r_1 + X^{(A_2)} \cdot r_2$ ergibt und damit deren Unveränderlichkeit gegenüber beliebigen mit (255) verträglichen Zustandsverteilungen. — Welche Maximalwerte man für r_1 und r_2 einzusetzen hat, hängt wesentlich von der speziellen Natur der mit der Reaktionsgleichung (253) verknüpften Elementarvorgänge ab, beziehungsweise der Kenntnisse, die man davon zu besitzen vermeint. Bestimmt man r_1 und r_2 etwa so, daß man die Anzahl der Einzelladungen (Protonen und Elektronen) *verdreifacht*, welche das *Rutherford-Bohrsche Atommodell* (Nr. **13**) für Elektronenhülle und Atomkernbausteine ergibt, so erhält man als Γ-Raum den „Urphasenraum", in welchem sich auch *radioaktive Auf- und Abbauvorgänge* verfolgen lassen (s. Anm. 669). Kann von letzteren, wie wohl fast immer, abgesehen werden, so können die Atomkerne als unveränderliche Teilstrukturen angesehen und wie Massenpunkte mit je drei Freiheitsgraden in Rechnung gestellt

ist jede *individuelle* Molekülverteilung durch eine *einzige* derartige Γ-Zelle gekennzeichnet. Gilt es nun die Realisierungsmöglichkeiten von $\mathsf{Z}_L^{(A_1, A_2, B_3)}$ abzuzählen, so hat man die Anzahl aller jener Γ-Zellen zu bestimmen, deren individuelle Molekülverteilungen dieser Zustandsverteilung entsprechen. Diese Bestimmung kann nach *Ehrenfest* und *Trkal*[666]) auf *zweierlei* Arten von Vertauschungen *individueller* Moleküle zurückgeführt werden, welche die vorgelegte Zustandsverteilung $\mathsf{Z}_L^{(A_1, A_2, B_3)}$ ungeändert bestehen lassen: Denkt man zunächst alle jene Vertauschungen ausgeführt, *bei welchen die freien Moleküle* A_1 und ebenso A_2, sowie B_3, *untereinander ihre* μ*-Zellen wechseln,* so gibt das, in Übereinstimmung mit dem Produkt dreier voneinander unabhängiger Ausdrücke (29), für die Anzahl der entsprechenden Γ-Zellen den Betrag

$$(257\text{a}) \qquad \frac{N_L^{(A_1)}! \cdot N_L^{(A_2)}! \cdot N_L^{(B_3)}!}{\ldots N_{L,l_1}^{(A_1)}! \ldots N_{L,l_2}^{(A_2)}! \ldots N_{L,l_3}^{(B_3)}! \ldots} \cdot \ldots g_{l_1}^{(A_1)^{N_{L,l_1}^{(A_1)}}} \ldots g_{l_2}^{(A_2)^{N_{L,l_2}^{(A_2)}}} \ldots g_{l_3}^{(B_3)^{N_{L,l_3}^{(B_3)}}} \ldots,$$

worin $g_{l_1}^{(A_1)}$, $g_{l_2}^{(A_2)}$, $g_{l_3}^{(B_3)}$ die Gewichte der verschiedenen μ-Zellen von Molekülen A_1, A_2, B_3 bedeuten.[672]) Vertauscht man ferner *alle in Molekülen* B_3 *gebundenen Moleküle* A_1 bzw. A_2 *mit freien Molekülen* A_1 bzw. A_2, so erhält man die Anzahl

$$(257\text{b}) \qquad \frac{X^{(A_1)}! \cdot X^{(A_2)}!}{N_L^{(A_1)}! \cdot N_L^{(A_2)}! \cdot N_L^{(B_3)}!}\,{}^{673}),$$

---

werden; dies ergibt *Schottkys* „Kernphasenraum" (s. Anm. 669), in welchem an Stelle von „Molekülen" A_1, A_2, B_3 bloß Elektronen und Atomkerne auftreten. Nimmt man A_1 und A_2 als einatomig und näherungsweise punktförmig an, wie zu Beginn von Anm. 669), so wird $r_1 = r_2 = 3$ (vgl. etwa die Behandlungsweise von *Ehrenfest* und *Trkal,* Anm. 666). Für den im Text vorliegenden Spezialfall ist aber ebenso wie beim allgemeinsten Fall des Dissoziationsgleichgewichtes (Nr. **25b**) eine bestimmte Festsetzung über r_1 und r_2 entbehrlich und nur bei konkreten Problemen von gewissem Interesse. Wenn die genauere Struktur der Moleküle als unbekannt angesehen wird, wie durchweg im I. Teile des vorliegenden Berichtes, so ermöglicht die Theorie des Dissoziationsgleichgewichtes sogar gewisse Schlüsse hinsichtlich der Moleküleigenschaften, wie weiter unten im Text betont werden wird.

672) Die Übereinstimmung von (257a) mit dem Produkt dreier voneinander unabhängiger Ausdrücke (29) läßt ersehen, daß (29) auch schon als Anzahl gewisser Γ-Zellen hätte gedeutet werden können. Diese Auffassung, deren Beziehung namentlich zu gewissen Ansätzen der klassischen statistischen Mechanik von *Gibbs* bedeutungsvoll ist, findet sich in IV 32 (*P.* und *T. Ehrenfest*), Nr. **12b** ff. eingehend berücksichtigt.

673) Ein Ausdruck dieser Form findet sich erstmals bereits bei *L. Boltzmann,* Wiss. Abh. III, p. 71; dann bei *H. Tetrode,* Versl. Akad. Amsterd. 23 (1915), p. 1110. — Die Begründung von (257b) setzt voraus, daß die Moleküle A_1 und A_2 praktisch wie starre, strukturlose Gebilde behandelt werden können, was unvermeidlich ist, solange man ihre Struktur als unbekannt ansehen will [siehe

welche angibt, wie viele gleichwertige Γ-Zellen durch diesen zweiten Vertauschungsprozeß aus *einer jeden* von den (257a) der früheren Γ-Zellen hervorgehen.[674]) Die Gesamtzahl der Realisierungsmöglichkeiten der betrachteten Zustandsverteilung wird also durch Multiplikation der beiden Ausdrücke (257a) und (257b) gegeben sein und kann geschrieben werden als Produktausdruck von der Form[675])

$$(258)\qquad R(Z_L^{(A_1, A_2, B_3)}) = X^{(A_1)}! \cdot X^{(A_2)}! \cdot \prod_{l_1, l_2, l_3} \frac{g_{l_1}^{(A_1)^{N_{L,l_1}^{(A_1)}}}}{N_{L,l_1}^{(A_1)}!} \cdot \frac{g_{l_2}^{(A_2)^{N_{L,l_2}^{(A_2)}}}}{N_{L,l_2}^{(A_2)}!} \cdot \frac{g_{l_3}^{(B_3)^{N_{L,l_3}^{(B_3)}}}}{N_{L,l_3}^{(B_3)}!}.$$

Die *zeitliche Aufeinanderfolge* verschiedener mit (254), (255), (256) verträglicher Zustandsverteilungen läßt sich beim reagierenden Gasgemisch von einer beliebigen Anfangsverteilung ausgehend, im einzelnen ebensowenig vorausberechnen wie beim chemisch homogenen Gas. Wie in Nr. 4 für letzteres eingehender geschildert worden ist, kann man hingegen anstatt dessen einen *wahrscheinlichen, zeitlich-mittleren molekularen Verteilungszustand* bestimmen, wenn man die dort wahrscheinlichkeitstheoretisch begründete *Äquivalenz von Zeitgesamtheit und Raumgesamtheit* benutzt. Diese Äquivalenz beruht im wesentlichen auf der Voraussetzung, daß für jede *Änderung eines individuellen molekularen Verteilungszustandes* die Existenz gewisser „*Übergangswahrscheinlichkeiten*" (18), (18a) maßgebend ist, deren konkrete Ausdrücke

Anm. 671), Ende]. Andernfalls müßte an Stelle von (257b) ein anderer, jedoch formal ganz ähnlich gebauter Ausdruck benutzt werden, in welchem, wie überhaupt für die ganze vorliegende Untersuchung, die Rolle der Moleküle A_1, A_2 von den während der Elementarvorgänge (253) unveränderlich bleibenden Teilstrukturen dieser Gebilde übernommen werden müßte [s. Anm. 671) und 669)]. Die Notwendigkeit einer derartigen, allgemeineren Betrachtungsweise für den Fall bekannter Molekülkonstitution hat *W. Schottky* (Anm. 668) nachdrücklich betont.

674) Während die *Volumina* der in (257a) zusammengezählten Γ-Zellen im allgemeinen untereinander *verschieden* sein können (vgl. etwa die am Beginne von Nr. 24 diskutierten Verhältnisse in der *Quantenstatistik*), werden alle (257b) Γ-Zellen, welche aus *einer* dieser Zellen hervorgehen, untereinander *gleiche Volumina* besitzen müssen.

675) Betrachtet man das *Gesamtvolumen* der in der Anzahl (258) vorhandenen, zu einer beliebigen Zustandsverteilung gehörigen Γ-Zellen im Γ-Raume, so wird es wegen der in Anm. 674) hervorgehobenen Eigenschaft möglich sein müssen, ein *Teilgebiet* davon so abzugrenzen, daß es nach Ausführung sämtlicher $X^{(A_1)}! \cdot X^{(A_2)}!$ möglicher Molekülvertauschungen von freien oder gebundenen Molekülen A_1 bzw. A_2 untereinander, in jenes Gesamtvolumen übergeführt wird. Dieses Gebiet, das in gewissen Fällen nicht aus lauter ganzen Γ-Zellen zusammengesetzt zu sein braucht und dessen Betrachtung offenbar jene des Gesamtvolumens zu ersetzen geeignet ist, wird von *Schottky* (Anm. 668) für die Zustandsverteilung maximaler Häufigkeit als „reduzierter Phasenraum" bezeichnet.

aber im allgemeinen[676]) belanglos sind für den gesuchten wahrscheinlichen, zeitlich-mittleren Molekularzustand, der auch hier wieder als *Boltzmannsche Verteilung* bezeichnet werden soll und der das gesuchte Dissoziationsgleichgewicht kennzeichnen wird. Setzt man demgemäß das Vorhandensein der erforderlichen Übergangswahrscheinlichkeiten, insbesondere auch für die mit der Reaktionsgleichung (253) verknüpften Elementarvorgänge voraus, so kann die *Boltzmann*sche Verteilung nun unmittelbar auf Grund von (31) berechnet werden.

Wie in Nr. **5a** empfiehlt es sich hierzu zunächst die im Nenner von (31) auftretende Gesamtzahl der Realisierungsmöglichkeiten aller möglichen und mit der Energiebedingung verträglichen Zustandsverteilungen zu untersuchen, welche hier bei Berücksichtigung der Nebenbedingungen (254), (255), (256) durch

$$(259) \qquad \mathsf{R}^{(X^{(A_1)},\, X^{(A_2)})} = \sum_{L=1}^{L^*} R(\mathsf{Z}_L^{(A_1, A_2, B_3)}),$$

gegeben ist, wo sich die Summation wegen (255) jetzt auch über alle zulässigen Molekülanzahlen $N_L^{(A_1)}$, $N_L^{(A_2)}$, $N_L^{(B_3)}$ erstreckt.[677]) Bildet man mit *Darwin* und *Fowler*[667]) die Potenzreihenentwicklung des Exponentialausdruckes

$$(260) \qquad X^{(A_1)}! \cdot X^{(A_2)}! \cdot e^{[\xi_1 \cdot F_{A_1}(\zeta) + \xi_2 \cdot F_{A_2}(\zeta) + \xi_1 \xi_2 \cdot F_{B_3}(\zeta)]},$$

worin ξ_1, ξ_2, ζ drei komplexe Veränderliche bedeuten und $F_{A_1}(\zeta)$, $F_{A_2}(\zeta)$, $F_{B_3}(\zeta)$ die bereits eingeführten, analog zu (34) gebauten *Verteilungsfunktionen* der drei Molekülsorten, so überzeugt man sich leicht, daß (259) mit dem Koeffizienten jenes Potenzreihengliedes von (260) identisch wird, welches die Variablen ξ_1, ξ_2, ζ in der Verbindung

$$\xi_1^{X^{(A_1)}} \cdot \xi_2^{X^{(A_2)}} \cdot \zeta^{\mathsf{E}}$$

enthält. Nach den *Cauchy*schen Integralformeln kann dieser Koeffizient in entsprechender Verallgemeinerung von (37) dargestellt werden durch das dreifache komplexe Integral

$$(261) \qquad \mathsf{R}^{(X^{(A_1)},\, X^{(A_2)})} = \frac{X^{(A_1)}! \cdot X^{(A_2)}!}{(2\pi i)^3} \iiint \frac{d\xi_1 \cdot d\xi_2 \cdot d\zeta \cdot e^{F(\xi_1, \xi_2, \zeta)}}{\xi_1^{X^{(A_1)}+1} \cdot \xi_2^{X^{(A_2)}+1} \cdot \zeta^{\mathsf{E}+1}}$$

---

676) Siehe Anm. 85), wo aber bereits auch auf die Sonderstellung unvollständiger oder „gehemmter“ Gleichgewichte und ihre Behandlung durch *Schottky* hingewiesen worden ist.

677) Die Größe (259) bedeutet die Gesamtzahl aller Γ-Zellen, deren zugehörige Zustandsverteilungen mit der Energiebedingung verträglich sind. Das entsprechende Γ-Raum*volumen* stimmt für *sehr große* $X^{(A_1)}$, $X^{(A_2)}$ größenordnungsmäßig mit dem von der „Energiefläche“ (256) im Γ-Raume eingeschlossenen „Phasenvolumen“ überein, was für den Zusammenhang mit gewissen Ansätzen der klassischen statistischen Mechanik (s. Anm. 672) von Bedeutung ist.

mit der Abkürzung

$$(261\,a)\qquad F(\xi_1, \xi_2, \zeta) = \xi_1 \cdot F_{A_1}(\zeta) + \xi_2 \cdot F_{A_2}(\zeta) + \xi_1 \xi_2 \cdot F_{B_3}(\zeta).$$

Für die *Boltzmannsche Verteilung* z. B. der Moleküle A_1 erhält man

$$(262)\qquad \mathsf{R}^{(X^{(A_1)}, X^{(A_2)})} \cdot N_{l_1}^{(A_1)} = g_{l_1}^{(A_1)} \cdot \frac{\partial \mathsf{R}^{(X^{(A_1)}, X^{(A_2)})}}{\partial g_{l_1}^{(A_1)}}$$

und daher entsprechend (39)

$$(263)\qquad \mathsf{R}^{(X^{(A_1)}, X^{(A_2)})} \cdot N_{l_1}^{(A_1)}$$

$$= \frac{X^{(A_1)}! \cdot X^{(A_2)}!}{(2\pi i)^3} \iiint \frac{d\xi_1 \cdot d\xi_2 \cdot d\zeta \cdot e^{F(\xi_1, \xi_2, \zeta)}}{\xi_1^{X^{(A_1)}+1} \cdot \xi_2^{X^{(A_2)}+1} \cdot \zeta^{\mathsf{E}+1}} \cdot g_{l_1}^{(A_1)} \xi_1 \zeta^{E_{l_1}^{(A_1)} + E_{t,l_1}^{(A_1)} + E_0^{(A_1)}}.$$

Bedeuten $N^{(A_1)}$, E_{A_1} bzw. $N^{(A_2)}$, E_{A_2} und $N^{(B_3)}$, E_{B_3} *die mittleren Anzahlen und Gesamtenergien der drei Molekülsorten für den Boltzmannschen Verteilungszustand, d. h. für das gesuchte Dissoziationsgleichgewicht*, so hat man wegen (262) z. B.

$$(264)\qquad \mathsf{R}^{(X^{(A_1)}, X^{(A_2)})} \cdot N^{(A_1)} = \sum_{l_1=1}^{\infty} g_{l_1}^{(A_1)} \cdot \frac{\partial \mathsf{R}^{(X^{(A_1)}, X^{(A_2)})}}{\partial g_{l_1}^{(A_1)}}$$

und

$$(265)\qquad \mathsf{R}^{(X^{(A_1)}, X^{(A_2)})} \cdot \mathsf{E}_{A_1} = \sum_{l_1=1}^{\infty} g_{l_1}^{(A_1)} \cdot (E_{l_1}^{(A_1)} + E_{t,l_1}^{(A_1)} + E_0^{(A_1)}) \cdot \frac{\partial \mathsf{R}^{(X^{(A_1)}, X^{(A_2)})}}{\partial g_{l_1}^{(A_1)}},$$

wofür die zu (263) analog gebauten dreifachen komplexen Integrale leicht hinzuzuschreiben sind. Die asymptotische Entwicklung aller dieser Integrale für sehr große Werte von $X^{(A_1)}$, $X^{(A_2)}$ und E erfolgt ähnlich wie in Nr. 5a[678]) und ergibt ein und nur ein *reelles, positives* Wertetripel

$$(266)\qquad \xi_1 = x_1, \quad \xi_2 = x_2, \quad \zeta = \vartheta,$$

für welches man an Stelle aller dieser Integrale mit sehr weitgehender[679]) Annäherung deren Integranden setzen kann. Man bekommt so für das Dissoziationsgleichgewicht

678) Vgl. Anm. 95); der allgemeine Fall wird eingehend diskutiert von *C. G. Darwin* und *R. H. Fowler*, Proc. Cambr. Phil. Soc. **21** (1923), p. 730, § 4.

679) Diese Näherung reicht allerdings bei gewissen Fällen „gehemmter" Gleichgewichte (Anm. 670) nicht aus (s. auch Anm. 780), ebenso bedarf es zur Ermittlung der *Energie- und Teilchenzahlschwankungen* zwischen den verschiedenen reagierenden Komponenten der Berücksichtigung weiterer Glieder in den asymptotischen Entwicklungen der erwähnten Integrale. Man vgl. hierzu die in Anm. 667) genannten Untersuchungen von *Darwin* und *Fowler*.

$$(267)\quad \begin{cases} N_{l_1}^{(A_1)} = x_1 \cdot g_{l_1}^{(A_1)} \cdot \vartheta^{E_{l_1}^{(A_1)} + E_{t,l_1}^{(A_1)} + E_0^{(A_1)}}, \\ N_{l_2}^{(A_2)} = x_2 \cdot g_{l_2}^{(A_2)} \cdot \vartheta^{E_{l_2}^{(A_2)} + E_{t,l_2}^{(A_2)} + E_0^{(A_2)}}, \\ N_{l_3}^{(B_3)} = x_1 x_2 \cdot g_{l_3}^{(B_3)} \cdot \vartheta^{E_{l_3}^{(B_3)} + E_{t,l_3}^{(B_3)} + E_0^{(B_3)}}, \end{cases}$$

$$(268)\quad N^{(A_1)} = x_1 \cdot F_{A_1}(\vartheta), \quad N^{(A_2)} = x_2 \cdot F_{A_2}(\vartheta), \quad N^{(B_3)} = x_1 x_2 \cdot F_{B_3}(\vartheta),$$

$$(269)\quad \mathsf{E}_{A_1} = x_1 \vartheta \frac{\partial F_{A_1}(\vartheta)}{\partial \vartheta}, \quad \mathsf{E}_{A_2} = x_2 \vartheta \frac{\partial F_{A_2}(\vartheta)}{\partial \vartheta}, \quad \mathsf{E}_{B_3} = x_1 x_2 \vartheta \frac{\partial F_{B_3}(\vartheta)}{\partial \vartheta},$$

woraus man erkennt, daß x_1, x_2, ϑ festgelegt werden durch die drei Bedingungen (255), (256), oder durch

$$(270)\quad \begin{cases} x_1 F_{A_1}(\vartheta) + x_1 x_2 F_{B_3}(\vartheta) = X^{(A_1)}, \\ x_2 F_{A_2}(\vartheta) + x_1 x_2 F_{B_3}(\vartheta) = X^{(A_2)} \end{cases}$$

und

$$(271)\quad x_1 \vartheta \frac{\partial F_{A_1}(\vartheta)}{\partial \vartheta} + x_2 \vartheta \frac{\partial F_{A_2}(\vartheta)}{\partial \vartheta} + x_1 x_2 \vartheta \frac{\partial F_{B_3}(\vartheta)}{\partial \vartheta} = \mathsf{E},$$

wovon die letzte Beziehung ersichtlich mit

$$(271\,\mathrm{a})\quad \mathsf{E}_{A_1} + \mathsf{E}_{A_2} + \mathsf{E}_{B_3} = \mathsf{E}$$

gleichbedeutend ist. Eliminiert man x_1 bzw. x_2, $x_1 x_2$ durch Division der Gleichungen (267) bzw. (269) mit den entsprechenden Gleichungen (268), so lehrt die Übereinstimmung mit (41) und (41 A) bzw. (40) und (51 A) für übereinstimmende Werte von ϑ, *daß der wahrscheinliche, zeitlich-mittlere Molekularzustand eines Gases davon unabhängig ist, ob das Gas bei Wärmegleichgewicht von äußeren Einwirkungen abgeschlossen ist oder einen Bestandteil eines „physikalischen" oder „chemischen", reagierenden Gasgemisches bildet;* während die Molekülzahl in den beiden ersteren Fällen vorgegeben und unveränderlich ist, wird sie im letzteren Falle aber durch die Molekülzahlen der anderen Reaktionsteilnehmer entscheidend beeinflußt. Man erkennt dies unmittelbar, wenn man x_1 und x_2 jetzt auch noch zwischen den drei Gleichungen (268) untereinander eliminiert und damit als *Bedingung für das Bestehen des Reaktions- bzw. Dissoziationsgleichgewichts* erhält:

$$(272)\quad \frac{N^{(A_1)} \cdot N^{(A_2)}}{N^{(B_3)}} = \frac{F_{A_1}(\vartheta) \cdot F_{A_2}(\vartheta)}{F_{B_3}(\vartheta)}.$$ [680]

680) Ebenso wie sich die allgemeinen Ergebnisse der *Darwin-Fowler*schen Methode für das isolierte, chemisch homogene Gas (Nr. 5 a) in Nr. 5 b auf einfacherem, dagegen weniger strengem Wege aus der Betrachtung der „wahrscheinlichsten" (*Maxwell-Boltzmann*schen) Zustandsverteilung Z_{MB} haben ermitteln lassen, könnte auch hier von der Untersuchung der Zustandsverteilung *maximaler* $R(\mathsf{Z}_L^{(A_1, A_2, B_3)})$ ausgegangen werden, wie dies *Ehrenfest* und *Trkal* (Anm. 666), ferner *D. Enskog*, Ann. d. Phys. 72 (1923), p. 321, durchgeführt haben; allerdings wäre dann noch der bei „gehemmten" Gleichgewichten (Anm. 670) keines-

Um die Bedeutung der Größe ϑ zu ermitteln, wird man das reagierende Gasgemisch als einheitliches, thermisches System betrachten und gemäß Nr. 7a in Energieaustausch ermöglichende Verbindung mit anderen warmen Körpern bringen, insbesondere etwa mit einem idealen einatomigen Gas als thermometrischer Substanz. Man findet dann leicht, daß ϑ alle Eigenschaften einer „empirischen Temperatur" besitzen und gastheoretisch wiederum durch (64) festgelegt werden muß; als Maß für die *absolute Temperatur* erweist sich ϑ durch eine analog zu Nr. 8a geführte statistische Untersuchung des Entropiedifferentials (Nr. 27). Durch Benutzung der allgemeinen thermodynamisch-statistischen Beziehungen (88) und (89) überzeugt man sich dann ohne weitere Schwierigkeit, daß die gewonnenen Ergebnisse mit den thermodynamischen Gleichgewichtsbedingungen übereinstimmen und daß die Beziehung (272) insbesondere dem Ausdruck des *Massenwirkungsgesetzes* für die betrachtete monomolekulare Reaktion (253) entspricht. Gegenüber den vorstehenden Betrachtungen, welche die eindeutige Existenz eines Gleichgewichtes ebenso wie die Gleichgewichtsbedingungen zu erweisen geeignet sind, beschränken sich alle älteren, vor *Ehrenfest* und *Trkal* unternommenen theoretischen Versuche, vor allem die sonst grundlegenden Betrachtungen zur Gasdissoziation von *Boltzmann* auch schon methodisch auf eine kinetische Ableitung oder Interpretation der Gleichgewichtsbedingungen allein.[681])

---

wegs immer mögliche oder gar selbstverständliche Nachweis zu erbringen, *daß jene maximale* $R\left(\mathfrak{Z}_L^{(A_1, A_2, B_1)}\right)$ *größenordnungsmäßig mit* $\mathbf{R}^{(X^{(A_1)}, X^{(A_2)})}$ *identifiziert werden darf.* Dieser Punkt steht in nahem Zusammenhange mit der Frage nach der Anwendbarkeit des *Boltzmannschen Prinzips* (Nr. **8b**) auf vollständige und gehemmte chemische Gleichgewichte, auf welche, allerdings in anderem Zusammenhange, namentlich von *Schottky* (Anm. 668) eingegangen wird.

681) Siehe vor allem *L. Boltzmann,* Wied. Ann. 22 (1884), p. 39; Wiss. Abh. Bd. III, p. 71; Vorlesungen über Gastheorie, II. Bd., Leipzig 1898, p. 177ff.; ferner etwa *L. Natanson,* Wied. Ann. 38 (1889). p. 288; *G. Jäger,* Wien. Ber. (IIa) 100 (1891), p. 1182; 104 (1895), p. 671; *O. Stern,* Ann. d. Phys. 44 (1914), p. 495; *J. D. v. d. Waals jr.,* Versl. Akad. Amsterd. 22 (1914), p. 1131; *H. Tetrode,* Versl. Akad. Amsterd. 23 (1915), p, 1110; *K. F. Herzfeld,* Ztschr. f. phys. Chem. 95 (1920), p. 139; Phys. Ztschr. 22 (1921), p. 186; 23 (1922), p. 95, sowie V 11 (*Physikalische und Elektrochemie*), Nr. 5, c). — In den älteren der hier aufgezählten Arbeiten spielt die Größe der von *Boltzmann* eingeführten „empfindlichen Bezirke" der reagierenden Moleküle, sowie deren Einfluß auf das Gleichgewicht eine große Rolle; man überzeugt sich leicht, daß diese Größen in die Gleichgewichtsformeln (273), (276), (279) in derselben Weise eingehen, wie die später eingehender diskutierten Gewichtsfaktoren g, und daß sie auch ihrer Bedeutung nach in letzteren mit enthalten sein müssen. Vgl. dazu Anm. 735).

Zur genaueren Untersuchung der durch (272) gegebenen *Reaktionsisobare* mögen die dort vorkommenden Verteilungsfunktionen im folgenden bloß für den bei voller Allgemeinheit ohnehin allein aktuellen Fall der *Quantenstatistik* betrachtet werden. Jede der drei Verteilungsfunktionen in (272) kann gemäß Nr. **5c** mit hinreichender Genauigkeit als Produkt zweier Faktoren geschrieben werden, von welchen der eine auf die *innere Bewegung der Moleküle* allein Bezug hat und quantenstatistisch von der allgemeinen Form (228) ist, während der andere die *Molekültranslation* berücksichtigt und quantenstatistisch durch (251a) gegeben ist. Man findet so

$$(273)\quad \frac{N^{(B_3)}}{N^{(A_1)}\cdot N^{(A_2)}}=\frac{g_{B_3}}{g_{A_1}\cdot g_{A_2}}\cdot\frac{h^3}{\mathsf{V}(2\pi k)^{\frac{3}{2}}}\left(\frac{M_{B_3}}{M_{A_1}\cdot M_{A_2}}\right)^{\frac{3}{2}}T^{-\frac{3}{2}}\cdot e^{-\frac{E_0^{(B_3)}-E_0^{(A_1)}-E_0^{(A_2)}}{kT}}$$

$$\frac{\sum\limits_{n_3}\gamma(n_3)\cdot e^{-\frac{E_{n_3}^{(B_3)}}{kT}}}{\sum\limits_{n_1}\gamma(n_1)\cdot e^{-\frac{E_{n_1}^{(A_1)}}{kT}}\cdot\sum\limits_{n_2}\gamma(n_2)\cdot e^{-\frac{E_{n_2}^{(A_2)}}{kT}}}$$

wobei g_{A_1}, g_{A_2}, g_{B_3} das Produkt der bisher willkürlich gebliebenen Gewichtsfaktoren in (228) und (251a) für die drei Molekülsorten und M_{A_1}, M_{A_2}, $M_{B_3}=M_{A_1}+M_{A_2}$, die Molekülmassen bedeuten. Durch Einführung der *Volumskonzentrationen*

$$(274)\quad x_{A_1}=\frac{N^{(A_1)}}{\mathsf{V}},\quad x_{A_2}=\frac{N^{(A_2)}}{\mathsf{V}},\quad x_{B_3}=\frac{N^{(B_3)}}{\mathsf{V}},$$

sowie der *Dissoziationsenergie*

$$(275)\quad Q_{(A_1,A_2,B_3)}\equiv+E_0^{(A_1)}+E_0^{(A_2)}-E_0^{(B_3)}$$

der Moleküle B_3[682]), erhält man bei Anwendung leicht verständlicher Abkürzungen

$$(276)\quad \frac{x_{B_3}}{x_{A_1}\cdot x_{A_2}}=\frac{g_{B_3}}{g_{A_1}\cdot g_{A_2}}\,\frac{h^3}{(2\pi k)^{\frac{3}{2}}}\left(\frac{M_{B_3}}{M_{A_1}\cdot M_{A_2}}\right)^{\frac{3}{2}}\cdot T^{-\frac{3}{2}}\cdot e^{\frac{Q_{(A_1A_2B_3)}}{kT}}\cdot\frac{\sum^{(B_3)}}{\sum^{(A_1)}\cdot\sum^{(A_2)}};$$

will man anstatt der Volumskonzentrationen die *Molekülkonzentrationen*

$$(277)\quad \begin{cases} c_{A_1}=\dfrac{N^{(A_1)}}{N^{(A_1)}+N^{(A_2)}+N^{(B_3)}},\quad c_{A_2}=\dfrac{N^{(A_2)}}{N^{(A_1)}+N^{(A_2)}+N^{(B_3)}},\\ c_{B_3}=\dfrac{N^{(B_3)}}{N^{(A_1)}+N^{(A_2)}+N^{(B_3)}}\end{cases}$$

benutzen, so hat man mittels der Zustandsgleichung (63) für das wie ein ideales Gas zu behandelnde Reaktionsgemisch,

$$(278)\quad \mathsf{p}\mathsf{V}=kT\cdot[N^{(A_1)}+N^{(A_2)}+N^{(B_3)}]$$

682) Siehe Anm. 669).

den äußeren *Druck* $\mathfrak{p}$ einzuführen und bekommt

$$(279) \quad \frac{c_{B_3}}{c_{A_1} \cdot c_{A_2}} = \frac{g_{B_3}}{g_{A_1} \cdot g_{A_2}} \frac{h^3}{(2\pi)^{\frac{3}{2}} k^{\frac{5}{2}}} \left(\frac{M_{B_3}}{M_{A_1} \cdot M_{A_2}}\right)^{\frac{3}{2}} \mathfrak{p}\, T^{-\frac{5}{2}} e^{\frac{Q_{(A_1 A_2 B_3)}}{kT}} \cdot \frac{\sum^{(B_3)}}{\sum^{(A_1)} \cdot \sum^{(A_2)}}.$$

Wie der Vergleich dieser Beziehungen mit den üblichen Aussagen der makroskopischen Thermodynamik über Gasgleichgewichte zeigt[683]), herrscht auch hier wieder vollständige Übereinstimmung. Der von Temperatur, sowie Volumen bzw. Druck unabhängige, konstante Faktor auf der rechten Seite der Beziehungen (273), (276), (279) bleibt in der klassischen Thermodynamik ohne Zuhilfenahme des *Nernstschen Wärmetheorems* unbestimmbar[684]); wie diese Beziehungen erkennen lassen, *vermag die Quantenstatistik seine Bedeutung* demgegenüber *ohne Benutzung des Nernstschen Satzes anzugeben. Zur Festlegung des Zahlenwertes dieser Konstante bedarf es allerdings auch hier einer Zusatzannahme;* sie hat das Verhältnis der bisher unbestimmt gebliebenen Gewichtsfaktoren g_{A_1}, g_{A_2}, g_{B_3} anzugeben, *braucht im übrigen aber keineswegs mit dem Nernstschen Theorem gleichwertig zu sein* (Nr. 27). Wenn man sich zunächst auf den auch in Nr. **9** gewählten Standpunkt der statistischen Verwertung makroskopisch-*empirischer* Ergebnisse stellt, so ist das Verhältnis $\frac{g_{B_3}}{g_{A_1} \cdot g_{A_2}}$ mittels (276) oder (279) jedenfalls grundsätzlich empirisch bestimmbar und könnte unter Umständen von bedeutendem Einfluß auf das untersuchte Gleichgewicht sein. Dieser phänomenologische Standpunkt scheint für die Statistik unausweichlich zu sein, solange die Molekularkonstitution als unbekannt angesehen wird. Betrachtet man die Moleküle jedoch als nach Quantengesetzen aufgebaute Ladungssysteme (Nr. **13**—**16**), so wird man versuchen können, die Beziehungen zwischen den dimensionslosen Gewichtsfaktoren g_{A_1}, g_{A_2}, g_{B_3} auf theoretischem Wege a priori zu ermitteln.[685]) Die bisher allgemein übliche und wohl meist für selbstverständlich gehaltene *Annahme* geht dahin, daß

$$(280) \qquad g_{A_1} = g_{A_2} = g_{B_3} = 1$$

---

683) Vgl. z. B. *M. Planck*, Thermodynamik, § 241.

684) Siehe etwa *W. Nernst*, Die theoretischen und experimentellen Grundlagen des neuen Wärmesatzes, Halle 1918, 2., mit einem Anhang versehene Auflage 1924.

685) Daß es im allgemeinen erforderlich ist, *die Gewichte der verschiedenen Reaktionsteilnehmer aufeinander zu beziehen*, hat implizit bereits *K. F. Herzfeld*, Ztschr. f. phys. Chem. 95 (1920), p. 139, bei der Anwendung seines „Probezellenverfahrens" zur Ableitung der Gleichgewichtsformeln bemerkt.

zu setzen ist.[686]) Um sie nachzuweisen, wäre es notwendig zu untersuchen, *auf wie vielfache Weise* die gemäß (253) eintretende Vereinigung zweier Moleküle A_1 und A_2 zu einem Molekül B_3 durch einen umkehrbar und unendlich langsam ausgeführten Prozeß (Nr. **3 A**) bewerkstelligt werden kann, was bei Anwendung des *Ehrenfestschen Adiabatenprinzips* (Nr. **14**) eine Beziehung der Quantengewichte von A_1, A_2, B_3 aufeinander ermöglichen würde. Leider ist es wegen Unkenntnis der Molekülmodelle (Nr. **16 b**) bisher auch nicht einmal im Falle der Dissoziation des Wasserstoffes möglich gewesen, eine derartige Gewichtsvergleichung theoretisch durchzuführen[687]); andererseits scheint der Möglichkeit von (280) abweichender Beziehungen zwischen den Gewichtsfaktoren namentlich bei Molekülen oder Atomen *mit symmetrisch aufgebauten Elektronenhüllen* große Wahrscheinlichkeit zugebilligt werden zu sollen.[688])

Wenn man die Gleichgewichtsformel (272) bzw. (273), (276), (279) in logarithmierter Form schreibt, so lassen sich die Beiträge der einzelnen Molekülsorten in einer für die spätere Diskussion der *chemischen Konstanten* besonders geeigneten Weise überblicken. Aus (272), (228), (251a) und (278) erhält man an Stelle von (279)

---

686) Man vgl. z. B. die Gewichts*definitionen* von *P. Ehrenfest* und *V. Trkal*, l. c. (Anm. 666), § 2. Wie auch die meisten übrigen Autoren setzen *Ehrenfest* und *Trkal* die Quantengewichte dem maximalen μ-Zellenvolumen gleich, was nach Anm. 630) und 48) *zulässig, aber nicht notwendig* ist. Da nun die maximalen Zellenvolumina für *beliebige* nicht-entartete Systeme gemäß (221) stets durch entsprechende Potenzen von h gegeben sind, was bei *beliebigen* entarteten Systemen zu der äquivalenten Festlegung (224) führt, so kann dieser Umstand zugunsten einer Allgemeingültigkeit von (280) geltend gemacht werden.

687) Man vgl. den Mißerfolg der Bemühungen von *M. Born*, durch „adiabatische" Vereinigung zweier *Bohr*scher Wasserstoffatommodelle zu einem brauchbaren Wasserstoffmolekülmodell zu gelangen; siehe Anm. 418), Modell 5), sowie Anm. 450), wo auch auf einen ähnlichen Mißerfolg hinsichtlich des Anlagerungsvorganges freier Elektronen an Atomionen hingewiesen wird; vgl. jedoch Anm. 698).

688) *W. Schottky*, Phys. Ztschr. 22 (1921), p. 1; 23 (1922), p. 9, 448, hat diesen Typus von Gewichtsfaktoren, zunächst allerdings nur in bezug auf den Verdampfungsvorgang (Nr. **25 c**), eingehender untersucht und „dynamisches Quantengewicht" benannt. Eine wahrscheinlichkeitstheoretisch strenge Begründung und Ermittlung dieser Art von Quantengewichten ist nur bei Zugrundelegung von *Schottkys* „Kernphasenraum" [s. Anm. 669) und 671)] denkbar, worauf hier jedoch nicht weiter eingegangen werden kann. — Von den im Text erwähnten Symmetrieeigenschaften von Elektronenhüllen wohl zu unterscheiden ist der symmetrische Aufbau von Molekülen *durch mehrere gleichartige Atome oder Moleküle*, welche z. B. bei Reaktionen der Art $2A \rightleftarrows B$ nach *Tetrode, Ehrenfest* und *Trkal* (s. Anm. 699) von einschneidender Bedeutung für die Berechnung von (257 b) wird. Siehe weiter unten im Text, sowie Nr. **25 b**.

$$(281)\qquad \log c_{B_3} - \log c_{A_1} - \log c_{A_2} = \log \mathfrak{p} - \tfrac{5}{2}\log T + \frac{Q_{(A_1,A_2,B_3)}}{kT}$$
$$+ \log \sum\nolimits^{(B_3)} + \log\left[g_{B_3}\frac{(2\pi M_{B_3})^{\frac{3}{2}}k^{\frac{5}{2}}}{h^3}\right]$$
$$- \log \sum\nolimits^{(A_1)} - \log\left[g_{A_1}\frac{(2\pi M_{A_1})^{\frac{3}{2}}k^{\frac{5}{2}}}{h^3}\right] - \log \sum\nolimits^{(A_2)} - \log\left[g_{A_2}\frac{(2\pi M_{A_2})^{\frac{3}{2}}k^{\frac{5}{2}}}{h^3}\right].$$

Diese Beziehung vereinfacht sich noch bedeutend, wenn man den durch $\sum^{(A_1)}, \sum^{(A_2)}, \sum^{(B_3)}$ bedingten Einfluß der inneren Molekülbewegungen entweder für sehr tiefe oder sehr hohe Temperaturen betrachtet. Im ersteren Falle reduzieren sich sämtliche $\sum$ auf ihre Anfangsglieder

$$(282)\qquad \gamma_{(A_1)}(1)\cdot e^{-\frac{E_1^{(A_1)}}{kT}},\quad \gamma_{(A_2)}(1)\cdot e^{-\frac{E_1^{(A_2)}}{kT}},\quad \gamma_{(B_3)}(1)\cdot e^{-\frac{E_1^{(B_3)}}{kT}}\ ^{689)},$$

so daß man erhält:

$$(281\text{a})\qquad \log c_{B_3} - \log c_{A_1} - \log c_{A_2} = \log \mathfrak{p} - \tfrac{5}{2}\log T$$
$$+ \frac{Q_{(A_1,A_2,B_3)} + E_1^{(A_1)} + E_1^{(A_2)} + E_1^{(B_3)}}{kT} + \log\left[g_{B_3}\gamma_{B_3}(1)\frac{(2\pi M_{B_3})^{\frac{3}{2}}k^{\frac{5}{2}}}{h^3}\right]$$
$$- \log\left[g_{A_1}\gamma_{A_1}(1)\frac{(2\pi M_{A_1})^{\frac{3}{2}}k^{\frac{5}{2}}}{h^3}\right] - \log\left[g_{A_2}\gamma_{A_2}(1)\frac{(2\pi M_{A_2})^{\frac{3}{2}}k^{\frac{5}{2}}}{h^3}\right].$$

Bei hohen Temperaturen lassen sich die $\sum$ durch Integrale approximieren.[690]) Für den *Rotationsanteil zwei*atomiger Moleküle (Nr. **24 b**) erhält man

$$(283)\qquad \lim_{T\to\infty} \sum = \frac{8\pi^2 JkT}{h^2}\ ^{691)},$$

wo J das Trägheitsmoment senkrecht zur Kernverbindungslinie bedeutet; für *mehr*atomige Moleküle mit den Hauptträgheitsmomenten $J^{(1)}$, $J^{(2)}$, $J^{(3)}$ ergibt sich mit Benutzung von (223) auf klassisch-

689) Daß E_1 auch im Falle alleiniger Berücksichtigung der Molekül*rotation nicht verschwinden kann,* ist als Folgerung aus der Theorie der *spezifischen Wärme des Wasserstoffes* in Übereinstimmung mit jener der *Bandenspektren* (V 27, *A. Kratzer*) bereits in Nr. **24 b** hervorgehoben worden.

690) Siehe etwa Gl. (104 a).

691) Allein auf Grund der in Nr. **24 b** durch Vergleich mit empirischen Daten gewonnenen Aussagen über die Quantengewichte $\gamma(n)$ des molekularen Wasserstoffes bliebe es ungewiß, ob $\gamma(n) = n$ oder $= 2n$ zu setzen ist, was (283) um einen Faktor 2 unsicher machen würde. Tatsächlich aber folgt, wie bereits auf p. **1145** hervorgehoben ,$\gamma(n) = 2n$ bereits aus (227), außerdem ergibt die klassische Statistik $\lim_{n\to\infty}\gamma(n) = 2n$, so daß (283) gleichwohl völlig gesichert erscheint.

statistischem Wege[692]):

$$(284) \qquad \lim_{T \to \infty} \sum = \frac{8\pi^2 \cdot (8\pi^3 J^{(1)} J^{(2)} J^{(3)})^{\frac{1}{2}} (kT)^{\frac{3}{2}}}{h^8}.$$

Was den *Anteil der Elektronenbewegungen* an den $\sum$, insbesondere bei einatomigen Molekülen anbetrifft, so kann er auch für die gebräuchlichen „hohen" Temperaturen immer noch durch (282) wiedergegeben werden; demgegenüber erscheint eine Berücksichtigung des Einflusses der Atomschwingungen in mehratomigen Molekülen, vor allem aber jener der gegenseitigen Bewegung von A_1 und A_2 in den Molekülen B_3 für hohe Temperaturen unerläßlich[693]), mangels hinreichender Kenntnis der Molekularkonstitution gegenwärtig jedoch noch nicht ausführbar.[694]) Sieht man von dem letzteren, noch ungewissen Falle ab, so zeigt sich, daß die allgemeine Beziehung (281) nach Einführung von (282), (283), (284) für „hohe" Temperaturen die spezielle Form:

$$(281\,\mathrm{b}) \qquad \log c_{B_3} - \log c_{A_1} - \log c_{A_2} = \log \mathfrak{p} - \tau \cdot \log T + \frac{Q'}{kT} + i_{B_3} - i_{A_1} - i_{A_2}$$

annimmt, welche mit der von (281 a) für tiefste Temperaturen übereinstimmt. Wie der Vergleich von (281 a) und (281 b) lehrt, sind aber nicht nur die Werte von τ und Q' in beiden Fällen verschieden, wenn mindestens eine zweiatomige Komponente vorhanden ist, sondern auch die *„chemischen Konstanten"* i der mehratomigen Reaktionsteilnehmer. Während die durch (281 a) definierten *„Nullpunktskonstanten"* sämtlich von der allgemeinen Form

$$(285) \qquad i_0 = \log\left[g \cdot \gamma(1) \cdot \frac{(2\pi M)^{\frac{3}{2}} k^{\frac{5}{2}}}{h^3}\right]$$

sind, enthalten die *„klassischen Konstanten"* i_∞ mehratomiger Moleküle für „hohe" Temperaturen an Stelle von γ in (285) sämtliche temperaturunabhängigen Faktoren von (283) bzw. (284), also etwa für ein zweiatomiges Gas

$$(286) \qquad i_\infty = \log\left[g \cdot \frac{8\pi^2 J (2\pi M)^{\frac{3}{2}} k^{\frac{7}{2}}}{h^5}\right].$$

692) *P. Ehrenfest* und *V. Trkal*, l. c. (Anm. 666), § 4.

693) Man bedenke, daß der das Gleichgewicht überhaupt ermöglichende Dissoziationsvorgang (253) jene gegenseitige Beweglichkeit notwendig voraussetzt!

694) Die Hauptschwierigkeiten liegen daran, a) daß Rotation und Atomschwingungen nicht voneinander unabhängig sind, b) daß die Atomschwingungen anharmonisch sind. Wären sie von der Rotation unbeeinflußt und überdies harmonisch, so hätte man für jeden Schwingungsanteil mit einer Frequenz ν nach (98) $\sum^{(\nu)} = \varepsilon(\nu)$, und daher $\lim_{T \to \infty} \sum^{(\nu)} = kT$.

Entsprechend dem Umstande, daß für das betrachtete Gleichgewicht nur das *Verhältnis* $\frac{g_{B_3}}{g_{A_1} \cdot g_{A_2}}$ maßgebend ist, nicht aber bestimmte Werte der g_{A_1}, g_{A_2}, g_{B_3}, erweisen sich die durch eine Gleichung von der Form (281b) definierten „chemischen Konstanten" i_{A_1}, i_{A_2}, i_{B_3}, *um additive Konstanten* i_{A_1}', i_{A_2}', i_{B_3}', *unbestimmt,* für welche offenbar bloß

$$i_{A_1}' + i_{A_2}' = i_{B_3}' \tag{287}$$

erfüllt sein braucht.[695]) — Wie man sieht, tritt *in der Nullpunktskonstante* i_0 *das Gewicht* $\gamma(1)$ *des „untersten" Quantenzustandes, in der klassischen Konstante* i_∞ *das Trägheitsmoment* J *des Moleküls* auf; gelingt es, auf irgendwelchem Wege i_0 und i_∞ zu bestimmen (Nr. **25c**), so kann darauf eine quantitative Bestimmung dieser beiden wichtigen Moleküleigenschaften gegründet werden.

Da die vorstehende quantenstatistische Behandlung des Dissoziationsgleichgewichtes der monomolekularen Reaktion (253) keinerlei besondere Voraussetzungen hinsichtlich der Beschaffenheit der „Molekül"sorten A_1 und A_2 benutzt, können für die A_1 und A_2 auch *Einzelatome,* sowie *Ionen und freie Elektronen* gewählt werden. Der letzterwähnte Fall ist namentlich mit Rücksicht auf das *Ionisationsgleichgewicht des atomaren Wasserstoffs,*

$$e + H^+ \rightleftarrows H, \tag{253a}$$

von verschiedenen Seiten[696]) behandelt worden und bildet die Grundlage von *Sahas Theorie der Temperaturionisation in Sternatmosphären.*[697]) Die Gleichgewichtsformeln werden für diesen Fall besonders einfach, da wegen der Neutralität der Materie $N^{(H^+)} = N^{(e)}$ sein muß und die Masse m' von H^+ (Nr. **13**) mit jener von H praktisch übereinstimmt; das Nichtvorhandensein innerer Freiheitsgrade bei H^+ und beim freien Elektron hat überdies zur Folge, daß die Verteilungsfunktionen $F_{H^+}(\vartheta)$ und $F_e(\vartheta)$ in (272) allein durch (251a) gegeben sind. Bei Berücksichtigung aller dieser Umstände und Benutzung der Verteilungsfunk-

695) Das Ergebnis (287) findet sich in anderer Form bereits bei *P. Ehrenfest* und *V. Trkal,* l. c. (Anm. 666), § 7, und ist statistisch gleichbedeutend mit der bereits oben p. 1161 und in Anm. 685) betonten Notwendigkeit, die Gewichtsfaktoren der Reaktionsteilnehmer aufeinander zu beziehen.

696) *K. F. Herzfeld,* Ann. d. Phys. 51 (1916), p. 261; *R. Becker*, Ztschr. f. Phys. 18 (1923), p. 325, § 2; 28 (1924), p. 256; *R. H. Fowler,* Phil. Mag. 45 (1923), p. 1, § 7; *M. Planck,* Ann. d. Phys. 75 (1924), p. 673.

697) *M. N. Saha,* Nature 105 (1920), p. 232; Phil. Mag. 40 (1920), p. 472, 809; 41 (1921), p. 267; 44 (1922), p. 1128; Proc. Roy. Soc. A 99 (1921), p. 135; Ztschr. f. Phys. 6 (1921), p. 40. Vgl. auch *J. Eggert,* Phys. Ztschr. 20 (1919), p. 570, ferner *A. A. Noyes* und *H. A. Wilson,* Astrophys. J. 57 (1923), p. 20.

tion (236) für H, sowie *der mit h multiplizierten Rydbergschen Konstante* R_{H} (141) bzw. (141a) *als Ionisierungsenergie des* H-*Atoms* erhält man aus (279) als allgemeinste Form der *Saha*schen Gleichung für die Konzentration c der Wasserstoffionen

$$(288) \qquad \log\frac{c^2\cdot \mathfrak{p}}{1-c^2} = -\frac{R_{\mathrm{H}}\cdot h}{kT} + \tfrac{5}{2}\log T + \log\left[\frac{(2\pi m)^{\frac{3}{2}}\cdot k^{\frac{5}{2}}}{h^3}\right]$$

$$+\log\frac{g_e\cdot g_{\mathrm{H}+}}{g_{\mathrm{H}}} - \log\sum_{n=1}^{\infty} n\cdot(n+1)\, e^{\frac{R_{\mathrm{H}}\cdot h}{e^{kT}}\left(1-\frac{1}{n^2}\right)-\overline{\psi}(n)}.$$ [698]

Ein anderer Spezialfall der betrachteten Gleichgewichtsformeln, welcher besondere Erwähnung verdient, ergibt sich, wenn $A_1 = A_2$ ist, so daß an Stelle von (253)

$$(253\,\mathrm{b}) \qquad 2A \rightleftarrows B$$

tritt. Geht man die Entwicklungen dieser Nummer daraufhin nochmals durch, so zeigt sich, daß zur Berechnung von (257b) eine charakteristische Ergänzung notwendig wird. Da an Stelle von (255)

$$(255') \qquad N_L^{(A)} + 2N_L^{(B)} = X^{(A)}$$

zu treten haben wird, erhält man anstatt (257b) wegen der *Vertauschbarkeit* der *zwei* gleichen Moleküle A in jedem der Moleküle B

$$(257\,\mathrm{b}') \qquad \frac{X^{(A)}!}{N_L^{(A)}!\,N_L^{(B)}!\,2^{N_L^{(B)}}}.$$

Das Auftreten der *Symmetriezahl*[699] 2 in (257b′) hat zur Folge, daß diese Größe nunmehr auch als Faktor in die Gleichgewichtsformel (272) eingeht, welche dann die Gestalt annimmt:

$$(272') \qquad \frac{[N^{(A)}]^2}{N^{(B)}} = \frac{2\cdot[F_A(\vartheta)]^2}{F_B(\vartheta)}.$$

---

698) Die Reaktion (253a) ist die einzige, für welche sich die Zulässigkeit von (280) mit einiger Strenge nachweisen läßt, so daß das mit Rücksicht auf (287) in (288) formal beibehaltene Glied

$$\log\frac{(g_e\cdot g_{\mathrm{H}+})}{g_{\mathrm{H}}}$$

gleich Null gesetzt werden kann. — Die im Exponenten des letzten Gliedes von (288) geschriebene Funktion $\overline{\psi}(n)$ entspricht der komplizierteren, analog zu $N\cdot\frac{\psi(n)}{\mathsf{V}}$ in (236) auftretenden Funktion, welche die Reihenkonvergenz ähnlich wie in (236) nach sich zieht.

699) Die Einführung der „Symmetriezahlen“ in die Statistik des Dissoziationsgleichgewichtes verdankt man *H. Tetrode,* Versl. Akad. Amsterd. 23 (1915), p. 1110, sowie *P. Ehrenfest* und *V. Trkal,* l. c. (Anm. 666).

Das Dissoziationsgleichgewicht wird demnach wesentlich durch das Auftreten der *Symmetriezahl der Moleküle B in bezug auf die Moleküle A* beeinflußt. Definiert man die „chemischen Konstanten" wie oben mittels einer Gleichung von der allgemeinen Form (281b), so unterscheiden sich die für die Moleküle B berechneten chemischen Konstanten i_0 *und* i_∞ von den früher angegebenen Werten um einen Addenden $-\log 2$.[700])

25b. Dissoziationsgleichgewicht beliebiger Gasreaktionen. Die statistische Behandlung des Dissoziationsgleichgewichtes beliebig vieler, miteinander reagierender gasförmiger Komponenten gestaltet sich in ihren Grundzügen ganz ebenso wie bei monomolekularen Reaktionen, so daß bezüglich aller prinzipieller Fragen auf den vorangehenden Abschnitt verwiesen werden kann, dessen Bezeichnungen in entsprechend verallgemeinerter Form hier beibehalten werden. Wenn A_i $(i = 1, 2, \ldots, p)$ die p Sorten von „Molekülen" (Atomen, Ionen, Ionen und freien Elektronen) bedeuten, welche die q sonst noch vorkommenden „Verbindungen" B_j $(j = 1, 2, \ldots, q)$ zusammensetzen, so werden die Gesamtzahlen $X^{(A_i)}$ $(i = 1, 2, \ldots, p)$ aller im Volumen $\mathbf{V}$ sowohl frei als auch im gebundenen Zustande vorhandenen A_i für den betrachteten Reaktionsvorgang als vorgegeben anzusehende *Konstante* sein; ist a_{ij} die Anzahl der Moleküle A_i in einem Molekül der „Verbindung" B_j, so gilt dann für jede beliebige Zustandsverteilung $\mathbf{Z}_L^{(A_i, B_j)}$

$$(289) \qquad N_L^{(A_i)} + \sum_{j=1}^{q} a_{ij} \cdot N_L^{(B_j)} = X^{(A_i)}, \qquad (i = 1, 2, \ldots, p)$$

während die vorkommenden Reaktionen durch einige oder alle von den Beziehungen

$$(290) \qquad a_{1j} A_1 + a_{2j} A_2 + \cdots + a_{pj} A_p \rightleftarrows B_j \qquad (j = 1, 2, \ldots, q)$$

gegeben sind oder auf sie zurückgeführt werden können. Die Zustandsverteilung $\mathbf{Z}_L^{(A_i, B_j)}$ möge nun gekennzeichnet sein durch das Vorhandensein von $N_{L, l_i}^{(A_i)}$ Molekülen A_i in der l_i^{ten} Zelle ihres μ-Raumes mit der Energie $[E_{l_i}^{(A_i)} + E_{t, l_i}^{(A_i)} + E_0^{(A_i)}]$ und dem Gewicht $g_{l_i}^{(A_i)}$, sowie von $N_{L, l_j}^{(B_j)}$ Molekülen B_j in der l_j^{ten} Zelle ihres μ-Raumes mit der Energie $[E_{l_j}^{(B_j)} + E_{t, l_j}^{(B_j)} + E_0^{(B_j)}]$ und dem Gewicht $g_{l_j}^{(B_j)}$, so daß

$$(291) \quad \sum_{l_i=1}^{\infty} N_{L, l_i}^{(A_i)} = N_L^{(A_i)} \ (i = 1, 2, \ldots, p); \quad \sum_{l_j=1}^{\infty} N_{L, l_j}^{(B_j)} = N_L^{(B_j)} \ (j = 1, 2, \ldots, q)$$

700) Da die chemischen Konstanten nach dem Früheren unbestimmte Gewichtsfaktoren enthalten, welche Beiträge von der Form $+\log g$ verursachen, so kann man von der oben erwähnten kombinatorischen Berücksichtigung der Molekülsymmetrie auch absehen und den Einfluß der Symmetriezahlen von vornherein mit jenem der Gewichtsfaktoren g zusammenziehen.

und bei vorgegebener Gesamtenergie E

$$(292)\qquad \sum_{i=1}^{p}\sum_{l_i=1}^{\infty} N_{L,l_i}^{(A_i)}\cdot[E_{l_i}^{(A_i)}+E_{t,l_i}^{(A_i)}+E_0^{(A_i)}] + \sum_{j=1}^{q}\sum_{l_j=1}^{\infty} N_{L,l_j}^{(B_j)}\cdot[E_{l_j}^{(B_j)}+E_{t,l_j}^{(B_j)}+E_0^{(B_j)}]=\mathsf{E}.$$

Für die Anzahl der Realisierungsmöglichkeiten von $\mathsf{Z}_L^{(A_i,B_j)}$ erhält man dann in Analogie zu (258)

$$(293)\qquad R(\mathsf{Z}_L^{(A_i,B_j)})=\prod_{i=1}^{p}\prod_{l_i=1}^{\infty} X^{(A_i)}!\frac{[g_{l_i}^{(A_i)}]^{N_{L,l_i}^{(A_i)}}}{N_{L,l_i}^{(A_i)}!}\cdot\prod_{j=1}^{q}\prod_{l_j=1}^{\infty}\frac{\left[\frac{g_{l_j}^{(B_j)}}{\sigma_j}\right]^{N_{L,l_j}^{(B_j)}}}{N_{L,l_j}^{(B_j)}!},$$

worin σ_j die *Symmetriezahlen der Moleküle B_j in bezug auf die Moleküle A_i* bedeuten.[701]) Zur Aufsuchung der *Boltzmannschen Verteilung* und der damit verknüpften Bedingungen für die Existenz des Dissoziationsgleichgewichtes hat man jetzt sämtliche mit (289), (291) und (292) verträglichen Zustandsverteilungen ins Auge zu fassen und den durch sie bedingten *wahrscheinlichen, zeitlich-mittleren molekularen Verteilungszustand* des Reaktionsgemisches auf Grund von (31) zu ermitteln. Die Bestimmung dieses Verteilungszustandes erfolgt am bequemsten wiederum durch Betrachtung von

$$(294)\qquad \mathsf{R}^{(X^{(A_i)})}=\sum_{L=1}^{L^*} R(\mathsf{Z}_L^{(A_i,B_j)})$$

und der daraus analog zu (264) und (265) ableitbaren Beziehungen für die *mittleren Anzahlen* $N^{(A_i)}$, $N^{(B_j)}$ und *mittleren Energien* E_{A_i}, E_{B_j} der im Gleichgewichte vorhandenen Komponenten. Zur Berechnung von (294) empfiehlt sich hier die Einführung von $p+1$ komplexen Veränderlichen $\xi_1, \xi_2, \ldots, \xi_p, \zeta$, mit deren Hilfe der zu (260) analoge Exponentialausdruck

$$(295)\qquad \prod_{i=1}^{p}[X^{(A_i)}!]\cdot e^{\sum_{i=1}^{p}\xi_i\cdot F_{A_i}(\zeta)+\sum_{j=1}^{q}\xi_1^{a_{1j}}\cdot\xi_2^{a_{2j}}\ldots\xi_p^{a_{pj}}\cdot\frac{1}{\sigma_j}\cdot F_{B_j}(\zeta)}$$

gebildet werden kann, welcher die *Verteilungsfunktionen*

$$(296)\qquad \begin{cases} F_{A_i}(\zeta)=\sum_{l_i=1}^{\infty} g_{l_i}^{(A_i)}\cdot\zeta^{E_{l_i}^{(A_i)}+E_{t,l_i}^{(A_i)}+E_0^{(A_i)}}; \\ F_{B_j}(\zeta)=\sum_{l_j=1}^{\infty} g_{l_j}^{(B_j)}\cdot\zeta^{E_{l_j}^{(B_j)}+E_{t,l_j}^{(B_j)}+E_0^{(B_j)}} \end{cases}$$

701) Siehe die Begründung von (257b′) (Schluß des vorigen Abschnittes) gegenüber (257b), sowie Anm. 699) und 700).

der Moleküle A_i, B_j enthält; identifiziert man (294) mit dem Koeffizienten des Gliedes

$$\xi_1^{X^{(A_1)}} \cdot \xi_2^{X^{(A_2)}} \ldots \xi_p^{X^{(A_p)}} \cdot \zeta^{\mathsf{E}}$$

in der Potenzreihenentwicklung von (295), so gewinnt man die Möglichkeit, $\mathsf{R}^{(x^{(A_i)})}$, $\mathsf{R}^{(x^{(A_i)})} \cdot N^{(A_i)}$, $\mathsf{R}^{(x^{(A_i)})} \cdot \mathsf{E}_{A_i}$, usw. mittels der *Cauchy*schen Integralformeln durch $(p+1)$-fache komplexe Integrale darzustellen, deren asymptotische Entwicklungen bei sehr großen $X^{(A_i)}$, E, durch die Funktionswerte ihrer Integranden für eine gewisse, eindeutig bestimmte, positiv-reelle Wertekombination

$$\xi_1 = x_1, \quad \xi_2 = x_2, \quad \ldots, \quad \xi_p = x_p, \quad \zeta = \vartheta,$$

gegeben sind.[678])[679]) Wenn die $x_1, x_2, \ldots, x_p$ aus den nach dieser Methodik gewonnenen, zu (267), (268), (269) analogen Verteilungsbeziehungen eliminiert werden, so findet man zunächst auch für den hier untersuchten allgemeinsten Fall, daß die *Boltzmann*sche Verteilung genau so herauskommt, wie wenn jede einzelne Komponente des ermittelten Dissoziationsgleichgewichtes bei gleicher „empirischer Temperatur" ϑ und unter einem äußeren Druck, welcher ihrem Partialdruck entspricht, das ganze zur Verfügung stehende Volumen V allein erfüllen würde. Für die Teilchenzahlverhältnisse der Reaktionsteilnehmer ergeben sich ferner die Beziehungen

$$(297) \quad \frac{N^{(B_j)}}{[N^{(A_1)}]^{a_{1j}} \cdot [N^{(A_2)}]^{a_{2j}} \ldots [N^{(A_p)}]^{a_{pj}}} = \frac{F_{B_j}(\vartheta)}{\sigma_j \cdot [F_{A_1}(\vartheta)]^{a_{1j}} \cdot [F_{A_2}(\vartheta)]^{a_{2j}} \ldots [F_{A_p}(\vartheta)]^{a_{pj}}} \quad (j = 1, 2, \ldots, q),$$

welche dem Ausdruck des *Massenwirkungsgesetzes* für das Gleichgewicht der Reaktionsvorgänge (290) entsprechen. Mit diesem zu (272) völlig analogen Ergebnisse sind die statistischen Bedingungen für das Bestehen des betrachteten Gasgleichgewichtes ermittelt; ihre weitere Diskussion kann ebenso wie jene von (272) in Nr. **25a** vorgenommen werden und führt zu prinzipiellen Folgerungen, welche mit den bereits dort ausgesprochenen in allen Punkten übereinstimmen.

25c. Dampfdruckformel und chemische Konstante. Um auch *feste*[702]) *Reaktionsteilnehmer* beliebiger Anzahl und chemischer Zu-

702) Die Betrachtungen dieses Abschnittes sind grundsätzlich auch auf *flüssige* Kondensate bzw. Reaktionsteilnehmer anwendbar, sofern man ihnen Verteilungsfunktionen zuschreibt, deren analytische Eigenschaften mit jenen für das Folgende in Betracht kommenden der Festkörper-Verteilungsfunktionen übereinstimmen. Diese Annahme ist zwar sehr naheliegend, ihre Berechtigung kann aber mangels eines brauchbaren kinetischen Molekularmodelles der Flüssigkeiten (siehe Anm. 203) nicht näher geprüft werden, so daß im folgenden von der ausdrücklichen Berücksichtigung flüssiger Phasen abgesehen werden soll.

sammensetzung in die bisherige statistische Behandlung chemischer Gleichgewichte einbeziehen zu können, liegt es nahe, sich der folgenden Betrachtungsweise zu bedienen. Ein chemisch einheitlicher, kristallisierter Festkörper, welcher aus $N_L^{(FK)}$ gleichartigen Molekülen A aufgebaut ist, kann als *Riesenmolekül* $B_{N_L^{(FK)}}$ angesehen werden, das beim *Verdampfungsvorgang* freie „Dampf"moleküle A abspaltet und sich mit ihnen bei konstanter Temperatur sowie vorgegebenem „Dampf"-volumen $\mathbf{V}$ ins Gleichgewicht setzen wird. Bedeutet $X^{(A)}$ die vorgegebene, unveränderliche Anzahl der freien *und* „kondensierten" Moleküle A, ferner $N_L^{(A)}$ die für eine bestimmte Zustandsverteilung $\mathbf{Z}_L^{(A,FK)}$ kennzeichnende Anzahl der „Dampf"moleküle, so hat man analog (255) und (289)

$$(298) \qquad N_L^{(A)} + N_L^{(FK)} = X^{(A)},$$

wobei an Stelle der früher betrachteten Gasreaktionen (253) und (290) die allgemeine Verdampfungsbeziehung

$$(299) \qquad A + B_{N_L^{(FK)}} \rightleftarrows B_{\left(N_L^{(FK)}+1\right)}$$

$$\left(N_L^{(FK)} = 1, 2, \ldots, \text{ im allgemeinen sehr groß}\right)$$

auftritt. In Verbindung mit der Frage nach der Anzahl der Realisierungsmöglichkeiten einer beliebigen Zustandsverteilung $\mathbf{Z}_L^{(A,FK)}$ wird man jetzt besonders zu berücksichtigen haben, daß das Riesenmolekül $B_{N_L^{(FK)}}$ jeweils nur in *einem*[703]) Exemplare vorhanden ist und im Falle sehr großer $N_L^{(FK)}$ *von einer „inneren" Vertauschbarkeit seiner Bausteine wegen der Beständigkeit des festen Zustandes abgesehen werden muß.*[703a]) Da durch den Verdampfungsvorgang prinzipiell jedes der

703) Oder auch mehrere Exemplare, wenn deren Anzahl gegenüber $X^{(A)}$ größenordnungsmäßig verschwindet. Bei sehr großen Anzahlen von Exemplaren und kleinen Molekülanzahlen $N_L^{(FK)}$ in ihnen (z. B. Kristallkeime bei Sublimationsbeginn) hingegen würde die statistische Behandlung völlig jener der Gasgleichgewichte entsprechen müssen.

703 a) In diesem Zusammenhange ist es prinzipiell von größter Tragweite, ob man den Bausteinen eines Festkörpers die Fähigkeit zum *Platzwechsel*, zur *Selbstdiffusion* zuschreiben soll oder nicht. Die gesamte ältere Literatur bejaht diese Fähigkeit auf Grund der als „Selbst-" oder „Fremddiffusion" gedeuteten experimentellen Ergebnisse, sowie der *elektrolytischen Leitfähigkeit* zahlreicher fester Körper, insbesondere von Einkristallen, wobei stillschweigend allerdings stets die Vorstellung ideal-regelmäßiger Kristallgitter zugrundegelegt worden ist. Nach *A. Smekal*, Wien. Akad. Anz. 25. Juni 1925, kann demgegenüber aus den Festigkeitseigenschaften der Kristalle auf das prinzipielle Vorhandensein von Poren und sonstigen Störungen der idealen Gitterregelmäßigkeit geschlossen werden, welche zusammen mit gewissen experimentellen Tatsachen eindeutig dafür sprechen, die *Oberflächen jener Poren* als Träger der bisher beobachteten

$N_L^{(FK)}$ kondensierten Moleküle immer wieder *als Oberflächenmolekül* durch einen Nachbarn oder ein anderes verdampft gewesenes Festkörpermolekül, also *durch „äußere" Vertauschung* ersetzt werden können wird, so wird die Anzahl der Realisierungsmöglichkeiten der kondensierten Phase *für jeden einzelnen ihrer molekularen Schwingungszustände* dem Faktor $N_L^{(FK)}!$ proportional sein müssen.[704]) Die Anzahl der Realisierungsmöglichkeiten $R(\mathsf{Z}_L^{(A,FK)})$, von $\mathsf{Z}_L^{(A,FK)}$ wird ebenso wie in den vorhergehenden Abschnitten durch ein Produkt gegeben sein, welches einen zu (257 b) analogen „Vertauschungsfaktor"

$$\frac{\mathsf{X}^{(A)}!}{N_L^{(A)}!\,N_L^{(FK)}!} \tag{300}$$

sowie Beiträge der Gasphase und des Festkörpers von der Form (257 a) enthält, wovon der letztere nach den soeben gemachten Feststellungen aber nur von $N_L^{(FK)}$ und der inneren Konstitution des kristallisierten Kondensates abhängen wird. Kennzeichnet man das *Verdampfungs-*

Diffusions- und Leitungsvorgänge in festen Körpern anzusehen. Was die Beweglichkeit und Vertauschbarkeit der *Elektronen* in metallisch leitenden Festkörpern anbetrifft, so liegen hier die Verhältnisse voraussichtlich wesentlich anders, sind aber noch reichlich ungeklärt; von einer gewissen Bedeutung dürfte hierfür vor allem die Definiertheit des molekularen Gerüstes auch bei allen diesen Substanzen sein, ferner die „Entartung" der Leitungselektronen bis zum Schmelzpunkte (Nr. **24 c**, Ende). — Wegen der im Text vorausgesetzten und hier näher belegten Unmöglichkeit „innerer" Molekülvertauschungen kann das Verdampfungsgleichgewicht als typisches Beispiel für *unvollständige oder „gehemmte" Gleichgewichte* [Anm. 670), 680)] betrachtet werden. — Siehe ferner Anm. 794).

704) Man erkennt dies unmittelbar, wenn man in (29) alle $N_{L,1} = 1$ setzt und von dem Beitrag der hier nicht auf die einzelnen Moleküle, sondern auf die verschiedenen Quantenzustände der Festkörpereigenschwingungen bezüglichen Gewichtspotenzen absieht, außer etwa von einem allen diesen Zuständen gemeinsamen *Gewichtsfaktor* g_{FK}, der dann in der $N_L^{(FK)}$ten Potenz auftritt, was auch aus (307) entnommen werden kann. Da beim absoluten Nullpunkt sämtliche Eigenschwingungen im „untersten" Quantenzustand vorhanden sind und dies nur einer *einzigen* Realisierungsmöglichkeit des Festkörper-*Schwingungszustandes* entspricht, erhält man auf Grund des *Boltzmannschen Prinzips* (Nr. **8b**, **27**) für die *Nullpunktsentropie des Festkörpers*

$$\mathsf{S}_{FK}^{(0)} = k \log N_L^{(FK)}! + N_L^{(FK)} k \log g_{FK}$$

in Übereinstimmung mit (383) und den diesbezüglichen Erwägungen von Nr. **27**. — Die angegebene Begründung des Faktors $N_L^{(FK)}!$ findet sich bei *M. Planck* [1], § 184, von dessen Ausführungen auf p. 213 hier in Übereinstimmung mit *E. Schrödinger*, Phys. Ztschr. 25 (1924), p. 41, Fußn. 3 auf p. 44, jedoch nur der erste Teil als konsequent übernommen, der Rest hingegen als konventionell-willkürlich angesehen wird. Vgl. dazu Nr. **27**, insbesondere Anm. 776), ferner Anm. 787).

gleichgewicht durch jenen *wahrscheinlichen, zeitlich-mittleren Verteilungszustand der Moleküle A zwischen fester und gasförmiger Phase,* welcher auf Grund der Betrachtungen von Nr. 4 als *Boltzmannsche Verteilung* ermittelt werden kann, so hat man wiederum von (31) auszugehen und vor allem wieder mit der Berechnung des Ausdruckes

$$\mathsf{R}(x^{(A)}) = \sum_{L=1}^{L^*} R(\mathsf{Z}_L^{(A,FK)}) \tag{301}$$

zu beginnen.

Bedeutet

$$F_A(\zeta) = \sum_{l=1}^{\infty} g_l^{(A)} \cdot \zeta^{E_l^{(A)} + E_{t,l}^{(A)} + E_0^{(A)}} \tag{302}$$

die *Verteilungsfunktion der Dampfmoleküle A*, von welchen sich während des Bestehens der Zustandsverteilung $\mathsf{Z}_L^{(A,FK)}$ gerade $N_{L,l}^{(A)}$ in der l^{ten} Zelle ihres μ-Raumes befinden mögen, so ist der Beitrag der Gasphase für $R(\mathsf{Z}_L^{(A,FK)})$ nach (29)

$$R_A(\mathsf{Z}_L^{(A,FK)}) = \frac{N_L^{(A)}!}{N_{L,1}^{(A)}! \cdot N_{L,2}^{(A)}! \ldots N_{L,l}^{(A)}! \ldots} \cdot [g_1^{(A)}]^{N_{L,1}^{(A)}} \cdot [g_2^{(A)}]^{N_{L,2}^{(A)}} \ldots$$
$$\ldots [g_l^{(A)}]^{N_{L,l}^{(A)}} \ldots,$$

wobei

$$\sum_{l=1}^{\infty} N_{L,l}^{(A)} = N_L^{(A)} \tag{303}$$

und im Falle einer zunächst willkürlichen Gesamtenergie $\mathsf{E}_L^{(A)}$ des Dampfes auch

$$\sum_{l=1}^{\infty} N_{L,l}^{(A)} \cdot [E_l^{(A)} + E_{t,l}^{(A)} + E_0^{(A)}] = \mathsf{E}_L^{(A)} \tag{304}$$

sein muß. Für die Gesamtzahl der Realisierungsmöglichkeiten sämtlicher, für beliebige $N_{L,l}^{(A)}$ mit (303) und (304) verträglichen Zustandsverteilungen erhält man durch Summation über $R_A(\mathsf{Z}_L^{(A,FK)})$ in bekannter Weise (Nr. **25a**) den Koeffizienten von

$$\xi^{N_L^{(A)}} \cdot \zeta^{\mathsf{E}_L^{(A)}} \tag{305}$$

in der Potenzreihenentwicklung der mittels der beiden komplexen Veränderlichen ξ und ζ gebildeten Hilfsfunktion

$$N_L^{(A)}!\, e^{\xi F_A(\zeta)}. \tag{306}$$

Was nun das Kondensat anbetrifft, so läßt sich die *Verteilungsfunktion* $P_{FK}(\zeta)$ (35B) (Nr. **6b**) *der Eigenschwingungen* eines aus $N_L^{(FK)}$ Molekülen bestehenden, kristallisierten Festkörpers mittels dem von der *Born*schen Gittertheorie gelieferten Verteilungsgesetze seiner Eigenfrequenzen[705]) für hinreichend große $N_L^{(FK)}$ auf die Form $[F_{FK}(\zeta)]^{N_L^{(FK)}}$ bringen, so daß man einschließlich der oben diskutierten *„äußeren" Vertauschungszahl* $N_L^{(FK)}!$ *seiner Moleküle*

$$N_L^{(FK)}! \cdot [F_{FK}(\zeta)]^{N_L^{(FK)}} \tag{307}$$

erhält.[706]) Wenn der Energieinhalt des Kristalles zunächst willkürlich mit $\mathsf{E}_L^{(FK)}$ vorgegeben wird, so bekommt man für die Gesamtzahl der Realisierungsmöglichkeiten aller seiner mit konstanten $N_L^{(FK)}$ und $\mathsf{E}_L^{(FK)}$ verträglichen Zustandsverteilungen auf Grund der elementaren *Darwin-Fowler*schen Methodik von Nr. **5a** den Koeffizienten von

$$\zeta^{\mathsf{E}_L^{(FK)}} \tag{308}$$

in der Potenzreihenentwicklung von (307). Bildet man daher durch Multiplikation von (300), (306) und (307) die Funktion

$$X^{(A)}! \, [\xi \cdot F_{FK}(\zeta)]^{N_L^{(FK)}} \cdot e^{\xi F_A(\zeta)} \tag{309}$$

und setzt $\mathsf{E}_L^{(A)} + \mathsf{E}_L^{(FK)} = \mathsf{E}$, so wird der Koeffizient von

$$\xi^{X^{(A)}} \cdot \zeta^{\mathsf{E}} \tag{310}$$

in der Potenzreihenentwicklung von (309) wegen (298) die Anzahl der Realisierungsmöglichkeiten sämtlicher mit (298) und vorgegebener Gesamtenergie E verträglicher Zustandsverteilungen $\mathsf{Z}_L^{(A, FK)}$ angeben, was mit der gesuchten Größe (301) gerade übereinstimmt. Der Ausdruck (301) wird sich demnach auch hier wiederum mittels der *Cauchy*schen Integralformeln darstellen lassen als komplexes (zweifaches) Integral, dessen asymptotische Entwicklung für sehr große $X^{(A)}$, $N_L^{(FK)}$ und E ebenso wie jene der analog gebauten Integralausdrücke für $N^{(A)}$, E_A, usw. durch ein einziges positiv-reelles Wertepaar

$$\xi = x, \quad \zeta = \vartheta \tag{311}$$

gekennzeichnet sein wird.[678]) Man findet so in erster Annäherung[679]) für die hier das *Verdampfungsgleichgewicht* bestimmende *Boltzmannsche Verteilung*

$$N_i^{(A)} = x \cdot g_i^{(A)} \cdot \vartheta^{E_i^{(A)} + E_{t,i}^{(A)} + E_0^{(A)}}, \tag{312}$$

$$N^{(A)} = x \cdot F_A(\vartheta), \quad N^{(FK)} = \frac{x \cdot F_{FK}(\vartheta)}{1 - x \cdot F_{FK}(\vartheta)} \tag{313}$$

705) Siehe V 25, *M. Born* (*Atomtheorie des festen Zustandes*), Nr. 18.

706) *C. G. Darwin* und *R. H. Fowler*, Proc. Cambridge Phil. Soc. 21 (1922), p. 262, § 7. Der Faktor $N_L^{(FK)}!$ in (300) und (307) wird hier und ebenso bei *P. Ehrenfest* und *V. Trkal* (Anm. 666) nicht berücksichtigt, hebt sich aber bei Multiplikation von (300) und (307) in (309) wieder fort, so daß alle weiteren Folgerungen dieses Abschnittes mit jenen der genannten Autoren übereinstimmen.

und

(314) $$\mathsf{E} = x\vartheta \frac{\partial F_A(\vartheta)}{\partial \vartheta} + \frac{x}{1 - x \cdot F_{EK}(\vartheta)} \cdot \vartheta \cdot \frac{\partial F_{FK}(\vartheta)}{\partial \vartheta},$$

wodurch die Größen (311) wegen (298) zugleich eindeutig festgelegt erscheinen.[706]) Eliminiert man x mittels (312) und der ersten Gleichung (313), so ergibt sich bei Wärmegleichgewicht mit der „empirischen Temperatur" ϑ (Nr. 7a) für den Dampf dieselbe Gleichung (41) (Nr. 5a) wie für ein isoliertes, aus Molekülen A bestehendes Gas. Für hinreichend große Kristalle, d. h. für numerisch große Mittelwerte $N^{(FK)}$ der Molekülanzahl in der festen Phase folgt aus der zweiten Gleichung (313)

(313a) $$x \cdot F_{FK}(\vartheta) = 1;$$

eliminiert man x jetzt mittels (313a) und der ersten Gleichung (313), so erhält man für die Anzahl der Dampfmoleküle A die Beziehung

(315) $$N^{(A)} = \frac{F_A(\vartheta)}{F_{FK}(\vartheta)},$$

welche hier an Stelle der Gleichgewichtsformeln (272), (297) bei den Gasgleichgewichten tritt. Offenbar bleibt in $F_{FK}(\vartheta)$ ein Faktor von der Form $\vartheta^{E_0^{(FK)}}$ ebenso willkürlich wie der Faktor $\vartheta^{E_0^{(A)}}$ in (312) und in der Verteilungsfunktion (301) der Dampfmoleküle; werden $E_0^{(FK)}$ und $E_0^{(A)}$ auf das gleiche Energienullniveau bezogen, so wird

(316) $$Q_{(A,FK)} = E_0^{(A)} - E_0^{(FK)}$$

die *molekulare Verdampfungswärme beim absoluten Nullpunkt.*[707]) Führt man die absolute Temperatur T sowie den *Dampfdruck* $\mathfrak{p}$ mittels (63) und (64) ein und benutzt die quantenstatistischen Beziehungen (228) und (251a) dazu, um $F_A(\vartheta)$ auszudrücken, so erhält man ähnlich wie bei der quantenstatistischen Diskussion (281) von (272) in Nr. **25a**

---

707) Wenn der Festkörper eine *endliche Nullpunktsenergie* besitzt wie in Nr. **9** auf Grund der *Debye-Born-Kármán*schen Theorie (V 25, *M. Born*) in Verbindung mit (101) und (102) als möglich gezeigt werden konnte, so ist es klar, daß sie in (316) und daher auch in der *Dampfdruckgleichung* (317) eine unter Umständen merkliche Rolle spielen muß. Man vgl. hierzu etwa *O. Stern*, Ztschr. f. Elektrochem. 25 (1919), p. 66, oder die Wiedergabe der *Stern-Tetrode*schen Ableitung der Dampfdruckgleichung bei *M. Born*, V 25, Nr. **35**. — Wie bereits in Anm. 195) angedeutet und wie auch auf Grund der hier dargestellten Ableitung der Dampfdruckgleichung näher begründet werden kann (s. die nachfolgende Anm.), bleibt der im folgenden zu ermittelnde Wert der *chemischen Konstanten* davon unabhängig, welchen Betrag man für die Nullpunktsenergie der Festkörper in Ansatz bringen will, so daß ein Erfolg der hier dargestellten Theorie keineswegs eindeutig für das Vorhandensein einer endlichen Nullpunktsenergie der Festkörper zu sprechen vermag.

$$(317)\qquad \log \mathfrak{p} = \tfrac{5}{2}\log T - \frac{Q_{(A,FK)}}{kT} + \log \sum^{(A)} - \log \sum^{(FK)} + \log\left[\frac{g_A}{g_{FK}} \cdot \frac{(2\pi M_A)^{\frac{3}{2}} \cdot k^{\frac{5}{2}}}{h^3}\right].$$

Wie man sieht, wird die Größe des Dampfdruckes durch den Wert des im letzten Gliede aüftretenden *Verhältnisses* der beiden an sich willkürlichen *Gewichtsfaktoren* g_A und g_{FK} von $F_A(\vartheta)$ und $F_{FK}(\vartheta)$ entscheidend beeinflußt, *so daß dieses Verhältnis bei Benutzung von Dampfdruckmessungen grundsätzlich ermittelt werden können muß.*

Ebenso wie (281) soll die Dampfdruckgleichung (317) nun auch noch auf ihre spezielle Form für tiefe Temperaturen bei noch nicht entartetem Dampf (Nr. **24c**) und für „hohe" Temperaturen geprüft werden, wobei für das Folgende vom Beitrag $\log \sum^{(FK)}$ des Festkörpers abgesehen werden kann.[708]) Bedeutet $\gamma_A(1)$ das ganzzahlige Quantengewicht des „untersten" Quantenzustandes der Moleküle A mit der inneren Energie $E_1^{(A)}$, so erhält man analog zu (281a) für von Null *verschiedenen* tiefe Temperaturen

$$(317\text{a})\qquad \log \mathfrak{p} = \tfrac{5}{2}\log T - \frac{Q_{(A,FK)} + E_1^{(A)}}{kT} + \log\left[\frac{g_A}{g_{FK}} \cdot \gamma_A(1) \cdot \frac{(2\pi M_A)^{\frac{3}{2}} k^{\frac{5}{2}}}{h^3}\right],$$

wobei jetzt $Q^{(A,FK)} + E_1^{(A)}$ die molekulare Verdampfungswärme beim absoluten Nullpunkt darstellt, und findet auch für „hohe" Temperaturen eine Beziehung von der Form

$$(317\text{b})\qquad \log \mathfrak{p} = \tau \cdot \log T - \frac{Q'}{kT} + i_\infty,$$

---

708) In den Ableitungen der Dampfdruckgleichung von *O. Stern*, Phys. Ztschr. 14 (1913), p. 629; Ztschr. f. Elektrochem. 25 (1919), p. 66 und *H. Tetrode*, Versl. Akad. Amsterd. 23 (1915), p. 1110, *welche die Molekültranslation auf rein klassischem Wege behandeln* [vgl. (251b) gegenüber (251a)!], spielt das Verhalten des Festkörpers (bei tiefen und hohen Temperaturen) allerdings eine ganz fundamentale Rolle. Man überzeugt sich indessen leicht, daß die Rolle des *gequantelten* Festkörpers auf die bloße Klarstellung des am Beginne von Nr. **24** betonten Unterschiedes zwischen *Quantengewicht* und *μ-Zellenvolumen* zurückführbar ist und auf eine gemäß (252) vorgenommene *Messung klassischer Translations-μ-Raumvolumina in der Einheit* h^3 hinausläuft; vgl. dazu *K. F. Herzfeld*, Ann. d. Phys. 69 (1922), p. 54. Am klarsten können diese Verhältnisse vielleicht an einer Ableitung der Dampfdruckformel von *W. Lenz* demonstriert werden, welche *K. F. Herzfeld*, Phys. Ztschr. 22 (1921), p. 186 auf p. 190 veröffentlicht hat. Die klassisch-statistische Behandlung der Molekültranslation wird damit gemäß (251a) völlig äquivalent der quantenstatistischen Behandlung von Nr. **24c** außerhalb des Gebietes der eigentlichen Gasentartung. — Die *Stern*sche Ableitung der Dampdruckgleichung und chemischen Konstante ist wiedergegeben bei *W. Nernst*, Die theoretischen und experimentellen Grundlagen des neuen Wärmesatzes, Halle 1918, p. 139, die allgemeinere *Tetrode*sche Ableitung in V 25 (*M. Born*), Nr. **35**.

welche (281b) entspricht; wie die analogen Betrachtungen von Nr. **25a** ergeben, werden τ, Q' und i bei mehratomigen Dämpfen hier aber zu anderen Werten führen müssen, als sie bei tiefen Temperaturen aus (317a) zu entnehmen sind. Für einatomige Dämpfe hingegen stellt (317a) die Dampfdruckgleichung auch bei beliebig hohen Temperaturen dar, insofern die Beschränkung auf die unterste Energiestufe der Dampfatome noch zulässig erscheint. Das temperaturunabhängige Glied auf der rechten Seite von (317), (317a), (317b) bezeichnet man nach *Nernst* als die *chemische Konstante* des Dampfes.[709]) Für die „Nullpunktskonstante“ i_0 der Gasphase ergibt sich nach (317a) allgemein

$$i_0 = \log\left[\frac{g_A}{g_{FK}} \cdot \gamma_A(1) \cdot \frac{(2\pi M_A)^{\frac{3}{2}} \cdot k^{\frac{5}{2}}}{h^3}\right], \tag{318}$$

für „hohe“ Temperaturen entnimmt man die „klassische Konstante“ i_∞ aus (317b) nach entsprechender Auswertung von (317); so wird z. B. für zweiatomige Gase analog (286)

$$i_\infty = \log\left[\frac{g_A}{g_{FK}} \cdot \frac{8\pi^2 J_A \cdot (2\pi M_A)^{\frac{3}{2}} \cdot k^{\frac{7}{2}}}{h^5}\right]. \tag{319}$$

Wie der Vergleich mit (285) und (286) zeigt, stimmen diese Größen mit den bereits bei den Gasgleichgewichten als „chemische Konstanten“ bezeichneten Ausdrücken überein, bis auf einen von der Natur der kondensierten Phase abhängigen Beitrag

$$-\log g_{FK}. \tag{320}$$

Setzt man in Erweiterung von (280)

$$g_A = g_{FK} = 1, \tag{280a}$$

so verschwindet (320) und man erhält aus der Untersuchung der Dissoziationsgleichgewichte dieselben Ausdrücke für die chemischen Konstanten wie aus der Dampfdruckformel.

Der bei Voraussetzung von (280a) aus (317) zu entnehmende quantentheoretische Ausdruck für die *chemische Konstante eines idealen, einatomigen Gases*, dessen Moleküle strukturlose Massenpunkte darstellen, ist auf Grund von *Gasentartungs*theorien zuerst von *Sackur*[710]) und *Tetrode*[711]) berechnet worden.[712]) Da die verschiedenen Quanten-

709) Vgl. z. B. *W. Nernst,* Die theoretischen und experimentellen Grundlagen des neuen Wärmesatzes, Halle 1918, p. 136.

710) *O. Sackur,* Ann. d. Phys. 36 (1911), p. 958; Nernst-Festschrift 1912, p. 405; Ann. d. Phys. 40 (1913), p. 67; Jahresb. d. Schles. Gesellsch. f. vaterl. Kultur 1913.

711) *H. Tetrode,* Ann. d. Phys. 38 (1912), p. 434; 39 (1912), p. 255.

712) Man vgl. hierzu und zur Frage des Zusammeshanges mit der *Entropiekonstante* des idealen Gases auch noch Nr. **27**, sowie insbesondere Anm. 771).

theorien der Gasentartung[507][508][509] (Nr. **19**, **24c**), wenn auch mit der speziellen Wahl $g = 1$, *außerhalb* des Entartungsgebietes übereinstimmend zu dem auch in der vorliegenden Nummer benutzten Ergebnisse (251a) führen, so stimmen auch ihre Folgerungen bezüglich der chemischen Konstante miteinander überein. Unter der stillschweigenden Voraussetzung von (280a) ist die chemische Konstante aus dem Verdampfungsgleichgewicht zuerst von *Stern* und *Tetrode*[713]) abgeleitet worden, den Einfluß der Quantengewichte $\gamma_A(1)$ auf die „Nullpunktskonstanten" (318) hat namentlich *Schottky* eingehend diskutiert.[714]) Ein etwaiger Beitrag des festen Körpers zu den Nullpunktskonstanten ist ebenfalls von *Schottky* näher untersucht worden; wenn die ganzzahligen Quantengewichte $\gamma_{FK}(n_{FK})$ der Festkörpereigenschwingungen gemäß (100) sämtlich gleich Eins gesetzt werden, so bleibt noch der Einfluß eines „dynamischen Quantengewichtes" möglich[715]), welchem in der obigen Darstellung eine bestimmte Festlegung des Verhältnisses $\frac{g_A}{g_{FK}}$ in (317) entsprechen würde. Da eine irgendwie gesicherte, allgemeine Vorausberechnung dieses Verhältnisses gegenwärtig aber kaum möglich zu sein scheint, wird man lieber trachten, seine Größe aus *experimentellen* Daten zu erschließen; aus den „Nullpunktskonstanten" einatomiger Dämpfe ergibt (318) allerdings nur den Ausdruck

$$\gamma_A(1) \cdot \frac{g_A}{g_{FK}}, \tag{321}$$

so daß $\frac{g_A}{g_{FK}}$ erst bei bekanntem Quantengewicht $\gamma_A(1)$ gefunden werden kann.

---

713) Siehe die in Anm. 708) angeführte Literatur, ferner die ältere klassisch-kinetische Ableitung der Dampfdruckformel von *G. Mie*, Ann. d. Phys. 11 (1903), p. 657. Der thermodynamische Teil der *Stern-Tetrode*schen Ableitung wird vermieden bzw. durch rein statistische Betrachtungen ersetzt bei *P. Ehrenfest* und *V. Trkal*, l. c. (Anm. 666); *K. F. Herzfeld*, Phys. Ztschr. 22 (1921), p. 186; 23 (1922), p. 95; *R. H. Fowler*, Phil. Mag. 44 (1923), p. 1, §§ 10, 11; *C. G. Darwin* und *R. H. Fowler*, Proc. Cambr. Phil. Soc. 21 (1923), p. 730, § 7; *E. Fermi*, Atti Accad. Lincei 32 (1923), p. 395; *D. Enskog*, Ann. d. Phys. 72 (1923), p. 321; *R. Becker*, Ztschr. f. Phys. 28 (1924), p. 256.

714) *W. Schottky*, Phys. Ztschr. 22 (1921), p. 1; 23 (1922), p. 9, 448, und unabhängig davon auch *R. H. Fowler*, Phil. Mag. 44 (1923), p. 1, 497.

715) *W. Schottky*, l. c., s. auch Anm. 688). — Die Frage, ob der „unterste" Quantenzustand im festen Aggregatzustand ein von Eins verschiedenes Quantengewicht besitzen kann bzw. welche Bedeutung einem derartigen, etwa aus experimentellen Daten abgeleiteten Gewichtswerte zuzukommen hätte, wird im Zusammenhange mit dem *Nernst*schen Wärmetheorem vor *Schottky* auch schon von *A. Einstein*, Verh. Deutsch. Phys. Ges. 16 (1914), p. 820 und *O. Stern*, Ann. d. Phys. 49 (1916), p. 823 diskutiert.

Eine Übersicht über das gegenwärtig vorliegende experimentelle Material an *einatomigen* Dämpfen[716]) zeigt, daß der *Sackur-Tetrode*sche „Normalwert" der chemischen Konstante innerhalb der Fehlergrenzen nur von zwei[717]) Gasen geliefert wird: Argon und Wasserstoff, wovon letzteres zwar zweiatomig ist, sich im Gebiete fehlender Rotationswärme (Nr. **24b**) aber praktisch ebenfalls wie ein einatomiges Gas verhält. Setzt man

$$(322)\qquad i = \log \frac{(2\pi M)^{\frac{3}{2}} \cdot k^{\frac{5}{2}}}{h^3} = \bar{i} + \tfrac{3}{2} \log M',$$

wo M' das Atom- bzw. Molekulargewicht bedeuten soll, so wird $\bar{i}$ eine *universelle Konstante*, welche sich bei der nach *Nernst* üblichen Benutzung *Brigg*scher Logarithmen und Bezugnahme auf Atmosphären als Druckeinheit zu $-1{,}587$ ergibt. Die erwähnte Übereinstimmung mit (322) bei A und H_2 bedeutet vom Standpunkt des allgemeinen Ausdruckes (318) aus, daß die Größe (321) hier der Einheit gleich sein muß. Da für Wasserstoffmoleküle $\gamma(n) = 2n$ ist[691]), hat man hier $\gamma_{H_2}(1) = 2$ und daher $\frac{g_{H_2}}{g_{(FK)_H}} = \frac{1}{2}$. Dieses Ergebnis kann angesichts der *Ein*atomigkeit des *festen* Wasserstoffes zwanglos als Einfluß einer in g_{H_2} einbezogenen[700]) *Symmetriezahl*[699]) $\sigma_{H_2} = 2$ (Nr. **25a**) des *zwei*atomigen Wasserstoff*gases* verstanden werden; setzt man umgekehrt von vornherein $\sigma_{H_2} = \frac{g_{(FK)_H}}{g_{H_2}}$ an, so kann man $\gamma_{H_2}(1) = 2$ folgern und damit von neuem die bereits aus *Rotationswärme* (Nr. **24b**) und *Bandenspektrum* (V 27, *A. Kratzer*) erschlossene *Abwesenheit rotationsloser Moleküle* im Wasserstoffgase bestätigen.[718]). — Alle übrigen bisher untersuchten einatomigen Dämpfe, z. B. der Alkalimetalle und der Halogene, sowie Hg, Pb, W, weisen sichere, bei Pb und W sogar ganz enorme „Abweichungen" vom *Sackur-Tetrode*schen „Normalwerte" (322) auf und ergeben demnach von Eins verschiedene Größen (321), deren nähere Deutung bisher aber nur bei den Alkalidämpfen versucht worden zu sein scheint.[719])

---

716) Siehe etwa *F. Simon*, Jubelband Walter Nernst, Ztschr. f. phys. Chem. 110 (1924), p. 572, ferner auch *K. Wohl*, ebenda, p. 166, oder *W. Nernst*, Die theoretischen und experimentellen Grundlagen des neuen Wärmesatzes, 2. Aufl., Halle 1924, Anhang p. 219.

717) Bei Zn und Cd ist ein analoges Verhalten zwar möglich, aber noch ungewiß.

718) *W. Schottky*, l. c. (Anm. 714); *R. H. Fowler*, l. c.; *D. Enskog*, l. c (Anm. 713).

719) Vgl. *W. Schottky*, l. c. (Anm. 714). — Für den Fall, daß die gefundenen „Abweichungen" sämtlich reell sein sollten, gibt *Simon* (Anm. 716) als

Zur Prüfung der „klassischen Konstanten“ i_∞ an *zwei-* und *mehratomigen* Gasen kann man aus den mittels experimenteller Daten bestimmten Werten von (319)

$$\frac{g_A}{g_{FK}} \cdot J_A \tag{323}$$

berechnen und mit den auf spektroskopischem Wege bestimmten molekularen Trägheitsmomenten J_A vergleichen. Nach *Eucken*[720]) ist in allen bisher untersuchten Fällen (H_2, N_2, O_2, NO, CO, HCl, HBr, HJ) $\log\left(\frac{g_A}{g_{FK}}\right)$ von der Größenordnung $\pm \log 2$, doch hat die noch mangelhafte Genauigkeit des Beobachtungsmateriales hieraus weitere Schlüsse bisher nicht zugelassen.[721]) Überblickt man aber das Gesamtergebnis des Vergleiches zwischen Theorie und experimentellen Ergebnissen, so drängt sich gegenwärtig doch jedenfalls der Eindruck auf, daß die Annahmen (280), (280a) im allgemeinen als ungerechtfertigt anzusehen sein dürften.

Die eingangs dieses Abschnittes durchgeführte statistische Behandlung des Verdampfungsgleichgewichtes setzt der Einfachheit halber voraus, daß die feste Phase aus lauter gleichartigen Molekülen A aufgebaut sei. Wird das Kristallgitter des Festkörpers aus mehreren Sorten von „Molekülen“ (Atomen, Ionen, Elektronen) gebildet, so kann seine Verteilungsfunktion gleichwohl noch immer auf die Form (307) gebracht werden, welche allein für die Ausführbarkeit jener

---

allgemeine Erklärungsgrundlage „unbekannte Kohäsionskräfte“, *Nernst* (Anm. 716) hingegen Abweichungen vom benutzten Festkörpermodell oder Gasentartungs-Besonderheiten an. In der Tat würde sowohl die *Simon*sche oder auch die *Nernst*sche Annahme auf eine Beeinflussung des Verhältnisses $\frac{g_A}{g_{FK}}$ hinauslaufen und daher qualitativ mit (321) als Maß für die beobachteten Abweichungen verträglich sein.

720) *A. Eucken, E. Karwat* und *F. Fried,* Ztschr. f. Phys. 29 (1924), p. 1. — Ältere Berechnungen der Dampfdruckkonstante für mehratomige Gase sind namentlich von *A. Langen,* Ztschr. f. Elektrochem. 25 (1919), p. 25, ausgeführt worden; vgl. dazu jedoch Anm. 652).

721) Im Falle des Wasserstoffes müßte man nach den oben besprochenen Folgerungen aus i_0 erwarten, daß i_∞ wiederum zu

$$\frac{g_{H_2}}{g_{(FK)H}} = \frac{1}{\sigma_{H_2}} = \frac{1}{2}$$

führt, was wegen Unkenntnis des Trägheitsmomentes *unangeregter* H_2-Moleküle gegenwärtig aber noch nicht geprüft werden kann.

Betrachtungen maßgebend war. Es liegen daher grundsätzlich keine Schwierigkeiten dafür vor, auch das Verdampfungsgleichgewicht beliebiger fester chemischer Verbindungen mit ihren gasförmigen Dissoziationsprodukten in der angegebenen Weise statistisch zu behandeln. Als ein besonders wichtiger Spezialfall derartiger Betrachtungen kann die Verdampfung *elektrisch geladener* „Moleküle", d. h. die thermische Emission von Ionen und freien Elektronen angesehen werden, welche besonders eingehend von *Schottky* und *v. Laue* untersucht worden ist[722]); das Gleichgewicht zwischen einem glühenden Metall und dem darüber befindlichen Elektronendampf ist dann durch eine chemische Konstante gekennzeichnet, welche mit dem *Sackur-Tetrode*schen „Normalwert" (322) dieser Größe, genommen für die Elektronenmasse m, völlig übereinstimmt[723]), wie auch aus dem am Schlusse von Nr. **25a** behandelten Ionisationsgleichgewicht des atomaren Wasserstoffes (253a) entnommen werden kann.

26. Statistik quantenkinetischer Elementarvorgänge. Die allgemeinen Betrachtungen von Nr. 4 über die Natur des *statistischen Wärmegleichgewichtes* haben gezeigt, daß die Eigenschaften der für die „Einstellung" jenes Gleichgewichtszustandes maßgebenden Elementarvorgänge im allgemeinen[85])[676]) belanglos sind für die Beschaffenheit jenes Zustandes selbst. Welcher Art namentlich die *„Übergangswahrscheinlichkeiten"* (18), (18a) der verschiedenen molekularen Elementarvorgänge im einzelnen auch sein mögen — die Stationaritätsbedingung (32) fordert einen ganz bestimmten Zusammenhang, welcher diese Größen oder ihre räumlich-zeitlichen Mittelwerte für jeden besonderen Molekularvorgang und den zu ihm *inversen* Prozeß mit der *Boltzmannschen Verteilung* (Nr. **5**, **6**, **25**) verknüpft. Hat man also das Wahrscheinlichkeitsgesetz irgendeines speziellen Elementarvorganges experimentell oder auf Grund eines bestimmten plausiblen theoretischen Ansatzes festgelegt, so kann daraus jenes des dazu *inversen* Vorganges nach (32) mittels der *Boltzmannschen Verteilung* berechnet werden. Diese Betrachtung wird im folgenden an den wichtigsten der in Nr. **18** besprochenen quantenkinetischen Elementarvorgänge durchgeführt, deren Wirksamkeit neben den eigentlichen elementaren *che-*

722) Z. B. *W. Schottky*, Ann. d. Phys. 62 (1920), p. 113; *M. v. Laue*, Jahrb. d. Rad. 15 (1919), p. 205, 257; Berl. Ber. 1923, p. 334, sowie die in diesen Arbeiten genannte ältere Literatur.

723) Daß man das *Elektronengas* ebenso wie ein „gewöhnliches" Gas behandeln dürfe, geht auf eine Bemerkung von *O. Stern* zurück, welche *K. F. Herzfeld*, Phys. Ztschr. 14 (1913), p. 1120, berichtet und auch Phys. Ztschr. 16 (1915), p. 359, benutzt.

mischen Reaktionsvorgängen vom Typus (253), (290), (299)[724]) für eine tatsächliche Realisierung namentlich von *Dissoziations-* und *Ionisationsgleichgewichten* (Nr. 25) maßgebend ist. Wie sich zeigen wird, lassen sich die so mittels thermischer *Gleichgewichts*bedingungen abgeleiteten Ergebnisse auf die Form temperaturunabhängiger Beziehungen zwischen *rein molekularen* Größen bringen, deren Gültigkeit dann von dem Erfülltsein jener Gleichgewichtsbedingungen mit Notwendigkeit völlig unabhängig wird. Diese Beziehungen sind daher auch auf alle Arten von experimentell verfolgbaren *Nichtgleichgewichtszuständen* anwendbar, womit den nachstehenden Betrachtungen eine über den Rahmen der statistischen *Gleichgewichtszustände* weit hinausgehende Bedeutung gesichert erscheint.

26 a. Strahlungslose Molekülzusammenstöße 1. und 2. Art. $N^{(A_1)}$ Moleküle A_1 eines Gases 1 und $N^{(A_2)}$ Moleküle A_2 eines Gases 2 mögen ein Gemisch bilden, welches das Volumen $\mathbf{V}$ erfüllt und sich im Wärmegleichgewicht befindet (Nr. **6a**). Bedeutet v die Relativgeschwindigkeit und

$$\eta = \tfrac{1}{2}\mu v^2 \tag{324}$$

die relative Translationsenergie zweier zusammenstoßender Moleküle A_1 und A_2 *vor* ihrem Zusammentreffen, wo μ durch (174) gegeben ist, so ist

$$\tfrac{1}{2}\mu v^2 \geqq E_{n''}^{(A_1)} - E_{n'}^{(A_1)} \qquad (n', n'' \text{ beliebig}) \tag{175a}$$

gemäß Nr. **18a** und (175) die Bedingung dafür, daß A_1 hierbei durch einen *strahlungslosen Stoß 1. Art* aus seinem Quantenzustand n' in den „höheren" Quantenzustand n'' übergeführt wird, A_2 hingegen in seinem anfänglichen Quantenzustand verharrt; *nach* Beendigung dieses Elementarvorganges verbleibt somit eine relative Translationsenergie des

724) Da ein Bericht über die *Theorie der Reaktionsgeschwindigkeiten* bereits von *K. F. Herzfeld* in seinem Encyklopädieartikel V 11 (*Physikalische und Elektrochemie*), Nr. **6**, **9**, gegeben worden ist, soll im folgenden auf dieses wichtige Gebiet nicht näher eingegangen werden, obwohl sich hier neuerdings wesentliche Berührungspunkte mit grundlegenden quantentheoretischen Fragen ergeben haben, die allerdings noch mannigfacher Klärung bedürfen. Siehe etwa die in den Anm. 452), 463), 492) angeführten Untersuchungen, sowie die auf p. 1111 angedeutete Beziehung zu dem Problem der „metastationären" Quantenzustände, ferner jüngst *M. Born* und *J. Franck*, Ann. d. Phys. 76 (1925), p. 225; Ztschr. f. Phys. 31 (1925), p. 411. — Die im folgenden diskutierten Beziehungen zwischen Wahrscheinlichkeitsansätzen für bestimmte Typen von elementaren „Reaktions-" und „Gegenreaktions"vorgängen stellen Bedingungen dar, welche für jede spezielle Theorie der Reaktionsgeschwindigkeiten bindend sind und daher auch als Grundlagen einer allgemeinen Theorie dieses Gebietes angesehen werden können.

Molekülpaares vom Betrage

(324 a) $$\eta' = \eta - E_{n''}^{(A_1)} + E_{n'}^{(A_1)}.$$

Betrachtet man den zu diesem Vorgange *inversen* „Stoß 2. Art", so wird er gegenüber dem Stoße 1. Art dadurch gekennzeichnet sein, daß (324) und (324 a) ihre Rollen miteinander vertauschen. Da nicht jeder mit der Relativenergie η erfolgende Zusammenstoß eines im n'^{ten} Quantenzustand befindlichen Moleküls A_1 mit dem Molekül A_2 ein Stoß 1. Art sein muß, so soll die „Übergangswahrscheinlichkeit" für einen solchen Stoß durch den *Ansatz*

(325) $$\mathfrak{S}_{n'}^{n''}(\eta, \delta)$$

gegeben sein, wo δ den minimalen Schwerpunktsabstand der beiden im übrigen gegeneinander beliebig orientierten Stoßteilnehmer bedeutet. Die „Übergangswahrscheinlichkeit" des inversen Stoßes 2. Art sei dann analog definiert durch

(325 a) $$\mathfrak{S}_{n''}^{n'}(\eta', \delta) = \mathfrak{S}_{n''}^{n'}(\eta - E_{n''}^{(A_1)} + E_{n'}^{(A_1)}, \delta)\,^{725});$$

da (324 a) seiner Bedeutung nach nur positiv sein kann, muß (325) verschwinden, wenn $\eta < E_{n''}^{(A_1)} - E_{n'}^{(A_1)}$ wird.

Die a priori-Häufigkeit für einen Zusammenstoß mit einer relativen Translationsenergie (324) zwischen η und $\eta + d\eta$ und einem Minimalabstand δ zwischen δ und $\delta + d\delta$, welchen *ein* Molekül A_1 während der infinitesimalen Zeitspanne dt durch *irgendeines der* $N^{(A_2)}$ Moleküle A_2 erleidet, sei durch

(326) $$Z^{(A_1, A_2)}(\eta, \delta) \cdot d\eta \cdot d\delta \cdot dt$$

gekennzeichnet. Das thermische Gleichgewicht des Gasgemisches wird

725) *O. Klein* und *S. Rosseland*, Ztschr. f. Phys. 4 (1921), o. 46: *R. H. Fowler*, Phil. Mag. 47 (1924), p. 257, § 2. Die hier gewählten Definitionen (325), (325 a) bzw. (330), sind im Anschluß an *Fowler* gewählt, da den *Klein-Rosseland*schen Ansätzen keine einfache physikalische Bedeutung zukommt. Die Ansätze (325) und (325 a) stellen offenbar *Mittelwerte* dar, welche über alle möglichen gegenseitigen Orientierungen der Moleküle A_1 und A_2 gebildet sind, ferner über alle möglichen Quantenzustände der Moleküle A_2. Sie hängen also ganz wesentlich auch von der Natur desjenigen Stoßteilnehmers ab, dessen Quantenzustand während des ganzen Vorganges unverändert bleibt, was zur Vereinfachung der Bezeichnungsweise in (325) und (325 a) jedoch nicht besonders zum Ausdruck gebracht worden ist. Wenn die Moleküle A_2 speziell *freie Elektronen* sind, wie bei den *Franck-Hertz*schen Elektronenstoßversuchen (Anm. 200), so vereinfachen sich die Verhältnisse bedeutend, da die Mittelbildung über die Quantenzustände von A_2 jetzt fortfällt. Im isolierten, chemisch einheitlichen Gase (Nr. 5) ist für jeden beliebigen Zusammenstoß $A_2 = A_1$, so daß für diesen Fall, wie überhaupt für Zusammenstöße von Molekülen der gleichen Sorte, die Größen (325), (325 a) allein durch die Struktur dieser Moleküle bestimmt sein werden.

durch die betrachteten strahlungslosen Zusammenstöße 1. und 2. Art nicht gestört werden, wenn auf Grund der *Stationaritätsbedingung* (32) die Beziehung

$$(327)\quad N_{n'}^{(A_1)} \cdot \mathfrak{S}_{n'}^{n''}(\eta \cdot \delta) \cdot \overline{\overline{Z^{(A_1, A_2)}}}(\eta, \delta) = N_{n''}^{(A_1)} \cdot \mathfrak{S}_{n''}^{n'}(\eta', \delta) \cdot \overline{\overline{Z^{(A_1, A_2)}}}(\eta', \delta)$$

erfüllt sein wird, welche die mittels der *Boltzmannschen Verteilung* zu bestimmenden *räumlich-zeitlichen Mittelwerte der a priori-Häufigkeiten* (326) enthält. Das *Maxwell-Boltzmannsche Verteilungsgesetz* (Nr. 5 c) ergibt für die mittlere Anzahl der Molekülpaare A_1, A_2 in den Volumelementen $d\tau_1$, $d\tau_2$ der zugehörigen Translations-μ-Räume nach (49) und (64) bei der absoluten Temperatur T

$$N^{(A_1)} \cdot \mathbf{M}_{A_1}(\mathbf{V}, T) \cdot N^{(A_2)} \cdot \mathbf{M}_{A_2}(\mathbf{V}, T);$$

führt man hier die Relativbewegung der Moleküle gegeneinander ein[726]) und mittelt über alle möglichen Werte und Richtungen der Geschwindigkeit der gemeinsamen Schwerpunkte, so ergibt sich nach Division durch $N^{(A_1)}$ pro Zeit- und Volumeneinheit

$$(328)\quad \overline{\overline{Z^{(A_1, A_2)}}}(\eta, \delta) \cdot d\delta \cdot d\delta = \frac{8\pi \cdot N^{(A_2)}}{\mathbf{V}(2\pi\mu)^{\frac{1}{2}}(kT)^{\frac{3}{2}}} \cdot e^{-\frac{\eta}{kT}} \cdot \eta\, d\eta \cdot \delta \cdot d\delta.$$

Setzt man (328) sowie die aus (105) bzw. (225) für $N_{n'}^{(A_1)}$ und $N_{n''}^{(A_1)}$ folgenden quantenstatistischen Ausdrücke in (327) ein, so erhält man bei Berücksichtigung von (324a) *die nun temperaturunabhängig gewordene Gleichgewichtsbedingung*

$$(329)\quad \gamma_{A_1}(n') \cdot \eta \cdot \mathfrak{S}_{n'}^{n''}(\eta, \delta) = \gamma_{A_1}(n'') \cdot [\eta - E_{n''}^{(A_1)} + E_{n'}^{(A_1)}] \cdot \mathfrak{S}_{n''}^{n'}(\eta - E_{n)'}^{(A_1)} + E_{n'}^{(A_1)}, \delta).$$

Da es bei geeigneter Wahl der Versuchsumstände experimentell im allgemeinen nur möglich sein wird, Anzahlen von Stößen 1. und 2. Art zu ermitteln, für welche δ beliebige Werte annehmen kann, so erscheint es vorteilhaft, an Stelle von (325) und (325a) die mit Rück-

726) Für die nachfolgenden Betrachtungen sollen die Bahnen der zusammenstoßenden Moleküle als geradlinig, der Einfluß ihrer Wechselwirkungen daher auch bei großen Annäherungen als vernachlässigbar angesehen werden. Dort wo diese Annahme nicht mehr zulässig erscheint, sind an der Größe (328) Korrektionen anzubringen, welche unter gewissen Voraussetzungen auswertbar sind, die Größenordnungsverhältnisse aber meist ungeändert belassen. Da in (327) nur das Produkt zweier Größen (325) bzw. (325a) und (328) auftritt, kann man sich den Einfluß jener Korrektionen jedoch stets in (325) und (325a) einbezogen denken, was allerdings zu einer schwachen Temperaturabhängigkeit der so definierten Größen (325) und (325a) führen kann.

sicht auf (328) gebildeten *Mittelwerte*

$$(330)\qquad \begin{cases} S_{n'}^{n''}(\eta) = 2\pi\int\limits_0^\infty \mathfrak{S}_{n'}^{n''}(\eta,\delta)\cdot\delta\cdot d\delta\,; \\ S_{n''}^{n'}(\eta') = 2\pi\int\limits_0^\infty \mathfrak{S}_{n''}^{n'}(\eta',\delta)\cdot\delta\cdot d\delta \end{cases}$$

zu benutzen, welche offenbar als *Wirkungsquerschnitte der Moleküle* A_1 *in bezug auf Stöße 1. und 2. Art der Moleküle* A_2 gedeutet werden können. Bei Benutzung dieser Wirkungsquerschnitte nimmt (329) die Form an

$$(329\,\mathrm{a})\qquad \gamma_{A_1}(n')\cdot\eta\cdot S_{n'}^{n''}(\eta) = \gamma_{A_1}(n'')\cdot[\eta - E_{n''}^{(A_1)} + E_{n'}^{(A_1)}] \cdot S_{n''}^{n'}(\eta - E_{n''}^{(A_1)} + E_{n'}^{(A_1)}).$$

Da sich alle temperaturabhängigen Größen von (327) aus der endgültigen Form (329) bzw. (329a) der Gleichgewichtsbedingung fortgehoben haben, erscheint es berechtigt, die unveränderte Gültigkeit dieser, rein energetisch betrachtet, geradezu evidenten Bedingung allgemein und insbesondere auch für alle jene stationären Gleichgewichtszustände vorauszusetzen, welche im thermodynamischen Sinne als *Nichtgleichgewichtszustände* oder „unechte" Gleichgewichte angesehen werden müssen. Derartige Vorgänge, welche auf künstlichem Wege stationär unterhalten werden können, sind dann unter Umständen geeignet zu einer experimentellen Bestimmung der Wirkungsquerschnitte (330) für Stöße 1. und 2. Art. Diese Möglichkeit besteht für Stöße 1. Art z. B. bei der Anwendung des *Franck-Hertzschen Elektronenstoßverfahrens* zur Anregung einzelner Spektrallinien von Atomen und Molekülen[200]) für Stöße 2. Art bei der zuerst von *Wood*[727]) beobachteten *Auslöschung der Resonanzfluoreszenz durch Zusatzgase* und der dabei eintretenden, zuerst von *Cario*[728]) gefundenen *Anregung geeigneter Zusatzgase zur Spektrallinienemission* (*„sensibilisierte Fluoreszenz"*). Wie der Erfolg des Elektronenstoßverfahrens gezeigt hat, scheint $S_{n'}^{n''}(\eta)$ für kleine Werte von $\eta - E_{n''}^{(A_1)} + E_{n'}^{(A_1)}$ ein Maximum zu besitzen[729]); (329a) ergibt demnach, daß die Ausbeute an Stößen 2. Art für sehr geringe Relativgeschwindigkeiten vor dem Stoße be-

727) *R. W. Wood,* Phys. Ztschr. 13 (1912), p. 353.

728) *G. Cario,* Ztschr. f. Phys. 10 (1922), p. 185; das Ergebnis ist auf Grund der Stöße 2. Art von *J. Franck,* Ztschr. f. Phys. 9 (1922), p. 259, bereits vorhergesehen worden, welcher die Untersuchung von *Cario* veranlaßt hat. Siehe ferner die in Anm. 454) angeführten späteren experimentellen Arbeiten, sowie jüngst *K. Donat,* Ztschr. f. Phys. 29 (1924), p. 345.

729) *H. Sponer,* Ztschr. f. Phys. 7 (1921), p. 185.

sonders groß werden muß, was von *Cario*[728]) für Molekülstöße auch experimentell bestätigt werden konnte. Wenn $\gamma_{A_1}(n')$ und $\gamma_{A_1}(n'')$ gleich oder nur wenig voneinander verschieden sind, verhalten sich die Wirkungsquerschnitte für Stöße 1. und 2. Art nach (329a) umgekehrt wie die zugehörigen relativen Translationsenergien vor dem Stoße, so daß notwendig immer

$$(331)\qquad S_{n'}^{n''}(\eta) < S_{n''}^{n'}(\eta - E_{n''}^{(A_1)} + E_{n'}^{(A_1)})$$

sein wird; tatsächlich kann die Ausbeute an Stößen 2. Art bis zu 100% betragen[730]), während für Stöße 1. Art nur Bruchteile von einem Prozent gefunden worden sind.[731]) Die Begründung eines speziellen theoretischen Ansatzes für $S_{n'}^{n''}(\eta)$ im Falle von *Elektronen*stößen 1. Art ist jüngst von *Fermi* auf Grund der Annahme versucht worden, daß man das elektrische Feld eines geladenen Teilchens, welches an einem Atom vorbeifliegt, durch harmonische Zerlegung mit dem elektrischen Feld einer Strahlung von passender Frequenzverteilung vergleichen kann, wodurch es möglich wird, die Wirkungsquerschnitte (330) mit den *Einsteinschen Wahrscheinlichkeitsansätzen* (107a) und (107b) von Nr. **11** in Beziehung zu setzen.[732])

26b. Stoßionisation und strahlungslose Wiedervereinigungsstöße. Wenn die relative Translationsenergie

$$(332)\qquad \eta_3 = \frac{1}{2}\frac{M_{A_0}\cdot M_{B_3}}{M_{A_0}+M_{B_3}}v_3^2$$

730) Siehe *G. Cario*, l. c. (Anm. 728), sowie jüngst *H. A. Stuart*, Ztschr. f. Phys. 32 (1925), p. 262. Während der Wirkungsquerschnitt des angeregten Hg-Atoms für die Zusatzgase H_2, O_2 und Co praktisch mit der Fläche seiner Leuchtelektronenbahn zusammenfällt (Ausbeute 100%), wird er sogar um zwei bis drei Größenordnungen *kleiner* für N_2, Ar und He (Ausbeute 1—0,03%), womit die oben (Anm. 725) betonte Abhängigkeit von der speziellen Natur der Stoßteilnehmer eindringlichst illustriert erscheint.

731) *H. Sponer*, Ztschr. f. Phys. 7 (1931), p. 185. Hier handelt es sich allerdings (vgl. die vorige Anm.) um Anregung das Hg-Atoms durch *Elektronen*stöße 1. Art. Der höchste aus den Beobachtungen gefolgerte Wert wird mit 0,35%, in einer anderen, ganz kurzen Notiz, Verh. Deutsch. Phys. Ges. (3) 2 (1921), p. 54, sogar nur mit 0,1% angegeben; durch Extrapolation wird aber geschätzt, daß die Ausbeute für eine von der Anregungsenergie nur sehr wenig verschiedene Stoßenergie bis auf die Größenordnung von einigen Prozenten ansteigen kann.

732) *E. Fermi*, Ztschr. f. Phys. 29 (1924), p. 315; siehe auch einen verwandten Gedanken oben, Anm. 474). — Die Anwendung dieser Methode auf den in der vorigen Anm. erwähnten Fall der Anregung des Hg-Atoms durch Elektronenstöße führt zu einer etwa um eine Größenordnung zu großen Ausbeute (*Fermi* gibt versehentlich die gleiche Größenordnung an), was in Anbetracht der sehr rohen Rechnungsgrundlagen aber noch nicht zu einer prinzipiellen Ablehnung des *Fermi*schen Versuches berechtigen dürfte.

zweier strahlungslos zusammenstoßender Moleküle A_0 und B_3 dazu hinreichen soll, das Molekül B_3 unter Aufwendung des Dissoziations- bzw. Ionisationsenergiebetrages Q in zwei Bestandteile A_1 und A_2 zu zerlegen, so muß gemäß (176) *vor* dem Stoß

$$\eta_3 \geqq Q \tag{176a}$$

sein. Der dazu *inverse* Stoßvorgang wird offenbar im *Zusammentreffen dreier Moleküle*, A_0, A_1, A_2, bestehen, deren Relativbewegung die Energie

$$\eta_3' = \eta_3 - Q \tag{333}$$

besitzt; nach dem Stoß müssen die „Moleküle" A_1 und A_2 unter Abgabe der Energie Q wiederum zu einem einheitlichen Molekül B_3 zusammengetreten sein (Nr. **18a**). Diese Elementarvorgänge, welche eine sinngemäße Verallgemeinerung der Stöße 1. und 2. Art darstellen, entsprechen elementaren Reaktionsprozessen vom Typus (253) bzw. (253a), welche erst unter dem Einfluß der Stöße reaktionsunfähiger Fremdmoleküle A_0 in Gang gebracht werden. Bei Wärmegleichgewicht wird man es demnach mit einem Gasgemisch (Nr. **6a**) zu tun haben, dessen reaktionsunfähige Komponente etwa aus $N^{(A_0)}$ Molekülen A_0 bestehen möge, während der Rest ein *Dissoziations-* bzw. *Ionisationsgleichgewicht* zwischen den Molekülsorten A_1, A_2 und B_3 vorstellen wird. Für das Folgende kann ohne Beschränkung der Allgemeinheit vorausgesetzt werden, daß sich die zu betrachtenden Elementarvorgänge zwischen Molekülen B_3, A_1 und A_2 abspielen, welche sich in Quantenzuständen n_3 bzw. n_1 und n_2 befinden; auf diese Quantenzustände soll auch die Definition der Dissoziations- bzw. Ionisationsenergie Q in (176a) und (332a) bezogen sein.

Zur Kennzeichnung der Relativbewegung von A_0 und B_3 vor dem Stoß 1. Art möge etwa die Relativgeschwindigkeit v_3 in (332) sowie der minimale Schwerpunktsabstand δ_3 von A_0 und B_3 während des Stoßes benutzt werden. Mit Rücksicht auf den besonders wichtigen Spezialfall der Ionisationsvorgänge empfiehlt es sich, die Relativbewegung nach dem Stoß durch die etwa auf das Molekül A_1 bezogenen Größen v_{01} und δ_{01} für A_0, v_{12} und δ_{12} für A_2, sowie den Winkel φ zwischen v_{01} und v_{12} zu kennzeichnen; dann gilt:

$$\eta_3' = \frac{1}{2} \frac{M_{A_0} \cdot (M_{A_1} + M_{A_2}) \cdot v_{01}^2 - 2 \cdot M_{A_0} \cdot M_{A_2} \cdot v_{01} \cdot v_{12} \cdot \cos\varphi + M_{A_2} \cdot (M_{A_0} + M_{A_1}) v_{12}^2}{M_{A_0} + M_{A_1} + M_{A_2}}, \tag{332a}$$

wobei $M_{B_3} = M_{A_1} + M_{A_2}$. Für den „*Wirkungsquerschnitt*" *der Moleküle B_3 in bezug auf die dissoziierenden bzw. ionisierenden* A_0-Stöße wird man dann in Verallgemeinerung von (325) bzw. (330) für einen

Stoß 1. Art einen Ansatz von der Form

$$(334)\qquad S_3^{12}(v_3, \varphi, v_{12}) \cdot \frac{M_{A_1} \cdot M_{A_2}}{M_{A_1} + M_{A_2}} \cdot v_{12} \cdot dv_{12} \sin\varphi \cdot d\varphi$$

mit

$$(334')\qquad S_3^{12}(v_3, \varphi, v_{12}) = 2\pi \int_0^\infty \mathfrak{S}_3^{12}(v_3, \delta_3, \varphi, v_{12}) \cdot \delta_3 \cdot d\delta_3$$

einführen, welcher den Bruchteil jener A_0-B_3-Stöße angibt, die zu Dissoziation bzw. Ionisation sowie einer durch Größen v_{12} und φ zwischen v_{12} und $v_{12} + dv_{12}$ bzw. φ und $\varphi + d\varphi$ gekennzeichneten Relativbewegung *nach* dem Stoße führen.[733]) Für die inversen Dreierstöße 2. Art hingegen wird man zu setzen haben

$$(334\,\mathrm{a})\qquad S_{12}^3(v_{12}, \varphi, v_{01}) = 4\pi^2 \int_0^\infty \delta_{01} \int_0^\infty \delta_{12} \int_{-\infty}^{+\infty} \mathfrak{S}_{12}^3(v_{01}, \delta_{01}, \varphi, v_{12}, d_{12}, \tau) \cdot d\delta_{01} \cdot d\delta_{12} \cdot d\tau,$$

worin τ die Zeitdifferenz zwischen der größten Annäherung δ_{01} von A_0 und A_1, sowie der größten Annäherung δ_{12} von A_1 und A_2 bedeuten soll.[734])

Die a priori-Häufigkeit für einen Zweierstoß zwischen einem bestimmten Molekül A_0 und einem beliebigen der $N_{n_3}^{(B_3)}$ im Dissoziationsgleichgewicht vorhandenen Moleküle B_3 während der Zeitdauer dt, möge nun mit

$$(335)\qquad Z^{(A_0, B_3)}(v_3, \delta_3) \cdot dv_3 \cdot d\delta_3 \cdot dt$$

bezeichnet werden, sofern die für die Verhältnisse vor dem Stoß kennzeichnenden Größen v_3, δ_3, hierbei zwischen v_3 und $v_3 + dv_3$, δ_3 und $\delta_3 + d\delta_3$ gelegen sind; ähnlich soll für die a priori-Häufigkeit eines Dreierstoßes zwischen einem bestimmten Molekül A_0 und je einem beliebigen von den $N_{n_1}^{(A_1)}$ bzw. $N_{n_2}^{(A_2)}$ im Dissoziationsgleichgewicht vorhandenen Molekülen A_1 bzw. A_2 gesetzt werden

$$(336)\qquad Z^{(A_0, A_1, A_2)}(v_{01}, \delta_{01}, \varphi, v_{12}, \delta_{12}, \tau) \cdot dv_{01} \cdot d\delta_{01} \cdot d\varphi \cdot dv_{12} \cdot d\delta_{12} \cdot d\tau,$$

wo die Stoßvariablen sämtlich ebenfalls wieder auf gewisse infinitesimale Bereiche beschränkt sein sollen. Die Stationaritätsbedingung (32)

733) Der Faktor von S_3^{12} in (334) ist so gewählt, daß die Relativenergie η_2 von A_1 und A_2 für die betrachteten Stöße zwischen η_2 und $\eta_2 + d\eta_2$ gelegen ist.

734) *R. H. Fowler*, Proc. Cambr. Phil. Soc. 22 (1924), p. 253, § 2. Für den Spezialfall der Ionisation durch Elektronenstöße sind Ansätze dieser Art bereits früher gegeben worden von *R. Becker*, Ztschr. f. Phys. 18 (1923), p. 325, § 4, und *R. H. Fowler*, Phil. Mag. 47 (1924), p. 257, § 3.

ergibt bei Benutzung von (334), (334'), (334a) jetzt

$$(337)\quad N^{(A_0)}\int_0^\infty d\delta_3\cdot \mathfrak{S}_3^{12}(v_3, d_3, \varphi, v_{12})\cdot \frac{M_{A_1}\cdot M_{A_2}}{M_{A_1}+M_{A_2}}\cdot v_{12}\sin\varphi \cdot \overline{\overline{Z^{(A_0,B_3)}(v_3,\delta_3)}}\cdot dv_3\cdot dv_{12}\cdot d\varphi$$

$$= N^{(A_0)}\int_0^\infty d\delta_{01}\int_0^\infty d\delta_{12}\int_{-\infty}^{+\infty} d\tau\cdot \mathfrak{S}_{12}^3(v_{01}, d_{01}, \varphi, v_{12}, \delta_{12}, \tau)\cdot \overline{\overline{Z^{(A_0,A_1,A_2)}(v_{01},\delta_{01},\varphi,v_{12},\delta_{12},\tau)}}\cdot dv_{01}\cdot dv_{12}\cdot d\varphi.$$

Die Berechnung der *räumlich-zeitlichen Mittelwerte* von (335) und (336) in (337) kann auf Grund des *Maxwellschen Geschwindigkeitsverteilungsgesetzes* (Nr. **5c**) ebenso vorgenommen werden, wie dies im vorigen Abschnitte zur Ermittlung von (328) angedeutet worden ist; das Endergebnis der ziemlich weitläufigen Rechnung lautet:

$$(338)\quad N^{A_0}\cdot N_{n_3}^{(B_3)}\cdot 8\pi\left[\frac{M_{A_0}\cdot M_{B_3}}{2\pi kT\cdot(M_{A_0}+M_{B_3})}\right]^{\frac{3}{2}}\frac{M_{A_1}\cdot M_{A_2}}{M_{A_1}+M_{A_2}}\cdot S_3^{12}(v_3,\varphi,v_{12})\cdot e^{-\frac{\eta_3}{kT}}\cdot v_3^3\cdot v_{12}\cdot\sin\varphi\cdot dv_3\cdot dv_{12}\cdot d\varphi$$

$$= N^{(A_0)}\cdot N_{n_1}^{(A_1)}\cdot N_{n_2}^{(A_2)}\cdot\frac{16\pi^2}{\mathsf{V}\cdot(2\pi kT)^3}\left[\frac{M_{A_0}\cdot M_{A_1}\cdot M_{A_2}}{M_{A_0}+M_{A_1}+M_{A_2}}\right]^{\frac{3}{2}}\cdot S_{12}^3(v_{12},\varphi,v_{01})\cdot e^{-\frac{\eta_3'}{kT}}\cdot v_{01}^3\cdot v_{12}^3\cdot\sin\varphi\cdot dv_{01}\cdot dv_{12}\cdot d\varphi.$$

Da der Quantenzustand der Moleküle A_0 nach Voraussetzung unverändert bleibt, fällt $N^{(A_0)}$ fort, während das Verhältnis $\frac{N_{n_3}^{(B_3)}}{N_{n_1}^{(A_1)}\cdot N_{n_2}^{(A_2)}}$ für jede beliebige Temperatur T durch das Dissoziationsgleichgewicht zwischen den A_1, A_2, B_3 geregelt wird; (273) ergibt dann mit (267) und (268) wegen (333)

$$(339)\quad \frac{N_{n_3}^{(B_3)}}{N_{n_1}^{(A_1)}\cdot N_{n_2}^{(A_2)}} = \frac{g_{A_1A_2B_3}\cdot h^3}{\mathsf{V}\cdot(2\pi kT)^{\frac{3}{2}}}\left[\frac{M_{B_3}}{M_{A_1}\cdot M_{A_2}}\right]^{\frac{3}{2}}\cdot e^{\frac{(\eta_3-\eta_3')}{kT}},$$

worin zur Abkürzung

$$(339\,\mathrm{a})\quad g_{A_1A_2B_3} = \frac{g_{B_3}\cdot\gamma_{B_3}(n_3)}{g_{A_1}\cdot\gamma_{A_1}(n_1)\cdot g_{A_2}\cdot\gamma_{A_2}(n_2)}$$

gesetzt ist.[735]) Indem man (339) mit (338) verbindet und den durch

735) Da die S_3^{12} und S_{12}^3 *molekulare,* und daher notwendig *temperaturunabhängige* Größen darstellen, kann (339) mittels dieser *Forderung* auch unmittelbar aus (338) abgeleitet werden — allerdings ohne die Möglichkeit einer Festlegung des temperaturunabhängigen Faktors von (339). Es ist dies der Weg der meisten in Anm. 681) aufgezählten, sogenannten „kinetischen" Ableitungen

(332), (332 a) und (333) gegebenen Zusammenhang zwischen v_3, v_{01} und v_{12} berücksichtigt, erhält man als Schlußergebnis

$$(340)\quad v_3^2 \cdot S_3^{12}(v_3, \varphi, v_{12}) \cdot \left[1 - \frac{M_{A_2}}{M_{B_3}} \frac{v_{12}}{v_{01}} \cos\varphi\right] = \frac{2\pi}{g_{A_1 A_2 B_3} \cdot h^3} \left[\frac{M_{A_1} \cdot M_{A_2}}{M_{B_3}}\right]^2 \cdot v_{01}^2 \cdot v_{12}^2 \cdot S_{12}^3(v_{12}, \varphi, v_{01}).$$

Die Beziehung (340) enthält ebenso wie (329) und (329 a) bloß *molekulare* Größen, so daß man ihre Gültigkeit auch außerhalb der echten Wärmegleichgewichte voraussetzen muß. Für den wichtigen Spezialfall der *Stoßionisation* wird etwa M_{A_2} gleich der Elektronenmasse m, so daß das Verhältnis $\frac{M_{A_1}}{M_{B_3}}$ vernachlässigt und $M_{B_3} = M_{A_1}$ gesetzt werden kann; wenn v_{01} und v_{12} überdies von der gleichen Größenordnung sind, bekommt man aus (340)

$$(341)\quad v_3^2 \cdot S_3^{12}(v_3, \varphi, v_{12}) = \frac{2\pi m^2}{g \cdot h^3} \cdot v_{01}^2 \cdot v_2^{12} \cdot S_{12}^3(v_{12}, \varphi, v_{01}),$$

wobei der Energiesatz für den Einzelvorgang jetzt die Form

$$(341\,a)\quad \frac{1}{2} \frac{M_{A_0} \cdot M_{A_1}}{M_{A_0} + M_{A_1}} v_3^2 = Q + \frac{1}{2} \frac{M_{A_0} \cdot M_{A_1}}{M_{A_0} + M_{A_1}} v_{01}^2 + \frac{1}{2} m v_{12}^2$$

annimmt. Wird die Ionisation insbesondere durch ein *Elektronen*strahlbündel von „Molekülen" A_0 bewirkt, so hat man auch $M_{A_0} = m$, wodurch sich (341 a) weiter zu

$$(341\,b)\quad \tfrac{1}{2} m v_3^2 = Q + \tfrac{1}{2} m v_{01}^2 + \tfrac{1}{2} m v_{12}^2$$

vereinfacht; sowohl das „Molekül" B_3 als das entstehende bzw. zur Neutralisierung gelangende Ion A_1 sind jetzt als *ruhend* anzusehen. Setzt man $\eta_2 = \frac{1}{2} m v_{12}^2$, so kann (341) bei geeigneter Mittelbildung über φ noch die übersichtlichere Form gegeben werden

$$(342)\quad \eta_3 \cdot \bar{S}_3^{12}(\eta_3, \eta_2) = \frac{8\pi m}{g \cdot h^3} \eta_2 \cdot [\eta_3 - \eta_2 - Q] \cdot \bar{S}_{12}^3(\eta_2, \eta_3 - \eta_2 - Q)\ ^{736)},$$

der Formeln für das Dissoziationsgleichgewicht, wobei die S_3^{12} und S_{12}^3 in direkter Beziehung zu *Boltzmanns* „empfindlichen Bezirken" der Moleküle stehen. [Der in Anm. 681) erwähnte Zusammenhang zwischen den Gewichten und den empfindlichen Bezirken ist durch das Auftreten von (339 a) in der Schlußgleichung (340) bzw. (341), (342), und (343) unmittelbar in Evidenz gesetzt.] Die Benutzung des *Maxwell*schen Verteilungsgesetzes zur Berechnung der räumlich-zeitlichen Mittelwerte von (335) und (336) läßt unmittelbar erkennen, daß alle derartigen Ableitungen das Bestehen des gesuchten Gleichgewichtszustandes bereits voraussetzen müssen, wie schon ohne nähere Begründung auf p. 1159 im Texte hervorgehoben worden ist.

736) Vgl. *R. H. Fowler*, Proc. Cambr. Phil. Soc. 22 (1924), p. 255; § 2; Phil. Mag. 47 (1924), p. 257, § 3, findet sich eine weniger konsequente Begründung, welche aber ebenso wie *R. Becker*, Ztschr. f. Phys. 18 (1923), p. 325, § 4, von vornherein darauf Rücksicht nimmt, daß bei der oben zuletzt vorgenommenen

welche die Analogie zu (329a) besonders hervortreten läßt.[737]) Die enorme Größe des universellen Zahlenfaktors auf der rechten Seite von (341) und (342) läßt darauf schließen, das $\overline{S}^3_{12}(v_{12}, v_{01})$ nur für verschwindend kleine Relativgeschwindigkeiten v_{01} oder v_{12} merklich werden kann, d. h. wenn zwei von den Teilnehmern an dem Dreierstoß sich relativ zueinander praktisch in Ruhe befinden.

Die Funktion $\overline{S}^{12}_3$ in (342) kann für die Ionisation, welche durch Stoß schneller α- und β-Strahlen verursacht wird, experimentell wie theoretisch als angenähert bekannt angesehen werden. Die Anzahl der von A_0-„Molekülen" mit der Energie η_3 auf der Wegstrecke ds *primär* erzeugten Ionenpaare ist nach (334)[738]) offenbar gleich

$$N^{(A_0)} \cdot ds \int_0^{(\eta_2)\,\max.} \overline{S}^{12}_3(\eta_3, \eta_2) \cdot d\eta_2, \tag{343}$$

der hierbei eintretende Energieverlust daher

$$N^{(A_0)} \cdot ds \int_0^{(\eta_2)\,\max.} (Q + \eta_2)\, \overline{S}^{12}_3(\eta_3, \eta_2) \cdot d\eta_2; \tag{344}$$

bedeutet $D(\eta_2)$ die mittlere Anzahl der von einem einzelnen Elektron mit der Energie η_2 erzeugten Ionenpaare, so beträgt die von den A_0 auf der Wegstrecke ds hervorgerufene *Gesamtionisation*

$$N^{(A_0)} \cdot ds \int_0^{(\eta_2)\,\max.} D(\eta_2) \cdot \overline{S}^{12}_3(\eta_3, \eta_2) \cdot d\eta_2. \tag{345}$$

Für das Verhältnis der Anzahlen primärer Ionenpaare mit der Elektronenenergie η_2 zu jener mit der Elektronenenergie η_2' hat man schließlich

$$\overline{S}^{12}_3(\eta_3, \eta_2) \cdot d\eta_2 : \overline{S}^{12}_3(\eta_3, \eta_2') \cdot d\eta_2'. \tag{346}$$

Spezialisierung $A_0 = A_2$ wird. — Der Zahlenfaktor in (342) ist so normiert, daß $\overline{S}^{12}_3$ und $\overline{S}^3_{12}$ bei gleichförmiger φ-Verteilung gerade den Bruchteil aller „erfolgreichen" Zweierstöße und Dreierstöße angeben. Die Annahme, daß allen Winkeln φ die gleiche a priori-Häufigkeit zukommt, ist willkürlich und im allgemeinen keineswegs erfüllt; doch hat es keine Schwierigkeit, eine davon abweichende, etwa experimentell festgestellte Winkelabhängigkeit bei der Mittelbildung entsprechend zu berücksichtigen.

737) Der Vergleich von (329a) und (342) läßt deutlich den *energetischen* Charakter dieser beiden Beziehungen erkennen, obwohl (342) keineswegs von der einfachen Form einer zeitgemittelten Energiebilanz für das Einzelmolekül ist, wie (329a). Daß dies bei Gleichgewichtsbedingungen von der in dieser Nummer betrachteten Art mit Notwendigkeit stets der Fall sein wird, ist vorauszusehen, wenn man die alleinige Kennzeichnung der betrachteten Elementarvorgänge durch Energiebilanzen im Auge behält.

Die Größen (343) bis (346) können experimentell ermittelt werden, so daß $\overline{S}_3^{12}$ empirisch bestimmbar ist.[738]) Ein theoretischer Ansatz für $\overline{S}_3^{12}$ ergibt sich aus der *klassischen Theorie der Stoßionisation* von *J. J. Thomson* und *Bohr*[739]), ferner auf Grund der bereits oben gekennzeichneten Vorstellungen von *Fermi*.[740]) Die *Thomson-Bohr*sche Theorie nimmt an, daß die beim Ionisationsprozeß auf das Elektron übertragene Energie $Q + \eta_2$ näherungsweise jenem Energiebetrag gleichgesetzt werden kann, welcher nach der klassischen Theorie auf ein ruhendes, freies Elektron übertragen werden sollte. Bedeutet $Z \cdot e$ die Ladung des stoßenden, punktförmigen Teilchens A_0 und x_{A_1} die Anzahl der energetisch gleichwertigen Elektronen des Moleküls A_1, deren Ionisierungsarbeit Q beträgt, so ergibt sich[741])

$$(347) \qquad \overline{S}_3^{12}(\eta_3, \eta_2) = \frac{\pi Z^2 e^4 x_{A_1} M_{A_1}}{m} \cdot \frac{1}{\eta_3 \cdot [Q + \eta_2]^2};$$

der Maximalbetrag an Energie, welcher auf das abgespaltene Elektron nach dieser Theorie übertragen werden kann, ist

$$(347\,a) \qquad (\eta_2)_{\max.} = \frac{4m}{M_{A_0}} \eta_3 - Q,$$

so daß $\overline{S}_3^{12} = 0$ für $\eta_2 > (\eta_2)_{\max.}$ Für Ionisation durch β-Strahlen hat man in (347) einfach $Z = 1$ zu setzen; an Stelle von (347a) hingegen bekommt man

$$(347\,b) \qquad (\eta_2)_{\max.} = \eta_3 - Q.$$

Indem man (347) und (347b) zur Berechnung von (343) bis (346) benutzt und das Vorhandensein mehrerer verschieden stark gebundener Atomelektronen berücksichtigt, kommt man zu den experimentell mehrfach bewährten Formelausdrücken der *Thomson-Bohr*schen Theorie für die Primärionisation und dem ihr entsprechenden Energieverlust schneller Elektronenstrahlen[741]); für $D(\eta_2)$ in (345) ergibt sich hier-

---

738) Vgl. z. B. *L. L. Nettleton*, Proc. Nat. Acad. Amer. 10 (1924), p. 140.

739) *J. J. Thomson*, Phil. Mag. 23 (1912), p. 449; *N. Bohr*, Phil. Mag. 24 (1913), p. 10; 30 (1915), p. 581. Die Theorie ist in einigen Punkten weitergeführt worden von *R. H. Fowler*, Proc. Cambr. Phil. Soc. 21 (1923), p. 521; ferner hat *S. Rosseland*, Phil. Mag. 45 (1923), p. 65, die Verhältnisse bei Mehrfachionisationen berücksichtigt.

740) Siehe Anm. 732). Die quantitativen Ergebnisse der Theorie von *Fermi* scheinen hier wesentlich günstigere zu sein, als im Falle der Stöße 1. Art.

741) Vgl. vor allem die Bestätigung des *Thomson-Whiddingtonschen Gesetzes* für die Geschwindigkeitsabnahme schneller β- und Kathodenstrahlen durch *R. Whiddington*, Proc. Roy. Soc. A 86 (1912), p. 360, ferner die Bestätigungen der *Bohr*schen Theorie dieses Gesetzes durch *H. M. Terril*, Phys. Rev. 21 (1923), p. 476; *B. F. J. Schonland*, Proc. Roy. Soc. A 104 (1923), p. 235 und *H. A. Kramers*, Phil. Mag. 46 (1923), p. 836, § 6.

bei genähert

(345a) $$D(\eta_2) = \frac{3}{4}\,\frac{\overline{Q}+\eta_2}{\overline{Q}},$$

wo $\overline{Q}$ ein mittleres Ionisationspotential bedeutet.[742] Die Benutzung von (347) und (347a) in (343) bis (346) führt, allerdings mit wesentlich geringerem praktischem Erfolge, zu analogen Gesetzmäßigkeiten für die Ionisation durch α-Strahlen. Die Voraussetzungen der *Thomson-Bohr*schen Theorie erweisen sich hier demnach schon als zu weitgehend idealisiert. Hält man, wofür mehrfache Gründe vorliegen, daran fest, daß $\overline{S}_3^{12}$ von der Form $Z^2 \cdot x_{A_1} \cdot \varphi(\eta_2) \cdot \psi(\eta_3)$ sein soll, so zeigt sich, daß einstweilen nur $\psi(\eta_3)$ abzuändern ist, $\varphi(\eta_2)$ aber aus (347) übernommen werden kann.[741] Wenn man diesen verallgemeinerten Ansatz in die Gleichgewichtsbedingung (342) einführt, so kann auch $\overline{S}_{12}^3$ bestimmt und zu quantitativen Schlüssen bezüglich der Wiedervereinigungsstöße herangezogen werden. Wie *Fowler*[743] gezeigt hat, kann auf diesem Wege eine Theorie des von *Henderson*[744] entdeckten *Umladungsgleichgewichtes zwischen* He-, He^+- und He^{++}-*Atomen am Reichweitenende eines α-Strahlbündels* entwickelt werden, welche die dann von *Rutherford*[745] gefundenen feineren Gesetzmäßigkeiten quantitativ wiedergibt.

26 c. Lichtelektrische Ionisation und Wiedervereinigungsleuchten. Wenn die Dissoziation bzw. Ionisation eines Moleküls B_3 durch *Absorption von monochromatischer Strahlung* der Frequenz ν bewirkt wird, so gilt nach (177)

(177a) $$h\nu = Q + \eta,$$

worin η die Relativenergie (324) der Dissoziationsprodukte A_1 und A_2 und Q die Dissoziations- bzw. Ionisationsenergie von B_3 in bezug auf die beiden Moleküle A_1 und A_2 darstellen möge.[746] Der hierzu *inverse*

742) *R. H. Fowler,* Proc. Cambr. Phil. Soc. 22 (1924), p. 253, § 3.

743) *R. H. Fowler,* Phil. Mag. 47 (1924), p. 416; Proc. Cambr. Phil. Soc. 22 (1924), p. 253, §§ 4—6.

744) *G. H. Henderson,* Proc. Roy. Soc. A. 102 (1922), p. 496.

745) *E. Rutherford,* Phil. Mag. 47 (1924), p. 277.

746) Die Gültigkeit dieser Beziehung ist auf den Fall beschränkt, daß der Strahlungsimpuls $\frac{h\nu}{c}$ (Nr. 11, 12) vernachlässigt werden darf; wird dies nicht zugelassen, so ist die rechte Seite von (177a) um ein Glied $+ h\nu \cdot \frac{v_{B_3}}{c} \cdot \cos\gamma$ zu ergänzen, welches von der Momentangeschwindigkeit von B_3 und deren Winkel γ mit der Lichtstrahlrichtung abhängt. Dieses Zusatzglied ist demnach maßgebend für die Richtungsabhängigkeit der hier betrachteten Elementarprozesse (Nr. 18 b), kommt aber wohl meist nur für Röntgen- und γ-Strahlung numerisch in Betracht.

Elementarvorgang besteht nach Nr. **18b** in einer von Strahlungsemission der Frequenz ν begleiteten Vereinigung zweier mit der Relativenergie η zusammenstoßender Moleküle A_1 und A_2. Die Größe Q ist wiederum bestimmt durch die Quantenzustände n_3 bzw. n_1 und n_2 der an den betrachteten Elementarprozessen teilnehmenden Moleküle B_3, A_1 und A_2. In Analogie zu dem Verhalten isolierter Moleküle B_3 gegenüber dem Strahlungsfelde bei Frequenzen $\nu < \frac{Q}{h}$ (Nr. **11**) wird man anzunehmen haben, daß bei Wärmegleichgewicht von der Temperatur T eine bestimmte, der Strahlungsdichte $\varrho(\nu, T)$ proportionale „Übergangswahrscheinlichkeit"

$$\overline{\mathfrak{B}}_3^{12}(\nu) \cdot \varrho(\nu, T) \cdot d\nu \cdot dt \tag{348}$$

dafür existiert, daß ein im n_3^{ten} Quantenzustande befindliches Molekül B_3 während der Zeit dt durch *„positive Einstrahlung"* von Licht des Frequenzintervalles $d\nu$ in zwei Moleküle A_1 und A_2 übergeführt wird, welche sich im n_1^{ten} bzw. n_2^{ten} Quantenzustande befinden und eine dann durch (177a) gegebene Relativenergie η zwischen η und $\eta + d\eta$ besitzen. Für zwei mit einer solchen Relativenergie und einem minimalen, zwischen δ und $\delta + d\delta$ befindlichen Schwerpunktsabstand δ während dt zusammentreffende Moleküle A_1 und A_2 wird man hingegen nach *Becker* und *Milne*, ähnlich wie beim Einzelmolekül, unterscheiden müssen zwischen einer Befähigung zu *spontanem Anlagerungsleuchten* von der Frequenz ν und einer *durch das Strahlungsfeld mittels „negativer Einstrahlung" erzwungenen Vereinigung unter Strahlungsemission.*[747]) Für erstere sei die „Übergangswahrscheinlichkeit" gegeben durch

$$\mathfrak{A}_{12}^{3}(\eta, \delta) \cdot d\eta \cdot d\delta \cdot dt, \tag{349}$$

für die „negativen Einstrahlungsvorgänge" hingegen analog (107b) durch

$$\mathfrak{B}_{12}^{3}(\eta, \delta) \cdot \varrho(\nu, T) \cdot d\eta \cdot d\delta \cdot dt, \tag{350}$$

worin η und ν durch (177a) verknüpft sind.

---

747) *R. Becker*, Ztschr. f. Phys. 18 (1923), p. 325, § 3; *E. A. Milne*, Phil. Mag. 47 (1924), p. 209, §§ 8—11. Mit dem gleichen Problem beschäftigt sich auch *H. A. Kramers*, Phil. Mag. 46 (1923), p. 836, § 2, jedoch unter bewußter Vernachlässigung der „negativen Einstrahlungsvorgänge". Alle diese Untersuchungen beziehen sich nur auf den Spezialfall der Ionisation, was einige Vereinfachungen nicht-prinzipieller Natur nach sich zieht. — Über die Beziehungen der obigen Ansätze zu den älteren Betrachtungen von *Richardson* über die lichtelektrische Abtrennung von Elektronen vgl. man *O. W. Richardson*, Phil. Mag. 47 (1924), p. 975.

Bedeutet

$$(326)\qquad Z^{(A_1, A_2)}(\eta, \delta) \cdot d\eta \cdot d\delta \cdot dt$$

jetzt die a priori-Häufigkeit für einen durch die infinitesimalen Intervalle $d\eta$, $d\delta$, dt gekennzeichneten Zusammenstoß zwischen *einem* im n_1^{ten} Quantenzustande befindlichen Molekül A_1 und einem beliebigen der bei Dissoziationsgleichgewicht zwischen den A_1, A_2 und B_3 vorhandenen n_2-quantigen Molekülen A_2, so ergibt die Stationaritätsbedingung (32)

$$(351)\qquad N_{n_3}^{(B_3)} \cdot \overline{\mathfrak{B}}_3^{12}(\nu) \cdot \varrho(\nu, T) \cdot d\nu$$
$$= N_{n_1}^{(A_1)} \cdot \int_0^\infty d\delta \cdot \overline{\overline{Z^{(A_1, A_2)}(\eta, \delta)}} \cdot [\mathfrak{A}_{12}^3(\eta, \delta) + \mathfrak{B}_{12}^3(\eta, \delta) \cdot \varrho(\nu, T)] \cdot d\eta \,.$$

Indem man für den *räumlich-zeitlichen Mittelwert* von (326) für Wärmegleichgewicht den bereits in Nr. **26a** verwendeten Ausdruck (328) benutzt und

$$(352)\qquad \overline{\mathfrak{A}}_{12}^3(\eta) = 2\pi \int_0^\infty \mathfrak{A}_{12}^3(\eta, \delta) \cdot \delta \cdot d\delta$$

sowie

$$(353)\qquad \overline{\mathfrak{B}}_{22}^3(\eta) = 2\pi \int_0^\infty \mathfrak{B}_{12}^3(\eta, \delta) \cdot \delta \cdot d\delta$$

setzt, findet man aus (351) mit Berücksichtigung von $d\eta = h \cdot d\nu$ die Bedingung

$$(354)\qquad N_{n_3}^{(B_3)} \cdot \overline{\mathfrak{B}}_3^{12}(\nu) \cdot \varrho(\nu, T)$$
$$= N_{n_1}^{(A_1)} \cdot N_{n_2}^{(A_2)} [\overline{\mathfrak{A}}_{12}^3(\eta) + \overline{\mathfrak{B}}_{12}^3(\eta) \cdot \varrho(\nu, T)] \frac{4 h \eta}{\sqrt{(2\pi\mu)^{\frac{1}{2}} (k T)^{\frac{3}{2}}}} \, e^{-\frac{\eta}{k T}}.$$

Aus dem Dissoziationsgleichgewicht der Gase 1, 2 und 3 (Nr. **25a**) folgt anderseits nach (273), (267) und (268) wiederum

$$(355)\qquad \frac{N_{n_3}^{(B_3)}}{N_{n_1}^{(A_1)} \cdot N_{n_2}^{(A_2)}} = \frac{g_{B_3} \cdot \gamma_{B_3}(n_3)}{g_{A_1} \cdot \gamma_{A_1}(n_1) \cdot g_{A_2} \cdot \gamma_{A_2}(n_2)} \cdot \frac{h^3}{\sqrt{(2\pi\mu k T)^{\frac{3}{2}}}} \, e^{\frac{Q}{k T}}.$$ [748)]

Indem man (355) in (354) einführt, kann die Gleichgewichtsbedingung

---

748) Dieser Umstand ist übersehen worden bei einem Versuch von *L. de Broglie*, J. de Phys. (6) **3** (1922), p. 33, auf Grund von Betrachtungen über das Wärmegleichgewicht die Frequenzabhängigkeit des Absorptionskoeffizienten für Röntgenstrahlung (s. weiter unten im Text) theoretisch zu begründen. *De Broglie* gelangt infolgedessen zu der absurden Folgerung, daß eine zu (352) analoge, rein molekulare Größe temperaturabhängig sein müsse, was naturgemäß ausgeschlossen ist.

auf die Form gebracht werden

$$\overline{\mathfrak{A}}^3_{12}(\eta) = \varrho(\nu, T)\left[\overline{\mathfrak{B}}^{12}_3(\nu)\frac{g \cdot h^3}{8\pi\mu\eta} e^{\frac{h\nu}{kT}} - \overline{\mathfrak{B}}^3_{12}(\eta)\right],$$

worin g wiederum die Abkürzung (339a) bedeutet. Setzt man hier für $\varrho(\nu, T)$ den Ausdruck des *Planckschen Strahlungsgesetzes* (93),

$$\varrho(\nu, T) = \frac{8\pi h\nu^3}{c^3} \cdot \frac{1}{e^{\frac{h\nu}{kT}} - 1}$$

ein, so muß

(356) $$\overline{\mathfrak{B}}^{12}_3(\nu) = \frac{8\pi\mu}{gh^3} \cdot \eta \cdot \overline{\mathfrak{B}}^3_{12}(\eta)$$

und

(357) $$\frac{\overline{\mathfrak{A}}^3_{12}(\eta)}{\overline{\mathfrak{B}}^3_{12}(\eta)} = \frac{8\pi h\nu^3}{c^3} = \frac{8\pi}{h^2c^3}(Q + \eta)^3$$

gesetzt werden, damit die Gleichgewichtsbedingung zu einer *temperaturunabhängigen* Beziehung zwischen den molekularen Größen (348), (352) und (353) wird. Der Vergleich von (177 a) mit der *Bohrschen Frequenzbedingung* (114), sowie von (356) mit (109) und (357) mit (113) lehrt unmittelbar die Äquivalenz der vorstehenden Betrachtungen mit der *Einsteinschen Ableitung des Planckschen Strahlungsgesetzes* für nichtdissoziierende bzw. nichtionisierende Strahlungsprozesse (Nr. **11**).

Wie die Definition (352) in Verbindung mit (349) ergibt, bedeutet $\overline{\mathfrak{A}}^3_{12}(\eta)$ einen *„Wirkungsquerschnitt"* für strahlende, *spontane* Wiedervereinigungsstöße zwischen Molekülen A_1 und A_2. Das Verhältnis

$$\overline{\mathfrak{B}}^3_{12}(\eta) \cdot \frac{\varrho(\nu, T)}{\overline{\mathfrak{A}}^3_{12}(\eta)} = \frac{1}{\left(e^{\frac{h\nu}{kT}} - 1\right)}$$

ergibt offenbar denjenigen Bruchteil *erzwungener* strahlender Wiedervereinigungsstöße, welcher im Mittel auf einen spontanen strahlenden Wiedervereinigungsstoß kommt; da nach (177a) $\nu \geqq \frac{Q}{h}$ sein muß, wird er kleiner als $\frac{1}{\left(e^{\frac{Q}{kT}} - 1\right)}$ und bleibt damit für Laboratoriumstemperaturen praktisch vernachlässigbar klein, aber selbst für Sterntemperaturen und nicht zu große n_3 noch immer gering. Aus (356) und (357) folgt ferner

(358) $$\overline{\mathfrak{B}}^{12}_3(\nu) = \frac{\mu c^3}{gh^3\nu^3} \cdot \eta \cdot \overline{\mathfrak{A}}^3_{12}(\eta);$$

da

(359) $$\alpha_{B_3, n_3} = \overline{\mathfrak{B}}^{12}_3(\nu) \cdot \frac{h\nu}{c}$$

den *molekularen Absorptionskoeffizienten* für n_3-quantige B_3-Moleküle bedeutet, liefert (358) die zuerst von *Becker* und *Kramers*[747]) abgeleitete Beziehung zwischen α und dem Wirkungsquerschnitt für strahlende Wiedervereinigungsstöße:

(360) $$\alpha_{B_s, n_s} = \frac{\mu c^2}{g h^2 \nu^2} \cdot \eta \cdot \overline{\mathfrak{A}}_{12}^3(\eta).$$

Wegen der erfahrungsmäßigen *Endlichkeit des Absorptionsvermögens an den Seriengrenzen*, wo $\eta = 0$ ist, wird man mit *Milne*[747]) zu schließen haben, daß der Wirkungsquerschnitt $\overline{\mathfrak{A}}_{12}^3(\eta)$ zumindest für kleine Werte von η *allgemein* durch

(361) $$\overline{\mathfrak{A}}_{12}^3(\eta) = \frac{\text{const.}}{\eta}$$

dargestellt sein wird. Für sehr große η bzw. ν nehmen $\overline{\mathfrak{A}}_{12}^3$ und α erfahrungsgemäß monoton ab, was durch (361) und (360) jedenfalls qualitativ wiedergegeben wird.

Ein erfolgreicher Versuch, den Wirkungsquerschnitt (361) für den Spezialfall der *Bindung von freien Elektronen durch Atomkerne* theoretisch zu ermitteln, ist von *Kramers*[749]) unternommen worden. *Kramers* geht von dem bereits in Nr. **18b** berührten Gedanken aus, daß das *Bohrsche Korrespondenzprinzip* (Nr. **14**) im Falle *unperiodischer Systeme*[480]) $\overline{\mathfrak{A}}_{12}^3$ ebenso zu berechnen gestatten müsse, wie $A_{n''}^{n'}$ (106) für *bedingt periodische Systeme* (Nr. **15a**), wenn auch mit erheblich geringerer Zwangläufigkeit und Sicherheit.[482]) Er findet für die Anlagerung des Elektrons in einer n-quantigen *Kepler*bahn

(362) $$\overline{\mathfrak{A}}_{12}^3 = \frac{64\pi^4 Z^4 e^{10}}{3\sqrt{3} \cdot c^3 h^4 n^3 \cdot \nu} \, \frac{1}{\eta} \cdot \varphi\left(\frac{\nu \cdot Z}{\eta^{\frac{3}{2}}}\right),$$

wobei φ für große Werte seines Argumentes, also für kleine η, gleich

$$1 - \text{const.}(\nu \cdot Z)^{-\frac{1}{2}} \cdot \eta$$

wird. Setzt man dies in (360) ein, so wird der *atomare Absorptionskoeffizient* $\alpha_{Z,n}$ in erster Näherung von η unabhängig und proportional

749) *H. A. Kramers*, Phil. Mag. 46 (1923), p. 836, §§ 4, 5. Ein anderer, wenngleich erheblich weniger systematisch gerechtfertigter Versuch rührt von *A. S. Eddington*, Month. Not. 83 (1922), p. 35; (1923), p. 431, her, welcher im Zusammenhang mit *Eddingtons Theorie des stellaren Strahlungsgleichgewichtes* [vgl. z. B. *A. S. Eddington*, Ztschr. f. Phys. 7 (1921), p. 351] aufgestellt worden ist. *Eddington* berechnet für Atomkerne mit der Ladung $Z \cdot e$ und einem als gegeben angesehenen Durchmesser auf Grund des *Coulomb*schen Gesetzes einen Ausdruck für (361), welcher in Z quadratisch, verkehrt proportional η und von ν unabhängig ist.

$\frac{Z^4}{\nu^3}$.[750]) Nach den vorliegenden experimentellen Erfahrungen ist das *atomare Absorptionsvermögen für Röntgenstrahlen*, welches sich näherungsweise auf $\alpha_{Z,n}$ zurückführen läßt[751]), für hinreichend große ν tatsächlich von der Form

$$(363) \qquad \alpha = \text{const.}\, Z^4 \cdot \nu^{-3} + f(Z)\ ^{752)},$$

was das *Kramers*sche Ergebnis (362), übrigens auch hinsichtlich der Größenordnung seines Zahlenfaktors, weitgehend bestätigt.[753]) Eine *experimentelle Bestimmung des „elektronenabsorbierenden Querschnittes"* für Wasserstoffatomkerne als Kanalstrahlen in H_2, O_2 und N_2 hat *Rüchardt* ausgeführt und hierfür den von der Natur des umgebenden Gases unabhängigen Formelausdruck

$$(364) \qquad \sum_{n=1}^{\infty} \mathfrak{A}_{12}^{3(n)} = \pi \cdot e^4 \cdot \left(\frac{1}{\eta^2} - \frac{1}{4h^2R^2}\right)$$

angegeben, worin R die *Rydberg*sche Konstante (141) des Wasserstoffes bedeutet und $Q = R \cdot h$ zu setzen wäre[754]); da (364) für $\eta \to 0$

750) Ein derartiges Ergebnis ist bis auf den Zahlenfaktor bereits früher von *A. H. Compton*, Phys. Rev. 14 (1919), p. 249, auf Grund einer klassischen Behandlung der Röntgenstrahlabsorption abgeleitet worden, welche *J. J. Thomson*, Conduction of Electricity through Gases, Cambridge 1907, 11. Kapitel, für harmonischer Schwingungen fähige Elektronen angegeben hat. Eine Theorie von *L. de Broglie*, J. de Phys. (6) 3 (1922), p. 33, welche ebenfalls zu (363) führt, ist inkorrekt und benutzt ganz willkürliche Zusatzannahmen; vgl. Anm. 748) oder das Referat von *O. Berg*, Phys. Ber. 4 (1923), p. 496.

751) *H. A. Kramers*, l. c. (Anm. 749).

752) *F. K. Richtmeyer*, Phys. Rev. 18 (1921), p. 13; *K. A. Wingardh*, Ztschr. f. Phys. 8 (1922), p. 365; Diss. Lund 1923. Die älteren Autoren haben anstatt der Exponenten 4 und 3 vielfach auch Werte zwischen 3,5 und 4 bzw. 2,5 und 3 gefunden.

753) Das in Anm. 749) angegebene Resultat von *Eddington* würde α proportional mit ν^{-2} machen, was den Verhältnissen bei der Röntgenabsorption mithin widerspricht. Nach *Milne* (Anm. 747) soll sich der *Eddington*sche Ausdruck im Bereiche astrophysikalischer Anwendungen indessen als gut brauchbar erweisen, namentlich hinsichtlich des von ihm gelieferten Ausdruckes für den mittleren Absorptionskoeffizienten des sichtbaren Spektrums.

754) *E. Rüchardt*, Ann. d. Phys. 71 (1923), p. 377; Ztschr. f. Phys. 15 (1923), p. 164. Hier wird auch eine theoretische Begründung für (364) zu geben versucht und (364) sogar auf α-Strahlen am Reichweitenende angewendet. Der theoretische Ansatz von *Rüchardt* ist von *G. Wentzel*, Ztschr. f. Phys. 15 (1923), p. 172, übernommen worden, welcher ähnliche Betrachtungen für ganz langsame Kathodenstrahlen, für Kanalstrahlen und für gewisse Gesetzmäßigkeiten des kontinuierlichen Röntgenspektrums aus der Vorstellung eines *ringförmigen* elektronenabsorbierenden Querschnittes der Atome einheitlich zu entwickeln versucht. Der Umstand, daß es sich in allen diesen Fällen, bis auf die Umladungs-

mit (361) nicht übereinstimmt, dürfte (364) jedoch nur von beschränkter Gültigkeit sein, wozu auch beitragen mag, daß bei den *Rüchardt*schen Versuchen in der Hauptsache nur die Anlagerung vorher *gebundener* Elektronen eine Rolle spielt.

Die Gesamtzahl der lichtelektrisch erzeugten Ionenpaare pro Zeiteinheit und Kubikzentimeter beträgt, wenn der Einfachheit halber nur die untersten Quantenzustände von A_1, A_2 und B_3 in Betracht gezogen werden, nach (348) und (358)

$$(365)\quad \mathfrak{N}_{\text{Licht}} = N^{(B_3)} \cdot \int\limits_{\frac{Q}{h}}^{\infty} \overline{\mathfrak{B}}_3^{12}(\nu) \cdot \varrho(\nu, T) \cdot d\nu$$

$$= N^{(B_3)} \frac{8\pi}{g h^3} \frac{M_{A_1} \cdot M_{A_2}}{M_{A_1} + M_{A_2}} \int\limits_{\frac{Q}{h}}^{\infty} \overline{\mathfrak{A}}_{12}^3(h\nu - Q) \cdot \frac{h\nu - Q}{e^{\frac{h\nu}{kT}} - 1} \cdot d\nu,$$

wo $N^{(B_3)}$ jetzt die Anzahl der B_3-Moleküle in der Volumeneinheit zu bedeuten hat. Um die Gesamtzahl der *durch Stoß* von A_0-Moleküle bei Wärmegleichgewicht *strahlungslos* erzeugten Ionenpaare pro Zeit- und Volumeneinheit zu erhalten, hat man (343) über η_3 zu mitteln, wofür das *Maxwellsche Geschwindigkeitsverteilungsgesetz* (Nr. **5c**) heranzuziehen ist; man erhält so

$$(366)\quad N_{\text{Stoß}} = N^{(B_3)} \cdot N^{(A_0)} \frac{8\pi}{(2\pi k T)^{\frac{3}{2}}} \left(\frac{M_{A_0} \cdot M_{B_3}}{M_{A_0} + M_{B_3}}\right)^{\frac{1}{2}} \int\limits_{Q}^{\infty} e^{-\frac{\eta_3}{kT}}$$

$$\cdot \eta_3 \cdot d\eta_3 \int\limits_0^{(\eta_2)_{\max.}} \overline{S}_3^{12}(\eta_3, \eta_2) \cdot d\eta_2 .$$

Das Verhältnis $\mathfrak{N}_{\text{Stoß}}$ zu $\mathfrak{N}_{\text{Licht}}$ wird daher merklich von der Temperatur abhängig sein, ferner von der Größe der Dissoziations- bzw. Ionisationsenergie Q, den Massen der beteiligten Moleküle und Dissoziationsprodukte und der Konzentration der stoßenden A_0-Moleküle; es ist offenbar ganz wesentlich dafür maßgebend, ob eine Reaktion vom Typus (253) als *photochemisch* anzusehen sein wird oder nicht. Wird für den Spezialfall der gleichzeitig durch Licht und Elektronen-

---

erscheinungen an Kanalstrahlen wenigstens der Hauptsache nach *nicht* um *strahlungsbedingte Anlagerungsvorgänge* handelt, läßt es einstweilen jedenfalls als fraglich erscheinen, ob die Durchführung eines einheitlichen Gesichtspunktes in allen diesen verschiedenartigen Fällen wirklich möglich sein wird. Die Frage nach dem Umladungsmechanismus der α-Strahlen am Reichweitenende kann nach den Ausführungen am Schlusse des vorangehenden Abschnittes bereits als im Sinne einer Bevorzugung *strahlungsloser* Anlagerungsvorgänge (wegen der hohen Geschwindigkeiten, die extrem hohen Temperaturen äquivalent sind) geklärt gelten

stoß bewirkten Ionisation des atomaren Wasserstoffes $\bar{S}_3^{12}$ aus (347) und $\bar{\mathfrak{A}}_{12}^3$ aus (362) entnommen, so zeigt sich, daß $\mathfrak{N}_{\text{Stoß}} : \mathfrak{N}_{\text{Licht}}$ für kleine Werte von $\frac{kT}{Q}$ proportional mit $T^{-\frac{1}{2}}$ herauskommt: der Einfluß der Stoßionisation nimmt im Verhältnis zu jenem der lichtelektrischen Ionisation mit steigender Temperatur zu. Die numerische Größe dieses Verhältnisses für atomaren Wasserstoff hat *Fowler*[755]) auf Grund empirischer Daten für $\bar{\mathfrak{A}}_{12}^3$ von stellarer Provenienz ermittelt und gefunden, daß es unter astrophysikalischen Bedingungen Werte zwischen 10^{-3} und 10^3 annehmen kann, während es für Laboratoriumsverhältnisse meist vernachlässigbar gering ausfallen wird.

27. Rückblick auf die Quantenstatistik. II. Hauptsatz der Thermodynamik und Nernstsches Wärmetheorem. Wie die Methoden der modernen Molekularstatistik (Nr. **5**, **6**, **25**) und ihre allgemeine Begründung (Nr. **4**) gezeigt haben, kommt dem für die makroskopische Thermodynamik so fundamentalen *Entropiebegriffe* hier keinerlei besondere Führerrolle mehr zu, seitdem es sich als entbehrlich gezeigt hat, die aprioristische Verknüpfung zwischen *Entropie und „Wahrscheinlichkeit"* zu handhaben, welche von der *Planck*schen Form des *Boltzmannschen Prinzipes* (Nr. **8b**) gefordert wird. Während die Einführung des Temperaturbegriffes in der Statistik bei Anwendung des *Boltzmann*schen Prinzipes erst *nach* Benutzung des Entropiebegriffes möglich war, läßt die moderne Darstellung erkennen, daß das Wärmegleichgewicht wie in der klassischen Thermodynamik nun auch hier durch Gleichheit *„empirischer" Temperaturgrößen* gekennzeichnet werden kann (Nr. **7a**), *bevor* die Bezugnahme auf den II. Hauptsatz zur Erlangung einer *absoluten Temperaturdefinition* vorgenommen wird (Nr. **8a**). Diese *einzige* Benutzung des II. Hauptsatzes in der Statistik erscheint *logisch* unvermeidlich, da die absolute Temperatur als ein Begriff klassisch-thermodynamischer Herkunft nur unter Berufung auf die statistischen Analoga der in das *Entropiedifferential* eingehenden thermodynamischen Funktionen mit einer rein statistischen Größe identifiziert werden kann[756]); *sachlich* hingegen erscheint selbst diese Benutzung des II. Hauptsatzes als belanglos, da die später zur absoluten Temperatur erklärte Größe $\frac{1}{k} \cdot \log \frac{1}{\vartheta}$ in die verschiedenen *Verteilungsfunktionen der warmen Körper* (Nr. **5a**, **6b**) bereits als *universelle, von der individuellen Natur jener Körper unabhängige Veränderliche* eingeht. Integrabilität des Entropiedifferentials, makro-

755) *R. H. Fowler*, Phil. Mag. 47 (1924), p. 257, § 5.

756) Siehe etwa *R. H. Fowler*, Phil. Mag. 45 (1923), p. 497.

skopische Irreversibilität — alles dies ergibt sich in der Statistik allein als mathematische Folgerung aus dem *vorausgesetzten wahrscheinlichkeitstheoretischen Charakter der Molekularvorgänge,* jedoch *unabhängig von jeder besonderen Art molekularer Eigenschaften,* wie molekularen Energiefunktionen und dazugehörigen „Gewichten" (Nr. 9). Für den Spezialfall im Wärmeaustausch befindlicher und hierbei *chemisch unverändert* bleibender thermischer Systeme ist diese wichtige Tatsache bereits in Nr. 8a erwiesen worden, für den allgemeineren Fall von *Dissoziationsgleichgewichten* miteinander *reagierender* Komponenten wird sie im folgenden auf Grund der allgemeinen Betrachtung derartiger Gleichgewichte in Nr. 25b ohne besondere Schwierigkeit ebenfalls gefolgert werden können.

Um den statistischen Ausdruck für das Entropiedifferential (81) für Dissoziationsgleichgewichte zu berechnen, hat man wie in Nr. 8a zunächst den Differentialausdruck (80) der *reversibel „zugeführten Wärme"* aufzustellen, wobei berücksichtigt werden muß, daß hier außer der empirischen Temperatur ϑ und den jetzt wieder explizit mitzuführenden *makroskopischen* Parametern a^* *auch noch die mittleren Teilchenzahlen* $N^{(A_i)}$ $(i = 1, 2, \ldots, p)$, $N^{(B_j)}$ $(j = 1, 2, \ldots, q)$ der reagierenden Komponenten als Veränderliche auftreten; da letztere gemäß (289) wegen

$$N^{(A_i)} + \sum_{j=1}^{q} a_{ij} N^{(B_j)} = X^{(A_i)} \qquad (i = 1, 2, \ldots, p) \tag{367}$$

voneinander nicht unabhängig sind, kann man an ihrer Stelle mit Vorteil auch die p voneinander unabhängigen „Konzentrationsvariablen" x_i $(i = 1, 2, \ldots, p)$ benutzen, welche nach Nr. 25b für das Gleichgewicht kennzeichnend sind. Für die Gesamtenergie E der Reaktionsteilnehmer findet man mittels des *Darwin-Fowler*schen Verfahrens aus (295) analog (271)

$$\mathsf{E} = \sum_{i=1}^{p} x_i \vartheta \frac{\partial F_{A_i}(\vartheta, a^*)}{\partial \vartheta} + \sum_{j=1}^{q} x_1^{a_{1j}} x_2^{a_{2j}} \ldots x_p^{a_{pj}} \frac{\vartheta}{\sigma_j} \frac{\partial F_{B_j}(\vartheta, a^*)}{\partial}, \tag{368}$$

für die makroskopische Kraft A „in der Richtung" des Parameters a^* hingegen

$$\mathsf{A} = \frac{1}{\log \frac{1}{\vartheta}} \left[\sum_{i=1}^{p} x_i \frac{\partial F_{A_i}(\vartheta, a^*)}{\partial a^*} + \sum_{j=1}^{q} x_1^{a_{1j}} x_2^{a_{2j}} \ldots x_p^{a_{pj}} \frac{1}{\sigma_j} \frac{\partial F_{B_j}(\vartheta, a^*)}{\partial a^*} \right]; \tag{369}$$

die x_i sind hierbei durch die zu (268) analogen Beziehungen bestimmt

$$\left\{ \begin{array}{ll} N^{(A_i)} = x_i \cdot F_{A_i}(\vartheta, a^*), & (i = 1, 2, \ldots, p) \\ N^{(B_j)} = x_1^{a_{1j}} x_2^{a_{2j}} \ldots x_p^{a_{pj}} \cdot \frac{1}{\sigma_j} F_{B_j}(\vartheta, a^*). & (j = 1, 2, \ldots, q) \end{array} \right. \tag{370}$$

Setzt man jetzt

$$(371)\qquad \prod_{i=1}^{p}[F_{A_i}(\vartheta, a^*)]^{N(A_i)} \cdot \prod_{j=1}^{q}\left[\frac{1}{\sigma_j} F_{B_j}(\vartheta, a^*)\right]^{N(B_j)} \equiv \Pi,$$

so sind A und E ebenso wie in (84) und (84a) von der Form

$$(372)\qquad \mathsf{A} = \frac{1}{\log\frac{1}{\vartheta}} \cdot \frac{\partial \log \Pi}{\partial a^*}, \qquad \mathsf{E} = \vartheta \frac{\partial \log \Pi}{\partial \vartheta},$$

wie man sich durch Vereinigung von (370) mit (368) und (369) leicht überzeugt. Für den Differentialausdruck $\delta \mathfrak{Q}$ der zugeführten Wärme muß man hinsichtlich seiner Abhängigkeit von ϑ und den Parametern a^* demnach den gleichen Ausdruck (80a) erhalten, wie in Nr. 8a. Wird die rechte Seite von (80a) nunmehr aber auch als Funktion der $N^{(A_i)}$, $N^{(B_j)}$ aufgefaßt, so liefert (371) bei Berücksichtigung der Zusammenhänge (297) und (367) für $\delta \mathfrak{Q}$ in (80a) den Zusatz

$$-\frac{1}{\log\frac{1}{\vartheta}}\left[\sum_{i=1}^{p} dN^{(A_i)} \cdot \log N^{(A_i)} + \sum_{j=1}^{q} dN^{(B_j)} \cdot \log N^{(B_j)}\right].$$

Man bekommt daher in Abänderung von (81a) den *vollständigen Differentialausdruck*

$$(373)\qquad \log\frac{1}{\vartheta} \cdot \delta \mathfrak{Q} = d\Big[\log \Pi + \log\frac{1}{\vartheta} \cdot \mathsf{E} - \sum_{i=1}^{p} N^{(A_i)} \cdot (\log N^{(A_i)} - 1)$$
$$- \sum_{j=1}^{q} N^{(B_j)} \cdot (\log N^{(B_j)} - 1)\Big],$$

woraus hervorgeht, daß $\frac{1}{\log\frac{1}{\vartheta}}$ wiederum als integrierender Nenner von $\delta \mathfrak{Q}$ auftritt und aus den gleichen Gründen wie in Nr. 8a gemäß (64) der *absoluten Temperatur* T proportional gesetzt werden muß. Abzüglich einer willkürlichen Integrationskonstante S_0 findet man aus (373) bei Umformung der beiden letzten Glieder mittels der *Stirlingschen Formel* (43) für die Entropie

$$(374)\qquad \mathsf{S} - \mathsf{S}_0 = k \log \Pi + \frac{\mathsf{E}}{T} - k \sum_{i=1}^{p} \log N^{(A_i)}! - k \sum_{j=1}^{q} \log N^{(B_j)}!,$$

wo S_0 von ϑ, den a^* und den $N^{(A_i)}$, $N^{(B_j)}$ unabhängig sein muß, von den hier unveränderlichen $X^{(A_i)}$ $(i = 1, 2, \ldots, p)$ hingegen abhängen kann. Setzt man für Π das Produkt (371) ein, so kann $\mathsf{S} - \mathsf{S}_0$ als Summe von Beiträgen jeder einzelnen der miteinander reagierenden

Komponenten in der Form dargestellt werden

$$(375)\quad \mathsf{S}-\mathsf{S}_0=k\sum_{i=1}^{p}\left[N^{(A_i)}\cdot\log F_{A_i}(\vartheta,a^*)+\frac{\mathsf{E}_{A_i}}{kT}-\log N^{(A_i)}!\right]$$
$$+k\sum_{j=1}^{q}\left[N^{(B_j)}\cdot\log F_{B_j}(\vartheta,a^*)+\frac{\mathsf{E}_{B_j}}{kT}-\log N^{(B_j)}!\right]$$
$$=\sum_{i=1}^{p}(\mathsf{S}_{A_i}-\mathsf{S}_{A_i,0})+\sum_{j=1}^{q}(\mathsf{S}_{B_j}-\mathsf{S}_{B_j,0}).^{757)}$$

Diese Betrachtung kann bei Benutzung der Ergebnisse von Nr. **25c** ohne weiteres auch auf den Fall der Mitwirkung *fester* Bodenkörper ausgedehnt werden, speziell auf das *Verdampfungsgleichgewicht* zwischen kondensierter und Gasphase.[758)]

Um neben der *Existenz einer statistischen Entropiefunktion* auch noch die *makroskopische Irreversibilität des Wärmeausgleiches* zweier miteinander zur Berührung gebrachter gleichbeschaffener Reaktionsgemische auf statistischem Wege zu erweisen, empfiehlt es sich nach *Darwin* und *Fowler*, die Entropie anstatt mittels der $N^{(A_i)}$, $N^{(B_j)}$ wie in (375), mit Hilfe der „Konzentrationsvariablen" x_i auszudrücken.[759)] (367), (368), (369) und (370) führen hierbei zu

$$(376)\quad \mathsf{S}-\mathsf{S}_0=k\sum_{i=1}^{p}x_i\cdot F_{A_i}(\vartheta,a^*)+k\sum_{j=1}^{q}x_1^{a_{1j}}x_2^{a_{2j}}\dots x_p^{a_{pj}}\frac{1}{\sigma_j}$$
$$\cdot F_{B_j}(\vartheta,a^*)-k\,\mathsf{E}\log\vartheta-k\sum_{i=1}^{p}X^{(A_i)}\cdot\log x_i.^{760)}$$

Bedeuten jetzt $\mathsf{S}'-\mathsf{S}_0'$, V', E', ϑ', $X_1^{(A_i)}$, x_i' und $\mathsf{S}''-\mathsf{S}_0''$, V'', E'', ϑ'', $X_2^{(A_i)}$, x_i'' die das Gleichgewicht zweier wärmeisolierter Reaktionsgemische *vor* ihrer Vereinigung kennzeichnenden Bestimmungsstücke und $\mathsf{S}-\mathsf{S}_0$, V, E, ϑ, $X^{(A_i)}$, x_i die auf das Wärmegleichgewicht des *vereinigten* Gesamtgemisches bezüglichen Zustandsgrößen, so überzeugt man sich leicht, daß wegen $\mathsf{V}=\mathsf{V}'+\mathsf{V}''$, $\mathsf{E}=\mathsf{E}'+\mathsf{E}''$, $X^{(A_i)}=X_1^{(A_i)}+X_2^{(A_i)}$ und der Volumenproportionalität der Verteilungsfunktionen

757) *P. Ehrenfest* und *V. Trkal* (Anm. 666), § 5; *R. H. Fowler*, Phil. Mag. 45 (1923), p. 497, § 3.

758) *R. H. Fowler*, l. c. (Anm. 757).

759) *C. G. Darwin* und *R. H. Fowler*, Proc. Cambr. Phil. Soc. 21 (1923), p. 730, § 5.

760) Der Vergleich mit der Hilfsfunktion (295) des *Darwin-Fowler*schen Verfahrens ergibt, daß (376) mit dem Integranden in der komplexen Integraldarstellung für die Größe (294) bis auf einen Faktor $\frac{1}{x_1, x_2, \dots, x_p\cdot\delta}$ übereinstimmt. Siehe etwa (261), wo $p=2$ und $q=1$ ist.

$F_{A_i}(\vartheta, a^*)$, $F_{B_j}(\vartheta, a^*)$ in (376) gemäß (251a) oder (251b) auch

$$\mathsf{S}(\vartheta, x_1, x_2, \ldots, x_p) - \mathsf{S}_0 = \mathsf{S}'(\vartheta, x_1, x_2, \ldots, x_p) - \mathsf{S}_0' + \mathsf{S}''(\vartheta, x_1, x_2, \ldots, x_p) - \mathsf{S}_0''$$

sein muß. Da nun gezeigt werden kann, daß

$$\mathsf{S}'(\vartheta', x_1', x_2', \ldots, x_p') \leqq \mathsf{S}'(\vartheta, x_1, x_2, \ldots, x_p)$$

und

$$\mathsf{S}''(\vartheta'', x_1'', x_2'', \ldots, x_p'' \leqq \mathsf{S}''(\vartheta, x_1, x_2, \ldots, x_p),$$

außer wenn von vornherein

$$\vartheta = \vartheta' = \vartheta'', \quad x_i = x_i' = x_i'' \qquad (i = 1, 2, \ldots, p)$$

gewesen ist[761]), so hat man tatsächlich stets

$$\mathsf{S}' - \mathsf{S}_0' + \mathsf{S}'' - \mathsf{S}_0'' \leqq \mathsf{S} - \mathsf{S}_0, \tag{377}$$

wie zu beweisen war.

Die vorstehenden Ausführungen zeigen deutlich, bis zu welchem Grade die in der makroskopischen Thermodynamik „Entropie" genannte Zustandsfunktion auf statistischem Wege festlegbar erscheint, und ähnliches gilt auch für die mit S gemäß (88) zusammenhängende *Plancksche charakteristische Funktion* $\Psi(T, a^*)$. Gegenüber Nr. **8a**, wo eine genauere Kennzeichnung der willkürlichen Integrationskonstanten $\mathsf{S}_0 = \Psi_0$ unterblieben ist, hat man für jeden einzelnen Reaktionsteilnehmer, z. B. für die Komponenten mit den Molekülen A_1, an Stelle von (86) und (89) jetzt Ausdrücke von der Form

$$\mathsf{S}_{A_i} - \mathsf{S}_{A_i,0} = k \log [F_{A_i}(T, a^*)]^{N^{(A_i)}} + \frac{\mathsf{E}_{A_i}}{T} - k \log (N^{(A_i)}!) \tag{378}$$

und

$$\Psi_{A_i} - \Psi_{A_i,0} = k \log \frac{[F_{A_i}(T, a^*)]^{N^{(A_i)}}}{N^{(A_i)}!}; \tag{378a}$$

die darin zum Ausdruck kommende Abhängigkeit von den „Vertauschungszahlen" $N^{(A_i)}!$ der Molekülanzahlen kann offenbar als eine notwendige Bedingung dafür aufgefaßt werden, daß man die Teilentropie*differenzen* (378) miteinander reagierender Komponenten gemäß (375) *additiv* zu der Gesamtentropie des Gemisches zusammensetzen kann.[762])

761) *C. G. Darwin* und *R. H. Fowler*, l. c. (Anm. 759), § 4. Der Beweis gründet sich auf die in der vorigen Anm. erwähnte Eigenschaft von (376).

762) Man sieht dies sofort ein, wenn man bedenkt, daß diese thermodynamische Forderung obiger statistischer Berechnung des Entropiedifferentials stillschweigend zugrunde liegt. Umgekehrt kann das Auftreten der „Vertauschungszahlen" $N^{(A_i)}!$ in (378) und (378a) auch erschlossen werden, wenn man (86) und (89) für nicht-reaktionsfähige Gemische voraussetzt und die Abhängigkeit von den $N^{(A_i)}$ hinterher aus der *Forderung* bestimmt, daß die Additivität der Teilentropiedifferenzen auch im Falle reaktionsfähiger Gemische erhalten bleiben

Wie die zu (377) führende Irreversibilitätsbetrachtung erkennen läßt, wird die Additivität von Entropie*differenzen* übrigens auch im Falle chemisch unveränderlicher thermischer Systeme an die *Form* (378) gebunden sein. Bildet man (378) etwa für ein ideales einatomiges Gas von N Molekülen, so erhält man nach (251a)

$$(379) \quad \mathbf{S} - \mathbf{S}_0 = \tfrac{3}{2} Nk \log T + Nk \log \frac{\mathbf{V}}{N} + Nk \log \left[g \frac{(2\pi Mk)^{\frac{3}{2}} \cdot e^{\frac{5}{2}}}{h^3} \right],$$

worin $\mathbf{S} - \mathbf{S}_0$ in Übereinstimmung mit der klassischen Thermodynamik[763]) für die doppelte Gasmenge im doppelten Volumen den doppelten Betrag erhält. Die in Nr. **8a** benutzte *Form* (86) unterscheidet sich in ihrer Anwendung auf (251a) von (379) um den Addenden $k \log (N!)$ und führt daher zu

$$(379\text{a}) \quad \mathbf{S} - \mathbf{S}_0^* = \tfrac{3}{2} Nk \log T + Nk \log \mathbf{V} + Nk \log \left[g \frac{(2\pi Mek)^{\frac{3}{2}}}{h^3} \right],$$

welche Beziehung jene Eigenschaft nicht besitzt[764]), hinsichtlich ihrer physikalischen Bedeutung mit (379) aber vollkommen gleichwertig ist, da $\mathbf{S}_0$ bzw. $\mathbf{S}_0^*$ in (379) bzw. (379a) von N ebenso in ganz beliebiger Weise abhängen kann, wie die analogen willkürlichen Konstanten in (375), (378) von den $X^{(A_i)}$ $(i = 1, 2, \ldots, p)$.[765])

---

soll. Daß Additivität der Teil*entropien* und Abhängigkeit von den „Vertauschungszahlen" in der angegebenen Weise miteinander verknüpft sind, gilt bei gewissen konkreten *statistischen Entropiedefinitionen* (s. weiter unten im Text) in gewissem Sinne auch schon für nichtreagierende Gemische, da über $\mathbf{S}_0$ hier von vornherein in geeigneter Weise verfügt erscheint. Vgl. z. B. *L. Nordheim,* Ztschr. f. Phys. 27 (1924), p. 65, ferner eine bei *D. Enskog,* Ann. d. Phys. 72 (1923), p. 321 angeführte, auf *D. Hilbert* zurückgehende Entropiedefinition (siehe auch Anm. 168).

763) Vgl. z B. *M. Planck,* Thermodynamik, § 119, Gl. (52).

764) Man vgl. die Diskussion dieses Umstandes bei *P. Ehrenfest* und *V. Trkal* (Anm. 666), § 9, wo eine diesbezügliche Kritik der gesamten älteren Literatur gegeben wird, und bei *E. Schrödinger,* Phys. Ztschr. 25 (1924), p. 41, sowie die Entgegnung von *M. Planck,* Ann. d. Phys. 66 (1921), p. 365. Die beiden zuletzt genannten Autoren gehen von bestimmten statistischen *Definitionen* für $\mathbf{S}$ aus, so daß bei ihnen über $\mathbf{S}_0$ bzw. $\mathbf{S}_0^*$ bereits verfügt erscheint, was *physikalisch* aber natürlich keinerlei Unterschied bedingt.

765) Aus diesem Grunde und wegen (367) kann die Meinung, daß die *Entropie* $\mathbf{S}$ eine homogene Funktion ersten Grades der Molekülanzahlen $N^{(A_i)}$, $N^{(B_j)}$ sein müsse, strenggenommen auch im Falle der Dissoziationsgleichgewichte nicht mit der *formalen* Homogenität von (379) begründet werden. Man sieht dies noch deutlicher, wenn man den Übergang vom Reaktionsgemisch zum physikalischen Gemisch so ausführt, daß man alle Moleküle B_j zerfallen und die Moleküle A_i reaktionsunfähig werden läßt; man bekommt so $N^{(A_i)} = X^{(A_i)}$, $N^{(B_j)} = 0$, und findet, daß die Entropien $\mathbf{S}_{A_i}$ wegen der Willkürlichkeit der $\mathbf{S}_{A_i,0}$ auch dann inhomogen in $N^{(A_i)}$ sein können, wenn jede der Konstanten $\mathbf{S}_{A_i,0}$ von der zugehörigen Anzahl $N^{(A_i)}$ allein abhängt.

Zur Aufstellung einer „*absoluten*" statistischen Entropie*definition*, gekennzeichnet durch eine bestimmte Festlegung von S_0 bzw. S_0^*, wird es daher ebenso einer an sich willkürlichen *Konvention* bedürfen, wie in der klassischen Thermodynamik.[766]) Derartige Konventionen werden vor allem durch die *Planck*sche Form (90a) des *Boltzmannschen Prinzipes* (Nr. 8b) nahegelegt. Ebenso wie im Falle nicht-reagierender warmer Körper (Nr. 5b) wird es im allgemeinen[767]) auch bei Dissoziations- und Verdampfungsgleichgewichten möglich sein nachzuweisen, daß es bei gegebenen äußeren Bedingungen *eine und nur eine* bestimmte Zustandsverteilung $\mathsf{Z}_{MB}^{(A_i,B_j)}$ (*Maxwell-Boltzmannsche Verteilung*) gibt, für welche die Anzahl der Realisierungsmöglichkeiten $R(\mathsf{Z}_L^{(A_i,B_j)})$ (293) einer beliebigen Zustandsverteilung $\mathsf{Z}_L^{(A_i,B_j)}$ bei Berücksichtigung der Nebenbedingungen (289), (291) und (292) (Nr. 25b) zu einem so steilen Maximum gemacht wird, daß die Anzahl der Realisierungsmöglichkeiten *sämtlicher* mit diesen Bedingungen verträglichen Zustandsverteilungen, (294), *asymptotisch mit* $R(\mathsf{Z}_{MB}^{(A_i,B_j)})$ *übereinstimmt.* Auf ähnlichem Wege wie in Nr. 8b findet man dann wiederum den Ausdruck (90) des *Boltzmannschen Prinzipes*

$$\mathsf{S} - \mathsf{S}_0^{**} = k \log R(\mathsf{Z}_{MB}^{(A_i,B_j)}), \tag{390}$$

wo die Integrationskonstante S_0^{**} wiederum von den konstanten $X^{(A_i)}$ abhängen kann und zu S_0 in (375) mit Rücksicht auf (293) in der Beziehung steht

$$\mathsf{S}_0^{**} = \mathsf{S}_0 - k\sum_{i=1}^{p}\log(X^{(A_i)}!), \tag{380'}$$

während für das Einzelgas in Übereinstimmung mit dem Unterschied von (379) und (379a) nach (29)

$$\mathsf{S}_0^{**} = \mathsf{S}_0^* = \mathsf{S}_0 + k \log N! \tag{380''}$$

wird.[768]) Setzt man S_0^{**} dem Logarithmus einer willkürlichen Funktion $\varphi(X^{(A_1)}, X^{(A_2)}, \ldots, X^{(A_p)})$ bzw. $\varphi(N)$ gleich, so nimmt (380) die *scheinbar* „absolute" Form

$$\mathsf{S} = k \log[\varphi \cdot R(\mathsf{Z}_{MB})] \tag{381}$$

---

766) Man vgl. hierzu etwa die *Planck*sche Formulierung des *Nernst*schen Wärmetheorems!

767) Vgl. jedoch Anm. 680).

768) Man überblickt dies am besten an dem in Nr. 25a ausführlich behandelten Spezialfall $p = 2$, $q = 1$. $R(\mathsf{Z}_L)$, (258), erscheint hier als das Produkt von (257a) und (257b); wenn $N^{(A_1)} = X^{(A_1)}$, $X^{(A_2)} = N^{(A_2)} = N^{(B_1)} = 0$, wird (257b) der Einheit gleich, so daß (380) mit (86) und daher auch mit (379a) übereinstimmen muß.

an[769]), welche für die *Konvention* $\varphi = 1$, $\mathbf{S}_0^{**} = 0$, der *Planck*schen Form (90a) des *Boltzmannschen Prinzipes* entspricht. Für ideale einatomige Gase ergibt diese Wahl den Entropieausdruck (370a), wobei wegen (380″) $\mathbf{S}_0^* = 0$ zu setzen ist und der Gewichtsfaktor g einstweilen noch willkürlich bleibt. Da die *Differenz* der Entropie des Gases gegenüber der im Bereiche verschwindender spezifischer Wärme vorhandenen Entropie seines Kondensates jedenfalls die Eigenschaft von (379) haben muß, für die doppelte Gasmenge im gleichen Zustand den doppelten Betrag anzunehmen, wird man mit *Schrödinger* zu schließen haben, *daß die „absolute" Entropie* (379a) *des Gases einen auf den kondensierten Zustand der Gasmoleküle bezüglichen „absoluten" Nullpunktsentropie-Betrag enthält.*[770]) Wird der Gewichtsfaktor $g = g_A$ der Gasmoleküle (A) in (379) bzw. (379a) in Einheiten des Gewichtsfaktors g_{FK} für den kondensierten Zustand gemessen, so wird *der vom Gaszustande allein abhängige Anteil der „absoluten" Entropie des Gases* gegenüber (379) durch

$$(382)\quad (\mathbf{S}_A)_{\text{Gas}} = \tfrac{3}{2} Nk \log T + Nk \log \frac{\mathbf{V}}{N} + Nk \log \left[\frac{g_A}{g_{FK}} \frac{(2\pi M k)^{\frac{3}{2}} e^{\frac{5}{2}}}{h^3}\right]$$

bestimmt sein[771]), während die Differenz von (382) gegen (379a),

$$(383)\qquad \mathbf{S}_{FK}^{(0)} = k \log N! + Nk \log g_{FK},$$

769) Aus dieser Darstellung geht mit aller Deutlichkeit hervor, daß $R(\mathbf{Z}_L)$ in der Statistik ohne jede Änderung überall durch $\varphi \cdot R(\mathbf{Z}_L)$ ersetzt werden könnte. Man sieht daraus, daß die Bevorzugung von $R(\mathbf{Z}_L)$ im Grunde genommen nur *konventionell* ist, daß diese Konvention aber hinterher durch Mitführung unbestimmt bleibender Konstanten $\mathbf{S}_0$, Ψ_0 wieder rückgängig gemacht werden kann. Den konventionellen Charakter der Benutzung von $R(\mathbf{Z}_L)$ hat *M. Planck,* Ann. d. Phys. 75 (1924), p. 673, Fußn. auf p. 681, angedeutet. — Die im Text mit Rücksicht auf die Verhältnisse bei Dissoziationsgleichgewichten (Nr. 25) oben mehrfach bevorzugte *Mitführung unbestimmter „Gewichtsfaktoren"* g würde z. B. beim Einzelgas von N Molekülen dem speziellen Ansatz $\varphi = g^N$ entsprechen, wenn dieser Faktor nicht bereits von vornherein in die Definition von $R(\mathbf{Z}_L)$ einbezogen worden wäre.

770) *E. Schrödinger,* Phys. Ztschr. 25 (1924), p. 41. Mit der angegebenen Deutung scheinen auch gewisse Schwierigkeiten ihre Beseitigung gefunden zu haben, auf welche *W. Schottky,* Ann. d. Phys. 68 (1922), p. 481, § 3, insbesondere Fußn. auf p. 534, in Verbindung mit der Konvention $\varphi = 1$ aufmerksam gemacht hat.

771) Daß dieser Ausdruck auf thermodynamischem Wege genau zu der in Nr. 25c statistisch abgeleiteten *Dampfdruckformel* führt, kann einer von *M. Planck* [1], § 187, für den Spezialfall $g_A = g_{FK} = \gamma_A(1) = 1$ gegebenen Ableitung dieser Formel unmittelbar entnommen werden. — Wie der Vergleich des konstanten Gliedes in (382) mit jenem der Dampfdruckgleichung (317) dartut, übertrifft die in der Einheit Nk gemessene „Entropiekonstante" die *chemische Konstante* um den Betrag $\frac{5}{2} - \log k$.

die „absolute" Nullpunktsentropie der N kondensierten, d. h. praktisch unbeweglichen Moleküle darstellen muß, was bei Berücksichtigung von (307) auch auf Grund der Dampfdruckformel (315) verifiziert werden kann.[771a]) Da man für die einzig mögliche Zustandsverteilung $\mathbf{Z}^{(0)}$ von N unbeweglichen Molekülen mit dem Gewichtsfaktor g_{FK} nach (29)

$$R_{FK}(\mathbf{Z}^{(0)}) = N!\,(g_{FK})^N \tag{384}$$

erhält, führt das *Boltzmannsche Prinzip* (381) mit der obigen Konvention $\varphi = 1$ ebenfalls zu (383)[704]) und beweist so auch auf ganz direktem Wege die Folgerichtigkeit der dargelegten Auffassung.[772]) Ganz ähnliche Betrachtungen sind zur Bestimmung der „absoluten" Entropie physikalischer oder chemischer Gasgemische erforderlich, wobei den Kondensaten der Charakter von Mischkristallen oder festen chemischen Verbindungen zukommt.[773]) Für alle statistischen Betrachtungen hingegen, die sich nur auf die *innere Energie* der Atome und Moleküle beziehen (Nr. **24a, 24b**), bei welchen man demnach mit *ruhenden* Molekülen auskommen kann, spielen Volumenabhängigkeiten, wie sie zur Unterscheidung zwischen (379) und (379a) genötigt haben, keine Rolle, so daß das *Boltzmannsche Prinzip* (381) für $\varphi = 1$ unmittelbar zu brauchbaren „absoluten" statistischen Entropiewerten führt.

Mit den vorstehenden Betrachtungen ist klargestellt, daß *auf den Gaszustand allein bezughabende* „absolute" Entropieausdrücke mittels des *Boltzmannschen Prinzipes* (381) unmittelbar nur dann erhalten werden können, wenn φ allgemein dem *Reziproken der Nullpunktsentropie für den kondensierten Zustand des betrachteten thermischen*

---

771 a) Vgl. auch die vorige Anm. Die Dampfdruckformel (315) kann nämlich bei Berücksichtigung des ihr zugrunde liegenden Annäherungsgrades in der Form

$$\frac{k\log\left\{N_{FK}!\,[g_{FK}\cdot F_{FK}(\vartheta)]^{N_{FK}}\right\} - k\log\,[N_{FK}!\cdot g_{FK}]^{N_{FK}}}{N_{FK}} = \frac{k\log\,[F_A(\vartheta)]^{N_A} - k\log N_A!}{N_A}$$

geschrieben werden. Die mit N_A multiplizierte rechte Seite dieser Beziehung stellt nach (89) den der Entropiegröße (382) gemäß (88) entsprechenden Ausdruck für die *Plancksche Wärmefunktion* Ψ_A der Dampfphase dar. Da die mit N_{FK} multiplizierte linke Seite sich gemäß (307) und (89) von Ψ_{FK} gerade um den Betrag (383) unterscheidet, so wird klar, daß die Festsetzung (382) notwendig (383) nach sich ziehen muß, wie zu beweisen war.

772) Da g_{FK} *hier* vollkommen willkürlich ist, kann man ohne Beschränkung der Allgemeinheit die Konvention $g_{FK} = 1$ einführen, womit (383) ebenso wie (384) einen völlig bestimmten Wert erhält.

773) Vgl. die Bemerkungen von *E. Schrödinger,* l. c. (Anm. 770) zur Theorie der Mischkristalle bei *M. Planck* [1], § 186.

Systems gleichgesetzt wird:

$$\mathsf{S} = k \log \frac{R(\mathsf{Z}_{MB})}{R_{FK}(\mathsf{Z}^{(0)})}. \tag{385}$$

Eine Begründung dieses Ausdruckes auf Grund von *Konventionen, welche explizit keinerlei Beziehungen zum Nullpunktsverhalten der kondensierten Substanz aufweisen,* wird seit längerer Zeit von *Planck* vertreten.[774]) Die *Planck*sche Auffassung benutzt von vornherein die quantenstatistische Festlegung (221) bzw. (224) für die Größe der μ-Raum-Zellenvolumina, ferner setzt sie gemäß (280) und (282a) alle Gewichtsfaktoren der Einheit gleich, wodurch in (382) $\frac{g_A}{g_{FK}} = 1$ wird.[775]) $R_{FK}(\mathsf{Z}^{(0)})$ reduziert sich dadurch beim Einzelgas auf die „Vertauschungszahl" $N!$ bzw. auf ein Produkt solcher Größen bei Gemischen und Gasgleichgewichten; das Auftreten dieser Größen in (385) wird durch geeignete Konventionen über das Verhalten sehr vieler, mit dem zu untersuchenden gleichbeschaffener Systeme im Γ-Raume erreicht.[776])

Der Anlaß zur Definition „absoluter" Entropiewerte geht letzten Endes ebenso wie in der makroskopischen Thermodynamik[766]) auf

774) *M. Planck* [1], § 179 ff., ferner Berl. Ber. 1916, p. 653; Ann. d. Phys. 66 (1921), p. 365; 75 (1924), p. 673.

775) Diese nach den Betrachtungen von Nr. 25a und 25c wohl zu spezielle Festsetzung beinhaltet demnach *implizit* auch eine Verfügung über die Eigenschaften des kondensierten Zustandes.

776) Als vornehmstes Argument zugunsten seiner an die *Boltzmann-Gibbs*sche Γ-Raumstatistik anschließenden Betrachtungsweise wird von *Planck* ins Treffen geführt, daß die im vorliegenden Berichte ausschließlich benutzte *Maxwell-Ehrenfest*sche μ-Raumstatistik mit keinem realen Einzelgas zu operieren in der Lage sei, indem sie dieses ebenso wie N voneinander unabhängige Moleküle behandle, von denen jedes ein abgesondertes Volumen V zur Verfügung hat. Abgesehen davon, daß der Grad gegenseitiger Unabhängigkeit der Moleküle bei *Planck* und bei *Ehrenfest* praktisch doch der gleiche ist, kann dieser Auffassung entgegengehalten werden, daß sie die *Notwendigkeit und Möglichkeit einer sachgemäßen Begründung der Boltzmannschen Verteilung* (Nr. 4) *oder des Boltzmannschen Prinzipes* (Nr. 8b) *unter Berufung auf die Zeitgesamtheit des Gases* völlig aus dem Auge läßt. Hierzu ist die Benutzung vor allem der in Nr. 4 eingeführten *zeitlichen „Übergangswahrscheinlichkeiten"* (18), (18a) unerläßlich; wie aber bereits in Nr. 2 angedeutet worden ist, kann die *Existenz* derartiger „Übergangswahrscheinlichkeiten" nur als Ergebnis des (paarweisen, dreifachen, ...) Zusammenwirkens der Moleküle verstanden werden, deren *gleichzeitiges Vorhandensein in einem einzigen Volumen* V daher auch für die μ-Raumstatistik unumgänglich ist. Die Grundlagen der beiden von *Planck* am Einzelgas einander gegenübergestellten statistischen Methoden erscheinen demnach einander völlig äquivalent. Bezüglich tiefliegenderer Besonderheiten der *Planck*schen Auffassung vgl. man jüngst *E. Schrödinger,* Berl. Ber. 1925, p. 434, sowie *M. Planck,* Berl. Ber. 1925, p. 442.

den Inhalt des *Nernstschen Wärmetheorems*[777]) zurück, wonach die Entropie*änderungen kondensierter Systeme* für isotherme, reversible Prozesse mit unbegrenzt abnehmender Temperatur gegen Null konvergieren. Für Veränderungen innerhalb einer einzigen Phase fordert dieser Satz das *Verschwinden der spezifischen Wärmen kondensierter Substanzen bei* $T = 0$, was für *kristallisierte Festkörper* aus (96) und (96a) (Nr. **9**) unmittelbar entnommen und als *Folgerung aus den quantenstatistischen Eigenschaften der Festkörper-Verteilungsfunktionen* (99) (Nr. **9**) und (35B) (Nr. **6b**) erkannt werden kann. Für chemische Umsetzungen führt das *Nernst*sche Theorem zu einer *eindeutigen Bestimmung des chemischen Gleichgewichtes* durch die dem *Verdampfungsgleichgewicht* (Nr. **25c**) entnommenen *chemischen Konstanten* der gasförmigen Reaktionsteilnehmer; für *homogene Gasgleichgewichte* (Nr. **25a, 25b**) insbesondere soll das von den makroskopischen Zustandsvariablen (Konzentrationen, Druck, Temperatur) unabhängige Glied der Gleichgewichtsformeln durch die *Summe der chemischen Konstanten aller Reaktionsteilnehmer*[778]) gegeben sein. Wie in Nr. **25a** für den Fall der Reaktion (253) ausführlich gezeigt worden ist, *führt tatsächlich auch die Quantenstatistik zu einer eindeutigen Bestimmung des chemischen Gleichgewichtes*, sofern die Verhältnisse der willkürlichen „Gewichtsfaktoren" aller Reaktionsteilnehmer bestimmte, empirisch ermittelbare Werte besitzen. Um die aus dem Verdampfungsgleichgewicht (317) gefolgerten chemischen Konstanten mit den entsprechenden Größen in der chemischen Gleichgewichtsbedingung (281) identifizieren zu können, muß nach den diesbezüglichen Betrachtungen von Nr. **25c** *angenommen* werden, *daß die Gewichte der „untersten" Quantenzustände einschließlich der Gewichtsfaktoren* g_{FK} *für den kondensierten Zustand aller Reaktionsteilnehmer einander gleich sind und der Einheit gleichgesetzt werden können.* Das *Nernst*sche Wärmetheorem *verlangt* demnach *Gleichheit der „untersten" Quantengewichte für ganz beliebige kondensierte Systeme* — eine Folgerung, welche auf etwas anderem Wege zuerst von *Einstein* abgeleitet und später insbesondere von *Stern* und *Schottky* eingehend diskutiert worden ist.[779]) Da sich

777) Vgl. vor allem *W. Nernst,* Die theoretischen und experimentellen Grundlagen des neuen Wärmesatzes, Halle 1918, II. Aufl. 1924, ferner etwa V **11**, Physikalische und Elektrochemie (*K. F. Herzfeld*), Nr. **4**, **5**.

778) Wobei die chemischen Konstanten für die in Richtung positiver Wärmetönung verschwindenden Substanzen mit dem entgegengesetzten Vorzeichen in Rechnung zu stellen sind, wie jene für die gebildeten Substanzen.

779) *A. Einstein,* Verh. Deutsch. Phys. Ges. 16 (1914), p. 820; *O. Stern,* Ann. d. Phys. 49 (1916), p. 823; *W. Schottky,* Phys. Ztschr. 22 (1921), p. 1; 23 (1922), p. 9, 448. Vgl. ferner *K. F. Herzfeld,* Ztschr. f. phys. Chem. 95 (1920), p. 139;

in der Nähe des absoluten Nullpunktes praktisch *sämtliche* Festkörpereigenschwingungen in ihren „untersten" Quantenzuständen befinden, würde die *statistische Bedeutung des Nernstschen Satzes* darauf hinauslaufen, *das Nullpunktsverhalten beliebiger materieller Festkörper als ein in dynamischer Hinsicht eindeutiges*[780]) *Bezugssystem zur absoluten Messung von Quantengewichten und Gewichtsfaktoren für sämtliche Aggregatzustände namhaft zu machen.*

Diese Folgerung kann durch den bisherigen Erfolg der Prüfungen des *Nernst*schen Wärmetheorems am experimentellen Tatsachenmaterial als weitgehend bestätigt angesehen werden. Auf Grund einer in letzter Zeit vorgenommenen Untersuchung von etwa zwanzig homogenen und heterogenen Gleichgewichten hingegen meint *Eucken*[781]) gewisse Abweichungen von den Forderungen des *Nernst*schen Wärmesatzes sichergestellt zu haben.[782]) Nach *Eucken* soll nämlich für eine Reihe kondensierter Substanzen, jedenfalls aber für Wasserstoff, der Gewichtsfaktor g_{FK} in (383) von der Größenordnung 2 sein. Sollte sich dieses Ergebnis weiterhin bestätigen, so würde es trotzdem nicht als Beweis dafür angesehen werden dürfen, daß der von der Quantenstatistik

---

C. G. Darwin und *R. H. Fowler,* Phil. Mag. 44 (1922), p. 823, § 8; *R. H. Fowler,* Phil. Mag. 45 (1923), p. 497, § 7.

780) Diese Eindeutigkeit scheint beim chemisch homogenen einatomigen Kristall *nur* in dynamischer Hinsicht vorhanden zu sein, da die N kondensierten, *als untereinander völlig gleich angesehenen Atome,* jetzt allerdings bloß begrifflich, auf $N!$ verschiedene Weisen miteinander vertauscht werden können, ohne den Nullpunktszustand abzuändern. Bei näherem Zusehen gelangt man allerdings zu Zweifeln an der Richtigkeit dieser Schlußweise, wenn man die *Kernstruktur der Atome und Moleküle* (Nr. 18) gebührend in Rücksicht zieht. Da nach *O. Stern* (Anm. 779) eine Vertauschung zweier *ungleichartiger* Moleküle bei Mischkristallen ohne Energieänderung nicht möglich ist, so kann es hinsichtlich derartiger Vertauschungen nur *einen* Zustand geringster Energie geben, welcher dann dem Nullpunktszustand entsprechen muß. Sieht man nun zwei, im übrigen gleichartige Moleküle mit etwa phasenverschiedenen Elektronenbewegungen folgerichtig als *verschieden* an, so wird sich im allgemeinen auch hier ergeben müssen, daß der Nullpunktszustand mit Rücksicht auf die Wechselwirkungen der Moleküle untereinander auch beim chemisch homogenen Festkörper ein einheitlicher sein könnte, der Vertauschungen von *Molekülen* nicht mehr zuläßt, wohl aber solche der Elementarladungen. Die angedeutete Problemstellung läßt die prinzipielle Tragweite von statistischen Untersuchungen erkennen, welche bis auf die Elementarladungen als letzte Bausteine der molekularen Gebilde zurückgehen würden. Vgl. dazu Anm. 669), 671).

781) *A. Eucken* und *F. Fried,* Ztschr. f. Phys. 29 (1924), p. 36; *A. Eucken, E. Karwat* und *F. Fried,* ebenda p. 1.

782) Vgl. hierzu die Diskussion: *F. Simon,* Ztschr. f. Phys. 31 (1925), p. 224; *A. Eucken* und *F. Fried,* Ztschr. f. Phys. 32 (1925), p. 150; *F. Simon,* Ztschr. f Phys. 33 (1925), p. 946.

offengelassenen Festlegung der Gewichtsfaktoren g_{FK}, g_A in den Dampfdruck- und chemischen Gleichgewichtsformeln *mit Notwendigkeit* eine dem *Nernst*schen Wärmesatz entgegengesetzte prinzipielle Bedeutung zukommt[783]); vielmehr wäre es nach *Schottky*[784]) durchaus möglich, daß neben dem vom *Nernst*schen Theorem geforderten *eindeutigen Nullpunktszustand des Festkörpers* eine Anzahl anderer, nur um weniges *energiereicherer* Zustände existenzfähig sein könnten, welche experimentell von jenem Nullpunktszustande einstweilen nicht zu unterscheiden wären, dadurch aber von Eins verschiedene Werte der Gewichtsfaktoren g_{FK} vortäuschen würden.

Die absolute Festlegung der Gewichte und Gewichtsfaktoren durch den *Nernst*schen Wärmesatz beseitigt die letzte Unbestimmtheit, welche der „absoluten" Entropiedefinition des *Boltzmannschen Prinzipes* (381) auch nach Verfügung über die willkürliche Funktion φ noch anhaftet. Da aus einem thermischen System beim absoluten Nullpunkt offenbar keine Wärmemenge mehr „herausgeholt" werden kann, liegt es nahe, die willkürliche Funktion φ in (381) allgemein so festzulegen, daß seine Nullpunktsentropie gleich *Null* wird, wie es der *Planckschen Form des Nernstschen Wärmetheorems in der makroskopischen Thermodynamik*[785]) entspricht. Bei allen *statistischen Systemen ohne Translationsbewegungen*, ausgenommen beim Festkörper, sind Nullpunktsausdrücke von der Form (383), wie bereits hervorgehoben, *für* $\varphi = 1$ abwesend, so daß diese Konvention hier allgemein

(386) $$\mathbf{S}^{(0)} = 0$$

ergibt; ein analoges Ergebnis wird von den eigens zu diesem Zwecke aufgestellten *Gasentartungs*theorien (Nr. **19**, **25 c**) für *Systeme mit Translationsbewegungen* jedoch nur dann geliefert, *wenn man* (383) *abspaltet* und, wie oben, *für den kondensierten Zustand in Anspruch nimmt.* Für diesen Zustand aber, d. h. für Festkörper, bekommt man aus (383) mit $\varphi = 1$ und $g_{FK} = 1$ nach dem *Nernst*schen Theorem, *den von Null verschiedenen Betrag*

(387) $$\mathbf{S}_{FK}^{(0)} = k \log N!\,.$$

Dieser trotz seiner thermodynamischen Bedeutungslosigkeit[786]) auf-

783) Z. B. die Existenz mehrerer Nullpunktsmodifikationen des Festkörpers von *exakt* gleichem Energieinhalt, welche der in Anm. 780) geäußerten Auffassung im allgemeinen widersprechen würde.

784) *W. Schottky*, l. c. (Anm. 714) oder 779).

785) Siehe etwa *M. Planck*, Thermodynamik, oder die in Anm. 777) genannte Literatur.

786) Nach der Terminologie von *W. Schottky* (Anm. 668) wäre (387) eine bloß „formale" Entropiegröße gegenüber den technischen Entropiedifferenzen der makroskopischen Thermodynamik.

fallende Unterschied gegenüber (386) hat verschiedene Zusatzbetrachtungen hervorgerufen, welche darauf hinzielen, auch $S_{FK}^{(0)}$ gleich Null zu machen. So versuchen *Planck*[787]) und *Herzfeld*[788]) auf getrennten Wegen, das Verschwinden von (387) durch geeignete *Konventionen* über die Berechnung der „thermodynamischen Wahrscheinlichkeit" in (80a) zu erreichen. Nach einer anderen, von *Planck* allerdings nur hinsichtlich der Nullpunktsentropie der Mischkristalle vertretenen Auffassung[773])[787]), könnte man ein Verschwinden von (387) in das dem absoluten Nullpunkt benachbarte Zustandsgebiet verlegen, für welches die statistische Temperaturdefinition zu versagen beginnt.[789]) Während diese Auffassungen ihren Zweck innerhalb des Rahmens der bisherigen Statistik zu erreichen streben, faßt *Einstein* das der Beziehung (387) zugrunde liegende *Auftreten einer Nullpunktszustandsverteilung mit einer von Eins verschiedenen Anzahl ihrer Realisierungsmöglichkeiten* als ein *prinzipielles Versagen der bisherigen statistischen Methodik* auf.[790]) *Ein-*

---

787) *M. Planck* [1], §§ 184, 185. Da die *Planck*sche Konvention im Falle der *Mischkristalle*, § 186, nicht mehr beibehalten werden kann, ist oben in Nr. 25c gemäß Anm. 704) auf ihre eingehendere Berücksichtigung verzichtet worden. Die oben, p. 1206, gegebene erste Ableitung von (383) auf Grund der Beziehung (379a) für die Gasentropie wird von *Planck* (Anm. 774) durch die dort im Text bereits angedeuteten Konventionen vermieden.

788) *K. F. Herzfeld*, V 11 (*Physikalische und Elektrochemie*), Nr. 5, b) I, läßt den Festkörpermolekülen im Gegensatz zu p. 1170 und Anm. 703a) die Möglichkeit „innerer" Vertauschungen innerhalb gewisser dreidimensionaler Raumvolumina und setzt g_{FK} dem Reziproken der sehr großen Anzahl dieser Volumina gleich, wodurch (387) zwar nicht exakt verschwindet, aber doch von sehr niedriger Größenordnung wird.

789) Dieses Zustandsgebiet wäre erreicht, wenn die Anzahl der noch nicht „eingefrorenen" Festkörperfreiheitsgrade so klein geworden ist, daß der makroskopische II. Hauptsatz seine Gültigkeit verliert und anstatt dessen die „geordnete" Bewegung eines Systems von „endlich" vielen Freiheitsgraden merklich zu werden beginnt. Das Erreichen dieses Zustandsgebietes ist indessen „technisch" (vgl. Anm. 786) unmöglich (*Nernsts* Prinzip von der Unerreichbarkeit des absoluten Nullpunktes). — Zugunsten der obigen zweiten *Planck*schen Auffassung könnte gegenüber der Begründung des Faktors $N!$ im Wege „äußerer" Molekülvertauschungen bei höheren Temperaturen (p. 1171) geltend gemacht werden, daß solche Vertauschungen *im* absoluten Nullpunktszustand unmöglich werden, so daß hier an Stelle von $N!$ die Einheit treten muß, woraufhin (387) tatsächlich verschwindet. Vgl. dazu ferner Anm. 780).

790) *A. Einstein*, Berl. Ber. 1925, p. 3, § 7. — Allerdings wird hier bloß der *negative* Betrag (387) als Nullpunktsentropie des (entarteten oder nichtentarteten) Gases geprüft und die folgerichtige Trennung von (382) und (383) nicht vorgenommen. Die *Einstein*schen Argumente können aber (und *müssen* es im Falle jener Trennung) unverändert auch gegen eine Festkörper-Nullpunktsentropie (387) ins Treffen geführt werden. Daß die *Einstein*sche Forderung (388) mit Rück-

stein befürwortet daher die Annahme eines neuartigen, erst kürzlich von *Bose* erdachten statistischen Verfahrens[791]), welches für eine Nullpunktszustandsverteilung an Stelle von (384) *prinzipiell*

$$R(\mathbf{Z}^{(0)}) = 1 \tag{388}$$

ergibt, so daß das *Boltzmann*sche Prinzip (385) mit $g_{FK} = 1$ auch hier *nur bei* $\varphi = 1$ zu (386) führen würde. Wie man der *Forderung* (388) entnehmen kann, wird für *jede* zu (388) führende statistische Methodik ein *prinzipieller Verzicht auf die in* Nr. **2** *und* **3** *vorausgesetzte statistische Unabhängigkeit der Moleküle voneinander*[32a]) zur unausweichlichen Notwendigkeit, was für den Nullpunktszustand in gewissem Sinne auch als plausibel gelten kann. Da die bisherigen statistischen Behandlungen der Molekültranslation (Nr. **5c**, **25c**) nach dem Obigen die Nullpunktsentropie (387) des Festkörpers mitliefern[792]), so müßte eine derartige Methodik auch auf die *Theorien der Gasentartung* angewendet werden, was *Einstein*[793]) für das *Bose*sche Verfahren ausgeführt hat.[794]) Die neue Methodik ist gegenüber der bisherigen gekennzeichnet durch die *Annahme bestimmter a priori-Häufigkeiten für das Vorhandensein bestimmter Molekülanzahlen in den verschiedenen* μ*-Raumzellen*[795]), womit die statistische Unabhängigkeit der Einzel-

---

sicht auf das in der vorigen Anm. gekennzeichnete Zustandsgebiet von mehr *formaler* als sachlicher Bedeutung ist, hat jüngst *A. Smekal*, Ztschr. f. Phys. 33 (1925), p. 613, § 1, hervorgehoben.

791) *S. N. Bose,* Ztschr. f. Phys. 26 (1924), p. 178; siehe auch Anm. 546).

792) Vgl. Anm. 790). — Die jüngst von *M. Planck*, Berl. Ber. 1925, p. 49, aufgestellte Entartungstheorie vermeidet diesen Ausdruck wiederum, indem sie von vornherein eine dem Ansatz (385) äquivalente Verfügung trifft.

793) *A. Einstein,* Berl. Ber. 1924, p. 261; 1925, p. 3, 18.

794) Läßt man die in Nr. **25c** vorausgesetzte und in Anm. 703a) qualitativ belegte Unmöglichkeit „innerer" Molekülvertauschungen beim Festkörper fallen, so könnte die Temperaturabhängigkeit einer vielleicht in der Nähe des Schmelzpunktes merklichen *„echten" Selbstdiffusion seiner Moleküle* auf Grund des *Bose*schen Verfahrens ebenfalls theoretisch erfaßt werden.

795) Da die bisherige Statistik nach Nr. **3** *a priori-Häufigkeiten* bloß dafür kennt, daß ein Molekül in eine bestimmte μ-Zelle fällt, *unabhängig davon, ob und wie viele andere Moleküle in derselben Zelle vorhanden sind,* so können die Ergebnisse der beiden Methoden nur in solchen Gebieten miteinander übereinstimmen, wo nach beiden praktisch nur je ein oder gar kein Molekül auf jede μ-Zelle kommt. Das neue Verfahren nimmt qualitativ die Besonderheiten der bisherigen Quantenstatistik gegenüber der klassischen Statistik insofern vorweg, als es, um sinnvoll zu bleiben, unbedingt an der *Endlichkeit der* μ*-Zellenvolumina* festhalten muß; läßt man diese Volumina gegen Null konvergieren, was in der Quantenstatistik dem Übergang (121), $\lim h \to 0$, entspricht, so kommt man zur gewöhnlichen klassischen Statistik, weil es unendlich unwahrscheinlich ist, daß mehr als *ein* Molekül in eine „unendlich-kleine" μ-Zelle fällt. — Wenn man die

moleküle in der Tat aufgehoben erscheint.[796]) Der Rückschluß von (388) auf ein *Verschwinden der Nullpunktsentropie für ganz beliebige statistische Systeme* bei $\varphi = 1$ würde offensichtlich den Nachweis erfordern, daß das *Boltzmannsche Prinzip* (381) auch innerhalb der neuen Methodik gültig bleibt.[797]) Ob dieser Erfolg der *Bose-Einstein*schen Betrachtungsweise dazu angetan sein wird, ihr einen dauernden Platz in der statistischen Physik zu sichern, wird wohl erst von der Zukunft entschieden werden können.

---

a priori-Häufigkeiten des neuen Verfahrens wiederum mit dem Namen „Gewichte" belegt, so wird die Reihe der „Gewichte" eine diskrete, *zweifach*-unendliche, während die Reihe der gewöhnlichen Quantengewichte *einfach*-unendlich ist. Die „neuen" Gewichte können ebenso wie die „alten" *von der Natur der Moleküle und den makroskopischen Parametern* a^* *abhängen,* vgl. *A. Smekal,* Ztschr. f. Phys. 33 (1925), p. 613, § 1. *Bose* und *Einstein* haben sich auf den Fall beschränkt, daß die „neuen" Gewichte nur von der augenblicklichen Molekülanzahl der betreffenden Zelle abhängen, was bei den „alten" Gewichten auf die Wahl $g =$ const. hinausläuft; das hat zur Folge, daß nach ihrer Methode nur die Strahlung (*Bose*) oder das ideale Punktmolekülgas (*Einstein*) behandelt werden können, während die Betrachtung realer Gase die angegebene Verallgemeinerung erheischt.

796) Man vgl. hierzu den in Nr. 17 unternommenen Versuch zu allgemeinen Betrachtungen über die prinzipielle Unmöglichkeit einer beliebig weitgehenden Isolierung einzelner Moleküle in der Quantentheorie, welcher eine derartige Unabhängigkeit grundsätzlich bereits ausschließt (s. auch Anm. 438). Allerdings dürfte der von *Einstein* befürwortete Grad gegenseitiger Abhängigkeit der Moleküle wesentlich *tiefer* liegen: während in Nr. 17 der *räumlich-dreidimensionalen Nachbarschaft* der Moleküle die Hauptrolle zufallen dürfte, kommt es bei *Einstein* auf eine *mehrdimensionale, phasenräumliche Koppelung der Moleküle* an, also auf ihre *Nachbarschaft im* μ*-Raume, unabhängig von ihrer etwaigen Nachbarschaft im physikalischen Raum!*

797) Wenn man bedenkt, daß ähnliche Betrachtungen wie in Nr. 4 für die neue Methode zum Nachweis der Existenz einer „wahrscheinlichsten" *„Bose-Einsteinschen Verteilung"* führen müssen (welche der *„Maxwell-Boltzmannschen Verteilung"* von Nr. 5b entspricht), so kann auf dem gleichen Wege wie in Nr. 8b auch der Nachweis des *Boltzmannschen Prinzipes* (381) innerhalb der neuen Methodik erbracht werden. Die zu Nr. 4 analogen Glieder dieses Beweises sind bisher allerdings noch nicht näher behandelt worden.

Berichtigung:

Auf Seite 982 müssen die Gleichungen (120 c) lauten:

$$\frac{8\pi h \nu'^3}{c^3} = \frac{A_{n'}^{n''}(\nu')}{B_{n'}^{n''}(\nu')}; \quad \frac{8\pi h \nu''^3}{c^3} = \frac{A_{n'}^{n''}(\nu'')}{B_{n'}^{n''}(\nu'')} \tag{120c}$$

(Nr. 1—9 abgeschlossen am 1. Juli 1923, Nr. 10—16 am 1. August 1924, Nr. 17—27 am 13. Juni 1925. Literaturnachweise nachgetragen bis Anfang 1926.)

Nachwort zu Band V.

Beim Abschluß des physikalischen Bandes der Encyklopädie sei es gestattet, einen Rückblick zu werfen auf das mit diesem Bande Beabsichtigte und auf das Erreichte. Die Absicht war, einen historischen Überblick zu geben über die Anwendungen der Mathematik auf Physik, namentlich während des 19. Jahrhunderts. Diese Absicht ist nur sehr unvollkommen erreicht worden. Nicht das mathematische, sondern das physikalische Interesse war bei den meisten Mitarbeitern dieses Bandes maßgebend, nicht die historische Entwicklung, sondern die gegenwärtige Problematik stand im Vordergrunde. Ich glaube, daß wir diese Wendung nicht zu bedauern haben. Die Encyklopädie hat auf diese Weise, wie schon in der Vorrede zu diesem Bande bemerkt wurde, in den Gang der neuesten Entwicklung lebendiger eingegriffen, als es nach dem ursprünglichen Plane möglich gewesen wäre.

Bedenklicher ist es, daß auch die gegenwärtigen Probleme nur mit Auswahl zur Darstellung gekommen sind. Z. B. fehlt die wichtige molekulare Theorie des Magnetismus und die Theorie der Dielektrica, die Theorie der Ionisation in Elektrolyten und Gasen, die Radioaktivität und manches andere. In dem ursprünglichen Plan war ein ausführlicher Artikel über geometrische Optik und optische Instrumente vorgesehen, der ja gerade nach der mathematischen Seite hin besonders reichhaltig hätte werden können. Dasselbe gilt von dem weiten Gebiete der Elektrotechnik. An Bemühungen, geeignete Mitarbeiter für diese Gebiete zu finden, hat es nicht gefehlt, aber sie waren immer wieder vergeblich. Dafür ist mit dem letzten umfassenden Artikel über Quantentheorie das eigentliche Zentrum der heutigen mathematisch-physikalischen Forschung erfaßt und in einer bisher nicht erreichten Gründlichkeit dargestellt worden. Schließlich mußten wir uns sagen, daß es besser ist, das Werk in angemessener Zeit und in einem nicht zu ausgedehnten Umfange abzuschließen, als eine doch nicht erreichbare Vollständigkeit anzustreben.

Das hier folgende Register ist zum großen Teil von den Autoren selbst dadurch vorbereitet, daß sie je bei der letzten Revision ihres Artikels die wichtigsten Stichworte hervorgehoben haben. Die schließliche Ordnung und Sichtung des so gesammelten Materials hat Herr *W. Heitler* besorgt.

Zum Schluß denke ich mit Wehmut an den Mann, der mehr als jeder andere dies Werk gefördert und geführt hat und der kurz vor seinem Abschluß die Augen geschlossen hat: *Felix Klein.*

München, im Februar 1926.

A. Sommerfeld.

Register zu Band V.

Die römischen Ziffern verweisen auf die drei Teile, die arabischen auf die Seitenzahlen. Autorennamen sind nur soweit aufgenommen, als sie zur Sachbezeichnung typisch geworden sind.

A

B

D

E

F

G

J

K

M

N

T

U

V

Z

Band V3. **Heft 1.**

ENCYKLOPÄDIE
DER
MATHEMATISCHEN WISSENSCHAFTEN
MIT EINSCHLUSS IHRER ANWENDUNGEN.

HERAUSGEGEBEN
IM AUFTRAGE DER AKADEMIEN DER WISSENSCHAFTEN
ZU GÖTTINGEN, LEIPZIG, MÜNCHEN UND WIEN
SOWIE UNTER MITWIRKUNG ZAHLREICHER FACHGENOSSEN.

IN SIEBEN BÄNDEN.

BAND I: ARITHMETIK U. ALGEBRA, IN 2 TEILEN . . . . . RED. VON W. FR. MEYER IN KÖNIGSBERG.
— II: ANALYSIS, IN 2 TEILEN . . . . . . H. BURKHARDT IN MÜNCHEN UND W. WIRTINGER IN WIEN.
— III: GEOMETRIE, IN 3 TEILEN . . . . . . W. FR. MEYER IN KÖNIGSBERG.
— IV: MECHANIK, IN 4 TEILBÄNDEN . . F. KLEIN IN GÖTTINGEN UND C. H. MÜLLER IN GÖTTINGEN.
— V: PHYSIK, IN 3 TEILEN . . . . A. SOMMERFELD IN MÜNCHEN.
— VI, 1: GEODÄSIE UND GEOPHYSIK, IN 2 TEILBÄNDEN . . . . PH. FURTWÄNGLER IN AACHEN UND E. WIECHERT IN GÖTTINGEN.
— VI, 2: ASTRONOMIE . . . . K. SCHWARZSCHILD IN GÖTTINGEN.
— VII: GESCHICHTE, PHILOSOPHIE, DIDAKTIK (IN VORBEREITUNG).

BAND V3. HEFT 1.

AUSGEGEBEN AM 11. JANUAR 1909.

LEIPZIG,
DRUCK UND VERLAG VON B. G. TEUBNER.
1909.

Aufgabe der Encyklopädie ist es, in knapper, zu rascher Orientierung geeigneter Form, aber mit möglichster Vollständigkeit eine Gesamtdarstellung der mathematischen Wissenschaften nach ihrem gegenwärtigen Inhalt an gesicherten Resultaten zu geben und zugleich durch sorgfältige Literaturangaben die geschichtliche Entwicklung der mathematischen Methoden seit dem Beginn des 19. Jahrhunderts nachzuweisen. Sie beschränkt sich dabei nicht auf die sogenannte reine Mathematik, sondern berücksichtigt auch ausgiebig die Anwendungen auf Mechanik und Physik, Astronomie und Geodäsie, die verschiedenen Zweige der Technik und andere Gebiete, und zwar in dem Sinne, daß sie einerseits den Mathematiker orientiert, welche Fragen die Anwendungen an ihn stellen, andererseits den Astronomen, Physiker, Techniker darüber orientiert, welche Antwort die Mathematik auf diese Fragen gibt. In 7 Bänden werden die einzelnen Gebiete in einer Reihe sachlich angeordneter Artikel behandelt; jeder Band soll ein ausführliches alphabetisches Register enthalten. Auf die Ausführung von Beweisen der mitgeteilten Sätze muß natürlich verzichtet werden. — Die Ansprüche an die Vorkenntnisse der Leser sollen so gehalten werden, daß das Werk auch demjenigen nützlich sein kann, der nur über ein bestimmtes Gebiet Orientierung sucht. — Eine von den beteiligten gelehrten Gesellschaften niedergesetzte Kommission, z. Z. bestehend aus den Herren

W. v. Dyck-München, O. Hölder-Leipzig, F. Klein-Göttingen, V. v. Lang-Wien, W. Wirtinger-Wien, H. v. Seeliger-Wien, H. Weber-Straßburg,

steht der Redaktion, die aus den Herren

H. Burkhardt-München, Ph. Furtwängler-Aachen, F. Klein-Göttingen, W. Fr. Meyer-Königsberg, C. H. Müller-Göttingen, K. Schwarzschild-Göttingen, A. Sommerfeld-München, E. Wiechert-Göttingen und **W. Wirtinger-Wien**

besteht, zur Seite. — Als Mitarbeiter an der Encyklopädie beteiligen sich ferner die Herren

I. Band:

W. Ahrens-Magdeburg
P. Bachmann-Weimar
J. Bauschinger-Berlin
G. Bohlmann-Berlin
L. v. Bortkewitsch-Berlin
H. Burkhardt-München
E. Czuber-Wien
W. v. Dyck-München
D. Hilbert-Göttingen
O. Hölder-Leipzig
G. Landsberg-Kiel
R. Mehmke-Stuttgart
W. Fr. Meyer-Königsberg i. P.
E. Netto-Gießen
V. Pareto-Lausanne
A. Pringsheim-München
K. Runge-Göttingen
A. Schoenflies-Königsberg i. P.
H. Schubert-Hamburg
D. Seliwanoff-St. Petersburg
E. Study-Bonn
K. Th. Vahlen-Greifswald
H. Weber-Straßburg i. E.
A. Wiman-Lund.

II. Band:

M. Bôcher-Cambridge, Mass.
G. Brunel (†)
H. Burkhardt-München
G. Faber-Karlsruhe
R. Fricke-Braunschweig
H. Hahn-Wien
J. Harkness-Montreal
K. Hensel-Marburg
G. Herglotz-Wien
A. Kneser-Breslau
A. Krazer-Karlsruhe
L. Maurer-Tübingen
W. Fr. Meyer-Königsberg i. P.
W. F. Osgood-Cambridge, Mass.
P. Painlevé-Paris
S. Pincherle-Bologna
A. Pringsheim-München
A. Sommerfeld-München
E. Vessiot-Lyon
A. Voss-München
A. Wangerin-Halle
E. v. Weber-Würzburg
W. Wirtinger-Wien
E. Zermelo-Göttingen.

III. Band:

L. Berzolari-Pavia
H. Burkhardt-München
G. Castelnuovo-Rom
M. Dehn-Münster i. W.
F. Dingeldey-Darmstadt
F. Enriques-Bologna
G. Fano-Turin
C. Guichard-Clermont-Ferrand
P. Heegaard-Vedbaek bei Kopenhagen
K. Heun-Karlsruhe
G. Kohn-Wien
H. Liebmann-Leipzig
R. v. Lilienthal-Münster i. W.
G. Loria-Genua
H. v. Mangoldt-Danzig
W. Fr. Meyer-Königsberg i. P.
E. Müller-Wien
J. Neuberg-Lüttich
E. Papperitz-Freiberg i. S.
K. Rohn-Leipzig
G. Scheffers-Charlottenburg
A. Schoenflies-Königsberg i. P.
C. Segre-Turin
M. Simon-Straßburg i. E.
J. Sommer-Danzig
P. Stäckel-Karlsruhe
O. Staude-Rostock
H. Steinitz-Charlottenburg
A. Voss-München
E. Wälsch-Brünn
H. G. Zeuthen-Kopenhagen
K. Zindler-Innsbruck.

IV. Band:

M. Abraham-Göttingen
C. Cranz-Berlin
P. u. T. Ehrenfest-Petersburg
S. Finsterwalder-München
O. Fischer-Leipzig
Ph. Forchheimer-Graz
Ph. Furtwängler-Aachen
M. Grübler-Dresden
L. Henneberg-Darmstadt
K. Heun-Karlsruhe
G. Jung-Mailand
F. Klein-Göttingen
A. Kriloff-Petersburg
H. Lamb-Manchester
A. E. H. Love-Oxford
R. v. Mises-Brünn
C. H. Müller-Göttingen
L. Prandtl-Göttingen
H. Reißner-Aachen
A. Schoenflies-Königsberg
P. Stäckel-Karlsruhe
O. Tedone-Genua
E. Timerding-Straßburg i. E.
A. Timpe-Danzig
A. Voss-München
G. T. Walker-Simla (Indien)
G. Zemplén-Budapest.

V. Band:

M. Abraham-Illinois
L. Boltzmann (†)
G. H. Bryan-Bangor (Wales)
P. Debye-München
H. Diesselhorst-Berlin
H. Dubois-Berlin
Fr. Emde-Berlin
S. Finsterwalder-München
R. Gans-Tübingen
F. W. Hinrichsen-Charlottenburg
E. W. Hobson-Cambridge
J. H. van t'Hoff-Berlin
H. Kamerlingh-Onnes-Leiden
M. Laue-Berlin
Th. Liebisch-Königsberg
H. A. Lorentz-Leiden
L. Mamlock-Berlin
G. Mie-Greifswald
H. Minkowski-Göttingen
O. Mügge-Göttingen
J. Nabl-Wien
F. Pockels-Heidelberg
L. Prandtl-Göttingen
R. Reiff-Stuttgart
K. Runge-Göttingen
A. Schoenflies-Königsberg
M. Schröter-München
A. Sommerfeld-München
E. Study-Bonn
A. Wangerin-Halle
W. Wien-Würzburg
J. Zenneck-Braunschweig

VI, 1. Band:

R. Bourgeois-Paris
G. H. Darwin-Cambridge
F. Exner-Wien
S. Finsterwalder-München
Ph. Furtwängler-Aachen
F. R. Helmert-Potsdam
S. Hough-Kapstadt
H. Meldau-Bremen
J. M. Pernter-Wien
P. Pizzetti-Pisa
C. Reinhertz (†)
A. Schmidt-Potsdam
W. Trabert-Innsbruck
E. Wiechert-Göttingen.

VI, 2. Band

E. Anding-Gotha
J. Bauschinger-Berlin
A. Bemporad-Catania
E. W. Brown-Haverford
C. Ed. Caspari-Paris
C. V. L. Charlier-Lund
F. Cohn-Königsberg i. P.
R. Emden-München
F. K. Ginzel-Berlin
J. v. Hepperger-Wien
G. Herglotz-Wien
H. Kobold-Kiel
F. R. Moulton-Chicago
G. v. Niessl-Brünn
S. Oppenheim-Prag
L. Schulhof-Paris
K. Schwarzschild-Göttingen
E. Strömgren-Kopenhagen
K. Sundmann-Helsingfors
E. T. Whittaker-Dublin
A. Wilkens-Hamburg
C. W. Wirtz-Straßburg i. E.
H. v. Zeipel-Pulkowa.

Sprechsaal für die Encyklopädie der Mathematischen Wissenschaften.

Unter der Abteilung Sprechsaal für die Encyklopädie der Mathematischen Wissenschaften nimmt die Redaktion des Jahresberichts der Deutschen Mathematiker-Vereinigung (herausgegeben von A. Gutzmer in Halle a/S.) ihr aus dem Leserkreise zugehende Verbesserungsvorschläge und Ergänzungen (auch in literarischer Hinsicht) zu den erschienenen Heften der Encyklopädie auf. Diesbezügliche Einsendungen sind an den Unterzeichneten zu richten. Beiträge für den Sprechsaal haben bisher beigesteuert die Herren W. Ahrens, M. Bôcher, A. v. Braunmühl, T. J. I'A. Bromwich, H. Burkhardt, G. Eneström, H. Fehr, L. Henneberg, E. Jahnke, F. Klein, M. Koppe, M. Krause, Josef Kürschák, E. Lampe, A. Loewy, Gino Loria, J. Lüroth, Otto Meißner, W. Fr. Meyer, E. Müller, E. Netto, M. Noether, W. Osgood, K. Petr, S. Pincherle, C. Runge, L. Saalschütz, Carl Schmidt, A. Schoenflies, F. Schur, E. Study, Th. Vahlen, A. Wangerin, K. v. Wesendonck, W. Wirtinger.

W. Fr. Meyer, Königsberg i. Pr.-Maraunenhof, Herzog Albrechtallee 27.

ENCYKLOPÄDIE
DER
MATHEMATISCHEN WISSENSCHAFTEN
MIT EINSCHLUSS IHRER ANWENDUNGEN.

HERAUSGEGEBEN
IM AUFTRAGE DER AKADEMIEN DER WISSENSCHAFTEN ZU BERLIN, GÖTTINGEN, HEIDELBERG, LEIPZIG, MÜNCHEN UND WIEN SOWIE UNTER MITWIRKUNG ZAHLREICHER FACHGENOSSEN.

IN SECHS BÄNDEN.

BAND I: ARITHMETIK UND ALGEBRA, IN 2 TEILEN	RED. VON W. FR. MEYER IN KÖNIGSBERG.
— II: ANALYSIS, IN 3 TEILEN . . .	H. BURKHARDT† (1896–1914), W. WIRTINGER (1905–1912) IN WIEN, R. FRICKE IN BRAUNSCHWEIG UND E. HILB IN WÜRZBURG.
— III: GEOMETRIE, IN 3 TEILEN . .	W. FR. MEYER IN KÖNIGSBERG UND H. MOHRMANN IN BASEL.
— IV: MECHANIK, IN 4 TEILBÄNDEN.	F. KLEIN † (1896–1925) UND C. H. MÜLLER IN HANNOVER.
— V: PHYSIK, IN 3 TEILEN	A. SOMMERFELD IN MÜNCHEN.
— VI, 1: GEODÄSIE UND GEOPHYSIK	PH. FURTWÄNGLER IN WIEN UND E. WIECHERT (1899–1905) IN GÖTTINGEN.
— VI, 2: ASTRONOMIE, IN 2 TEILBÄNDEN	K. SCHWARZSCHILD† (1904–1916) UND S. OPPENHEIM IN WIEN.

BAND V 3. HEFT 6.

AUSGEGEBEN AM 15. JULI 1926.

VERLAG UND DRUCK VON B. G. TEUBNER IN LEIPZIG 1926.

Bisher erschien: Bd. I (vollständig); Bd. II 1 (vollständig); Bd. II 2 (vollständig); Bd. II 3 I (vollständig); Bd. II 3 II, Heft 6–8; Bd. III 1 I (vollständig); Bd. III 1 II, Heft 5–9; Bd. III 2 I (vollständig); Bd. III 2 II, Heft 7–8; Bd. III 3, Heft 1–6; Bd. IV 1 I (vollständig); Bd. IV 1 II, Heft 1–3; Bd. IV 2 I (vollständig); Bd. IV 2 II (vollständig); Bd. V (vollständig); Bd. VI 1 A (vollständig); Bd. VI 1 B (vollständig); Bd. VI 2 A (vollständig); Bd. VI 2 B, Heft 1.

Jeder Band ist einzeln käuflich, dagegen werden einzelne Hefte nicht abgegeben. Der Bezug der ersten Lieferung eines Bandes verpflichtet zu seiner vollständigen Abnahme.